世界著名计算机教材精选

数据结构与算法分析
——C++语言描述
（第 2 版）

(美) Larry Nyhoff 著
黄达明 等译
陈佩佩 审

清华大学出版社
北京

图书在版编目(CIP)数据

数据结构与算法分析——C++语言描述（第 2 版）/（美）奈霍夫（Nyhoff，L.）著；黄达明等译. —北京：清华大学出版社，2006.11（2022.3重印）

（世界著名计算机教材精选）

书名原文：ADTs, Data Structures, and Problem Sovling with C++，2nd Edition

ISBN 978-7-302-13839-6

Ⅰ. 数…　Ⅱ. ①奈…　②黄…　Ⅲ. ①数据结构－教材　②算法分析－教材　③C语言－程序设计－教材

Ⅳ. TP311.12

中国版本图书馆 CIP 数据核字（2006）第 111729 号

责任编辑： 龙启铭

责任印制： 杨　艳

出版发行： 清华大学出版社

网　　址：http://www.tup.com.cn, http://www.wqbook.com

地　　址：北京清华大学学研大厦 A 座　　邮　　编：100084

社 总 机：010-83470000　　邮　　购：010-83470235

投稿与读者服务：010-62776969，c-service@tup.tsinghua.edu.cn

质 量 反 馈：010-62772015，zhiliang@tup.tsinghua.edu.cn

印 装 者： 北京富博印刷有限公司

发 行 者： 全国新华书店

开　　本： 185mm×260mm　　**印　张：** 53　　**字　　数：** 1325 千字

版　　次： 2006 年 11 月第 1 版　　**印　　次：** 2022 年 3 月第12次印刷

定　　价： 98.00 元

产品编号：020391-01

前言

本书的第 1 版来自于对作者在长达 20 年的时间里教授一门数据结构入门课程（通常是 CS2）的经验的总结。接着发展成为由 Joel Adams 和 Larry Nyhoff 编著的，被广泛使用的“C++:An Introduction to Computing”，一本起源于他们多年来以 C++教授的第一门程序设计课程（CS1）的书籍。但是计算机科学教学目录随着教育方法和方法学的改变也改变了。为了跟上这些变化，这本入门性质的 C++教材也经过了修订，最近推出了第 3 版。

计算中的第二门课程的内容也发生了变化，其中一个主要的趋势，是将对数据结构的传统学习，拓展到了对抽象数据类型（ADT）的学习。作为结果，在这个新版本中，对 ADTs 的强调又加强了。并且如大家所期望的，在本书中也相应地增加了对面向对象设计的强调。

此外，作者的教学方法是经过多年成功教学的考验的。[①] 为了反映这方面的成功，这个新版本中的内容表述经过了一些改进，对讲述主题中的一些进行了重新安排，重写了某些章节，并添加了一些新的内容。其中很多建议都来自于那些认真并且完整地审阅本书原稿和几个版本修订稿的人。他们建设性的意见和正面的评价都非常令人鼓舞，也令人非常感激。

致指导教师

如果你使用过第 1 版并且喜欢它，我相信你将会更喜欢这个新版本。通过浏览前言后面部分对于本书的概览以及新特点列表，可以知道有哪些改进。对于没有使用过或停止使用第 1 版，并且正在将这个版本作为几本候选书籍考察的教师来说，我希望你们能认真地考虑一下本书。我已经尽力保留第 1 版中的优点，根据很多来自 CS2 的老师和学生，以及前一版用户的反馈，作出了很多修改。

作为已经在我的班级中使用很好的方法的一个示范，考察一下第 7 章中的栈。从一些能够由 LIFO 结构最好地建模的现实世界现象的例子中，可以抽象出很多共同的特性，这就得到了一个栈 ADT。但是 ADTSs 必须使用某种语言能够提供的数据结构实现，所以我们创建了一个栈类（顺便说一下，当在班级中做这些时，我的学生们正处于创建一个队列类的实验阶段）。

当这个新的 STACK 类型被创建并经过测试，我们可以使用它来解决一个或更多的原

① 出版者的注解：在 Calvin 学院的同事，现在和以前的学生的推荐下，Nyhoff 教授获得了 2002 年—2003 年度的总统模范教学奖，他作为一个教师的卓越才能是得到普遍认可的。

始问题，并通常至少用于一个新的应用。我还相信，应该从一种简单的实现开始（例如，使用一个静态的 C 风格数组）并获得一个能工作的版本。接着，强调保留一个 ADT 的公有接口的必要性，我们重新定义它——例如，使用一个动态数组，这样用户可以规定栈的容量；再接下来，使用一个链表，这样就可以不需要预先规定栈容量；最终，将其转换为一个模板，这样这个 ADT 就可以使用任意类型的元素。这种螺旋式/持续精化的方法清楚地演示了一个 ADT 的“抽象”部分，即它和实现是无关的。

我还覆盖了很多在 C++的标准模板库（STL）中提供的容器，因为其中的一些，例如 vector，是非常有用也非常强大的，并且也没有必要费力的重新自己创建一个版本。不过，其他的一些，例如 STL 的 stack 和 queue，是其他容器的适配器，并且浪费了这些内部容器的很多能力。对于这些 ADT，我们使用低级的数据结构，例如数组和链表，创建自己的“平庸但倾斜”的实现，就显得很有意义了。本书还为学生提供了练习，要求学生为某些标准容器并不适合的问题创建定制的容器类型。

如何使用本书 对于可以使用本书进行教授的课程，存在着很大的灵活性。特别地，很多主题可以按照和本书不同的次序来进行。下一页中的图说明了不同章节之间的主要依赖关系。从一个方框到另一个方框的箭头表示第二个方框中的内容非常依赖于第一个方框中的内容；例如，第 9 章中的材料需要同时用到第 7 章和第 8 章中的材料。一个虚线箭头表示第一个方框中的内容可能已经在前面的课程中学过，并且可以被省略掉，或回顾一下即可。对于互相之间没有连接的方框，在很大程度上是互相独立的（例如，第 7 章和第 8 章）。

致学生（以及本书的其他用户）

你可能不会阅读绝大多数教科书的前言，除非你的指导教师将此作为作业并接下来可能会对你进行测验。不过，对于本书，你应该至少阅读“本书概览”这一部分，因为它的目的就在于提供对以下内容的定位：本书是用于什么的，具有哪些主题，如何将它们结合到一起。出于同样的原因，还应该从头到尾浏览一遍本书的内容列表。

本书中覆盖的主题就是紧接着第一门编程课程之后的课程中会涉及的那些典型主题。这两门课程结合起来的主要目的在于为你提供关于计算的一个坚实的介绍。你不但锻炼了为解决小问题编写实质性程序的技能，而且还获得了对计算中重要概念和技术的介绍。这两门课程应该为你提供一个坚实的基础，使得不论你在什么学习领域内进行探索时，都能够使用计算机作为解决问题的工具。如果你要学习计算机科学中更多的课程，那么努力学习掌握这第二门课程中的内容是很重要的，因为这里覆盖的主题是一些更高级的课程的基础。实际上，在很多学院和大学中，这门课程是计算机科学中高级课程的先行课。

本书假设你已经具有编程入门知识，特别指使用 C++或 Java。

前言

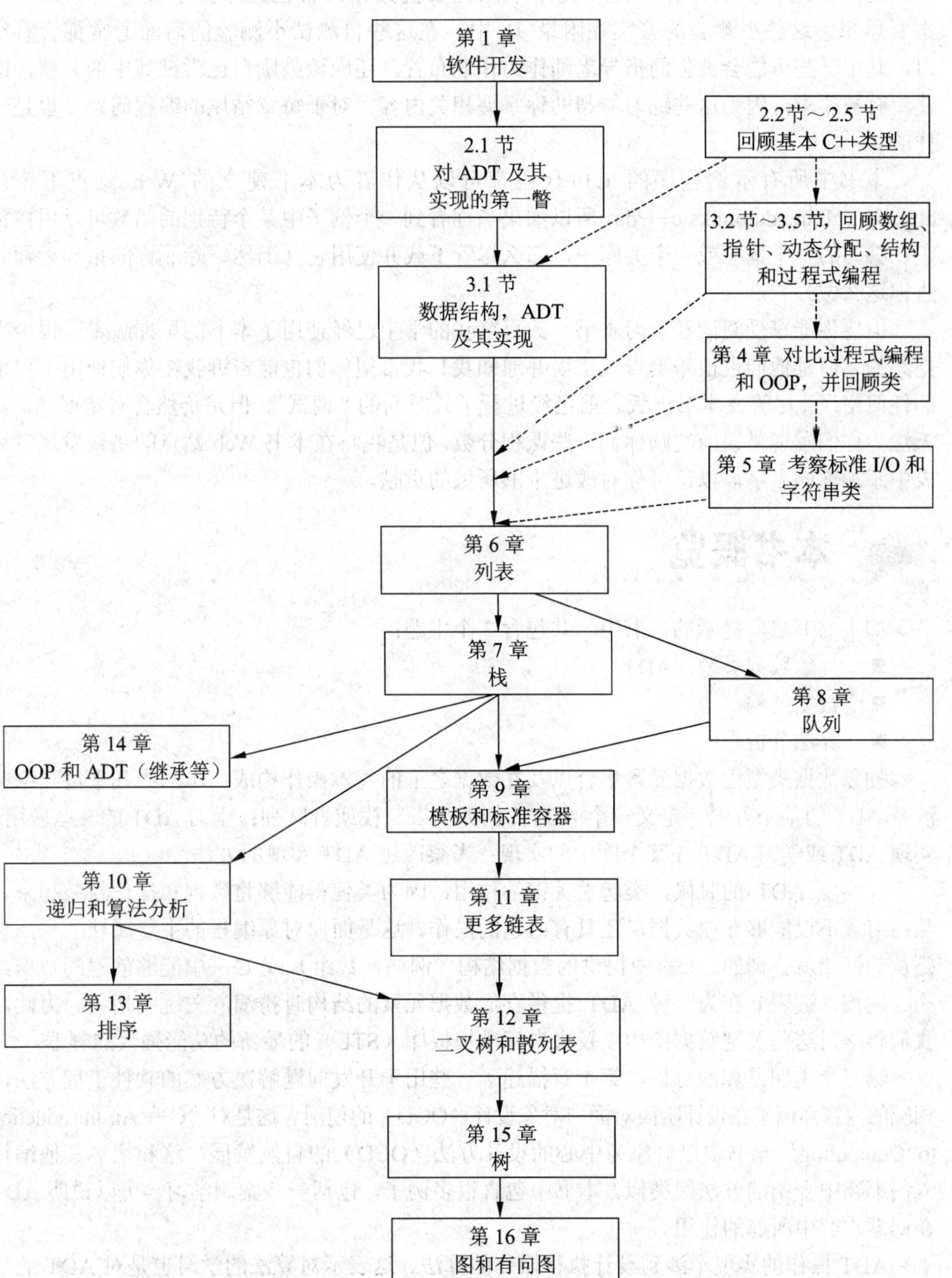

第 1 章
软件开发
2.1 节
对 ADT 及其
实现的第一瞥
2.2节～2.5 节
回顾基本 C++类型
3.1 节
数据结构，ADT
及其实现
3.2 节～3.5 节，回顾数组、
指针、动态分配、结构
和过程式编程
第 4 章 对比过程式编程
和 OOP，并回顾类
第 5 章 考察标准 I/O 和
字符串类
第 6 章
列表
第 7 章
栈
第 8 章
队列
第 14 章
OOP 和 ADT（继承等）
第 9 章
模板和标准容器
第 10 章
递归和算法分析
第 11 章
更多链表
第 13 章
排序
第 12 章
二叉树和散列表
第 15 章
树
第 16 章
图和有向图

随着你通读本书，你一定要使用小测验来检查你是否已经掌握了读过内容的一些主要思想。这些小测验的答案在附录 B 中。在这些自测试小测验的后面通常都会有练习，其中一些可能会被你的指导老师作为作业布置。还应该鼓励自己尝试其中的一些，即使没有被要求，因为这些练习能帮助你掌握相关内容。对于每章结尾的编程问题，也是一样的。

本书中所有示例程序的 C++代码都可以从作者为本书建立的 Web 站点下载：http://cs.calvin.edu/books/c++/ds。所以如果当你看到一个例子中某个特别的函数可以用在你正在编写的一个程序或一个类库中，那么尽管下载并使用它（当然，除非你的指导老师禁止你这么做）。

但愿你能享受阅读和学习本书。数百名我的学生已经使用了本书的早期版本，很少有抱怨的。但是他们也很乐于查找错误并通知我！我希望你们也能告诉我在你们使用中发现的任何错误；尽管在本书出版之前已经进行了长时间的“调试”，但是仍然会有错误的。我无法为你们发现错误而奖励你们一些课程分数，但是我将在本书 Web 站点的错误发现者列表中添加你的名字，以认可你对改进本书所做的贡献。

本书概览

如本书书名所提示的，书中一共包含 3 个主题：

- 抽象数据类型（ADT）
- 数据结构
- 算法分析

抽象数据类型由数据元素集合以及在数据之上的基本操作构成。本书中几乎每一章都涉及 ADT 的某个方面，定义一个 ADT，例如列表、栈或者队列；学习 ADT 的某些应用；实现 ADT 或学习 ADT 在某个库中的实现；考察改进 ADT 实现的方法。

在实现 ADT 的时候，类起着关键的作用，因为类使得能够将数据和操作封装起来，从而对象不仅能够存储数据，还具有内建的操作。这是面向对象编程的主要属性之一，也是从一开始就强调的。C++中提供的数据结构（例如，数组）或 C++中能够创建的数据结构（例如，链表）在为一种 ADT 提供存储数据元素的结构时扮演着关键的角色。为此，我们将学习这些关键数据结构以及来自标准模板库（STL）的最新的功能强大的容器。

第三个主题是算法分析。第 1 章描述了一些用于开发问题解决方案的软件工程方法，相应的内容强调了在设计阶段对面向对象设计（OOD）的使用。这是对“C++:An Introduction to Computing”一书中以对象为中心的设计方法（OCD）的自然发展，这和很多其他编程入门书籍中介绍的方法很类似。本书中包含很多例子，包括一些案例学习，可以说明 ADT 在问题求解中所起的作用。

ADT 操作的实现牵涉到设计执行操作的算法。这表示对算法的学习也是对 ADT 的学习中关键的一步，而本书提供了很多算法的例子。这包括查找和排序算法，以及一些来自标准模板库（STL）的强大的算法。另外，还会介绍并演示对算法效率的分析，这样，就第一次接触到了后续计算机科学课程中将使用的一种重要工具。

算法必须使用某种编程语言实现。因此本书还包含了一些C++的内容，特别是通常在第一门课程中不会覆盖到而学生们需要学习的高级内容。这包括递归、函数和类模板、继承以及多态性。这里陈述的C++特性都遵循C++的官方标准。此外，因为一些原因，也包括了一些适合于数据结构课程的C风格内容，这些原因有：很多学生将获得一份作为C程序员的工作；很多库和操作系统工具都是使用C或C风格语言编写的；C中提供的数据结构往往实现得非常高效，并且这些结构常被用来实现一些更现代化的标准数据类型。

本书的另一个特点是，通过包含例子和练习来介绍计算机科学的不同领域，从而延续了从“C++:An Introduction to Computing”一书开始的对计算机科学这个学科的描述，也因此为在计算机科学领域更深入的学习提供了一个坚实的基础。这些内容包括：

- 对软件开发方法的描述。
- 对数据加密模式（DES和公共密钥）的介绍。
- 使用哈夫曼编码进行数据压缩。
- 双向链表和大整数算术。
- 随机数生成和模拟。
- 词汇分析和解析。
- 后缀表示和机器代码生成。
- 简单的系统概念，例如输入/输出缓冲，参数传递机制，地址翻译，以及内存管理。

新的和改进的特点

- 修订了第1章：
  - 介绍了除瀑布模型以外的其他一些软件工程方法。
  - 介绍了UML。
  - 详细描述了自顶向下设计和面向对象设计。
  - 叙述了一些因为糟糕软件设计而造成的“恐怖故事”。
- 在例子中更多的使用OOD和OOP。
- 以UML风格图形显示ADT需求规格说明的统一的方法。
- 改进了算法中的伪代码。
- 命名惯例和通常建议的方法保持一致。
- 为几乎所有ADT提供了完整的源代码。
- 对很多图进行了改进，并添加了一些新的图。
- 扩展并改进了对C++的I/O以及string类（第5章）的讨论。
- 对指针和动态分配进行了提前介绍，包括对 new 运算符的扩展讨论（第 2 章和

第 3 章）。

- 对列表的提前表述（第 6 章），在栈和队列之前，并进行了修改，包括了基于（静态的和动态的）数组的列表类，对链表的一个介绍，以及在图例中使用的更多的标准符号。
- 基于数组和基于链表的栈实现（第 7 章）。
- 对于队列的扩展研究，包括基于数组和基于链表的队列实现，以及一个修订的模拟案例学习（第 8 章）。
- 针对查找的新的一章，包括修改并扩展对二叉查找树和散列表的讨论（第 12 章）。
- 添加了对于堆、优先队列和基数排序的讨论（第 13 章）。
- 针对继承的修订章节（第 14 章）。
- 章节目标和每章末尾的总结。
- 一些案例学习。

其他关键特点

- 进行自我测试的小测验，并在书后提供答案。
- 大量的编写练习和编程问题。
- 每章末尾的章节注意要点，程序设计知识点，以及 ADT 技巧。
- 比其他很多书籍都更加遵循 C++标准。
- 对于 C++的标准模板库的坚实介绍。
- 为引入新概念而进行的全方位的图形显示。
- 一种新的设计，可以使得本书更具有可读性和吸引力。
- 更加有效地使用颜色以高亮度显示重要的特性而不是简单地为了装饰。
- 使用图标指明关键特性，特别需要注意的内容，以及警告：

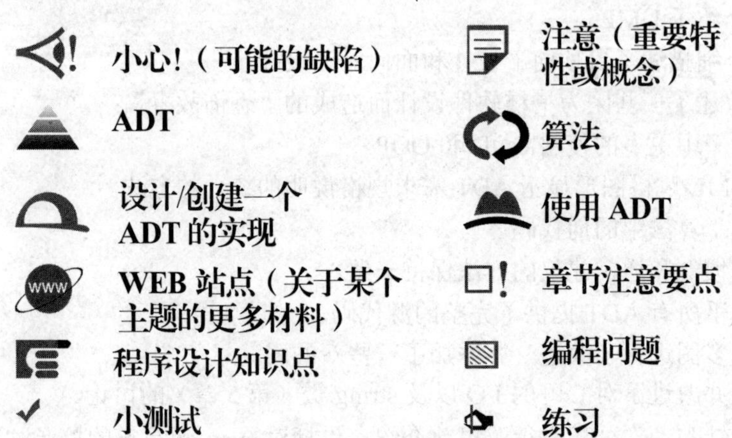

辅助资料

为本书准备了很多辅助资料：

- 作者的 Web 站点(http://cs.calvin.edu/books/c++/ds)以及 Prentice Hall 出版社的 Web 站点(http://www.prenhall.com/nyhoff)包含以下内容：
  - 可下载本书中例子的源代码。
  - 其他辅助资料。
- 一本包括实验练习和项目的实验手册（单独出售，也可以作为超值打包选项提供）。它和书中的表述配合，能加强并扩展学生在书中读到和课堂中学到的内容。

需要本书习题答案和 PowerPoint 幻灯片的教师请与 longqm@tup.tsinghua.edu.cn 联系。

致谢

我向所有在本书准备阶段以任何方式给予我帮助的人致以我真诚的感激。为了友谊，具有洞察性的建议和指导，以及持续不断的支持和鼓励，我向 Alan Apt，一个在出版和学术领域内受到广泛尊重的出版者，以及我的编辑 Toni Holm，表示我诚挚的感谢；而过去几年中和他们的友谊使得为 Prentice Hall 编写书籍成为一件令人愉快的事情。我还必须感谢美术指导 Heather Scott，制作编辑 Irwin Zucker，以及所有其他为这本迷人书籍的设计和实际出版付出劳动的人。他们对细节的关注弥补了我在此方面的欠缺，而他们的合作和友好的话语令我感激。我还要感谢 Jake Warde 对本书审校工作的管理和其他细节事务的处理。并且我也要感激由以下原稿审阅人员提出的众多的有价值的审阅报告和建议；他们使得书中的表述得到极大的增强：

Ping Chen (University of Houston)
Joe Derrick (Radford University)
Eamon Doherty (Farleigh Dickinson University)
James Durbano (University of Delaware)
Eduardo Fernandez (Florida Atlantic University)
Christopher Fox (James Madison University)
Mahmood Haghighi (Bradley University)
Oge Marques (Florida Atlantic)
Mark McCullen (Michigan State University)
William McQuain (Virginia Tech)
Jim Miller (Kansas University)

Jim Richards (Bemidji State University)
Robert Schneider (University of Bridgewater)
Joseph Shinnerl (University of California, Los Angeles)
Michael Stiber (University of Washington)
Al Verbanec (Pennsylvania State University)
John M. Weiss (South Dakota School of Mines and Technology)
Rick Zaccone (Bucknell University)

此外，我还必须再次向我的妻子、儿辈们以及孙辈们——Jeff，Dawn，Rebecca，Megan 和 Sara；Jim；Greg，Julie，Joshua 和 Derek；Tom，Joan，Abigail，Micah，以及 Lucas——致以敬意，为了他们的爱和在所有这些时间里对于因我的忙碌而忽略他们的需求的理解。

Larry Nyhoff

目录

第 1 章　软件开发……1

1.1　问题分析和需求规格说明……3

1.2　设计……5

1.2.1　自顶向下设计……5

1.2.2　面向对象设计……7

1.2.3　小规模设计……9

1.3　编码……15

1.4　测试、运行和调试……27

1.5　维护……34

1.6　本章小结……36

第 2 章　抽象数据类型入门……40

2.1　对 ADT 及其实现的第一瞥……40

2.2　C++的简单数据类型……41

2.2.1　整型数据……42

2.2.2　实型数据……46

2.2.3　字符数据……49

2.4.4　布尔数据……50

2.3　程序员定义的数据类型……53

2.3.1　Typedefs……53

2.3.2　枚举……53

2.3.3　类……55

2.4　指针……56

2.4.1　声明和初始化指针……57

2.4.2　基本指针操作……60

2.4.3　动态内存分配——new 操作……64

2.4.4　关于引用形参的注释……65

2.5　本章小结……68

第 3 章　数据结构和抽象数据类型……73

3.1　数据结构，抽象数据类型和实现……73

3.2　静态数组……77

3.2.1　一维静态数组……78

3.2.2　下标运算……81

3.2.3　数组作为形参……82

3.2.4　越界错误……83

3.2.5　数组的问题……86

3.3　多维数组……88

3.3.1　二维数组……88

3.3.2　高维数组……89

3.3.3　数组的数组声明……91

3.3.4　多维数组作函数参数……95

3.4　动态数组……97

3.4.1　new 操作——动态数组……98

3.4.2　指针的其他用法……110

3.5　C 风格结构（可选）……112

指向结构的指针……116

3.6　过程式编程……117

过程式编程的例子……118

3.7　本章小结……123

第 4 章　OOP 和 ADT 进阶——类……129

4.1　过程式编程 vs.面向对象编程……129

4.2　类……130

4.2.1　“传统的”（C）结构和 OOP（C++）结构以及类之间的区别……131

4.2.2　类声明……131

4.3　例子：用户定义的 Time 类的第一个版本……135

4.3.1　为什么不使所有成员都公有化……137

4.3.2　实现一个类……138

目录

4.3.3 一些现象 ··· 141
4.4 类构造函数 ··· 142
4.5 其他类操作 ··· 150
4.5.1 复制操作——初始化和赋值 ··· 150
4.5.2 访问函数和更动函数 ··· 151
4.5.3 重载运算符 ··· 153
4.5.4 重载输入/输出运算符 ··· 154
4.5.5 其他操作：前进和关系操作 ··· 161
4.5.6 总结以及其他一些细节 ··· 163
4.5.7 指向类对象的指针 ··· 167
4.5.8 this 指针 ··· 168
4.6 本章小结 ··· 171

第 5 章 标准 C++输入/输出和字符串类 ··· 176

5.1 C++标准 I/O 类 ··· 177
5.1.1 istream 类 ··· 178
5.1.2 ostream 类 ··· 182
5.1.3 文件 I/O：ifstream 和 ofstream 类 ··· 186
5.1.4 I/O 类层次 ··· 188
5.2 C++ String 类型 ··· 192
5.2.1 C 风格的字符串 ··· 193
5.2.2 一个字符串类 ··· 195
5.2.3 C++ String 类 ··· 196
5.2.4 String 流 ··· 204
5.3 案例学习：文本编辑 ··· 208
5.4 模式匹配介绍（可选） ··· 216
5.5 数据加密介绍（可选） ··· 219
5.5.1 数据加密标准（Data Encryption Standard） ··· 222
5.5.2 公共密钥加密（Public-Key Encryption） ··· 222
5.6 本章小结 ··· 224

第 6 章 列表 ··· 228

6.1 作为 ADT 的列表 ··· 229
设计和创建一个列表类 ··· 230
6.2 基于数组的列表实现 ··· 231
6.2.1 选择存储结构 ··· 231
6.2.2 实现操作 ··· 232
6.2.3 一个使用静态数组存储的列表类 ··· 234
6.3 使用动态分配的基于数组实现的列表 ··· 242
6.3.1 类中的动态分配——析构函数、复制构造函数和赋值运算符 ··· 246
6.3.2 最后一点 ··· 253
6.4 对链表的介绍 ··· 257
6.4.1 它们是什么 ··· 257
6.4.2 实现基本列表操作 ··· 258
6.4.3 小结 ··· 262
6.5 在 C++中基于指针来实现链表 ··· 264
6.5.1 节点结构 ··· 264
6.5.2 链表实现中的数据成员 ··· 266
6.5.3 链表实现中的函数成员 ··· 267
6.6 基于数组的链表实现 ··· 271
6.6.1 节点结构 ··· 272
6.6.2 存储池管理 ··· 274
6.7 本章小结 ··· 276

第 7 章 栈 ··· 280

7.1 栈的介绍 ··· 281
7.2 设计和创建一个 Stack 类——基于数组 ··· 285
7.2.1 选择存储结构 ··· 285
7.2.2 实现操作 ··· 288
7.2.3 实现 pop 操作的算法 ··· 290
7.2.4 完整的 Stack 类 ··· 290
7.2.5 使用动态数组存储栈元素 ··· 296

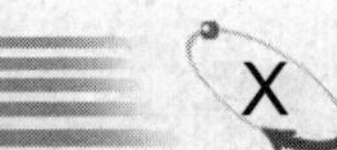

7.2.6 前瞻……309
7.3 链式栈……312
7.3.1 选择存储结构……313
7.3.2 实现操作……314
7.3.3 完整的 Stack 类：链表版本……317
7.4 栈在函数调用中的使用……324
7.5 案例学习：后缀（RPN）表示……329
7.5.1 计算后缀表达式……330
7.5.2 将中缀表达式转换成后缀表达式……331
7.6 本章小节……341

第 8 章 队列……345

8.1 队列入门……345
8.2 设计和创建一个 Queue 类——基于数组……353
8.2.1 使用静态数组存储队列元素……356
8.2.2 使用动态数组存储队列元素……361
8.3 链式队列……365
8.3.1 一种自然的链表实现……365
8.3.2 使用循环链表……374
8.4 队列的应用：缓冲区和调度……376
8.5 案例学习：信息中心仿真……379
8.5.1 问题分析和需求规格说明……380
8.5.2 创建一个 Simulation 类……380
8.5.3 Time 类和 Call 类……389
8.6 本章小结……390

第 9 章 ADT 实现：模板和标准容器……393

9.1 介绍：可重用性和通用性的发展……394
9.1.1 从算法到算法……394
9.1.2 从数据到容器……396
9.2 函数通用性——重载和模板……396
9.2.1 重载……397
9.2.2 函数模板……399
9.2.3 另一个例子：显示一个数组……403
9.3 类通用性——模板……404
9.3.1 Typedef 有什么错……404
9.3.2 类模板……405
9.3.3 Stack 类模板的另一个版本……417
9.3.4 对标准 C++容器类模板的快速一瞥……418
9.4 vector 容器……420
9.4.1 定义 vector 对象……421
9.4.2 一些 vector 操作……423
9.4.3 内部实现一瞥——增加容量……427
9.4.4 对迭代器的第一次探讨……430
9.4.5 一些牵涉到迭代器的 vector 函数成员……433
9.4.6 综合比较：vector 对数组……434
9.5 案例学习：计算机系统登录统计……438
9.6 多维 vector（可选）……443
9.6.1 二维 vector 对象……443
9.6.2 二维 vector 操作……444
9.7 其他标准容器——deque、stack 以及 queue……447
9.7.1 STL 的 deque 类模板……447
9.7.2 我们的 stack 类模板的一个新（但是非必须的）版本……450
9.7.3 STL 的 stack 适配器……452
9.7.4 STL 的 queue 适配器……453
9.8 Bitset 和 Valarray（可选）……454
9.8.1 Bitset……454
9.8.2 Valarray……456
9.8.3 Slics、Mask、以及间接数组……458
9.9 本章小结……459

目录

第 10 章　ADT 实现——递归、算法分析以及标准算法 ……464

10.1　递归 ……464

10.1.1　递归的例子 ……465

10.1.2　递归函数的编码 ……466

10.1.3　糟糕递归的例子：Fibonacci 数字 ……468

10.1.4　例子：折半查找 ……470

10.1.5　例子：回文检查程序 ……473

10.2　递归的例子：Hanoi 塔；分析 ……478

10.2.1　Hanoi 塔 ……478

10.2.2　分析 ……481

10.3　实现递归 ……485

10.4　算法效率 ……489

10.5　C++中的标准算法 ……500

10.5.1　例：STL 的 sort 算法 ……500

10.5.2　STL 算法的例子 ……505

10.5.3　<numeric>库中的算法 ……506

10.5.4　例：花样滑冰评判 ……507

10.6　算法正确性证明(可选) ……508

10.6.1　例：计算平均值 ……509

10.6.2　例：递归求幂函数 ……510

10.6.3　总结 ……511

10.7　本章小节 ……513

第 11 章　其他链表结构 ……519

11.1　单向链表的某些变种 ……519

11.1.1　带头节点的链表 ……519

11.1.2　循环链表 ……522

11.2　稀疏多项式的链式实现 ……526

11.3　双向链表和标准 C++list ……534

11.3.1　双向链表 ……534

11.3.2　标准 list 类模板 ……536

11.3.3　例：互联网地址 ……542

11.3.4　对 C++中 list 的内部一瞥 ……546

11.4　案例学习：长整数运算 ……551

11.4.1　问题 ……551

11.4.2　设计 ……551

11.4.3　实现 ……553

11.5　其他链列表 ……560

11.5.1　多序列表 ……560

11.5.2　稀疏矩阵 ……561

11.5.3　广义表 ……563

11.6　本章小结 ……566

第 12 章　二叉树和散列表 ……571

12.1　线性查找和折半查找的复习 ……571

12.1.1　线性查找 ……572

12.1.2　折半查找 ……573

12.2　二叉树的介绍 ……576

12.2.1　树的定义 ……577

12.2.2　二叉树的一些例子 ……578

12.2.3　二叉树的数组表示 ……579

12.2.4　二叉树的链表表示 ……581

12.3　作为递归数据结构的二叉树 ……583

12.4　二叉查找树 ……589

12.4.1　BST 的实现 ……590

12.4.2　遍历 BST ……592

12.4.3　BST 的查找 ……596

12.4.4　BST 中的插入操作 ……599

12.4.5　从 BST 中删除一个节点 ……602

12.4.6　不平衡（Lopsidedness）问题 ……612

12.5　案例学习：计算机登录验证 ……616

12.5.1　问题 ……616

12.5.2　设计 ……616

12.5.3　编码 ……617

12.6　线索化二叉查找树（可选） ……620

12.7　散列表 ……624

12.7.1　散列函数 ……625

12.7.2　冲突处理策略 ……626

12.7.3 改进……627
12.8 本章小结……631

第 13 章 排序……636

13.1 某些计算时间为 $O(n^2)$的排序方法……637
13.1.1 选择排序……637
13.1.2 交换排序……639
13.1.3 插入排序……641
13.1.4 排序算法的性能比较……643
13.1.5 间接排序……644
13.2 堆、堆排序和优先队列……647
13.2.1 堆……648
13.2.2 堆的基本操作……649
13.2.3 堆排序……652
13.2.4 STL 中的堆算法……655
13.2.5 堆和优先队列……658
13.3 快速排序……662
13.3.1 拆分操作……663
13.3.2 快速排序……665
13.3.3 改进……668
13.4 归并排序……670
13.4.1 归并列表……670
13.4.2 折半归并排序……672
13.4.3 自然归并排序……674
13.5 基数排序（Radix Sort）……677
13.6 本章小结……680

第 14 章 OOP 和 ADT……684

14.1 OOP 和 ADT 的简要历史和概览……684
14.1.1 封装性……685
14.1.2 继承性……686
14.1.3 多态性和动态联编……687
14.2 继承和面向对象设计……688
14.2.1 第 1 个例子：许可证……689
14.2.2 公有、私有和保护域……693
14.2.3 派生类的形式……693
14.2.4 类之间的 Is-a、Has-a 和 Uses-a 关系……694
14.3 创建派生类……696
14.3.1 派生类构造函数……697
14.3.2 访问继承的数据成员……697
14.3.3 复用操作……698
14.3.4 例子：栈和有限栈……700
14.4 案例学习：工资……703
14.4.1 问题……703
14.4.2 设计……703
14.5 多态性、虚函数和 ADT……711
14.5.1 为什么需要多态性：联编问题……711
14.5.2 虚函数和动态联编……713
14.5.3 例 1：使用句柄……716
14.5.4 例 2：栈和有限栈……717
14.5.5 纯虚函数和抽象类……720
14.6 案例学习：异构数据结构……722
14.6.1 虚函数的必要性……723
14.7 本章小结……726

第 15 章 树……729

15.1 案例学习：哈夫曼编码……729
15.1.1 变长码……730
15.1.2 立刻可解码性……730
15.1.3 哈夫曼编码……731
15.2 平衡树：AVL 树……735
15.2.1 例子：州简称的 BST……735
15.2.2 基本的重新平衡旋转操作……743
15.3 2-3-4 树、红-黑树、B-树和其他树……748
15.3.1 2-3-4 树……750
15.3.2 红-黑树……756
15.3.3 B-树……760

目录

15.3.4 用二叉树来表示树和森林……761

15.4 STL 中的关联容器——map（可选）……765

15.5 本章小结……771

第 16 章 图和有向图……773

16.1 有向图……773

16.1.1 邻接矩阵表示（Adjacency-Matrix Representation）……775

16.1.2 邻接表表示（Adjacency-List Representation）……776

16.2 搜索和遍历有向图……781

16.2.1 深度优先搜索……782

16.2.2 广度优先搜索……783

16.2.3 遍历和最短路经问题……785

16.2.4 NP 完全性问题……794

16.3 图……796

16.3.1 邻接矩阵和邻接表表示……797

16.3.2 边列表表示……798

16.3.3 连通性……799

16.4 本章小结……810

附录 A ASCII 字符集……812

附录 B 小测验答案……814

第1章 软件开发

章节内容

- 问题分析和需求规格说明
- 设计
- 编码
- 测试、运行和调试
- 维护

章节学习目标

- 介绍一些流行的软件开发方法并研究软件工程的基本阶段。
- 对比入门性编程课程中的软件开发和实际的软件开发。
- 学习软件设计的两种基本方法：自顶向下设计和面向对象设计。
- 介绍设计的两个基本方面：选择或创建组织数据的数据类型以及为数据上的操作开发算法。
- 考察开发好的源代码的一些基本方针，并学习一个优秀代码的例子。
- 调查软件中的基本错误类型以及定位这些错误源头的方法。
- 通过一些糟糕软件造成严重后果的例子来强调软件测试的重要性。
- 关注软件维护所需要的大量时间和努力。

使用计算机解决一个问题需要同时使用硬件和软件。一个计算系统的**硬件**由实际的物理组件构成，比如中央处理器（CPU）、存储器以及组成系统的输入/输出设备等。**软件**指为了解决问题而用来控制硬件操作的程序。软件开发是一个复杂的过程，它既是一门艺术，也是一门科学。说它是艺术，是因为它需要丰富的想象力、创造力和灵活性。但它同时也是一门科学，因为它要使用某些标准化的技术和方法学。术语**软件工程**将被应用来表示对这些技术的学习和使用。

尽管问题本身以及解决这些问题的技术常常是变化的，但是软件开发总是至少包括以下几个阶段：

- **问题分析和需求规格说明**：对问题进行分析，然后制定一个问题的需求规格说明。
- **设计**：设计出一个解决问题的计划。
- **编码**：使用某些编程语言来实现上一步的计划，产生一个程序，同时，对某些问题来说，还可能产生一个或多个库。
- **测试、运行和调试**：测试程序，去除错误（缺陷）。
- **维护**：如果必要，程序将被升级和修改，以跟上时代发展和/或满足用户的要求。

不过，从一个软件开发过程模型到下一个软件开发过程模型，这些阶段的名字和数量以及如何执行它们有可能会发生变化。一种最早的软件开发策略是**瀑布模型**，如图 1.1 所示。这个模型是通过顺序执行前面的每个阶段来构成的；当每一步骤完成后，开发过程就转移到下一个步骤。

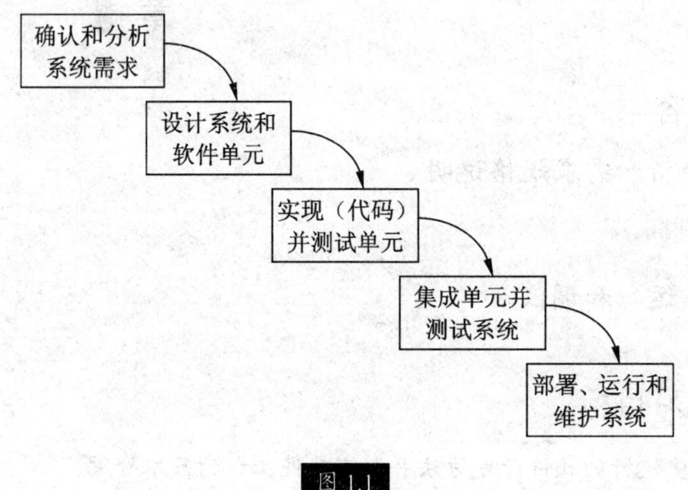

图 1.1

尽管这个软件开发模型已经被广泛地使用，但还是有它的缺点，其中最严重的一条在于，如果想回到前面的阶段并进行某些修改，将是非常困难的。实际应用中，可能需要从任何一个阶段都能够回到前面某个阶段，如图 1.2 所示。

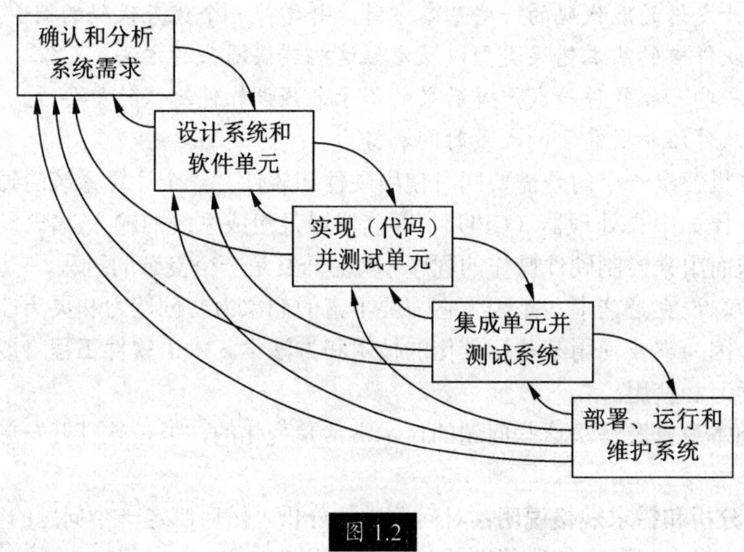

图 1.2

这样，很多不同的新方法被开发出来，包括如下的这些：

- **原型模型**：创建了一个原型（最终系统的一个早期近似）。接着根据需要不断重复地评估并修改这个模型，直到得到一个可以接受的版本，从这个版本可以开发出完整的系统或产品。这是发生在开发人员和用户之间的一个试用并检验错误的重复过程，特别适合于实现不能详细了解所有需求的情况。
- **螺旋模型**：这些方法综合了原型模型和瀑布模型的特点，主要用于大型的复杂系

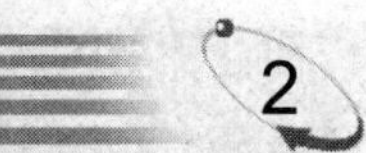

统。首先开发出系统的一个初步设计，并根据这个设计创建第一个原型。这个结果通常是一个按比例缩小的系统，只是近似刻画了最终系统的特性。这个过程被重复下去，更好地接近最终系统的原型被不断开发出来，直到用户满意为止。这样就开发出了最终的系统。

- **敏捷模型**：如它的名字所揭示的，这些方法根据需要进行适应和修改。它的基本原则包括以下这些：
  - 鼓励需求中的变化，即使延迟到开发阶段。
  - 运转软件是开发过程的主要评估手段。不断地将运行的软件传递给客户。
  - 开发人员和用户应该每天都工作在一起。
  - 通过提供所需的环境和支持来激励开发人员，并相信他们能完成工作。
  - 面对面交流是在开发人员之间传递信息最高效也最有效的方法。

一种得到极大关注的敏捷方法是**极限编程**（**extreme programming，XP**）。开发人员结成对子进行代码的编写和测试，随着项目的开发将代码集成到设计结构中，团队的成员之间经常进行面对面的交流。

由于这不是一本软件工程方面的书籍，所以我们不会详细描述这些不同的软件开发方法，也不会特别关注其中某一种方法。当然，在本章中，我们将关注前面列出的软件开发的 5 个方面。我们将演示这些阶段，并描述软件开发者们要面对的一些问题和复杂因素以及他们用来解决这些问题和复杂因素的一些技术。

1.1 问题分析和需求规格说明

图 1.3（a）中的作业表是程序设计入门课程中给出的最典型的编程问题。在这样的课程中，练习和问题往往都非常地简单并且能够清楚地陈述。

这样常使得能够非常直接地描述解决这些问题的程序的行为：

这个函数应该接收表示财政补助增长百分比的一个量，将被修改的学生财政补助记录的编号，以及包含这些记录的一个数组。接着它应该通过按照给定的百分比增加每个记录中所有的财政补助奖金，从而更新这些记录。

这样的一个描述也称为这个问题的一个**需求规格说明**（**或约定**）。不过，作为一个软件开发人员，我们能够以一种更形式化的方式编写这个需求规格说明，如下：

目的：按照给定的百分比增加存储在一个学生财政补助记录数组中的每个记录的财政补助奖金。

前置条件：财政补助记录存储在一个学生财政补助记录数组中，每个记录包含一个学生的身份标识号码、姓名、财政补助奖金数量，以及这些奖金的一个列表（每个奖金包含财政补助的来源，以及补助的数额）。

后置条件：数组中的每个记录都被更新，按照给定的百分比增加了财政补助奖金的数额。

前置条件描述了在一个程序单元——一个程序或子程序（一个 C++函数，一个 Java 方法，一个 Fortran 子例程，一个 Pascal 过程等）或一系列程序单元被执行之前的处理状态。

通常，这都是为一个程序单元所做的假设，常常是对合法输入构成或接收值的一个或多个限制。以一种相似的方式，**后置条件**描述了在程序单元执行之后的处理状态。

但是，对于现实世界中的绝大多数问题，如图1.3（b）中备忘录所演示的，制定一个需求规格说明并不是如此简单如此直接的。对这类问题的最初描述往往都是含糊和不准确的。提出问题的人往往并没有很好地理解问题本身，也不知道该如何去解决问题，或者不知道计算机到底具有什么样的能力以及有哪些限制。形成一个解决问题所需要的行为的描述将会花费相当的时间和努力：提出问题、收集信息、澄清含糊的地方等。

CPSC 112 – C++编程作业4

截止日期：　星期三，11月12日

所有大学的财政补助办公室决定将提供给学生的财政补助奖金增加10%。一个学生的财政补助记录包括这个学生的身份标识号码（一个整数）、姓名、接受的财政补助奖金的数量，以及一个财政补助奖金列表，其中每个奖金包括财政补助的来源（比如奖学金、捐赠、校内工作），以及财政补助的数额（一个实型值）。

假设这些信息被存储在一个学生财政补助记录数组中，编写一个函数通过将奖金的数额增加10%来更新这些记录，并测试这个函数。首先使用下面3个财政补助记录运行这个程序，接着使用5个你自己的财政补助记录再次运行程序。

12345 John Doe 1(Scholarship 1250.00)
22222 Mary Smith 1(Grant 555.50)
31416 Peter Pi 2(Loan 500.00 Grant 900.00)

（a）一个C++编程作业

至：　Bob Byte, 信息技术中心主任
来自：Chuck Cash, 奖学金与财政补助办公室副主任
日期：星期三，11月12日

根据新的政府规章，我们必须维护目前所有接受财政补助的学生的更准确的记录，并且向FFAO（美国联邦财政补助办公室）提交正规的报告。我们可以获得计算机以完成这个任务吗？

CC

（b）一个实际的问题

图1.3

例如，形成需求规格说明的第一步的一项任务就是给出问题的输入的一个完整精确的描述，有哪些可用的信息可以用来解决问题。问题的陈述中往往包含不相关的信息条目，所以必须决定哪些条目对于解决问题是有用的。通常，还必须提出一些额外的问题。例如，对于每个学生来说，有哪些信息是当前可用的？如何访问这些信息？在程序执行的过程中，用户将输入哪些数据？

对解决问题需要什么样的分析还要决定需要哪些输出，也就是说，为了解决问题必须产生哪些信息。要决定这个，可能必须要回答很多问题才行。例如，在向FFAO提交的报

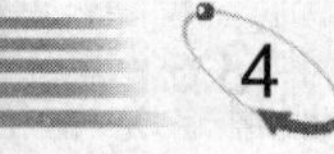

表中必须包含哪些内容？这些报表必须要一个特定的格式吗？必须要生成相似的报表以提供给其他一些政府部门或者大学的院系部门吗？需要准备报表以邮寄给每个学生吗？计算机中的学生记录文件必须要更新吗？

在问题的需求规格说明完备以前，可能还会需要额外的信息。有哪些硬件和软件资源可用？性能需求如何？例如，需要什么样的反应时间？软件运行于其中的应用的关键性程度如何？如果要求提供无故障性能要求，那么软件必须带有正确性证明吗？软件以什么样的频率被使用？用户会是有经验的老手还是没有经验的新手，如果是新手，软件必须界面特别友好并且特别健壮吗？

对某些问题，必须根据计算机解决方案的可行性来做出决定。设计一个在给定输入上执行所要求的处理以获取期望的输出的软件是否可能？如果可能，那么这是经济可行的吗？如果以人工方式来解决问题是否更好？这个软件需要多长时间才可用？它的预期的生命周期是多长？

如果计算机辅助解决方案被决定是可能的而且是划算的，那么问题的需求规格说明就变成了指导软件开发的蓝图，并且是用来检查最终的产品是否确实解决了问题的标准或者说基准。因此，这个需求规格说明必须是完整的、一致的，并且是正确的。

当按照合同为一个公司或者机构开发软件时，有可能会有必要争论软件确实是（没有）按照需求规格说明中所描述的那样工作的，而且这种争论有可能是在法庭上进行的。在这种情况下，需求规格说明必须被陈述得非常准确，因此，一系列的**形式化方法**，例如 Z，VDM（维也纳开发方法，Vienna Development Method），以及 Larch，被开发出来制定需求规格说明。这些方法通常会在更高级的软件工程课程中学习，而在本书中，问题的需求规格说明会在一定程度陈述得不那么形式化。

1.2 设计

当给定一个问题的需求规格说明以后，就必须制定一个计划来开发解决这个问题的一个程序或者一个由模块、库和程序构成的系统。这个设计阶段是整个软件开发过程中最具挑战性的一个阶段。因为计算机并没有天生的解决问题的能力，在计算机的帮助下制定一个解决问题的计划需要程序员的想象力和创造力。在过去一段时间里有不同的设计方法被开发出来，这里将阐述其中的两种：自顶向下设计和面向对象设计（*OOD*）。每种方法中的主要思想都是**模块化**，也就是，分别考虑问题的不同方面，然后再将这些方面结合在一起解决原始的问题。它们的区别在于如何实现模块化。

1.2.1 自顶向下设计

在入门性质的程序设计课程中编写的程序很少超过数百行，而实际应用中开发的软件常包括成千上万行的代码，在某些情况下，还可能达到数百万行。[①]在开发这样的系统时，

① Windows 2000 和 Red Hat Linux 被估计有超过 3 千万行代码，而 Debian Linux 估计有超过 5 千万行代码。在通用汽车，估计检查并修正了超过 20 亿行和 2000 年问题有关的代码。

通常不可能在一开始就看清楚或预见到整个问题的一个完全解决方案。

一种流行的处理这种问题的方法是**自顶向下**，这种方法将原始问题划分成更简单的子问题，每个子问题可以被单独考虑。一些或全部这些子问题可能仍然相当复杂，这个模块化的过程可以重复地应用到这些子问题上，直到所获得的子问题都能够被解决为止。这些问题的解决方案就组成了解决原始问题的系统。

作为一个简单的说明，再次考虑图 1.3（b）中的财政补助问题。回忆一下，由奖学金和财政补助办公室副主任提出的对问题的陈述相当的含糊，仅仅提到了必须维护所有当前接收财政补助的学生的精确记录，以及必须向 FFAO（Federal Financial Aid Office，联邦财政补助办公室）提交正规报表。

这个大问题的一些很明显的子问题如下：

（1）获取学生记录。

（2）处理这些记录。

（3）准备报表。

我们可以使用图 1.4 中的结构图刻画这个模块化过程。

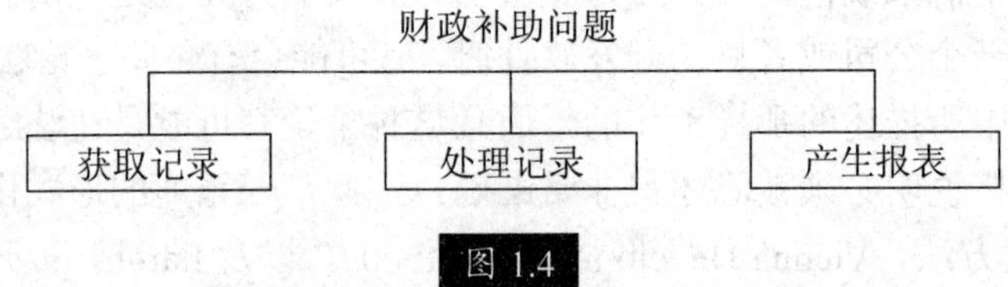

图 1.4

典型地，这些第一层子问题中的某个或某些仍然很复杂，所以必须被再划分成更小的子问题。例如，在和奖学金以及财政补助部门的职员商量之后，我们可以发现有一些所需的信息来自于财政补助办公室维护的学生记录，而其他信息来自注册办公室的学生记录。所以第一个问题被划分成两个子问题。相似地，处理记录问题也可以被分成三个子问题：提取一个学生的财政补助记录，从用户那里读取对这个记录的更新，以及接着修改这个记录，如图 1.5 所示。

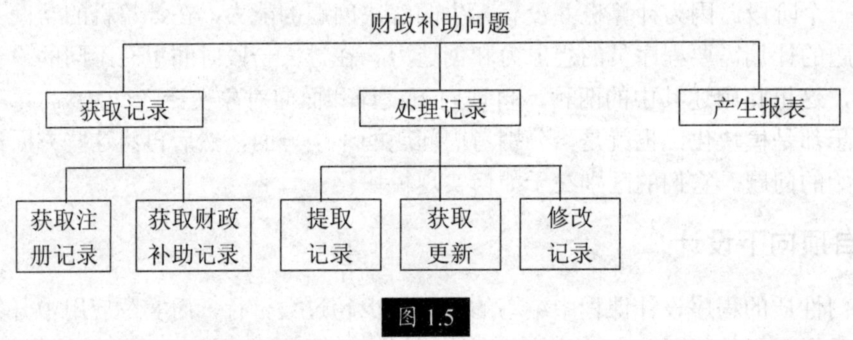

图 1.5

当然，部分或所有这些第二层的子问题还可以被划分成更小的子问题。例如，修改一个记录可能牵涉到在一系列记录中查找这个记录，接着使用用户输入的更新信息来修改这个记录，如图 1.6 所示。

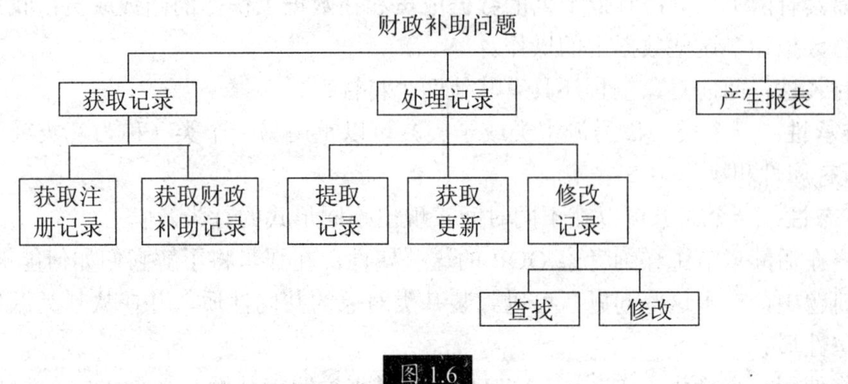

图 1.6

可以为更多层的精化持续这个过程，直到每个子问题都足够简单，为它设计一个解决方案是相当地容易和直接。这个解决方案由数据的存储结构和处理数据的算法构成。例如，对于查找问题，待查找的学生记录集合可以被存储在一个数组中，并且按照这些记录中的关键字段（例如，学生的身份标识号码）升序排列，而算法可以是每个程序员的工具箱中都有的标准折半查找算法（参见 1.4 节）。

1.2.2 面向对象设计

另一种随着面向对象编程的普及越来越普遍的设计方法是**面向对象设计**（OOD）。自顶向下设计主要关注解决问题必须执行的任务以及执行这些任务的算法，与之相比，OOD 主要关注问题中的“实际对象”。

这里模块化主要是通过确认一系列的**对象**来实现的，每个这种对象都是由数据和在数据上的操作构成的，可以建模实际对象，并互相交互从而解决问题。例如，在图 1.3 的财政补助问题中，一个中心对象是财政补助奖金。它可以由下面的数据项构成：数额、来源（例如，奖学金、捐赠、贷款等）、接收这个奖的资格、颁发这个奖的时间长度，如此等等。而操作可以包括提取数额、来源、资格、时间区间；显示数额、来源、资格、时间区间；修改数额、来源、资格、时间区间。另一个中心对象是由财政补助办公室维护的学生记录。它可以存储一个学生的相关信息，例如，身份标识号码、姓名、地址、年级以及所获得的一个或多个财政补助奖金。在这个数据上的操作可以包括提取并显示身份标识号码和学生的名字，提取并显示财政补助奖金，修改这些奖金，添加新的财政补助奖金，删除某些财政补助奖金，如此等等。还有一个对象是由注册办公室维护的学生记录；它也具有特定的数据成员和操作。

同一类型的对象的集合被称为一个**类**，每个特定的对象被称为这个类的一个**实例**。例如，财政补助奖金集合构成了一个类，可以称之为 FinancialAidAward，而每个特定的财政补助奖金都是这个类的一个实例。相似地，所有的学生财政补助记录构成了一个类，可以称之为 StudentAidRecord；Mary Doe 的财政补助记录是这个类的一个实例。而注册办公室的学生记录构成一个类，可以命名为 StudentRegistratrionRecord。

在面向对象设计和编程中，单词对象指类的一个实例；即，一个类型为某个类的实体。

每个对象都具有两个部分：存储数据的**数据成员**和在数据上操作的**函数成员**；我们称对象封装了它的数据和在这些数据上的操作。

除了封装性，面向对象编程还具有其他两个特性：

■ **继承性**：一个类（称为派生类或子类）可以重用另一个类（称为基类或父类）的所有属性和操作。

■ **多态性**：一个对象可以在不同时间表现出不同形式的行为。

我们将在后续章节中详细考察 OOP 的这些属性，在那里将了解它们如何能够将 OOP 扩展到大问题中，对于这些问题，可以封装基类对象的共同性质，并在从基类派生出的类中重用这些性质。

我们将使用一个简化的 FinancialAidAward 类来说明封装性。每个 FinancialAidAward 对象将具有两个数据成员，将它们命名如下：

■ 一个实型值 amount。

■ 一个文本串 source。

它还具有执行前面列出的操作的函数成员：

■ getAmount()：访问 amount 数据成员，返回存储在那里的实型值。

■ getSource()：　访问 source 数据成员，返回存储在那里的文本串。

■ display()：在屏幕上显示存储在 source 和 amount 数据成员中的值。

■ setSource()：修改 source 数据成员。

■ setAmount()：修改 amount 数据成员。

（在函数成员的名字中使用圆括号以将它们和数据成员区分开来。）我们可以使用如下的一幅图刻画一个 FinancialAidAward 对象。

FinancialAidAward
amount *source*
getAmount() *getSource*() *display*() *setAmount*() *setSource*()

上图是**通用建模语言**（**Unified Modeling Language，UML**）中使用的**类图**的一个简单形式，UML 是一种在面向对象设计中使用的可视化建模语言，它正变得越来越流行。[①]注意类的名字位于最顶层的部分，数据成员位于第二部分，而函数成员位于第三部分。

在 UML 中，还可以在一个类图中提供关于这个类的数据成员的更多信息，例如

■ 它们是否是

公有的（+）：在类的内部和外部都可以访问它们。

---

① UML 起源于 Grady Booch，James Rumbaugh 和 Ivar Jacobsen 的工作，他们在 1980 年～1994 年之间都是独自工作的。在 1994 年“三个朋友”都加入到 Rational 软件公司，联合起来工作，在那里他们继续开发这种语言。

私有的（–）：只能在类的内部访问它们。

■ 它们的类型（包括整数、浮点数、字符串以及布尔型）。

■ 一个默认值。

关于每个函数成员的更多信息也可以被包含进来：

■ 对它的访问类型：公有的或私有的（如对数据成员的描述）。

■ 函数的形参以及形参的类型。

■ 函数的返回类型（如果它返回一个值）。

例如，FinancialAidAward 类的一个更完善的类图如图 1.7 所示。在图中还给出了 StudentAidRecord 的类图。箭头表示一个 StudentAidRecord 包含一个 FinancialAidAward 对象数组。在本书中，将使用类似于这些 UML 类图的图形来定义 ADT（抽象数据类型）。

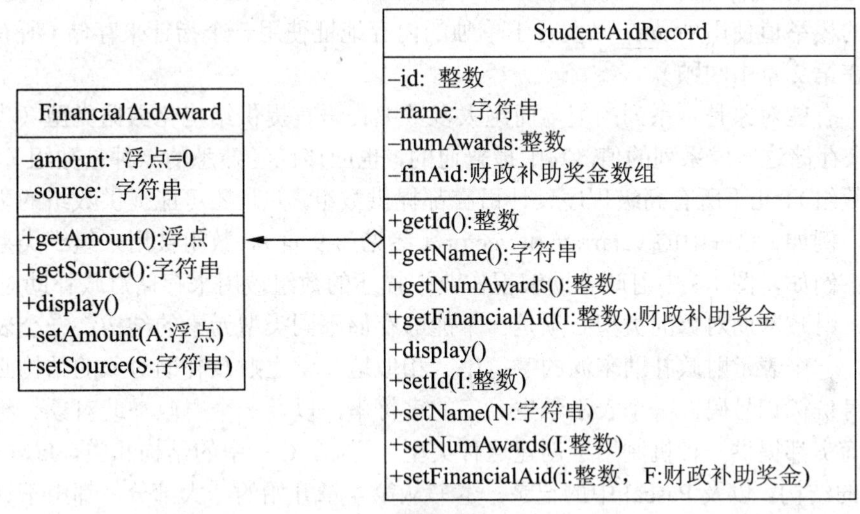

图 1.7

除了类图以外，UML 还提供其他的图形元素来描述面向对象设计，包括

■ 对象图：表示类的实例。

■ 使用情况图：从用户角度描述系统的行为。

■ 状态图：说明系统可能处于的不同状态，以及从一个状态向另一个状态的转移。

这些元素和其他图形元素组合起来提供被设计系统的图形集合。

WWW 因为本书主要关注抽象数据类型以及使用数据结构实现它们，而不是设计大型系统，所以我们将把对 UML 特性的详细学习留给软件工程课程（参见本书的 Web 站点以获取更多关于 UML 信息的一些来源）。

1.2.3 小规模设计

对于通常在程序设计入门课程中布置的编程项目这样的小规模问题，可以使用类似于对大规模问题所描述的方法来设计解决方案。像自顶向下设计所产生的模块化包括确认执行特定任务的程序单元，例如 C++的函数，以及使用某些高层的程序单元控制它们的执行，并使得 main 函数位于最顶层。

这里假设这些工作已经被完成了，希望设计一个子程序（一个 C++函数，一个 Java 方法，一个 Fortran 子例程，一个 Pascal 过程等）来解决一个小问题。特别地，将考虑图 1.3（a）中的编程作业，其中要设计一个 C++函数来修改学生财政补助记录。我们的方法属于关注问题对象的一类，如面向对象设计所做的。

数据类型 问题中每个数据元素的最重要的属性就是它的**类型**，这决定了它可以具有什么样的值，可以对它进行什么样的操作，以及这些操作将产生什么样的结果等。在你的第一个程序设计课程里，将学习这个程序设计语言中所提供的用于单独实体的**简单数据类型**。例如，在 C++中，对于 123 这样单独的整数使用 int（或者它的变形，例如 unsigned、short int 以及 long int）；对于 3.1415926535898 这样单独的实数值使用 double（或者 float、long double）；对于'A'这样单个字符使用 char；对于 true 或者 false 这样单独的逻辑值使用 bool；对于单独的枚举值使用 enum；以及对于单独的内存地址使用一个指针来存储（所有这些数据类型将在第 2 章中回顾）。

不过，有些对象是一系列的值，而绝大多数编程语言提供**结构化数据类型**（也称为**数据结构**）来存储这些成系列的值。其中最普通的，也应该已经熟悉的一种是**数组**（将在 3.2 节中回顾数组）。几乎所有高级程序设计语言都提供数组，并且还可能提供数组的更加现代化的扩展，例如，C++中的 valarray 和 vector（参见第 9 章）。数组被用来组织类型相同的数据元素；例如，图 1.3 中财政补助编程作业中描述的数组被用来存储财政补助对象。

然而，财政补助对象的类型必须是一个能够存储不同类型元素的结构：一个表示数额的实型值，一个表示财政补助来源的字符串。相似地，学生财政补助对象的结构必须存储一个整数身份标识号码，一个表示学生名字的字符串，以及一个财政补助对象。绝大多数编程语言确实都提供一种机制用于创建这种类型。例如，C++中的结构和类，Java 中的类，Fortran 中的结构，以及 Pascal 中的记录。本书从第 4 章开始的一大部分，都用于详细学习如何设计和创建这些类型（被称为抽象数据类型（ADT））以及如何使用 C++中提供的数据类型来实现它们。

算法

在设计过程中，除了对象的数据成员，还必须考虑在这些数据上的操作。例如，对于财政补助问题，我们确认出的操作包括提取财政补助来源和数额，设置来源和数额为某个特定值，以及显示财政补助。在 1.3 节中将看到如何使用预定义的 C++操作将这些操作简单地实现为类的函数成员。

其他操作将需要一些更多的工作。例如，图 1.3（a）中编程作业的另一个操作是更新学生财政补助记录数组。因为这不是 C++中的一个预定义的操作，所以不得不自己实现这个操作，也就是设计一个函数来执行它。

在 1.1 节中我们为这个函数形成了一个需求规格说明，规定了这个函数的目的，在函数使用之前必须具有的前置条件，以及函数必须产生的结果的后置条件。下面必须开发一个操作序列，称为一个**算法**，来产生这个结果。例如，下面是更新学生财政补助记录算法的第一个版本：

对于每个学生财政补助记录，做以下工作。

（1）对于这个记录中的每个 numAwards 财政补助奖金，做以下工作：

① 令 aid = 下一个财政补助奖金。

② 令 newAmount = 存储在 aid 的 amount 数据成员中的值。

③ 将(百分比) × newAmount 添加到 newAmount 上。

④ 修改 aid 的 amount 数据成员的值为 newAmount。

（2）将这个记录中的财政补助奖金修改为 aid。

如将在 1.3 节中看到的，算法的这些步骤中的每一个操作都可以使用 C++操作实现。

算法 + 数据结构

我们看到数据和数据上的操作都是对象的组成部分并且是不可分割的。换句话说，也就是数据被组织的方式以及实现在数据之上操作的算法是不可避免的被联系到一起的；没有哪个可以不依靠另一个而被实现的。多年以前，Niklaus Wirth，Pascal 语言的创始人，在给他的一本书起名时意识到了这一点：算法 + 数据结构 = 程序。

算法这个词是从阿拉伯数学家 AbuJa'far Mohammed ibn Musa al Khowarizmi (C.A.D.825)的名字衍生而来，这位数学家编写了一本书来阐述使用印度数字进行计算的过程。在现代的说法里，这个词演变成表示"一步一步的解决问题或者取得某个结果的过程。"但是，在计算机科学里，术语算法指的是可以被计算机执行的一个过程，并且这个要求强加了一些额外的限制在组成这些过程的指令上：

- 它们必须是确定的并且无二义性的，这样就很清楚地知道每个指令要求完成些什么。
- 它们必须简单到足以被计算机所实现。
- 它们必须使得算法在有限步操作之后终止。

考虑到前两条要求，无二义性和简单性，算法通常以类似计算机程序的形式来描述，这样就可以很容易的将算法的每个步骤实现为一条计算机指令或者一系列的计算机指令。因此，算法通常使用**伪代码**来编写，一个伪代码程序设计语言是自然语言、符号、术语以及通常使用在一种或多种高级程序设计语言中的一些特性的混合。因为没有标准的语法，一个程序员和另一个程序员使用的伪代码是不同的，但是典型的伪代码都包含以下特性：

- 基本的算术运算使用常用的计算机符号+、–、*和/。
- 使用符号化的名字（标识符）来表示被算法处理的量。
- 使用一些规定来表示注释。例如，按照 C++的习惯，将注释包围在一对诸如/*和*/之类的特殊字符中。
- 允许高级语言中通用的关键词。例如，输入操作使用 read 或 enter；输出操作使用 display、print 或者 write；选择结构使用 if 和 else；循环结构使用 for 和 while。
- 使用缩进来安排指令块。

算法的最后一个属性要求一个算法最终必须终止。例如，如果一个算法包含一系列在某个条件为真时要重复运行的语句，那么这些语句必须最终能使得这个条件为假，从而循环能够结束。还有，当一个算法结束时，很显然地我们希望它能够产生所需要的结果。这样，除了说明一个给定的算法将会结束以外，还有必要验证其正确性（参见 10.6 节）。

由经验知道，仅仅简单的知道一个算法会结束是不够的。例如，一个需要 2^n 个操作来调度 n 个事件的调度算法对于很大的 n 值来说最终仍将会结束，但是由于需要太多的时间，会变的没有任何实际的价值。因此，有用的算法必须在某个合理的时间内结束。

还有，对于同一个问题，我们有可能不得不在两个或者多个表现不同的算法之间做出选择。作为一个简单的说明，考虑编写一个函数，这个函数接收一个整数 n，接着计算并返回 $1+2+\cdots+n$ 的值。下面是这个函数的一个算法：

 算法 1

（1）接收一个整数到 n 中。

（2）初始化 sum 为 0。

（3）对于 1～n 内的每个整数 i：

将 sum+i 赋予 sum。

（4）返回 sum 的值。

另一个算法基于一个众所周知的数学上的求前 n 个正整数的和的公式：[①]

$$1+2+3+\cdots+n=\frac{n\times(n+1)}{2}$$

算法 2

（1）接收一个整数到 n 中。

（2）返回 $\frac{n\times(n+1)}{2}$ 的值。

第二个算法优于第一个，因为它可以在更短的时间里解决同一个问题。例如，要计算从 1～1000 的整数的和，算法 1 必须重复步骤（3）里的循环 1000 次，这意味着它必须执行 1000 次加法，1000 次赋值，1000 次 i 增 1，以及 1000 次 i 和 n 的比较，总共是 4000 个操作。对于任意一个 n 值，则需要 $4n$ 个操作。我们说算法 1 执行的操作数量随着 n 的值线性增长，并且使用**大-*O* 符号**表示，称算法 1 的增长率是 $\boldsymbol{O(n)}$。相比较而言，算法 2 只执行 1 次加法，1 次乘法以及 1 次除法，总共 3 次操作，而不管 n 的值是多少。这样，不论 n 的值是什么，算法 2 所需的时间都是常量。我们说它的计算时间是 $\boldsymbol{O(1)}$。

这是对计算机科学中一个称为算法分析的重要领域的第一瞥，和大-*O* 表示一起，我们将在第 10 章里更加仔细地研究算法分析。

如果算法具有良好的结构，那么对它们以及对根据它们来实现的程序的分析和验证将

---

① Carl Friedrich Gauss（1777 年-1855 年），有史以来最伟大的数学家之一，在他七岁时使用这个公式解决了一个问题，从而令他的老师非常惊奇。某天中学里的学生们被要求（或许是作为惩罚）计算从 1～100 的整数的和。Gauss 几乎是立刻就得出了正确的答案（5050），这也许是通过观察将和的计算向前写，然后再向后写得到的：

$$\text{sum}=1+2+3+\cdots+98+99+100$$
$$\text{sum}=100+99+98+\cdots+3+2+1$$

接着将这两个等式中相应的项相加得到

$$2\times\text{sum}=101+101+101+\cdots+101+101+101$$

这样，$\text{sum}=\frac{100\times101}{2}=5050$。一个相似的方法给出了通用的公式。

会变得非常容易。如果说算法是良构的，那么表示它们是使用下面 3 种基本的控制结构来设计的：

（1）顺序：所有步骤都是按照严格的顺序方式执行的。

（2）选择：多个候选动作中的一个被选择并被执行。

（3）循环：一个或者多个步骤被重复的执行。

这 3 种控制机制的每一个都是非常简单的，但是如果组合到一起将会足够地强大，以至于任何算法都可以使用它们来构建。只使用这 3 种控制结构的算法被称为**结构化算法**。

结构化算法将更加地具有可读性和可理解性，从而能够比非结构化的算法更加容易地被分析和验证。要说明这一点，考虑下面的非结构化算法：

算法（非结构化的版本）

/*　读取并统计由不同数字构成的三元组，并打印每个三元组中最大的数的算法。*/

（1）初始化 count 为 0。

（2）读取一个三元组 x，y，z。

（3）如果 x 是数据结束标志，则转向步骤（14）。

（4）count 增 1。

（5）如果 $x>y$ 则转向步骤（9）。

（6）如果 $y>z$ 则转向步骤（12）。

（7）显示 z。

（8）转向步骤（2）。

（9）如果 $x < z$ 则转向步骤（7）。

（10）显示 x。

（11）转向步骤（2）。

（12）显示 y。

（13）转向步骤（2）。

（14）显示 count。

图 1.8（a）生动地显示了这个算法的“意大利面条式逻辑”。

相比较而言，考虑下面结构化的算法。图 1.8（b）展示了其逻辑流图的清楚和简单优雅。

算法（结构化版本）

/*　读取并统计由不同数字构成的三元组，并打印每个三元组中最大的数的算法。*/

（1）初始化 count 为 0。

（2）读取第一个数字三元组 x，y，z。

（3）while x 不是数据结束标志时做以下工作：

　① count 增 1。

　② 如果 $x > y$ 并且 $x > z$ 则显示 x。

　　否则，如果 $y > x$ 并且 $y > z$ 则显示 y。

否则，显示 z。

③ 读取下一个三元组 x，y，z。

End while

（4）显示 count。

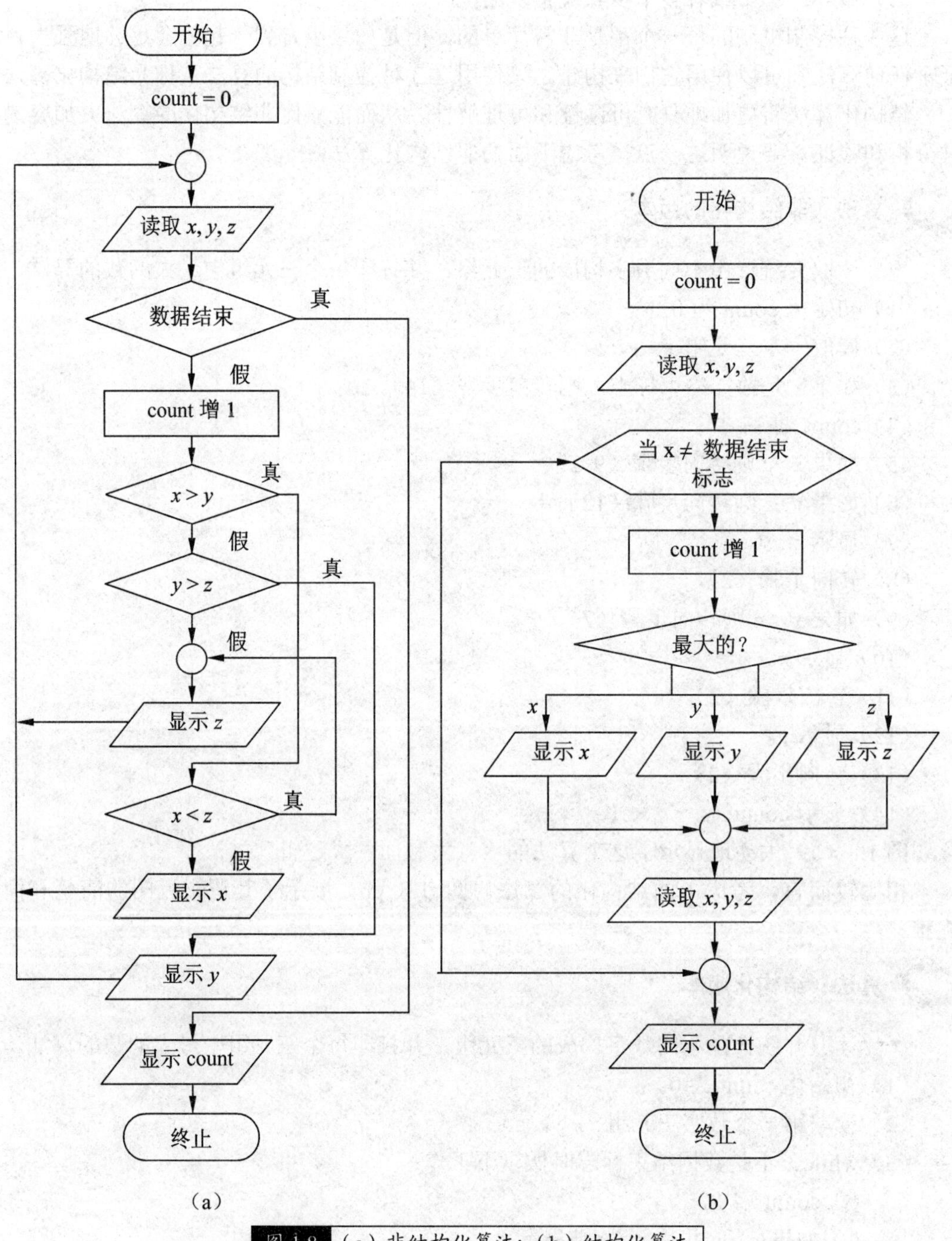

图 1.8 （a）非结构化算法；（b）结构化算法

1.3 编码

编码是使用一些编程语言，例如 C++，来实现设计的过程。如果设计阶段是仔细小心地进行的，那么这个翻译过程的某些部分常可以近乎自动地进行。

要作出的第一个决定是选择使用哪一种编程语言。这显然取决于对程序员来说有哪些语言可用以及他（她）能够使用哪一种语言。另外，问题具有的特点可能使得一种语言比另一种更加合适一点。在本书中将使用 C++。程序 1.1 给出了一个实现图 1.3（a）中财政补助编程赋值算法的 C++程序。[①]在程序 1.2 中给出了一个测试这个函数的程序。

程序 1.1　财政补助更新函数

```
#include <cassert>

void updateFinancialAid(int numRecords, StudentAidRecord studentRecord[],
                        double percent)
/*------------------------------------------------------------------------
将存储在一个学生财政补助记录数组中的所有财政补助奖金
都增加一个给定百分比的量

前置条件：numRecords > 0 和 percent > 0 被表示为一个十进制数
后置条件：finAidArray 中的每个记录都被修改，其中的每个财政
        补助奖金都增加了一个给定百分比的量
------------------------------------------------------------------------*/
{
  assert (numRecords > 0 && percent > 0);
  for (int record=0; record < numRecords; record++)
  {
    int awardCount=studentRecord[record].getNumAwards();
    for (int count=0; count < awardCount; count++)
    {
      FinancialAidAward aid=studentRecord[record].getFinancialAid(count);
      double newAmount=aid.getAmount();
      newAmount += percent * newAmount;
      aid.setAmount(newAmount);
      studentRecord[record].setFinancialAid(count, aid);
    }
  }
}
```

① 如果对本节中 C++代码的某些部分不熟悉或不清楚，请参见附录 C 中基本 C++特性的总结。

程序 1.2　测试财政补助更新函数的驱动程序

```
//--  测试 updateFinancialAid()函数的驱动程序
#include <iostream>
#include <string>
using namespace std;
#include "FinancialAidAward.h"        // 财政补助奖金
#include "StudentAidRecord.h"         // 学生财政补助记录

//-- updateFinancialAid()的原型;  它定义在 main()函数后面

void updateFinancialAid(int numRecords, StudentAidRecord studentRecord[],
                        double percent);

int main()
{
  const int NUMBER_OF_RECORDS=3;
  StudentAidRecord arr[NUMBER_OF_RECORDS];
  double percent=.10;
  int id, awards;
  string name, source;
  double amount;
  for (int i=0; i < NUMBER_OF_RECORDS; i++)
  {
    cout << "\nEnter student's id, name: ";
    cin >> id;
    getline(cin, name);
    arr[i].setId(id);
    arr[i].setName(name);
    cout << "Enter number of awards for " << id << ": ";
    cin >> awards;
    arr[i].setNumAwards(awards);
    for (int a=0; a < awards; a++)
    {
      cout << "Award " << a+1 << "'s amount and source: ";
      cin >> amount;
      getline(cin, source);
      FinancialAidAward finaid(source, amount);
      arr[i].setFinancialAid(a, finaid);
    }
  }
  updateFinancialAid(NUMBER_OF_RECORDS, arr, percent);

  cout << "\nUpdated Financial Aid Records:"
```

```
    "\n===============================" << endl;
  for (int i=0; i < NUMBER_OF_RECORDS; ++i)
  {
    arr[i].display();
    cout << endl;
  }
}

//-- 在这里插入程序 1.1 的内容
```

运行跟踪:

```
Enter student's id, name: 12345 John Doe
Enter number of awards for 12345: 1
Award 1's amount and source: 5000 Merit Scholarship

Enter student's id, name: 22222 Mary Smith
Enter number of awards for 22222: 2
Award 1's amount and source: 1200 Grant in Aid
Award 2's amount and source: 3000 Presidential Scholarship

Enter student's id, name: 31416 Peter Pi
Enter number of awards for 31416: 3
Award 1's amount and source: 1000 Grant in Aid
Award 2's amount and source: 1200 Loan
Award 3's amount and source: 2500 Computer Science Prize

Updated Financial Aid Records:
======================
12345   John Doe
 Merit Scholarship: $5500

22222   Mary Smith
 Grant in Aid: $1320
 Presidential Scholarship: $3300

31416   Peter Pi
 Grant in Aid: $1100
 Loan: $1320
 Computer Science Prize: $2750
```

在这个例子中，FinancialAidAward 是程序 1.1 和程序 1.2 中的**类库**所定义的类。**头文件** FinancialAidAward.h 存储着类声明，包括公有函数成员声明（原型）和私有数据成员的声明。**实现文件** FinancialAidAward.cpp 存储着函数成员的定义。相似地，

StudentAidRecord 是在 StudentAidRecord.h 中声明的类，其函数成员的定义在 StudentAidRecord.cpp 中。这些文件可以在本书的 Web 站点找到。我们将在第 4 章中详细学习 C++的类，但是这里还是包括了代码，以提供给那些已经学习过类的读者，并为那些还没有学过类的读者提供类的一个预览。[①]

程序 1.3 FinancialAidAward 类的头文件

```
/*- FinancialAidAward.h ---------------------------------------------------
  建模学生财政补助记录的类 FinancialAidAward 的类库的头文件
 -----------------------------------------------------------------------*/

#ifndef FINAIDAWARD
#define FINAIDAWARD

#include <string>

class FinancialAidAward
{
 public: //  函数成员

   //-- 构造函数
   FinancialAidAward();
   /*---------------------------------------------------------------------
     默认的构造函数
     前置条件：无
     后置条件：创建了一个 FinancialAidAward 对象，它的 idNumber 为 0，name 和 source
              是空字符串，amount 为 0
   -------------------------------------------------------------------*/

   FinancialAidAward(string src, double amt);
   /*---------------------------------------------------------------------
     显式值构造函数
     前置条件：id > 0 并且 amt >= 0
     后置条件：创建了一个 FinancialAidAward 对象，它的 idNumber=id, source=src,
              amount=amt
   -------------------------------------------------------------------/*

   //-- 访问函数
   double getAmount() const;
   /*---------------------------------------------------------------------
```

① 这个定义是为了反映类定义的结构和形式，你可能已经在第一门编程课程中看到过，但是与能做到的相比，这个设计并不好，也不够高效。我们将从第 4 章开始说明如何改进 C++的类定义。

```
    后置条件：存储在 amount 中的值被返回
  ----------------------------------------------------------------------/*

  string getSource() const;
  /*----------------------------------------------------------------------
    后置条件：存储在 source 中的值被返回
  ----------------------------------------------------------------------*/

//-- 输出
  void display() const;
  /*----------------------------------------------------------------------
    前置条件：    无
    后置条件：    FinancialAidAward 对象被输出到 cout
  ----------------------------------------------------------------------/*

  //-- 更动函数
  void setAmount(double newAmount);
  /*----------------------------------------------------------------------
    前置条件：    newAmount >= 0
    后置条件：    amount 被修改为 newAmount
  ----------------------------------------------------------------------*/

  void setSource(string newSource);
  /*----------------------------------------------------------------------
    前置条件：无
    后置条件：source 被修改为 newSource
  ----------------------------------------------------------------------/*

 private:                  // 数据成员
  string source;           // 财政补助的来源
  double amount;           // 财政补助的数量
};                         // 类声明结束

#endif
```

程序 1.4　FinancialAidAward 类的实现文件

```
/*- FinancialAidAward.cpp ----------------------------------------------
  建模学生财政补助记录的类 FinancialAidAward 的类库的实现文件
  ----------------------------------------------------------------------/*

#include <iostream>     // cout
#include <string>       // string
```

```
#include <cassert>      // assert
using namespace std;

#include "FinancialAidAward.h"

//-- 默认的构造函数
FinancialAidAward::FinancialAidAward()
: source(""), amount(0)
{ }

//-- 显式值构造函数
FinancialAidAward::FinancialAidAward(string src, double amt)
{
   assert(amt >= 0);  // 检查前置条件
   amount=amt;
   source=src;
}


//-- 访问函数
double FinancialAidAward::getAmount() const
{ return amount; }

string FinancialAidAward::getSource() const
{ return source; }

//-- 输出
void FinancialAidAward::display() const
{
   cout << source << ": $" << amount;
}

//-- 更动函数
void FinancialAidAward::setAmount(double newAmount)
{
  assert(amount >= 0);
  amount=newAmount;
}

void FinancialAidAward::setSource(string newSource)
{ source=newSource;}
```

不论使用什么语言，源代码应该是正确的、可读的和可理解的。在这 3 个属性中，正确性显然是最重要的。不论一段代码具有其他什么品质，它具有良好的结构，有很好的说明文档，看起来很漂亮等。如果它不能产生可靠的结果，那么它将是没有任何价值的。因此代码测试在软件开发中是一个重要的步骤，这将在 1.4 节中详细的论述。

对于编程初学者来说，欣赏其他一些性质，即养成良好的能够形成可读、可理解的代码的编程习惯的重要性往往是很困难的。如我们在 1.1 节中提到的，他们之所以感到困难，是因为在学院环境下的程序开发往往和实际环境下的开发有着很大的不同，在实际环境下，编程风格和形式是很关键的。学生编写的程序，子程序和库往往都很小（通常少于几百行源代码）；只会执行和修改几次（一旦他们把这些交给老师以后，就几乎再也不会运行和修改了）；很少会被学生以及他们的指导老师之外的其他人仔细检查；并且在开发时不会有预算的限制。可是在另一方面，实际使用中的软件可能是非常庞大的（在某些情况下可以达到数百万行代码）；可能是由程序员小组来开发；通常需要使用很长一段时间，因而如果要保持其符合时代要求和正确性，就需要进行维护；并且常常是由最初的程序开发人员以外的其他人员来维护的。随着硬件代价继续下降而程序开发的代价继续上升，减少这些维护的代价的重要性以及相应的编写易读、易理解代码的重要性也继续上升。

大量的编程实践对于开发正确的、可读的和可理解的代码作出了贡献。由于良好的编程习惯是基本的必要，我们在这再次回顾这些方针。一个原则就是：

程序和子程序必须具有良好的结构。

下面的方针在这方面将是非常有用的：

- 对于一个复杂的问题要采用模块化的方法。不要编写一个很庞大的程序，而是开发单独的模块（类、子程序、库）来处理问题的一个部分，并且这些模块都相当短小并且是自包含的。
- 在编写实现操作的代码时使用基本的控制结构——顺序、选择和循环。任何程序单元都可以仅仅使用这些结构来编写。这些结构应该被组合起来以形成嵌套的代码块，这些代码块只能从顶部进入，并且通常只有一个出口。C++中提供的控制结构有：
  - 顺序：**块**，也称为**复合语句**，由花括号（{和}）括起来的一个语句序列组成。
  - 选择：**if** 和 **switch** 语句。
  - 循环：**for**、**while** 和 **do-while** 语句
- 在子程序中使用局部变量。仅仅在一个子程序中使用的变量应该在这个子程序中声明。例如，程序 1.1 的函数 updateFinancialAid()中的变量 newAmount 是在函数体中定义的，因为只在计算新的财政补助数量时用到这个变量。只有在这个函数被执行时它才存在，因此只能在这个函数体中访问它。
- 使用形参向子程序传递信息以及从子程序得到信息。避免为此目的使用**全局变量**，全局变量在所有子程序的外面定义，因为从声明它们的地方直到包含它们的文件的结尾都可以访问它们。尽管它们提供了一种向子程序中传递信息以及从子程序

得到信息的简单途径，但是这将摧毁子程序的独立性。在程序中某一个点往往很难判断一个全局变量的值，因为它有可能被任何一个程序单元所修改。

- 确保应该保持不变的实参不被子程序以未预期的方式所修改。例如，将一个实参和一个引用形参相关联，将使得一个子程序能够修改这个实参的值。再如，程序1.1 的函数 updateFinancialAid()中，numRecords 和 percent 是**值参**，它们存储的是对应实参的值。相比而言，数组形参自动是**引用形参**；这样，修改函数中的 finAidArray，也将修改对应的数组实参。在一个引用形参声明的前面添加关键字 const 将使它称为一个**常引用形参**，这能防止函数对它的修改（参见附录 C 关于形参的更多信息）。
- 对于任何在程序的后续版本中可能被修改的常量值使用符号常量，而不要使用字面常量。这还可以增强可读性。例如，下面的语句违反了"Houdini 原则"，因为它允许数字可以没有任何解释地突然增长，几乎就像变魔术一样：

```
popChange=(0.1758 - 0.1257) * population;
```

字面常量 0.1758 和 0.1257 应该被常量标识符（或者是其值在执行期间被读取或赋予的变量）所取代，如下：

```
const  double   BIRTH_RATE=0.1758
                DEATH_RATE=0.1257
  ⋮
popChange=(BIRTH_RATE - DEATH_RATE) * population;
```

第二个赋值语句就比第一个更加可读一些。另外，如果必须改变这些数，则只需要改变 BIRTH_RATE 和 DEATH_RATE 的定义，而不需要费劲地搜索整个程序来定位它们的出现之处。

相似地，在一个程序中使用

```
FinancialAidAward finAidRecords[100];
```

定义一个数组 finAidRecords 来更新 100 个财政补助记录并不是一个好的编程习惯。如果这个程序需要处理 250 个记录（或任何不同于 100 的数字），那么我们必须修改这个定义中的常量 100，以及所有其他使用常量 100 的语句：

```
for (int i=0; i < 100; ++i)
    // 处理 finAidRecords[i]
```

作为替代，应该命名这个常量

```
const int NUMBER_OF_RECORDS=100;
```

并在整个程序中使用这个名字：

```
FinancialAidAward finAidRecords[NUMBER_OF_RECORDS];
```

```
    for (int i=0; i < NUMBER_OF_RECORDS; ++i)
  // 处理 finAidRecords[i]
```

以后对数组大小的修改只需要对程序作出一处改动：

```
const int NUMBER_OF_RECORDS=250;
```

C++的 climits 和 cfloat 库分别包含了和基本整数以及实数数据类型相关联的不同常量的定义，这些常量都是和机器相关的。例如，在某些版本的 C++中，最大的 int 型值可能是 $2^{15}-1=32767$，而在另一些版本的 C++中这可能是 $2^{31}-1=2147483647$；使用 climits 库中的常量标识符 INT_MAX 将为被使用的版本选择正确的值（参见附录 C 以获取关于这些 C++库的更多信息）。

- 尽可能的做到简单性和清晰性。应该避免使用仅仅是为了演示程序员的天才或者产生只能提升一点点效率的代码的技巧。这样做所节省下来的计算时间几乎总是被程序员研究代码上所增长的时间和代价所抵消掉，程序员研究代码的目的是为了更好的理解代码，以便使用和/或修改这些代码。
- 确认一个程序或者子程序所具有的任何前置条件和后置条件，并检查它们。assert()机制来自 C++的 cassert 库，它计算一个布尔表达式并在其为假的时候终止程序的执行，可以被用来检查前置条件和后置条件。例如，在程序 1.1 的 updateFinancialAid()函数中使用语句

```
assert(numRecords > 0 && percent > 0);
```

来保证形参 numRecords 和 percent 所接收的值都是正数。

第二个原则是：

所有的源代码都应该有相应的文档。

特别地

- 每个程序应该包括公开的文档。这是以注释的形式，通常包括以下这些：
  - 说明程序用途的简要描述。
  - 前置条件和其他假设。
  - 程序的输入，它产生的输出，以及后置条件。
  - 关于程序所实现的特殊算法，所使用的类的注释，以及给出额外信息的参考书目和手册。
  - 关于程序员的信息，例如程序员的名字，程序编写的日期，修改的日期（以及在程序设计课程中指导老师所要求的其他信息）。
- 应该为每个子程序加上文档。特别地，子程序应该包括（至少）一个简明的描述来给出它的用途、前置条件和后置条件等。
- 应该使用注释来解释关键的代码段和/或目标或设计不明显的代码段。不过，不要插入不必要的注释而弄乱了代码，例如：

```
counter++;              // counter 增 1
```

通常还有一个惯例是在关键源代码段的前面加入一个开放性的注释，以解释这块代码的作用是什么：

```
// 查找重复的元素，如果能找到，
// 删除第一个元素之后的所有重复元素
```

一些程序员所遵循的习惯是在实现算法的代码中包含这些算法的实际的伪代码描述。

■ 使用有意义的标志符。例如：

```
wages=hoursWorked * hourlyRate;
```

就比

```
w=h * r;
```

或者

```
z7=alpha* x;
```

要清楚得多。在输入源代码时，不要使用“吝啬”的缩写来节省有限的击键。还有，遵循“Shirley Temple 原则”并且避免“聪明的”标志符，例如：

```
bacon_brought_home=hoursWasted * pittance;
```

第三条原则和程序的面貌有关：

源代码应该是美观的；它应该按照一种能增强易读性的风格来安排格式。

特别地，下面是本书中使用的编程风格所具有的一些方针。它们从任何意义上讲都不是标准，并没有被强制要求遵循。最重要的一点在于一个程序员的风格应该保持一致，并且能够增强代码的可读性：

■ 将程序的每条语句放在单独的一行上。

■ 以能够加强程序可读性的方式使用大写和小写字母。在本书中，将使用下面被绝大多数 C++程序员采用的命名惯例：

- 变量和函数的名字使用小写字母，但是将第一个单词之后的每个单词的首字母大写；例如，totalHoursWorked 和 updateFinancialAid()。
- 常量的名字使用大写字母，同时将每个单词使用下划线分隔；例如 TAX_RATE。
- 类型的名字使用小写字母，但是将每个单词的首字母大写；例如 FinancialAid-Award。

■ 缩进并对齐一个语句块内的语句，并对齐括起块的花括号：

```
{
    语句 1
    语句 2
     ⋮
```

```
    语句 n
}
```

■ 两个候选项的 if 语句应该被格式化为：

```
if(布尔表达式)              if (布尔表达式)
    语句 1                  {
else                             语句列表 1
    语句 2                  }
                            else
                            {
                                 语句列表 2
                            }
```

而多个候选项的 if 语句格式化为：

```
if (布尔表达式 1)
    语句 1
else if (布尔表达式 2)
    语句 2
     ⋮
else if (布尔表达式 n)
    语句 n
else
    语句 n+1
```

■ switch 语句应该被格式化为：

```
switch (表达式)
{
    case 列表 1:
            语句列表 1
            break;              // 或 return
    case 列表 2:
            语句列表 2
            break;              // 或 return
             ⋮
    case 列表 n:
            语句列表 n
            break;              // 或 return
    default:
            语句列表 n+1
}
```

将每个语句列表 $_i$ 和 case 列表 $_i$ 放在同一行上也是可以的。

■ for、while 和 do-while 语句应该被格式化为：

```
for(...)                    for(...)
   语句                     {
                                 语句列表
                            }
while(循环条件)             while(循环条件)
   语句                     {
                                 语句列表
                            }

do                          do
   语句                     {
while(循环条件);                 语句列表
                            }
                            while(循环条件);
```

- 当一个语句从一行继续到下一行时，缩进后续的行。
- 对齐在常量和变量声明中的标志符，将它们中的每一个都放置在单独一行上；例如：

```
const    double    TAX_RATE=0.1963,
                   INTEREST_RATE=0.185;

int  employeeNumber;

double  hours,
        rate,
        wages;
```

- 在声明和语句之间以及语句块之间插入空行，从而使得整个程序结构清晰。
- 使用空格分隔一个表达式中的操作符和操作数，从而使得这个表达式易读。例如：

```
cout << "Root is: "
     << (-b+sqrt(b * b - 4 * a * c)) / (2 * a) << endl;
```

就比

```
cout << "Root is: " << (-b+sqrt(b*b-4*a*c))/(2*a) << endl;
```

更加易读。

- 在函数的开始声明常量，而在靠近变量第一次使用的地方声明它们。这样在需要修改常量时可以很容易地找到它们的声明。还因为推迟直到要使用之前才声明变量，从而减少了声明无用变量的企图。
- 给一个程序的所有输出加上标签。例如：

```
cout << "Employee # " << employeeNumber
     << " Wages=$" << employeeWage << endl;
```

将比

```
cout << employeeNumber << "  " << employeeWages << endl;
```

产生更加有意义的输出。

1.4 测试、运行和调试

在软件开发的任何一个阶段都有可能发生错误。例如，需求规格说明有可能没有准确地反映问题中给出的信息或者客户的需求或期望；算法有可能包含逻辑错误；以及程序单元有可能没有被正确地编码或集成。因此对错误的检测和改正是软件开发的一个重要部分，并常常被称为验证和确认。**验证**指的是检查程序文档，模块以及可能的产品是正确和完备的，并且它们互相之间以及与前一阶段中的相应部分都是一致的。**确认**则是检查这些产品是否符合问题的需求规格说明。验证有时被描述成回答问题“我们是否正确地制造了产品？”而确认则是回答问题“我们是否制造了正确的产品？”

因为错误可能发生在开发过程的任一阶段，因此需要不同类型的测试来检测它们：**单元测试**，被用来单独测试每个子程序或者其他的代码段；**集成测试**，被用来检测是否不同的程序单元被正确地组合在一起了；**系统测试**，被用来检测是否整个程序、子程序和库组成的系统运行正确。这些分别对应于在本章介绍部分列出的软件开发的不同阶段，如图1.9中“V”型生命周期模型图所示。①

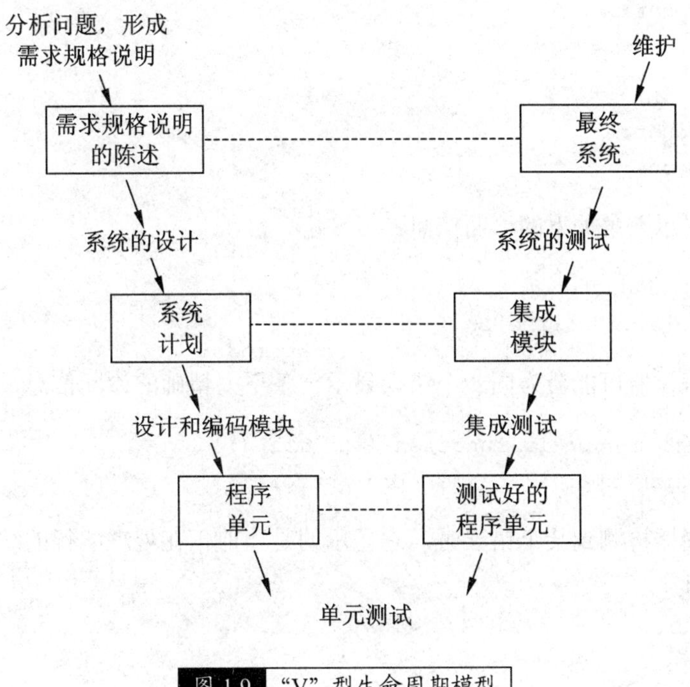

图1.9 “V”型生命周期模型

在本节中将主要关注一些使用在单元测试中的技术，在所有不同类型的测试中单元测试是最严格也是最费时的。单元测试显然是最基本的一种测试，因为一个单独程序单元的

① 关于“V”型生命周期模型以及软件测试的信息可以参考Dorothy Graham编著的《软件测试和调试：技术和工具》（Manchester, England: A National Computing Centre Limited Technical Report, 1989）。

不正确也意味着其作为一个组成部分的整个大系统的不正确。

只有在非常罕见的情况下才有可能直接编写一个没有错误的程序单元。有一些不同的原因会引入错误，其中 3 种最常见的是：

- 语法错误：违反了编写程序所采用的高级语言的语法规则。
- 运行时错误：在程序运行期间发生的错误。
- 逻辑错误：在设计中某一方面犯下的错误（常常是在算法中）而这是程序单元的基础。

查找这些错误的过程被称为对程序的**调试**。

1. 语法错误

是因为源代码违反了语言的语法而发生的（例如，语法规则）。当编译器将代码翻译成机器语言时，它检查正被它翻译的源代码是否遵循这种语言的语法规则。如果任何一条规则被违反了，编译器产生一条错误信息来解释这个（明显的）问题。例如，如果忘记在某个程序第 10 行的一条语句的结尾输入分号，并输入了

```
double amount
cin >> amount;
```

而不是

```
double amount;
cin >> amount;
```

编译器可能会显示一条如下的诊断信息：

```
Error: ';' expected
finAidProgram.cpp line 10
```

另一个不同的编译器可能会为同一个错误显示一条不太精确的诊断信息，例如：

```
finAidProgram.cpp: In function 'int main()':
finAidProgram.cpp:11: parse error before '>'
```

当这个编译器检测到某个错误时，它显示的是当前正在处理的行的编号，而这是包含错误行的下一行。

2. 运行时错误

被这样命名，是因为它们通常要到程序开始执行之后才能被检测到。它们包括这样一些错误，例如，在一个算术表达式中试图除以 0，试图计算一个负数的平方根，产生在某个给定范围之外的值，以及试图去引用一个空指针等。发生这些错误时通常会在屏幕上显示错误消息，但是这些消息通常不如发生语法错误时给出的消息有用，因为这些消息仅仅给出发生了什么，而没有给出在哪里发生的，也就是当发生运行错误时，正在执行程序的哪个部分。

3．逻辑错误

是最难以定位的，因为程序可以执行，但是不能产生正确的结果。这些错误可能是由于对设计的不准确编码造成的，也可能是设计本身就有问题。

有很多种测试可以用来定位运行时错误和逻辑错误的原因。测试技术的一种分类方法是将测试分为黑盒测试和白盒测试。在**黑盒测试**或者说**函数化测试**中，将检查对于不同输入所产生的输出是否正确，而不去考虑程序单元本身的结构。也就是说，程序单元被看成是一个接收输入然后产生输出的黑盒子，但是盒子内部如何工作并不会被检查。在**白盒（玻璃盒或明盒）测试**或者说**结构化测试**中，将通过检查程序单元的内部结构来测试程序的运行。测试数据应该被仔细挑选，以使得程序单元的所有部分都能被执行到，以及程序执行的所有可能路径都能被检查到。

要演示可以用来检测逻辑错误的一些测试技术，让我们考虑在有序列表上进行折半查找以搜索某个元素的一个函数，这个有序列表是存储在一个数组中的。这个函数的需求规格说明如下节所述。

折半查找的需求规格说明

目标：对一个有序列表进行折半查找。

前置条件：列表元素按照升序排列并被存储在一个数组 *a* 中。这个列表具有 *n* 个元素，这里 *n* 是一个正整数。item 是被查找的值，它的类型和数组元素的类型相同。

后置条件：如果查找成功，found 为真，而 mid 是 item 在数组中的位置；否则，found 为假。

以往的评估说明有 80%的编程初学者不能在第一次就写出正确的折半法搜索算法。一个通常的尝试如下：

折半查找算法（不正确的版本）

（1）设置 first = 0。

（2）设置 last = n–1。

（3）设置 found = false。

（4）当 first ≤ last 并且 not found 时做以下工作：

　　① 计算 mid = (first + last)/2。

　　② 如果 item < a[mid] 则

　　　　设置 last 为 mid。

　　否则，如果 item > a[mid]则

　　　　设置 first 为 mid。

　　否则

　　　　设置 found 为 true。

一个实现这个算法的 C++函数是：

```
// ---------------------------- 不正确的函数 ----------------------------
void binarySearch(NumberArray a, int n, ElementType item, bool & found, int
& mid)
/*----------------------------------------------------------------------
   对存储在一个数组中的有序列表进行折半查找

   前置条件：数组 a 的元素按照升序存储，在前 n 个元素中查找 item
   后置条件：如果搜索成功，found 为 true，并且
            mid 是 item 在数组中的位置；否则，found 为 false
---------------------------------------------------------------------- */
{
    int first=0,                        // 当前被搜索的子列表的
        last=n - 1;                     // 第一个和最后一个位置
    found=false;
    while ( first <= last && !found)
    {
        mid=(first+last) /2 ;
        if (item < a[mid])
            last=mid;
        else if (item > a[mid])
            fisrt=mid;
        else
            found=true;
    }
}
```

这个函数可以使用黑盒测试法进行测试，使用 $n = 7$ 以及下面的整数数组 a：

```
a[0]=45
a[1]=64
a[2]=68
a[3]=77
a[4]=84
a[5]=90
a[6]=96
```

对于 item=77 的搜索返回了 found 的值为 true 以及 mid 的值为 3，这个 mid 值是 77 在数组中的位置。使用 item=90 和 item=64 来测试也可以返回正确的结果。这些测试使得有可能得出结论认为这个函数是正确的。

但是，有经验的程序员都知道，在选择测试数据时总是应该考虑特例情况，因为往往就是这些特例情况造成一个程序单元不能正常工作。对于存储在某些数据结构中的数据集合，我们必须总是检查**边界值**。例如，在这个问题中处理列表时，一个必须被测试的特例就是对列表的两端进行搜索。因此，对于函数 binarySearch()，像使用小于 45

和大于 96 的值一样，还应该使用 45 和 96 作为 item 的值来进行测试。对于 item=45，函数设置 found 为 true 以及 mid 为 0，这是应该的结果。但是对于 item=96 的搜索却失败了；这个搜索过程无法结束，程序员必须要使用键盘上的“中断”键（例如 Ctrl+C）来终止执行。

白盒测试也会检测到一个错误，因为在这种方法里，我们会选择数据来测试执行可以经过的不同的路径。例如，一个数据集应该被用来测试在每轮循环中 if 语句的第一个条件 item < a[mid]为真时的执行路径，此时第一个候选项 last = mid 总是被选择。使用小于等于 45 的值将使得执行能够沿着这条路经进行。相似地，使用大于等于 96 的值将使得在每轮循环中执行沿着当 if 语句中第二个条件 item > a[mid]为真时的路径进行，此时第二个候选项 first = mid 总是被选择。

一旦判断一个程序包含错误，定位错误总是编程中最困难的部分之一。必须一步步的跟踪执行，直到发生了和期待的结果不一样的事情。为了帮助这种跟踪，C++的绝大多数实现都提供了一个调试器，可以允许程序员一行一行的执行程序，观察每一行执行的效果。

另一种常用的方法是通过插入临时输出语句来显示关键的变量在程序的不同执行阶段的值，从而可以跟踪一个程序段的执行。例如，将以下语句

```
cerr << "DEBUG:  At top of while loop in binarySearch()\n"
     << "first=" << first << ", last=" << last
     << ", mid=" << mid << endl;
```

插入到前面的 binarySearch()函数中 while 循环开始处的给 mid 赋值的语句之后，则对于 96 的搜索将产生如下输出：

```
DEBUG: At top of while loop in binarySearch()
first=0, last=6, mid=3
DEBUG: At top of while loop in binarySearch()
first=3, last=6, mid=4
DEBUG: At top of while loop in binarySearch()
first=4, last=6, mid=5
DEBUG: At top of while loop in binarySearch()
first=5, last=6, mid=5
DEBUG: At top of while loop in binarySearch()
first=5, last=6, mid=5
DEBUG: At top of while loop in binarySearch()
first=5, last=6, mid=5
  ⋮
```

不过，在放置这些临时输出语句到有助于定位错误源的地方时要小心，不要使用太多的这样的语句，使得大量的输出反而阻碍了对错误的搜索。

还可以通过单步执行，将某些关键变量的值记录在**跟踪表**中的方式来手工的跟踪一个

算法或者程序段。这种技术就是大家所知的对算法/程序段的**手工检查**（**desk checking**）。例如，使用前面的数组 *a* 以及 item = 96 来跟踪折半查找算法中的 while 循环，记录 first、last 和 mid 的值，得到的跟踪表如表 1-1 所示。

表 1-1

步骤	first	last	mid	步骤	first	last	mid
初始	0	6	—	4a	5	6	5
4a	0	6	3	4b	5	6	5
4b	3	6	3	4a	5	6	5
4a	3	6	4	4b	5	6	5
4b	3	6	4	4a	5	6	5
4a	4	6	5	4b	5	6	5
4b	4	6	5	⋮	⋮	⋮	⋮

不论是手工还是自动地跟踪这个过程都可以发现当 item = 96 时，也就是等于数组的最后一个元素时，first 最终会变成 5，而 last 变成 6，这样 mid 总是算出来等于 5，从而 first 和 last 再也不会改变了。由于这个算法确实能查找到其余的每个数组元素，所以编程初学者可以通过单独处理这个特例情况来“修补”这个问题，也就是在 while 循环的前面插入以下语句：

```
if  ( item == a[n - 1])
{
   mid=n - 1;
   found=true;
}
```

这样这个函数就可以正确地搜索到数组的每个元素了，但是它仍然不是正确的，因为对任何大于 *a*[6]的元素的查找都会导致一个无限循环。

像这样企图使用“快速但不干净”的补丁来修正一个程序单元几乎总是一个坏主意，因为它不但不能成功地找到问题的真正根源所在，反而使程序变得不必要的复杂和“凌乱”。前面例子的真正的困难根源不在于数组的最后一个元素需要特别的考虑，而在于 while 循环中 first 和 last 的更新不正确。如果 item < *a*[mid]，那么在位置 mid 之前的数组部分，也就是 *a*[first], … ,*a*[mid–1]，应该被搜索，而不是 *a*[first], … , *a*[mid]。这样，在这种情况下，last 应该被设置为等于 mid–1，而不是 mid。相似地，如果 item>*a*[mid]，那么 first 应该被设置为等于 mid + 1 而不是 mid。因此，正确版本的 binarySearch()函数应该如下：

```
// --------------------------- 正确的函数 --------------------------------
void binarySearch(NumberArray a, int n, ElementType item, bool & found, int
& mid)
/*----------------------------------------------------------------------
   对存储在一个数组中的有序列表进行折半查找
```

```
    前置条件：数组 a 的元素按照升序存储，在前 n 个元素中查找 item
    后置条件：如果搜索成功，found 为 true，并且
            mid 是 item 在数组中的位置；否则，found 为 false
------------------------------------------------------------------ */
{
    int first=0,                    // 当前被搜索的子列表的
        last=n - 1;                 // 第一个和最后一个位置
    found=false;

    while (first <= last && !found)
    {
        mid=(first+last)/2;
        if item < a[mid]
            last=mid - 1;
        else if (item > a[mid])
            fisrt=mid+1;
        else
            found=true;
    }
}
```

对程序单元的测试应该使用不同的输入进行多次，理想的情况下这些输入应该由程序员以外的人员来准备，他们选择测试数据时会做出不必要的假设。如果输入的任何组合产生了不正确的输出，那么程序肯定包含一个逻辑错误。对一个程序的彻底测试会增强人们对这个程序正确性的信心，但是需要意识到的是，几乎不可能使用每个可能的测试数据集来测试一个程序。不论进行了多少次测试，始终都可以进行更多的测试。这样，测试永远都不会结束；它仅仅是停止了。不论一个程序单元被多广泛地测试了，都不能保证其中所有的错误都被找出来了。隐匿的错误常常一直存在而不会被检测到，直到以后某个时候，或许是这个软件已经被发布给公众使用以后。当这些错误发作的时候，测试和改正的周期又要开始循环，一个“修正”或者“补丁”或者一个新的版本将被发送给用户。曾经有过这样的例子，看起来显然是正确的程序，在给定某种特别的输入组合情况下由于某个逻辑错误而产生了一个不正确的输出之前，居然被使用了十多年。这个特别造成程序执行到一种错误状态的数据集在所有这些时间里居然从来没有被输入过。

WWW 为图 1.3（a）中所描述的这样一个编程作业所编写的程序中的错误其影响通常不会很严重。也许学生只是丢失了一点作业分数，或者他可能非常幸运，因为给成绩的人没有注意到这个错误。但是，对于现实世界中的问题，不是课程成绩，而是其他很多更重要的东西会受到危害：金钱、工作、甚至生命。这里从软件恐怖故事大全中选择了一些例子（参见本书的 Web 站点以获取其他例子的 URL）：

- 1999 年 9 月，火星气候探测卫星一头撞入这个行星中，而不是到达一个安全的轨道。NASA 的一个调查组给出的报告提到造成这个飞行器丢失的主要原因在于，在一个基于地面的和导航相关的任务软件的某个部分中没能正确地将火箭推力从

英制单位转换为公制单位。

- 1996年6月，由欧洲太空署花费70亿美元所开发的一枚遥控阿里亚纳5型火箭在发射37秒后，于其处女飞行中发生了爆炸。一个调查组的报告确认造成失败的原因是完全丢失了控制和飞行姿态信息，这是由于惯性导航系统软件需求规格说明和设计错误所导致的。更特别地，还发生了一个因为将64位浮点数转换为16位浮点数而造成的运行时错误。
- 1991年3月，DSC通信公司给它的贝尔客户发送了一个用于高容量电话路由和交换系统的产品的软件升级。在这个夏天，在使用这些系统的加利福尼亚、哥伦比亚特区、马里兰、弗吉尼亚、西弗吉尼亚以及宾夕法尼亚等州都发生了大规模电话停机。造成这种情况的原因是信号软件中引入了一个错误，在这个软件的数百万行代码中有三行代码被修改了，而这个公司认为没有必要重新测试程序。
- 1991年2月25日，在海湾战争中，位于沙特多哈的一个爱国者导弹防御系统没能成功跟踪并拦截一枚来犯的萨达姆导弹。这枚导弹击中了一个美军军营，造成28名美军士兵死亡，98人受伤。在控制软件中的一个错误产生了自系统启动以来时间的不正确的计算结果，这是由于实数的不精确二进制表示所造成的舍入错误累积所致。而这个时间计算是判断来犯导弹精确位置的一个关键因素。这个事情的悲惨结局是正确的软件于2月26日，也就是此事发生的第二天被运抵多哈。

有很多这样的例子，软件错误不仅仅是一件麻烦事，而是会导致非常严重甚至灾难性的后果。在这样的情况下，仔细的软件设计、编码以及广泛彻底的测试是强制性的。在安全至关重要，不能容忍软件错误的情况下，仅仅依靠测试运行的结果是不够的，因为测试只能够说明错误的存在，而不能说明错误的不存在。有可能需要给出一个演绎的证明来确保系统是正确的，确保它会始终产生正确的结果（假设没有系统故障）。正确性证明将在第10章中描述。

1.5 维护

一旦一个程序或者一系列开发来解决某个问题的子程序和库经过了确认和验证，就开始了它们的有用生命周期，并且在很多情况下，它们都会被使用好些年。不过，有可能也会根据不同的原因需要对它们进行修改。

如我们在1.4节中所提到的，软件系统，特别是为复杂项目开发的庞大的系统，常会有在测试时没能发现的，在软件发布给公众使用后才冒出来的隐匿的错误。在2002年5月由国家标准与技术局（NIST）所发布的一项研究，估计因软件错误而造成的美国经济开销大约为每年600亿美元[①]（这项研究还发现超过三分之一的这些开销可以通过更好的测试避免掉）。系统维护中一个主要和代价高昂的部分就是修正软件中这样的错误。

也有可能需要修改软件来提升其性能，添加新的特性等。还会有其他一些因为计算机硬件和/或操作系统等系统软件更换而需要进行的修改。外部因素，例如，政府政策和规定

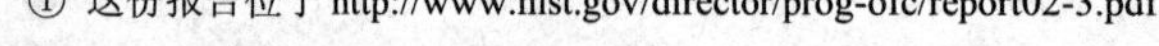

① 这份报告位于 http://www.nist.gov/director/prog-ofc/report02-3.pdf

的改变或者公司组织结构的改变，也会迫使进行软件修改。在一个按照模块化方式使用有良好结构的程序单元开发的系统中进行这些改变将会比在一个糟糕设计的系统中更加容易一些，因为常可以通过仅仅修改一小部分单元或者添加新的单元来进行这些改变。

研究表明，相比软件开发而言，更高百分比的计算预算和程序员时间花费在软件维护上，并且这个百分比还在持续增加：

20 世纪 70 年代	35%～40%
20 世纪 80 年代	40%～60%
20 世纪 90 年代	70%～80%
21 世纪	80%～90%

造成这么巨大的金钱和时间代价的一个主要因素是很多程序和系统最初都是使用很糟糕的结构、文档和风格编写成的。此外，由于维护常常必须是由最初设计以外的人员来进行的，从而使得这个问题更加复杂化。因此程序员有义务尽他们的最大努力来设计可读的、具有良好文档的以及良好结构的程序或程序系统，这样，这些系统就可以比过去开发的软件更容易地被理解和被修改，从而可以更容易地被维护。

✔ 小测验 1.5

1. 术语________指的是研究和使用软件开发中的某种标准技术和方法学。
2. 列出软件开发的 5 个关键阶段。
3. 最早的一种软件开发模型，其中各个阶段是顺序执行，从一个阶段移到下一个阶段，被称为________模型。
4. 对解决某个问题的一个程序的行为的描述称为这个问题的________。
5. 设计一个现实世界中的问题的需求规格说明往往是非常容易和可以直接得到的。（判断题）
6. ________描述了一个程序单元执行之前的处理状态。而________描述了一个程序单元执行之后的处理状态。
7. 在________设计方法中，原始的问题被划分成更小的子问题，每个子问题可以被单独考虑。
8. ________（自顶向下设计或 OOD）关注一个问题中的实际对象。
9. ________是面向对象设计中使用的一种可视化建模语言。
10. 一个类具有________成员和________成员。
11. 算法通常使用________来编写。
12. 在开发一个结构化算法时使用的 3 种控制结构是什么？
13. ________是使用某种程序设计语言来实现一个设计计划的过程。
14. 使用全局变量在子程序间共享信息是一个好的编程习惯。（判断题）
15. 说出验证和确认的区别。
16. 列举出并描述 3 种编程中的错误。
17. 说出黑盒测试和白盒测试的区别。

18．测试仅仅能够说明一个程序中错误的存在，而不能说明错误的不存在。（判断题）

练习1.5

1．列举并描述软件开发的5个阶段。
2．程序设计入门课程中的问题和现实世界中的问题在那些地方有所不同？
3．列举并描述两种设计方法。
4．面向对象编程的3个属性是什么？
5．什么是结构化的数据类型？给出一个C++中的例子。
6．定义一个算法，列举并描述其必须具有的属性。
7．什么是伪代码？
8．列举并描述在结构化算法开发中使用的3种控制结构。
9．学生编写的程序和实际的软件在哪些地方不同？
10．列举3种编程时的错误并分别举例。对于每一种错误，在程序开发的什么时候最有可能被检测到？
11．在哪些情况下需要进行维护？
12．找出一些其他的“软件恐怖故事”的例子，并为它们编写简要报告，描述其中的错误以及由这些错误造成了哪些危害或不幸。

1.6 本章小结

章节注意要点

- 软件开发的5个基本阶段是：
  1．问题分析和需求规格说明
  2．设计
  3．编码
  4．测试、运行和调试
  5．维护
- 自顶向下和面向对象是两种重要的设计方法。
- 选择或创建数据结构以及开发算法是小规模设计的两个重要方面。
- 编程的一些基本方针包括：
  - 程序单元应该是结构化的。
  - 应该给源代码编写文档。
  - 源代码应该是美观的。
- 验证和确认是程序测试的两个重要方面。
- 常见的编程错误类型是语法错误、运行时错误和逻辑错误。
- 当测试一个系统时要检查特例，因为这是经常发生错误的地方。
- 有很多软件错误造成严重甚至灾难性后果的例子。

程序设计知识点

1. 总是要为解决某个问题的程序的行为设计一个需求规格说明，并且在开始编写代码之前要开发一个设计计划。
2. 使用自顶向下（或模块化）设计将一个问题划分成更简单的子问题，其中每个子问题都可以单独的考虑。这种模块化过程可以持续几个层次，直到得到的子问题简单到可以解决。
3. 使用面向对象设计（OOD）通过确认一系列的对象来模块化一个问题，其中每个对象都由数据和在数据上的操作组成，从而可以建模问题中实际的对象，并且这些对象可以互相合作以解决问题。
4. 解决某个问题的一些算法可能比另一些更高效。
4. 源代码应该是正确的、可读的和可理解的。
6. 使所有程序和子程序都具有良好的结构（见 1.3 节的方针）。
7. 所有源代码都应该有文档说明（见 1.3 节的方针）。
8. 使源代码是美观的（见 1.3 节的方针）。
9. 在选择测试数据时，考虑特例即，边界处的值，因为它们常常使得一个程序发生故障。
10. “快速但不干净”的为一个程序打补丁永远不可能是一个好的主意。
11. 测试仅仅能够说明错误的存在，而不能说明错误的不存在。测试永远不会结束，它仅仅会停止。

ADT 技巧

1. 对象的最重要的属性是它的类型，这决定了对象可以具有什么值，在对象上可以进行什么操作，以及这些操作会产生什么结果。
2. 对于是单独的量的数据值使用简单数据类型；而对于一组数据值的集合则使用结构化的数据类型。

编程问题

1. 将下面的非结构化的程序段改写成结构化的形式（但是和问题 2 以及 3 中给出的不同）：

```
int row=0,
        col;
A:  col=0;
    if  (col < n) goto B;
    goto A;
B:  if ( row < n) goto C;
    goto E;
C:  if (mat[row][col] == item) goto D;
```

```
    col++;
    if (col < n) goto B;
    row++;
    goto A;
D:  cout << "item found\n";
    goto F;
E:  cout << "item not found\n";
F:;
```

2. 尽管下面的代码是结构化的，但是它并不是问题1的一个正确答案。

```
/* 按照行序搜索 n × n 的矩阵 mat 来查找等于 item 的元素 */

bool found;
for ( int row=0; row < n; row++)
    for (int col=0; col < n; col++)
        if (mat[row][col] == item)
            found=true;
        else
            found=false;
if (found)
    cout << "item found\n";
else
    cout << "item not found\n";
```

（1）编写一个程序来包含这个程序段，然后对其进行黑盒测试，使用矩阵 $\boldsymbol{mat}=\begin{bmatrix}45 & 77 & 93\\78 & 79 & 85\\72 & 96 & 77\end{bmatrix}$ 和 ***item***=77 作为第一个测试数据集开始测试。产生足够的输出来说明你的测试发现了一个错误。

（2）使用程序跟踪来判断这个程序段出了什么问题。

3. 为什么下面正确的程序段并不是问题1的一个好的解决方案（考虑其效率）？

```
/* 按照行序搜索 n × n 的矩阵 mat 来查找等于 item 的元素 */

bool found=false;
for ( int row=0; row < n; row++)
    for (int col=0; col < n; col++)
        if (mat[row][col] == item)
            found=true;
    if (found)
        cout << "item found\n";
    else
        cout << "item not found\n";
```

4. 下面的函数在长度为 11 的列表 l 上进行线性搜索以查找元素 it，根据是否找到 it 来返回 0 或者 1。这里违反了很多良好的程序设计原则。描述其中一些不好的地方并将这个函数重写为一种可以接受的格式。

```
int LS(int l[], int ll, int it)
/* 在 l 中查找 it */
{
int i=0, f =0; A: if (l[i]=it)
goto B; if (i == ll) goto
C; /* i 增 1 */ i++; goto A;
B: f=1; C: return f;
}
```

第2章 抽象数据类型入门

章节内容

- 对 ADT 及其实现的第一瞥
- C++的简单数据类型
- 程序员定义的数据类型
- 指针

章节学习目标

- 区分抽象数据类型（Abstract Data Types，ADT）和 ADT 的实现。
- 回顾 C++的简单数据类型，它们建模的 ADT，以及它们是如何实现的。
- 考察一些说明 ADT 的实现有时并不忠于 ADT 的表示的例子（例如，int、double 和 bool），并了解这种情况对于编程的影响。
- 考察两种程序员可以用来定义新的数据类型的简单机制（typedef 和枚举）。
- 第一次考察指针以及对于指针的一些简单运算。

第 1 章中描述的软件开发的设计阶段包括了（和其他阶段一起）决定如何去组织问题中牵涉到的数据，以及如何去设计在这些数据上操作的算法。这两个方面（数据和操作）构成了所谓的抽象数据类型（abstract data type，ADT），这正是本书的主要主题之一。不过，必须通过寻找一些能够存储数据并执行在数据上的操作的方法来实现 ADT。

编程语言中提供的基本数据类型包括数据值以及能在数据上进行的运算，因此可以被看作 ADT。在本章中，我们将回顾作为 ADT 的 C++基础类型，并描述它们是如何实现的。还将说明（尽管是以一种简单的方式）如何能够创建新数据类型并将它们添加到语言中。这将在第 4 章中给出最精彩的描述，在那里将通过使用类来创建新类型。

2.1 对 ADT 及其实现的第一瞥

解决一个问题包括了对数据的处理，并且解决方法的一个重要组成部分是小心地组织数据。这需要我们确定：

（1）数据元素集合。

（2）在这些数据元素上必须执行的基本操作。

这样一个数据元素集合以及在这些数据上的操作被称为一个**抽象数据类型**（通常简写为 **ADT**）。单词抽象（abstract）指的是对数据以及定义在数据上的操作的学习是以一种独立于它们是如何实现的方式进行的。我们考虑的是在这些数据上能做些什么，而不是如何做。

例如，第 1 章中考虑的财政补助问题的一个方面是财政补助奖金集合。我们还确认出一些在这个集合上的操作：提取财政补助的数额或来源，显示财政补助奖金以及修改数额或来源。这个财政补助奖金集合加上这些相关操作就构成了一个抽象数据类型，可以建模财政补助。同样的道理，学生财政补助记录集合也是一个 ADT，可以建模由财政补助办公室维护的学生记录。这里的数据集合就是学生补助记录，而操作包括：提取学生身份标识、姓名、财政补助的数额以及奖金；显示一个学生补助记录；修改学生身份标识、姓名、财政补助的数量或者奖金。

抽象数据类型（ADT）的一个**实现**包括存储数据元素的**存储结构**以及实现基本操作的**算法**。对于财政补助问题，我们开发了一个 FinancialAidAward 类。它的数据成员 amount 和 source 用来存储财政补助信息。函数成员 getAmount()、getSource()、display()、setAmount() 和 setSource()实现了在财政补助奖金上的基本操作。我们还描述了一个 StudentAidRecord 类。它的数据成员 id、name、numAwards 以及 finAid 用来存储学生的身份标识、姓名、财政补助奖金的数量以及一个奖学金数组。函数成员 getId()、getName()、getNumAwards()、getFinancialAid()、display()、setId()、setName()、setNumAwards()以及 setFinancialAid()实现了在学生财政补助记录上的基本操作。

在这个**数据抽象**的思想中，数据类型的定义和它的实现是分开的，这在软件设计中是一个重要的概念。这使得只研究和使用它的结构而不用考虑它的实现细节成为可能。实际上，这是通常使用在 int、double、char 和 bool 等预定义数据类型上的方法。使用这些数据类型的程序员在绝大部分时间里不需要担心这些数据类型是如何实现的。不过，如果程序员对于采用的具体实现有一定理解的话，这些数据类型可以被更加有效和高效率地使用。因此，在本章中，我们将回顾 C++的一些基本数据类型，并研究它们的实现。

2.2　C++的简单数据类型

如同我们在 2.1 节中所指出的那样，解决问题总是要牵涉到操纵某些种类的数据。作为其最基本的形式，数据的值（如同指令一样）是在计算机的存储器中被编码为 0 和 1 的序列。这是因为构成计算机存储器的设备是两态设备，因此非常适合存储只使用两个符号编码的信息。如果一种状态被解释为 0 而另一种状态被解释为 1，那么表示信息的一个自然的模式就是仅仅使用两个二进制数字，或者说**二进制位**，0 和 1。计算机存储器所使用的两态设备被组织成称为**字节**的组，每个字节包含 8 个二进制位。而这些字节又被组织为**字**。这些存储器单元（位、字节、字）是所有简单数据类型的基本存储结构，更进一步的说，也是所有存储在计算机中的数据的存储结构。

C++中的基本数据类型，比如 int、float、double、char 以及 bool 等，被称为**简单数据类型**，这是因为这些数据类型的值都是原子性的；也就是说，它是由不可再分的一个单独的实体构成的。但是，这些数据类型又都可以被看成是抽象数据类型，因为这些数据类型描述了一系列的值并提供了在这些值之上的操作的实现。对它们中的每一个来说，都是使用存储器单元作为存储结构，而它们的基本操作则是由计算机系统的硬件或者软件实现的。在本节中，将回顾这些简单数据类型，注意由它们建模的 ADT，以及它们是如何实现的。

2.2.1 整型数据

无符号整数

非负整数，有时也被称为基数（cardinal numbers）或全数（whole numbers），其集合是{0, 1, 2, 3, …}。对于在这些数之上进行的算术运算是很熟悉的，例如+和×，还有<和>等关系运算。因此，非负整数和这些操作构成了一种抽象数据类型。

在 C++中，这个 ADT 是通过 3 种数据类型建模的：unsigned short、unsigned 以及 unsigned long（这些分别是 unsigned short int、unsigned int 以及 unsigned long int 的速记）。这些类型的值在内存中存储为一个位串，它们的长度必须满足：

```
sizeof(unsigned short)≤sizeof(unsigned)≤sizeof(unsigned long)
```

这里，sizeof 是一个 C++的运算符，它返回一个类型（或一个表达式）所占的字节数。典型地，unsigned short 类型的值用 2 个字节存储，unsigned 类型的值用 4 个字节存储，而 unsigned long 类型的值用 4 个或 8 个字节存储。例如，整数 58 可以被表示为一个 16 位的二进制数[①]

$$58 = 0000000000111010_2$$

存储在两个字节中：

0	0	0	0	0	0	0	0	0	0	1	1	1	0	1	0

带符号整数

整数集合{…, –3, –2, –1, 0, 1, 2, 3, …}以及熟悉的一些算术运算也构成一种 ADT。在 C++中这是通过使用数据类型 short（或 short int）、int 以及 long（或 long int）来建模的。这些类型的存储需求通常分别和 unsigned short、unsigned 以及 unsigned long 相同。

通常被用来表示二进制整数的一种模式叫做**二进制补码**表示法。在这种模式中，最左边的位是符号位（0 表示非负整数值，1 表示负整数）。这样，非负整数可以使用描述过的无符号整数的方式来表示，符号位设置为 0。[②] 而一个负整数–*n* 的表示是这样获得的，首先得到 *n* 的二进制表示，然后对这个 *n* 的二进制表示求补（即将每个 0 改为 1，而每个 1 改为 0），最后对得到的结果再加 1。[③] 例如，使用 16 个二进制位位串的–6 的二进制补码表示可以如下获得：

（1）将 6 表示为 16 位的二进制数　　0000000000000110

（2）对这个二进制位串数求补　　1111111111111001

（3）加 1　　1111111111111010

这样，整数–6 被存储在如下的 2 个字节中

① 参见附录 B 中关于二进制表示的更多信息。

② 12345 或 12345U 这样的正整数写法规定了将这个数按照一个 unsigned 型值存储；通过添加一个后缀 L，12345L，可以规定将其作为一个 long 型值存储；而同时添加两个后缀（12345LU 或 12345UL）规定将其作为一个 unsigned long 型值存储。

③ 一种更简单的方法是在第一步中找到最右边的一个 1，然后对其左边所有的位求反。

1	1	1	1	1	1	1	1	1	1	1	1	1	0	1	0

注意最左边的位，这是符号位，对于每个负整数来说这一位总是 1。

实现在整数上的通常的一些算术运算的算法和在十进制数上进行的这些运算非常相似。基本的加法和乘法运算表如下：

×	0	1
0	0	0
1	0	1

+	0	1
0	0	1
1	1	10

这样，5 + 7 的和是通过将这两个数的二进制补码表示逐位相加，在需要时进位而计算得到的：

```
              111 ← 进位
     0000000000000101
  +  0000000000000111
     ----------------
     0000000000001100
```

底下的位串是和 12 的二进制表示。相似地，5+（–6）的和如下计算得到：

```
     0000000000000101
  +  1111111111111010
     ----------------
     1111111111111111
```

这得到了–1 的二进制补码表示。

溢出

如我们在本书后续部分中将重复提到很多次，一种抽象数据类型的实现通常并不完全忠于这种 ADT 的表示。使用 C++的 int 类型来实现整数为此给出了一个很好的例子。它们之间的一个区别在于整数集合{…, –3, –2, –1, 0, 1, 2, 3, …}是无限的，但是 int 类型只能表示这些值的一个有限的区间。因为对于一个 n 位的位串来说，只有 2^n 个不同的组合，所以使用 n 位只能表示 2^n 个不同的整数。例如，使用 n=16 位，二进制补码表示法所能表示的最小整数是 1000000000000000，这表示$-2^{15} = -32768$；而最大的整数是 0111111111111111，这表示 $2^{15}-1 = 32767$。对于 n = 32 位，只能表示从$-2^{31} = -2147483648$～$2^{31} - 1 = 2147483648$ 范围内的整数。对所有具有有限多个数据元素的 ADT 来说，这种在能表示数据值集合上的限制都是固有的，因为用来存储这些元素的内存是有限的。

在一个给定版本的 C++中，给出 int 型值范围的整数是在库 climits 中定义的常量值 INT_MAX 和 INT_MIN。相似地，在这个库中也给出了其他整数类型的最小值和最大值。试图使用一个超出这个范围以外的整数，就被称为**溢出**。在 C++标准中并没有规定溢出对于程序执行的影响，因此这是和实现相关的。典型地，所产生的结果是程序 2.1 中所演示的那样的非正常的程序行为，这将迷惑绝大多数初学编程的人（以及那些不熟悉二进制补码表示法的人）。在阅读运行跟踪后面的讨论之前，看看你是否能够指出造成奇怪输出的原因。为什么这些值会突然停止增长并变成了负整数呢？

程序 2.1　溢出演示——版本 1

```
//-- 演示溢出效果的程序

#include <iostream>
using namespace std;

int main()
{
   int number = 2;

   for(int i =1; i <= 15; i++)
   {
      cout << number << endl;
      number *= 10;
   }
}
```

运行跟踪（GNU C++ 3.1）：

```
2
20
200
2000
20000
200000
2000000
20000000
200000000
2000000000
-1474836480
-1863462912
-1454759936
-1662697472
552894464
```

注意，当 number 的值达到 2000000000 时，输出从整数变成了负数，而下一个值应该是 20000000000。另外还请注意，20000000000 大于 2147483647，32 位所能表示的最大整数。所以我们已经溢出了。在溢出之后产生的值可能看起来像一些随机的“垃圾”值，但是实际上，它们是按照一种相当有理的方式产生的。要了解这一点，假设对这个程序作出了一些微小的改变，如程序 2.2 所示。

程序 2.2　溢出演示——版本 2

```
//-- 演示溢出效果的程序
```

```
#include <iostream>
#include<climits>
using namespace std;

int main()
{
    int number = INT_MAX - 3;

    for(int i =1; i <= 7; i++)
    {
        cout << number << endl;
        number ++;
    }
}
```

运行跟踪：

```
2147483644
2147483645
2147483646
2147483647
-2147483648
-2147483647
-2147483646
```

2147483647 的二进制补码表示，即 number 从正数变为负数时的值是

01111111111111111111111111111111

现在当 number++被执行后，1 被加到 number 上：

```
 11111111111111111111111111111111 ← 进位
  01111111111111111111111111111111
+                                1
----------------------------------
  10000000000000000000000000000000
```

结果是–2147483648 的二进制补码表示。（最左边的进位丢失了）在接下来循环的每一轮，都按照通常的方式将 1 添加到前面的 number 值上。

因此，我们看到，对于这个版本的 C++（以及对于绝大多数版本），溢出造成了一种“环绕”行为。当一个[INT_MIN，INT_MAX]范围内的值到达某个端点时，它简单地从另一个端点再次开始，就像这些整数被安排成一个环，其中 INT_MIN 紧接着 INT_MAX 一样。我们可以通过使用更多的字节来增大可以存储的整数的范围，不过这并不能最终解决溢出问题。

如果考察前面溢出的例子，当通过连着加 10 次 2000000000 来实现 2000000000 乘以 10 时，我们得到了所产生的值的如下的二进制表示：

```
01110111001101011001010000000000    2000000000  (1*integer)
11101110011010110010100000000000    -294967296  (2*integer)
01100101101000001011110000000000    1705032704  (3*integer)
11011100110101100101000000000000    -589934592  (4*integer)
01010100000010111110010000000000    1410065408  (5*integer)
11001011010000010111100000000000    -884901888  (6*integer)
01000010011101110000110000000000    1115098112  (7*integer)
10111001101011001010000000000000    -1179869184 (8*integer)
00110000111000100011010000000000     820130816  (9*integer)
10101000000101111100100000000000    -1474836480 (10*integer)
```

再次，二进制补码表示的环绕效果给出了所产生的值的解释。

这些例子还给出了为什么抽象数据类型的实现不一定忠于这个 ADT 的表示的另一个原因。即实现中的操作不一定能够完全按照相应的 ADT 的操作一样的方式执行。

2.2.2 实型数据

实数值，也称为浮点值，在 C++中是通过单精度类型 float，双精度类型 double 以及扩展精度类型 long double 来建模的。类型 double 是处理实型数据的默认数据类型。可以在一个实数常量的后面添加一个后缀 F，例如 123.45F，从而规定将这个实数常量当作 float 值处理；如果添加一个 L 后缀，则规定将这个实数常量作为 long double 值处理。

在一个十进制表示的实数值中，小数点右边的那些位也是 10 的幂的系数。只不过在这时，指数都是负整数。例如，数 0.317 可以写为扩展形式：

$$3 \times 10^{-1} + 1 \times 10^{-2} + 7 \times 10^{-3}$$

在一个实数值的二进制数字表示中，小数点被称为**二进制小数点**，在二进制小数点右边的那些位置表示的是 2 的负次幂。例如，110.101 的扩展形式为：

$$(1 \times 2^2) + (1 \times 2^1) + (0 \times 2^0) + (1 \times 2^{-1}) + (0 \times 2^{-2}) + (1 \times 2^{-3})$$

这样它的十进制值为：

$$4 + 2 + 0 + \frac{1}{2} + \frac{0}{4} + \frac{1}{8} = 6.625$$

在一个实数数字的二进制表示被存储到存储器之前，通常都要将它转换为**浮点形式**，这有点像科学表示法，只不过这里的基数是 2 而不是 10。

$$b_1 \cdot b_2b_3\cdots \times 2^k$$

这里每个 b_i 是 0 或者 1，并且 b_1=1（除非这个数是 0）。$b_1 \cdot b_2b_3\cdots$ 被称作**尾数**（或者**小数部分**或者**有效数**），k 称为**指数**（或者**首数**）。为了说明，考虑实数数字 22.625，可以以二进制表示为：

$$10110.101_2$$

以浮点形式重写

$$1.0110101_2 \times 2^4$$

这是非常容易的，因为将一个二进制数乘以（除以）2 就等于是将二进制小数点向右（左）

移一位。1.0110101_2 是尾数而 4 是指数。

用来在计算机存储器中存储实数数字的模式之间有一些不同，但是典型地这些模式都包括将一块内存中的一位用于存储数字的符号（0 表示正数，1 表示负数），而将剩余的位分成两个部分：一部分存储尾数，另一部分存储指数。例如，一种表示使用 32 位存储单精度实数：最左边的位存储符号，接下来的 8 位存储指数＋127，剩下的 23 位存储尾数中二进制小数点后面的部分。例如，22.625 将如下存储：

符号 ↓

0	1	0	0	0	0	0	1	1	0	1	1	0	1	0	1	0	0	0	0	0	0	0	0	0	0	0	0	0	0	0	0

指数　　尾数

在本书的 Web 站点中可以找到关于这种表示（被称为 IEEE 浮点格式，IEEE Floating-Point Format）的更多信息。

因为指数的二进制表示可能需要使用多于可用位数的二进制，可以看到在整数中讨论到的**溢出**问题在存储一个指数过大的实数数字的时候也会出现。一个 8 位的指数限制实数值的范围为大约-10^{38}～10^{38}，当实数值超过这个范围的时候就会发生溢出。一个太小的以至于不能存储的负指数会导致**下溢**。使用 8 位指数表示的实数值必须大于大约 10^{-38} 或者小于-10^{-38}，而下溢发生在这两个值之间：

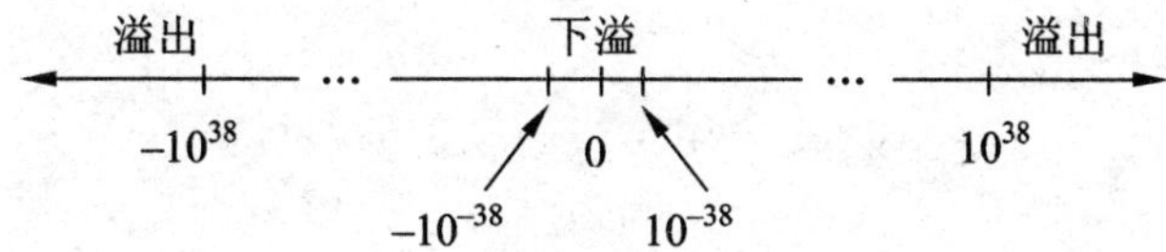

同样，很明显的一些实数数字的尾数的位数要多于分配给尾数的位数；结果是当这样的数字被存储时，一些超出的位数将会丢失掉。实际上，绝大多数实数数字没有有限的二进制表示，从而在任何计算机中都不能够被精确地存储。例如，实数数字 0.7 的二进制表示为：

$$(0.1011001100110011001100110011001100110\ldots)_2$$

这里 0110 块被无限地重复下去。因为这些位当中只有有限的一些位能够被存储，从而存储的 0.7 的表示是不精确的。例如，如果只有前 24 位能够被存储，而剩余的所有位都将被截去，那么存储的 0.7 的表示将为：

$$0.101100110011001100110011001$$

这是十进制值 0.6999999284744263。如果二进制表示四舍五入为 24 位，那么存储的 0.7 的表示为：

$$0.101100110011001100110011010$$

这是十进制数 0.7000000476837159。在任何一种情况下，存储的值都不是精确的 0.7。这种在实数值的存储表示中的错误，叫做**舍入错误**，这种错误可以通过存储更多数量的位数来减小，但是不能够被完全消除，一个 24 位的尾数能够给出实数值的大约 7 个有效的十进制位，而一个 48 位的尾数可以给出实数值的大约 14 个有效的十进制位。

在一连串的计算中舍入错误可能会累积得非常大，以至于计算的结果和正确的值相差太远，这将造成严重的后果。一个现实的例子是 1.4 节中描述过的爱国者导弹失败。在 1991 年海湾战争期间，位于沙特多哈的一套爱国者导弹没能成功拦截一枚萨达姆导弹，最终导致 28 名美军士兵死亡，98 名美军士兵受伤。造成失败的原因被确认为从导弹启动以后开始的逝去时间的不正确累加，而这种错误正是我们刚刚描述过的舍入错误。特别地，由系统时钟度量的时间是通过乘以 0.1 来得到以十分之一秒计算的时间的。和大多数十进制小数一样，0.1 的二进制表示是无穷的：

$$(0.0001100110011001100110011001100110011\ldots)_2$$

爱国者导弹中的 24 位寄存器只存储了这个数的一个近似值，

$$(0.00011001100110011001100)_2$$

这是一个大约为 0.000000095 的误差。这个系统在此期间已经运行了大约 100 小时，舍入错误也因此累积到大于 0.34 秒。而在这点时间中以 5550 英尺每秒的速度萨达姆导弹可以飞行大约 1890 英尺，这意味着计算得到的位置和导弹之间的距离可以达到 1/3 英里。

我们必须记住确实会发生舍入错误，并且必须小心编写我们的代码，使得不会造成程序的失败。例如，如果需要计算并显示某个函数 x 轴上从 0～5 以 0.1 为步长的所有点所对应的 y 坐标，我们不应该编写如下的这样一个循环：

```
for(double x = 0; x != 5.0; x += 0.1)
{
    y = f(x);
    cout << "x = " << x << "\t y = " << y << endl;
}
```

0.1 的内部表示中的舍入错误将在 x 值的计算过程中累积起来，使得 x 最终将无法精确地等于 5.0；结果这将是一个死循环！不要将循环条件写作 $x != 5.0$，我们应该写作：

```
for(double x = 0; x <= 5.0; x += 0.1)
{
    y = f(x);
    cout << "x = " << x << "\t y = " << y << endl;
}
```

这样当 x 的值超过 5.0 时，这个循环将终止。这个例子说明了在使用关系运算符==和!=比较两个实数值时必须特别小心。

再一次，一个 ADT 的实现，使用 C++的实数类型（float、double 和 long double）并不完全忠实于这个 ADT 的表示（数学上的）实数和在实数上的操作。和整数一样，只有有限范围的实数数字能够被存储，因为对于指数来说只分配了有限数目的位数。不过，和整数不同的是，并不是在范围之内的所有实数都可以存储，因为尾数的位数也是有限的。实际上，只有这些实数数字的一个有限的子集可以被精确地存储，这也意味着，有无限多的实数数字不能够被精确地存储。

另外，如我们已经看到的，类型 float、double 和 long double 上的操作并没有精确地按

照相应的实数数字上的操作一样执行。特别地，尽管很多如下的代数属性

结合性：$(a + b) + c = a + (b + c)$

分配性：$a \cdot (b + c) = a \cdot b + a \cdot c$

倒数性：$a \cdot (1 / a) = 1$ 对于 $a \neq 0$

对于在实数数字系统上的操作来说总是为真的，但是对于 C++的实数类型却几乎总是失效的。

2.2.3 字符数据

一个文本文档是使用适合于这类文档的一个字符集编写的。对于不同类型的文本来说，这个字符集显然是不同的；例如，提交给某个科学学报的报告可能使用一些在个人信件中不会使用的字符；而一本英文小说肯定需要和一本希腊手稿不同的字符。

在编程语言中主要使用两种字符集。**ASCII**(American Standard Code for Information Interchange 美国信息交换标准码)是最常用的，但是一些语言使用 **Unicode**，例如 Java。[①]这两种字符集都是基于为字符集中的每一个字符赋予一个数字编码。在 C++中，字符通常都是通过使用 char 类型来处理的，这种类型使用一个能存储在一个字节中的数字代码表示每个字符。例如，c 的 ASCII 代码是 $99 = 01100011_2$，可以存储在一个单独的字节中：

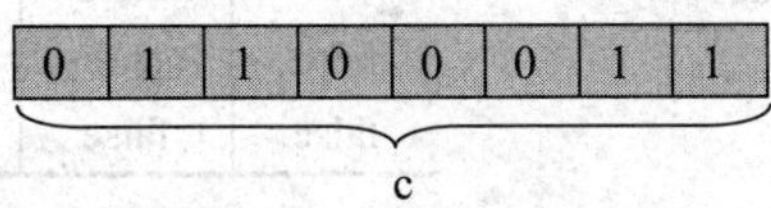

Unicode 是一个大的国际性字符集，包含了世界上绝大多数的书面语言，数学符号以及其他字符，因此必须能够提供很多的字符的编码。相比一个字节只能编码表示 $2^8 = 256$ 个字符，Unicode 能够表示 $2^{16} = 65000$ 个字符，因为它使用了 2 字节编码。例如，c 的编码（99 和 ASCII 中一样）将被存储在两个字节中：

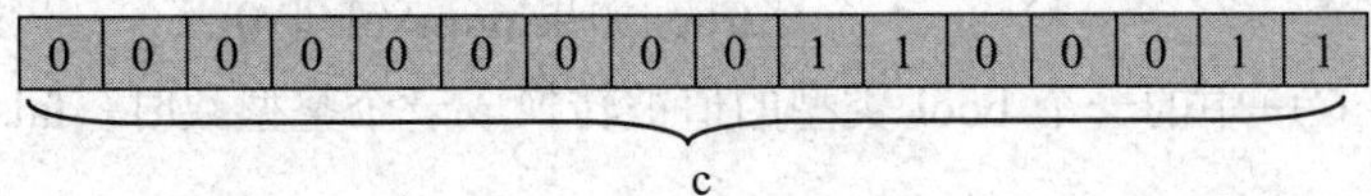

非 ASCII 字符π（希腊语 pi）的代码是 $960 = 0000001111000000_2$，也可以存储在两个字节中：

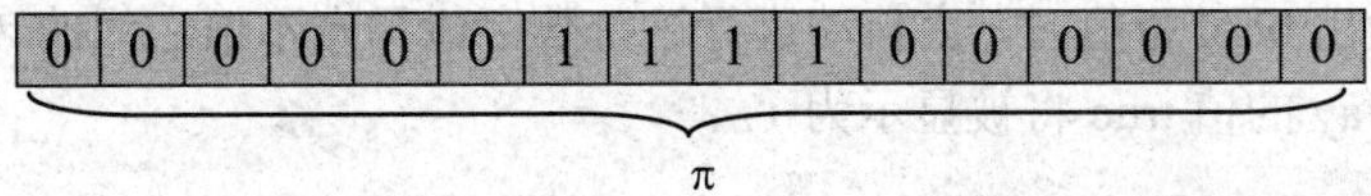

C++提供了宽字符类型 wchar_t 来存储 Unicode 之类的大字符集中的字符。

一个涉及字符值的重要运算就是在两个字符之间的比较以决定它们是否相等或者是否一个字符“小于”另一个，这里“小于”的意思是按照字典序较小的字符在较大字符的前面。在编程语言中这个比较是通过使用代表这些字符的整数代码来进行的。如果两个字符的代码相等，那么它们是相等的，如果第一个字符的代码小于第二个字符的代码，那么

① 附录 A 包含一个 ASCII 码表。关于 Unicode 的信息可以在 www.unicode.org 找到。

第一个字符是小于第二个字符的。

在 C++中，字符值可以被当作整数值处理：

int(char_value) = char_value 的整数代码

实际上，char 类型的值可以和数字值一起组合到算术表达式中；此时将使用 char 型值的数字编码。例如，'c' + 1 的值（假设使用 ASCII 表示）是 99 + 1 = 100；使用这个表达式给一个 char 型变量赋值，如 ch = 'c' + 1;，将把字符'd'赋予 ch。

2.4.4 布尔数据

逻辑值的集合比整数集合、实数集合以及字符集合都要小得多。它只包含两个值 false 和 true。在计算中，这通常被称为**布尔值**。[①]关键的运算是逻辑乘、逻辑加和逻辑非，这些运算更广泛地被分别称为与、或、非。它们是通过下面的**真值表**来定义的，表 2-1 和表 2-2 显示了这些运算对于两个逻辑值 p 和 q 的所有可能取值所得到的结果。

表 2-1

p	not *p*
true	false
false	true

表 2-2

p	*q*	*p* and *q*	*p* or *q*
true	true	true	true
true	false	false	true
false	true	false	true
false	false	false	false

在 C++中布尔值和布尔运算是通过 bool 数据类型建模的。有两个布尔常量：false 和 true。它们的实现是，使用 0 表示 false，1（或任何非 0 值）表示 true。相应地，当一个数字值被转换为 bool 类型时，0 被转换成 false，而其他任何非 0 值都转换成 true：

$$\text{bool(numVal)} = \begin{cases} \text{false 如果 numVal 为 0} \\ \text{true 如果 numVal 非 0} \end{cases}$$

相反地，当 C++中的一个 bool 类型的值被转换成一个整型数时，false 被转换成 0 而 true 转换成 1：

$$\text{int(boolVal)} = \begin{cases} \text{0 如果 boolVal 为 false} \\ \text{1 如果 boolVal 为 true} \end{cases}$$

在输入和输出 bool 型值时，会自动进行这些数字值和布尔值之间的转换。例如，在下面的语句中，okay 的值 true 将被显示为 1：

```
bool okay = true;
cout << okay << endl;                        // 输出 1
```

如果我们在输出语句中插入格式控制符 boolalpha，

```
cout << boolalpha << okay << endl;       // 输出 true
```

---

① George Boole（1815 年-1864 年）是一个英国数学家，他开发了逻辑代数，在逻辑代数中可以通过构成表达式来处理逻辑值。

okay 的值以及所有后续的 bool 型值都将被显示为文本格式。即作为字符串“false”和“true”（除非遇到了一个 noboolalpha 控制符）。

对于输入来说这也成立：为一个 bool 型变量输入 0 将为这个变量赋予 false；输入 1 将使这个变量的值为 true。如果在一个输入语句中使用了 boolalpha 控制符，

```
cin >> boolalpha >> okay;          // 输入 true 和 false 的文本字符串
```

则可以输入实际的字符串 false 和 true，而相应的 bool 值将被赋予 okay。

实际上，当在一个布尔表达式中出现一个数字时，会自动进行数字值到布尔值的转换。如果这个数字为 0，它将被解释为 false，否则它将被解释为 true。例如，如果在前面的输入语句中为 okay 输入了 true，对于代码段：

```
int x;
cin >> x;
if (x && okay)
   cout << "YES\n";
else
   cout << "NO\n";
```

如果为 x 输入 0，将产生 NO 作为输出，但是如果为 x 输入非 0 值，则这段代码将输出 YES。如果修改 if 语句中的布尔表达式为：

```
if ( x=0)
```

则无论为 x 输入什么值，产生的输出都将是 NO，因为 $x = 0$（也许我们希望写的是 $x{==}0$）是一个赋值表达式，它的值为 0，这被解释为 false。

在 C++中定义了 3 种布尔运算：&&(与)、||(或)、以及!(非)。[①]它们可以通过和前面给出的相应的逻辑运算一致的真值表定义，如表 2-3 和表 2-4 所示。

表 2-3

p	!*p*
true	false

表 2-4

p	*q*	*p* && *q*	*p* || *q*
true	true	true	true
true	false	false	true
false	true	false	true
false	false	false	false

这里 p 和 q 都是 bool 型的表达式。

✔ 小测验 2.2

1．什么是抽象数据类型（ADT）？

2．什么是 ADT 的实现？

① 必须注意不要将它们和位运算与（&）和或（|）混淆。其他的位运算是取反（~）、左移（<<）和右移（>>）。

3．________指数据类型的定义和其实现的分离。

4．一个_____是一个二进制数字；一个_____是一组 8 个二进制数字？

5．试图存储一个超过允许的最大值的整数将导致_____？

6．10111_2 的十进制值是_____。

7．101.11_2 的十进制值是_____。

8．在浮点表示 1.011×2^5 中，1.011 叫做________。

9．在一个实数值的浮点表示中，一个太小以至于无法存储的负指数会导致_____。

10．如果 a 和 b 是能够被精确存储的整数，那么在 a 和 b 之间的所有整数都可以被精确地存储。（判断题）

11．如果 a 和 b 是能够被精确存储的实数，那么在 a 和 b 之间的所有实数都可以被精确地存储。（判断题）

练习 2.2

求出练习 1～6 中整数的 16 位二进制补码表示。

1．99　　2．5280　　3．255

4．–255　　5．1024　　6．–1024

给出使用 IEEE 单精度表示时，练习 7～12 中的每个实数数字在尾数的多余位数被（a）截去或者（b）四舍五入情况下是如何存储的。

7．0.625　　8．25.625　　9．14.78125

10．0.015625　　11．0.1　　12．2.01

指出使用 ASCII（见附录 A），练习 13～18 中的字符串是如何被表示的。

13．BE　　14．be　　15．ABLE

16．No Go!　　17．1234　　18．12.34

在练习 19～24 中，求出每个长度为 16 的二进制位串所表示的整数（以十为基），假设使用的是二进制补码表示。

19．0000000001000000　　20．0110111001101111

21．1011111111111110　　22．1100000000000001

23．1001100110011001　　24．1010101010101010

对于练习 25～30，假设使用的是 IEEE 浮点表示方法，求出位串表示的实数值。

25．01000000010000000000000000000000

26．01000000110000000000000000000000

27．01000011111111100000000000000000

28．00111111110000000000000000000000

29．01010101010101010000000000000000

30．11000000010110000000000000000000

31．假设使用 ASCII 表示（见附录 A），求出练习 19 中位串最左边的一个字节和最右边的一个字节所表示的一对字符。

32．重复练习 31，不过这次解释练习 20 中的位串。

33．求出练习 19 中位串最左边的一个字节和最右边的一个字节所表示的一对布尔值。

34．重复练习 33，不过这次解释练习 20 中的位串。

2.3　程序员定义的数据类型

随着编程语言的发展，新的特性被添加到语言中，使得程序员能够通过添加新数据类型来扩展编程语言。在本节中，我们描述一些创建新类型的方法，并介绍其他一些将在后续章节中详细描述的方法。

2.3.1　Typedefs

可以使用 **typedef** 机制给一个已经存在的类型赋予一个新名字，从而创建一种新类型。它的一种形式是：

```
typedef  OldType NewType;
```

这声明 NewType 是 OldType 的一个同义词。例如，在有了定义

```
typedef double real;
```

之后，可以使用类型标识符 double 或 real 中的任一个。

在后续章节中，当创建存储数据值集合的容器类型时，这将是非常有用的。我们可以在开发容器时为这些值的类型使用一个通用性的名字，例如 ElementType。后面可以使用一个 typedef 语句声明一个将要使用的特定类型，例如：

```
typedef double ElementType;
```

如果想使用具有一种不同类型数据值的容器，例如 int 型，只需要修改这个 typedef 语句：

```
typedef int ElementType;
```

在将一个类型名和一个数组相关联时，typedef 机制也是非常有用的。我们将把此方面的演示延迟到第 3 章对数组的学习中。

2.3.2　枚举

如在 2.2 节中看到的，bool 类型中的常量 false 和 true 表现得好像它们是通过一个常量声明来定义的一样：

```
const int false = 0,
          true = 1;
```

当常量 0 和 1（任意非 0 值也一样）出现在一个布尔表达式中，以及被作为输入值赋予 bool 变量时，它们分别被转换为 false 和 true。相反地，当 bool 常量 false 和 true 被转换为整数以及被输出时（除非使用了 boolalpha 控制符），它们分别被转换为 0 和 1。

C++提供了一种机制，能够用来创建其字面常量为标识符的其他类型，每个标识符都

和一个单独的整数相关联，并且每个标识符实际上都起着和这些整数一样的作用。例如，语句：

```
enum Color {RED, ORANGE, YELLOW, GREEN, BLUE, INDIGO, VIOLET};
```

创建了一种新类型 Color，这种类型的值是在花括号中列出的 7 种颜色。因为在声明中显式地列出或枚举了合法的值，所以这种类型被称为**枚举**，被列出的标识符被称为它的**枚举常量**。这样，在这个例子中，Color 是枚举的名字，而它的枚举常量是标识符。①

```
RED, ORANGE, YELLOW, GREEN, BLUE, INDIGO, VIOLET
```

当编译器碰到一个枚举类型的声明时，它执行一个对象到整数的映射，将整数 0 和这个列表中的第一个标识符相关联，整数 1 和第 2 个标识符相关联，如此下去。这样，对于前面的声明，编译器作出了如下的关联：

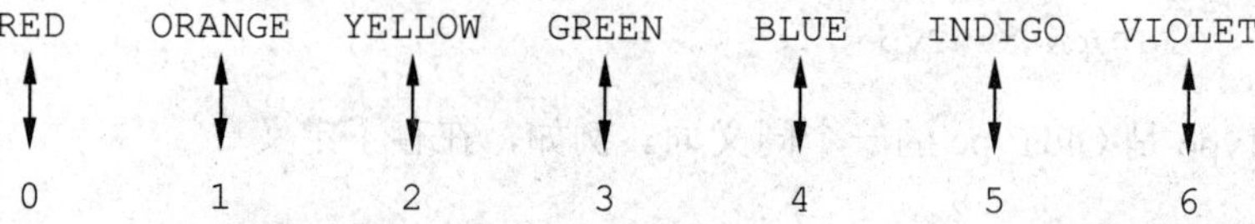

相似地，声明

```
enum Gender {FEMALE, MALE};
```

定义了一种新类型 Gender，它的值包括标识符 FEMALE 和 MALE；编译器将把整数 0 和 FEMALE 相关联，整数 1 和 MALE 相关联。

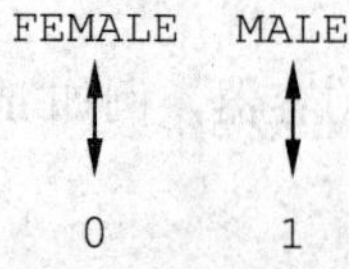

如果我们对此进行稍微修改，将创建自己版本的布尔类型：

```
enum boolean {FALSE, TRUE};
```

声明

```
enum HandTool {HAMMER, PLIERS, SAW, SCREWDRIVER};
```

创建了一个新类型 HandTool，它的值包括 HAMMER、PLIERS、SAW 和 SCREWDRIVER，并且分别将整数 0、1、2、3 和这些标识符相关联。

C++还允许我们显式地为枚举常量规定值。例如，声明

① 因为编译器实际上是将枚举当作一系列的常量整数来定义，因此我们将和对于命名常量一样，为枚举常量使用大写命名惯例。

```
enum NumberBase {BINARY = 2,
                 OCTAL = 8,
                 DECIMAL = 10,
                 HEXADECIMAL = 16};
```

将标识符 BINARY、OCTAL、DECIMAL、HEXADECIMAL 分别和整数 2、8、10、16 相关联：

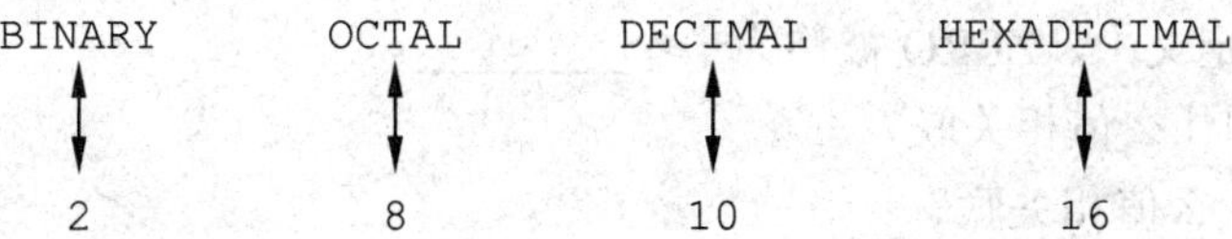

这样，如果希望将值 1，2，…，7 和前面给出的 7 种颜色相关联（取代 0～6），可以使用定义：

```
enum Color {RED = 1, ORANGE = 2, YELLOW = 3, GREEN = 4,
            BLUE = 5, INDIGO = 6, VIOLET = 7};
```

或更加紧凑地，

```
enum Color {RED = 1, ORANGE, YELLOW, GREEN,
            BLUE, INDIGO, VIOLET};
```

这是因为对默认来说，和某个枚举常量相关联的整数，就是和前一个枚举常量相关联的整数的下一个整数。

特定整数和枚举常量的关联其行为和 bool 类型几乎是一样的。特别地，如果在算术表达式中使用了一个枚举常量，它将被自动转换为相关联的整数。对于枚举常量的输出来说也是如此。例如，假设使用枚举类型 Color 的原始定义：

```
enum Color {RED, ORANGE, YELLOW, GREEN, BLUE, INDIGO, VIOLET};
```

那么，在下面的语句中，shade 的值 BLUE 将被显示为 4：

```
Color shade = BLUE;
cout << shade << endl;          // 输出 4
```

2.3.3 类

将新类型添加到 C++的最重要的方法是通过为此类型创建一个类。我们在第 1 章中看到一个此方面的例子，在那里创建了一个 FinancialAid 类型来建模财政补助对象，还创建了一个 StudentAidRecord 类型来建模学生财政补助记录。我们将在第 4 章中更进一步地讨论类。

✔ 小测验 2.3

1. 编写一条 typedef 语句，使得 logical 成为 bool 的一个同义词。

问题2～11使用下面的定义：

```
enum English {ZERO, ONE, TWO, THREE, FOUR};
enum German {EIN = 1, ZWEI, DREI, VIER};
enum PigLatin {EROZAY, EETHRAY = 3, IVEFAY = 5, IXSAY};
enum Nonsense {FEE, FI = 6, FO, FUM, FOO = 3, BAR};
```

2. 第一个定义定义了什么类型？
3. 在第一个定义中，ZERO被称为一个________。
4. THREE和什么值相关联？
5. DREI和什么值相关联？
6. IXSAY和什么值相关联？
7. FEE和什么值相关联？
8. FUM和什么值相关联？
9. BAR和什么值相关联？
10. EETHRAY < IVEFAY.（判断题）
11. FOO > BAR.（判断题）
12. 为一个星期中的每一天的名字编写一个枚举定义。

练习 2.3

1. 编写一条typedef语句，使得byte成为char的一个同义词。
2. 编写一条typedef语句，使得Real和SinglePrecision都成为float的同义词。
3. 编写一个枚举MonthAbbrev，它的枚举常量是一年中的所有月份，并且只有每个月份名字的前三个字母组成。

   练习4～9假设使用练习3中的MonthAbbrev枚举类型。对于每个练习，求出给定表达式的值。

4. JAN < AUG
5. SEP <= SEP
6. SEP + 1
7. APR – 1
8. AUG + 2
9. AUG – 2
10. 编写一个枚举Digit，它的枚举常量是整数0，1，…，9的名字。
11. 编写一个枚举Currency，它的枚举常量是价值最多为一美元的所有美国硬币的名字，并且和每个枚举常量相关联的整数就是它所对应的硬币的价值；例如，一个枚举常量应该是DIME，它和整数10相关联。

2.4 指针

当编译器遇到以下定义时

```
char charVar = 'A';
double doubleVar;
int intVar = 1234;
```

它创建被定义的变量（intVar、doubleVar 和 charVar），即

（1）分配特定类型的值所需的内存。

（2）把变量的名字和所得内存相关联。

（3）用定义中提供的值（如果有的话）来初始化所得的内存。

因此，如果下一可用内存位置的地址是 0x005208320，且字符型需要 1 个字节，int 型需要 4 个字节，而 double 型需要 8 个字节，那么可以按照图 2.1 中**内存映像图**所示的那样把内存分配给变量 intVar、doubleVar 和 charVar。[①]

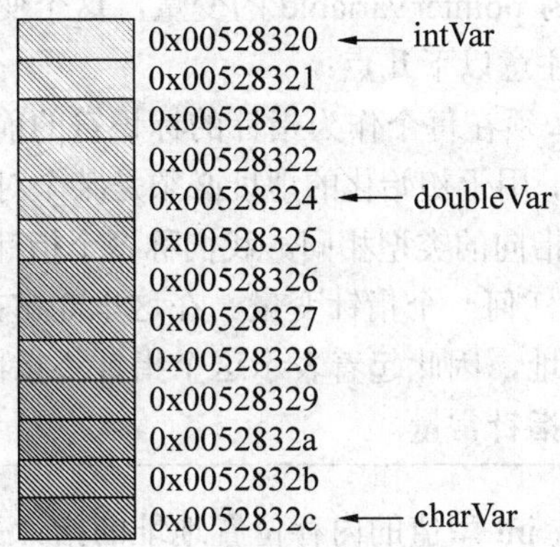

图 2.1

对象的地址可以通过使用**取地址运算符（&）**得到：

```
&variable 是 variable 的地址
```

这样，在图 2.1 中，有：

```
&intVar 是 0x005208320
&doubleVar 是 0x005208324
&charVar 是 0x00520832c
```

为了使得地址更加有用，C++提供了指针变量。**指针变量**（或简称为**指针**）是一种变量，其值是一个内存地址。在第 3 章中，将了解如何在数组的动态分配中使用指针——即在程序执行期间为数组分配内存（和 3.2 节中介绍的静态数组相对应）。在第 6 章以及后面的几章中，将说明如何在创建链表时使用指针，链表是一种可以在程序执行时增长和缩减的存储结构。这些都是本书中将要讲述的指针的最重要的应用。为了作好准备，在本节中先了解一些指针的基本属性。

2.4.1 声明和初始化指针

指针的声明形式如下：

① 以 0x 开始的整型常量是使用十六进制表示的。参考附录 B 和附录 C.7 中关于十六进制表示的更多信息。

类声明

形式：

```
Type * pointerVariable;
Type * pointerVariable = address;
```

这里

Type 可以是任意类型，address 是某个给定的 Type 类型对象的地址。[①]

目的：

定义一个名为 pointerVariable 的变量，这个变量可以存储规定的 Type 类型对象的地址。注意以下几点：

- 星号运算符*必须在每个作为指针的标识符的前面。
- 在第二种形式，用于初始化的地址必须是某个对象的地址，这个对象的类型必须和指针所指向的类型相同。我们称这个指针**被绑定**到这种类型上。
- 可以将 0 赋予任何一个指针变量。在这里 0 常被称为**空地址**，因为 0 不是任何对象的地址，因此起着表示这个指针不指向任何对象的作用。它可以被看作一个**零指针**常量。

程序 2.3 定义了用来存放 int 型值的内存位置地址的指针变量 iptr 和 jptr，以及用来存放 double 型值的内存位置地址的指针 dptr 和 eptr。指针 iptr 和 jptr 分别存放 int 型变量 i 和 j 的地址；dptr 和 eptr 分别存放 double 型变量 d 和 e 的地址。然后程序显示这些地址。[②]

程序 2.3　指针和地址的演示

```
//--- 关于指针变量和地址的演示

#include <iostream>
using namespace std;

int main()
{
  int i = 11,
      j = 22;
  double d = 3.3,
         e = 4.4;
                                 // 定义指针变量用于：
  int * iPtr,                    // 存放整数的地址
      * jPtr;
```

① 星号之前和之后的空间没有强制性限制。程序员通常使用的两种选择是：

- 将星号和类型标识符连在一起： Type* pointerVariable;
- 将星号和变量连在一起： Type *pointerVariable;

② 在某些版本的 C++中，有可能需要在输出语句中使用(void *)pointerVariable 才能正确地显示地址。

```
  double * dPtr,          //  存放双精度数的地址
         * ePtr;
  iPtr = &i;              // iPtr 的值是 i 的地址
  jPtr = &j;              // jPtr 的值是 j 的地址
  dPtr = &d;              // dPtr 的值是 d 的地址
  ePtr = &e;              // ePtr 的值是 e 的地址
  cout << "&i = " << iPtr << endl
       << "&j = " << jPtr << endl
       << "&d = " << dPtr << endl
       << "&e = " << ePtr << endl;
}
```

运行跟踪：

```
&i = 0xbffffd20
&j = 0xbffffd24
&d = 0xbffffd28
&e = 0xbffffd30
```

从这个程序的输出我们看到变量 i 的地址是十六进制值 0xbffffd20，j 的地址是 0xbffffd24，d 的地址是 0xbffffd28，而 e 的地址是 0xbffffd30；这些地址被分别存储在指针变量 iptr、jptr、dptr 和 eptr 中。我们可以将这个程序的数据在内存中的分布以可视化的方式刻画如图 2.2 所示。

地址	值	变量
0xbffffd20	11	i
0xbffffd24	22	j
0xbffffd28	3.3	d
0xbffffd30	4.4	e
	0xbffffd20	iPtr
	0xbffffd24	jPtr
	0xbffffd28	dPtr
	0xbffffd30	ePtr

图 2.2

注意（使用十六进制算术）

```
0xbffffd24 - 0xbffffd20 = 4
```

这表示在这种机器上 int 型的大小是 4 个字节（32 位），以及

```
0xbffffd30 - 0xbffffd28 = 8
```

表示 double 型的大小是 8 个字节（64 位）。

记住在指针声明中星号运算符*必须在每个变量之前这一点很重要。例如，程序 2.3 中对 dPtr 和 ePtr 的定义：

```
double * dPtr,
       * ePtr;
```

正确地定义了它们是指向double型对象的指针。但是，如果写成

```
double * dPtr,
         ePtr;
```

则只有dPtr是指针变量；而ePtr只是一个普通的double型变量。

typedef 定义可以通过把类型标识符和指针类型联系起来以消除这种重复使用星号的必要性。例如，可以首先定义：

```
typedef double * DoublePointer;
```

然后使用DoublePointer来定义dPtr和ePtr:

```
DoublePointer dPtr,
              ePtr;
```

这种定义还提高了指针定义的可读性，特别是需要定义指针参数的时候。

如我们已经提到的，0可以被赋给任意指针变量，从而把指针变为空指针。例如，定义

```
int * iPtr = 0;
```

以及赋值语句

```
dPtr = 0;
```

都是合法的，它们使用空地址把iPtr和dPtr变成空指针。空指针有时使用实心点来表示，有时使用工程上的接地符号来表示，还有时使用单词“null”来表示，如图2.3中后三种表示所刻画的。但是最通常使用的也是本书中将要使用的一种空指针表示方法是图2.3中的第一种方式，我们简单地在表示指针值的方框中画一条对角线，表示这是一个空指针。

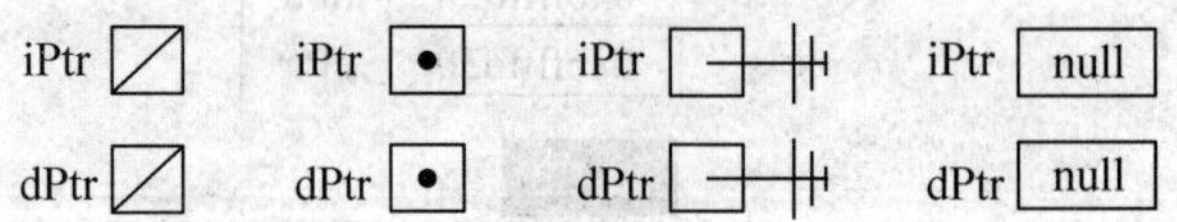

图 2.3

2.4.2 基本指针操作

C++支持对指针的不同操作，包括去引用、赋值、比较和算术运算。将逐个地简要介绍这些操作。在第3章中，将考虑对指针的一些基本算术运算。

1. 去引用和间接引用

指针变量只存储内存位置的地址。通过指针访问这个内存位置的内容需要使用一个特

殊的运算符*，称为**去引用运算符**，形式如下面的表达式：

```
*pointerVariable
```

这个表达式提供对一个内存位置的访问，这个内存位置的地址存储在 pointerVariable 中；如果这个内存地址已经有名字，可以认为*pointerVaraible 是 pointerVaraible 指向的位置的别名或者同义词。

为了说明，从程序 2.3 的输出中，可以看到 iPtr 的值是 0xbffffd20，即保存着一个整数的内存位置的地址；它实际上是含有 11 的内存位置的地址，这个内存位置的名字是 i。所以*iPtr 是这个位置的一个别名，且*iPtr 的值为 11，因为 11 是存在这个位置的值。我们可以图形化地演示这个配置。如图 2.4 所示。

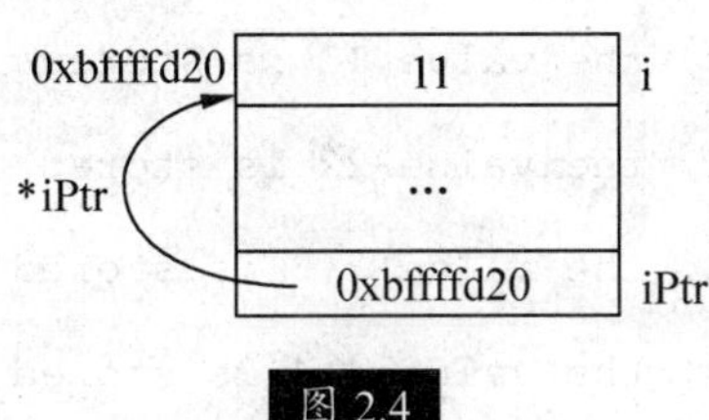

图 2.4

因此，如程序 2.4 所示，变量 i 的值可以通过表达式*iPtr 访问，因为*iPtr 是 i 的一个别名。同样地，*jPtr、*dPtr 和*ePtr 分别是 j、d 和 e 的别名，因而能够用来访问它们的值。

通常地，通过把*运算符应用到指针变量 vPtr（其值是 v 的地址）上，能够间接地访问变量 v 的值。因此，*操作符被称为**间接引用运算符**（**indirection operator**）。

程序 2.4　指针去引用

```
//--- 对指针去引用的演示

#include <iostream>
using namespace std;

int main()
{
  int  i = 11,
       j = 22;
  double d = 3.3,
         e = 4.4;

                                    // 定义用于以下目的的指针变量：
  int  * iPtr,                      //  存放 int 型对象的地址
       * jPtr;
  double * dPtr,                    //  存放 double 型对象的地址
         * ePtr;
  iPtr = &i;                        // iPtr 的值是 i 的地址
  jPtr = &j;                        // jPtr 的值是 j 的地址
  dPtr = &d;                        // dPtr 的值是 d 的地址
```

```
  ePtr = &e;                // ePtr 的值是 e 的地址
  cout << "\nAt address " << iPtr
      << ", the value " << *iPtr << " is stored.\n"
      << "\nAt address " << jPtr
      << ", the value " << *jPtr << " is stored.\n"
      << "\nAt address " << dPtr
      << ", the value " << *dPtr << " is stored.\n"
      << "\nAt address " << ePtr
      << ", the value " << *ePtr << " is stored.\n";
}
```

运行跟踪：

```
At Address 0xbffffd20, the value 11 is stored

At Address 0xbffffd24, the value 22 is stored

At Address 0xbffffd28, the value 3.3 is stored

At Address 0xbffffd30, the value 4.4 is stored
```

如这个程序所演示的，一个被去引用之后的指针是一个变量，其使用方法与相关类型的变量的使用方法相同。例如，如果语句

```
i=*jPtr;
```

被加到程序2.4中，i的值会从11变到22，因为*jptr即地址为0xbffffd24的内存位置，而存在那儿的值22应该被赋给i。语句

```
*iPtr=j;
```

会产生相同结果，因为*iPtr是一个int型变量，且它与i都表示同一内存位置。这条语句会把j的值复制到这个位置，这表示i的值将变成22。

间接引用运算符可以被应用多次，从而产生更深层次的间接引用。例如，声明

```
typedef int * IntPointer;        // 或不使用 typedef:
IntPointer * ptr;                // int ** ptr;
```

将声明ptr为指向某个内存位置的指针，而这个内存位置中包含的又是指向另一个内存位置的指针，此时另一个内存位置中保存的是一个int型值，**ptr的值将是11。如图2.5所示。

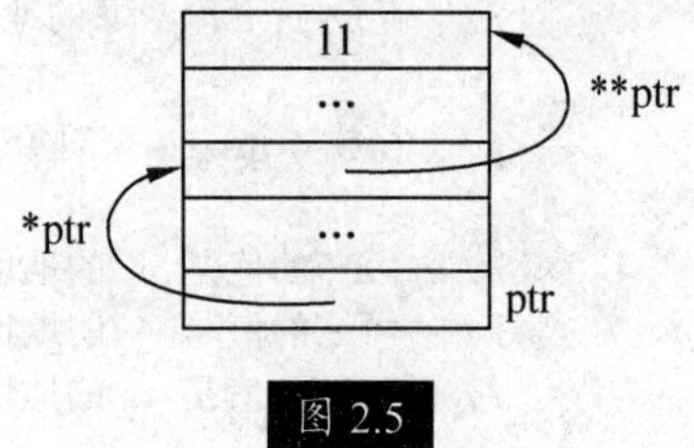

图 2.5

在对一个指针去引用时必须小心，需要保证这个指针不为空，并且指向内存中一个特定的位置，因为去引用一个空指针或未定义的指针通常会造成一个致命的运行时错误。不过，在某些版本的 C++中，这会造成访问某些“垃圾”内存位置，并允许程序的执行继续下去，但是可能会产生不正确的结果。这有时被称为**悬空指针问题**。

2. 赋值

指针变量能被赋予限于同一类型的其他指针变量的值。例如，如果要增加语句

```
jPtr = iPtr;
```

到程序 2.4 中去，则 **iPtr** 的值将被复制给 **jPtr**，使得两个指针的值都是同一内存地址；也就是说，它们都指向同一内存位置，如图 2.6 所示。

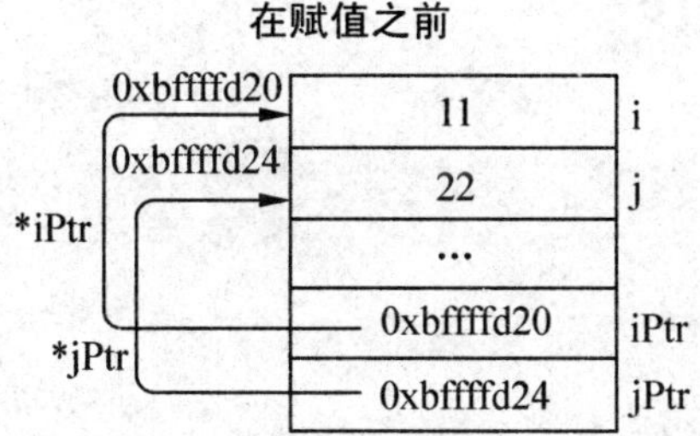

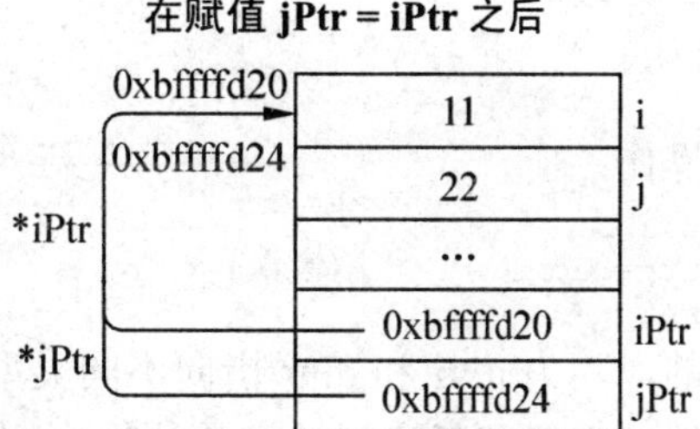

图 2.6

在赋值语句执行之后，**jPtr** 不再指向 j，而是指向 i。因此，去引用 **jPtr** 将产生 i 的一个别名。例如，输出语句

```
cout << *jPtr;
```

将显示值 11 而不是 22，且语句

```
*jPtr = 44;
```

将把变量 i 中的值从 11 改为 44，如图 2.7 所示。

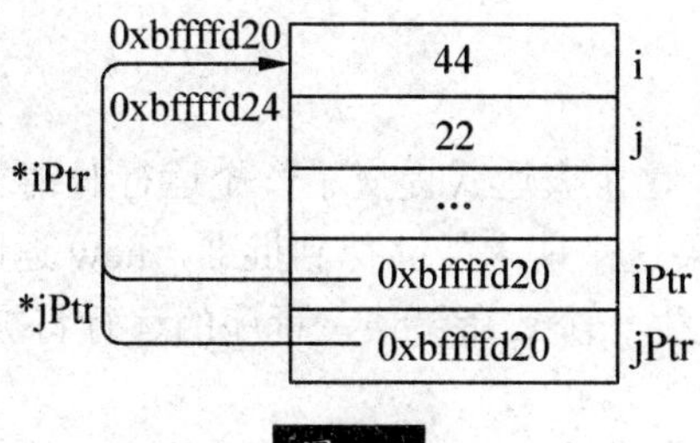

图 2.7

这个例子说明了指针是编程语言的一种非常强大（并且危险）的特性，但必须小心地使用它们。如下语句：

```
*jptr = 44;
```

将改变变量(i)的值，如果变量 i 没有被正确命名的话，这是很糟糕的，因为通过隐藏修改，使得程序更难于调试。这被称为编程中的别名问题，因为诸如*iptr 和*jptr 这样的变量是 i 的别名。

3．比较

可以使用关系运算符来比较指向同一类型的两个指针。最常见的运算是用==和!=来判断两个指针变量是否指向同一内存位置。例如，布尔表达式

```
iPtr==jPtr
```

是合法的，当且仅当 iPtr 中的地址和 jPtr 中的地址相同时，它才返回真。然而，如果指针 nPtr 和 dPtr 被定义为：

```
int * nPtr;
double * dPtr;
```

则比较操作：

```
nPtr==dPtr        //错误!
```

是非法的，因为 nPtr 和 dPtr 指向不同类型。

空地址可以和任意指针变量比较。例如，条件

```
nPtr==0
```

和

```
dPtr==0
```

都是合法的布尔表达式。

2.4.3 动态内存分配——new 操作

在程序执行期间，可以通过 new 操作向操作系统请求内存。这样一个请求的简单形式如下：

```
new Type
```

这里 Type 可以是任意类型。这个表达式提交了一个运行时请求，要求分配一块足够存放一个 Type 类型值的内存。如果这个请求能够得到批准，new 返回所获得的内存的起始地址。如果请求无法被满足，将发生一个致命错误，程序的运行将被终止（除非发生第 3 章中描述的例外情况）。

因为 new 操作返回一个地址，而地址可以被存储到一个指针变量中，因此这个操作几乎总是和一个指针联合使用。例如，当语句

```
int * intPtr;
intPtr = new int;
```

被执行后，表达式 new int 向操作系统提交一个请求，要求一块足够存放一个整数值的内存（即，要求 sizeof(int)个字节的内存）。如果操作系统能够满足这个请求，intPtr 将被赋予这块内存位置的地址。

例如，假设 new 操作返回地址 0x13eff860：

intPtr

0x13eff860　0x13eff860

因为没有名字和这块新分配的内存相关联，它被称为一个**匿名变量**；不能以访问其他变量的方式来直接地访问这个匿名变量。不过，它的地址被存储在 intPtr 中，所以可以通过去引用 intPtr 间接地访问这个匿名变量，使用表达式*intPtr：

如下的语句可以被用来对这个匿名变量进行操作：

```
cin >> *intPtr;          // 存储一个值到匿名变量中

if (*intPtr < 100)       // 应用一个关系运算到匿名变量
   (*intPtr)++;          // 应用一个算术运算到匿名变量
else
   *intPtr = 100;        // 向匿名变量赋予一个值
```

简而言之，任何对于一个“普通”整数变量能做的事情，只要通过 intPtr 间接地进行访问，对于这个匿名整数变量都可以做。

2.4.4　关于引用形参的注释

考虑下面交换两个 int 型变量值的 C++函数：

```
void swap(int & first , int & second)
{
   int temp = first;
   first = second;
   second = temp;
}
```

可以使用函数调用

```
swap(x, y)
```

交换两个 int 型变量 x 和 y 的值。

历史上第一个 C++编译器是一个 C 预处理器，它读取一个 C++程序，产生功能等价的 C 代码，接着通过 C 编译器运行所得到的代码。然而，C 没有引用形参，所以这样的编译器如何能够处理引用形参呢？它们使用的是指针和去引用运算符。例如，前面的 swap()函数可以被翻译成：

```
void swap(int * first, int * second)
{
  int temp = *first;
  *first = *second;
  *second = temp;
}
```

并将前面的函数调用修改为：

```
swap(&x, &y);
```

从这里例子可以看到，传引用形参调用机制是如何能够被实现的。一个引用形参被翻译成一个指针变量，相应的实参被翻译成这个实参的地址。当在函数中被使用时，指针形参被自动的去引用，从而产生对应实参的别名（即，引用）。

指针作为实参和形参

指针也可以被作为实参传递给函数。与之对应的形参可以是值形参或者引用形参，但指针实参和对应形参必须限于同一类型。函数的返回类型也可以是指针。

不过，我们必须意识到，即使产生了一个指针实参值的拷贝并赋予了一个对应的形参，这两个实参和形参仍然指向同一内存位置，如图2.8所示。

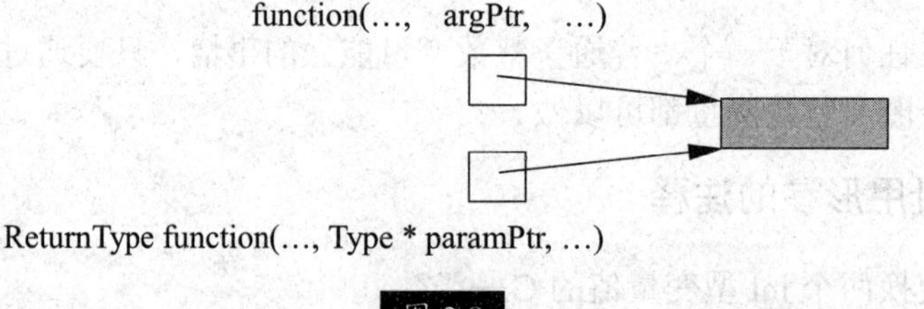

图 2.8

这意味着，在图2.8中，不论是argPtr还是paramPtr，都可以修改它们指向的内存位置的内容。这样，我们有了另一个别名问题的例子。

✔ 小测验 2.4

1．指针变量存储_______。

2．_______是取地址运算符。

3．_______是去引用运算符。

4．_______是间接引用运算符。

问题5～14采用以下定义：

```
double * x,
         y = 1.1;
```

并且 double 值存于 8 个内存字节中。回答问题 5～10，答案是(a)地址或者(b)double 型值。

5. *x* 的值为_______。
6. *y* 的值为_______。
7. &*y* 的值为_______。
8. &*x* 的值为_______。
9. **x* 的值为_______。
10. (**x*)**y* 的值为_______。
11. 在赋值语句 *x*=0 中；0 被称为_______地址。
12. 语句 *x* = &*y*; cout << **x* 产生的输出为_______。
13. 语句 *x* = &*y*; **x* = 3.3; cout << *y* 产生的输出为_______。
14. 在程序执行期间使用_______操作符来请求内存。如果有足够的可用内存，它返回一块内存的_______。
15. 问题 14 中新分配的内存被称为一个_______变量。

练习 2.4

1. 当编译器碰到一个变量定义时，它必须做哪三件事情？

   练习 2～8 采用以下定义：

```
int  i1 = 11;
     i2 = 22;
double d1 = 3.45;
       d2 = 6.78;
```

2. 编写变量 *p*1 和 *p*2 的定义，其值是存放 double 型数据的内存位置的地址。
3. 编写一条语句分别把 *d*1 和 *d*2 的地址赋给练习 2 中的变量 *p*1 和 *p*2，或者解释为什么这是不可能的。
4. 编写一条语句把 *i*2 的地址赋给练习 2 中的变量 *p*2，或者解释为什么这是不可能的。
5. 编写变量 ptr1 和 ptr2 的定义，并将它们分别初始化为 *i*1 和 *i*2 的地址。
6. 编写一条语句，使得练习 2 中的变量 *p*1 和 *p*2 指向同一内存位置。
7. 对于练习 5 中的 ptr1 和 ptr2，编写一条语句，把 ptr2 指向的内存位置中存着的值复制到 ptr1 指向的内存位置中去。
8. 编写语句，使用练习 3 中的变量 *p*1 和 *p*2，而不是变量 *d*1 和 *d*2，来交换 *d*1 和 *d*2 的值。
9. 使用 typedef，为指向 char 类型的指针创建一个别名类型 CharPointer。

   对于练习 10～15，使用 sizeof 运算符来看看你的 C++编译器为给出的项分配了多少字节：

10. 一个 int 型值。
11. 一个 float 型值。

12. 一个 double 型值。
13. 一个 short int 型值。
14. 一个如下定义的枚举类型的值：

```
enum Wtype {who, what, where, when, why};
```

15. 指向练习 10～14 中数据项的指针。
16. 描述以下语句产生的输出：

```
int * foo, *goo;

foo = new int;
*foo = 1;
cout << (*foo) << endl;
goo = new int;
*goo = 3;
cout << (*foo) << (*goo) << endl;
*foo = *goo + 3;
cout << (*foo) << (*goo) << endl;
foo = goo;
*goo = 5;
cout << (*foo) << (*goo) << endl;
*foo = 7;
cout << (*foo) << (*goo) << endl;
goo = foo;
*foo = 9;
cout << (*foo) << (*goo) << endl;
```

2.5 本章小结

章节注意要点

- 一个抽象数据类型（ADT）就是一个数据元素集合以及对数据进行的操作。一个 *ADT* 的实现包括数据元素的存储结构和实现操作的算法。
- 数据抽象，指的是数据类型的定义和数据类型的实现是分开的，这是软件设计中的一个重要的概念。
- 一种抽象数据类型的实现往往并不忠于这种 ADT 的表示。
- 记住，由不精确的实数值表示造成的舍入错误会积累起来并导致一个程序失败。

程序设计知识点

1. 产生一个在可表示整数范围之外的整数被称为溢出。典型的结果是“环绕”可表示整数范围，使最小的负整数紧跟着最大的正整数。

2．对于一个浮点值，如果产生一个太大的以至于无法存储的指数将造成溢出；如果产生一个太小的以至于无法存储的负指数将造成下溢。

3．舍入错误，是一种实数值存储表示错误，当在一系列计算中被积累起来时，可能会导致令人恼火（甚至是严重的）的错误结果。

4．在指针定义中，星号运算符*必须出现在每个变量之前。使用 typedef 机制和描述式标识符来定义指针类型，从而可以减少违反这一点的机会。这还增加了程序的可读性。

5．每个指针变量都指向一种固定的类型；指针是内存位置的地址，该位置中只能存放该类型的值。

6．操作指针时必须要小心，因为它们的值是内存地址。特别地：

- 一个指针 ptr 能够以以下方式被赋予一个值：

```
ptr = &var;            （其中 var 是 ptr 指向的类型的对象）
ptr = 0;               （空地址）
ptr = anotherPtr;      （其中 anotherPtr 指针，其类型与 ptr 的类型相同）
ptr = new T;           （其中 T 是 ptr 指向的类型）
```

- 关系运算能够用来比较指针，但前提是两个指针必须属于同一类型，或者其中一个或两个都是空地址。
- 指针能用作形参，但对应的形参和实参必须属于同一类型。函数可以像返回值一样返回指针，但指针的类型必须和被定义的函数指向的类型相同。

7．不要把内存位置和内存位置的内容混淆起来。如果 ptr 是一个指针，它的值就是某个内存位置的地址；*ptr 访问这个内存位置，因此它的值就是这个位置中存储的内容。ptr++和(*ptr)++都是合法的（如果 ptr 被绑定到整数类型），但前者将自增 ptr 中的地址，而后者将该地址指向的内存位置的内容加 1。

8．具有空值并不等同于未定义。当指针被赋予一个内存位置的地址或者空地址时，它就被定义了。把空地址赋给指针就相当于把零赋给一个数值变量。

9．任何试图去引用空指针或未定义指针的操作都会产生运行时错误。不过，在某些版本的 C++中，通过使用某些“垃圾”内存位置，可以允许程序继续处理，这显然会产生一个不正确的结果。这就是所谓的悬空指针问题。

10．在一条某个变量没有被命名的语句中改变这个变量的值是非常不好的习惯，因为这会产生难以发现的逻辑错误。这是编程中的别名问题。

ADT 技巧

1．数据抽象是软件设计中的一个重要的概念，其中数据类型的定义和数据类型的实现是分开的。

2．ADT 是通过提供数据元素的存储结构以及实现在数据上进行的操作的算法来实现的。

3．抽象数据类型的实现往往不完全忠于这个 ADT 的表示。

4．在后面章节中创建可以按需增长或缩减的数据结构时，可以证明指针是很有用的。

编程问题

2.2 节

1. 编写并测试一个函数 printBinary()，这个函数按照你所采用的 C++版本中存储 int 型值所用的二进制位的个数，以二进制形式显示 int 型值。（注意：sizeof(T)给出 T 型值所需的内存数量。）例如，如果 int 型使用 32 位，则函数对于值 17 显示 00000000000000000000000000010001。

产生这个输出的一种方法是使用 C++的位运算符，如下面的算法所概述的（如果对此不熟悉，你可以在附录 C 和本书的 Web 站点找到相关信息）:

（1）初始化一个 unsigned int 型变量 mask，它的值的二进制表示为 1 后面跟着全是 0；例如，对于 32 位表示，应该是 10000000000000000000000000000000。（有用的提示：0x80000000 是具有这个位模式的整型常量的 16 进制表示。）

（2）对于一个从 1 开始，到二进制位的个数为止的计数器，做以下工作:

① 如果给定整数与 mask 按位与(&)的结果非 0

显示'1'

否则

显示'0'

② 将 mask 中的位右移一位（使用>>）。

提示：在实际进行编码之前，对一个例子使用手工计算一遍，这将有助于你对算法如何工作的理解。

2. 使用问题 1 中的程序，找出练习 1~6 中那些整数的二进制表示。你使用的 C++版本是使用补码来表示整数吗？

3. 编写一个程序，读取包含一个位运算符的输入行（见问题 1）——&、|、^、<<或>>，位运算符的后面跟着整数操作数，接着输出这些整数操作数、位运算符以及将位运算符应用到操作数所得到的结果。将这些数字同时以十进制形式和 32 位的二进制形式显示，使用问题 1 中的 printBinary()函数。例如，输入

```
& 13 27
```

将产生输出

```
Applying the bitwise AND operator & to the following
         13 = 00000000000000000000000000001101
         27 = 00000000000000000000000000011011
produces
          9 = 00000000000000000000000000001001
```

而输入

```
~ 1
```

产生输出

```
Applying the bitwise NOT operator ~ to the following
           1 = 00000000000000000000000000000001
produces
          -2 = 11111111111111111111111111111110
```

4. 编写一个程序，判断在你使用的 C++版本中，一个整数溢出是否会造成书中所描述的“环绕”行为。
5. 编写一个程序，计算下面每一对实数值表达式，并试验能否找到使这对表达式不相等的变量 a、b、c 的值。
   （1）$a \cdot (b + c) = a \cdot b + a \cdot c$
   （2）$(a + b) + c$ 和 $a + (b + c)$
   （3）$a \cdot (1/a)$ 和 1，这里 $a \neq 0$

2.3 节

6. 为练习 3 中的枚举类型 MonthAbbrev 创建一个库。这个库应该包含枚举 MonthAbbrev 的定义，以及一些这种类型能够进行的基本操作，这些操作至少包括以下几个：
   （1）一个输出函数，将每个枚举值作为字符串显示（而不是一个整数）。
   （2）一个输入函数，允许用户输入一个表示月份简写的字符串，并将相应的枚举值赋予一个 MonthAbbrev 型变量。
   （3）一个后继函数，返回某个给定枚举值的下一个枚举值；例如，MON 的后继是 TUE。

   然后编写一个驱动程序测试所有的操作。注意：如果你了解运算符重载，可以在①中使用 operator<<()，在②中使用 operator>>()，在③中使用 operator++()。
7. 如问题 6 一样，不过是对于问题 10 中的枚举类型 Digit。
8. 如问题 6 一样，不过是对于问题 11 中的枚举类型 Currency。
9. 在一个实现找零的程序中使用问题 8 中的库，这个程序接收购买的价值量和付款的价值量，都以美分来衡量，最后“说出”该找的零钱，这是通过使用枚举类型 Currency 显示找零来实现的。

2.4 节

10. 编写一个程序给出分配给下面不同类型变量的内存位置的地址：
    （1）声明两个 short int 型变量，两个 int 型变量，以及两个 long int 型变量，然后输出每个变量的地址。
    （2）画一幅和图 2.1 类似的内存映像图，说明每个变量的起始地址。
    （3）通过使用同类型两个变量中第二个变量的地址减去第一个变量的地址，计算每种类型所占用的内存位置的大小。
    （4）在你的程序中添加使用 sizeof 的语句（见问题 1）来计算每种类型所占用的内存位置的大小。
11. 重做问题 10，但是这里是使用两个 short int 型变量，两个 int 型变量，两个 long int

型变量、两个 bool 型变量以及两个 char 型变量。

12. 重做问题 10，但是这里是使用两个 float 型变量、两个 double 型变量以及两个 long double 型变量。

13. 编写一个简单的计算器程序，允许用户从一个操作菜单中选择进行实数计算的+、–、*或/，接着输入两个操作数，然后计算所选操作应用到这两个操作数的结果，这个过程可以反复进行。不过，你唯一能使用的命名变量是指针变量；所有其他的都必须是匿名变量。

第3章 数据结构和抽象数据类型

章节内容

- 数据结构，抽象数据类型和实现
- 静态数组
- 多维数组（可选）
- 动态数组
- C风格结构（可选）
- 过程式编程

章节学习目标

- 更详细地考察抽象数据类型（ADT）以及它们的实现。
- 介绍作为ADT的数组。
- 了解如何使用C++的静态数组来实现数组。
- （可选）描述二维或更高维的数组。
- 通过学习动态数组扩展第2章中对指针的讨论。
- （可选）说明如何使用C++的结构建模具有多重属性的对象。
- 通过一些例子描述过程式编程模式。

如我们提到过的，软件设计的两个主要方面包括组织问题中牵涉到的数据，以及设计在这些数据上操作的算法。对于要处理的数据，必须以一种能够反映数据元素之间关系的方式来组织，从而使得数据能够被高效率的处理。同样如我们已经提到的，不能将决定如何存储这些数据元素和设计在这些数据上操作的算法这两件事情分割开；它们必须并行的进行。

因为这些数据结构和算法必须使用某种程序设计语言来实现，所以它们必须被设计成能够有效地利用这种语言的特性。这表示只要有可能，它们必须基于程序设计语言能够提供的预定义的数据结构、运算以及其他一些特性。在本章里，我们将回顾C++中提供的数据结构，简单地描述它们是如何实现的，以及如何利用它们来实现抽象数据类型。

3.1 数据结构，抽象数据类型和实现

为了演示组织和结构化一个问题中的数据的过程，让我们考虑一个例子。假设Trans-Fryslan航空公司运转着一条单独的10乘客的空中航线。Trans-Fryslan航空公司希望能够将公司的运行现代化，这样，作为第一步，就需要一个程序，能够为每个航班决定哪些座位已经被卖出了，而哪些座位仍然是空的。

在这个问题中，很明显基本的对象是10个座位组成的集合，以及对于每个座位，用

来表示这个座位是否被占用了的标志。我们必须能够执行以下操作：① 检查这些座位以决定哪些座位尚未被占用；② 保留一个座位；③ 取消一个座位的分派。为了执行这些操作，考虑将这些座位组织成一个列表将会比较合适。

在将数据组织为 10 座位的列表以及明确了要执行的基本操作之后，我们可以考虑实现这个结构的方法。这里存在着多种不同的实现。例如，我们可以使用 10 个简单的 char 型变量来表示这个座位列表：

```
char    seat1, seat2 , … , seat10;
// ' ' 表示座位是空着的
// 'X'表示座位已经被分派出去
```

尽管这是座位列表的一种简单的表示方法，但是此时执行所需操作的算法却显得有点笨拙。例如，扫描座位列表并产生一个空座位列表的算法将会如下所示：

列出空座位的算法

（1）如果 seat1 为' '
　　显示 1
（2）如果 seat2 为' '
　　显示 2
（3）如果 seat3 为' '
　　显示 3
　　⋮
（10）如果 seat10 为' '
　　显示 10

保留一个座位的算法会更加笨拙：

保留一个座位的算法

（1）设置 done 为 false。
（2）如果 seat1 为' '，做以下工作：
　① 显示 "Do you wish to assign Seat#1?"。
　② 获取用户的回答 response。
　③ 如果 response 是'y'则做以下工作：
　　■ 设置座位 1 为'X'。
　　■ 设置 done 为 true。
（3）如果 not done 并且 seat2 为' '则做以下工作：
　① 显示 "Do you wish to assign Seat#2?"。
　② 获取用户的回答 response。
　③ 如果 response 为'y' 则做以下工作：
　　■ 设置 seat2 为'X'。

■ 设置 done 为 true。

// …
// 对剩下的 8 个座位采用同样的处理。

取消一个座位分派的算法也会同样的可笑。

可以写一些 C++函数来实现这些算法，但是这些函数将至少是比较笨拙的。它们会不太灵活，难以修改，并且如果 Trans-Fryslan 航空公司将他的 10 座位飞机替换成大一点的具有更多座位的飞机后，这些函数将会更加地笨拙。

这些困难很自然地提示我们，最好考虑其他方法来表示这个问题中的数据。表示座位列表的另一个方法是使用一个数组（参见 3.2 节）或一个 vector（参见 9.4 节），其元素是 char 型的：

```
const int MAX_SEATS = 10; // 座位数量的上限
char seat[MAX_SEATS];
```

因为可以使用下标运算符很容易地访问数组元素，所以实现所需操作的算法会简单很多。

列出空座位的算法

（1）For number 从 0～MAX_SEATS-1 做以下工作：
如果 seat[number]等于' '
　显示 number。

保留一个座位的算法

（1）读取要保留的座位编号 number。
（2）如果 seat[number] 等于' '
　　设置 seat[number]为'X'
　　否则
显示一条消息表示编号为 number 的座位已经被分派出去了。

取消一个座位分派的算法和保留座位的算法很类似。

为了升级使用这些算法的程序，以便能够处理具有 25 个座位的更大的飞机，我们只需要修改常量 MAX_SEATS 的定义：

```
const int MAX_SEATS = 25;   // 座位数量的上限
```

和早期的实现不同，我们不需要对实现操作的算法和函数作出任何修改。

尽管这是一个非常简单的例子，但是这确实说明了第 2 章中我们介绍的**抽象数据类型**(ADT)的概念。回忆一下，一个 ADT 包括：

（1）数据元素集合。

（2）在这些数据元素上执行的操作。

在这个例子中，数据元素的集合就是一个座位的列表或者是这些座位的某种表示（例如，飞机的一张座位表）。基本操作包括①扫描座位列表以判断哪些座位已经被分派了；②将座位的状态从未被占用改为已被分派，或从已被分派改为未被占用。

像这样的 ADT 的一个**实现**包括存储数据元素的**存储结构**，通常称为**数据结构**，以及实现基本操作的算法。在前一个例子中，给出了两个实现。在第一个实现中，存储结构为 10 个简单的变量，而在第二个实现中，存储结构为一个数组。对每一种实现，都给出了实现基本操作的算法，但是第二种实现中的算法比第一种实现中的算法要容易的多，也更吸引人一些。

术语抽象数据类型和抽象数据结构常可以互换使用。但是，当独立于任何程序设计语言或者机器类型，在逻辑层次或者概念层次考虑数据的时候，我们将使用抽象数据类型。术语数据结构指的是程序设计语言中能够用来存储数据的构造。

如图 3.1 所示，C++提供了很丰富的数据类型和结构。在本章中，我们主要关注 C 中提供的数据结构，自然这些结构在 C++中也是提供的。基本类型、数组，结构和联合在 C 中和 C++中都有提供；而其他一些类型和结构——类、complex 以及图中右边分支它们下面列出的那些只在 C++中提供。

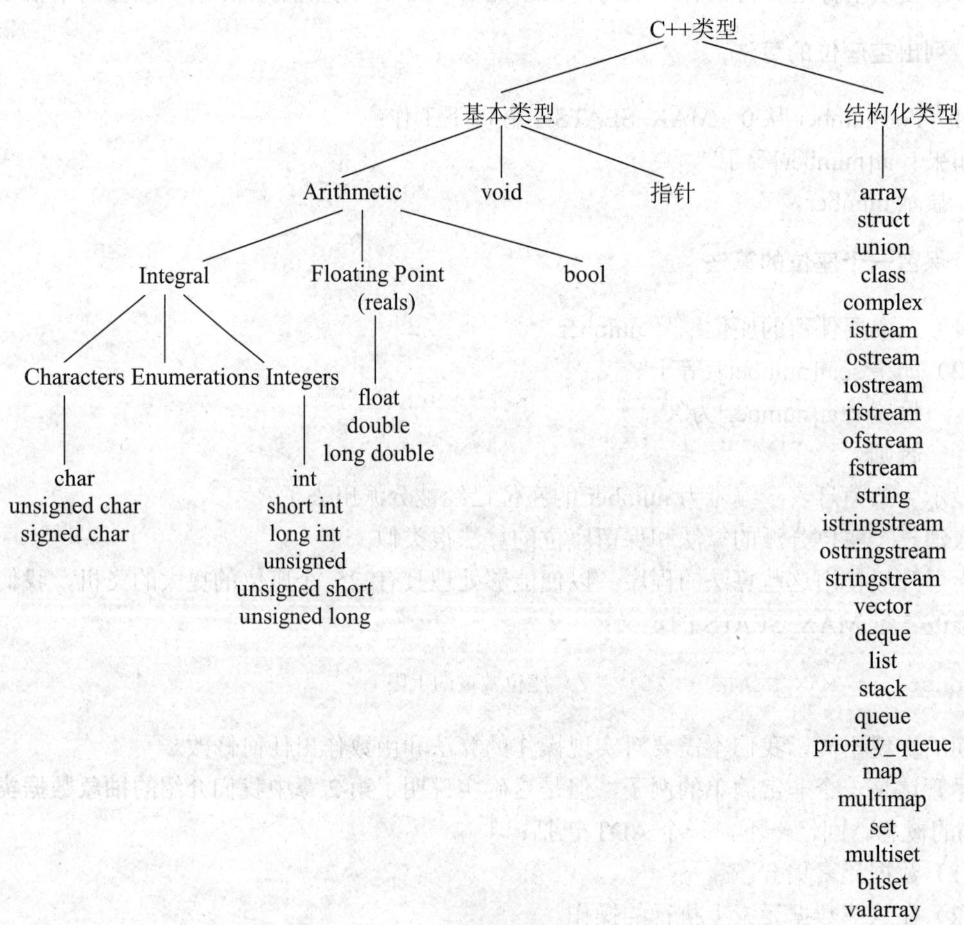

图 3.1

本章强调 C 风格数据结构的原因有两个：

- 使用它们作为存储结构有时可以提供很多 ADT 的一种“偏重但平庸”的实现。例如，可以使用数组实现第 7 章中的栈和第 8 章中的队列。我们也可以使用 vector，尽管这样可以很大程度上简化实现，但是也会在很大程度上增加开销。
- 通常计算机科学领域的学生和研究生都希望以他们的工作为出发点了解 C 的基本特性，所以对他们来说，在课程中学习这些特性是很重要的。

3.2 静态数组

除了存储单独的数据元素的简单数据类型以外，绝大多数高级程序设计语言还提供另一些数据结构，它们能够被用来创建存储一组数据元素的存储结构。如我们将在下面很多章节中多次看到的，这些数据结构接着可以被用来实现抽象数据类型。

在本节中，我们考虑这一类数据类型中最通常的一个**数组**。尽管通常会在一些编程语言中学习数组，但是也可以很抽象地学习它们，即，和它们在特定语言中的实现无关。作为一种抽象数据类型，数组可以定义如下：

Array ADT

数据元素集合：

一个固定长度的元素序列，所有元素都是同一类型。

基本操作：

直接访问数组的每一个元素，即通过给出元素的位置，从而可以从这个位置中提取值或者向这个位置中存入值。

这样，一个数组具有固定数量的元素，而且这些元素被安排成一个序列，有第一个元素，第二个元素，如此下去。另外，一个数组中所有的元素都是同构的；即所有数组元素必须都是同一种类型的。例如，我们可以有整数数组，字符数组，甚至数组的数组。

直接访问或者说**随机访问**指的是如果要访问数组中的某个元素，只需要简单的给出这个元素在数组中的位置，这样，对于数组中的所有元素来说，访问它们所需要的时间都是一样的，和它们在数组中的位置无关。例如，在一个有 100 个元素的数组中，访问第 75 个元素所需的时间和访问第 5 个元素所需的时间一样。这和**顺序访问**是截然不同的，对于顺序访问，要访问一个元素，必须要首先访问所有在这个元素前面的元素。很明显，在这种情况下，访问第 75 个元素所需的时间将大大多于访问第 5 个元素所需的时间。

在本书中，我们不是抽象地讨论数组，而是主要从数据结构的角度关注数组，因为这是我们学习数组的主要目的：使用它们创建用于其他 ADT 数据元素的存储结构。在绝大多数高级语言中，数组通过给定一个数组名、数组大小以及数组元素的类型来定义的。这样，对于数组中某个特定的元素，可以通过在数组的名字后面加上一个或多个给出这个元素在数组中的位置的**索引**（也称为**下标**）来访问它。如果只使用一个索引，那么这个数组被称为是**一维的**；而需要多于一个索引的数组被称为**多维**数组。

为了和 C 编程语言兼容，C++保留了 C 风格数组，但是也通过将数组和一些非常有用并且强大的操作封装在类 valarray 以及 vector 中，为数组提供了一种 OOP 方法。[①]不过，我们将推迟对这些类的讨论，现在只考虑 C 风格的数组。

有两类数组：**静态数组**，编译器决定如何为这类数组分配内存，以及**动态数组**，在程序执行期间为这类数组分配内存。本节中我们主要关注静态数组；动态数组在 3.4 节中考虑。我们将首先考察一维数组，这用于存储一个数据值序列；接着将考虑二维数组，对于存储表格型数据这是很有用的；最后，我们将简单的看一下高维数组。

3.2.1 一维静态数组

一个 C++静态数组的声明形式如下：

一维静态数组声明

形式：

```
ElementType arrayName[CAPACITY];
ElementType arrayName[CAPACITY] = {initializer_list};
```

这里

`ElementType`可以是任意类型；

`arrayName`是要定义的数组对象的名字；

`CAPACITY`是一个常量表达式，规定了数组元素的数量；在第二种声明形式中它是可选的；

`initializer_list`是一个用逗号分隔的`ElementType`类型的常量列表。

目的：

告诉编译器保留一块连续的内存位置[②]来容纳 CAPACITY 个 ElementType 类型的对象，并且，将名字 arrayName 和这块存储关联起来。数组是**基于 0 的**；也就是说，数组元素是按照 0, 1, 2, …, CAPACITY-1 来索引的。

在第二种声明形式中，是使用 initializer_list 中的常量来初始化数组元素的。如果省略了 CAPACITY，则数组的容量就是 initializer_list 中常量的个数。如果规定了数组的容量，并且初始值的个数少于数组的容量，那么剩下的元素都被初始化为 0（转换为 ElementType 类型）。如果在列表中给出了超过声明的容量的初始值，将是一个错误。[③]

注意，C++数组的属性是如何将一个数组的定义实现为一个 ADT 的。

作为 ADT 的数组		**C++数组**
固定大小	←→	CAPACITY 规定了数组的容量
有序的	←→	索引被编号为 0, 1, 2, …, CAPACITY-1
相同类型的元素	←→	ElementType 是元素的类型
直接访问	←→	下标运算符[]

① 实际上这些都是类模板，即类型无关的容器，其中元素的实际类型是通过一个类型形参传递的。类模板将在第 9 章中详细考虑。

② 在 3.4 节中我们将说明如何在执行期间而不是编译期间给定一个数组的容量。

③ 在 C++标准中没有规定编译器如何处理这种错误。在某些情况下，将使用列表中的值来填充数组，而多余的值将被忽略掉。

注意下标运算是为 C++数组定义的唯一运算。

为了说明数组的定义，考虑如下定义的存储 10 个整数的数组 *a*、*b*、*c* 和 *d*。

```
int  a[10],
      b[10] = {0, 11,22,33,44,55,66,77,88,99},
      c[10] = {10,20,30},
      d[10] = {0};
```

或者更好一点，使用一个命名的常量来给出数组的容量，

```
const int CAPACITY = 10;
int  a[CAPACITY],
      b[CAPACITY] = {0,11,22,33,44,55,66,77,88,99},
      c[CAPACITY] = {10,20,30},
      d[CAPACITY] = {0};
```

数组 *a* 的元素被命名为 *a*[0]，*a*[1]，…，*a*[9]，每个元素都是一个 int 型的变量。数组 *b* 的元素被命名为 *b*[0]，*b*[1]，…，*b*[9]，并且使用给定的值来初始化：*b*[0]=0，*b*[1]=11，*b*[2]=22，…，*b*[9]=99：

	b[0]	*b*[1]	*b*[2]	*b*[3]	*b*[4]	*b*[5]	*b*[6]	*b*[7]	*b*[8]	*b*[9]
b	0	11	22	33	44	55	66	77	88	99

因为当使用一个初始化列表时，可以省略数组的容量，所以，*b* 的定义也可以写成：

```
int  b[] = {0, 11, 22,33, 44, 55, 66, 77, 88, 99};
```

数组 *c* 的开始 3 个元素被初始化为 10、20 和 30，剩下的元素初始化为 0：

	c[0]	*c*[1]	*c*[2]	*c*[3]	*c*[4]	*c*[5]	*c*[6]	*c*[7]	*c*[8]	*c*[9]
c	10	20	30	0	0	0	0	0	0	0

d 的所有元素将被初始化为 0，因为初始化列表设置数组的第一个元素为 0，而剩下的所有元素将自动地被设置为 0。注意这是将一个数组所有元素初始化为 0 的一个简单方法：

	d[0]	*d*[1]	*d*[2]	*d*[3]	*d*[4]	*d*[5]	*d*[6]	*d*[7]	*d*[8]	*d*[9]
d	0	0	0	0	0	0	0	0	0	0

如果需要多个包含 10 个整数的数组（特别是作为函数的形参的时候），那么最好使用 2.3 节中描述 typedef 机制中的一种将这种数组类型和一个名字关联起来。关于数组的 typedef 语句形式如下

```
typedef ElementType ArrayType[CAPACITY];
```

这个语句定义 ArrayType 为具有 CAPACITY 个 ElementType 类型元素的数组的同义词。例如，语句

```
const int CAPACITY = 10;
```

```
typedef int IntegerArray[CAPACITY];
```

定义 IntergerArray 为具有 10 个 int 型元素的数组的同义词。接着我们就可以使用 IntergerArray 重写前面的数组定义：

```
IntegerArray a,
             b = {0, 11, 22, 33, 44, 55, 66, 77, 88, 99},
             c = {10, 20, 30},
             d = {0};
```

尽管可以在定义数组的时候初始化它们，但是对于数组来说，并没有定义赋值运算符=。这样，将一个数组复制到另一个数组的时候必须逐个元素的进行。例如，语句

```
for ( int i = 0; i < CAPACITY; i++)
  a[i] = b[i];
```

可以被用来将数组 *b* 的元素复制到 *a* 中。

字符数组

数组元素可以是任意类型的，特别地，它们可以是字符。字符数组（也被称为 C 字符串）像数值数组一样的初始化。例如，

```
const int NAME_CAPACITY = 10;
char name[NAME_CAPACITY] =
            {'J', 'o', 'h', 'n', ' ', 'D', 'o', 'e'};
```

但是它们也可以使用一个字符串常量来初始化：

```
char name[NAME_CAPACITY] = "John Doe";
```

这两个定义都将 name 创建为一个数组，它的容量为 10，前 8 个元素就是 John Doe 中的 8 个字符。

如这些声明，当少于数组声明中容量个数的值被用来进行初始化时，用来填充未初始化元素的 0 被解释为**空字符**（null character）'\0'，它的 ASCII 代码为 0，在 C 中，被用来作为一个字符串结束的标记。[①]

name	J	o	h	n		D	o	e	\0	\0
	[0]	[1]	[2]	[3]	[4]	[5]	[6]	[7]	[8]	[9]

字符串处理函数可以使用这个空字符来找到字符串的结束。例如，语句

```
cout << name;
```

输出

```
John Doe
```

因为这等价于下面的循环：

① \0 是空字符的转义序列。因为它的八进制代码是 000，所以也可以被写作\000。在本书中我们将按惯例使用简短的版本\0。

```
for ( int i= 0; name[i] != '\0'; i++)
   cout << name[i];
```

cstring 库（见附录 C）中的输出运算符和字符串处理函数不能够保证在一个没有标志结束的空字符的数组上正确的执行。为了给至少一个空字符提供空间，一个字符数组的容量必须总是至少要比存储在这个数组中的最大字符串的长度再多 1。

3.2.2 下标运算

一个数组声明指示编译器保留一块连续的足以存储数组元素的内存空间。数组中第一个元素的地址称为这个数组的**基地址**，而数组变量实际上是一个指向这个元素的**指针**；也就是说，它的值就是这个数组的基地址。

其他数组元素的地址被翻译成到这个基地址的偏移量。这个**地址翻译**是由**下标运算符**[]来执行的。例如，如果 b 是 a 的基地址，而且 int 使用 4 个字节来存储，那么第一个整数 $a[0]$将被存储在从地址 b 开始的 4 个字节中，第二个整数 $a[1]$存储在从地址 $b + 4$ 开始的 4 个字节中，下一个整数 $a[2]$存储在从地址 $b + 8$ 开始的 4 个字节中，一般而言，$a[i]$存储在从地址 $b + 4i$ 开始的 4 个字节中。图 3.2 说明了数组 a 的内存分配。总的来说，如果数组 a

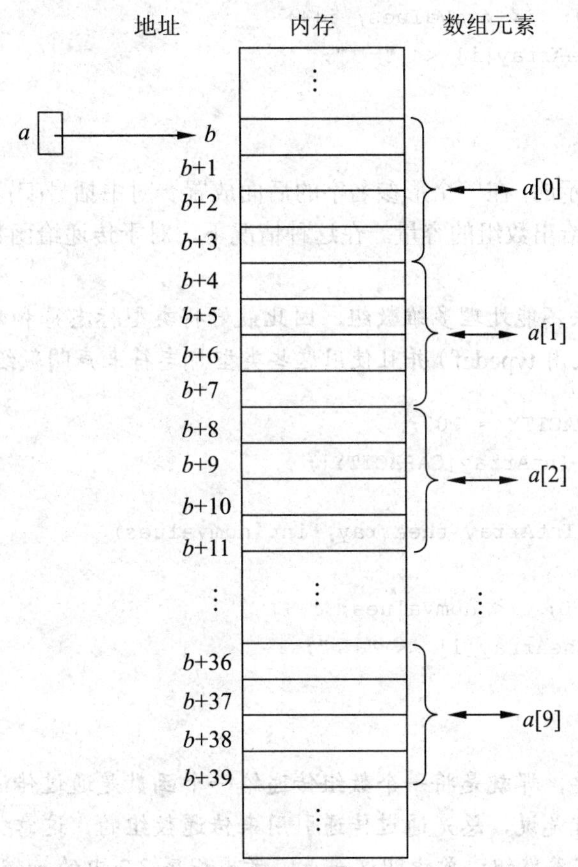

图 3.2

的每个元素类型都是 ElementType，这种类型需要 *n* 个字节来存储，则第 *i* 个数组元素 *a*[*i*] 将被存储在地址 $b+n \cdot i$ 开始的 *n* 个字节的内存块中。

3.2.3 数组作为形参

函数可以写成通过形参来接受数组，然后通过在每个数组元素上操作来在数组上执行运算。例如，可以以程序 3.1 中这样的函数来输出一个 int 型数组的元素。

程序 3.1 数组输出函数

```
void display(int theArray[], int numValues)
/*-------------------------------------------------------------------------
  显示一个整数数组中的值

  前置条件:   0<= numValues < 数组容量
  后置条件:   theArray中的前numValues个值被输出到cout
--------------------------------------------------------------------------*/
{
  for(int  i= 0;  i< numValues; i++)
     cout << theArray[i] << "   ";
cout << endl;
}
```

如以上例子所演示的，在一个形参名字的后面放置一对中括号([])表明这个形参是一个数组，并且没有必要给出数组的容量。在这种情况下，对于传递给函数的实参数组的容量没有限制。

不过，这种方法不能处理多维数组，因此最好将类型标志符和数组关联起来（如前面描述的一样使用 typedef）并且使用这些类型标志符来声明数组形参的类型；例如，

```
const int CAPACITY = 100;
typedef  int  IntArray[CAPACITY];
        ⋮
void display(IntArray theArray, int numValues)
{
  for(int  i= 0;  i< numValues; i++)
     cout << theArray[i] << "   ";
cout << endl;
}
```

还有一点很重要，那就是将一个数组传递给一个函数是通过传递这个数组的基地址来实现的；也就是说，总是通过传递引用来传递数组的，这意味着修改形参数组也将修改相应的实参数组。要说明这一点，考虑程序 3.2 中的 read()函数，这是和前面 display()函数相对应的一个函数。

程序 3.2　数组输入函数

```
#include <cassert>

void read(IntArray theArray, int capacity, int numValues)
/*-------------------------------------------------------------------------
  从键盘输入值到一个整数数组中

  前置条件：  0<= numValues <= capacity, capacity是数组容量
  后置条件：  从键盘输入numValues个整数并存储到theArray中的前numValues位置
-------------------------------------------------------------------------*/
{
  assert(numValues >=0 && numValues <= capacity);

  for(int  i= 0;  i< numValues;  i++)
    cin >> theArray[i];
}
```

现在考虑下面的语句，其中 IntArray 和 CAPACITY 在前面定义：

```
IntArray a;
read(a, CAPACITY, 5);   // 读取5个整数到a中
```

当第二条语句被执行时，*a* 的基地址被传递给 theArray，这样在函数 read()中，theArray 具有和 *a* 一样的基地址。这意味着对 theArray 的任何修改同时也会修改 *a*。

3.2.4　越界错误

需要提到的很重要的一点是，绝大多数 C++编译器没有任何默认的检查措施来保证索引是处于数组声明决定的范围之内。一个索引超出边界将会产生一些非常令人疑惑的结果。

要说明，考虑程序 3.3 中的程序。

程序 3.3

```
/*-------------------------------------------------------------------------
  演示当索引越出边界时会发生什么

    输入：三个整数数组
    输出：在使用越界索引修改之前和之后的这三个数组
-------------------------------------------------------------------------*/

#include <iostream>
using namespace std;

const int CAPACITY = 4;
```

```
typedef int IntArray[CAPACITY];

void read(IntArray theArray, int capacity, int numValues);
void display(IntArray theArray, int numValues);

int main()
{
   IntArray a, b, c;

   cout << "Enter " << CAPACITY << " integer values for:\n";
   cout << "Array a: ";
   read(a, CAPACITY, CAPACITY);
   cout << "Array b: ";
   read(b, CAPACITY, CAPACITY);
   cout << "Array c: ";
   read(c, CAPACITY, CAPACITY);

   cout << "\n------ Part I of the demonstration -----\n\n"
           "The arrays are:\n";
   cout << "a: ";
   display(a, CAPACITY);
   cout << "b: ";
   display(b, CAPACITY);
   cout << "c: ";
   display(c, CAPACITY);

   //--- 现在改变b中的数组元素，但是使用一些越界的索引
   int below = -3,
       above = 6;
   b[below] = -999;
   b[above] = 999;

   cout << "\n------ Part II of the demonstration -----\n\n"
           "The arrays after out-of-range errors are:\n";
   cout << "a: ";
   display(a, CAPACITY);
   cout << "b: ";
   display(b, CAPACITY);
   cout << "c: ";
   display(c, CAPACITY);
   cout << endl;
```

```
}
//--- 在这里插入程序3.2中read()的定义
//--- 以及程序3.1中display()的定义
```

这个程序在某个系统上的输出如下[①]：

```
Enter 4 integer values for:
Array a: 0 1 2 3
Array b: 4 5 6 7
Array c: 8 9 10 11

------ Part I of the demonstratrion ------

The arrays are:
a: 0 1 2 3
b: 4 5 6 7
c: 8 9 10 11

------ Part II of the demonstration ------

The arrays after out-of-range errors are:
a = 0 -999 2 3
b = 4 5 6 7
c = 8 9 999 11
```

尽管没有形如 *a*[*i*] = value 或者 *c*[*i*] = value 的赋值语句来改变存储在 *a* 和 *c* 中的值，但是 *a* 的第二个元素变成了–999，而 *c* 的第三个元素变成了 999。发生这种情况的原因在于定位数组 *b* 中元素所执行的地址翻译只是简单的从 *b* 的基地址向前或者向后计数。非法的数组引用 *b*[-3]是 *b* 的基地址之前的三个内存位置，在这个系统上，如图 3.3 所刻画的，是和 *a*[1]一样的。相似地，*b*[6]访问了和 *c*[2]一样的内存位置。这样，修改 *b*[-3]和 *b*[6]也就相应的修改了 *a*[1]和 *c*[2]。

---

① 这个输出是使用 GNU C++产生的。一些系统是按照从高地址到低地址来分配内存的，因此这种情况下的输出有可能如下（使用 CodeWarrior C++产生）：

```
a = 0 1 2 3
b = 4 5 6 7
c = 8 9 10 11

a = 0 1 999 3
b = 4 5 6 7
c = 8 -999 10 11
```

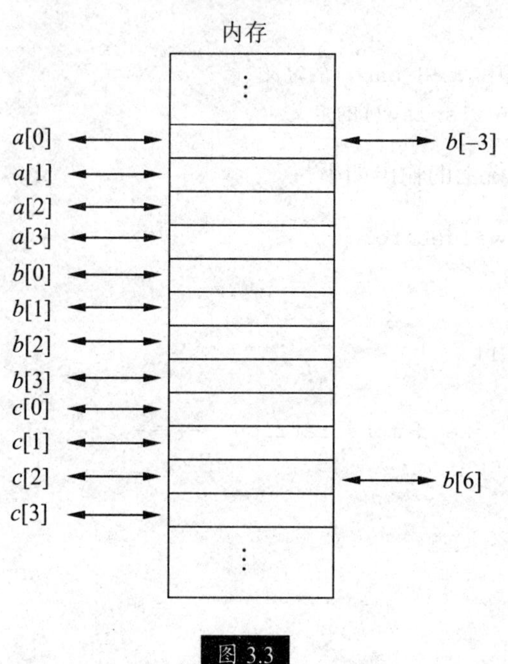

图 3.3

3.2.5 数组的问题

除了越界错误以外，在使用数组索引时还会有其他一些困难。其中一个就是

■ 在程序执行过程中不能改变数组的容量

这表示一个数组的容量必须设置得足够大，以能够存储将要处理的最大的数据集。这将要么造成相当程度的内存浪费（例如，在一个容量为 5000 的数组中存储 25 个元素），要么造成数组索引越界并导致一些不幸的结果，如刚刚描述的一样。

如我们将在 3.4 节中看到的，C++确实提供了一种机制可以在运行时刻分配数组，这使得用户能够在程序执行期间输入数组的容量。C++还提供了类型 vector（在 9.4 节描述），这种类型动态分配数组用于存储。

数组的另一个不足在于：

■ 数组不是对象（从 OOP 的角度看）

面向对象程序设计的一条原则就是一个对象应该是自我包含的，这表示这个对象应该在自身中包含所有描述它以及在其上进行运算时所需的信息。数组违反了这个原则。特别地，它们既没有包含有关自己容量的信息也没有有关当前存储了多少个值的信息。

因为这个原因，数组处理函数通常需要两个甚至有时三个参数来刻画将要处理的数组。这已经通过程序 3.1 中的 display()函数和程序 3.2 中的 read()说明了。例如，我们不仅必须要向 read()传递等待输入值的数组，还要传递它的容量以及它将要存储的值的个数，这和面向对象程序设计的目标并不一致。如果我们希望将一个值的序列当作一个单独对象来处理（这是在数组中存储这些值的原因），那么应该仅仅需要向函数传递这一个对象就可以了。

C++的类机制允许不同的数据成员被存储在单独的一个对象中。这给出了第二个问题的解决方法——通过将一个数组，以及它的容量和大小存储在一个类结构中，一个单独的类对象就可以封装所有的这三个信息。这就是第 9 章中要描述的 vector 和 valarray 类型所采用的方法。

✔ 小测验 3.2

1. 将数组定义为一个 ADT。
2. ____访问表示对每个数组元素的访问可以通过简单地给出它在数组中的位置实现。
3. 对于同类数据集的组织来说数组是一个合适的数据结构。（判断题）
4. 如果一个数组 *a* 如下声明，列出它所包含的所有元素（如果有的话）

```
int a[5] = {1};
```

5. '\0'代表____字符。
6. 数组的元素是通过____运算符来访问的。
7. 数组的第一个元素的地址称作这个数组的____，这个数组的名字实际上是指向这个元素的一个____。
8. 传递一个数组到函数实际上是传递一个地址。（判断题）
9. 绝大多数编译器将检查数组索引是否越界。（判断题）
10. 数组使用中的两个问题是什么？

练习 3.2

在下面的练习中，假设 char 型值使用一个字节存储，int 型值使用 4 个字节存储，double 型值使用 8 个字节存储，T 类型的值使用 10 个字节存储，Day 类型的值使用 4 个字节存储，这里 Day 是如下定义的枚举类型。

```
enum Day {SUN, MON, TUE, WED, THU, FRI, SAT, NUM_DAYS};
```

在练习 1～5 中，指出给定类型的数组 *a* 需要多少个字节来存储。

1. char　*a*[10]
2. double　*a*[10]
3. T　*a*[7]
4. int　*a*[26]
5. Day　*a*[NUM_DAYS]

在练习 6～10 中，假设数组 *a* 的基地址是 1000。

6. 对于练习 1 中的数组 *a*，找出 *a*[3]和 *a*[9]的存储地址。
7. 对于练习 2 中的数组 *a*，找出 *a*[3]和 *a*[9]的存储地址。
8. 对于练习 3 中的数组 *a*，找出 *a*[4]和 *a*[6]的存储地址。
9. 对于练习 4 中的数组 *a*，找出 *a*[1]和 *a*[2]的存储地址。
10. 对于练习 5 中的数组 *a*，找出 *a*[TUE]和 *a*[SAT]的存储地址。

11～15. 对于练习 1～5 中的数组，如果 *a* 的基地址是 *b*，使用和本书中类似的图来说

明 a 的每个元素的存储位置，并且给出 $a[i]$的通用地址翻译公式。

3.3 多维数组

在处理排成行和列的数据时，二维数组是特别有用的。相似地，如果数据可以被安排成行、列和阶，那么三维数组是非常合适的。如果有多个特性和数据相关联，那么更高维的数组将会是合适的，这时使用每一维来对应这些特性中的一个。

3.3.1 二维数组

为了说明二维数组的使用，假设希望存储和处理一张记录着一些不同的学生在不同的测验上的得分情况，如表 3.1 所示。

表 3.1

	Test1	Test2	Test3	Test4	Test5
Student1	99.0	93.5	89.0	91.0	97.5
Student2	66.0	68.0	84.5	82.0	87.0
Student3	88.5	78.5	70.0	65.0	66.5
⋮	⋮	⋮	⋮	⋮	⋮
Student30	100.0	99.5	100.0	99.0	98.0

二维数组

是一个非常适合存储这些值的数据结构。在 C++中，二维数组声明的一种简单形式是：

```
ElementType  arrayName[NUM_ROWS][NUM_COLUMNS];
```

例如，可以如下声明一个二维数组 scoresTable 来存储这张测验分数表：

```
const  int  NUM_STUDENTS = 30,
            NUM_TESTS = 5;
double  scoresTable[NUM_STUDENTS][NUM_TESTS];
```

采用另外一种方式，还可以使用 typedef 来声明一个通用的数组类型 TwoDimArray，

```
const  int  NUM_ROWS = 30,
            NUM_COLUMNS = 5;
typedef  double TwoDimArray[NUM_ROWS][NUM_COLUMNS];
```

然后使用这个类型标志符来定义一个二维数组变量，比如 scoresTable：

```
TwoDimArray   scoresTable;
```

在以上任一种形式中，符号

```
scoresTable[2][3]
```

都指的是 scoresTable 中第 2 行第 3 列的分数 65.0（行和列都是从 0 开始计数）。总的来说，

符号

```
scoresTable[r][c]
```

指的是第 r 行第 c 列的入口，也就是学生 r 在测试 c 上的分数。

对于一些通常使用其他语言编程的人来说，其中前面的引用形式通常被写作 scoresTable[r, c]，这种双下标变量的表示可能显得有点不习惯。不过在 C++中，scoresTable[r, c]的写法确实会引起一个语法错误，因为逗号是一个运算符，这里使得表达式的值是它的两个操作数中的第二个：

```
c, d的值是d
```

这表示 scoresTable[r, c]并不是表示第 r 行第 c 列的元素，而是元素 scoresTable[c]，而这是 scoresTable 的第 c 行。

对于二维数组的元素的处理，通常采用嵌套循环来改变两个索引，而且绝大多数情况下使用以行为主的方式。例如，以下语句可以用来为一个班级的学生输入分数并存储这些分数到 scoresTable 中。

```
int  numStudents, numTests;

cout << "# students and # of tests? ";
cin >> numStudents >> numTests;

cout << "Enter " << numTests << " test scores for student\n";
for (int r = 0; r < numStudents; r++)
{
    cout << '#' << r+1 << ':';
    for ( int c = 0; c < numTests; c++)
      cin >> scoresTable[r][c];
}
```

3.3.2 高维数组

二维数组 scoresTable 建模了成绩簿上的一页。要建模整个成绩簿，可以使用一个三维数组：

```
const  int  NUM_RANKS = 10, NUM_ROWS = 30, NUM_COLUMNS = 5;
typedef double ThreeDimArray[NUM_RANKS] [NUM_ROWS][ NUM_COLUMNS];

ThreeDimArray gradeBook;
```

数组引用 gradeBook[2][3][4]指的就是成绩簿第 2 页（从 0 开始编号）上学生 3（从 0 开始编号）在测验 4（从 0 开始编号）上取得的分数。

在一些问题中，更高维的数组可能会更有用。例如，考虑一个汽车经销商使用 5 个属性来刻画它所销售的车辆，这 5 个属性是：生产年份、型号代码、制造商、风格以及颜色。我们可以使用一个5维数组inventory来维护一个有关这些车辆的详细目录，定义如下[①]：

```
const int MIN_YEAR = 1990,
          MAX_YEAR = 2004;
const int NUM_MODELS = 6;
enum  Color {BLUE, GREEN, BROWN, RED, YELLOW, GRAY, NUM_COLORS};
enum  Make {FORD, LINCOLN, MERCURY, NUM_MAKES};
enum  Style {SEDAN, CONVERTIBLE, VAN , MINI_VAN,
             SPORT_UTILITY, NUM_STYLES};

typedef  int  InventoryArray[MAX_YEAR - MIN_YEAR + 1][NUM_MODELS]
                            [NUM_COLORS][NUM_MAKES] [NUM_STYLES] ;
InventoryArray inventory;
```

语句

```
inventory[13][3][BLUE][ FORD][MINI_VAN] -- ;
```

就可以用来记录销售了一辆2003年版型号3的蓝色福特minivan汽车（注意能够将枚举元素作为索引使用，是因为它们和整数值关联，见2.3节中的描述）。

通常，可以定义*n*维数组并使用下标运算符来访问数组元素。C++没有对数组的维数做出任何限制，但是必须给出每一维中值的数量。通用的一个数组声明形式如下：

> **通用C++静态数组声明**
>
> **形式：**
>
> ```
> ElementType  arrayName[DIM1] [DIM2]…[DIMn];
> ElementType  arrayName[DIM1] [DIM2]…[DIMn] = {initializer_list};
> ```
>
> 这里
>
> ElementType可以是任意类型；
>
> arrayName是被定义的数组对象的名字；
>
> 每个DIM_i必须是一个非负的整数常量表达式；
>
> 以及在第二种形式中，initializer_list是一个类型为ElementType的值的列表，有可能会被内部的括号{和}括起来。
>
> **目的：**
>
> 定义一个元素为ElementType类型的*n*维对象，其中$DIM_1, DIM_2, \cdots, DIM_n$是每一维的元素的数量。如果有initializer_list，那么这个列表中的值被按照行主序放置到数组中，所谓行主序就是最左边的索引变化得最慢。

① 在每个枚举元素列举的最后都有一个额外的标志符，它提供了这种类型所具有“实际”枚举元素的数量。这样，NUM_COLORS是Color枚举元素的数量(6)，NUM_MAKES是Make枚举元素的数量(3)，而NUM_STYLES是Style枚举元素的数量(5)。

3.3.3　数组的数组声明

看待一个多维数组的一种方法就是将它看成**数组的数组**——也就是说，一个元素又是其他数组的数组。例如，考虑前面描述的测验成绩表：

```
cons  int  NUM_ROWS = 30,
           NUM_COLUMNS = 5;

double scoresTable[NUM_ROWS][NUM_COLUMNS];
```

因为 NUM_ROWS 为 30，这张表可以看成是一个一维数组，它的 30 个元素就是它的行：

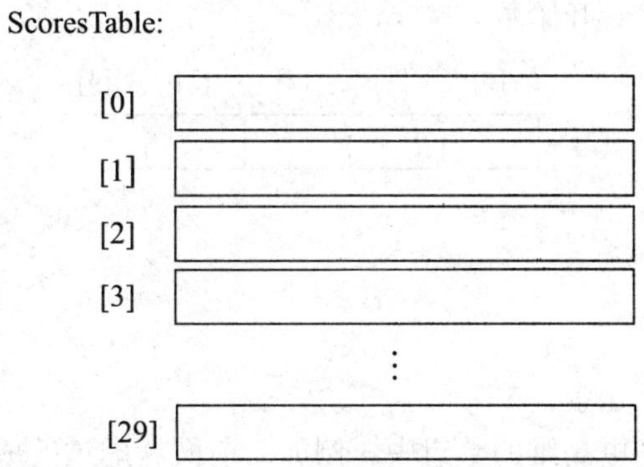

当然，scoresTable 中的每一行自身又都是一个含有 5 个实数值的一维数组：

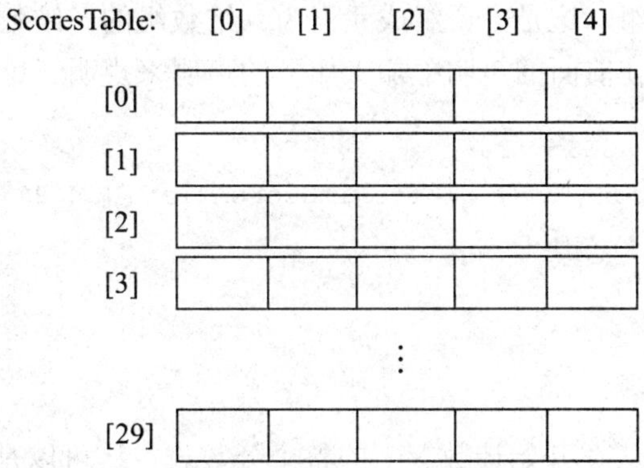

这样一张表可以看成是一个元素又是一维数组的一维数组。

C++允许数组声明以一种反映这个观点的形式给出。如果我们首先声明类型标志符 ScoreList 作为测验分数数组的同义词。

```
const  int  NUM_SCORES = 5;
typedef double ScoreList[NUM_SCORES];
```

ScoreList 类型的值就是 double 型值的一维数组。我们又可以使用这个新类型来声明第二种类型 TwoDimScoreTable，它的元素为 ScoreList 对象的数组：

```
const  int  NUM_ROWS = 30;
typedef  ScoreList  TwoDimScoreTable[NUM_ROWS];
```

这声明 TwoDimeScoreTable 为一个新的类型，这种类型的值是 double 型值的二维数组。和前面一样，这个新得到的类型可以被用来定义一个二维数组 TwoDimScoreTable 型的变量：

```
TwoDimScoreTable  scoresTable;
```

不管使用了哪一种方法，符号

```
scoresTable[2]
```

指的是表中的第二行（从 0 开始数），

	[0]	[1]	[2]	[3]	[4]
[2]					

而符号

```
scoresTable[2][4]
```

指的是这一行的最后一个元素。

这个思想可以扩展到更高维的数组中。例如，前面考虑过的成绩簿三维数组也可以看成是一个数组的数组。特别地，因为成绩簿是一系列的页，那么整个三维数组可以看成是一个测验成绩页面的数组，这是一个组成元素为二维数组的一维数组。如果我们采纳了这种观点，那么可以通过在前面的声明中加入如下的声明来声明三维数组 greadBook

```
const  int  NUM_PAGES = 10;
typedef  TwoDimScoreTable  ThreeDimScoreArray[NUM_PAGES];
ThreeDimScoreArray score;
```

符号

```
score[2]
```

指的是记录在第 3 页（从 0 开始计数）上的整个分数表，这可以是表 3.2 的这个二维的测验成绩数组。

表 3.2

	[0]	[1]	[2]	[3]	[4]
[0]	99.0	93.5	89.0	91.0	97.5
[1]	66.0	68.0	84.5	82.0	87.0
[2]	88.5	78.5	70.0	65.0	66.5
⋮	⋮	⋮	⋮	⋮	⋮
[29]	100.0	99.5	100.0	99.0	98.0

和前面一个例子一样，分数表中的每一行可以看成是一个测验成绩的一维数组，而每张表又可以看成是一个测验成绩数组的一维数组。双索引的表达式

```
score[2][0]
```

指的是第 2 页上分数表的第一行，

99.0	93.5	89.0	91.0	97.5

而三重索引表达式

```
score[2][0][4]
```

访问的是这一行上的最后一个分数

```
97.5
```

多维数组的实现在一定程度上要比一维数组的实现要复杂一些。内存被组织成一个内存位置的序列，每个多重索引的数组引用都必须被翻译成如下形式的一个地址：

基地址 ＋ 偏移量

数组的数组表示使得这成为可能。为了说明，考虑前面描述的 30 × 5 的二维数组 scoresTable 并假设希望访问元素 scoresTable[29][3]，如表 3.3 所示。

表 3.3

	[0]	[1]	[2]	[3]	[4]
[0]	99.0	93.5	89.0	91.0	97.5
[1]	66.0	68.0	84.5	82.0	87.0
[2]	88.5	78.5	70.0	65.0	66.5
⋮	⋮	⋮	⋮	⋮	⋮
[29]	100.0	99.5	100.0	99.0	98.0

如果一个 double 型值需要 8 个字节存储，这个数组声明告诉编译器需要 30 × 5 ＝ 150 个 double 型值的存储空间，这表示需要 150 × 8 ＝ 1200 个连续的字节来存储这个数组的元素。在 C++中，这些元素是按照**行序**（也称为行主序）存储的，使用从 scoresTable 的基地址开始的前 5 × 8 ＝ 40 个字节来存储 scoresTable 的第一行元素，接下来 40 个字节来存储第二行，如此等等，如图 3.4 所刻画的。从图 3.4 可以看到 scoresTable[29][3]的地址是 $b + 1184$，这里 b 是这个数组的基地址。

如果一个二维数组被看作一个元素也是一维数组的一维数组，那么这个地址翻译公式可以从前面给出的一维数组的地址翻译公式推导出来。为了说明这一点，我们假设采取行序存储，并且将 scoresTable 看作一个具有 30 个元素（scoresTable 的行），每行需要 5 × 8 ＝ 40 个字节来存储一维数组。这样，通过一维数组的地址翻译公式，scoresTable 的第 i 行，scoresTable[i]，被存储在从地址

```
base(scoresTable[i]) = base(scoresTable) + 40i
```

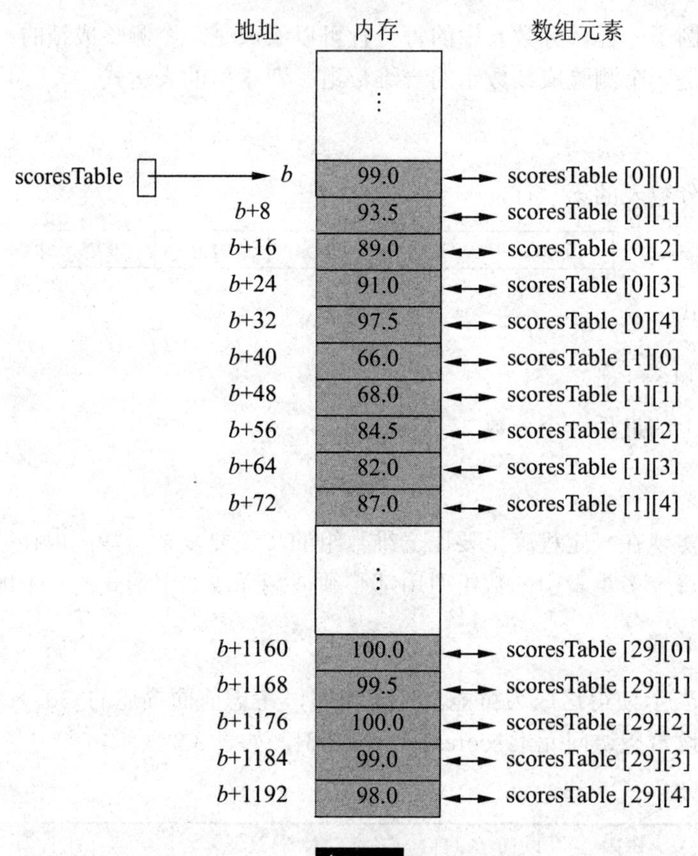

图 3.4

开始的字节中，因为 scoresTable 的第 *i* 行本身又是一个基地址为 base(scoresTable [*i*])的一维数组，这一行的第 *j* 个元素 scoresTable [*i*][*j*]，将被存储在从地址

```
base(scoresTable [i]) + 8j
```

开始的字节中，也就是说，scoresTable [*i*][*j*]被存储在从地址

```
base(scoresTable) + 40i + 8j
```

开始的字节中，相似地，如果三维数组被看作元素是二维数组的一维数组（或者看作元素是一维数组的二维数组），那么一维和二维数组的地址翻译公式可以用来推导三维数组的地址翻译公式。例如，考虑如下声明的三维数组 *b*

```
double  b[3][4][3];
```

或者等价的

```
typedef  double  Across[3];
typedef  Across  Slice[4];
typedef  Slice   ThreeDimArray[3];
```

```
ThreeDimArray  b;
```

b 可以被看成具有三个元素 *b*[0]、*b*[1]、*b*[2]的一维数组，每个元素又都是一个 4 行 3 列的二维数组，如图 3.5 所示。

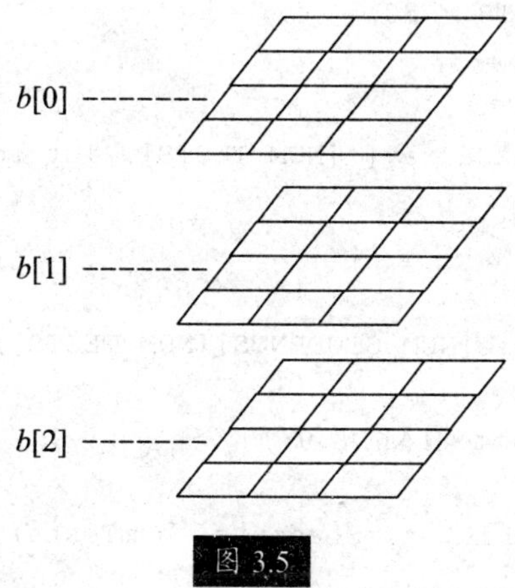

图 3.5

如果每个 double 型值需要 8 个字节来存储，那么对于 *b*[0]、*b*[1]、*b*[2]来说，每一张都需要 96 个字节来存储。这样，*b*[*i*]从具有如下地址的字节开始存储。

```
base(b[i]) = base(b) + 96i
```

由于每个 *b*[*i*]都是一个二维数组，由二维数组的地址翻译公式，可以给出 *b*[*i*][*j*][*k*]的开始地址

```
  base(b[i]) + 24j + 8k
= base(b) + 96i + 24j + 8k
```

通用地址公式留作练习。

高于三维的数组的地址翻译公式可以同样道理推导出来，但是随着维数的增加，其复杂性也跟着增加（见练习 11）。

3.3.4 多维数组作函数参数

在讲述一维数组时我们提到，在形参名字的后面加上一对方括号([])表示这个形参是一个数组，并且不需要规定数组的容量。例如，

```
void display(int theArray[], int numValues);
```

是我们显示存储在一维整数数组中值的函数的第一个版本的函数原型。有人可能认为对于二维数组来说，很显然需要将形参名后面改为使用两队方括号([][])：

```
void display(int the2Darray[][], int rowUsed, int ColumnUsed);
// --- 不正确
```

但这行不通。如我们知道的，二位数组被看作一维数组的数组。要使得具有一个数组

形参的函数中地址翻译能够进行，这个函数必须知道数组的基地址（这是由相应的数组实参传给它的）和数组的列数。因此，尽管第一对方括号可以空着，但是其他的方括号必须包含一个常量来给出列数。例如，可以写作

```
const int NUM_STUDENTS = 30,
          NUM_TESTS = 5;

void display(int the2Darray[][NUM_TESTS], int rowUsed, int ColumnUsed);

int main()
{
    double scoresTable[NUM_STUDENTS][NUM_TESTS];

    //-- 进行scoresTable输入的语句

    display(socresTable, numStudents, numTests);
}
```

对于更高维的数组来说，也是同样的道理。

这种方法的问题在于函数不灵活。对于一个多维数组形参，除了第一维以外，其他维都必须是一个常量，如果需要使用函数来处理一个具有不同维的数组实参时，这些维数必须被修改。这是前面提到最好为数组定义一个类型标识符，然后使用这个类型标识符来定义所有需要使用的数组类型的原因；例如，

```
const int NUM_ROWS = 30,
          NUM_COLUMNS = 5;
typedef double TwoDimArray[NUM_ROWS][NUM_COLUMNS];

void display(TwoDimArray the2Darray, int rowUsed, int columnsUsed);

int main()
{
    TwoDimArray scoresTable;

    //-- 将分数输入scoresTable的语句

    display(socresTable, numStudents, numTests);
}
```

✔ 小测验 3.3

1．*t*[3][5]是二维数组 *t* 的第 3 列中的一个值。（判断题）
2．*t*[3, 5]是二维数组 *t* 的第 3 列中的一个值。（判断题）
3．三维数组可以被看作一个元素是二维数组的一维数组。（判断题）

4. 描述由 int m[2][4] = {{1, 2, 3, 4}, {5, 6, 7, 8}};所定义的数组。
5. 描述由 int m[4][2] = {1, 2, 3, 4, 5, 6, 7, 8};所定义的数组。
6. 描述由如下声明所定义的数组：

```
typedef int TypeA[2];
typedef TypeA TypeB[2];
typedef TypeB TypeC[3];
TypeC array = {1, 2, 3, 4, 5, 6, 7, 8, 9, 10, 11, 12};
```

练习 3.3

练习 1～7 假设 char 型值使用一个字节存储，int 型值使用 4 个字节存储，double 型值使用 8 个字节存储，T 类型的值使用 10 个字节存储，Day 类型的值使用 4 个字节存储，这里 Day 是如下定义的枚举类型：

```
enum Day {SUN, MON, TUE, WED, THU, FRI, SAT, NUM_DAYS};
```

在练习 1～4 中，假设给定类型的二维数组 *t* 的基地址为 100，并且按照行序存储，给出指定的 *t* 的元素的存储位置。

1. char　*t*[5][5]; *t*[1][3] 和 *t*[2][2]
2. double　*t*[4][10]; *t*[0][8] 和 *t*[3][2]
3. int　*t*[8][7]; *t*[3][2] 和 *t*[1][6]
4. T　*t*[7][6]; *t*[TUE][3] 和 *t*[FRI][2]

5～8. 和练习 1～4 一样，只不过这次 *t* 按照列序存储。

9. *t* 是一个二维数组，每个元素需要 w 字节内存空间来存储，对于以下的情况，推导出 *t*[*i*][*j*]的通用地址翻译公式。假设存储分配是按照①行序的；②列序的。
10. *b* 是一个三维数组，每个元素需要 w 字节内存空间来存储，通过将 *b* 看成是一个元素是二维数组的一维数组，推导出 *b*[*i*][*j*][*k*][*l*]的通用地址翻译公式。
11. 假设 *f* 是一个定义为：

```
double  f[N1][N2][N3][N4];
```

的四维数组，通过将 *f* 看成一个具有 N1 个元素的一维数组，其中每个元素都是一个三维的 double 型的 N2×N3×N4 数组，并且假设三维数组的存储分配和练习 10 中描述的一样，推导出 *f*[*i*][*j*][*k*][l]的通用地址翻译公式。

3.4　动态数组

在 3.2 节中，我们看到数组声明

```
const int CAPACITY = 10;
double arrayName[CAPACITY];
```

通知编译器必须分配一块足够大的内存以容纳 10 个 double 型值，而变量 arrayName 存储着这个内存块的起始地址。这样一个固定大小的数组具有两个缺点：

- 如果数组的大小超过将要存储的值的个数，那么未用元素将浪费所占用的内存。
- 如果数组的大小小于将要存储的值的个数，那么可能会发生数组溢出问题。

这些问题的根源在于当程序被编译后，数组的容量被固定下来。在我们的例子里，为 arrayName 分配的内存块的大小是不能改变的，除非修改 CAPACITY 的定义并重新编译程序。

我们需要可以在程序执行期间给定容量的数组。可以使用 C++提供的动态内存分配机制来构建这种动态数组。最简单地，这种机制需要两个操作：

- 在需要时获取额外的内存位置。
- 不需要内存位置时将它们释放。

C++提供预定义运算符 new 和 delete 来在程序运行时执行内存分配和释放这两个操作。

3.4.1 new 操作——动态数组

如我们在 2.4 节中看到地，在程序运行执行期间可以使用 new 操作向操作系统请求内存。这种要求的通用格式如下：

new 运算符

形式：

```
new Type
new(nothrow) Type
new Type[capacity]
new(nothrow) Type[capacity]
```

这里

Type 可以是任意类型，nothrow 是在标准库<new>中定义的一个常量。

目的：

发出一个运行时请求，希望获得足够大的内存块来存储：

- 对于前两种形式，是一个给定的 Type 类型的值。
- 对于后两种形式，是一个容量为 capacity，元素类型为给定的 Type 类型的数组。

如果要求得到满足，则 new 返回内存块的开始地址；如果要求不能得到满足，则：

- 在第一种和第三种形式中，new 抛出一个 bad_alloc 异常（在<new>中定义），如果这个异常没有被捕获，则将使得程序的执行被终止。
- 在第二种和第四种形式种，new 返回空地址 0。

实际上，new 很少用来为单独一个 int 这样简单类型的值分配空间。它一般用来为数组或者类对象分配空间。为了说明前者，考虑一个如下声明的整型数组 anArray：

```
int anArray[6];
```

如在 3.2 节中看到的，与名字 anArray 相关的值是数组的基地址，即数组第一个元素的地址。对象 anArray 的类型是 int[6]。

我们可以在程序执行期间使用 new 和 int[6]等类型为一个数组分配内存。例如，语句

```
int * arrayPtr;
arrayPtr = new int[6];
```

为包含 6 个整数的数组分配空间。在第二条语句被执行之前，arrayPtr 只是一个值尚未定义的绑定到 int 类型的指针变量。在这个语句执行之后（假设有足够的可用内存），arrayPtr 包含新分配的数组的基地址。如果地址是 0x1101abc0，我们可以如下刻画这时的情况：

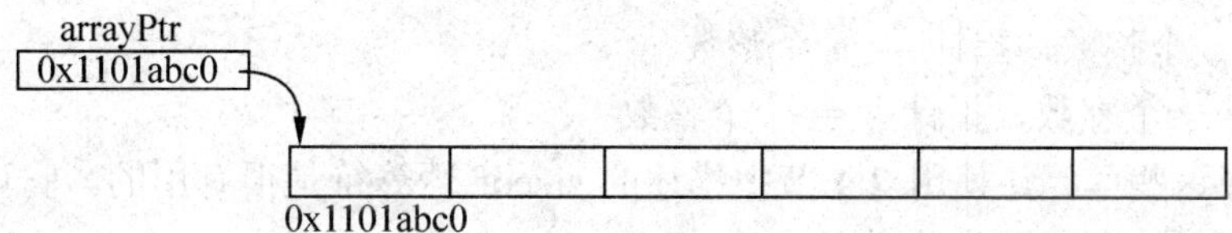

不过，我们以前已经看到，与静态数组的名字相联的值是它的基地址。这意味着如果动态分配的数组的基地址被存储在一个指针变量中，那么我们能够通过使用下标操作符([])，以通过名字访问静态分配数组元素同样的方式，使用指针来访问动态分配数组的元素。也就是说，新数组的第一个元素可以使用 arrayPtr[0]来访问，第二个元素可以使用 arrayPtr[1]来访问，第三个元素可以使用 arrayPtr[2]来访问，如此类推：

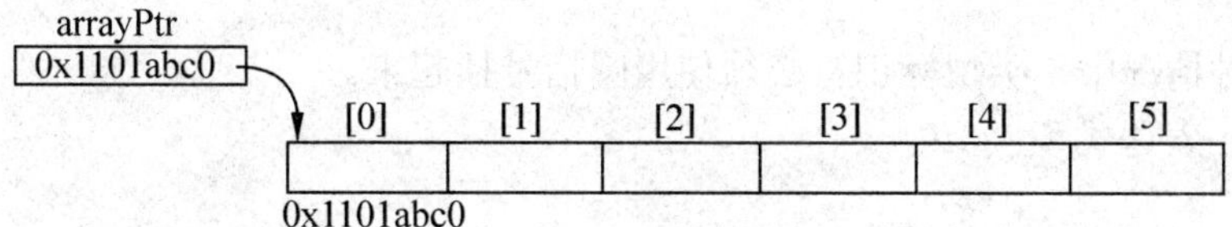

注意这与我们在 3.2 节中描述的数组地址映像图一致。指针变量 arrayPtr 的值是数组的基地址，对于给定的索引 *i*，下标运算符

```
arrayPtr[i]
```

简单地访问地址为 arrayPtr + i * sizeof(int)的内存位置。

动态分配的优点在于它不必在编译时知道数组的大小。例如，我们编写如下代码：

```
cout << "How many entries? ";          // 获取数组的大小
cin >> numEntries;
double *dPtr =                         // 为这个容量的数组分配空间
        new double[numEntries];

cout << "Enter your values.\n";      // 对数组填值
for (int i = 0; i < numEntires; i++)
        cin >> dPtr[i];
```

与那些在编译时分配内存的数组不同，可以将运行时分配内存的数组的大小裁减得与需要存储的值的集合的大小完全相同。浪费内存的问题得到解决，因为数组不会太大。溢出问题也得到解决，因为数组不会太小。

总的来说，可以在程序运行期间使用 new 运算符分配匿名数组变量，而这些数组的容量可以裁减成需要存储在数组中的值的数目。通过将一个数组的基地址存储到一个指针变量中，静态数组所能做到的绝大多数事情，使用一个指针，动态数组也能做到。

1．指针算术运算

第 2 章对指针的介绍中没有包括对指针能作的算术运算的讨论，这是因为它们对于数组处理非常有用。这些运算符包括：

自增(++)，自减(−−)

指针 + 一个整数，指针 − 一个整数

指针 += 一个整数，指针 −= 一个整数

为了解释这些运算，使用 2.4 节中描述的 sizeof 运算符是很有用的。它可以被应用到任意类型或任意一个表达式并返回。

- 存储一个 T 类型的值所需要的字节数。
- 或存储表达式的值所需要的字节数。

sizeof 运算符可以被应用到对象，也可以应用到类型：

```
sizeof(type-specifier)
sizeof expression
```

注意在第一种情况中，类型标识符必须使用圆括号括起来。

要说明，表达式

```
sizeof(char)
```

等于 1，因为为 char 型值分配一个字节。相似地，如果 longVar 是 long int 类型的，而 long int 型对象存储在 4 个字节中，则表达式

```
sizeof longVar
```

等于 4。

现在我们可以解释能用于指针的算术运算符。假设指针变量 ptr 定义如下：

```
Type * ptr;
```

则表达式

```
ptr++ 和 ++ptr
```

把 sizeof(Type)的值加到 ptr 存储的地址上。类似地

```
ptr-- 和 --ptr
```

从 ptr 存储的地址中减去 sizeof(Type)的值。如果 intExp 是一个整数表达式，表达式

```
ptr + intExp
```

的值为 ptr + intExp * sizeof(Type)，而简化赋值

```
ptr += intExp;
```

将这个值赋予 ptr。类似地，表达式

```
ptr - intExp
```

的值为 ptr – intExp * sizeof(Type)，简化赋值

```
ptr -= intExp;
```

将这个值赋予 ptr。

为了示范如何使用这些运算，假设 ptr 是一个指针，其值是一个 double 型数组的第一个元素的地址：

```
double dArray[10];       // 由10个double型数组成的数组
double * ptr = dArray;   // 指向数组第一个元素的指针
```

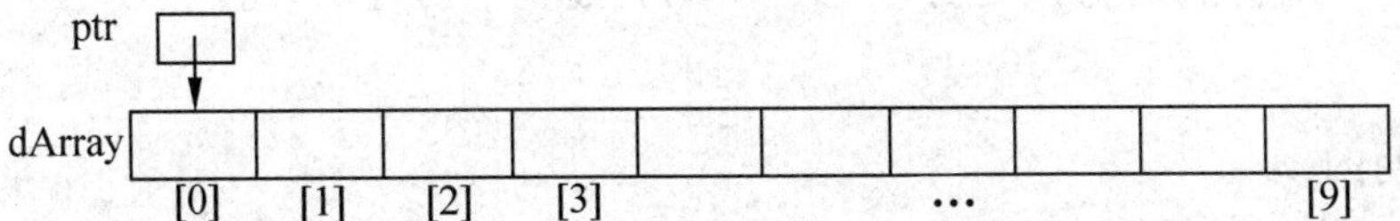

现在考虑以下循环：

```
for (int i = 0; i < 10; i++)
{
        *ptr = 0;
        ptr++;
}
```

在循环的第一轮中，ptr 被去引用，值 0 被赋予这个地址的内存位置。然后 ptr 递增，使得 ptr 指向数组的第二个元素：

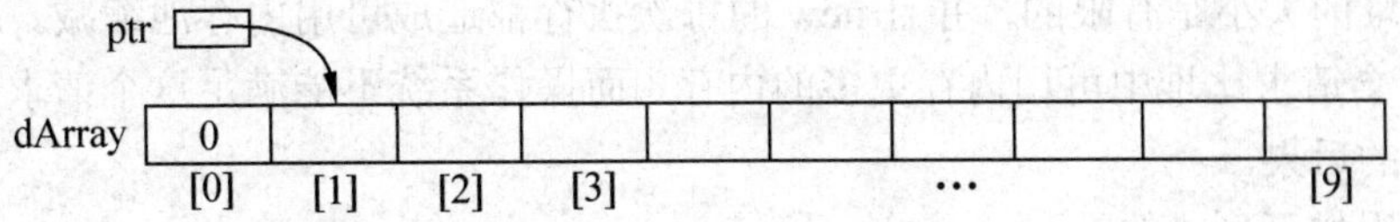

第二轮循环又对 ptr 进行去引用，把所指的内存位置设为 0，并递增 ptr 的值：

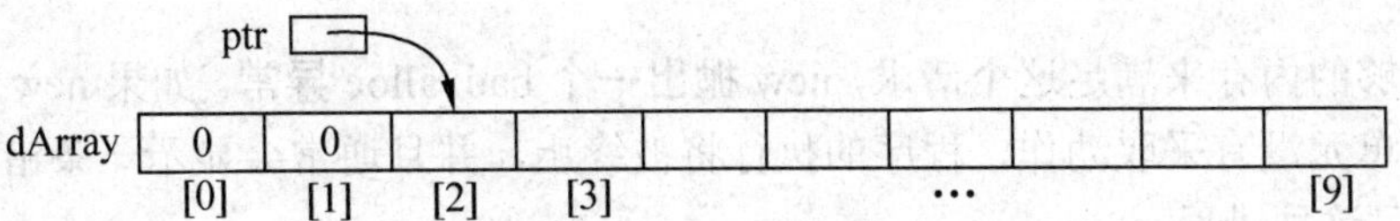

如此继续下面的每次迭代。在最后一轮，数组的最后一个元素被设为0，ptr再次递增，使得它指向数组尾部之后的首个地址：

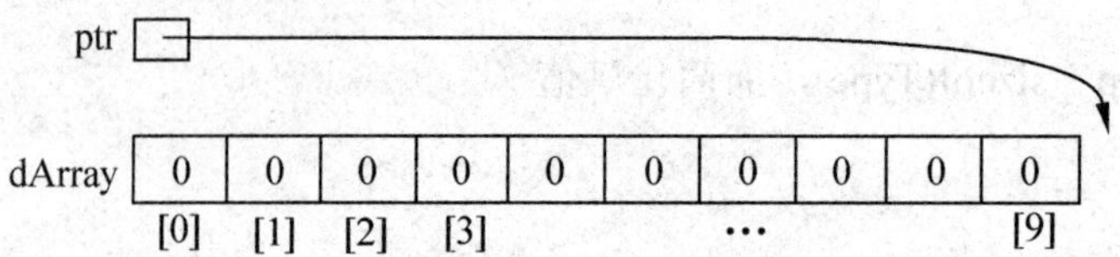

因此指针能够用来在连续的内存块中迭代的移动，并按照特定的问题需求来访问这些内存块（如我们在第9章中将要看到的，这正是**迭代器**在C++标准模板库中的vector这样的顺序容器上移动的方式）。

我们也可以编写前面例子中for循环的另一个版本，其中不引入额外的指针ptr。如我们已经知道的，dArray本身就是一个指针变量，它的值就是数组的基地址。因此，由指针算术的属性，dArray，dArray + 1，dArray + 2，…，分别都指向这个数组中的单个元素，所以对这些指针去引用，*dArray，*(dArray + 1)，*(dArray + 2)，…，就得到了实际的数组元素。这样，上面的循环可以写作：

```
for (int i = 0; i < 10; i++)
{
        *(dArray + i) = 0;            // 或dArray[i] = 0;
}
```

如注释所表明的，

```
dArray[i] 等价于 *(dArray + i)
```

2．new的失败

当一个程序执行开始时，这个程序有一个未被分配的内存位置的“存储池”，被称为**堆**或**自由存储**。new操作的效果就是请求操作系统：

- 从堆中删除一块内存。
- 将这块内存分配给执行着的程序。

如果这个程序将这块内存的地址（new操作产生的值）存储在一个指针变量中，则这个程序就可以使用这块内存了。

不过，堆的大小是有限的，并且new的每次执行都造成可用内存池缩减。这意味着最终new可能会请求比堆中可用内存更多的内存，而操作系统不能满足这个请求。这种错误有几种不同的后果。

如果使用如下形式的new

```
new Type  或  new Type[capacity]
```

并且没有足够的内存来满足这个请求，new**抛出一个**bad_alloc**异常**。如果new表达式所在的这个程序单元没有采取动作，程序的执行将被终止，并且通常会显示一条错误消息。程序3.4演示了这种错误。

程序 3.4　new 的失败——版本 1

```
//-- 演示new的第一种失败 -- 未捕获bad_alloc异常

#include <iostream>
#include <new>      // new, bad_alloc
using namespace std;

int main()
{
   const int NUM_ARRAYS = 10;
   cout << "How large should the arrays of doubles be? ";
   int capacity;
   cin >> capacity;

   double * arrayPtr[NUM_ARRAYS];
   int i;
   for (i = 0; i < NUM_ARRAYS; i++)
   {
      arrayPtr[i] = new double [capacity];
      cout << "Allocated " << capacity
           << " doubles for i = " << i << endl;
   }
   cout << "All " << NUM_ARRAYS << " arrays of "
        << capacity << " doubles were allocated successfully." << endl;
}
```

运行跟踪#1(CodeWarrior)：

```
How large should the arrays of doubles be? 1000
Allocated 1000 doubles for i = 0
Allocated 1000 doubles for i = 1
Allocated 1000 doubles for i = 2
Allocated 1000 doubles for i = 3
Allocated 1000 doubles for i = 4
Allocated 1000 doubles for i = 5
Allocated 1000 doubles for i = 6
Allocated 1000 doubles for i = 7
Allocated 1000 doubles for i = 8
Allocated 1000 doubles for i = 9
All 10 arrays of 1000 doubles were allocated successfully.
```

运行跟踪#2(CodeWarrior)：

```
How large should the arrays of doubles be? 10000
Allocated 10000 doubles for i = 0
Allocated 10000 doubles for i = 1
Allocated 10000 doubles for i = 2
```

```
Allocated 10000 doubles for i = 3
Allocated 10000 doubles for i = 4
Allocated 10000 doubles for i = 5
Allocated 10000 doubles for i = 6
Allocation failed for i = 7
```

运行跟踪#3(GNU C++ 3.1)：

```
How large should the arrays of doubles be? 100000000
Allocated 100000000 doubles for i = 0
Allocated 100000000 doubles for i = 1
Allocated 100000000 doubles for i = 2
Allocated 100000000 doubles for i = 3
*** malloc: vm_allocate(size=800002048) failed with 3
*** malloc[460]: error: Can't allocate region
Abort
```

对这个程序的第一次运行跟踪说明，成功地分配了 10 个具有 1 千个 double 型值的数组。但是在第二次运行跟踪时，在为 6 个具有 1 万个 double 型值的数组分配内存之后，没有足够的内存来分配给第 7 个数组。第三次跟踪显示了在 GNU C++中不能分配内存时给出的更加神秘的错误消息。

对于 new 这样能够抛出异常的操作，我们可以（并且应该）使用 try-catch 机制在一个异常被抛出时采取相应的动作。在附录 D 中更详细地描述了异常。这里我们简单地给出一个例子如程序 3.5 所示。

程序 3.5　new 的失败——版本 2

```
//-- 演示new的第二种失败 -- 使用try-catch机制处理bad_alloc异常.

#include <iostream>
#include <new>            // new, bad_alloc
using namespace std;

int main()
{
  const int NUM_ARRAYS = 10;
  cout << "How large should the arrays of doubles be? ";
  int capacity;
  cin >> capacity;

  double * arrayPtr[NUM_ARRAYS];
  int i;

  try
  {
    for (i = 0; i < NUM_ARRAYS; i++)
```

```
        {
           arrayPtr[i] = new double [capacity];
           cout << "Allocated " << capacity
                << " doubles for i = " << i << endl;
        }
     }
     catch (bad_alloc ex)
     {
        cout << "\nException: " << ex.what() <<
             << " for i = " << i << endl;
        exit(1);
     }
     cout << "All " << NUM_ARRAYS << " arrays of "
          << capacity << " doubles were allocated successfully." << endl;
}
```

运行跟踪#1(CodeWarrior)：

```
How large should the arrays of doubles be? 1000
Allocated 1000 doubles for i = 0
Allocated 1000 doubles for i = 1
Allocated 1000 doubles for i = 2
Allocated 1000 doubles for i = 3
Allocated 1000 doubles for i = 4
Allocated 1000 doubles for i = 5
Allocated 1000 doubles for i = 6
Allocated 1000 doubles for i = 7
Allocated 1000 doubles for i = 8
Allocated 1000 doubles for i = 9
All 10 arrays of 1000 doubles were allocated successfully
```

运行跟踪#2(CodeWarrior)：

```
How large should the arrays of doubles be? 10000
Allocated 10000 doubles for i = 0
Allocated 10000 doubles for i = 1
Allocated 10000 doubles for i = 2
Allocated 10000 doubles for i = 3
Allocated 10000 doubles for i = 4
Allocated 10000 doubles for i = 5
Allocated 10000 doubles for i = 6
Exception: bad_alloc for i = 7
```

运行跟踪#3(GNU C++ 3.1)：

```
How large should the arrays of doubles be? 100000000
Allocated 100000000 doubles for i = 0
Allocated 100000000 doubles for i = 1
Allocated 100000000 doubles for i = 2
```

```
Allocated 100000000 doubles for i = 3
*** malloc: vm_allocate(size=800002048) failed with 3
*** malloc[691]: error: Can't allocate region

Exception: St9bad_alloc -- for i = 4
```

在以上程序中，使用 new（或其他任何可能抛出异常的操作）对内存的请求位于 try 块中。如果在这个 try 块中的语句成功地执行，没有抛出任何异常，在其后所有的 catch 块都被略过，程序的执行从这些 catch 块后面的语句继续。这可以使用第一次运行跟踪来演示。

在第二次运行跟踪中，我们看到程序的执行没有异常退出，而是进入一个处理 bad_alloc 异常的 catch 块，并执行了其中的语句。我们可以看到对于第三次运行跟踪，也是这样的，尽管仍然显示了一条神秘的错误消息。

另一种方法是使用带有常量 nothrow 的 new 版本，nothrow 在<new>中定义：

```
new(nothrow) Type  和  new(nothrow) Type[capacity]
```

这些形式使用了一个不会抛出异常，而是不能分配内存时返回一个空地址的 new 版本。和程序 3.6 所示是对前两个程序的修改，使用了 new 的这种形式来分配 double 型的数组。

程序 3.6　new 的失败——版本 3

```
//-- 演示new的第三种失败 -- 使用nothrow版本的new
//-- 并检查new是否返回了空地址

#include <iostream>
#include <new>           // new, nothrow
using namespace std;

int main()
{
   const int NUM_ARRAYS = 10;
   cout << "How large should the arrays of doubles be? ";
   int capacity;
   cin >> capacity;

   double * arrayPtr[NUM_ARRAYS];
   int i;
   for (i = 0; i < NUM_ARRAYS; i++)
   {
      arrayPtr[i] = new(nothrow) double [capacity];
      if (arrayPtr[i] == 0)         // 空地址
      {
        cout << "Allocation failed for i = " << i << endl;
```

```
        exit(1);
      }
      cout << "Allocated " << capacity
           << " doubles for i = " << i << endl;
   }
   cout << "All " << NUM_ARRAYS << " arrays of "
        << capacity << " doubles were allocated successfully." << endl;
}
```

运行跟踪#1(CodeWarrior):

```
How large should the arrays of doubles be? 1000
Allocated 1000 doubles for i = 0
Allocated 1000 doubles for i = 1
Allocated 1000 doubles for i = 2
Allocated 1000 doubles for i = 3
Allocated 1000 doubles for i = 4
Allocated 1000 doubles for i = 5
Allocated 1000 doubles for i = 6
Allocated 1000 doubles for i = 7
Allocated 1000 doubles for i = 8
Allocated 1000 doubles for i = 9
All 10 arrays of 1000 doubles were allocated successfully
```

运行跟踪#2(CodeWarrior):

```
How large should the arrays of doubles be? 10000
Allocated 10000 doubles for i = 0
Allocated 10000 doubles for i = 1
Allocated 10000 doubles for i = 2
Allocated 10000 doubles for i = 3
Allocated 10000 doubles for i = 4
Allocated 10000 doubles for i = 5
Allocated 10000 doubles for i = 6
Allocation failed for i = 7
```

运行跟踪#3(GNU C++ 3.1):

```
How large should the arrays of doubles be? 100000000
Allocated 100000000 doubles for i = 0
Allocated 100000000 doubles for i = 1
Allocated 100000000 doubles for i = 2
Allocated 100000000 doubles for i = 3
*** malloc: vm_allocate(size=800002048) failed with 3
*** malloc[526]: error: Can't allocate region
Allocation failed for i = 4
```

这里我们看到在第二次运行跟踪中，当内存分配失败时，new 确实返回了空地址，而 if 语句使得我们自己的错误消息被显示，接着程序终止。在第三次运行跟踪中，看到同样的行为，尽管当内存分配失败时仍然显示了一条神秘的错误消息。

如程序 3.4～3.6 所演示的，C++的不同版本之间的对于 new 操作的实现是不同的。例如，一些版本在失败时，即使使用的是不带 nothrow 选项的 new，也会返回空地址；另一些版本当没有包含<new>时返回一个空地址。本书中我们在需要动态分配内存的程序里主要使用 nothrow 版本的 new。

3．delete 操作

我们已经详细描述了如何使用 new 操作符动态的分配内存。现在考察释放由 new 所分配的内存的类似方法。在 C++中，这可以通过使用 delete **操作**来完成。如 new 是运行着的程序对堆中内存的请求，delete 操作是把内存还给堆的请求，这样这些内存就可以在以后的分配中重新被使用。所以 new 操作和 delete 操作是互补的。

delete 操作的通用形式如下：

> **delete 操作**
>
> **形式：**
>
> ```
> delete pointerVariable
> delete [] arrayPointerVariable
> ```
>
> **目的：**
>
> 第一种形式释放地址存在 pointerVariable 中的动态分配的内存。第二种形式释放为一个数组动态分配的内存块，这个内存块的地址存在 arrayPointerVariable 中。

例如，如果 intPtr 从堆中分得内存

```
int * intPtr = new int;
```

则语句

```
delete intPtr;
```

将释放 intPtr 指向的内存位置，使得该位置在以后分配时可用。在该操作之后，intPtr 的值变成未定义的，所以任何对它进行去引用尝试

```
*intPtr
```

的结果是不可预料的，可能产生一个运行时错误。为了避免这种问题，一些程序员总是把这种指针的值设为指向空地址。

```
delete intPtr;
intPtr = 0;
```

因此以下形式的语句

```
if (intPtr != 0)
```

```
    // … ok - intPtr可以被安全地去引用
else
    // … not ok - intPtr的内存已经被释放
```

可以在对 intPtr 指向的内存进行访问时提供保护。

相似地，如果 dPtr 是一个指向运行时分配数组的第一个元素的指针，如

```
cin >> numValues;
double *dPtr = new(nothrow) double[numValues];
```

则可以使用数组版本的 delete 操作将这个数组的内存返还给堆：

```
delete [] dPtr;
```

4. 内存泄漏

对于使用 new 分配内存的程序，使用 delete 释放内存是很重要的。要说明为什么，考虑以下似乎正确的代码：

```
do
{
    int * intPtr = new(nothrow) int[10];
    assert(intPtr != 0);
    // … 通过intPtr使用数组来解决一个问题

    cout << "\nDo another (y or n)? ";
    cin >> answer;
}
while (answer != 'n');
```

在执行循环的第一轮时，分配了一个包含 10 个整数的数组：

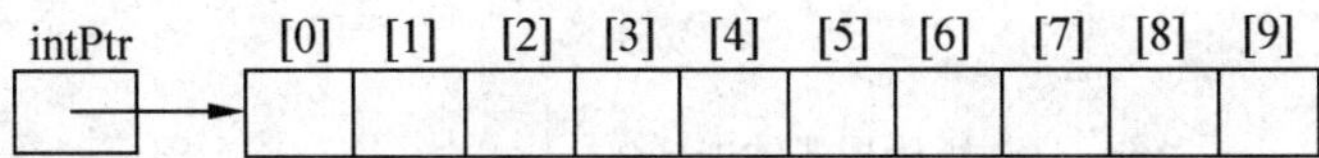

在执行循环的第二轮时，第二个数组被分配出来，其地址存在 intPtr 中。然而，我们没有使用 delete 来把第一个数组还给堆，所以第一个数组依然被分配给程序：

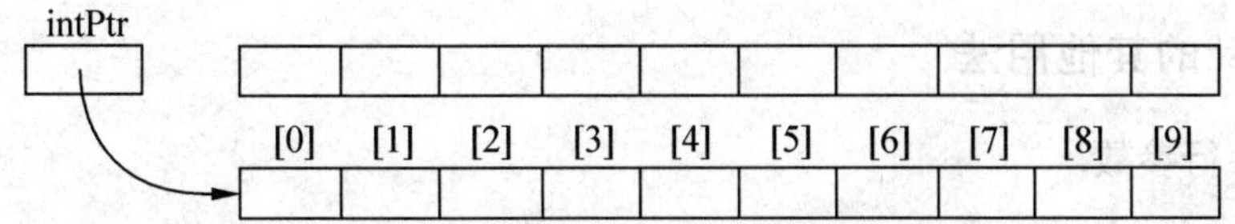

由于 intPtr 是访问第一个匿名数组的唯一途径，而我们又覆盖了 intPtr 中它的地址，则第一个数组现在变成“丢失”或“离弃”的内存——它既不能被程序访问，又没有还给堆。

循环的第三轮执行时，第三个数组被分配出来，其地址存在 intPtr 中，从而把第二个

匿名数组变成“离弃”内存：

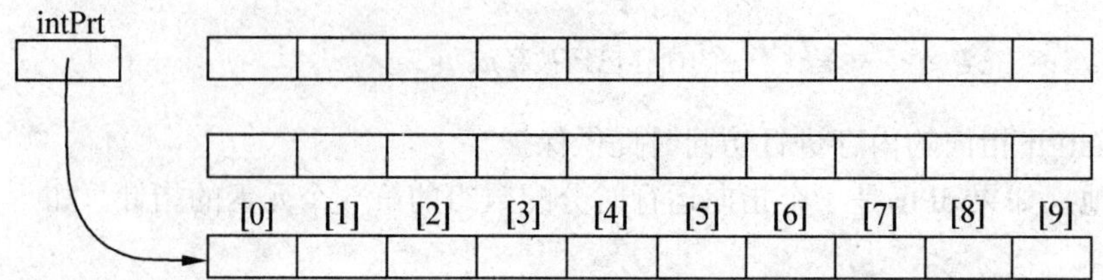

随着循环每一轮的执行，都有 10 个位置的内存被丢失。如果循环执行足够多次，则会有足够多的内存被丢失掉从而导致 assertion(intPtr != 0)失败，并终止程序。由于这种代码不断丢失内存，故把这种情况称为**内存泄漏**。

为了避免内存泄漏，在指针被赋予新地址之前，应该总是把它指向的内存释放掉。

```
do
{
    int * intPtr = new(nothrow) int[10];
    assert(intPtr != 0);

    // …通过intPtr使用数组来解决一个问题
    delete [] intPtr;

    cout << "\nDo another (y or n)? ";
    cin >> answer;
}
while (answer != 'n');
```

这样就能保证把指针指向的内存返给堆，从而避免内存泄漏。

如果我们对数组使用错误形式的 delete 操作也会造成内存泄漏——即，如果使用

```
delete arrayPtr;     // 错误形式的delete
```

而不是

```
delete [] arrayPtr; // 正确形式的delete
```

因为 arrayPtr 存储着数组中第一个元素的地址，第一种形式将仅仅释放这个内存位置，而不能将数组中分配的剩余位置返还给堆。

3.4.2 指针的其他用法

1. 命令行参数

在 Unix 等命令行环境中，许多系统命令用到命令行参数。例如，命令

```
emacs textfile
```

用来执行名为 emacs 的程序，它寻找名为 textfile 的文件，并（如果找到它的话）打开它以

便编辑。文件 textfile 的名字是**命令行参数**的一个例子。正如输入程序（emacs）的名字就会调用程序的主函数一样，输入程序的名字和 textfile 就会调用程序的主函数，并把 textfile 作为参数传给主函数。

命令行参数通过两个形参传给主函数 main()，这两个形参通常命名为 argc 和 argv。

- argc（the argument count 实参个数）：一个整数，其值是当给出执行二进制可执行程序时命令行中字符串的数目。
- argv（the argument vector 实参向量）：一个字符指针数组；argv[i]是命令行中第 i 个字符串的地址。

2．函数作为参数

有时把一个函数作为参数传给另一个函数是有用的。例如，如果函数能够作为参数传递，求函数根、求解等式、近似积分等很多实现数值计算方法的函数就可以编写成最通用的形式。

为了允许把一个函数作为参数传给另一个函数，C++规定：

函数名的值是函数的开始地址。

也就是说，函数是一个指针。如同数组变量是一个其值是数组的基地址的指针一样，函数 *f* 是一个其值等于这个函数开始地址的指针。形式如下的 typedef 定义：

```
typedef ReturnType (*functionPtr) (ParameterTypeList);
```

把名字 functionPtr 定义为一种类型，这种类型的对象是指向返回值为 ReturnType 类型、参数与 ParameterTypeList 中参数匹配的函数的指针。

✔ 小测验 3.4

1．在程序运行过程中使用_______操作请求内存。如果有足够的可用内存，返回内存块的_______。
2．问题 1 中新分配的内存位置是一个_______变量。
3．如果在为一个 T 型值请求内存时没有足够的内存，表达式

```
new T
```

将_______。
4．如果在为一个 T 型值请求内存时没有足够的内存，表达式

```
new(nothrow) T
```

将_______。
5．在程序运行过程中使用_______操作释放内存。
6．给出以下定义

```
int a[] = {44, 22, 66, 11, 77, 33};
int * p = a;
```

则 $p[2]$的值是什么？

7. 在问题6中，a 是一个动态数组。（判断题）
8. 编写一条语句释放由语句

```
double * dubArray = new double[100];
```

所分配给数组 dubArray 的内存。

9. 命令行参数是通过两个通常命名为______和______的形参传递给主函数 main()的。
10. 一个函数就是一个指针。（判断题）

练习 3.4

对于练习1～5，编写 C++语句完成所要求的事情。

1. 允许用户输入 n，即要处理的值的数目；然后分配一个包含 n 个 double 型值的匿名数组，把数组的地址存在 doublePtr 中。
2. 从键盘中输入 n 个值，填入练习1的匿名数组中。
3. 计算并显示练习1的匿名数组中值的平均值。
4. 释放为练习1的匿名数组分配的内存。
5. 如果练习1中 doublePtr 的值是1000，并且 double 型值使用8个字节存储，画一张内存映像图来显示匿名数组前几个元素的地址。
6. 假设地址使用4个字节存储，double 型值使用8个字节存储，那么以下语句将产生什么样的输出：

```
double  dubValues[] = {1.1, 2.2, 3.3, 4.4, 5.5};
double * dubPtr = dubValues;
for( int i = 0; i < 5; i++)
    cout << sizeof(dubPtr + i) << "  "
        << sizeof(*(dubPtr + i)) << "  "
        << *(dubPtr + i) << endl;
```

3.5 C风格结构（可选）

在前面几节我们描述了C风格数组，包括静态的和动态的。如将在后面的章节中看到的，数组在 C++中扮演着重要的角色，因为对于某些包含同构（即所有数据元素都是同样类型的）数据元素序列的抽象数据类型，数组为它们的实现提供了一种可用的数据结构。

不过，更经常的一个问题中需要被建模的对象具有多重属性。例如，一个诸如32°F的温度具有两个属性：度数和一个温标刻度（华氏、摄氏或者绝对温标）。这样我们可以如下的刻画一个温度对象：

32.0	F
度数	温标

相似地，一个表示 20 世纪最后一天的日期对象

十二月	31	1999
月	日	年

具有 3 个属性：月、日和年。

因为这样的对象无法使用简单类型来容易地表示，所以 C 和 Pascal 这样的编程语言为具有多重属性的数据元素提供了**集合类型**——C 中的结构和 Pascal 中的记录。①

在 C 中结构的定义，以及在 C++中结构定义的最简单方式，它们的形式如下：

C++结构定义

结构的定义（简化的）

```
struct  TypeName
{
    成员声明    //  任意类型
};
```

结构对象的声明形式

```
TypeName  structName;
TypeName  structName = {intializer_list};
```

这里

成员可以是任意类型的；并且

在第二种形式中，intializer_list 中值的类型必须和结构声明中相应成员的类型相匹配。

目标：

告诉编译器保留一块内存用于存储给定类型的值并且将名字 structName 与这块内存关联起来。在第二种形式中，结构的成员使用 initializer_list 中的值来初始化。

为了演示，我们可以如下声明一个 Temperature 类型：

```
struct  Temperature
{
   double  degrees;    // 度数
   char   scale;      // 温度的温标(F, C, K, …)
};
```

定义

```
Temperature  temp;
const  Temperature   FREEZING = (32, 'F');
```

① C（由此 C++）还提供了联合，一种类似于结构的集合类型，它们的不同之处在于结构的成员被分配了不同的内存位置，而联合的成员共享内存。不过，在 C++中很少使用联合，因为并不需要它们。可以使用类的继承属性以一种面向对象的方式来实现联合和结构所能做到的数据的结构化。请参见本书的 Web 站点以获取更多关于结构和联合的信息。

可以被用来定义 temp 为一个成员未初始化的 Temperature 变量，以及定义 FREEZING 为一个 degrees 成员初始化为 32，scale 成员初始化为 F 的常量：

FREEZING	32.0	F
	度数	温标

一个处理日期的 Date 类型可以声明为：

```
struct  Date
{
     char  month[10];     // 月份的名字
     int   day,           // 天数
           year;          // 年数
};
```

一个 Date 类型的变量 endOf20thCentury 可以定义为：

```
Date endOf20thCentury = {"December", 31, 1999};
```

这里初始化 endOf20thCentury 的 month 成员为 December，day 成员为 31, year 成员为 1999：

endOf20thCentury	December	31	1999
	moth	day	year

作为另外一个例子，一个维护计算机系统中用户情况的记录可以包含一个用户身份号码，一个口令，一个资源上限值，以及当前用户使用的资源，例如下面这个例子：

unsigned	string	double	double
12345	UR2MUCH	100.00	37.45
idNumber	password	resourceLimit	resourcesUsed

一个这类记录的数据类型可以声明为：

```
  struct  ComputerUsageInfo
  {                          //  用户的
unsigned  idNumber;          //  id号码
char   password[12];         //  口令
double  resourceLimit,       //  计算机资源使用上限
      resourcesUsed;         //  当前使用的资源
};
```

一个 ComputerUsageInfo 变量 userRecord 可以定义为：

```
ComputerUsageInfo  userRecord;
```

结构的数据成员可以是任意类型的。不像前面的那些例子，结构的成员不一定非要是简单类型，它们可以是数组这样的结构化数据类型或者其他的结构。例如，对于计算机科学课程班上的学生，我们可能希望存储学生的名字、生日、计算机使用信息，以及四门课

程的考试成绩列表。为此可以使用前面的结构类型 Date 和 ComputerUsageInfo 作为一个 StudentClassRecord 结构中两个数据成员的类型：

```
    const int  MAX_SCORES = 4;
    struct StudentClassRecord
    {                                        //  学生的
        char  name[20];                      //  全名
        Date  birth;                         //  生日
        ComputerUsageInfo usage;             //  用户信息
        int score[MAX_SCORES];               //  测试成绩
};
```

语句

```
StudentClassRecord  aStudent;
```

定义了一个 StudentClassRecord 类型的变量 aStudent，而

```
CONST int COURSE_LIMIT = 50;
StudentClassRecord cpsc186[COURSE_LIMIT];
```

定义了一个包含 50 个 StudentClassRecord 类型值的数组。每个数组元素包含 4 个数据成员，第一个是一个字符串，第二个是一个具有 3 个成员（month、day、year）的结构，第三个是一个有 4 个成员（idNumber、password、resourceLimit、resourcesUsed）的结构，而第四个是一个由 4 个 double 值组成的数组。

像 aStudent 这类可以包含其他结构的结构有时被称为**嵌套结构**（nested structures），这表示有些结构是“嵌套”在其他结构里的。它们也常被称为**分层结构**（hierarchical structures），如图 3.6 所示。

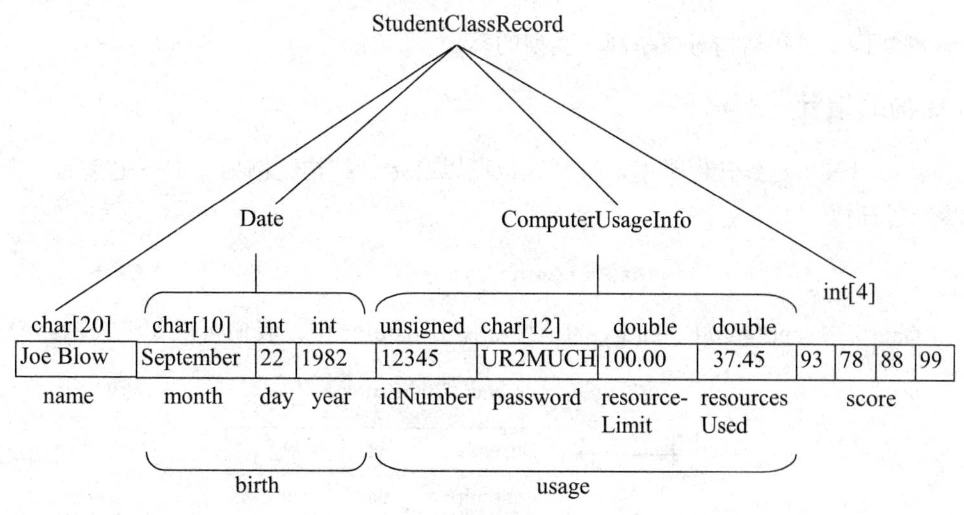

图 3.6

结构的运算：如下标运算符提供对数组元素的直接访问一样，成员访问运算符提供对结构（或者类）成员的直接访问。其中一种就是在如下形式表达式中使用的**点运算符**（.）

```
struct_object.member_name
```

下面是一些例子：

```
// 计算temp等价的摄氏温度
Temperature  tempCels;
tempCels.degrees = (temp.degrees - 32.0) / 1.8;
temp.scale = 'C';

// 输入currentDate成员的值
cin >> currentDate.month >> currentDate.day
    >> currentDate.year;

// 计算aStudent中的总分
int  sum = 0;
for (int i = 0; i < 4; i++)
sum += aStudent.score[i];

// 输出aStudent的birth month以及id成员
cout << "Birth month: " << aStudent.birth.month << endl
     << "Id Number: " << aStudent.usage.idNumber << endl;
```

可以使用一系列相似的赋值语句通过每次复制一个成员来将一个结构复制到另一个结构。不过，这也可以更加简单地通过一个如下形式的赋值语句来完成。

```
struct_variable = struct_object;
```

这里结构变量和结构对象是同一类型的。

指向结构的指针

指针可以被绑定到任何类型，特别地也可以绑定到结构。例如，如下定义的一个指向 Date 对象的指针。

```
Date  *  datePtr = &endOf20thCentury;
```

将 Date 对象 endOf20thCentury 的地址存储到 datePtr 中，我们可以如下表示：

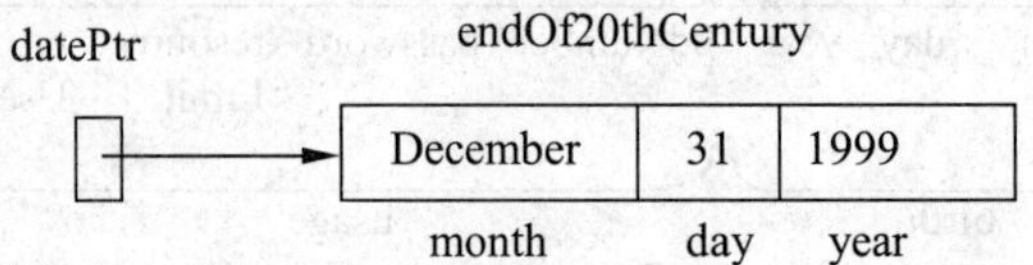

可以通过 datePtr 以两种方式访问 endOf20thCentury 的成员。一种方式是联合使用去引

用运算符和点运算符。例如，可以通过使用

```
(*datePtr).day
```

访问 day 数据成员中的值（31）。在这个表达式中，首先去引用指针 datePtr，从而可以访问它所指向的对象，接着使用点运算符访问 day 数据成员。

不过，这种表示比较繁琐，因为它使用了两个运算符，并且必须用括号将去引用运算括起来，因为它的优先级低于点运算符。为此，C++提供了一种运算符，能够一步完成同样的工作：

```
datePtr -> day
```

这里，箭头运算符->的左操作数是指向一个结构（或类）对象的指针，它的右操作数是这个对象的一个成员。形式的表达式如下：

```
ptr -> member
```

等价于表达式

```
(*ptr).member
```

这个运算符提供一种方便地访问对象成员的方法，而且“箭头”表示清楚地表明是通过一个指针来访问成员。

✔ **小测验 3.5**

1．C 风格结构用于具有单独一个属性的数据元素。（判断题）

2．在 C++中结构的成员是通过_____运算符来访问的。

对于问题 3 和 4，假设类型 T 是一个结构，包括两个 int 型成员，分别命名为 m 和 n，并且 x 是 T 类型的，p 是指向一个 T 类型对象的指针。

3．编写一条语句，可以用来将值 100 存储到 x 的数据成员 m 中。

4．编写一条语句，可以用来将值输入到 x 的 m 和 n 数据成员中。

5．编写一条语句，可以用来输出 x 的 m 和 n 数据成员的值。

6．编写两个不同的表达式，可以用来访问 p 指向的结构的 m 和 n 数据成员。

7．编写一条语句，可以用来将值输入到 p 指向的对象的 m 和 n 数据成员中。

8．编写一条语句，可以用来输出 p 指向的对象的 m 和 n 数据成员的值。

3.6 过程式编程

由很多过程式语言，比如 C、Fortran 以及 Pascal 等形成的**过程式编程范例**中，程序员集中精力于编写一些子程序（过程/函数/子例程）来完成不同的任务。这是因为在这种解决问题的方法学中使用了如下基本的方法：

（1）确定解决问题要执行的基本任务，这可能包括将问题分解为更简单的子问题，确定这些子问题对应的子任务。

（2）将完成这些任务和子任务的动作实现为子程序，将被处理的数据条目从一个子程序传递到另一个子程序。

（3）将这些子程序组织成一个程序或者一系列程序/模块/库，从而组成一个解决问题的完整系统。

因此，这种程序设计的过程式方法可以看作是面向动作的。有人曾经将其描述为在设计一个解决方法时把重点放在问题需求规格说明的动词上。这和**面向对象编程模式**构成了对比，在后者中程序员决定解决一个问题需要哪些对象，以及如何将这些对象组织在一起工作从而解决这个问题。因此 OOP 主要关注对象，而不是子程序，重点在问题需求规格说明中的名词，而不是动词。要说明过程式方法，我们将演示如何使用 C 风格结构来创建一种数据类型。在 4.3 节中将使用 OOP 方法重新解决同样一个问题。

过程式编程的例子

1．问题

创建一个 Time 类型来处理标准 hh:mm AM/PM 格式的时间和军用格式的时间。

2．数据属性

Time 对象将具有以下 4 个属性：
Hours（一个在 1～12 范围内的整数）。
Minutes（一个在 0～59 范围内的整数）。
AM 或者 PM 指示器（字符'A'或者'P'）。
军用时间（一个非负整数）。
因此每个 Time 值将由对应这 4 个属性的 4 个值组成。

3．一些操作

提供一个完整的时间模型将需要很多的操作。为了简化起见，我们将仅仅考虑以下几个：
设置时间
显示时间
前进时间
判断一个时间是否小于另一个时间

4．实现

我们需要构成一个 Time 对象的 4 个值的存储结构。因为它们并不是同一个类型的，将使用结构。我们将编写一些函数来执行 Time 对象上的操作。接着可以将所有的声明放在头文件 Time.h 中，而把函数的定义放在文件 Time.cpp 中。程序 3.7 给出了这些文件[1]还给出了一个测试驱动程序（参见第 4 章以获取关于头文件和实现文件，以及如何翻译包含

① 如果你不熟悉 set()和 toMilitary()函数定义中使用的 C++的条件运算符?:，请参见附录 C.9。

这些文件的程序的相关信息)。

程序 3.7 一个 Time 数据类型——过程式方法

```
/*== Time.h ================================================================

 这个头文件定义了用于处理时间的数据类型Time
 基本操作包括:

   set:      设置时间
   display:  显示时间
   advance:  将时间前进某个给定的量
   lessThan: 判断某个时间是否小于另一个时间
===========================================================================*/

#include <iostream>

struct  Time
{
  unsigned hour,
           Minute;
  char  AmorPM;              // 'A' or 'P'
  unsigned milTime;          // 等价的军用格式时间
};

void  set(Time & t, unsigned hours, unsigned minutes, char AMPM);
/*--------------------------------------------------------------------------
  将时间设置为一个给定的值

  接收:     Time对象t
            hours, 以标准时间衡量的小时数
            minutes,  以标准时间衡量的分钟数
            AMPM ('A' if AM, 'P' if PM)
  回传:     将数据成员设置为给定值后的Time t
--------------------------------------------------------------------------*/

void  display(const Time &t, ostream &out);
/*--------------------------------------------------------------------------
  使用输出流out显示标准或者军用格式的时间

  接收:   Time t和ostream out
  输出:   将时间t输出到out
  回传:    将t的表示插入到ostream, 返回修改后的ostream out
--------------------------------------------------------------------------*/

void advance(Time & t, unsigned hours, unsigned minutes);
```

```
/*---------------------------------------------------------------------
  将时间前进一个给定的值

  接收：    Time对象t
            hours，要增加的小时数
            minutes，要增加的分钟数
  回传：   数据成员被增加了给定的值后的Time t
---------------------------------------------------------------------*/

bool lessThan(const Time & t1, const Time & t2);
/*---------------------------------------------------------------------
  判断是否一个时间小于另一个时间

  接收：    Time t1 和t2
  返回：    如果t1<t2返回true，否则返回 false
---------------------------------------------------------------------*/


// ==  Time.cpp ==================================================

给出了实现Time操作的函数的定义，这些函数的原型在Time.h中。
===================================================================*/
#include <iostream>
using namespace std;
#include "Time.h"

/** 工具函数 **/

int  toMilitary(unsigned hours, unsigned minutes, char AMPM);
                void  toStandard(unsigned military,
unsigned & hours, unsigned & minutes, char & AMPM);

//----- set()的定义 -----------------------------------------------
void set(Time & t, unsigned hours, unsigned minutes, char AMPM)
{
  if (hours >=1 && hours <=12 &&
      minutes >=0 && minutes <= 59 &&
      (AMPM == 'A' || AMPM == 'P'))
{
   t.hour = hours;
   t.minuts = minutes;
   t.AMorPM = AMPM;
   t.milTime = toMilitary(hours, minutes, AMPM);
}
else
```

```
  cerr << "*** Can't set time with these values ***\n"
  // t 保持未被改变
}

//----- display()的定义 --------------------------------------------------
void display(const Time & t, ostream & out)
{
   out << t.hour << ':'
       << (t.minute < 10 ? "0" : "") << t.minute
       << ' ' >> t.AMorPM << '.M. ("
       << t.milTime << " mil. Time)";
}

//----- advance()的定义 --------------------------------------------------
void advance(Time & t, unsigned hours, unsigned minutes)
{
  // 使用军用格式时间前进
  t.milTime += 100 * hours + minutes;
  unsigned milHours = t.milTime / 100;
           milMins = t.milTime % 100;

// 调整为正确的格式
milHours += milMins / 60;
milMins %= 60;
milHours %= 24;
t.milTime = 100 * milHours + milMins;

// 现在设置标准格式时间
toStandard(t.milTime, t.hour, t.minute, t.AMorPM);
}

//----- lessThan()的定义 --------------------------------------------------
bool lessThan(const Time & t1, const Time & t2)
{
    return(t1.milTime<t2.milTime);
}

//----- 工具函数的定义 -------

int toMilitary(unsigned hours, unsigned minutes, char AMPM)
/*-------------------------------------------------------------------------
  将标准格式时间转换为军用格式时间

    接收:    hours, minutes, AMPM
    返回:    等价的军用格式时间
-------------------------------------------------------------------------*/
```

```
{
  if (hours == 12)
    hours = 0;
  return hours * 100 + minutes +(AMPM = 'P' ? 1200:0);
}

void toStandard(unsigned military,
                unsigned & hours, unsigned & minutes, char & AMPM)
/*----------------------------------------------------------------------
  将军用格式时间转换为标准格式时间

  接收：military，军用格式的时间
  返回：hours, minutes, AMPM -- 等价的标准格式时间
-----------------------------------------------------------------------*/
{
  hours = (military /100) %12;
  if(hours == 0)
     hours = 12;
     minutes = military % 100;
     AMPM = (military /100) < 12 ? 'A' : 'P';
}


/* ==  测试驱动程序 ==========================================
       测试Time库的驱动程序
===========================================================*/

#include <iostream>
uses namespace std;
#include "Time.h"

int main()
{
  Time mealTime,
       goToWorkTime;
  set(mealTime, 5, 30, 'P');
  cout << "We'll be eating at ";
  display(mealTime, cout);
  cout << endl;
  set(goToWorkTime, 5, 30, 'P');   // 尝试其他的值: 'A' -> 'P'
  cout << "You leave for work at ";
  display(goToWorkTime, cout);
  cout << endl;
  if (lessThan(mealTime, goToWorkTime))
     cout << "If you hurry, you can eat first. \n";
  else
```

```
      cout << "Sorry you can't eat with us.\n";
    advance(goToWorkTime,0,30);   // 尝试其他的值: 0 -> 12
      cout << "You boss called.  You go in later at ";
      display(goToWorkTime, cout);
    cout << endl;
    if ( lessThan(mealTime, goToWorkTime))
       cout << " If you hurry , you can eat first.\n";
    else
       cout << "Sorry you can't eat with us.\n";
    cout << endl;
  }
```

运行跟踪：

```
We'll be eating at 5:30 P.M. (1730 mil. time)
You leave for work at 5:30 P.M. (1730 mil. time)
Sorry you can't eat with us.
You boss called.  You go in later at 6:00 P.M. (1800 mil. time)
If you hurry , you can eat first.
```

3.7 本章小结

章节注意要点

- 一个抽象数据类型（ADT）就是一个数据元素集合以及对数据进行的操作。一个ADT 的实现包括数据元素的存储结构和实现操作的算法。
- 数组的主要属性包括：①具有固定的大小；②是一个序列；③它的所有元素必须都是同一种类型的。它的基本操作是下标运算符，这个运算符通过给出数组中每个元素的位置来提供对这个元素的访问。
- 直接访问是通过一个产生从数组基地址到元素位置之间的偏移量的地址翻译来实现的。一个数组变量实际上就是一个指向这个元素的指针；即，它的值是这个数组的基地址。
- 向一个函数传递数组是通过传递这个数组的基地址实现的。这意味着总是通过传递引用来传递数组的，所以修改一个数组形参也会修改相应的数组实参。
- 绝大多数 C++编译器不会对数组索引是否在数组声明所决定的范围之内做出检查。索引越界将产生一些令人费解的结果。
- 在程序执行期间不能改变一个数组的容量。
- 一个数组不是一个对象（从 OOP 的角度看），因为它没有内建的操作。
- 一个 n 维数组可以被看作一个元素是 n–1 维数组的一维数组。
- 一个数组引用 array[i]等价于指针去引用*(array + i)。
- 可以按照和静态数组一样的方式使用下标运算符访问动态数组的元素。
- 指针算术运算包括以下几个：

  - 自增(++)，自减(––)
  - 指针 + 一个整数，指针 – 一个整数
  - 指针 += 一个整数，指针 –= 一个整数

■ 默认地，当不能满足内存请求时，new 运算符会抛出一个异常。如果使用 new(nothrow)形式的 new，不会抛出异常，但是会返回一个空地址 0。

■ 为了避免内存泄漏，当不再需要动态分配的内存时，应该总是通过 delete 操作释放这块内存。

■ 可以在形如 ptr->member 的表达式中使用->运算符访问一个结构（或类）的成员。这等价于表达式(*ptr).member。

■ 过程式编程主要关注编写子程序（过程/函数/子例程）来执行一个问题中需要的不同任务。面向对象编程主要关注问题中的对象。

程序设计知识点

1. 在 C++中
   - 数组是基于 0 的。
   - 在数组的声明中提供比数组容量更多的初始值是一种错误。如果提供了较少的值，那么使用 0 来初始化剩余的元素。
   - char 数组的容量应该足够大以容纳标志结束的空字符。
   - 将类型标志符与数组关联起来（使用 typedef）并使用这些类型标志符来声明数组对象的类型是一种很好的习惯。
   - 在一个函数中修改一个数组形参实际上是修改了相应的数组实参。
2. 指针所能进行的算术运算是受限的。例如，指针的值不能相加、相减、相乘或相除。不过，我们可以使用++自增一个指针，使用––自减一个指针，添加一个整数值 *i* 到指针上，或从指针值中减去一个整数 *i*。对于前两个运算，通过添加/减去 sizeof(Type)来改变指针中的地址，而对于后两个运算，通过添加/减去 *i**sizeof(Type)来修改指针中的地址，这里 Type 是指针所绑定的类型。
3. 使用#include<new>，就可以在程序中使用标准的 new 和 delete 操作。
4. 当使用 nothrow 版本的 new 分配内存时，可以通过测试返回值，通过检查是否返回了空地址 0 来检查操作是否失败了。对于非 nothrow 版本的 new，如果操作失败了，将抛出一个 bad_alloc 异常，并且程序的执行将自动地被终止，除非使用 try-catch 机制捕获并处理异常。
5. 曾经和一个指针变量相关联的内存位置，不再需要时，应该使用 delete 返还给堆。需要多加注意以避免内存泄漏。例如，如果 *p* 和 *q* 是绑定到同一个类型的指针变量，赋值语句 *p* = *q*；将使得 *p* 指向和 *q* 指向的同样的内存位置。任何先前由 *p* 指向的内存位置将变得无法访问，并且无法释放，除非还有别的指针指向它。应该使用临时指针来维持访问，如下面的语句演示的：

```
tempPtr = p;
p = q;
```

```
delete tempPtr;
```

6. 任何对空指针或未定义指针的去引用尝试通常都会产生一个运行时错误。不过，在一些版本的 C++中，通过使用一些“垃圾”内存位置可以使执行继续，但是这显然会造成不正确的结果。这被称为悬空指针问题。
7. 在一条包含未命名变量的语句中修改这个变量的值通常被认为是一种不好的编程习惯，因为这会产生难以发现的逻辑错误。这被称为别名问题。

ADT 技巧

1. 数据抽象，指的是数据类型的定义和数据类型的实现是分开的，这是软件设计中的一个重要概念。
2. 作为一种 ADT，数组是一个固定大小的元素序列，所有元素都是同一类型的，可以通过给出数组元素的位置来访问它。数组的基本操作是通过给出数组中每个元素的位置来直接访问这个元素，从而可以从这个位置提取值或向这个位置中存入值。
3. 对于组织同构的数据集来说数组是一种合适的数据结构。
4. 数组具有以下缺点：
   - 在程序执行过程中它们的容量不能改变。
   - 它们不是自我包含的。
5. 可以在程序执行期间设置动态数组的容量。
6. 在后面章节中创建可以在需要时增长或缩减的数据结构时，能够证明指针加上动态内存分配和释放是非常有用的。
7. C 风格结构和过程式编程兼容，但是和面向对象编程不兼容，因为它们没有为对象提供内建的操作（尽管 C++结构提供）。

编程问题

3.2 节

1. 数值分数有时是按照所谓的“学积分曲线”的评分模式来转换成字母表示的学分绩的。在这种模式下，将根据表 3.4 将一个字母成绩赋给一个数值分数。

表 3.4

$x=$ 数值分数	字母成绩	$x=$ 数值分数	字母成绩
$x < m-\frac{3}{2}\sigma$	F	$m+\frac{1}{2}\sigma \leqslant x < m+\frac{3}{2}\sigma$	B
$m-\frac{3}{2}\sigma \leqslant x < m-\frac{1}{2}\sigma$	D	$m+\frac{3}{2}\sigma \leqslant x$	A
$m-\frac{1}{2}\sigma \leqslant x < m+\frac{1}{2}\sigma$	C		

这里 m 是平均值，σ 是标准方差；对于 n 个数 $x_1, x_2,\cdots, x_n$ 来说，它们的定义如下（这里 $\sum_{i=1}^{n}$ 表示 i 从 1 变化到 n 的累加和）：

$$m=\frac{1}{n}\sum_{i=1}^{n}x_i \qquad \sigma=\sqrt{\frac{1}{n}\sum_{i=1}^{n}(x_i-m)^2}$$

编写一个程序，读取表示数值分数的一个实数列表，调用函数计算它们的平均值和标准方差，接着调用一个函数得出并显示和每个数值分数相对应的字母成绩。

2. 有一天晚上，邮差 Peter 感到非常无聊，为了打破夜班的单调，他使用邮局中的一行邮箱进行了以下的实验。这些邮箱被从 1～150 进行了编号，然后从邮箱 2 开始，他打开了所有编号为偶数的邮箱的门，而保持其他邮箱的门关着。接着，从邮箱 3 开始，每隔 3 个邮箱，如果这个邮箱的门是关着的他就打开这个邮箱的门，而如果门是开着的他就关上门。然后他每隔 4 个邮箱重复这个过程，再每隔 5 个邮箱重复这个过程，如此下去。当结束时，他被关着的邮箱的分布所惊讶了。编写一个程序来判断哪些邮箱是关着的。
3. 一个素数是一个大于 1 的整数，并且它的正因子只有 1 和它自身。希腊数学家埃拉托色尼开发的一个算法，称为埃拉托色尼筛法，可以寻找所有小于或等于某个给定的数 n 的素数——即，所有从 2～n 之间的素数。考虑从 2～n 的数的列表。2 是第一个素数，但是 2 的倍数（4，6，8，…）不是，所以它们被从这个列表中划去。2 之后第一个没有被划去的第一个数是 3，这是下一个素数。接着我们从列表中划去所有比 3 大的 3 的倍数（6，9，12，…）。下一个没有被划去的数是 5，这又是下一个素数，我们划去所有比 5 大的 5 的倍数（10，15，20，…）。重复这个过程直到我们到达列表中第一个其平方大于 n 但是又没有被划去的数。列表中剩余的数就是从 2～n 之间的素数。编写一个程序，使用这种筛法和一个数组找出从 2～n 之间的所有素数。对于 $n = 550$ 和 $n = 5500$，分别执行这个程序。
4. 编写一个程序来实现两个最大为 300 位的大整数的加法。一种方法是将每个数看作是一个列表，这个列表的每个元素是这个数的一个数字块。例如，整数 179,534,672,198 可以被存储为 block[0]=198,block[1]=672,block[2]=534,block[3]=179。然后将这个整数（列表）逐个元素的进行相加，在需要时从一个元素向下一个元素进位。
5. 和练习 4 类似，编写一个程序实现两个最大为 300 位的大整数的乘法。

3.3 节

6. 一个关于 Dogpatch 附近都市地区的人口统计学研究将这个地区分为 3 个区域——市区、近郊和远郊——并发布了表 3.5 来说明从一个地区到另一个地区的年人口迁移情况（数字表示百分比）。

表 3.5

	Urban	Suburban	Exurban
Urban	1.1	0.3	0.7
Suburban	0.1	1.2	0.3
Exurban	0.2	0.6	1.3

比如，每年有 0.3%的市区人（0.003 乘以当前人口数）迁移到近郊。对角线上的元素表示内部人口增长率。使用一个索引为枚举类型的二维数组来存储这张表，并编写一个程序来求取 10、20、30、40 以及 50 年以后每个地区的人口。这里假设市区、近郊和远郊的初始人口分别为 2.1 百万、1.4 百万以及 0.9 百万。

7. 如果 $\boldsymbol{A}$ 和 $\boldsymbol{B}$ 是两个 $m \times n$ 的矩阵，它们的和可以如下定义：如果 $\boldsymbol{A}_{ij}$ 和 $\boldsymbol{B}_{ij}$ 是 $\boldsymbol{A}$ 和 $\boldsymbol{B}$ 中第 i 行第 j 列上的元素，那么相应地，$\boldsymbol{A}_{ij}+\boldsymbol{B}_{ij}$ 是它们的和的第 i 行第 j 列上的元素，它们的和也是一个 $m \times n$ 的矩阵。编写一个程序读取两个 $m \times n$ 的矩阵，显示它们，然后计算并显示它们的和。

8. 一个 $m \times n$ 的矩阵 $\boldsymbol{A}$ 和一个 $n \times p$ 的矩阵 $\boldsymbol{B}$ 的积是一个 $m \times p$ 的矩阵 $\boldsymbol{C}=\boldsymbol{A}*\boldsymbol{B}$，其 i 行第 j 列上的元素 $\boldsymbol{C}_{ij}$ 可以如下得出：

$$\boldsymbol{C}_{ij} = \boldsymbol{A} \text{ 第 } i \text{ 行和 } \boldsymbol{B} \text{ 第 } j \text{ 行上的元素的积的和}$$
$$= \boldsymbol{A}_{i1}*\boldsymbol{B}_{1j} + \boldsymbol{A}_{i2}*\boldsymbol{B}_{2j} + \cdots + \boldsymbol{A}_{in}*\boldsymbol{B}_{nj}$$

编写一个程序读取两个矩阵 $\boldsymbol{A}$ 和 $\boldsymbol{B}$，并显示它们，然后计算并显示它们的积（或者显示一条消息指示这个积没有定义）。

9. 一个魔法正方形是一个 $n \times n$ 的矩阵，其中整数 $1, 2, 3, \cdots, n^2$ 出现且仅仅出现一次，而每一行、每一列和对角线上元素的和都相等。例如，下面就是一个 5×5 的魔法正方形，所有的行、列以及对角线上的和都为 65。

17	24	1	8	15
23	5	7	14	16
4	6	13	20	22
10	12	19	21	3
11	18	25	2	9

下面是对一个任意的奇数 n 创建一个 $n \times n$ 的魔法正方形的过程。将 1 放在最顶行的中间。然后在整数 k 被放置好后，除非发生了下列情况之一，否则向上移动一行，向右移动一列来放置下一个整数 k+1。

- 如果在第 j 列中向上移动一行造成超出了顶行，那么移动到第 j 列的底部并在那里放置 k+1。
- 如果在第 i 行的一次移动使得超出了正方形的右边，放置 k+1 到第 i 行的左边。
- 如果这次移动到了一个被占用了的方块或者使你移出了正方形的右上角，在 k 的正下方放置 k+1。

编写一个程序为一个任意的奇数 n 创建一个 $n \times n$ 的魔法正方形。

10. 设一个薄薄的正方形金属盘的四边都维持在一个恒定的温度下，而我们希望能够确定这个盘子内部各点的稳定状态的温度。为此，将盘子分为一个个的正方形（这些正方形的角称为节点），而内部各点的温度可以通过这个点上 4 个相邻节点的温度的平均值得到；也就是说，如果 T_{ij} 代表第 i 行第 j 列节点的旧温度值，那么

$$\frac{T_{i-1,j}+T_{i,j-1}+T_{i,j+1}+T_{i+1,j}}{4}$$

将为新的温度值。

为了建模这个盘子，我们可以使用一个二维数组，其中每个元素代表盘中一个节点的温度。编写一个程序，首先读入沿着盘子 4 边的 4 个恒定温度（有可能不一样的），以及盘中内部各点温度的一些猜测值，使用这些值来初始化数组的元素。接着如上面描述的那样，通过不断的循环平均盘子内部点相邻的 4 个节点的温度值来得到这个点的稳定状态温度值。一直重复这个过程直到每个内部点的新温度值和旧温度值的差的绝对值不再大于一个给定的小值为止。最后打印出数组的元素以及得到最终结果所进行的迭代次数（也可以打印出每次迭代中数组元素的值）。

11. 由数学家 John H.Conway 发明的游戏 Life，试图模拟一个有机物群体的生命发展。考虑一个方形的单元阵列，每个单元可能包含一个有机物。如果这个阵列可以看作向所有方向都可以无限延伸，那么每个单元有 8 个邻居，即 8 个包围着它的单元。对于有机物的每一代，出生和死亡符合以下规则：

- 一个有机物可以出生在任何一个具有 3 个邻居的空单元中。
- 如果一个有机物少于 2 个邻居，那么它将因为隔绝而死亡。
- 如果一个有机物多于 3 个邻居，那么它将因为拥挤而死亡。
- 其他所有有机物将存活。

为了说明，图 3.7 展示了一个特定结构的有机物群体的前 5 代。

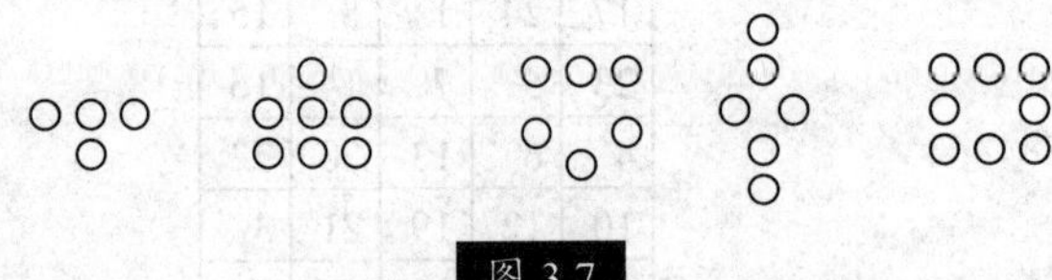

图 3.7

编写一个程序来进行 Life 游戏，并研究不同初始结构产生的不同模式。一些结构会导致很快消亡；一些结构能够繁衍特定数目的代；一些结构能够改变形状并且在单元阵列中移动；还有一些结构会产生“卫星”，这些卫星会脱离社会群体飞向外层空间。

3.4 节

12. 为问题 1 中的学积分曲线编写一个程序，但是这次使用动态分配的数组。
13. 为问题 2 中的邮递员 Peter 问题编写一个程序，但是这次使用动态分配的数组。
14. 为问题 3 中的寻找素数问题编写一个程序，但是这次使用动态分配的数组。

第4章 OOP 和 ADT 进阶——类

章节内容

- 过程式编程 vs. 面向对象编程
- 类
- 例子：用户定义的 Time 类的第一个版本
- 类构造函数
- 其他类操作

章节学习目标

- 比较面向对象编程和过程式编程。
- 回顾 C++中的类。
- 详细学习如何创建类的一个特定例子。
- 说明如何为新类型重载运算符。
- 说明如何使用条件编译命令避免冗余的声明。
- 讨论指向类对象的指针——特别是 this 指针。

在第 1 章中我们描述了软件开发过程，并提到本书将主要关注设计阶段，特别是数据结果和抽象数据类型。在前两章中已经详细描述了相关内容，并使用你可能已经很熟悉的例子进行了说明。

第 1 章还提到本书中的主要设计方法将是面向对象的。我们在那里简单地介绍了 OOP，而在本章中，将开始学习 OOP。我们将首先比较和对照 OOP 以及过程式编程，在过去很多年里，过程式编程都是主流的编程模式。

本章的其余部分将用来学习 C++的类。类正是实现绝大多数 ADT 所需的，并且还是面向对象编程的核心。我们将说明第 3 章中描述的过程式编程环境里的 Time 数据类型如何能够被重新设计成一个面向对象模式的类。由于大家对类的学习可能主要集中于使用类，而在创建类方面实践很少（如果有的话），所以对类的学习将比第 3 章中对数据类型的学习更加详细。如果你使用类的经验比较多，那么你可以选择快速浏览或跳过某些这方面的表述。

4.1 过程式编程 vs.面向对象编程

在 3.6 节我们描述了过程式编程模式，并通过开发一个模拟时钟对象的 Time 数据类型进行了说明。如我们提到的，这种编程方法是面向动作的，因为它主要关注解决问题所必须完成的任务。函数、过程或子例程被开发来执行这些任务。例如，Time 库（见图 3.11）包括函数 set()、display()、advance()以及 lessThan()，分别用于设置 Time 值为某个特定时间，输出 Time 值，按照规定的量前进 Time 值以及比较两个 Time 值。需要提到的是，这些函数都处理通过参数发送给它们的 Time 值。这是过程式编程(PP)的特点。数据被存储在某个数据结构中并在不同的函数/过程/子例程之间传递以供处理。注意程序 3.7 中这些函数的注释文档使用“接收”和“回传”说明来反映这种行为。

这和**面向对象编程模式**是一个鲜明的对比，在面向对象编程模式中，程序员决定一个问题需要哪些对象以及如何将这些对象组织起来解决这个问题。OOP 的中心在于对象，而不是子程序，在于问题需求规格说明中的名词，而不是动词。

在面向对象编程模式中，程序员集中注意于创建称为类的类型，这些类包含数据成员以及在数据上操作的函数成员。函数将是这个结构实实在在的一个组成部分，而我们通过向对象“发送一条消息”来告诉对象使用这些函数中的一个“自己进行处理”。这些函数的规格说明通常表达为前置条件和后置条件，前置条件描述在函数执行前对象的状态，后置条件描述函数处理以后这个对象的状态。

如果我们考虑模拟一个数字式手表的 Time 数据类型，那么过程式编程好比是当你需要设置、显示、前进或和另一个时间比较时，将你的数字手表包裹起来，并发送到某个能够执行这些操作的地方去。服务设施执行所需的任务，并将手表返还给你。尽管对于某些操作，例如修理手表，是比较合适的，但是方式并不适合我们所考虑的时间操作。例如，每当你需要设置手表时，需要将手表发送到某个地方，至少这是不方便的。而如果当我们需要知道时间时，就不得不将手表送到某个地方，由他们将手表置为显示模式（也许只是打开背光灯）再送回来，这是多么奢侈啊。

在 4.2 节中我们将使用 OOP 方法开发一个 Time 数据类型。在 OOP 中，要设置一个数字式手表，只需要按下某个按钮来发送一条消息给手表，使手表自己置于设置模式，并接受新的小时和分钟值；要显示时间，我们也是按下某个按钮发送一条消息给手表，使它自己打开背光灯；如此等等。这种方法显然比过程式方法更真实的模拟了一个数字式手表。

✔ **小测验 4.1**

问题 1～5 的候选答案是“过程式编程”和“面向对象编程”。

1. _________的中心是开发执行给定任务的子程序。
2. _________的中心是确定所需的对象以及如何将这些对象组织在一起工作来解决一个问题。
3. 主要关心问题需求规格说明中的动词，而_________主要关心名词。
4. 在_________中，要处理的数据项被从一个子过程传递到另一个子过程。
5. 在_________中，通过向一个对象发送消息来让对象自己按某种方式进行处理。

4.2 类

在 3.5 节中描述过结构，它们被使用在 C 编程语言中。C++从它的父语言中保留了结构，但是它还提供了类。结构和类具有相似之处：

■ 它们都可以用来建模具有不同属性（特性）的对象，这些不同的属性表示为数据成员。这样，它们就可以被用来组织非同构的数据集。

- 它们实际上具有一样的语法。

基本的不同之处在于：

- 类的成员在默认时是私有的（不能够从对象的外部访问），而结构的成员在默认时是公有的（可以从对象的外部访问）。在 C++中，结构和类的访问权限——私有的或公有的都可以被显式地规定。

这样，在 C++中就不是基于它们的能力来选择使用结构或者类了。在 C++中，一个结构就是所有成员都是默认为公有的一个简单的类。

4.2.1 “传统的”（C）结构和 OOP（C++）结构以及类之间的区别

C++中的结构和类是 C 中的结构的扩展。和 C 风格结构一样，它们可以包含**数据成员**（也称为**数据域**或**属性成员**）来代表被建模对象的属性（特性）。但是 C++中的类、结构和 C 中结构的主要区别在于它们还可以包含**函数成员**（也称为**成员函数**或者**方法**[1]）来表示对象的操作（行为）。这是一个重要的区别，因为：

- 这提供了实现 ADT 的一种方法，因为数据成员的存储和基本操作的函数都可以被**封装**在一个单独的结构中。
- 这引入了一种新的编程风格——面向对象而不是过程式的。现在对象可以**自我包含**，带有它们自己的操作在身边（有时这被称为 I-can-do-it-myself **原则**）而不是要发送给外部的函数来在它们之上进行运算，然后再将它们送回。

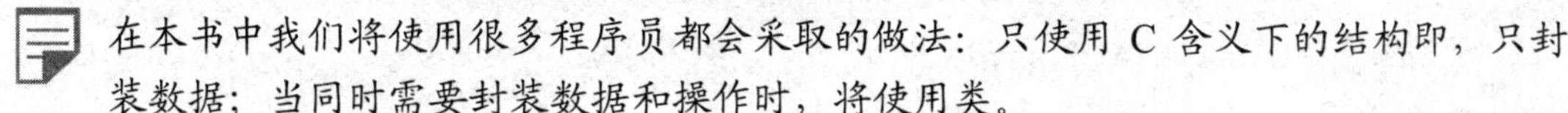
在本书中我们将使用很多程序员都会采取的做法：只使用 C 含义下的结构即，只封装数据；当同时需要封装数据和操作时，将使用类。

4.2.2 类声明

本书中我们将使用的通用的类声明形式如下：

类声明

形式 1

```
class ClassName
{
public:
    公有成员的声明
private:
    私有成员的声明
};
```

① 通常把类的这两个部分称为数据成员和成员函数（实际上应该叫“数据成员”和“函数成员”更正确一点）。将互换使用术语函数成员和成员函数。

注释：

1．通常数据成员的声明位于私有部分而函数成员的声明（原型）位于公有部分。

2．成员函数和非成员函数都可以访问公有成员。

3．私有成员仅能通过成员函数（以及后面将描述的友元函数）来访问。

4．一些程序员推荐将私有部分放在最前面。本书中将公有部分放在最前面以强调组成公共用户接口的操作。

5. 尽管通常没有，但是一个类可以有多个私有部分和公有部分；关键词 private 后面跟着一个冒号(:)标志每个私有部分的开始，而关键词 public 后面跟着一个冒号(:)标志每个公有部分的开始。

6．*警告：在类声明的右花括号的后面必须有一个分号(;)。忽略这个分号通常是一个难以发现的错误。*

1．类库

类声明通常放在一个称为**头文件**（或**接口文件**）的文件中，这个文件的名字就是类名后面跟着一个“.h”扩展名：ClassName.h。如果想看一个例子，返回到 1.3 节，程序 1.3 给出了一个名为 FinancialAidAward 的类的头文件 FinanicalAidAward.h。下面是这个头文件中的类声明，为了节省空间，这里省略了函数成员的注释文档。

```
class   FinancialAidAward
{
   public: // 函数成员

     //-- 构造函数
     FinancialAidAward();
     FinancialAidAward(string src, double amt);

     //-- 访问函数
     double getAmount() const;
     string getSource() const;

     //-- 输出
     void display() const;

     //-- 更动函数
     void setAmount(double newAmount);
     void setSource(string newSource);

   private:     // 数据成员
     stringsource;      // 财政补助的来源
```

```
    doubleamount;        // 财政补助的数量

};  // 类声明结束
```

除了后面将描述的一些特殊的例子外，一般只把函数成员的原型放在类声明中。它们的定义通常被放在另一个称为**实现文件**的单独文件中，这个文件的名字和相应的头文件匹配，但是使用.cpp 扩展名代替.h 扩展名：ClassName.cpp。[①]在程序 1.4 给出了 FinancialAidAward 类的实现文件 FinancialAidAward.cpp。

这两个文件组成了一个库，称为类库，希望使用这个库中定义的类的程序被称为客户程序。这样一个程序必须使用一条编译器命令包含库的头文件，形式如下：

```
#include "ClassName.h"
```

例如，程序 1.2 中测试财政补助更新函数的程序使用

```
#include "FinancialAidAward.h"      //  FinancialAidAward类
```

来包含 FinancialAidAward 类的头文件。注意包含 FinancialAidAward 库头文件的方法

```
#include "FinancialAidAward.h"
```

和包含 iostream 库的方法

```
#include <iostream>
```

之间的区别。第二个用法里的尖括号(<和>)指示 C++的编译器这是一个标准库。作为对照，将库的头文件使用双引号括起来指示 C++的编译器这是一个程序员定义的库。

2．翻译库

翻译一个程序包括两个独立的步骤：

（1）**编译**，在这个步骤中源程序被翻译成等价的机器语言程序，称为目标程序，被存储在一个目标文件中。

（2）**链接**，在这个步骤中，任何对定义在某个库中的函数的调用被链接到它们的定义，创建了一个可执行程序，被存储在一个可执行文件中。因为一个程序员定义的库也必须被编译（如果它还没有被编译），因此对使用这个库的程序的翻译将需要 3 个独立的动作：

① 单独编译程序的源文件，创建一个目标文件。

② 单独编译库的实现文件，创建另一个目标文件（除非库的实现文件已经被编译过了）。

③ 将程序的目标文件中的函数调用链接到库的目标文件中这些函数的定义，创建一个可执行程序。

---

① 或其他一些和编辑器相关的后缀，如.cp 或.cc。

图 4.1 演示了这个过程。从库头文件到程序源文件和库实现文件的虚线箭头表示，因为被这些文件所包含，所以这个头文件也得到了编译。

这个多文件翻译是如何实际执行的取决于所使用的系统。在命令行环境中，例如 GNU C++，可以使用分开执行的命令来编译程序和每个还没有编译过的库，再使用另一个命令来将得到的目标文件链接到一起；例如，

```
g++ -c client.cpp
g++ -c ClassName.cpp
g++ client.o ClassName.o -o client
```

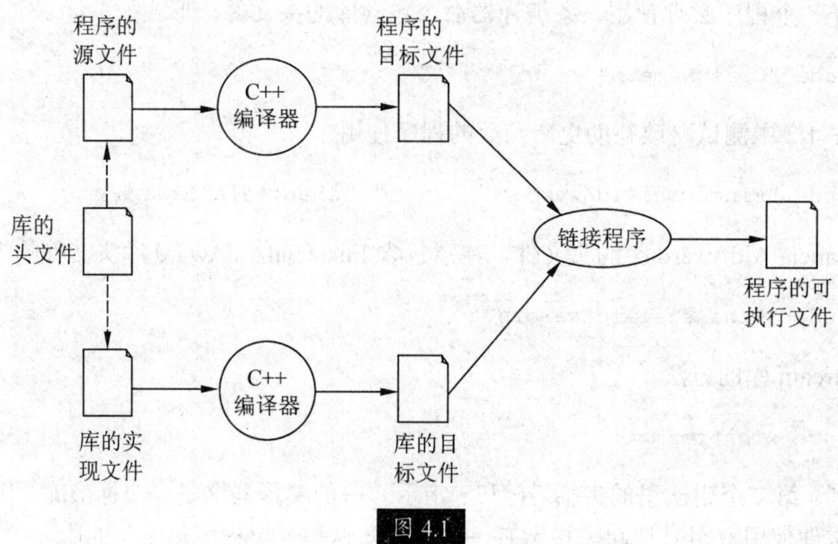

图 4.1

第一个命令编译程序 client.cpp（包括类库的头文件 ClassName.h）并产生一个目标文件 client.o。类似地，第二个命令编译实现文件 ClassName.cpp 并产生一个目标文件 ClassName.o。最后一个命令将这两个目标文件链接到一起并产生了一个二进制可执行程序 client（单独一条命令 g++ client.cpp ClassName.cpp –o client 将使得上面这三条命令都得到执行）。

在 Metrowerks CodeWarrior 和 Visual C++这样的集成环境中，多文件编译是由一个特殊的称为工程的文件来协调的。使用相应的菜单选项，可以创建一个工程，并将 client.cpp 和 ClassName.cpp 这样的源文件添加到工程中。当完成这些动作后，可以使用另一个菜单选项来自动编译这个工程中的每个文件，链接得到的目标文件为一个二进制可执行程序，接着运行得到的可执行程序。

3．对象

类的一个实例称为一个**对象**；即，一个对象的类型是某个类：

```
ClassName objectName;
```

（这就是面向对象编程中的“对象”。）例如，程序 1.2 中使用语句

```
const int NUMBER_OF_RECORDS = 3;
StudentAidRecord arr[NUMBER_OF_RECORDS];
```

声明了一个 StudentAidRecord 对象的数组 arr。

一个对象可以使用点运算符访问它的公有成员：

```
objectName.memberName
```

例如，在图 1.10 的 for 循环中

```
for (int i = 0; i < NUMBER_OF_RECORDS; i++)
{
    arr[i].display();
    cout << endl;
}
```

语句

```
arr[i].display();
```

发送一条消息给 StudentAidRecord 对象 arr[i]，令这个对象使用 display()函数成员来显示自己。

这总结了对类声明、类库、客户程序和对象的基本看法。接下来将非常详细地考察如何创建一个类，即一个 Time 类。

✔ 小测验4.2

1. 结构和类之间的基本区别是什么？
2. 和 C 结构不同，C++的结构和类能够同时包含________成员和________成员。
3. 什么是 I-can-do-it-myself 原则？
4. 类声明通常放在一个______文件中，它的名字形如 ClassName.h。
5. 类函数成员的定义通常放在一个_________文件中，它的名字形如 ClassName.cpp。
6. 翻译一个程序需要哪两个步骤？
7. 编译一个程序将创建一个_______程序，它被存储在一个________文件中。
8. 要创建一个可执行程序，一个程序中的函数调用必须被_______到这个函数的定义，而这在一个库中。
9. 类的一个特定实例称为一个_________。

4.3 例子：用户定义的 Time 类的第一个版本

在第 3 章开发的 Time 数据类型中，Time 的值由 4 个数据成员构成——hours、minutes、AmorPM 以及 milTime，对这些数据成员的处理是通过将它们在不同的函数之间传递来实现的——set()、display()、advance()以及 lessThan()。如 4.1 节中提到的，可以考虑如下的这种方法。对于一个数字手表，每当需要设置时间、显示时间、前进时间或者将它和另

一个时间比较时，将我们的数字手表包裹起来并将其送到制造厂商或者其他一些服务公司，由它们来处理手表，然后再将手表送回，它们可以按照要求来改变手表——设置或者前进或者返回一些值——显示在手表上的时间，或者对于 lessThan()的情况，返回一个 true 或 false 值来指出送到它们那里的两块手表之间比较的结果。

现在将使用 OOP 方法来更加逼真的建模这个数字式手表。在这种方法里，可以考虑发送消息给手表，这或许是通过按下按钮，并且要求手表自己执行不同的操作。为了强调这个 I-can-do-it-myself 原则，将给数据成员起形如 myThis 和 myThat 这样的名字，以提醒 Time 对象是在自身上进行操作。

我们将非常慢、非常系统化地学习类以及学习如何使用它们来定义新的数据类型，因为这可能是你第一次接触如何设计以及创建类。相应地，程序 4.1 中的类 Time 的第一个版本将刻意地保持简单，仅仅关注两个操作：set 和 display。

程序 4.1　Time 数据类型的接口——OOP 方法

```
/*-- Time.h ------------------------------------------------------------

这个头文件定义了用于处理时间的数据类型Time
基本的操作有：
   set:      设置时间
   display:  显示时间
-----------------------------------------------------------------------*/
#include <iostream>

class Time
{
public:
/******** 成员函数 ********/
 void set(unsigned hours, unsigned minutes, char am_pm);
 /*--------------------------------------------------------------------
   设置一个Time对象的数据成员为一个给定的值

   前置条件： 1 <= hours <=12, 0 <= minutes <= 59, am_pm为'A'或'P'.
   后置条件： 数据成员myHours, myMinutes和myAMorPM被分别
             设置为hours, minutes以及am_pm, myMilTime成
             员被设置为等价的军用格式时间
-----------------------------------------------------------------------*/

void display(ostream &out)  const;
/*---------------------------------------------------------------------
  使用输出流out显示标准格式以及军用格式的时间

  前置条件： ostream out已经被打开
  后置条件： 这个Time对象所表示的时间已经被插入ostream out
 ---------------------------------------------------------------------*/
```

```
private:
/********    数据成员    ********/
 unsigned myHours,
          myMinutes;
 char myAMorPM;          // 'A' or 'P'
 unsigned myMilTime;     // 等价的军用格式时间

}; // 类声明的结束
```

注意，在函数成员 display()头部末尾的关键词 const。这使得 display()是一个**常函数**，意味着它不能改变类中任何一个数据成员。任何这样的一个企图或任何有可能修改数据成员的动作（比如将数据成员发送给某个可能修改它的其他函数）将导致一个编译错误。当一个函数成员不改变类中任何一个数据成员时，在其原型中将它定义为一个常函数是个很好的习惯。

另外也注意，和 3.6 节中过程化编程例子中的 display()不同，Time 类的 display()函数成员具有一个引用形参，它的声明是 ostream & out。这允许使用带有不同 ostream 对象的 display()，例如：

```
mealTime.display(cout);
```

和

```
mealTime.display(cerr);
```

又因为类 ofstream 是从类 ostream 派生得到的（见 5.1 节），还可以使用带有 ofstream 对象的 display()将输出产生到文件中：

```
mealTime:display(outStream);
```

ostream 形参必须是一个引用形参，这样它就是相应 ostream 实参的一个别名。例如，当调用带有 cout 的 display()时，

```
mealTime.display(cout);
```

display()将输出插入到 cout 中，我们希望输出能够真正的进入 cout，这样就可以将输出显示在屏幕上。如果 out 是一个值参，那么它将是 cout 的一个副本，而不是 cout 的别名。

4.3.1　为什么不使所有成员都公有化

使数据成员私有化的主要原因使得类的用户不能访问它们，这就是**信息隐藏**。允许客户程序直接访问一个对象的数据成员会导致非法的值被存储到数据成员中。例如，myHours 中存储 123，myMinutes 中存储 99，以及 myAMorPM 中存储‘X’，这使 Time 对象表示一个非法的时间 123:99 X.M.。

信息隐藏的另一个原因在于，随着类被使用，有时很明显这个类需要通过修改某些数

据成员来进行更新，这可以是添加一些新数据成员，也可能删除某些已有成员。进行这些改变的可能的原因包括：

- 这个类可以更好的建模一些实际世界的对象。
- 操作可以更有效的执行。
- 操作可以更容易的实现。

如果允许客户程序直接访问数据成员，则这些程序就直接依赖于这些数据成员了。如果类的数据成员被修改了，那么这些程序也必须全部要被修改，这会造成以下后果：

- 增加改进时间。
- 增加程序员的付出。
- 降低程序员的生产力。
- 减少利润，因为：
  - 软件将推迟上市，从而有可能输给竞争对手。
  - 失去用户对软件可靠性的信心。

保持数据成员“隐藏”将迫使程序通过一个对象的公有函数成员来与这个对象交互，这样这些成员函数就提供了程序和类之间的**接口**。只要这些接口不改变，那么使用这个对象的程序就不需要改变。

信息隐藏的基本原则：通过将类的数据成员定义为私有的来隐藏数据成员。

4.3.2 实现一个类

如我们在4.2节提到的，类声明通常存放在一个头文件ClassName.h中，这里ClassName是类的名字，而这个类的函数成员的定义通常存放在相应的实现文件ClassName.cpp中。因为这些函数定义放在类声明的外面，而它们的原型放在类声明内部，又因为其他类也可能具有相同名字的函数成员，因此编译器必须知道这些定义属于哪个类。可以通过使用**域操作符::**将类名写在函数名的前面来实现。

```
ReturnType  ClassName::FunctionName(param_declaration_list)
{
   ...
}
```

这样得到的形如ClassName::functionName的名字被称为函数的**修饰名**或**全名**。

程序4.2给出了Time类的实现文件。[①]注意必须在这个文件中包含相应的头文件Time.h。另外还注意，类的实现文件中还可以包含其他非成员函数的定义。在这个例子中，有一个将标准格式时间转换为军用格式时间的工具函数。（还有一个将军用格式时间转换为标准格式时间的函数将在后面添加。）是否将这样的函数定义为类成员是一个设计决定。它

① 有两个函数定义包含条件表达式，形如

```
(condition ? expression1 : expression2)
```

如果condition为true，这个表达式的值为$expression_1$，如果condition为false，这个表达式的值为$expression_2$。

们总可以在以后被添加进来。

程序 4.2 Time 数据类型的实现——OOP 方法

```
/*-- Time.cpp ------------------------------------------------------------

Time.h中声明的Time类的函数成员的定义，以及在军用格式时间和标准格式时间之间进行转换的
工具函数的定义

-----------------------------------------------------------------------*/

#include <iostream>
using namespace std;

#include "Time.h"

/***  工具函数 -- 原型  ***/

int toMilitary(unsigned hours, unsigned minutes, char am_pm);

//-----  set函数的定义 -----

void Time::set(unsigned hours, unsigned minutes, char am_pm)
{
   // 检查类不变式
   if (hours >= 1 && hours <=12 &&
       minutes >=0 && minutes <=59 &&
       (am_pm == 'A' || am_pm == 'P'))
  {
    myHours = hours;
    myMinutes = minutes;
    myAMorPM = am_pm;
    myMilTime = toMilitary(hours, minutes, am_pm);
  }
   else
     cerr << "*** Can't set time with these values ***\n";
   // 对象的数据成员保持未被改变
}

//----- display函数的定义 -----
void Time::display(ostream & out) const
{
   out << myHours << ':'
       << (myMinutes < 10 ? "0" : " " ) << myMinutes
       << ' ' << myAMorPM << ".M.  ("
```

```
        << myMilTime << " mil. time)";
}

/*** 工具函数 -- 定义 ***/
int toMilitary(unsigned hours, unsigned minutes, char am_pm)
/ *-------------------------------------------------------------------
  将标准格式时间转换为军用格式时间

  前置条件:   hours, minutes, am_pm满足类不变式
  后置条件:   返回等价的军用格式时间
-----------------------------------------------------------------*/
{
  if(hours == 12)
    hours = 0;

    return hours * 100 + minutes + (am_pm == 'P' ? 1200 : 0);
}
```

要测试这个 Time 类的第一个版本，可以使用程序 4.3 所示的测试驱动程序。

程序 4.3　Time 数据类型的测试驱动程序

```
// 类Time的测试驱动程序

#include <iostream>
using namespace std;
#include "Time.h"

int main()
{
  Time mealTime;

  mealTime.set(5, 30, 'P');

  cout << "We'll be eating at ";
  mealTime.display(cout);
  cout << endl;

  cout << "\nNow trying to set time with illegal hours (13) " << endl;
  mealTime.set(13, 0, 'A');
  cout << "Now trying to set time with illegal minutes (60) " << endl;
  mealTime.set(5, 60, 'A');
  cout << "Now trying to set time with illegal AM/PM ('X') " << endl;
  mealTime.set(5, 30, 'X');
}
```

运行跟踪：

```
We'll be eating at 5:30 P.M. (1730 mil. time)

Now trying to set time with illegal hours (13)
*** Can't set time with these values ***
Now trying to set time with illegal minutes (60)
*** Can't set time with these values ***
Now trying to set time with illegal AM/PM ('X')
*** Can't set time with these values ***
```

再一次注意这和过程式方法的区别。我们并没有将对象 mealTime 传递给不同的程序以进行处理，而是给对象发送消息让对象自己执行操作。例如，要设置数字手表时间为 5:30 P.M.，并不是将表包起来寄往某个地方来进行设置；而是按下一个按钮。相似地，要显示时间，并不是将表包起来寄到某处让他们来告诉我们时间，而是让表自己显示时间，这可能是通过按下一个按钮来打开背光灯，从而可以看得见时间。

4.3.3 一些现象

- 因为成员函数是一个类对象的成员，所以它们可以在这个对象上操作而不需要把这个对象作为参数传递给它们。以另一种方式看待这点就是：
  - 一个成员函数隐含的接收将在其上操作的类对象，而不是通过参数显式地接收。然而对于非成员函数来说却不是这样的。
  - 所以如果一个非成员函数需要在一个对象上操作，它必须通过参数接收这个对象。

- 对于成员函数，通常将它们的原型放在类的声明文件里，而把它们的定义放在实现文件里；在实现文件里，函数名必须使用域操作符（::）来修饰。
- 如果一个成员函数很简单（比如少于 5 或 6 个操作），一些程序员会把它的定义（而不是它的原型）放在类声明中。这时，编译器将把它看作一个**内联**函数，这表示编译器将把对这个函数的每次调用都替换为这个函数的实际代码，此时将函数的每个形参都替换为相应的实参。[①]这样可以避免通常会有的函数调用开销（见 7.4 节），但是这也会干扰一个类的接口，并可能造成“代码膨胀。”

  在我们早期给出的例子中，不会强调函数的内联，并会将所有的函数定义都放在类的实现文件中。

- 一个**类不变式**应该被规格化并加以测试以保证数据成员总是包含合法的值。无论何时，如果一个操作改变了任何一个数据成员，它应该确定类的不变式仍然保持。这表示向其他的成员函数保证了每个数据成员的合法性，从而不需要这些成员函数自己来进行检查。例如，对于类 Time，其不变式为：

---

① 另一种将函数成员实现为内联函数的方法是在头文件中将函数成员的定义放在类声明的下面，如通常一样修饰它的名字，但是在函数头部的前面加上修饰符 inline。

```
(1 ≤ myHours ≤ 12) and ( 0 ≤ myMinutes ≤ 59) and
(myAMorPM的值为'A'或'P')
```

在 set()中，检测实参以保证函数执行后这个不变式仍然为真：

```
if (hours >=1 && hours <=12 &&
    minutes >=0 && minutes <=59 &&
    (am_pm == 'A' || am_pm == 'P'))
{
   myHours = hours;
   myMinutes = minutes;
   myAMorPM = am_pm;
   myMilTime = toMilitary(hours, minutes, am_pm);
}
else
   cerr << "*** Can't set time with these values ***\n";
```

测试类不变式的另一种方法是使用 assert()机制（来自<cassert>）：

```
#include <cassert>
//----- 实现set操作的函数 -----
void Time::set(unsigned hours, unsigned minutes, char am_pm)
{
   assert(hours >=1 && hours <=12 &&
          minutes >=0 && minutes <=59 &&
          (am_pm == 'A' || am_pm == 'P'));
          myHours = hours;
          myMinutes = minutes;
          myAMorPM = am_pm;
          myMilTime = toMilitary(hours, minutes, am_pm);
}
```

不过，由 assert()产生的出错消息对用户来说可能并不清晰。这样，尽管在调试期间这是很方便的，但是在函数定义的正确性已经被验证以后，最好还是将 assert()机制替换为前面描述过的 if-else 语句。

对于不应该改变类中任何一个数据成员的函数成员，应该将其原型放在类声明中并定义为一个常函数。如果这个函数试图改变这个类的任何一个数据成员或将数据成员置于可能被修改的危险境地，将导致一个编译器错误。

4.4 类构造函数

创建一个对象包括：

（1）为对象分配存储。

（2）初始化对象。

在例子里，定义

```
Time mealTime;
```

将为 Time 对象 mealTime 分配存储空间，但是由于没有为这些数据成员规定默认值，所以只能假设这些数据成员包含的都是“垃圾”值。例如，myHours 可能包含值–17834，myMinutes 可能包含值–99，myAMorPM 可能包含值 “#”，而 myMilTime 可能包含值 91903。

mealTime

myHours	–17834
myMinutes	–99
myAMorPM	#
myMilTime	91903

缺少初始化是造成错误的通常原因之一。例如，如果忘记使用 set()操作初始化 Time 对象 mealTime，那么以后所使用的可能是一个包含类似于前面数据成员中那样垃圾值的非法 Time 对象。

如果程序员能够知道每一个 Time 对象将以什么值来初始化那就好了。这可以是以下任一情况：

- 在 Time 对象的声明中规定的初始化值。
- 没有给定初始化值时，那么使用规定的默认值。

这可以通过使用被称为**构造函数**的函数成员来实现，它具有以下属性：

（1）它们主要的角色（到目前为止）是初始化对象的数据成员（或者是使用默认值或者是使用实参提供的值）。

（2）它们的名字总是和类名一样。

（3）它们是公有函数成员。

（4）它们不返回值；它们没有返回类型（甚至不是 void）。它们常常都非常简单，可以定义为内联函数。

（5）无论何时，当一个对象被定义时，一个构造函数就被调用。

（6）如果在一个类中没有给出构造函数，仍然会为一个对象的每个数据成员分配存储空间。

因为初始化的重要性，在创建一个类时，应该编写的第一个函数就是构造函数。尽管在描述 Time 类时偏离了这个原则，但是为了演示在没有构造函数时会发生些什么，从现在起，我们将遵循这个方针。

我们将为 Time 类添加两个构造函数：一个没有实参的**默认构造函数**，将一个 Time 对象初始化为选定的默认值（午夜 12:00），以及一个具有实参的**显式值构造函数**，使用实参的值来初始化数据成员。程序 4.4 给出了这些构造函数。（参见本书 Web 站点的源文件 chap4/程序 4.5～程序 4.9，以获取完整版本的 Time.h 和 Time.cpp，以及一个测试驱动程序。）

程序 4.4　Time 数据类型的类构造函数

```
/*-- Time.h ---------------------------------------------------------------

  这个头文件定义了处理时间的Time数据类型
  基本操作包括：
    默认构造函数 - 初始化对象为12:00 AM
    显式值构造函数
    set:         设置时间
    display:     显示时间
-------------------------------------------------------------------------*/

#include <iostream>

class Time
{
 public:
 /********  成员函数 ********/

   /***** 类构造函数 *****/
   Time();
   / * -----------------------------------------------------------------------
      创建一个类对象（默认的）

      前置条件：  无
      后置条件：  这个Time对象被初始化为12:00 A.M.;
                  也就是说，myHours, myMinutes和myAMorPM成员分别被初始化
                  为12, 0, 'A'，而myMilTime被初始化为0
-------------------------------------------------------------------------*/

Time(unsigned initHours, unsigned initMinutes, char initAMPM);
/ * ---------------------------------------------------------------------------
创建一个类对象（显式值）

前置条件：initHours, initMinutes和initAMPM是数据成员的初始值；它们
          必须保持类不变式
后置条件：数据成员myHours, myMinutes和myAMorPM分别被初始化为
          initHours, initMinutes以及initAMPM，而myMilTime被初始化为相应
          的军用格式时间
-------------------------------------------------------------------------*/

/***** 其他函数成员 *****/
//----- set(), display()的原型
```

```
private:
/**********  数据成员 **********/
    unsigned myHours,
             myMinutes;
    char     myAMorPM;          // 'A' 或 'P'
    unsigned myMilTime;         // 等价的军用格式时间

}; // 类声明结束


/*-- Time.cpp ----------------------------------------------------------
    这个文件包括Time类函数成员的实现
-----------------------------------------------------------------------*/

#include "Time.h"

/*** 工具函数 --- 原型 ***/
int toMilitary(unsigned hours, unsigned minutes, char am_pm);

// ----- 默认构造函数的定义
Time::Time()
: myHours(12), myMinutes(0), myAMorPM('A'), myMilTime(0)
{
}

//----- 显式值构造函数的定义 -----

Time::Time(unsigned initHours, unsigned initMinutes, char initAMPM)
{
    // 检查类不变式
    if (initHours >=1 && initHours <=12 &&
        initMinutes >=0 && initMinutes <= 59 &&
        (initAMPM == 'A' || initAMPM == 'P'));
    {
        myHours = initHours;
        myMinutes = initMinutes;
        myAMorPM = initAMPM;
        myMilTime = toMilitary(initHours, initMinutes, initAMPM);
    }
    else
        cerr << "*** Invalid initial values ***\n";
```

```
}

//----- set(), display(), toMilitary()的定义
```

1．定义构造函数

类构造函数的定义具有如下形式：

> **构造函数定义**
>
> **形式：**
>
> ```
> ClassName::ClassName(parameter_list)
> : member_initializer_list
> {
>     // 构造函数定义的函数体
> }
> ```
>
> 其中
>
> member_initializer_list 是跟在冒号后面的一个列表（可以为空），包含着由逗号分隔的如下形式的**成员初始值设定项**。
>
> ```
> dataMember(argument_list)
> ```
>
> 这个列表可以和函数头部在同一行上。
>
> **结果：**
>
> 当类的构造函数被调用时，每个成员初始值设定项被用来将命名的数据成员初始化为 argument_list 中的值，如果这个成员本身又是对象，就又会调用它自己的构造函数。这些初始值设定项被按照在类中定义的次序依次被调用，而不是按照它们在初始值设定项列表中顺序调用；为了避免混淆，这两者应该保持一致。在成员初始化完毕以后，构造函数的函数体被执行。

首先考察 Time 类的默认构造函数。当它被调用时，实参 12、0、‘A’和 0 被用来分别初始化数据成员 myHours、myMinutes、myAMorPM 以及 myMilTime。因为没有什么其他事情需要构造函数来做，所以函数体为空。

我们可以省略一些或全部的成员初始值设定项（如果所有成员初始值设定项都被省略，那么前面的冒号也被省略）并在函数体中使用赋值语句来进行初始化。例如，可以为默认构造函数编写定义如下：

```
Time::Time()
{
    myHours = 12;
    myMinutes = 0;
    myAMorPM = 'A';
```

```
    myMilTime = 0;
}
```

不过，程序 4.4 中使用的形式被推荐使用，因为这种方式更有效，并且在某些情况下，成员初始值设定项提供了初始化数据成员的唯一途径。①在 Time 类的显式值构造函数中没有使用成员初始值设定项列表，因为需要检查发送给这个函数的值，以在使用它们来初始化数据成员之前，保证它们不违反类不变式。

要测试构造函数，可以在测试驱动程序中使用下面的定义:

```
Time mealTime,
     bedTime(11,30,'P');
```

因为没有实参传递给构造函数，所以第一个定义使用默认构造函数创建了 mealTime。mealTime 被分配了相应的存储空间，它的数据成员也相应的被初始化为 12、0、'A' 以及 0。第二个定义使用显式值构造函数创建了 bedTime。bedTime 被分配了相应的内存，实参 11、30、'P' 以及 2330 被用来初始化它的数据成员 myHours、myMinutes、myAMorPM 和 myMilTime 分别为 11，30，'P' 和 2330，如图 4.2 所示。

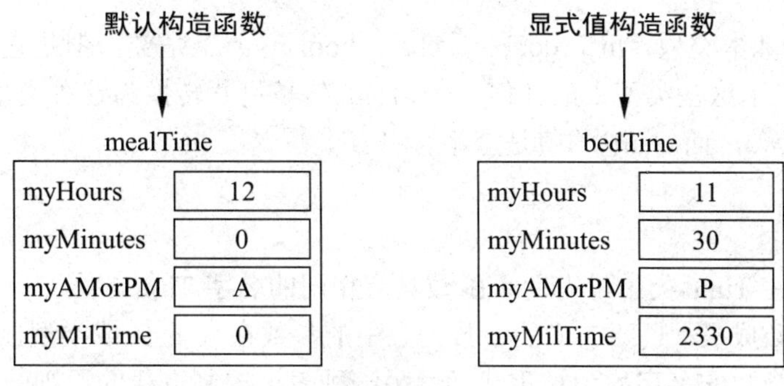

图 4.2

语句

```
mealTime.display(cout);
cout << endl;
bedtime.display(cout);
cout << endl;
```

的执行将产生结果:

```
12:00   A.M.   (0 mil. time)
11:30   P.M.   (2330 mil. time)
```

如果没有为一个类提供构造函数，那么编译器将产生一个默认的构造函数，这个构造函数简单地为数据成员分配内存（如果数据成员是对象，还将调用它们的默认构造函数)。如果为一个类提供了一个构造函数，那么还必须提供一个默认的构造函数，因为此时编译

① 例如，参见《C++ 程序设计语言》第三版 10.4.6.1 节，此书由 Bjarne Stroustrup 编著(Boston, MA:Addison Wesley, 1997)。

器不会再提供默认的构造函数了。没有默认的构造器，如下形式的声明：

```
ClassName   object_name;
```

是不允许的。

还可以使用构造表示直接调用构造函数：

```
ClassName(arguments)
```

例如，语句

```
Time().display(cout);
cout << endl;
Time(1, 2, 'A').display(cout);
cout << endl;
```

将产生输出

```
12:00 A.M.  (0 mil. time)
1:02 A.M.  (102 mil. time)
```

尽管 C++的基本类型（int，double，char，bool 等）不是类，但是它们也有默认的构造函数。如果 T 表示这些类型中的任何一个，T()的值是将 0 转换为这种类型所得到的结果。例如，int()的值是 0，而 char()的值是空字符‘\0’。

2．重载函数

注意一下，在 Time 类中，有两个函数具有相同的名字 Time。在 C++中，不论是普通函数还是类的函数成员，只要它们的参数列表中的参数在数量上/或类型上不同，这是被允许的。这样一个函数的名字称为被重载了。另一种表达控制重载的原则的方法是根据函数的**特性**，即函数形参类型的列表：

如果没有两个函数的定义具有相同的特性，那么可以重载一个函数的名字。

不过记住，函数头部规定的返回类型或 void 修饰符不是函数特性的组成部分，这表示不允许两个函数具有同样的名字和同样的形参类型，而仅仅是返回类型不同。

当一个 Time()这样的重载函数被调用时，由编译器决定使用哪一个重载函数。编译器完成这个任务的方法是通过将实参的类型和重载函数系列中每个函数的特性比较，直到找到一个匹配的函数。例如，函数调用 Time(1, 2, ‘A’)具有特性 int, int ,char，所以编译器将这个函数调用与显式值构造函数关联起来；函数调用 Time()具有空的特性，所以编译器将它与默认的构造函数关联起来。

3．默认实参

C++允许使用**默认的实参**来为没有相应实参的形参提供参数值。形参的这些默认值通过使用赋值运算符来规定：

```
(…, parameter = default_value, …)
```

关于默认值需要记住的重要两点：

- 具有默认实参的形参必须是形参列表中最后的一些形参；即，它们必须在所有没有默认实参的形参之后出现。
- 不能在函数的原型和定义中都规定默认值，通常在函数原型中给出默认值。

不过，在使用默认实参时必须非常小心，因为这很容易导致一个程序缺陷。如果你不小心在程序中遗漏了一个实参，程序将可以被编译和执行，但会产生不正确的结果。

默认实参机制提供了另一种方式，使得 Time 类不需要具有两个不同的构造函数。可以将它们替换为单独一个使用默认实参的构造函数。在构造函数的原型中规定这些默认值，这样任何包含 Time.h 的客户程序都可以使用它们：

```
Time(unsigned initHours = 12, unsigned initMinutes = 0, Char initAMPM = 'A');
 /* -------------------------------------------------------------------------
   创建一个类对象

   前置条件：initHours，initMinutes，以及initAMPM 是数据成员的
             初始值；它们必须保持类不变式。它们分别具有默认值12，
             0和'A'
   后置条件：数据成员myHours，myMinutes和myAMorPM分别
             被初始化为initHours，initMinutes和initAMPM，或它们
             的默认值，而MilTime 被初始化为相应的军用格式时间
---------------------------------------------------------------------------*/
```

这个版本的 Time 构造函数实际上等价于提供了 4 个不同的构造函数，分别对应于所使用的默认实参的不同组合。例如，声明

```
Time   t1, t2(5), t3(5,30), t4(5,30,'P');
```

将创建 4 个 Time 对象：t1 的初始化是通过使用所有 3 个默认实参（12,0,以及‘A’）初始化它的数据成员 myHours、myMinutes 以及 myAMorPM 来完成的；t2 的初始化是通过使用提供的值（5）来初始化 myHours，而用后两个默认实参（0 和‘A’）来初始化 myMinutes 和 myAMorPM 完成的；对于 t3，提供的值（5 和 30）被用来初始化成员 myHours 和 myMinutes，而使用最后一个默认实参('A')来初始化 myAMorPM；t4 仅使用提供的实参值（5, 30,‘P’）来初始化 myHours、myMinutes 和 myAMorPM，如图 4.3 所示。

t1		t2		t3		t4	
myHours	12	myHours	5	myHours	5	myHours	5
myMinutes	0	myMinutes	0	myMinutes	30	myMinutes	30
myAMorPM	A	myAMorPM	A	myAMorPM	A	myAMorPM	P
myMilTim	0	myMilTim	500	myMilTim	530	myMilTim	1730

图 4.3

4.5 其他类操作

除了前两节中已经描述过的 Time 对象的操作外，还有其他一些通常会添加到类中的操作。包括如下几个：

- 复制操作：初始化和赋值。
- 访问函数和更动函数。
- 输入和输出操作。
- 关系操作：例如<、==以及>。

典型地对于每个被创建的特定的类还有其他的操作，本节将描述 Time 类的这些操作。

4.5.1 复制操作——初始化和赋值

对于所有的类来说都提供了两个默认的复制操作：

（1）初始化时的复制。

（2）赋值时的复制。

每一个操作都通过逐个数据成员复制的方式来创建这个对象的复制——即，通过复制每个成员。（在这种方式不合适的情况下，可以为第一种复制定义一个复制构造函数，以及为第二种复制定义一个重载赋值运算符。复制构造函数和赋值运算符将在 6.3 节中更加详细的描述。）

为了演示这些复制操作，假设 midnight 和 bedTime 是如下定义的 Time 对象：

```
Time midnight,
     bedTime(11, 30, 'P');
```

如我们所知道的，默认构造函数将创建一个表示 12:00 A.M.的 midnight 对象，而显式值构造函数将创建一个表示 11:30 P.M.的 bedTime 对象，如图 4.4 所示。

midnight	
myHours	12
myMinutes	0
myAMorPM	A
myMilTime	0

bedTime	
myHours	11
myMinutes	30
myAMorPM	P
myMilTime	2330

图 4.4

接着

```
Time  t  = bedTime;
```

是一个 Time 对象 t 的合法定义，就和

```
Time  t(bedTime);
```

一样。这两个定义都为 t 分配了存储，然后将 bedTime 的成员复制到这些存储位置中去，从而初始化 t 为 bedTime 的一个复制，如图 4.5 所示。

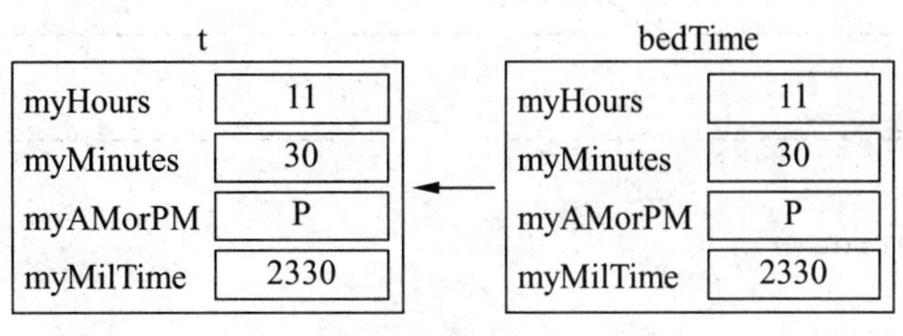

图 4.5

相同的初始化也可以由

```
Time  t = Time(11,30, 'P');
```

得到，这里使用了显式值构造函数来创建一个（临时的）Time 对象，然后将其复制到 t。

尽管前面的复制操作看起来像是赋值，但实际上不是的——一个默认的复制构造器函数被调用来执行初始化的工作。不过，C++中也确实为赋值提供了一个默认的逐个成员复制操作。例如，赋值语句

```
t = midnight;
```

将把 midnight 的成员复制到 t 中，替换掉存储在 t 成员中的先前的值，如图 4.6 所示。

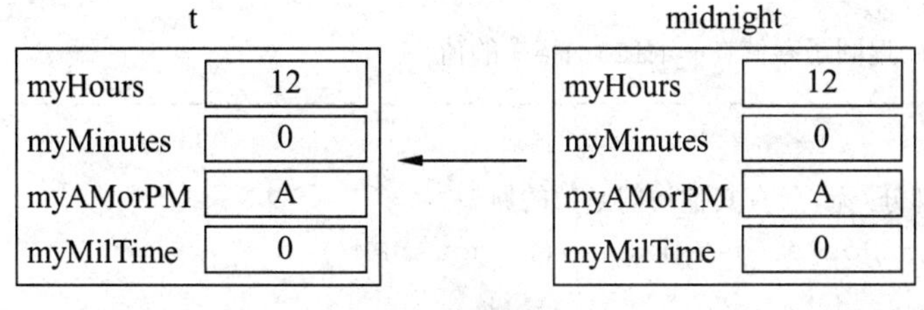

图 4.6

4.5.2 访问函数和更动函数

因为类的数据成员（通常）是私有的，所以它们只能被成员（以及友元）函数访问。然而，使得存放在部分成员或所有这些成员中的值能够被广泛的经常访问是非常必要的。为此，可以提供**访问函数**方法（也被称为 extractor 或 retriever）。它们仅仅被用来提取存储在数据成员中的值；但是它们不能改变这些数据成员的值。只有 4.3 节中描述的 Time()类的 set()操作这样的**更动函数**（也为称为 modifier）可以修改数据成员。

要说明这一点，假设希望客户程序能提取存储在一个 Time 对象的数据成员中的值。我们将只对 myMilTime 成员实现这一点；对其他成员的实现在本质上也是一样的。因为这个函数不改变类的任何数据成员，所以它应该是一个常函数。程序 4.5 给出了这个访问函数 getMilitaryTime()。（参见本书 Web 站点的源文件 chap4/程序 4.4～程序 4.9，以获取完整

版本的 Time.h 和 Time.cpp，以及一个测试驱动程序。）

程序 4.5　Time 数据类型的访问函数

```
/*-- Time.h ------------------------------------------------------------
   ...
----------------------------------------------------------------------*/

#include <iostream>

class  Time
{
 public:
 /********  函数成员 ********/
  ...

  /***** 类构造函数 *****/
  //----- 这里放置构造函数的原型

  /*****  访问函数 *****/
  unsigned getMilitaryTime() const;
  / *------------------------------------------------------------------
    提取存储在myMilTime数据成员中的值

    前置条件：无
    后置条件：返回了存储在myMilTime中的值
  -------------------------------------------------------------------*/

  //----- 部分/无/所有其他访问函数的原型
  //----- getHours，getMinutes()，getAMPM()

  /***** 其他函数成员 *****/
  //----- set()，display()的原型

private:
/********  数据成员  ********/
  unsigned myHours,
           myMinutes;
  char myAMorPM;              // 'A'或'P'
  unsigned myMilTime;         // 等价的军用格式时间

};  // 类声明结束

/*-- Time.cpp ----------------------------------------------------------
```

```
    ...
-------------------------------------------------------------------*/

#include "Time.h"

/*** 工具函数 --- 原型 ***/
int toMilitary(unsigned hours, unsigned minutes, char am_pm);

// ----- 默认构造函数的定义
// ----- 显式值构造函数的定义

//----- getMilitaryTime()的定义
unsigned Time::getMilitaryTime() const
{
   return myMilTime;
}

// ----- 其他访问函数的定义
// ----- set(), display(), toMilitary()的定义
```

4.5.3 重载运算符

在创建类时 C++提供的一个非常有用的特性是运算符重载，这表示，对于函数来说，同一个运算符符号可以以多种方式来使用。我们已经看到并使用这种特性好几次了；例如，如果 a 和 b 是 int 型的，那么 a + b 将使用整数加法；如果 a 和 b 是 double 型的，那么 a + b 将使用实数加法；如果 a 和 b 是 complex 类型的，那么 a + b 将使用复数加法；如果 a 和 b 是 string 类型的，那么 a + b 将使用字符串连接。很明显已经为这些不同的 C++类型重载了运算符＋。

除了少数几个运算符例外，我们可以为程序员定义的类型重载任何一个 C++运算符Δ，这是通过定义一个名为 operatorΔ()的函数，并且这个函数的特性与已经存在的任何一个 operatorΔ()不同来实现的。[①]

运算符	函数
Δ	运算符Δ()

如果这个函数被定义为类 C 的一个函数成员，那么编译器将把如下形式的表达式

a Δ b

看作对这个函数成员的一个调用，这里 a 是 C 类型的，并且第二个操作数（b）是它的唯一（显式的）一个实参：

① 只有运算符::、. 和. *不能够被重载。另外，运算符的元数（即操作数的个数）不能被改变；例如，/和＝这样的二元运算符不能被修改成一元运算符。

a.operatorΔ(b)

不过，如果形如 operator△()的运算符函数不是一个成员函数，那么形如

a Δ b

的表达式将被编译器看作一个函数调用

operatorΔ(a,b)

4.5.4 重载输入/输出运算符

1. 输出

最先添加到类中的函数之一就是一个输出函数，这样就可以在创建这个类的过程中进行调试工作。在 Time 类的第一个版本中，使用了一个函数成员 display()来输出 Time 对象。例如，要将 Time 对象 mealTime 输出到屏幕，向它发送一个消息来指示它使用 cout 来显示自己：

```
mealTime.display(cout);
```

不过，更加方便的方法是为 Time 对象重载输出运算符<<，这样，类似

```
cout << "We'll be eating at " << mealTime << endl;
```

的语句就可以用来代替发送一个 display()消息：

```
cout << "We'll be eating at ";
mealTime.display(cout);
cout << endl;
```

而不需要中断<<运算符的链式使用。可以通过为 Time 类重载函数 operator<<()实现这一点。

不过，我们必须决定这个函数应该是一个类成员还是一个普通（非成员）函数。如果 opeartor<<()是一个成员函数，那么如我们所看到的，如下的一个输出语句：

```
cout << mealtime;
```

将被编译器处理为发送一条消息到 cout，

```
cout.operator<<(mealTime);
```

这表示 operator<<()必须是类 ostream 的一个成员，而不是类 Time 的一个成员。然而，即使能够将这个新函数添加到标准类 ostream 中，仍然不希望破坏标准的<iostream>库。

因此，operator<<()必然是一个普通函数，这表示如下的输出语句：

```
cout << mealTime;
```

将被编译器看作函数调用

```
operator<<(cout,mealTime);
```

这样，operator<<()必须具有两个形参，第一个是 ostream 类型的，而第二个是 Time 类型的。

因此，为了重载 Time 类的输出运算符<<，需要定义一个如下形式的函数：

```
ReturnType operator<<(ostream_parameter, Time_parameter)
{
}
```

如本节前面部分对 display()函数成员的描述，ostream 形参必须是一个引用形参，这样它将是相应的 ostream 实参的一个别名；并且和通常对类对象一样，将为第二个形参使用一个常引用形参。这省去了创建对象副本的开销，而使它成为一个常形参也可以保护相应的实参。由此，我们的函数变成了

```
ReturnType operator<<(ostream & out, const Time & t)
{
}
```

下一个要解决的问题是函数的返回值类型是什么。可以简单地使这个函数成为一个 void 函数如下：

```
void operator<<(ostream & out, const Time & t)
{
    t.display(out);
}
```

这种实现的唯一问题是一个输出语句将只能输出一个 Time 对象，并且这个 Time 对象必须是输出的最后一个对象。例如：

```
cout << "We eat at " << mealTime;
```

没有问题，但是

```
cout << "We eat at " << mealTime << endl;
```

就不行了。

要弄清造成这种情况的原因，考虑如下的一个通用链式输出表达式

```
cout << x << y
```

因为<<是左结合的（即它被从左到右的应用到链式表达式），所以上式等价于

```
(cout << x) << y
```

这样子表达式 cout << x 将首先被求值，如我们已经知道的，这可以通过一个对函数 operator<<()的调用来完成：

```
(operator<<(cout,x)) << y
```

当这个函数调用完成以后，我们希望链式输出表达式变成

```
cout << y
```

这表示第一个函数调用必须返回一个 ostream 而且必须是 cout；也就是说，它必须返回和第一个形参(out)相关联的 ostream 实参(cout)。可以通过如下几步完成：[①]

- 使函数的返回类型为 ostream &。
- 令函数返回它的第一个形参(out)。

out 的一个别名将被返回，又因为 out 是 cout 的一个别名（因为它是一个引用形参），所以函数 operator()将真正的产生输出到 cout，并且将返回这个修改过的 ostream。

这样新的 Time 类型的输出函数将变为：

```
ostream & operator<<(ostream & out, const Time & t)
{
    t.display(out);
    return out;
}
```

2．输入

要给 Time 类添加一个输入运算符，可以在很大程度上和输出一样进行处理：

（1）添加一个函数成员 read()来读取值，检查这些值是否符合类不变式，如果这些值合法，还将这些值存储到一个 Time 对象的数据成员中。

（2）从一个非成员函数 operator>>()调用 read()，这个函数和 operator<<()很类似：

```
istream & operator>>(istream & in, Time & t)
{
    t.read(in);
    return in;
}
```

注意 t 是一个引用形参，这使得 t 是相应实参（一个变量）的一个别名，所以读取值到 t 中实际上就是将值存储到这个变量中。但这显然不能是一个常引用形参，因为当为它输入值时，将会改变这个变量。

WWW 程序 4.6 给出了重载的 operator<<()和 operator>>()函数。注意在 Time.h 中它们的原型是在类声明外面的，因为它们不是成员函数。另外，因为这同一个原因，在 Time.cpp 中它们定义里的函数名都没有使用 Time::修饰。（参见本书 Web 站点的源文件 chap4/程序 4.4～程序 4.9，以获取完整版本的 Time.h 和 Time.cpp，以及一个测试驱动程序。）

① 如果一个函数的返回类型是 T 并且返回了一个 T 型的值 v，那么实际上它返回的是 v 的一个副本。令返回类型为 T &，则可以使函数返回 v 的一个引用（也就是 v 的一个别名），这样两者其实指的是同一个 T 型的值。

程序 4.6　Time 数据类型的输入和输出运算符

```
/*-- Time.h ----------------------------------------------------------------
   ...
------------------------------------------------------------------------*/

#include <iostream>

class  Time
{
public:
/********  函数成员 ********/
     ...

   /***** 类构造函数 *****/
   //----- 这里放置构造函数的原型

   /*****  访问函数 *****/
   //----- 这里放置访问函数的原型

   /***** 输入/输出 *****/
   void display(ostream & out) const;
   / *--------------------------------------------------------------------
     使用输出流out显示标准格式时间和军用格式时间

     前置条件:    ostream out已经被打开
     后置条件:    这个Time对象代表的时间被插入到ostream out中
   ---------------------------------------------------------------------*/

   void read(istream & in) ;
   / *--------------------------------------------------------------------
    从输入流in中读取一个时间值

    前置条件: istream in已经被打开; 从in中获取的输入的形式为
              hh:mm xM; 值hh, mm, 以及x满足类不变式
    后置条件: 输入值被从in中移除, 并被存储到对象的数据成员中
   ---------------------------------------------------------------------*/

   /***** 其他函数成员 *****/
   //----- set()的原型

private:
/********  数据成员  ********/.
```

```
   unsigned myHours,
            myMinutes;
   char myAMorPM;                   // 'A'或'P'
   unsigned myMilTime;              // 等价的军用格式时间

}; // 类声明结束

/***** 运算符<<和>> *****/
ostream & operator<<(ostream & out, const Time & t);
/ *----------------------------------------------------------------------
   重载的输出运算符

   前置条件： ostream out已经被打开
   后置条件： 这个Time对象代表的时间被插入到ostream out中
            （通过display()）；out的引用被返回
----------------------------------------------------------------------*/

istream & operator>>(istream & in, Time & t);
/ *----------------------------------------------------------------------
   重载的输入运算符

   前置条件： istream in已经被打开；从in中获取的输入的形式为
            hh:mm xM；值hh，mm，以及x满足类不变式
   后置条件： 输入值被从in中提取（通过read()），并被存储到这个
            Time对象的数据成员中；in的引用被返回
----------------------------------------------------------------------*/



/*-- Time.cpp ----------------------------------------------------------
    这个文件包含Time类函数成员的实现
----------------------------------------------------------------------*/

#include "Time.h"

/*** 工具函数 --- 原型 ***/
int toMilitary(unsigned hours, unsigned minutes, char am_pm);

// ----- 默认构造函数的定义
// ----- 显式值构造函数的定义
// ----- 访问函数和set()的定义
```

```
//-----  display函数的定义 -----

void Time::display(ostream & out) const
{
  out << myHours << ':'
      << (myMinutes < 10 ? "0" : "") << myMinutes
      << ' ' << myAMorPM << ".M.  ("
      << myMilTime << " mil. time)";
}

//-----  read函数的定义 -----

void Time::read(istream & in)
{
  unsigned hours,      //  存放来自in的值的局部变量
           minutes;    //  这样在将这些值存入数据成员之前
  char     am_pm,      //  可以根据类不变式检查这些值
           ch;         //  吃掉输入中的': '和'M'

  in >> hours >> ch >> minutes >> am_pm >> ch;

  // 检查是否满足类不变式
  if (hours >= 1 && hours <= 12 &&
       minutes >= 0 && minutes <= 59 &&
      (am_pm == 'A' || am_pm == 'P'))
  {
      myHours = hours;
      myMinutes = minutes;
      myAMorPM = am_pm;
      myMilTime = toMilitary(hours, minutes, am_pm);
    }
  else
    cerr << "*** Invalid input for Time object ***\n";
}

//----- operator<<()的定义

ostream & operator<<(ostream & out, const Time & t)
{
  t.display(out);
  return out;
}

//----- operator>>()的定义
```

```
istream & operator>>(istream & in, Time & t)
{
  t.read(in);
  return in;
}

// ----- toMilitary()的定义
```

3．友元函数

通过Time类的输入和输出运算符进行的Time对象的输入和输出实际上是依靠read()和display()这些辅助函数的帮助来实现的；operator<<()简单地发送一条消息给Time对象，使Time对象利用dispplay()输出自身到一个给定的ostream，而operator>>()发送一条消息给Time对象，使Time对象利用read()从给定的istream中为自己输入一个值。尽管需要两个函数——一个成员函数和一个调用它的非成员函数，这种方法仍然为大多数程序员所采用，并且也是鼓励你使用的一种方法。

然而，一些程序员使用另一种方法，这种方法消除了成员函数（read()和display()）而仅使用operator>>()和operator<<()。对这种方法进行了描述，使得当你看到它在代码中的应用时，能够很好得理解，但是并不推荐这种方法，因为它违反了面向对象编程的信息隐藏原则。

如我们知道的，operator<<()和operator>>()不能是Time类的成员函数，这意味着如果没有特别的许可，它们是不能访问一个Time对象的数据成员的。C++提供了一种机制，使得非成员函数能够打破围绕并保护着类数据成员的隐私之墙。

将一个非成员函数的函数原型放置在一个类的类声明中，并在前面冠以关键字friend，将使得这个函数成为这个类的一个友元函数，从而能够访问这个类的私有部分的成员。

将使用输出运算符说明这一点。假设将声明

```
friend ostream & operator<<(ostream & out, const Time & t);
```

放在Time类的声明中。接着给出如下一个新的operator<<()的定义，这很容易从display()修改得到：

```
ostream & operator<<(ostream & out, const Time & t);
{
     out << t.myHours << ':'
         << (t.myMinutes < 10 ? "0" : "") << t.myMinutes
         << ' ' << t.myAMorPM << ".M. ("
         << t.myMilTime << " mil. time)";

     return out;
```

```
}
```

注意：由于友元函数并不是成员函数，因此它具有如下的属性：

- 它的定义不需要使用类名和域运算符（::）进行修饰。
- 它以形参的方式接收将在其上进行操作的类对象。
- 它使用点运算符访问数据成员。

4.5.5 其他操作：前进和关系操作

我们的 Time 类还必须执行另外两个操作：根据给定的小时和分钟数前进一个 Time 对象，以及比较两个 Time 对象以决定是否一个小于另外一个。现在考虑如何实现这些操作。

1．前进操作

前进操作根据给定的小时和分钟数递增时间。现在必须决定实现这个操作的 advance() 函数是否应该是一个成员函数。为了帮助做出这个决定，从两个不同的角度考虑这个问题是很有用的：

从内部考虑：接收小时数和分钟数，并且通过将小时数加到 myHours 上以及将分钟数加到 myMinutes 上来前进自己。

从外部考虑：一个 Time 对象，小时数和分钟数被发送给一个函数，这个函数通过将小时数加到这个 Time 对象的小时上以及将分钟数加到 Time 对象的分钟上来前进这个 Time 对象所表示的时间。

从内部的角度考虑看起来更自然一些，因为这个操作必须实际地更改对象的某些数据成员。程序 4.7 中描述的函数成员 advance()实现了这个操作。（参见本书 Web 站点的源文件 chap4/程序 4.4～程序 4.9，以获取完整版本的 Time.h 和 Time.cpp，以及一个测试驱动程序。）

程序 4.7 Time 数据类型的前进操作

```
将以下函数声明添加到Time.h中类声明的公有部分：
/***** 前进操作 *****/
void advance(unsigned hours, unsigned minutes);
/ *---------------------------------------------------------------------
   根据给定的值递增一个Time对象

   前置条件：hours是将要增加的小时数，而minutes是将要增加的分钟数
   后置条件：这个Time对象所代表的时间被递增了这么多小时数和分钟数
---------------------------------------------------------------------*/

将工具函数toStandard()的原型和定义以及下面的advance()定义添加到 Time.cpp中：

/*** 工具函数-原型 ***/
void toStandard (unsigned milltary, unsigned & hours, unsigned & minutes,
char & AMPM);
```

```
//----- 前进操作的定义 -----

void Time::advance(unsigned hours, unsigned minutes)
{
    // 递增myMilTime成员
    myMilTime += 100 * hours + minutes;

    // 调整为正确的格式
    unsigned  milHours = myMilTime / 100,
    milMins = myMilTime % 100;
    milHours += milMins / 60;
    milMins %= 60;
    milHours %=24;
    myMilTime = 100 * milHours + milMins;

    // 现在设置标准时间数据成员
    toStandard(myMilTime, myHours, myMinutes, myAMorPM);
}
```

2．关系操作

C++有 6 个关系运算符：<、>、==、<=、>=以及!=。可以为 Time 类重载其中的任何一个。我们将只描述如何通过重载 operator<()函数来添加小于（<）运算符；其他关系运算符的添加是类似的。

如对于前进操作一样，必须决定实现这个操作的 operator<()函数是否应该是一个成员函数。再一次，将从两个不同的方面来考虑这个问题：

从内部考虑：将自己和另一个 Time 对象比较并决定是不是小于另一个对象。

从外部考虑：两个 Time 对象被比较以决定是否第一个小于第二个。

两个观点都是可行的，一些程序员总是尽可能的将重载的函数定义为一个成员函数。此时，函数原型为：

```
bool operator<(const Time & t);
```

并且其定义如下：

```
bool Time::operator<(const Time & t)
{
    return myMilTime < t.getMilTime();
}
```

布尔表达式

```
mealTime < bedtime
```

的求值是通过将 bedtime 作为实参给 mealTime 发送一条消息来实现的：

```
mealtime.operator<(bedtime)
```

不过，我们将选择从外部角度考虑。相比较将第一块手表发送给第二块手表（也许使用一个电缆来传递信息），并让第一块手表决定是否它的时间比另一块的时间更早这种想法，另一种想法更自然一些，即想象一个外部观察者考察两个数字手表，看看是否其中一个的时间比另一个更早。这种方法也和下面这条很多程序员都使用的原则保持一致：

当为一个类重载一个运算符时，如果这个运算符修改它的第一个操作数，那么将它实现为一个成员函数；如果这个运算符只是简单地根据它的两个操作数产生一个新值，那么将它实现为一个非成员函数。

程序 4.8 说明了如何使用这种方法将<操作添加到 Time 类。因为这个函数的简单性将其实现为内联函数。（参见本书 Web 站点的源文件 chap4/程序 4.4～程序 4.9，以获取完整版本的 Time.h 和 Time.cpp 以及一个测试驱动程序。）

程序 4.8 Time 数据类型的小于运算符

```
将以下函数声明添加到Time.h中类声明的后面：
/***** 关系运算符 *****/
bool operator<(const Time & t1, const Time & t2);
/ *----------------------------------------------------------------------
    判断一个Time对象是否小于（即早于）另一个Time对象

    前置条件： 无
    后置条件： 如果t1小于t2，返回true，否则返回false
---------------------------------------------------------------------*/

// 其他关系运算符的原型

将下面定义添加到Time.cpp中：

/***** 关系运算符 *****/
//----- operator<()的定义 -----
bool operator<(const Time & t1, const Time & t2)
{
return t1.getMilTime() < t2.getMilTime();
}

//--- 其他关系运算符的定义
```

4.5.6 总结以及其他一些细节

当解决问题所需要的一个对象不能够很方便的使用预定义的 C++数据类型来表示时，类机制可以被用来创建一个新的数据类型 NewTypeName 来表示这个对象，而这个新的数据类型又通常会被存储到一个具有以下特性的类库中：

- 类的声明放在头文件中（NewTypeName.h）。
- 类操作的定义存放在一个实现文件中（NewTypeName.cpp）。
- 实现文件被分别编译。

一个程序使用这个新数据类型的通常步骤如下：

- 使用#include "NewTypeName.h"将类声明插入到程序中。
- 分别编译这个程序和 NewTypeName.cpp。
- 将程序的目标文件和库的目标文件链接起来。

1．类声明的通用格式

类声明的一个通常的格式是：

```
class        ClassName
{
public:
   公有成员的声明/原型
private:
   私有成员的声明
};
```

- 类成员可以是数据成员或成员函数。
- 可以通过使用点运算符向一个对象发送消息来访问这个对象的公有成员：

```
objectName.publicMemberName
```

- 私有成员只能被类的成员函数和类的友元访问。
- 一个成员函数能够完全访问一个类的所有私有成员；它的全名以它的类名和域修饰符开始：

```
ReturnType NewTypeName::functionName(parameter_list)
{…}
```

- 类构造函数的名字就是类的名字。每当执行中碰到一个类对象的定义时，类构造函数就被调用，这使得它成为初始化对象数据成员的一个理想途径。
- 每个类必须有一个默认的构造函数（没有形参）。如果一个类没有定义构造函数，编译器将提供一个默认的构造函数；否则，程序员必须提供一个默认的构造函数。
- 任何一个被一个类命名为友元的函数并不是这个类的成员函数，但是仍然可以访问这个类的私有成员。

2．冗余声明的问题

一个类，例如 Time，有可能在一个程序中，在库中，或在其他类库中被使用，这样很容易发生它被同一个文件包含多次的情况；例如：

```
一个程序需要使用Time类，所以它 #include "Time.h"
```

```
这个程序还需要库Lib，所以它 #include "Lib.h"
    但是Lib.h也 #include "Time.h"
```

这样库 Time.h 在程序中被包含多次。在编译时这将导致“重复声明”错误，因为类 Time 被声明了多次。

防止诸如 Time.h 这样的库中的声明被同一个文件多次包含的一种通常的方法是**条件编译**。Time.h 中的声明被包含在程序 4.9 所示的预处理命令中，程序 4.9 给出了 Time 类的内容轮廓。[①]完整版本的 Time.h 和 Time.cpp，包括所有的注释文档和代码，以及一个测试驱动程序，可以在本书的 Web 站点上源文件 Chap4/程序 4.4～程序 4.9 中找到。

第一个命令 #ifndef TIME 测试标志符 TIME 是否已经被定义了（通常的习惯是使用类名的大写来作为这个标志符）。如果它还没有被定义，继续处理第二个命令 #define TIME，这将定义 TIME（为 1），然后接着处理接下来的语句直到#endif。如果它已经被定义了，预处理程序将去除接着的所有代码直到碰到一个#elif、#else 或者#endif 命令。

这样，预处理程序第一次碰到类 Time 的声明时，它定义名字 TIME。如果它再次碰到这个类的声明，因为 TIME 已经被定义了，那么所有在#ifnedf TIME 和#endif 之间的代码将被删除，这样就避免了重复声明。

程序 4.9 防止冗余声明的条件编译命令

```
/*-- Time.h -------------------------------------------------------------
    这个头文件定义了处理的时间的Time数据类型
    基本操作包括：
        默认构造函数 -- 初始化对象为12:00 AM
        显式值构造函数
        read:           读取时间
        display:        显示时间
        >>, <<:         输入和输出运算符
        访问函数:       getHours，getMinutes，getAMPM，getMilTime
        set:            设置时间
        advance:        将时间前进一个给定的量
        关系运算符：<，>，==，<=，>=，!=
------------------------------------------------------------------------*/

#include <iostream>

#ifndef TIME
#define TIME

class Time
{
public:
```

① 预处理程序扫描一个文件，删除注释，包含进文件，并处理其他的命令（以#开始），再将处理后的文件传递给编译器。

```
/********  函数成员 ********/

//----- 类构造函数 ----- 见程序4.4
 Time();
 Time(unsigned initHours, unsigned initMinutes, char initAMPM);

 //----- 访问函数 --- 见程序4.5
  unsigned getHours() const;
  unsigned getMinutes() const;
  unsigned getAMPM() const;
  unsigned getMilTime() const;

  //----- 输入/输出 --- 见程序4.6
  void display(ostream & out) const;
  void read(istream & in);

  //----- set操作 --- 见程序4.1
  void set(unsigned hours, unsigned minutes, char am_pm);

  //----- 前进操作 --- 见程序4.7
  void advance(unsigned hours, unsigned minutes);

private:
/*********  数据成员 *********/
   unsigned myHours,
            myMinutes;
   char  myAMorPM;           // 'A' 或 'P'
   unsigned myMilTime;       // 等价的军用格式时间

}; // 类声明结束

/********* 非成员函数 *********/

//--- 运算符<<和>> --- 见程序4.6
ostream & operator<<(ostream & out, const Time & t);
istream & operator>>(istream & in, Time & t);

//--- 关系运算符 --- 见程序4.8
bool operator<(const Time & t1, const Time & t2);
bool operator>(const Time & t1, const Time & t2);
bool operator==(const Time & t1, const Time & t2);
bool operator<=(const Time & t1, const Time & t2);
bool operator>=(const Time & t1, const Time & t2);
```

```
bool operator!=(const Time & t1, const Time & t2);
#endif


/*-- Time.cpp -----------------------------------------------------------
    这个文件包括Time类函数成员的实现
----------------------------------------------------------------------*/

#include "Time.h"

//--- 工具函数的原型 --- 见程序3.7
int toMilitary(unsigned hours, unsigned minutes, char AMPM);
void toStandard(unsigned military, unsigned & hours, unsigned & minutes,
char & AMPM);

//--- 构造函数的定义 --- 见程序4.4
//--- 访问函数的定义：getMinutes()，getHours()
//--- getAMPM()，getMilTime() --- 见程序4.5

//--- 输入/输出函数的定义：display()，read()
//--- operator<<()，operator>>() --- 见程序4.6

//--- set函数的定义 --- 见程序4.2

//--- advance函数的定义 --- 见程序4.7

//--- 关系运算符的定义：operator<()，operator>()
//--- operator==()，operator<=()，operator>=()，operator!=() --- 见程序4.8

//--- 工具函数的定义：toMilitary()，toStandard()
//--- 见程序3.7
```

4.5.7 指向类对象的指针

在 3.5 节中描述了指向结构的指针以及使用这些指针可以进行的操作。指针也可以被绑定到类并进行同样的操作。例如，如果定义一个 Time 对象 t，

```
Time  t;
```

可以定义一个指向这个 Time 对象的指针并使用它来存储对象的地址，

```
Time * timePtr = &t;
```

这可以使用图 4.7 刻画。

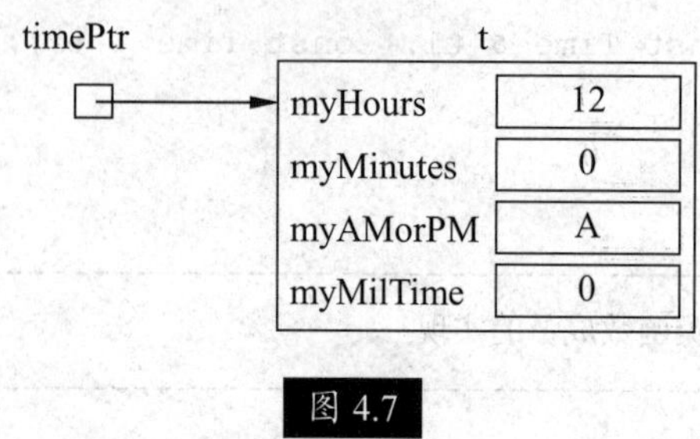

图 4.7

可以通过 timePtr 访问 t 的公有成员。例如，可以通过 timePtr 发送一条 getMilTime() 消息给这个 Time 对象，以两种不同的方式提取它的 myMilTime 数据成员的值（0）。第一种也是最简单的方法时使用箭头运算符：

```
timePtr -> getMilTime()
```

第二种方法是联合运用间接运算符和点运算符，这种方法和第一种方法是等价的：

```
(*timePtr).getMilTime()
```

在这个表达式中，首先去引用指针 timePtr 来访问它指向的对象（即 t），接着使用点运算符向这个对象发送 getMilTime()消息。如前面提到的，这里的第一对括号是必需的，因为间接运算符的优先级低于点运算符。

4.5.8 this 指针

一个类中每个函数成员都可以使用的一个重要的指针取名为 this，this 是一个关键字，命名了一个指针，它的值就是包含这个函数的对象的地址。

*在每个类中，this 是一个指针，它的值就是这个对象的地址。去引用这个指针，即*this 的值就是这个对象自身。*

我们可以如图 4.8 所示进行刻画。

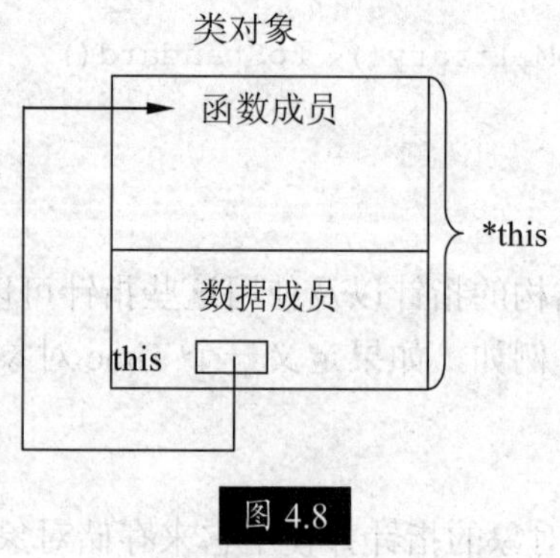

图 4.8

去引用 this 提供了（间接）访问相应对象的一种方法。一个对象需要在某个函数成员中返回它自身时，这种方法非常有用。为了得到正确的结果，必须按顺序采用两个动作：

（1）可以使用 return *this; 去引用指向对象的 this 指针并返回这个对象。

（2）函数中的一个 return 语句

```
return object;
```

首先创建 object 的一份拷贝，接着返回这份拷贝。我们可以通过令这个函数的返回类型为一个引用来强制使其返回 object 本身。

```
ReturnType & functionName(parameter_list);
```

则函数将返回对*this 的一个引用，这就是对象本身的别名，而不是对象的拷贝。[①] 要说明，假设如下修改类 Time 的 set()函数成员：

```
Time & Time::set(unsigned hours, unsigned minutes, char am_pm)
{
    //  和前面一样（见程序4.2）

    return *this;
}
```

如果 t 是一个 Time 对象，那么函数调用 t.set(11, 59, ‘P’);将设置这个对象的数据成员为给定的值，但是它还要返回一个对*this 的引用，很简单这就是 t 的另一个名字。这表示可以链式使用这个函数调用和其他调用；例如：

```
t.set(11, 59, 'P').display(cout);
```

等价于

```
(t.set(11, 59, 'P')).display(cout);
```

因为点运算符是左结合的。对 set 的调用首先完成并像刚才描述的那样设置 t 的数据成员；因为它返回一个对 t 的引用，display()函数将应用到这同一个对象，从而显示 t 中新设置的值。

更多可以做的

这样就完成了类 Time 的开发。很明显地还有其他操作可以（而且应该）加入或者被修改。例如，可以添加自增运算++和+=来代替 advance()，或许还有自减操作－－和－=。还有很多其他改变和修改可以做，但是必须转移到其他话题了。

✔ 小测验 4.5

1．什么是信息隐藏？
2．为什么一个类的数据成员应该是私有的？
3．在类函数成员的定义中，它们的名字是通过_____运算符来使用类名修饰的。

---

① 这里遵循的是，如果函数的返回值是一个引用，则返回的对象不能是一个局部变量，因为当函数终止时局部变量的生命期将结束。

4．将一个函数声明为_____指示编译器使用这个函数的实际代码代替对这个函数的一个调用。

5．一个_____应该被规划和测试以保证一个类的数据成员总是包含合法的值。

6．创建一个对象的两个方面是什么？

7．当一个对象定义没有提供这个对象数据成员的初始值时，一个_____构造函数被使用；而一个_____构造函数初始化对象为对象定义中提供的给定值。

8．只要函数具有不同的_____就可以重载它们。

9．所有类都可以提供的两类默认的复制是在_____中的复制和在_____中的复制。

10．一个运算符△可以通过定义一个具有_____名字的函数来重载。

11．使用一个常引用实参可以避免创建相应实参的一份拷贝，但是仍可以保护这个实参不被改变。（判断题）

12．一个_____函数是一个可以访问类的数据成员的非成员函数。

13．________编译可以用来防止一个文件被多次包含。

练习4.5

对于练习1～6，定义一个类的私有部分来建模给定的项。

1．建模日期的类Date，包含月、日和年。

2．建模电话号码的类PhoneNumber，包含地区号、本地接线号以及号码。

3．建模棋盘上棋子位置的类Checker。

4．建模笛卡儿坐标系统中的一个点（x,y）的类CartesianPoint。

5．建模极坐标系统中的一个点（r,θ）的类PolarPoint。

6．建模一副扑克牌中的牌的类Card。

7～12．为练习1～6中的类添加合适的操作，并且使用函数实现它们。要测试这些类，应该如本章结尾部分的编程问题1～6教导的那样编写驱动程序。

对于练习13～15，为给出的信息开发一个类，为这种类型的对象选择合适的操作。要测试这些类，应该如本章结尾部分的编程问题7～9教导的那样编写驱动程序。

13．关于一个人的信息：姓名、生日、年龄、性别、社会安保号码、身高、体重、头发颜色、眼睛颜色以及婚姻状态。

14．关于一个棒球选手的统计信息：姓名、年龄、生日、位置（投手、接球手、内场手、外场手）。

15．天气统计信息：日期；城市和州、省或者郡；一天中的具体时间；温度；大气压；天气情况（晴、少云、多云、风暴）。

对于练习16～18，编写合适的类声明来描述给定文件中的信息。参见本章末尾关于这些文件的描述。

16．InventoryFile

17．UserIdFile

18．StudentFile

4.6 本章小结

章节注意要点

- 过程式编程主要关注解决一个问题所要执行的任务。面对对象编程主要关注问题中的对象以及如何将对象组织起来解决问题。
- C++中的结构和类都包含函数成员和数据成员。对于结构，对这些成员的访问默认是公有的，而在类中，对这些成员的访问默认是私有的。
- 对象是类的一个特定实例。
- 类的常函数成员不能修改这个类的任何数据成员或将这些成员置于被其他一些函数修改的危险境地。
- 信息隐藏是指将类的数据成员声明为私有的，以保护它们不被客户程序访问（或不正确地修改）。
- 类成员的修饰名（或全名）的形式为 ClassName∷item，这被用来规定相应元素所属的类的名字。
- 将一个函数实现为内联形式指示编译器将对这个函数的调用替换成这个函数的实际代码。
- 一个类不变式表达了数据成员中的值所满足的必须为真的条件。
- 对于没有给定数据成员初始值的对象定义，默认构造函数被调用；而对于给定了数据成员初始值的对象定义，显式值构造函数被调用。
- 只要没有两个函数定义具有相同的特性，就可以重载一个函数名。可以通过定义一个 operator△()函数来重载 C++的运算符△。
- C++的函数可以具有默认的实参。
- 访问函数是提取数据成员值的函数成员；更动函数修改这些值。
- 每个对象都有一个名为 this 的指针数据成员，它的值就是这个对象的地址；去引用这个指针的值*this 就是这个对象自身。

程序设计知识点

1. 类的成员默认是私有的，除非显式的声明为公有的。而结构的成员默认是公有的，除非显式的声明为私有的。
2. 类的数据成员应该被设计成私有的，以保护它们不被非成员（以及非友元）函数访问。对于那些你希望访问的数据成员，提供成员函数来实现相应的访问。公有成员可以通过点运算符被非成员函数访问。
3. 成员函数可以被看成是隐含的接收一个类对象；而非成员函数必须通过参数显式的接收类对象。
4. 在一个类的声明之外的成员函数定义必须通过∷运算符使用类名来修饰：

ClassName∷FunctionName()。非成员函数则不需要限定。

5. 简单的成员函数往往被设计为内联的，这需要在它们的定义之前加上关键字 inline，并在类的头文件中将它们的定义放在类声明之后，或者将类声明中它们的原型替换成它们的定义。
6. 对于不改变类的任何数据成员的成员函数，应该在它们的原型和定义中将它们声明为常函数。
7. 一个类的成员函数可以访问作为它的参数接收的类对象的私有数据成员。
8. 类不变式应该被形式化来保证数据成员总是包含着合法的值。无论何时当一个操作修改了数据成员，它应该保证类不变式始终是成立的。
9. 类构造函数具有如下属性：
   - 具有和类一样的名字。
   - 必须是一个成员函数，并且通常在公有部分给出其原型或定义。
   - 不返回值并且没有返回类型（甚至不是 void 类型）。
   - 通常很简单，可以被内联。
   - 当这个类的一个对象被定义时被调用。
10. 如果你没有为一个类提供构造函数，编译器将产生一个默认的构造函数。如果你为一个类提供了构造函数，那么还必须提供一个默认的构造函数，因为这时编译器不会再提供一个默认构造函数了，这样就不允许这个类的未初始化的实例定义。
11. 一个非成员函数不能够直接访问一个类的私有成员，除非通过将其定义为一个友元函数来使这个类授予它权限。这是通过将这个函数的原型放在这个类的声明中并在前面（但不是在它的定义里）加上关键字 friend 完成的。
12. 重载函数必须具有不同的特性；简单的只有不同的返回类型是不够的。
13. 具有默认实参的形参必须在参数列表的最后出现。
14. 运算符Δ的重载是通过重载函数 operatorΔ()实现的。对于一个二元运算符，形如 aΔb 的表达式将是这样计算的，如果 operatorΔ()是 a 所属类的一个成员函数，则通过函数调用 a.operatorΔ(b)计算，否则，通过函数调用 operatorΔ(a,b)计算。
15. 在程序员定义的类中，输入和输出函数 operator>>()以及 operator<<()不能是成员函数。
16. 可以使用条件编译命令来防止一个类库的内容被多次包含。

```
#ifndef CLASS_NAME
#define CLASS_NAME
//-- ClassName的定义
#endif
```

ADT 技巧

1. 所谓信息隐藏就是令类的数据成员是私有的，以防止从类外访问这些数据成员。它的目的是保护这些数据成员免遭来自外部的以不可接受的方式进行的修改。
2. 在使用类实现一个 ADT 时，通常更推荐使用函数成员来实现操作，而不是友元函数。友元机制和信息隐藏原则并不一致，而信息隐藏原则保护数据成员不受外来访问。如果有必要使用一个类外的函数来实现一个操作，最好是通过公有的访问函数和更动函数成员来访问私有的数据成员。

编程问题

4.5 节

1. 编写一个驱动程序测试练习 7 中的 Date 类。
2. 编写一个驱动程序测试练习 8 中的 PhoneNumber 类。
3. 编写一个驱动程序测试练习 9 中的 Checker 类。
4. 编写一个驱动程序测试练习 10 中的 CartesianPoint 类。
5. 编写一个驱动程序测试练习 11 中的 PolarPoint 类。
6. 编写一个驱动程序测试练习 12 中的 Card 类。
7. 编写一个驱动程序测试练习 13 中的个人信息类。
8. 编写一个驱动程序测试练习 14 中的棒球统计类。
9. 编写一个驱动程序测试练习 15 中的天气统计类。

问题 10～12 针对迪卡儿坐标系中的直线。一条具有斜率 m 和通过的坐标为（x_1, y_1）的点 P 的直线的点斜式公式为：

$$y - y_1 = m(x - x_1)$$

斜率为 m，纵截距为 b 的直线的截距式公式是：

$$y = mx + b$$

10. 编写并测试一个 LineSegment 类，这个线段使用两个 CartesianPoint 端点描述（见练习 4 和 10）。除了通常的操作（例如构造函数、输入以及输出）以外，这个类应提供操作来计算：
    （1）连接两个端点的线段的中点。
    （2）这个线段的垂直平分线的公式。
11. 为一条直线编写并测试一个 Line 类，这条直线由它的斜率和线上的一个点描述，这个类具有如下的函数：
    （1）得出这条直线的点斜式公式。
    （2）得出这条直线的截距式公式。
12. 编写一个函数，读取两条直线的斜率和点信息，以此来判断这两条直线是相交还是平行。如果它们相交，求它们的交点并判断它们是否垂直。使用练习 4 和 10 中的 CartesianPoint 类和问题 11 中的 Line 类来分别表示点和直线。
13. 一个复数形如 $a + bi$，其中 a 和 b 都是实数而 $i^2 = -1$。标准的 C++库包含了一个 complex 类来处理复数。检查这个类的结构来找到它所提供的操作以及所使用的数据成员。编写一个程序，读取两个复数以及一个表示操作的符号，然后执行所指示的运算。
14. 一个有理数形如 a / b，其中 a 和 b 是整数并且 $b \neq 0$。开发并测试一个处理有理数的类。这个类应该具有一个分子数据成员和一个分母数据成员。它应该能够读取和显示形如 *a* / *b* 的有理数；在输出时，如果分母是 1 则仅显示 *a*。表 4.1 说明了这个类应该提供的操作。

表 4.1

输入	输出	注释
3/8+1/6	13/24	a/b+c/d=(ad+bc)/bd 化简为最简形式
3/8–1/6	5/24	a/b–c/d=(ad–bc)/bd 化简为最简形式
3/8*1/6	1/16	a/b*c/d=ac/bd 化简为最简形式
3/8/1/6	9/4	a/b/c/d=ad/bc 化简为最简形式
3/8 I	8/3	颠倒 a/b
8/3 M	2+2/3	将 a/b 写作带分数
6/8 R	3/4	将 a/b 化简为最简形式
6/8 G	2	分子和分母的最大公因子
1/6 L 3/8	24	a/b 和 c/d 的最大公分母
1/6 < 3/8	true	a/b < c/d ?
1/6 <= 3/8	true	a/b ≤ c/d ?
1/6 > 3/8	false	a/b > c/d ?
1/6 >= 3/8	false	a/b ≥ c/d ?
3/8 = 9/24	true	a/b = c/d ?
2/3 X +2 = 4/5	X=–9/5	线性公式(a/b)X + c/d = e/f 的解

数据文件描述

下面给出了本书练习中使用的数据文件的描述。这些数据文件可以在本书的 Web 站点中找到（见源文件中的 DataFiles）。

InventoryFile

物品编号：一个整数。
存储在库中的物品数量：一个整数（从 0～999）。
物品单价：一个实型值。
最小的存货等级：一个整数（从 0～999）。
物品名称：一个字符串。
这个文件按照物品编号升序排序。

StudentFile

这是一个如下组织的学生记录文件，这些记录按照学号升序排序。
学号：一个整数。
学生姓名：两个字符串（姓，名）和一个字符（中名首字母大写）。
籍贯：两个字符串，形式为城市，州。
电话号码：一个字符串。

性别：一个字符（M 或 F）。

年级：一个 1 位整数（分别为 1、2、3、4 或 5）。

专业：一个字符串。

到目前为止的总学积分：一个整数。

累积的 GPA：一个实型值。

StudentUpdateFile

这是一个如下组织的学生成绩记录，这些记录按照学号升序排序。文件 StudentFile 中的每个学生都有一个更新记录。

学号：　一个整数（和文件 StudentFile 中使用的学号一样）。

对于 5 门课程中的每一门

课程名字：长度为 7 的字符串（例如 CPSC185）。

字母成绩：长度为 2 的字符串（例如 A–，B+，C ，这里最后一个字符串是 C 后面跟一个空格）。

课程分数：一个整数。

UserIdFile

这是一个如下组织的计算机系统记录文件，这些记录按照身份号码升序排序。

身份号码：一个整数。

用户名：两个字符串，形式为姓，名。

口令：一个字符串。

资源限制（以美元记）：一个最多为 4 位的整数。

到目前为止使用的资源：一个实型值。

LastSquaresFile

这是一个文本文件，每一行包含一对实数，分别表示一个点的 x 坐标和 y 坐标。

第5章 标准 C++输入/输出和字符串类

章节内容

- C++标准 I/O 类
- C++String 类型
- 案例学习：文本编辑
- 模式匹配介绍（可选）
- 数据加密介绍（可选）

章节学习目标

- 详细学习 C++的输入输出类。
- 考察 C++ I/O 类的层次结构，特别注意考察 C++的文件 I/O 类是如何从交互式 I/O 类中派生而来。
- 详细学习 C++的 string 类。
- 说明字符串流是如何用于内存内部 I/O 的。
- 使用例子演示在文本编辑器中如何使用字符串操作。
- （可选）介绍字符串中模式匹配的一些基本思想。
- （可选）介绍基本的数据加密方法。

在前面的章节中，我们第一次考察了 C++中的类（和结构）机制，并且看到可以使用这种机制来创建建模现实世界对象的新类型。使用一个 Time 类介绍并演示了类的基本特性：

- 类可以封装具有不同属性的数据项。
- 类可以封装数据和对数据的操作。
- 类型为某个类的变量或常量被称为一个对象。
- 对象的声明会自动调用相应的构造函数来初始化这个对象的数据成员。
- 一个类的数据成员应该是私有的，这样除了使用类中提供的访问或更动函数成员（或者通过友元机制），在类外是不能访问这些数据成员的。这就是所谓的信息隐藏。
- 通常，在类声明中只放置函数成员的原型说明，并且这是公有的。这些函数的定义在另一个分开的实现文件中（除非这些函数很简单，这时将它们在头文件中实现为内联函数）。
- 操作符，例如<<、>>、以及关系运算符（<、>、= =、<=、>=、!=）都可以被重载。

我们将学习更多的关于如何创建类的内容，包括更多的例子在内。

在本章中，将考察 C++提供的标准类中的两个。首先考察 C++如何使用交互式 I/O 类和文件 I/O 类，然后详细考察 C++的 string 类。

5.1 C++标准 I/O 类

创建 I/O 系统的挑战在于隐藏输入和输出实际是如何执行的复杂性。输入可以从键盘输入，或者来自一个文件，也可能来自一个工作站、一台微机或一台连接到某个服务器的计算机。程序有可能直接输出到一个文本计算机终端的屏幕上，也可能输出到运行着窗口系统（例如，X-windows、Macintosh 或者 Windows）的计算机的某个窗口中。再或者也可能输出到某个文件中。更复杂的事情在于程序有可能运行在一台本地的计算机上，也可能是*远程*运行的（例如，在网络中另一台机器上）。

这里所需要的是某种*抽象*，使得程序员不用关心数据实际上从哪个输入源输入到程序中或者程序将输出到哪个目的地这样的冗繁的细节。而 C++中用来隐藏低级 I/O 细节的抽象是来自 UNIX 的流的思想。输入被看作从键盘或其他输入源流向程序的一个字符流，就像水流从一个地方流向另一个地方，如图 5.1 所示。

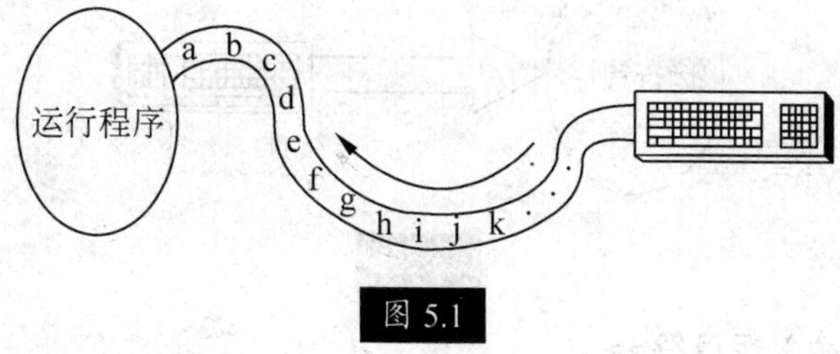

图 5.1

而输出被看作从程序流向屏幕或者其他目的地的字符流，如图 5.2 所示。

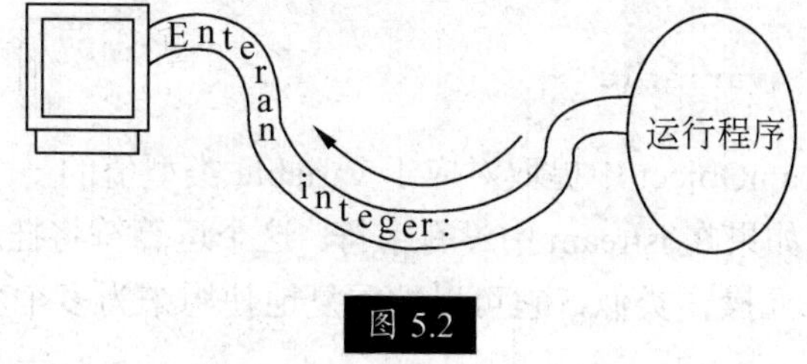

图 5.2

1980 年由 Bjarne Stroustrup 开发的 C++的第一个版本依靠其父语言 C 的 I/O 系统。尽管在 C++中仍然能够通过<cstdio>库来使用它们，但是我们将主要考察由 Jerry Schwarz 为 C++开发的基于流的 I/O 系统，Jerry Schwarz 是 C++的最早的用户之一。在付出相当的工作、用户的反馈以及修改后，产生的类系列就是现在的<iostream>库。<iostream>中最重要的类是用于输入流的 istream 和用于输出流的 ostream，① 如图 5.3 所示。

最近加入的 iostream 类同时支持输入流和输出流。

在本节中将描述这些标准 I/O 类以及相应的用于文件 I/O 的类。

---

① 类 istream 和 ostream 来自类模板（参见第 9 章）basic_istream 和 basic_ostream，可以把这些类模板想作类的模式，其中流字符的类型未定。如果使用 char 作为流字符类型，就得到类 istream 和 ostream；而如果使用 wchar_t，就得到了宽字符流 wistream 和 wostream。

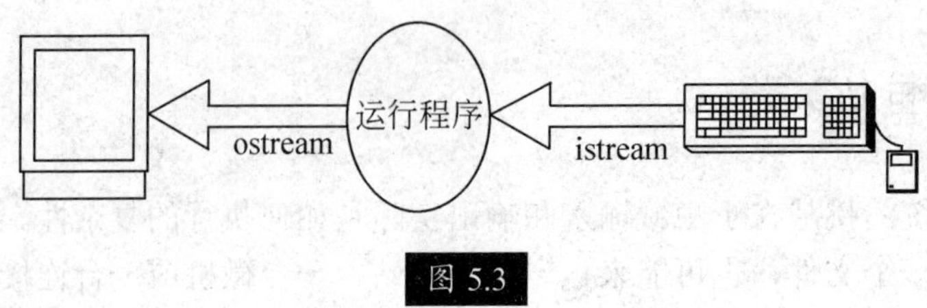

图 5.3

5.1.1 istream 类

istream 类建模了一个从任意输入设备流向一个执行着的程序的字符流。当字符从输入设备被输入时，它们进入一个 istream 对象，这个对象将这些字符从输入设备传输给程序。一个和键盘关联的标准 istream 对象在标准的<iostream>中定义，这样任何包含<iostream>的 C++程序都将自动地具有一个从键盘流向程序的输入流。这个对象被命名为 cin，如图 5.4 所示。

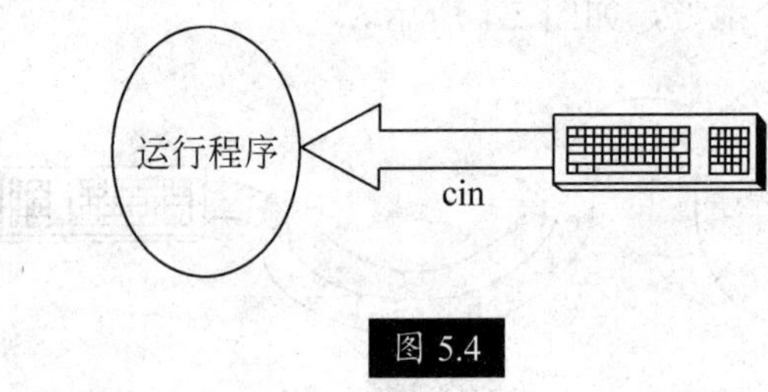

图 5.4

1．>>运算符　输入运算符>>

在<iostream>中定义，所以当它被应用到一个 istream 对象和一个变量时，

```
istreamObject >> variable
```

这个运算符试图从 istreamObject 中提取对应于 variable 类型值的一个字符序列。为此，>>也被称为**提取操作符**。如果在 istream 中没有字符，这个运算符将挂起执行，直到有字符被输入为止。和大多数二元操作类似，它可以被重复地使用来为多个变量获取值：

```
istreamObject >> variable_1 >> variable_2 >> … >> variable_n
```

为了说明，假设 age 和 idNumber 是 int 型变量，并且下面的语句被执行：

```
cin  >> age >> idNumber;
```

如果用户输入

```
18  12345↙
```

这里↙表示由 Return/Enter 键产生的行结束符，字符 1、8、一个空格、1、2、3、4、5 以及一个行结束符被输入到 istream 对象 cin 中。>>运算符从 cin 中提取字符直到碰到一个在 int 型值中不可能出现的字符为止——这里是空格。这些被提取的字符接着就被转换成整数值 18 并存储在>>的右操作数 age 中。空格和后续的字符留在 cin 中，将被用于下一次输入操作。

默认情况下，>>运算符提取并丢弃前导的**空白字符**——空格、制表和行结束符。在我们的例子中，这表示下一个>>将提起并丢弃这个早先留在 cin 中的空格，然后接着提取字符 1、2、3、4、5，在遇到行结束符时停止，行结束符仍然留在 cin 中。被提取出的数字被转换为整数值 12345 并存储在 idNumber 中。

如果用户输入

```
18.0  12345↙
```

那么，第一个>>将只提取字符 1 和 8 并将它们转换为整数 18，并赋给 age。.和 0 以及后续的字符仍留在 cin 中。当下一个>>试图为 idNumber 读取另一个整数时，它碰到这个句点，而这不可能是一个整数的开始。结果是没有字符被提取，从而没有为 idNumber 读取任何新值，所有这些字符仍留在 cin 中。很显然这种类型的错误将很容易导致一个死循环。

2．流状态

每个流可以根据它自身的情况，处于不同的状态。如果流中所有情况正常，那么称它的状态为 good。如果流以某种方式被破坏了（通常伴随着数据的丢失），那么称它的状态为 bad。如果在流上的最后一个 I/O 操作没有成功，但是没有数据丢失，那么称流的状态为 fail。当一个输入操作在找到任何数据之前遇到了一个文件结束标志，那么称这个输入流的状态为 end-of-file 状态。

一系列**标志位**（*goodbit*、*badbit*、*failbit* 和 *eofbit*）和一个流关联起来以表示这个流的状态。C++的 I/O 类提供了表 5.1 中的布尔值函数来报告不同标志的值。在对一个输入流检查输入操作是否成功时，这些函数非常有用。

表 5.1

消息	当发生并且仅当发生什么时返回 True
st.good()	流对象 st 一切正常
st.bad()	在流对象 st 中发生了一个无法恢复的错误
st.fail()	在流对象 st 中发生了一个可以恢复的错误
inst.eof()	在流对象 inst 中找到任何数据之前遇到了一个文件结束标志

要演示如何使用这些函数，再次考虑前面的例子，流 cin 包含

```
.0 12345↙
```

当>>运算符试图读取一个整数时遇到句点，它将设置 cin 的 good 标志为 *false* 以及 fail 标志为 *true*。这样，

```
cin.good()
```

的值为 false 而

```
cin.fail()
```

的值为 true。

当>>在找到任何数据之前遇到一个特殊的文件结束标志时，文件结束函数 eof()返回 true。不同的操作系统使用不同的控制字符表示这个文件结束标志。Unix 系统使用 Control-d 而基于 DOS 的系统使用 Control-z。

assert()机制和前三个状态方法配合提供了一种简单地检查数据入口错误的方法。例如，可以向 cin 发送 good()消息来检查一个输入操作是否成功，

```
assert( cin.good() );
```

或者可以使用其他的状态消息，例如：

```
assert( !cin.fail() );
```

eof()消息可以用来检查输入的结束，例如：

```
int number;
for( ; ; )
{
   cout << "Enter an integer (Ctrl-D to stop): ";
   cin >> number;
   if ( cin.eof() ) break;
   // 处理number
}
```

一旦输入操作失败，将不能再提取这个 istream 对象中剩余的数据，除非它的 good、bad 和 fail 状态被重置为初始的值。这可以通过发送一个 clear()消息给这个对象实现，

```
istreamObject.clear();
```

这将重置状态标志。不过，它不会实际地删除流中的错误输入。为此，istream 类提供了 ignore()方法来提取并丢弃流中的一个或多个字符：

```
istreamObject.ignore();
```

将忽略 cin 中的下一个字符。更通用地，如下形式的消息：

```
istreamObject.ignore(num_chars_to_skip, stop_char);
```

将删除 num_chars_to_skip 个字符，或者直到 stop_char 被删除为止，这取决于哪种情况先发生，而这里 num_chars_to_skip 是一个整数表达式，stop_char 是一个字符。num_chars_to_skip 的默认值是 1，stop_char 的默认值是文件结束标志。例如，消息：

```
cin.ignore(20, ' ');
```

可以被用来跳过直到下一个空格为止的所有字符（假设下一个空格在接下来的 20 字符之内），而

```
cin.ignore(80, '\n');
```

可以被用来跳过一个给定行中所有剩余的字符（假设这行不超过 80 个字符）。在探测错误的输入字符并将它们从输入流中删除时，组合使用 clear()和 ignore()是很有用的：

```
    cin >> variable;
    if ( cin.fail() )          // 例如，非法的输入字符
    {
        cin.ignore(80, '\n');
        cin.clear();
}
```

3．其他 istream 特性

如我们所提到的，默认的>>运算符跳过前导的空白字符。但是，假设希望读取所有的字符，包括空白字符在内。例如，一个字处理程序可能需要通过读取每个输入字符，每当遇到一个换行符时将一个计数器增 1，以此来统计输入的行数。读取空白字符的一种方法是使用**输入控制符**（**input manipulator**）——一个使用在输入语句中时，可以改变 istream 的某些属性的修饰符。如果在一条输入语句中使用 **noskipws 输入控制符**，即

```
istreamObject >> … >> noskipws >> …
```

那么，所有后续的输入中，空白字符都不会被忽略。可以使用 **skipws 控制符**来重新激活对空白字符的忽略。

另外，istream 类提供了一个名为 **get()**的方法，可以读取单独一个字符而且不会跳过空白字符。例如，消息：

```
cin.get(ch);
```

将从 cin 中读取下一个字符到 ch 中，这里 ch 的类型是 char，而被读取的包括空白字符。

表 5.2 列出了一些输入流中最通常使用的操作。在这里的描述中，inst 是一个 istream（或者 ifstream）；var 是一个定义了>>的变量；ch 是一个 char 型变量，stop 是一个 char 型文字、变量或常量；chArray 是一个字符数组；*n* 和 offset 是整数。这些操作的扩展描述以及其他的流操作在附录 D 中给出。

表 5.2

操作	描述
inst >> var	输入（提取）运算符；前导的空白字符被跳过，而结束的空白字符被留在 inst 中
inst.get(ch) 或 ch = inst.get()	从 inst 中输入单独一个字符（任何字符，甚至空白字符）到 ch
inst.get(chArray, n, stop)	从 inst 中输入字符到 chArray 中，直到读取了 n–1 个字符或者遇到字符 stop（默认为'\n'，并且不会被提取），或者发生到达文件结尾情况；一个标志结束的空字符被添加到 chArray 中

续表

操作	描述
inst.getline(chArray,n,stop)	和 get()一样，但是会将结束字符 stop 从 inst 中删除
inst.read(chArray, n)	从 inst 中输入字符到 chArray 中，直到读取了 *n* 个字符或者到达文件结尾
inst.readsome(chArray, n)	和 read()一样，但是会返回提取的字符个数
inst.peek()	返回下一个将从 inst 中读取的字符，但是这个字符仍留在流中
inst.ignore(n, stop)	提取并丢弃 inst 中的下 *n*（默认的 *n*=1）个字符，或者直到遇到并删除了字符 stop（默认为文件结束符），究竟如何处理取决于哪种情况先发生
inst.width(n)	设置下一个>>能从 inst 中读取的最大字符数量为 *n*–1
inst.putback(ch)	将 ch 放回到 inst 中
inst.unget()	将最近一个被读取的字符放回到 inst 中
inst.seekg(offset, base)	将读取位置移到距 base 为 offset 字节处，这里 base 可以是 ios::beg、ios::cur 或 ios::end 中的一个，分别表示在 inst 中开始、当前和结尾处
inst.tellg()	返回表示在 inst 中当前读取位置（从开始处计算的偏移量）的整数

5.1.2 ostream 类

和 istream 类建模从任意输入设备流向一个运行中的程序的字符流一样，ostream 类建模从一个执行着的程序流向任意一个输出设备的字符流。当这些字符被一个程序输出时，它们进入一个 ostream 对象，而这个对象将这些字符发送到用户用于输出的设备——一个窗框、一个终端等。这里，我们简单使用屏幕作为输出设备。

1. <<运算符

输出运算符<<在<iostream>库中定义，所以当它应用到一个 ostream 对象和一个表达式时，

```
ostreamObject << expression
```

它将计算表达式的值，将这个值转换为相应的字符序列，然后将这些字符插入到 ostream 对象中。例如，如果常量 PI 定义为：

```
cosnt double PI = 3.14159;
```

接着，在输出语句

```
cout << PI;
```

中，<<函数将 double 型值 3.14159 转换为相应的字符序列 3, . , 1, 4, 1, 5 和 9，并将每个字符插入到 cout 中。

由于这个原因，<<也被称为**流插入**操作符。当被重复地用于输出几个表达式时，

```
ostreamObject << expression_1 << expression_2 << … << expression_n
```

它简单地将转换表达式值所得到的字符一个接一个地插入到 ostream 对象中。在表 5.3 中列出了其他输出操作；对这些操作的扩展描述以及其他的流操作在附录 D 中给出。在这里的描述中，ost 是一个 ostream（或 ofstream）；exp 是一个定义了<<的表达式；ch 的类型为 char；chArray 是一个字符数组；*n*、offset 和 base 是整数。

表 5.3

操作	描述
ost << exp	输出（插入）运算符；表达式 exp 的值被转换为字符并插入到 ost 中
ost.put(ch)	将单独一个字符 ch 输出到 ost 中
ost.write(chArray, n)	将 chArray 中的 *n* 个字符输出到 ost 中
ost.flush()	清空 ost 的输出缓冲区
ost.seekp(offset,base)	将写入位置移到距 base 为 offset 字节处，这里 base 可以是 ios::beg、ios::cur 或 ios::end 中的一个，分别表示在 ost 中开始、当前和结尾处
ost.tellp()	返回表示在 ost 中当前写入位置（从开始处计算的偏移量）的整数

2．标准 ostream 对象

和屏幕相关联的 3 个标准 ostream 对象在标准<iostream>库中定义：cout、cerr 和 clog。任何包含<iostream>的 C++程序自动地具有这些流向屏幕的输出流，如图 5.5 所示。

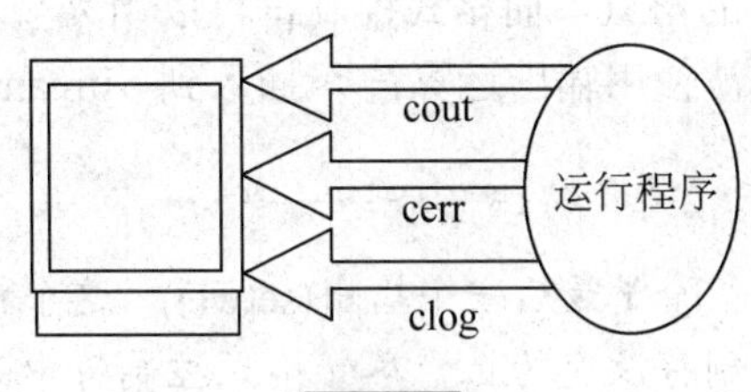

图 5.5

这些标准 ostream 对象可以描述如下：

cout： 显示正常输出的标准缓冲输出流。

cerr 和 clog： 显示错误或诊断信息（clog 是缓冲的，而 cerr 是未缓冲的）的标准输出流；assert()通常将其诊断消息写到 cerr 中。

说 cout 是缓冲的（如 clog）表示插入到此的字符实际上是被保存在一块称为缓冲区的内存中的。它们一直停留在那里直到 ostream 对象被刷新，这如其名字所示的，也就是将缓冲区清空到屏幕。因为 cerr 是未缓冲的，使得它的输出立刻显示在屏幕上。

输出的这种缓冲有时会造成迷惑。一个例子是当在源代码中插入临时输出语句以帮助调试程序时，如 1.4 中所描述的。如果在一段代码中插入调试语句

```
cout << "DEBUG: Ready to calculate amount\n";
```

而程序崩溃了，但是在屏幕上没有调试信息

```
DEBUG: Ready to calculate amount
```

我们可能得出这样一个结论，即要找的错误源在这个输出语句之前。但是这不一定是对的；

这条语句可能已经执行过了，但是因为输出在缓冲区中，所以没有出现在屏幕上。作为替代，可以使用

```
cerr << "DEBUG: Ready to calculate amount\n";
```

因为 cerr 将它的输出直接发送到屏幕，这表示如果没有看到调试信息，那么这条语句还没有被执行到。

有一些用于刷新 cout（和 clog）的输出缓冲区的方法：

- 当这个缓冲区变满时，会自动地刷新。
- 当使用 cin 时，会自动刷新这个缓冲区。
- **输出控制符 endl** 使得在新一行上输出并刷新缓冲去。
- 输出控制符 **flush** 刷新缓冲区。

这样，在我们原来的调试语句中使用 endl（替代\n），

```
cout << "DEBUG: Ready to calculate amount" << endl;
```

将保证这条语句被执行时，调试信息将显示在屏幕上。

3．格式控制

值被显示的形式称为它的*格式*，而**格式控制符**可以用来规定不同的格式特性。表 5.4 列出了这些运算符。当它们被使用输出运算符<<插入到 ostream 对象中时，

```
ostreamObject << … << format_manipluator << …
```

它们将产生给定的效果。除了最后一个输出(setw())，这个格式将对所有后续的输出起作用，直到被另一个控制符改变为止。尽管格式控制符中的大多数都被用来格式化输出，但是注意其中一些也被用于 istream 或同时用于 istream 和 ostream。

这里有一些例子演示这些控制符的使用。语句：

```
int i = 17;
    cout << showbase              // 显示一个进制指示器
        << oct << i << endl;     // 切换到八进制
        << dec << i << endl;     // 切换回十进制
        << hex << i<< endl;      // 切换到十六进制
```

将产生输出

```
    021
    17
0x11
```

因为 $21_8=17_{10}=11_{16}$。注意因为一个格式控制符保持它的影响，所有后续的输出都将以十六进制形式，除非被另一个控制符改变。

下面的输出语句使用 fixed、showpoint 和 setprecision()控制符来显示带两位小数的货

币值:

```
cout << "\nThe total equipment cost is $"
     << fixed << showpoint
     << setprecision(2)
     << equipmentCost << endl;
```

注意为了使用 setprecision()，必须包含<iomanip>库。

一个输出域的宽度(显示一个值的空间)默认为 0，并自动增涨以适应这个值。setw(n)控制符可以被用来设置下一个域的宽度为 *n*。不过，每次插入都自动地重置域宽度为 0，所以必须紧接着在每个域宽需要为 *n* 的值的前面使用 setw(n)。下面的语句演示了使用 setw()来格式化输出为 2 列，第一列宽度为 3 而第二列宽度为 10:

```
cout << fixed << showpoint << setprecision(2)
     << "MONTH   BALANCE\n"
     << "======   ========" << endl;
for (int month=0; month < numMonths; month++)
{
     cout << setw(3) << month + 1 << "   "
          << setw(10) << amount[month] << endl;
}
```

表 5.4

格式控制符	描述
fixed	使用定点表示输出实数值
scientific	使用科学表示输出实数值
showpoint	在输出实数值时显示十进制小数点
noshowpoint	停止使用 showpoint
dec	按十进制输入或输出一个整数
hex	按十六进制输入或输出一个整数
oct	按八进制输入或输出一个整数
showbase	显示整数时，标明它们的基（例如，对于十六进制使用 0x）
noshowbase	停止使用 showbase
showpos	对于非负值，显示一个+号
noshowpos	停止使用 showpos
boolalpha	使用 true 和 false 读取或显示 bool 型值
noboolalpha	停止使用 boolalpha
uppercase	在科学表示中，使用 E 表示指数，在十六进制中，使用符号 A~F
nouppercase	停止使用 uppercase
unitbuf	在每次输出操作后刷新输出流
flush	刷新输出流
endl	在输出流中插入换行符并刷新流
left	左对齐输出
right	右对齐输出
internal	在符号或基和值之间使用填充字符填充

续表

格式控制符	描述
来自<iomanip>：	
setprecision(n)	设置实数输出的精度（十进制小数点后面的位数）为 *n*
setfill(ch)	使用字符 ch 填充输出域中的多余空间
setw(n)	设置下一个输出域的宽度为 *n*

5.1.3 文件 I/O：ifstream 和 ofstream 类

使用交互式 I/O，<iostream>库自动地建立运行在主存中的程序和键盘之间的联系以及这个程序和屏幕之间的联系。但是，对文件 I/O 来说，不是这样的。如果一个程序要从一个文件中获取输入或要输出到一个文件中，它必须为此目的创建一个流。这个操作被称为**打开**一个到文件的流。一个要读取某个文件的程序必须打开到这个文件的 **ifstream**，而一个要写某个文件的程序必须打开到这个文件的 **ofstream**。一个 **fstream** 既可以用于从文件中读取，也可以用于向文件中写入。这些类在<fstream>库中声明，所以希望使用这些类的程序必须包含预处理命令#include<fstream>。

声明、打开和关闭文件流

在一个文件能够从文本文件中读取值之前，它必须创建一个 ifstream 对象作为这个文件和这个程序之间的联系。这个对象必须首先被声明为 ifstream 类型的：

```
ifstream inStream;
```

相似地，一个向文件中写入值的程序必须首先创建一个 ofstream 对象作为从程序到这个文件的联系。这可以如下实现：

```
ofstream outStream;
```

这些语句声明对象 inStream 和 outStream 为未初始化的文件流——作为程序和文件之间潜在的联系。通过向它们发送 open()消息，可以使得它们称为实际的联系：

```
inStream.open(name_of_input_text_file);
outStream.open(name_of_output_text_file);
```

这两个步骤（声明和打开）可以使用一个初始化声明合并起来：

```
ifstream inStream(name_of_input_text_file);
ofstream outStream(name_of_output_text_file);
```

在每种情况下，用于输入或输出的文件的名字可以被“硬编码”到程序中，如下：

```
ifstream inStream("CompanyInfo");
```

或者可以在程序执行过程中被输入并被保存到一个 string 型变量中，然后从这个变量中可以提取这个文件名来打开到相应文件的一个流：

```
string inputFileName;
```

```
cout << "Enter name of input file: ";
cin >> inputFileName;

ifstream inStream(inputFileName.data());
```
[①]

第一种方法通常被认为是糟糕的实现。文件处理程序必须使用包含测试数据的文件进行测试，验证相应的输出，此时，显然希望能够输入这些文件的名字，而不是每次都是在程序中修改文件的名字，然后重新编译程序。也许有人会考虑在总是使用同一个文件的情况下，可以将文件的名字硬编码到已经被测试的程序中。

默认地，打开到一个文件的 ofstream 是破坏性的；即，如果这个文件存在，其中的内容将被销毁。在不希望进行这种破坏的情况下，可以带第二个模式实参来发送 open()消息，这可以是表 5.5 中列出的模式实参中的任一个。例如，要打开到某个名字存储在 string 型变量 outFileName 中的文件的 ofstream，并且数据将被添加到这个文件的后面，可以使用 ios::app 作为第二个实参，如下：

```
outStream.open(outFileName.data(), ios::app);
```

第二个实参使得 open()消息非破坏性，从而能够保留输出文件的内容，而任何新增的写到这个文件中的值将被追加到文件末尾。文件模式可以使用按位或（|）运算符组合。例如，要打开到某个名字存储在 string 型变量 ioFileName 中的文件的流，使得这个流既能用于输入又能用于输出，我们可以使用

```
fstream inoutStream;
inoutStream.open(ioFileName.data(), ios::in | ios::out);
```

表 5.5

模式	描述
ios::in	ifstream 对象默认的模式。打开一个文件用于输入，非破坏性的，读取位置位于文件的开头
ios::trunc	打开一个文件，并删除这个文件的任何内容（即截断它）
ios::out	ofstream 对象默认的模式。打开一个文件用于输出，使用 ios::trunc
ios::app	打开一个文件用于输出，非破坏性的，写入位置位于文件的末尾（即，用于追加）
ios::ate	打开一个已经存在的文件，使得读取位置（对于 ifstream 对象）或写入位置（对于 ofstream 对象）位于文件的结尾
ios::binary	打开一个文件，这个文件的 I/O 将以二进制模式完成，而不是文本模式。使用 read()以字节为单位从文件中读取内容到字符数组中，使用 write()将字符数组中的内容写入到文件中

可能会发生一些错误从而妨碍打开到某个文件的流；例如，一个输入文件可能不存在或者找不到。显然，如果发生这种情况，任何后续的从这个文件中读取的企图都会失败。无论何时，都记住使用 is_open()来检测一个打开流的尝试是否成功。一个如下形式的消息：[②]

① 也可以使用 inputFileName.c_str()。如 5.2 节中所描述的，data()和 c_str()都是可以用来提取存储在 string 对象中的实际字符串的方法。

② 打开操作的成功或失败也可以通过使用 good()和 fail()函数来检测；例如，assert(inStream.good());或者 assert(!inStream.fail());。

```
fstreamName.is_open();
```

在 fstreamName 被成功打开时返回 true，如果打开失败，则返回 false。

我们已经看到打开一个文件流使得这个对象成为一个程序和一个文件之间的联系。当程序的执行离开这个文件流对象的作用域时，这个流被断开了，就像当程序的执行离开一个局部变量的作用域时这个变量的值会丢失一样。特别地，一个在函数内部声明的文件流在程序的执行离开（如果前面一直没有离开）这个函数的时候就被断开了。

也可以通过发送一个 close()消息来断开某个文件流到一个文件的联系：

```
fstreamName.close();
```

这将切断这个程序和这个文件之间的联系，使得 fstream 没有定义。

5.1.4 I/O 类层次

在第 1 章对面向对象编程的介绍中，列出了 OOP 的 3 个特性：

- 封装性
- 继承性
- 多态性

C++的 I/O 类之间的关系提供了演示第二种属性的一个很好的例子。

I/O 类构成了一个类层次（参见第 14 章），其中 iostream 同时是 istream 和 ostream 的子类，而 istream 和 ostream 又是一个基本的 ios 类的子类，ios 类用于处理格式化、缓冲区等的低级细节。<fstream>库中提供的文件 I/O 类 ifstream、ofstream 和 fstream（还有 5.2 节中要描述的<sstream>库中的 istringstream、ostringstream 和 stringstream 字符串流类）分别是 istream、ostream 和 iostream 的子类。图 5.6 描绘了这个类层次图（从一个类到另一个类的箭头表示第一个类是第二个类的子类）。

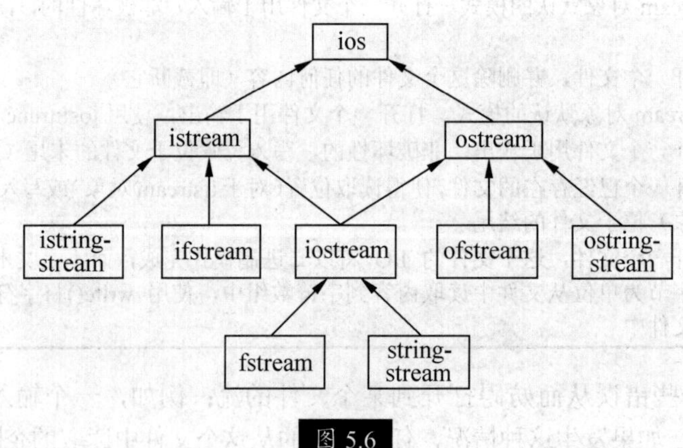

图 5.6

一个类的子类继承了这个父类的所有成员，这意味着所有的父类操作都可以在子类对象上进行。特别地，ifstream、ofstream 和 fstream 类分别继承了 istream、ostream 和 iostream 的所有成员。这表示所有在 istream、ostream 和 iostream 上进行的操作分别都可以在 ifstream、ofstream 和 iostrea 对象上进行，此外还有几个新操作是只限于文件流具有的。

直到编写你的前几个文件处理程序，能意识到这有多么的奇妙！所有用于交互式 I/O 的操作都可以用于文件 I/O。例如，一旦声明了一个 ifstream 对象 fin 并将它和一个文本文件联系，就可以按交互式 I/O 一样的方式来从中读取一个值：

```
fin >> variable;
```

和重复并修改我们对交互式 I/O 以得到文件 I/O 相比，看起来考察程序 5.1 这样的例子将会更令人轻松和有益。[①]主要的文件 I/O 特性都以彩色表示。注意在文件流被打开后，剩下的操作如何被以交互式 I/O 一样的方式所使用。

程序 5.1 演示文件 I/O 的例子

```
/*-------------------------------------------------------------------------
  读取存储在文件中的数值，计算最小值、最大值和这些数的平均值，并将这些统计信息写到一
  个输出文件中

   输入（键盘）：输入和输出文件的名字
   输入（文件）：一个数值序列
   输出（文件）：值的个数、最小值、最大值和平均值
-------------------------------------------------------------------------*/

#include <iostream>                    // cin, cout
#include <fstream>                     // ifstream, ofstream
#include <string>                      // string, getline()
#include <cassert>                     // assert()
#include <cfloat>                      // DBL_MIN and DBL_MAX
using namespace std;

int main()
{
  cout << "This program computes the number, maximum, minimum, and\n"
          "average of an input list of numbers in one file,\n"
          "and places its results in another file.\n\n";

  // ----------- 输入部分------------------------------------

  cout << "Enter the name of the input file: ";
  string inputFileName;
  getline(cin, inputFileName);           // 获取输入文件的名字

  ifstream fin;                          //  打开一个到输入文件
  fin.open(inputFileName.data());        //  的输入流，建立相关
  assert( fin.is_open() );               //  联系并检查是否成功
```

① 这个例子改编自本书的先行课程：C++：程序设计介绍，第 3 版，作者是 Joel Adams 和 Larry Nyhoff（Upper Saddle River, NJ:Prentice Hall, Inc, 2003）

```
    int count = 0;                              // 值的个数
    double reading,                             // 正被处理的值
           maximum = DBL_MIN,                   // 目前为止最大值
           minimum = DBL_MAX,                   // 目前为止最小值
           sum = 0.0;                           // 总和

    for (;;)                                    // 循环
    {
      fin >> reading;                           //  从文件中读取一个值

      if ( fin.eof() ) break;                   //  如果eof, 退出
      count++;                                  //  修改: count,
      sum += reading;                           //        sum,
      if (reading < minimum)
        minimum = reading;                      //        minimum,
      if (reading > maximum)
        maximum = reading;                      //        maximum
    }                                           // 循环结束

    fin.close();                                // 关闭联系

    // ------------ 输出部分 ---------------------------------

    cout << "Enter the name of the output file: ";
    string outputFileName;
    getline(cin, outputFileName);
                                                    // 打开到输出文件的
    ofstream fout(outputFileName.data());           //  一个输出流,
                                                    //  建立联系并
    assert( fout.is_open() );                       //  检查是否成功
                                                    //  将结果写到文件中
    fout << "\n--> There were " << count << " values";

    if (count > 0)
      fout << "\n   ranging from " << minimum
                << " to " << maximum
                << "\n   and their average is " << sum / count
                << endl;

    fout.close();                                   // 关闭流

    cout << "Processing complete.\n";
}
```

运行跟踪：

```
This program computes the number, maximum, minimum, and
average of an input list of numbers in one file,
and places its results in another file.
```

```
Enter the name of the input file: data5-1.txt
Enter the name of the output file: output5-1.txt
Processing complete
```

输入文件 data5-1.txt 的内容列表：

```
88 66 99 100
77 66 44 55
95 85
```

输出文件 output5-1.txt 的内容列表：

```
--> There were 10 values
    ranging from 44 to 100
    and their average is 77.5
```

✔ 小测验 5.1

1. <iostream>库中的两个主要的类是什么？
2. ________是一个用于从任意输入设备向运行着的程序输入字符的类。
3. ________是一个用于从运行着的程序向任意输出设备输出字符的类。
4. <iostream>库创建了一个名为________的对象________，将程序和键盘联系起来。
5. <iostream>库创建了一个名为________的对象________，将程序和屏幕联系起来。
6. istream 的三种状态是________、________和________。
7. 如果有一个数据入口错误，语句 assert(cin.________);将停止程序的运行。
8. istream 类中的________方法被用来重置一个输入流的状态。
9. istream 类中的________方法被用来跳过输入流中的字符。
10. 默认地，>>跳过输入流中的空白字符。（判断题）
11. 方法 get()跳过输入流中的空白字符。（判断题）
12. ________是一个控制符，可以被用来在输入流中插入一个换行符并刷新这个流。
13. 当语句

    ```
    cout << setw(10) << 1.234 << 5.678 << endl;
    ```

    被执行后，实数 1.234 和 5.678 将以 10 位宽度的域显示。（判断题）
14. 在程序能够从文件中读取数据之前，必须有一个________对象联系这个程序和相应文件。
15. 在程序能够向文件写入数据之前，必须有一个________对象联系这个程序和相应文件。
16. 几乎没有交互式 I/O 流的操作可以用于文件流。（判断题）
17. 编写一条语句声明一个名为 inputStream 的文件流，它将被用于从某个文件中输入；编写另一条语句使用 open()函数将这个流联系到一个文件，这个文件的名字存储在 string 型变量 empFileName 中。

18. 重做问题 17，但是使用声明时初始化机制。
19. 重做问题 17，但是这里是有一个名为 outputStream 的文件流将被用于向一个文件输出，这个文件的名字存储在 string 类型变量 reportFileName 中。
20. 重做问题 19，但是使用声明时初始化机制。
21. 声明 ifstream inStream("Info");将销毁名为 Info 的文件的内容。（判断题）
22. 声明 ofstream outStream("Info");将销毁名为 Info 的文件的内容。（判断题）
23. 编写一条语句，当打开 ifstream inputStream 的尝试失败时停止程序的执行。
24. 编写一条语句来断开问题 23 中的 ifstream。

5.2 C++ String 类型

串的处理是很多问题的一个重要组成部分。例如，处理雇员信息时，可能需要将每个雇员的姓名以及其他信息一起存储。维护一个目录的程序可能需要处理产品名、制造商名、他们的地址等。很多问题牵涉到字符序列，例如，文本编辑和字处理中的单词和句子，为了安全和/或可靠性必须加密的文件和消息，在文本文件中搜索单词、短语和模式等。随着计算机从数字捣鼓设备变迁到多用途机器，牵涉到字符串输入、存储、处理和输出的问题数也增加了。因此需要一个字符串数据类型，通过它，串对象可以存储字符串，并且可以以不同的方式在其上进行操作。

处理串所需的操作会随一个问题到另一个问题而变化。但是，在绝大多数文本编辑和字处理应用中，都包括了下面的将字符串作为抽象数据类型的描述中列出的那些操作（通常会更多）。

字符串 ADT

数据元素集合：

从一些给定的字符集中抽取的有限的字符序列。

基本操作：

- 输入和输出　读取和显示字符串。
- 长度　得到一个字符串中的字符数目。
- 比较　判断按照字典顺序时，两个字符串是否相同，还是一个字符串排在另一个字符串的前面。
- 连接　将两个字符串连接起来。
- 复制　将一个字符串或者一个给定字符串的子串复制到另一个字符串。
- 查找　在一个字符串中定位另一个字符串或者一个字符。
- 插入　将一个字符串插入到另一个字符串中。
- 删除　删除一个字符串的一部分。
- 替换　使用另一个字符串替换一个字符串的某个部分创建一个栈。

要说明这些基本操作，假设 str1 是字符串 en，str2 是 list，以及 str3 是 light。则 str1

的长度是 2，str2 的长度是 4，str3 的长度是 5。因为 e<1，所以 str1 < str2。在 str3 和 str2 的比较中，从左开始搜索第一个不匹配的字符，并且找到 g<s，这表示 str3 < str2。str1 和 str2 的连接是

```
"enlist"
```

str2 和 str1 的连接是

```
"listen"
```

而 str1 和 str3 连接再和 str1 连接得到

```
"enlighten"
```

复制 str2 的从第二个字符开始的长度为 2 的子串得到

```
"is"
```

而将这个子串替换为“aria”得到

```
"lariat"
```

5.2.1 C 风格的字符串

C 编程语言没有提供预定义的字符串数据类型，但是它提供了一些字符串处理功能，而这些又是 C++的一部分。因为可能会在一些 C++程序中发现这些特性，或者有可能会在不需要 C++标准 string 类型全部功能的程序中使用它们，所以我们将很快也看一下 C 风格的字符串。

如在第 3.2 节中看到的，C 使用字符数组来存储字符串，但是在字符串的结尾要添加一个空字符\0。例如，定义

```
char animal[10] = "elephant",
     bird[] = "robin";
```

创建了具有 10 个元素字符数组 animal，并使用字符串 elephant 中的字符以及跟在后面的两个空字符对其进行了初始化，

animal	e	l	e	p	h	a	n	t	\0	\0
	[0]	[1]	[2]	[3]	[4]	[5]	[6]	[7]	[8]	[9]

以及具有 6 个元素，使用字符串 robin 中的字符和最后跟着的一个空字符进行了初始化的字符数组 bird：

bird	r	o	b	i	n	\0
	[0]	[1]	[2]	[3]	[4]	[5]

字符串处理函数可以使用这个空字符来找到字符串的结尾。例如，语句

```
for ( int i = 0; animal[i] != '\0'; i++)
    cout << animal[i];
```

可以只输出用来初始化 animal 的字符串中的字符。实现其他一些基本的字符串操作的函数，例如查找、插入、删除和替换，和它们使用下标运算符来访问数组中的单个位置以及使用空字符来检测存储在数组中的字符串的结尾是非常相似的。

在 C++中可以使用输出运算符来输出 animal 和 bird 这样的字符数组。例如，语句

```
cout << animal;
```

将产生和前面的 for 循环语句一样的输出。还可以使用输入运算符对字符数组进行输入。例如，语句

```
cin >> animal;
```

被用来将一个字符串输入到 animal 中。输入运算符首先忽略前导的空白字符（除非格式控制符 noskipws 被使用了）。然后它从 cin 提取出字符并将它们存储到字符数组 animal 中，直到到达文件的结尾或者遇到空白字符，这个字符是不会被从 istream 中删除的。在这之后，它将使用一个空字符来表示这个串的结束。这样，如果输入

```
tom cat
```

从 animal 中读到的值将是

```
tom
```

如果再次遇到这个输入语句，在 cat 之前的空格将被忽略，字符串 cat 被读取并赋予 animal。istream 类具有很多可以用来进行输入其他的成员函数，例如 get()、getline()、read()、readsome()以及 width()。

表 5.6 列出了在不同的 C 库中都提供的一些用于处理 C 风格字符串的函数。[①]在它们的描述中，s、s1 和 s2 都是字符数组，它们的最后一个数组位置都是空字符，而 ch 是一个字符。其他的字符串处理函数在附录 C 中都有描述。

表 5.6

操作	描述
来自<cstring>:	
strcat(s1, s2)	通过将 s2 连接到 s1 的末尾来修改 s1
strcpy(s1,s2)	通过将 s1 自己的字符替换为 s2 中字符的拷贝来修改 s1
strcmp(s1,s2)	比较 s1 和 s2，根据 s1 是小于、等于还是大于来返回一个负整数、0 或者正整数
strlen(s)	返回 s 的长度（非空字符的个数）

① C++标准规定在 C 中提供的名字为<lib.h>的库在 C++中将重命名为<clib>，也就是在前面添加一个前缀 c 而把扩展名.h 去掉。特别地，C 的字符串库<string.h>被重命名为<cstring>。早期版本的 C++库仍然是用.h 扩展来命名的；例如，<iostream.h>，其新名字是<iostream>。很多版本的 C++对这两种名字都支持，而且一些程序员仍在使用这些老的名字。不过，大家要小心的是，在一个程序中包含<string.h>表示包含的是 C 的字符串库，而不是 C++的字符串库。

续表

操作	描述
strstr(s1,s2)	查找 s2 在 s1 中的第一次出现的位置，如果能找到，返回指向这个位置上第一个字符的指针，否则，返回空
来自<cstdlib>：	
atof(s)	将 s 转换为 double 型值（如果可以）并返回这个值
atoi(s)	将 s 转换为 int 型值（如果可以）并返回这个值
atol(s)	将 s 转换为 long int 型值（如果可以）并返回这个值
来自<cctype>：	
islower(ch)	如果 c 是一个小写字母，返回 true，否则返回 false
isupper(ch)	如果 c 是一个大写字母，返回 true，否则返回 false
tolower(ch)	返回 c 对应的小写字母（如果 c 是大写字母）
toupper(ch)	返回 c 对应的大写字母（如果 c 是小写字母）

最后的 4 个字符处理函数被包括在表 5.6 中是因为它们可以被用来逐个字符地处理字符串。例如，要将存储在字符数组 str 中的字符串转换为全是大写形式，可以使用

```
for(int i = 0; i < strlen(str); i++)
    if (islower(str[i])
        str[i] = toupper(str[i]);
```

5.2.2 一个字符串类

要设计一个 OOP 的字符串类型，可以设计一个 StringType 类，它使用一个字符数组数据成员 myStorage 来存储字符串的字符。可以使得 myStorage 为一个动态数组，如 3.4 节所描述的，并且令一个类构造函数使用 new 操作和一个在 StringType 类对象声明时给定的数组容量，来为 myStorage 分配内存。我们接着可以添加不同的字符串处理成员函数在这些数据成员上进行内部操作。例如，要实现长度操作，可以使用一个成员函数 length()来搜索 myStorage 以找到标志结束的空字符，可以保证所有的构造函数以及其他会修改 StringType 对象的函数都会在字符串的结尾放置这个空字符：

```
    unsigned StringType::length()
    {
        int i = 0;
        while(myStorage[i] != '\0')
 i++;
    return i;
    }
```

或者，也可以简单地让 length()调用<cstring>中的函数 strlen()，如下：

```
#include<cstring>
unsigned StringType::length()
{
    return strlen(myStorage);
}
```

这个函数可以执行相似的空字符搜索。出于效率考虑，可以添加一个 myLength 数据成员，每当字符串被修改时，这个 myLength 也随着作相应的变化。这样 length()成员函数就成了一个简单的访问函数。

为字符串开发一个完整的类是有益的，但是我们将这留作一个练习（见编程问题 27）。作为替代，将集中考察 C++<string>库中的标准 string 类。因为它提供了大量的字符串操作，可以在本书中需要字符串处理的绝大多数例子中使用这个类。本节剩下的部分将主要对这个 string 类进行详细地学习。如果你在早期的课程中已经学习并使用过这个类，这里可以为你提供一个快速的回顾。

5.2.3 C++ String 类

要使用 C++的 string 类，必须记住要包含<string>库：

```
#include <string>
```

这使得能够使用大量的字符串处理操作。本节中将描述这个 string 类提供的主要操作。[①]

1. 定义和构造函数

定义一个字符串对象可以有几种方法。除了默认的构造函数以外，还有使用另一个 string 对象，使用一个字符数组或它的一部分，或者使用一个字符的多个拷贝来初始化对象的构造函数。对它们的描述在表 5.7 中（也在附录 D 中），str 是一个 string；ca 是一个字符数组；str_ca 是一个 string 或一个字符数组；ch 是一个字符；而 n 是一个整数。

表 5.7

操作	描述
string s;	创建 s 为一个空串
string s(str_ca);	初始化 s 为包含 string 或者字符数组 str_ca 的一个拷贝
string s(ca,n);	初始化 s 为包含字符数组 ca 中前 n 个字符的拷贝
string s(str,pos,n);	初始化 s 为包含 string str 中从位置 pos 开始的 n 个字符的拷贝；如果 n 太大，将仅仅拷贝到 str 结束为止的字符
string s(n,ch);	初始化 s 为包含字符 ch 的 n 个拷贝

例如，声明

```
string name1,
    name2(""),
    name3 = "";
```

创建 string 对象 name1、name2 和 name3 并使用**空串**对它们进行初始化，空串不包含任何

① 和类 istream 和 ostream 是通过将 char 作为为规定的元素类型从类模板 basic_istream 和 basic_ostream 得到一样，类 string 是通过将 char 作为规定的类型从类模板 basic_string 得到的。使用 wchar_t 将得到宽字符串类 wstring。类模板的描述参见第 9 章。

字符。它的书面写法是写成两个连续的双引号（“”）。声明

```
char vowles[] = "aeiou";
     s("abcdefghijklmn"),
     s1(vowels,3),
     s2(s),s3(s,2),s4(s,2,5),
     snore(10,'z');
```

创建 string 对象 s、s1、s2、s3、s4 和 snore 并且初始化它们为包含以下串：

```
s:      abcdefghijklmn
s1:     aei
s2:     abcdefghijklmn
s3:     cdefghijklmn
s4:     cdefg
snore:  zzzzzzzzzz
```

2．存储

一个 string 对象必须存储它所表示的字符串值中的每个单独字符。在一些实现中，使用字符数组来存储短字符串而使用动态存储结构来存储长一些的，并且会因为频繁的插入和删除而增长或者收缩的字符串。实际上为字符串使用什么样的存储结构以及这个结构是如何管理的是和具体实现相关的。不过，string 的一些成员函数可以提供一些相关信息。表 5.8 中描述了其中一些成员函数，其他的成员函数将在附录 D 中描述。在这些描述中，s 是 string 类型。

表 5.8

操作	描述
s.capacity()	返回 s 获取的存储容量
s.size()和 s.length()	返回 s 的长度
s.empty()	如果 s 没有包含字符则返回 true，否则返回 false
s.max_size()	返回 s 可能的最大长度

3．输入/输出

字符串的输入/输出和其他类型对象的输入/输出非常相似。输出运算符<<可以被用来显示 string 文字和表达式。输入可以通过使用输入运算符>>或者非成员函数 getline()来完成。在表 5.9 对这些操作的描述中，ostr 是一个 ostream 或 ofstream，istr 是一个 istream 或 ifstream，而 s 是一个 string。

要说明，考虑下面的语句：

```
cin >> name1;
cout << "name1: " << name1 << endl;
```

表 5.9

操作	描述
ostr << s	将 s 的字符插入到 ostr 中；返回 ostr
istr >> s	从 istr 中提取并抛弃前导的空白字符，然后提取字符并将它们存储到 s 中，直到提取了 s.max_size()个字符，到了文件结尾，或者遇到了一个空白字符，这里如果是遇到空白字符，那么这个空白字符并不从 istr 中被删除；返回 istr
getline(istr,s,term)	从 istr 中提取字符并将它们存储到 s 中，直到提取了 s.max_size()个字符，到了文件结尾，或者遇到了字符 term，这里如果是遇到字符 term，那么字符 term 将被从 istr 中提取出来但并不存储到 s 中；如果 term 被省略了，那么将使用'\n'

如果输入串 Al-Ley-Cat，产生的输出将是：

```
name1: Al-Ley-Cat
```

不过，如果将横线换成空格，并且输入串 Al Ley Cat，那么产生的输出将是：

```
name1: Al
```

这是因为输入运算符>>在遇到空格时就停止读取字符了；输入的剩余部分（" Ley Cat"）将留在输入流 cin 中并且将在后续的输入语句中被读取。

对比一下，如果为以下的语句使用同样的输入：

```
getline(cin,name2)
cout << "name2: " << name2 << endl;
```

第一种情况下产生的输出将是：

```
name2:  Al-Ley-Cat
```

而第二种情况下产生的输出是：

```
name2: Al Ley Cat
```

这是因为 getline()读取输入的整个行。

在同时使用>>和 getline()时必须要小心。当>>遇到一个空白字符时输入将停止，但是>>不会将这个空白字符从输入流 cin 中删除。如果这个字符是行结束符并且下一个输入操作是使用 getline()读取值到一个 string 变量中，它将立刻碰到这个行结束符，从而一个空串将被赋给这个变量。

例如，考虑语句：

```
cin >> name1;
cout << "name1: " << name1 << endl;
getline(cin,name2);
cout << "name2: " << name2 << endl;
getline(cin,name3);
```

```
cout << "name3: " << name3 << endl;
```

如果输入：

```
Al Ley Cat
Road Runner
```

产生的输出将是：

```
name1: Al
name2:  Ley Cat
name3: Road Runner
```

然而，如果输入：

```
Al
Ley Cat
Road Runner
```

产生的输出将是：

```
name1: Al
name2:
name3: Ley Cat
```

当>>遇到紧接着 Al 的行结束符时就停止了，但是它并没有从输入流 cin 中删除这个字符。结果是，当 getline()试图为 name2 读取一行时，它立刻遇到了行结束符，并且赋予了 name2 一个空串。要删除行结束符，可以使用

```
char ch = cin.get();
```

或者

```
cin.ignore(80, '\n');
```

这将同时删除行结束符前的字符。

4．编辑操作

在对作为 ADT 的字符串的描述中，列出了可以组合和修改字符串的连接、插入、删除以及替换作为基本的字符串操作。连接操作通过 string 中（重载）的+运算符来支持，而其他操作是通过成员函数来支持的。在表 5.10 中给出的通用形式中(其他操作参见附录 D)，s 和 str 是 string；ca 是一个字符数组；str_ca 是一个字符串或者一个字符数组；str_ca_ch 是一个字符串，一个字符数组或一个字符；ch 是一个字符；而 n、n1、n2、pos1 和 pos2 是整数。

表 5.10

操作	描述
s + str_ca_ch	返回将 s 和 str_ca_ch 连接的结果
s.append(str_ca)	将 str_ca 添加到 s 的结尾；返回 s
s.append(ca,n)	将 ca 中前 n 个字符添加到 s 的结尾；返回 s
s.append(n,ch)	将 ch 的 n 份拷贝添加到 s 的结尾；返回 s
s.insert(pos.str)	将 str 的拷贝插入到 s 中位置 pos 处；返回 s
s.insert(pos1,str,pos2,n)	将 str 中 pos2 开始的 n 个字符插入到 s 中 pos1 开始的地方；如果 n 太大，字符将复制到 str 结尾的地方为止；返回 s
s.insert(pos,ca,n)	将 ca 中前 n 个字符插入到 s 中 pos 开始的地方；如果 n 被省略了，就将 ca 的所有字符都插入；返回 s
s.insert(pos,n,ch)	将字符 ch 的 n 份拷贝插入 s 中 pos 开始的地方；返回 s
s.erase(pos,n)	删除 s 中从 pos（默认值为 0）开始的 n 个字符；返回 s
s.replace(pos1,n1,str)	将 s 中 pos1 开始的长度为 n1 的子串替换为 str；如果 n1 太大，从 pos 开始到 s 结尾的所有字符都将被替换；返回 s
s.replace(pos1,n1,ca,n2)	和上一个函数一样替换 s 的子串，不过这次是使用 ca 中的前 n2 个字符；返回 s
s.swap(str)	交换 s 和 str 的内容；返回类型为 void
swap(s,str)	交换 s 和 str 的内容；返回类型为 void

这里给出几个例子来演示这些函数：

```
string name = "Michigan",
    greatLake;
cout << "\name: " << name << endl;

//-- 连接"Lake "和name的值并将结果赋给greatLake
greatLake = "Lake " + name;
cout << "(concatenate)\n\tgreatLake:"
    << greatLake << endl;

//-- 将"der"添加到name的值后面
name.append("der");
cout << "(append)\n\tname: " << name << endl;

//-- 删除name的前6个字符，对产生的结果再删除其中从位置3开始的2个字符
name.erase(0,6).erase(3,2);
cout << "(erase)\n\t" << "name: " << name << endl;

//-- 将"Gr"插入到name中位置0处
name.insert(0,"Gr");
cout << "(insert)\n\t" << name + " " + greatLake << endl;
//-- 交换name和greatLake
name.swap(greatLake);
cout << "(swap)\n\t" << name + " " + greatLake << endl;
```

这些语句将产生如下的输出：

```
        name: Michigan
(concatenate)
        greatLake: Lake Michigan
(append)
        name: Michigander
(erase)
        name: and
(insert)
        Grand Lake Michigan
(swap)
        Lake Michigan Grand
```

5．复制符

有好几个操作可以复制字符串或者一个字符串的一部分。其中的一些，例如赋值运算符，将这份拷贝赋予另一个 string 对象。在表 5.11 的描述中（这些操作的其他形式参见附录 D。），s、ca、str_ca、str_ca_ch、pos、n 和 ch 和前面说明的一样。

表 5.11

操作	描述
s = str_ca_ch	将 str_ca_ch 的一份拷贝赋予 s
s += str_ca_ch	将 str_ca_ch 的一份拷贝添加到 s 后面
s.assign(str_ca)	将 str_ca 的一份拷贝赋予 s；返回 s
s.assign(ca,n)	将 ca 中前 n 个字符构成的字符串赋予 s；返回 s
s.assign(n,ch)	将 n 个 ch 组成的字符串赋予 s；返回 s
s.substr(pos,n)	返回 s 中从 pos（默认值为 0）开始的，由 n 个字符组成的 s 的子串的拷贝

6．访问单独的字符

表 5.12 中描述的（重载的）下标运算符 operator[]和成员函数 at()可以被用来访问字符串中给定位置（从 0 开始计数）的字符。在此描述中 s 是一个 string，而 i 是一个整数。

表 5.12

操作	描述
s[i]	返回对字符串 s 中位置 i 上的字符的引用。如果 i 越界的话不会产生异常
s.at(i)	返回对字符串 s 中位置 i 上的字符的引用。如果 i 越界的话会产生一个越界异常

下标运算符并不进行越界下标检查，但是 at()执行这种检查。例如，在下面的例子中将捕获一个越界错误：

```
string  s = "ABCDE";
int i = 5;
try
```

```
{
    cout << s.at(i) << endl;
}
catch(exception rangeExc)        // 需要#include <exception>
{
    cout << "Error in s.at(i) for i = 5 \n"
         << rangeExc.what() << endl;
}
cout << "Done checking\n";
```

但是，如果 s.at(i)被 s[i]所替换，那么错误消息就不会显示了。

7. 查找操作

string 类提供了很多的操作在一个字符串中定位其他字符串或者单独的字符。表 5.13 给出了这些查找操作的一些形式（其他的一些参见附录 D）；str_ca_ch 是一个 string，一个字符数组或者一个字符；s、pos、n 以及 ch 和前面的定义一样。在描述中，npos 是一个特别的在 string 类中定义的公有类常量（某些版本的 C++中的 UINT_MAX）。因为这是一个类常量，在类外必须使用 **string::npos** 来对它进行引用。

表 5.13

操作	描述
s.find(str_ca_ch,pos)	返回 s 中第一个大于等于 pos 的位置，并且从这个位置的下一个字符开始 s 中字符和 str_ca_ch 中相应字符匹配。如果没有这样的位置则返回 npos；pos 的默认值是 0
s.find_first_of (str_ca_ch,pos)	返回 s 中大于等于 pos 的第一个和 str_ca_ch 中任意字符匹配的字符的位置；如果没有这样的位置则返回 npos；pos 的默认值是 0
s.find_first_not_of (str_ca_ch,pos)	返回 s 中大于等于 pos 的第一个和 str_ca_ch 中任意字符都不匹配的字符的位置；如果没有这样的位置则返回 npos；pos 的默认值是 0
s.find_last_of (str_ca_ch,pos)	返回 s 中小于等于 pos 的最大的一个和 str_ca_ch 中任意字符匹配的字符的位置；如果没有这样的位置则返回 npos；pos 的默认值是 npos
s.find_last_not_of (str_ca_ch,pos)	返回 s 中小于等于 pos 的最大的一个和 str_ca_ch 中任意字符均不匹配的字符的位置；如果没有这样的位置则返回 npos；pos 的默认值是 npos
s.rfind(str_ca_ch,pos)	返回 s 中最后一个小于等于 pos 的位置，并且从这个位置开始的 str_ca_ch.size()个字符和 str_ca_ch 中相应的字符匹配。如果没有这样的位置则返回 npos；pos 的默认值是 npos

下面是几个演示这些函数的例子：

```
string s = "abcdeabcdeabcdeABCDE";
cout << "s: " << s << endl;

cout << "s.find(\"cde\"): "
     << s.find("cde") << endl;

cout << "s.rfind(\"cde\"): "
     <<s.rfind("cde") << endl;

cout << "s.find_first_of(\"udu\"): "
```

```
        << s.find_first_of("udu")
        << "\ns.find_first_of(\"udu\",5): "
        << s.find_first_of("udu",5) << endl;

    cout << "s.find_last_of(\"udu\"): "
        << s.find_last_of("udu")
        << "\ns.find_last_of(\"udu\",10): "
        << s.find_last_of("udu",10) << endl;

    cout << "s.find_first_of(\"usurp\"): "
        << s.find_first_of("usurp")
        << "\n*** NOTE:  string::npos = "
        << string::npos << endl;

    cout << "s.find_first_not_of(\"udead\"): "
        << s.find_first_not_of("udead") << endl;

    cout << "s.find_last_not_of(\"udead\"): "
        << s.find_last_not_of("udead") endl;
```

它们将产生下面的输出：

```
s: abcdeabcdeabcdeABCDE
s.find("cde"): 2
s.rfind("cde"): 12
s.find_first_of("udu"): 3
s.find_first_of("udu",5): 8
s.find_last_of("udu"): 13
s.find_last_of("udu",10): 8
s.find_first_of("usurp"): 4294967295
*** NOTE:  string::npos = 4294967295
s.find_first_not_of("udead"): 1
s.find_last_not_of("udead"): 19
```

8．比较

在 string 类中所有通用的关系运算符都被重载了；string 可以和其他的 string 进行比较，或者和 C 风格的字符串进行比较（例如，字符数组。）另外，还提供了一个和 C 中 strcmp()函数很相似的 compare()函数，但是这个函数还可以用来比较串的某个部分。表 5.14 中列出了这些操作的一些通常形式（其他的参见附录 D）；s 是一个 string 对象；str_ca、str_ca_1 和 str_ca_2 是 string 对象或者字符数组。

9．string 和 C 风格字符串

一些问题中需要使用 C 风格字符串来代替 string 对象。例如，在 5.1 节中提到，提供给文件流 ifstream、ofstream 和 fstream 的 open()操作的名字必须是一个字符串文字或者存储在字符数组中的一个字符串。在表 5.15 中，C++的 string 类提供了三个成员函数来将一个 string 对象 s 转换成一个 C 风格的字符串。

表 5.14

操作	描述
str_ca_1 < str_ca_2 str_ca_1 <= str_ca_2 str_ca_1 > str_ca_2 str_ca_1 >= str_ca_2 str_ca_1 == str_ca_2 str_ca_1 != str_ca_2	返回由关系运算符决定的 true 或者 false
s.compare(str_ca)	根据 s 小于、等于或者大于 str_ca 来返回一个负值、0、或者一个正值

表 5.15

操作	描述
s.c_str()	返回一个常字符数组，这个数组包含存储在 s 中的字符，以一个空字符结束
s.data()	返回一个常字符数组，这个数组包含存储在 s 中的字符，但是并没有以空字符结束
s.copy(charArray,pos,n)	将 charArray 替换为 s 中从 pos 开始的 n 个字符，如果 pos 被省略了，就从 0 开始；如果 n 太大，那么拷贝字符直到 s 结束；返回最终拷贝的字符个数

data()或者 c_str()都可以被用来从一个文件名中提取 open 操作所需要的字符数组：

```
fStream.open(filename.data())
```

或者

```
fStream.open(filename.c_str())
```

5.2.4 String 流

到目前为止所考虑的流都是和输入/输出设备或者文件联系起来的。实际上将一个流和一个内存中的 string 联系起来也是可能的，从而可以从字符串中读取以及写输出到这个字符串。这有时被称为**内存内部 I/O（in-memory I/O）**，并通过定义在<sstream>库中的 **string 流**成为可能：[①]

`istringstream`	从一个字符串得到输入
`ostringstream`	输出到一个字符串
`stringstream`	从一个字符串输入以及输出到一个字符串

如在 5.1 节提到的，这些字符串流类分别是从它们对应的交互式 I/O 类 istream、ostream 和 iostream 派生而来，因此继承了这些父类的 I/O 操作。例如，可以使用输入运算符来从一个 istringstream 对象 insstr 读取值，

$$insstr >> variable_1 >> variable_2 >> \ldots >> variable_n;$$

并使用输出运算符将值输出到一个 ostringstream 对象 outsstr：

① 用于宽字符（wchar_t 类型）的相应类型时 wistringstream、wostringstream 和 wstringstream。

```
outsstr << expression1 << expression2 << … << expressio n;
```

在 5.1 节中描述的不同的 I/O 操作函数以及其他的 I/O 特性都可以被使用到字符串流上。

另外，字符串流类具有一些只有它们才有的独特的成员函数：默认构造函数；创建一个字符串流并使用给定的 string 值进行初始化的显式值构造函数；提取存储在字符串流中的字符串或将这个字符串替换为一个新串的成员函数 str()。这些函数将在表 5.16 中描述；insstr 是一个 istringstream 对象，outsstr 是一个 ostringstream 对象，而 s 是这三种字符串流对象中的任一种。

表 5.16

操作	描述
默认构造函数： istringstream insstr; ostringstream outsstr; stringstream sstr;	创建空字符串流

显式值构造函数：
istringstream insstr(stringVal);
ostringstream outsstr(stringVal);
stringstream sstr(stringVal);
	创建一个字符串流并使用 stringVal 中的字符进行初始化。(这些构造函数也可以具有第二个实参，这是在 5.1 节中描述过的一个模式修饰符)

outsstr << value	将 value 转换成一个字符串并将其插入到 outsstr 中
insstr >> variable	从 insstr 中提取并丢弃前导的空白字符，然后提取和 variable 类型值对应的字符，将它们转换成这样的一个值并赋给 variable（以同样的方式>>可以被用来从 istream 中输入值）
s.str()	返回包含字符串流 s 的内容拷贝的 string 对象
s.str(stringVal)	将字符串流 s 的内容替换为 stringVal 中的字符串

在**图形用户接口**（**GUI**）这样的程序中 String 流是非常有用的，在这些程序中所有的输入/输出都是通过字符串进行的。为了对输入的值进行数值处理，作为输入的文本串必须被使用某些字符串分隔机制（例如<cstring>库中的 strtok()）分解为一个个的**符号**。接着需要字符串－数字转换函数（例如<cstring>中的 atoi()和 atof()）来将这些符号转换为相应的数值。为了输出，又需要数字－字符串转换函数将数值转换为字符串。

程序 5.2 中是如何使用字符串流完成这些功能的一个简单的演示。它由 string date 创建了一个 istringstream，使用输入运算符>>来将它分解为单独的符号，其中一些是单词而其他的是整数，并且将它们显示在不同的行上。这指出了 istringstream 对象如何被用来完成字符串的符号化，然后完成字符串－数字的转换。这个程序接着产生了一些格式化的输出到 ostringstream ostr，然后使用 str()创建了一个 ostream 中字符串的拷贝以及一个 ofstream 中字符串的拷贝。这演示了我们如何可以一次完成一些非常复杂的格式化，并将它们输出到一个字符串，而从这个串可以输出到我们希望到的任何地方。

程序 5.2 string 流演示

```
#include <iostream>
#include <fstream>
#include <iomanip>
#include <cassert>
#include <sstream>
using namspace std;

int main()
{
    string date = "U.S. independence:  July 4, 1776";

    istringstream istr(date);

    string word1,word2,month;
    int day, year;
    char comma;
    istr >> word1 >> word2 >> month >> day >> comma >> year;
    cout << "Contents of string stream istr, one word per line:\n"
         << word1 << '\n' << word2 << '\n' << month << '\n'
         << day << comma <<  '\n' << year << '\n' << end;

    cosnt int Y2K =1999 ;
    ofstream outfile("file5-2.out");
    assert(outfile.is_open());

    ostringstream ostr;

    ostr << word1 << "bicentennial:  " << month
         << setw(2) << day << ", " << year + 200 << endl;

    cout << "Contents of string stream ostr:\n" << ostr.str();
    outfile << ostr.str();
}
```

运行跟踪：

```
Contents of string stream istr, one word per line:
U.S.
independence
July
4,
1776

Contents of string stream ostr:
U.S. bicentennial: July 4, 1976
```

文件 file5-2.out 的内容列表：

```
U.S. bicentennial: July 4, 1976
```

✔ 小测验 5.2

1．要存储字符串，C 使用一个________数组以及一个添加在末尾的________。
2．" "是一个________字符串。
3．________可以被用来将一个流连接到一个 string 并且从这个字符串中读取输入和向这个字符串中写入输出。

练习 4~7 假设有声明

```
string s1,
       s2 = "neu",
       s3 = "roses are red";
```

并且提供给输入操作的数据是

```
The cat in the hat
```

4．s1.size() =________, s2.size() = ________, s3.size() = ________。
5．cin >> s1；将把________赋予 s1。
6．getline(cin,s1); 将把________赋予 s1。
7．在 s1 = s2 + s3;执行以后，s1 的值为________。
8．s2[1] = ________。
9．s2.append("tron") = ________。
10．在 s3.insert(10, "colo")执行以后，s3 的值为________。
11．s3.erase(4, s3.length()-4) = ________。
12．s3.replace(0,1,s2.substr(0,1)) = ________。
13．s3.find("re") = ________。
14．s3.find_first_of(s2) = ________。
15．s2 < s3。（判断题）
16．s3.compare(s2) = ________。

练习 5.2

下面的练习要求编写函数来实现不同类型的字符串处理。要测试这些函数，应该像本章结尾部分的编程问题 13~23 中指导的那样编写驱动程序。

1．编写一个函数来计算一个字符串在另一个字符串中出现的次数。
2．编写一个函数，接受月份的数字，而返回这个月份的名字。
3．编写一个函数，接受月份的名字，而返回这个月份的数字。
4．编写一个函数，接受一个有大写和小写字母的字符串，返回这个字符串的全部是小写字母的拷贝；再编写一个函数，接受一个有大写和小写字母的字符串，返回这个字符串的全部是大写字母的拷贝。（提示：使用<cctype>中提供的函数。）
5．编写一个函数 replace_all()，使得如下的一个调用

```
newString = replace_all(str, substring, newSubstring);
```

返回串 str 的一个拷贝，只不过其中的 substring 全部都被 newSubstring 所替换了。

6. 编写一个函数，接收一个名字的三个组成部分（名、中名或者中名首字母、以及姓），返回一个单独的字符串，这个字符串由姓，接着一个逗号，接着是名，最后是中名首字母构成。例如，给出了“John”、“Quincy”和“Doe”，函数应该返回串“Doe,John Q.”。
7. 如练习 6 一样处理，不过这里将函数设计成接收一个单独的由名、中名或者中名首字母以及姓组成的字符串对象。和前面一样，返回一个单独的字符串，这个串由姓，接着一个逗号，接着是名，最后是中名首字母构成。例如，给出了“John Quincy Doe”，函数应该返回串“Doe,John Q.”。
8. 编写一个函数来读取一个数字串，这个串有可能以+或者–开头，并且将这个串转换成它所表示的整数。确定你的函数有对这个串的良好构成的检查，也就是说，这个串应该表示一个合法的整数。（提示：使用<cctype>和<cstdlib>中提供的函数。）
9. 如练习 8 一样，不过这里的串表示一个实数，可以是十进制形式或者科学计数法形式。
10. 如果一个字符串中的字母的顺序被颠倒过来了，这个字符串仍然没有改变，那么就称这个字符串是一个**回文**。例如：

```
madam
463364
ABLE WAS I ERE I SAW ELBA
```

    都是回文。编写一个函数，接受一个字符串，如果这个字符串是回文的话就返回 true，否则返回 false。
11. 编写一个函数，接受两个字符串，并且判断一个字符串是否是另一个字符串的**变位词**，也就是说，是否一个字符串是另一个字符串中字符的排列变换。例如，“dear”和“dare”都是“read”的变位词。

5.3 案例学习：文本编辑

对于诸如信件、书本以及计算机程序之类的文本材料的准备常常牵涉到对文本中部分内容的插入、删除以及替换。绝大多数计算机系统的软件中都包括一个**编辑器**或者**字处理程序**，使得能够很容易地执行这些操作。这里的问题是编写一个简单的文本编辑器程序，使用基本的字符串操作来实现一些基本的文本编辑操作。由于 C++没有提供标准的图形库，我们的文本编辑器将不具有一个能够通过选择下拉菜单来发出不同编译命令的 GUI（图形用户接口，Graphical User Interface）。作为替代，用户将使用来自编辑选项菜单的“热键”。

更特别地，这个程序将允许用户从一个文本编辑操作菜单中作出选择：插入、删除、替换、获取一行新的文本以及退出。被编辑的文本将从一个文本文件中读取，每次读取一行。每行都将被显示在屏幕上，用户可以使用提供的操作进行编辑。当完成编辑以后，这一行将被写入到一个输出文件中，而新的一行又被读入并以相似的方式进行处理。

在设计这个问题的解决方案时，有一个主要的对象——文本编辑器。它将提供以下操作：

- 给定将要编辑的输入文件的名字和包含编辑以后的文本的输入文件的名字，创建一个文本编辑器。
- 运行编辑器，接受并执行用户指定的命令。
- 显示一个编辑命令菜单（插入、删除、替换、长度、位置、读取新的一行文本、退出）。
- 在当前文本行中插入一个字符串。
- 从当前文本行中删除一个字符串。
- 将当前文本行中的某个字符串替换成另一个字符串。
- 获取下一行文本。
- 结束编辑过程。

5.1 节中的文件处理操作提供了我们处理文件打开、I/O 以及关闭所需的一切。而 5.2 节中的 string 操作使得能够很容易地实现基本编辑操作。

程序 5.3 给出了实现 TextEditor 类的 TextEditor.h 和 TextEditor.cpp。这个类的函数成员实现了刚才列出的那些操作，而它的数据成员如下：

- myInstream：由构造函数打开的来自被编辑文件的 ifstream。
- myOutstream：由构造函数打开的连接到被编辑文件的 ofstream。
- myLine：一个存储当前正被编辑的文本的 string。

驱动程序简单地从用户获取输入文件的名字，将字符串“.out”添加到输入文件名后面来产生输出文件的名字，然后为这些文件创建一个 TextEditor 对象，接着向这个对象发送一个 run()消息。

程序 5.3　文本编辑

```
/ *----TextEditor.h-------------------------------------------------------
  这个头文件定义了用于编辑文本文件的TextEditor数据类型
  基本操作包括：
     构造函数：   为给定的文件创建一个TextEditor对象
     run():       运行编辑器
     showMenu():  显示一个编辑“热键”菜单
     insert():    在一行文本插入一个字符串
     erase():     从一行文本中删除一个字符串
     replace():   将一行文本中的某个字符串替换成另一个字符串
     next():      输出编辑完的行并获取下一行要编辑的内容
     quit():      结束编辑
------------------------------------------------------------------------*/

#include <iostream>
#include <string>
#include <fstream>
```

```
class TextEditor
{
 public:
  /******** 函数成员********/
  TextEditor(string inputFile, string outputFile);
  /*-----------------------------------------------------------------
    为名为inputFile和outputFile的文件创建一个文本编辑器

    前置条件： inputFile是将被编辑的文件
    后置条件： outputFile包含编辑完的文本
    --------------------------------------------------------------*/

  void run();
  /*-----------------------------------------------------------------
    运行编辑器

    前置条件： 无
    后置条件： inputFile中的文本被编辑好并输出到outputFile
  ----------------------------------------------------------------*/

  void showMenu();
  /*-----------------------------------------------------------------
    显示编辑命令菜单

    前置条件： 无
    后置条件： 菜单被输出到cout
    --------------------------------------------------------------*/

  void insert(string str1, string str2);
  /*-----------------------------------------------------------------
    在一行文本中插入一个字符串

    前置条件： 无
    后置条件： 如果在myLine中找到str2，则str1被插入
               到str2前面；否则，myLine保持不变
  ----------------------------------------------------------------*/

  void erase(string str);
  /*-----------------------------------------------------------------
    从一行文本中删除一个字符串

    前置条件： 无
    后置条件： 如果在myLine中找到str，则将其删除；
               否则，myLine保持不变
  ----------------------------------------------------------------*/

  void replace(string str1, string str2);
  /*-----------------------------------------------------------------
```

```
   将一行文本中的某个字符串替换成另一个字符串

   前置条件： 无
   后置条件：如果在myLine中找到str1，则str1被
           替换为str2；否则，myLine保持不变
 ------------------------------------------------------------------*/

 void next();
 /*-----------------------------------------------------------------
   移到下一行要编辑的文本

   前置条件： 无
   后置条件： myLine中的字符串被输出到myOutstream，
             从myInstream中读取新的一行到 myLine中
 ------------------------------------------------------------------*/

 void quit();
 /*-----------------------------------------------------------------
   退出编辑

   前置条件： 无.
   后置条件：myLine中的字符串被输出到outputFile，
           inputFile中剩余的行都被复制到outputFile中
 ------------------------------------------------------------------*/

private:
 /******** 数据成员 ********/
 ifstream myInstream;
 ofstream myOutstream;
 string myLine;
};


/*-- TextEditor.cpp ------------------------------------------------

  包含类TextEditor的函数成员的定义
 ------------------------------------------------------------------*/

#include <iostream>
#include <string>
#include <cctype>
using namespace std;

#include "TextEditor.h"

//--- 吃掉cin中空白字符的工具函数
void eatBlanks()
{
```

```
  char blank;
  while (cin.peek() == ' ')
    cin.get(blank);
}

//--- 构造函数的定义
TextEditor::TextEditor(string inputFile, string outputFile)
{
  myInstream.open(inputFile.data());
  myOutstream.open(outputFile.data());
  if (!myInstream.is_open() || !myOutstream.is_open())
  {
    cerr << "Error in opening files.";
    exit(-1);
  }
}

//--- run()的定义
void TextEditor::run()
{
  showMenu();
  cout << "Enter an editing command following each prompt >\n\n";
  getline(myInstream, myLine);
  cout << "TEXT: "  << myLine << endl;
  char command;
  string str1, str2;
  for (;;)
  {
    if (myInstream.eof()) break;
    cout << '>';
    cin >> command;
    cin.ignore(1, '\n');
    switch(toupper(command))
    {
      case 'I' : eatBlanks();
                 getline(cin, str1);
                 cout << "Insert before what string? ";
                 getline(cin, str2);
                 insert(str1, str2);
                 break;
      case 'D' : eatBlanks();
                 getline(cin, str1);
                 erase(str1);
                 break;
      case 'R' : eatBlanks();
```

```
                getline(cin, str1);
                cout << "With what? ";
                getline(cin, str2);
                replace(str1, str2);
                break;
      case 'N' : next();
                break;
      case 'Q' : quit();
                break;
      default :  cout << "\n*** Illegal command ***\n";
                showMenu();
                cout << "TEXT:" << myLine << endl;
    }// switch结束

    if (!myInstream.eof())
      cout << "TEXT: " << myLine << endl;
  }
  cout << "\n*** Editing complete ***\n";
}

//--- showMenu()的定义
void TextEditor::showMenu()
{
  cout << "Editing commands are:\n"
         " I str: Insert string str before another string\n"
         " D str:  Delete string str\n"
         " R str:  Replace string str with another string\n"
         " N :     Get next line of text\n"
         " Q :     Quit editing\n";
}

//--- insert()的定义
void TextEditor::insert(string str1, string str2)
{
  int position = myLine.find(str2);
  if (position != string::npos)
   myLine.insert(position, str1);
  else
    cout << str2 << " not found\n";
}

//--- erase()的定义
void TextEditor::erase(string str)
{
  int position = myLine.find(str);
  if (position != string::npos)
```

```
    myLine.erase(position, str.length());
  else
    cout << str << " not found\n";
}
//--- replace()的定义
void TextEditor::replace(string str1, string str2)
{
  int position = myLine.find(str1);
  if (position != string::npos)
    myLine.replace(position, str1.length(), str2);
  else
    cout << str1 << " not found\n";
}

//--- next()的定义
void TextEditor::next()
{
  myOutstream << myLine << endl;
  getline(myInstream, myLine);
  cout << "\nNext line:\n";
}

//--- quit()的定义
void TextEditor::quit()
{
  myOutstream << myLine << endl;
  for (;;)
  {
    getline(myInstream, myLine);
    if (myInstream.eof()) break;
    myOutstream << myLine << endl;
  }
}

/*-- driver.cpp ---------------------------------------------------------
  TextEditor类的驱动程序。它从用户那里获取要编辑的文件的名字，将字符串“.out”添加到
  此文件名后面来产生输出文件的名字，然后为这些文件创建一个TextEditor对象，接着向这个
  对象发送一个run()消息
 ----------------------------------------------------------------------*/

#include <iostream>
#include <string>
using namespace std;

#include "TextEditor.h"
int main()
```

```
{
  string inFileName,
         outFileName;
  cout << "Enter the name of the input file: ";
  getline(cin, inFileName);
  outFileName = inFileName +".out";
  cout << "The output file is " << outFileName << "\n\n";
  TextEditor editor(inFileName, outFileName);
  editor.run();
}
```

在示例运行中使用的文本文件 file5-3 的内容列表：

```
Foursscore and five years ago, our mothers
brought forth on continent
a new nation conceived in liberty and dedicated
to the preposition that all men
are created equal.
```

运行跟踪：

```
Enter the name of the input file: file5-3
The output file is file5-3.out

Editing commands are:
    I str:  Insert string str before another string
    D str:  Delete string str
    R str:  Replace string str with another string
    N :     Get next line of text
    Q :     Quit editing
Enter an editing command following each prompt>

TEXT: Foursscore and five years ago, our mothers
>D s
TEXT: Fourscore and five years ago, our mothers
>R five
With what? seven
TEXT: Fourscore and seven years ago, our mothers
>R moth
With what? fath
TEXT: Fourscore and seven years ago, our fathers
>N

Next line:
TEXT: brought forth on continent
>I this
```

```
Insert before what string? con
TEXT: brought forth on this continent
>N

Next line:
TEXT: a new nation conceived in liberty and dedicated
>D and
TEXT: a new nation conceived in liberty and dedicated
>N

Next line:
TEXT: to the preposition that all men
>R pre
With what? pro
TEXT: to the proposition that all men
>q

*** Editing complete ***
```

产生的编辑文件（file5-3.out）的内容列表：

```
Fourscore and seven years ago, our fathers
brought forth on this continent
a new nation conceived in liberty and dedicated
to the proposition that all men
are created equal.
```

5.4　模式匹配介绍（可选）

在 5.2 节中，描述了 C++ string 类中提供的一些字符串操作。特别地，我们讨论了几个用于在一个字符串中定位另一个字符串的查找函数。这些都是更通常的在一段文本中查找某个模式的模式匹配问题的例子。这会出现在很多应用中，例如文本编辑，使用 Unix 的 grep 命令搜索一个文件，以及查找基因的生物信息算法。因此，必须高效的实现模式匹配。在本节中将考察一些可能的实现。

进行处理的一种方法是直接地“暴力”法。要演示这种方法，假设希望在文本 text=abcabcabdabba 中查找字符串 pattern=abcabd。查找从这两者的第一个位置开始。前 5 个字符都匹配了，但是当比较下一个字符时发生了一次失配，如图 5.7 所示。

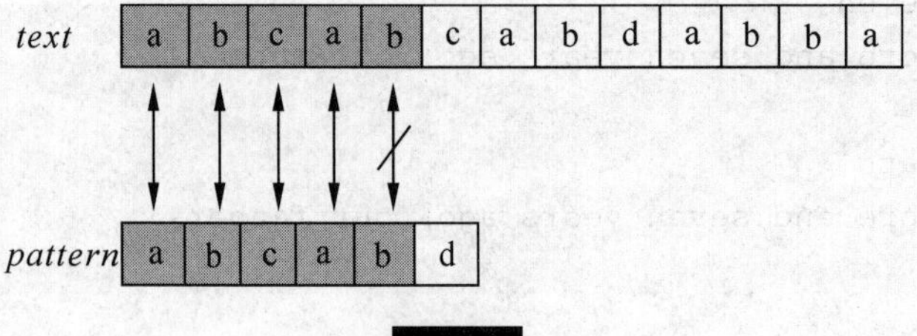

图 5.7

所以必须回溯到 pattern 的开始，在 text 中向右移动一个位置，然后再次开始尝试搜索，如图 5.8 所示。

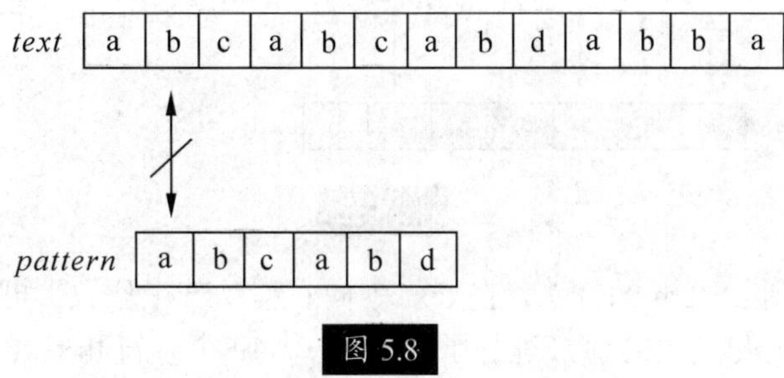

图 5.8

这次立刻发生了一次失配，所以再次回溯到 pattern 的开始，在 text 中向右再移动一个位置，然后再试，如图 5.9 所示。

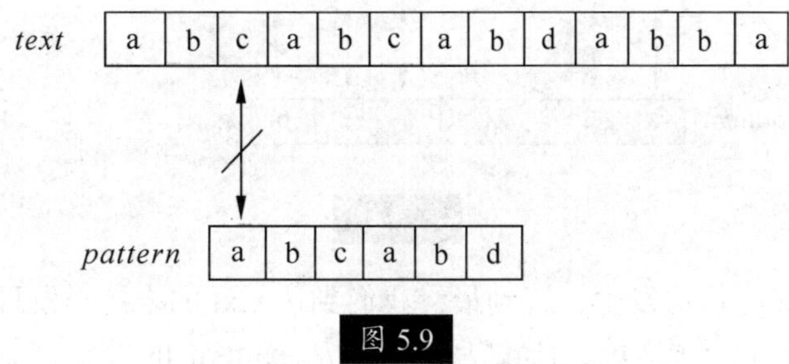

图 5.9

又一次在第一个字符发生了失配，所以再次回溯并且再次移动，如图 5.10 所示。

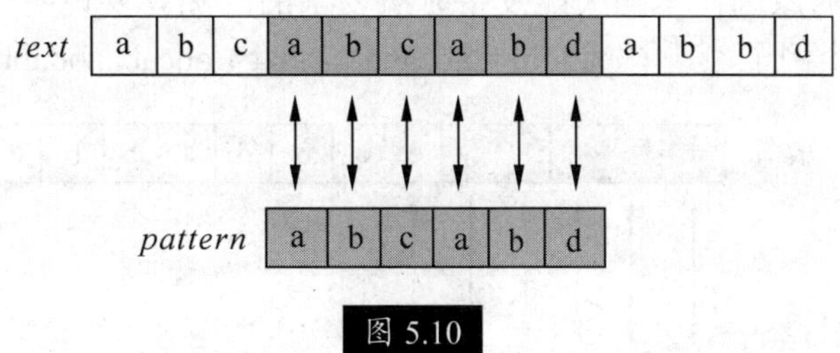

图 5.10

在下一次搜索中，pattern 中的所有字符都和 text 中相应的字符匹配了，这样就在 text 中定位到了这个模式。

在这个例子中，只需要三次回溯，并且其中两次只需要后退一个字符。但是，实际情况有可能更糟。假设被搜索的文本包含一百个字符，所有的字符都是一样的，而模式包含 49 个同样的字符，只有最后一个是不一样的字符，如图 5.11 所示。

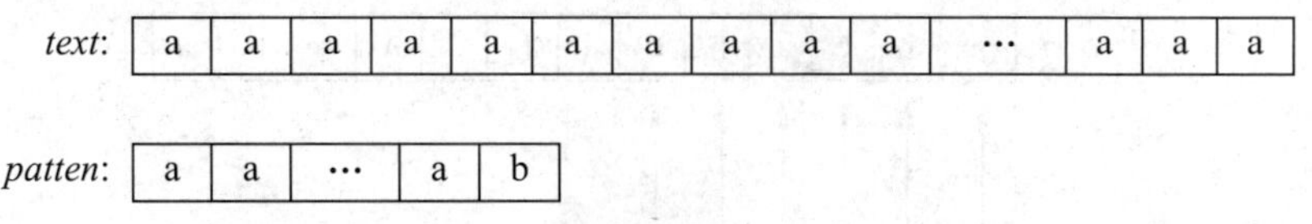

图 5.11

在 text 中搜索 pattern 的开始阶段，发现前面 49 个字符都匹配了，但是 pattern 中的最后一个字符和 text 中相应的字符并不匹配，如图 5.12 所示。

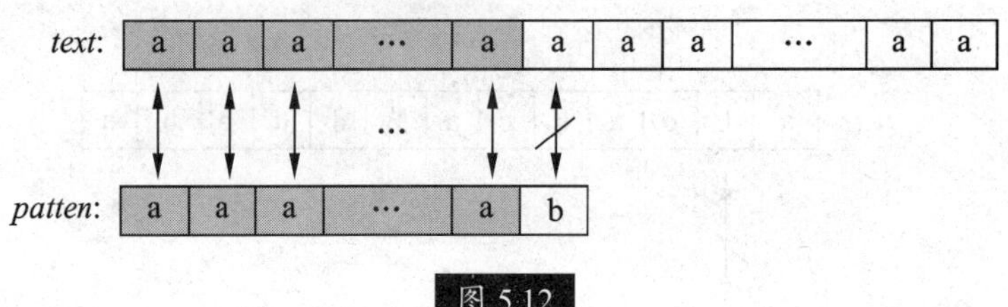

图 5.12

因此必须回溯到 pattern 的开头，在 text 中向右移动一个位置，再重新开始搜索。和前面一样，在下一次失配发生之前，进行了 pattern 中 49 个字符和 text 中相应位置字符的成功匹配，如图 5.13 所示。

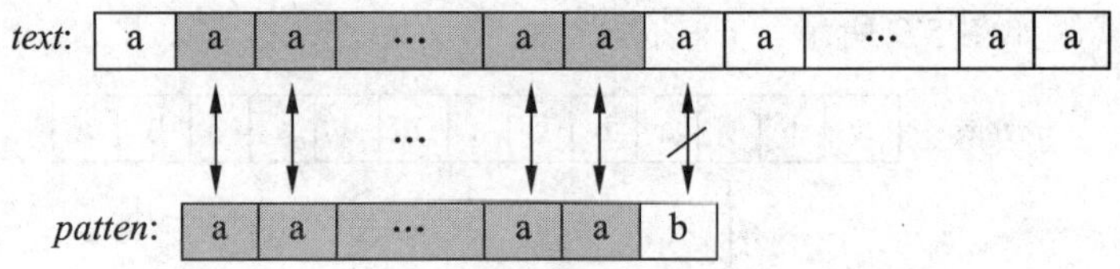

图 5.13

这种情况一次又一次地发生，直到最终我们到达 text 的末尾，发现在 text 中不能找到这个 pattern。在每一次不成功的扫描之后，必须从 pattern 的最后一个字符回溯到 pattern 的第一个字符，并且在 text 中向右移一个位置，然后重新开始搜索。

这个算法低效的原因在于当失配发生时所要求的回溯。要说明如何可以避免这种回溯，再次考虑第一个例子，其中 pattern="abcabd"，text="abcabcabdabba"，如图 5.14 所示。

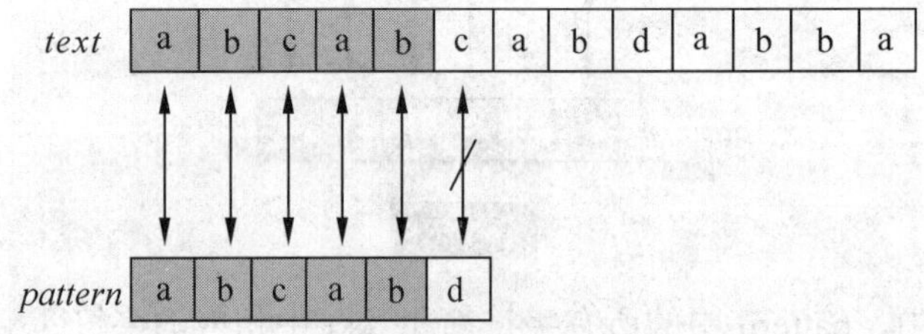

图 5.14

在第一次扫描中，我们发现 pattern[0] = text[0]、pattern[1] = text[1]、pattern[2] = text[2]、pattern[3] = text[3]以及 pattern[4] = text[4]，但是 pattern[5] $\neq$ text[5]，如图 5.15 所示。

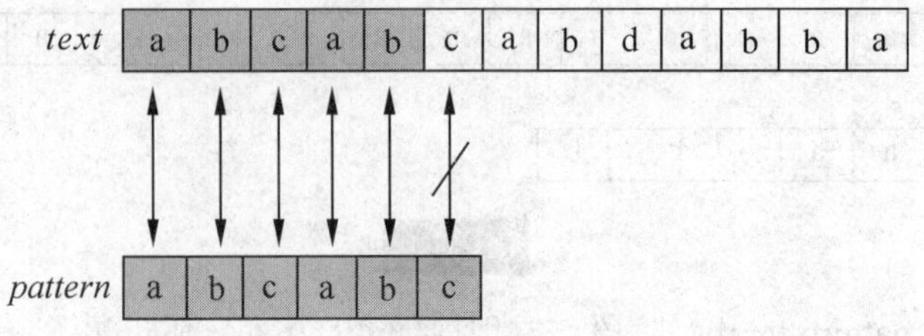

图 5.15

考察 pattern，发现 pattern[0] ≠ pattern[1]；这样 pattern[0]不可能和 text[1]匹配，因为 pattern[1]和 text[1]是匹配的。相似地，因为 pattern[0]和 pattern[2]不等，而 pattern[2]和 text[2]匹配，所以 pattern[0]也不可能和 text[2]匹配。结果，我们可以立刻将 pattern 向右“滑动”3 个位置，从而避免了回溯到 text 中的位置 1 和 2。更进一步地，可以考察 pattern 中和 text 的一个子串相匹配的部分。

```
abcab
```

我们发现不需要再次检查 pattern[0]和 pattern[1]，因为它们分别和 pattern[3]以及 pattern[4]是一样的，而 pattern[3]和 pattern[4]已经和 text 中相应的字符匹配了，如图 5.16 所示。

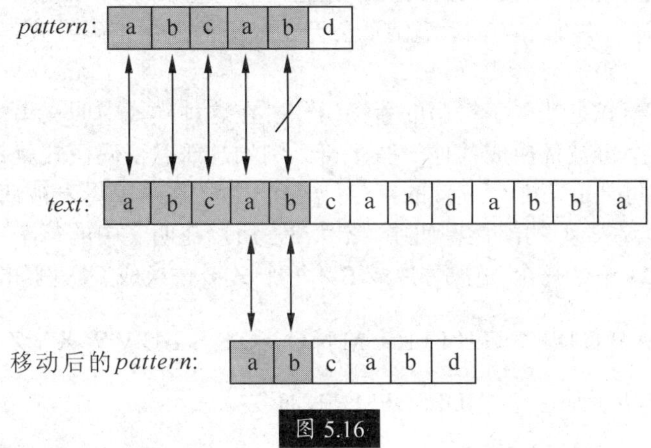

图 5.16

这里的部分匹配意味着可以以 text 中的位置 5 和 pattern 中的位置 2 继续我们的搜索；而根本不需要回溯去检查失配位置之前的字符！

www 这个例子中的无回溯现象是像 Knuth-Morris-Pratt 算法这样更好的模式匹配算法所具有的特点。这种方法的细节以及演示这种方法的例子可以在本书的 Web 站点上找到。在绝大多数算法书中还描述另一种有效的 Boyer-Moree 方法。

模式匹配问题的 Knuth-Morris-Pratt 解决方法有一个有趣的历史。Cook 于 1970 年证明的一个理论提到，任何一个可以使用被称为下推自动机的计算机抽象模型来解决的问题，也可以使用一个实际的计算机（更精确地说，使用一个随机访问机）在与问题规模对应的时间内解决。特别地，这个理论暗示存在着一个算法可以在大约 $m + n$ 的时间内解决模式匹配问题，这里 m 和 n 分别是模式和文本的大小。Knuth 和 Pratt 努力地重建了 Cook 理论的证明，由此创建了本节中描述的模式匹配算法。大概是在同一时间，Morris 在考虑设计一个文本编辑器的实际问题的过程中创建了差不多是同样的算法。这样，可以看到并不是所有的算法都是在“灵光一现”中被发现的，而理论化的计算机科学确实在一些时候会应用到实际的应用中。

5.5 数据加密介绍（可选）

5.2 节中我们考虑过基本的字符串操作，例如长度、位置、连接、复制、插入以及删除等，它们都是文本编辑应用中最有用的操作。不过，还有一些重要的字符串处理需要其他的基本操作。本节中将考虑一个这样的应用，数据加密，以及在这个应用中非常重要的基本操作，置换（substitution）和变换（permutation）。

加密是指将信息编码以使它保密。加密是通过转换组成信息的字符串来生成一个是原来信息的编码形式的新字符串。这个新字符串被称为**密码**或者**密文**，可以安全地存储与传输。以后这个密文可以通过加密过程的逆过程来解密，从而得到原始的信息，这称为**明文**。

从朱丽叶斯.凯撒时代到现在，数据加密一直被用来传送秘密的军事和政治消息。最新的应用包括华盛顿-莫斯科热线、电子基金传输、电子邮件、数据库安全以及其他很多秘密数据传输很重要的场合。较肤浅的应用包括在 20 世纪 50 年代可以用 25 美分和两个 Ovaltine 标签得到的 Captain Midnight secret decoder rings，日报上的字迷以及很多其他不太重要的应用。本节中将描述一些加密模式，范围从公元 1 世纪的凯撒密码模式直到 20 世纪的数据加密标准以及公共密钥加密模式。

最简单的加密模式是基于字符串的**置换**操作，在这种模式中明文串被转换，根据一个固定的规则，每个字符被替换成其他一些字符。例如，**凯撒密码**模式就是将每个字母替换成字母表中这个字母之后第 k 个位置的字母，k 是一个整数。（字母表被认为安排成一个圆，其中 A 紧跟着 Z。）在原始的凯撒密码中，k 为 3，所以在明文中的每个 A 都被替换成 D，每个 B 被替换成 E，…，每个 Y 被替换成 B，每个 Z 被替换成 C。例如，使用字符集

A B C D E F G H I J K L M N O P Q R S T U V W X Y Z

可以如图 5.17 所示加密串“IDESOFMARCH”。

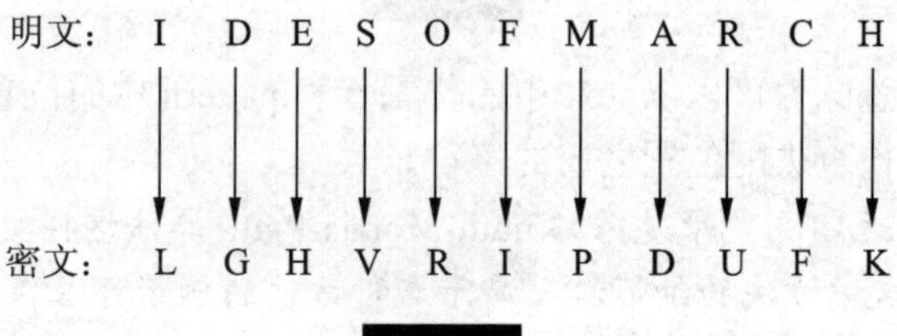

图 5.17

要解码这条消息，接收者使用相同的**密钥** k 并且通过应用相反的转换来恢复明文，也就是转换密文串，将每个字母替换成字母表中它之前的第 k 个位置上的字母。这显然不是一个很安全的模式，因为有可能通过简单地尝试密钥 k 的 26 个可能的值来“破解编码”。

一个改进的置换操作是使用一个**关键词**来规定一些不同的字母置换，而不是凯撒密码中单独的偏移量 k。在这个 **Vignère 密码**模式中，相同的关键词被一个字母一个字母地加到明文串上去，其中每个字母由它在字符集中的位置表示，相加的和要以 26 为模取余。例如，假设字符集和字符的位置如图 5.18 所示。

位置	0	1	2	3	4	5	6	7	8	9	10	11	12
字符	A	B	C	D	E	F	G	H	I	J	K	L	M
	13	14	15	16	17	18	19	20	21	22	23	24	25
	N	O	P	Q	R	S	T	U	V	W	X	Y	Z

图 5.18

关键词是 **DAGGER**，则明文 **IDESOFMARCH** 将被如图 5.19 所示加密。

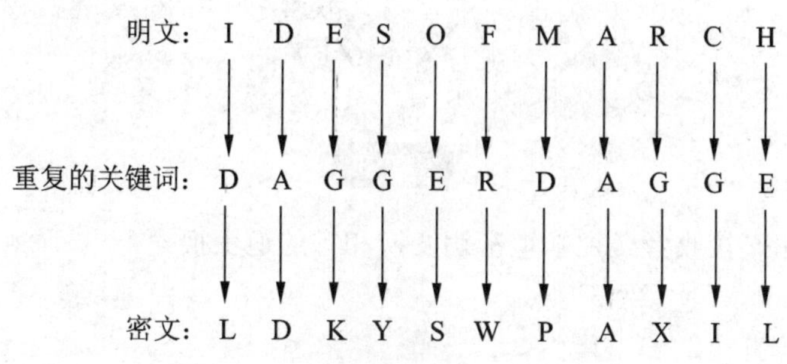

图 5.19

同样地，接收者必须知道密钥，然后通过从密文中减去这个关键词中的字母来恢复明文。

另一种不同的置换操作是使用一张**置换表**，如图 5.20 所示。

原始字符	A	B	C	D	E	F	G	H	I	J	K	L	M
置换字符	Q	W	E	R	T	Y	U	I	O	P	A	S	D

原始字符	N	O	P	Q	R	S	T	U	V	W	X	Y	Z
置换字符	F	G	H	J	K	L	Z	X	C	V	B	N	M

图 5.20

则串 IDESOFMARCH 将被如图 5.21 所示编码。

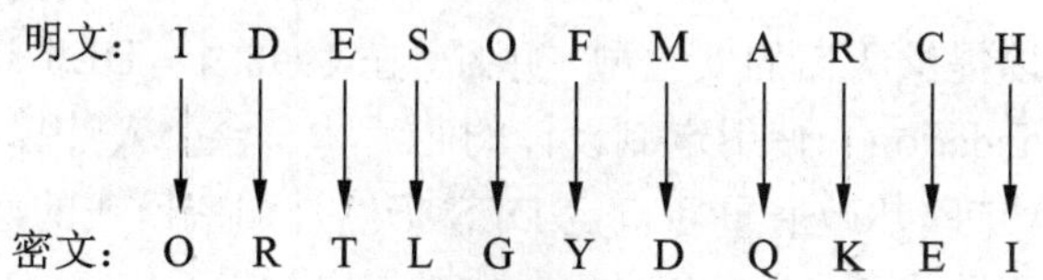

图 5.21

要解码密文串，接收者同样需要知道密钥，也就是这张置换表。

因为总共存在 26!（大约 10^{28}）张可能的置换表，这个模式将比简单的凯撒密码模式安全得多。不过，有经验的密码破解者可以通过分析某个字母和字母组合的频率计数来很轻易地破解这个密码。

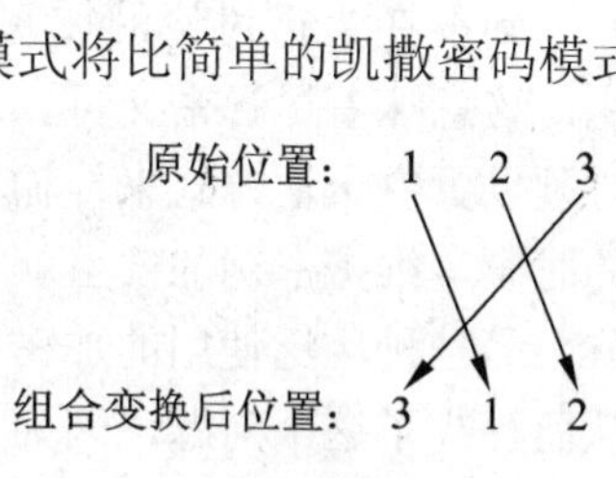

原始位置：1 2 3

组合变换后位置：3 1 2

图 5.22

在一些加密模式中的另一种基本的字符串操作是**变换**，这种操作是将明文中的字符或者字符块重新排列。例如，可以将明文串分成大小为 3 的块（子串），并且如图 5.22 所示变换每一块中的字符。

这样，消息 IDESOFMARCH 就被加密了（在加上一个随机选择的字符 X 以后，使得串的长度是块长度的整数倍），如图 5.23 所示。

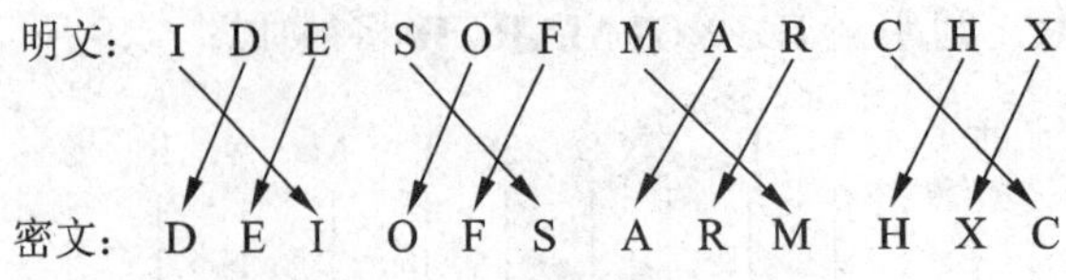

图 5.23

要解码密文串，接收者必须知道密钥变换和它的逆变换。

原始位置：　　　1 2 3

组合变换后位置：2 3 1

5.5.1 数据加密标准（Data Encryption Standard）

绝大多数现代加密模式都通过组合一些置换和变换操作，来同时使用这两种技术。目前已知的最好的加密模式之一是20世纪70年代早期由美国联邦政府和IBM公司共同开发的**数据加密标准（Data Encryption Standard，DES）**。

在DES中，输入是表示明文串中字符块的一个长度为64的位串（例如8个字符的ASCII码的连接），而输出是表示密文的长度为64的位串。加密通过一系列的变换和置换完成。置换操作和前面例子里的很相似；一些是通过和关键词相加得到，另一些则是使用一张置换表来完成。

因为被认为是几乎难以攻破的，DES被美国国家标准与技术局（正式名称是美国国家标准局）采用作为敏感的联邦文档的标准加密模式。很快，DES就变成了使用得最广泛的数据加密方法之一。

但是，不久就提出了这样的问题，即在置换中使用的48位密钥是否足够长，以及置换密钥是否足够精致以提供所需的安全型。并且，在1998年，DES被电子前沿联盟（EFF，Electronic Frontier Foundation）使用定制设计的芯片和一台个人计算机在花费56个小时后攻破了。虽然在1999年联邦政府重新肯定DES仍然是加密模式的选择之一，但是它仍然被一种新的加密标准所取代了，这就是高级加密标准AES（Advanced Encryption Standard）。

5.5.2 公共密钥加密（Public-Key Encryption）

到现在为止讨论的加密模式均要求发送者和接收者双方都知道加密明文所使用的密钥。这意味着尽管密文可以通过一些不太安全的公共通道来传输，例如电话线，但是密钥必须以更安全地方式来传输，例如要信使亲自传送。尤其当密钥不得不在几个人之间共享的时候，维护密钥的安全就更加复杂了。

另一种广泛使用的加密模式，通过使用两个密钥，一个用于加密，另一个用于解密，从而解决了这个问题。因为加密用的密钥不再保密，所以这种模式被称为**公共密钥加密模式**。在这些系统中使用的密钥具有以下一些性质：

- 对于每个加密密钥，只存在唯一一个相应的解密密钥，并且和加密密钥是不同的。
- 在系统中有很多对这样的密钥，并且它们都是相当容易计算的。
- 如果只知道加密密钥，那么想得出解密密钥几乎是不可能。

■ 接收者使所有想传输信息给他/她的人都知道加密密钥，但是只有接收者自己知道解密密钥。

1978 年，Rivest、Shamir 和 Adelman 提出了一种实现公共密钥加密模式的方法。[①]公共密钥是一个整数对(e, n)，并且如下加密一条消息串 M，首先将 M 分成很多块 $M_1, M_2, \ldots, M_k$；并且将每一个字符块 M_i 转换成 0 到 n–1 之间的一个整数 P_i（例如，通过连接字符的 ASCII 码）；然后通过增大 P 为自己的 e 次方再以 n 为模取余：

$$\text{明文：} M = M_1M_2\cdots M_k \quad \rightarrow P_1P_2\cdots P_k$$

$$\text{密文：} C = C_1C_2\cdots C_k, \quad C_i = P_i^e \,\%\, n$$

（这里%是 C++中的取模运算符。）密文 C 将通过增大每个 C_i 块为 d 次方然后以 n 取模来解密，这里 d 是一个保密的解密密钥。

要说明这个算法，假设（17，2773）是公共加密密钥，并且分别使用 0, 1, 2, …, 25 为字母'A', 'B', 'C', …, 'Z'的数值编码。要使用 RSA 算法加密一个字符串，例如 M = “IDESOFMARCH”，将 M 分成 2 个字符组成的块 M_1，M_2，…，M_6（通过填充随机选择的字符 X），并且将每个块 M_i 使用一个整数 P_i 来表示，这是通过连接组成块的字符的数字代码得到的，如图 5.24 所示。

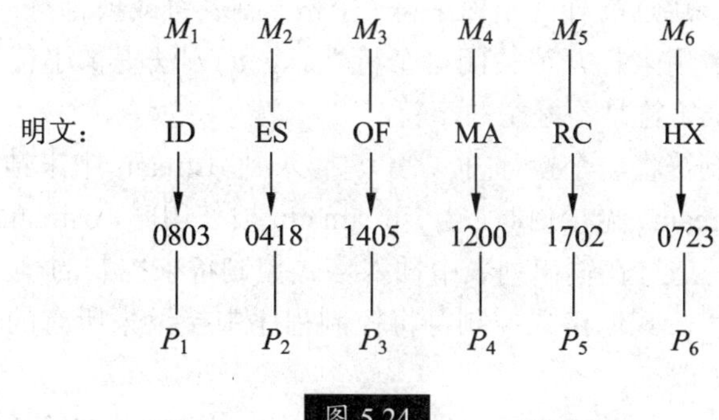

图 5.24

接着使用 $C_i = P_i^{157} \,\%\, 2773$ 将每个 P_i 块加密，如图 5.25 所示。

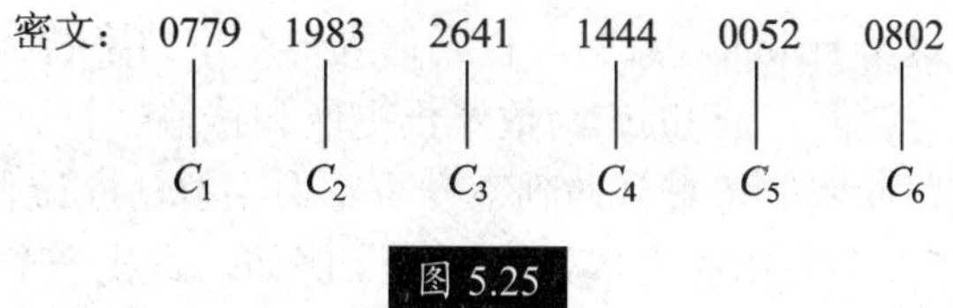

图 5.25

对于这个加密密钥，相应的解密密钥为 d=157。这样，可以通过为每个块计算 C_i^{157} % 2773 来解密密文。对于前面的密文，可以得到：

解密后的密文：0803　0418　1405　1200　1702　0723

这正是原始消息的数值形式。

在前面的例子里，使用数字 n 为素数 47 和 59 的乘积。但是 Rivest、Shamir 和 Adelman

① R.L.Rivest, A.Shamir, and L.Adelman, “A method for obtaining digital signatures and public-key cryptosys- tems,” Commu- nications of the ACM 21, 2(February 1978):120-126.

建议 n 应该是两个大“随机”素数 p 和 q 的乘积，$n=p \cdot q$，这些数的每一个都至少要有数百位数字。RSA 加密模式的安全性取决于求取一个大整数的素数因子的困难程度。

我们已经简单地涉猎了密码学和安全这个重要的研究领域。关于此方面的更多的信息可以在 Internet 上找到。本书的 web 站点中包含了关于 DES 和 RSA 加密模式的更多一些信息。

5.6 本章小结

章节注意要点

- C++中的输入输出模型是 stream，其中 istream 用于从键盘输入，而 ostream 用于向屏幕输出。
- istream 的状态（好、坏、失败）可以通过向相应的 istream 对象（例如 cin）发送一个 good()、bad()或 fail()消息查询。clear()消息可以用来重置状态，而 ignore()消息可以用来跳过流中的字符。
- 输入控制符>>跳过前导的空白字符（空格、制表符或换行符）。noskipws 和 skipws 格式控制符被用来打开或关闭这个特性。get()方法提供了读取任意字符的有用手段，不论这个字符是不是空白字符。
- endl 格式控制符将一个换行符（‘\n’）插入到 ostream 中来结束一行的输出，接着刷新这个 ostream。无论何时，当 istream cin 被使用时，ostream cout 会自动被刷新。
- 输出的格式是通过在输出列表中插入格式控制符来控制的。除了 setw()只影响下一个要输出的值，其他格式控制符将控制程序中接下来所有的输出，除非被另一个格式控制符更改。
- 文件流类 ifstream 和 ofstream 分别是 istream 和 ostream 的子类，因此继承了这些类的操作。
- 当对一个 string 对象应用操作符>>时，它从一个 istream 中提取非空白字符并将这些字符传送到这个 string 对象中，直到遇到一个空白字符为止。
- 当遇到一个换行符时，getline()函数停止提取和传输字符。可以使用它来读取一整行输入。如果要读取字符直到遇到下一个空白字符，应该使用操作符>>。
- string 类提供了很多有用的文本处理方法（例如，查找一个字符串；提取、插入、删除和替换子串；访问单独的字符；连接）。
- String streams 完成在内存内部的输入/输出，这是通过将 stream 连接到内存中的一个字符串，然后从这个字符串中读取输入或向这个字符串写入输出完成的。

程序设计知识点

1. 在输入一个字符串的值时输入运算符>>会忽略前导的空白字符，但是当遇到一个空白字符时则将会停止读入字符（或者到达了文件的结尾）；这个空白字符不会被从输入流中移除。字符串函数 getline()将不会忽略前导的空白字符，并且将一直读取字符直到遇到了行结束符字符（或者其他的分隔符），并且将其从输入流中移除。

2. 当混合调用>>和 getline()时必须要特别小心。如果对>>的调用在对 getline()的调用的前面，而正在读取的值是由一个换行符分隔的，那么应该在>>和 getline()之间插入一个额外的 get()调用来去掉这个换行符。否则，getline()在碰到换行符时将立刻停止读取，从而不能读取任何值。
3. 如果在输入流中找不到能够解释为变量类型的值的字符——包括文件结束符，那么输入操作将失败。因为没有字符会从流中被移除，一个死循环很容易发生。在输入语句的后面可以使用一条类似

```
if( cin.fail()) break;
```

的语句来检测这种情况并结束死循环。还可以使用 ignore()函数来移除流中不合适的字符。
4. 一旦一个流中的 eof、bad 或 fail 状态位被设置，那么在这个流上将无法进行操作，直到这些状态位被清除为止（使用 clear()成员），参见前面的程序设计知识点。
5. 接受流的实参的形参必须是引用形参，因为输入或输出操作会分别改变流的读位置或写位置。
6. 如果一个程序需要从一个文件中读取数据，那么必须声明一个 ifstream 并将其初始化为连接这个程序和相应的文件。如果一个程序需要向一个文件写入数据，那么必须声明一个 ofstream 并将其初始化为连接这个程序和相应的文件。
7. 当完成对一个文件流的使用以后，应该使用成员 close()来关闭这个流。
8. String 流对于解析输入串是很有用的。它们还使得有可能一次完成一些很复杂的格式化工作，然后将其输出到一个串，接着从这个串可以将其输出到不同的目的地去。
9. 使用字符串操作 data()或者 c_str()来提取存储在一个 string 对象中的包含一个字符串的 char 数组。例如，使用 streamName.open(fileName.data()); 来打开到一个文件的流，而这个文件的名字存储在 string 类对象 fileName 中。

ADT 技巧

1. C++的 I/O 类演示了抽象在设计和实现数据类型中的重要性。程序员可以使用 istream 和 ostream 对象，而不用考虑输入和输出在实际上是如何发生的这类麻烦的实现细节问题。
2. C++的 I/O 类层次演示了如何使用一个类来创建另一个类，以及第一个类中的成员是如何自动地被新类所继承。将在下面的章节中看到如何以这种方式重用类以及继承的重要性。
3. C++提供了许多实现很高效的标准结构化数据类型。所以，通常在语言已经提供了一个数据类型的情况下没有理由再“重新创建一个”。例如，C++的 string 类中已经提供了很多功能强大的字符串操作，这样就不需要创建一个新的字符串类（除非在非常特殊的应用中）。

编程问题

5.1 节

1. 编写一个程序连接两个文件；要求将一个文件添加到另一个文件的后面。
2. 编写一个程序读取一个文本文件并统计这个文件中元音的个数。
3. 编写一个程序读取一个文本文件，并在程序执行时输入一个字符串，然后统计此给定的字符串在文件中出现的次数。
4. 编写一个程序读取一个文本文件并统计文件中每一行字符的个数。这个程序应该显示行号，文件中最短和最长的行的长度，以及平均每行的字符个数。
5. 编写一个程序将一个文本文件复制到另一个文本文件，要求目标文件中在每行的左边添加行的编号 1, 2, 3…。
6. 编写一个程序将一个文本文件复制到另一个文本文件，要求目标文件中移除源文件中所有的前导空格以及空白行。
7. 编写一个程序读取包含 C++程序的文件，并且产生一个文件，将这个程序中的所有注释都去掉。
8. 编写一个简单的文本格式化程序，能够读取一个文本文件，并且产生另一个文本文件，这是将原文件中空行都去除，多个连续的空格替换成一个空格，并且所有的行都不超过一个给定的长度。在一行中放置尽可能多的单词。你将不得不分断给定文件中的一些行，但是不要分断任何单词，也不要将标点符号放在新行的开头。
9. 扩展上一个问题中的文本格式化程序，使得除了新文件中的最后一行外每一行都右对齐。这是通过在需要时在行中添加平均分布的空格来完成的。
10. 一个程序对文件 UserIdFile（参见第 4 章末尾对这个文件的描述）进行搜索，以查找并显示到目前为止某个给定用户所使用的资源情况，这个用户的身份证号码是在程序执行过程中输入的。
11. 一个程序对文件 InventoryFile（参见第 4 章末尾对这个文件的描述）进行搜索，以查找特定编号的某一项。如果发生一次编号匹配，显示这个项的编号和这个项在当前库中的编号；否则，显示一条未能找到的消息。
12. 在每个月的月末，需要产生一份报告以显示 UserIdFile（参见第 4 章末尾对这个文件的描述）中每个用户账户的状态。编写一个程序接收当前日期并产生一份如下格式的报告：

```
                    USER ACCOUNTS—mm/dd/yy
                         RESOURCE            RESOURCES
USER-ID                    LIMIT                USED
-----------------------------------------------------------------
10101                      $750                 $381
10102                      $650                 $599***
  ⋮                          ⋮                    ⋮
```

    这里，mm/dd/yy 是当前的日期，三个星号(***)表示这个用户已经使用了 90%或

以上的资源配额。

5.2 节

13．编写一个程序来测试练习 1 中的字符串计数函数。
14．编写一个程序来测试练习 2 中的求月份名函数。
15．编写一个程序来测试练习 3 中的求月份数字函数。
16．编写一个程序来测试练习 4 中的大小写转换函数。
17．编写一个程序来测试练习 5 中的 replace_all()函数。
18．编写一个程序来测试练习 6 中的名字格式化函数。
19．编写一个程序来测试练习 7 中的名字格式化函数。
20．编写一个程序来测试练习 8 中的字符串到整数转换函数。
21．编写一个程序来测试练习 9 中的字符串到实数转换函数。
22．编写一个程序来测试练习 10 中的回文检查函数。
23．编写一个程序来测试练习 11 中的变位词检查函数。
24．编写一个程序来分析一个文件中包含的文本，需要通过计算非空白的字符的个数、非空的行数、词的个数以及句子的个数，并且最后要计算每个单词的平均字符数和每个句子的平均单词数。
25．编写一个程序输入一个字符串，然后输入几行文本，判断第一个字符串是否在文本的每一行中出现，如果是，则在每个出现这个字符串的地方的下面打印星号(*)。
26．Hangman 游戏是由两个人玩的。一个人选择一个单词，另一个人通过猜测每个单独的字母来猜测这个单词。设计并实现一个程序来进行 Hangman 游戏。
27．（项目）创建一个 StringType 类来实现在本节开头描述的字符串 ADT。使用一个动态字符数组存储字符串中的字符；类构造函数中的一个应该使用在 StringType 对象声明中给定的容量来创建这个数组；而默认构造函数应该使用某个默认的容量来创建数组。实现字符串的 ADT 描述中列出的那些操作。注意：当一个 StringType 对象的生命期结束时，为数组成员分配的内存会自动地释放，但是由构造函数动态获取的数组不会自动释放，因此会造成内存泄漏。要避免这种情况，为类添加一个析构函数，名字为~StringType()，没有参数也没有返回类型，使用 delete 操作来释放数组数据成员。在 StringType 类对象生命期结束时，这个析构函数将被自动地调用。（参见 6.3 节中关于类析构函数的更多信息。）

5.4 节（可选）

28．编写一个程序来实现凯撒密码模式。
29．编写一个程序来实现 Vignère 密码模式。
30．编写一个程序来使用一个替换表进行消息的加密和解密。
31．编写一个程序来使用置换模式进行消息的加密和解密。

第6章 列表

章节内容

- 作为 ADT 的列表
- 基于数组的列表实现
- 使用动态分配的基于数组实现的列表
- 对链表的介绍
- C++中基于指针实现的链表
- 基于数组实现的链表（可选）

章节学习目标

- 学习作为 ADT 的列表。
- 创建基于静态数组实现的列表并考察其优点和缺点。
- 创建基于动态数组实现的列表，考察其优点和缺点，并了解为什么需要在类方法中增添析构函数、复制构造函数和赋值。
- 初识链表并注意它们的优点和缺点。
- 学习基于指针实现的链表。
- （可选）学习基于数组实现的链表。

在生活中常见到不同类型的列表：

- 我们需要到超级市场购买的货物列表。
- 我们需要做的工作列表。
- 我们需要遵守的约定列表。
- 通知教师有关谁被录取到哪个班机的班级列表。
- 一门课程的作业列表。
- 一门课程的阅读材料列表。
- 系主任手上的关于达到某个 GPA 值的学生列表。
- 投递打印材料所需的包括姓名和地址的邮件列表。
- 投票人列表，这对希望竞选某个职位的人来说是很关心的。

一些列表只有一个元素：

- 单词 list 中的元音列表。
- 偶素数列表（2）。

还有一些列表是空的：

- 大于 3 的偶素数列表。
- 已经结完账后的购物列表（但愿如此）。

甚至还存在子列表的列表：

■ 在本章介绍部分描述的子列表的列表。

列表无处不在，在某些程序设计语言中也会提供列表。

■ Lisp（列表处理）语言的主要数据结构就是列表。

每个列表都包括某类东西的集合，以及在列表上会执行的某些操作——将“牛奶”添加到购物列表；去掉“冰淇淋”；通读整个列表并一样一样检查以确定我们已经购置了所有东西；如此等等。因此，一个列表可以被看作一种抽象数据类型。而本章的主题就是这种 ADT 以及实现它的一些方法。

6.1 作为 ADT 的列表

如我们刚提到的，列表是某些东西的集合。通过对前面例子的抽象，可以得出每个列表的元素集合都具有某些共性：

■ 这些集合是同构的——其中的所有元素都是同一种类型的。

■ 这些集合具有有限的大小（元素的个数）。

■ 其中的元素都是线性排列的：

- 存在一个首元素和一个末尾元素。
- 除了末尾元素，每个元素都有一个后继，以及除了首元素，每个元素都有一个前驱。

不同情况下在列表上的基本操作也不尽相同；其中一些操作和元素的类型以及列表使用的特定方式紧密相关。但是它们通常包括在下面对作为 ADT 的列表描述中所列出的那些。

列表 ADT

数据元素集合：

数据元素的一个有限序列，所有元素都是同一类型的。

基本操作：

- 构造函数（Construction）：创建空列表。
- 判空（Empty）：检查列表是否为空。
- 插入（Insert）：在列表中增加一项。
- 删除（Delete）：在列表中删除一项。
- 遍历（Traverse）：对于这个列表或者列表的部分，按顺序访问和处理元素。这个操作也被称为在列表上的迭代操作。[①]

在列表的某个应用中，除了上面列出的 5 种操作，肯定还需要其他更多的操作。例如，除了创建一个空列表的默认构造函数以外，还可以有一个显式值构造函数，使用一个数组的内容来初始化列表。而排序操作把列表元素按照升序或者降序进行排列，或者使得元素按照某些关键域升序或者降序排列等。

① 如在第 9 章将看到的，迭代器在对 C++标准模板库中的顺序容器进行处理时起着非常关键的作用。

另外，对于后3种列表操作，我们故意给出了非常不精确的描述，以面对各种可能性。对于某些特定类型的列表，一些额外的规定将使得这些描述更加精确，又或者对这些操作施加一些限制。例如，在第7章中将学习栈，对这种列表，插入和删除只能在列表的一端进行。接着，在第8章中，将学习队列，对这种列表，插入只能在列表的某一端进行，而删除只能在相应的另一端进行。

对于遍历操作，需要更多的规定来说明如何访问和处理列表元素，以及有多少列表元素将被检查。我们使用的是通用的术语遍历，因为希望这能包括具有这种行为的一些通用的列表操作，如下：

- 搜索一个列表：遍历列表，检查列表元素（或元素中的某关键域）来查找某个特定项，当找到目标时停止，否则将检查完整个列表。
- 输出一个列表：遍历整个列表，显示每个列表元素。
- 复制一个列表：遍历整个列表，将列表元素复制到另一个列表中。
- 保存一个列表：遍历整个列表，将每个列表元素写到一个文件中。
- 重排列一个列表：遍历整个列表（可能是部分列表），根据某个规则重新排列列表元素。很多排序方法循环使用这种遍历。

一部分我们给出的实现遍历操作的算法总的来说是很相似的，都包括类似“处理这个位置的列表元素”的指令。在实现这些算法的函数中通常以输出元素的方式来表示对列表元素的处理。修改这些算法和函数以适应其他类型的遍历是很直接的。

设计和创建一个列表类

在本书对ADT的学习中，我们带着两种帽子——一顶用户帽子和一顶创建者帽子。

到目前为止我们基本上是数据类型的用户。当把注意力转向**容器**—存储数据项集合的对象时，也将创建一些类来实现很多这类对象。这将帮助我们做到以下两件事情：

- 在创建类来实现ADT方面获取更多的实践经验，特别是对于容器类。
- 理解在C++标准模板库中如何以及为什么实现几个这样的容器。

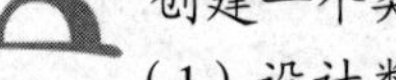
创建一个类包括两个步骤：

（1）设计类；

（2）实现类。

因此，我们从设计一个列表类开始。

1．设计列表类

设计一个类来实现一个ADT牵涉到标识出那些需要来实现ADT操作的函数成员（也称为方法）。如果最终能获得一个计划良好易于使用的类，那么在这个阶段所花费的时间最终将得到回报。重要的是，我们对函数成员的描述与这个类将如何实现是无关的。在这个时候，还不知道会有哪些数据成员，所以必须以不依赖于对象的任何特定表示的方式来描述函数成员。一个方法做些什么才是重要的，而不是这个方法如何做。这样产生的需求规格说明将组成创建这个类的蓝图。

在作为 ADT 的列表的定义中，标识出 5 个基本操作：构造函数、判空、插入、删除和遍历。在最初的遍历版本中，将以显示列表元素的方式表示对它们的处理；这样列表类需要一个输出操作。因此，我们的类必须（至少）具有以下的函数成员：

- 构造函数：创建空列表。
- empty()：检查列表，根据列表是否包含值返回真或者假。
- insert()：通过在列表中给定位置增加一个值来修改列表。
- erase()：通过删除列表中给定位置上的值来修改列表。
- display()：遍历列表，显示每个元素。

2．实现列表类

当一个类被设计好后，就必须实现它，这包括两个步骤：

（1）定义存储数据值的数据成员。

（2）定义在设计阶段标识出的函数成员。

对于列表这样的容器类，数据成员不但提供了容器元素的存储结构，还提供了在实现操作时有用或必须的任何其他一些数据项。将首先使用数组来存储列表元素，接着，在 6.4 节中，我们将考虑一个链表实现。

6.2　基于数组的列表实现

一个列表必然存储一系列值，所以我们从考虑使用哪种存储结构开始。在第一个实现中，将使用数组来存储列表元素。这可以是一个静态数组，也可以是一个动态数组。在本节中将使用静态数组这种简单些的方法。在 6.3 节中将看到，使用动态数组还需要一些额外的操作来实现动态存储分配。

6.2.1　选择存储结构

列表通常实现为使用数组来存储列表元素，其原因如下：

- 列表元素是线性排列的和数组元素一样。
- 绝大多数编程语言提供了数组类型。
- 开发基本的列表操作算法非常容易。

因此在实现一个列表时，使用数组作为存储结构是一个很自然的选择。

在数组中存储列表元素的最常用方法是使得线性次序匹配——也就是，连续的列表元素存放在数组中的连续位置：第一个列表元素存放在位置 0，第二个列表元素存放在位置 1，如此类推：

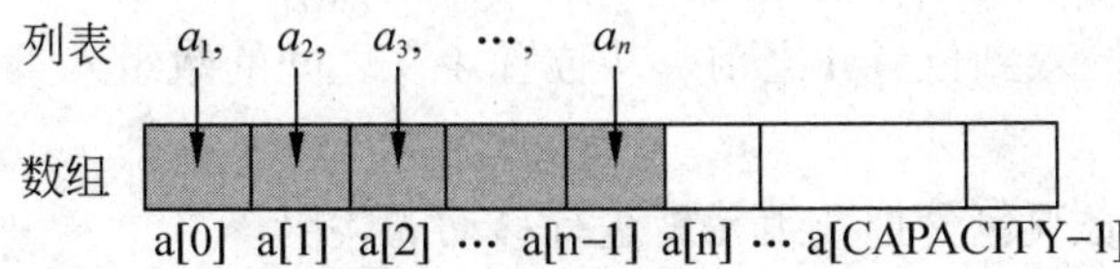

通常来说，第 i 个列表元素存储在数组位置 i–1。

当然，数组必须足够大，以容纳所有的列表元素。这意味着需要选择一个足够大的数组容量来存储将被使用的最大的列表。如果选择的数组容量太小，将冒数组溢出的危险，而如果选择的数组容量太大，那又将浪费存储空间。

要防止数组溢出，必须记录当前数组中存储了多少个列表元素。因为数组本身不会内建这个信息，所以需要使用一个整型变量来对占用数组位置的列表元素进行计数。

6.2.2 实现操作

基本列表操作的实现是很直接的。在下面的算法中，array 是存储列表元素的数组，capacity 是 array 的容量，size 是存储在这个数组中的列表元素的个数。

1．构造函数

因为使用的是静态数组，所以可以让编译器来为它分配内存，而构造函数只需把 size 设为 0。

2．判空

对此，只需检查 size 是否为 0。

3．遍历

很容易使用一个循环来遍历列表，其中数组下标在存储列表元素的数组元素上变动。

遍历算法

```
for   下标 i 从 0 到 size-1
      处理 array[i]
```

4．插入

插入操作的实现更为复杂些。例如，假设想在以下的整数列表中的元素 48 之后插入新值 56：

23, 25, 34, 48, 61, 79, 82, 89, 91, 99

从而产生以下的新列表：

23, 25, 34, 48, 56, 61, 79, 82, 89, 91, 99

用作基本存储结构的数组的大小是固定的，这限制了能够存储的列表元素的个数。这就有可能因为数组没有空间而导致新项无法被插入到列表中。

在这种实现中，另一个问题来自于列表元素存放在数组中的连续位置这一事实。这样，在插入一个元素时，通常必须移动数组元素以腾出空间给新元素。例如，对于刚刚描述的插入操作，在新元素插入到位置 4 之前，从位置 4~9 之间的数组元素必须先移到位置 5 和位置 10 之间的位置。

因此，插入算法必须包含把数组元素进行移动的代码。

23	25	34	48	61	79	82	89	91	99	?	…	?

23	25	34	48	56	61	79	82	89	91	99	…	?

插入算法

// 将 item 插入到列表中位置 pos 处
// 首先检查数组中是否还有空间
（1）如果 size 等于 capacity
显示一条出错信息并中止这次操作
// 接着检查插入位置是否合法
（2）如果 pos<0 或者 pos>size
发出一条非法插入位置的信息并中止这次操作
否则：
// 移动数组元素为 item 腾出空间
- for i 从 size 到 pos+1：
  array[i] = array[i-1]
  // 现在将 item 插入到位置 pos 处并递增列表的长度
- array[pos]=item
- size++

显然，插入算法的效率取决于需要移动以腾出空间的数组元素的数目，即循环中指令执行的次数。在最坏情况下，新元素插在列表头部，需要移动列表中的所有元素。当在列表中任意位置插入项时，在平均情况下，需要移动一半元素以腾出空间。因此可以说，不论是最坏情况还是平均情况，这个插入算法的计算时间随着列表的长度线性增长。使用 1.2 节中介绍的大–*O* 表示，可以得出计算时间为 $O(n)$，这里 n 是列表的长度。

最佳情况是新元素插在队列尾部的情况。因为此时不需要移动数组元素，计算时间与列表长度无关。插入操作可以在常量时间内完成；因此，最佳情况的计算时间是 $O(1)$。对于两种重要的特殊类型的列表，栈和队列来说，这总是成立的，我们将在第 7 章和第 8 章中对它们进行详细地学习。

5．删除

删除操作的实现也需要移动数组元素。例如，为了删除以下列表中的第二个元素：

23, 25, 34, 48, 56, 61, 79, 82, 89, 91, 99

从位置 2 到位置 10 之间的元素必须移到位置 1 和位置 9 之间的位置，从而填补数组中由于删除而腾出的间隙：

23	25	34	48	56	61	79	82	89	91	99	…	?

23	34	48	56	61	79	82	89	91	99	99	…	?

因此把数组数据成员的位置 pos 上的元素删除的算法必须包含移动元素的指令：

删除算法

//--- 删除列表中位置 pos 上的元素
// 首先确认列表非空
（1）如果 size 为 0
显示一条出错信息并中止这次操作
    // 下面检查 index 的合法性
（2）如果 pos < 0 或者 pos ≧ size
    显示一条出错信息并中止这次操作
    否则：
        // 向左移动数组元素以填补间隙
- for 下标 i 从 pos 到 size-2：
  array[i]=array[i+1]
  // 递减列表的长度
- b. size--

容易看出，该函数的计算时间与插入函数的计算时间相等：最坏情况和平均情况下为 $O(n)$，最好情况下为 $O(1)$。

由于在这种实现中，插入和删除需要移动很多元素，故这两个操作比较慢。因此，虽然这种实现适合于内容相对比较固定的列表，但它不适合于执行大量插入和删除操作的列表。需要在列表的任意位置插入或删除元素的应用中，一种更好的实现方法是使用本章稍后部分描述的链表。

6.2.3 一个使用静态数组存储的列表类

当使用一个数组数据成员来存储列表元素时，要解决的第一个问题是数组元素的类型和数组的大小。在 3.2 节中，我们看到一个静态数组的声明形式如下：

```
ElementType array[CAPACITY];
```

因此，在这个数组的声明中，必须决定 ElementType 是什么以及常量 CAPACITY 是多少。

对于 ElementType，将使用（就目前而言）如下的一个 **typedef 声明**

```
typedef Some_Specific_Type ElementType;
```

来使 ElementType 成为实际的列表元素类型 Some_Specific_Type 的一个同义词。例如，声明

```
typedef    int    ElementType;
```

使 ElementType 成为 int 的一个同义词。将在整个类声明和类实现中使用 ElementType，这样如果以后希望得到一个 double 类型的列表，则只需要修改 typedef 声明为

```
typedef   double ElementType;
```

而如果需要一个字符列表，则只需要修改为

```
typedef char    ElementType;
```

如此等等。当类库被重新编译以后，数组元素的类型将是 double 或 char，又或者是其他放在这个 typedef 声明中的类型。

但是现在的问题是应该把这个声明放在哪里。如果将它放在类声明中，那么在类外的每个对类型标识符 ElementType 的引用都必须被修饰，写作 List::ElementType。这是相当不方便的（并且容易忘记），所以将把这个 typedef 声明放在类声明的前面。这就使得能够在整个类以及任何#include List.h 的文件中都可以容易的使用类型标识符 ElementType。这也使得在需要修改为其他列表元素类型时能够容易地找到它的位置。

将 typedef 声明放到类声明外面的另一个原因是，在类的后续版本中，可以很容易的去掉它，而使用更现代化的手段——**模板**机制来创建一个元素类型未定的列表类模式。元素类型将在编译时刻作为一种特殊的参数被传递进来。这是 C++的标准容器（来源于 STL，标准模板库）所使用的方法。类模板将在第 9 章中描述。

要设置数组的大小，将使用如下形式的常量定义

```
const  int  CAPACITY  =  SOME_CONSTANT_VALUE;
```

再次，要面对将这个声明放在哪里的问题。放在类声明中，则必须在它前面加上关键字 static，

```
static  const  int  CAPACITY  =  SOME_CONSTANT_VALUE;
```

从而使它成为一个**静态数据成员**①。类对象具有它们自己的普通（非静态）数据成员的复制，但是全局只有静态数据成员的一份复制，这是所有对象共享的。类似于类型标识符，在类外使用类中声明的常量成员时必须加以修饰，例如 List::CAPACITY。

因为这非常不方便（以及脚注中所描述的），我们将把这个常量定义放在类声明的前面和 typedef 声明在一起，从而使得能够在整个 list 类以及任何#include List.h 的文件中都可以容易的使用它。另外，在需要改变数组大小时也可以容易地知道并修改这个定义。

程序 6.1 给出了一个 List 类，这是对刚描述过的基于数组的列表实现的编码。此外，

---

① 尽管将这样的静态常量成员放在类声明中在某些版本的 C++中可以正常工作，但是 C++标准规定，静态常量成员也必须在某个地方定义，不过不需要初值。例如，可以将

```
const  int List::CAPACITY;
```

放在 list.cpp 中。因为这个不合适的属性，通常另一种更简单的方式是在类中使用一个匿名的枚举来声明一个整数常量成员。例如：

```
enum {CAPACITY = SOME_CONSTANT_VALUE};
```

C++标准还规定只允许静态整数常量数据成员。

还给出了一个驱动程序以及对其的一次运行跟踪。遍历操作实现为 display()方法。当数组中没有空间以容纳新元素时，插入算法中的“中止这次操作”的指令实现为中止程序的执行。对于非法的插入位置以及非法的删除操作，这是使用一条简单的 return 语句实现的。其他可能的处理方法有抛出一条异常，客户程序可以捕获这条异常并处理，或者向客户程序返回一个布尔值：如果操作成功则返回 true，否则返回 false。

程序 6.1 一个 List 类——使用静态数组实现

```
/*-- List.h ---------------------------------------------------------

  这个头文件定义了用于处理列表的List数据类型
  基本操作包括：
     构造函数
     empty:         检查列表是否为空
     insert:        插入一个项
     erase:         删除一个项
     display:       输出列表
     <<:            输出操作符
-------------------------------------------------------------------*/

#include <iostream>

#ifndef LIST
#define LIST
const int CAPACITY = 1024;
typedef int ElementType;

class List
{
 public:
 /******** 函数成员 ********/
   /***** 类构造函数 *****/
   List();
   /*----------------------------------------------------------------
     创建一个List对象

     前置条件：无
     后置条件：创建了一个空List对象； mySize为0
   ----------------------------------------------------------------*/

   /***** empty操作 *****/
   bool empty() const;
   /*----------------------------------------------------------------
     检查列表是否为空

     前置条件： 无
```

```
    后置条件： 如果列表为空，返回true，否则返回false
  ------------------------------------------------------------------------*/
  /***** 插入和删除操作 *****/
  void insert(ElementType item, int pos);
  /*------------------------------------------------------------------------
    在列表中给定位置插入一个值

    前置条件： item是将被插入的值；数组中有足够空间(mySize < CAPACITY)；并且插入
               位置满足0 <= pos <= mySize
    后置条件： item被插入到列表中由pos限定的位置(前提是有足够空间并且pos是一个合法
               的位置)
  ------------------------------------------------------------------------*/

  void erase(int pos);
  /*------------------------------------------------------------------------
    删除列表中给定位置的值

    前置条件： 列表非空并且给定位置满足0 <= pos < mySize
    后置条件： 由pos限定的位置处的元素被删除(前提是pos是一个合法的位置)
  ------------------------------------------------------------------------*/

  /***** 输出 *****/
  void display(ostream & out) const;
  /*------------------------------------------------------------------------
    显示一个列表

    前置条件： ostream out已经被打开
    后置条件： 这个List对象所表示的列表被插入到out中
  ------------------------------------------------------------------------*/

 private:
 /******** 数据成员 ********/
  int mySize;                        // 当前存储在myArray中的列表的大小
  ElementType myArray[CAPACITY];     // 存储列表元素的数组

}; //--- List类声明结束

//------ 输出操作符的原型
ostream & operator<< (ostream & out, const List & aList);

#endif

/*-- List.cpp------------------------------------------------------------------

  这个文件中给出了List成员函数的实现

-------------------------------------------------------------------------*/

#include <cassert>
```

```
using namespace std;
#include "List.h"

//--- 类构造函数的定义
List::List()
: mySize(0)
{}

//--- empty()的定义
bool List::empty() const
{
   return mySize == 0;
}

//--- display()的定义
void List::display(ostream & out) const
{
   for (int i = 0; i < mySize; i++)
     out << myArray[i] << "  ";
}

//--- 输出操作符的定义
ostream & operator<< (ostream & out, const List & aList)
{
   aList.display(out);
   return out;
}

//--- insert()的定义
void List::insert(ElementType item, int pos)
{
   if (mySize == CAPACITY)
   {
      cerr << "*** No space for list element -- terminating "
              "execution ***\n";
      exit(1);
   }
   if (pos < 0 || pos > mySize)
   {
      cerr << "*** Illegal location to insert -- " << pos
           << ".  List unchanged. ***\n";
      return;
   }

   // 首先向右移动数组元素为item腾出空间

   for(int i = mySize; i > pos; i--)
```

```
        myArray[i] = myArray[i - 1];

    // 现在将item插入到位置pos处并递增列表大小
    myArray[pos] = item;
    mySize++;
}

//--- erase()的定义
void List::erase(int pos)
{
    if (mySize == 0)
    {
        cerr << "*** List is empty ***\n";
        return;
    }
    if (pos < 0 || pos >= mySize)
    {
        cerr << "Illegal location to delete -- " << pos
             << ".  List unchanged. ***\n";
        return;
    }

    // 向左移动数组元素以消除间隔
    for(int i = pos; i < mySize; i++)
        myArray[i] = myArray[i + 1];

    // 递减列表大小
     mySize--;
}

//--- 测试List类的程序

#include <iostream>
using namespace std;

#include "List.h"

int main()
{
    // 测试类构造函数
    List intList;
    cout << "Constructing intList\n";

    //  测试empty()并输出空列表
    if (intList.empty())
        cout << "Empty List: \n"
             << intList << endl;        // 测试输出空列表
```

```
  // 测试insert()
  for (int i = 0; i < 9; i++)
  {
    cout << "Inserting " << i << " at position " << i/2 << endl;
    intList.insert(i, i/2);       //  -- 将i插入到位置i/2处
    //测试输出
    cout << intList << endl;
  }
  cout << "List empty? " << (intList.empty() ? "Yes" : "No") << endl;

  cout << "\nTry to insert at position -1" << endl;
  intList.insert(0, -1);
  cout << "\nTry to insert at position 10" << endl;
  intList.insert(0, 10);

  // 测试erase()
  int index;
  cout << endl;
  while (!intList.empty())
  {
    cout << "Give an index of a list element to remove: ";
    cin >> index;
    intList.erase(index);
    cout << intList << endl;
  }
  cout << "List is empty" << endl;

  cout << "\nInserting " << CAPACITY<< " integers\n";
  for (int i = 0; i < CAPACITY; i++)
    intList.insert(i, i);
  cout << "Attempting to insert one more integer:\n";
  intList.insert(-1, 0);
}
```

运行跟踪：

```
Constructing intList
Empty List:

Inserting 0 at position 0
0
Inserting 1 at position 0
0
Inserting 2 at position 1
1   2   0
Inserting 3 at position 1
```

```
1    3    2    0
Inserting 4 at position 2
1    3    4    2    0
Inserting 5 at position 2
1    3    5    4    2    0
Inserting 6 at position 3
1    3    5    6    4    2    0
Inserting 7 at position 3
1    3    5    7    6    4    2    0
Inserting 8 at position 4
1    3    5    7    8    6    4    2    0
List empty? No

Try to insert at position -1
*** Illegal location to insert -- -1.  List unchanged.  ***

Try to insert at position 10
*** Illegal location to insert -- 10.  List unchanged.  ***

Give an index of a list element to remove: 9
Illegal location to delete -- 9. List unchanged. ***
1    3    5    7    8    6    4    2    0
Give an index of a list element to remove: 8
1    3    5    7    8    6    4    2
Give an index of a list element to remove: 5
1    3    5    7    8    4    2
Give an index of a list element to remove: 3
1    3    5    8    4    2
Give an index of a list element to remove: 0
3    5    8    4    2
Give an index of a list element to remove: 4
3    5    8    4
Give an index of a list element to remove: 3
3    5    8
Give an index of a list element to remove: 0
5    8
Give an index of a list element to remove: 0
8
Give an index of a list element to remove: 0

List is empty

Inserting 1024 integers
Attempting to insert one more integer:
*** No space for list element - terminating execution ***
```

6.3 使用动态分配的基于数组实现的列表

在6.2节中，因为使用静态数组来存储列表元素，所以List类是相当容易创建的。当时提到，这种方法的主要缺点在于它的"一种大小应付所有情况"的出发点。在每个List对象中，为存储列表元素的数组规定了一个容量。如果这个容量太小，则限制了可以存储的列表的大小；但是如果将这个容量声明的太大，又将浪费存储空间。如果每个List对象可以规定合适的容量就好了。而使用动态数组的实现使得这成为可能。

转换到动态分配的数组只需要对List类的数据成员作出不多的修改就可以：

（1）去掉限定数组容量的常量声明，添加一个变量数据成员来存储在对象声明时由用户给定的数组容量。

（2）修改数组对象成员为一个指针，它将指向运行时刻为数组分配的存储空间的地址。

这样，修改数据成员的声明为：

```
private:
/********  数据成员 ********/
  int mySize;                    // 存储的列表的当前大小
  int myCapacity;                // 数组的容量
  ElementType * myArray;         // 指向动态数组的指针
```

empty()、display()和 erase()成员函数不需要什么修改，在 insert()中，也只需要将CAPACITY修改为myCapacity。但是构造函数需要较大的改动。因为现在使用的是一个动态数组，构造函数必须能够实际的创建些东西（而不像目前为止所有的构造函数所做的那样简单地初始化数据成员）。它将负责为数组分配存储空间。

程序6.2给出了修改后的构造函数所做的是：

```
myArray = new(nothrow) ElementType[maxSize];
assert(myArray != 0);
```

这里使用的是3.4节中描述的new操作符的nothrow版本，当没有足够的内存空间分配给数组时，这个版本返回一个空指针。如果这种情况发生，assert语句将中止程序运行并显示一个错误信息。在程序6.2中还有一些高亮度显示的代码，这是我们后面将讨论的其他一些新的函数成员。

程序6.2　List类——使用动态分配的基于数组的实现

```
/*-- DList.h ---------------------------------------------------------------

  这个头文件包含用于处理列表的List数据类型
  基本操作包括：
     构造函数
     析构函数
     复制构造函数
```

```
    赋值运算符
    empty:       检查列表是否为空
    insert:      插入一个项
    erase:       删除一个项
    display:     输出列表
    << :         输出操作符
------------------------------------------------------------------------*/

#include <iostream>

#ifndef DLIST
#define DLIST

typedef int ElementType;
class List
{
 public:
 /******** 函数成员 ********/
   /***** 类构造函数 *****/
   List(int maxSize = 1024);
   /*----------------------------------------------------------------------
    创建一个List对象

    前置条件: maxSize是一个正整数，默认值为1024
    后置条件: 创建了一个空List对象; myCapacity ==
              maxSize (默认值1024); myArray指向容量为myCapacity
              的动态数组; mySize为0
   ----------------------------------------------------------------------*/

   /***** 类析构函数 *****/
   ~List();
   /*----------------------------------------------------------------------
    销毁一个List对象

    前置条件: List对象的生命周期已经结束
    后置条件: 在构造函数中为myArray指向的数组所动态
              分配的内存空间被返还给堆
   ----------------------------------------------------------------------*/

   /***** 复制构造函数 *****/
   List(const List & origList);
   /*----------------------------------------------------------------------
    创建List对象的一份复制.

    前置条件: 需要origList的一份复制; origList是一个常引用形参
    后置条件: 创建了origList的一份复制
   ----------------------------------------------------------------------*/
```

```
  /***** 赋值运算符 *****/
  const List & operator=(const List & rightHandSide);
  /*----------------------------------------------------------------------
    将List对象的一份复制赋给当前对象

    前置条件：无
    后置条件： rightHandSide的一份复制被赋给当前对象.返回当前列表的一个常引用
  ----------------------------------------------------------------------*/

  /***** empty操作 *****/
  bool empty() const;
  //---  见程序6.1中的注释文档

  /***** 插入和删除 *****/
  void insert(ElementType item, int pos);
  //---见程序6.1中的注释文档( 将CAPACITY替换为myCapacity)

  void erase(int pos);
  //---见程序6.1中的注释文档

  /***** 输出 *****/
  void display(ostream & out) const;
  //---见程序6.1中的注释文档

 private:
 /******** 数据成员 ********/
  int mySize;                 // 列表的当前大小
  int myCapacity;             // 数组的容量
  ElementType * myArray;      // 指向动态数组的指针

}; //--- List类声明结束

//------ 输出操作符的原型
ostream & operator<< (ostream & out, const List & aList);

#endif
/*-- DList.cpp-----------------------------------------------------------

  这个文件包含List成员函数的实现

-----------------------------------------------------------------------*/

#include <cassert>
#include <new>
using namespace std;

#include "DList.h"

//--- 类构造函数的定义
```

```
List::List(int maxSize)
: mySize(0), myCapacity(maxSize)
{
  myArray = new(nothrow) ElementType[maxSize];
  assert(myArray != 0);
}

//--- 类析构函数的定义
List::~List()
{
  delete [] myArray;
}

//--- 复制构造函数的定义
List::List(const List & origList)
: mySize(origList.mySize), myCapacity(origList.myCapacity)
{
 //--- 为复制获取新数组
  myArray = new(nothrow) ElementType[myCapacity];

  if (myArray != 0)                  // 检查是否有可用内存
    //--- 将origList的元素复制到这个新数组中
    for(int i = 0; i < mySize; i++)
      myArray[i] = origList.myArray[i];
  else
  {
    cerr << "*** Inadequate memory to allocate storage for list ***\n";
    exit(1);
  }
}

//--- 赋值运算符的定义
const List & List::operator=(const List & rightHandSide)
{
  if (this != &rightHandSide)  // 确认不是自我赋值
  {
    //-- 如果需要，分配一个新数组
    if (myCapacity != rightHandSide.myCapacity)
    {
      delete[] myArray;
      myCapacity = rightHandSide.myCapacity;
      myArray = new(nothrow) ElementType[myCapacity];

      if (myArray == 0)     // 检查是否有可用内存
      {
        cerr << "*Inadequate memory to allocate stack ***\n";
```

```
            exit(1);
         }
      }
      //--- 将rightHandSide的列表元素复制到这个新数组中
      mySize = rightHandSide.mySize;
      for(int i = 0; i < mySize; i++)
         myArray[i] = rightHandSide.myArray[i];
   }
   return *this;
}

//--- 将程序6.1中empty()的定义插入到这里

//--- 将程序6.1中display()的定义插入到这里

//--- 将程序6.1中输出操作符的定义插入到这里

//--- 将程序6.1中insert()的定义插入到这里
//--- 并将CAPACITY替换为myCapacity

//--- 将程序6.1中erase()的定义插入到这里
```

一个包含List.h的程序可以使用如下的语句声明List对象

```
cout << "What is the maximum size of lists you will need? ";
int maxListSize;
cin >> maxListSize;
List aList1,aList2(maxListSize);
```

当这些语句执行之后，aList1 被创建为一个空列表，存储在容量为 1024 的数组中；而如果输入到 maxListSize 中的值为 500，则 aList2 被创建被另一个空列表，存储在容量为 500 的数组中。可以使用图 6.1 来刻画。

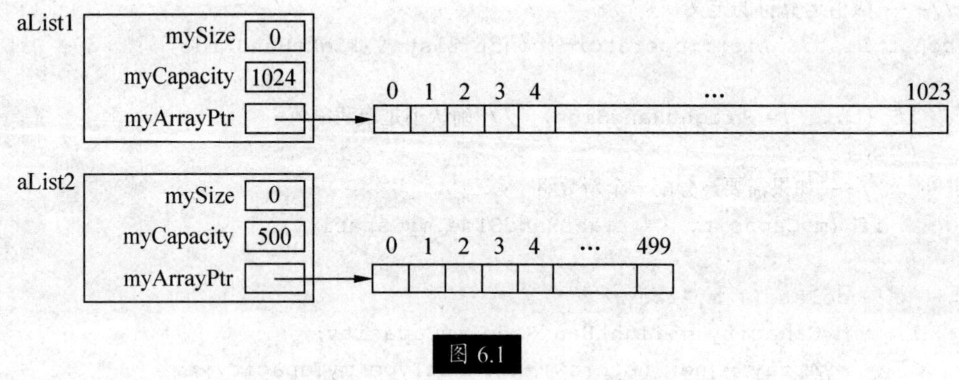

图 6.1

6.3.1 类中的动态分配——析构函数、复制构造函数和赋值运算符

如程序 6.2 所示，在类中使用动态分配存储时，例如 List，需要把新的成员加到类中：

（1）析构函数：释放对象内动态分配的内存。

（2）复制构造函数：为值参等复制对象，并使用已经存在的对象来初始化新对象。

（3）赋值运算符：把一个对象赋给另一个对象。

我们将依次考虑这些成员并说明为什么需要它们以及它们是如何实现自己的任务的。

1．类析构函数

对于在前面章节中使用过的类，当使用其中的某个类声明了一个对象 obj，则类构造函数被调用来初始化 obj。当 obj 的生存期结束后，为 obj 的成员所分配的存储空间被自动收回，因为这是由编译系统处理的。

然而，对于某些数据成员动态获取内存的对象，新的问题出现了。例如，考虑以下声明 List 对象 aList 的程序块：

```
{
    //--- 一些前期处理
    List aList;
    //--- 处理aList的语句
}
```

当执行到 aList 的声明时，它的数据成员 mySize、myCapacity 和 myArray 自动获取内存：

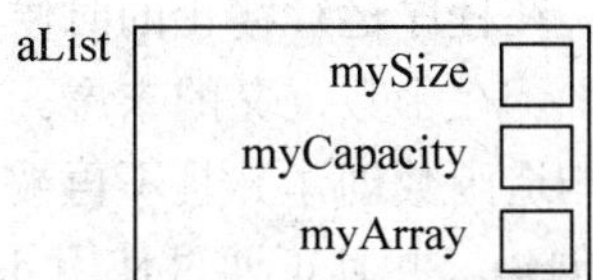

接着，List 的构造函数被调用来为存储列表元素的数组分配内存，并且初始化其他的数据成员：

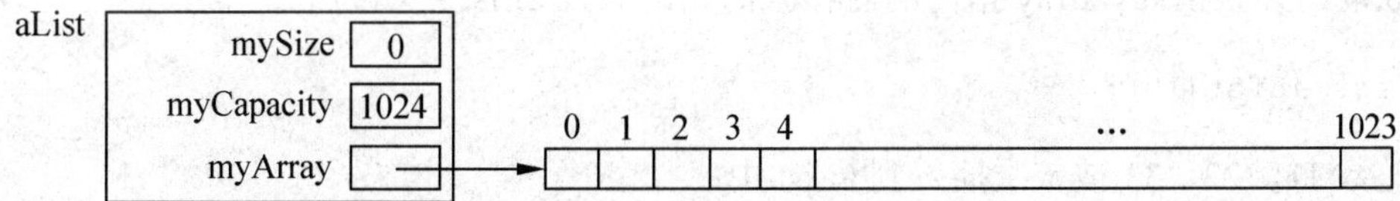

在到达程序块的结尾时，aList 的生存期结束，分配给 mySize、myCapacity 和指针 myArray 的内存被自动回收。但由 myArray 指向的动态分配的数组不会被自动回收，于是像 3.4 节中描述过的大块内存泄漏发生了：

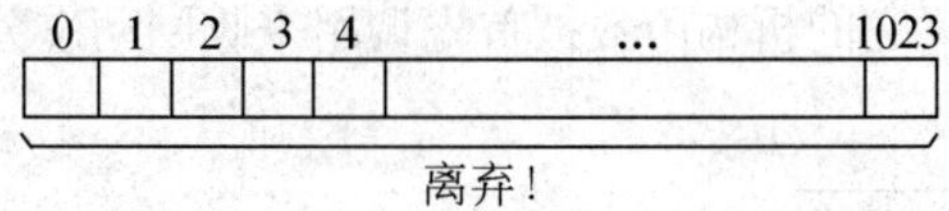

这块内存将不能再被创建 List 对象的程序所访问，也没有被返回给堆空间。

为了避免发生这种情况，类中必须提供**析构函数**。

- 析构函数的角色是释放所有动态分配给对象的内存。
- 在程序中任何对象脱离作用域的地方，编译器会自动插入对析构函数的调用。

通过为使用动态分配内存的任何一个类提供析构函数，类对象将在生存期结束时自动释放内存，从而避免了内存泄漏。这使得类对象是自我保持的（self-contained），这是良好设计的另外一个特征。

析构函数的名字总是类的名字之前加上~符号：

类析构函数

形式：

```
~ClassName()
```

目的：

当 ClassName 类型的对象不再存在时，这个函数被自动调用来回收为对象动态分配的内存。它总是在释放对象中其他成员的内存之前第一个被调用的。注意，和构造函数类似，析构函数没有返回类型。但是，和构造函数又不同的是，析构函数不能带参数；这样，一个类只能有一个析构函数。

对象的析构函数通常会在以下情况发生时被调用，包括：

- 在包含对象声明的程序块的结尾（如果这个对象不是静态的）①。
- 对于静态对象来说，在程序运行终止的时候。
- 对象作为函数的值参，在函数定义的末尾。
- 如果对象通过复制构造函数创建并且不再被需要了。
- 对象通过使用 new 创建，并且正通过使用 delete 来销毁。
- 将这个对象作为数据成员的对象被销毁了。

对于程序 6.2 中的 List 类，析构函数的名字为～List。它使用 delete[]操作来释放由 new 动态获取的并且由 myArray 指向的内存。例如，假设 aList 声明为

```
List aList(10);
```

并且整数 11、22、33 被依次插入到 aList 中：

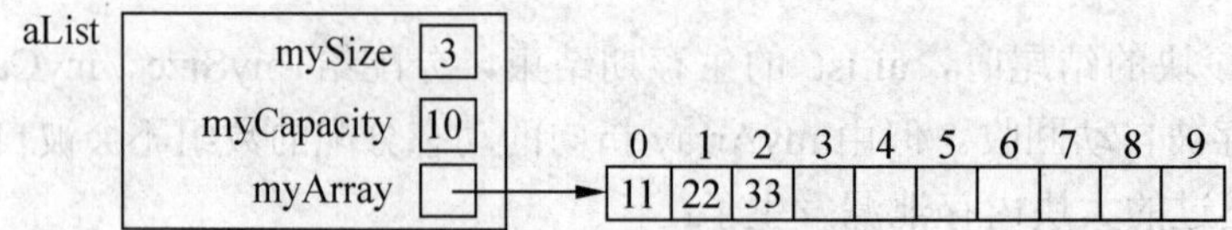

当 aList 的生存期结束时，它的析构函数被首先调用来收回动态分配的数组：

---

① 和前面描述过的静态数据成员一样，函数中的局部变量和常量可以被声明为静态的。当程序的执行到达包含自动变量(非静态的)声明的语句块的结束花括号(})时，自动变量自动被销毁了，与此不同，静态变量在程序执行期间一直存在，直到程序结束才被销毁。

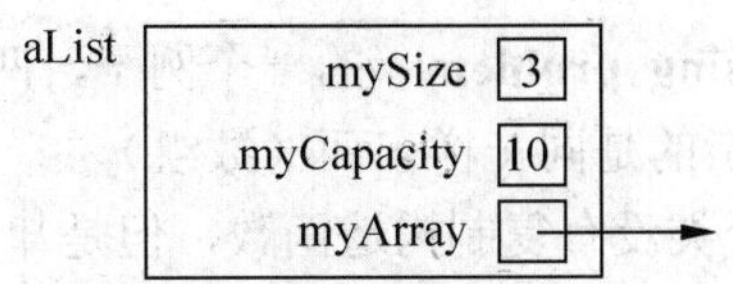

因为 mySize、myCapacity 和 myArray 的内存是由编译器分配的，它也将按照通常的方式管理这些内存的回收。

2. 复制构造函数

有时需要创建对象的副本。

- 当一个实参作为值参传入函数的时候，必须创建一个形参作为实参的副本。
- 当函数返回局部对象时，函数终止，结束该对象的生存期，则需要创建该对象的一个（匿名）副本，称为临时副本，以把返回值返回给调用者。
- 只需要对象的临时副本时，就必须创建该对象的副本。
- 只要对象在诸如以下形式的声明中被初始化时

```
Type obj = initial_value;
```

或

```
Type obj(initial_value);
```

obj 必须被创建为 initial_value 的副本。

如果一个类没有提供复制对象的复制构造函数，则一个默认复制构造函数将被使用，它采取简单地逐个成员复制。尽管到目前为止这对于类来说已经足够了，但是对于包含指向动态分配内存（或其他结构）的指针作为数据成员的类来说，该构造函数还不能满足需要。要说明原因，假设 aList 是前面给出的 List 对象。如果 List 类中没有提供复制构造函数，则默认复制构造函数将对 aList 的数据成员 mySize、myCapacity 和 myArray 执行一个逐个成员的复制。尽管它正确地复制了 mySize 和 myCapacity，但是对于 myArray 来说，结果却不是我们想要的；复制的是存储在 myArray 中地址，而不是从这个地址开始的动态分配的数组。这种复制操作的结果被称为影子复制（shadow copy），它造成了 aList 以及它的副本中的 myArray 数据成员指向了同一个数组，如图 6.2 所示。

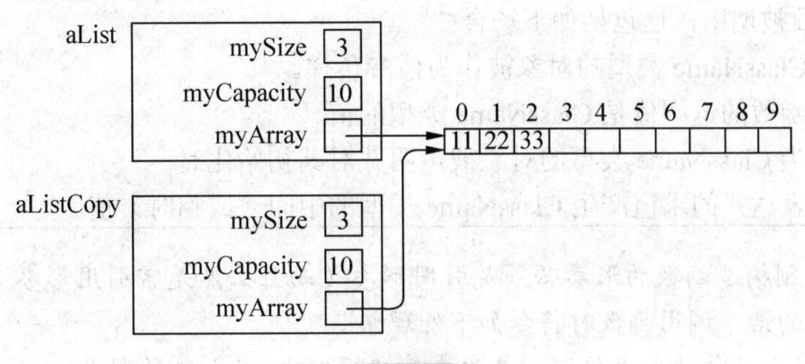

图 6.2

这给出了**混淆问题**（**aliasing problem**）的一个例子，两个名字（aList 中的 myArray 和 aList 副本中的 myArray）指的是同一样东西（数组）。

因此，我们看到，当一个类没有复制构造函数，但是却包含指针作为数据成员时，默认复制构造函数并不能够创建由指针指向的对象的不同副本。这产生一个问题。例如，如果 aListCopy 是函数中的一个值参，而这个函数修改了 aListCopy 的动态数组，则这些修改将同时改变 aList 中的数组。对于值参来说，这是不应该发生的！因此，所需要的是一个**深复制**（**deep copy**）来创建 aList 的一个不同副本，这样 aListCopy 中的数组是 aList 中数组的一个不同的复制，如图 6.3 所示。

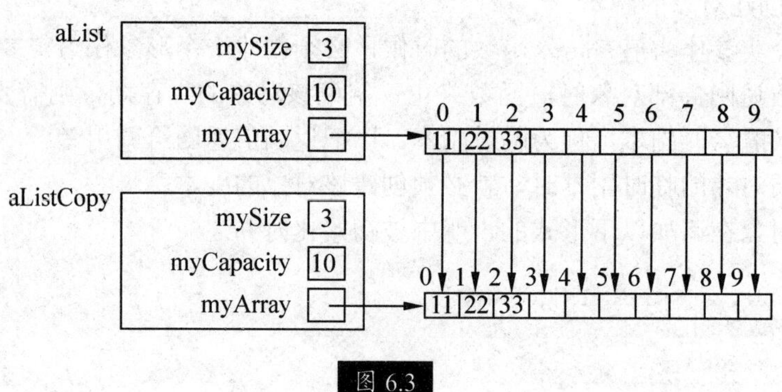

图 6.3

为此，C++允许类拥有自己的复制构造函数，其定义形式如下：

类复制构造函数

形式：

```
ClassName(const ClassName & original);
```

其中

ClassName 是包含该函数的类的名字；original 是将被复制的对象的引用；且由于它是一个构造函数，所以它必须是一个函数成员，它的名字就是类的名字，并且它没有返回类型。

目的：

这个函数被编译器用来创建与 original 对应的实参的副本。在需要进行复制时，这个函数被调用，这包括如下场合：

- ClassName 类型的对象被作为值参传递。
- 函数的返回值是 ClassName 类型的值。
- 当 ClassName 类型的对象被声明并对其初始化时。
- 表达式的求值产生 ClassName 类型的中间（或临时）值。

注意，复制构造函数的形参必须是引用形参（而且必然是常引用形参），如果它被定义为值参的话，调用函数时将会如下处理：

（1）将 original 作为值参传递，这意味着必须创建 original 的副本。

（2）将 original 的副本作为值参，这又将调用复制构造函数（original 作为实参）。

（3）将 original 作为值参传递给复制构造函数，需要 original 的副本。

（4）复制 original，这也将调用复制构造函数（original 作为实参）。

如此等等，导致一个无穷的函数调用链！将 original 定义为引用形参就可以避免这种无穷递归，因为被传递的是 original 的引用（地址），而不是 original 的副本。

对于程序 6.2 中 List 类，复制构造函数如下声明：

```
List(const List & origList);
```

在它的定义中，这个函数做了如下工作：

- 将 origList 中数据成员 mySize 和 myCapacity 的值复制到被创建的列表的 mySize 和 myCapacity 数据成员中。
- 使用 new 获取一个新的数组，其大小与 origList 中数组一样，并且由 myArray 指向。
- 使用一个循环将 origList 中的数组逐个元素的复制到副本中这个新分配的数组中。

3．赋值运算符

除了构造函数和析构函数，编译器还为每个类提供了赋值运算符(=)的默认定义，类似于默认复制构造函数，赋值运算符只是简单地逐个成员复制对象。与复制构造函数中的情况一样，除非类动态分配内存，否则这种方法工作良好。这个问题与复制构造函数的问题类似。例如，赋值语句

```
aListCopy = aList;
```

将产生与前面情况一样的结果；默认复制构造函数执行一个影子复制，使得 aList 和 aListCopy 的 myArray 数据成员都指向同一匿名数组。更糟的是，由于 aListCopy 中的旧数组并没有被释放，这还造成了内存泄漏，如图 6.4 所示。

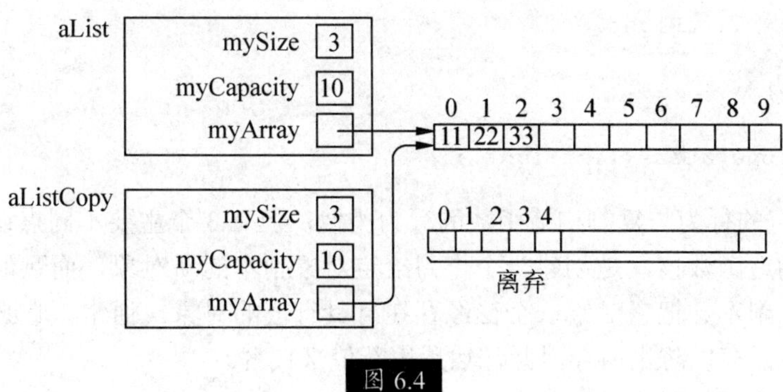

图 6.4

这意味着类设计者必须重载赋值运算符(operator=())，使得它释放对象中的旧数组，接着为被赋值的数组执行一个深复制。

赋值运算符的通用形式如下：

赋值操作

形式：

原型：

const ClassName & operator=(const ClassName & rightHandSide);

定义：

```
const ClassName & ClassName::operator=(const ClassName & rightHandSide)
{
   // …    复制rightHandSide
   return *this;
}
```

其中

ClassName 是包含该函数的类的名字；且 rightHandSide 是被复制对象的引用。

目的：

对于动态分配内存的类，重载 operator=()来避免内存泄漏并使得收到这个消息的对象获得 rightHandSide 的一个不同副本。

注意：operator=()必须定义为成员函数。

在 4.5 节对运算符重载的讨论中，我们提到，如果某个运算符Δ被实现为一个类的函数成员，则形如

```
a Δ b
```

的表达式被解释为给 a 发送一个Δ消息，将 b 作为实参传递：

```
a.operatorΔ(b)
```

这意味着，因为赋值运算符必须是一个成员函数，则赋值

```
listLeft = listRight;
```

将被解释为

```
listLeft.operator=(listRight);
```

赋值运算符的行为与复制构造函数的行为类似，但有 3 个主要不同点：

- 复制构造函数仅仅是创建一个作为给定对象副本的新对象，而赋值运算符必须创建一个副本并把它赋给一个已经存在且具有值的对象。通常，它必须销毁旧值，释放其内存以防止内存泄漏，然后用新值来代替。
- 复制构造函数不用理会自我初始化：

```
ClassName object = object;        // 不允许
```

但赋值运算符必须处理自我赋值：

```
object = object;        // 自我赋值是可以的
```

否则，销毁左边 object 中的旧值将导致右边 object 中的值也被销毁，使得没有东西可以用来赋值。

- 复制构造函数不返回值，因而没有返回类型，但赋值操作必须返回赋值运算符左边的对象来支持链式赋值。也就是说，如下的赋值

```
list3 = list2 = list1;
```

首先将 list1 赋给 list2，然后将 list2 赋给 list3。这样的调用按如下方法处理：

```
list3.operator = (list2.operator = (list1));
```

表达式 list2.operator = (list1)必须返回 list2。这意味着当对象接收到 operator=消息时，它必须返回自己作为赋给另一个对象的值。这可以通过把 operator=()的返回类型设为对类型 List 的常引用并让它返回*this 来完成。

operator=()的定义在程序 6.2 中给出。在最外层 if 语句中的条件

```
this != &rightHandSide
```

通过检查被赋值的对象和用来赋值的对象的地址是否相同来确认这不是一个自我赋值。如果它们不是同一个对象，那么还需要检查这两个对象中的数组容量是否不同：

```
myCapaciyt != rightHandside.myCapacity
```

如果条件成立，则被赋值对象中的数组被删除，然后为其分配一个新的数组。不论如何，rightHandside 中的元素被使用复制构造函数逐个的复制到被赋值的对象中。

6.3.2　最后一点

以下是设计类时要记住的一般规则：
如果类在运行时使用 new 分配内存，则它应该提供：

- 把动态分配的内存还给堆的析构函数。
- 编译器用来创建不同副本的复制构造函数。
- 程序员用来创建不同副本的赋值运算符。

这些规则将帮助你构建自我保持的类，可以防止内存泄漏，从而符合用户的要求。

当类被使用时，类构造函数、析构函数和复制构造函数被自动调用的次数会多得令大多数人吃惊。程序 6.3 中的简单程序对此进行了演示。它是本节中开发的 List 类模板的一个驱动程序，但在构造函数、析构函数、复制构造函数和赋值运算符中加上了输出语句，以跟踪它们的调用情况。

程序 6.3　对构造函数和析构函数的调用

```
/*----------------------------------------------------------------------
  这个程序演示编译器会频繁地自动调用类构造函数、析构函数和复制构造函数。它使用程序6.2
```

```
   中的List类，但在构造函数、析构函数和复制构造函数中插入了输出语句，以跟踪它们的调用
   情况
--------------------------------------------------------------------------*/

#include <iostream>
using namespace std;

#include "DList.h"

void print (List aList)
/*-------------------------------------------------------------------------
  打印列表的函数

  前置条件: aList是一个值参
  后置条件: aList的内容被显示
--------------------------------------------------------------------------*/
{
  cout << aList << endl;
}

int main()
{
  int listLimit;
  cout << "Enter maximum number of list elements: ";
  cin >> listLimit;

  cout << "\n*** Next Statement:  List list1(listLimit);\n";
  List list1(listLimit);
  for (int i = 0; i <= 4; i++)
  {
    cout << "*** Next Statement:  list1.insert(i, i);\n";
    list1.insert(i, i);
  }
  cout << "\n*** Next Statement:  List list2 = list1;\n";
  List list2 = list1;
  cout << "\n*** Next Statement:  print(list2);\n";
  print(list2);
  cout << "\n*** Next Statement:  List list3;\n";
  List list3;
  cout << "\n*** Next Statement:  list3 = list2;\n";
  list3 = list2;

  cout << "\n*** Next Statement:  print(list3);\n";
  print(list3);

  cout << "\n*** Next Statement:  return 0;\n";
  return 0;
```

```
}
```

运行跟踪：

```
Enter maximum number of list elements: 5

*** Next Statement:  List list1(listLimit);
CONSTRUCTOR
*** Next Statement:  list1.insert(i ,i);
*** Next Statement:  list1.insert(i ,i);
*** Next Statement:  list1.insert(i ,i);
*** Next Statement:  list1.insert(i ,i);
*** Next Statement:  list1.insert(i ,i);
*** Next Statement:  List list2 = list1;
COPY CONSTRUCTOR

*** Next Statement:  print(list2);
COPY CONSTRUCTOR
0   1   2   3   4
DESTRUCTOR

*** Next Statement:  List list3;
CONSTRUCTOR

*** Next Statement:  list3 = list2;
ASSIGNMENT OP

*** Next Statement:  print(list3);
COPY CONSTRUCTOR
0    1    2    3    4
DESTRUCTOR

*** Next Statement:  return 0;
DESTRUCTOR
DESTRUCTOR
DESTRUCTOR
```

未来改进 List 类具有一些缺陷，限制了其有用性。

缺陷#1：存储列表元素的数组容量固定，因此，不能存储程序中需要的某些列表。用户可能无法事先知道 List 声明中使用的列表大小的上限。如果数组在其变满的时候能够增长的话，将是很有用的。

解决方法：当这种情况发生时，一种方法是分配一个新的更大的数组，将 myArray 指向的数组中的元素复制到这个新数组中，令 myArray 指向它，然后删除旧的数组。这就是第 9 章中将描述的 vector 所使用的方法，所以将对这种方法的讨论推迟到那里进行。

另一种方法是使用链表实现；将在 6.4 节中详细学习。如将看到的，这种方法还将同时消除在插入和删除操作中移动元素所带来的低效率。

缺陷#2：List 类被绑定到某一种特殊类型的元素。例如，有人希望使用一个 double 型的列表，但必须修改 List.h 中的声明：

```
typedef    double   ElementType;
```

因为这改变了 List.h，所有包含这个文件的程序都必须被重新编译，并链接到一起。

一个更严重的问题是不能在同一个程序中使用两种不同类型的列表。例如，一个 int 型 List 和一个 double 型 List，因为不能在同一个文件中使用两个不同的 typedef 声明来将通用类型 ElementType 和两种不同的类型关联。

解决方法：一种方法是创建两个不同的 List 类，具有不同的名字，例如 ListInt 和 ListDouble。一个更好也更现代化的解决方法是将 List 类修改为一个类模板，使其成为一个通用容器，从而可以处理任意类型的列表元素。我们将在第 9 章中学习模板。

✔ 小测验 6.3

1. 把列表定义为 ADT。
2. 创建一个类的两个步骤是什么？
3. 实现一个类所涉及的两个步骤是什么？
4. 基于数组的列表实现中，插入操作在最坏情况和平均情况下的计算时间为 O(___)。
5. 基于数组的列表实现中，删除操作在最坏情况和平均情况下的计算时间为 O(___)。
6. 基于数组的列表实现适用于进行大量插入和删除操作的列表（判断题）。
7. 写出名为 C 的类的复制构造函数的原型。
8. 写出名为 C 的类的析构函数的原型。
9. 复制构造函数的形参应该总是值参，从而保证不同的副本被创建。（判断题）
10. 类的赋值运算符必须是函数成员。（判断题）
11. 编译器提供了_____复制构造函数，它逐个成员地复制对象。
12. 什么时候类应该拥有自己的复制构造函数，为什么？
13. 动态分配内存被离弃的问题称为________。
14. 当对象的生存期结束时，对象的___________被自动调用。
15. 什么时候类应该拥有自己的析构函数，为什么？
16. 什么时候类应该拥有自己的赋值运算符，为什么？

练习 6.3

一个 n 阶多项式的形式如下

$$a_0 + a_1x + a_2x^2 + \cdots + a_nx^n$$

其中 $a_0, a_1, \cdots, a_n$ 是数值常数，称为多项式系数，并且 $a_n \neq 0$。例如

$$1 + 3x - 7x^3 + 5x^4$$

是一个 4 阶多项式，其整数系数分别为 1, 3, 0, –7 和 5。一个实现多项式的通用方法是把多项式的阶和系数列表存放起来。这是在下面的练习中将使用的实现。除了为你正创建的 Polynomial 类添加不同的操作，还应该如本章末尾的编程问题 1 所教导的那样，编写一个程序来测试你的类。

1．为 Polynomial 类编写声明，其数据成员是一个针对阶的整数和一个针对系数列表的数组，基本操作为输入、输出。

2．实现练习 1 中的输入操作。

3．实现练习 1 中的输出操作。使用通用数学格式显示多项式，把 x^n 显示为 x^n。

4．为 Polynomial 类添加一个求值操作，允许用户输入一个 x 值，然后计算此时多项式的值。

5．为 Polynomial 类添加一个加法操作。

6．为 Polynomial 类添加一个乘法操作。

6.4 对链表的介绍

列表中元素被排列成一个线性序列，这意味着存在第一个元素、第二个元素，如此等等。这样，列表的任意实现都必须有一个方法来表述这种排列。在 6.3 节中考虑的基于数组的实现中，列表元素的这种线性排列由数组元素的自然次序隐含地给出，因为列表的第一个元素存放在数组的第一个位置，第二个元素存放在数组的第二个位置等。正是这种隐含的列表元素如何排列的规定迫使在插入或者删除数据项的时候，必须移动数组中的元素，从而使得动态列表（因为插入和删除操作导致变动频繁的列表）效率低下。在本节中，将看到另一种列表实现方法，它通过明确指定列表元素的次序，消除了以前方法的低效。

6.4.1 它们是什么

在对列表元素进行存储的任意结构中，为了保持列表元素的线性次序，至少需要以下操作能够被执行：

- 定位第一个元素。
- 给定任意列表元素的位置，找出其后继元素。
- 定位列表的末尾。

在 6.3 节基于数组的实现中，第二个要求非常严格，从而导致效率低下：对于存放在数组位置 i 的列表元素，其后继元素必然存放在下一数组位置 $i + 1$。放松这个要求的话，就得到链表。

链表是由称为**节点**的元素组成的序列，其中每个元素包括两部分：

（1）data（数据）部分，存放列表的一个元素。

（2）next 部分，存放一条链（或一个指针），指出包含下一列表元素的节点的位置。如果没有下一元素，则使用一个特殊的**空值**（**null value**）。

另外，必须维持存放着第一个元素的节点的位置。如果列表为空，这是一个空值。

例如，存放着整数 9, 17, 22, 26, 34 的链表可以如下所示：

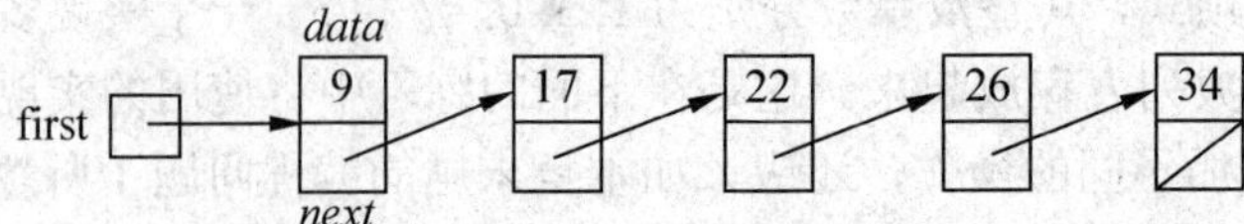

在这个图中，first 指向列表的第一个节点。每个节点的 data 部分存放着列表中的一个整数，next 部分中的箭头代表指向下一个节点的链。最后一个节点中的对角线代表一个空指针，意味着这个链表元素没有后继。

6.4.2 实现基本列表操作

现在来考虑在这种设定下如何实现 6.4 节中提到的基本操作。

1．构造（Construction）

为了构建一个空列表，只需简单地把 first 设置成空指针，这代表它不指向任何节点：

```
first = null_value;
```

first ⧄

2．判空（Empty）

可以执行第二个列表操作，通过简单地检查 first 是否为空，就可以判断出列表是否为空：

```
first == null_value
```

3．遍历（Traverse）

第三个基本操作是遍历列表。为了遍历上述整数列表，开始时令一个辅助变量 ptr 指向第一个节点：

```
初始化ptr为first。
```

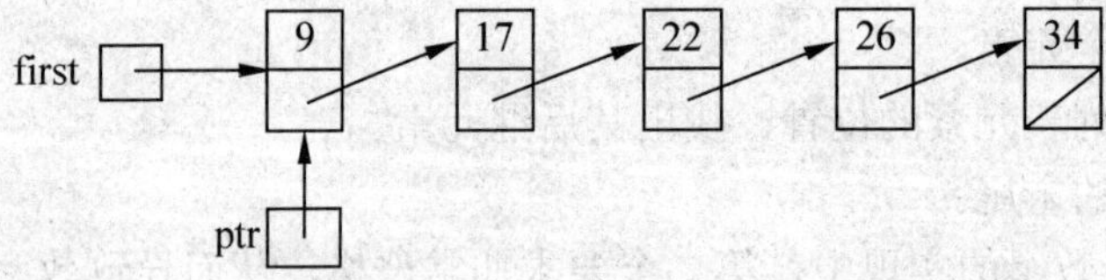

我们处理存储在该节点中的列表元素 9，接着通过跟随当前节点中的链，移到下一节点（类似于在顺序存储实现中把下标加 1）。

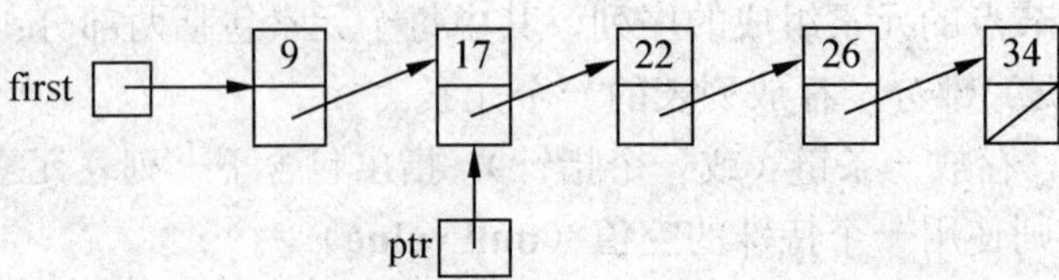

处理 ptr 所指节点的 data 部分。

ptr = ptr 当前所指节点的 next 部分。

如此继续下去，直至到达包含 34 的节点：

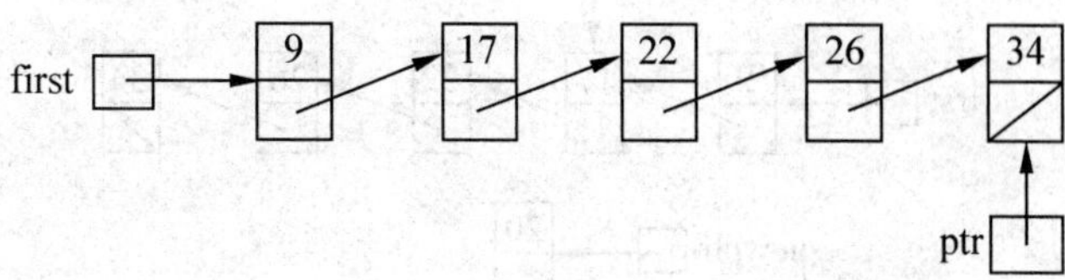

如果现在尝试移到下一节点，则发现 ptr 变成空，这代表列表结束：

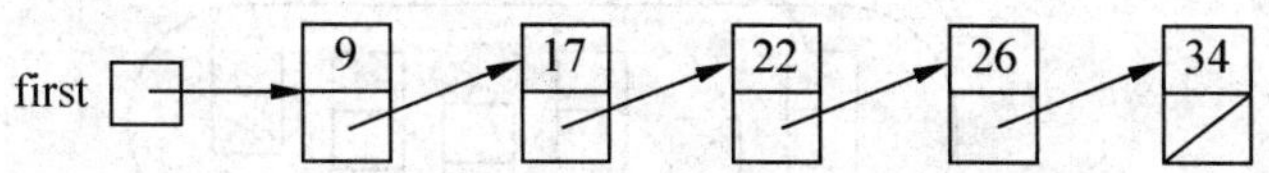

ptr

总的来说，可以如下遍历一个链表：

```
ptr = first;
while (ptr != null_value)
{
        处理ptr指向的节点的data部分
        ptr = ptr指向的节点的next部分
}
```

注意：这个算法对空列表来说也是正确的，因为此时 first 是空值，while 循环被跳过。

为了显示列表元素，算法只需简单地输出节点的数据部分就行了。为了在列表中查找给定的数据项 item，则：

```
if (item == ptr指向的节点的data部分)
    终止循环        // ptr给出包含item的节点的位置
```

如果把= =换成<=，则将找出数据项应该的插入位置，以维持一个列表元素按升序排列的**有序**链表。

4．插入（Insertion）

为了把新数据值插入链表，必须先获得一个新节点并把值存在其数据部分。假定存在一个可用节点池，并存在某种机制，使得在所需的时候能从其中获得新节点。第二步是把这个新节点连到已经存在的列表中，这时要考虑两种情况：①插入到列表中的某个元素之后；②在列表的头部插入。

为了说明第一种情况，假设在前面的链表中，要把 20 插到 17 之后，并假设 predptr 指向那个包含 17 的节点。首先获得一个由 newptr 指向的临时节点，并把 20 存入其数据部分：

（1）获得一个由 newptr 指向的新节点。

把该节点的数据部分设为等于 20。

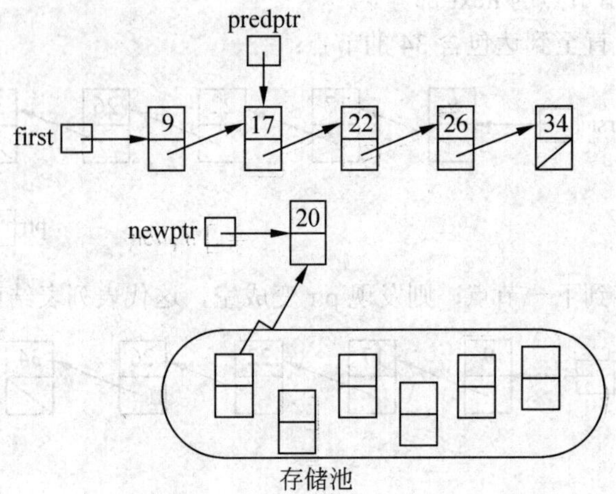

为了把这个节点插入列表中，首先把它的 next 部分设为等于 predptr 所指节点中的链，使得它能指向其后继节点。

（2）把 newptr 指向的节点的 next 部分设为等于 predptr 指向的节点的 next 部分。

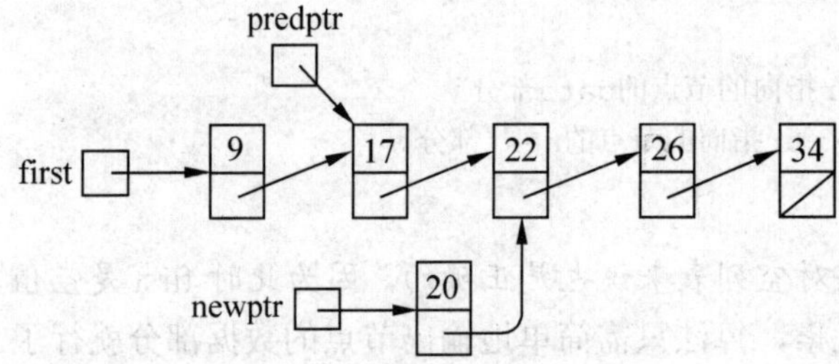

现在把前驱节点中的链设为指向这个新节点。

（3）把 predptr 指向的节点的 next 部分设置为等于 newptr。

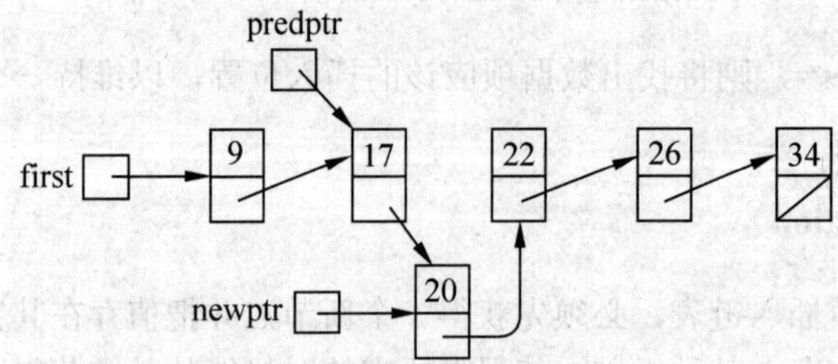

注意：这个插入过程也可以在列表尾部进行。

例如，假设把一个包含 55 的节点插入到列表的尾部：

（1）除了把 55 放进新节点之外，其他与前面相同。

（2）与前面相同。这使得新节点的 next 部分为空指针。

（3）与前面相同。

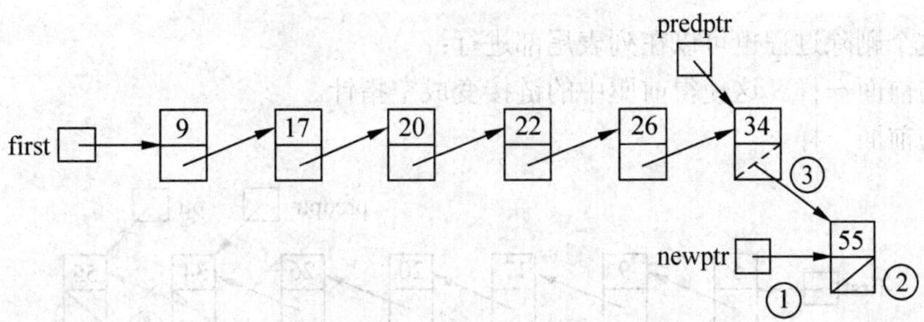

为了说明第二种情况，假设要把包含 5 的新节点插入到列表的开头。前面两步与前面一样，但需要修改第 2 步和第 3 步：

（1）除了把 5 放进新节点中之外，其他的与前面相同。

（2）把新节点的 next 部分设为等于 first，使得它指向列表中的第一个节点。

（3）把 first 设为指向新节点。

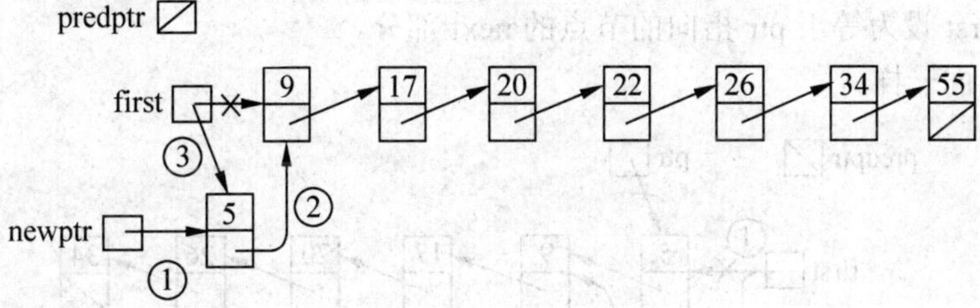

5．删除（Deletion）

删除时也要考虑两种情况：①删除一个具有前驱的元素；②删除列表的第一个元素。假定存在某个操作，可以将某个特定指针指向的节点返还给存储池。

作为第一种情况的示例，假设要从上述链表中删除包含 22 的节点；ptr 指向将被删除的节点；且 predptr 指向其前驱（即包含 20 的节点）。可以通过一个旁路操作来实现，即把将被删除节点的前驱中的链设为指向将被删除节点的后继。

（1）把 predptr 指向的节点的 next 部分设为等于 ptr 指向的节点的 next 部分。

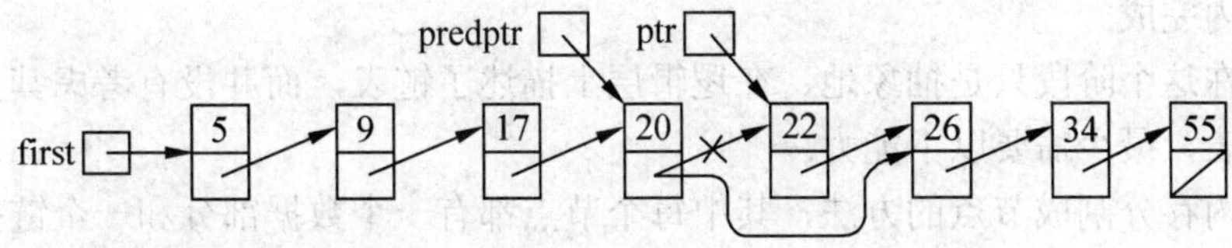

（2）把 ptr 指向的节点还给存储池。

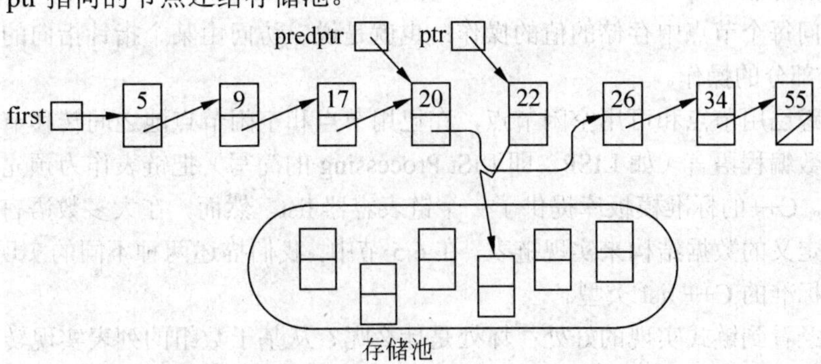

注意这个删除过程也可以在列表尾部进行：

（1）与前面一样。这使得前驱中的链接变成空指针。

（2）与前面一样。

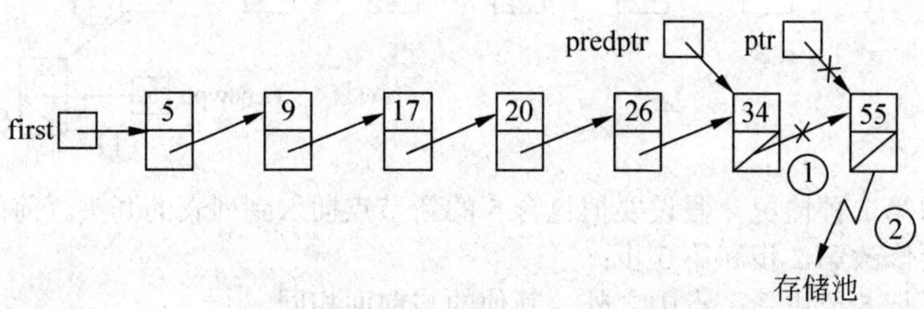

第二种情况比较简单，只要把 first 设为指向列表中第二个节点并把要删除节点返还给可用节点存储池就行了。

（1）把 first 设为等于 ptr 指向的节点的 next 部分。

（2）与前面一样。

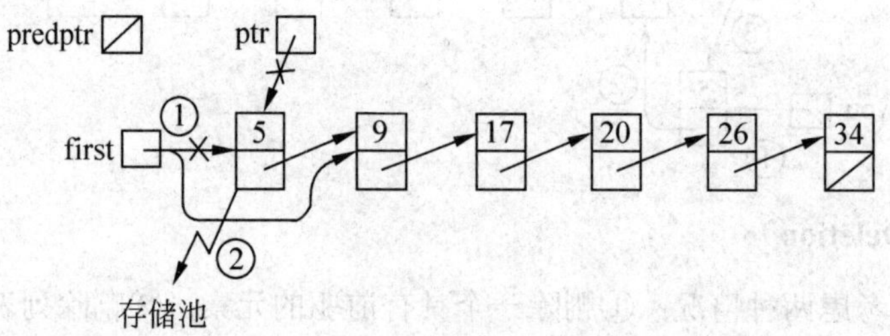

6.4.3 小结

如前所述，有可能把一个数据项插入到链表中的给定位置或者删除给定位置的一个元素，而不需要移动元素。这意味着，与基于数组的实现方法中的情况不同，这些操作能够在常量时间内完成。

不过，在这个阶段只是抽象地、在逻辑层上描述了链表，而并没有考虑其具体实现。为了实现链表，最少需要以下能力：

（1）把内存分割成节点的方法，其中每个节点都有一个数据部分和一个链接部分；还有实现指针的方法。

（2）访问每个节点中存储的值的操作；也就是说，访问由某个指针指向的节点的数据部分和 next 部分的操作。

（3）跟踪已用节点和可用空闲节点，在已用节点和空闲节点池之间转移节点的方法。

只有少数编程语言（如 LISP，即 LISt Processing 的简写）把链表作为预先定义的数据结构来提供。C++的标准模板库提供了一个链表容器 list。然而，在大多数语言中，必须使用其他预先定义的数据结构来实现链表。在 6.5 节中，我们描述两种不同的实现，而在 11.3 节中将使用标准的 C++ list 类型。

我们已经看到链式实现的好处；坏处是什么呢？从基于数组的列表实现转变到链表存

储结构，必须付出代价：不再能直接访问列表的每个元素；而是只能直接存取第一个元素。

这意味着在链式实现中执行某些类型的列表处理活动是不容易而且低效的。在基于数组的实现中，要访问列表中任何一个特定位置，可以利用存放着列表元素的数组的直接访问属性，直接到达元素所在的位置。但是，在基于链表的实现中，不得不从第一个节点开始遍历列表，跳过不想要的节点，直到到达我们要找的节点为止。这里有一个例子。为了把一个值增加到一个使用顺序存储实现方法的列表中去，可以使用

```
myArray[size++] = value;
mySize++;
```

然而，为了在链表的尾部增加一个值，必须遍历链表来定位出最后一个节点。

获得一个新节点；把它的数据部分设为该值，并把其 next 部分设置为空。

如果列表为空：

令 first 指向新节点

否则：

遍历列表，找到最后一个节点，令最后节点中的链指向这个新节点。

其他例子包括需要直接访问列表中每个元素的排序和查找算法；在链表中不能（有效的）使用它们。

✔ 小测验 6.4

1．链表的元素称为________。
2．链表中的每个元素包含两部分：________部分和________部分。
3．如果一个节点没有后继，其链接被置为一个特殊的________值。
4．在链表中，插入到列表中某个给定的位置是一种 O（________）操作。
5．在链表中，在列表的某个给定位置进行删除是一种 O（________）操作。
6．链表的优点之一是能够直接访问每个节点（判断题）。

练习 6.4

在以下练习中，可以假定使用课文中提到的操作来从存储池中获得新节点和把节点还给存储池；且存在一个特殊的空值。

1．编写一个算法统计链表中节点的数目，该链表的第一个节点由 first 指向。
2．编写一个算法计算实数链表中实数的平均值，该链表的第一个节点由 first 指向。
3．编写一个算法在链表的最后一个节点前插入一个节点，该链表的第一个节点由 first 指向。
4．编写一个算法判断链表中的数据项是否按从小到大排序，该链表的第一个节点由 first 指向。
5．求出练习 1~4 中算法的计算时间。
6．编写一个算法在链表中查找一个给定数据项，该链表的第一个节点由 first 指向。如果找到，则返回包含该项的节点的前驱。

7．对于给定的整数 n，编写一个算法把新节点插入到链表中第 n 个节点之后的位置，该链表的第一个节点由 first 指向。

8．对于给定的整数 n，编写一个算法删除链表中第 n 个节点，该链表的第一个节点由 first 指向。

9．列表 $x_1, x_2, \cdots, x_n$ 和列表 $y_1, y_2, \cdots, y_m$ 的交错合并（shuffle-merge）是如下列表

$$z = x_1, y_1, x_2, y_2, \cdots, x_n, y_n, y_{n+1}, \cdots, y_m \quad 如果\ n < m,$$

$$z = x_1, y_1, x_2, y_2, \cdots, x_m, y_m, x_{m+1}, \cdots, x_n \quad 如果\ n > m,$$

或者

$$z = x_1, y_1, x_2, y_2, \cdots, x_n, y_n \quad 如果\ n = m$$

编写一个算法来交错合并两个链表，这两个链表的首节点分别由 first1 和 first2 指向。应该复制这两个列表中的项来生成新列表；不能破坏原来的列表。

10．重做练习 9，这次不要复制项，而是通过改变两个列表中的链接（因而将破坏原来的列表）来生成合并列表。

11．假设在两个链表中数据项按升序存放，编写一个算法来合并两个列表，从而产生一个升序列表。

12．编写一个算法来颠倒一个链表，该链表的第一个节点由 first 指向。不要复制列表元素；而是重置链接和指针，使得 first 指向原来的最后一个节点，且节点之间的所有链接都反向。

6.5 在 C++中基于指针来实现链表

如将在第 11 章中看到的，C++的 list 类将列表元素存储在链表中（但是使用了比我们已经考虑过的更复杂的结构）。和大多数其他的标准容器类似，list 提供了很多列表操作，因为它的目的就是用于广泛的列表处理问题。但是有时不需要使用这些操作，这样一个“节约且平庸”的包含基本列表操作的链表类将更加合适一点。在本节中，将描述如何使用第 3 章中的 C++指针以及动态分配和释放机制来实现这样一个类。

6.5.1 节点结构

在我们能够创建一个链表类之前，首先考虑如何实现组成链表的节点。因为每个节点都包含两个部分：数据（data）和 next。所以很自然的可以使用一个具有两个数据成员的类，这两个成员分别是 data 和 next。在这个类中，data 的类型是适合于存储列表元素的类型，next 成员则是指向存储着这个元素后继的节点的指针：

```
class Node
{
public:
  ElementType data;
  Node * next;
  // 其他函数成员
};
```

注意：这里 Node 的定义是一种递归（或自我引用的）定义，因为它在定义中使用了自身定义中的名字 Node；next 成员被定义为指向 Node 的指针。

有人可能想知道为什么要把 Node 的数据成员设为公有的。这是因为类 Node 的声明将被放在另一个类 List 之内。把 Node 的数据成员设为公有，可以使 List 的所有成员和友元函数能够访问它。[①]然而，Node 的声明将被放在 List 类的私有段内，这些数据成员对类外来说是不可访问的：

```
#ifndef   LIST
#define   LIST

typedef  int ElementType;
class List
{
/*** 节点类 ***/
private:
class Node
{
  public:
     ElementType data;
     Node * next;
     // 其他节点函数成员
};
typedef Node * NodePointer;

public:
/*** List的函数成员 ***/

private:
/*** List的数据成员 ***/
};
#endif
```

C++指针的性质，再加上 C++的 new 和 delete 操作，可以被用来声明指向节点的指针，以及分配节点和释放节点。

■ 声明指向节点的指针

```
Node * ptr;
```

或者

```
typedef Node * NodePointer;
NodePointer ptr;
```

① 我们也可以通过使 node 成为一个 struct 来做到这点，因为结构的成员默认为公有的。但是在本书中，对于所有 struct，指的是 C 风格结构，它不包含函数成员，而当需要包含函数成员时，我们使用 class。

■ 获取由 ptr 指向的新节点

```
ptr = new Node;
//使用默认的Node构造函数

ptr = new Node (dataVal);
// 使用Node的构造函数来把数据部分和链接部分分别设为dataVal和null

ptr = new Node(dataVal, linkVar);
//使用Node的构造函数来把数据部分和链接部分分别设为dataVal和linkVar
```

■ 释放 ptr 指向的节点

```
delete ptr;
```

■ 访问 ptr 指向的节点的数据部分和 next 部分

```
ptr -> data 和ptr -> next
```

6.5.2 链表实现中的数据成员

在 6.5.1 节中我们考虑的链表可使用如下属性刻画：

（1）有个指针指向列表的第一个节点。

（2）每个节点都包含指向列表中下一元素的指针。

（3）最后一个节点包含一个空指针。

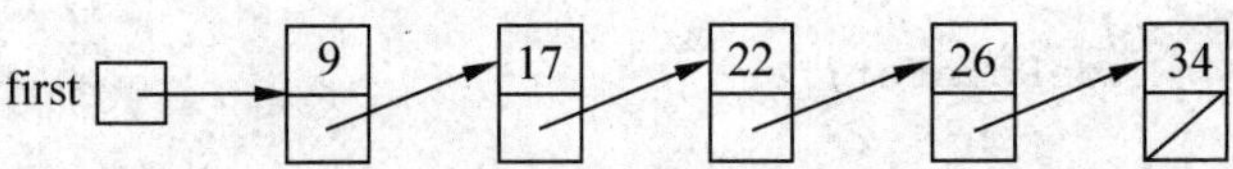

在第 11 章中将会看到，链表有许多变种——循环链表、双向链表、带头节点的链表等。把正在考察的链表称为**简单链表**。

对于使用简单链表的列表实现来说，只有一个数据成员是必需的：指向第一个节点的指针。但是为了方便起见，通常加上另一个数据成员来记住列表中的元素数目。这样，需要在类中放入如下声明：

```
/*** List的数据成员 ***/
NodePointer first;  // 指向第一个节点的指针
int mySize;         // 节点的数目
```

一个典型的 List 对象 aList 可以如下刻画：

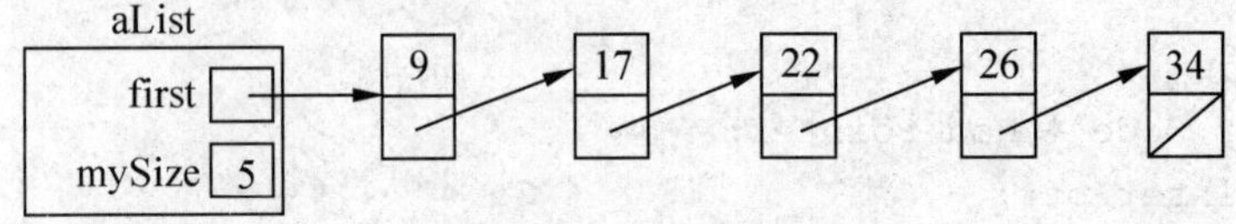

如果只使用一个数据成员，则每次想知道列表的长度时，不得不遍历列表来统计元素

的个数：

（1）设 count 为 0。

（2）令 ptr 指向第一个节点。

（3）while ptr 非空：

■ count 增 1；

■ 令 ptr 指向下一节点。

End while

（4）返回 count。

6.5.3 链表实现中的函数成员

如在第 11 章中将看到的，那里将考察不同类型的列表，在链表上存在着很多不同的操作。这里仅描述其中最基本的一些。为了节省空间，将这些操作的大部分实现细节留作练习。

1．构造函数

构造函数建立一个空列表。它只需要把 first 设为空指针，把 mySize 初始化为 0：

```
//--- 构造函数
Linked List::Linkde Lift()
:first(0),mysize(0)
  {
}
```

2．基本的列表操作

实现基本列表操作的成员函数是 6.4 节中给出的算法的直接实现。例如，遍历列表时，如前面描述的那样，指针 ptr 开始时指向第一个节点，然后沿着 next 部分前进穿越整个列表并处理存储在每个节点的数据：

```
// 遍历列表
ptr = first;
while (ptr != 0)
{
    /* 处理ptr->data的相应语句 */
    ptr = ptr->next;
}
```

将循环中的注释替换为一条输出语句就得到 List 的一个输出操作。

前面给出的对插入和删除操作的描述使得很容易得到相应的算法，接着可以得到实现这些操作的方法的定义。回忆一下，它们都需要保持一个指针指向插入或删除点之前的一个节点。这个指针的定位可以通过一个合适的列表遍历版本完成。

假设 predptr 已经定位好了，可以使用如下的代码插入一个节点。这里假设类 Node 具有一个显式值构造函数，可以创建一个包含给定数据值的节点，并将这个节点的next指针置为0。

```
newptr = new Node(dataVal);     // newptr的类型为NodePointer
if ( predptr != 0)              // 不是在列表首部插入
{
    newptr->next = predptr->next;
    predptr->next = newptr;
}
else                            // 在列表首部插入
{
    newptr->next = first;
    first = newptr;             // 重置first
}
```

我们也可以使用如下的代码删除给定的节点：

```
if (predptr != 0)                  // 不是删除第一个节点
{
    ptr = predptr->next;
    predptr->next = ptr->next;     // 旁路
}
else                               // 删除第一个节点
{
    ptr = first;
    first = ptr->next;             // 重新设置first
}
delete ptr;                        // 将节点返还给堆
```

3．析构函数

如同动态分配数组的情况一样，析构函数也是必需的。如果不提供一个，编译器为链表提供的默认析构函数会引起内存泄漏。分配给数据成员 first 和 mySize 的内存被自动回收了，但链表中的节点被离弃：

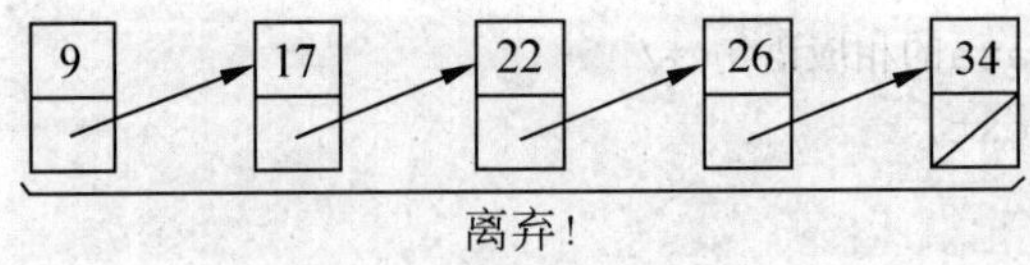

析构函数将遍历列表，沿途释放每个节点。

4．复制构造函数和赋值运算符

如同动态分配数组的情况一样，复制构造函数和赋值运算符也是必需的。如果不提供一个，编译器为链表提供的默认复制构造函数和赋值运算符（只是逐个成员的进行复制）

会产生如图 6.5 所示的情况

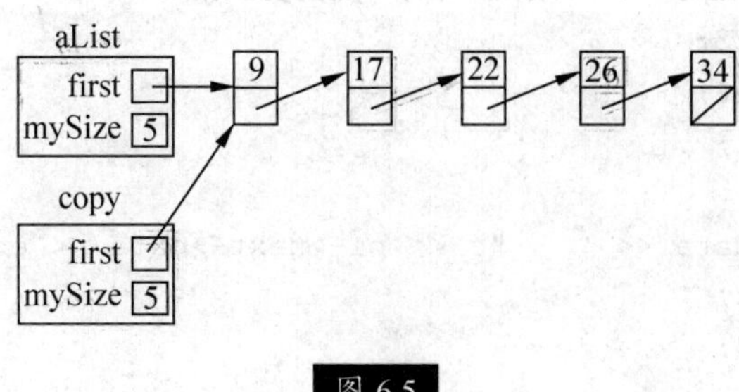

图 6.5

必须提供复制构造函数和赋值运算符，它们遍历列表，为列表中的每个节点分配相应的新节点，并把这些新节点链接起来，如图 6.6 所示。

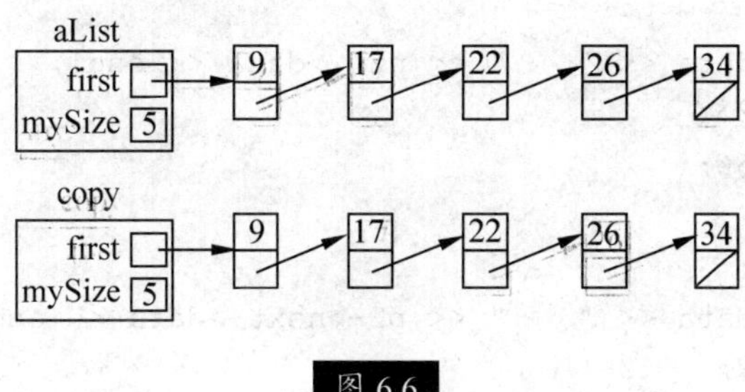

图 6.6

在这种连接中，有时希望避免复制或赋值；例如，流不能被复制。可以通过放置一个复制构造函数或赋值运算符（它们什么也不用做）到类的私有部分来完成这个任务。

我们已经在相当细的程序上描述了在开发一个 List 类时需要知道哪些知识，并且我们将把真正创建这个类留作一个练习（见练习 19）。这个类将和第 7 章、第 8 章中已经给出代码的简单链式栈以及队列类具有很多相似的地方。

练习 6.5

练习 1~7 采用以下声明（用来处理本节中描述的单向链表）：

```
class Node
{
public:
    int data;
    Node * next;
};
Node *p1, *p2, *p3;
```

且假设以下语句已经被执行：

```
p1 = new(nothrow) Node;
p2 = new(nothrow) Node;
p3 = new(nothrow) Node;
```

给出每个代码段的显示，或者解释为什么会发生错误

1.
```
p1->data = 123;
p2->data = 456;
p1->next = p2;
p2->next = 0;
cout << p1->data << "    "c << p1->next->data << endl;
```
2.
```
p1->data = 12;
p2->data = 34;
p1 = p2;
cout << p1->data << "    " << p2 ->data << endl;
```
3.
```
p1->data = 12;
p2->data = 34;
*p1 = *p2;
cout << p1->data << "    " << p2 ->data << endl;
```
4.
```
p1->data = 123;
p2->data = 456;
p1->next = p2;
p2->next = 0;
cout << p2->data << "    " << p2->next->data << endl;
```
5.
```
p1->data = 12;
p2->data = 34;
p3->data = 34;
p1->next = p2;
p2->next = p3;
p3->next = 0;
cout << p1->data << "    " << p1->next->data << endl;
cout << p2->data << "    " << p2->next->data << endl;
cout << p1->next->next->data << endl;
cout << p3->data << endl;
```
6.
```
p1->data = 111;
p2->data = 222;
p1->next = p2;
p2->next = p1;
cout << p1->data << "    " << p2->data << endl;
cout << p1->next->data << endl;
cout << p1->next->next->data << endl;
```
7.
```
p1->data = 12;
p2->data = 34;
p1 = p2;
p2->next = p1;
cout << p1->data << "    " << p2 ->data << endl;
cout << p1->next->data << "    " << p2->next->data << endl;
```
练习 8~17 使用以下链表以及节点指针 p1、p2、p3 和 p4：

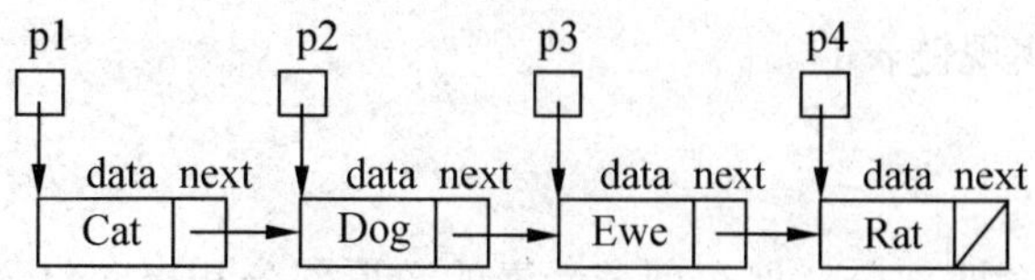

画出类似的图表来显示当给出的程序段被执行时，这个图如何变化，或者解释为什么会发生错误。

8. `p1 = p2->next;`

9. `p4 = p1;`

10. `p4->data = p1->data;`

11. `p4->next->data = p1->data;`

12. `p2->next = p3->next;`

13. `p4->next = p1;`

14.
```
p1->next = p3->next;
p1 = p3;
```

15.
```
p1 =p3;
p1->next = p3->next;
```

16.
```
p4->next = p3->next;
p3->next = p2->next;
p2->next = p1->next;
```

17.
```
p4->next = p3;
p4->next->next = p2;
p4->next->next->next = p1;
p1 = 0;
```

练习 18~21 要写出不同的函数和类。参考本章末尾编程问题 3-8 中的指导，使用驱动程序来测试它们。

18. 编写一个统计链表中节点个数的函数。
19. 使用本节中描述的链表实现来编写一个完整的 List 类。基本操作包括构造函数、析构函数、复制构造函数、赋值运算符，以及基本的列表操作：判空、遍历、插入和删除。还要包含一个线性查找操作来在链表中查找给定的项、返回指向那个其数据部分包含这个项的节点的指针、或者找不到的话就返回一个空指针。
20. 对于练习 19 中的 List 类，增加一个成员函数来颠倒链表；也就是说，最后一个节点变成第一个节点，节点间的链全部反向。
21. 对于练习 19 中的 List 类，增加一个布尔值函数来判断链表中的数据项是否按升序排列。

6.6 基于数组的链表实现

在 6.5 节中描述了如何使用 C++的指针以及动态分配和释放操作来实现链表。本节中将说明如何使用数组（特别是结构（或类）数组）来实现链表。这提供了不使用指针以及动态分配和释放但能实现链表的一种方法。也清楚的讲明了将在第 11 章中考虑的 C++标准 list 类模板是如何实现链表的。

6.6.1 节点结构

链表中的节点包含两部分：保存列表元素的数据部分和指向包含列表元素后继的节点的链接部分，当列表元素是最后一个节点时该链接部分为空。这意味着每个节点能使用结构来表示，而链表能够使用结构数组来表示。[①]每个结构包含两个成员：一个保存列表元素的数据成员和一个指向后继（通过保存其下标）的链接成员。因此，链表的基于数组的存储结构的声明如下：

```
/*** 节点声明 ***/

struct NodeType
{
    ElementType data;
    int next;
}

const int NULL_VALUE = -1;        //不存在的位置

/*** 存储池 ***/
const int NUMNODES = 2048;
NodeType node[NUMNODES];
int free;                   // 指向一个空闲节点
```

作为示范，考虑一个按照顺序包含名字 Brown、Jones 和 Smith 的链表：

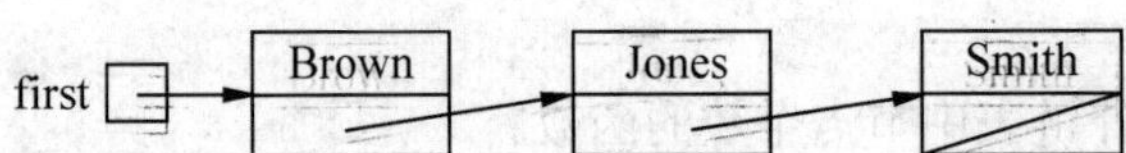

这里 first 是一个类型为 int 的变量，它的值等于第一个节点在存储池 node 中的位置，这样它就指向第一个节点。假设 NUMNODES 为 10，上述定义中数组 node 由 10 个结构组成，每个结构都有一个 data 成员和一个 next 成员，分别用来存放名字和后继的位置。[②]只要链接正确且 first 一直指向第一个节点，则链表的三个节点能够保存在这些数组位置的任意三个之中。例如，第一个节点可能存在数组的位置 7 中，第二个节点存在位置 1 中，第三个节点存在位置 3 中。这样，first 的值为 7，node[7].data 保存着 Brown，node[7].next 的值为 1。类似地，node[1].data = Jones 和 node[1].next = 3。最后一个节点处于位置 3，这使得 node[3].data 的值为 smith。因为这个节点没有后继，其 next 域必须存放着一个空指针；也就是说，node[3].next 的值不能等于任何数组位置，为此，–1 是作为空值的自然选择。

图 6.7 显示了数组 node 的内容和 next 成员如何连接各个节点的情况。某些数组位置中

---

① 对于节点我们将使用一个结构而非一个类，因为这是一个 C 风格的结构，没有函数成员。当然，可以使用一个将成员都声明为公有的类。

② 对于不提供结构(或者记录)的程序设计语言，可以使用一对并行的数组 data 和 next 来代替 node，这样，data[i]和 next[i]就分别对应数据成员 node[i].data 和 node[i].next。

的问号代表无法确定的值，因为这些节点并没有存放链表元素。

为了遍历这个列表，并按顺序显示名字，开始时使用指针 first 来寻找第一个节点的位置。由于 first 的值为 7，故被显示出来的第一个名字是存放在 node[7].data 中的 Brown。沿着 next 成员到达数组位置 node[7].next = 1，而 node[1].data 中存放着 Jones；然后到达位置 node[1].next = 3，那里保存着 Smith。node[3].next 里存放的空值–1 意味着它是列表的最后一个节点。

通常，为了遍历任一链表，我们使用 6.4 节中遍历算法给出的方法：

（1）ptr 的初值为 first。

（2）While ptr ≠ NULL_VALUE 时，

- 处理 ptr 指向的节点的数据部分。
- 令 ptr 等于 ptr 指向的节点的 next 部分。

End while

在目前基于数组的链表实现中，这些指令由以下程序片断来实现；其中 ptr 是 int 类型的：

```
ptr = first;
while (ptr != NULL_VALUE)
{
    /* 在这里插入对node[ptr].data进行处理的相应语句 */
    ptr = node[ptr].next;
}
```

现在假设要插入一个新名字到列表中，例如，在 Brown 后插入 Grant。必须首先获得一个新节点来存放这个名字。数组中有 7 个可用位置，即位置 0、2、4、5、6、8 和 9。现在假定可用节点存储池以这样的方式来组织：对函数 newNode()的调用将返回下标 9，以作为可用节点的位置。则新名字根据上节描述的方法被插入到列表中：node[9].data 设为 Grant；node[9].next 设为 1，使得它指向 Brown 的后继；其前驱的链接域 node[7].next 设为 9，如图 6.8 所示。

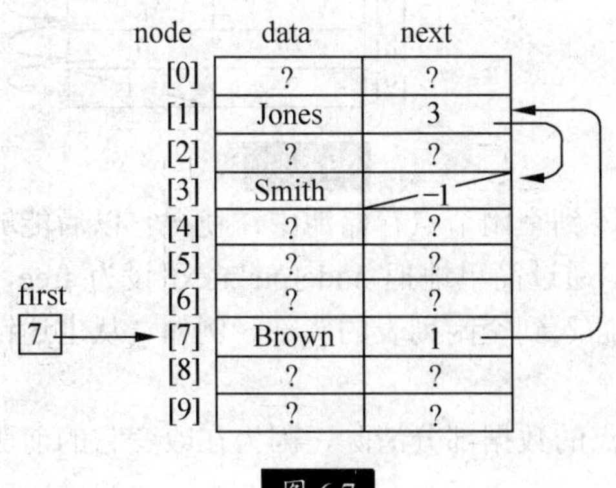

图 6.7

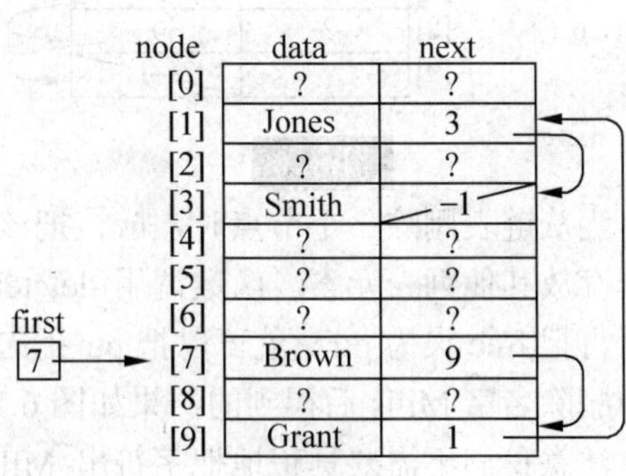

图 6.8

6.6.2 存储池管理

示例中的数组 node 有两种类型的元素。某些数组位置（如 1、3、7 和 9）用来存储链表的节点。其他代表未用的“空闲”节点可用来存放那些被插入列表的新项。已经详细描述了如何管理那些用于存放元素的节点，现在必须考虑如何管理可用节点存储池。

一种简单方法是这样的，开始时，所有节点都可用且链接在一起形成存储池，此时让第一个节点指向第二个节点，第二个节点指向第三个节点，如此类推。最后一个节点的链接域为空，指针 free 被设成 0，从而可以用于访问存储池中的第一个节点，[①]如图 6.9 所示。

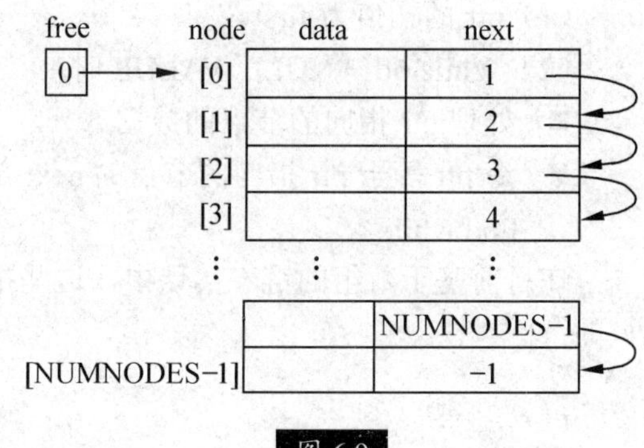

图 6.9

函数调用 ptr = newNode()通过把 ptr 的值设为 free 来返回一个空闲节点的位置，它还通过把 free 设为 node[free].next 来从空闲节点列表中删除被返回的节点。因此，如果 Mills 是要被插入到链表中的第一个名字，则它会被存放在数组 node 的第一个位置中，因为 free 的值为 0；此时，first 被设为 0；而 free 变为 1，如图 6.10 所示。

如果接着要插入的名字是 Baker，则它会存放在位置 1 中，因为这是 free 的值；而 free 被设为 2。如果列表采用字母顺序，则 first 被设为 1；node[1].next 被设为 0；node[0].next 被设为–1，如图 6.11 所示。

如果接着插入名字 Wells，产生的结果如图 6.12 所示。

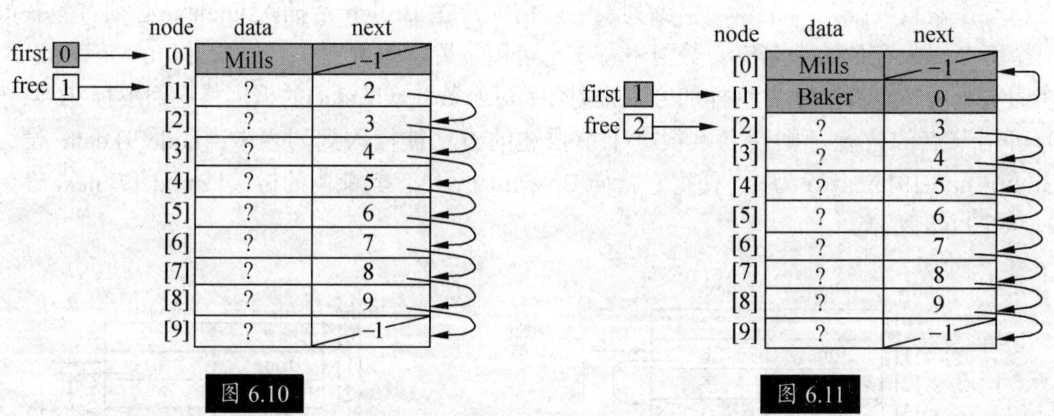

图 6.10　　图 6.11

当从链表删除一个节点时，应该把该节点返还到空闲节点存储池中，使得它以后能够用于存放其他列表元素。函数调用 deleteNode(ptr)通过简单地把 node[ptr].next 设为 free，然后再把 free 设为 ptr，就可以把 ptr 指向的节点插入到空闲列表的头部。例如，从上述链表中删除名字 Mills 后得到的结果如图 6.13 所示。

注意我们不需要真正地把字符串 Mills 从节点的数据部分清除，因为在改变它的前驱

① 在第 7 章的术语中，存储被维护为一个链式栈。

的链接后，它已经逻辑地从链表中删除。当该节点用来存储一个新名字时，字符串 Mills 将被覆盖。

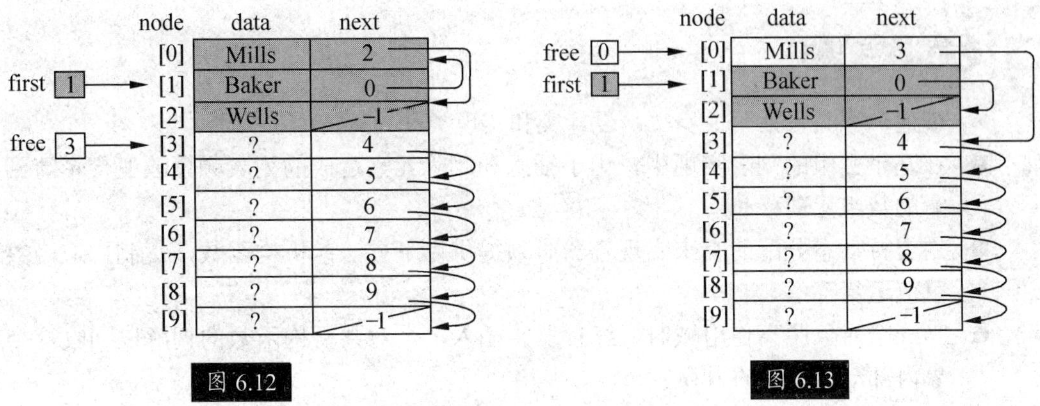

图 6.12　　图 6.13

使用这些思想，可以开发一个库来管理数组 Node 和列表的空闲节点，并使用函数来获取新节点或者将节点返还给空闲列表。接着以此为基础可以创建一个 List 类。我们将实现的细节留作练习。

练习 6.6

1. 使用本节中描述的基于数组的实现方法来构建一个有序字符链表。图 6-14 显示了存储链表元素和存储池的数组的当前内容。

   （1）列出这个列表的元素。

   （2）按照链接的顺序，列出存储池的节点。

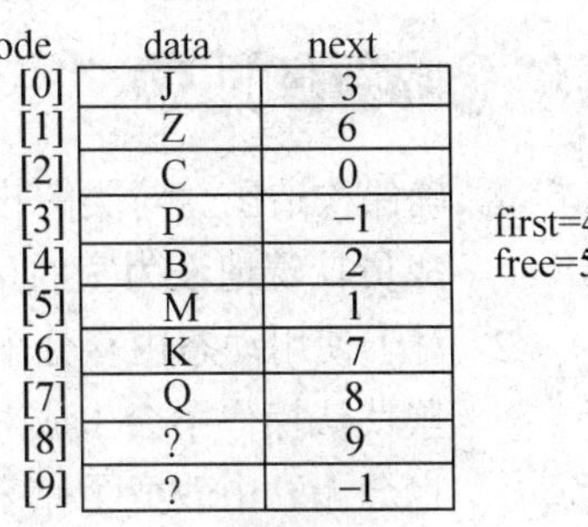

node	data	next
[0]	J	3
[1]	Z	6
[2]	C	0
[3]	P	−1
[4]	B	2
[5]	M	1
[6]	K	7
[7]	Q	8
[8]	?	9
[9]	?	−1

first=4
free=5

图 6.14

2. 假设数组 node 的内容如同练习 1 中的一样。现在字符 F 被插入列表，且之后的列表仍然保持字母顺序。给出插入之后 node 的内容以及 first 和 free 的值。
3. 重做练习 2，但这次操作是删除 J。
4. 针对以下操作序列，重做练习 2，删除 J、删除 P、删除 C、删除 B。
5. 针对以下操作序列，重做练习 2，插入 A、删除 P、插入 K、删除 C。
6. 采用本节中基于数组的实现方法，编写一个函数来统计链表中节点的数目。
7. 采用本节中基于数组的实现方法，编写一个布尔值函数来判断列表中的数据项是否按升序排列。
8. 采用本节中基于数组的实现方法，编写一个函数来返回一个指向链表中最后一个节点的指针。
9. 采用本节中的基于数组的实现方法，编写一个函数，按照 6.4 节练习 12 中描述的方法来颠倒链表。

6.7 本章小结

章节注意要点

- 创建一个类包括两个步骤：设计类和实现类。
- 在基于数组的列表实现中，由于插入和删除元素造成的列表频繁改变会牵涉到大量的数组元素移动。
- 用支持动态分配的类来实现容器必须提供以下方法：析构函数，复制构造函数和赋值运算符。
- 当一个对象脱离作用域时，缩行器将插入一个对共析构函数的调解以回收这个对象内部动态分配的内存。
- 只要进行对象的复制（例如，对值参），这个对象的复制构造函数就会被调用。在动态获取内存的类中，它们需要创建对象的不同副本（深复制）。
- 在动态分配内存的类中，需要一个赋值运算符来提供深复制以及避免赋值中造成的内存泄漏。
- 链表是称为节点的元素序列，每个节点包括一个数据部分和一个链接部分，分别用于存储列表中的元素和指向包含下个列表元素的节点的位置的链（或指针）。
- 链表中在给定位置的插入和删除是$O(1)$操作，即它们可以在常数时间内完成。

程序设计知识点

1. 确保构造函数对类的指针成员进行初始化。如果在创建一个对象时，确保把其指针成员默认地设为空的话，就能够避免很多错误。
2. 对于使用动态内存分配的类，永远不要依赖默认的复制构造函数或赋值运算符，这些默认操作不会生成对象的不同副本。这是另一种别名问题，因为改变对象副本时也会无意中改变了原来的对象。
3. 对于包含指向某种容器的数据成员的类，永远不要依赖默认的析构函数，因为这些默认操作只会销毁指针，而没有释放分配给容器的内存。
4. 如果对象包含指针成员，则要充分测试相关操作。我们很容易忽略与处理指针的代码相关的运行时错误和逻辑错误，除非已经明确测试过这些代码段。最好让其他人测试你的操作，因为他们会尝试一些你想不到的事情。

ADT 技巧

1. 创建一个类包括两个步骤：设计类和实现类。
2. 在设计一个类时，对操作的描述应该独立于类的实现，也就是，以一种不依赖于任何特定的类对象表示的方式进行描述。
3. 实现一个类包括两个步骤：①定义表示被建模对象的数据成员；②定义设计阶段标

识出的操作。

4. 如果问题涉及动态列表，则链表可能更适合于用来存储和处理该列表。在顺序存储实现中，值存在数组的连续位置。这意味着当值被插入到包含 *n* 个值的基于数组的列表、或从中删除的时候，平均 *n*/2 个值不得不被移动以腾出空间给新值。移动这些值的时间使得插入（和删除）操作相当费时。相反地，链表中的值存在（不相邻的）节点中，节点通过链来与其他节点相连。在列表中的给定位置插入（和删除）值只涉及（最多）设置其中两条链的值。
5. 如果问题涉及对列表内部的很多次访问，则基于数组的列表可能是存储和处理该列表的更有效方法。在链表中，除了第一个值之外的所有值都只能串行访问；也就是说，为了访问一个特定节点，必须从第一个节点开始，访问它之前的所有节点。在长度为 *n* 的链表中，平均需要 *n*/2 次访问来访问一个节点。相反地，基于数组的列表的所有值都可以直接访问，可以更快地处理列表。
6. 在不提供运行时堆以及动态分配和释放的编程语言中，可以使用结构数组（或并行数组）来模拟空闲节点存储池。它通常被组织成为链式栈（见第 7 章），分配和释放操作就是入栈和出栈操作。
7. 注意处理链表时的特殊情况，不要丢失对节点的访问。特别地，记住以下“编程格言”：

   （1）操作不要超出链表的范围。试图处理链表尾部之后的元素是错误的。例如，以下尝试在第一个节点由 first 指向的链表中寻找某个 itemSought：

   尝试 1：

```
ptr = first;
while (ptr->data != itemSought)
   ptr = ptr -> next;
```

   如果数据不在链表的任意节点中，ptr 会最终到达列表的最后一个节点。然后 ptr 变成空指针，试图访问其 data 成员的话会产生一个错误。

   尝试 2：

```
/* 这次将保证不超出列表尾部，在找到itemSought或到达其链接成员为空指针的时候就停
   止。*/
bool found = false;
ptr = first;
while ((!found) && (ptr->next != 0))
   if (ptr->data == itemSought)
     found = true;
   else
     ptr = ptr->next;
```

   尽管这避免了移出列表尾部的错误，但是如果要找的项是列表的最后一项时，这些代码无法定位出所要找的项（即把 found 设为 true）。当 ptr 到达最后一个节点时，ptr->next 变成空指针，循环没有检查最后一个节点的 data 成员就终止。另一个问

题是如果项被找到，剩下的节点（除了最后一个节点之外）还是应该被检查。

尝试 3：

```
/* 另一种避免移出列表尾部的方法 */
ptr = first;
while ((ptr->data != itemSought) && (ptr != 0))
   ptr = ptr->next;
```

这个尝试基本上是正确的，但如同第一个尝试一样，如果项不在列表中，也会产生错误。原因在于布尔表达式是从左到右求值的。因此，当到达列表的尾部时，ptr 变成空，控制循环的布尔表达式的第一部分进行求值，去引用空指针的结果是产生错误。

尝试 4：

```
/* 这次把条件中的两部分掉转过来 */
ptr = first;
while ((ptr != 0) && (ptr->data != itemSought))
   ptr = ptr->next;
```

这是正确的，但要感谢 C++中布尔表达式的短路求值方法。也就是说，如果 ptr 是空指针，则条件 ptr != 0 的第一部分为假，使得第二部分不进行求值。注意，如果不是采用这种求值方法的话，尝试去引用空指针的结果是产生一个错误。

（2）不能从空井里取水。不要尝试访问空表中的元素；这要尤其注意。例如，如果 first 是空指针，则把 ptr 初始化为 first 并试图访问 ptr->data 或者 ptr->next 会产生一个错误。为了避免这种错误，应该使用以下方法来保护这些操作：

```
if (first != 0)
  //进行相应的处理
else
  // 列表为空
```

不要在过桥之前把桥拆掉。要以正确的顺序来修改链，否则会丢掉对一个或多个节点的访问！例如，在以下插入新节点到链表头部的尝试中。

```
first = newNodePtr;
newNodePtr->next = first;
```

语句的顺序是不对的。只要第一个语句被执行，first 就指向新节点，对列表中剩余节点（first 以前指着的节点）的访问就会丢失。第二条语句只是把新节点的链设为指向节点自己。

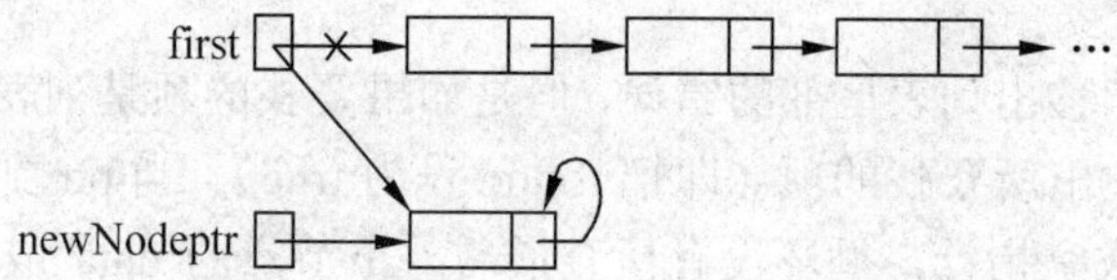

正确的顺序是先把新节点连接到列表中，然后重置 first 的值：

```
newNodePtr->next = first;
first = newNodePtr;
```

编程问题

6.3 节

1. 编写驱动程序来测试练习中开发的 Polynomial 类。
2. 使用练习中开发的 Polynomial 类来编写进行多项式处理的菜单驱动程序。菜单中选项应该包括多项式加法、多项式乘法、打印多项式和对给定的变量值求出多项式的值。

6.5 节

3. 编写驱动程序来测试练习 18 中的节点数统计函数。
4. 编写驱动程序来测试练习 19 中的 List 类。
5. 编写驱动程序来测试练习 20 中修改后的 List 类。
6. 编写驱动程序来测试练习 21 中修改后的 List 类。
7. Hoops 冠军篮球游戏的有限数目的票明天就开始卖了，票将按照申请顺序来安排。编写一个程序，管理员能用它来输入订票人的名字和地址、以及需要的票数，并把这些信息存在列表中。然后程序产生一个序列，其中包含能被满足的申请的通信标签（姓名、地址和票号）。
8. 修改编程问题 7，使得每个人最多只能订 4 张票，且不允许同一个人多次申请。

6.6 节

9. 编写一个本节中描述的内存管理库。接着创建一个 List 类，如本节中描述的那样将列表元素存储在链表中，最后对这个类进行测试。

第7章 栈

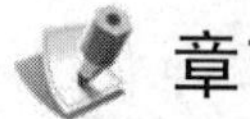

章节内容

- 栈的介绍
- 设计和创建一个 Stack 类——基于数组
- 链式栈
- 栈在函数调用中的应用
- 案例学习：后缀（RPN）表示

章节学习目标

- 学习作为 ADT 的栈
- 创建一个基于静态数组的栈的实现
- 创建一个基于动态数组的栈的实现
- 创建一个栈的链式实现
- 说明如何使用一个运行时栈来存储函数调用时的信息
- （可选）学习后缀表示并看看如何使用栈来将表达式从中缀形式转换成后缀形式，以及如何计算后缀表达式。

一个抽象数据类型的实现包括数据元素的存储结构和实现基本操作及关系的算法，如在第 6 章看到的，以列表 ADT 为例，可能存在着几种不同的实现。而其中一些实现在某些应用中又比其他的实现表现的更好，对于一个具体问题来说，关于不同实现的优点和缺点的知识将有助于选择一种最合适的实现。

除了列表，还存在着其他一些重要的容器 ADT，在本章里，将研究它们中的一个栈以及它的一些应用。栈常常是使用一个数组来实现的，因为绝大多数的程序设计语言都提供一个数组数据结构，使用这种结构来实现栈是非常容易的。另外，如我们将看到的，在列表中插入一个新元素或删除一个元素所需要进行的数组元素移动，在栈中可以避免，从而将得到一个非常有效率的实现。

我们将按照这个方法创建一个 Stack 类来开始这一章，首先使用静态数组，接着再使用动态数组。还将创建一个使用链表存储栈元素的 Stack 类。在第 9 章中，将描述如何改进这些实现以及考虑一些其他不同的实现：

- 使其成为一个类模板，这样它就成了一个可以处理任何类型栈元素的通用容器类型。
- 使用 vector 来实现这个存储容器，这样在需要时栈的容量可以增长。
- 探讨 **STL（Standard Template Library 标准模板库**）中的 stack 容器，这是标准 C++的一个部分。

7.1 栈的介绍

考虑下面的问题：

1. 问题 1

一个程序将被编写来模拟某种类型的扑克牌游戏。这个模拟的一方面是维护一个被打出的牌的堆。在每个回合，一个游戏者可以打出他手上的一张牌到这个堆的顶部，或者他也可以提取这个已出牌堆的顶上的一张牌。有什么合适的数据类型可以建模这个牌堆？

2. 问题 2

一个程序将被编写来建模一个铁道交换场地。这个交换网络的一部分包含一条主铁轨以及一条列车可以在任何时刻转轨进去或开出来的旁路，如图 7.1 所示。有什么数据类型我们可以用来建模这个旁路的操作？

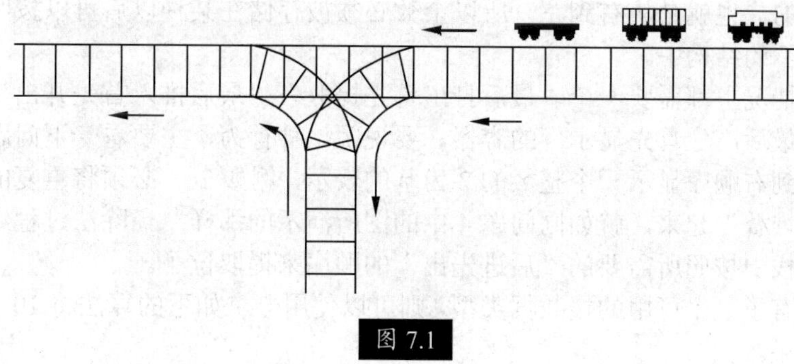

图 7.1

3. 问题 3

在一个函数 f()执行期间必须完成的一个任务就是跟踪了解关于 f()的足够的信息——形参的值，本地变量等[①]，这样，如果 f()的执行被对另一个函数 g()的调用中断了，那么在 g()结束后可以恢复 f()的执行。显然，g()也可以调用另一个函数 h()，所以 g()的相关信息也必须被存储，使得以后可以恢复它的执行。而 h()又可以调用另一个函数，如此等等。使得情况更复杂的事情是，这些函数中的一个有可能又会调用它自身——这就是一种称为递归的现象（我们将在第 10 章中学习递归）。如何保存这些函数的信息？

4. 问题 4

数据元素是以二进制形式存储在计算机的内存中的。特别地，正整数通常是以 2.2 节中描述的以 2 为基的形式存储的。这表示出现在程序或者数据文件中的整数的以 10 为基的表示必须被转换成以 2 为基的表示。实现这个转换的一个算法是循环的将这个数除以 2，然后将得到的二进制数字形式的余数从右向左排列，从而得到这个数的以 2 为基的表示。例如，26 的以 2 为基的表示是 11010，如图 7.2 的计算所展示。应该使用什么数据类型记录这些余数？

① 这称为一个活动记录，将在 7.3 节中详细地描述。

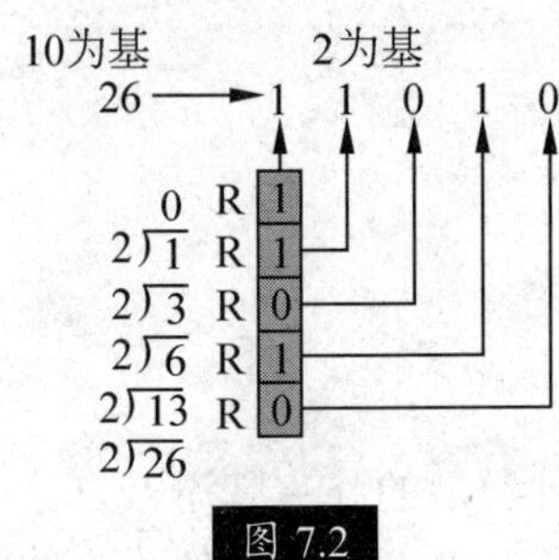

图 7.2

这些问题中的每一个都牵涉到一系列相关的数据元素：问题 1 中的牌堆，问题 2 中的铁路列车的集合，问题 3 中的一系列函数信息，以及问题 4 中的余数序列。在问题 1 中，基本的操作是添加一张牌到已出牌堆上以及从这个堆上提取一张牌。在问题 2 中，基本的操作是将一辆车推入旁路以及移走先前在旁路上的一辆车。在问题 3 中，当一个函数结束时，要返回被中断的最近的一个函数。因此函数信息必须以这样一种方式存储，即最近的信息将首先从存储中移除。由问题 4 的图，可以注意到组成 26 的 2 为基的表示的位是以相反的顺序产生的，也就是从右到左，所以余数必须被存储在某种以后可以按照通常的从左到右的顺序显示的结构中。

在每一种情况下都需要一个“最后打出首先提取”，“最后推入首先开出”，“最后存储首先移除”，“最后产生首先显示”的容器。要说明这种行为，主要看一下问题 4。为了按照通常的从左到右顺序显示一个整数的 2 为基的表示，例如 26，必须将重复的除以 2 过程产生的余数“堆叠”起来，就如同问题 4 中的图所演示的那样。当除法过程结束了，就可以从这个余数栈中按照所需要的“后进先出”的顺序来提取位了。

假设已经有了一个可用的栈数据类型，则可以使用一个如下的算法将 10 为基转换为 2 为基并显示结果。

基转换算法

/* 将一个以 10 为基的数显示为以 2 为基的算法 */

（1）创建一个空栈来存储余数。

（2）While number ≠ 0:

- 计算 number 被 2 除得到的余数 remainder。
- 将余数 remainder 放到余数栈的栈顶。
- 将 number 替换为 number 被 2 除的整数商。

End while

（3）While 余数栈非空：

- 从余数栈顶提取并删除余数 remainder。
- 将 remainder 追加到已经产生的输出后面。

End while

图 7.3 跟踪了这个算法在整数 26 上的执行。

这种后进先出的处理在很多应用中都会发生；因此，包含这种思想的数据结构将是非常有用的。这种**后进先出**（**LIFO**）型的数据结构称作**栈**。

向栈中添加一个元素被称为将这个元素压（pushing）入栈中，而从栈中删除一个元素被称为弹（poping）栈。通常使用自助餐厅中对一个弹簧负载的一叠盘子的操作来解释这些术语。

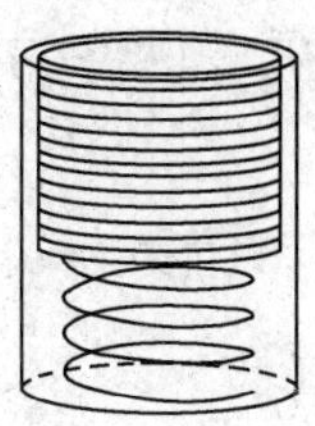

这个栈按照如下的方式运转：

- 如果一个盘子被放入栈中，则它下面的盘子将被压下去并且不能被访问到。
- 如果从栈中移走一个盘子，则它下面的盘子将向上弹起一个位置。
- 当栈中没有盘子时，则它是空的。
- 如果栈中没有位置再容纳新的盘子了，则它是满的。

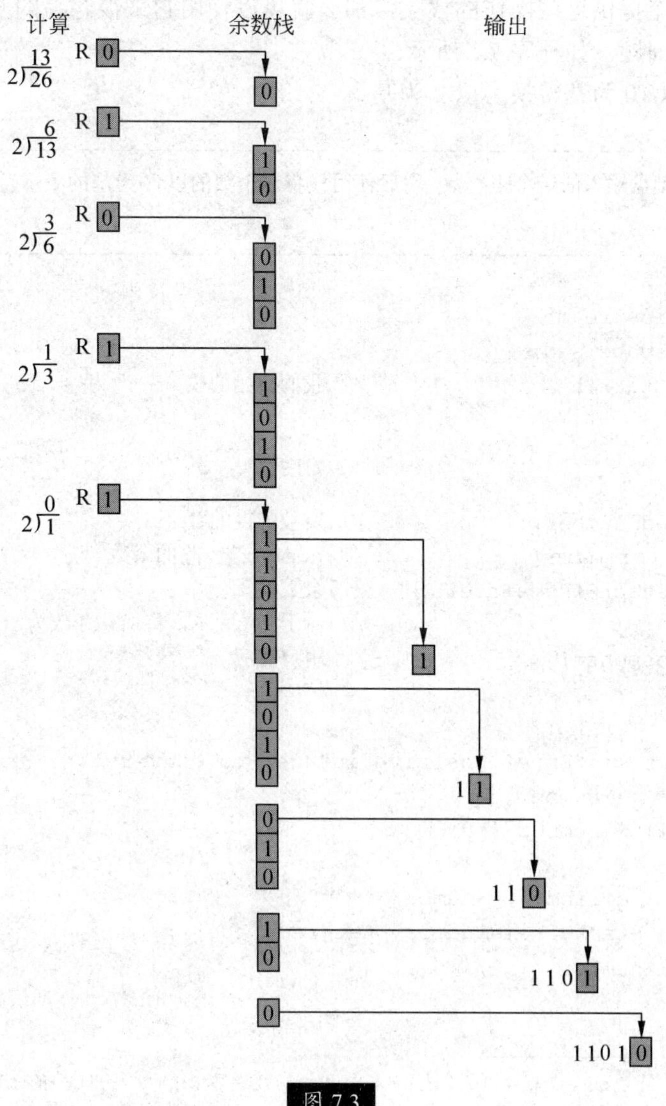

图 7.3

这就得到了下面的作为抽象数据类型的栈的定义：

STACK ADT

数据元素集合：

一个数据元素的有序序列，只能在一端访问，称为栈顶。

基本操作：

- 创建一个栈（通常是空的）。
- 检查栈是否为空。
- Push：在栈顶添加一个元素。
- Top：提取栈顶的元素。
- Pop：删除栈顶的元素[①]。

如果拥有一个提供这些操作的栈类，那么就可以使用它来很容易的开发一个短小的程序，解决基转换问题，如程序7.1所示。

程序7.1　以10为基转换为以2为基

```
/*------------------------------------------------------------------------
这个程序获取键盘输入的一个正整数，然后使用栈将这个数的以10为基的表示转换为以2为基的表示
并输出
------------------------------------------------------------------------*/

#include <iostream>
using namespace std;
#include "Stack.h"                  // 我们自己的栈 -- 改为<stack>以使用STL版本

int main()
{
    unsigned number,                // 要被转换的数
             remainder;             // number被2除的余数
    Stack stackOfRemainders;        // 余数栈
                                    // 对于STL版本，将Stack改为stack<int>
    char response;                  // 用户反应
    do
    {
        cout << "Enter positive integer to convert:";
        cin >> number;
        while (number !=0)
        {
            remainder = number % 2;
            stackOfRemainders.push(remainder);
            number /= 2;
    }
```

① 在一些栈ADT的定义中，弹栈操作还要返回从栈中删除的元素。本书中的方法和C++的标准(STL)栈容器的弹栈操作保持一致。

```
        cout << "Base-two representation: ";

        while( !stackOfRemainders.empty() )
        {
            remainder = stackOfRemainders.top();
            stackOfRemainders.pop();
            cout << remainder;
        }
        cout << endl;
        cout << "\nMore (Y or N)? ";
        cin >> response;
        }
        while ( response == 'Y' || response == 'y');
    }
```

7.2 设计和创建一个 Stack 类——基于数组

如在第 6 章中提到的，创建一个类包括两个步骤：

（1）设计这个类。

（2）实现这个类。

因此，从设计一个栈类开始。

如同对于第 6 章中开发的 List 类，从描述这个类的函数成员开始，这些函数成员是实现栈 ADT 描述中列出的那些操作所需要的。并且以和实现无关的方式来进行描述，比如不会考虑将使用哪些数据成员。

在给出的作为 ADT 的栈的定义中，标识出了 5 个基本操作：构造函数、empty、push、top 以及 pop。因此，我们的类必须（至少）具有实现这些操作的函数成员：

- 构造函数：创建一个空栈。
- empty()：检查一个栈并根据栈中是否包含值来返回 false 或者 true。
- push()：通过在栈的顶部添加一个值来修改栈。
- top()：提取栈顶的值。
- pop()：通过从栈顶删除一个值来修改栈。

为了帮助调试，当进行其他操作的测试时，通常还要添加一个输出操作来显示栈内容的快照：

display()：显示存储在栈中的所有元素。

现在我们的栈类已经被设计好了，必然要通过以下步骤来实现它。

（1）定义用来存储栈元素的数据成员。

（2）定义在设计阶段标识出的操作。

7.2.1 选择存储结构

一个栈必须存储一系列的值，所以从考虑使用哪种存储结构开始。由于栈是一个数据元素序列，可以使用一个数组来存储这些元素，每个栈元素占用数组中的一个位置。这也提供了一个在几乎任何程序设计语言中都可以做到的实现。在 7.3 节将开发一个基于链表的实现。

1．第一次（低效率的）尝试

如果考虑模拟前面提到的弹簧负载的盘栈，那么看起来使用一个数组存储这些栈元素是很自然的，这里以位置 0 作为栈顶。例如，假设我们具有一个容量为 8 的数组的栈，并假设这个栈包含 6 个整数 77、121、64、234、51 和 29，位于栈顶的是 77，其他整数按照给定的顺序在 77 的下面。我们可以如图 7.4 所示刻画这个栈，这里？代表数组中的一个“垃圾”值。

[0]	77
[1]	121
[2]	64
[3]	234
[4]	51
[5]	29
[6]	?
[7]	?

图 7.4

不过，考虑一下，如果现在以图 7.5 所示的次序执行了 3 个操作，push 95、push 80 以及 pop，将发生什么。

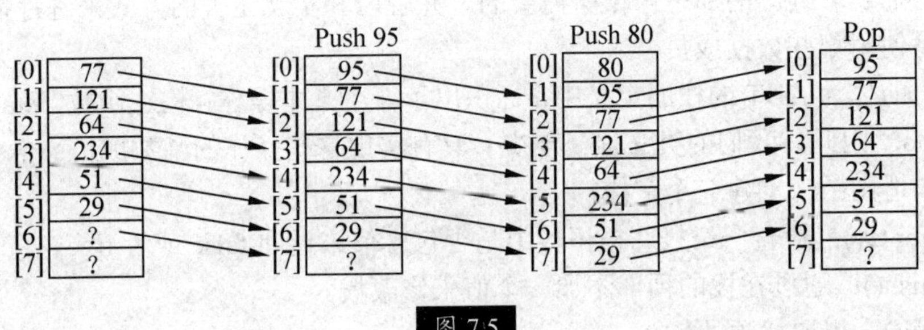

图 7.5

注意：每当一个新的值被压入栈时，栈中所有元素都必须在数组中向下移动一格，以便在栈顶为其空出位置。相似地，每当一个值被从栈中移除时，数组中从位置 1 开始的所有元素都必须向上移动，以使得栈顶的值位于位置 0。尽管对于弹簧负载的盘栈来说，这是一个不错的模型，但是当人们希望研究这种机制在不同情况下的表现时，发现对于很多其他类型的栈来说，这种方式是非常低效的。

2．一个更好的方法

前面实现中对数组元素的移动是非常耗时且不必要的，完全可以很容易地避免掉。不考虑弹簧负载的盘栈，可以考虑桌上的一叠书构成的一个栈（或纸牌游戏中的一叠牌，或一叠烤饼，你愿意的话，不带弹簧或弹簧失效的盘子栈)。可以在这个栈顶上添加和移走书本，而不必移动栈中其他任何一本书，如图 7.6 所示。

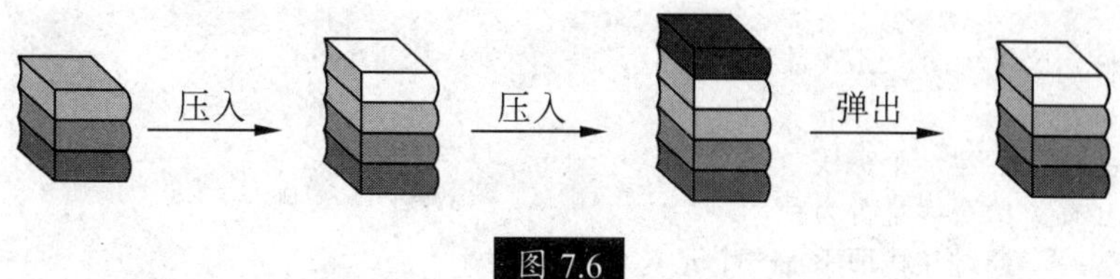

图 7.6

对于弹簧负载的盘栈，栈顶是固定的，所以当在栈顶添加或者移走盘子的时候，最底下的盘子（由此所有其他的盘子）也要跟着移动。而对于一个书本的栈，当添加或者移走一本书的时候，只有栈顶会移动；栈底是保持固定的（所有其他书本也是一样固定的)。

要从这个角度建模栈，只需要“将数组倒过来，”将栈底固定为位置 0，而让栈向数组的尾部增长，使用一个变量 *myTop* 来跟踪栈顶，并让 push 和 pop 操作发生在这个位置，如图 7.7 所示。

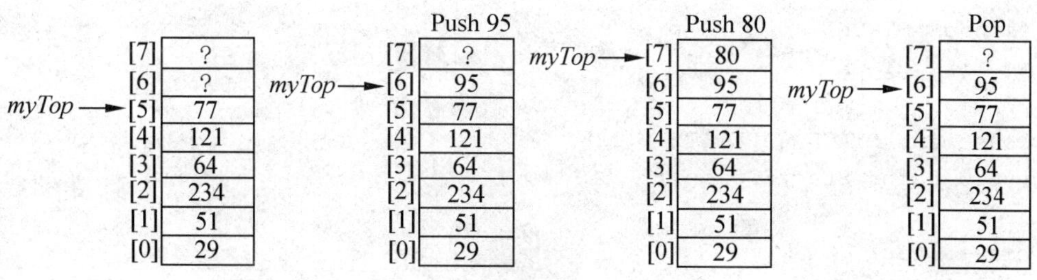

图 7.7

注意这样就不需要移动数组元素了。

因此，可以选择数据成员来开始创建栈类了：

- 一个用来存储栈元素的数组。
- 一个指示栈顶的整数。

对于数组数据成员，可以使用第 6 章中对于 List 类的方法：使用一个静态数组，或者使用一个动态数组。首先采用静态数组方法，在创建了这样一个 Stack 类版本后，再考察采用动态数组的实现。

数组的容量和数组元素的类型可以按照在 6.2 节中 List 类的第一个实现中的做法来设置。我们将声明

```
const int STACK_CAPACITY = …;
typedef int StackElement;
```

放在类声明的前面，这样当需要一种新的栈元素类型或需要改变容量时，可以很容易地进行修改。

现在可以编写类声明了，如程序 7.2 所示。

程序 7.2 一个 Stack 数据类型的类声明

```
/*-- Stack.h ---------------------------------------------------------

这个头文件定义了一个Stack数据类型
基本操作:
    构造函数:创建一个空栈
    empty:  检查栈是否为空
    push:   通过在栈顶添加一个元素来修改栈
    top:    提取栈顶的值；保持栈不被改变
    pop:    通过删除栈顶的值来修改栈
    display:显示所有的栈元素

类不变式:
  1.栈元素（如果有）被存储在myArray的0, 1, …, myTop等位置
  2.-1 <= myTop < STACK_CAPACITY
----------------------------------------------------------------------*/

#ifndef STACK
#define STACK

const int STACK_CAPACITY = 128;
typedef int StackElement;

class Stack
{
public:
  /***** 函数成员 *****/
private:
  /***** 数据成员 *****/
  StackElement myArray[STACK_CAPACITY];
  int  myTop;
};

#endif
```

7.2.2 实现操作

要完成栈的这个实现，必须编写函数来执行基本的栈操作。将首先为每个操作分别开发算法，接着给出代码来实现它们。

1．构造函数

编译器将为数据成员 myArray 和 myTop 分配内存，这样 Stack 的构造函数只需要执行创建一个空栈所需的初始化工作。因为 myTop 总是指向包含栈顶元素的数组元素，所以很自然地通过将 myTop 赋值为–1 来标志一个空栈，如图 7.8 所示。

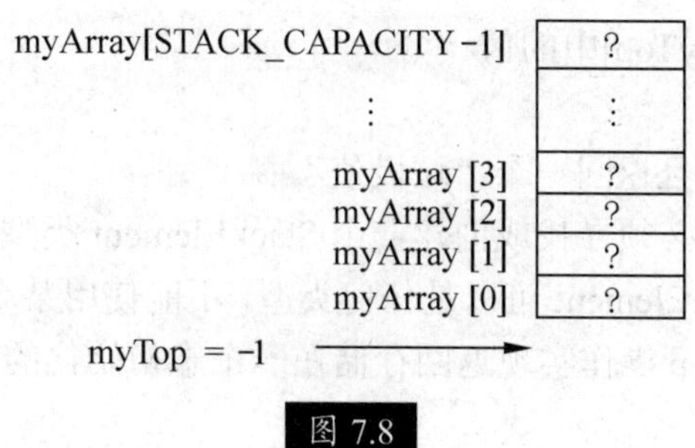

图 7.8

2．Empty

这个被用来检查栈是否为空的操作现在将是非常简单了，因为它只需要检查 myTop 数据成员是否为–1，如果确实这样，就返回 true，否则返回 false。

3．Push

Push 操作是栈的插入操作。这个操作接收一个 StackElement 类型的值并将它添加到栈顶。

不过，和第 6 章中基于数组的列表实现一样，数组数据成员有可能会变满，这时就不能将值添加到栈中了。因此，为 push 操作设计的算法必须首先检查数组中是否有空间容纳新的值。

实现 push 操作的算法

如果 myArray 还没有满（即 myTop < STACK_CAPACITY – 1）

（1）将 myTop 增加 1。

（2）将值存储到 myArray[myTop]。

否则

发出信号表示没有存储空间能容纳新值并终止这次操作。

在处理数组满情况时，有多种方法：

- 显示一条错误消息并终止执行。
- 显示一条错误消息，但是允许执行继续下去。
- 抛出一条异常。
- 返回一个布尔值来表示操作是成功（true）还是失败（false）了。

程序 7.4 中的 Stack 类使用的是第一种方法。

Top

Top 操作用于提取栈顶的值。它是一个简单的访问函数，返回元素 myArray [myTop]。不过，如果栈为空，这时 myTop 的值为–1，那么这样产生一个非法的数组引用，所以此时必须采取一些相应的措施。

实现 Top 操作的算法

如果栈非空

返回 myArray[myTop]中的值
否则
指示栈为空，并且返回一个“垃圾值”。

为了实现这个算法，必须寻找或创建一个 StackElement 类型的垃圾值，在栈为空的时候返回这个值。因为 StackElement 可以是任何类型，不能使用某个特定的常量作为返回值。程序 7.4 中 Stack 类中的 top 操作实现返回存储在一个未初始化的局部变量 garbage 中的值。

Pop

最后一个栈操作是 pop 操作，用来移除栈顶元素。这可以通过简单地将 myTop 递减 1 来完成。但是，如果栈是空的，那么还需要一些措施，因为将 myTop 递减 1 将得到值–2，这违反了类不变式。下面的算法采用和前面处理栈满情况时第二种处理方法类似的方式来处理栈空的情况，即显示一条表示栈空的消息，但是允许执行继续下去。

7.2.3　实现 pop 操作的算法

如果栈非空
将 myTop 递减 1
否则
指示栈是空的

Output

输出操作并不是我们作为 ADT 的栈的定义中所列出的基本操作之一。但是，操作被实现以后，需要测试它们，所以在早期的实现过程中常常需要加入一个输出操作。对于 Stack 类，这可以是一个函数成员 display()，非常简单地显示存储在 myArray[myTop]到 myArray[0]中的值。程序 7.3 给出了 display()的原型和定义，程序 7.4 说明了如何可以在测试驱动程序中使用它。

7.2.4　完整的 Stack 类

程序 7.3 给出完整的 Stack 类。类声明在头文件 Stack.h 中，而函数成员的定义在实现文件 Stack.cpp 中。[①]

程序 7.3　Stack 类——版本 1 使用静态数组

```
/*-- Stack.h ---------------------------------------------------

这个头文件定义了一个Stack数据类型
基本操作：
  构造函数：   创建一个空栈
  empty:       检查栈是否为空
```

① 如第 3 章中提到的，一些程序员喜欢将构造函数、empt()和 display()这样的简单函数的头部前面加上关键字 inline，把这些函数实现为内联函数，并将它们的定义放在 Stack.h 中类声明的后面。

```
 push:      通过在栈顶添加一个元素来修改栈
 top:       提取栈顶的值；保持栈不被改变
 pop:       通过删除栈顶的值来修改栈
 display:   显示所有的栈元素

类不变式：
 1.栈元素（如果有）被存储在myArray的0, 1, …, myTop等位置
 2.-1 <= myTop < STACK_CAPACITY
-----------------------------------------------------------------------*/

#include <iostream>

#ifndef STACK
#define STACK

const int STACK_CAPACITY = 128;
typedef int StackElement;

class Stack
{
 public:
  /***** 函数成员 *****/
  /***** 构造函数 *****/
  Stack();
/*-----------------------------------------------------------------------
创建一个Stack对象

前置条件：    无
后置条件：    创建了一个空Stack对象(myTop被初始化为-1,
              myArray是一个具有STACK_CAPACITY个
              StackElement类型元素的数组)
-----------------------------------------------------------------------*/

bool empty() const;
/*-----------------------------------------------------------------------
检查栈是否为空

    前置条件：无
    后置条件：如果栈为空则返回true否则返回false
-----------------------------------------------------------------------*/

  void push(const StackElement & value);
/*-----------------------------------------------------------------------
    添加一个值到栈中
```

```
    前置条件：value是将被添加到这个栈中的值
    后置条件：如果栈中还有空间，值value被添加到栈顶；
              否则，显示一条栈满消息，执行被终止
-----------------------------------------------------------------------*/

  void display(ostream & out) const;
/*-----------------------------------------------------------------------
    显示栈中存储的值

    前置条件：ostream out已经被打开
    后置条件：栈中的内容被从栈顶到栈底输出到out
-----------------------------------------------------------------------*/

  StackElement top() const;
/*-----------------------------------------------------------------------
    提取栈顶的值（如果有）

    前置条件：栈非空
    后置条件：除非栈是空的，否则栈顶的值被返回；
              如果栈空，显示一条错误消息，并返回一个“垃圾值”
-----------------------------------------------------------------------*/
  void pop();
/*-----------------------------------------------------------------------
    移除栈顶的值（如果有）

    前置条件：栈非空
    后置条件：除非栈是空的，否则栈顶的值被移除；
              如果栈空，显示一条错误消息，执行可以继续下去
-----------------------------------------------------------------------*/

 private:
  /***** 数据成员 *****/
  StackElement myArray[STACK_CAPACITY];
  int myTop;
}; // 类声明结束

#endif


/*-- Stack.cpp-----------------------------------------------------------
这个文件包含Stack成员函数的实现
-----------------------------------------------------------------------*/
```

```
#include <iostream>
using namespace std;

#include "Stack.h"

//--- Stack构造函数的定义
Stack::Stack()
: myTop(-1)
{}

//--- empty()的定义
bool Stack::empty() const
{
  return (myTop == -1);
}

//--- push()的定义
void Stack::push(const StackElement & value)
{
  if (myTop < STACK_CAPACITY - 1)  // 保持栈不变式
  {
    ++myTop;
    myArray[myTop] = value;
  }
  else
  {
    cerr << "*** Stack full -- can't add new value ***\n"
            "Must increase value of STACK_CAPACITY in Stack.h\n";
    exit(1);
  }
}

//--- display()的定义
void Stack::display(ostream & out) const
{
  for (int i = myTop; i >= 0; i--)
    out << myArray[i] << endl;
}

//--- top()的定义
StackElement Stack::top() const
{
  if ( !empty() )
    return (myArray[myTop]);
```

```
    else
    {
      cerr << "*** Stack is empty -- returning garbage value ***\n";
      StackElement garbage;
      return garbage;
    }
}

//--- pop()的定义
void Stack::pop()
{
  if ( !empty() )
    myTop--;
  else
    cerr << "*** Stack is empty -- can't remove a value ***\n";
}
```

程序 7.4 给出了一个测试 Stack 类的驱动程序。对这个程序的第一次运行跟踪创建了一个具有 4 个元素的栈，并指明基本操作都工作正确。第二次运行跟踪演示了当试图创建一个具有比 Stack.h 中设置的数组容量更多的元素的栈时的效果。

程序 7.4 测试 Stack 类的驱动程序

```
/*--------------------------------------------------------------------
              测试Stack类的驱动程序
--------------------------------------------------------------------*/

#include <iostream>
using namespace std;

#include "Stack.h"

int main()
{
  Stack s;
  cout << "Stack created.  Empty? " << boolalpha << s.empty() << endl;

  cout << "How many elements to add to the stack? ";
  int numItems;
  cin >> numItems;
  for (int i = 1; i <= numItems; i++)
    s.push(i);

  cout << "Stack contents:\n";
  s.display(cout);
```

```
   cout << "Stack empty? " << s.empty() << endl;

   cout << "Top value: " << s.top() << endl;

   while (!s.empty())
   {
     cout << "Popping " << s.top() << endl;
     s.pop();
   }
   cout << "Stack empty? " << s.empty() << endl;
   cout << "Top value: " << s.top() << endl;
   cout << "Trying to pop: " << endl;
   s.pop();
}
```

运行跟踪#1:

```
Stack created.  Empty? true
How many elements to add to the stack? 4
Stack Contents:
4
3
2
1
Stack empty? false
Top value: 4
Popping 4
Popping 3
Popping 2
Popping 1
Stack empty? true
*** Stack is empty - returning garbage value ***
Top value: 0
Trying to pop:
*** Stack is empty - can't remove a value ***
```

运行跟踪#2:

```
Stack created.  Empty? true
How many elements to add to the stack? 129
*** Stack full - can't add new value ***
Must increase value of STACK_CAPACITY in Stack.h
```

程序 7.4 中的声明

```
Stack s;
```

创建了一个如下的栈：

S

myTop -1

0 1 2 3 4 … 127

myArray ? ? ? ? ? … ?

数组数据成员 myArray 包含 128 个未初始化的元素，构造函数设置 myTop 为–1 来表示栈是空的。

在第一次运行跟踪里，4 个整数 1、2、3 和 4 被压入栈 s 中，得到

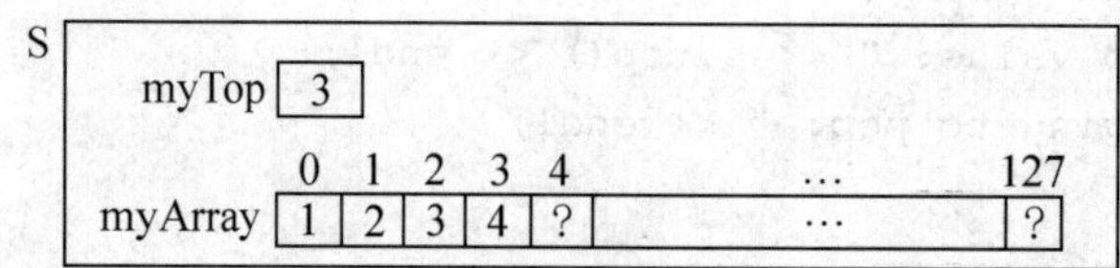

发送消息 display(cout)到 s 所产生的输出验证了这个结果。最后，pop 操作被重复的应用到 s，直到 s 为空。再一次试图从 s 中弹出一个元素失败了，产生一条表示栈空的消息。

7.2.5　使用动态数组存储栈元素

在前面的栈实现中，对每个 Stack 对象中存储栈元素的数组都使用相同的容量。为了处理所有的将使用到的栈，需要将这个容量设置得足够大，而这显然会造成相当大的空间浪费。但是，如果将这个容量设置得太小，又会陷入麻烦，因为当这个容器不能容纳所有的数据值时，会造成在输入了一系列数据后，程序可能会崩溃，或开始产生不正确或不可靠的结果，这会带来很大的不方便，也令人恼火。还有，为了改变这个容量，需要修改 Stack.h 中 STACK_CAPACITY 的定义，这意味着所有包含 Stack.h 的程序和库都必须被重新编译。

另一种方法是学习第 6 章中列表实现的例子，使用一个动态数组。这样就可以使得用户能够在栈的声明中规定其大小。不过，如看到的，在使用动态分配存储的类中，构造函数所做的事情远比初始化要多，此外还需要一些新的函数成员：

（1）构造函数：处理动态数据成员的内存分配，并初始化所有数据成员。

（2）析构函数：释放一个对象中所有动态分配的内存。

（3）复制构造函数：创建对象的复制，例如，对于值参，或使用一个已经存在的对象来初始化一个新对象。

（4）赋值运算符：将一个对象赋予另一个对象。

先把 STACK_CAPACITY 修改成变量数据成员，将 myArray 声明为一个指针：

```
typedef int StackElement
class Stack
{
 public:
 /***** 函数成员 *****/
  // --- 和前面一样 ---
 private:
```

```
/***** 数据成员 *****/
 int myTop,                    // 栈顶
     myCapacity;               // 栈的容量
 StackElement * myArray;       // 存储元素的动态数组
};
```

现在必须要看看需要对函数成员作出什么修改以及如何实现新的函数成员。

1．构造函数

在前面的栈实现中，编译器处理数组数据成员的分配，构造函数唯一需要做的事情就是设置 myTop 为–1 来表示一个空栈。然而，现在构造函数必须实际的创建些什么，即，需要创建存储栈元素的数组。

我们希望允许如下形式的声明

```
Stack s1;
Stack s2(cap);
```

来创建 s1 为某个具有默认容量的栈，以及创建 s2 为一个具有整数容量 cap 的栈。为此，可以使用一个具有默认实参的构造函数：

```
Stack(int numElements = 128);
```

下面是实现这个构造函数的算法：

构造函数算法

（1）检查给定的栈容量 numElements 是否是正数。如果不是，则终止执行。

（2）设置 myCapacity 为 numElements。

（3）分配一个容量为 myCapacity 的数组，由 myArray 指向。

（4）如果为这个数组分配内存成功设置 myTop 为–1。否则，显示一条错误信息并终止执行。

WWW 实现这个算法的代码在程序 7.5 中给出。（见本书 Web 站点上的源文件 Chap7/程序 7.5~程序 7.9，以获取完整的 Stack.h 和 Stack.cpp，以及一个测试驱动程序。）

程序 7.5 Stack 类的构造函数

```
/*-- DStack.h ---------------------------------------------------------

这个头文件定义了一个Stack数据类型
基本操作：
  构造函数：  创建一个空栈
  empty:      检查栈是否为空
  push:       通过在栈顶添加一个值来修改栈
  top:        提取栈顶的值；保持栈不被改变
  pop:        通过删除栈顶的值来修改栈
```

```
  display:  显示所有的栈元素

类不变式:
  1.栈元素（如果有）被存储在myArray的0, 1, …, myTop等位置
  2.-1 <= myTop < myCapacity
-----------------------------------------------------------------------*/

#include <iostream>

#ifndef DSTACK
#define DSTACK

typedef int StackElement;

class Stack
{
 public:
  /***** 函数成员 *****/
  /***** 构造函数 *****/

  Stack(int numElements = 128);
/*----------------------------------------------------------------------
创建一个Stack对象

前置条件: 无
后置条件: 创建了一个空Stack 对象 (myTop被初始化为-1，而
          myArray被初始化为一个具有numElements(默认128)
          个StackElement类型元素的数组)
-----------------------------------------------------------------------*/
  bool empty() const;
  // -- 和程序7.4中一样的注释文档

  void push(const StackElement & value);
  // -- 和程序7.4中一样的注释文档

  void display(ostream & out) const;
  // -- 和程序7.4中一样的注释文档

  StackElement top() const;
  // -- 和程序7.4中一样的注释文档

  void pop();
  // -- 和程序7.4中一样的注释文档

 private:
```

```
 /***** 数据成员 *****/
  int myCapacity,            // 栈的容量
      myTop;                 //  栈顶
  StackElement * myArray;    //  存储元素的动态数组

}; // 类声明结束

#endif

/*-- DStack.cpp--------------------------------------------------------------

#include <iostream>
#include <cassert>
#include <new>
using namespace std;

#include "DStack.h"

//--- Stack构造函数的定义
Stack::Stack(int numElements)
{
   assert (numElements > 0);     // 检查前置条件
   myCapacity = numElements;     // 设置栈容量
                                 // 分配一个如上容量的数组
   myArray = new(nothrow) StackElement[myCapacity];
   if (myArray != 0)             // 内存足够
      myTop = -1;
   else
   {
      cerr << "Inadequate memory to allocate stack \n"
              " -- terminating execution\n";
      exit(1);
   }                             // 或assert(myArray != 0);
 }

 //--- empty()的定义
 //--- 和程序7.4中一样

 //--- push()的定义
 //--- 将程序7.4定义中的STACK_CAPACITY替换成myCapacity

 //--- display()的定义
 //--- 和程序7.4中一样

 //--- top()的定义
```

```
//--- 和程序7.4中一样

//--- pop()的定义
//--- 和程序7.4中一样
```

一个包含相应头文件的程序可以使用如下语句：

```
Stack s1;
cout << "Enter second stack's capacity: ";
int cap;
cin >> cap;
Stack s2(cap);
```

s1 将被创建一个容量为 128 的栈，而 s2 将被创建一个容量为 cap 的栈。

Empty、Push、Top、Pop 以及输出操作

如程序 7.5 所示，empty()、push()、top()、pop()以及 display()的原型和静态数组实现中的一样。在它们的定义中，需要访问数组数据成员的元素，不过，如在 3.4 节中所看到的，可以按对待静态数组一样的方式来对动态分配的数组使用下标操作符[]。因此，除了需要在 push()的定义中将 STACK_ CAPACITY 替换成 myCapacity，并不需要对这些函数的早期实现作出什么改变。

2．类析构函数

和 6.3 节中的 List 类需要析构函数的原因一样，Stack 类也需要一个析构函数：即避免因构造函数动态获取数组造成的内存泄漏。例如，如果 st 是如下的栈：

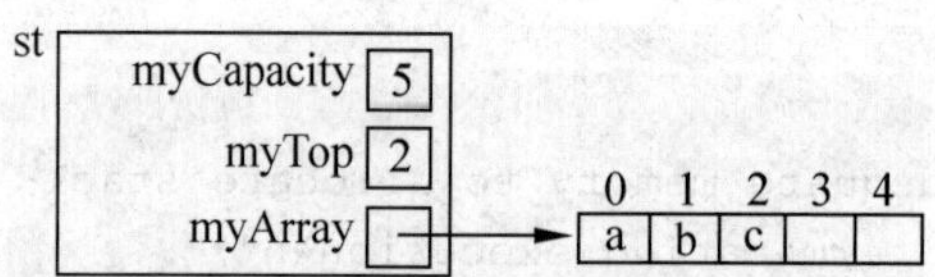

并且 st 的生命期结束了，它的析构函数~Stack()将被调用来释放 myArray 所指向的动态数组：

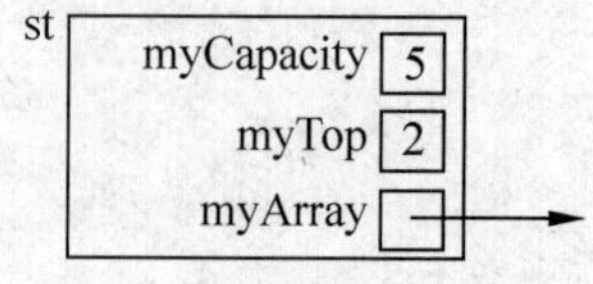

为 st 的数据成员 myCapacity、myTop 以及 myArray 所分配的内存将按照通常方式被释放。

程序 7.6 中的 Stack 析构函数的定义按照 List 析构函数所采用的方式（见 6.3 节）释放 myArray 指向的数组：

程序 7.6　Stack 类析构函数

```
delete [] myArray;
```

（见本书 Web 站点的源程序文件 Chap7/程序 7.5~程序 7.9，以得到完整版本的 Stack.h 和 Stack.cpp 以及一个测试驱动程序。）

```
将下面代码添加到Stack.h中Stack类声明的公有域:
/***** 析构函数 *****/
~Stack();
/*------------------------------------------------------------------------------
  类析构函数

  前置条件：无
  后置条件：栈中的动态数组被释放掉
------------------------------------------------------------------------------*/
将下面代码添加到Stack.cpp中:

//--- Stack析构函数的定义
Stack::~Stack()
{
   delete [] myArray;
}
```

3. 复制构造函数

当需要复制一个类的对象时，这个类的复制构造函数被调用。例如，发生在，

- 初始化时；
- 将一个对象传递给一个形参时；
- 某个函数的返回值是一个对象时；
- 需要对某个对象进行临时存储时。

如果一个类没有复制构造函数，则编译器提供一个默认的复制构造函数，进行逐个成员的复制。

如在第 6 章中看到的，对于没有动态分配数据的类来说，这已经足够了，但是对于包含指向动态分配数组（或其他结构）的指针的类来说，这还不够。为了说明在 Stack 类中的这个问题，假设 st 时前面考虑过的栈，

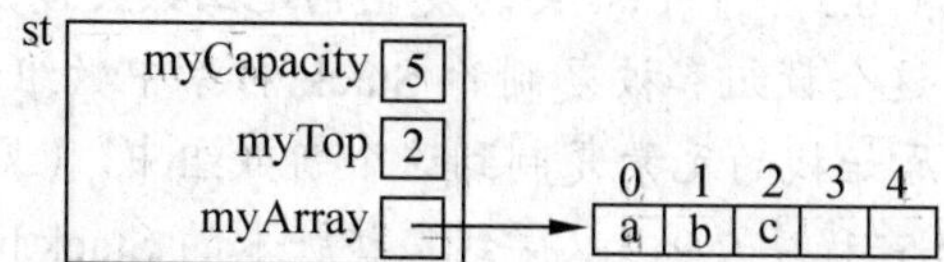

并且需要 st 的一份复制 stCopy。默认的复制构造函数将复制 st 的 myCapacity 成员的值到 stCopy 的 myCapacity 成员中，还将 st 的 myTop 成员的值复制到 stCopy 的 myTop 成员中：

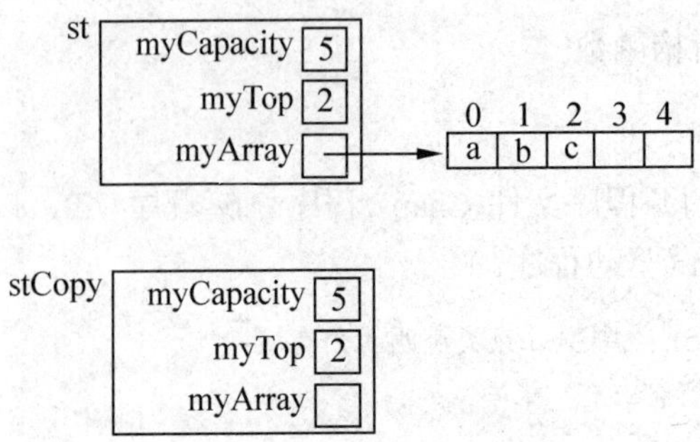

它还将复制 st 的 myArray 成员的值到 stCopy 的 myArray 成员中。然而，这个值是由 stCopy 的 myArray 成员所指向的数组的起始地址，这表示在 stCopy 和 st 中，myArray 指向同一个数组：

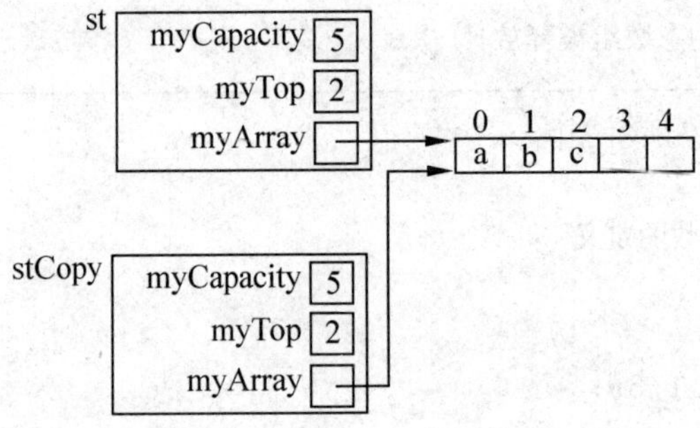

这是混淆问题的另一个例子，两个不同的名字其实指的是同一个东西。由默认的复制构造函数创建的浅复制并不是完全不同的一份复制，所以修改复制也有可能修改原来的对象。

Stack 类的复制构造函数进行一个深复制，创建了原始栈的一个不同的复制：

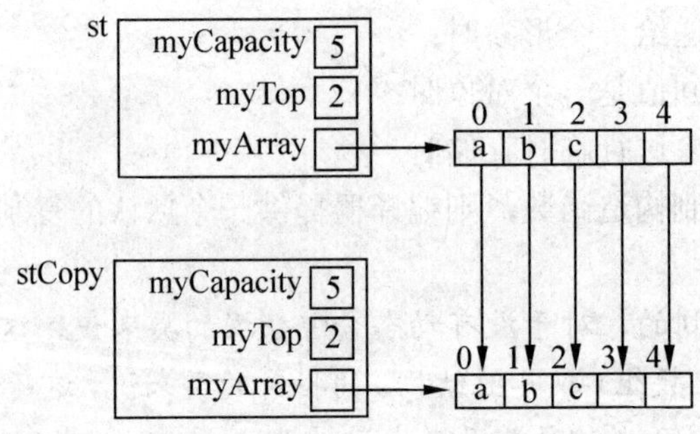

程序 7.7 中的定义和 6.3 节中 List 类的复制构造函数类似；它为被创建的 Stack 对象分配一个新数组，这个数组和被复制的 Stack 对象中数组的容量一样，接着，它使用一个 for 循环将原始栈的元素复制到这个新数组中。（见本书 Web 站点的源程序文件 Chap7/程序 7.5~程序 7.9，以得到完整版本的 Stack.h 和 Stack.cpp 以及一个测试驱动程序。）

程序 7.7　Stack 的复制构造函数

将下面代码添加到Stack.h中Stack类声明的公有域：

```
Stack(const Stack & original);
/*------------------------------------------------------------------------
复制构造函数

前置条件：original是要被复制的栈，作为一个常引用形参接收
后置条件：original的一个副本被创建
-----------------------------------------------------------------------*/
将下面的代码添加到Stack.cpp中：

//--- Stack复制构造函数的定义
Stack::Stack(const Stack & original)
:myCapacity(original.myCapacity), myTop(original.myTop)
{
    //--- 为复制分配新数组
    myArray = new(nothrow) StackElement[myCapacity];
    if(myArray != 0)          // 检查内存是否足够
        //  将original的数组成员复制到这个新数组中
        for (int pos = 0; pos <= myTop; pos++)
            myArray[pos] = original.myArray[pos];
    else
    {
        cerr << "*Inadequate memory to allocate stack ***\n";
        exit(1);
    }
}
```

4．赋值运算符

如在第 6 章中看到的，编译器提供的赋值运算符（=）的默认定义也是对要被赋值的对象执行一个逐个成员的赋值。这会造成和复制构造函数一样的混淆问题。此外，由于被赋值的栈中的旧数组没有被释放，这还会造成内存泄漏。

Stack 类的赋值运算符的定义在程序 7.8 中给出。它实现了下面这个算法：

赋值运算符算法

/* 假设是形如 st = rightHandSide 的 Stack 赋值。 */

（1）首先检查是否是自赋值情况 st = st。（这可以通过检查当前 Stack 对象的地址（这个地址存储在对象的 this 指针变量中）是否和用来赋值的 Stack 对象的地址（&rightHandSide）是相同的来实现。）

如果不是自赋值，那么如下进行：

① 检查两个栈中的数组是否容量一样。

如果不一样：

- 删除当前对象中的数组。

- 为当前对象分配一个和 righHandSide 中数组一样容量的新数组。

② 将 righHandSide 对象的 myCapacity 和 myTop 成员的值赋值到当前对象相应的 myCapacity 和 myTop 数据成员中。

③ 将 rightHandside 中数组的元素赋值到当前对象的数组中。

（2）返回当前 Stack 对象（*this）。

（见本书 Web 站点的源程序文件 Chap7/程序 7.5~程序 7.9，以得到完整版本的 Stack.h 和 Stack.cpp 以及一个测试驱动程序。）

程序 7.8　Stack 的赋值运算符

```
将下面代码添加到Stack.h中Stack类声明的公有域：
/***** 赋值运算符 *****/
const Stack & operator=(const Stack & rightHandSide);
/*----------------------------------------------------------------------
  赋值运算符

  前置条件：rightHandSide是用来赋值的栈，作为常引用形参接收
  后置条件：当前栈变成rightHandSide的一份复制，对它的一个常引用被返回
----------------------------------------------------------------------*/
将下面的代码添加到Stack.cpp中：

//--- 赋值运算符的定义
const Stack & Stack::operator=(const Stack & rightHandSide)
{
  if (this != &rightHandSide)                    // 检查不是st = st
  {
    //-- 如果需要的话，分配新数组
    if (myCapacity != rightHandSide.myCapacity)
    {
      delete[] myArray;                          // 销毁旧数组

      myCapacity = rightHandSide.myCapacity;  // 复制myCapacity
      myArray = new StackElement[myCapacity];
      if (myArray == 0)                          // 检查内存是否足够
      {
        cerr << "*** Inadequate memory ***\n";
        exit(1);
      }
    }

    myTop = rightHandSide.myTop;                 // 复制myTop成员
    for (int pos = 0; pos <= myTop; pos++)    // 复制栈元素
      myArray[pos] = rightHandSide.myArray[pos];

  }
```

```
    return *this;
}
```

5. 完整的 Stack 类

程序 7.9 给出了使用动态数组存储栈元素的完整的 Stack 类的内容。另外还给出了一个小型的驱动程序来测试栈操作。注意，这里是通过将栈 s 传递给函数 print()的值参 st 来测试复制构造函数的。从运行跟踪中可以看到，不仅 st 是 s 的一份正确的复制，而且复制构造函数也没有改变 s。另外，注意这里使用一个链式赋值来测试赋值运算符（完整版本的 Stack.h 和 Stack.cpp，包括注释文档，以及驱动程序，可以在本书的 Web 站点找到，见源程序文件 Chap7/程序 7.5~程序 7.9）。

程序 7.9 Stack 类——版本 2 使用动态数组

```
/*-- DStack.h ---------------------------------------------------

这个头文件定义了一个Stack数据类型
  ...
类不变式：
  1.栈元素（如果有）被存储在myArray的0, 1, …, myTop等位置
  2.-1 <= myTop < myCapacity
-------------------------------------------------------------*/

#include <iostream>

#ifndef DSTACK
#define DSTACK

typedef int StackElement;
class Stack
{
 public:
  /***** 函数成员 *****/

  Stack(int numElements = 128);
  // 构造函数的注释文档在程序7.5中

  Stack(const Stack & original);
  // 复制构造函数的注释文档在程序7.7中

  ~Stack();
  // 析构函数的注释文档在程序7.6中

  Stack & operator=(const Stack & original);
  // 赋值运算符的注释文档在程序7.8中

  bool empty() const;
```

```
  // 见程序7.3中的注释文档

  void push(const StackElement & value);
  // 见程序7.3中的注释文档

  void display(ostream & out) const;
  // 见程序7.3中的注释文档

  StackElement top() const;
  // 见程序7.3中的注释文档

  void pop();
  // 见程序7.3中的注释文档

 private:
 /***** 数据成员 *****/
  int myCapacity,           // 栈的容量
      myTop;                //  栈顶
  StackElement * myArray;   //  存储元素的动态数组

}; // 类声明结束

#endif

//--- Dstack.cpp ------------------------------------------------------

#include <new>
using namespace std;

#include "Dstack.h"

//--- 将程序7.5中Stack的构造函数的定义插到这里

//--- 将程序7.7中Stack的复制构造函数的定义插到这里

//--- 将程序7.6中Stack的析构函数的定义插到这里

//--- 将程序7.8中赋值运算符的定义插到这里

//--- 将程序7.4中empty()的定义插到这里

//--- 将程序7.4中push()的定义插到这里

//--- 将程序7.4中display()的定义插到这里

//--- 将程序7.4中top()的定义插到这里
```

```
//--- 将程序7.4中pop()的定义插到这里

/*-----------------------------------------------------------------------
测试Stack类的驱动程序
-----------------------------------------------------------------------*/

#include <iostream>
using namespace std;

#include "DStack.h"

void print(Stack st)
{ st.display(cout); }

int main()
{
   int cap;
   cout << "Enter stack capacity: ";
   cin >> cap;

   Stack s(cap);
   cout << "Stack created.  Empty? " << boolalpha << s.empty() << endl;

   cout << "How many elements to add to the stack? ";
   int numItems;
   cin >> numItems;
   for (int i = 1; i <= numItems; i++)
      s.push(100*i);
   cout << "Stack empty? " << s.empty() << endl;

   cout << "Contents of stack s (via  print):\n";
   print(s); cout << endl;
   cout << "Check that the stack wasn't modified by print:\n";
   s.display(cout); cout << endl;

   Stack t, u;
   t = u = s;
   cout << "Contents of stacks t and u after t = u = s (via  print):\n";
   cout << "u:\n"; print(u); cout << endl;
   cout << "t:\n"; print(t); cout << endl;

   cout << "Top value in t: " << t.top() << endl;

   while (!t.empty())
   {
     cout << "Popping t:  " << t.top() << endl;
```

```
      t.pop();
    }
    cout << "Stack t empty? " << t.empty() << endl;
    cout << "\nNow try to retrieve top value from t." << endl;
    cout << "Top value in t: " << t.top() << endl;
    cout << "\nTrying to pop t: " << endl;
    t.pop();
}
```

运行跟踪#1:

```
Enter stack capacity: 5
Stack created.  Empty? true
How many elements to add to the stack? 3
Stack empty? false
Contents of stack s (via print):
300
200
100

Check that the stack wasn't modified by print:
300
200
100

Contents of stack t and u after t = u = s ( via print):
u:
300
200
100

t:
300
200
100

Top value in t: 300
Popping t: 300
Popping t: 200
Popping t: 100
Stack t empty? true

Now try to retrieve top value from t.
*** Stack is empty -- returning garbage value ****
Top value in t: 0

Trying to pop t:
```

```
*** Stack is empty -- can't remove a value ***
```

运行跟踪#2：

```
Enter stack capacity: 3
Stack created.  Empty? true
How many elements to add to the stack? 5
*** Stack full -- can't add new value ***
Must increase the capacity of t.
```

7.2.6 前瞻

本节中栈的基于数组的实现给栈的大小设置了一个上限，这是由于数组的大小是一定的。意味着这些类的用户必须事先知道要给他们使用的栈规定什么样的容量。但是，这不太可能做到，而且用户只能估计所需要的最大的栈有多大。估计的太高，会造成相当大的空间浪费，但是估计的太低，又会造成栈的溢出。

在第二个栈实现中提供了一种解决方法。当 myArray 所指向的数组中没有空间时，并不终止程序的执行，而是将这个数组替换成一个更大的数组：[①]

如果 myArray 满了：

（1）分配一个更大的数组，由某个指针 temp 指向。例如，一个比当前数组多 10 个元素的数组：

```
temp = new(nothrow) StackElement[myCapacity+10];
```

（2）使用一个 for 循环将 myArray 中的元素复制到这个新数组的前部：

```
for (int i = 0; i < myCapacity; i++)
  temp[i] = myArray[i];
```

（3）释放 myArray：

```
delete [] myArray;
```

（4）令 myArray 指向这个新数组：

```
myArray = temp;
```

按照这种方法修改 Stack 类的细节留作练习。

栈（同样也是第 6 章中列表）实现中的另一个弱点是必须在类头文件中使用 typedef 语句设置元素的类型。修改这条语句将要求重新编译所有包含这个头文件的库和程序。但是一个更严重的问题在于我们一次只能使用一种元素类型。例如，如果需要一个 int 型栈和一个 string 型栈，那么必须创建两个不同的栈类，即

- IntStack，通过将 typedef 语句中的 StackElement 设置为 int，并将头文件和实现文件中所有的 Stack 替换成 IntStack 所得到的。
- StringStack，通过将 typedef 语句中的 StackElement 设置为 string，并将头文件和

① 这是 9.4 节描述的标准模板库中的 vector 这样的基于数组的容器所使用的方法。

实现文件中所有的 Stack 替换成 StringStack 所得到的。

显然，这是非常繁琐和不方便的。在第 9 章中，将考虑类模板，并说明如何让编译器来为我们考虑这些事情。

✔ 小测验 7.2

1. 最后一个添加到栈中的元素是_______删除的。这种行为被称为保持元素的_______顺序。
2. 将栈定义为一个 ADT。

问题 3~5 均假设 Stack 是本节中所描述的类，并且 StackElement 被设置为 int，STACK_CAPACITY 或 myCapacity 被设置为 5。给出当以下代码段执行完以后，栈 s 中 myTop 的值以及 myArray 所指向的数组的内容，或指出为什么发生了一个错误。

3.
```
Stack s;
s.push(123);
s.push(456);
s.pop();
s.push(789);
s.pop();
```
4.
```
Stack s;
s.push(111);
i = s.top();
s.push(222);
s.pop();
s.push(i);
```
5.
```
Stack s;
for ( int i = 0; i < 5; i++)
s.push(2*i);
s.pop();
s.pop():
```

练习 7.2

问题 1~4 均假设 Stack 是本节中所描述的类，并且 StackType 被设置为 int，STACK_CAPACITY 或 myCapacity 被设置为 5。给出当以下代码段执行完以后，栈 s 中 myTop 的值以及 myArray 所指向的数组的内容，或指出为什么发生了一个错误。

1.
```
Stack s;
s.push(10);
s.push(22);
s.push(37);
s.pop();
s.pop();
```
2.
```
Stack s;
```

```
   s.push(10);
   s.push(9);
   s.push(8);
   while ( !s.empty())
   s.pop();
3. Stack s;
   for ( int i = 1; i <= 6; i++)
     s.push(10*i);
4. Stack s;
   s.push(11);
   i = s.top();
   s.pop();
```

练习 5~9 要求为本节中的某个 Stack 类添加函数成员。可以使用两个基于数组的实现中的任一种（基于静态数组的版本或者基于动态数组的版本）。

5. 本节中基于数组的栈的实现要求为栈可能有的最大大小设置一个上限。为 Stack 类编写一个成员函数 full()，根据存储栈元素的数组是否已满来返回 true 或者 false。
6. 为 Stack 类编写一个成员函数 bottom()用来返回栈底的元素，这包括函数的注释文档、原型以及定义。
7. 重复练习 6，不过这里函数 bottom()既不是 Stack 类的成员函数，也不是 Stack 类的友元函数。
8. 如练习 6 一样，不过这次设计一个函数 nthElement()来提取栈中的前第 *n* 个元素（从顶部开始数），执行完这个函数后，得到的栈将没有顶上原有的 *n* 个元素。
9. 如练习 8 一样，但是这次保持栈的内容不被改变。
10. 考虑下面的铁路交换网络，如图 7.9 所示。

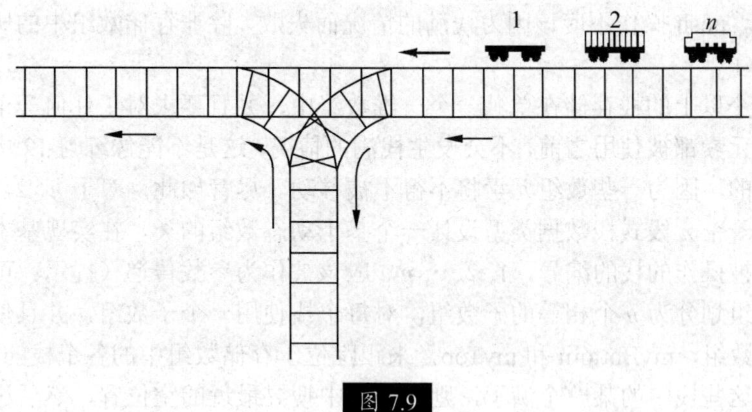

图 7.9

右边铁轨上的编号为 1,2,⋯,*n* 的列车将被重排序号并移动到左边的铁轨上。如 7.1 节中问题 2 所描述的，一辆列车可以直接被移动到左边的铁轨上，或者也可以被转轨到旁路上，以后再从旁路移到左边的铁轨上。这样旁路就起着一个栈的作用，push 操作从右边铁轨上移动一辆车到旁路上，而 pop 操作移动旁路的“顶部”列车到左边的铁轨上。

（1）对于 $n=3$，通过一系列这些操作，找出所有可能得到的列车变换序列（在左边铁轨上）。例如，push 1、push2、move 3、pop2、pop1 将使列车排成 3、2、1 的次序。是不是任何变换序列都是可能的呢？

（2）对于 $n=4$，找出所有可能的变换序列。什么变换序列（如果有的话）是不可能的？

（3）对于 $n=5$，重复（2）。

（4）挑战：总的来说，对于序列 $1, 2,\cdots, n$，通过以这种方式使用栈，可以得到哪些变换序列？

11. 假设一些应用需要使用两个相同元素类型的栈。这种两段式栈数据类型的一个很自然的存储结构将包含两个数组以及两个指针。解释为什么这不能成为一种在空间上很有效的实现。

12. 比练习 11 中描述过的更好的两段式栈数据类型的存储结构是使用一个单独的数组作为存储结构，但是令这两个栈向着对方增长，如图 7.10 所示。

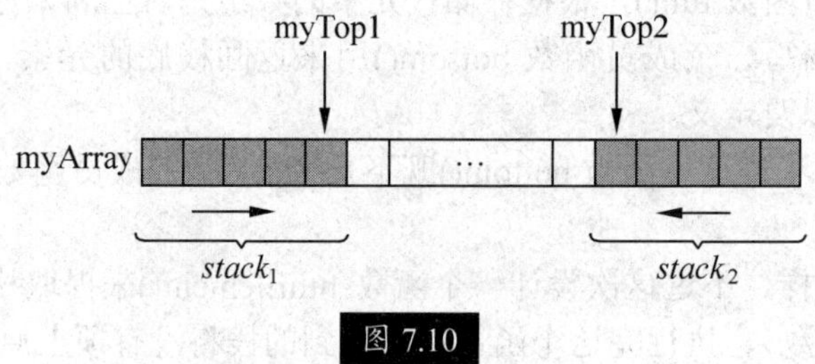

图 7.10

为采用这种实现并使用动态数组的两段式栈数据类型设计一个类。在你的实现基本栈操作的函数中，被操作的栈编号为 1 或者 2，这个编号应该被作为参数传递。还有，push 操作不应该因为栈满的情况而失败，除非存储数组中的所有位置都被占用了。

13. 将两个以上的栈存储在单独一个一维数组中，并且要求对于任何一个栈，在所有数组元素都被使用之前，不会发生栈满的情况，这是不能像练习 12 中那样高效的实现的，因为一些数组元素将不得不被移动。尽管如此，对于 $n>2$，使用这种实现为一个 n 段式栈数据类型设计一个基于动态数组的类。在实现基本操作的函数中，被操作的栈的编号，$1, 2,\cdots, n$，应该被作为参数传递（提示：可以将整个存储数组划分为 n 个相等的子数组，对每个栈使用一个子数组，并且使用两个“指针”数组，myBottom 和 myTop，来跟踪位于存储数组中的各个栈的顶部和底部。如果这些栈中的某一个满了，则在数组中搜寻最近的空位置，然后进行必要的栈的移动来增大这个栈的存储空间）。

7.3 链式栈

另一种使用数组存储栈元素的方式是使用链表（见 6.4 节和 6.5 节）。这可以允许栈无限增长（除非内存不够）以及进行收缩以不浪费未使用的存储空间。此外，使用链表来实现栈看起来也是很自然的，因为只能直接访问链表的第一个节点，而栈也只能从栈顶进行访问。

7.3.1 选择存储结构

一个使用链表存储栈元素的 Stack 类只需要一个数组成员，即指向栈顶节点的 myTop 指针如图 7.11 所示，如程序 7.10 中的声明所示。

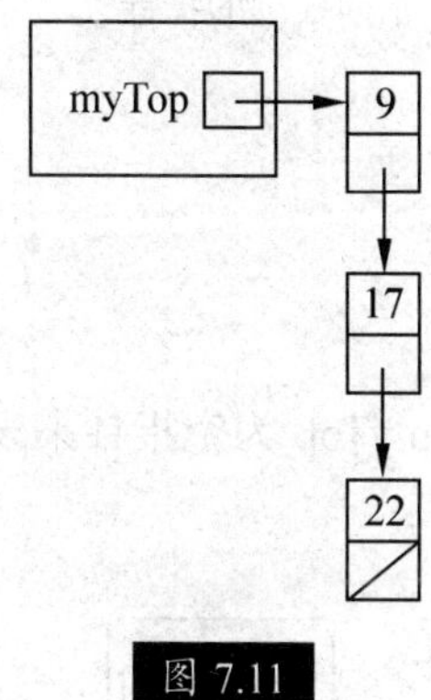

图 7.11

注意 Node 的构造函数将新节点的 data 部分设置为等于 item，而 next 部分等于某个规定的链，如 6.5 节对通用链表的描述一样。

程序 7.10 基于链表的 Stack 类声明

```
class Stack
{
  public:
  /***** 函数成员 *****/
  //-- 和第6章中同样的函数原型

private:
  /*** 节点类 ***/
  class Node
  {
    public:
      StackElement data;
      Node * next;
//--- Node的构造函数
Node(StackElement value, Node * link = 0)
/*----------------------------------------------------------------------
前置条件：无
后置条件：创建了一个节点，其data部分为value，
          next部分为link（默认为0）
---------------------------------------------------------------------*/
```

```
    : data(value), next(link)
    {}
    };

    typedef Node * NodePointer;

    /***** 数据成员 *****/
    NodePointer myTop;        // 指向栈顶的指针
    }; // 类声明结束
```

7.3.2 实现操作

1．构造函数和 empty 操作

要创建一个空列表，简单地令 myTop 为空指针来表示它没有指向任何节点：

```
myTop = 0;
```

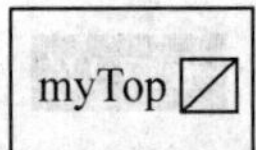

要检查一个栈是否为空，只需要简单地检查 myTop 是否为空即可：

```
return myTop == 0;
```

程序 7.11 中给出了构造函数和 empty()函数的代码。

2．Push、Top、Pop 和输出操作

Push 操作只是简单地在链表的开头插入。获取一个新节点，使它包含将要添加到栈中的项，并使它指向栈中的栈顶节点：

```
myTop = new Stack::Node(value, myTop);
```

Node 的构造函数使得新节点的 data 部分等于 value，next 部分等于 myTop。图 7.12 演示了将 5 压入前面给出的栈中的情况。

提取栈顶元素是很简单的：

```
return myTop->data;
```

Pop 操作就是简单地删除链表的第一个节点：

```
ptr = myTop;
myTop = myTop->next;
delete ptr;
```

图 7.13 演示了对前面给出的包含 3 个元素的栈进行弹栈操作的情况。

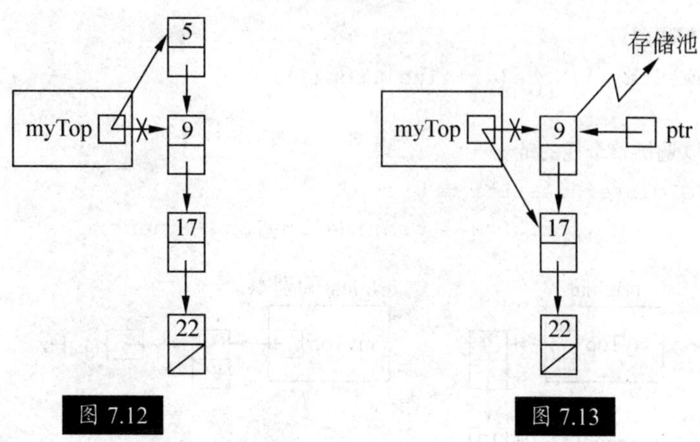

图 7.12　图 7.13

栈元素的输出操作可以通过简单地遍历存储栈元素的链表来完成。从 myTop 指向的节点开始，我们输出存储在这个节点中的值，接着移到下一个节点，当到达列表的结尾时，我们停止：

```
for(ptr = myTop; ptr != 0; ptr = ptr -> next)
   out << ptr -> data << endl;
```

push()、top()、pop()和 display()函数的原型以及定义在程序 7.11 中给出，这里同时还给出了这个链表实现的栈的完整代码。

3．析构函数、复制构造函数和赋值运算符

和输出操作类似，析构函数遍历存储栈元素的链表，但不是显示它们的内容，而是释放这些节点。不过，我们必须小心，重视第 6 章结尾的 ADT 技巧中的编程格言“不要在没有过河之前就拆桥”。在释放一个节点前，必须令一个指针指向它的后继，否则将不能访问列表的剩余部分。

程序 7.11 中的 Stack 的析构函数定义通过使用两个指针来实现这点：currPtr 指向将要释放的节点，而 nextPtr 指向它的后继：

```
Stack::NodePointer currPtr = myTop,
                   nextPtr;
while ( currPtr != 0)
{
   nextPtr = currPtr->next;
   delete currPtr;
   currPtr = nextPtr;
}
```

复制构造函数也遍历存储栈元素的链表，将每个项复制到一个新节点中，然后将这个新节点添加到栈复制的链表中。首先实现第一个节点的一份复制，并令一个指针 lastPtr 指向这个节点，如图 7.14 所示。

```
// 复制第一个节点
myTop = new Stack::Node(original.top());

// 设置指针以遍历整个栈的链表
Stack::NodePointer lastPtr = myTop,
                   origPtr = original.myTop -> next;
```

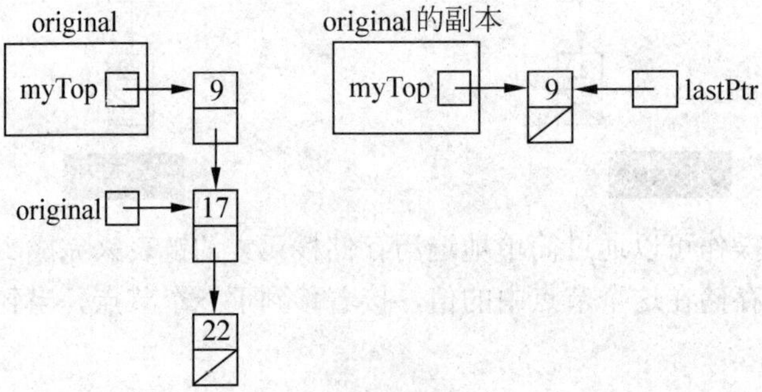

图 7.14

下一个栈元素在 origPtr 指向的节点中，将包含这个元素的新节点添加到栈复制的链表中，然后移动 origPtr 和 lastPtr，使它们都指向各自链表中的下一个节点，如图 7.15 所示。

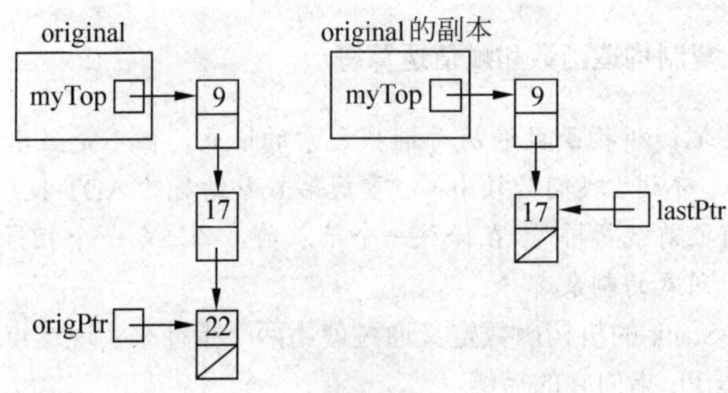

图 7.15

重复这个步骤直到 origPtr 为空，这表示复制工作已经完成了：

```
while (origPtr != 0)
{
    lastPtr -> next = new Stack::Node(origPtr -> data);
    lastPtr = lastPtr -> next;
    origPtr = origPtr -> next;
}
```

复制构造函数的完整定义在程序 7.11 中给出。

赋值运算符和复制构造函数非常类似，除了它必须首先检查这不是一个自我赋值：

```
this ! = & rightHandSide
```

接着，为了避免内存泄漏，它必须销毁将被赋予一个新值的栈中的链表。在程序 7.11 的代码中，这通过一个对析构函数的显式调用来完成：

```
this -> ~Stack();
```

接着使用复制构造函数中的代码创建用来赋值的栈的一份复制，然后，返回这个对象的一个引用。

7.3.3 完整的 Stack 类：链表版本

WWW 我们所开发的链表版本的 Stack 类的完整源代码在程序 7.11 中给出。这些代码也可以在本书的 Web 站点找到，见源代码 Chap7/程序 7.11，此外还有一个和程序 7.9 中类似的驱动程序可以用来测试这个类。

程序 7.11 Stack 类——版本 3 使用链表

```
/*-- LStack.h ---------------------------------------------------------------

  这个头文件定义了一个Stack数据类型
  基本操作：
    构造函数：创建一个空栈
    empty:    检查栈是否为空
    push:     通过在栈顶添加一个值来修改栈
    top:      提取栈顶的值；保持栈不被改变
    pop:      通过删除栈顶的值来修改栈
    display:  显示所有的栈元素
注意：如果没有足够的内存存储栈元素，则程序的运行终止
--------------------------------------------------------------------------*/

#include <iostream>
using namespace std;
#ifndef LSTACK
#define LSTACK

typedef int StackElement;

class Stack
{
  public:
  /***** 函数成员 *****/
  /***** 构造函数 *****/
  Stack();
/*-------------------------------------------------------------------------
创建一个Stack对象
```

```
  前置条件：  无
  后置条件：  创建了一个空Stack对象（myTop被初始化为一个空指针）
 -----------------------------------------------------------------------*/

 Stack(const Stack & original);
 //-- 和程序7.7中一样的注释文档

 /***** 析构函数 *****/
 ~Stack();
 /*----------------------------------------------------------------------
 类析构函数

  前置条件：  无
  后置条件：  栈中的链表被释放
 -----------------------------------------------------------------------*/
 /***** 赋值运算符 *****/
 const Stack & operator= ( const Stack & rightHandSide);
 //-- 和程序7.8中一样的注释文档

 bool empty() const;
 //-- 和程序7.4中一样的注释文档

 void push(const StackElement & value);
 //-- 和程序7.4中一样的注释文档

 void display(ostream & out) const;
 //-- 和程序7.4中一样的注释文档

 StackElement top() const;
 //-- 和程序7.4中一样的注释文档

 void pop();
 //-- 和程序7.4中一样的注释文档

 private:
   /*** 节点类 ***/
   class Node
   {
   public:
     StackElement data;
     Node * next;
```

```
   //--- Node的构造函数
   Node(StackElement value, Node * link = 0)
/*------------------------------------------------------------------------
  前置条件：  接收到value
  后置条件：  创建了一个节点，其data部分为value，next部分为link（默认为0）
------------------------------------------------------------------------*/
: data(value), next(link)
{}
};

typedef Node * NodePointer;

/***** 数据成员 *****/
NodePointer myTop;      // 指向栈顶的指针
}; // 类声明结束

#endif

//--- LStack.cpp -------------------------------------------------------

#include <new>
using namespace std;

#include "LStack.h"

//--- Stack构造函数的定义
Stack::Stack()
: myTop(0)
{}

//--- Stack复制构造函数的定义
Stack::Stack(const Stack & original)
{
   myTop = 0;
   if (!original.empty())
   {
      // 复制第一个节点
      myTop = new Stack::Node(original.top());

      // 设置指针以遍历整个栈的链表
      Stack::NodePointer lastPtr = myTop,
                         origPtr = original.myTop->next;
```

```
      while (origPtr != 0)
      {
         lastPtr->next = new Stack::Node(origPtr->data);
         lastPtr = lastPtr->next;
         origPtr = origPtr->next;
      }
   }
}

//--- Stack析构函数的定义
Stack::~Stack()
{
   // Set pointers to run through the stack
   Stack::NodePointer currPtr = myTop,  // 将被释放的节点
                      nextPtr;          // 其后继
   while (currPtr != 0)
   {
      nextPtr = currPtr->next;
      delete currPtr;
      currPtr = nextPtr;
   }
}

//--- 赋值运算符的定义
const Stack & Stack::operator=(const Stack & rightHandSide)
{
   if (this != &rightHandSide)          // 检查不是st = st
   {
      this->~Stack();                   // 销毁当前的链表
      if (rightHandSide.empty())        // 空栈
         myTop = 0;
      else
      {                                 // 复制rightHandSide的列表
         // 复制第一个节点
         myTop = new Stack::Node(rightHandSide.top());

         //设置指针以遍历整个栈的链表
         Stack::NodePointer lastPtr = myTop,
                            rhsPtr = rightHandSide.myTop->next;

         while (rhsPtr != 0)
         {
            lastPtr->next = new Stack::Node(rhsPtr->data);
```

```
            lastPtr = lastPtr->next;
            rhsPtr = rhsPtr->next;
         }
      }
   }
   return *this;
}

//--- empty()的定义
bool Stack::empty() const
{
   return (myTop == 0);
}

//--- push()的定义
void Stack::push(const StackElement & value)
{
   myTop = new Stack::Node(value, myTop);
}

//--- display()的定义
void Stack::display(ostream & out) const
{
   Stack::NodePointer ptr;
   for (ptr = myTop; ptr != 0; ptr = ptr->next)
      out << ptr->data << endl;
}

//--- top()的定义
StackElement Stack::top() const
{
   if (!empty())
      return (myTop->data);
   else
   {
      cerr << "*** Stack is empty "
            " -- returning garbage ***\n";
      StackElement * temp = new(StackElement);
      StackElement garbage = *temp;     // "垃圾"值
      delete temp;
      return garbage;
   }
}
```

```
//--- pop()的定义
void Stack::pop()
{
   if (!empty())
   {
      Stack::NodePointer ptr = myTop;
      myTop = myTop->next;
      delete ptr;
   }
   else
      cerr << "*** Stack is empty -- can't remove a value ***\n";
}

/*---------------------------------------------------------------------
测试Stack类的驱动程序
---------------------------------------------------------------------*/

#include <iostream>
using namespace std;

#include "LStack.h"

void print(Stack st)
{ st.display(cout); }

int main()
{
   Stack s;
   cout << "Stack created.  Empty? " << boolalpha << s.empty() << endl;

   cout << "How many elements to add to the stack? ";
   int numItems;
   cin >> numItems;
   for (int i = 1; i <= numItems; i++)
      s.push(100*i);
   cout << "Stack empty? " << s.empty() << endl;

   cout << "Contents of stack s (via  print):\n";
   print(s); cout << endl;
   cout << "Check that the stack wasn't modified by print:\n";
   s.display(cout); cout << endl;

   Stack t, u;
   t = u = s;
```

```
   cout << "Contents of stacks t and u after t = u = s (via  print):\n";
   cout << "u:\n"; print(u); cout << endl;
   cout << "t:\n"; print(t); cout << endl;

   cout << "Top value in t: " << t.top() << endl;

   while (!t.empty())
   {
     cout << "Popping t:  " << t.top() << endl;
     t.pop();
   }
   cout << "Stack t empty? " << t.empty() << endl;
   cout << "Top value in t: " << t.top() << endl;
   cout << "Trying to pop t: " << endl;
   t.pop();
}
```

运行跟踪:

```
Stack created.  Empty? true
How many elements to add to the stack? 3
Stack empty? false
Contents of stack s (via print):
300
200
100

Check that the stack wasn't modified by print:
300
200
100

Contents of stack t and u after t = u = s (via print):
u:
300
200
100

t:
300
200
100

Top value in t: 300
Popping t: 300
```

```
Popping t: 200
Popping t: 100
Stack t empty? true

Now try to retrieve top value from t
*** Stack is empty  -- returning garbage ***
Top value in t: 13691

Trying to pop t:
*** Stack is empty  -- can't remove a value ***
```

练习 7.3

在下面的练习中，假设 Stack 是本节中描述的类，其中 StackElement 设置为 int。画出如本节中使用的图来刻画当下面代码段执行后的栈 s，或说明为什么发生了一个错误。

1.
```
Stack s;
s.push(50);
s.push(66);
s.push(25);
s.pop();
s.pop();
```
2.
```
Stack s;
s.push(22);
s.push(33);
s.push(44);
while(!s.empty())
s.pop();
```
3.
```
Stack s;
for (int i = 1; i <= 5; i++)
s.push(100*i);
```
4.
```
Stack s;
s.push(11);
i = s.top();
s.pop();
```
5. 为 Stack 类编写一个成员函数 bottom()，返回栈底的元素，要求包括注释文档、原型和定义。
6. 如练习 5，设计一个函数 nthElement()，提取栈中第 *n* 个元素（从栈顶数）。

7.4 栈在函数调用中的使用

当类似于 7.3 节中的一个栈类经过了彻底测试，就可以通过在程序中简单的包含这个类的头文件来把它当作一个新的数据类型使用。例如，程序 7.1 包含了编译指令

```
#include "Stack.h"
```

这将插入 7.1 节中的第一个 Stack 类型的头文件来解决 10 为基到 2 为基的转换问题。在本节中，将说明在函数调用中如何使用栈（见 7.1 节开头的问题 3）在 7.5 节中，将考察如何使用栈来创建和计算后缀表达式。

只要一个函数开始执行（或者说，被激活了），一个**活动记录**（**activated record**）（或**栈框架 stack frame**）就将被创建来存储这个函数的**当前环境**，其中包含了如下的一些信息，即这个函数的形参，函数的返回值，局部变量，以及当这个函数终止执行返回时，将要执行的指令的地址。如果因为调用另一个（或同一个）函数而中断函数的执行，那么必须存储当前活动记录，这样当这个函数恢复执行的时候，可以通过存储的活动记录来将相关信息恢复到中断之前的状态。

因为函数可能调用其他的函数，从而中断了自身的执行，因此必须使用某些数据结构来存储这些活动记录，这样当一个函数恢复执行时，可以恢复相应活动记录，并重新设置系统。例如，假设一个程序中主函数调用了函数 *f*，而函数 *f* 又依次调用了函数 *g*。当主函数被初始化时，它的活动记录被创建。当主函数调用 *f* 时，*f* 成为活动的，它的活动记录也被创建。相似地，当 *f* 调用 *g*，*g* 成为活动函数，它的活动记录被创建。当 *g* 的执行终止，控制被回传给 *f*，从而 *f* 恢复执行，此时需要保存在 *f* 的活动记录中的 *f* 被中断时的那些值来恢复 *f* 的执行。同样地，当 *f* 终止执行，主函数被重新激活，又需要它的活动记录来恢复它被中断前使用的值。在每种情况下，最后被中断的函数都是第一个被激活的，这个事实说明可以使用一个栈来存储这些活动记录，从而可以按后进先出的方式来提取它们。因此，栈是合适的数据结构，又因为需要在程序运行期间操纵这个栈，所以它被称为**运行时栈**。

要说明，考虑下面的程序段：

```
//--- #在这里放置头文件包含和f1,f2,f3的函数原型

int main()
{
    int a = 3;
    f1(a);
    cout << endl;        //  A：当f1结束时返回到这里
}

//--- 函数f1()
void f1(int x)
{
    cout << f2(x + 1);  //  B：当f2结束时返回到这里
}

//--- 函数f2()
int f2(int p)
{
```

```
    int q = f3(p/2);     // C: 当f3结束时返回到这里
    return 2*q;
}

//--- 函数f3()
int f3(int n)
{
    return n*n + 1;
}
```

当 main()函数开始执行时，为它创建了一个活动记录，并将这个活动记录压入（空）运行时栈中：

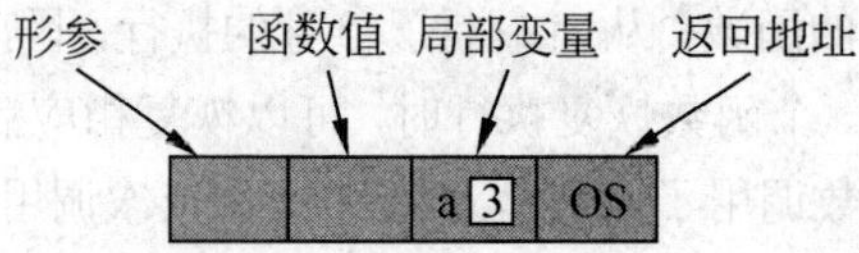

（这里，“OS”表示当 main()函数的执行完成时，它返回到操作系统中。）

当主函数的执行被函数调用 f1(a)中断时，为 f1()创建了一个活动记录，其中存放着形参 3 以及返回地址 A（加上其他的信息项），这个活动记录也被压入运行时栈：

函数调用 f1(a)

栈顶→	x 3			A	f1() 的活动记录
			a 3	OS	main() 的活动记录

f1()的执行被函数调用 f2(x + 1)中断，所以 f2()称为活动的，这表示为它创建了一个活动记录，并且这个活动记录也被存储在运行时栈中：

函数调用f2(x+1)

栈顶→	p 4		q □	B	f2() 的活动记录
	x 3			A	f1() 的活动记录
			a 3	OS	main () 的活动记录

相似地，f2()的执行被函数调用 f3()中断，所以为 f3()创建一个活动记录并压入运行时栈：

函数调用f3(p/2)

栈顶→	n 2			C	f3() 的活动记录
	p 4		q □	B	f2() 的活动记录
	x 3			A	f1() 的活动记录
			a 3	OS	main() 的活动记录

当一个函数终止时，返回值和恢复执行的指令的地址被从函数的活动记录中提取出来，接着这个活动记录被从运行时栈中弹出。这将使得上一个被中断执行的函数的活动记

录“暴露”出来，而这个活动记录将被用来恢复被中断函数的执行环境，从而使这个函数能够恢复执行。

为了说明，考虑当执行到函数 f3()的 return 语句时，返回值 5 和返回地址 C 被从 f3()的活动记录中提取出来，接着这个活动记录被从运行时栈中弹出，f2()的活动记录暴露出来：

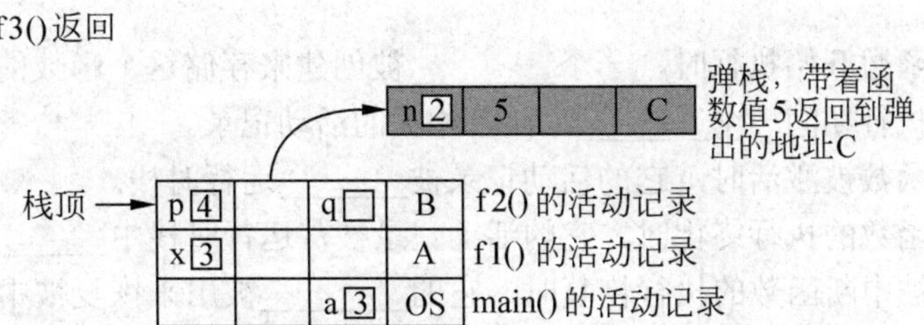

接着函数 f2()从标记为 C 的语句处恢复执行，通过使用它的活动记录来恢复关键的信息项以及使用 f3()的返回值 5 来给局部变量 q 赋值。当 f2()的 return 语句被执行时，它的活动记录也被从运行时栈中弹出，同时返回值 10 和返回地址 B 被提取出来：

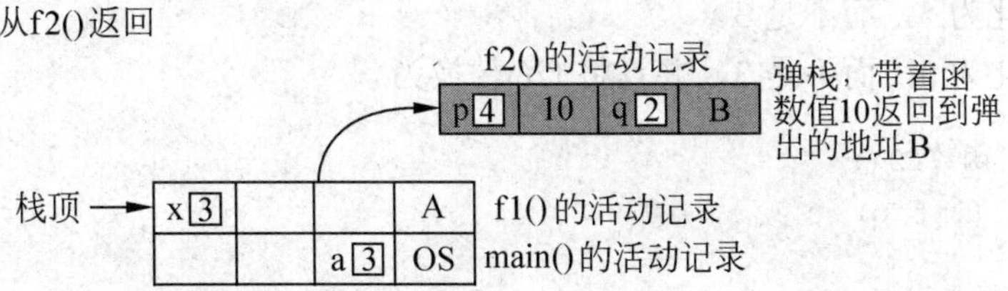

现在 f1()可以从标记为 B 的语句处恢复执行。它的活动记录，也就是运行时栈的栈顶记录，被用来恢复 f1()的执行被函数调用 f2(x + 1)中断时的环境。随后 f2()的返回值 10 被输出，这样 f1()的执行就结束了，它的活动记录也被从运行时栈中弹出。

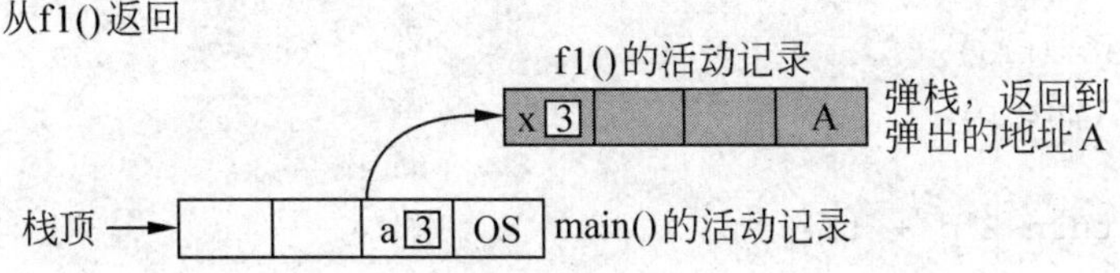

现在 main()函数从标记为 A 的语句处恢复执行。当这个输出语句执行后，main()函数的活动记录被从运行时栈中弹出，程序的执行终止，返回到操作系统。

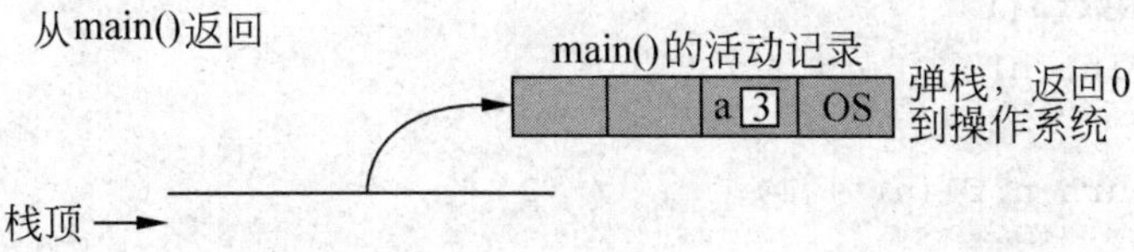

在 4.3 节中提到简单的函数可以实现为内联函数，这样通过将函数调用替换为函数的实际代码，从而可以避免和函数调用相关的开销。这个开销的主体部分正是刚描述的运行

时栈的压栈和弹栈操作。

理解函数调用中栈如何被使用也是理解递归函数的关键所在。递归将在第 10 章中讨论，而在 10.3 节中将看到和前面使用的类似的图，这些图演示了递归函数中运行时栈的压栈和弹栈操作。

小测验 7.4

1．当一个函数开始执行时，一个________被创建来存储这个函数的当前环境。

2．在程序执行期间一个_______存储着相关的活动记录。

3．当一个函数被激活时，它的活动记录被_______运行时栈。

4．当一个函数的执行终止时，它的活动记录被从运行时栈中________。

5．当一个被中断函数的执行恢复时，它的________被用来恢复被中断前它的环境。

练习 7.4

对于下面的每个练习，使用和课本中类似的一系列图来跟踪本节例子程序的运行时栈的动作，但是这里对例子程序作出了规定的改变：

1．a 初始化为 5，而不是 3。

2．a 初始化为 5，而不是 3，并且将 f2()替换为

```
//--- 函数f2()
int f2(int p)
{
    int q = f3(p/3);        //  C
    return 3*q + 1;
}
```

3．a 初始化为 5，而不是 3，并且将 f2()替换为

```
//--- 函数f2()
int f2(int p)
{
    return 2*p + 1;
}
```

4．a 初始化为 5，而不是 3，并且将 f3()替换为

```
//--- 函数f3()
int f3(int n)
{
    return n*f4(n) + 1;      //  D
}

//--- 函数f4()
int f4(int k)
```

```
{
return k*k*k;
}
```

5. a 初始化为 5，而不是 3，并且将 f1()替换为

```
void f1(int x)
{
    cout << f3(x) + f2(x+1);        //  B
}
```

6. a 初始化为 5，而不是 3，并且将 f1()替换为

```
void f1(int x)
{
    cout << f2( f3(x) );        //  B
}
```

7. 和练习 6 一样，但是使用练习 4 中的 f3()版本。

7.5 案例学习：后缀（RPN）表示

编译器的任务是产生所需的机器指令来执行源程序中以高级语言书写的语句。这个任务的一部分就是产生计算算术表达式的机器指令，例如下面赋值语句中的算术表达式

```
x = a * b + c;
```

编译器必须产生如下的一些机器指令：

（1）LOAD a　从 a 所在的内存单元中提取它的值，并将其送入累加寄存器中。

（2）MULT b　从 b 所在的内存单元中提取它的值，和累加寄存器中的值相乘，结果放在累加寄存器中。

（3）ADD c　从 c 所在的内存单元中提取它的值，并使累加寄存器中的值加上 c 的值。

（4）STORE x　将累加寄存器中的值存储到和 x 所关联的存储位置。

在绝大多数程序设计语言中，算术表达式是按照**中缀**表示法书写的（例如 a * b + c），其中代表每个二元运算的符号是放在操作数之间的。很多编译器先将这些中缀表达式转换成**后缀**表达式（或者前缀表示，将在练习中描述），其中运算符是位于操作数之后的，然后再生成机器指令来计算这些后缀表达式。使用这个两步过程是因为从中缀到后缀的转换是很直接的，而通常后缀表达式比中缀表达式更容易计算。

当算术表达式使用中缀表示法时，常常需要括号来指明运算进行的顺序。例如，在表达式

2 *（3 + 4）

中括号被用来指明加法是在乘法之前执行的。如果括号被省略了，得到 2*3+4，那么按照标准的优先级规则，乘法将在加法之前执行。

20 世纪 50 年代早期，波兰逻辑学家 Jan Lukasiwicz 观察到在后缀表示法中括号其实是

不必要的，后缀表示法也被称作**逆波兰表示**（**Reverse Polish Notation，RPN**）。例如，中缀表达式 2*(3+4)可以如下书写成后缀表示

2 3 4 + *

7.5.1 计算后缀表达式

作为后缀表达式如何被计算的一个演示，考虑表达式

1 5 + 8 4 1 – – *

相应的中缀表达式是(1+5) *(8 – (4 – 1))。这个表达式被从左到右扫描直到发现了一个运算符。这时，前面最近的两个操作数被使用这个运算符结合起来。在例子里，遇到的第一个运算符是+，它的操作数是 1 和 5：

1 5 + 8 4 1 – – *

将这个子表达式替换为它的值 6，产生了化简的后缀表达式：

6 8 4 1 – – *

恢复从左到右的扫描，下面遇到了运算符 – 并得到了它的两个操作数：

6 8 4 1 – – *

应用这个运算符，得到：

6 8 3 – *

下面遇到的运算符是另一个–，它的操作数是 8 和 3：

6 8 3 – *

计算差得到：

6 5 *

最后一个运算符是*，计算表达式：

6 5 *

得到值 30。

这种计算后缀表达式的方法要求在从左到右的扫描过程中，操作数要被存储起来，直到遇到了一个运算符。这时，最近的两个操作数要被提取出来并使用这个运算符结合起来。这意味着一个后进先出的结构，也就是，一个栈应该被用来存储操作数。每当遇到一个操作数，就将其压入栈中。接着，当遇到一个运算符时，栈顶部的两个值被弹出；应用这个运算符到这两个操作数，接着再把结果压入栈中。下面的算法总结了这个过程。

计算后缀表达式的算法

/ *接收一个后缀表达式，这个表达式的值被返回（除非有错误发生）。使用一个栈来存储操作数。*/

（1）初始化一个空栈。

（2）重复下面的过程直到到达表达式的结尾：

① 获取后缀表达式中的下一个标记（常数、变量、算术运算符）。

② 如果这个标记是一个操作数，将它压入栈中。如果是一个运算符，则执行以下步骤：

- 弹出栈顶的两个值（如果栈中不足两个值，则必然是因为发生了一个由不正确的后缀表达式造成的错误，计算将终止）。
- 应用运算符到这两个值。
- 将结果压入栈中。

（3）当到达表达式的结尾，它的值位于栈顶。实际上，应该只能有一个值在栈中，否则肯定发生了一个由不正确的后缀表达式造成的错误。

图 7.16 演示了这个算法在后缀表达式

2 4 * 9 5 + −

上的应用，上箭头（↑）指示当前的标记。

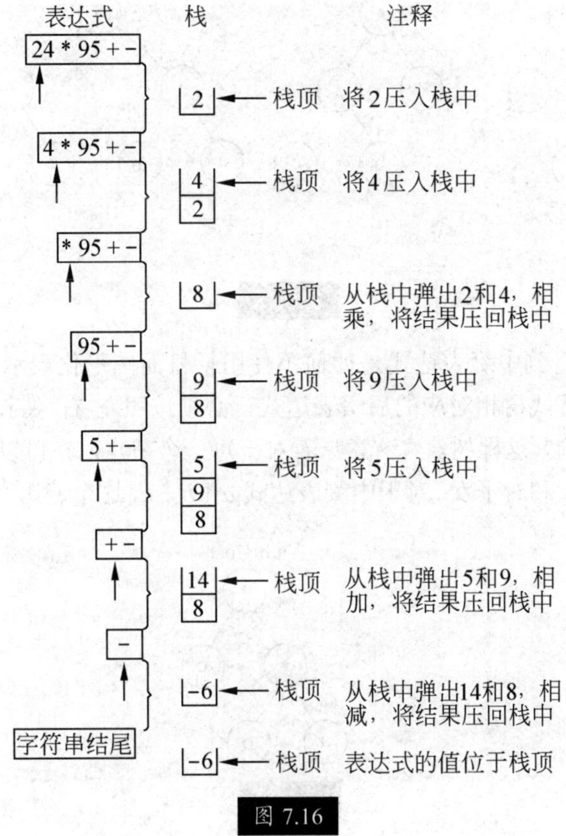

图 7.16

7.5.2 将中缀表达式转换成后缀表达式

有好几种将中缀表达式转换成其他形式的方法。使用一种不需要括号的表达式的图形表示法，称为**表达式树**。将在第 12 章中了解到更多的相关细节，树使用圆圈代表存储数据的**节点**，这些节点之间由称为**边**的线段连接。在一棵表达式树中，每个节点要么包含一个操作数，要么包含一个运算符。每个包含二元运算符的节点都连接到两个称为**子女**的节点，而包含运算符的节点就称为这两个子女节点的**双亲**。左边的子女包含这个运算符的第一个操作数，它被画在它双亲的左下方；右边的子女包含这个运算符的第二个操作数，被画在它双亲的右下方。例如，图 7.17 给出了和表达式 $a*b$ 相对应的表达式树。

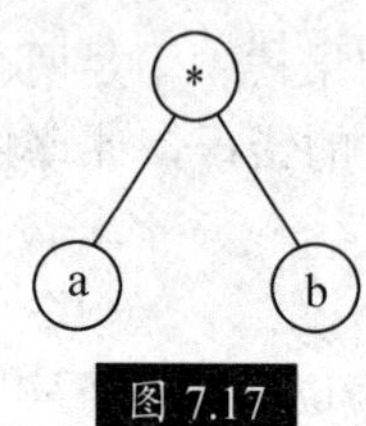

图 7.17

对于更复杂的表达式，操作数有可能是一棵表示子表达式的表达式**子树**。例如，下面的表达式树代表了表达式 $a * b + c$, $a * (b + c)$以及$(a+b) * (c / (d - e))$，如图 7-18 所示。

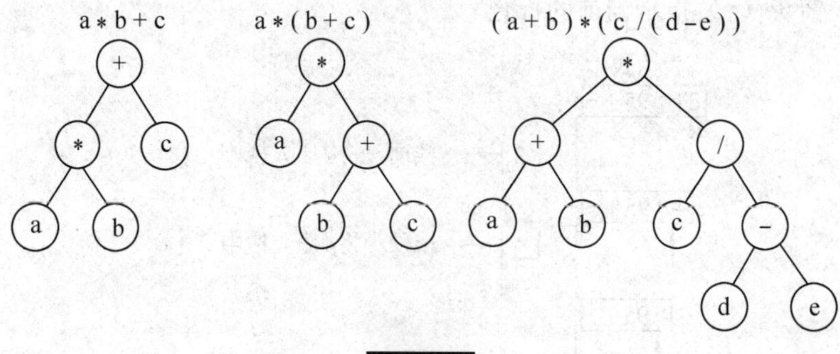

图 7.18

从这些例子可以看到中缀表达式是如何不使用括号而图形化表示的。

要得到和一棵表达式树相对应的后缀表达式，必须按照左-右-双亲节点的次序（后序）来遍历（也就是，走遍）这棵树。[①] 这意味着对于每一个节点，在可以“访问”它之前，必须首先访问它的左子女和右子女。对于中缀表达式 $a * b + c$，这个遍历产生了如图 7.19 所示。

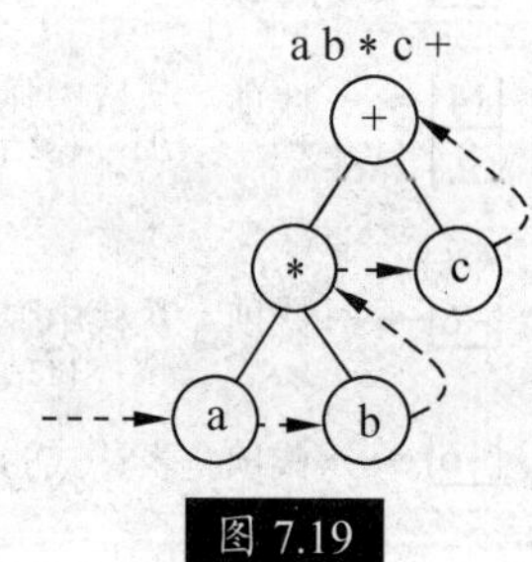

图 7.19

相似地，对 $a * (b + c)$的表达式树的左-右-双亲节点次序遍历产生了后缀表达式

$a\ b\ c + *$

对于$(a + b) * (c / (d - e))$，产生了

$a\ b + c\ d\ e - / *$

---

① 以左-双亲节点-右的顺序（中序）遍历树得到了中缀表达式，但是必须插入括号来括住每个子表达式；例如，$((a * b) + c)$。以双亲节点-左-右的顺序（前序）遍历树得到了前缀表达式，其中运算符是写在它们的操作数前面的；例如，$+ * a\ b\ c$。请参见本章后面的练习以获取更多关于前缀表示的信息。

另一种将中缀表达式转换成后缀表达式的方法比较适合于“手工”操作，这可以称为完全括号化-移动-删除方法：

（1）将表达式完全括号化。

（2）将每个右括号替换成相应的运算符。

（3）删除所有的左括号。

例如，转换 $a*b+c$ 的 3 个步骤如下：

① $((a*b)+c)$

② $((a*b)+c) \rightarrow ((ab*c+$

③ $ab*c+$

转换 $a*(b+c)$的 3 个步骤如下：

① $(a*(b+c))$

② $(a*(b+c)) \rightarrow ((abc+*$

③ $abc+*$

以及转换$(a+b)*(c/(d-e))$的 3 个步骤如下：

① $((a+b)*(c/(d-e)))$

② $((a+b)*(c/(d-e))) \rightarrow ((ab+(c(de-/*$

③ $ab+cde-/*$

前面两种将中缀转换成后缀的方法都不能很容易地使用 C++函数来实现。作为取代，使用栈来存储运算符的一种方法被推荐使用。作为栈如何在这个转换中被使用的演示，考虑下面的中缀表达式：

```
7 + 2 * 3
```

在对这个表达式从左到右的扫描中，7 首先被遇到并且立刻被显示出来。接着，遇到了运算符+，但是因为它的右操作数还没有被显示，这样必须先把它存储起来，也就是压入一个运算符栈：

输出	栈
7	+

接着，操作数 2 被遇到并显示。这时，必须判断 2 是前面一个运算符+的右操作数还是下一个运算符的左操作数。可以通过比较栈顶的运算符+和下一个运算符*来确定。因为*的优先级比+高，所以前面显示的操作数 2 是*的左操作数；这样将*压入栈中并寻找它的右操作数：

输出	栈
72	*
	+

下面遇到并显示了操作数 3。因为已经到达了表达式的尾部，所以栈顶运算符*的右操作数也就被找到了，现在*可以被弹出来并显示：

输出	栈
723*	+

表达式的结尾也表示着栈中剩下的运算符+的右操作数也被找到了，所以它也可以被弹出来并显示了，这就得到了后缀表达式：

```
7 2 3 * +
```

中缀表达式里的括号并不带来任何实际困难。一个左括号表示着一个子表达式的开始，当遇到左括号时，它被压入栈中。当遇到了一个右括号，运算符将被从栈中弹出，直到相匹配的左括号升到栈顶。这时，被这对括号包含的子表达式已经被转换成后缀表示了，所以可以丢弃这对括号，继续进行转换。所有这些过程，都被包括在下面的算法中：

将中缀表达式转换成后缀表达式的算法

/* 接收一个中缀表达式，输出相应的后缀表达式。使用一个栈来存储运算符。*/

（1）初始化一个空的运算符栈。

（2）在没有到达中缀表达式的结尾以及没有错误发生时，执行以下步骤：

① 获取中缀表达式中的下一个输入标记（常数、变量、算术运算符、左括号、右括号）。

② 如果标记是

- 一个左括号：将其压入栈中。
- 一个右括号：连续弹出并显示栈中的元素，直到遇到一个左括号，但是不要显示这个左括号（如果直到栈为空了还没有找到一个左括号，则是一个错误）。
- 一个运算符：如果栈为空，或者标记具有比栈顶元素更高的优先级，则将其压入栈中。

否则，弹出并显示栈顶的元素；接着继续比较标记和新的栈顶元素。

注意：假设栈中的左括号比运算符的优先级低。

- 一个操作数：显示它。

（3）当到达中缀表达式的结尾时，弹出并显示栈中的元素直到栈为空。

图 7.20 演示了这个算法在中缀表达式：

```
7 * 8 - ( 2 + 3 )
```

上的执行。上箭头（↑）被用来指示当前的输入符号以及被算法显示的符号。

在程序 7.12 中使用本章中开发的 Stack 数据类型实现了这个将中缀表达式转换成后缀表达式的算法。一个 StackElement 被设置为 char 的栈被用来存储运算符。这个程序假设输入的是一个合法的中缀表达式，并且只进行了有限的检查来判断这个表达式是否是良构的（参见 10.3 节中关于如何检查简单的算术表达式以确定它们是否是良构的相关描述）。

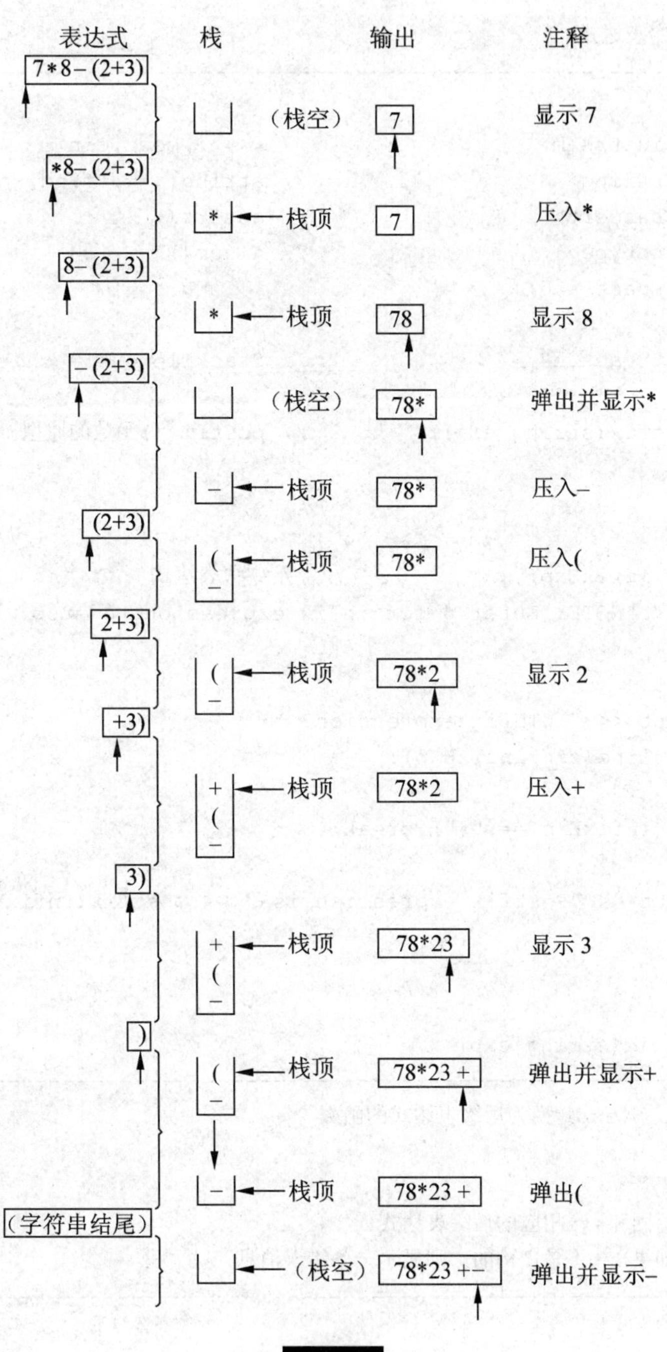

图 7.20

程序 7.12 将中缀表达式转换为后缀表达式

```
/*-----------------------------------------------------------------------
  将中缀表达式转换为后缀表达式

  输入：  一个中缀表达式以及用户响应
```

```
  输出： 后缀表达式
-----------------------------------------------------------------------*/

#include <iostream>                    // <<,>>,cout,cin
#include <string>                      // string, ==, find, npos
#include <cassert>                     // assert()
#include <cctype>                      // alnum()
using namespace std;

#include "DStack.h"                    // StackElement = char的Stack类

string postfix(string exp);            // postfix()函数的原型

int main()
{
    string infixExp;                   // 中缀表达式
    cout << "NOTE: Enter # for infix expression to stop. \n";
    for(;;)
    {
        cout << "\nInfix expression? ";
        getline(cin,infixExp);

        if(infixExp == "#") break;

        cout << "Postfix expression is " << postfix(infixExp) << endl;
}
}

string posfix(string exp)
/ *----------------------------------------------------------------------
将一个中缀表达式exp转换为后缀表达式的函数

前置条件： 无
后置条件： 返回和exp相应的后缀表达式，
          如果exp不是良构的，则显示一条错误消息
-----------------------------------------------------------------------*/
{
    char token,                        // exp中的字符
        topToken;                      // opStack栈顶的标记
    Stack opStack;                     // 运算符栈
    string postfixExp;                 // 后缀表达式
    const string BLANK = " ";
    for ( int i = 0; i < exp.length(); i ++)
    {
```

```
        token = exp[i];
        switch(token)
        {
            case ' ':  break;          // 不做任何事--跳过空白字符
            case '(':  opStack.push(token);
                       break;
            case ')':  for(;;)
                       {
                       assert(!opStack.empty());
                       topToken = opStack.top();
                       opStack.pop();
                       if(topToken == '(') break;
                       postfixExp.append(BLANK + topToken);
                       }
                       break;
            case '+':  case '-':
            case '*':  case '/': case '%':
                       for(;;)
                        {
                       if (opStack.empy() ||
                           opStack.top() == '(' ||
                           (token == '*' || token == '/' || token == '%') &&
                           (opStack.top() == '+' || opStack.top() == '-'))
                       {
                           opStack.push(token);
                           break;
                       }
                       else
                       {
            topToken = opStack.top();
            opStack.pop();
            postfixExp.append(BLANK + topToken);
                       }
                       }
                       break;
        default:    // 操作数
postfixExp.append(BLANK + token);
for(;;)
{
    if ( !isalnum(exp[i+1]) ) break;    // 标识符结尾
    i++;
    token = exp[i];
    postfixExp.append(1, token);
}
}
```

```
}

// 弹出栈中剩余的运算符
for(;;)
{
    if (opStack.empty()) break;
    topToken = opStack.top();
    opStack.pop();
    if (topToken != '(')
    {
        postfixExp.append(BLANK + topToken);
    }
    else
    {
    cout << " *** Error in infix expression *** \n";
    break;
    }
}
return postfixExp;
}
```

运行跟踪：

```
NOTE: Enter # for infix expression to stop

Infix expression? alpha + beta
Postfix expression is alpha beta +

Infix expression? alpha * beta + 123
Postfix expression is alpha beta * 123 +

Infix expression? alpha * (beta + 123)
Postfix expression is alpha beta 123 + *

Infix expression? (a + b) * (c / (d - e )):
Postfix expression is a b + c d e - / *

Infix expression? a - (b - (c - ( d - (e -f ))))
Postfix expression is a b c d e f - - - - -
Infix expression? a - b - c - d - e - f
Postfix expression is a b - c - d - e - f -

Infix expression? (a * (b - c)
Postfix expression is *** Error in infix expression ***
a b c - *

Infix Expression? #
```

✔ 小测验 7.5

问题 1~4 的候选答案是中缀、前缀以及后缀。

1．$a\ b$ +是按照______表示来书写的。

2．$a + b$ 是按照______表示来书写的。

3．$+ a\ b$ 是按照______表示来书写的。

4．RPN 是______表示的另一个名字。

5．5 4 – 3 2 + *的值为______。

6．将$(a - (b - c)) * d$ 转换为后缀表示。

7．将后缀表达式 $a\ b - c - d *$ 转换为中缀表示。

练习 7.5

在练习 1~11 中，假设 $a = 7.0$，$b = 4.0$，$c = 3.0$，以及 $d = -2.0$。计算后缀表达式的值。

1．$a\ b + c\ /\ d\ *$

2．$a\ b\ c + /\ d\ *$

3．$a\ b\ c\ d + /\ *$

4．$a\ b + c + d +$

5．$a\ b + c\ d + +$

6．$a\ b\ c + + d +$

7．$a\ b\ c\ d + + +$

8．$a\ b - c - d -$

9．$a\ b - c\ d - -$

10．$a\ b\ c - - d -$

11．$a\ b\ c\ d - - -$

对于练习 12~14 中的后缀表达式，通过显示在每个用脱字符号标志的符号被读取之前的栈的内容来跟踪计算后缀表达式的算法的执行。并且给出后缀表达式的值。

```
12．32 5 3 + / 5 *
           ^   ^
```

```
13．2 17 – 5 / 3 *
         ^   ^
```

```
14．19 7 15 5 – – –
              ^ ^ ^
```

将练习 15~22 中的中缀表达式转换为后缀表达式。

15．$a * b + c - d$

16．$a + b / c + d$

17．$(a + b) / c + d$

18．$a + b / (c + d)$

19．$(a + b) / (c + d)$

20．$(a - b) * (c - (d + e))$

21．$(((a - b) - c) - d) - e$

22．$a - (b - (c - (d - e)))$

对于练习 23~27 中的中缀表达式，通过显示在每个用脱字符号标志的符号被读取之前的栈的内容以及累计的输出来跟踪将中缀转换成后缀的算法的执行。并且显示相应的后缀表达式。

```
23．a + b / c – d
          ^ ^ ^
```

24．$(a + b) / c - d + e$

^ ^

25．$a + b / (c - d) - e$

^ ^^

26．$a + b / (c - d) * e$

^ ^^

27．$a + b / ((c - d) * e) - f$

^ ^ ^^

将练习 28~35 中的后缀表达式转换成中缀表示：

28．$a\ b\ c + - d *$

29．$a\ b + c\ d - *$

30．$a\ b\ c\ d + - *$

31．$a\ b + c - d\ e * /$

32．$a\ b / c / d /$

33．$a\ b / c\ d / /$

34．$a\ b\ c / d / /$

35．$a\ b\ c\ d / / /$

在后缀表示中符号 – 不能被用作一元减法运算，因为这会产生二义性的表达式结果。例如，5 3 – – 可以被解释为 5 – (– 3) = 8，也可以被解释为– (5 – 3) = –2。在练习 36~45 中，假设使用~来表示一元减法。

如果 $a = 7$，$b = 5$，$c = 3$，计算练习 36~41 中的后缀表达式的值：

36．$a \sim b\ c + -$

37．$a\ b \sim c + -$

38．$a\ b\ c \sim + -$

39．$a\ b\ c + \sim -$

40．$a\ b\ c + - \sim$

41．$a\ b\ c - - \sim \sim \sim$

将练习 42~45 中的中缀表达式转换为后缀表达式：

42．$a * (b + \sim c)$

43．$\sim(a + b / (c - d))$

44．$(\sim a) * (\sim b)$

45．$\sim(a - (\sim b * (c + \sim d)))$

将练习 46~52 中的逻辑表达式转换为后缀表达式：

46．$a \&\& b \| c$

47．$a \&\& (b \| !c)$

48．$!(a \&\& b)$

49．$(a \| b) \&\& (c \| (d \&\& !e))$

50．$(a == b) \| (c == d)$

51．$((a > 3) \&\& (a < 9)) \| !(a > 0)$

52．$((b * b - 4 * a * c) >= 0) \&\& ((a > 0) \| (a < 0))$

53～60．和后缀表示不同的另一种表示方法是前缀表示，在这种表示方法中代表运算的符号位于其操作数之前。例如，中缀表达式 2 * 3 + 4 可以写成前缀表示+ * 2 3 4，而 2 * (3 + 4)可以写成* 2 + 3 4。将练习 15～22 中的中缀表达式转换成前缀表示。

在练习 61～68 中，假设 $a = 7.0$，$b = 4.0$，$c = 3.0$，以及 $d = -2.0$。计算每个前缀表达式的值（参见练习 53～60）：

61．$* a / + b\ c\ d$

62．$* / + a\ b\ c\ d$

63．$-a-b-cd$　　64．$--ab-cd$
65．$-a--bcd$　　66．$---abcd$
67．$*+ab-cd$　　68．$+*ab-cd$

将练习 69～76 中的前缀表达式转换成中缀表示（参见练习 53～60）：

69．$*+ab-cd$　　70．$+*ab-cd$
71．$--ab-cd$　　72．$--a-bcd$
73．$---abcd$　　74．$/+*ab-cde$
75．$/+*abc-de$　　76．$/+a*bc-de$

7.6 本章小节

章节注意要点

- 因为栈的元素只能在一端（栈顶）插入和删除，所以不需要对存储栈元素的数组进行元素的移动。
- 在程序执行期间，使用一个运行时栈来存储函数的活动记录。这些活动记录存储着当函数的执行因为对另外一些函数的调用而被挂起时的当前环境，使得能够在以后恢复这个函数的执行。
- 在将中缀表达式转换为后缀表达式，以及计算后缀表达式的值时，栈是非常有用的。

程序设计知识点

1．当发生一个函数调用时，这个函数的活动记录被压入运行时栈。当这个函数的执行完成时，它的活动记录被从运行时栈中弹出。这是函数被实现为内联函数时能够避免的开销。
2．理解函数调用中栈如何被使用是理解递归函数的关键所在。

ADT 技巧

1．栈具有后进先出（LIFO）的属性。
2．对被建模的现实世界对象关注过多会使得所得到的实现对于同类或相似类型的对象效率不高。例如，栈的基于数组的实现是紧密模仿弹簧负载的盘子的行为，但是这会导致多余的数据移动，对于绝大多数其他类型的栈来说，这是很低效的。

编程问题

7.2 节和 7.3 节

1．经验表明，任何接近使用完所有可用空间的程序最终总会用尽所有存储空间。因此，如 7.2 节练习 13 所描述的那样在一个数组内移动栈以使得所有可能的数组位置都被利用看起来是没有什么用了。重新设计这个实现，以使得如果在数组中剩余的未使用位置少于 LOWER_LIMIT，则不会进行任何 push 操作。

2. 在一个程序中使用 Stack 类，逐个字符的读取一个字符串，并判断这个串是否包含配对的括号。也就是说，对于每个左括号（如果有的话），在串中这个左括号的后面必然刚好存在一个对应的右括号。
3. 问题 2 不使用栈也可以解决；实际上，可以使用一个简单的整型变量。描述解决这个问题的方法并编写一个程序实现这个方法。
4. 对于一个给定的整数 $n > 1$，最小的整除 n 的整数 $d > 1$ 是一个素因子。如果得到 d，然后将 n 替换成 n 被 d 整除后的商，并重复这个过程，直到 n 变成 1 为止，则可以得到 n 的素因子分解。编写一个程序以这种方式来求出 n 的素因子分解，但是要将素因子按照降序来显示。例如，对于 $n = 3960$，程序应该产生

```
11 * 5 * 3 * 3 * 2 * 2 * 2
```

5. 编写一个程序来找到迷宫中两点之间的一条路径。

（1）描述如何使用一个二维数组来建模这个迷宫。

（2）描述如何在算法中使用一个栈来找到一条路径。

（3）编写这个程序。

7.5 节

6. 修改程序 7.15 中的中缀转后缀的程序，使它能够提供类似图 7.20 中那样的跟踪信息。要使得输出更加易于管理，可以简化输出为类似于下面对表达式 7 * 8 – (2 + 3) 的跟踪：

```
Token       Output      Stack (bottom to top)
--------    --------    --------------------------
7           7           empty
*                        *
8           8            *
-           *            -
(                        - (
2           2            - (
+                        - ( +
3           3            - ( +
)           +            -
            -           empty
```

7. 修改程序 7.15 中的中缀转后缀的程序，使得能够检测和报告没有正确构成的中缀表达式。
8. 书中给出的将中缀转换成后缀的算法是基于左结合的；也就是，当两个或多个连续的优先级相同的运算符出现时，它们被从左到右计算；例如，6 – 3 – 1 被按照（6 – 3）– 1 来计算，而不是 6 – （3 – 1）。然而，右结合，通常被用来求幂；例如，在 Fortran 中，幂是使用**来代表的，表达式 2 ** 3 ** 4 是按照 2 ** (3 ** 4) =

$2^{(3^4)}=2^{81}$ 来计算的，而不是按照(2 ** 3) ** 4 = $(2^3)^4=8^4$ 来计算的。扩展书中的算法来允许**作为具有最高优先级的额外的二元运算符。

提示：一种解决方法是使每个运算符具有两个不同的优先级——一个优先级用于它在中缀表达式中，而另一个优先级用于它在栈中。

9. 扩展程序 7.15 中的中缀转后缀的程序，使它能够转换的中缀表达式中除了能够包含+，–，*，/和%等运算符之外，还能包含<<，>>等二元运算符。
10. 如编程问题 9，但是还要允许包含指数运算符**（参见问题 8）。
11. 如编程问题 9 或者 10，但是还允许包含一元运算符~（参见练习 36 之前的注释）。
12. 编写一个程序来实现计算后缀表达式的算法，这里只牵涉到一位整数，并且整数运算符是+，–，*和/。要求跟踪后缀表达式求值的过程，显示遇到的每个标记，并且显示每个栈操作的动作。例如，对于后缀表达式 9 2 1 + / 4 *，程序应该产生以下的输出：

```
Token = 9       Push 9
Token = 2       Push 2
Token = 1       Push 1
Token = +        Pop 1      Pop 2      Push 3
Token = /        Pop 3      Pop 9      Push 3
Token = 4       Push 4
Token = *        Pop 4      Pop 3      Push 12
Token =         Pop 12
```

13. 修改问题 12 中的计算后缀表达式的程序，使其能够检测和报告没有正确构成的后缀表达式。
14. 修改问题 12 中的计算后缀表达式的程序，使得
    （1）能够处理包含整数运算符+，–，*，/和%的后缀表达式。
    （2）还允许后缀表达式包含一元运算符~（参见练习 36 之前的注释）。
    （3）允许多位整数。
15. 修改问题 12 中的计算后缀表达式的程序，使得它能够产生汇编代码形式的机器指令，使用一个累加寄存器以及下面的指令来计算表达式的值：

```
LOAD x    将x的值放入累加寄存器
STORE x   将累加寄存器的值存入变量x
ADD x     将x加到累加寄存器的值上
SUB x     从累加寄存器的值中减去x的值
MULT x    将累加寄存器的值乘以x的值，结果放在累加寄存器中
DIV x     将累加寄存器的值除以x的值，结果放在累加寄存器中
```

例如，后缀表达式 $a\ b\ c + * \ d\ e * -$ 应该产生下面的指令序列：

```
LOAD b
ADD c
STORE temp1
```

```
LOAD a
MULT temp1
STORE temp2
LOAD d
MULT e
STORE temp3
LOAD temp2
SUB temp3
STORE temp4
```

其中 tempi 是临时变量。

16. 编写一个程序将一个后缀表达式转换成相应的完全括号化的中缀表达式。例如，由 $a\ b\ +$以及 $a\ b + c\ d - *$应该分别得到$(a + b)$和$((a + b) * (c - d))$。

第8章 队列

章节内容

- 队列介绍
- 设计和创建一个 Queue 类——基于数组
- 链式队列
- 队列的应用：缓冲和调度
- 案例学习：信息中心仿真

章节学习目标

- 学习作为 ADT 的队列。
- 创建一个基于静态数组的队列实现。
- 创建一个基于动态数组的队列实现。
- 创建一个链式的队列实现。
- 说明队列是如何使用在 I/O 缓冲区以及计算机系统的调度中的。
- （可选）看看队列如何被使用在一个牵涉到等待电话的状态模拟中的。

第 7 章，定义了栈，在一定细节程度上研究了基于数组的栈的实现，并探讨了栈的一些应用。本章将研究队列，它和栈非常相似，并且其应用也不比栈少。队列也可以使用数组作为基本的存储结构来实现，但正如我们将发现的，相对栈而言，创建一个有效的基于数组的队列实现要花费更多一些努力。我们还将考察队列的链式实现。本章将以一个信息/服务中心的模拟来结束，其中使用了一个“等待”队列来存储接进来的电话。

8.1 队列入门

根据 Webster 的说法，一个**队列**是一个“等待队伍”，在每天的日常生活中，都有很多这样的队列。熟悉的例子包括如下的这些：

- 例如在超级市场里等待结账的一队人。
- 等待买电影票的一队人。
- 等待在一个机场降落的一队飞机。
- 收费站前的一排汽车。

到达的顾客、飞机、汽车等，都是从尾部进入一个队列，而当它们到达队列的首部，就从队列中被移除并得到服务，所以第一个进入队列的就第一个得到服务。因为第一个进入队列的元素等待的时间最长，所以从公平来看，它应该第一个得到服务。（当其他人在队列中“压队”到他们前面时，人们会被激怒，因为这个公平原则被违反了。）表述上不同，相比栈表现出一种后进先出（LIFO）的行为，队列展示出一种**先进先出**（**FIFO**）的行为。

作为一个抽象数据结构，队列是一种特殊的列表，基本的插入和删除操作都被限制在列表的两端进行。栈元素的弹出和压入都在列表的一端进行，和栈不一样，一个队列中的元素从一端删除，称为队列的**前端**（或者**头部**），而元素的添加都在另一端，称为队列的**后端**（**后部**或者**尾部**）。队列的其他基本操作包括创建一个空队列以及判断一个队列是否为空等。更正式化一些，抽象数据类型队列可以如下给出：

Queue ADT

数据元素集合

一系列有序的数据元素，其性质是元素只能在一端被删除，称为队列的前端，并且元素只能在另一端被添加，称为队列的后端。

基本操作：[①]

- 创建一个队列（通常是空的）。
- 检查队列是否为空。
- enqueue：在队列的后端添加一个元素。
- front：从队列的前端提取一个元素。
- dequeue：从队列的前端删除一个元素。

例：训练和实践问题

1．问题

假设要设计一个程序来提供基础算术的训练——实践练习。更准确地说，假设这些练习牵涉随机产生的整数的加法。如果一个学生正确的回答了一个问题，则另一个问题将被生成；但是如果他/她回答错了，则答错的问题将被存储起来，并且可以在整个过程结束时再次被提出。

2．对象和操作

这个问题中的一个对象是加法问题，并且假设现在有一个 AdditionProblem 类可以来建模这类问题。AdditionProblem 对象的加数是在某个给定范围内产生的随机正整数，这个范围是用户在对象的定义中给出的。这个类提供了一个 display()操作来显示问题，同时还有一个 answer()操作可以返回问题的答案。这个类的源代码在本节的末尾给出。

我们还需要一个容器来存储回答错误的问题。因为一般来说都会很自然的以他们最初

① 队列基本的插入和删除操作通常被命名为 enqueue（“enter the queue”，进入队列）和 dequeue(“delete from the queue”，从队列中删除)。而标准模板库（见第 9 章）中的标准队列容器使用“push”和“pop”。

被提出的次序在后来的问答过程中再次提问这些问题，所以队列将是存储这些问题的一个合适的容器。假设有一个可用的 Queue 类能用来表示这样一个队列，并将它命名为 problemQueue。接着将说明如何在这个训练和实践程序中使用基本的队列操作。创建一个队列类将是接下来两节的主要内容。

3．算法

下面的算法概括了训练和实践程序使用的基本方法：

训练-实践问题的算法

（1）读取 numProblems 和这个问题中将使用的最大的加数。
（2）产生 numProblems 个问题并将这些问题添加到 problemQueue 中。
（3）// 开始实践回合
For round =1 到 MAX_ROUNDS 做以下工作：
① 初始化 numberMissed = 0。
② For count = 1 到 numProblems 做以下工作：
- 显示一个问题 problem 并读取用户答案 userAnswer。
- 如果 userAnswer== problem 的答案，显示一条 correct 消息。

否则
显示一条 sorry 消息，将 problem 添加到 problemQueue，并将 numberMissed 增 1。
// for 循环结束。
③ 如果 numberMissed == 0，显示一条祝贺的消息并退出循环。
否则
- 显示关于下一个回合的相应消息。
- 令 numProblems = numberMissed。

// for 循环结束
// 结束
（4）如果 numberMissed == 0，显示一条测验结束的相应消息。
否则完成以下工作：
① 显示一条提醒尝试太多的消息。
② while problemQueue 非空
- 提取并删除 problemQueue 前端的 problem。
- 显示这个问题以及它的答案。

// while 循环结束
③ 显示一条需要更多实践的消息

4．代码

程序 8.1 实现了前面的对象、操作以及算法。这个程序假设有一个可用的 Queue 类能够存储加法问题——例如，程序 8.2 中的 Queue 类，并且在 typedef 语句中将 additionProblem

声明为 QueueElement 的同义词。声明

```
Queue problemQueue;
```

创建了一个 AdditionProblem 对象的空队列。（另一种方法是使用第 9 章中描述的标准 queue 类；参见程序的注释文档中关于如何在这里使用这个类的指导。）高亮显示的语句表示此语句中有队列操作的使用。

此外，还给出了对这个程序的一次运行跟踪，而在这之后还给出类 AdditionProblem 的头文件和实现文件。程序中的声明

```
AdditionProblem problem(maxAddend);
```

创建了一个具有随机整数加数（≤maxAddend）的 AdditionProblem 对象。Addition- Problem 提供了下面这些操作：

answer()：提取问题的答案

<<：　　输出运算符

程序 8.1　训练-实践 算术问题

```
/*-----------------------------------------------------------------------
训练-实践问题程序产生随机的训练-实践加法问题。回答错误的问题将被
存储到队列中，并将被再次提出，直到所有答案都正确或者达到最大的尝
试次数

输入：      要产生的问题数目，学生对问题的回答
输出：      消息，问题，正确的答案，回答错误的问题数目

注意：      程序假设Queue.h包含一个类似于8.2节和8.3节中将
            描述的Queue类的声明，其元素是AdditionProblem类
            型。另一种方法是使用C++标准的queue类模板，这需
            要做出如下修改：
            #include "Queue.h"  --> #include <queue>
   Queue wrongQueue--> queue<AdditionProblem> wrongQueue
   enqueue --> push
   dequeue --> pop
-----------------------------------------------------------------------*/

#include <iostream>                  // cin, cout, >>, <<
using namespace std;

#include "AdditionProblem.h"      // AdditionProblem, initialize()
#include "Queue.h"                  //为AdditionProblem提供的一个queue类

int main()
{
   int numProblems,                  // 要提出的问题数目
       maxAddend;                    // 问题中最大的加数
   const int MAX_ROUNDS = 3;        // 尝试回答问题的最大回合数
```

```
initialize();                    // 初始化随机数生成器

cout << "*** Let's practice our addition skills! *** \n\n"
        "How many problems would you like? ";
cin >> numProblems;
cout << "What's the largest addend you would like? ";
cin >> maxAddend;

// 生成numProblems个问题并将它们存储在一个队列中
Queue problemQueue;              // 问题队列

for (int i = 1; i <= numProblems; i++)
{
  AdditionProblem problem(maxAddend);
  problemQueue.enqueue(problem);
}

//  开始实践回合
AdditionProblem problem(maxAddend);       // 下一个加法问题
int userAnswer,                           // 用户对问题的回答
    numberMissed;                         // 回答错误的问题数
for (int round = 1; round <= MAX_ROUNDS; round++)
{

   //  提问题的一个回合

   numberMissed = 0;

   for (int count = 1; count <= numProblems; count++)
   {
      problem = problemQueue.front();
      problemQueue.dequeue();
      cout << problem;
      cin >> userAnswer;
      if (userAnswer == problem.answer())
          cout << "Correct!\n\n";
      else
      {
         cout << "Sorry -- Try again later\n\n";
         problemQueue.enqueue(problem);
         numberMissed++;
      }
   }

   if (numberMissed == 0)
   {
```

```
         cout << "Congratulations! You correctly answered all the"
                 " problems in Round #" << round << endl;
         break;
      }
      else
      {
         cout << "\nYou missed " << numberMissed << " problems in Round #"
              << round << ".\n";
         if (round < MAX_ROUNDS)
            cout << "You may now try them again.  Good luck!\n";
         numProblems = numberMissed;
      }
   }

   // 结束
   if (numberMissed == 0)
     cout << "You have finished the quiz and have successfully.\n"
             "answered all the problems.  Good job!" << endl;
   else
   {
      cout << "\nYou have reached the limit on the number of tries "
              "allowed.\nHere are the problems you missed:\n\n";
      while (!problemQueue.empty())
      {
         problem = problemQueue.front();
         problemQueue.dequeue();
         cout << problem << " Answer: " << problem.answer() << "\n\n";
      }
      cout << "Perhaps it would be a good idea to practice some more.\n";
   }
}
```

运行跟踪:

```
*** Let's practice our addition skills! ***

How many problems would you like? 4
What's the largest addend you would like? 100
30 + 18 = ? 48
Correct!

16 + 58 = ? 66
Sorry - Try again later

37 + 70 = ? 97
Sorry - Try again later

59 + 74 = ? 143
```

```
Sorry - Try again later


You missed 3 problems in Round #1
You may now try them again.  Good luck!
69 + 74 = ? 133
Sorry - Try again later

16 + 58 = ? 73
Sorry - Try again later

37 + 70 = ? 107
Correct!


You missed 2 problems in Round #2
You may now try them again.  Good luck!
59 + 74 = ? 123
Sorry - Try again later

69 + 74 = ? 143
Correct!


You missed 1 problems in Round #3

You have reached the limit on the number of tries allowed
Here are the problems you missed:

16 + 58 = ? Answer: 74

Perhaps it would be a good idea to practice some more

/*-- AdditionProblem.h -----------------------------------------------

这个头文件包含类AdditionProblem的声明

基本操作
构造函数:     产生具有随机加数的问题 —— 使用cstdlib中的随机数生成器
display():   显示问题
answer():    返回问题的答案
--------------------------------------------------------------------*/
#include <iostream>

#ifndef ADDITION_PROBLEM
#define ADDITION_PROBLEM

class AdditionProblem
```

```
{
 public:
  /***** 函数成员 *****/

  AdditionProblem(int maxAddend = 10);
/*---------------------------------------------------------------------
    创建一个加法问题

    前置条件:    接收maxAddend，问题中使用的最大整数
    后置条件:    创建了一个加法问题，其加数是位于0到maxAddend
                 之间的随机整数，并且myTries被初始化为1
---------------------------------------------------------------------*/

  void display(ostream & out) const;
/*---------------------------------------------------------------------
    显示加法问题

    前置条件:    ostream out已经被打开
    后置条件:    问题被输出到out
---------------------------------------------------------------------*/

  int answer() const;
  /*-------------------------------------------------------------------
    获取加法问题的答案

    前置条件:    无
    后置条件:    提取了这个加法问题的答案
  -------------------------------------------------------------------*/

 private:
  /***** 数据成员 *****/
   int myAddend1,
       myAddend2,
       myAnswer;
};

//--- 初始化随机数生成器
void initialize();

//--- 输出运算符
ostream & operator<<(ostream & out, const AdditionProblem & problem);

#endif


/*-- AdditionProblem.cpp ------------------------------------------
```

```
    这个文件实现AdditionProblem对象的操作
----------------------------------------------------------------------*/

#include <cstdlib>
#include <ctime>
using namespace std;

#include "AdditionProblem.h"

//--- AdditionProblem构造函数的定义
AdditionProblem::AdditionProblem(int maxAddend=10)
{
  myAddend1 = rand() % (maxAddend + 1);
  myAddend2 = rand() % (maxAddend + 1);
  myAnswer = myAddend1 + myAddend2;
}

//--- display()的定义
void AdditionProblem::display(ostream & out) const
{
  out << myAddend1 << " + " << myAddend2 << " = ? ";
}

//--- answer()的定义
int AdditionProblem::answer() const
{
  return (myAddend1 + myAddend2);
}

//--- 输出运算符的定义
ostream & operator<<(ostream & out, const AdditionProblem & problem)
{
  problem.display(out);
  return out;
}
//--- initialize()的定义
void initialize()
{
 long seed = long(time(0));    // 随机数生成器的种子
 srand(seed);
}
```

8.2 设计和创建一个 Queue 类——基于数组

因为队列和栈在很多方面都很相似，可以通过模仿第 7 章考虑过的基于数组的栈实现来创建一个基于数组的队列实现。因此，可以使用

■ myArray 来存储队列的元素:

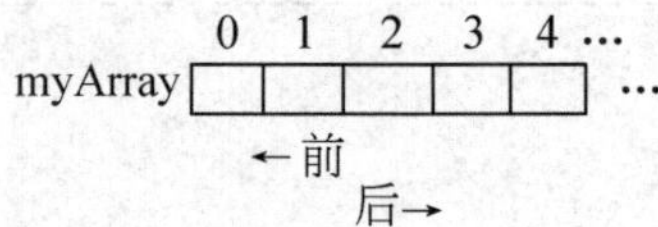

■ 两个整型变量:

- myFront 数组中元素可以被删除的位置——队列前端元素的位置。
- myBack 数组中可以添加一个元素的位置——队列最后一个元素的下一个位置。

这样，可以如图 8.1 所示的 Queue 对象 q。

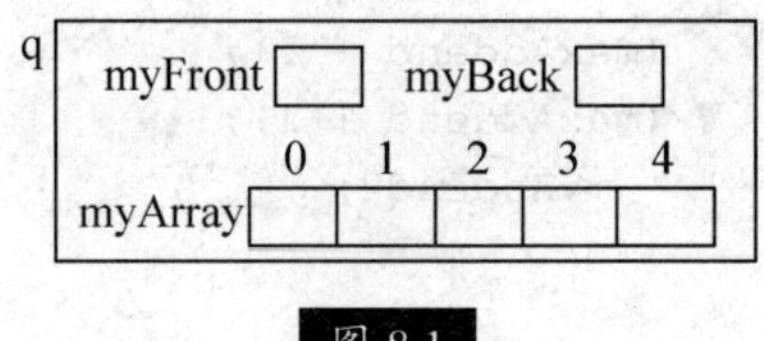

图 8.1

只要 myBack 不超过某个规定的数组最大长度，则可以通过将一个元素存储到数组的 myBack 位置来将它添加到队列，然后将 myBack 加 1。

这个实现方法的一个困难在于元素在数组中要“走离末端”，所以最终所有的数组元素将不得不被移回到开始的位置。(本书的一个审阅者对这种行为使用了一个非常形象的词汇“queue creep”，队列爬行）例如，考虑一个数组数据成员的容量为 5 的一个队列，其所有元素都是整数。操作序列添加 70、添加 80、添加 50 将产生下面的结构:

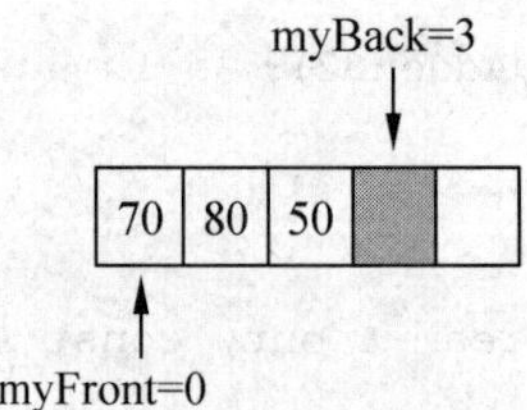

现在假设两个元素被删除了，

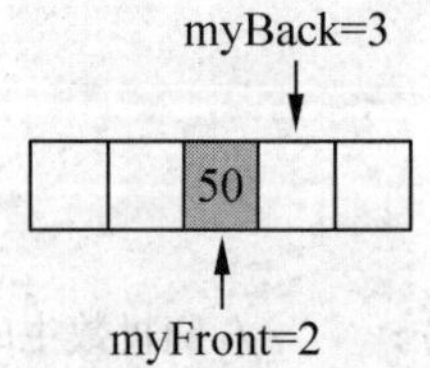

接着 90 和 60 被添加进来:

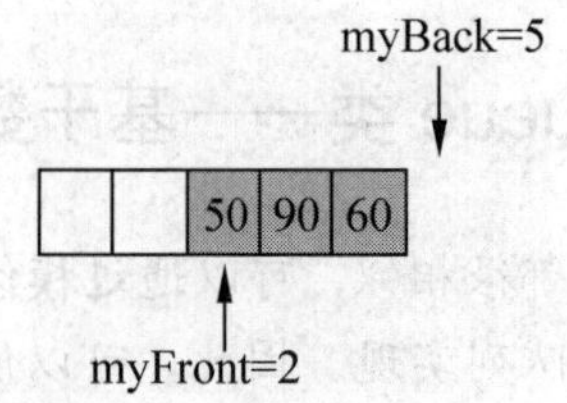

在另一个元素能够被添加进来之前，数组中的元素必须被移回到数组的开始位置：

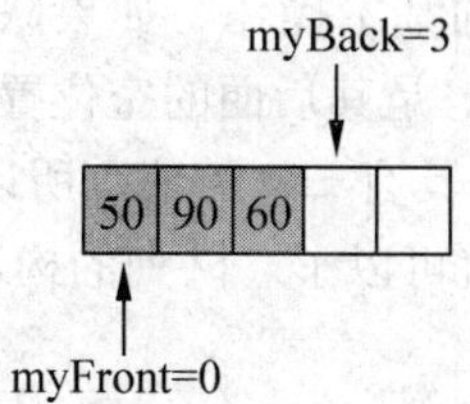

这种数组元素的移动是非常低效的，特别当元素都是很大的对象时。另一种更好的方法是当 myBack 越过数组末尾时，简单地 myBack 重新回到数组的开头来。因此，我们所做的是将数组想象成圆形*的*，这时第一个元素紧跟在最后一个元素的后面。这可以通过在增加 myFront 和 myBack 时，采取先做加法，再对数组的容量取模来做到。对于刚才考虑的操作序列，这种实现将产生下面的结构，如图 8.2 所示。

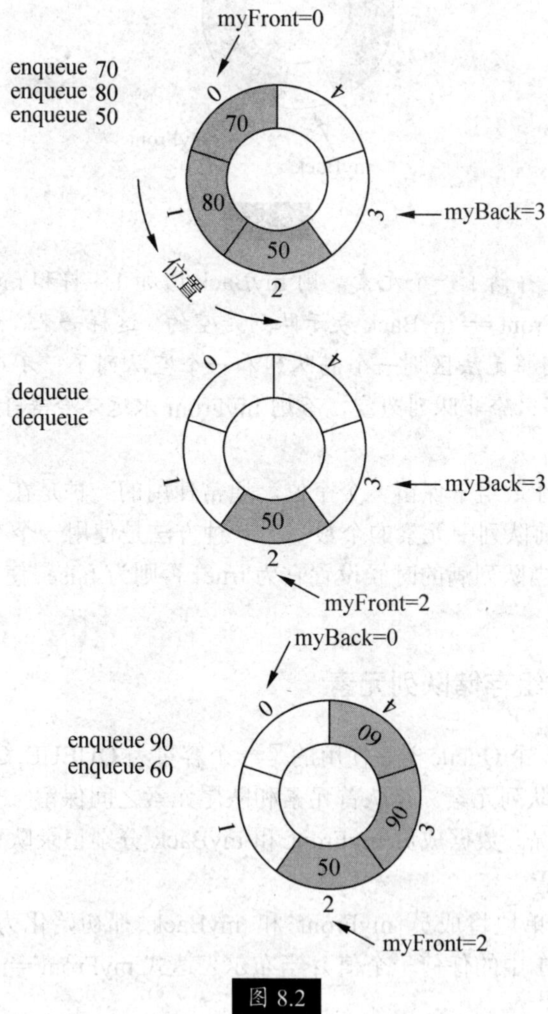

图 8.2

不需要移动任何数组元素，也可以进行又一次插入操作了；可以简单的将这个元素存储在位置 myBack = 0。

现在考虑判断队列是否为空的基本操作。如果队列包含单独一个元素，则必然是在数组的 myFront 位置，而 myBack 是其后面的空位置。如果这个元素被删除了，myFront 增加 1，这样 myFront 和 myBack 具有一样的值。所以，要判断一个队列是否为空，只需要检查条件 myFront == myBack 就可以了。队列的构造函数将把 myFront 和 myBack 都初始化为 0。

正如栈的数组实现引入了栈满条件的可能性，队列的实现增加了队列满条件的可能性。要理解这个条件如何能够被检测到，假设数组几乎已经满了，只剩余一个空位置，如图 8.3 所示。

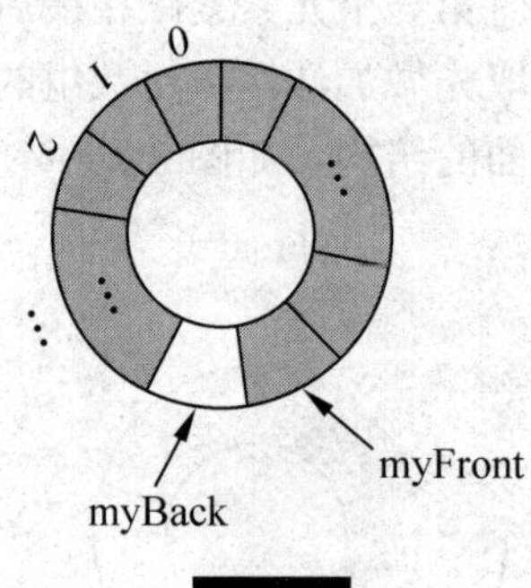

图 8.3

如果在这个位置存储了一个元素，则 myBack 增加 1，将和 myFront 具有一样的值。然而，条件 myFront == myBack 表示队列是空的。这样一来，如果这个位置被用来存储一个元素，则将无法区别一个满队列和一个空队列了。不过，如果在数组中保留一个空位置，那么除非队列为空，否则 myFront 永远不会等于 myBack，这样就可以避免这个问题了。

有几种方法可以在数组中保留一个空位。通常使用的一种是在类中添加一个整数数据成员 count 来存储当前队列中元素的个数。另一种方法是使用一个布尔型数据成员 full 来代替整数成员 count，当队列满的时候设置它为 true，否则为 false。使用这些方法开发 Queue 类将留作练习。

8.2.1 使用静态数组存储队列元素

程序 8.2 给出了一个 Queue 类，使用的是一个容量为 QUEUE_CAPACITY 的环形静态数组 myArray 来存储队列元素。在队首元素和队尾元素之间保留一个空位，这样可以区分队列满和队列空的情况。数据成员 myFront 和 myBack 分别记录队首元素的位置和最后一个元素之后的一个位置。

构造函数只是简单地将成员 myFront 和 myBack 都初始化为 0（或者在 0, 1, …, QUEUE_CAPACITY–1 中的任何一个值）；当布尔表达式 myFront == myBack 为真时表示一个队列是空的。

实现 enqueue 操作的一个算法是：

1. Enqueue 算法

/* 添加一个值 value 到队列尾部的算法 */

（1）设置 newBack 为(myBack + 1) % QUEUE_CAPACITY。

（2）如果 newBack 等于 myFront，发信号表示一个队列错误（队列满）发生了。

否则

① 设置 myArray[myBack]为 value。

② 设置 myBack 为 newBack。

front 操作只需要提取 myArray[myFront]，当然队列不能为空。而下面给出了一个实现 dequeue 操作算法：

2. Dequeue 算法

/* 删除队列前端元素的算法 */

如果队列为空，发信号表示一个队列错误（队列空）发生了。

否则

设置 myFront 为（myFront + 1）% QUEUE_CAPACITY。

程序 8.2 使用静态数组实现的一个 Queue 类

```
/* Queue.h包含类Queue的声明
基本操作：
  构造函数：   创建一个空队列
  empty：      检查队列是否为空
  enqueue：    通过在队尾添加一个值来改变队列
  front：      访问队首的值；保持队列不变
  dequeue：    通过删除队首的值来改变一个队列
  display：    从前端到后端显示队列的元素
类不变式：
1.队列的元素（如果有的话）被存储在myArray中从位置
myFront开始的连续单元中
2.0 <= myFront, myBack < QUEUE_CAPACITY
3.队列的长度 < QUEUE_CAPACITY
----------------------------------------------------------------------*/

#include <iostream>

#ifndef QUEUE
#define QUEUE

const int QUEUE_CAPACITY = 128;
typedef int QueueElement;

class Queue
```

```
{
 public:
  /***** 函数成员 *****/
  /***** 构造函数 *****/
  Queue();
/*-----------------------------------------------------------------------
   创建一个Queue对象

   前置条件:   无
   后置条件:   创建了一个空Queue对象; myFront和myBack
               被初始化为-1, myArray是一个有QUEUE_CAPACITY
               个QueueElement类型元素的数组
  ----------------------------------------------------------------------*/

  bool empty() const;
/*-----------------------------------------------------------------------
   检查队列是否为空

   前置条件:   无
   后置条件:   如果队列为空，返回true，否则返回false
  ----------------------------------------------------------------------*/

  void enqueue(const QueueElement & value);
/*-----------------------------------------------------------------------
   添加一个值到队列中

   前置条件:   value是要被添加到这个队列的值
   后置条件:   如果队列中有空间，value被添加到队列的末尾;
               否则，显示一条队列满的消息，执行被终止
------------------------------------------------------------------------*/

  void display(ostream & out) const;
/*-----------------------------------------------------------------------
   输出存储在队列中的值

   前置条件: ostream out已经被打开
   后置条件: 队列中的内容，从前端到后端输出到out
------------------------------------------------------------------------*/

  QueueElement front() const;
/*-----------------------------------------------------------------------
   提取队列前端的值（如果有的话）

前置条件: 队列非空
```

```
后置条件：除非队列为空，否则返回了队列前端的值；
        当队列空时，显示一条错误消息，并返回一个“垃圾值”
--------------------------------------------------------------------*/

 void dequeue();
/*-------------------------------------------------------------------
   删除队列前端的值（如果有的话）

   前置条件：队列非空
   后置条件：除非队列为空，否则队列前端的值被删除；
            当队列空时，显示一条错误消息
--------------------------------------------------------------------*/

 private:
  /***** 数据成员 *****/
   int myFront,
       myBack;
  QueueElement myArray[QUEUE_CAPACITY];
}; // 类声明结束

#endif


/*-- Queue.cpp-------------------------------------------------------
           这个文件包含Queue成员函数的实现
--------------------------------------------------------------------*/

#include <iostream>
using namespace std;

#include "Queue.h"

//--- Queue构造函数的定义
Queue::Queue()
: myFront(0), myBack(0)
{}

//--- empty()的定义
bool Queue::empty() const
{
  return (myFront == myBack);
}

//--- enqueue()的定义
```

```
void Queue::enqueue(const QueueElement & value)
{
   int newBack = (myBack + 1) % QUEUE_CAPACITY;
   if (newBack != myFront)     //  队列没有满
   {
      myArray[myBack] = value;
      myBack = newBack;
   }
   else
   {
      cerr << "*** Queue full -- can't add new value ***\n"
                "Must increase value of QUEUE_CAPACITY in Queue.h\n";
      exit(1);
   }
}

//--- display()的定义
void Queue::display(ostream & out) const
{
   for (int i = myFront; i != myBack; i = (i + 1)%QUEUE_CAPACITY)
      out << myArray[i] << "  ";
   cout << endl;
}

//--- front()的定义
QueueElement Queue::front() const
{
   if ( !empty() )
      return (myArray[myFront]);
   else
   {
      cerr << "*** Queue is empty -- returning garbage value ***\n";
      QueueElement garbage;
      return garbage;
   }
}

//--- dequeue()的定义
void Queue::dequeue()
{
   if ( !empty() )
      myFront = (myFront + 1) % QUEUE_CAPACITY;
   else
      cerr << "*** Queue is empty -- "
```

```
            "can't remove a value ***\n";
  }
```

8.2.2 使用动态数组存储队列元素

在每个 Queue 对象中对存储队列元素的数组使用单独的容量具有和第 7 章描述过的栈一样的缺点。将这个容量设置的太大会浪费可观的存储空间；但是设置的太小又会因为容器不能容纳所有的数据而导致程序崩溃或产生不正确的结果。另外，修改 Queue.h 中 QUEUE_CAPACITY 的定义会要求重新编译所有包含 Queue.h 的程序和库。

如果修改队列的实现，使用一个动态数组，将需要在栈的描述中的那些改变。在类声明中，简单地将 myArray 数据成员的声明修改为一个指针，而将 QUEUE_ CAPACITY 修改为一个变量数据成员：

```
typedef int QueueElement;
class Queue
{
public:
  /***** 函数成员 *****/
  // ---  类似于对栈所作的修改

  private:
  /***** 数据成员 *****/
  int myFront,                  // 队列的前端
      myBack;                   // 和后端
  int myCapacity;               // 队列的容量
  QueueElement * myArray;       // 存储元素的动态数组
};
```

构造函数中的修改和栈的类似，析构函数、复制构造函数以及赋值运算符等都应该添加到类中。我们将实现细节留作练习。

但完成这些修改后，一个程序可以如下使用类声明：

```
cout <<, "Enter the queue's capacity: ";
int cap;
cin >> cap;
Queue q(cap);
```

如果用户输入 5 作为 cap 的值，那么 q 将被创建为容量为 5 的一个空队列，如图 8.4 所示。

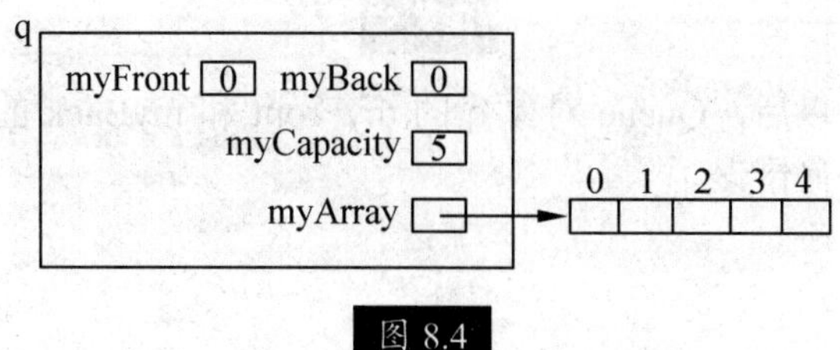

图 8.4

✔ 小测验8.2

1. 最后一个添加到队列中的元素将是________被删除的。这种行为被称为将元素保持为________顺序。
2. 将队列定义为一个抽象数据类型。

问题3~5假设Queue是本节中所描述的类，其中QueueElement被设置为int，QUEUE_CAPACITY或myCapacity被设置为5。在下面练习中的代码片断执行后，给出队列q中myFront、myBack的值以及由myArray指向的数组的内容，或者指出发生了什么错误。

3.
```
Queue q;
q.enqueue(123);
q.enqueue(456);
q.dequeue();
q.enqueue(789);
q.dequeue();
```
4.
```
Queue q;
q.enqueue(111);
i = q.front();
q.enqueue(222);
q.dequeue();
q.enqueue(i);
```
5.
```
Queue q;
for ( int i = 0; i < 5; i++)
 q.enqueue(2*i);
q.dequeue();
q.dequeue();
```

练习8.2

对于练习1~4，假设q是一个使用本节中描述过的（使用圆形数组）方法实现的队列，其QueueElement = char ，容量为5，并且ch的类型为char。如图8.5所示。

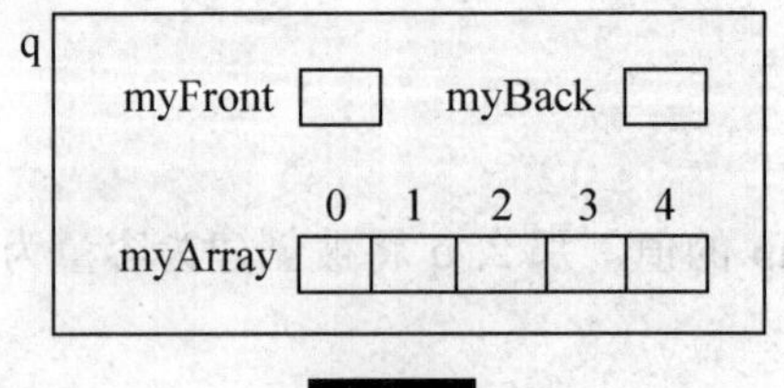

图8.5

给出在程序段执行以后，Queue对象q的myFront和myBack的值以及myArray的内容；并且指明发生的任何错误。

1.
```
q.enqueue('A');
q.enqueue('B');
```

```
q.enqueue('C');
ch = q.front();
q.dequeue();
q.enqueue(ch);
```

2.
```
q.enqueue('X');
q.enqueue('Y');
q.enqueue('Z');
while(!q.empty())
{
ch = q.front();
 q.dequeue();
}
```

3.
```
ch = 'q';
for( int i = 1; i <= 3; i++)
{
  q.enqueue(ch);
  ch++;
  q.enqueue(ch);
  ch = q.front();
  q.dequeue();
}
```

4.
```
ch = 'A';
for( int i = 1; i <= 4; i++)
{
  q.enqueue(ch);
  ch++;
  q.enqueue(ch);
  ch = q.front();
  q.dequeue();
}
```

下面的几个练习要求编写函数或者类。还应该如本章结尾的编程问题 1~12 中指导的那样编写驱动程序来测试它们。

5. 完成使用动态数组的类 Queue 的开发，包括编写构造函数、empty()、enqueue()、front()、display()以及 dequeue()等函数成员的定义。另外，添加析构函数、复制构造函数和赋值运算符。

6. 尽管一个队列和栈一样，不可能（在理论上）变满，但是本节中描述的基于数组的队列实现要求为队列可能具有的最大长度设置一个上限。为以下 Queue 类编写一个成员函数 full()

   （1）程序 8.2 中的 Queue 类。

   （2）使用动态数组的 Queue 类。

7. 如本节中描述的那样，为 Queue 类编写一个返回队列中元素个数的成员函数 size()，包括注释文档、原型和定义。

8．重做练习7，但是函数size()既不能是Queue类的成员函数也不能是它的友元函数。

9．如练习7一样，但是设计一个函数back()来返回队列尾部的元素。

10．重做练习9，但是函数back()既不能是Queue类的成员函数也不能是它的友元函数。

11．如练习7一样，但是设计一个函数nthElement()来提取队列中前第 n 个元素，并删除队列的前 n 个元素。

12．如练习11一样，但是要求保持队列不被改变。

13．使用栈和队列的基本操作，编写一个算法颠倒队列中的元素。

14．在7.1节的练习2和7.2节的练习10中，考虑了一个可以用栈来建模的铁路交换网络。现在考虑图8.6所示的网络。

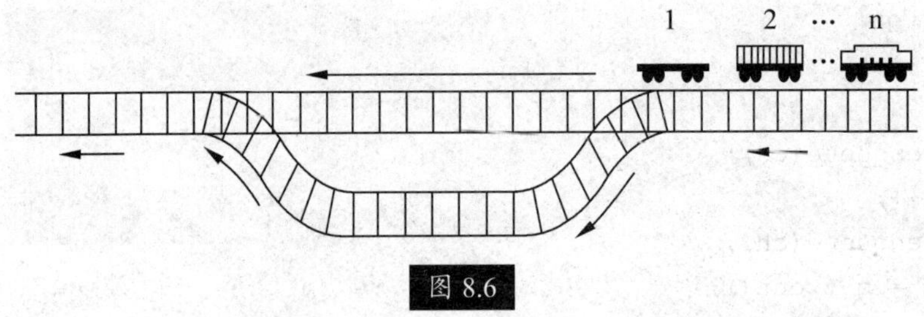

图 8.6

还是一样，在右边铁轨上的编号为1, 2, …, n 铁路列车要被变换序列移到左边的铁轨上。一辆列车可以被直接移动到左边铁轨上，也可以被转轨到旁路（像一个队列一样工作）上，以后再从旁路上移到左边的铁轨上。

（1）对于 $n = 3$，通过一系列这些操作，找出所有可能得到的列车变换序列（在左边铁轨上）。例如，add 1、add 2、move 3、remove、remove将使列车的次序为3、1、2。是否任何变换序列都是可能的？

（2）对于 $n = 4$，找出所有可能得到的列车的变换序列。什么变换序列（如果有的话）是不可能的？

（3）对于 $n = 5$，重复b。

（4）挑战：总的来说，以这种方式使用队列，可以得到序列1, 2,…, n 的哪些变换序列？

15．创建一个如程序8.2中那样的Queue类，但使用一个整数数据成员count来存储当前队列中元素的个数，如本书中描述的那样，从而区分队列空和队列满的条件，而不是在队首和队尾元素之前保留一个空位。

16．如练习15中那样使用一个count数据成员的队列实现，可以使得不再需要myBack数据成员。如练习那样创建一个Queue类，具有一个count数据成员，但是没有myBack数据成员。

17．如练习15一样，不过是使用一个布尔型数据成员full来代替整数数据成员count，如本书中描述的那样。

18．在7.2节的练习12中描述了两段式栈数据结构的一种有效的实现，这是使用单独的一个数组作为存储结构。描述一个相似的双队列数据结构的实现。

8.3 链式队列

如在第 7 章中对栈所提到的，因为数组的大小是固定的，基于数组的容器实现都会对容器的大小规定一个上限。这特别意味着，如果要使用 8.2 节中基于数组的队列类，必须事先知道队列所需的容量，接着通过设置 Queue.h 中 QUEUE_CAPACITY 的值(对于第一个队列类)或在声明队列的时候规定它的容量(对于第二个队列类)。然而，对于一些需要使用队列的问题来说，要事先判断所需的队列容量是困难的，甚至是不可能的。这时，如果使用动态数组来存储队列元素，那么就可以分配一个大一点的数组，将队列元素复制到这个新数组中，然后替换容量不够用的旧数组。关于这种方法的更多细节请参见 7.2 节。

8.3.1 一种自然的链表实现

和基数数组的队列实现不同，另一种方法是如我们在 7.3 节中对栈所做的那样使用链表来存储队列元素。因为链表可以通过增加新节点来增长，因此链式队列能够做到需要多大就增长多大(直到可用内存被耗尽为止)；这样就不需要事先给容量设置某个上限。另外，当元素被删除时链式队列还可以收缩，只需要把被删除的节点返还给内存堆就可以。

到目前为止所考虑的链表都只能通过维护一个指针来提供对列表中第一个节点的访问。如果使第一个节点成为队列的前端，这看起来很自然，那么提取前端元素的操作以及删除前端元素的操作可以按照链式栈中 top 和 pop 操作同样的方式来实现。不过，在队列的后端添加一个元素将需要遍历整个列表来定位队列的后端。

如果采用 8.2 节基于数组实现中的方法并维持两个指针，指向队列前端元素的 myFront 和指向队列后端元素的 myBack，那么这种列表遍历是可以避免的。例如，一个按顺序包含整数 9、17、22、26 和 34 的链式队列，可以如图 8.7 所示。

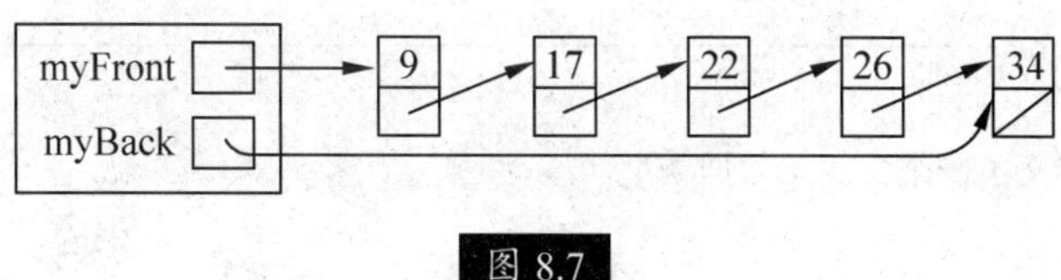

图 8.7

在这种实现中，构造函数可以简单地初始化 myFront 和 myBack 为两个空指针，这代表一个空队列：

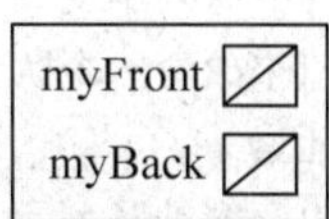

判空操作也只需要检查 myFront（或 myBack）是否为空。复制构造函数和赋值运算符必须遍历存储队列元素的链表来进行复制，这和 7.3 节中对链式栈的描述一样。并且如那里描述的方式，析构函数必须遍历链表并将每个节点归还给堆。实现这些函数的代码在程序 8.3 中给出。

提取队列前端的元素非常简单，

```
return myFront -> data;
```

当然前提是队列非空。删除一个非空队列的前端元素就是对链表首元素的简单删除，但是如果队列变空的话，那么要小心，这需要将 myBack 重置为空。

```
ptr = myFront;
myFront = myFront -> next;
delete ptr;
if ( myFront == 0)        // 现在队列变空了
   myBack = 0;
```

在队列的后端添加一个值就是在链表的最后一个元素之后进行插入操作：

```
newptr = new Node(value);
if (empty())
   myFront = myBack = newptr;
else
{
   myBack->next = newptr;
   myBack = newptr;
}
```

这里，Node 的构造函数将新节点的 data 部分设置为等于要插入的项，而它的 next 部分等于空指针。

程序 8.3 给出了队列的这个链式实现的全部代码。

程序 8.3 Queue 类——链表实现

```
/*-- LQueue.h ---------------------------------------------------------------

  这个头文件定义了一个Queue数据类型
  基本操作：
    构造函数：      创建一个空队列
    empty:          检查队列是否为空
    enqueue:        通过在队尾添加一个值来改变队列
    front:          访问队首的值；保持队列不变
    dequeue:        通过删除队首的值来改变一个队列
    display:        显示所有的队列元素
  注意：            如果没有足够的内存容纳队列元素，执行将被终止
-------------------------------------------------------------------------*/

#include <iostream>
```

```
#ifndef LQUEUE
#define LQUEUE

typedef int QueueElement;

class Queue
{
 public:
 /***** 函数成员 *****/
 /***** 构造函数 *****/

  Queue();
/*-----------------------------------------------------------------------
  创建一个Queue对象

  前置条件：无
  后置条件：创建了一个空Queue对象(myFront和myBack被初始化为空指针)
  ----------------------------------------------------------------------*/

  Queue(const Queue & original);
/*-----------------------------------------------------------------------
  复制构造函数

  前置条件：  original是被复制的队列，作为一个常引用形参被接收
  后置条件：  original的一份复制被创建
  ----------------------------------------------------------------------*/

 /***** 析构函数 *****/
  ~Queue();
/*-----------------------------------------------------------------------
  类析构函数

  前置条件：无
  后置条件：队列中的链表被释放
-----------------------------------------------------------------------*/

 /***** 赋值 *****/
 const Queue & operator= (const Queue & rightHandSide);
/*-----------------------------------------------------------------------
  赋值运算符

  前置条件：rightHandSide是用来赋值的队列，被作为一个常引用形参接收
  后置条件：当前队列变为rightHandSide的一份复制，它的一个引用被返回
-----------------------------------------------------------------------*/
```

```
  bool empty() const;
/*-----------------------------------------------------------------------
  检查队列是否为空

  前置条件：无
  后置条件：如果队列为空，返回true，否则返回false
-----------------------------------------------------------------------*/

  void enqueue(const QueueElement & value);
/*-----------------------------------------------------------------------
  添加一个值到队列中

  前置条件：value是要被添加到这个队列的值
  后置条件：valuc被添加到队列的末尾
-----------------------------------------------------------------------*/

  void display(ostream & out) const;
/*-----------------------------------------------------------------------
  输出存储在队列中的值

  前置条件：ostream out已经被打开
  后置条件：队列中的内容，被从前端到后端的输出到out
-----------------------------------------------------------------------*/

  QueueElement front() const;
/*-----------------------------------------------------------------------
  提取队列前端的值（如果有的话）

  前置条件：  队列非空
  后置条件：  除非队列为空，否则返回了队列前端的值；
              当队列空时，显示一条错误消息，并返回一个“垃圾值”
-----------------------------------------------------------------------*/

  void dequeue();
/*-----------------------------------------------------------------------
  删除队列前端的值（如果有的话）

  前置条件：队列非空.
  后置条件：除非队列为空，否则队列前端的值被删除；
            当队列空时，显示一条错误消息，执行可以继续下去
-----------------------------------------------------------------------*/

private:
```

```
  /***  节点类 ***/
  class Node
  {
   public:
     QueueElement data;
     Node * next;
     //--- Node的构造函数
     Node(QueueElement value, Node * link = 0)
/*-----------------------------------------------------------------------
  前置条件：接收了value和link
  后置条件：创建了一个节点，它的data部分被设置为value，
           它的next部分被设置为link(默认为0)
-----------------------------------------------------------------------*/
  { data value, next link; }
  { }
};

  typedef Node * NodePointer;

  /***** 数据成员 *****/
  NodePointer myFront,       // 指向队列前端的指针
              myBack;        // 指向队列后端的指针

}; //  类声明结束

#endif

/*--- LQueue.cpp ----------------------------------------------------------
          这个文件包含Lqueue成员函数的实现
-----------------------------------------------------------------------*/

#include <new>
using namespace std;

#include "LQueue.h"

//--- Queue构造函数的定义
Queue::Queue()
: myFront(0), myBack(0)
{}

//---  Queue复制构造函数的定义
Queue::Queue(const Queue & original)
{
  myFront = myBack = 0;
```

```
    if (!original.empty())
    {
      // 复制第一个节点
      myFront = myBack = new Queue::Node(original.front());

      // 令指针遍历original的链表
      Queue::NodePointer origPtr = original.myFront->next;
      while (origPtr != 0)
      {
        myBack->next = new Queue::Node(origPtr->data);
        myBack = myBack->next;
        origPtr = origPtr->next;
      }
    }
}

//--- Queue析构函数的定义
Queue::~Queue()
{
  // 令指针遍历队列
  Queue::NodePointer prev = myFront,
                     ptr;
  while (prev != 0)
   {
     ptr = prev->next;
     delete prev;
     prev = ptr;
   }
}

//--- 赋值运算符的定义
const Queue & Queue::operator=(const Queue & rightHandSide)
{
   if (this != &rightHandSide)        // 检查不是q = q
   {
     this->~Queue();                  // 销毁当前链表
     if (rightHandSide.empty())       // 空队列
        myFront = myBack = 0;
     else
     {                                // 复制rightHandSide的列表
       // 复制第一个节点
       myFront = myBack = new Queue::Node(rightHandSide.front());

       // 令指针遍历rightHandSide的链表
```

```
      Queue::NodePointer rhsPtr = rightHandSide.myFront->next;
      while (rhsPtr != 0)
      {
        myBack->next = new Queue::Node(rhsPtr->data);
        myBack = myBack->next;
        rhsPtr = rhsPtr->next;
      }
    }
  }
  return *this;
}

//---  empty()的定义
bool Queue::empty() const
{
  return (myFront == 0);
}

//---  enqueue()的定义
void Queue::enqueue(const QueueElement & value)
{
  Queue::NodePointer newptr = new Queue::Node(value);
  if (empty())
    myFront = myBack = newptr;
  else
  {
    myBack->next = newptr;
    myBack = newptr;
  }
}

//---  display()的定义
void Queue::display(ostream & out) const
{
  Queue::NodePointer ptr;
  for (ptr = myFront; ptr != 0; ptr = ptr->next)
    out << ptr->data << "  ";
  out << endl;

}

//---  front()的定义
```

```
QueueElement Queue::front() const
{
   if (!empty())
      return (myFront->data);
   else
   {
      cerr << "*** Queue is empty "
              " -- returning garbage ***\n";
      QueueElement * temp = new(QueueElement);
      QueueElement garbage = *temp;     // "垃圾"值
      delete temp;
      return garbage;
   }
}

//---  dequeue()的定义
void Queue::dequeue()
{
   if (!empty())
   {
      Queue::NodePointer ptr = myFront;
      myFront = myFront->next;
      delete ptr;
      if (myFront == 0)     // 现在队列为空
         myBack = 0;
   }
   else
      cerr << "*** Queue is empty -- can't remove a value ***\n";
}

/*-----------------------------------------------------------------------
         测试Queue类的驱动程序
  ----------------------------------------------------------------------*/

#include <iostream>
using namespace std;

#include "LQueue.h"

void print(Queue q)
{ q.display(cout); }
```

```
int main()
{
  Queue q1;
  cout << "Queue created.  Empty? " << boolalpha << q1.empty() << endl;

  cout << "How many elements to add to the queue? ";
  int numItems;
  cin >> numItems;
  for (int i = 1; i <= numItems; i++)
    q1.enqueue(100*i);

  cout << "Contents of queue q1 (via  print):\n";
  print(q1); cout << endl;

  Queue q2;
  q2 = q1;
  cout << "Contents of queue q2 after q2 = q1 (via  print):\n";
  print(q2); cout << endl;

  cout << "Queue q2 empty? " << q2.empty() << endl;

  cout << "Front value in q2: " << q2.front() << endl;

  while (!q2.empty())
  {
    cout << "Remove front -- Queue contents: ";
    q2.dequeue();
    q2.display(cout);
  }
  cout << "Queue q2 empty? " << q2.empty() << endl;
  cout << "Front value in q2?" << endl << q2.front() << endl;
  cout << "Trying to remove front of q2: " << endl;
  q2.dequeue();
}
```

运行跟踪：

```
Queue created.  Empty? true
How many elements to add to the queue? 5
Contents of queue q1(via print):
100  200  300  400  500

Contents of queue q2 after q2 = q1(via print):
100 200  300  400  500

Queue q2 empty? False
```

```
Front value in q2: 100
Remove front - Queue contents: 200  300  400  500
Remove front - Queue contents: 300  400  500
Remove front - Queue contents: 400  500
Remove front - Queue contents: 500
Remove front - Queue contents:
Queue q2 empty? True
Front value in q2?
*** Queue is empty - returning garbage ***
13691
Trying to remove front of q2:
*** Queue is empty - can't remove a value ***
```

8.3.2 使用循环链表

在 8.2 节中描述了一个队列的实现，其中存储元素的数组被看作一个循环数组，第一个元素紧跟在最后一个元素后面。这提示考虑实现一个类似的**循环链表**可能会比较有用，可以通过设置有时称为**线性链表**的这种链表中最后一个节点的链指向第一个节点来得到。例如，对于如下的线性链表：

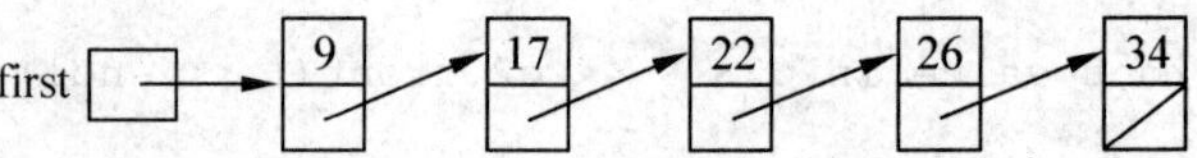

对应的循环链表可以如下刻画：

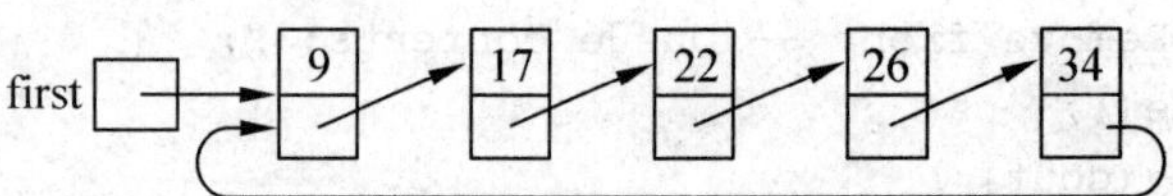

对于循环链表的一些应用，维护一个指向最后一个节点的指针将比维护一个指向第一个节点的指针更好些；例如，

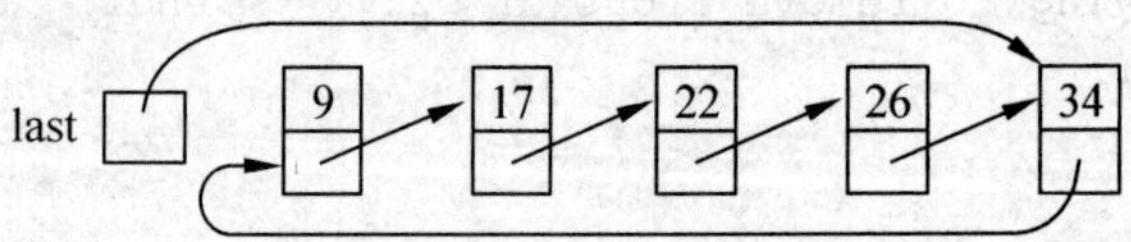

在这里，可以直接访问最后一个节点，并且可以近似的直接访问第一个节点，因为 last->next 就指向列表中的第一个节点。链表的这个变种在需要重复的访问列表两端的元素时非常有用。特别地，它非常适合链式队列。开发一个使用这种方式的循环链表的队列类将留作练习。

✔ 小测验 8.3

1. 循环链表和线性链表有什么区别？

2. 为什么有时在循环链表中维护一个指向最后一个节点的指针将比维护一个指向第一个节点的指针更方便些？

在问题 3～5 中，假设 *q* 的类型是本节中描述的类 Queue，其中 QueueElement 被设置为 char。还假设 *q* 使用线性链表存储队列元素。在问题中的代码片断执行后，类似于本节中所做的那样画出一幅图来刻画队列 *q*，或说明为什么会发生一个错误。

3.
```
Queue q;
q.enqueue(123);
q.enqueue(456);
q.dequeue();
q.enqueue(789);
q.dequeue();
```

4.
```
Queue q;
q.enqueue(111);
i = q.front();
q.enqueue(222);
q.dequeue();
q.enqueue(i);
```

5.
```
Queue q;
for ( int i = 0; i < 5; i++)
  q.enqueue(2*i);
q.dequeue();
q.dequeue();
```

练习 8.3

练习 1～4 假设 *q* 是按照本节中描述的那样（使用线性链表）实现的一个队列，其中 QueueElement = char。在练习中的代码片断执行后，类似于本节中所做的那样画出一幅图来刻画队列 *q*，或说明为什么会发生一个错误。

1.
```
q.enqueue('A');
q.enqueue('B');
q.enqueue('C');
ch = q.front();
q.dequeue();
q.enqueue(ch);
```

2.
```
q.enqueue('X);
q.enqueue('Y);
q.enqueue('Z');
while(!q.empty())
{
  ch = q.front();
  q.dequeue();
}
```

3.
```
ch = 'q';
for( int i = 1; i <= 3; i++)
{
  q.enqueue(ch);
  ch++;
  q.enqueue(ch);
  ch = q.front();
  q.dequeue();
}
```
4.
```
ch = 'A';
for( int i = 1; i <= 4; i++)
{
  q.enqueue(ch);
  ch++;
  q.enqueue(ch);
  ch = q.front();
  q.dequeue();
}
```

下面的练习要求编写函数或者类。你还应该如本章结尾的编程问题中指导的那样编写驱动程序来测试它们。

5. 为类似于本节中描述的使用线性链表存储队列元素的一个 Queue 类编写一个成员函数 back()，这个函数返回队列后端的元素，要求包括注释文档、原型和定义。
6. 如练习 5 一样，但是设计一个函数 nthElement()来提取队列中前第 *n* 个元素，并删除队列的前 *n* 个元素。
7. 如练习 6 一样，但是保持队列不变。
8. 完成使用循环链表，并具有一个指向最后一个节点的 myBack 指针的 Queue 类的开发。要求给出构造函数、empty()、enqueue()、front()、display()和 dequeue()等函数成员的定义。另外，添加析构函数、复制构造函数和赋值运算符。

8.4 队列的应用：缓冲区和调度

队列在计算系统中的一个重要应用是输入/输出缓冲。来自输入设备或发往输出设备的信息传输是相对比较慢的操作，如果在数据传输过程中一个程序的处理必须被挂起，这个程序的执行将大大的变慢。这类问题的通常解决方法是使用作为主存一部分区域的缓冲区，使得数据的传输在程序和这些缓冲区之间进行，而不是直接在程序和输入/输出设备之间。

特别地，考虑被程序处理的数据必须从一个磁盘文件中读取这样一个问题。来自磁盘文件的信息被传输到主存中的一个输入缓冲区，而此时中央处理器（CPU）可以执行其他的一些任务，如图 8.8 所示。

当程序需要一个变量的输入的时候，存储在这个缓冲区中的下一个值将被提取。当这个值被处理时，更多的值可以从磁盘文件传送到缓冲区中。显然，这个缓冲区必须被组织成先进先出的结构，也就是一个队列。一个队列为空的情况表示输入缓冲区空了，在操作系统将更多的数据读取到缓冲区时，程序的执行将被挂起。当然，这样一个缓冲区的大小是有限的，所以必须用一个队列满的条件来指示缓冲区已经满了，不能再将更多的数据从磁盘文件传送到缓冲区了。

队列的插入和删除操作是受限的，插入只能在队列的一端，而删除只能在另一端。可是在一些应用中，插入和删除必须在两端都能进行。例如，对于在屏幕上卷起和放下一个窗口，扫描线在顶部和底部都会被添加或者删除：

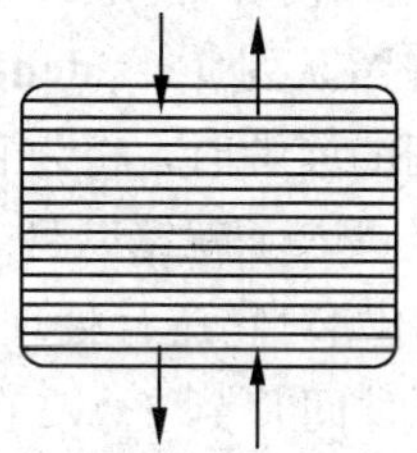

要建模这些情况，一个双端队列，缩写成 **deque**（发音为“deck”），将被使用来作为数据结构（但“double-ended stack”也可以被称为“deck”）。Deque 的更多细节将在 9.7 节中描述。

这种行为的另一个例子是交互式输入，用户可以通过键盘输入在输入缓冲区中插入数据，用户也可以通过按下删除或退格键来删除信息。例如，图 8.9 演示了用户通过按下 1、2、3、5，而这些按键被记录在一个输入缓冲区中，这样就输入了 1234；接着退格键被用来删除字符 5，随后正确的数字 4 被输入并被记录。

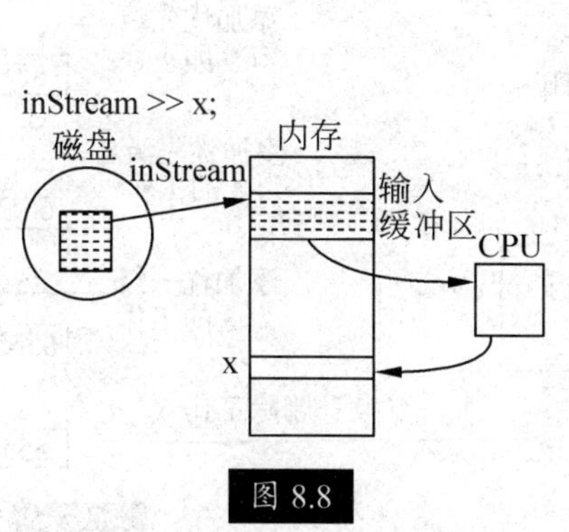

图 8.8

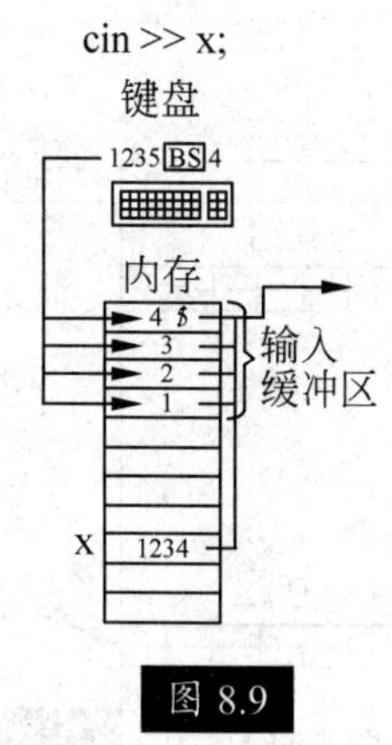

图 8.9

Deque 可以被用来建模这个缓冲区的动作。然而，因为数据值在另一端仅仅是删除而不会插入，一个更好的模型或许是队列和栈的组合，有时也可以称为一个 **scroll**（尽管更好听的名字或许是 “queue-and-a-half”、“heque”或“quack”）。

队列也常常被用来建模计算机系统的操作中出现的等待队列。当一个以上进程要求某种资源，例如打印机、磁盘驱动器或中央处理器的时候，这些队列就产生了。当进程请求某个资源时，它们被放入一个队列，等待这个资源的服务。例如，几台个人电脑可能共享一台打印机，一个**斯普林**（**spool**）[①] **队列**将被用来以先来先服务的方式调度这些输出请求。当一些进程请求打印机进行一些打印工作时，输出将被复制到磁盘，而进程将被添加到一个等待这台打印机的进程斯普林队列。在当前进程的输出完成以后，打印机将被这个进程释放，并被赋予斯普林队列中的下一个进程。

队列还可以被用来调度进入计算机的任务。例如，考虑图 8.10，由编译和链接一个程序产生的一些二进制可执行代码被存储到磁盘文件 F 中，用户希望现在执行这个程序。

文件 F 驻留在磁盘上，需要被读入内存并被 CPU 处理。可能存在着很多这样的文件等待被读入内存。一个队列，称为**驻留队列**（**resident queue**），可以被用来组织这些等待内存的磁盘文件。当文件 F 到达队列的前端时，将为它分配内存，并且当它获得除了 CPU 以外的所有其他所需的资源时，它又进入了**就绪队列**（**ready queue**）。最终，当 F 到达这个队列的前端时，将赋予它 CPU 并开始对它进行处理。如果 F 包含一个 I/O 请求（或者当它拥有 CPU 直到某个预先设定的时间片到了），它释放 CPU，并进入一个**挂起队列**（**suspended queue**），在这里等待操作系统去执行所需的 I/O 传输。当 I/O 传输完成后，F 又进入就绪队列等待 CPU。

在大多数现代系统中，调度队列可能不是一个真正的队列，因为使用了一些比先来先服务 CPU 调度更精密的东西。一种方法是使用**优先级队列**。在队列的这个变种中，每个数据元素都和一个优先级相关联，并且所有的数据元素被按照这样一种方式存储，这就是具有较高优先级的元素更靠近队列的前端，这样它们可以比低优先级的元素更早的从队列中被删除并获取 CPU，如图 8.11 所示。

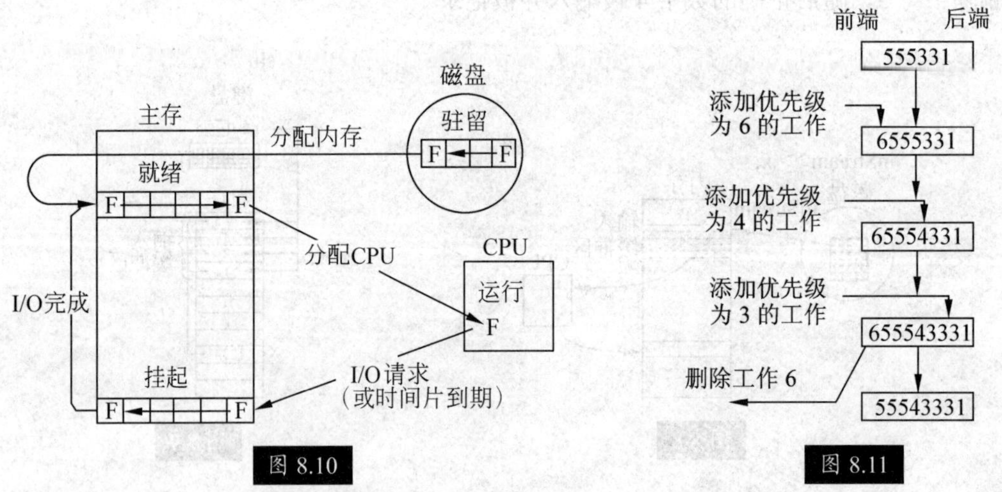

图 8.10　　图 8.11

和栈以及队列一样，deque 和优先队列都是 C++标准库中提供的容器，将在第 9 章中

① “spool”是 Simultaneous Peripheral Operation On-Line 的首字母缩写。

考察它们。将 deque 和 scroll 作为类实现留作练习。

✔ 小测验 8.4

1. 一个_______队列存储等待打印机的进程。
2. _______是用来在程序和输入/输出设备之间传输数据的主存中的一块区域。
3. _______是一个双端队列。
4. _______允许元素在一端可以被插入和删除，而在另一端只能被删除。
5. 在_______中，元素以这样的方式存储，即具有最高优先级的元素最先被删除。

问题 6～8 的候选答案是：驻留、就绪、挂起。

6. 拥有除了 CPU 以外其他所需一切资源的工作被放置在______队列中。
7. _______组织磁盘上等待主存的文件。
8. 因为 I/O 操作而让出 CPU 的工作被放置在______队列中。

练习 8.4

1. 模拟使用循环数组的队列实现，创建一个 deque 的实现。选择合适的数据成员并编写函数实现基本操作（构造函数，检查 deque 是否为空，在前端添加，在末端添加，在前端删除，在后端删除，以及输出操作）。
2. 创建一个 scorll 的实现，选择合适的数据成员并编写函数实现基本操作。

8.5 案例学习：信息中心仿真

如同在 8.4 节中所提到的，队列可以被用来模拟等待队列。实际上，排队理论是计算机科学，运算研究以及应用数学和计算的其他领域中一个如此重要的领域，以至于为其出版了很多的书籍，而很多学校也为其开设了课程。

几乎所有的等待队列都是动态的；也就是说，它们的长度随时间而改变，当新的元素到达并加入队列时增长，而当元素被从队列中删除并得到服务时缩减。术语**仿真**指的是建模这样一个动态的过程并使用这个模型来研究这个过程的行为。一些**可判定**过程的行为可以使用一个等式或者一系列等式来建模。例如，牵涉到指数级增长或衰减的过程通常使用一个形如 $A(t) = A_0e^{kt}$ 的等式来建模，这里 $A(t)$ 是 A 在时刻 t 所表示的某种物质的量，A_0 是这种物质的初始量，而 k 是一个比率常数。

然而，在很多问题中，被学习的过程具有**偶然性**。例如布朗运动，到达一个机场的飞机，一台机器制造的有缺陷的部件，8.1 节的训练和实践问题中的加法问题等。模拟这类过程的计算机程序通过使用一个**随机数生成器**来在执行过程中为产生的值引入随机性。这实际上是一个从某些给定的范围内随机选择一个数的子程序，这种选择使得产生的一系列数趋向于符合给定范围上的正态分布。尽管真正的随机数是由随机物理过程产生的，例如放射性衰减，但是一些数学公式可以产生一系列就绝大多数目的而言已经足够的**伪随机数**。

一个队列的行为也常常具有随机性，这是因为通常不能预先知道到底什么时候会有一个新元素到达，或者到底需要多长时间为一个特定的元素服务。作为一个演示，考虑一个接听用户打来的免费电话的信息/服务中心的运行，例如由一个航空公司或者汽车出租公司所提供的服务。当有一个电话打入这个中心的时候，它被放入一个进入电话的队列。当某一个工作人员空闲的时候，他就为位于队列前端的电话服务。

8.5.1 问题分析和需求规格说明

总的仿真应该如下进行：一个模拟的倒计时时钟被设置为提供接听电话服务的时间（以分钟计），然后这个时钟将循环的递减1（分钟）直到为0。在时钟的每个“时刻”，就会执行一次检查来看看对当前电话的服务是否已经完成了，如果是，这个电话从进入电话队列中删除，模拟服务将从队列中的下一个电话（如果有的话）继续开始。同时还需要执行一个检查来判断是否有一个新的电话到达。如果是，其到达时间被记录下来，并为其产生一个随机服务时间，这个服务时间也被记录下来，然后这个电话被放入队列，当代理人员空闲时，按照先来先服务的方式处理这个队列。当时钟变为0的时候，不会再接听新的电话，但是服务将继续，直到队列中所有电话都得到处理为止。

如同前面提到的，仿真将运行一段给定的时间，因此，一个需要输入的数据必然是时间限制。由于需要仿真电话的到达以及对电话的服务，所以有关电话到达速率和服务时间的信息也是需要的。这样，输入应该是

输入：时间限制

　　　电话的到达速率

　　　服务时间分布

当仿真结束以后，衡量信息中心性能的统计信息必须被报告出来。这里，将只报告其中的两个信息：

输出：处理的电话数

　　　每个电话的平均等待时间

其他性能衡量信息，例如队列的平均长度和平均周转时间等，将在练习中描述。

8.5.2 创建一个 Simulation 类

1. 数据成员

三个输入项和两个输出项是这个仿真中需要的基本数据值。一个 Simulation 类型的对象将在其数据成员中存储这五个值。

第一个数据成员，myLengthOfSimulation，存储仿真的时间限制。第二个数据成员的值，myArrivalRate，在给定的某一分钟里一个电话到达的概率。例如，如果两个电话之间的平均时间间隔是5分钟，那么到达速率是1/5=0.2个电话/每分钟。第三个数据成员是数组 myServicePercent。这个数组记录和服务一个电话所需的时间相关的信息：

myServicePercent[0] = 服务时间等于或小于1分钟的电话的百分比

myServicePercent[1] = 服务时间等于或小于2分钟的电话的百分比

myServicePercent[2] = 服务时间等于或小于3分钟的电话的百分比

…

对于 Simulation 类，使用 NUM_CATEGORIES = 5 来对服务一个接入电话所需的时间进行分类。用户输入需要 1、2、3、4、5 分钟时间来处理的电话所占的百分比，而这些值进行相应的累积后就得到了 myServicePercent 中的值。例如，如果用户输入了 50、25、15、7、3、那么存储在数组 myServicePercent 中的值将是 50，75（=50+25）,90（=50＋25＋15），97（=50+25+15+7），以及 100（所有百分比的和）：

	[0]	[1]	[2]	[3]	[4]
myServicePercent	50	75	90	97	100

所需要的其他数据成员包括一个 Timer 类型的倒计时时钟 myTimer，Timer 类将在本节的稍后部分描述，以及一个进入电话队列 myIncomingCalls。将使用的 Queue 类是 8.4 节中描述的使用链式队列类。它的元素类型将是 Call，一个将在本节后面部分描述的用来建模进入电话的类。

程序 8.4 给出了具有这些数据成员的类 Simulation 的结构。如指明的那样，它将具有实施仿真所需的那些基本操作：运行仿真，这包括检查是否有新电话到达，服务进入电话，以及当仿真结束时显示结果。

程序 8.4 Simulation 类——数据成员

```
/*-- Simulation.h ---------------------------------------------------

这个头文件定义了一个Simulation数据类型，用来模拟一个为
接入电话提供服务的信息、服务中心的运行

基本操作：
  构造函数：          创建一个Simulation对象
  run()：             运行仿真
  display()：         显示仿真结果
  service()：         为进入电话提供服务
  checkForNewCall()：检查是否有新电话进入

注意：假设有一个可用的元素类型为Call的队列类
-------------------------------------------------------------------*/

#include <iostream>     // istream, ostream, >>, <<
#include <ctime>        // time()

#ifndef SIMULATION
#define SIMULATION

#include "Timer.h"
#include "Call.h"
```

```
#include "LQueue.h"        //  元素类型为Call的队列类

const int NUM_CATEGORIES = 5;
class Simulation
{
 public:
  /***** 函数成员 *****/

 private:
  /***** 数据成员 *****/
   //-- 输入
   int    myLengthOfSimulation;
   double myArrivalRate;
   int    myServicePercent[NUM_CATEGORIES];

   //-- 输出
   int    myCallsReceived;
   double myTotalWaitingTime;

   //-- 倒计时时钟
   Timer myTimer;

   //-- 等待服务的电话队列
   Queue myIncomingCalls;

};  // 类声明结束

#endif
```

2．构造函数

类 Simulation 的构造函数初始化实施仿真和报告结果所需的数据成员。三个输入数据成员由构造函数使用执行时输入的值初始化。两个输出数据成员，myCallsReceived 和 myTotalWaitingTime，记录输出结果时所需的值，都被初始化为 0。另两个数据成员 myTimer 和 myIncomingCalls 分别是 Timer 类型和 Queue 类型的对象，由它们各自的构造函数初始化。

构造函数也初始化<cstdlib>库提供的随机数生成器 rand()，这是通过使用同一个库中的 srand()和<ctime>库得到的时钟时间完成的。构造函数的源代码在程序 8.5 中给出。

3．run()方法

Simulation 类的 run()方法（见程序 8.5）是实际启动和管理仿真的操作。它实现了下面的算法：

运行仿真的算法

（1）初始化 busyTimeRemaining 为 0，这样使得可以为第一个电话提供服务。（这个变量表示在仿真过程中，每次需要过多久才能为一个新电话提供服务。）

（2）当 myTimer 还没有用尽时：

① 继续为上一个电话提供服务，或者开始对队列 myIncomingCalls 中的下一个电话提供服务（如果有的话）。

② 检查是否有新电话到达，如果是，将其加入队列 myIncomingCalls。

③ 将 myTimer 减少一个时间单位。

（3）当还有电话在进入电话队列中时：

① 给队列前端的电话提供服务。

② 将 myTimer 减少一个时间单位。

（4）显示结果。

步骤（2）a 和（3）a 由 service()方法执行；步骤（2）b 由 checkForNewCall()方法执行；步骤（2）c 和（3）b 通过给 myTimer 发送消息让 myTimer 使用自己的 tick()方法；最后步骤（4）使用 display()方法。

4．service()方法

Simulation 类的 service()方法（见程序 8.5）为当每个电话到达队列 myIncomingCalls 的前端时为这个电话提供服务。它实现了下面的算法：

电话服务算法

检查 busyTimeRemaining > 0 是否成立。如果成立，这表示当前正有一个电话在接受服务，所以简单地将 busyTimeRemaining 递减 1 来指明又为这个电话服务了一分钟。

否则，做以下工作：

如果队列 myIncomingCalls 非空：

① 提取并删除 myIncomingCalls 前端的元素 nextCall。

② 设置 busyTimeRemaining 为 nextCall 的服务时间，指明开始为这个电话提供服务。

③ 通过将(nextCall 的到达时间)－(myTimer 的剩余时间)加到 myTotalWaitingTime 上，来更新这个表示所有电话在队列 myIncomingCalls 中的总等待时间的变量。

5．checkForNewCall()方法

这个方法采用的算法如下：

检查新电话到达的算法

（1）产生一个在 0~100 之间的随机整数 x。

（2）如果 x < 100 * myArrivalRate

// 这表示有一个新电话到达了：

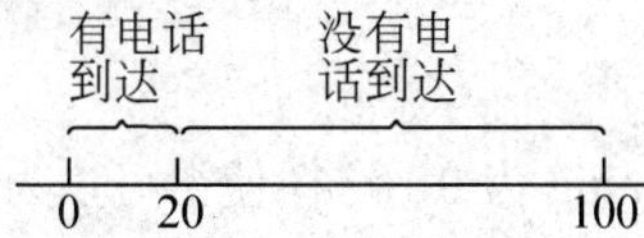

① 产生一个在0~100之间的新随机数*r*。这个数将被用来表示这个电话的服务时间。

② 通过查找最小的满足*r* <= myServicePercent[*i*]的下标*i*来决定相应的服务类别。

③ 创建一个新的Call对象，将其到达时间设置为myTimer中的剩余时间，它的服务时间初始化为*i*+1。

④ 将这个新的Call对象添加到myIncomingCalls队列。

⑤ 通过将myCallsReceived递增1来更新接收到的总电话数。

由随机数产生器产生的数被假设为正态分布在从0~100的区间上。因此，如果产生了很多这类数，可以预期它们中的20%将处于子区间（0，20）。在仿真中，这表示在给定的一分钟内，如所希望的，会有一个电话到达的概率大约为0.2。

当一个新电话到达时，它的到达时间被记录下来，但是它的服务时间是随机的。服务时间将使用数组myServicePercent来决定。例如，假设这个数组包含值50、75、90、97以及100，50%的电话的服务时间将少于1分钟，75%的电话的服务时间将少于2分钟，如此等等。我们产生一个区间（0，100）之内的随机整数；这个随机数位于的子区间（0,50），（50,75），（75,90），（90,97）或者（97,100）决定了这个电话的服务时间：

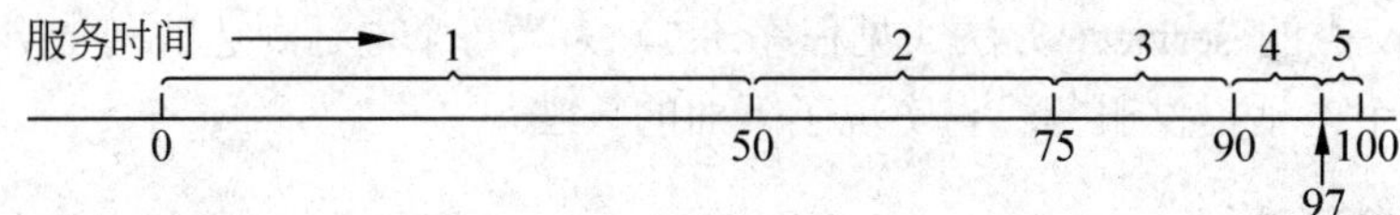

实现这个算法的checkForNewCall()函数成员的源代码在程序8.5中给出。

6．display()方法

在仿真的最后，处理的总电话数和每个电话的平均等待时间将被显示。总的电话数被存储在数据成员myCallsReceived中，而平均等待时间可以通过用myTotalWaitingTime除以myCallsReceived来计算得到。

display()函数成员以及所有其他函数成员的源代码在程序8.5中给出。此外，还给出了一个小型的驱动程序和一次运行跟踪。这个驱动程序简单地创建一个Simulation对象并向这个对象发送一个run()消息。

程序8.5 Simulation类——函数成员

```
将以下函数原型插入到程序8.4中Simulation类的公有域
/***** 函数成员 *****/
/***** 构造函数 *****/
Simulation();
/*-----------------------------------------------------------------------
```

```
创建一个Simulation对象

前置条件：无
后置条件：输入数据成员由用户输入的值初始化；
输出数据成员被初始化为0；
随机数生成器被初始化
----------------------------------------------------------------------*/

  /***** 运行仿真*****/
  void run();
/*----------------------------------------------------------------------
运行仿真

前置条件：无
后置条件：电话服务的仿真结束，性能统计信息被输出
----------------------------------------------------------------------*/

  /***** 输出 *****/
  void display(ostream & out);
/*----------------------------------------------------------------------
  显示仿真的结果

  前置条件：ostream out已经被打开
  后置条件：电话总数以及每个电话的平均等待时间被输出到out
----------------------------------------------------------------------*/

  /***** 电话处理 *****/
  void service(int & busyTimeRemaining);
/*----------------------------------------------------------------------
服务当前电话(如果有的话)

前置条件：无
后置条件：如果已经正在服务一个电话，busyTimeRemaining递减1；
          否则，如果还有进入的电话，则从myIncomingCalls中删除
          一个电话，这个电话的服务时间被设为busyTimeRemaining，
          它在队列里的等待时间被累加到myTotalWaitingTime上
----------------------------------------------------------------------*/

  void checkForNewCall();
/*----------------------------------------------------------------------
  检查是否有一个新电话到达，如果是，将这个电话添加到进入电话队列
```

```
  前置条件：无
  后置条件：myIncomingCalls被更新
-----------------------------------------------------------------------*/

/*-- Simulation.cpp -----------------------------------------------------
     类Simulation的函数成员的定义
-----------------------------------------------------------------------*/

#include <iostream>       // istream, ostream, >>, <<
#include <cstdlib>        // rand(), srand()
#include <ctime>          // time()
using namespace std;

#include "Simulation.h"

//--- 构造函数的定义
Simulation::Simulation()
{
   //-- 初始化输出统计
   myCallsReceived = 0;
   myTotalWaitingTime = 0;
   //-- 获取仿真参数
   cout << "Enter arrival rate (calls per hour): ";
   int callsPerHour;
   cin >> callsPerHour;
   myArrivalRate = callsPerHour / 60.0;  //  转换为每分钟电话数

   cout << "Enter percent of calls serviced in\n";
   int percent,
       sum = 0;
   for (int i = 0; i < NUM_CATEGORIES - 1; i++)
   {
      cout << "  <= " << i + 1 << " min. ";     cin >> percent;
      sum += percent;
      myServicePercent[i] = sum;
   }
   myServicePercent[NUM_CATEGORIES - 1] = 100;

   cout << "Enter # of minutes to run simulation: ";
   cin >> myLengthOfSimulation;

  // 设置倒计时时钟
```

```
  myTimer.set(myLengthOfSimulation);

  //-- 初始化随机数生成器
  long seed = long(time(0));    // 随机数生成器的种子
  srand(seed);
}

//--- run()的定义
void Simulation::run()
{
  // 开始仿真
  int busyTimeRemaining = 0;
  while (myTimer.timeRemaining() > 0)
  {
    service(busyTimeRemaining);
    checkForNewCall();
    myTimer.tick();
  }
  cout << "\nNot accepting more calls -- service those waiting\n";

  // 为incomingCalls队列中剩余的电话提供服务
  while (!myIncomingCalls.empty())
  {
    service(busyTimeRemaining);
    myTimer.tick();
  }

  // 输出结果
  display(cout);
}

//--- display()的定义
void Simulation::display(ostream & out)
{
   out << "\nNumber of calls processed:   " << myCallsReceived
       << "\nAve. waiting time per call:  "
       <<     myTotalWaitingTime / myCallsReceived
       << " minutes" << endl;
}

//--- service()的定义
void Simulation::service(int & busyTimeRemaining)
```

```
{
   if (busyTimeRemaining > 0)         // 为一个电话提供服务
      busyTimeRemaining--;            // 为它又服务了一分钟
   else
      if (!myIncomingCalls.empty())  // 有电话在等待 - 获取下一个
      {
         Call nextCall = myIncomingCalls.front();
         myIncomingCalls.dequeue();
         busyTimeRemaining = nextCall.getServiceTime();

         // 更新总等待时间
         myTotalWaitingTime +=
               nextCall.getArrivalTime() - myTimer.timeRemaining();
      }
}

//--- checkForNewCall()的定义
void Simulation::checkForNewCall()
{
   int x = rand() % 100;

   if (x < 100 * myArrivalRate)
   {
      // 一个新电话到达了。为它产生一个随机服务时间
      int r = rand() % 100;

      int serviceTime = 0;
      while (r > myServicePercent[serviceTime])
         serviceTime++;

      // 创建一个新电话并将其添加到进入电话队列
      Call newCall(myTimer, serviceTime + 1);
      myIncomingCalls.enqueue(newCall);
      myCallsReceived++;
   }
}

/*----------------------------------------------------------------------
   对提供电话服务的信息/服务中心进行访问的驱动程序
----------------------------------------------------------------------*/

using namespace std;
```

```
#include "Simulation.h"

int main()
{
  Simulation sim;
  sim.run();

}
```

运行跟踪：

```
Enter arrival rate(calls per hour): 15
Enter percent of calls serviced in
<=1 min. 50
<=2 min. 25
<=3 min. 15
<=4 min. 7
Enter # of minutes to run simulation: 500

Not accepting more calls - service those waiting


Number of calls processed: 112
Ave. waiting time per call: 2.57143 minutes
```

8.5.3 Time 类和 Call 类

仿真中的另一个对象是倒计时时钟，使用类 Timer 建模，其基本操作如下：

构造函数：　　　创建一个具有给定初始时间（默认为 0 分钟）的 Timer 对象。
set():　　　　　设置/重置时钟的更动函数。
tick():　　　　　将时钟递减 1 个时间单位（分钟）。
timeRemaining():　计算还剩余多少时间。

它只有一个数据成员（myMinutes）。

另一个对象是打到信息中心来的电话，使用类 Call 建模，具有如下的基本操作：

构造函数：　　　创建一个 Call 对象，使用随机产生的到达时间和服务时间（默认为 0）来初始化。
getArrivalTime():　获取电话到达时间的访问函数。
getServiceTime():　获得所需的对电话提供服务的时间。
display():　　　显示关于电话的信息。
<<:　　　　　Call 对象的输出操作符。

这些电话是由它们的到达时间以及所需的服务时间量来刻画的，所以这两个就是其数据成员。

Timer 类和 Call 类的源代码可以在本书的 Web 站点找到（见源代码文件 Chap8/程序 8.4 和 8.5）。

8.6 本章小结

章节注意要点

- 一个队列具有先进先出（FIFO）的行为。元素只能在一端（后端）添加，而在另一端删除（前端）。
- 可以通过将数组想象成环形来得到一个有效的基于数组的队列实现。
- 在计算机系统中使用队列（或队列的某些变种，如 deques 或优先队列等）来调度资源。例子有等待打印的斯普林工作队列；等待从磁盘读入内存的驻留工作队列；等待 CPU 的就绪工作队列；因为输入或输出之类原因而执行被挂起的挂起工作队列等。
- 队列理论是计算机科学，操作研究，以及应用数学和计算的其他领域中一个非常重要的研究领域。

程序设计知识点

1. 随机数生成器被用来在模拟随机行为的程序中产生（伪）随机数。
2. 如 8.5 节中的信息中心应用这样的事件驱动的仿真常常使用队列来模拟等待队列。

ADT 技巧

1. 一个队列具有先进先出（FIFO）或者说先来先服务（FCFS）的行为。
2. 有时候改变看待一个数据结构的角度会引起一个修改，从而产生一个 ADT 的有效实现。例如，单纯的使用数组来实现一个队列将受累于为了避免“偏离末端”而不得不进行的元素移动；但是通过将数组看成一个环形数组却产生了一种非常有效的实现方法。
3. 在使用一个环形数组来实现队列时，必须区分队列满和队列空的条件。通常的做法是在数组中留下一个空位，或者维护一个队列元素的计数，又或者维护一个布尔型变量来记录队列是否满了。
4. deque 允许在两端都可以进行元素的插入和删除。
5. scroll 允许在一端既可以插入和删除元素，而在另一端只能删除元素。

编程问题

8.2 节

1. 编写一个驱动程序来测试练习 5 中的 Queue 类。
2. 编写一个驱动程序来测试练习 6 中的 full()函数。

3．编写一个驱动程序来测试练习 7 中的 size()函数。
4．重做问题 3，但对象是练习 8 中的 size()函数。
5．编写一个驱动程序来测试练习 9 中的 back()函数。
6．重做问题 5，但对象是练习 10 中的 back()函数。
7．编写一个驱动程序来测试练习 11 中的 nthElement()函数。
8．重做问题 7，但对象是练习 12 中的 nthElement()函数。
9．编写一个驱动程序来测试练习 15 中的 Queue 类。
10．编写一个驱动程序来测试练习 16 中的 Queue 类。
11．编写一个驱动程序来测试练习 17 中的 Queue 类。
12．为练习 18 中的双队列结构编写一个类并进行测试。
13．编写一个程序来产生一个字母或数字的随机序列，每一秒钟左右向用户显示一个，然后要求用户重新产生这个序列。使用一个队列来存储字符序列。
14．编写一个程序来读入一个字符串，每读入一个字符，就同时将其压入一个栈中以及添加到一个队列中。当到达字符串的结尾时，这个程序应该使用基本的栈和队列操作来判断这个字符串是否是一个回文（参见 5.2 节的练习 10）。
15．在文本编辑和字处理应用中，有时候用来标志一块文本是一个脚注或尾注的格式化惯例是将这块文本用某些特殊的分隔符括起来，比如{和}。当这个文本被格式化输出时，这些注释并不像正常文本一样被打印，而是被存储在一个队列中等待以后再输出。编写一个程序来读取包含此类尾注的文档，将尾注收集在一个队列中，最后在文档的后面打印这些尾注。

8.3 节

16．编写一个驱动程序来测试练习 5 中的 back()函数。
17．编写一个驱动程序来测试练习 6 中的 nthElement()函数。
18．重做问题 17，但是对象是练习 7 中的 nthElement()函数。
19．编写一个驱动程序来测试练习 8 中使用循环链表存储队列元素的 Queue 类。

8.4 节

20．编写一个驱动程序来测试练习 1 中的 deque 类。
21．编写一个驱动程序来测试练习 2 中的 scroll 类。

8.5 节

22．修改本节中的仿真系统，使得能够计算并显示平均周转时间。一个给定电话的周转时间是对这个电话的服务结束的时间和这个电话到达时间之间的差。
23．修改本节中的仿真系统，使得能够计算并显示平均队列长度。如果已经仿真了 n 分钟，并且 L_1，L_2，…，L_n 分别是时刻 1，2，…，n 的进入电话队列的长度，那么平均队列长度是（$L_1+L_2+\cdots+L_n$）$/n$。
24．修改本节中的仿真系统，使得可以有几个工作人员同时提供电话服务。考察当工作人员的数量变化时队列统计信息的不同行为。

25. 假设除了本节例子里给出的仿真参数以外，另一个参数是由于进入电话队列中的电话超过了某一个上限而被拒绝的电话数。将这个特性添加到仿真系统。

26. 假设还有一个有用的仿真参数是工作人员不能处理而必须转给经理的电话所占的百分比。对于每个电话，除了其他产生的随机信息以外，还要产生一个随机指示器来表示这个电话能不能由某个工作人员处理。如果不能，它必须被添加到一个经理队列 managerQueue，这时必须为它产生一个新的服务时间。修改本节中系统对应的类来仿真这个信息中心，并计算不同的统计信息，例如在书中的，练习 1 和 2 中的关于每个电话的统计信息，以及每个队列的统计信息等。

27. （项目）假设某个机场有一条跑道，每架飞机花费 landingTime 分钟着陆，花费 takeOffTime 分钟起飞，并且平均来说，一个小时内有 takeOffRate 架飞机起飞，landingRate 架飞机着陆。假设飞机在一个随机的时刻到达。（航班延误使得随机假设非常合理。）有两种类型的队列：一个等待着陆的飞机队列和一个等待起飞的飞机队列。因为一架飞机在天上盘旋将比一架飞机在地面等待花费更大的代价，所以假设着陆队列中的飞机比起飞队列中的飞机具有更高的优先级。

编写一个程序来仿真这个机场的运行。可以假设有一个每次前进一分钟的模拟时钟。对于每一分钟，产生两个随机数：如果第一个随机数小于 landingRate/60，那么一个“着陆到达”将发生并被添加到着陆队列；如果第二个随机数小于 takeOffRate/60，那么一个“起飞到达”将发生并被添加到起飞队列。接着，检查跑道是否空闲。如果是，那么首先检查着陆队列是否为非空，如果是，允许第一架飞机着陆；否则，处理起飞队列。使程序能够计算平均队列长度以及每架飞机花费在一个队列中的平均时间。还可以考察变换起飞和着陆速率来仿真一天中的高峰期和空闲期的效果，以及着陆或起飞时间增加/减少以后的效果。

第9章 ADT实现：模板和标准容器

章节内容

- 介绍：可重用性和通用性演进
- 函数通用性——重载和模板
- 类通用性——模板
- vector 容器
- 案例学习：计算机系统登录统计
- 多维 vector（可选）
- 其他标准容器——deque、stack 和 queue
- Bitsets 和 Valarrays（可选）

章节学习目标

- 纵览在程序设计语言中可重用性和通用性是如何演进的。
- 学习函数模板。
- 学习类模板。
- 将 vector 作为容器类模板的一个例子详细考察。
- （可选）学习多维 vector。
- 考察其他的一些 C++标准容器（deque、stack 和 queue）。
- （可选）将 valarray 和 bitset 作为基于数组的类模板进行介绍

在前面的章节中我们探讨了作为抽象数据类型的列表、栈和队列，并使用类实现了它们。在本章中将主要研究 ADT 的数据组件，特别是列表、栈和队列这样存储一系列数据的容器 ADTs，但是在数据组件上采取的方法将会影响实现基本操作的函数。

我们的目标是通过使函数和容器 ADTs 更加通用，以获得它们更大的可重用性，从而可以将它们应用到不同类型的数据。我们为容器 ADTs 创建的类已经具有了一定的通用性。使用 typedef 语句设置容器元素的类型，例如

```
typedef double StackElement;
```

接着，在类声明和实现的余下部分中使用通用的名字 StackElement。要改变为另一种元素类型，只需要修改这条语句。例如，要使用一个整型栈，只需要简单地将 double 替换成 int：

```
typedef int StackElement;
```

我们还将这个声明放在类头文件的开头部分，从而可以比较容易地进行修改。但是，如我们所看到的，这个声明将容器的元素和某一种特定的类型绑定起来，从而严重地限制

了可重用性。

本章将探讨程序设计语言中使得可能在 ADT 中获得更大通用性的最新进展，这就是模板。我们将首先描述函数的模板机制，并说明它如何使得编写通用的函数模板成为可能，然后将说明类的模板机制是如何被用来开发通用的容器类模板的。我们还将介绍 C++中提供的一些标准容器类模板。

9.1 介绍：可重用性和通用性的发展

从 20 世纪 50 年代中期的 Fortran 和 COBOL 开始，高级程序设计语言从相当简单的工具（有时很原始并且难以使用，主要用于为特定的问题编制程序）逐渐发展成为强大精致的通用目标工具，能够用于解决很广范围内的不同问题。这个发展的一个主要的主题就是修改某些语言特性并添加其他一些特性来使得程序设计语言能够更容易的重用代码，从而进一步可以避免无谓的重复劳动。而对这种重用性作出贡献的趋势之一就是趋向于使用能够用于不同类型数据的通用代码。

第 1 章中，曾经提到 Pascal 语言的发明者 Niklaus Wirth 先生说过的一句话：算法 + 数据结构 = 程序，这句话强调了数据和算法是不能够被割离开的。弄清楚这句话是如何在程序设计语言的发展过程中产生出来的，将是很有趣的一件事情。是那些使得容器数据类型更通用进而更加可以重用于不同类型的数据的特性，使得那些孕育着算法以及它们在代码中实现的可重用性的特性能够同时发展起来。

图 9.1 展示了这种并行性。图的右边部分总结了程序设计语言的算法特性的发展过程，而左边部分总结了数据特性的发展过程。

9.1.1 从算法到算法

图 9.1 右边的路线图从内联代码开始，很多最早期的算法就是以这种方式实现的。不过，渐渐地，随着程序员们开始厌倦编写重复的代码，一些特性被添加到程序设计语言中，使得能够编写一段称为子程序的代码来执行特定的任务，并且使这些子程序在程序中的不同位置执行——这是一种早期的避免重复劳动的表现。诸如在早期汇编语言中的 JMP 100 或者 BASIC 中的 GOSUB 100 之类的命令使得能够将程序的运行转移到在语句 100 处开始的一段子程序来执行一个特定的任务，例如显示一个选项菜单，然后再返回到（主）程序中去。在一些语言中，子程序被命名并且可以通过它的名字来调用它；例如，Fortran 中的 CALL MENU 和 COBOL 中的 PERFORM MENU。[①] 慢慢地这些子程序逐渐被称为子例程、函数或者过程，并且可以传递值给它们以及从它们返回值，从而可以提供更多的方法来复用代码和简化编程任务。例如，如果一个程序需要在程序中不同的位置计算平方根，那么显然它可以很简单地传递一个数给一个求平方根的函数，然后这个函数计算并返回这个数

① 计算机知识领域里有一个说法，“调用函数”中的术语“调用(calling)”来源于这样一件事情：某个 Fortran 程序组的一个成员“呼喊 (calling)”另一个房间中其他成员，想借用他的一段数学计算函数——例如，求正弦的函数。随着这样的呼喊造成程序员的分心越来越严重，有人提议将这些要使用的通用例程放到公司的库里去。

的平方根，而不是在每个需要的地方都编写求平方根算法的代码。

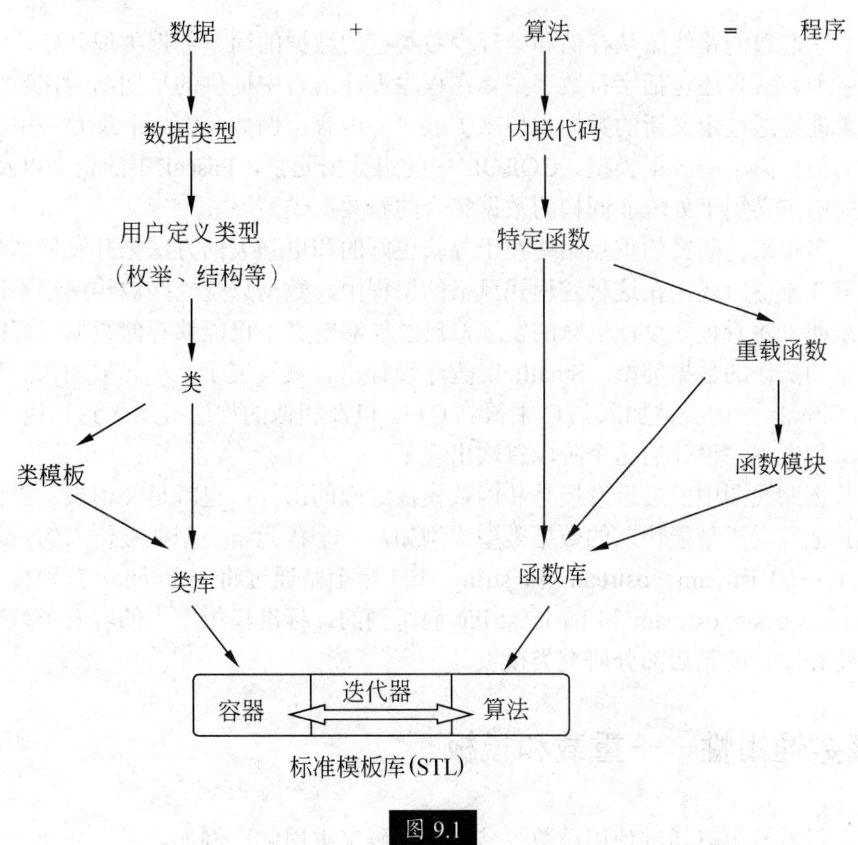

图 9.1

这样就导致了大型函数（以及其他子程序）库的开发来解决许多不同类型的特定问题，例如，在 C 和 FORTRAN 中的那些库。每个库中可能包含解决同一个问题的几个不同的函数，每个函数使用不同类型的数据。例如，早期版本的 Fortran 至少包含 4 个不同的求绝对值函数：求单精度 REAL 值的 ABS()，求 DOUBLE PRECISION 值的 DABS()，求 INTEGER 值的 IABS()，和求 COMPLEX 值的 CABS()。后来的 Fortran 版本提供通用函数，可以被调用来用于 4 种数据类型 REAL、DOUBLE PRECISION、INTEGER 或 COMPLEX。仍然存在特定函数的众多版本，但是程序员通常可以避免使用它们。例如，如果一个程序包含一个通用函数 ABS(X)，编译器将根据 X 的类型自动将这个函数替换成一个合适的特定函数 ABS(X)、DABS(X)、IABS(X)或 CABS(X)。为不同的函数使用同一个名字被称为对这个名字的重载。9.2 节中将复习 4.5 节中描述的 C++中的函数重载。

虽然重载使得很容易在一个程序里使用函数，但是仍然有必要为不同的数据类型开发大型的函数库。最近加入到 C++中的函数模板通过允许程序员为函数编写一个模板（即模式）并让编译器根据模板为某个特定的数据类型产生函数定义而大大简化了这个任务。我们将在 9.2 节里研究函数模板，在第 10 章中，将考察一些组成标准模板库的算法组件的函数模板。

9.1.2 从数据到容器

图 9.1 中左边的路线图从存储和处理少数类型的数据的简单数据类型开始，这些数据主要是数字型，后来还包括字符数字型。在程序设计语言中提供的早期结构化数据类型是数组。后来能够通过定义新的数据类型来扩展一种语言；例如，Pascal 或 C++中的枚举就是一种新的但很简单的数据类型。COBOL 中的组数据元素，Pascal 中的记录以及 C 中的结构使得能够定义用于处理非同构的数据集合的新数据类型。

不过，多年来，研究的重点始终在于寻找更好的和更强大的方法来开发处理数据的过程。如在第 3 章中所述，在这种过程式风格的编程中，数据只是一些被传递给不同的子程序处理的东西。随着程序设计语言的发展，已经能够定义不仅能够存储数据，还能包含处理这些数据的操作的数据类型。Smalltalk 程序设计语言被发展了，单元被加入到某些版本的 Pascal、Simula 中的类被加入到 C 中得到 C++，以及相似的构造被加入到其他一些语言。面向对象编程在程序设计的这个阶段首次出现了。

这个数据路线图中的最近发展是和函数模板对应的部分，也就是类模板。类模板使得能够定义其他数据类型能传入的数据类型。例如，一个栈元素类型能被传入的 Stack 类模板。标准 C++的 istream、ostream 和 string 类实际上是通过将类型 char 分别传入类模板 basic_istream、basic_ostream 和 basic_string 而得到的。标准模板库中的容器类型也是类模板。我们将在本章的稍后部分研究类模板。

9.2 函数通用性——重载和模板

我们已经看到可以通过使用函数封装一段代码来重用它。例如，考虑交换两个 int 型变量 x 和 y 的值的问题。取代使用内联代码

```
int temp = x;
x = y;
y = temp;
```

来交换 x 和 y 的值，可以通过将这段代码编写成一个函数来使得这段代码能够被重用：

```
void swap(int & first, int & second)
/ *--------------------------------------------------------------------------
前置条件：    无
后置条件：    first和second的值被交换
--------------------------------------------------------------------------*/
{
    int temp = first;
    first = second;
    second = temp;
}
```

这样无论何时需要使用这段代码，只需要简单地调用这个函数并且将要被交换值的 int 型变量作为实参传入即可：

```
int x = 11,
    y = 22;
swap(x,y);
    .
    .
    .
int w = 333,
    z = 444;
swap(w,z);
    .
    .
    .
int a = 5005,
    b = 6006;
swap(a,b);
```

9.2.1 重载

如果要交换两个非整型变量的值该怎样呢？例如，假设希望交换两个 double 型变量的值，则我们不能使用前面的这个函数。这时一种选择是使用一个函数来封装同样的代码，只不过将 int 替换成 double，但是给这个函数起一个不同的名字。

```
void dubSwap(double & first, double & second)
/ *-----------------------------------------------------------------
前置条件：    无
后置条件：    first和second的值被交换
-----------------------------------------------------------------*/
{
    double temp = first;
    first = second;
    second = temp;
}
```

但是，我们在 4.4 节中已经看到，函数名可以被重载（即，函数名可以被用于两个不同的函数）只要没有两个函数的定义具有完全相同的特性，函数的特性就是它的形参列表。这表示我们可以给前面的函数起一个和早期版本一样的名字 swap():

```
void swap(double & first, double & second)
/ *-----------------------------------------------------------------
前置条件：    无
后置条件：    first和second的值被交换
-----------------------------------------------------------------*/
```

```
{
    double temp = first;
    first = second;
    second = temp;
}
```

第一个版本的 swap()的特性是：

```
(int &, int &)
```

而第二个版本的特性则是：

```
(double &, double &)
```

因此这是满足重载规则中的条件的。不过，请记住，在函数头部的返回类型或 void 修饰符并不是这个函数的特性的一个部分，这表示两个具有同样的参数类型但是不同返回类型的函数是不能被重载的。

那么，如果现在需要一个函数来交换两个 char 型变量的值？再一次，可以重载函数 swap()：

```
void swap(char & first, char & second)
/ *-----------------------------------------------------------------------
前置条件：    无
后置条件：    first和second的值被交换
------------------------------------------------------------------------*/
{
    char temp = first;
    first = second;
    second = temp;
}
```

还可以按照这种方式来处理其他类型的变量，从而可以为可能需要交换两个值的每一种数据类型创建一个完整的重载 swap()函数库。

当一个类似 swap()的重载函数被调用时，由编译器来决定使用重载函数集合中的哪一个具体函数。这是编译器通过将实参的类型和函数集合中函数的特性进行比较直到找到一个匹配来做到的。例如，如果如下调用 swap()：

```
int i1 = 11,
    i2 = 22;
swap(i1,i2);
```

这个调用具有两个 int 型实参，所以编译器将这个调用和 swap()的第一个定义关联起来，它的特性是(int &, int &)。不过，如果编写的是：

```
double  d1 = 33.3,
        d2 = 44.4;
```

```
swap(d1,d2);
```

函数调用具有两个 double 型的实参，则编译器将把这个调用和 swap()的第二个定义关联起来，它的特性是（doube &，double &）。如果在集合中没有所需的特性，则编译器将以一个错误消息来结束这次调用。例如语句

```
string  s1 = "Hi",
        s2 = "Ho";
swap(s1,s2);
```

将产生一个编译错误，除非添加一个具有特性（string &，string &）的 swap()版本。

9.2.2 函数模板

注意在前面的例子中，swap()的每个定义其实都是在做同样的事情（在不同的数据类型上）。这提示应该有更好的方法来达到同样的效果而不需要这么多的重复。这里更好的方法就是认识到这些定义中唯一的区别是规定类型的 3 个地方。如果可以定义函数，并且保留这些类型为空，等待以后填入

```
void swap(_____ & first,_____ & second)
{
    _____ temp = first;
    first = second;
    second = temp;
}
```

当调用这个函数时以某种方式传递类型给这个函数，那么就可以使用一个函数定义替换前面的所有这些函数定义了。模板使得有可能做到这一点。

模板机制是重要的和强大的，并且如我们所提到的，在 C++的标准模板库（STL）中从头到尾都在使用它。模板使得类和函数不仅能够通过形参接收要被存储和处理的数据值，还能够通过形参接收数据的类型。因此，这提供了一种编写通用和易于重用的代码的方法，因为模板定义可以用来创建一个类或函数的多个实例，每一个实例都可以存储和/或处理一种不同类型的数据。我们将在本节中描述函数模板，而在 9.3 节中描述类模板。

模板是通过声明类型形参并在函数原型和定义中使用这些形参来代替特定的类型而工作的。这是使用一种不同的形参列表来做到的。要说明这点，下面是针对我们的交换问题的一个函数模板：

```
template <typename DataType>            // <- 类型形参
void swap(DataType & first, DataType & second)
/*-----------------------------------------------------------------
    一个用于交换类型都为DataType的任意两个对象的swap模板，
    在这种类型上已经定义了赋值运算符
```

```
前置条件:      无
后置条件:      first和second的值被交换
-----------------------------------------------------------------------*/
{
    DataType temp = first;
    first = second;
    Second = temp;
}
```

这个定义并不是规定函数用来交换两个某种类型的值，例如 char、int 等，而是使用一个通用类型标志符 DataType 来作为要被交换的值的类型的“占位符”。更精确地说，代码行

```
template <typename DataType>
```

告诉编译器两件事：

（1）这是一个函数模板：一个由此可以创建函数的模式。

（2）标志符 DataType 是这个函数模板的一个类型形参的名字，当函数被调用时，将被给定一个值。

使用类型形参 DataType 代替了某个特定的类型，定义的剩余部分则简单地规定了程序的行为。在函数模板的内部和外部，它都没有做任何事。当编译器碰到一个模板，例如 swap()，它只是简单地存储这个模板而不产生任何实际的机器指令。它在根据需要的基础上使用模板给出的模式来产生实际的函数定义。

为了说明，假设使用一个单独的函数模板来代替早期的交换函数库，并在下面的程序中包含这个模板：

```
#include "SwapLibrary"
int main()
{
    int i1 = 11,
        i2 = 22;
    swap(i1,i2);
        ⋮
    double  d1 = 33.3,
            d2 = 44.4;
    swap(d1,d2);
        ⋮
    string  s1 = "Hi",
            s2 = "Ho";

    swap(s1,s2);
        ⋮
```

```
}
```

当编译器碰到第一个对 swap()的调用，

```
swap(i1,i2);
```

其中两个实参 *i*1 和 *i*2 是 int 类型的，它将使用模板给出的模式来产生一个新的 swap()的定义，其中类型形参 DataType 被 int 所取代了：

```
void swap(int & first, int & second)
{
    int temp = first;
    first = second;
    second = temp;
}
```

当碰到第二个调用，

```
swap(d1,d2);
```

其中两个实参 *d*1 和 *d*2 是 double 型的，编译器将使用同样的模式来产生 swap()的第二个定义，其中类型形参 DataType 被 double 所取代了：

```
void swap(double & first, double & second)
{
    double temp = first;
    first = second;
    second = temp;
}
```

当碰到最后一个调用，

```
swap(s1,s2);
```

其中两个实参 *s*1 和 *s*2 是 string 型的，编译器仍将使用这个模式来产生 swap()的第三个定义，其中类型形参 DataType 被 string 所取代：

```
void swap(string & first, string & second)
{
    string temp = first;
    first = second;
    second = temp;
}
```

我们将不再需要早期方法中的冗余的编码了，因为当需要的时候编译器将提供 Swap 操作的多个不同的版本。因此，只要定义了变量类型的赋值运算符，那么对于交换任意两个变量的值，这样一个单独的函数模板定义已经足够了。

函数模板的通用形式如下：

函数模板

形式：

template <typename TypeParam>
function

或

template <class TypeParam>
function

更通用的形式：

template <specifier TypeParam1 , … , specifier TypeParamn>
function

在这些形式中，TypeParam，TypeParam1，…是表示函数在其上操作的值的类型的通用类型形参；每个 specifier 是关键词 typename 或 class；而 function 是这个函数的原型或者定义。

注意：

- 单词 template 是一个 C++关键词，规定其后所跟的是一个函数的模式，而不是一个实际的函数原型或定义。
- 关键词 typename 和 class 可以在一个类型形参列表中交换使用。
- 相对于“正常的”形参（以及实参）出现在圆括号内，类型形参（以及类模板的实参）出现在尖括号（<>）里。
- 和正规的函数不同，一个函数模板不能被分割为一个包含它们原型的头文件和一个包含它们定义的编译文件。在任何#include 函数模板的程序中，它们的定义必须和它们的原型放在一起编译。这样，一种通常的方式是将它们放在一个文件里，另一种方法是将定义放在单独的文件中，但是在函数原型所在文件的最后#include 定义文件。
- 一个函数模板仅仅是描述根据给定的实际类型产生不同的函数的一个模式。这个创建函数的过程被称为实例化。在每个实例化中，类型形参被称为绑定到一个传递给它的实际类型。
- 在通用形式里，如果编译器仅仅依靠函数调用中的实参的类型来决定绑定什么类型到类型形参，那么每个类型形参必须在函数的形参列表中至少出现一次。（另参见附录 D）

在前面的例子里，swap()被实例化了 3 次：一次使用类型 int，一次使用类型 double，一次使用类型 string，并且它可以使用定义了赋值（=）的任何其他类型实例化。这样，一个函数模板可以作为一个模式来为无限数目的实例的定义进行服务。

由于编译器要能够从一个 swap()这样的函数模板产生“真实生动的”函数定义，因此它必须“看见”swap()的实际定义，而不仅仅是其原型。这就是为什么不能将函数模板的原型放到一个头文件 file.h 中，而其定义放在另一个和#include“file.h”的客户程序分开编译的文件 file.cpp 中的原因。一个通常的做法，也是本书中将采取的做法，是简单地将所有东西都放在一个文件中。另一种做法是将原型放在 file.h 中，而定义放在另一个名字或许为 file.template 的文件中，并在 file.h 的最后添加上#include“file.template”。

9.2.3 另一个例子：显示一个数组

一个函数模板的实例化是通过使用下面的算法进行的：

（1）在函数模板的形参列表中搜索类型形参。

（2）为每个类型形参判断相应实参的类型。

（3）将这两种类型绑定在一起。

要说明这点，考虑程序 9.1。

程序 9.1 使用函数模板来显示一个数组

```
/ *-----------------------------------------------------------------------
这个程序演示了使用一个函数模板来显示一个元素为任意类型的数组，
只要在这个类型上定义了<<运算符

输出：使用display()来输出一个int型的数组和一个double型的数组
-----------------------------------------------------------------------*/

#include <iostream>
using namespace std;

template <typename ElementType>
void display(ElementType array[], int numElements)
/ *-----------------------------------------------------------------------
显示存储在一个数组中的任意类型（定义了输出运算符）的元素

前置条件：ElementType是类型形参
后置条件：数组中的前numElements个元素被输出到cout
-----------------------------------------------------------------------*/
{
    for ( int i = 0; i < numElements; i++)
        cout << array[i] << "  ";
    cout << endl;
}

int main()
{
    double x[] = {1.1, 2.2, 3.3, 4.4, 5.5};
    display(x, 5);
    int num[] = {1, 2, 3, 4};
    display(num, 4);
```

```
}
```

运行跟踪：

```
1.1  2.2  3.3  4.4  5.5
1  2  3  4
```

当碰到 display（x, 5）时，编译器搜索函数模板 display()的形参列表。第一个形参涉及到类型形参 ElementType。由 main()中的函数调用，编译器能够决定应该绑定类型 double（x 的）到 ElementType；第二个形参 numElements 和类型形参无关。这样，就完成了绑定，编译器可以产生如下的 display()的实例：

```
void display(double array[], int numElements)
{
    for (int i = 0; i < numElements; i++)
        cout << array[i] << "  ";
    cout << endl;
}
```

以相似的方式，当以后碰到 display（num，4）时，编译器可以产生 display()的一个 int 版本：

```
void display(int array[], int numElements)
{
    for (int i = 0; i < numElements; i++)
        cout << array[i] << "  ";
    cout << endl;
}
```

9.3 类通用性——模板

在 9.2 节说明了如何通过使用一个类型形参使得传递一个类型到函数模板成为可能。如前面所提到的，如果对于类也做相似的工作，则肯定会改进 ADT 的通用性，特别是对于容器类，如果能够传递元素的类型给容器的话，将是非常实用和方便的。在本节，我们将证明，也可以在很大程度上以使用函数模板的方式来使用类模板，从而做到这一点。所以将注意力集中到如何将类转换为类模板，我们将使用最简单的容器（一个栈）以及在第 7 章中为其开发第二个类（使用动态数组）。按照同样的步骤，可以转换其他版本的 Stack 类，以及为其他容器开发的类，我们将此留作练习。

9.3.1 Typedef 有什么错

对于到目前为止开发的每个容器类，我们为容器的元素使用了一个通用的名字，并使用 typedef 机制来设置它。例如，对于 Stack 类，使用通用元素类型 StackElement，并在类声明之前（容易进行修改的地方）放置了一个 typedef 声明来将它设置为特定的类型：

```
/*--DStack.h------------------------------------------------------------
  这个头文件定义了一个Stack数据类型
  基本操作：
     ...
---------------------------------------------------------------------*/

typedef int StackElement;
class Stack
{
public:
/***** 函数成员*****/
    ...
private:
/*****数据成员 *****/
    ...
};
```

我们只需要改变关键词 typedef 后边的类型标志符就可以改变整个类中 StackElement 的含义。

但是，使用 typedef 来获得这种通用性却存在着一些问题：

- 问题 1：因为改变 typedef 就是改变头文件，那么任何使用这个类的程序或者库都需要重新编译。
- 问题 2（更严重的）：假设需要两个不同值类型的容器，例如，一个实数类型的 Stack 和一个字符类型的 Stack。使用 typedef 声明的名字在同一时刻只能代表一个意思。这样就需要创建两个具有不同名字的不同容器类。

我们所需要的是一种使得容器真正独立于类型的方法。如现在要说明的，使用类模板可以做到这一点。

9.3.2 类模板

在类模板中，类被参数化了，从而可以通过一个形参来接收存储在类中的数据的类型，这和函数模板参数化函数的方式在很大程度上是相同的。要把 Stack 类转换成一个类模板，只需简单地将类声明之前的 typedef 声明替换成一个和函数模板中很相似的 template 声明。例如：

```
/*----DStackT.h---------------------------------------------------------
这个文件包含了用于Stack数据类型的一个模板.
StackElement是一个从客户程序接收的类型形参
基本操作：
   ...
----------------------------------------------------------------------*/
```

```
template <typename StackElement>
class Stack
{
public:
/***** 函数成员 *****/
    …
private:
/***** 数据成员 *****/
    int myCapacity,
        myTop;
    StackElement * myArray;
};
```

这里，如同函数模板，可以认为类型参数 StackElement 是一个留待以后填入的空类型：

```
template <typename ____>
class Stack
{
public:
/***** 函数成员 *****/
    …
private:
/***** 数据成员 *****/
int  myCapacity,
     myTop;
_________ myArray[STACK_CAPACITY];
};
```

总的来说，类模板的声明具有以下的形式：

类模板声明

通常形式：

```
template <typename TypeParam>
class SomeClass
{
    // …  SomeClass的成员…
};
```

或

```
template <typename TypeParam1,…,typename TypeParamn>
class SomeClass
{
    // …  SomeClass的成员…
};
```

> 在这些形式中，TypeParam, $TypeParam_1$, … 是命名将要存储在容器类 SomeClass 中的数据的类型的通用类型形参；而关键词 typename 可以被替换为 class。
>
> 注意
>
> - 关键词 template 规定了后面接着的是一个类的模式，而不是一个实际的类声明。
> - 在类型形参列表中关键词 typename 和 class 可以互换使用。
> - 和规则类的函数成员不同，在使用类模板时，编译器必须能够找到它的函数成员的定义。一种通常的方法是将所有函数定义从实现文件 ClassName.cpp 中移到头文件 ClassName.h 中类声明的后面。另一种方法是将函数定义放在单独的文件中（例如，ClassName.template），然后在 ClassName.h 的最后#include 这个文件。

一个类模板仅仅是描述如何根据给定的类型构建不同的类的一个模式。这个创建一个类的过程被称为实例化。这是通过附加一个实际类型到对象定义中的类名上来实现的：

```
SomeClass<Actual_Type> object;
```

例如，可以使用下面的定义来实例化 Stack 类模板：

```
Stack<char> charStack;
Stack<double> dubStack;
```

当编译器处理这些声明时，它将产生两个不同的 Stack 类（两个实例），一个是使用 char 代替了 StackElement，另一个是使用 double 代替了 StackElement。第一个类中的构造函数将构造 charStack 为一个空的字符型的栈，而第二个类中的构造函数将构造 dubStack 为一个空的 double 型的栈。

有 3 条重要的规则规定了如何创建类模板：

- ■ 所有定义在类声明之外的操作都必须是模板函数。
- ■ 任何将一个模板类的名作为类型的使用都必须参数化。
- ■ 当使用类模板时，编译器必须能够找到它的操作的定义。

我们将在转换 7.2 节中基于动态数组的 Stack 类为一个类模板时说明这 3 条规则。

规则 1：在 Stack 类声明之外的函数定义都必须是模板函数。

我们在 Stack 类声明之外定义这个类的所有函数，所以这些定义的前面都必须加上一个模板声明：

```
template <typename StackElement>
// … 构造函数的定义

template <typename StackElement>
// … 复制构造函数的定义
```

```
template <typename StackElement>
// … 析构函数的定义

// 如此应用到其他函数成员的定义
```

规则 2：类名 Stack 被用作为一个类型的名字时，必须通过在后面加上<StackElement>将它参数化。

首先，这条规则被应用到所有的函数（包括原型和定义在内）对那些使用类型 Stack 为形参或返回类型为 Stack 的函数。在我们的类里，这包括复制构造函数和赋值运算符（以及程序 9.2 中添加的输出操作符）：

```
template <typename StackElement>
class Stack
{
   ...
   // 复制构造函数
   Stack(const Stack<StackElement> & original);
   ...
   // 赋值运算符
   const Stack<StackElement> & operator=(
                           const Stack<StackElement> & original);
   ...
};
```

规则 2 还被应用到所有在域操作符（::）的前面使用类名的函数定义：

```
template <typename StackElement>
Stack<StackElement>::Stack()
{  // … 构造函数的定义}

template <typename StackElement>
Stack<StackElement>::Stack(const Stack<StackElement> & original)
{  // … 复制构造函数的定义 }

template <typename StackElement>
Stack<StackElement>::~Stack()
{  // …  析构函数的定义   }

// 如此应用到其他函数成员的定义
```

规则 3：当使用类模板时，编译器必须能够找到前面的函数模板定义。

程序 9.2 给出了满足逐个规则的一种方法：将模板函数定义放在文件 StackT.h 中类声明的下面。这保证了，只要包含 StackT.h，那么也会包含这些定义。注意，一些简单的函数被实现为内联函数，以避免 7.4 节中所描述的函数调用时的开销。

应该提到，非成员函数也受这 3 条规则制约。

例如，在程序 9.2 中，输出操作符被作为一个非成员函数添加：

```
// --- operator<<()的定义
template <typename StackElement>
inline ostream & operator<<(ostream & out,
                            const Stack<StackElement> & st)
{
   st.display(out);
   return out;
}
```

这已经被转换为一个函数模板，并且将 Stack 作为其参数 st 的类型的使用已经被形参化了。

程序 9.2　一个 Stack 类模板

```
/*-- DStackT.h ---------------------------------------------------
  这个头文件定义了Stack数据类型的模板
  StackElement是从客户程序接收的类型形参
  基本操作：
    构造函数：              创建一个空栈
    复制构造函数：          创建stack的一份复制
    析构函数：              释放构造函数获取的内存
    = :                     赋值运算符
    empty:                  检查栈是否为空
    push:                   通过在栈顶添加一个值来修改栈
    top:                    访问栈顶元素；保持栈不变
    pop:                    通过删除栈顶元素来修改栈
    << 和display:           显示所有的栈元素

类不变式：
1.  栈元素（如果有的话）被存储在myArray中的0，1，…，myTop等位置
2.  -1 <= myTop < myCapacity
--------------------------------------------------------------------*/

#include <iostream>
#include <cassert>

#ifndef DSTACKT
#define DSTACKT

template <typename StackElement>
class Stack
{
```

```
public:
/***** 函数成员 *****/
/***** 构造函数 *****/

 Stack(int numElements = 128);
 /*------------------------------------------------------------------------
  创建一个Stack对象

前置条件:    无
后置条件:    创建了一个空Stack对象 (myTop被初始化为-1，
            myArray是一个具有numElements(默认)个元素的
            StackElement型数组)
 ------------------------------------------------------------------------*/

 Stack(const Stack<StackElement> & original);
 /*------------------------------------------------------------------------
  复制构造函数

  前置条件: original是被复制的栈，被作为一个常引用形参接收
  后置条件: 创建了original的一份复制
 ------------------------------------------------------------------------*/

/***** 析构函数 *****/
 ~Stack();
 /*------------------------------------------------------------------------
  类析构函数

  前置条件: 无
  后置条件: 栈中的动态数组被释放
 -------------------------------------------------------------------------*/

/***** 赋值 *****/
 const Stack<StackElement> & operator=(
                    const Stack<StackElement> & rightHandSide);
 /*------------------------------------------------------------------------
赋值运算符

  前置条件: rightHandSide是用来赋值的栈，被作为一个常引用形参接收
  后置条件: 当前的栈变为rightHandSide的复制，返回了对它的一个常引用
 -------------------------------------------------------------------------*/

 bool empty() const;
 /*------------------------------------------------------------------------
  检查栈是否为空
```

```
  前置条件：无
  后置条件：如果栈为空则返回true，否则返回false
 -------------------------------------------------------------------*/

 void push(const StackElement & value);
 /*-------------------------------------------------------------------
  添加一个值到栈中

前置条件：值value被添加到这个栈中
后置条件：如果这个Stack中有空间，值value应该已经添加到其中；
         否则，显示一条栈满的消息，执行被中止
 -------------------------------------------------------------------*/

 void display(ostream & out) const;
 /*-------------------------------------------------------------------
  显示存储在栈中的值

  前置条件：ostream out已经被打开
  后置条件：栈中的内容被从栈顶向下输出到out
 -------------------------------------------------------------------*/

 StackElement top() const;
 /*-------------------------------------------------------------------
  提取栈顶的值（如果有的话）

前置条件：栈非空
后置条件：栈顶的值被返回，除非栈是空的；如果栈空，显示一条
         出错信息，返回一个“垃圾”值
 -------------------------------------------------------------------*/

 void pop();
 /*-------------------------------------------------------------------
  删除栈顶的值(如果有的话)

前置条件：栈非空
后置条件：栈顶的值被删除，除非栈是空的；如果栈空，显示一条
         出错信息，程序继续执行
 -------------------------------------------------------------------*/

private:
/***** 数据成员 *****/
 int myCapacity,                    // 栈的容量
     myTop;                         // 栈顶
 StackElement * myArray;            // 存储元素的动态数组
```

```
}; //类声明结束

//====== 函数定义 ======
#include <new>

//--- Stack构造函数的定义
template <typename StackElement>
Stack<StackElement>::Stack(int numElements)
{
  assert (numElements > 0);       // 检查前置条件
  myCapacity = numElements;       // 设置栈容量
                                  // 使用这个容量分配数组
  myArray = new(nothrow) StackElement[myCapacity];
  if (myArray != 0)               // 内存足够
    myTop = -1;
  else
  {
    cerr << "Inadequate memory to allocate stack \n"
            " -- terminating execution\n";
    exit(1);
  }                               // 或assert(myArray != 0);
}

//--- Stack复制构造函数的定义
template <typename StackElement>
Stack<StackElement>::Stack(const Stack<StackElement> & original)
: myCapacity(original.myCapacity), myTop(original.myTop)
{
  //--- 为复制分配新数组
  myArray = new(nothrow) StackElement[myCapacity];
  if (myArray != 0)               // 检查内存是否够用
    // 将original的数组成员复制到这个新数组中
    for (int pos = 0; pos <= myTop; pos++)
        myArray[pos] = original.myArray[pos];
  else
  {
    cerr << "*Inadequate memory to allocate stack ***\n";
    exit(1);
  }
}

//--- Stack析构函数的定义
template <typename StackElement>
```

```
inline Stack<StackElement>::~Stack()
{
  delete[] myArray;
}

//--- 赋值运算符的定义
template <typename StackElement>
const Stack<StackElement> & Stack<StackElement>::
               operator=(const Stack<StackElement> & rightHandSide)
{
  if (this != &rightHandSide)                    // 检查确定st = st不成立
  {
    //-- 如果需要的话分配新数组
    if (myCapacity != rightHandSide.myCapacity)
    {
      delete[] myArray;                          // 销毁旧的数组

      myCapacity = rightHandSide.myCapacity;  // 复制myCapacity
      myArray = new StackElement[myCapacity];
      if (myArray == 0)                          // 检查内存是否足够
      {
        cerr << "*** Inadequate memory ***\n";
        exit(1);
      }
     }

    myTop = rightHandSide.myTop;                 // 复制myTop成员
    for (int pos = 0; pos <= myTop; pos++)      // 复制栈元素
      myArray[pos] = rightHandSide.myArray[pos];

  }
  return *this;
}

//--- empty()的定义
template <typename StackElement>
inline bool Stack<StackElement>::empty() const
{
  return (myTop == -1);
}

//--- push()的定义
template <typename StackElement>
inline void Stack<StackElement>::push(const StackElement & value)
```

```
{
  if (myTop < myCapacity - 1)        // 保持栈不变式
  {
    ++myTop;
    myArray[myTop] = value;
  }
  else
  {
    cerr << "*** Stack full -- can't add new value ***\n"
            "Must increase Stack's capacity\n";
    exit(1);
  }
}

//--- display()的定义
template <typename StackElement>
inline void Stack<StackElement>::display(ostream & out) const
{
  for (int i = myTop; i >= 0; i--)
    out << myArray[i] << endl;
}

//--- operator<<()的定义
template <typename StackElement>
inline ostream & operator<<(ostream & out,
                            const Stack<StackElement> & st)
{
  st.display(out);
  return out;
}

//--- top()的定义
template <typename StackElement>
inline StackElement Stack<StackElement>::top() const
{
  if ( !empty() )
    return (myArray[myTop]);
  else
  {
    cerr << "*** Stack is empty -- returning garbage value ***\n";
    StackElement garbage;
    return garbage;
  }
}
```

```
/--- pop()的定义
template <typename StackElement>
inline void Stack<StackElement>::pop()
{
  if (myTop >= 0)    // 保持栈不变式
    myTop--;
  else
    cerr << "*** Stack is empty -- can't remove a value ***\n";
}

#endif
```

图 9.3 为 Stack 类模板给出了一个测试驱动程序。它使用这个类模板实例化一个 int 型栈和一个 char 型栈。

程序 9.3 Stack 类模板的测试驱动程序

```
/*-----------------------------------------------------------------------
                    测试Stack类的驱动程序
 -----------------------------------------------------------------------*/

#include <iostream>
#include <iomanip>
using namespace std;

#include "DStackT.h"

template <typename T>
void print(Stack<T> st)
{ st.display(cout); }

int main()
{
   int cap;
   cout << "Enter stack capacity: ";
   cin >> cap;

   Stack<int> intSt;     //  int型栈
   Stack<char> charSt;  //  char型栈
   for (int i = 1; i <= 4; i++)
      intSt.push(100*i);
   cout << intSt << endl;
   for (char ch = 'A'; ch <= 'D'; ch++)
      charSt.push(ch);
```

```
   cout << charSt << endl;

   cout << "Contents of stack intSt (via print):\n";
   print(intSt); cout << endl;

   Stack<int> t;
   t = intSt;
   cout << "Contents of stack t after t = stInt (via print):\n";
   print(t); cout << endl;

   cout << "Stack t empty? " << boolalpha << t.empty() << endl;

   cout << "Top value in t: " << t.top() << endl;

   while (!t.empty())
   {
     cout << "Popping t:  " << t.top() << endl;
     t.pop();
   }
   cout << "Stack t empty? " << t.empty() << endl;
   cout << "Top value in t: " << t.top() << endl;
   cout << "Trying to pop t: " << endl;
   t.pop();
}
```

运行跟踪：

```
Enter stack capacity: 5
400
300
200
100
D
C
B
A

Contents of stack intSt (via print):
400
300
200
100

Contents of stack t after t = stint (via print):
400
```

```
300
200
100

Stack t empty? false
Top value in t: 400
Popping t:  400
Popping t:  300
Popping t:  200
Popping t:  100
Stack t empty? true
*** Stack is empty - returning garbage value ***
Top value in t: 0
Trying to pop t:
*** Stack is empty - can't remove a value ***
```

在我们对创建类模板的 3 个规则的讨论中，很重要的一点就是要理解类模板的名字，形参化这个名字以及实例化这个名字之间的区别。下面的例子会有所帮助：

Stack　这是一个类模板的名字，创建一个类的模式。它决不会是一个类型的名字(一个类)。

Stack<StackElement>　这是一个类模板形参化的名字；当使用一个特定的类型替换了类型形参 StackElement 后，它就变成了一个类型（一个类)。

Stack<double>　这是一个类型（一个类)，可以用来声明元素类型为 double 的栈。

9.3.3 Stack 类模板的另一个版本

在 9.2 节的函数模板和本节的类模板在模板定义中都只有一个类型形参。但是，如我们注意到的，在模板声明的通用形式中，模板可以有不止一个类型形参；它们还可以有普通的值形参。

模板的这个性质使得能够将第 7 章中使用静态数组的第一个版本的 Stack 类转换为一个类模板，用户可以在栈的声明中指定栈的容量并将其作为一个 int 型形参和模板声明中的栈元素类型一起传递给 Stack 类模板：

```
/ *--StackT.h---------------------------------------------------------
 定义了一个Stack数据类型模板
 接收类型形参StackElement和int型常量STACK_CAPCITY
   …
--------------------------------------------------------------------*/
// #includes

template <typename StackElement, const int STACK_CAPCITY>
```

```
class Stack
{
public:
/***** 函数成员 *****/
// …函数成员的原型 …

    private:
    /***** 数据成员 *****/
        StackElement myArray[STACK_CAPCITY];
        int myTop;
}; // 类声明结束

/*
  函数模板的定义，每个都是以
  template <typename StackElement, const int STACK_CAPCITY>
  开始，并且Stack的所有作为类型的出现都使用
  Stack<StackElement, STACK_CAPACITY>
  形参化
*/
```

这样就可以允许下面客户程序中的栈的定义：

```
const in CAP = 10;
Stack<int, CAP> intSt;        // 最多存储10个int的栈
Stack<string, 3> strSt;       // 最多存储3个string的栈
```

9.3.4 对标准C++容器类模板的快速一瞥

如我们所看见的，类模板是类型无关的模式，通过它可以定义实际的类，这对于定义一个通用的容器类将特别有用，容器类就是其对象可以存储（例如，包含）其他对象的类。20世纪90年代早期，Hewlett Packard实验室的Alex Stepanov和Meng Lee使用一个类和函数的模板库扩展了C++，这就是后来著名的标准模板库（Standard Template Library, STL）。1994年，ANSI/ISO标准委员会将STL吸收为标准C++的一个部分。

标准模板库具有3个不同类型的组件，如图9.2所示。

- **容器类模板**：一组类模板，能够提供用于存储数据的标准化的、通用的、现成的结构。
- **迭代器**（**iterator**）：泛化的指针，提供访问容器元素并从一个元素移到另一个元素的通用方法。
- **算法模板**：一系列函数模板，能够提供用于执行很多容器对象上最常用操作的标准化的、通用的、现成的函数。

为了使STL中的算法真正的通用，它们必须能够在任何容器上操作。为了使这成为可能，每个容器都提供迭代器让算法使用。这样，迭代器提供了使STL算法在STL容器上操作所需的接口。

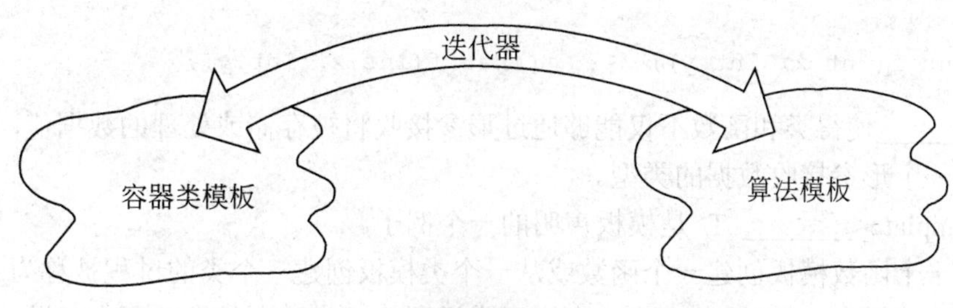

图 9.2

标准模板库提供了丰富的不同类型的容器。表 9.1 给出了这些容器的一个简明的描述并指出了它们之间的不同。每个容器都具有使得它在解决一大类问题时特别有用的性质。在 9.4 节和 9.5 节里将考察 vector、deque、stack 以及 queue，还包括对迭代器的一个简明的探讨。list 容器将在第 11 章中描述，map 容器将在第 15 章中简单描述，而其他的容器将在数据结构和算法的更高级课程里讲解。在 10.5 节中将介绍 STL 中的一些算法。

C++标准还包括作为容器的 bitset 和 valarray，但是它们都不在 STL 中。Array、string、valarray 以及 bitset 被 C++之父 Bjarne Stroustrup 称为基本上的容器，而被其他人称为接近的容器，因为尽管它们确实可以包含元素，但是它们并没有 STL 容器接口的所有特性。例如，string 的元素类型是有限的，但 string 对于处理字符串是最有效的。我们在前面的章节里已经研究过了数组和 string，在 9.8 节中将简明地描述 valarray 和 bitset。

表 9.1

容器	描述
vector	一个基于动态数组的类模板，可以根据需要增长，只能在尾部快速插入和删除
deque	提供的绝大多数操作和 vector 一样，但是并不使用连续的内存空间；可以在开始和尾部快速插入和删除
list	使用一个链表存储列表元素；可以在任何位置快速插入和删除
set	一个对象集合，快速的关联查找，不允许重复的元素
multiset	和 set 一样，但是允许重复
map	以 1 对 1 的方式将一种类型的对象映射到另一种类型的对象（一个非重复的关联数组）
multimap	以 1 对多的方式将一种类型的对象映射到另一种类型的对象（可重复的关联数组）
stack	一个栈
queue	一个队列
priority_queue	一个优先级队列

✔ 小测验 9.3

1．一个用于不同的函数的名字被称为__________。

2．下面的函数原型可以在同一个库中。（判断题）

```
char f(int x, int y);        char f(int x, char y);
```

3．下面的函数原型可以在同一个库中。（判断题）

```
int f(int x, int y);        char f(int x, int y);
```

4．_______使得类和函数不仅能够通过形参接收将被存储或处理的数据值，还可以通过一个形参接收数据的类型。

5．Template<_______ T>是模板声明的一个例子。

6．从一个函数模板创建一个函数或从一个类模板创建一个类的过程被称为_______。

7．描述使用 typedef 机制来为一个容器类设置元素类型所具有的两个问题。

8．列出规定类模板的 3 条规则。

9．STL 是_______的首字母缩写。

10．STL 是由 Alex Stepanov 和 Meng Lee 开发的。(判断题)

11．STL 的三个组件是什么？

12．_______提供了 STL 算法和 STL 容器之间的接口。

练习 9.3

练习 1～9 要求编写模板。要测试这些模板，应该如本章结尾部分编程问题 1～9 中所指导的那样编写测试驱动程序。

1．编写一个函数模板来求取两个值的平均值。（*a* 和 *b* 的平均值是(*a*+*b*)/2）

2．编写一个函数模板来求取两个值中的最大值。

3．三个数的中值就是将这三个数按照升序排列后处于中间的那个数。编写一个函数模板来求取三个值的中值。

4．编写一个函数模板 arraySum()，接收一个数组以及存储在数组中的数，返回这些数的和。

5．编写一个函数模板 arrayMaxMin()，接收一个数组以及存储在数组中的数，回传这些数值中的最大值和最小值。

6．编写一个函数模板 arraySearch()，接收存储在数组中的一组数值以及一个和数组元素类型相同的数据项，接着在数组中查找这个项。如果能找到这个项，则返回 true，否则返回 false。

7．将第 6 章列表类中的一个转换成一个类模板。

8．将第 8 章队列类中的一个转换成一个类模板。

9．将 4.5 节中练习 4 的类 CartesianPoint 修改为一个类模板，其中使用类型形参来表示坐标点的类型。

9.4 vector 容器①

vector 容器可以被认为是一个容量可扩展并且具有大量内建操作的数组类模板。因为对于大多数 C++程序员来说，这些操作功能强大且非常有用，所以将比较详细地描述这种

① 本节的一些内容是从 Joel Adams 和 Larry Nyhoff 的《C++:An Introduction to Programming》第 3 版中复制过来的，此书由位于 Upper Saddle River 的 Prentice-Hall 公司于 2003 年出版。

容器。如果你在前面的程序设计课程中已经学习过 vector，那么可以使用本节作为回顾和参考。

在标准库中 vector 作为类模板的声明的一个简化形式可能看来起是下面这样的：

```
template <typename T>
class vector
{
    public:
    //===== 大量函数成员
    private:
    //===== 数据成员，其中一个是动态数组
    T * myArray;
};
```

这里，T 是容器要存储的值的类型所对应的形参。

vector 类模板是在标准的<vector>库中声明的，因此在任何使用 vector 的程序中都必须包含：

```
#include <vector>
```

这允许作出如下的声明：

```
vector<double> vec1;
vector<string> vec2;
```

当处理第一个声明时，编译器将创建类 vector 的一个实例，其中使用 double 来替换每个 T，然后使用这个类来创建一个对象 vec1，其元素为 double 型的。相似地，由第二个声明，编译器将创建类 vector 的另一个实例，其中使用 string 来替换每个 T，然后使用这个类来创建一个对象 vec2，其元素为 string 型的。

9.4.1　定义 vector 对象

在 vector 中有几个构造函数，这样就使得有可能以几种不同的方式定义 vector 对象。在表 9.2 的描述中，ElementType 是任意数据类型；initCap 是一个整型表达式；initVal 的类型为 ElementType；firstPtr 和 lastPtr 是指向 ElmentType 类型对象的指针。

表 9.2

定义	描述
vector<element_type>objectName;	创建一个空 vector
vector<ElementType>objectName (initCap);	创建一个容量为 initCap 的 vector，其元素由 ElementType 的默认构造函数初始化
Vector<ElementType>objectName (initCap, initVal);	和上一个构造函数类似，但是将每个元素都初始化为 initVal
vector<ElementType> objectName (firstPtr, lasPtr);	创建一个 vector，其内容由从 firstPtr 开始到 lastPtr 结束（但不包括 lastPtr）的内存空间初始化

例如，定义

```
vector<double>  dubVector;
```

创建了一个空的 vector<double>对象 dubVector。这表示初始化时它的容量为 0。不过，根据需要（我们将在后面描述）其容量可以增长，以便存储 double 型的元素。

现在考虑使用第二种方法的一个定义：

```
int n;
cin >> n;
vector<double> dubVector(n);
```

这里，dubVector 被创建为一个包含 *n* 个 0 的 vector，因为类型 double 的默认构造函数 double()，初始化元素为 0。这样其初始的容量和大小（它可以存储的值的数目）就都等于 *n*。例如，如果输入的 *n* 为 4，可以如下刻画 dubVector：

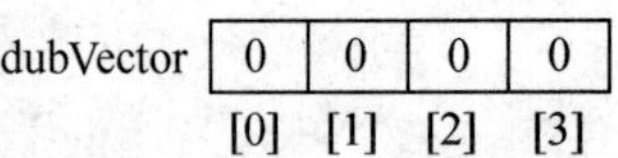

如果改变 dubVector 的定义为：

```
int n;
double dubValue;
cin >> n >> dubValue;
vector<double> dubVector(n, dubValue);
```

那么将使用输入给 dubValue 的值来填充 dubVector。例如，如果对于 *n* 和 dubValue 分别输入 4 和 1.1，那么 dubVector 将包含 1.1 的四份拷贝：

dubVector	1.1	1.1	1.1	1.1
	[0]	[1]	[2]	[3]

最后一种定义创建一个 vector 对象，该对象使用从地址 first_ptr 开始，到 last_ptr 结束，但不包括 last_ptr 在内的内存单元的内容来初始化的。例如，考虑下面的一个 double 型数组 *a* 的定义和 vector<double>对象 dubVector 的定义：

```
double a[] = {1.1, 2.2, 4.4, 8.8};
vector<double> dubVector(a, a+4);
```

这里，dubVector 被创建为一个 double 型 vector，它包含了范围[*a*, *a*+4]内的 double 值的拷贝，即 a[0], a[1], a[2], a[3]的拷贝。可以如图 9.3 所示刻画这个创建过程。

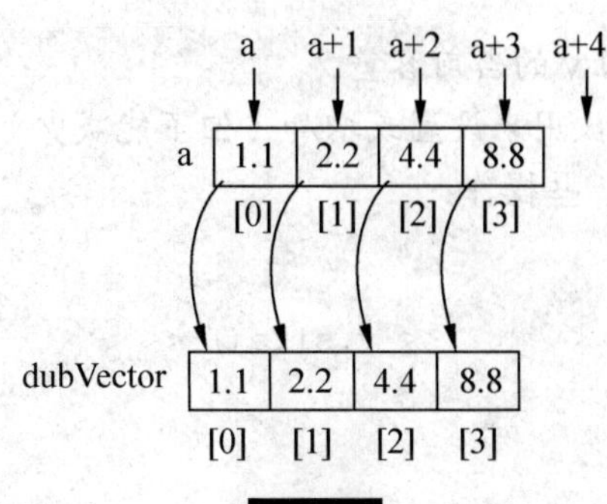

图 9.3

9.4.2 一些 vector 操作

vector 内建了丰富的操作。如我们将要看到的，这些操作允许在很大程度上将一个 vector 对象看作一个数组，但是却没有第 3 章中所描述的对数组的那些限制。表 9.3 列出了这些操作中的一些；在描述中，v、v1 和 v2 是某种类型 T 的 vector；value 的类型为 T；i 和 n 是非负整数。

表 9.3

操作	描述
v.capacity()	返回 v 当前所具有的存储单元的数量
v.size()	返回当前存储在 v 中的值的个数
v.max_size()	返回 v 所能具有的存储单元的最大个数
v.empty()	当且仅当 v 中不包含值时返回 true（例如，v 的大小是 0）
v.reserve(n);	增大 v 使得其容量为 n（不影响 v 的大小）
v.push_back(value);	添加 value 到 v 的尾部
v.pop_back();	删除 v 的最后一个元素
v.front()	返回指向 v 的第一个元素的引用
v.back()	返回指向 v 的最后一个元素的引用
v[i]	返回 v 中下标为 i 的元素——没有对下标是否越界进行检查
v.at(i)	返回 v 中下标为 i 的元素——执行对下标是否越界的检查——如果下标越界的话抛出越界异常
v1 = v2	将 v2 的拷贝赋予 v1
v1.swap(v2)	交换 v1 和 v2 的内容
v1 == v2	当且仅当 v1 具有和 v2 一样的值，同时值的顺序也一样，才返回 true。
v1 < v2	当且仅当 v1 在字典顺序上小于 v2 时返回 true

关于 vector 内容的信息第一组操作说明，和 C 风格数组相比，vector 是自我包含的对象，可以提供关于自身的信息：

- v.size()返回存储在 v 中的值的个数。如 C 风格数组一样，vector 中第一个值的下标总是 0，但是和 C 风格数组不同的是，C 风格数组没有提供确认其最后一个值的方法，而一个 vector 对象 v 的最后一个值的下标总是 v.size()–1。
- v.empty()是比布尔表达式 v.size() == 0 更加简单的方法。

- v.capacity()返回 v 的当前容量。
- v.reserve()可以被用来设置或增加（但不能减少）v 的容量。

下面的例子演示了其中一些操作：

```
vector<double> v;
cout << v.capacity() << ' '<< v.size() << ' '
    << v.max_size();
```

输出：

```
0 0 536870911
```

```
vector<double> v(3);
cout << v.capacity() << ' ' << v.size() << endl;
```

输出：

```
3 3
```

```
vector<double> v(3, 4.0);
cout << v.capacity() << ' ' << v.size() << endl
    << v.reserve(6)
    << v.capacity() << ' '<< v. size() << endl
```

输出：

```
3 3
6 3
```

添加、删除和访问元素第二组操作说明了如何在一个 vector 的末尾添加值和删除值，以及如何访问第一个和最后一个元素。

- v.push_back(value);添加 value 的一个副本到 v 的尾部，并且将 v 的大小增 1。如果必要的话，v 的容量会增加以适应新的值。如后面将要解释的，增加的容量取决于目前的容量。
- v.pop_back();通过将 v 的大小减 1 来销毁 v 中的最后一个值（如果这个值是一个对象的话，还将调用它的析构函数）。v 的容量不变。
- v.front()和 v.back()可以被分别用来访问 v 中的第一个和最后一个值。这些函数实际上返回指向第一个和最后一个值的引用，而不是这些值的拷贝。这意味着可以通过改变 v.front()和 v.back()的值来修改 v 中的第一个和最后一个元素。

下面的例子演示了这些函数的使用：

```
vector<double> v;
v.push_back(1.1);  v.push_back(2.2);  v.push_back(3.3);
cout << v.front() << ' ' << v.back() << endl;
v.pop_back();
```

```
cout << v.front() << ' ' << v.back() << endl;
v.front() = 4.4;  v.back() = 5.5;
cout << v.front() << ' ' << v.back() << endl;
```

输出：

```
1.1 3.3
1.1 2.2
4.4 5.5
```

下标运算符的使用方式和数组以及 string 对象很相似。例如，下面用于显示存储在一个 vector 对象 v 中的值的循环几乎和用于数组的一样：

```
for (int i = 0; i < v.size(); i++)
    cout << v[i] << endl;
```

还有，如 C 风格数组一样，并没有对下标做任何检查来判断 vector 的下标是否还在界内——即是否在 0～v.size() –1 这个范围之内。使用一个越界的下标所造成的后果取决于使用的统。一个不同的选择是使用 at()方法，它可以在下标越界时抛出一个 out_of_range 异常；例如：

```
try
{
  for (int i = a; i < b; i++)
    v.at(i) = v.at(i+1);
}
//…
catch(out_of_range ex)
{
    cerr << "Index out of range\n";
}
```

如果下标 *i* 或 *i*+1 越界，out_of_range 被抛出，造成 try 语句块执行的终止，而 catch 语句块被投入运行。（异常、try 和 catch 块在 3.4 节中描述。）

记住下面这点很重要，即使用下标运算符将值添加到 vector 中既不会改变这个 vector 的大小也不会在这个 vector 变满时增加它的容量。不论何时，只要可以，尽量使用 push_back()(或 insert())来将值添加到 vector 中，因为它们会更新 vector 的大小，并且在需要时可以触发 vector 容量的增长。[①] 下面这个将值输入到 vector 中的函数模板说明了这是如何实现的：

```
template <typename T>
void read(istream & in, vector<T> & aVector)
```

① 这些方法也可以正确地更新 end()返回的迭代器，但是下标运算符却做不到。如果使用下标将值添加到一个 vector 中，那么 STL 算法将不能正确工作。

```
/ *---------------------------------------------------------------------
从一个istream读取值到一个vector中

前置条件：T是一个类型形参T；已经为类型T定义了<<操作符；
        istream in已经被打开
后置条件：值被从in中提取出来并添加到aVector中
----------------------------------------------------------------------*/
{
    T inputValue;

    for(;;)
    {
       in >> inputValue;
       if (in.eof()) break;

       aVector.push_back(inputValue);
    }
}
```

只有当一个 vector 包含有值以后，才可以使用下标运算符来访问（或修改）这些值。例如，在如下的一个输出函数模板中：

```
template <typename T>
void Print(ostream & out, const vector & theVector)
/ *---------------------------------------------------------------------
  将存储在vector中的值输出到一个ostream

  前置条件：T是一个类型形参T；已经为类型T定义了<<操作符；
          ostream out已经被打开
  后置条件：存储在aVector中的值被输出到out
 ---------------------------------------------------------------------*/
{
  for ( int i = 0; i < aVector.size(); i++)
    out << aVector[i] << ' ';
}
```

1．赋值和交换

赋值操作符（=）如预期那样工作：

```
v1 = v2;
```

将销毁任何先前赋给 *v*1 的值，然后将 *v*1 改变为 *v*2 的拷贝，如图 9.4 所示。

	赋值前		赋值后
v1	[0]=0 [1]=1 [2]=2 [3]=3	v1=v2; →	[0]=1 [1]=3 [2]=5 [3]=7 [4]=9
v2	[0]=1 [1]=3 [2]=5 [3]=7 [4]=9		[0]=1 [1]=3 [2]=5 [3]=7 [4]=9

图 9.4

要交换两个 vector 变量 v1 和 v2 的值，可以使用类似于 9.2 节中编写的 swap()函数里的代码：

```
vector<T> temp = v1;
v1 = v2;
v2 = temp;
```

但是可以更简单地使用 swap()方法，如图 9.5 所示。

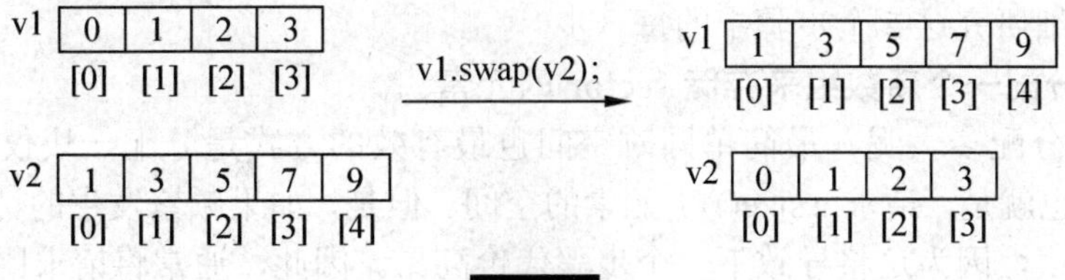

图 9.5

2．关系运算符

相等运算符(==)逐个元素地比较两个 vector，并在当且仅当它们相等时才返回 true——即它们的大小匹配并且它们的值也匹配。这里假设已经为 vector 元素的类型定义了==。小于运算符（<）也假设已经在元素类型上定义了<。它的行为和 string 的小于运算很相似，执行逐个元素的比较直到发生了一个失配（如果有的话）。如果左边操作数的失配元素小于右边操作数中相应的元素，则这个操作返回 true；否则，它返回 false。如果两个 vector 中所有的元素都比较过了并且没有发现失配，则这个操作返回 false。例如，一个使用小于运算符的比较，

```
if ( v1 < v2)
// …      执行合适的处理
```

对于下面的 vector<int>对象 v1 和 v2，将返回 true，因为在 v1 和 v2 元素不同的第一个地方 index(2)处，v2 中的值（3）小于 v1 中的值（4）。不过，比较 v1 < v2 将返回 fals，如图 9.6 所示。

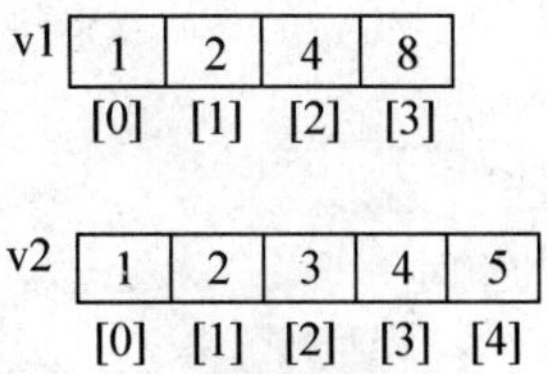

v1 | 1 | 2 | 4 | 8 |
[0] [1] [2] [3]

v2 | 1 | 2 | 3 | 4 | 5 |
[0] [1] [2] [3] [4]

图 9.6

9.4.3 内部实现一瞥——增加容量

如我们提到过的，当一个 vector *v* 变满（也就是，*v*.size() == *v*.capacity()）并且通过 push_back()（或 insert()）又添加了一个新对象时，vector 的容量将自动地增加以适应新的元素。实现这一点的算法如下：

增加 vector<T>的容量的算法

（1）分配一个新数组来存储 vector 的元素。

（2）将所有现有的元素（使用 T 的复制构造函数）复制到新数组中。

（3）将要添加的项存储到新数组中。

（4）销毁 vector<T>中的旧数组。

（5）使新数组成为 vector<T>的存储数组。

现在将详细研究这 5 个步骤中的每一步。

步骤 1：分配一个新数组来存储 vector 的元素

但是应该分配多大呢？最简单同时空间也最有效的方式是分配一块仅仅足够容纳新对象的空间；也就是，请求 *v*.size()+1 元素的空间。但是，如果频繁发生的话，这样做将是一个严重的错误，因为这将导致下一个步骤代价高昂。因此，通常将请求比实际所需要更多的内存空间。

首先考虑下面的例子，其中 vector *v* 为空：

```
vector<double> v;
cout << v.capacity() << ' ' << v.size() << endl;
for ( int i =1; i < 20; i++)
{
    v.push_back(i + 0.5);
    cout << v.capacity() << ' ' << v.size() << endl;
}
```

当这些语句被执行后（在 GNU C++、CodeWarior C++以及 Visual C++中），产生的输出为：

```
0 0
1 1 ← 分配了1个double型的空间
2 2 ← 分配了2个double型的空间
4 3 ← 分配了4个double型的空间
4 4
8 5 ← 分配了8个double型的空间
8 6
8 7
8 8
16 9 ← 分配了16个double型的空间
16 10
16 11
16 12
16 13
16 14
16 15
16 16
32 17 ← 分配了32个double型的空间
32 18
```

```
32 19
32 20
```

容量的第一次增长是从 0～1，第二次增长是从 1～2，第三次增长是从 2～4，第四次增长是从 4～8，如此下去。在第一次增长以后，每当需要增长时，容量都会增加一倍。

现在考虑 vector 非空的情况。如果改变 *v* 的定义为 vector<double> *v*(3, 0)；那么输出将改变如下：

```
3 3
6 4 ← 容量倍增
6 5
6 6
12 7 ← 容量倍增
12 8
 ⋮
12 12
24 13 ← 容量倍增
 ⋮
```

我们看到每当需要更多的空间时，容量都会倍增。这是在分配较小的内存块（这会浪费时间）和分配较大的内存块（如果仅仅是很少几个元素的需求，这将浪费空间）之间的一个折衷。这还使得能够通过定义具有预分配容量的 vector 对象或通过使用 reserve()设置容量来在一定程度上控制容量以什么样的量进行增长。例如，对于 vector<double> *v* 预分配容量为 3，将迫使第一次新分配的容量是大小为 6 的一个块，如图 9.7 所示。

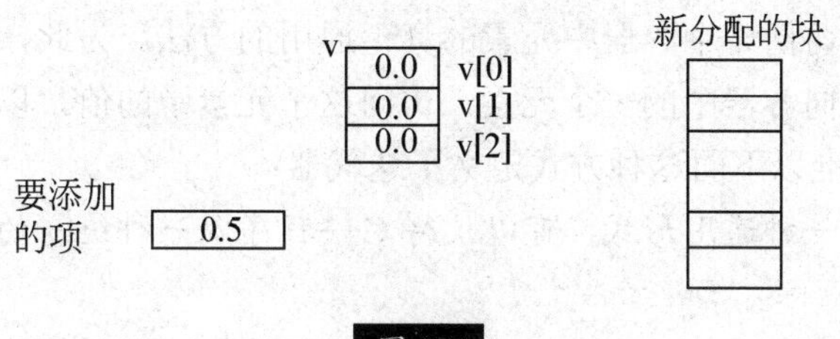

图 9.7

步骤#2：将所有现有的元素（使用 T 的复制构造函数）复制到新数组中

如果插入点不在 vector 的尾部，那么所有在插入点之前的元素，但不包括插入点，将被复制到新的存储空间。接着复制所有从插入点到 vector 尾部（如果有的话）的元素，并且在新的 vector 中空出一个元素，这样就给新的对象留下了位置。图 9.8 演示了使用 push_back()添加一个元素。

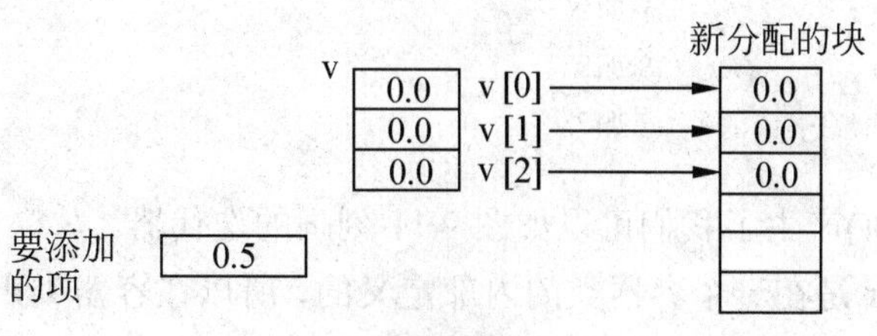

图 9.8

步骤#3：将要添加的项存储到新数组中

项被复制到这个位置（使用 T 的复制构造函数）。图 9.9 演示了添加新项到 *v*。

步骤#4：销毁 vector 中的旧数组

存储在 *v* 的旧数组中的每个元素都被销毁了（使用 T 的析构函数），分配给这个数组的内存被释放。

步骤#5：使新数组成为 vector 的存储数组

更新 *v* 的数据成员，使得新数组成为用来存储 *v* 的元素的数组数据成员，如图 9.10 所示。

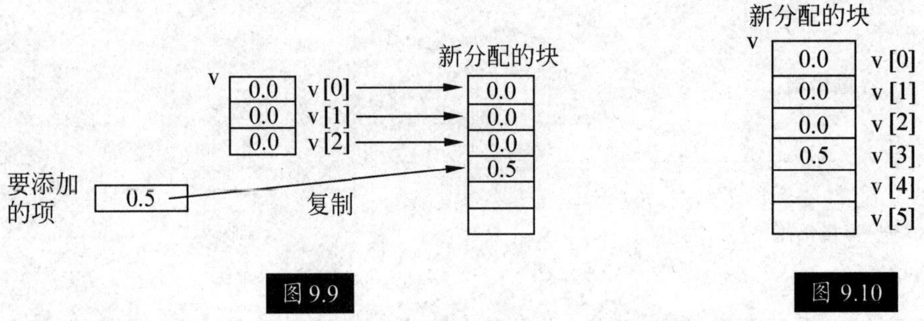

图 9.9　　图 9.10

9.4.4　对迭代器的第一次探讨

尽管下标运算符可以用来访问一个 vector 的元素，但是这不是一种通用的访问容器中元素的方法（例如，不能用来访问一个 list）。如果要使一个 STL 算法能够在任何 STL 容器上工作，需要一些访问一个容器中元素的真正通用的方法。为此，STL 提供了被称为迭代器的对象，可以指向容器中的一个元素，访问这个元素中的值，以及从一个元素移动到另一个元素。C++标准以下面这种方式定义了迭代器：

迭代器是指针的一种通用形式，可以使得 C++程序以一种统一的形式工作在不同的数据结构（容器）上。

每个 STL 容器都提供了一个 iterator 类型以及（至少）两个返回迭代器的方法：

- begin()：返回指向容器中第一个元素的迭代器。
- end()：　返回指向容器中最后一个元素之后的迭代器。

要说明，在下面的语句执行之后，

```
vector<int>  v;         //  空vector
v.push_back(9);         //  添加9
v.push_back(8);         //  添加8
v.push_back(7);         //  添加7
```

v.begin()和 *v*.end()产生了我们可以如图 9.11 刻画的迭代器。

因为类型 iterator 是在一个容器类的内部定义的，所以在容器类声明之外使用时，必须使类名以及域操作符（::）位于标识符 iterator 之前。例如，语句

```
vector<int>::iterator vecIter = v.begin();
```

定义 vecIter 为一个指向 *v* 的第一个元素的迭代器，如图 9.12 所示。

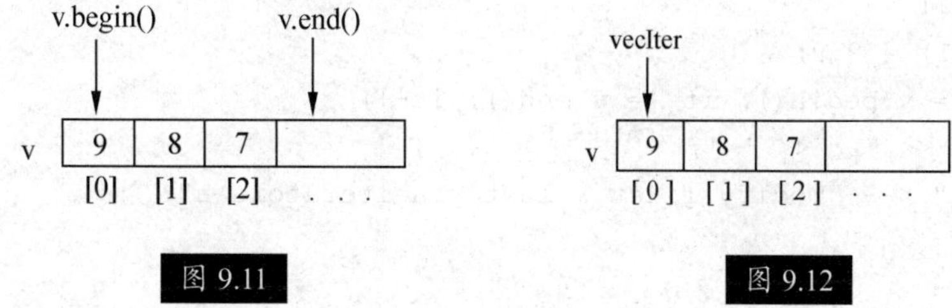

图 9.11　　图 9.12

可以应用到迭代器的基本运算符在表 9.4 中描述。

表 9.4

运算符	描述
对于通用的迭代器：	
自增运算符(++)	将迭代器从其当前位置移动到容器中的下一个元素；可以作为一个前缀运算符或者一个后缀运算符应用
自减运算符(− −)	将迭代器从其当前位置移动到容器中的前一个元素；可以作为一个前缀运算符或者一个后缀运算符应用
去引用运算符(*)	访问存储在迭代器所指向的位置的值；作为一个前缀运算符应用
对于随机访问迭代器，例如 vector 中的那些：	
赋值(=)	对于同类型的迭代器，it1 = it2 将 it1 的位置设置为和 it2 的位置一样
相等比较(==和!=)	对于同类型的迭代器，如果 it1 和 it2 都指向同一个元素，则 it1 == it2 为 true
加(+)，减(−)以及相应的复合赋值(+=,−=)	对于迭代器 it 以及整数 *n*(*n* 可以是负数)，it + *n* 返回一个指向 it 的当前位置之后第 *n* 个元素的迭代器
下标运算符([ ])	对于迭代器 it 以及整数 *n*(*n* 可以是负数)，it[n]返回一个指向 it 当前位置之后第 *n* 个元素的引用

下面的语句演示了这些运算符中的几个：

```
vector<double> v;
for (int i = 2; i <=5; i++)
    v.push_back(2.2 * i);

vector<double>::iterator it, it1, it2;

for (it = v.begin(); it != v.end(); it++)
    cout << *it << ' ';
```

```
cout << " <--- original vector\n";

it1 = v.begin(), it2 = v.end();
*it1 = 1.1
*(it2 - 1) = 9.9;
for (it = v.begin(); it != v.end(); it++)
    cout << *it << ' ';
cout << " <--- modify first & last via iterators\n";

it1 +=3;
it2 -=3;
cout << *it1 << ' ' << *it2 << " <--- jump\n";
it1--;
++it2;
cout << *it1 << ' ' << *it2 << " <--- inc & dec\n";
cout << it1[1] << ' ' << it1[-1] << " <--- subscript\n";
```

输出：

```
4.4 6.6 8.8 11  <--- original vector
1.1 6.6 8.8 9.9  <--- modify first & last via iterators
9.9 6.6 <--- jump
8.8 8.8 <--- inc & dec
9.9 6.6 <--- subscript
```

现在假设希望使用一些输出语句，这些语句类似于本节中早些时候给出的另一个版本的函数模板 display()中的代码片断，只是使用迭代器来代替下标。原来那个版本的 display()如下开始：

```
template <typename T>
void display(ostream & out, const vector<T> & aVector)
```

这里，aVector 是一个常引用形参，这样不会被 display()函数所修改。但是，如早先的代码所演示的，迭代器可以修改一个 vector 的元素。这样所需要的是一个常迭代器，也就是无论怎样也不能改变容器的迭代器。而 STL 的容器确实为此提供了一个 const_iterator 类型。下面这个 display()版本使用 vector 提供的常迭代器来在 aVector 的元素上进行迭代：

```
template <typename T>
void display(ostream & out, const vector<T> & aVector)
/ *-----------------------------------------------------------------------
    输出存储在一个vector中的值到一个ostream
    使用一个常迭代器在vector中移动

前置条件：      T是一个类型形参；为类型T定义了<<；
```

```
            ostream已经被打开
后置条件：   存储在aVector中的值被输出到out
-----------------------------------------------------------------------*/
  {
      for(vector<T>::const_iterator it = aVector.begin();
                                  it != aVector.end(); it++ )
          out << *it << ' ';
}
```

和早期版本的 display()（需要下标操作符）不同，这个函数模板可以被做成一个通用的 display()算法模板，允许几乎任何 STL 容器中的值被输出到一个 ostream：

```
template <typename Container>
void display(ostream & out, const Container & cont)
/ *-----------------------------------------------------------------------
  输出存储在一个容器cont中的值到一个ostream
  使用一个常迭代器在cont中移动

前置条件：   Container是一个类型形参；它提供一个常迭代器
            并且它的元素的类型定义了<<；ostream已经被打开
后置条件：   存储在cont中的值被输出到out
-----------------------------------------------------------------------*/
{
  for( Container::const_iterator it = cont.begin();
                           it != cont.end(); it++)
     cout << *it << ' ';
}
```

应该提到另一种被称为逆迭代器的迭代器。它的目的是颠倒++的动作以帮助从最后一个元素向第一个元素进行对容器的迭代。要说明它的使用，下面的代码以逆序输出一个 vector<double>对象的元素：

```
for (vector<double>::reverse_iterator it = v.rbegin();
                                       it != v.rend(); it++)
    cout << *it << "  ";
cout << endl;
```

这里，*v*.rbegin()是指向 *v* 的最后一个元素的逆迭代器，而 *v*.rend()是一个指向 *v* 的第一个元素之前的逆迭代器。

9.4.5　一些牵涉到迭代器的 vector 函数成员

现在已经初步了解了 STL 的迭代器，并且已经具有理解表 9.5 中给出的一组使用迭代器的 vector 方法所需的背景知识。我们使用一个对这些操作的简明描述和演示来总结对 vector 类模板的学习；在描述中，*v* 是一个给定类型 T 的 vector；value 是 T 类型的；*n* 是一个整数；iter、iter1 和 iter2 是迭代器。

表 9.5

函数成员	描述
v.begin()	返回指向 *v* 的第一个元素的一个迭代器
v.end()	返回指向 *v* 的最后一个元素之后的一个迭代器
v.rbegin()	返回指向 *v* 的最后一个元素的一个逆迭代器
v.rend()	返回指向 *v* 的第一个元素之前的一个逆迭代器
v.insert(iter, value)	将 value 插入到 *v* 中由 iter 给定的位置
v.insert(iter, *n*, value)	将 value 的 *n* 个拷贝插入到 *v* 中由 iter 给定的位置
v.erase(iter)	删除 *v* 中由 iter 给定的位置处的值
v.erase(iter1, iter2)	删除 *v* 中从 iter1～iter2 处的值

最后两组操作说明了可以在一个 vector 中的任何位置插入或者删除元素，但是必须使用迭代器来给出这些位置。还有，这些操作和数组中的那些操作一样效率不高，它们必须移动元素来为新的元素腾出位置以及在删除元素之后消除间隙。

要说明这些，考虑下面的 vector<double>对象 *v*，如图 9.13 所示。

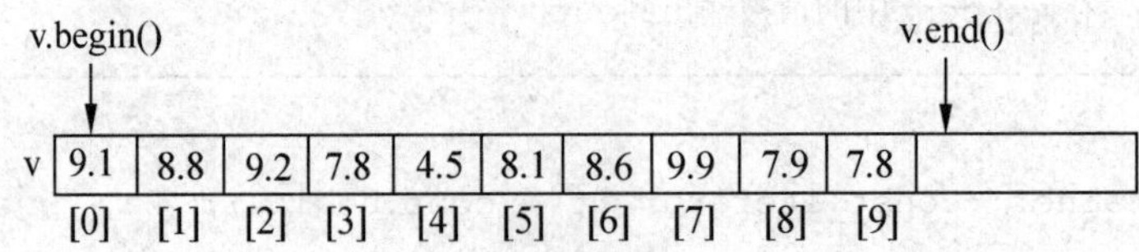

图 9.13

要删除第二个元素 8.8，可以使用

```
v.erase(v.begin() + 1);
```

这将从 v 中删除 8.8，向左移动剩余的元素来填补它的位置，并相应地更新 *v*.size()和 *v*.end()，如图 9.14 所示。

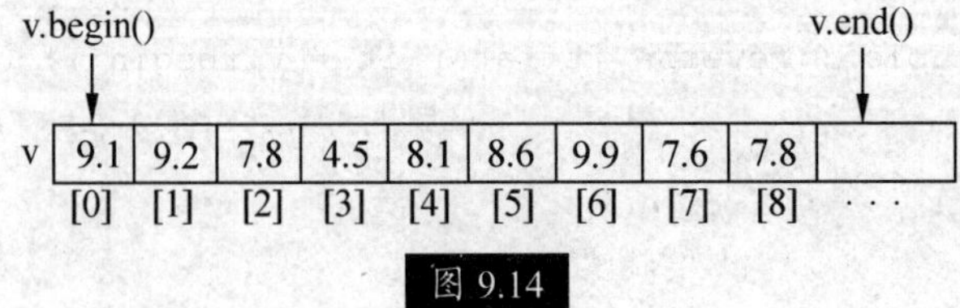

图 9.14

9.4.6 综合比较：vector 对数组

C 风格数组是 20 世纪 70 年代早期程序设计留下来的遗产。而 C++ vector 设计于 20 世纪 90 年代，从而融合了这 20 多年来的程序设计智慧。Vector 的这个设计（以及 STL 中其他的类模板）在一定程度上要优于数组：

- 一个 vector 的容量在执行过程中可以增长；而一个数组的容量在执行过程中是固定不可改变的。
- vector 是自我包含的对象；而数组不是。如果对每个容器都可以实现同一个操作，数组版本将需要更多的参数。
- vector 是一个类模板，因此其元素并不绑定为某种类型，编译器将生成所需的任何实例。然后，一个数组声明，将元素绑定为某个给定类型。
- vector 的函数成员（由 STL 算法增强）提供了很多常用操作的现成的实现。而我们需要重新自己动手编写数组中的大多数操作。

但这两者都有它们自身的限制。对于一个大小为 *n* 的数组或 vector，在尾部插入或删除一个元素可以在常数时间内完成，也就是说，所需时间与 *n* 无关。但是，要在数组或 vector 的其他位置插入或删除元素，在最坏的情况下需要移动 *n* 个元素；平均而言，需要移动 *n*/2 个元素。

总的来说，对于需要直接访问元素，并且插入和删除都不频繁或限制在列表的尾部的情况，数组和 vector 在存储序列的时候都工作得很好。而对于那些在处理期间大小会变化很大的序列，那些在不定位置频繁插入和/或删除元素的序列，以及顺序访问已经足够用的序列，则这些序列最好存储在链表中，这是将在第 6 章中描述的。如将在第 11 章中看到的，STL 的 list 容器使用我们学过的某个链表变种。

✔ 小测验 9.4

问题 1～15 假设执行了以下语句：

```
vector<int> a, b(5), c(5, 1), d(5);
d.push_back(77);
d.push_back(88);
```

1．存储在 *a* 中的值的类型是_______。
2．*a* 的容量是_______以及它的大小是_______。
3．*b* 的容量是_______以及它的大小是_______。
4．*c* 的容量是_______以及它的大小是_______。
5．*d* 的容量是_______以及它的大小是_______。
6．描述由

```
cout << c.front() << ' ' << c.back() << endl;
```

产生的输出。

7．描述由

```
cout << d.front() << ' ' << d.back() << endl;
```

产生的输出。

8. a.empty()（判断题）

9. c < d（判断题）

10. c[1] == 1（判断题）

11. 描述由

```
for(int i = 0; i < c.size(); i++)
        cout << c[i] << ' ';
```

产生的输出。

12. 描述由

```
d.pop_back();
for (int i = 0; i < d.size(); i++)
        cout << d[i] << ' ';
```

产生的输出。

13. d.begin()返回一个指向 *d* 中________的迭代器。

14. d.end()返回一个指向 *d* 中________的迭代器。

15. 如果 *d* 的容量必须增加，则它将变为________。

16. vector 对象是自我包含的。(判断题)

对于问题 17～20，假设有声明

```
vector<double> xValues;
vector<int> number(5, 1);
```

请描述在题中语句执行之后 vector 的内容。

17.
```
for(int i = 0; i <= 4; i++)
    xValue.push_back(double[i] / 2.0);
```

18.
```
for(int i = 0; i <= 5; i++)
    if ( i % 2 == 0)
        number.push_back(2 * i);
    else
        number.push_back(2 * i + 1);
```

19.
```
for(int i = 1; i <= 5; i++)
    number.push_back(2 * number[i-1]);
```

20.
```
for(int i = 1; i <= 3; i++)
    number.pop_back();
for(int i = 1; i <= 3; i++)
    number.push_back(2);
```

练习 9.4

对于练习 1～11，假设作了以下声明，

```
vector<int> number,
            v(10, 20),
            w(10);
int num;
```

并且对于牵涉到输入的练习，将输入以下的值：

```
99  33  44  88  22  11  55  66  77  -1
```

描述题中语句执行以后给定的 vector 的内容。

1. ```
   for ( int i = 0; i < 10; i++)
        number.push_back(i / 2);
   ```
2. ```
   for ( int i = 0; i < 6; i++)
        w.push_back( i / 2);
   ```
3. ```
   for ( ; ; )
   {
      cin >> num;
      if (num < 0) break;
      number.push_back(num);
   }
   ```
4. ```
   for ( int i = 0; i <= 5; i++)
      number.push_back(i);
    for ( int i = 0; i < 2; i++)
       number.pop_back();
    for ( int i = 0; i <= 5; i++)
       number.push_back(i);
   ```

对于练习 5～11，假设练习 3 中的循环已经执行过了。

5. ```
   for ( int i = 0; i < number.size() - 1; i += 2)
      number[i] = number[i + 1];
   ```
6. ```
   number.pop_back();
   number.push_back(number.front());
   ```
7. ```
   int temp = number.front();
   number.front() = number.back();
   number.back() = temp;
   ```
8. ```
   for ( int i = 0; i < number.size(); i++)
      w.push_back(number[i] + v[i]);
   ```
9. ```
   while ( v < number)
   {
     v.erase(v.begin());
     number.erase(number.begin());
   }
   ```
   ```

10.
```
vector<int>::iterator  iter = number.begin();
while ( *iter > 25)
{
    number.erase(iter);
    iter++;
}
```
11.
```
for (vector<int>::iterator  iter = number.begin();
                             iter != number.end();   iter++)
    w.push_back(*iter + 1);
```

对于练习 12～14，编写定义和语句来创建一个具有所需属性的 vector。

12. 存储从 0～99 的整数序列。
13. 按照逆序存储从 0～99 的整数序列。
14. 容量为 50，并且如果下标为偶数，则对应的元素中存储的值为 true，否则元素中存储的值为 False。

练习 15～16 要求编写函数模板。还应该如本章结尾部分编程问题 10～11 中指导的那样编写驱动程序来测试它们。

15. 编写一个函数模板，如果一个 vector 中的值是按照升序存储的，则返 true，否则返回 false，这里假设已经定义了类型 T 的<操作符。
16. 编写一个函数模板返回存储在一个 vector 中的值的范围，也就是，最大值和最小值的差，这里假设已经定义了类型 T 的<操作符。

9.5 案例学习：计算机系统登录统计

问题

对于某一给定的时间段，当用户登录到某个计算机系统时，他们的登录信息会被自动地记录到一个文件中。因为同一个用户可能登录很多次，所以这个文件可能包含同一个用户的很多条记录。我们希望汇编出一个包含每个不同用户的日志。

设计

问题中的主要对象是用户登录信息日志。在这个日志上所需的操作如下：

（1）创建用户信息日志，这包括：

- 从文件中读取一个用户的登录信息。
- 搜索这个日志中某个用户的登录信息。
- 如果信息不在日志中，将其添加到日志中。

（2）显示日志。

实现

我们将创建一个提供前面这些操作的 LoginLog 类模板。将使用一个类型形参 Info 来代表一个用户的登录信息记录；假设中 Info 所具有的属性在注释文档中描述。为了存储用户信息，将使用一个 vector<Info>类型的数据成员 myUserLog。

创建日志的第一个子操作是从文件中读取一个用户的登录信息；这是 Info 的责任。对于查找子操作，将对 myUserLog 使用一个线性查找。（如在第 10 章中将看到的，STL 提供了一个查找算法来完成这个任务。）

线性查找算法

/* 对一个 vector *v* 中存储的值执行线性查找，以搜索某个和 *v* 的元素类型相同的项。如果能找到这个项，返回它的位置，否则，返回 *v* 的大小。*/

（1）令下标 $i = 0$。

（2）重复下面的动作：

如果 $i \geqslant v$ 的大小或者 item 等于 $v[i]$

　　返回 i

否则

　　将 i 增 1。

结束重复

因为不需要将 myUserLog 中的元素维持为保持某种次序，所以对于第三个子操作可以使用 push_back()方法。对于输出操作，可以修改 9.4 节中的一个 display()函数模板。

编码

程序 9.4 给出了一个建模用户信息日志记录的类 LoginLog。

程序 9.4　LoginLog 类模板

```
/*-- LoginLog.h ----------------------------------------------------
这个头文件定义了一个LoginLog类模板，用来建模在某个时间段内对登录情况进行记录所产生的用户信息计算机日志。类型形参Info表示关于一个用户的登录信息记录

  基本操作
  build:   为每个不同的用户创建信息日志
  search:  在计算机日志中查找某个给定的用户
  display: 显示日志的内容

   注意:   必须为类型Info定义>>, <<和 ==
-----------------------------------------------------------------------*/

#include <iostream>
#include <fstream>
#include <vector>
#include <cassert>

#ifndef LOGIN_LOG
#define LOGIN_LOG
```

```
template <typename Info>
class LoginLog
{
 public:
 /***** 函数成员 *****/
 /***** 构造函数 *****/
  //-- 使用vector的构造函数

void build(string fileName);
/*-----------------------------------------------------------------------
  创建日志

  前置条件：无
  后置条件：通过使用和fileName联系的一个流的输入建立了日志
-----------------------------------------------------------------------*/

int search(Info item) const;
/*-----------------------------------------------------------------------
  在用户日志中查找一个给定的Info对象

  前置条件：   无
  后置条件：   如果找到了item，则返回它在myUserLog中的下标，
               否则，返回myUserLog.size()
  ---------------------------------------------------------------------*/

  void display(ostream & out) const;
/*---------------------------------------------------------------------
  输出日志

  前置条件： ostream out是一个引用形参
  后置条件： 日志被输出到out
-----------------------------------------------------------------------*/

 private:
   vector<Info> myUserLog;
};

//--- build()的定义
template <typename Info>
void LoginLog<Info>::build(string fileName)
{
   ifstream fin(fileName.data());     // 打开到文件的输入流
   assert (fin.is_open());            // 检查是否成功
```

```
   Info userInfo;
   for(;;)
   {
      fin >> userInfo;
      if ( fin.eof() ) break;

      int pos = search(userInfo);
      if (pos == myUserLog.size())    // 新用户
         myUserLog.push_back(userInfo);
   }
}

//--- search()的定义
template <typename Info>
int LoginLog<Info>::search(Info item) const
{
   int i;
   for (i = 0; i < myUserLog.size(); i++)
      if (item == myUserLog[i])
         break;
   return i;
}

//--- display()的定义
template <typename Info>
inline void LoginLog<Info>::display(ostream & out) const
{
   for (int i = 0; i < myUserLog.size(); i++)
      out << myUserLog[i] << endl;
}

#endif
```

程序 9.5 给出了使用 LoginLog 的程序，并且用户的登录信息只包含用户 id。这样，一个 LoginLog<string>实例化为用来处理这些用户 id。另外，还给出了这个程序在一个小用户 id 文件上的运行跟踪以及由这个文件所产生的输出。

程序 9.5 处理用户 id 的程序

```
/*--------------------------------------------------------------------------
  判断在一个给定时间段内哪些用户曾经登录到一个计算机系统的程序

  输入（键盘）： 用户id文件的名字
  输入（文件）： 用户id
  输出（屏幕）： 没有重复的用户id列表
```

```
----------------------------------------------------------------------*/

#include <iostream>
#include <string>
using namespace std;

#include "LoginLog.h"

int main()
{
   // 获取日志文件名
   string userInfoFile;        // 用户id日志文件
   cout << "Enter name of login-info file: ";
   getline(cin, userInfoFile);

   // 从文件中读取日志
   LoginLog<string> userIdLog;
   userIdLog.build(userInfoFile);

   // 显示日志
   cout << "\nList of distinct user-ids who logged in:\n";
   userIdLog.display(cout);
}
```

日志文件 **UserIdFile** 的内容列表：

```
S31416PI
S12345SL
S31416PI
S31313LN
S12345SL
S31416PI
S21718EX
S13331RC
S77777UP
S12345SL
S31416PI
S21718EX
S99099RR
S12345SL
S77777UP
S31313LN
S31416PI
```

运行跟踪：

```
Enter name of login-info file: UserIdFile

List of distinct user-ids who logged in:
S31416PI
S12345SL
S31313LN
S21718EX
S13331RC
S77777UP
S99099RR
```

9.6　多维 vector（可选）

在 3.3 节中描述的多维数组和一维数组具有同样的缺点，其中最严重的问题在于它们不能和面向对象程序设计保持一致，因为它们不是自我包含的。9.5 节中的 vector 类模板显然是一维数组的一种 OOP 代替方法；一个 vector 对象确实在其自身内部包含了它的容量、大小以及大量操作。在本节中，将概述一种构建多维 vector 对象的方法。

9.6.1　二维 vector 对象

在 3.3 节中已经看到多维数组被看作数组的数组。特别地，一个二维数组可以被看作一个其元素也是一维数组的一维数组。我们可以使用相同的方法来构建一个二维 vector 类模板。一个 vector 是一个一维对象，因此，一个 vector 的 vector 是一个二维对象。

要说明，考虑下面的二维 vector 对象 table 的定义：

```
const int ROWS = 3,
        COLUMNS = 4;
vector< vector<double> > table(ROWS, vector<double>(COLUMNS, 0.0));
```

这里很重要的一点是，不要忘记尖括号之间的空格（> >），因为如果写成

```
vector< vector<double>> table…
```

那么编译器将错误地把>>看作输入运算符（或右移位运算符）。

编译器使用 vector 的构造函数两次来创建 table。内部的对于构造函数的调用

```
vector< vector<double> > table(ROWS, vector<double>(COLUMNS, 0.0));
```

创建了一个包含 4 个零的匿名 vector<double>对象：

[0]	[1]	[2]	[3]
0.0	0.0	0.0	0.0

这个 double 型 vector 随即被作为初始值传递给外部的对于构造函数的调用：

```
vector< vector<double> > table(ROWS,vector<double>(COLUMNS, 0.0));
```

而外部的对于构造函数的调用又将使用这个对象来初始化它的 3 个 vector 元素。结果就得到了 3×4 的 double 型的 vector 的 vector，如图 9.15 所示。

table:	[0]	[1]	[2]	[3]
[0]	0.0	0.0	0.0	0.0
[1]	0.0	0.0	0.0	0.0
[2]	0.0	0.0	0.0	0.0

图 9.15

定义

```
vector< vector<double> > aTable;
```

将创建 aTable 为一个空的二维 vector。

9.6.2 二维 vector 操作

1．下标

一个形如 table[0]的单下标表达式表示 table 的一行，

table:	[0]	[1]	[2]	[3]
[0]	0.0	0.0	0.0	0.0

而一个形如 table[0][2]的双下标表达式表示 table 中指定行内的一个元素：

table:	[0]	[1]	[2]	[3]
[0]	0.0	0.0	0.0	0.0

总的来说，表达式

```
table[r][c]
```

可以被用来访问存储在 *r* 行 *c* 列中的值。

2．Size()方法

假设希望得到一个二维 vector 的行数。如果 table 是前面描述 3×4 二维 vector，那么表达式

```
table.size()
```

返回 table 的行数(3)。表达式

```
table[r].size()
```

可以用来得到行 *r* 中的列数，因为 table[*r*]返回了 table 中下标为 *r* 的一个 double 型值的 vector，而应用 size()到这个 vector 上将返回其中值的个数。如果 table 是长方形的，则每行的大小都是一样的，从而允许只要应用 size()到任何一行就可以了。如果 table 不是长方形的，那么每一行的大小有可能不一样，这样就必须单独的应用 size()到每一行。

可以使用 size()函数和下标（以及其他）vector 操作来创建很多有用的二维 vector 操作。例如，下面的语句可以用来显示一个二维的 vector 对象 table：

```
for (int row = 0; row < table.size(); row++)
{
    for( int col = 0; col < aTable[row].size(); col++)
        cout << setw(8) << table[row][col];
    cout << endl;
}
```

在外层循环，表达式

```
table.size()
```

返回和形参 table 对应的实参的行数，而内层循环的表达式

```
table[row].size()
```

返回 table[row]中的列数。

3．push_back()方法

假设需要添加一个新（第 4）行到 table。这可以通过使用 vector 的 push_back()方法来做到：

```
table.push_back(vector<double>(COLUMNS, 0.0));
```

表达式

```
vector<double>(COLUMNS, 0.0)
```

是对 vector 构造函数的一个调用，用来创建一个匿名的全零 vector。接着 push_back()函数将这个 vector 添加到 table 中现有的行上，如图 9.16 所示。

table:	[0]	[1]	[2]	[3]
[0]	0.0	0.0	0.0	0.0
[1]	0.0	0.0	0.0	0.0
[2]	0.0	0.0	0.0	0.0
[3]	0.0	0.0	0.0	0.0

图 9.16

要添加一列到 table，可以使用 push_back()函数来添加一个 double 型值到 table 的每一行，因为 table 的每一行本身又都是一个 double 型值的 vector：

```
for (int row = 0; row < table.size(); row++)
    table[row].push_back(0.0);
```

执行这个循环将添加第5列到table，如图9.17所示。

table:	[0]	[1]	[2]	[3]	[4]
[0]	0.0	0.0	0.0	0.0	0.0
[1]	0.0	0.0	0.0	0.0	0.0
[2]	0.0	0.0	0.0	0.0	0.0
[3]	0.0	0.0	0.0	0.0	0.0

图 9.17

注意，使用push_back()可以很容易地创建非长方形的表。例如，考虑下面的代码段：

```
vector< vector<double> > aTable;

for ( int col = 1; col <= 3; col++)
    aTable.push_back(vector<double>(col, 0.0));
```

初始地，aTable被创建为一个空的vector。for循环的第一轮创建了一个包含一个零的匿名vector并将其添加到aTable：

aTable:	[0]
[0]	0.0

for循环的第二轮创建并添加了另一个包含两个零的匿名vector：

aTable:	[0]	[1]
[0]	0.0	
[1]	0.0	0.0

for循环的第三轮创建并添加了包含三个零的第三个匿名vector：

aTable:	[0]	[1]	[2]
[0]	0.0		
[1]	0.0	0.0	
[2]	0.0	0.0	0.0

这样，二维vector不一定必须是正方形的，甚至也不一定必须是长方形的。这样一个非长方形的二维vector有时被称为锯齿状的表（jagged tables）。

练习9.6

对于练习1～6，为一个double型的二维vector编写返回所要求的值的函数。应该如本章结尾的编程问题12～17中所指导的那样编写驱动程序来测试这些函数。

1. 给定行上所有值的和。
2. 给定列上所有值的和。
3. 给定行上所有值的平均值。
4. 给定行上所有值的标准方差（见第 3 章的编程问题 1）。
5. 一列上所有值的平均值。
6. 给定列上所有值的标准方差（见第 3 章的编程问题 1）。
7. 创建一个包含（至少）矩阵加法和乘法操作（见第 3 章结尾部分的编程问题 7 和 8）以及 I/O 操作的 Matrix 类。如本章结尾的编程问题 26 中所指导的那样编写驱动程序来测试你的类。

9.7 其他标准容器器——deque、stack 以及 queue

我们在第 7 章里讨论了栈，以及在第 8 章里讨论了队列，同时还简单地描述了 deque。在本节里，将再次探讨这些 ADT 并描述它们在标准库中的实现。

9.7.1 STL 的 deque 类模板

作为一个 ADT，一个 deque（双端队列的缩写）是一个在两端都如队列一样工作的线性容器。更准确地说明如下：

Deque ADT

数据元素集合：

一个有序的数据元素集合，其属性为元素只能在两端被添加和删除。

基本操作：

- 创建一个 deuqe（通常是空的）。
- 检查 deque 是否为空。
- Push_front：　在 deque 的前端添加一个元素。
- Push_back：　在 deque 的后端添加一个元素。
- Front：　提取 deque 前端的元素。
- Back：　提取 deque 后端的元素。
- Pop_front：　删除 deque 前端的元素。
- Pop_back：　删除 deque 后端的元素。

STL 中的一个基本容器是 deque 类模板。它具有：

- 和 vector 一样的操作，除了没有 capacity()和 reserve()。
- 两个新的操作：
  - `d.push_front(value);`　　在 *d* 的前端推入 value 的一份拷贝
  - `d.pop_front();`　　删除 *d* 前端的元素

这里 *d* 是一个 deque。由此看到，deque 可以实现 deque ADT。程序 9.6 演示了 deque 的几个操作：

程序 9.6 演示 STL 的 deque

```
/*-----------------------------------------------------------------------
        演示STL中deque容器使用的程序
-----------------------------------------------------------------------*/
#include <deque>
#include <iostream>
using namespace std;

int main()
{
    deque<int> d;

// 输出存储在d中的值的个数
cout << d.size() << " elements in an empty deque\n";

// 交替地添加6个整数到前端和后端
for ( int i = 1; i <= 6; i += 2)
{
    d.push_front(i);
    d.push_back(i+1);
}

cout << "Contents after alternating adds at front and back:\n";
for ( int i = 0; i < d.size(); i++)
    cout << d[i] << "  ";
cout << endl;

// 改变后端的值为999，删除前端的值：
    d.back() = 999;
d.pop_front();

// 再次显示d的内容，但这次是使用迭代器
cout << "Contents (via iterators) after changing back "
        "and popping front:\n";
for ( deque<int>::iterator it = d.begin();
                                  it != d.end(); it++)
    cout << *it << "  ";
cout << endl;

// 从后端到前端转储d的内容
```

```
cout << "Dumping the deque from the back:\n";
while (!d.empty())
{
    cout << d.back() << "  ";
        d.pop_back();
}
cout << endl;
}
```

运行跟踪：

```
0 elements in an empty deque
Contents after alternating adds at front and back:
5  3  1  2  4  6
Contents (via iterators) after changing back and popping front:
3  1  1  2  4  999
Dumping the deque from the back:
999  4  2  1  3
```

注意，STL 的 deque 实际上并不是作为 ADT 的 deque 的忠实实现；它还具有很多额外的操作。例如，和 vector 一样，deque 允许通过下标运算符[]来直接访问它的任何一个元素，而这并不是作为 ADT 的 deque 的属性。它还具有其他和 vector 相似的操作，例如，在列表中任何位置插入和删除。不过，在列表两个端点以外位置的插入和删除是很低效的，实际上相比 vector，要花费更长的时间。

vector 容器的一大缺点是当它的容量要扩大时，它必须将所有的对象从旧的内部数组复制到新的更大的内部数组中。接着它必须销毁旧数组中的每一个对象。这是很大的开销！而使用 deque，这些复制、创建和销毁都被避免了。一旦一个对象被创建了，只要它还存在，它就可以一直待在同一个存储位置（只要插入和删除是在 deque 的两端进行的）。

deque 能够做到这一点的原因在于，和 vector 不同，deque 并不是存储在单独一块可变大小的内存块中的，而是一系列固定大小的块中（典型地，4K 字节）。它的一个数据成员实际上是一个数组 map，这个数组的元素指向这些块的位置。例如，如果每个块只是由 5 个存储单元组成，从一个空 deque 开始，按照如下顺序插入元素，可以构成一个 deque<int> 对象 d：

```
Push_front: 555
Push_back: 1,2,3,4
Push_front: 666,777,888
Push_back: 99,100
```

我们可以使用图 9.18 刻画的 d。当一个数据块变满了，一个新的数据块将被分配，其地址被添加到 map 中。当 map 满了，将分配一个新的，而当前的值将被复制到它的中间位置。

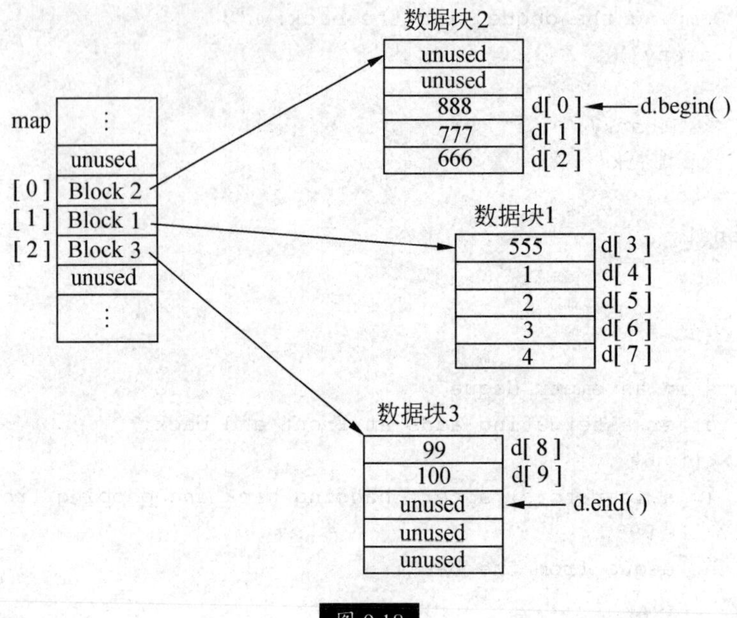

图 9.18

如我们提到的，相比 vector，对于一个 deque 来说，在列表中某个位置进行插入将花费更长的时间。要在一个 vector 的中间插入一个项，从这个位置开始的元素只需要向右移动一个位置来腾出空间。然而，在 deque 的中间进行插入，可能导致在非连续的块之间进行移动，这显然是更加耗费时间的。当一个 deque 如先前描述的 deque 的 ADT 定义那样被使用时（也就是，仅仅在两端进行插入和删除），deque 的操作是非常有效率的。

9.7.2 我们的 stack 类模板的一个新（但是非必须的）版本

在 9.3 节中通过将 Stack 类型创建为一个类模板，从而可以用于任意类型的栈元素，来改进了 Stack 类型。但是它仍然有一个严重的不足之处，即栈有可能变满。它不是动态的，即不能在需要的时候增长。如在 7.3 节中提到的，一种解决方法是使用动态数组，接着在需要时令栈的容量增长，如下：

（1）分配一个更大的数组 temp。

（2）将 myArray 复制到 temp 中的第一个 myCapacity 位置。

（3）释放 myArray(使用 delete[])。

（4）设置 myArray = temp。

作为替代，我们开发了一个链表实现的栈，并使得栈能够增长为所需的大小，以避免这种复制。

另一种方法是使用 deque 或 vector 来作为容纳栈元素的容器；因为它们可以在需要时自动增长容量，因此可以工作得很好。程序 9.7 说明了使用 deque 来存储栈元素是多么容易实现。

程序 9.7 一个基于 deque 的 Stack 模板

```
// ***** 注释文档请参见程序9.2  ***** //
```

```
#ifndef STACK_DEQUE
#define STACK_DEQUE

#include    <iostream>
#include    <deque>

template<typename StackElement>
class Stack
{
 public:
  /***** 函数成员 *****/
  // 构造函数： 让deque的构造函数处理它
  bool empty() const;
void push(const StackElement & value);
 void display(ostream & out) const;
 StackElement top() const;
 void pop();

private:
 /***** 数据成员 *****/
 deque<StackElement> myDeque;         // 使用deque来存储元素
}; // 类声明结束

//--- empty操作的定义
template <typename StackElement>
inline bool Stack<StackElement>::empty() const
{   return myDeque.empty(); }

//--- push操作的定义
template<typename StackElement>
inline void Stack<StackElement>::push(const StackElement & value)
{   myDeque.push_back(value);   }

//--- display操作的定义
template <typename StackElement>
inline void Stack<StackElement>::display(ostream & out) const
{
    for ( int pos = myDeque.size() - 1; pos >= 0; pos--)
        out << myDeque[pos] << endl;
}
//--- top操作的定义
```

```
template <typename StackElement>
inline StackElement Stack<StackElement>::top() const
{
    if (!myDeque.empty())
        return myDeque.back();
    //else
    cerr << "*** Stack is empty ***\n";
}

//--- pop操作的定义
template <typename StackElement>
inline void Stack<StackElement>::pop()
{
    if ( !myDeque.empty())
        myDeque.pop_back();
    else
        cerr << "*** Stack is empty - can't remove a value ***\n";
}

#endif
```

基本上，在程序 9.7 中所做的是把一个 deque 包裹在一个类模板中并使得它能够完成所有的工作。我们的函数成员实际上就是 deque 的函数成员的重命名。而实际上并没有必要做这些事，因为 STL 已经做了。

9.7.3 STL 的 stack 适配器

标准库包括了 stack 容器，准确地说，它是一个适配器（如这样一个事实所示，它是一个类模板，它的一个类型形参是一个容器类型），这表示基本上它的作用是担当其他类的“包裹材料”，从而给被包裹的类提供了一个新的用户接口。一个诸如 stack 的容器适配器看起来像一个新的容器，但实际上是使用被封装的容器的成员来做到这一点的。

可是使用如下声明创建一个栈

```
stack<T, C<t> > aStack;
```

这里 C 可以是任何支持 LIFO 方式的 push_back()和 pop_back()的容器。特别地，C 可以是一个 vector，一个 deque，或者一个 list（见 11.3 节）。如果没有规定容器，则 deque 是默认的容器；也就是说，形如

```
stack<T> aStack;
```

的一个声明等价于

```
stack< T, deque<T> > aStack;
```

对于其他容器，必须显式地规定它们：

```
stack< T, vector<T> > aStack1;
stack< T, list<T> > aStack2;
```

下面是标准 stack 容器的基本操作：

- 构造函数：`stack<T, C<T> > st;` 创建一个空的栈 st；它使用一个容器 C 来存储元素（默认容器是 deque）。
- empty()。
- top()。
- push()。
- pop()。
- size()。
- 关系运算符：==、!=、<、<=、>、>=（和为容器 C 所定义的一样）。

从这个列表中，我们看到 STL 的 stack 是作为 ADT 的栈的一个忠实实现。它提供了 5 个基本的栈操作，并添加了 size()操作和关系运算符。然后，它确实使用了大量的内存，因为前面已经看到，其内部的 deque 容器的容量开始时和以后增长时都是通过添加一大块内存（典型的 4K）来进行的。另外，由于被 stack 包装所屏蔽，在内建的 deque 操作中，很多都成了未使用的“马力”。

9.7.4 STL 的 queue 适配器

标准库还包含了一个 queue 容器，像 stack 一样，这也是一个容器适配器。可以使用如下的声明创建一个队列

```
queue< T, C<T> > aQueue;
```

这里 C 可以是任何支持 push_back()和 pop_front()的容器。特别地，C 可以是一个 deque 或一个 list（见 11.3 节）；如果没有给定容器，那么 deque 是默认的容器；也就是说，形如

```
queue<T> aQueue;
```

的声明等价于

```
queue< T, deque<T> > aQueue;
```

要把 list 作为容器使用，可以写作

```
queue< T, list<T> > aQueue;
```

queue 的基本操作和 stack 的一样，除了：

- `front()`（代替 `top()`）提取队列中的前端元素。
- `pop()` 实现 dequeue 操作。
- `push()` 实现 enqueue 操作。
- `back()` 提取队列后端的元素。

✔ 小测验9.7

1. 单词 deque 是________的简写。
2. 将 deque 定义为一个 ADT。
3. STL 的 deque 容器具有和 ADT deque 的定义中规定的一样的操作。（判断题）
4. 相比 vector 来说，在 deque 的列表中插入要更费时。（判断题）
5. deque 是存储在单独一块连续的内存中的。（判断题）
6. 担当其他类的包裹材料的类被称为________。
7. 一个适配器封装一个容器来给予其一个新的用户________。
8. 声明 stack< vector<double>> st;中什么地方错了？
9. 列举两个作为适配器的 STL 容器。

9.8 Bitset 和 Valarray（可选）

WWW 如在 9.3 节结尾提到的，有 4 种类型可以归类为容器，因为它们都包含元素：数组、string、valarray 和 bitset。然而，它们都缺少 STL 容器普遍具有的一些接口特性。我们已经在第 3 章中仔细研究了数组，在第 5 章中仔细探讨了 string 类型。本节将对另两种类型作一个简明的纵览。在本书的 Web 站点可以找到这些容器的扩展论述。

9.8.1 Bitset

一个 bitset 对象包含一个以二进制位为元素的数组。这样，它很像一个元素是 bool 类型的数组，但是和数组不同，它提供了用于操纵存储在其中的位的操作。

bitset 类模板在标准的<bitset>库中声明，这个库必须被包含在任何使用 bitset 的程序中：

```
#include <bitset>
```

接着就可以使用下面的某个声明来创建一个 bitset 对象：

```
                              // 使用 N 位来初始化 b
bitset<N> b;                  // 全为 0
bitset<N> b(num);             // 为 num（使用零向左填充）
bitset<N> b(str, pos, n);     // str 中从 pos 开始的 n 位（使用零向左填充）
```

这里 *N* 是规定 b 中位数的一个常量；num 是一个非负的整数；str 是一个 0 和 1 的位串；pos

是一个非负的默认值为 0 的整数；而 *n* 是一个非负的整数，其默认值为 str.length() - pos。要说明，考虑下面的例子：

```
#include <bitset>
using namespace std;

bitset<5> b0;
bitset<10> b1(49);
string bitstring = "101100111000";
bitset<16>  b2(bitstring),
            b3(bitstring, 3),
            b4(bitstring, 0, 4);
```

第一个声明创建 b0 为包含 5 个零的 bitset，第二个声明创建 b1 为包含 10 个位，即 49 的二进制表示的 6 个位 110001 以及左边的 4 个零：

b0 | 00000 |

b1 | 0000110001 |

注意位的位置是按照和内存字一样的方式从右到左来编号的。

	9	8	7	6	5	4	3	2	1	0
b1	0	0	0	0	1	1	0	0	0	1

这意味着可以将 bitset<N>对象看作一个 N 位的二进制数。

后三个声明创建的 bitset 包含 16 位：b2 包含 bitstring 中的 12 位以及填充的 4 个零；b3 包含 bitstring 中的后 9 位以及填充的 7 个零；而 b4 包含 bitstring 中的前 4 位以及填充的 12 个零：

b2 | 0000101100111000 |

b3 | 0000000100111000 |

b4 | 0000000000001011 |

bitset 中提供了一些用于操作一个 bitset b 中单独的位或者所有位的操作：

- &(按位与)、|(按位或)、^（按位异或）、<<(按位左移)、>>(按位右移)。
  例如，b3 & b4 得到 0000000000001000 而 b4 << 2 得到 0000000000101100。
- 相应的赋值运算符：&=、|=、~=、<<=、>>=。
- 关系运算符：==、!=。
- 下标运算符[]：b[*i*]是从右数 b 中的第 *i* 位。

- 相等大小 bitset 赋值

还有一些用于改变或检查位的函数成员：

- `b.set()` 设置 b 的所有位为 1。
- `b.reset()` 设置 b 的所有位为 0。
- `b.set(i, bv)` 设置 b[*i*]为 bv，bv 的默认值为 1。
- `b.reset(i)` 设置 b[*i*]为 0。
- `b.flip()` 改变所有位（0 变成 1 而 1 变成 0）。
- `b.flip(i)` 改变 b[*i*]。
- `b.size()` 总的位数。
- `b.count()` 为 1 的位的个数。
- `b.any()` 如果所有位都是 1 则返回 true，否则返回 false。
- `b.none()` 如果没有位为 1 则返回 true，否则返回 false。
- `b.test(i)` 如果 b[*i*]为 1 则返回 true，否则返回 false。

此外还有将 bitset 转换为整数或者字符串的操作以及输入/输出操作：

- `b.to_ulong()` 存储在 b 中的位串所代表的 unsigned long int。
- `b.to_string()` 存储在 b 中的位串所代表的 string。
- `out << b` 输出存储在 b 中的位串到 ostream out。
- `in >> b` 从 istream in 输入一个位串并存储到 b 中。

WWW bitset 的一个有用的应用是实现集合——一个无序的对象的集合，其操作为联合、求交集和求补集（如数学中学习的）。本书的 Web 站点中讨论了集合以及它们基于 bitset 的实现。它使用这个实现在一个给定范围内使用埃拉托色尼(ERATOSHENES)筛法来寻找素数——大于 1 并且其因子只能是 1 或自身的整数。在公共密钥加密/解密方法（见第 5 章），随机数产生器，散列表的设计（在 12.7 节中介绍），以及数论的很多其他应用中，素数都是很重要的。

9.8.2 Valarray

我们在一些地方使用了数组：第 6 章中在一个 List 类中存储列表元素，第 7 章中在一个 Stack 类中存储栈元素，以及第 8 章中在一个 Queue 类中存储队列元素。已经指出了数组的一些缺点，特别是它们并不是自包含的，因此并不能和面向对象程序设计的思想保持一致。我们也指出了一种解决方法，那就是可以将一个数组，它的容量、大小以及其他一些基本操作封装在一个类结构中。在 9.4 节中已经看到了这是 vector 类模板所使用的方法。

数组的另一个重要使用是在科学和工程应用中的数值计算，例如，在向量处理中。在数学中，术语向量指的是一个其上可以执行不同的算术运算的实数值的序列（一维数组）；例如，+、–、标量乘法、以及点积。因为很多数值工作依靠这些向量的使用，所以高效的库在很多领域中都是至关重要的。为此，标准的 C++库提供了 valarray 类模板，这是设计来很高效地执行向量运算的。也就是说，valarray 是为数值计算高度优化的（数学上的）向量。

valarray 类模板是在标准的<valarray>库中声明的，这个库必须被包含在任何使用 valarray 的程序中：

```
#include <valarray>
```

接着就可以使用下面声明中的一个来创建一个 valarray 对象 *v*：

```
                                // 初始化v：
valarray<T> v;                  // 为空
valarray<T> v(n);               // 为n个默认的T值
valarray<T> v(val, n);          // 为val的n份副本
valarray<T> v(array, n);        // 为array中的前n个值
valarray<T> v(w);               // 为w的副本
```

这里，T 是一个数值类型（典型的，float、double 或者 long double），*n* 是一个规定 *v* 的容量的整数；val 是类型为 T 的值；array 是一个 T 型值的数组；而 *w* 是一个 valarray。要说明，考虑下面的例子：

```
#include <valarray>
using namespace std;

valarray<double> v0;
valarray<float> v1(100);
valarray<int> v2(999, 100);
const double A[] = {1.1, 2.2, 3.3, 4.4, 5.5};
valarray<double> v3(A, 4);
```

第一个声明创建 *v0* 为一个空的 double 型的 valarray（可以在以后改变大小）；第二个声明创建 *v1* 为一个包含 100 个 float 值的 valarray；第三个声明创建 *v2* 为一个包含 100 个初始为 999 的 int 值的 valarray；而最后一个声明创建了一个包含 4 个 double 值，初始化为存储在数组 A 中的 4 个值（1.1、2.2、3.3、4.4）的 valarray。

valarray 的基本操作如下：

- 下标运算符[]（也可以被 slices、gslices、masks 以及间接数组使用）。
- 相同大小 valarray 赋值。
- 一元运算（逐个元素的应用）：+、–、～、!。
- 赋值运算符：+=、–=、*=、/=、%=、&=、|=、^=、<<=、>>=。

  如果Δ表示这些运算中的某一个，则 v Δ= x;等价于：

  ```
  for( int i = 0; i < v.size(); i++)
      v[i] = v[i] Δ x;
  ```

- `size()`：存储在 valarray 中的值的个数。
- `resize(n, val)`：重新初始化 valarray 为具有 *n* 个元素，每个元素的值都为 val

（可选）。例如：

```
cin >> n;
v0.resize(n);
```

■ shift(*n*)以及 cshift(*n*)：如果 $n > 0$，向左移动 valarray 中的值$|n|$个位置，如果 $n < 0$，则向右移。对于 shift，空出的位置使用 0 填充；对于 cshift，值按照循环的方式从一端移动到另一端。例如：

```
v3.shift(2);        将改变v3为3.3, 4.4, 0, 0
v3.shift(-2);       将改变v3为0, 0, 1.1, 2.2
v3.cshift(2);       将改变v3为3.3, 4.4, 1.1, 2.2
```

还有几个非成员操作：

■ 下面的二元运算符以及数学函数（从 cmath 中来）：

+、–、*、/、%、&、|、^、<<、>>、&&、||、==、!=、<、>、<=、>=、

atan2()、pow()

这些操作和函数被逐个元素地应用。操作数可以都是 valarray 或者一个 valarray 和一个标量。

■ 下面的数学函数，被逐个元素地应用：

```
acos(),asin(),atan(),cos(),cosh(),exp(),log(),log10(),
sin(),sinh(),sqrt(),tan(),tanh()
```

例如，赋值语句

```
w = pow(v3, 2);
```

将 *w* 赋值为 *v*3 的元素的平方，即 1.21、4.84、10.89、19.36。

其他一些 valarray 有用的操作可以在标准的<algorithm>和<numeric>库（见 10.5 节）中找到。例如，<numeric>包含用于计算一个序列的元素的和，两个序列的内（点）积，一个序列的部分和，以及一个序列中相连元素的差的函数。

9.8.3 Slics、Mask、以及间接数组

有 4 个辅助类型可以规定一个 valarray 的子集：

■ slice_array：对于称为步长的某个整数 *n*，slice 选出 valarray 中每第 *n* 个元素。

■ gslice_array：gslice（通用化的 slice）实际上包含了有关多个 slice 的信息；这里不是使用一个步长和一个大小，而是可以使用多个步长和多个大小。

■ mask_array：mask 是一个布尔型 valarray，当它被用作一个 valarray 的下标时，对每一个下标都规定了 valarray 中相应的元素是否被选入子集中。

- indirect_array: indirect_array 规定了一个 valarray 的任意子集以及这个 valarray 的重排序。

关于 valarray 和这些辅助类型的更多信息，包括一些例子，可以在本书的 Web 站点上找到。

9.9 本章小结

章节注意要点

- 要重载一个函数名，则这个函数的任何两个定义不能具有一样的形参列表（称为函数的特性）。
- 函数模板是编译器用来创建函数的模式。它通过类型形参将类型传递给函数来声明形参的类型。
- 类模板是编译器用来创建类的模式。它通过类型形参将类型传递给类来规定类成员的类型。
- 标准模板库（STL）包含容器类模板、访问和处理容器元素的迭代器，以及在容器上操作的函数模板。
- STL 的 vector 是一个基于数组的容器，具有丰富的操作，并且其容量可以随着需要增长。
- 迭代器是指针的通用化，被用来访问容器的元素并从一个元素移到另一个元素。
- Stack 和 queue 容器是包装其他容器的适配器。
- C++的 bitset 是一个基于数组的容器，它的元素都是二进制位；valarray 是基于数值数组的容器，是为了处理数学向量而设计的。

程序设计知识点

1. 每个函数模板和类模板前面都必须有如下形式的一个模板声明：

   tempalate<typename TypeParam1, typename TypeParam2, …>

   或

   template<class TypeParam1, class TypeParam2, …>

   注意，是使用尖括号(<>)而不是圆括号来括起类型形参列表。对于一个函数模板，如果编译器需要在发生函数调用时根据实参决定类型形参所绑定的类型，那么每个类型形参都必须在这个函数的规则形参列表中出现至少一次。(另外也参见附录 D)
2. 不能将函数模板分成包含它们原型的头文件和包含它们定义的编译文件。
3. 下面的 3 条规则规定了如何构建一个类模板：
   - 所有在类声明之外定义的操作必须是模板函数。
   - 任何将类模板的名字作为类型的使用都必须形参化。

- 在编译时，类模板上的操作必须定义在类声明所在的文件中。

4. 不应该使用下标运算符来将值添加到一个 vector，因为这既不会更新 vector 的大小也不会更新其容量；应该使用 push_back 和 insert()操作。
5. vector 的容量在增长时总是加倍的。
6. 记住在如下形式的声明中，在结尾的尖括号之间使用一个空格

```
Type<T, Container<T> > objectName;
```

这样编译器不会将其与>>运算符混淆。

ADT 技巧

1. 用 typedef 来设置存储在一个容器中的元素的类型将把这个类的元素绑定为某种特定的类型。
2. 模板机制使得能够编写通用的函数模板和开发通用的容器类模板。它使得类和函数不仅能够通过形参接收将被存储的或被操作的数据值，还能够通过形参接收数据的类型。
3. 标准的 C++容器和算法提供了解决问题和实现 ADT 所需的通用的和非常有效的数据结构。
4. 迭代器提供了一种访问容器中元素的通用方法。
5. deque 提供了对于其包含的值列表的每一端元素的直接访问。

编程问题

9.3 节

1. 编写一个驱动程序，使用练习 1 中的函数模板求取以下的平均值：①两个 int；②两个 float；③两个 double。
2. 编写一个驱动程序，使用练习 2 中的函数模板求取以下的最大值：①两个 int；②两个 float；③两个 double；④尝试两个复数值。会发生什么，为什么？
3. 编写一个驱动程序，使用练习 3 中的函数模板求取以下的中值：①三个 int；②三个 float；③三个 double；④尝试三个复数值。会发生什么，为什么？
4. 编写一个驱动程序，使用练习 4 中的函数模板 arraySum()对以下类型元素的数组中存储的值求和：①int；②float；③double。
5. 编写一个驱动程序，使用练习 5 中的函数模板 arrayMaxMin()求取以下类型元素的数组中存储的值的最大值和最小值：①int；②float；③double。
6. 编写一个驱动程序，使用练习 6 中的函数模板 arraySearch()对以下类型元素的数组进行查找：①int 型，查找一个给定的 int 值；②double 型，查找一个给定的 double 值；③string 型，查找一个给定的 string 值。
7. 编写一个驱动程序，以本书中测试 Stack 类模板相似的方式，来测试练习 7 中的 list 类模板。
8. 编写一个驱动程序，以本书中测试 Stack 类模板相似的方式，来测试练习 8 中的

queue 类模板。

9．编写一个驱动程序，通过使用坐标类型为①int；②float；③double 的点来测试练习 9 中的 CartesianPoint 类模板。

9.4 节

10．编写一个驱动程序来测试练习 15 中的升序函数。

11．编写一个驱动程序来测试练习 16 中的范围函数。

9.6 节

12．编写一个驱动程序来测试练习 1 中的求行和函数。

13．编写一个驱动程序来测试练习 2 中的求列和函数。

14．编写一个驱动程序来测试练习 3 中的求行平均值函数。

15．编写一个驱动程序来测试练习 4 中的求行标准方差的函数。

16．编写一个驱动程序来测试练习 5 中的求列平均值函数。

17．编写一个驱动程序来测试练习 6 中的求列标准方差的函数。

18．表 9.6 包含了 6 种型号的汽车在 7 种不同速度情况下产生的噪声水平（分贝）数据。编写一个程序，能够以易读的格式显示这张表，计算和显示每种车型的平均噪声水平，每种速度下的平均噪声水平，以及总的平均噪声水平。将这张表存储在一个二维 vector 中。

表 9.6

	Speed(MPH)						
Car	**20**	**30**	**40**	**50**	**60**	**70**	**80**
0	88	90	94	102	111	122	134
1	75	77	80	86	94	103	113
2	80	83	85	94	100	111	121
3	68	71	76	85	96	110	125
4	77	84	91	98	105	112	119
5	81	85	90	96	102	109	120

19．使用 vector 存储元素。编写一个程序来计算和显示帕斯卡三角的前 10 行。帕斯卡三角的前面部分的形式为：

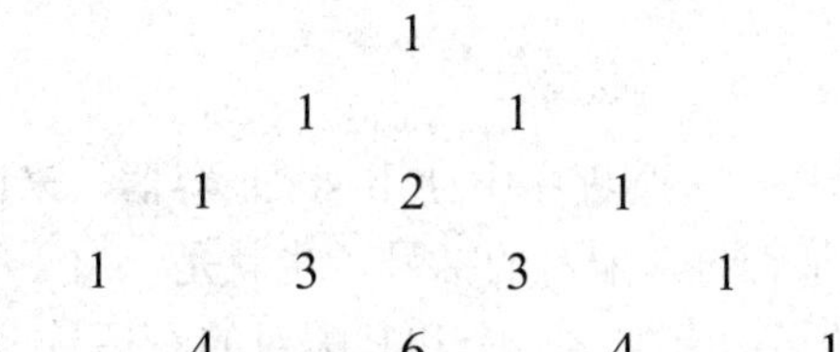

每一行以 1 开始，又以 1 结束，而一行中的其他元素都是其上方的两个元素的和。如果觉得这种形式的输出太复杂，也可以将这个三角显示为：

```
1
1   1
1   2   1
1   3   3   1
1   4   6   4   1
```

20．一个汽车零售商销售 10 种不同型号的汽车，并雇佣了 8 个销售员。每个月的销售记录可以表示为一张表，其中每一行包含了某个销售员销售的每种型号的汽车的数量，而每一列包含了每个销售员销售的某种型号的汽车的数量。编写一个程序，将销售数据输入一个二维 vector，然后产生一份月度销售报表，以一种美观的方式显示月度销售表。这张报表还应该显示每个销售员销售的汽车总量以及销售员们销售的每种汽车的总量。

21．某公司具有一条生产线，生产 5 种产品，售价分别为$100、$75、$120、$150 以及$35。有 4 个销售员为这家公司工作，并且表 9.7 给出了典型的一周的销售报表。

表 9.7

Salesperson Number	Item Number				
	1	2	3	4	5
1	10	4	5	6	7
2	7	0	12	1	3
3	4	9	5	0	8
40	3	2	1	5	6

将报表存储在一个二维 vector 中，编写一个程序：

（1）计算每个销售员的总销售额。

（2）如果佣金率是 10%，计算每个销售员的总佣金。

（3）如果每个销售员每个月的收入为固定的薪水$200/星期再加佣金，那么计算这个星期每个销售员的总收入。

22．使用一个二维 vector，重做第 3 章的编程问题 6（人口统计研究）。

23．使用一个二维 vector，重做第 3 章的编程问题 9（幻数方块）。

24．使用一个二维 vector，重做第 3 章的编程问题 10（温度网格）。

25．使用一个二维 vector，重做第 3 章的编程问题 11（生命游戏）。

26．编写一个驱动程序来测试练习 7 中的 Matrix 类。

9.7 节

27．如第 7 章编程问题 2 那样在一个程序中使用 stack 容器，来读取一个串，每次一个字符，并判断这个串是否包含配对的括号，也就是，对于每个左括号（如果有的话），那么在这个串的后面有唯一一个和其配对的右括号。

28．在一个程序中使用 stack 容器来求取一个正整数的素因子，并按照降序显示这些素因子（见第 7 章中的编程问题 4）。例如，对于整数 3960，你的程序应该产生

11 * 5 * 3 * 3 * 2 * 2 * 2

29．在一个程序中使用 deque 和 stack 容器来颠倒一个队列的元素。

30．在一个回忆程序中使用 queue 容器，这个程序产生一个随机的字母和/或数字序列，将序列一次一个字母的显示给用户大约一秒钟左右，然后要求用户重新产生这个序列。使用一个队列来存储字符序列。

31．在一个程序中使用 queue 和 stack 容器，这个程序读取一个字符串，读取每个字符后，在将其推入一个栈的同时添加到一个队列中，当到达串尾时，这个程序应该使用基本的栈和队列操作来判断这个串是否是一个回文（见 5.2 节的练习 10）。

32．重做问题 31，但是仅仅使用一个 deque 来存储字符串中的字符。

第10章 ADT实现——递归、算法分析以及标准算法

章节内容

- 递归
- 递归的例子：Hanoi塔；解析
- 实现递归
- 算法效率
- C++中的标准算法
- 算法正确性证明

章节学习目标

- 通过考察例子来回顾递归。
- 说明如何使用运行时栈来实现递归。
- 讨论算法效率这个重要的问题以及如何度量算法的效率。
- 描述STL中的一些强大而有用的标准C++函数模板。
- （可选）简明地介绍算法验证的问题。

抽象数据类型的实现有两个主要方面：

（1）寻找或创建ADT中数据元素所需要的存储结构。

（2）为ADT中的基本操作开发算法。

在前面的章节里考察了可以用来组织问题中数据的不同结构——编译时数组、运行时数组、链表、向量等。在本章中，将把注意力转向对实现ADT的另一个方面的更加仔细的学习，主要集中在算法的开发和评价上，并探讨一下C++中提供的一些标准算法。

到目前为止所考虑的算法以及实现它们的函数都是非递归的；也就是说，它们并不调用自己，不管是直接的还是非直接的。但是，有一些问题，对于它们来说最合适的算法是递归的。在本章中将以回顾递归以及在C++中如何编写递归函数开始，并使用几个例子来说明递归。还将讨论栈在对递归的支持中所起的作用。

更进一步，对于一个给定的问题，有几种不同的算法能执行相同的任务，那么能够比较它们的性能是很重要的。这样，还将更仔细地考虑算法的分析并介绍一些评价它们效率的技术。在本章的末尾，介绍一些验证算法正确性的技术。

10.1 递归

已经看过了一些调用其他函数的函数例子。在本节中，讨论函数调用自己的情况，这是一种称为**递归**的现象。如果一个函数的定义包含以下两个部分，则称这个函数为**递归定**

义的。

（1）一个**锚例**（**anchor**）或者**基例**（**base case**），规定了对应于一个或多个参数值时，这个函数的值。

（2）一个**归纳**或**递归**情况，其中对应于当前参数值的函数值是根据前面定义的函数值或参数值来定义的。

这个结构和在数学课程中学习过的通过数学归纳来证明是一样的：如下证明对于所有非负整数 n 一个性质 $P(n)$是成立的：

（1）证明一个基例是成立的（n=0）。

（2）通过以下方式证明归纳情况，即假设对于某个整数 $n = k$ 性质是成立的（归纳假设或假定）接着证明对于 n=k+1 这个性质也是成立的。

10.1.1 递归的例子

为了示范递归函数，考察数学中的两个经典例子：①计算实数的幂；②计算某个非负整数的阶乘。它们的递归定义具有同样的结构，即每个函数的锚例规定了函数的一个特殊值，而递归步定义了如何根据函数在整数 n–1 时的值计算 n 时的值。

1．递归求幂函数

从考虑计算 x^n 的问题开始，这里 x 是一个实数值而 n 是一个非负整数。大家学习的 x^n 的第一个定义通常是迭代的（非递归的），

$$x^n = \underbrace{x \times x \times \cdots \times x}_{n \text{ 个 } x}$$

后来大家知道 x^0 被定义为 1。（为简便起见，假设当 x 为 0 时 x^0 也是 1，尽管在这种情况下，它通常是没有定义的。）

不过，在计算某个数的一系列连续的幂值时，使用这个定义来计算每个幂值是很愚蠢的，也就是说，将这个数乘以自身所需的次数。例如，

$$\begin{aligned}
&3^0 = 1\\
&3^1 = 3\\
&3^2 = 3 \times 3 = 9\\
&3^3 = 3 \times 3 \times 3 = 27\\
&3^4 = 3 \times 3 \times 3 \times 3 = 81\\
&3^5 = 3 \times 3 \times 3 \times 3 \times 3 = 243\\
&\quad\vdots
\end{aligned}$$

很显然如果 3 的某个幂被计算出来了，它可以用来计算下一个幂值；例如，给定了 $3^3 = 27$，可以使用这个值来计算

$$3^4 = 3 \times 3^3 = 3 \times 27 = 81$$

然后又可以使用这个值来计算

$$3^5 = 3 \times 3^4 = 3 \times 81 = 243$$

如此等等。实际上，要计算 3 的任何次幂，只需要知道 3^0 的值，

$$3^0 = 1$$

以及 3 的某个幂和下一个幂之间的基本关系：

$$3^n = 3 \times 3^{n-1}$$

这种计算幂值的方法导出了下面的幂值函数的递归的定义：

$$x^0 = 1 \qquad \text{(锚例或者基例)}$$

$$\text{对于 } n > 0,\quad x^n = x \times x^{n-1} \qquad \text{(归纳或递归情况)}$$

2．递归求阶乘函数

第二个经典的可递归计算的函数的例子是求阶乘函数。大家通常学习的一个非负整数 n 的阶乘 $n!$的第一个定义是：

$$\text{对于 } n > 0,\quad n! = 1 \times 2 \times \cdots \times n$$

并且 0!是 1。举例来说，

$$\begin{aligned}
0! &= 1\\
1! &= 1\\
2! &= 1 \times 2 = 2\\
3! &= 1 \times 2 \times 3 = 6\\
4! &= 1 \times 2 \times 3 \times 4 = 24\\
5! &= 1 \times 2 \times 3 \times 4 \times 5 = 120
\end{aligned}$$

再一次，对于一个给定的整数，这个函数的值可以用来计算下一个整数的阶乘值。例如，要计算 5!，可以简单的将 4!乘以 5：

$$5! = 4! \times 5 = 24\times5=120$$

相似的，可以使用 5!来计算 6!，

$$6! = 5! \times 6 = 120 \times 6 = 720$$

如此等等。只需要知道 0!的值，

$$0! = 1$$

以及一个数的阶乘和下一个数的阶乘之间的基本关系：

$$n! = n \times (n-1)!$$

这提出了下面的 n!的递归定义：

$$0! = 1 \qquad \text{(锚例或者基例)}$$

$$\text{对于 } n > 0,\quad n! = n \times (n-1)! \qquad \text{(归纳或递归情况)}$$

10.1.2 递归函数的编码

如果注意一下这些例子，这样的递归函数在计算对应于一系列连续的 n 值时的 $f(n)$函数值是很有用的。但是，使用它们来/计算任何一个特定的值，都需要计算前面的值。例如，考虑使用递归定义的求幂函数来计算 3^5，那么必须首先计算 3^4，因为 3^5 定义为 3 和 3^4 的积。但是要计算 3^4，又必须计算 3^3，因为 3^4 定义为 3 和 3^3 的积。要计算 3^3，又必须再次应用定义的归纳情况，$3^3 = 3 \times 3^2$，接着求 3^2，这定义为 $3^2 = 3 \times 3^1$，又一次需要求 $3^1= 3 \times 3^0$。现在最终到达了锚例：

$$
\begin{aligned}
3^5 &= 3 \times 3^4 \\
&\downarrow \\
3^4 &= 3 \times 3^3 \\
&\downarrow \\
3^3 &= 3 \times 3^2 \\
&\downarrow \\
3^2 &= 3 \times 3^1 \\
&\downarrow \\
3^1 &= 3 \times 3^0 \\
&\downarrow \\
3^0 &= 1
\end{aligned}
$$

由于 3^0 的值已经给出了，所以可以回溯得到 3^1 的值

$$
\begin{aligned}
3^5 &= 3 \times 3^4 \\
&\downarrow \\
3^4 &= 3 \times 3^3 \\
&\downarrow \\
3^3 &= 3 \times 3^2 \\
&\downarrow \\
3^2 &= 3 \times 3^1 \\
&\downarrow \\
3^1 &= 3 \times 3^0 = 3 \times 1 = 3 \\
&\downarrow \nearrow \\
3^0 &= 1
\end{aligned}
$$

接着回溯得到 3^2 的值

$$
\begin{aligned}
3^5 &= 3 \times 3^4 \\
&\downarrow \\
3^4 &= 3 \times 3^3 \\
&\downarrow \\
3^3 &= 3 \times 3^2 \\
&\downarrow \\
3^2 &= 3 \times 3^1 = 3 \times 3 = 9 \\
&\downarrow \\
3^1 &= 3 \times 3^0 = 3 \times 1 = 3 \\
&\downarrow \nearrow \\
3^0 &= 1
\end{aligned}
$$

如此下去直到最终得到 3^5 的值 243。

$$
\begin{aligned}
3^5 &= 3 \times 3^4 = 3 \times 81 = 243 \\
&\downarrow \\
3^4 &= 3 \times 3^3 = 3 \times 27 = 81 \\
&\downarrow \\
3^3 &= 3 \times 3^2 = 3 \times 9 = 27 \\
&\downarrow \\
3^2 &= 3 \times 3^1 = 3 \times 3 = 9 \\
&\downarrow \\
3^1 &= 3 \times 3^0 = 3 \times 1 = 3 \\
&\downarrow \nearrow \\
3^0 &= 1
\end{aligned}
$$

如这个例子所演示的，通过递归定义手工的计算函数值可能需要大量的笔记来记录递归计算的不同级别的信息，这样当到达锚例后，可以利用这些信息来从某一级回溯到前一级。幸运的是，在绝大多数的现代高级语言中，例如 C++，所有必需的记录和回溯都自动完成的。

要说明，再次考虑求幂函数。这个函数的递归定义可以在 C++中以直接的方式实现为一个递归函数：

```
double power(double x, unsigned n)
/*------------------------------------------------------------------------
  前置条件：   无
  后置条件：   返回x的n次幂
-------------------------------------------------------------------------*/
{
  if (n == 0)
    return 1.0;                // 锚例
  // else
  return x*power(x, n-1) ;   // 归纳情况 (n > 0)
}
```

当这个函数被调用时，归纳步骤被重复的应用，每次都针对一个小一点的 *n* 值。因此，每次递归调用，都向锚例前进一步，这保证最终将能到达锚例，如图 10.1 所示。

如图 10.1 所演示的，当调用 power（3.0, 5）来计算 3.0^5 时，就开始了归纳步骤，在它能够计算返回值之前，它需要 power（3.0, 4）的值。结果是函数 power()再次被调用，但这次是对于一个较小的 *n* 值。在第二个调用中又再次运行到了归纳步骤，并产生了另一个调用 power（3.0, 3），而这又将产生另一个调用 power（3.0, 2），接着另一个 power（3.0, 1），直到最后一个调用 power（3.0, 0）。因为现在已经满足了锚例条件，所以不再产生其他的调用了。

调用 power（3.0, 0）返回了值 1.0，这被用来计算 power（3.0, 1）的值，如此直到最终得到 243.0，这就是原始函数调用 power（3.0, 5） 所返回的值，如图 10.2 所刻画的。

在 C++中求阶乘函数的递归定义也是简单的实现为一个递归函数。编写这个函数并跟踪它的执行，如在 power()函数中所做的那样，将留作练习。

10.1.3 糟糕递归的例子：Fibonacci 数字

求幂函数和求阶乘函数定义中归纳步骤的每次执行只产生对函数自身的一次调用，但其他函数的递归定义可能会要求多于一个的这类调用。要说明这一点，考虑 **Fibonacci 数列**，

$$1，1，2，3，5，8，13，21，34，55，\cdots$$

这个数列以两个 1 开始，而其后的每个数字都是它前面两个数字的和。这个无限序列可以递归的定义为：

$$f_1 = 1$$
$$f_2 = 1$$
$$\text{对于 } n > 2，\quad f_n = f_{n-1} + f_{n-2}$$

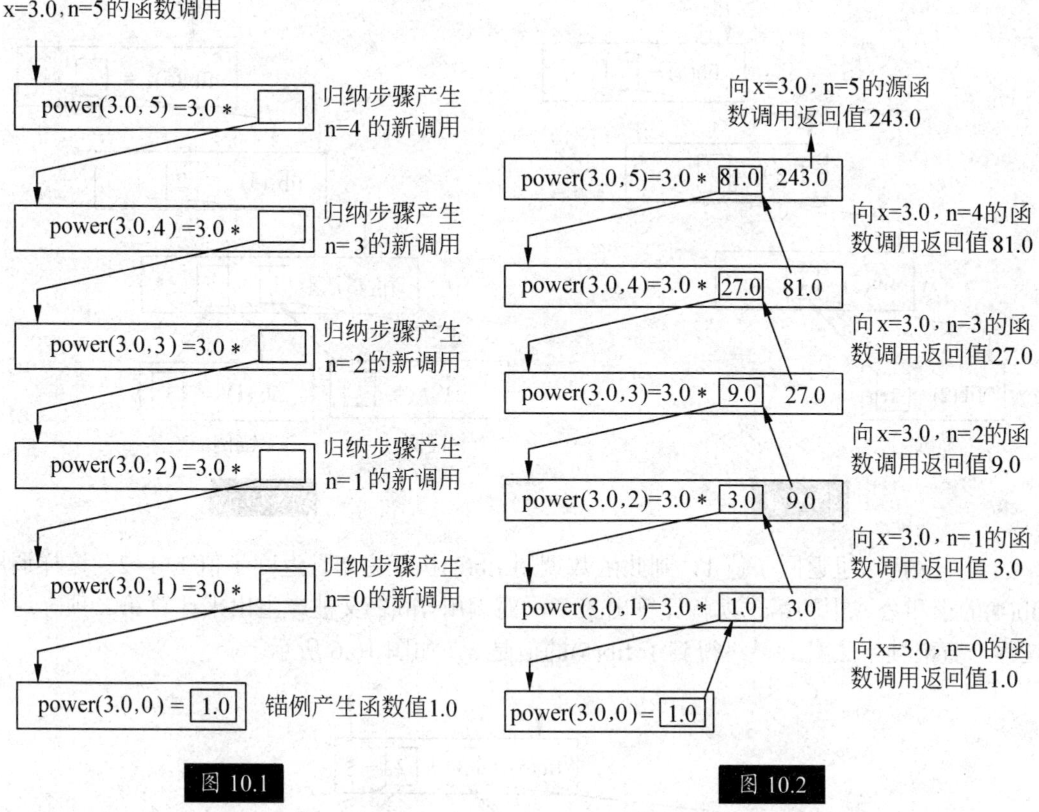

图 10.1

图 10.2

这里 f_n 代表数列的第 n 个元素。这个定义很自然的导出了下面的递归函数：

```
unsigned fib(unsigned n)
  /*----------------------------------------------------------------------------
  前置条件：无
  后置条件：返回第 n 个 Fibonacci 数字
--------------------------------------------------------------------------------*/
{
  if (n <= 2)
     return 1;                              // 锚例
  //else
  return fib(n - 1) + fib(n - 2);           // 归纳步骤
( n > 2 )
}
```

如果执行了函数调用 fib（5）来求第 5 个 Fibonacci 数字，则归纳步骤：

```
return fib(n - 1) + fib(n - 2);
```

立即用形参 5 – 1 = 4 产生了调用 fib(4)，如图 10.3 所示。

fib(5) + ···

fib(4) + ···

图 10.3

这将产生另一个函数调用 fib(3)，而 fib(3)又将依次产生调用 fib(2)，如图 10.4 所示。

由于到此满足了锚例条件，fib(2)将返回值 1，而这时又产生了计算 fib(3)所需要的第二个调用 fib(1)，如图 10.5 所示。

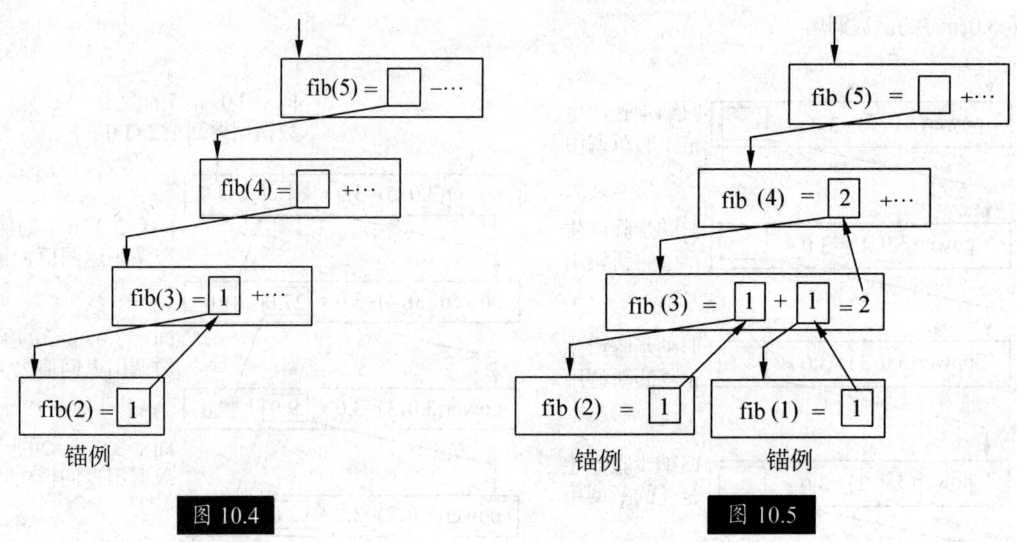

图 10.4

图 10.5

再一次，这里返回了值 1，到此函数调用 fib(3)执行完毕，返回了值 1+1=2。这样调用 fib(4)的求和公式中的第一项就计算出来了，而调用 fib(2)又被产生出来计算第二项。这个过程一直继续下去直到最终得到了 fib(5)的值是 5，如图 10.6 所示。

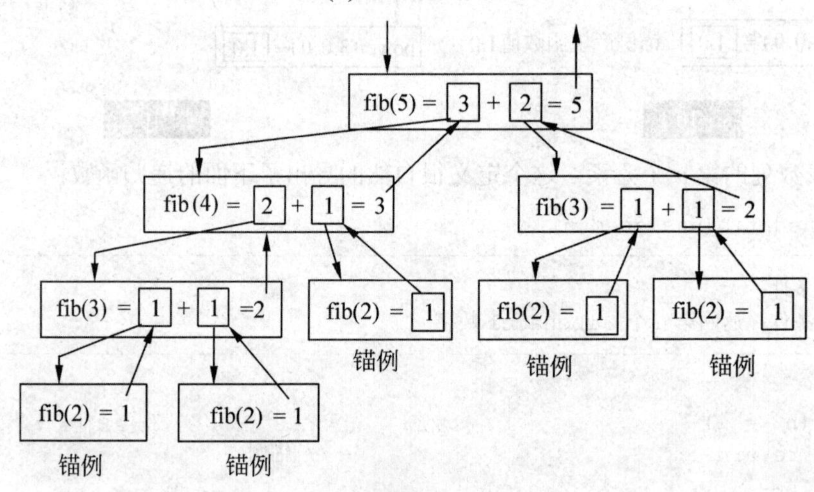

图 10.6

注意，在这棵**递归树**中具有相同实参的函数调用；共有 2 个实参为 1 的调用，3 个实参为 2 的调用，以及 2 个实参为 3 的调用。这些重复的调用说明不是计算 Fibonacci 数字的最有效的方法，在 10.4 节中将通过比较这个递归的 Fibonacci 函数和另一个非递归的版本的计算时间，将证明这个怀疑。

10.1.4　例子：折半查找

递归函数不一定必须通过 return 语句返回值，也有可能通过形参返回值，或者根本就不返回值。例如，考虑折半查找算法，这是在 1.4 节中描述的。尽管当时给出的算法是一个循环的版本，但是折半查找的方法是递归的。如果目前检查的（子）列表是空的，则可以停止搜索（锚例情况 1）。如果（子）列表非空，检查它中间的一个元素，如果这就是要搜索的元素，则到此结束（锚例情况 2）。否则，在子列表中，或者这个元素之前的部分，或者这个元素之后的部分，将以相同的方式搜索（归纳步骤）。

因此一个递归的折半查找函数将是非常简单的：

```
void recBinarySearch(ArrayType a, int first, int last,
                     ElementType item,
                     Bool & found, int & loc)
/*-------------------------------------------------------------------------
使用折半查找方法递归的搜索（子）列表 a[first], ... , a[last] 来查找 item
前置条件：          存储在数组a中元素按照升序排列；
                    item的类型和数组元素的类型相同
后置条件：          如果搜索成功，返回found = true以及
                    item的位置loc = position；否则
                    返回found = false
---------------------------------------------------------------------------*/
{
    if (first > last)                        // 锚例 1 - 空的子列表
        found = false;
    else                                     // 归纳步骤；
    {                                        // 递归搜索
        loc = (first + last) / 2;
        if (item < a[loc])                   // 前半部分
            recBinarySearch(a, first, loc - 1, found, loc);
        else    if ( item > a[loc])          // 后半部分
            recBinarySearch(a, loc+1, last, found, loc);
        else
            found = true;                    // 锚例2 - 找到了item
    }
}
```

要描述这个函数的动作，假设列表 11,22,33,44,55,66,77,88,99 被存储在数组 a 中从 0～8 的位置，而希望在这个列表中搜索数字 66。以函数调用

```
recBinarySearch(a, 0, 8, 66, itemFound, position);
```

开始，这里 itemFound 是一个 bool 型的变量，position 是一个 int 型的变量。函数计算得 loc = 4，又因为 66 > a[4] = 55，归纳步骤的第二个部分产生了另外一个调用，参数为 first = 5，last = 8。这个调用搜索元素子列表的位置 5 到位置 8，如图 10.7 中高亮度显示的。

因为这个子列表非空，这个函数调用计算得 loc = 6，而因为 66 < a[6] = 77，所以归纳步骤的第一个部分产生了另一个调用，参数为 first = 5, last = 5，将搜索范围缩小为一个单元素子列表，如图 10.8 所示。

在这个第三次函数调用中，计算得到 loc =5，又因为 a[5] = 66 就是所要的元素，所以第二个锚例条件赋以值 true 给 found。recBinarySearch()的第三次执行就此结束并返回值 found = true 和 loc = 5 给第二个函数调用。同样地，第二个函数调用也结束，并将这些相同

的值返回给 recBinarySearch()的第一次执行。这样，对这个函数的这次原始调用就结束了，并返回值 true 给实参 itemFound，值 5 给实参 position，如图 10.9 所示。

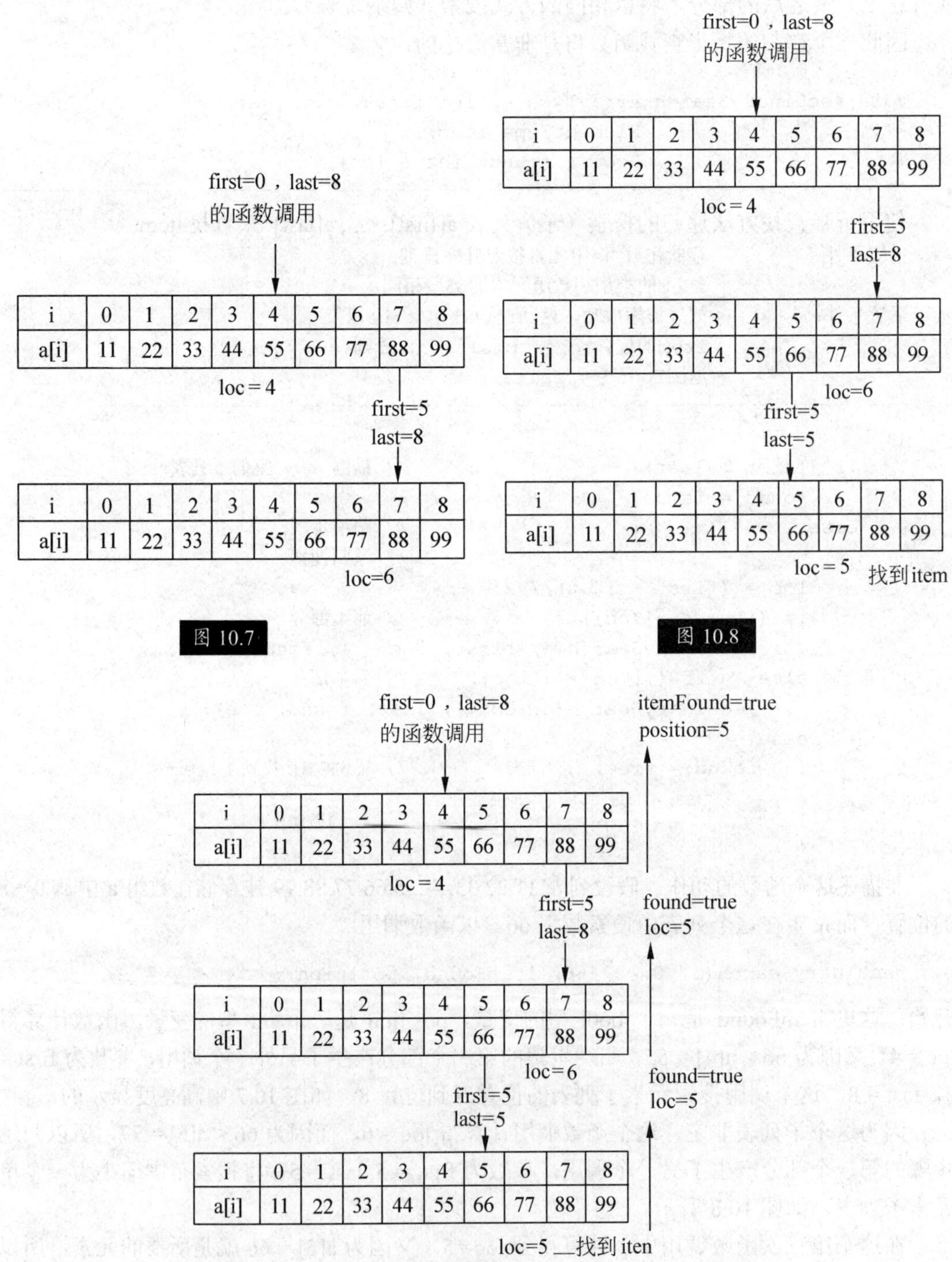

10.1.5 例子：回文检查程序

对于许多编程初学者来说，开发递归算法是困难的。看来只有更多的实践才是增强递归思考能力的唯一办法。因此，这里再学习一个递归的例子；在后续章节中还将给出更多的例子。

对于一个整数，如果组成它的数字被颠倒过来以后，它的值仍然不变，那么就称这个整数为一个**回文**；也就是说，对于这个整数，从左到右读与从右到左读是一样的。例如，1,33,5665 以及 123454321 都是回文。现在，假设希望开发一个返回值为布尔型的函数来检查一个给定的正整数是不是回文，当它是回文时返回 true，否则返回 false。

非递归的思考，可以进行如下的尝试：

- 将这个数分解成单独的数字，接着将这些数字以相反的顺序组合到一起。然后再检查这个颠倒后的数是否和原来的数相等。
- 将这个数分解成单独的数字，并将这些数字存储到一个数组（或向量）中。接着分别从两端扫描这个数组，检查数字是否匹配。
- 将这个数分解成单独的数字，将这些数字一个个推入一个栈中。因为栈的 LIFO 属性，当这些数字被从栈中弹出时，它们将以和原来的数相反顺序的方式出现，所以可以检查这个颠倒的数是否和原来的数相等。

通过简单的分析怎么以手工的方式解决这个问题，可以看出更直接的解决方法是采用递归的方法。在检查一个像

8507058

这样的数时，绝大多数人首先将检查第一个和最后一个数字，如果它们相等，将它们划掉（也许只是在心里）并考查剩下的数：

50705

得到的数 50705 被以相同的方式检查，这是解决这个问题的一种递归的方法。在应用两次这个递归的检查并去掉第一和最后一个数字的步骤以后

070

7

得到了一个单数字的数

7

这显然是一个回文（锚例 1）。如果原来的数具有偶数个数字，那么到了这一步，将没有数字剩余，则这个数是一个回文。如果在这条路径上的任一点，第一个和最后一个数字不匹配（锚例 2），将停止检查，因为很显然这个数不是一个回文。

这导出了下面的递归算法：

递归的回文检查程序

/* 检查非负整数 number 是否是回文；接收 number 和 numDigits(number 的数字个数)。如果 number 是一个回文，则返回 true，否则返回 false。 */

（1）如果 numDigits≤1　　　　　　// 锚例 1

返回值 true
// 否则检查第一个和最后一个数字是否匹配，如果不匹配，返回 false。
（2）计算 firstDigit=number/$10^{numDigits-1}$.以及 lastDigit＝number % 10。
（3）如果 firstDigit ≠ lastDigit　　// 锚例 2
返回 false。
// 否则，第一个和最后一个数字匹配，所以继续检查更多的数字。
（4）递归将算法应用到：　　　　// 归纳步骤
(number % $10^{numberDigits-1}$)/ 10 以及 numDigits – 2 。
//去掉 firstDigit 和 lastDigit

将这个算法实现为一个递归函数将是非常直接的，这将留作练习。

小测验 10.1

1．____是一个函数调用自身的现象。
2．并描述一个函数的递归定义的两个部分。
3．计算某个值的非递归函数有可能比计算相同值的递归函数要快很多。（判断题）
4．下面的递归函数，求 f(5)。

```
Int f(int n)
{
        if ( n == 0)
            return 0
        else
            return n + f(n - 1)
}
```

5．问题 4 中的函数，求 f(0)。
6．问题 4 中的函数，假设归纳步骤中的+被换成了*，求 f(5)。
7．问题 4 中的函数，对于函数调用 f(–1)，会发生什么？

练习 10.1

练习 1～6 假设采用字符的 ASCII 表示以及下面的函数 f()：

```
void f(char ch)
 {
   if (('A'' <= ch) && (ch <= 'H'))
    {
      f(ch - 1);
      cout << ch;
}
else
  cout << endl;
```

```
}
```

说出通过以下函数调用，会产生什么样的输出。

1. f('C')
2. f('G')
3. f('3')
4. f('C')，如果函数中的 ch – 1 变成了 ch + 1。
5. f('C')，如果输出语句和对 f()的递归调用被互换了。
6. f('C')，如果输出语句的一份拷贝被插入到对 f()的递归调用之前。
7. 给定下面的函数 f()并假设采用字符的 ASCII 表示，使用本节中演示的方法来跟踪求取 f('a', 'e')和 f('h', 'c')时的函数调用序列以及返回值。

```
int f(char ch1, char ch2)
{
  if (ch1 > ch2)
    return 0;
  if (ch1 + 1 == ch2)
    return 1;
  // else
    return f(ch1 + 1, ch2 - 1) + 2;
}
```

练习 8～10 假设采用字符的 ASCII 表示以及下面的函数 g()：

```
void g(char ch, int n)
{
  if ( n <= 0)
    cout << endl;
  else
  {
    g(ch - 1, n - 1)
    cout << ch;
    g(ch + 1, n - 1);
  }
}
```

8. 通过函数调用 g('M', 4)将产生什么输出？（提示：首先尝试 g('M',2)，接着 g('M',3)。）
9. 函数调用 g('M',10)将输出多少个字母？
10. 如果输出语句被移动到对 g()的第一次递归调用之前，那么 g('M',4)将产生什么输出？

判断练习 11～15 中的递归函数计算得出了什么？

11.
```
unsigned f(unsigned n)
{
  if (n == 0)
```

```
    return 0;
   // else
     return n * f(n - 1);
  }
```

12.
```
unsigned f(double x, unsigned n)
{
if (n == 0)
  return 0;
// else
  return n + f(x, n - 1);
}
```

13.
```
unsigned f(unsigned n)
{
if ( n < 2)
  return 0;
// else
  return 1 + f( n / 2);
}
```

14.
```
unsigned f(int n)
{
  if ( n == 0)
    return 0;
  // else
    return f(n / 10) + n % 10;
}
```

15.
```
unsigned f(int n)
{
  if (n < 0)
    return f(-n);
  if (n < 10)
    return n;
  // else
    return f(n / 10);
}
```

16～20．编写练习 11～15 中函数的非递归版本。

下面的练习要求编写函数。应该如本章结尾部分的编程问题 1～16 中所指示的那样编写驱动程序来测试这些函数。

21．编写一个返回一个非负整数的数字个数的递归函数。

22．编写练习 21 中函数的非递归版本。

23．编写一个以逆序显示一个整数数字的递归函数 printReverse()。

24．编写练习 23 中函数 printReverse()的非递归版本。

25．修改本书中递归的求幂函数，使得它能够求负的幂。一种方法是修改 x^n 的递归定义，使其可以工作在负的 n 值上，即使用除法来代替乘法，并且 n 被递增而不是递减：

$$x^n = \begin{cases} 1 & \text{如果 } n \text{ 为 } 0 \\ x^{n-1} \times x & \text{如果 } n \text{ 大于 } 0 \\ x^{n+1}/x & \text{其他} \end{cases}$$

26．编写练习 25 中函数的非递归版本（即一个非递归的求幂函数，其中指数可以是 0、整数或负数）。

假设有如下形式的声明

```
const    int MAX_CAPACITY = … ;               // 用户定义
typedef  ElementType = … ;                    // 用户定义
typedef  ElementType ArrayType[MAX_CAPACITY];
```

编写练习 27～29 中给出原型的函数的递归定义。

27．void reverseArray(ArrayType a, int first, int last);
/* 颠倒内容 a[first], … , a[last] */

28．int sumArray(ArrayType a, int n);
/* 返回 $a[1]$, … , $a[n-1]$的和 */

29．int location(ArrayType a, int first, int last, Element elm);
/* 返回 elm 在 a[first], … , a[last]中的位置。 如果没有找到，返回 0 。*/

30．使用基本的串操作 length、concatenate、copy 以及 find（见 5.2 节）来开发一个颠倒一个串的递归算法。

31．如练习 30，但是开发一个非递归算法。

32．编写一个实现本节中判断一个数是否是回文的算法的函数。

33．两个不同时为 0 的整数 a 和 b 的最大公因子，GCD(a,b)，是最大的能够同时整除 a 和 b 的正整数。求 a 和 b 的最大公因子的欧几里德（Euclidean）算法如下：用 a 除以 b 得到整数商 q 和余数 r，这样 $a = bq + r$（如果 $b = 0$，则 GCD(a,b) = a）。那么 GCD(a,b) = GCD(b,r)。用 b 替换 a，r 替换 b，并重复这个过程。由于余数越来越小，最终会有余数为 0。最后一个非零的余数即为 GCD(a,b)。例如，

1260 = 198 • 6 + 72	GCD(1260,198)	= GCD(198,72)
198 = 72 • 2 + 54		= GCD(72,54)
72 = 54 • 1 + 18		= GCD(54,18)
54 = 18 • 3 + 0		= 18

注意：如果 a 或者 b 之一为负的，则在此算法中使用其绝对值来替换这个数。

编写一个递归的求最大公因子的函数。

34．如练习 33，但是编写一个非递归的函数。

35．二项式系数可以如下递归的定义：

$$\left.\begin{array}{l}\binom{n}{0}=1\\ \binom{n}{n}=1\end{array}\right\}(\text{锚})$$

$$\text{For } 0<k<n, \binom{n}{k}=\binom{n-1}{k-1}+\binom{n-1}{k}\ (\text{indutive case})$$

（1）编写一个计算二项式系数的递归函数。

（2）画出一棵如本节给出的那样的递归树，显示在计算二项式系数$\binom{4}{2}$时的所有函数调用及其返回值。

36．二项式系数也可以如下定义：

$$\binom{n}{k}=\frac{n!}{k!(n-k)!}$$

编写一个使用这个定义来计算二项式系数的非递归函数。

10.2 递归的例子：Hanoi 塔；分析

10.2.1 Hanoi 塔

Hanoi 塔问题是一个适合于用递归算法来解决问题的经典例子。可以使用递归来轻易的解决这个问题，但是如果使用非递归方法，则会困难很多。这个问题即解决图 10.10 中所示的难题，在这个问题中，必须按照下面规则将盘子从左边的柱子移到右边的柱子上。

（1）当一个盘子被移动时，它必须被放置在三根柱子中的某一根上。

（2）一次只能移动一个盘子，并且这个盘子必须是某根柱子最上面的一个盘子。

（3）一个较大的盘子不能放在一个较小的盘子上面。

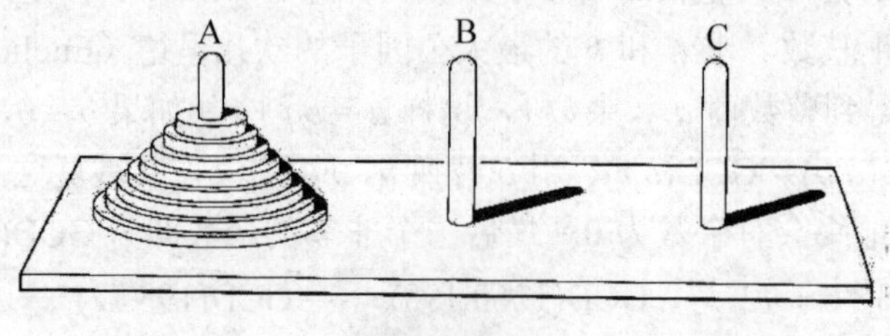

图 10.10

在神话中，给 Bramah 神庙中的僧侣们出了一个难题，即在一个金台上有三根水晶柱，水晶柱上面有 64 个金盘。按照以上规则，僧侣们每天移动一个盘子，当他们将所有金盘从一个水晶柱移到了另外一个柱子，则整个世界将会毁灭。（问题：如果僧侣们每天移动一个盘子，并且从第 0 年开始，那么这个过程什么时候会结束？）

对于一个新手来说，对于一个小数量的盘子，这个问题是很好解决的，但是，当盘子的数量增长到 7，8 以及以上数量时，这个问题就会变得困难的多了。不过，对于计算机科学家来说，Hanoi 塔问题是很简单的：从一个基例开始，此时问题将是不费力就可以解决的：

如果只有一个盘子，则将其从柱子 A 移动到柱子 C。

这样，对于 $n=1$ 个盘子，问题很容易地就解决了。接着对于 $n>1$ 个盘子，给出一个递归的解决方法，其中假设对于 $n-1$ 个盘子，问题有一个解决方法：

（1）将最上面的 $n-1$ 个盘子从柱子 A 移动到柱子 B，使用柱子 C 作为临时存放地。

（2）将剩下的最后一个盘子从柱子 A 移动到柱子 C。

（3）将那 $n-1$ 个盘子从柱子 B 移动到柱子 C，使用柱子 A 作为临时存放地。

这个模式可以使用程序 10.1 中的递归函数 move()实现。程序中还给出了使用 move()来解决 Hanoi 塔问题的一个程序，以及对于 4 个盘子情况的一次执行。图 10.11 给出了这次解决过程的一个图形化跟踪。

程序 10.1 递归解决 Hanoi 塔问题

```
/*-------------------------------------------------------------------------------
  递归解决Hanoi塔问题的程序;

  输入: numDisks, 要被移动的盘子数目
  输出: 解决这个问题的一系列移动步骤
-------------------------------------------------------------------------------*/

#include <iostream>
#include <iomanip>
using namespace std;

void move(unsigned n, unsigned & moveNumber,
          char source, char destination, char spare);
int main()
{
  const char PEG1 = 'A';          // 三个柱子
             PEG2 = 'B';
             PEG3 = 'C';
  unsigned moveNumber = 0;        // 移动次数计数

    cout << "This program solves the Hanoi Towers puzzle.\n\n";
    cout << "Enter the number of disks: ";
    int numDisks;                         // 要被移动的盘子数目
    cin >> numDisks;
    cout >> endl;

    Move(numDisks, moveNumber,PEG1, PEG2, PEG3); // 解决
}

void move(unsigned n, unsigned & moveNumber,
          char source, char destination, char spare)
/*-------------------------------------------------------------------------------
解决具有n个盘子的Hanoi塔问题的递归函数

前置条件: 无
```

```
后置条件：描述移动过程的消息被输出到Cout
-----------------------------------------------------------------------------*/
{
    if (n == 1)                    // 锚例
    {
    moveNumber++;
    cout << setw(3)  << moveNumber
         << ". Move the top disk from " << source
         << " to " << destination << endl;
    }
else
    {                              // 递归步骤
        move(n-1, moveNumber, source, spare, destination);
        move(1, moveNumber, source, destination, spare);
        move(n-1, moveNumber, spare, destination, source);
}
}
```

运行跟踪：

```
1  Move the top disk from A to B
2  Move the top disk from A to C
3  Move the top disk from B to C
4  Move the top disk from A to B
5  Move the top disk from C to A
6  Move the top disk from C to B
7  Move the top disk from A to B
8  Move the top disk from A to C
9  Move the top disk from B to C
10  Move the top disk from B to A
11  Move the top disk from C to A
12  Move the top disk from B to C
13  Move the top disk from A to B
14  Move the top disk from A to C
15  Move the top disk from B to C
```

A B C

A B C 1　A B C 2　A B C 3　A B C 4　A B C 5

A B C 6　A B C 7　A B C 8　A B C 9　A B C 10

A B C 11　A B C 12　A B C 13　A B C 14　A B C 15

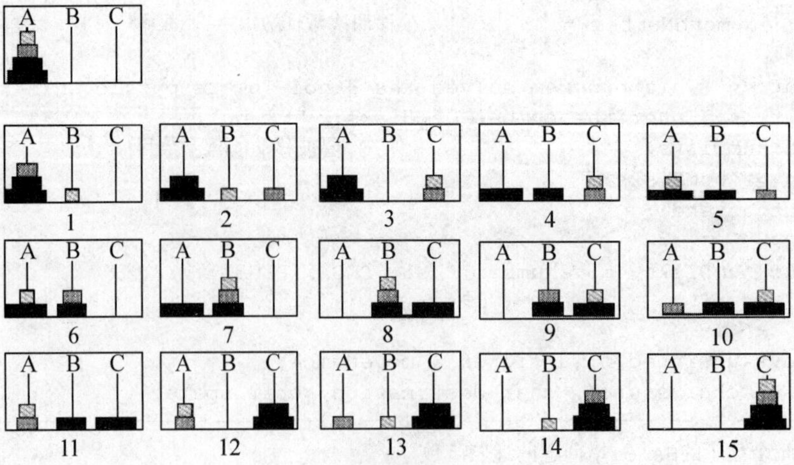

图 10.11

10.2.2 分析

到目前为止所给出的递归的例子都是使用了**直接递归**；即函数都是直接调用它们自身。**间接递归**指一个函数调用了其他函数，随着一系列的函数调用链，最终又导致了对第一个函数的再次调用。例如，函数 f()调用了函数 g()，g()调用了函数 h()，而 h()又再次调用了 f()。

要说明间接递归调用，考虑处理算术表达式的编译器问题。特别地，考虑分析算术表达式的问题，也就是说，判断它们是否是良构的，如果是，它们的结构是什么。

一个编译器的基本组件可以使用图 10.12 来总结。

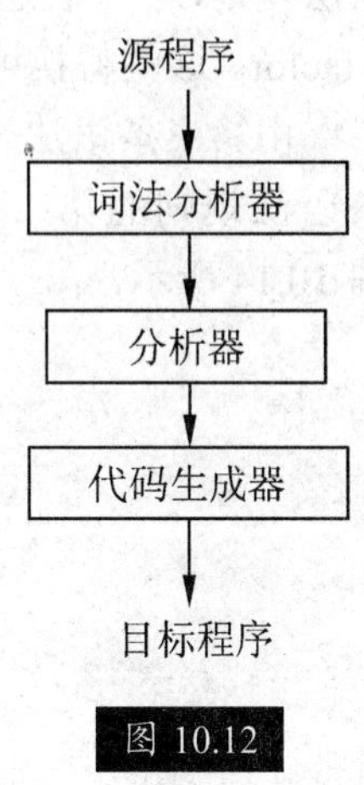

图 10.12

编译器的输入是组成源程序的字符流。在翻译能执行之前，这个字符流必须被分割成有意义的组，例如标识符，保留的关键词，常量以及操作符等。例如，算术表达式

$$2 * (a + b)$$

被编译器作为一个字符“流”读入

$$2\phi*\phi(a¢+\phi b)$$

（这里ϕ是一个空格）从其中词法分析器可以确定出下面的单元：

2	数字
*	乘法运算符
(	左括号
a	字母
+	加法运算符
b	字母
)	右括号

这些单元被称为**语言符号(token)**，而识别出这些语言符号的编译器的部分被称为**词法分析器**。

一个语言的**语法规则**规定了标识符之类的基本语言符号和表达式之类的构造是如何形成的。这些语法规则通常被称为**替换规则**或者**产生式**。对于非常简单的算术表达式，规则可以如下：

（1）*expression → term + term | term – term | term*

（2）*term → factor * factor | factor / factor | factor*

（3）*factor → (expression) | letter | digit*

这里垂直线(|)被用来分割不同的候选项。例如，第三条语法规则规定了一个 factor 可以是一个左括号后接一个表达式再后接一个右括号，或者它可以是一个单独的字母或一个单独的数字。

给定了一系列的语言符号，**分析器**的任务是将这些语言符号组织起来形成由语法规则

决定的这个语言的基本语法结构。例如，对于 2 * (*a* + *b*)，分析器必须识别出，根据第一个语法规则，一个表达式可以是一个 term，根据第二条规则，一个 term 可以是具有形式 factor * factor。这些替换可以通过下面这个表达式的部分生成的**分析树**来显示，如图 10.13 所示。

由第三条语法规则，一个 factor 可以是一个数字；特别地，它可以是数字 2，而第三条语法规则的第二个候选项规定了一个 factor 可以是一个由括号括起来的表达式，如图 10.14 所示。

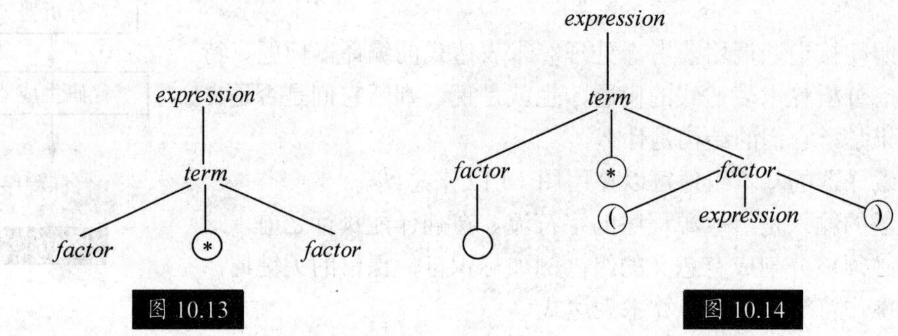

图 10.13　　图 10.14

继续应用这些语法规则就产生了下面完整的分析树，这棵树说明了 2 * (*a* + *b*)是如何根据语法规则产生的，同时这样也就证明了它是一个合法的表达式，如图 10.15 所示。

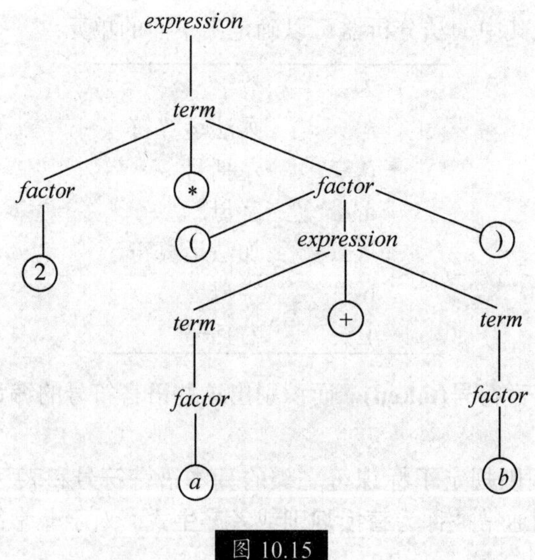

图 10.15

很明显的这些表达式的语法规则牵涉到间接递归。例如，一个表达式可以是一个 term，一个 term 又可以是一个 factor，而一个 factor 又可以是一个括号括起来的表达式，这样就根据其自身间接的定义了一个表达式。因此，为了实现对这些简化算术表达式进行分析的分析器，可以使用 3 个函数，validExpression()、validTerm()以及 validFactor()，这都是从相应的语法规则直接衍生而来。例如，考虑函数 validExpression()。根据第一条语法规则，一个表达式可以具有下面 3 种形式中的某一种：

E1. *expression* → *term* + *term*

E2. *expression* → *term* – *term*

E3. *expression* → *term*

在每一种形式中，都是以一个 term 开始的，所以这个函数的第一个动作就是调用 validTerm()。

如果 validTerm()通过返回 true 确认了一个合法的 Term，那么函数 validExpression()必须检查下一个符号以决定使用这三种形式中的哪一个。如果下一个符号是+或者–，那么必须调用 validTerm()来检查表达式前二种形式中的某一种；validExpression()根据 validTerm()返回 true 还是 false 来返回 true 或者 false。如果这个符号不是+或–，那么就可以确定是最后一种形式的表达式。

下面的算法对此语法检查作出了总结：

 **validExpression()算法**

（1）调用 validTerm()来检查表达式的剩余部分是否是一个 term。

（2）如果上面的调用返回 true。

// 使用语法规则 E2 或 E3 进行检查。

如果表达式中下一个符号是‘+’或‘–’

- 调用 validTerm()
- 返回 validTerm()的返回值

否则

返回 true // 根据语法规则 E1

否则

返回 false // 并不是以 term 开始

实现 validTerm()的算法可以容易地从以下语法规则推导得到：

T1. *term* → *factor* * *factor*

T2. *term* → *factor* / *factor*

T3. *term* → *factor*

并且和 validExpression()的算法非常类似。

 **validTerm()算法**

（1）用 validFactor()来检查表达式的剩余部分是否是一个 factor。

（2）如果上面的调用返回 true：

// 使用语法规则 T2 或 T3 进行检查

如果表达式中下一个符号是‘*’或‘/’

- 调用 validFactor()
- 返回 validFactor()的返回值

否则

返回 true // 根据语法规则 T1

否则

返回 false // 并不是以 factor 开始

同理可以从以下语法规则得到实现 validFactor()的算法：

F1. *factor* → (*expression*)

F2. *factor* → *letter*

F3. *factor* → *digit*

但是这个算法和前两个算法具有不同的结构。注意在步骤 2 中对 validExpression 的递归调用。

 **validFactor()算法**

```
如果表达式中下一个符号是‘(’
  // 使用语法规则 F1 进行检查
  调用 validExpression()。如果它返回 true：
    如果表达式中下一个符号是‘)’
      返回 true
    否则
      返回 false  // 在表达式后面丢失‘)’
    否则
      返回 false  // ‘(’后面不是表达式
否则// 使用语法规则 F2 或 F3 进行检查
    如果下一个符号是字母或数字
      返回 true
    否则
      返回 false。
```

表 10.1 跟踪了分析表达式 $a+b$ 时这 3 个函数的动作。

表 10.1

函数	下个符号	返回	动作
validExpression()			调用 validTerm()
validTerm()			调用 validFactor()
validFactor()	a		检查下一个符号
	a	true	true 给 ValidTerm()
validTerm()	+		检查下一个符号
	+	true	既不是*也不是/，向 validExpression()返回 true
`validExpression()	+		检查下一个符号
	+		因为符号是+或–，所以调用 validTerm()
validTerm()	+		调用 validFactor()
validFactor()	b		检查下一个符号
	b		这是一个字母，所以向 validTerm()返回 true
validTerm()	b		检查下一个符号（表达式的结尾）
		true	既不是*也不是/，所以向 vaidExpression()返回 true
validExpression()		true	向调用函数返回 true

将上面的算法实现为函数是非常直接的。一个具有这些函数成员的完整的类 Expression 以及一个分析简单算法表达式的驱动程序可以在本书的 Web 站点找到。

练习 10.2

1. 跟踪 Hanio 塔问题中 move(4, moveNumber, 'A', 'B', 'C')的执行直到至少产生了前 5 步移动。你的答案和程序 10.1 中的输出相一致吗？对于 Move(5, MoveNumber'A', 'B', 'C')做同样的工作。

画出练习 2～7 中表达式的分析树。

2. `a * b`
3. `(a * b)`
4. `( ( (1) ) )`
5. `(a * b) * c`
6. `a * (b * c)`
7. `( ( (a + b) * 2) - (c * d) ) * 5`

为练习 8～11 中的表达式构造类似于表 10.1 的用于分析的跟踪表。

8. `a * b`
9. `(a * b)`
10. `(a - b) - c`
11. `a - (b - c)`

在练习 12～15 中，假设有下面的关于简化的布尔表达式的语法规则，画出练习中表达式的分析树。

bexpression → bterm || bterm | bterm

bterm → bfactor && bfactor | bfactor

bterm → ! bfactor | (bexpression) | letter | true | false

12. `!y && (z || (false)`
13. `x || y && z`
14. `(false || x) || true`
15. `!(x || y)`

通过下面的产生式能够产生包含配对括号的串：

pstring → (pstring) pstring | ( ) pstring | (pstring) | ( )

画出练习 16～18 中具有配对括号的串的分析树。

16. `( ) ( ) ( )`
17. `( ( ( ) ) )`
18. `( ) ( ( ) ( ) ) ( )`

10.3 实现递归

如在 7.4 节中所看到的，无论何时，当一个函数开始执行，就会为其创建一组称为活动记录的内存空间。如果对另一个（或者同一个）函数的调用而中断了执行，这个函数的局部变量、形参以及返回地址的值都会存储在这个活动记录中。当这个程序单元的执行恢复了，它的活动记录将用来恢复这些项在中断之前的值。

我们还看到，最后一个被中断的程序就是第一个被重新激活的程序，而一个栈，称为**运行时栈**，被用来存储活动记录，从而可以按照后进先出的顺序来提取它们。已经使用一个牵涉到不同函数的函数调用和返回链（函数 f1 调用函数 f2，f2 又调用函数 f3 等）——来说明这个运行时栈的压栈和弹栈情况。现在针对递归函数来考察运行时栈。

再次考虑 10.1 节中计算幂值的递归函数，

```
          double power(double x, unsigned n)
          {
              if ( n == 0)
                  return 1.0;                       // 锚例
              // else
      /* A */ return Power(x, n - 1) * x;          // 递归步骤
      }
```

并假设在一个赋值语句中调用了它：

```
      int main()
          {
              …
      /* B */      z = power (2.0, 3);
              …
              return 0;
          }
```

这里说明返回地址分别为 A 和 B，也就是当程序或函数被重新激活时执行恢复的指令的位置。

当 main()函数的执行开始后，它的活动记录被创建并被推入运行时栈。这个记录存储着当前活动函数（即 main()函数）中变量的值、实际的形参、返回地址等。

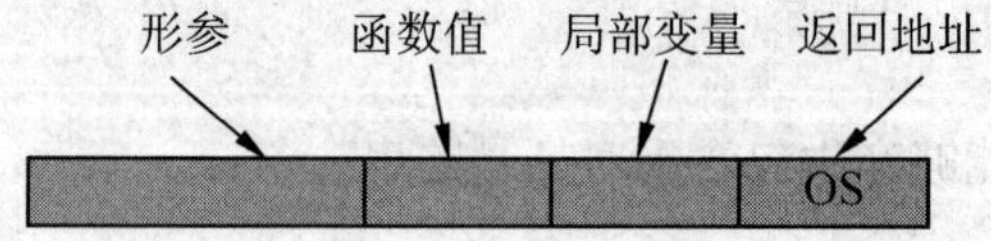

（这里，“OS”表示当 main()的执行完成时，它返回到操作系统中。）

当函数调用 power(2.0, 3)时，main()函数的执行被中断，寄存器的内容以及恢复当前环境所需的其他信息项被存储在它的活动记录中。现在函数 power()变成活动的，所以为它创建了一个活动记录，存储着形参 2.0 和 3、返回地址(B)以及其他信息，并且这个活动记录被添加到运行时栈中：

top →	x 2.0 n 3			B	power(2.0,3)的活动记录
				OS	main()的活动记录

当执行到语句

```
return x*power(x, n - 1) ;
```

时，power()的执行被中断了。关键的环境信息项被存储到当前活动记录中，而函数 power()的一个新的实例变为活动的，一个包含形参 2.0 和 2 以及返回地址（A）的活动记录被创建并被推入了运行时栈。

top →	x 2.0 n 2			A	power(2.0,2)的活动记录
	x 2.0 n 3			B	power(2.0,3)的活动记录
				OS	main()的活动记录

再次，当碰到递归步骤时，power()的这次执行被中断了。具有形参 2.0 和 1 的 power()的一个新实例称为活动的，它的一个活动记录被创建并被推入到运行时栈。

top →	x 2.0 n 1			A	power(2.0,1)的活动记录
	x 2.0 n 2			A	power(2.0,2)的活动记录
	x 2.0 n 3			B	power(2.0,3)的活动记录
				OS	main()的活动记录

随后，递归步骤又导致另一次中断，创建了 power()的另一个实例，并添加另一个活动记录到运行时栈中。

top →	x 2.0 n 0			A	power(2.0,0)的活动记录
	x 2.0 n 1			A	power(2.0,1)的活动记录
	x 2.0 n 2			A	power(2.0,2)的活动记录
	x 2.0 n 3			B	power(2.0,3)的活动记录
				OS	main()的活动记录

形参为 2.0 和 0 的 power()的执行没有被中断，顺利结束并计算出了 power(2.0, 0)的值 1.0。接着这个函数的活动记录就从栈中被弹出，power()的上一个实例的执行从规定的返回地址处的语句开始恢复，返回 1.0 到 power()的这个实例中：

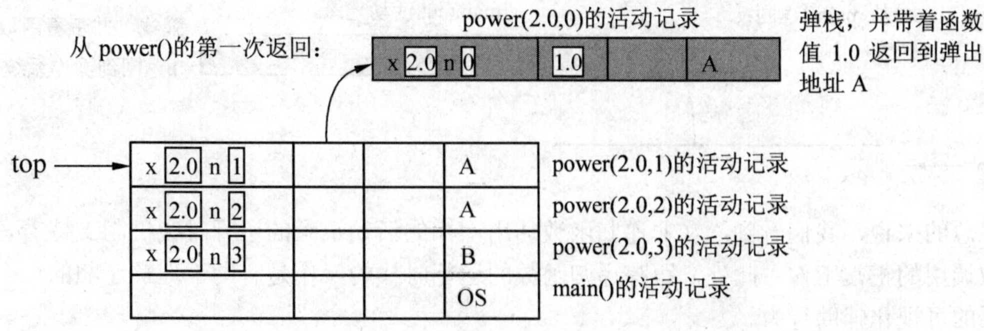

形参为 2.0 和 1 的上一个对 power()的调用的执行被恢复，直到结束也不再被中断，因此它的活动记录被从栈中弹出，返回值 2.0，而形参为 2.0 和 2 的前一个调用从语句 A 处被重新激活：

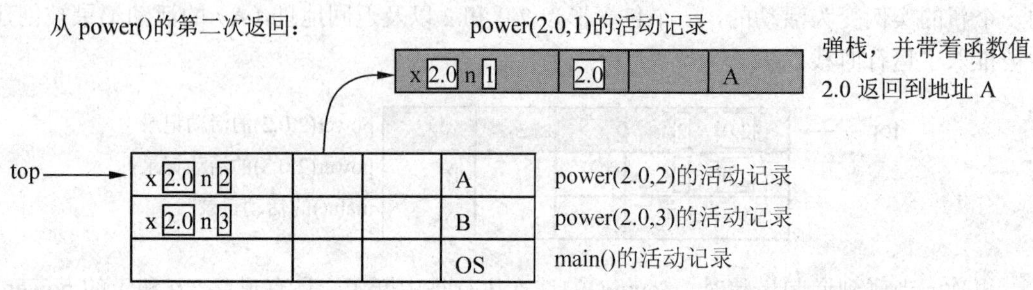

这个过程一直继续下去直到计算出了最初的调用 power(2.0, 3)的值 8.0，然后主程序的执行从它的活动记录中记载的返回地址 B 处开始恢复：

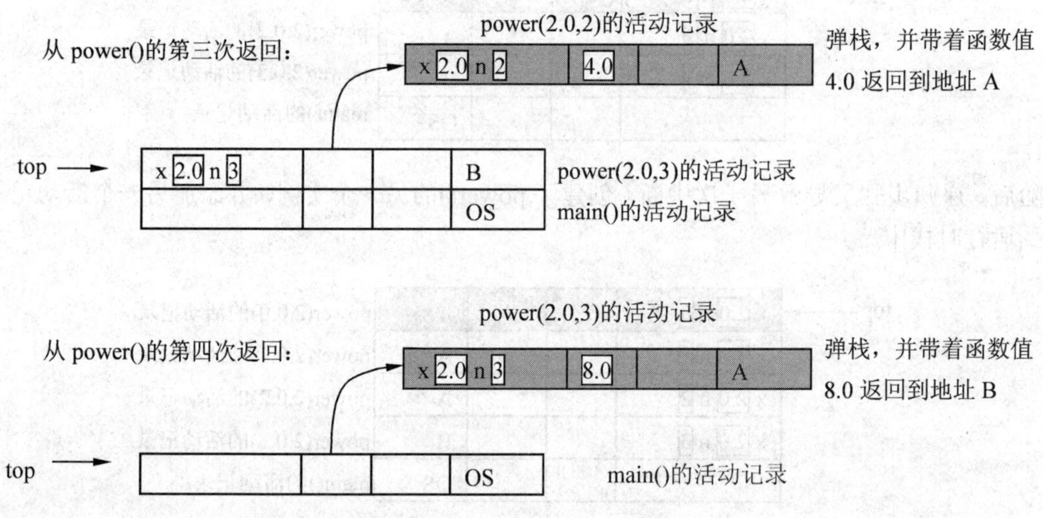

最终，执行到 main()函数中的语句 return 0;，而它的活动记录中记载着返回值 0，并且这个记录被从运行时栈中弹出。因为栈现在为空，因此执行结束，将值 0 返回到操作系统中：

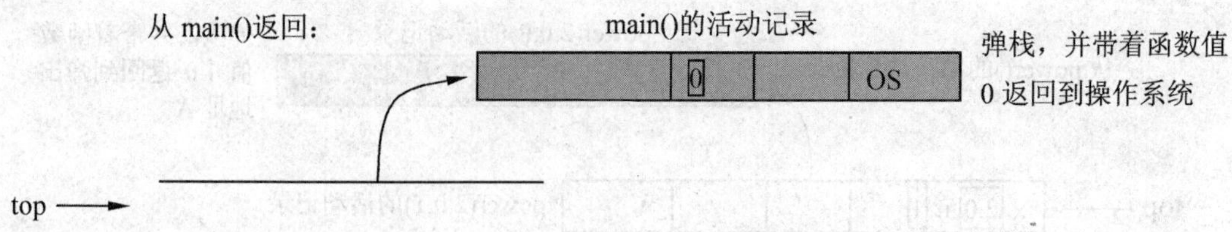

总的来说，我们看到，和非递归函数调用一样的活动记录的运行时栈机制支持着递归函数调用的正常工作。此外，跟踪递归函数的运行时栈的操作是有助于理解递归的一个很重要的可视化辅助行为。

10.4 算法效率

一个算法的效率通常从两个方面来衡量。第一个是**空间利用**，即所要求的用来存储数据的内存数量；第二个是**时间效率**，即所需要的用来处理数据的时间量。不幸的是，通常不可能同时最小化空间和时间需求。只使用最小的内存的算法常常要慢于使用更多内存的算法。这样一来，程序员就常常面临着空间效率和时间效率之间的权衡。

在内存（真空管）和存储设备（磁鼓和磁带）都很昂贵的计算机的早期年代中，空间需求是放在第一位考虑的。最重要的事情就是得到问题的答案，即使需要花费数小时乃至数天。而现在，只需要很小的代价就可以获取海量的内存和存储空间，所以在绝大多数情况下，一个算法的时间效率被认为是更重要。但是很显然总是存在一些情况，时间和空间需求是相互关联的，从而需要同时被考虑。例如，在空间探测控制系统中，在控制汽车防锁式制动系统的嵌入式计算机中，在数码相机的微处理器中，如此等等。不过，在本节中，将主要关注时间效率以及如何衡量时间效率。

有几个因素会影响一个算法的执行时间。显然地，一个因素是输入的大小，因为输入项的数量通常会影响需要来处理它们的时间。例如，对一个项的列表进行排序所需的时间肯定是取决于列表中项的数量。这样，一个算法的执行时间 T 必然被表达为输入大小 n 的一个函数 $T(n)$。

指令的类型以及机器可以执行这些指令的速度也会影响执行时间。不过，这些因素取决于被使用的特定计算机——处理器的速度，内存以及磁盘空间的种类和大小，当前登录进来的用户数目，带宽等。因此，不能指望可以有意义的将 $T(n)$的值表达为实际的时间单位，例如秒。作为代替的，$T(n)$将被表达为大概要执行的指令的数量。

另一个影响计算时间的因素是实现这个算法的源代码的质量以及通过一个编译器产生的这个源代码对应的机器代码的质量。对于某个算法来说一些语言将比另一些更加适合一些；一些程序员编写的程序要快于另一些程序员的；以及一些编译器能比其他一些编译器产生更有效率的代码。这表示，特别地 $T(n)$不能被计算为要执行的指令的数量，这样一来，它就被认为是算法中指令被执行的次数。

作为一个例子，考虑下面的关于计算存储在一个数组中的 n 个数的平均值的算法。（语句被编号以方便引用。）

1. 计算平均值的算法

/* 计算 $x[0]$, … , $x[n-1]$的平均值的算法。*/

1. 初始化 sum 为 0。
2. 初始化下标变量 i 为 0。
3. 当 $i < n$ 时做以下工作：
4.   • 将 $x[i]$累加到 sum 中。
5.   • i 加 1。

End while.

6．计算并返回平均值 mean = sum / n。

语句 1 和 2 被执行了一次。语句 4 和 5 组成了循环的主体，每个都被执行了 n 次，而语句 3，控制着循环，被执行了 $n+1$ 次，因为需要额外一次检查来确定控制变量 i 不再小于 n。在循环结束后，语句 6 被执行了一次。这个分析可以使用表 10.2 来总结。

表 10.2

语句	执行的次数	语句	执行的次数
1	1	5	n
2	1	6	1
3	n+1	total	3n+4
4	n		

这样可以看到这个算法的计算时间为：

$$T(n) = 3n + 4$$

随着输入数量 n 的增长，这个 $T(n)$的表达式的值也根据 n 成比例的增长，所以说 $T(n)$ 是“n 数量级”的，这通常使用“大 O 表示”写作：

$$T(n)\text{是}O(n)$$

总的来说，如果存在某个常量 C 使得

$$T(n) \leqslant C \cdot f(n)\text{，　对于所有足够大的}n\text{值}$$

则一个算法的计算时间 $T(n)$被称为是 **$f(n)$数量级**的，表示为：

$$T(n)\text{是}O(f(n))$$

这也就是说，对于从某个点开始的所有 n 值，$T(n)$不大于 $f(n)$的某个常数倍。这个算法的**计算复杂度**被称为是 $O(f(n))$。例如，前面一个算法的复杂度为 $O(n)$，因为计算时间为：

$$T(n) = 3n + 4$$

又因为

$$\text{对于}n \geqslant 4\text{，有}3n + 4 \leqslant 3n + n$$

可以得到

$$\text{对于所有的 } n \geqslant 4\text{，有 } T(n) \leqslant 4n$$

这样，取 $f(n) = n$ 以及 $C = 4$，可以说

$$T(n)\text{是}O(n)$$

当然，说 $T(n)$是 $O(5280n)$或 $T(n)$是 $O(4n+5)$或 $T(n)$是 $O(3.1416n+2.71828)$也是对的，不过更希望使用一个像 n，n^2 或 $\log_2 n$ 这样的简单函数来表示一个算法的复杂度。还有，$T(n)$是 $O(n)$显然意味着 $T(n)$也是 $O(n^2)$或 $T(n)$是 $O(n^{5/2})$或 $T(n)$是 $O(2^n)$，总的来说，如果对于从某一点开始的所有 n，有 $g(n) \geqslant n$，则 $T(n)$是 $O(g(n))$；但是函数 $g(n)$增长得越慢，它将能提供的关于计算时间 $T(n)$的信息就越多。

在这个例子中，计算时间只是取决于输入的大小，然而，在其他问题中，计算时间还可能取决于输入项的排列。例如，对一个初始时就近乎有序的项的列表进行排序，就可能

比对一个项是逆序排列的列表进行排序所花费的时间少。这样可以试着衡量**最坏情况**或**最好情况**下的 T，或者也可以尝试计算在所有可能情况下的 T 的**平均值**。一个算法的最好情况下的性能往往不能说明什么，而平均性能又常常是难以计算的。因此，$T(n)$常常被取为最坏情况下算法性能的衡量。

作为一个说明，考虑下面的排序算法。（再次将语句加上编号以便于引用。）

简单选择排序算法

```
   /* 将x[0]…x[n-1]按照升序进行排序的算法。 */
1. 对于 i = 0 到 n–2，做以下工作：
   /* 在第i次循环，首先查找子列表x[i],…,x[n–1]中的最小元素。*/
2. a. 令smallPos = i。
3. b. 令smallest = x[smallPos]。
4. c. For j = i + 1 到 n–1，做以下工作：
5.       如果x[j] < smallest 则      // 找到了较小的元素
6.          • 令smallPos = j。
7.          • 令smallest = x[smallPos]。
      End for.
      /*现在交换这个最小的元素和这个子列表开头的元素。*/
8. d. 令x[smallPos] = x[i]。
9. e. 令x[i] = smallest。
   End for.
```

语句1执行了 n 次（因为 i 从0变到 $n–1$，当 i 为 $n–1$ 时导致循环结束），而语句2，3，8和9每个都执行了 $n–1$ 次，外层循环的每一遍执行一次。[①]在这个循环的第一遍，$i = 0$，语句4执行了 n 次；语句5执行了 $n–1$ 次，并且假设一个最坏的情况（当列表项是降序排列的），则语句6和7也是如此，执行 $n–1$ 次。在循环的第二遍，$i = 1$，语句4执行了 $n – 1$ 次而语句5,6和7每个都执行了 $n–2$ 次，如此等等。这样，语句4一共执行了 $n + (n – 1) + \cdots + 2$ 次，而语句5，6和7每个都是执行了$(n – 1) + (n – 2) + \cdots + 1$ 次。相应的总和分别为 $n(n+1)/2 –1$ 和 $n(n – 1)/2$；[②]这样总的计算时间为：

---

① 语句1实际上包含3条语句：

（1）初始化 i 为0（执行一次）。

（2）当 $i < n–1$时做以下工作：（执行 n 次）

（3）i 增1（执行 $n–1$次）

相似地，语句4也包含3条语句。为了简化起见，将它们都视为一条单独的语句。

② 这里使用了加法公式

$$\sum_{i=1}^{n} i = \frac{n(n+1)}{2}$$

$$T(n) = n + 4(n-1) + \frac{n(n+1)}{2} + 3(\frac{n(n-1)}{2})$$

化简后得到

$$T(n) = 2n^2 + 4n - 5$$

因为对于所有的 $n \geqslant 0$，$n \leqslant n^2$，可以得到

$$2n^2 + 4n - 5 \leqslant 2n^2 + 4n^2 = 6n^2$$

所以

$$T(n) \leqslant 6n^2,\quad \text{对于所有的 } n \geqslant 0$$

这样取大–O 表示定义中的 $f(n) = n^2$ 以及 $C = 6$，可以说

$$T(n)\text{是 } O(n^2)$$

这个例子中测定大–O 表示牵涉到一些很重要的计算。但是，我们可在很大程度上简化计算。影响最终评价的语句只有（4，5，6，7）行中那些执行次数为 n^2 的语句。其他语句的执行次数，包括低一些阶的项，可以忽略不计。为了得到大–O 表示，只需要标识出执行最频繁的那些语句，并计算它们的执行次数。在例子中，这就是语句 4，它执行了 $n(n+1)/2 -1 = n^2/2 + n/2 -1$ 次。因为只有 n 的最高阶影响大–O 表示，可以总结出计算时间为 $O(n^2)$。

记住下面这点是很重要的，即大–O 表示给出在大量输入情况下一个算法的计算时间的近似衡量。如果完成相同任务的两个算法具有不同的复杂度，通常选择具有较低计算时间数量级的算法。例如，如果算法 1 的计算时间 $T_1(n)$是 $O(n)$，而算法 2 的计算时间 $T_2(n)$是 $O(n^2)$，那么通常认为算法 1 要比算法 2 好，因为在较大的 n 值下它工作的更有效率。不过，必须要注意的是，对于较小的 n 值，算法 2 有可能比算法 1 更好。例如，假设 $T_1(n)$是 $10n$ 而 $T_2(n)$是 $0.1n^2$。因为对于从 0 ~ 100 的 n 值，有 $10n > 0.1n^2$，得到

$$\text{仅对于 } n > 100 \text{ 有 } T_1(n) < T_2(n)$$

这样，只有对于输入大小大于 100 的情况，算法 1 才比算法 2 更有效率。

要说明，考虑这样一个问题，搜索一个有 n 个元素 $a[0]$，…，$a[n-1]$的数组来判断其中有没有一个给定的值 *item*，并且如果有的话，给出其位置。一种方法是进行一个**线性查找**，即从列表的第一个元素开始，检查接下来的每一个元素，直到找到了 *item* 或到达了列表的结尾。下面是前面给出的算法的一个修改：

线性查找算法

/* 在列表 $a[0]$，…，$a[n-1]$上执行线性查找 *item* 的算法；如果搜索成功，则返回 found = true 以及 loc = item 的位置；否则，found 为 false。 */

（1）令 found = false。
（2）令 loc = 0。
（3）当 loc < n 并且 not found 做以下工作：
（4）　　如果 item == a[loc] 则　　// 找到了 item
（5）　　令 found = true

（6）　　　否则　　　　　　　　　　　// 继续搜索

loc 加 1

End while。

最坏的情况是 item 不在列表中。在这种情况下，执行最多的语句是控制循环的语句（语句 3），它执行了 $n+1$ 次（对于 loc 为 0，1，…，n 时各执行一次）。这样，如果线性查找算法在最坏情况下的计算时间为 $T_L(n)$，我们有：

$$T_L(n)\text{是 } O(n)$$

如果被搜索的列表先前已经被排序了，使得元素都是升序排列的，则如 1.4 节所描述的**折半查找**可以被用来代替线性查找。要在这样一个列表中定位 item，在列表中间的 a[mid] 元素将被检查。有 3 种可能性：

item < a[mid]：搜索列表的前半部分。

item > a[mid]：搜索列表的后半部分。

item = a[mid]：搜索成功。

持续这个折半的过程直到 item 被找到了或者被搜索的子列表为空了。下面的算法给出了细节：

折半查找算法

/* 在元素按升序排列的列表 $a[0]$，…，$a[n-1]$上执行折半查找 item 的算法；如果搜索成功，则返回 found = true 以及 loc = item 的位置；否则，found 为 false。 */

（1）令 found = false。

（2）令 first = 0。

（3）令 last = n – 1。

（4）当 first ≤ last 并且 not found 时做以下工作：

（5）计算 loc = (first + last) / 2。

（6）如果 item < a[loc] 则

（7）令 last = loc – 1。　　　// 搜索前半部分

（8）否则 如果 item > a[loc] 则

（9）令 first = loc + 1。　　　// 搜索后半部分

（10）否则

令 found = true。　　　// 找到了 item

End while

要计算最坏情况下这个算法的计算时间 $T_B(n)$，再次考察控制循环的语句（语句 4）。这个循环的每一遍都至少将要被搜索的子列表减少一半大小。循环的最后一遍发生在子列表的大小减少为 1 时。这样这个循环的次数为 1 加上所需的将子列表的大小减为 1 的遍数 k。因为在 k 遍之后子列表的大小最多为 $n / 2^k$，必然有

$$\frac{n}{2^k} < 2$$

也就是

$$n < 2^{k+1}$$

或等价的

$$\log_2 n < k + 1$$

因此，所需的循环遍数是满足这个等式的最小的整数，也就是 $\log_2 n$ 的整数部分。这样，在最坏的情况下，当 item 大于 $a[0]$，…，$a[n-1]$中的每一个时，语句（4）将执行不多于 $2+\log_2 n$ 次，所以

$$T_B(n)\text{是 } O(\log_2 n)$$

因为线性查找的复杂度为 $O(n)$而折半查找的复杂度为 $O(\log_2 n)$，很显然对于大列表，折半查找将比线性查找更有效率。不过，对于小列表，线性查找可能，实际上也确实比折半查找表现更好。经验证明，对于从 0～20 个元素的列表，线性查找比折半查找更有效。

除了 $O(\log_2 n)$，$O(n)$和 $O(n^2)$外，其他在算法分析中常出现的计算时间还有 $O(1)$，$O(\log_2\log_2 n)$，$O(n\log_2 n)$，$O(n^3)$以及 $O(2^n)$。$O(1)$代表了一个**常数级**的计算时间，也就是说，不依赖于输入的大小的计算时间。一个 $O(n)$的计算时间被称为是**线性的**；$O(n^2)$被称为是**二次的**；$O(n^3)$被称为是**三次的**；而 $O(2^n)$被称为是**指数的**。图 10.6 给出了这些计算时间函数的图形。注意，由于坐标轴上刻度有着很大的不同，所以在后两幅图中的低次幂函数的图形看起来差不多。表 10.3 给出了对于一些 n 值，这些计算时间函数的值。

表 10.3

$\log_2\log_2 n$	$\log_2 n$	n	$n\log_2 n$	n^2	n^3	2^n
—	0	1	0	1	1	2
0	1	2	2	4	8	4
1	2	4	8	16	64	16
1.58	3	8	24	64	512	256
2	4	16	64	256	4096	65536
2.32	5	32	160	1024	32768	4294967296
2.6	6	64	384	4096	2.6×10^5	1.85×10^{19}
3	8	256	2.05×10^3	6.55×10^4	1.68×10^7	1.16×10^{77}
3.32	10	1024	1.02×10^4	1.05×10^6	1.07×10^9	1.8×10^{308}
4.32	20	1048576	2.1×10^7	1.1×10^{12}	1.15×10^{18}	6.7×10^{315652}

从表 10.3 和图 10.6 中可以很清楚地看出，具有指数复杂度的算法仅仅在解决输入数量较小的问题时才是有意义的。要强调这一点，假设在某些算法中每条指令可以在 1 毫秒内执行。表 10.4 给出了执行具有 $n = 256$ 个输入的常见复杂度函数 f 的 $f(n)$条指令所需的时间。

表 10.4：输入 n=256 时的计算时间

语句	时间	语句	时间
$\log_2\log_2 n$	3 毫秒	n^2	65 毫秒
$\log_2 n$	8 毫秒	n^3	17 秒
n	25 毫秒	2^n	3.7×10^{61} 世纪
$n\log_2 n$	2 毫秒		

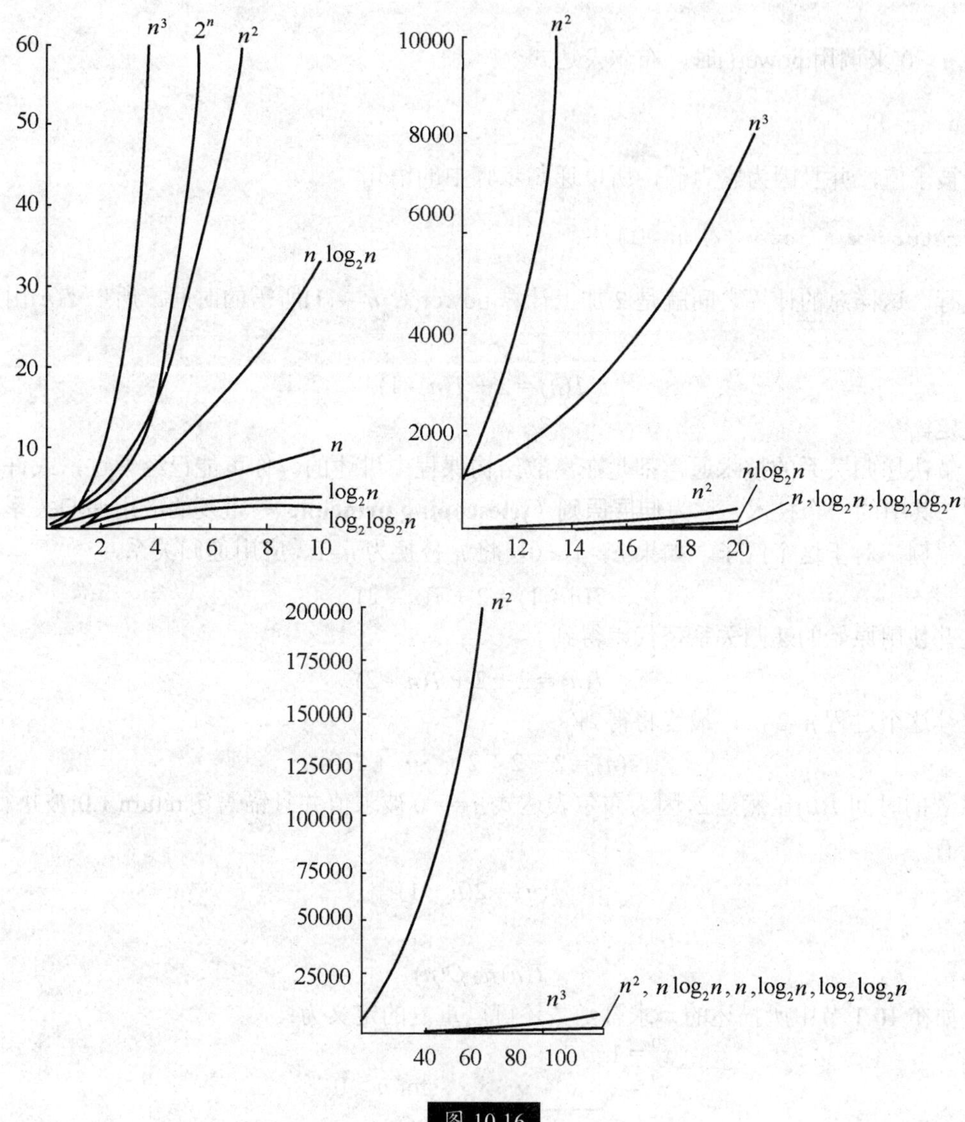

图 10.16

到目前为止已经得出计算时间的所有算法都是非递归的算法。一个递归算法的计算时间 $T(n)$是很自然的是由一个**递归关系**决定的，这表达了在较小输入情况下对于大小为 n 的输入的计算时间。要说明，再次考虑 10.1 节的递归函数 power()：

```
double power(double x, unsigned n)
//递归求幂函数
{
    if ( n == 0)
        return 1.0                    // 锚例
    // else
    return x*power(x, n - 1) ;        // 递归步骤 (n > 0)
}
```

当以 $n > 0$ 来调用 power()时，布尔表达式

```
n == 0
```

首先被求值，并且因为它为假，所以递归步骤中的语句

```
return x * power(x, n -1);
```

被执行。这样总的计算之间就是 2 加上计算 power(x, n – 1)所需的时间。所以 $T(n)$由递归关系

$$T(n) = 2 + T(n-1)$$

所决定。

解决递归关系的技术通常都是在离散结构课程中讲述的，你可能已经学过，或许将要学习。其中的一个技术，称为**伸展原则**（**telescoping principle**），重复的应用递归关系直到到达锚例。对于这个例子，如果 $n-1>0$，将 n 替换为 n–1，应用递归关系，

$$T(n-1) = 2 + T(n-2)$$

将这些使用原始的递归关系替代，得到

$$T(n) = 2 + 2 + T(n-2)$$

再继续这个过程 n–2 次，最终将得到

$$T(n) = 2 + 2 + 2 + \cdots + T(0)$$

计算 x^0 的时间 $T(0)$显然是 2，因为布尔表达式 $n == 0$ 被求值并且锚语句 return 1.0;被执行了。这样有

$$T(n) = 2(n+1)$$

所以

$$T(n)\text{是 } O(n)$$

如在 10.1 节中所描述的，求幂函数还可以重复的定义为：

$$x^0 = 1$$
$$x^n = \underbrace{x \times x \times \cdots \times x}_{n\text{ 个 }x} \quad \text{for } n > 0$$

并且通过这个定义可以得到下面的非递归函数：

```
double nrPower(double x, unsigned n)
// 非递归求幂函数
{
    double prod = 1.0;       // x * x * … * x的积
    for ( int i = 1; i<= n; i++)
        prod *= x;
    return prod;
}
```

这个函数的计算时间可以很容易的计算得到：

$$T_{NR}(n)\text{是 } O(n)$$

尽管递归函数和非递归函数的计算复杂度是一样的，但是 10.3 节中描述过，递归函数中需要管理运行时栈，这造成了一些低效率。因此，在这样一种情况下，即在代价区别不大的情况下可以同时开发出一个递归的算法和一个非递归的算法，则通常选择非递归的算法。

在一些情况下，解决一个问题的递归算法的计算时间可能会比解决同一个问题的非递归算法的计算时间要大很多。特别是对于像 10.1 节中的计算 Fibonacci 数字的递归函数 fib()来说，尤其体现了这个问题，因为这里的归纳步骤需要多于一次的对函数自身的调用：

```
unsigned fib(unsigned n)
// 递归的fibonacci函数
{
    if (n <= 2)
        return 1;                    // 锚例
    // else
    return fib(n -1) + fib(n - 2); // 归纳步骤(n > 2)
}
```

我们提到过具有同样参数的多个函数调用表示这可能不是一个计算 Fibonacci 数字的特别有效的方法。实际上，这是一个非常低效的方法。

要得出这个 fib()函数的计算时间，观察到对于 $n > 2$，布尔表达式 $n <= 2$ 被检查，锚步骤被略过，而归纳步骤被执行。这样，对于 $n > 2$，由递归关系决定的计算时间为：

$$T(n) = 2 + T(n-1) + T(n-2)$$

这个递归关系比上一个例子中的要难解决得多。所以，使用它来获得 $T(n)$的一个随 n 成指数增长的下界，从而证明 $T(n)$是成指数增长的。

如果将式子右边的 $T(n-1)$替换为 $T(n-2)$，并且丢掉 2，我们得到

$$T(n) > 2T(n-2) \qquad n > 2$$

如果对这个不等式应用伸展原则，最终将得到

$$T(n) > 2^{n/2} = (2^{1/2})^n = (\sqrt{2})^n > (1.4)^n \quad \text{对于 } n > 2$$

这样递归函数 fib()具有至少是指数级的计算时间。实际上，可以证明

$$T(n)\text{是 } O\left(\left(\frac{1+\sqrt{5}}{2}\right)^n\right)$$

这里 $\frac{1+\sqrt{5}}{2}$=1.618034 … ，是由连续的 Fibonacci 数字比率逼近得到黄金分割率。[①]

相比较而言，下面的非递归 Fibonacci 函数的计算时间可以很容易的看出是随 n 线性增

① 连续的 Fibonacci 数字构成的前后两个数字的比率序列为：

$\frac{1}{1}=1$，$\frac{2}{1}=2$，$\frac{3}{2}=1.5$，$\frac{5}{3}=1.6666\cdots$，$\frac{8}{5}=1.6$，$\frac{13}{8}=1.61825$ ，$\cdots\rightarrow\frac{1+\sqrt{5}}{2}=1.618034\cdots$

长的；也就是

$$T_{NR}(n)\text{是 } O(n)$$

```
unsigned nrFib(unsigned n)
// 非递归的fibonacci函数
{
    unsigned fib1 = 1,        // 3个连续的Fibonacci数字
             fib2 = 1,
             fib3;
    for ( int i = 3; i <= n; i++)
    {
        fib3 = fib1 + fib2;
        fib1 = fib2;
        fib2 = fib3;
}
return fib3;
}
```

在某台机器上，对于 $n \leqslant 30$，计算 nrFib(*n*)所需的时间小于3毫秒，而计算 fib(*n*)所需的时间则要大的多，如表10.5所示（时间单位为毫秒）。

表 10.5

n	10	15	20	22	24	26	28	30
时间	6	69	784	2054	5465	14121	36921	96494

非常明显的，非递归版本比递归版本更可取。

总的来说，计算幂值和求 Fibonacci 数字都是能够使用非递归算法或递归算法来差不多容易地解决问题的例子。不过，由于将活动记录压入运行时栈中以及将它们从栈中弹出（在10.3节中描述）所花费的开销，非递归函数通常（但不总是）比相应的递归子程序执行的更快，利用存储空间也更有效。所以，如果问题能够以不太大的代价差别分别以递归和非递归的方式解决，那么通常最好选择非递归的版本。

✔ 小测验 10.4

1. 通常用来衡量一个算法效率的两个方面是什么？
2. 在计算的早期年代，什么是最重要的？
3. 在绝大多数的现代应用中，什么是最重要的？
4. 定义“$T(n)$是$O(f(n))$ ”表示的含义？
5. 如果对于所有的 $n \geqslant 100000$ 有 $T(n) \leqslant 5000n^3$，那么 $T(n)$是 $O(n^3)$。(判断题)
6. 如果对于所有的 $n \geqslant 100000$ 有 $T(n) \leqslant 5000n^3$，那么 $T(n)$是 $O(n^4)$。(判断题)
7. 如果对于所有的 $n < 100000$ 有 $T(n) > 5000n^3$，那么 $T(n)$不可能是 $O(n^3)$。(判断题)
8. 线性查找的最坏情况的计算时间是 O(　　)。
9. 折半查找的最坏情况的计算时间是 O(　　)。

10. 如果一个算法的计算时间是 $O(2^n)$，那么对于大多数大输入情况，它应该表现的可以接受。(判断题)

11. 对于一个递归算法，一个——关系表达了在较小输入情况下对于大小为 n 的输入的计算时间。

练习 10.4

本节给出的数量级中的哪一个是描述练习 1～4 中的计算时间的最好的 O 表示？

1. $T(n) = n^3 + 100n \cdot \log_2 n + 5000$
2. $T(n) = 2n + n^{99} + 7$
3. $T(n) = \dfrac{n^2 - 1}{n + 1} + 8 \log_2 n$
4. $T(n) = 1 + 2 + 4 + \cdots + 2^{n-1}$
5. 给出一个复杂度为 $O(1)$的算法的例子。
6. 解释为什么如果，$T(n)$是 $O(n)$，那么，$T(n)$是 $O(n^2)$也是对的。

对于练习 7～12 中的代码段，可以将它们看作是 n 的函数，判断本节中给出的数量级中的哪一个是它们在最坏情况下的计算时间的最合适 O 表示。

7. // 计算平均值

```
n = 0;
sum = 0;
cin >> x;
while ( x != -999)
{
  n++;
  sum += x;
  cin >> x
}
mean = sum / n;
```

8. // 矩阵加法

```
for (int i = 0; i < n; i++)
  for(int j = 0; j < n; j++)
      c[i][j] = a[i][j] + b[i][j];
```

9. // 矩阵乘法

```
for (int i = 0; i < n; i++)
 for(int j = 0; j < n; j++)
 {
         c[i][j] = 0;
         for (int k = 0; k < n; k++)
            c[i[j] += a[I][k] * b[k][j];
 }
```

10. // 冒泡排序
```
for ( int i = 0; i < n - 1; i++)
{
 for ( int j = 0; j < n - 1; j++)
     if (x[j] > x[j + 1])
     {
         temp = x[j];
         x[j] = x[j + 1];
         x[j + 1] = temp;
 }
 }
```
11.
```
while (n >= 1)
n /= 2;
```
12.
```
x = 1;
for ( int i = 1; i <= n - 1; i++)
{
 for (int j = 1; j <= x; j++)
  cout << j << endl;
 x *= 2;
 }
```
13．为 10.2 节中的 Hanoi 塔问题的 move()函数的计算时间写一个递归关系，并解出这个关系以求出计算时间。

10.5 C++中的标准算法

如在前面章节里所提到的，1994 年 7 月，标准模板库被选作为标准 C++的一个部分。这是基于贝尔实验室的 Alex Stepanov 和 Meng Lee 所做的通用编程的工作。STL 的一个主要部分就是它的一系列多于 80 个的通用**算法**。这些算法不是 STL 容器类的函数成员，也不能直接访问容器。它们其实是通过迭代器在数据上进行操作的独立的函数模板。这使得它们既可以在规则的 C 风格数组上工作，也可以在不同的容器上工作。在这里演示这些算法中的一个。

10.5.1 例：STL 的 sort 算法

将一个序列的值排序以使得它们按照升序（或降序）排列这样一个任务在很多问题中都会碰到，所以在过去若干年里很多不同的排序方法被开发出来。在 10.4 节描述了一个排序算法——简单选择排序，但是对于大数据集这不是非常有效。

由于对数据集进行排序的如此频繁的需求以及对排序的高效率的需求，STL 的开发者在他们的库里包括了一个 sort 算法，此算法使用的是已知的最有效的排序方法之一。这个方法以及其他少数几个方法将在第 13 章里详细描述。这个 sort 算法有几种不同的形式。

将使用例子来演示其中的两种。

1．SORT 1：使用<比较元素

STL 的 sort 算法需要在数据元素上定义一个小于函数，这样它可以比较列表中的项以判断哪一个更小。程序 10.2 中的 sort 版本假设<运算符（也就是函数 operator<()）已经定义在被排序的项的类型上。将对存储在 vector<int>中的一个整数序列以及存储在 deque<double>中的一个实数序列进行排序。

程序 10.2 Hanoi 塔问题的图形化解决过程

```
/*-------------------------------------------------------------------------
演示C++的标准sort算法的使用的程序

    输出：    一个排好序的int型vector和一个排好序的double型deque
-----------------------------------------------------------------------*/


#include <iostream>
#include <vector>
#include <deque>
#include <algorithm>
using namesapce std;

template <typename Container>
void display(const Container & c);

int main()
{
    int ints[] = {555, 33, 444, 22, 222, 777, 1, 66};
    vector<int> v(ints, ints +5);      // 仅仅使用ints的前5个元素
    sort(v.begin(), v.end());
    cout << "\nSorted vector of integers:\n";
    display(v);

    double dubs[] = {55.5, 3.3, 44.4, 2.2, 22.2, 77.7, 0.1};
    deque<double> d(dubs, dubs + 7);         // 使用dubs的所有7个元素
    sort(d.begin(), d.end());
    cout << "\nSorted deque of doubles:\n";
    display(d);
}

template <typename Container>
void display(const Container & c)
/*-------------------------------------------------------------------------
显示存储在容器c(定义了[]和size())中的任意类型（定义了输出运算符）元素的
```

```
函数模板

     前置条件:    Container是一个类型形参
     后置条件:    将存储在c中的值输出到out
--------------------------------------------------------------------*/
{
   for ( int i = 0; i < c.size(); i++)
       cout << c[i] << "  ";
   cout << endl;
}
```

执行跟踪：

```
Sorted vector of integers:
22  33  222  444  555

Sorted deque of doubles:
0.1  2.2  3.3  22.2  44.4  55.5  77.7
```

这个 sort 算法还可以用在数组上。传递一个指向数组开始处的指针 arrayN*ame* 以及一个刚好在数组结尾后面的指针 arrayName + size 给它。例如，图 10.7 中的 int 数组 ints 定义为

```
int ints[] = {555, 33, 444, 22, 222, 777, 1, 66};
```

可以使用

```
sort(this, ints + 8);
```

来排序。

前一个版本的 sort 可以用来排序任意元素类型的一个容器，只要在这个元素类型上定义了<。程序 10.3 中使用一个 stack<int>型的 vector 进行了演示，其中为栈这样定义了<: s1 < s2 表示 s1.top() < s2.top()；也就是简单地比较栈顶的元素。

程序 10.3　排序一个 stack 型的 vector

```
/*-------------------------------------------------------------------
使用标准的sort算法对一个stack<int>型的vector进行排序
--------------------------------------------------------------------*/
#include <iostream>
#include <vector>
#include <stack>
#include <algorithm>
using namespace std;

// 栈的小于函数
template <typename ElementType>
```

```
bool operator<(const stack<ElementType> & s1,
               const stack<ElementType> &s2)
{
return s1.top() < s2.top();
}

// 输出一个栈
template <typename ElementType>
void dump(stack<ElementType> s);

int main()
{
vector< stack<int> > s(4);
s[0].push(90); s[0].push(80);
s[1].push(10);
s[2].push(11);  s[2].push(22);
s[3].push(12);  s[3].push(56); s[3].push(34);
cout << "Stacks in original order:\n";
for ( int i = 0; i < 4; i++)
{
    cout << "Stack #" << i << ": ";
    dump(s[i]);
    cout << endl;
}

sort(s.begin(), s.end() );

cout << "\nStacks in sorted order:\n";
for ( int i = 0; i < 4; i++)
{
    cout << "Stack #" << i << ": ";
    dump(s[i]);
    cout << endl;
}
}

/*-------------------------------------------------------------------------
从栈顶到栈底显示栈元素

前置条件:      ElementType是类型形参
后置条件:      从栈顶到栈底输出栈s的元素到cout
-------------------------------------------------------------------------*/
template <typename ElementType>
void dump(stack<ElementType> s)
```

```
{
    cout << " Top-->";
    while(!s.empty())
    {
        cout << s.top() << "  ";
        s.pop();
    }
}
```

运行跟踪:

```
Stacks in original order:
Stack #0:  Top-->80  90
Stack #1:  Top-->10
Stack #2:  Top-->22  11
Stack #3:  Top-->34  56  12

Stacks in sorted order:
Stack #0:  Top-->10
Stack #1:  Top-->22  11
Stack #2:  Top-->34  56  12
Stack #3:  Top-->80  90
```

2. SORT2：提供一个比较元素用的“小于”函数

sort 算法可以有第三个参数，这是一个布尔型的小于函数。程序 10.4 进行了演示。

程序 10.4　STL 的 Sort 算法——版本 2

```
/*---------------------------------------------------------------------
演示标准sort算法的使用的程序

输出：一个排好序的int型vector和一个排好序的double型deque
---------------------------------------------------------------------*/
#include <iostream>
#include <vector>
#include <deque>
#include <algorithm>
using namespace std;

template <typename Container>
void display(const Container & c);

// 小于函数
bool intLessThan(int a, int b)
{ return a > b; }

bool dubLessThan(double a, double b)
```

```
{ return a > b; }

int main()
{
    int ints[] = {555, 33, 444, 22, 222, 777, 1, 66};
    vector<int> v(ints, ints + 5);          // 只使用ints的前5个元素
    sort(v.begin(), v.end(), intLessThan);
    cout << "\nSorted vector of integers:\n";
    display(v);

    double dubs[] = {55.5, 3.3, 44.4, 2.2, 22.2, 77.7, 0.1};
    deque<double> d(dubs, dubs + 7);        // 使用dubs的所有7个元素
    sort(d.begin(), d.end(), dubLessThan);
    cout << "\nSorted deque of doubles:\n";
    display(d);
}

// 将程序10.2中的display()模板的定义添加到这里
```

运行跟踪：

```
Sorted vector of integers:
555  444  222  33  22

Sorted deque of doubles:
77.7  55.5  44.4  22.2  3.3  2.2  0.1
```

10.5.2 STL 算法的例子

和 sort()一样，标准模板库中的绝大多数算法都是设计成在一个元素序列上进行操作的函数模板。并且这些算法中的大多数都是使用两个迭代器来说明一个序列：

- 一个迭代器指向序列中的第一个元素。
- 一个迭代器指向序列中最后一个元素的后面。

在下面的描述中，将把这两个迭代器分别引用为 beign, begin1, begin2, …以及 end, end1, end2, …。

标准模板库提供了 80 多个算法模板。对于这些算法的深入考察已经超出了本书的范围，但是表 10.6 给出了可用算法的一个例子。

表 10.6

算法	描述
binary_search(begin, end, value)	如果 value 在被排序了的序列中则返回 true；如果不在，则返回 false
Find(begin, end, value)	返回一个指向 value 在未排序的序列中的位置的迭代器，如果 value 不在序列中，则返回 end
search(begin1, end1, begin2, end2)	在第一个序列中查找第二个序列，如果找不到，返回 end1

续表

算法	描述
copy(begin, end, con);	将一个序列复制到容器，这个容器的第一个元素由迭代器 con 指向
count(begin, end, value)	返回 value 在序列中出现的次数
equal(begin1, end1, begin2)	如果两个序列一样，则返回 true，否则返回 false
fill(begin, end, value);	将 value 赋给序列中的每一个元素
for_each(begin, end, f);	将函数 f 应用到序列中的每一个元素
lower_bound(begin, end, value) upper_bound(begin, end, value)	返回一个指向能插入 value 并且保证序列仍然有序的第一个位置的迭代器 返回一个指向能插入 value 并且保证序列仍然有序的最后一个位置的迭代器
max_element(begin, end) min_element(begin, end)	返回指向序列中最大值的迭代器 返回指向序列中最小值的迭代器
Merge(begin1,end1,begin2,end2,con);	将第二个序列合并到第一个序列，并将结果序列放入一个容器，这个容器的第一个元素由迭代器 con 指向
next_permutation(begin, end); prev_permutation(begin, end);	移动序列为它的下一个排列，并返回 true；如果没有所要求的排列，则返回 false 移动序列为它的前一个排列，并返回 true；如果没有所要求的排列，则返回 false
random_shuffle(begin, end);	随机移动序列中的值
replace(begin, end, old, new);	将序列中的每一个 old 值替换为 new 值
reverse(begin, end);	颠倒序列中值的顺序
sort(begin, end);	将序列排为升序
unique(begin, end);	在序列中，将任何连续出现的同一个值替换为单独的这个值
集合算法： Bincludes (begin, end, begin2, end2) set_union (begin1, end1, begin2, end2, con); set_intersection (begin1, end1, begin2, end2, con); set_difference (begin1, end1, begin2, end2, con); set_symmetric_difference (begin1, end1, begin2, end2, con);	 如果第二个序列包含了第一个序列，则返回 true，否则返回 false 将下面的操作应用到第一个序列和第二个序列上，将结果放入一个容器中，这个容器的第一个元素由迭代器 con 指向： 联合 交集 差 对称差

10.5.3 <numeric>库中的算法

<numeric>库包含了在顺序的容器上操作的函数模板，这些函数模板的工作方式和<algorithm>中的那些函数模板是一样的。不过，如库的名字所提示的那样，这些函数模板是用于数值序列的（例如，使用在 9.8 节所描述的 valarrays 上。）。表 10.7 列出了这些数值

算法。如对于 STL 算法的描述一样，begin, begin1 以及 begin2 指的是指向序列中第一个元素的迭代器，而 end 和 end1 指的是指向序列中最后一个元素后面的迭代器。

表 10.7

算法	描述
accumulate(begin, end, init)	返回序列中所有值的总和；init 是总和的初始值（例如，如果是整数序列，为 0，如果是实数序列，为 0.0）
inner_product (begin1, end1, begin2, init)	返回第一个序列和第二个序列的内积；init 是这个内积的初始值
partial_sum(begin, end, con)	将这个序列的部分和的序列放入一个容器，这个容器的第一个元素由迭代器 con 指向
adjacent_difference (begin,end,con);	将这个序列的两个相邻元素的差的序列放入一个容器，这个容器的第一个元素由迭代器 con 指向

10.5.4 例：花样滑冰评判

在某次竞赛的评判中，一个表演者的得分是这样得到的，首先丢弃裁判给出的最高得分和最低得分来消除偏见的影响，然后将剩余的分数取平均值。例如，假设某个花样滑冰运动员从国际裁判员那里获得了下面的几个分数（每个分数的范围是 0～10）：

9.1, 8.8, 9.2, 7.9, 4.5, 8.1, 8.6, 9.9, 7.6, 7.9

要决定她的分数，则丢弃最低分（4.5）和最高分（9.9），然后计算剩下分数的平均值。

假设将这些分数存储在一个名为 scores 的 vector<double>对象中。回想一下，scores.begin()和 scores.end()分别是指向 scores 的第一个元素以及指向 scores 的最后一个元素之后的迭代器：

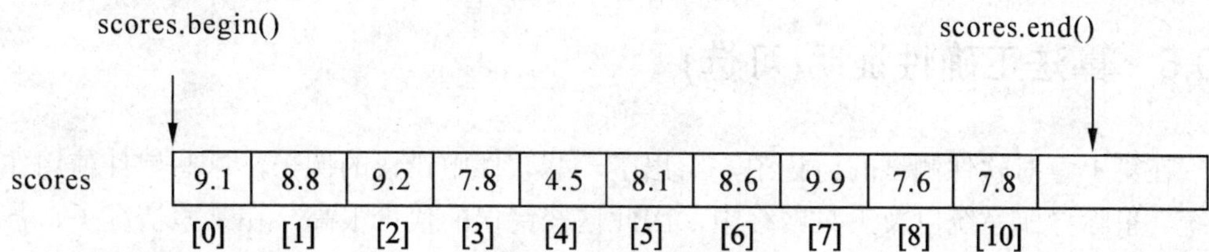

可以使用 STL 的 min_element 算法来找到最低的分数，

```
vector<double>::iterator it =
          min_element(scores.begin(), scores.end());
```

然后使用 scores 的成员函数 erase()来删除这个最低分数：

```
scores.erase(it);
```

更简单一点，可以不引入迭代器 it 而一步完成这些工作：

```
scores.erase(min_element(scores.begin(), scores.end());
```

接着用相似的方式删除最高分数：

```
scores.erase(max_element(scores.begin(), scores.end());
```

分数 4.5 和 9.9 从 scores 中被删除了，剩下的值将向左移动以填补它们留下的空缺，并且 scores.size()和 scores.end()都被更新了：

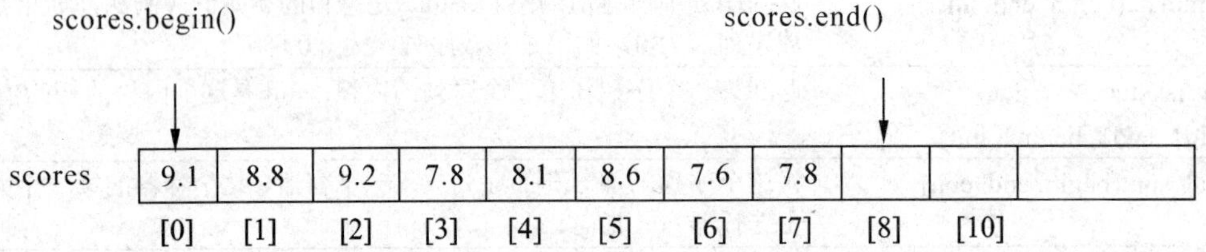

接着，可以使用<numeric>库中的 accumulate()算法来计算出平均分数：

```
double averageScore =
accumulate(scores.begin(), scores.end(), 0.0) / scores.size();
```

✔ **小测验 10.5**

1．标准模板库包含了 80 多个被称为通用的函数模板。
2．一个使用 STL 算法的程序必须包含指令 #include。
3．绝大多数 STL 算法工作在特定的容器上。（判断题）
4．绝大多数 STL 算法使用两个迭代器来指明一个序列。这两个迭代器分别指向序列中的哪里？
5．________库包含着设计来处理数字序列的算法。

10.6 算法正确性证明(可选)

在第 1 章对软件测试的讨论中，给出了一些软件中错误的例子，这些软件使用在防御系统、星际导航系统以及工具网络中，因此这些错误的代价很高，在某些情况下，甚至是灾难性。在这些安全至上的系统中，软件错误是不能被容忍的，因为人类的生命可能受到威胁。在这种情况下，简单地在不同的测试数据集上运行这些程序或者程序系统可能是不够的，因为测试仅仅能够证明错误的存在，而不能证明错误的不存在。因此，可能需要一个演绎的程序正确性证明来说明这个程序将产生正确的结果（假设没有系统故障）。在本节里，将描述一些使用在这种正确性证明中的技巧。

要证明解决一个问题的算法是正确的，我们必须演绎地证明，算法的步骤正确地处理了问题需求规格说明中给定的输入，从而得到了所需的输出。这样，一个算法的**正确性证明**从一个前置条件 Pre(“所给予的”)和一个后置条件 Post(“要展示的”)开始，接着提供了一个说明由 Pre 以及算法的执行得到 Post 的逻辑论点：

Pre 和 算法 ==> Post (“Pre 包含 Post”)

因此，这是对以下定理的证明：

定理：给定前置条件 Pre。

在算法执行以后，满足后置条件 Post。

10.6.1 例：计算平均值

为了演示，考虑下面求取存储在一个数组中的一系列数的平均值的算法。

计算平均值的算法

/* 计算 $x[0], \cdots, x[n-1]$的平均值的算法。 */

（1）初始化 *sum* 为 0。

（2）初始化下标变量 *i* 为 0。

（3）当 $i<n$ 时做以下工作：

- 将 $x[i]$累加到 sum 上。
- *i* 增 1

End while

（4）计算并返回 $mean=sum/n$。

这里前置条件可以表述为

Pre：输入包含一个整数 $n\geqslant 1$ 以及一个由 *n* 个实数组成的数组 *x*。

而后置条件可以表述为

Post：算法将会终止，并且当算法终止时，变量 *mean* 的值是 $x[0], \cdots, x[n-1]$的平均值。

要说明后置条件 Post 可以从前置条件 Pre 和算法的执行得到，通常在算法中几个点引入中间断言，来判断当执行到达这些点时的处理状态。对于前面的算法，可以在 while 循环的底部使用一个额外的中间断言，当执行到达这一点时，这个断言应该为真。这样一个断言被称为一个循环不变式：

Pre：输入包含一个整数 $n\geqslant 1$ 以及一个由 *n* 个实数组成的数组 *x*。

（1）初始化 sum 为 0。

（2）初始化下标变量 *i* 为 0。

（3）当 $i<n$ 时做以下工作：

① 将 x[i]累加到 sum 上。

② *i* 增 1。

A：*sum* 的值是数组 *x* 中前 *i* 个元素的和，而 *i* 的值是执行到达这一点的次数。

End while

（4）计算并返回 $mean=sum/n$。

Post：算法将会终止，并且当算法终止时，变量 *mean* 的值是 $x[0], \ldots, x[n-1]$的平均值。

那么整个证明将由证明从前置条件 Pre 可以得到断言 A 和证明从断言 A 可以得到后置条件 Post 组成。

可以使用数学归纳（见 10.1 节）来建立循环不变式 A。要说明这点，假设令 *k* 表示执行到达循环底部的次数，并且分别令 i_k 和 sum_k 表示此时 *i* 和 *sum* 的值。当 $k=1$ 时，也就是循环的第一遍，*sum* 将等于 $x[0]$，因为它初始化时为 0（步骤 1），*i* 的值为 0，并且 $x[i]$被

累加到 *sum* 上（步骤 3a）。而 *i* 的值将为 1，因为它初始化时为 0（步骤 2），并且被增 1（步骤 3b）。这样当 *k*=1 时 *i* 和 *sum* 具有 A 中所断言的值。

现在假设当执行到达循环的底部第 *k* 次时，循环不变式成立：

$$sum_k = x[0] + \cdots + x[k-1] \text{ 并且 } i_k = k$$

必须证明当执行继续到循环的第 *k*+1 次时，A 仍然为真，即

$$sum_{k+1} = x[0] + \cdots + x[k] \text{ 并且 } i_{k+1} = k + 1$$

在这循环的第 *k*+1 遍，将有

$$\begin{aligned} \mathrm{sum}_{k+1} &= \mathrm{sum}_k + x[k] \text{ (步骤 3a)} \\ &= x[0] + \cdots\ x[k-1] + x[k] \text{ (归纳假设)} \end{aligned}$$

而 *i* 的值将被增 1，从而

$$\begin{aligned} i_{k+1} &= i_{k+1} \text{ (步骤 3b)} \\ &= k+1 \text{(归纳假设)} \end{aligned}$$

这样，*i* 也具有正确的值。

现在可以由数学归纳得到，每当执行到达循环的底部，*i* 和 *sum* 都具有循环不变式 A 中所断言的值。特别地，在循环的第 *n* 遍以后，*sum* 将等于 $x[0] + \cdots + x[n-1]$，而 *i* 将等于 *n*。

由于这样 *i* 将最终具有值 *n*，控制循环的布尔表达式 $i<n$ 将变为假，则 while 循环将终止。执行将从算法中的语句 4 处开始继续。这条语句正确地计算了数组元素的平均值，执行将到达算法的结束。这样，后置条件也将成立，从而正确性证明就完成了；证明了

定理：

当给定 1 个整数 n≥1 以及一个包含 *n* 个实数的数组 *x*。

当计算平均值的算法被执行，算法会终止，并且当算法终止时，变量 *mean* 的值是 $x[0], \cdots, x[n-1]$的平均值。

10.6.2 例：递归求幂函数

数学归纳法还可以用来证明递归算法的正确性，因为如在 10.1 节中看到的，非常自然地，递归包含归纳步骤。作为一个演示，考虑 10.1 节的递归求幂函数：

```
double power(double x, unsigned n)
// 递归求幂函数
{
    if (n == 0)
        return 1.0;                 // 锚例
    // else
    return x * power(x, n-1);   // 归纳步骤 (n > 0)
}
```

这里前置条件和后置条件是

Pre：输入包含一个实数 *x* 和一个非负整数 *n*。

Post：函数的执行会终止，并且当函数执行终止时，函数的返回值是 x^n。

可以在 n 上使用数学归纳法来证明从前置条件 Pre 可以得到后置条件 Post。如果 n 为 0，锚例语句

```
return 1.0;
```

被立即执行，所以执行终止并返回 x^0 的正确的值 1.0。现在假设对于 $n = k$，执行会终止并返回 x^n 的正确值。当以 $n = k + 1$ 调用这个函数时，归纳步骤

```
return x * power(x, n - 1)
```

被执行。$n - 1$ 的值是 k，这样由归纳假设，函数调用 power(x, $n - 1$)将终止并返回 x^k 的正确值。接着可以得到 $n = k + 1$ 的函数调用会终止并返回值 $x * x^k = x^{k+1}$，而这正是 x^n 的正确值。这样，已经对所有情况证明，由前置条件可以得到后置条件。

10.6.3 总结

这些正确性证明的例子是相当不正式的。不过，通过使用某些特殊的表示来代表断言（例如谓词演算或者其他一些形式化表示）以及清楚地说明用来从一个断言推出另一个断言的规则的形式化演绎系统，它们可以被形式化。例如，规定一条形如 $v = e$ 的赋值语句 S 的规则可以象征性的表述为

$$\text{Pre} \xrightarrow{S} \{\text{Post=Pre}(v,e)\}$$

这是"如果在形如 $v = e$ 的赋值语句 S 执行之前，前置条件 Pre 成立，那么通过将变量 v 的每次出现都替换成表达式 e，由 Pre 可以得到后置条件 Post"的缩写。在设计机械化的"理论证明器"中，这样的形式化是必需的，将把它留到理论计算机科学的更高级的课程中，在那里讲述这些内容更合适一些。

另外，这些证明是相当简单的，因为在第一个例子中只使用了一个中间断言，而在第二个例子中一个中间断言都没有使用。这样第一个证明的形式是

$$\text{Pre} \Longrightarrow \text{A} \Longrightarrow \text{Post}$$

也就是，前置条件 Pre 包含中间断言 A，而 A 又包含后置条件 Post。对于更复杂的算法，通常需要引入多个中间断言 $A_1, A_2, \cdots, A_n$。算法/程序被分成较小的区段，每个区段具有 A_i（或者 Pre）中的一个作为前置条件，以及 A_{i+1}（或者 Post）作为后置条件：

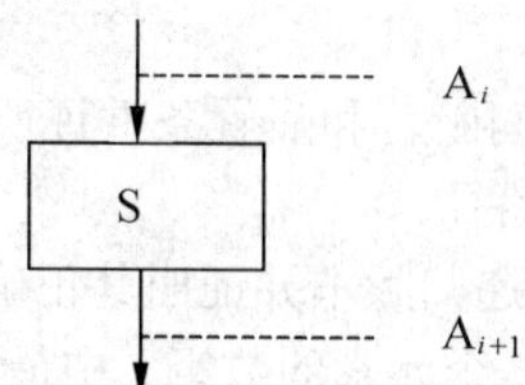

必须要能够证明对于每个 i=1, …, n–1，由 A_i 可以逻辑地得到 A_{i+1}，这样正确性证明的结构就是

$$Pre ==> A_1 ==> A_2 ==> \cdots ==> A_n ==> Post$$

如果这些程序段中的一个是或者包含选择结构，那么执行可能从很多路径由 A_i 得到 A_{i+1}，因为必须要检查所有这些路径，所以正确性证明将变得非常复杂。

算法/程序单元验证是程序开发的一个重要组成部分，并且理想的，每个程序单元的正确性都应该被形式化的证明。然而，实际上，编写一个复杂算法的完整仔细的正确性证明的所有细节所需的时间和代价是非常高昂的。不过，一个很好的习惯是形式化将被用在一个正确性证明中的主要断言，接着“遍历”算法/程序单元，并根据演绎证明的模式，跟踪每条可能的执行路径。这是每个优秀的程序员都会用来测试算法/程序的 desk checking 的一个形式化和系统化的方法。尽管这不能保证算法/程序单元是绝对正确的，但是这确实可以增强个人对算法/程序单元的理解和个人对其正确性的信心，而且这还能发现如果不这么做就不能发现的逻辑错误。

练习 10.6

1．考虑下面具有前置条件 Pre，中间断言 A，以及后置条件 Post 的算法：

ScanAndCount

/*　计算并显示一个数组 $x[0],\cdots,x[n-1]$ 中超过某个给定值 cutoff 的元素个数 count 的算法。 */

Pre：输入包含一个整数 $n\geq 1$，包含 n 个实数的数组 x，以及一个实数 cutoff。

（1）初始化 count 为 0。

（2）初始化 i 为 0。

（3）当 $i<n$ 时做以下工作：

- i 增 1
- 如果 $x[i]>$ cutoff

count 加 1。

A：i 的值是执行到达这一点的次数，而 count 的值是数组元素 x[0], …, x[i–1] 中大于 cutoff 的元素个数。

End while

（4）显示 count。

Post：算法会终止，并且当算法终止时，变量 count 的值是数组 x 中大于 cutoff 的元素的数量。

使用给定的前置条件，中间断言和后置条件证明这个算法的正确性。注意循环的每一遍执行有两条可能的路径。

2．编写函数 power()的一个非递归版本并证明其正确性。

3．给出一个查找并返回具有 n 个元素的数组 x 中最大元素的算法，并证明其正确性。

4．编写一个计算 $n!$，即求 n 的阶乘（见 10.1 节）的递归函数，并证明其正确性。

5．使用数学归纳法来证明解决 n 个盘子的 Hanoi 塔问题所需的最少移动次数为 2_{n-1}。（见 10.2 节）

10.7 本章小节

章节注意要点

- 函数的递归定义包括两个部分：①一个锚例或者基例；②一个归纳或递归步骤。
- 运行时栈用来存储递归函数的每个调用所对应的活动记录。在发生对同一个函数的递归调用时，这些记录保存着函数实例执行被挂起时的当前环境，使得当递归解决时能够恢复前一个实例的运行。
- 评价一个算法效率的两个主要方面是空间利用率和时间效率。时间效率被认为更重要一点，并且通常被计算为算法指令被执行的次数。
- STL 的算法都是函数模板，可以高效地在不同的容器上执行常见操作（例如，排序和查找）。
- 验证算法的正确性包括给出从问题的需求规格说明中的前置条件能够推导出后置条件的演绎证明。

程序设计知识点

1. 在一个递归函数中，必须要确保每次递归调用都在向锚例前进并最终能够达到锚例步骤；否则将导致无限递归（导致栈溢出）。
2. 小心产生具有相同实参的对一个函数重复调用的递归函数。
3. 直接递归是指一个函数直接的调用自身。间接递归指一个函数调用了其他函数，通过某个函数调用链最终又导致了对第一个函数自身的再次调用。
4. 对一个函数的每一次递归调用都会导致一个活动记录被推入/弹出运行时栈。
5. 程序测试只能证明错误的存在，但不能证明错误不存在。

ADT 技巧

1. 大 *O* 表示通常被用来表示一个算法的效率。它给出了算法在大输入上计算时间的上界。
2. 算法效率通常衡量为其最坏情况下的性能，或者，更可行的，衡量为其平均情况性能。
3. 具有指数级复杂度的算法仅仅适合用来解决具有较少输入的问题。
4. 如果能够解决一个问题可以用递归方法也可以用非递归方法，且两者代价区别较小，那么通常最好使用非递归的版本。
5. 使用标准算法来实现操作，而不要重复劳动自己再开发一个。

编程问题

10.1 节

1. 为练习 21 中的递归的数字计数函数编写一个测试驱动程序。

2．为练习 22 中的非递归的数字计数函数编写一个测试驱动程序。

3．为练习 23 中的递归的 printReverse()函数编写一个测试驱动程序。

4．为练习 24 中的非递归的 printReverse()函数编写一个测试驱动程序。

5．为练习 25 中的递归的指数函数编写一个测试驱动程序。

6．为练习 26 中的非递归的指数函数编写一个测试驱动程序。

7．为练习 27 中的递归的 reverseArray()函数编写一个测试驱动程序。

8．为练习 28 中的递归的 sumArray()函数编写一个测试驱动程序。

9．为练习 29 中的递归的 location()函数编写一个测试驱动程序。

10．为练习 30 中的颠倒串算法编写一个递归函数并进行测试。

11．为练习 31 中的颠倒串算法编写一个非递归函数并进行测试。

12．为练习 32 中的递归的回文检查函数编写一个测试驱动程序。

13．为练习 33 中的递归的 GCD 函数编写一个测试驱动程序。

14．为练习 34 中的非递归的 GCD 函数编写一个测试驱动程序。

15．为练习 35 中的递归的二项式系数函数编写一个测试驱动程序。

16．编写一个程序来比较练习 35 中递归的和练习 36 中非递归的计算二项式系数的函数的计算次数。

17．为练习 11～15 中的一个函数编写测试驱动程序。在函数中添加输出语句来跟踪其执行中的动作。例如，对于练习 13 中 f()函数在 f(21)情况下的跟踪显示应该具有如下的形式：

```
f(21) = 1 + f(10)
  f(10) = 1 + f(5)
    f(5) = 1 + f(2)
      f(2) = 1 + f(1)
        f(1) 返回0
      f(2) 返回1
    f(5) 返回2
  f(10) 返回3
f(21) 返回4
```

这里的缩进层次反映了递归的深度。（提示：这可以通过使用一个全局或者静态的变量 level，当进入一个函数的时候对其增 1，而退出一个函数的时候将其减 1 来做到。）

18．通过在函数中添加输出语句来跟踪其执行中的动作来修改问题 3 中的 printReverse()函数的测试驱动程序。例如，函数调用 printReverse(9254)的跟踪显示应该具有如下形式

```
printReverse(9254):  输出 4 - printReverse(925)
  printReverse(925):  输出 5 - printReverse(92)
    printReverse(92):  输出 2 - printReverse(9)
        printReverse(9):  输出 9 和 \n
```

```
      printReverse(9): 返回
    printReverse(92): 返回
  printReverse(925): 返回
printReverse(9254): 返回
```

这里缩进层次反映了递归的深度。（见问题 17 中的提示）

19. 编写一个递归函数来显示歌曲 Bingo 的歌词：

    第一节：There was a farmer had a dog.

    And Bingo was his name-o.

    B-I-N-G-O!

    B-I-N-G-O!

    B-I-N-G-O!

    And Bingo was his name-o.

    第二节：和第一节相同，但是第 3，4，5 行为

    (拍手声)-I-N-G-O!

    第三节：和第一节相同，但是第 3，4，5 行为

    (拍手声, 拍手声)-N-G-O!

    第四节：和第一节相同，但是第 3，4，5 行为

    (拍手声, 拍手声, 拍手声)-G-O!

    第五节：和第一节相同，但是第 3，4，5 行为

    (拍手声, 拍手声, 拍手声, 拍手声)-O!

    第六节：和第一节相同，但是第 3，4，5 行为

    (拍手声, 拍手声, 拍手声, 拍手声, 拍手声)!

    另外再编写一个测试驱动程序来测试你的函数。

20. 编写一个递归函数来显示一个在正确位置包含逗号的非负整数。例如，应该将 20131 显示为 20,131。再编写一个测试驱动程序来测试你的函数。

21. 考虑一个方形的网格，它的一些单元是空的，而另外一些包含一个星号。如果两个星号在同一行或者同一列中是相邻的，则定义它们为连续的。现在假设如下定义了一个水滴：

    （1）一个水滴至少包含一个星号。

    （2）如果一个星号在一个水滴中，那么任何与它连续的星号也在这个水滴中。

    （3）如果一个水滴包含两个或多于两个星号，那么其中的每个星号至少要和水滴中的另一个星号连续。

    例如，在下面的部分网格中有 4 个水滴

*			*	*			*		*	*
							*		*	*

下面有 7 个水滴

*		*		*				*	*	*
					*				*	
*				*						

而下面只有 1 个水滴

		*	*	*		*	*	*		
				*		*		*		
				*	*	*				

编写一个程序，使用一个递归函数来计算方形网格中的水滴数量。程序的输入应该包含网格中星号的位置，并且程序应该显示网格以及水滴的数量。

22．考虑一个平铺在长方形网格上的街道网络，例如

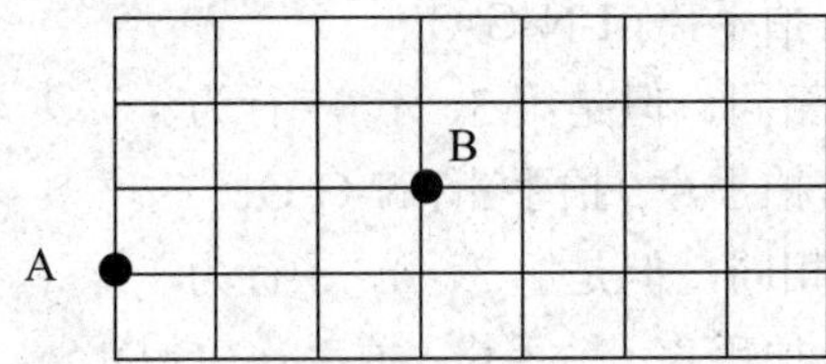

在网格中一点到另一点的东北路径中，只能向北（上）或者向东（右）走。例如，在前面的网格中，从 A 点到 B 点有 4 条东北路经：

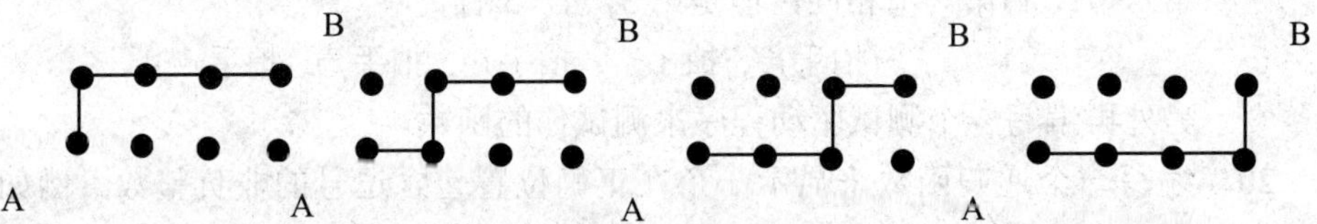

编写一个程序，使用递归函数来计算从网格中一点到另一点的东北路经的数量。

23．在 7.1 节中考虑了将一个整数从 10 进制转换为 2 进制的问题，当时使用了一个栈来存储二进制数字，从而可以使它们以正确的次序显示。编写一个递归函数不使用栈来实现这个转换。

24．编写一个递归函数来计算一个整数的素因子，并以降序显示这些素因子（见第 7 章的编程问题 4）。编写一个程序来测试你的函数。

25．编写一个递归函数来产生集合(1, 2, …, n)的所有 n!个排列变换。（提示：可以通过将每个排列(1, 2, …, k–1)看作一个有序列表，然后将 k 插入到这个列表的 k 个可能的位置来得到排列(1, 2, …, k)，这些位置包括列表的前端和后端。）例如，{1, 2}的排列是(1, 2)和(2, 1)。将 3 插入到第一个排列中的 3 个可能的位置得到了排列(3, 1, 2)，(1, 3, 2)和(1, 2, 3)，使用第二个排列得到了(3, 2, 1)，(2, 3, 1)和(2, 1, 3)。编写一个程序来测试你的函数。

10.2 节

26. 修改程序 10.1，使它能够表示图形化的移动，类似于程序 10.2。
27. 编写一个程序，使用前面的练习 12 中的语法规则来分析简单的布尔表达式。
28. 编写一个程序读取输入行，每一行都是（可能是非法的）C++语句，并去除 C++注释的所有行。不过，程序的结构被如下限定：
    （1）仅有的循环结构是读取输入，并在到达输入结尾时停止。所有其他的循环必须通过使用递归来实现。
    （2）必须每次读取一个字符，预先查看输入缓冲区中的下一个字符是不允许的。
29. 编写一个程序，读取只由括号组成的串，并判断所有的括号是否配对，就如同前面的练习 16 中所规定的一样。
30. 如问题 29 一样，不过这次是设计一个程序能够读取任意的串，并忽略除了括号以外的所有字符。

10.5 节

在问题 31～36 中，在可能的地方使用标准 C++容器和算法。

31. 在过去 15 天的周期里 Pickum & Loozem 投资公司一直在跟踪记录某种股票的交易价格。编写一个程序，读取这些价格并将它们存储到一个线性的容器中，接着将它们按照升序排序。这个程序应该计算并显示
    （1）交易变动范围（记录的最低价和最高价）。
    （2）一个显示每日价格涨跌多少的序列。
32. 在过去的 4 个星期里 Rinky Dooflingy 公司记录了每天生产的 dooflingy 盒子的数量。编写一个程序读取这些生产水平并将它们存储到一个容器中。这个程序应该计算并显示。
    （1）最低的、最高的以及平均的每日生产水平。
    （2）一个显示每日生产水平如何涨跌的序列。
    （3）一个显示到某天为止并包含那天在内的累计 dooflingy 产量。
33. Rinky Dooflingy 公司有两个仓库，一间在 Chicago，另一间在 Detroit，每一间都可以存储最多 25 个不同的货物。编写一个程序，首先读取存储在 Chicago 仓库中的货物的数量，并将这些数量存储在一个线性容器 Chicago 中，接着读取存储在 Detroit 仓库中的货物的数量，将它们存储在线性容器 Detroit 中。接着这个程序应该计算并显示这两个数量序列的交集，即在两个序列中相同的产品数量集合。
34. 重复问题 33，但是计算并显示两个序列的并集，即至少是这两个数量序列中某一个的元素的产品数量集合。
35. Rinky Dooflingy 公司制造不同种类的 Dooflingy，每一种使用一个产品编号来标志。编写一个程序，读取产品编号和价格，并将这些值存储到一个容器中。接着这个程序应该允许用户选择下面的选项之一：
    （1）提取并显示用户输入的产品编号所对应的产品的价格。
    （2）得出有多少种产品具有给定的价格。

（3）找出所有和另外一些产品具有相同编号的产品，保留一个，删除其他所有的。

（4）将产品按照产品编号升序排序。

（5）打印一张表，显示每种产品的编号及其价格。

（建议：定义一个 Product 类，具有两个运算，分别是重载==和<运算符，这样就可以在 Product 对象容器上使用标准算法。）

36.（1）编写一个函数来计算存储在一个线性容器中的值的平均值、方差和标准方差。（见第 3 章中编程问题 1 中的学籍分曲线来得到这些量的定义。）

（2）编写一个测试驱动程序来测试函数。

（3）在一个程序中使用函数来解决学籍分曲线问题。

第11章 其他链表结构

章节内容

- 单向链表的某些变种
- 稀疏多项式的链表实现
- 双向链表和标准 C++列表
- 案例学习：大整数算术
- 其他多链列表

章节学习目标

- 综述通用的链表变种，并解释为什么要使用它们。
- 详细学习使用链表实现稀疏多项式的细节。
- 描述双向链表以及如何使用双向链表来实现 C++的 STL 列表容器。
- 创建一个类，使得能够进行大整数的算术运算。
- 简单考察一些多链列表的应用。

第 6 章中介绍，在后续章节中用来实现列表、栈和队列的链表有以下特征：

（1）只能直接访问第一个节点。

（2）每个节点有一个数据部分和一条指向后继节点（如果有的话）的链。

对于这种线性结构，必须按照节点相连的次序，串行地处理其中的每个节点，我们称这种结构为**单向链表**。

某些应用需要进行其他类型的列表处理，此时采用其他类型的访问和链接方式的话将带来很大的方便。在本章中，考虑链表的某些变种，如循环链表、双向链表和其他多链列表。

11.1 单向链表的某些变种

一些列表应用需要对标准链表进行修改，使得实现某些基本列表操作的算法更加简单和更高效。本节考虑链表的某些变种。

11.1.1 带头节点的链表

标准列表的第一个节点与其他节点不同，它没有前驱。正如在 6.4 节中看到的，这意味着对于插入和删除等基本列表操作来说，必须考虑两种情况。如果保证每个存放列表元素的节点都有一个前驱，则没有这种问题。这可以通过在列表头部引入一个伪首节点来实现，这个节点被称为**头节点**。这个头节点的数据部分不存放列表元素；它作为存放第一个元素的节点的前驱，其链域指向“真正的”首节点。例如，包含整数 9、17、22、26 和 34

的列表能够存放在如下带头节点的链表中：

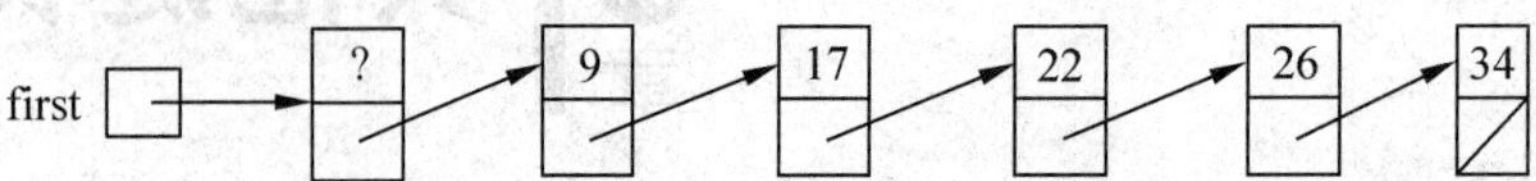

在这种实现中，每个链表都必须带有一个头节点。特别地，空表也有一个头节点：

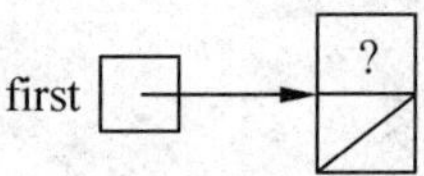

这意味着与简单地把指针 first 初始化为空指针的做法不同，这种实现中的 LinkedList 类的构造函数必须构建一个由 first 指着的头节点，且头节点中的链为空。类似地，检查空表条件的函数必须检查 first->next == 0，而不是 first == 0。此外，遍历标准链表或标准链表中某个部分的算法和遍历带头节点的链表本质上是一样的；通常，只需要对设置指向链表中头节点的一些辅助指针的指令做出修改：

```
ptr = first -> next;          // 替换 ptr = first;
```

为链表添加一个头节点的主要好处在于，由于链表中的每个节点都有前驱，从而简化了插入和删除操作（见 6.4 节）。例如，对于插入操作，需要考虑两种情况：

（1）在列表中某个其他项的后面插入一个项。

（2）在列表的开头插入一个项。

我们获取一个由 newptr 指向的新节点并将待插入的项存储到这个节点的数据部分。那么，对于第一种情况，将这个节点插入到列表中由 predptr 指向的某个节点的后面，如图 11.1 所示。

```
newptr -> next = predptr -> next;
predptr -> next = newptr;
```

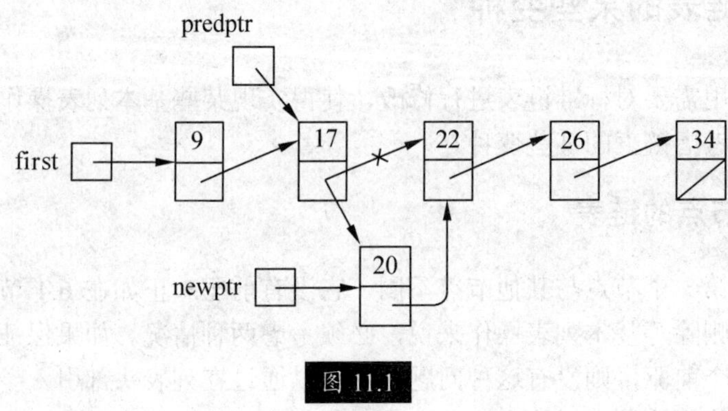

图 11.1

但是对于第二种情况，待插入项的前面没有前驱，需要将原来指向列表中第一个节点

的指针改为指向这个新的第一个节点，如图 11.2 所示。

```
newptr -> next = first -> next;
first = newptr;
```

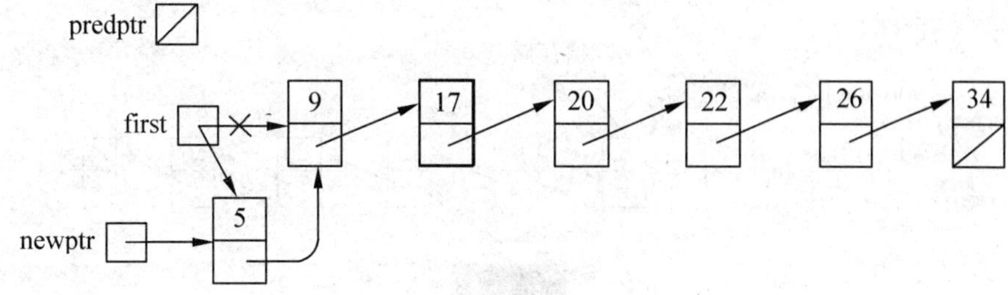

图 11.2

如果列表具有一个头节点，则在列表的开始处的插入就不再是一种特殊情况了，因为头节点可以作为新节点的前驱，如图 11.3 所示。

```
newptr -> next = predptr -> next;
predptr -> next = newptr;
```

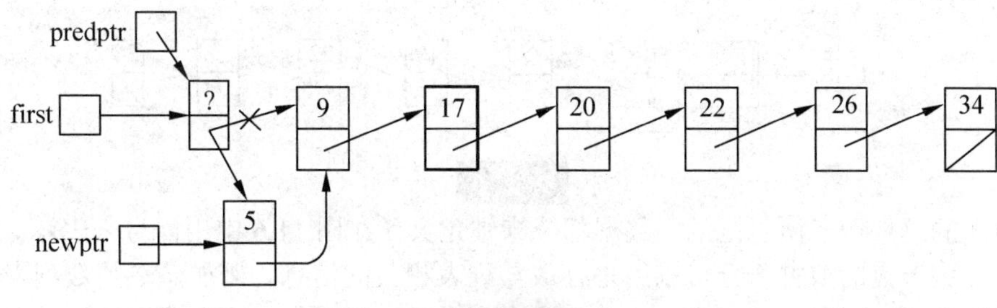

图 11.3

同样的道理，删除操作也得到了简化。6.4 节链表的一个版本中，也将对第一个节点的删除作为一种特殊情况：

（1）删除列表中具有前驱的一个元素。

（2）删除列表开头的元素。

在第一种情况中，通过改变这个节点的前驱的 next 链使它脱离列表，接着释放这个被删除的节点，如图 11.4 所示。

```
predptr -> next = ptr -> next;
delete ptr;
```

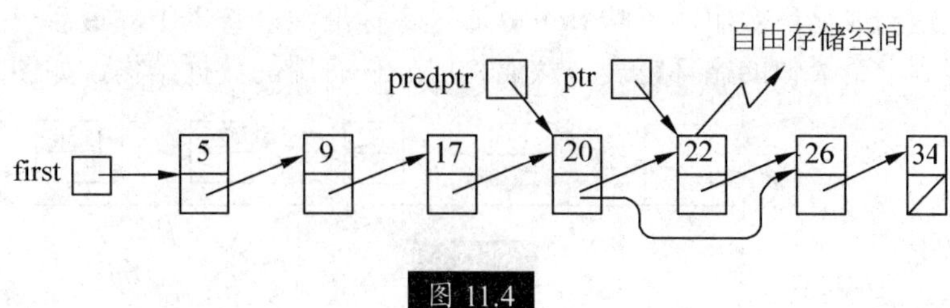

图 11.4

在第二种情况中，待删除节点没有前驱，通过修改 first 指向的节点来删除它，如图 11.5 所示。

```
first = ptr -> next;
delete ptr;
```

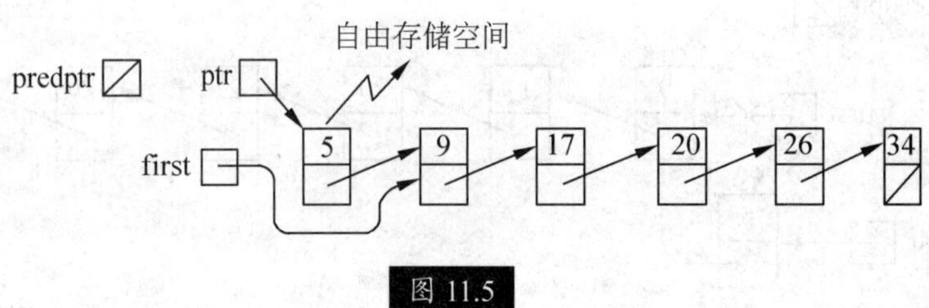

图 11.5

如果列表有一个头节点，那么和插入一样，第二种情况也不是特例了，因为头节点可以作为待删除节点的前驱，如图 11.6 所示。

```
predptr -> next = ptr -> next;
delete ptr;
```

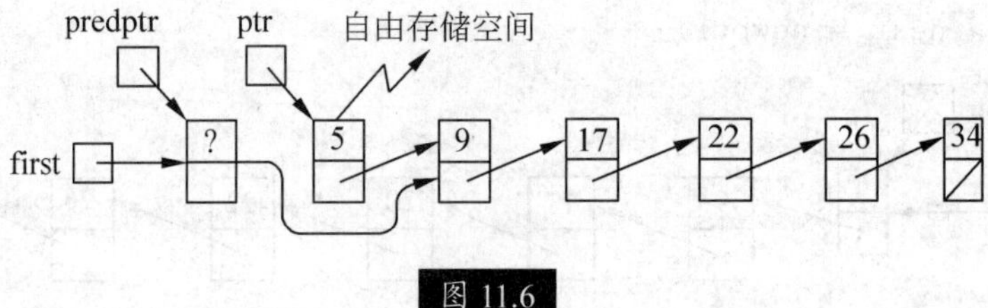

图 11.6

如前面的这些例子所示范的，数据部分未被定义（在图 11.6 中用问号来表示）。在某些情况中，头节点的数据部分可以用来存放与列表相关的信息。例如，在整数列表中，可以把列表的大小存放在头节点中。在人名列表中，可以把所属组或者所属组织的名字存放在头节点中，如图 11.7 所示。

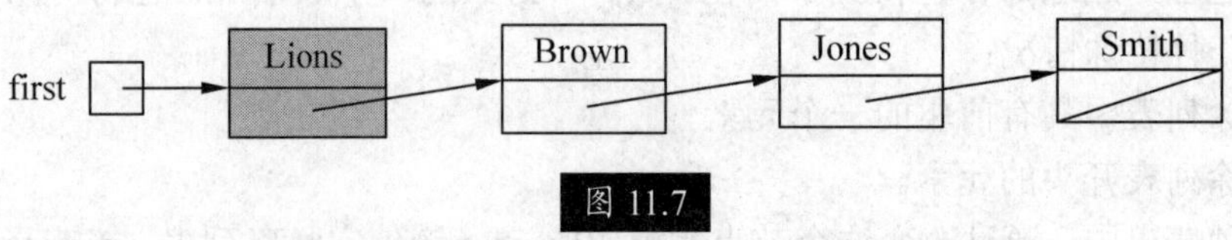

图 11.7

在 11.1.2 节多项式的链表表示中，头节点可以用来存储多项式的幂次。

11.1.2 循环链表

在第 8 章中使用数组来实现队列的时候，认为数组的最后一个元素之后紧跟着数组的第一个元素，这构成循环数组。意味着可以通过令标准线性链表中的最后一个元素指向第一个元素来得到一个类似的**循环链表**，从而构成一种有用的数据结构，如图 11.8 所示。

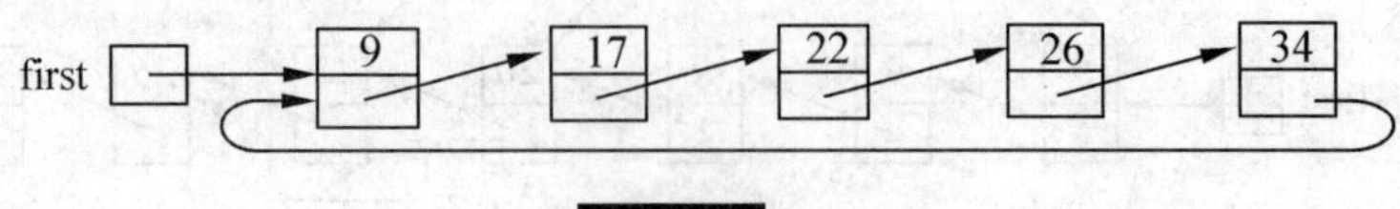

图 11.8

如上图所示，如果列表不是空表的话，循环链表中的每个节点都有一个前驱（和后继）。结果如同带头节点的链表的情况，插入和删除算法都不用特意考虑节点没有前驱的情况。例如，可以按以下方法插入项：

```
newptr = new Node(item, 0);
if (first == 0)              // 列表为空
{
newptr->next = newptr;
first = newptr;
}
else                         // 非空列表
{
newptr->next = predptr->next;
predptr->next = newptr;
}
```

注意：插入到空表时的情况需要特意考虑，因为插入后的节点的链必须指向节点自己。

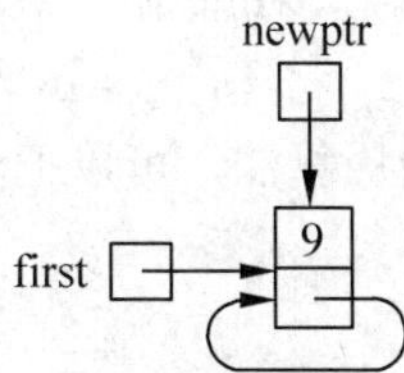

在进行循环链表删除操作时，除了空表情况，单元素列表情况也需要特殊对待，因为节点被删除之后列表会变为空表。通过检查节点是否为自己的后继就可以确定这种情况是否出现，即检查一下节点的链是否指向自己：

```
if (first == 0)                  // 列表为空
   cerr << "ist is empty\n";
else
{
   ptr = predptr->next;

   if (ptr == predptr)           // 单节点列表
      first = 0;
   else                                // 含有2个或2个以上节点的列表
      predptr->next = ptr->next;
      delete ptr;
}
```

正如非循环链表的情况，对于带头节点的循环链表，插入和删除算法更为简单，如图 11.9 所示。

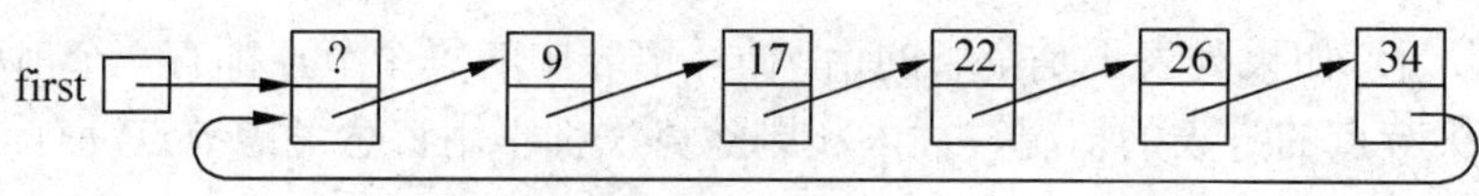

图 11.9

对于循环链表，大部分针对标准线性链表的算法都必须进行修改。例如，在标准遍历算法中，指针沿着链表移动直到指针为空为止，此时最后一个节点已经被处理。而在循环链表中，最后节点中的链指向第一个节点。因此，得到循环链表遍历算法的比较幼稚的修改方法如下：

```
/* 不正确的遍历循环链表的尝试，这里first指向第一个节点，对列表中的每个元素只处理一次。*/
ptr = first;
while (ptr != first)
{
//处理ptr->data;
ptr = ptr->next;
}
```

这里的布尔表达式 ptr != first 立刻为假，while 循环被跳过。因此，只有在遍历空列表的时候这个算法才是正确的。

为了得到一个正确的循环链表遍历算法，可以把 while 循环换成 do-while 循环，不过必须保证链表不为空：

```
if (first != 0)      // 列表不为空
{
ptr = first;
do
{
    //处理ptr->data;
    ptr = ptr->next;
}
while (ptr != first);
}
```

如果把循环之前的赋值语句改为如下语句，那么上面的两个遍历算法版本都能够正确遍历一个具有头节点的循环链表：

```
ptr = first -> next;
```

你应该对前面的循环链表或者以下的单元素链表情况检查修改后的算法：

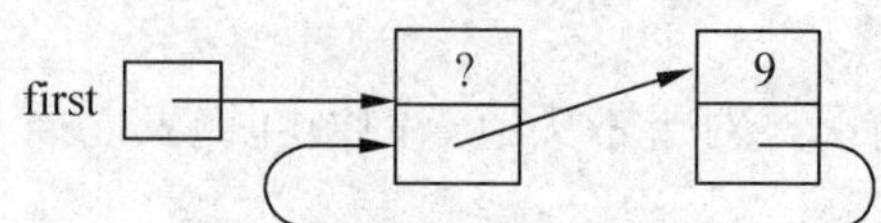

还要对只包含指向自己的头节点的空链表情况进行检查：

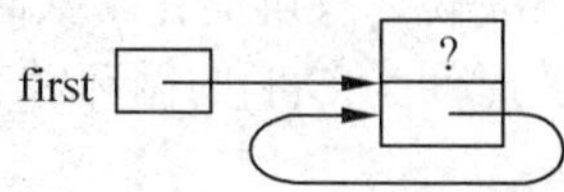

如第 8 章中提到的，对于某些循环链表应用，使用一个指向最后一个节点而不是第一个节点的指针会更好一点，如图 11.10 所示。

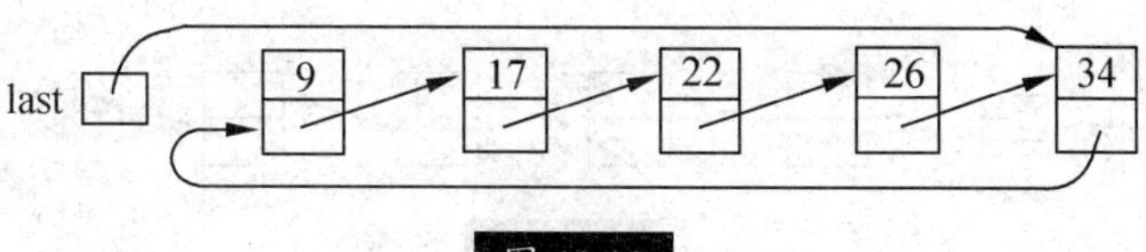

图 11.10

在这个例子中，可以通过 last 直接访问最后一个节点，并通过 last->next 访问第一个节点。当需要访问链表两端的元素时（例如链式队列和 deque），这个变种特别有用。

✔ 小测验 11.1

1．链表头部的伪节点被称为________。
2．设置问题 1 中的节点的目的是为了使链表中的每个节点都有一个__________。
3．把标准线性链表中的最后一个节点中的链设置为指向第一个节点的话就产生一个_______链表。
4．在一个非循环链表中，每个节点都有一个后继。（判断题）
5．在一个非循环链表中，每个节点都有一个前驱。（判断题）

练习 11.1

1. 在 8.4 节中，优先队列是一种队列结构，其中每项都有一个特定优先级，且每项都插在所有具有更低优先级的项之前、但在所有具有相同或更高优先级的项之后。编写一个 PriorityQueue 类模板，采用链表来实现这种优先队列。参照本章末尾的编程问题 1 中的指导，测试你的类模板。
2. 编写一个算法或代码片断，在循环链表中寻找给定项。
3. 重做练习 2，但是假设列表是有序的，即所有元素都是按升序排列的。
4. 编写一个算法或代码片断，在循环链表中寻找某项的第 *n* 个后继（链表中给定项之后的第 *n* 项）。
5. 为 deque 编写一个类模板，使用具有指向最后一个节点的指针的循环链表来存储 deque 的元素。参照本章末尾的编程问题 3 中的指导，测试你的类模板。
6. 采用 6.4 节的练习 9 中对两个列表的交错合并（shuffle-merge）操作的定义，编写一个算法来交错合并两个循环链表。复制列表中的项来生成新的循环链表；不要销毁原来的链表。
7. 重做练习 6，但不要复制项，而是通过改变两个链表中的链（从而销毁了原来的链表）来产生合并链表。

8. 在 6.6 节中描述的链表实现中，存储池被组织成链式栈。我们有可能在 $O(1)$时间内清除任意循环链表；也就是说，有可能在常数时间内（与列表长度无关）把所有节点返给存储池。给出计算时间为 $O(1)$的循环链表清除算法；并利用图 11.11 来演示其工作过程。

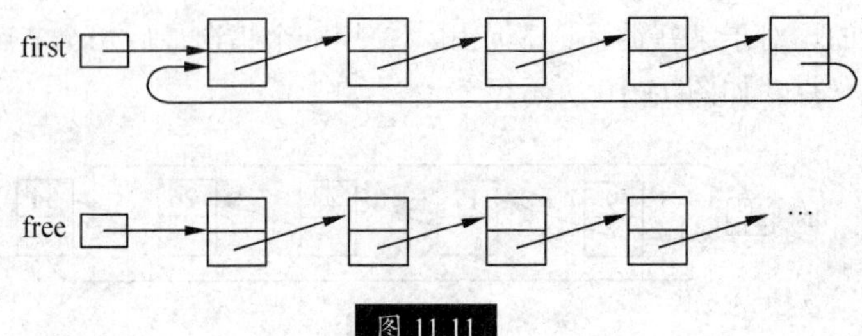

图 11.11

9. 在 Josephus 问题中，一队士兵被敌人包围，必须选出一个士兵去求救。选择方法如下：随机选出一个整数 n 和一个士兵。士兵站成一圈，开始时从选出的士兵开始报数。报数值为 n 的士兵从圈中移除，然后从下一个士兵开始重新报数。这个过程继续到只剩下一个士兵为止，然后由这个（不）幸运的士兵去报信。采用循环链表来存放士兵的名字（或编号），编写一个算法来实现这种选择策略。

11.2　稀疏多项式的链式实现

一元多项式 $P(x)$的形式为

$$P(x) = a_0 + a_1x + a_2x^2 + \cdots + a_nx^n$$

其中 $a_0, a_1, \cdots, a_n$ 是多项式的**系数**。$P(x)$的**阶**等于多项式中 x（系数不为零）的幂的最大值；例如，多项式

$$P(x) = 5 + 7x - 8x^3 + 4x^5$$

的阶为 5，系数为 5、7、0（x^2 的系数）、–8、0（x^4 的系数）和 4。常数多项式的阶为 0，如 $Q(x) = 3.78$，零多项式的阶也为 0。

一个多项式可以看作一个系数列表

$$(a_0, a_1, a_2, \cdots, a_n)$$

且能够采用已经考虑过的任意列表实现来表示。在 6.3 节的练习中用来创建 Polynomial 类的方法是——使用一个整数数据成员存储阶数而使用一个数组存储系数列表。例如，如果使用一个容量为 10 的静态数组，Polynomial 对象 p 表示多项式 $P(x) = 5 + 7x - 8x^3 + 4x^5$，这个多项式也可以写成

$$P(x) = 5 + 7x + 0x^2 - 8x^3 + 0x^4 + 4x^5 + 0x^6 + 0x^7 + 0x^8 + 0x^9$$

则对象 p 可以如下刻画：

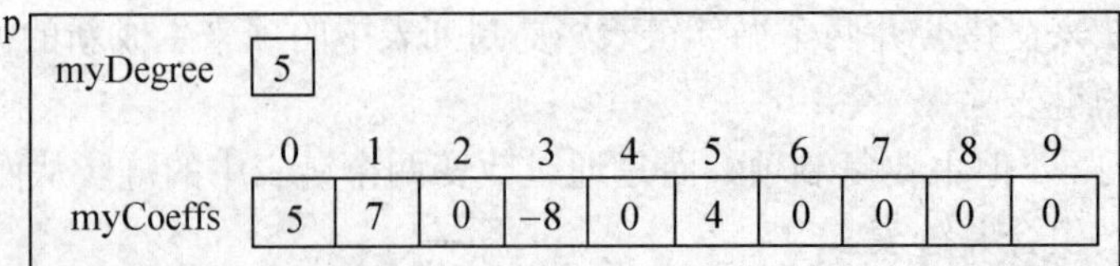

如果被处理的多项式的阶与由数组大小限定的上限相比变化不会太大，且没有大量的零系数，这种表示方法还是不错的。但是，对于**稀疏**多项式，即只有少数非零项的多项式来说，这种数组表示方法的效率并不高。例如，Polynomial 对象 q 表示多项式

$$Q(x) = 5 + x^{99}$$

即

$$Q(x) = 5 + 0x + 0x^2 + 0x^3 + \cdots + 0x^{98} + 1x^{99}$$

将需要一个包含 2 个非零项和 98 个零项的数组。

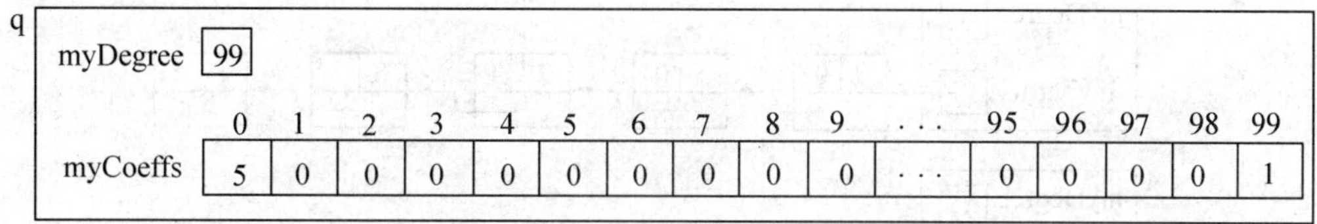

如果只存储非零系数，则可以避免浪费大量空间来存储零系数。在这种实现方法中，显然必须存储与系数对应的 x 的幂。因此，不用系数列表来代表多项式，而是使用由系数-幂对组成的列表来表示多项式；例如

$$P(x) = 5 + 7x - 8x^3 + 4x^5 \leftrightarrow ((5, 0), (7, 1), (-8, 3), (4, 5))$$

$$Q(x) = 5 + x^{99} \leftrightarrow ((5, 0), (1, 99))$$

注意系数-幂对是按幂的大小排序的。

现在假设使用一个类（或结构）Term 来表示系数-幂对，每个这种类型的对象具有一个系数成员 coef 和一个幂成员 expo，表示多项式中的一项：

coef	expo
xx	yy

修改前面的 Polynomial 类，使得数组元素的类型为 Term，而不是系数的类型，将得到下面表示稀疏多项式的对象 p 和 q：

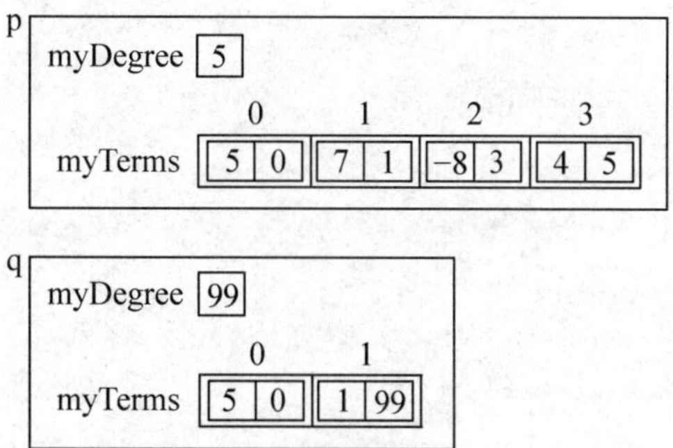

然而，数组的容量是固定的，这会限制列表的大小，而且浪费内存空间，因为应用程序中列表的大小，即多项式中非零系数的个数，各不相同。对于这些应用，采用链表实现更为合适。此时，每个节点的格式为：

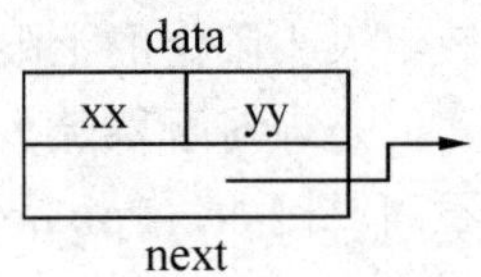

其中 data 部分是 Term 类型的，而 next 部分是指向包含下一项的节点的指针。例如，如果将 Polynomial 类中的数组替换为节点采用这种结构的链表并使用一个头节点，那么下面的 Polynomial 对象 p 和 q 分别表示前面的多项式 $P(x)$和 $Q(x)$：

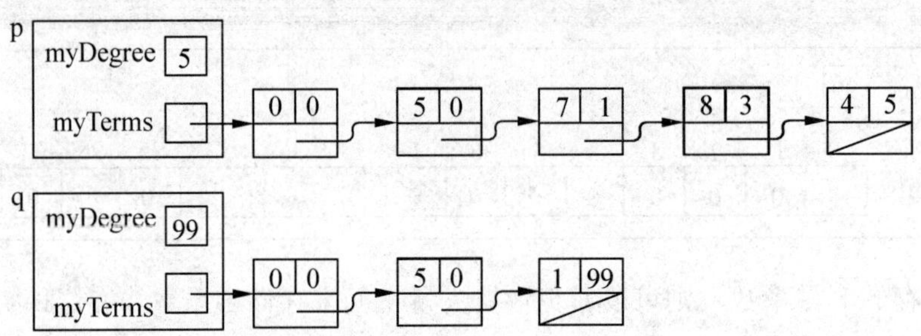

零多项式 $0x^0$ 的阶为 0，它的 myTerms 链表将只包含一个头节点：

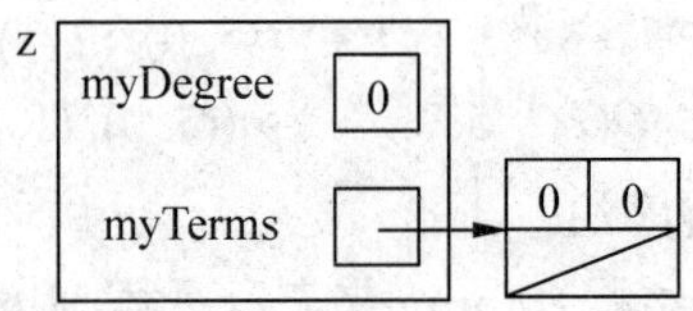

可以按不同的方式使用这种链表实现来组织 Polynomial 类，这个类封装一个整数（myDegree）和一个具有头节点、元素类型为 Term 的链表，而 Term 又封装了一个类型为 CoefType 的系数和一个非负整数幂。为了简单起见，将其实现为一个具有类型形参 CoefType 的类模板，并且将 Term 和 Node 都实现为内部类：

```
#ifndef POLYNOMIAL
#define POLYNOMIAL

template <typename CoefType>
class Polynomial
{
private:
/*** Term类 ***/
class Term
    {
    public:
      /*** 数据成员 ***/
      CoefType coef;
      unsigned expo;
```

```
    }; // 类Term结束

    /*** Node类 ***/
    class Node
    {
      public:
        Term data;
        Node *next;

        //-- Node构造函数
        //根据给定的初始值来构造一个Node
        Node(CoefType co = 0, int ex = 0, Node *ptr = 0)
        {
         data.coef = co;
         data.expo = ex;
         next = ptr;
        }
    }; // Node类结束
    typedef Node * NodePointer;

    public:
    /*** 函数成员 ***/
    // 多项式操作

    private:
    /*** 数据成员 ***/
    int myDegree;
    NodePointer myTermss;   // 一个具有头节点，元素类型为Term的链表

    };  // Polynomial类模板结束
    #endif
```

为了说明如下不同的多项式操作是如何实现的，考虑多项式加法操作。例如，假设希望把以下多项式 $A(x)$ 和 $B(x)$ 相加：

$$A(x) = 5 + 6x^3 + 2x^5 + x^7$$

$$B(x) = x^3 - 2x^5 + 13x^7 - 2x^8 + 26x^9$$

回忆一下，它们的求和是通过把具有相同幂的项的系数加起来实现的。因此，多项式 $A(x)$ 和 $B(x)$ 的和为：

$$C(x) = A(x) + B(x) = 5 + 7x^3 + 14x^7 - 2x^8 + 26x^9$$

现在来考虑表示这些多项式的 Polynomial 对象 a、b 和 c，如图 11.12 所示。

假设 Polynomial 的构造函数将 Polynomial 对象初始化为 c 那样的零多项式。

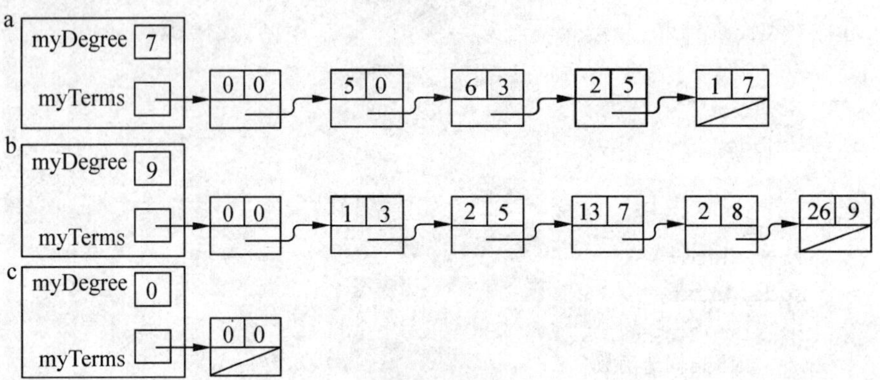

图 11.12

辅助指针 ptra、ptrb 和 ptrc 分别在链表 a、b 和 c 上操作；ptra 和 ptrb 将指向当前被处理的节点，而 ptrc 指向添加到链表 c 中的最后一个节点。因此，ptra、ptrb 和 ptrc 分别被初始化为 a.myTerms->next、b.myTerms->next 和 c.myTerms，如图 11.13 所示。

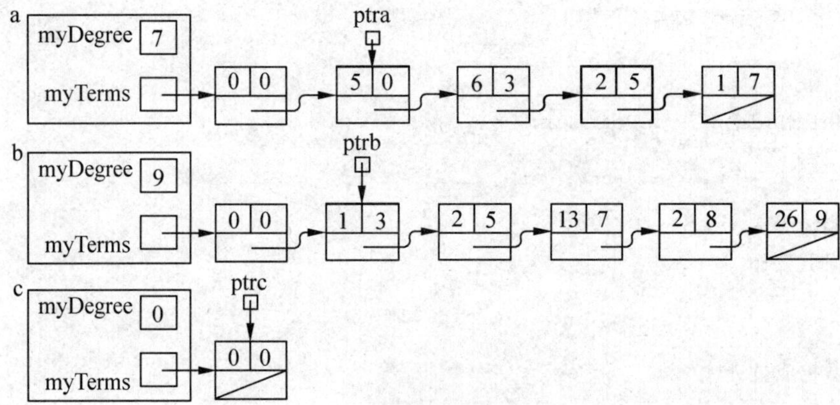

图 11.13

在每个计算步，比较 ptra 和 ptrb 指向的节点中的幂。如果它们是不同的，则把包含更小幂和相应系数的节点添加到 c 的尾部，相应指针和 ptrc 前进一步。如图 11.14 所示。

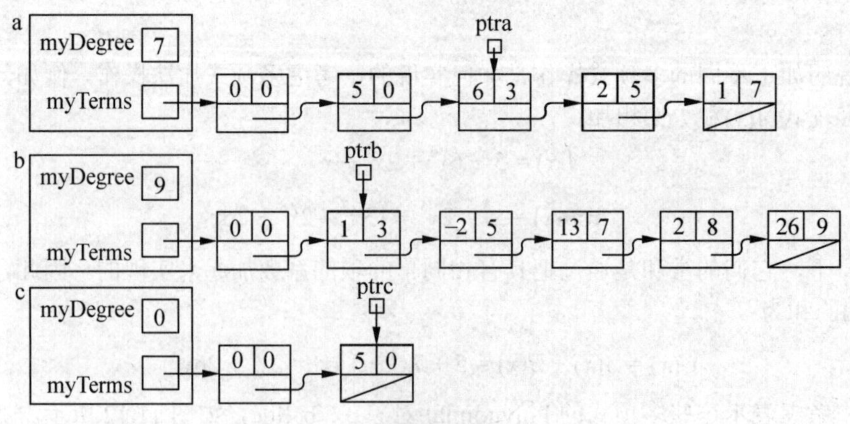

图 11.14

如果 ptra 和 ptrb 指向的节点中的幂相等，则把这两个节点中的系数相加。如果和不为 0，则创建一个新节点，其系数等于这个和，而幂等于原来两个节点的幂，然后把这个节点添加到 c 的尾部。三个链表的指针都前进一步，如图 11.15 所示。

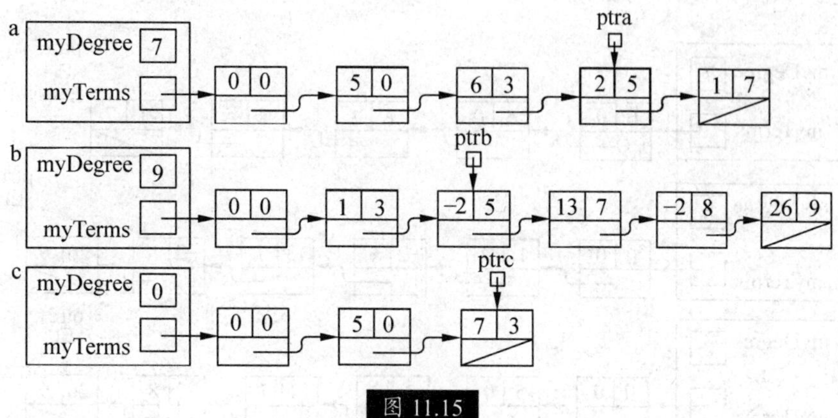

图 11.15

如果系数的和为 0，则 ptra 和 ptrb 前进一步，不需要添加新节点到 c 中，如图 11.16 所示。

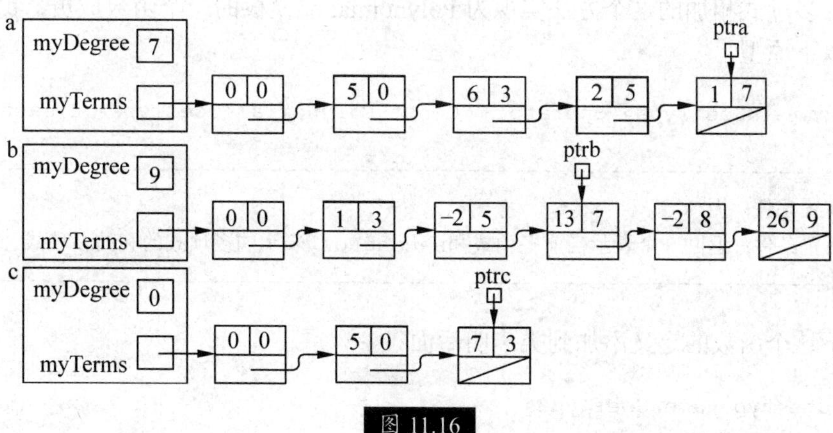

图 11.16

如此不断进行，直到到达 a 或 b 的尾部为止，也就是说，直到 ptra 或 ptrb 中的某一个变成空指针为止，如图 11.17 所示。

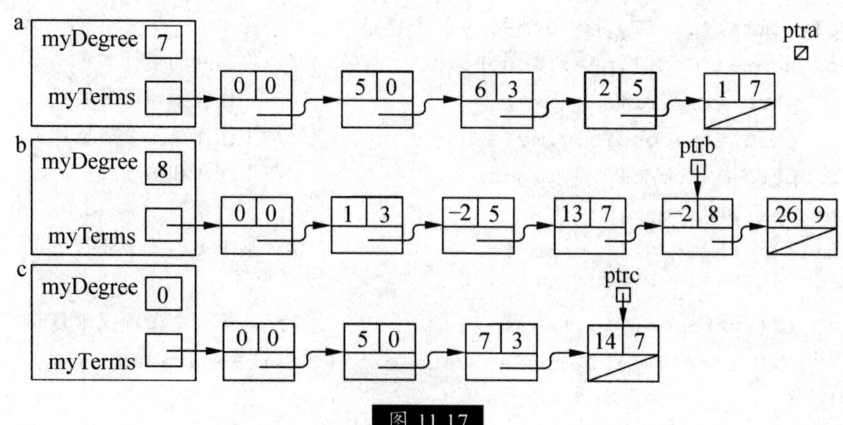

图 11.17

如果此时还没有到达另一个列表的尾部，则简单地复制这个列表剩下的节点并添加到 c 的尾部。然后，把 c 的最后一个节点中的幂存储到 c 的 myDegree 数据成员，就完成了链表 c 的创建，如图 11.18 所示。

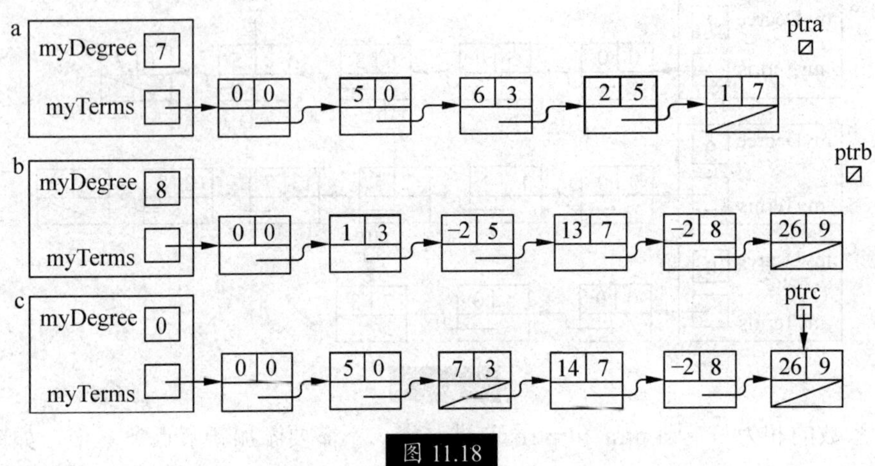

图 11.18

将链式多项式相加的这个方法实现为 Polynomial 类模板的一个函数成员，我们在公有域中添加以下原型：

```
Polynomial<CoefType> operator+(Const Polynomial<CoefType> & secondPoly);

/*------------------------------------------------------------------------
    前置条件：无
    后置条件：返回一个表示当前多项式和secondPoly表示的多项式的和的多项式
------------------------------------------------------------------------*/
```

将以下这个函数的定义添加到类声明后面：

```
template<typename CoefType>
Polynomial<CoefType> Polynomial<CoefType>::operator+(
                    Const Polynomial<CoefType> & secondPoly);
{
    Polynomial<CoefType> sumPoly;
    Polynomial<CoefType>::NodePointer       // 将返回的指针
        ptra = myTerms->next,               // 工作在第一个多项式上，
        ptrb = secondPoly.myTerms->next,    // 工作在第二个多项式上，
        ptrc = sumPoly.myTerms;             // 工作在和多项式上
    int degree = 0;
    while(ptra != 0 || ptrb != 0)           // 某个多项式中还有节点
    {
        if((ptrb == 0) ||                   // 从第一个多项式中复制
           (ptra !=0) && ptra->data.expo < ptrb->data.expo))
        {
```

```
            ptrc->next = new Polynomial<CoefType>::
                    Node(ptra->data.coef, ptra->data.expo);
            degree = ptra->data.expo;
            ptra = ptra->next;
            ptrc = ptrc->next;
        }
        else if((ptra == 0) ||              // 从第二个多项式中复制
          (ptrb != 0 && ptrb->expo < ptra->expo))
        {
            ptrc->next = new Polynomial<CoefType>::
                    Node(ptrb->data.coef, ptrb->data.expo);
            degree = ptrb->data.expo;
            ptrb = ptrb->next;
            ptrc = ptrc->next;

        }
        else                                // 节点的幂相等
        {
            CoefType sum = ptra->data.coef + ptrb->data.coef;
            if(sum != 0)                    // 和不等于零 - 添加到多项式sum
            {
                ptrc->next = new Polynomial<CoefType>::
                        Node(sum, ptra->data.expo);
                degree = ptra->data.expo;
                ptrc = ptrc->next;
            }
        ptra = ptra->next;                  // 沿着第一个和第二个多项式列表移动
        ptrb = ptrb->next;
        }
    }
    sumPoly.myDegree = degree;          // 最后封装
    return sumPoly;
}
```

链式多项式的加法代码比本章开头描述的基于数组实现的相应代码（其中第 i 个系数存在数组的第 i 个位置）更为复杂。在基于数组实现的情况中，operator+()中的循环定义是很简单的：

```
for(int i = 0; i < MAX_DEGREE; i ++)
{
    CoefType sum = myCoeffs[i] + second.myCoeffs[i];
    if(sum != 0)
        Degree = i;
```

```
    SumPoly.myArray[i] = sum;
}
```
(这里MAX_DEGREE是多项式中数组的容量。)

在链式实现中实现其他基本多项式操作的函数（譬如对给定的 x 值进行多项式求值、多项式相乘等）比在基于数组的实现中更为复杂。然而，在多项式是稀疏的且阶很大的情况下，节省的内存能够补偿算法在复杂度方面的增长。

练习 11.2

1. 为 Polynomial 类模板添加一个输入操作。
2. 为 Polynomial 类模板添加一个输出操作，它以通常的数学格式（除了把 x^n 写成 $x\uparrow n$ 或 x^n 之外）来表示多项式。
3. 为 Polynomial 类模板添加一个减法操作。
4. 为 Polynomial 类模板添加一个成员函数 value()。对于一个 Polynomial 对象 p，p.value(a)计算并返回多项式 p 在 a 上的值。
5. n 阶多项式 $P(x) = a_0 + a_1x + a_2x^2 + a_3x^3 + \cdots + a_nx^n$ 的导数是如下定义的 n–1 阶多项式 $P'(x)$
$$P'(x) = a_1 + 2a_2x + 3a_3x_2 + \cdots + na_nx^{n-1}$$
为 Polynomial 类模板添加一个求导操作。
6. 为 Polynomial 类模板添加一个乘法操作。

11.3 双向链表和标准 C++list

目前为止我们考虑的列表都是单向的，这意味着只能从一个节点移到其后继。然后，在许多应用中，有些操作需要能够从一个节点移到它的前驱。在本节中考虑如何建立并处理提供这种双向移动的列表，并且考察 C++的标准 list 容器是如何使用这种列表的。在 11.4 节中将演示如何应用它们来对大整数进行算术运算。

11.3.1 双向链表

双向列表可以使用这样的节点很容易地被创建，即节点除了一个数据部分外，还包含两条链：指向后继节点的后指链 next 和指向前驱节点的前指链 prev：

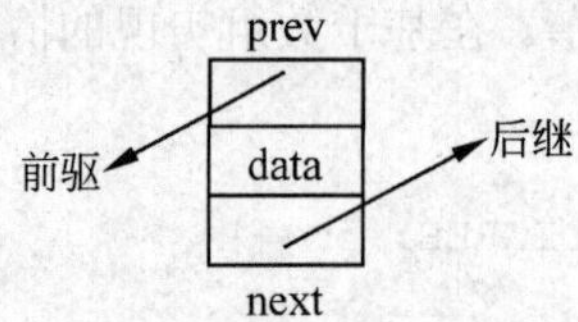

用这样的节点构建的链表称为**双向链表**（或**对称链表**）。为了方便向前和向后遍历的进行，指针 first 和 last 分别指向第一个节点和最后一个节点。例如，由整数 9、17、22、

26、34 组成的双向链表如图 11.19 所示。

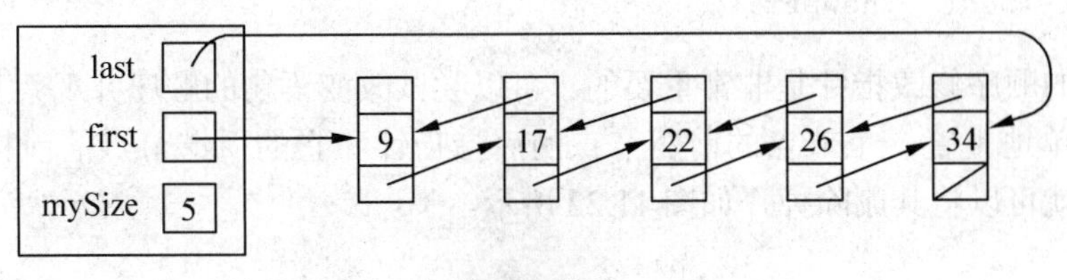

图 11.19

如同单向链表的情况，双向链表可以使用头节点来避免对某些特殊情况（如空列表和第一个节点）进行处理，还可以实现为循环链表以方便按循环的方式对它们进行访问。在本节后面部分将会看到，标准 C++ list 类型就采用这种结构。

双向链表的基本操作算法与单向链表的类似，主要区别在于对额外链的处理。例如，当插入一个节点到双向链表时，必须设置被插入节点的前指指针和后指指针分别指向它的前驱和后继，如图 11.20 所示。

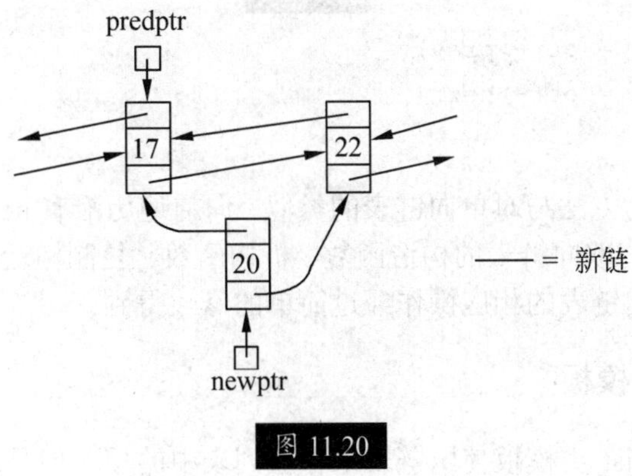

图 11.20

```
newptr->prev = predptr;
newptr->next = predptr->next;
```

接着还要设置其前驱节点的后指指针和其后继节点的前指指针指向这个新节点，如图 11.21 所示。

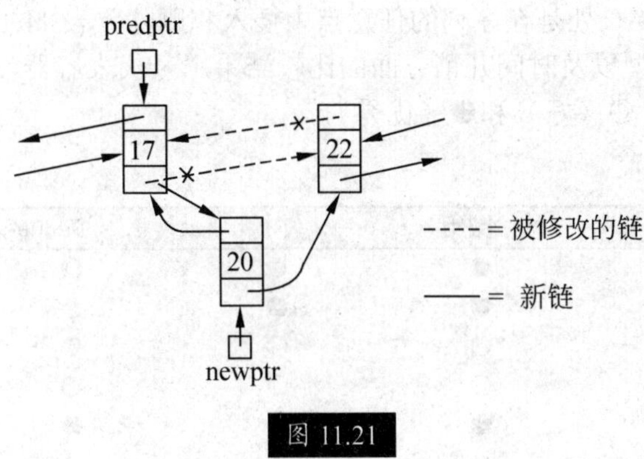

图 11.21

```
predptr->next->prev = newptr;
predptr->next = newptr;
```

按正确的顺序修改指针是非常重要的。可以尝试改变语句的顺序并观察其后果。

只需简单地重置一个节点的前驱节点的后指指针和它的后继节点的前指指针来忽略这个节点，就可以将其删除掉，如图 11.22 所示。

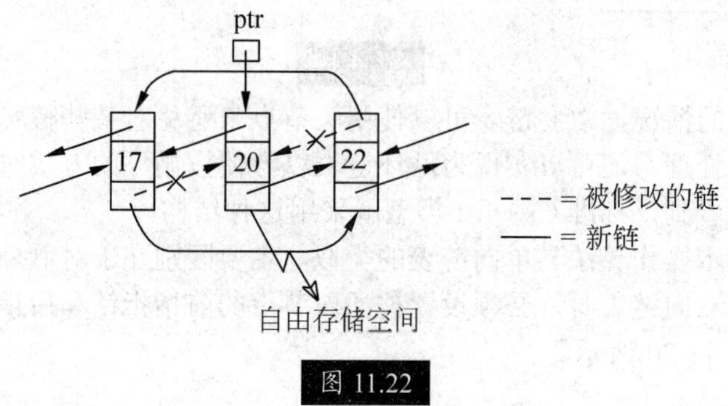

图 11.22

```
ptr->next->prev = ptr->prev;
ptr->prev->next = ptr->next;
delete ptr;
```

对双向链表的遍历方法与对单向链表的类似。向前遍历沿着 next 链来进行，而向后遍历沿着 prev 链来进行。双向链表的构造函数、析构函数、复制构造函数、赋值以及其他的几种操作都可以从单向链表的相应操作经过简单的修改得到。

11.3.2 标准 list 类模板

标准模板库中的 list 类模板使用链表来存放列表中的项。但是这种链表结构是我们考虑过的双向链表的一个变种。在本节的末尾将对这种链表结构投以“一瞥”。我们将首先描述 list 的基本操作和其他重要属性。

1. List 与其他容器的比较

已经详细考虑了 C 的数组（和 valarray）以及 STL 中的 vector 和 deque 容器，现在来考虑 list 容器，其主要长处是在序列的任意点中插入和删除。表 11.1 显示了这 4 种容器在插入和删除、访问类型以及时间开销方面的比较结果。×代表容器没有那种特定属性；其他的评价是○（差）、◎（好）和●（优秀）。

表 11.1

属性	数组	向量	Deque	列表
直接/随机访问（[]）	●	●	◎	×
顺序访问	●	●	◎	●
在前端插入和删除	○	○	●	●
在前端插入和删除	○	○	○	●
在前端插入和删除	●	●	●	●
时间开销	最低	低	低/中	高

如表 11.1 所示，list 并不支持直接/随机访问，因而不能支持下标操作符[]。

2．迭代器（Iterators）

list 中提供的迭代器（iterator）被称为**双向迭代器**，比 vector 中提供的**随机访问迭代器**要弱一点。这两种迭代器都有以下操作：

++ 把迭代器移到下一元素（如 ptr = ptr->next）。

-- 把迭代器移到前一元素（如 ptr = ptr->prev）。

* 去引用操作符：访问迭代器指向的位置中存储的值（如 ptr->data）。

= 赋值：对于同一类型的迭代器，it1 = it2 把 it1 的位置设为等于 it2 的位置。

==和!= 作用于同一类型的迭代器，如果 it1 和 it2 指向同一元素，则 it1 == it2 为 true，否则 false。

但双向迭代器没有以下“跳跃”操作：加法（+）和减法（–）对应的复合赋值操作（+=, –=）和下标（[]）。这意味着诸如 sort()等需要进行直接/随机访问的算法不能使用 list 来实现（这就是 list 为什么提供自己的 sort()操作的原因）。

3．基本 list 操作

表 11.2 给出了 list 提供的最有用的操作。在描述中，*n* 是一个非负整数；value 是 T 类型的；firstPtr 和 lastPtr 是指向类型 T 对象的指针；pos、pos1、pos2、from、to、first 和 last 是 list<T>迭代器。

表 11.2

操作	描述
<u>构造函数</u>	
list<T> aList;	把 aList 构建为空 list
list<T> aList (n);	把 aList 构建为包含 *n* 个元素（设为默认值）的 list
list<T> aList (n, value);	把 aList 构建为包含 *n* 份 value 副本的 list
list<T> aList (firstPtr, lastPtr);	把 aList 构建为由内存位置从 firstPtr 到 lastPtr(不包括 lastPtr)的元素的副本组成的 list
复制构造函数	
<u>析构函数</u>	
aList.empty()	当且仅当 aList 不包含值时返回真
aList.size()	返回 aList 包含的值的数目
aList.push_back(value);	把 value 添加到 aList 的尾部
aList.push_front(value);	把 value 添加到 aList 的首部
aList.insert(pos, value)	在 aList 的迭代器位置 pos 中插入 value，返回指向新元素位置的迭代器
aList.insert(pos, n, value);	在 aList 的迭代器的位置 pos 插入 value 的 *n* 份副本
aList.insert(pos,fptr,lptr);	在 aList 的迭代器的位置 pos 插入范围[fptr, lptr]内的所有元素

续表

操作	描述
aList.pop_back();	删除 aList 的最后一个元素
aList.pop_front();	删除 aList 的第一个元素
aList.erase(pos);	删除 aList 中迭代器位置 pos 上的值
aList.erase(pos1, pos2);	删除 aList 中从迭代器位置 pos1 到 pos2 的值
aList.remove(value);	删除 aList 中所有与 value 匹配的元素，使用==来进行元素比较
aList.unique()	用一个元素代替所有这个元素连续出现构成的序列
aList.front()	返回 aList 的第一个元素的引用
aList.back()	返回 aList 的最后一个元素的引用
aList.begin()	返回指向 aList 的第一个值位置的迭代器
aList.end()	返回指向 aList 的最后一个值之后一个元素的位置的迭代器
aList.rbegin()	返回指向 aList 的最后一个值的位置的逆迭代器
aList.rend()	返回指向 aList 的第一个值之前一个元素的位置的逆迭代器
aList.sort();	对 aList 的元素进行排序（使用<）
aList.reverse();	颠倒 aList 的元素的顺序
aList1.merge(aList2);	删除 aList2 中的所有元素，并把它们合并进 aList1，即把 aList2 的元素移进 aList1，使得最终列表按<关系来排序（假设 aList2 和 aList1 都按<排序）
aList1.splice(pos, aList2);	删除 aList2 中的所有元素，并把它们插入到 aList1 中的迭代器位置 pos 上
aList1.splice(to, aList2, from);	删除 aList2 中迭代器位置 from 上的元素，并把它插入到 aList1 中的迭代器位置 pos 上
aList1.splice(pos, aList2, first, last);	删除 aList2 中迭代器位置[first, last]中的所有元素，并把它插入到 aList1 中的迭代器位置 pos 上
aList1.swap(aList2);	交换 aList1 和 aList2 的内容
aList1 = aList2	把 aList2 的副本赋给 aList1
aList1 ==aList2	如果 aList1 和 aList2 包含同样的内容，且顺序相同，则返回真
aList1 < aList2	如果 aList1 小于 aList2（按字母顺序），则返回真

程序 11.1 是这些操作中的若干个的一个简单示范。注意，由于没有定义下标操作符[]，因此需要在重载后的 operator<<()中使用一个迭代器来显示 list 的内容。

程序 11.1 list 操作的示例

```
#include <iostream>
#include <list>
#include <algorithm>
using namespace std;

//--- 重载list<T>的输出操作符
```

```
template <typename T>
ostream & operator<<(ostream & out, const list<T> & aList)
{
  for (list<T>::const_iterator it = aList.begin(); it != aList.end(); it++)
    out << *it << " ";
  return out;
}

int main()
{
  //构造函数
  //==========================
  list<int> la, lb(4, 111), lc(6);
  int array[] = {2, 22, 222,2222};
  list<int> ld(array, array + 4);

  cout << "la: " << la << " -- size = " << la.size() << endl;
  cout << "lb: " << lb << " -- size = " << lb.size() << endl;
  cout << "lc: " << lc << " -- size = " << lc.size() << endl;
  cout << "ld: " << ld << " -- size = " << ld.size() << endl;

  // 赋值
  //===========
  cout << "\nAssignments la = ld and lc = ld:" << endl;
  la = ld;
  lc = ld;
  cout << "la = " << la << " -- size = " << la.size() << endl;
  cout << "lc = " << lc << " -- size = " << lc.size() << endl;

  // 在list中插入元素的方式
  //============================
  cout << "\nInserts in lb:\n";
  list<int>::iterator i;
  i = lb.begin();
  i++; i++;
  lb.insert(i, 66666);
  cout << lb << endl;
  lb.insert(i,3, 555);
  cout << lb << endl;
  lb.insert(i, array, array + 3);
  cout << lb << endl;
  lb.push_back(888);
  lb.push_front(111);
  cout << lb << endl;
```

```
//从list中删除元素的方式
//============================
 cout << "\nErases in lb:\n";
 i = find(lb.begin(), lb.end(), 66666);  // find is an algorithm
 if (i != lb.end())
 {
    cout << "66666 found -- will erase it\n";
    lb.erase(i);
 }
 else
    cout << "66666 not found\n";
 cout << lb << endl;
 i = lb.begin(); i++;
 list<int>::iterator j = lb.end();
 --j; --j; i = --j; i --; i--;
 lb.erase(i,j);
 cout << lb << endl;
 lb.pop_back();
 lb.pop_front();
 cout << lb << endl;

// 颠倒一个list
//==================
 cout << "\nReverse ld:\n";
 ld.reverse();
 cout << ld << endl;

// 对list排序
//===============
cout << "\nSort lb and ld:\n";
 lb.sort();
 ld.sort();
 cout << "lb: " << lb << "\nld: " << ld << endl;

// 合并两个list
//==================
cout << "\nMerge lb and ld:\n";
 lb.merge(ld);
 cout << "lb: " << lb << endl;
 cout << "ld: " << ld << endl;

// 粘贴一个list到另一个list中
//====================================
cout << "\nSplice lc into la at second position:\n";
```

```
    i=la.begin(); i++;
    la.splice(i, lc);
    cout << "la: " << la << endl;
    cout << "lc: " << lc << endl;

   // 在list全部范围中删除指定值
   //==========================
   cout << "\nRemove 22s from la:\n";
    la.remove(22);
    cout << la << endl;

   // 删除list中元素的重复出现
   //======================
   cout << "\nUnique applied to lb:\n";
    lb.unique();
    cout << lb << endl;

}
```

运行跟踪：

```
la:     --     size =   0
lb:  111   111   111 111  -- size = 4
lc:  0   0   0   0   0   0   --  size = 6
ld: 2   22   222   2222  --  size = 4

Assignments la = ld and lc = ld:
la = 2   22   222   2222  --  size = 4
lc = 2   22   222   2222  --  size = 4

Inserts in lb:
111   111   66666   111   111
111   111   66666   555   555   555   111   111
111   111   66666   555   555   555   2   22   222   111   111
111   111   111   66666   555   555   555   2   22   222   111   111   888

Erases in lb:
66666 found -- will erase it
111   111   111   555   555   555   2   22   222   111   111   888
111   111   111   555   555   555   2   111   111   888
111   111   555   555   555   2   111   111

Reverse ld:
2222   222   22   2
```

```
Sort lb and ld:
lb: 2  111   111   111   111   555   555   555
ld:  2  22   222  2222

Merge lb and ld
lb: 2   2   22   111   111   111   111   222   555   555   555   2222
ld:
Splice lc into la at second position:
la: 2   2   22   222   2222   22   222   2222
lc:

Remove 22s from la:
2   2   222   2222   222   2222

Unique applied to lb:
2   22   111   222   555   2222
```

11.3.3 例：互联网地址

TCP（传输控制协议）和 IP（互联网协议）是通信协议，用来规定计算机在网络中互换消息时使用的规则。IP 地址唯一地标识了互联网中的计算机；例如，spacelink.msfc.nasa.gov 是 NASA 太空站点链接的地址，为教师、专业人员和学生提供了和航空学以及太空课程相关的教学信息。这些地址由代表互联网特定部分的 4 个域组成，

host.subdomain.subdomain.rootdomain

计算机把它们翻译为唯一的 IP 地址。该地址是一个 32 位的值，但通常使用点分十进制形式来表示，也就是把 32 位分为 4 个 8 位域，每个域用一个十进制数来表示，域之间用点隔开；例如，在本书写作期间，192.149.89.6 是上面 NASA 太空站点链接的 IP 地址。

假设一个网络通过网关和另一个网络连接，且每次建立链接时，用户机器的 IP 地址存在文件中。这些地址被定期取出，以监控谁在使用网关和使用了多少次。

程序 11.2 从文件中读出 IP 地址并把它们存在一个链表的节点中，这个链表存放着地址和地址出现在文件中的次数。每当读一个地址时，程序检查它是否已经在列表中。如果在，其计数值加 1，否则把它插入到列表尾部。在读取了文件中的所有地址之后，显示每个地址及其计数值。

地址存在 list< AddressCounter>对象 addressList 中，其中 AddressCounter 是一个小类，包含两个数据成员（myAddress 和 myCount）、输入和输出函数成员、以及用来把地址计数值加 1 的函数成员 tally()。另外，操作符==()被重载，使得 STL 的 find()算法能够用来搜索列表。

程序 11.2 互联网地址

```
/*-- 类AddressCounter ---------------------------------------------------
            模拟登录文件中IP地址的出现情况
```

```
-----------------------------------------------------------------------*/

   #include <string>
   #include <iostream>
   using namespace std;

   class AddressCounter
   {
    public:
     /*** 函数成员 ***/
     AddressCounter();

/*-----------------------------------------------------------------------
       前置条件: 无
       后置条件: myAddress是空串, myCount为0

-----------------------------------------------------------------------*/

     void read(istream & in);

/*-----------------------------------------------------------------------
       前置条件: istream in已经被打开
       后置条件: 从in中读取了AddressCounter对象的值

-----------------------------------------------------------------------*/

     void print(ostream & out) const;

/*-----------------------------------------------------------------------
       前置条件: ostream out 已经被打开
       后置条件: AddressCounter对象的值被输出到out

-----------------------------------------------------------------------*/

     void tally();

/*-----------------------------------------------------------------------
       前置条件: 无
       后置条件: myCount加1

-----------------------------------------------------------------------*/

     bool operator==(const AddressCounter & addr);

/*-----------------------------------------------------------------------
```

```
  前置条件：无
  后置条件：如果当前地址和addr相同，为真；否则为假

-----------------------------------------------------------------------------*/
 private:
  /*** 数据成员 ***/
  string myAddress;
  int myCount;
}; // 类声明结束

//--- 构造函数的定义
inline AddressCounter::AddressCounter()
: myAddress(""), myCount(0)
{ }

//--- read()的定义
inline void AddressCounter::read(istream & in)
{
  in >> myAddress;
  myCount = 1;
}

//--- print()的定义
inline void AddressCounter::print(ostream & out) const
{
  out << myAddress << "\t occurs " << myCount << " times\n";
}

//--- tally()的定义
inline void AddressCounter::tally()
{
  myCount++;
}

//--- == 操作符的定义
inline bool AddressCounter::operator==(const AddressCounter & addr)
{
  return myAddress == addr.myAddress;
}

/*-----------------------------------------------------------------------------
  从文件中读取IP地址并创建统计每个地址及其在文件
  中出现次数的列表的程序

-----------------------------------------------------------------------------*/
```

```
#include <fstream>
#include <cassert>
#include <list>
#include <algorithm>

int main()
{
   string fileName;                          // 存储IP地址的文件的名字
   ifstream inStream;                        // 打开和地址文件联系的流
   cout << "Enter name of file containing IP addresses:";
   cin >> fileName;
   inStream.open(fileName.data());
   assert(inStream.is_open());

   list<AddressCounter> addressList;    // AddressCounter对象列表
   AddressCounter addr;
   for (;;)                                  // 循环:
   {
      addr.read(inStream);                   //    读取一个地址

      if (inStream.eof()) break;             //    如果到达文件末尾，退出

      list<AddressCounter>::iterator    //    检查addr是否已经在列表中
         it = find(addressList.begin(), addressList.end(), addr);
      if (it != addressList.end())           //    找到
         (*it).tally();                      //    其计数值加1
      else
         addressList.push_back(addr);        //    否则，将它添加到列表中
   }                                         //    循环结束
                                             //    输出列表
   cout <<"\nList of addresses:\n\n";
   for (list<AddressCounter>::iterator it = addressList.begin();
                                        it != addressList.end(); it++)
      (*it).print(cout);
}
```

示例运行中使用的 file11-2.dat 的地址列表

```
192.149.89.61
123.111.222.333
100.1.4.31
34.56.78.90
120.120.120.120
```

```
192.149.89.61
123.111.222.333
123.111.222.333
77.66.55.44
100.1.4.31
123.111.222.333
192.149.89.61
```

运行跟踪：

```
Enter name of file containing IP addresses: file11-2.dat

List of addresses:

192.149.89.61        occurs 3 times
123.111.222.333      occurs 4 times
100.1.4.31           occurs 2 times
34.56.78.90          occurs 1 times
120.120.120.120      occurs 1 times
77.66.55.44          occurs 1 times
```

11.3.4 对 C++中 list 的内部一瞥

STL list 使用带头节点的循环双向链表来保存列表元素。例如，以下语句构造的三元素列表 aList

```
list<int> aList;
aList.push_back(9);
aList.push_back(17);
aList.push_back(22);
```

我们可以刻画如图 11.23 所示。

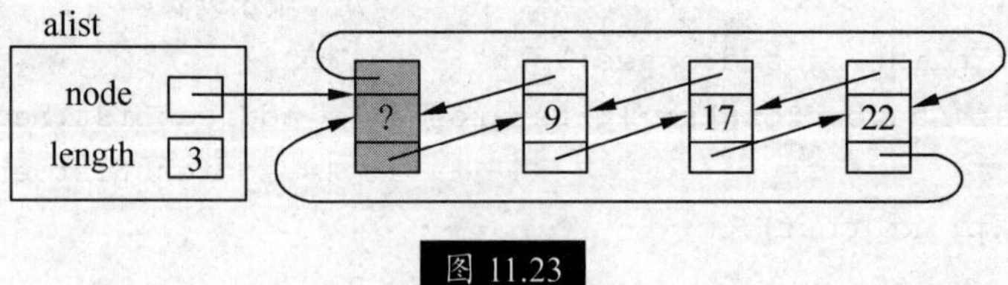

图 11.23

数据成员 node 指向头节点，而数据成员 length 保存着列表中项的数目。

1．list 的存储管理

表面上看 list 非常简单，然而其分配和释放方法比简单地使用 new 和 delete 操作复杂得多。为了降低使用系统堆来管理大量的分配和释放操作时的低效率的影响，list 自己管理一个可用节点列表，该列表采用 6.6 节中的链式栈结构。当可用节点列表为空时，list 才使用 new 来申请大块内存，并把申请到的内存根据节点的大小来分割，把分割后的节点放在可用节点列表中。当特定类型的所有列表的生存期结束时，list 使用 delete 来把节点归还给系统。节点管理基本算法如下：

对于特定类型 T 的每个列表：

（1）当需要一个节点时：

① 如果可用节点列表为空，

- 调用系统的堆管理器来分配 4kB 大小（典型的）的内存块（称为缓冲区）
- 根据 list<T>的节点的大小来分割得到的内存块。
- 把分割后的节点放在可用节点列表中。

② 从可用节点列表中分配一个节点。

（2）当节点被释放的时候，把它放到可用节点列表中。

（3）当类型 T 的所有列表都被销毁的时候，把所有缓冲区归还给堆。

2．构造函数、size()和 empty()

本节中双向链表的大多数基本列表操作的实现都类似于 11.1 中描述的单向链表的相应操作。例如，对于一个 list<T>对象

```
list<T> alist;
```

默认的 list 构造函数这样建立一个空链表 aList，即从可用节点列表中获取一个头节点并把其地址存放在 alist 的 node 数据成员中，并将 length 成员设置为 0，如图 11.24 所示。

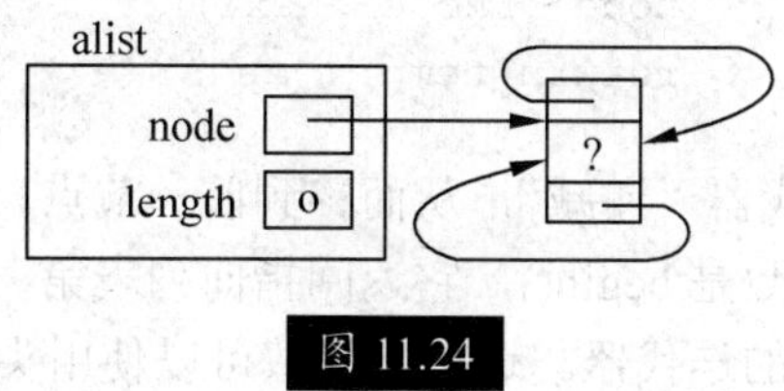

图 11.24

size()函数只需要

```
return length;
```

而 empty()函数只需检查列表长度是否为 0：

```
return length == 0;
```

3．迭代器和指针

根据在前 2 章中对迭代器的讨论以及从第 2 章起对指针的讨论，迭代器其实是指针的一种抽象，它隐藏了关于指针的某些细节，并消除了某些危险。例如，list<T>::iterator 是 list 类模板中的一个类，它包含了一个数据成员 node，node 实际上是一个指向 list_node（即用来描述 list 类模板中的节点的结构）的指针。

```
template<typename T>
```

```
class list
{
//…
public:
class iterator // ... 这里作某些简化...
{
protected:
list_node * node; // ... 这里也作某些简化 ...
//. . .
};
//. . .
};
```

iterator 类重载了 operator*()，使得它能够返回迭代器的 node 成员指向的 list_node 中 data 成员的值：

```
return node->data;
```

它还重载了 operator++()以令迭代器“递增”，从而移到下一节点

```
// 前缀版本                   // 后缀版本
node = node->next;           iterator temp = node;
return *this;                node = node->next;
                             return temp;
```

operator--()也被重载来令迭代器“递减”，从而移到前一节点。

两个重要的迭代器值函数是 begin()，它返回指向列表第一个值的迭代器，以及 end()，它返回指向列表最后一个值的迭代器。这两个函数可以使用头节点中的指针成员来实现。更精确地，begin()返回包含 node->next 的迭代器，而 node->next 指向列表的第一个节点，如图 11.25 所示。

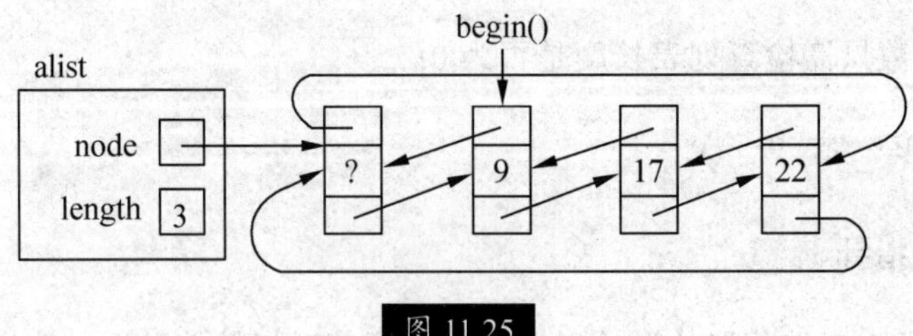

图 11.25

对列表第一个元素进行访问的成员函数 front()只需去引用 begin()返回的迭代器就行了，如图 11.26 所示。

```
return *begin();
```

类似地，end()通过返回头节点的地址来返回一个迭代器，该迭代器指向最后一个节点

之后的第一个位置，如图 11.27 所示。

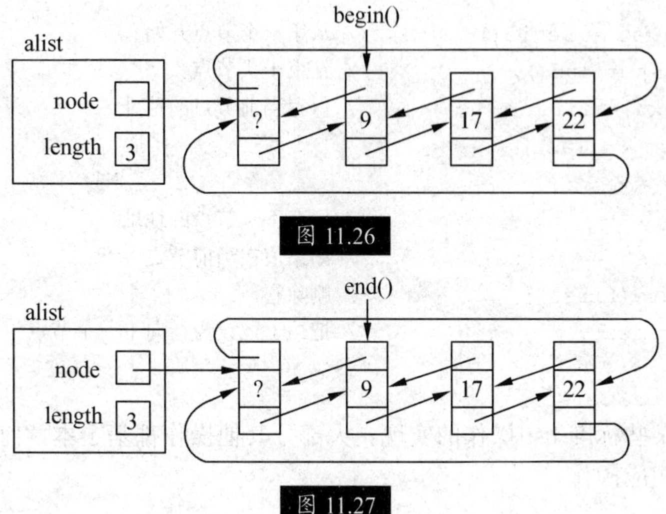

图 11.26

图 11.27

为了访问列表的最后一个值，成员函数 back()只需要在对 end()返回的迭代器进行递减之后，去引用该迭代器，如图 11.28 所示。

```
return *(--end());
```

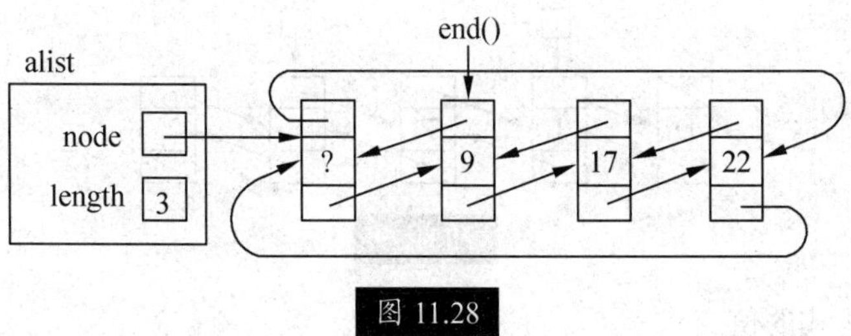

图 11.28

4．插入和删除。

insert()和 erase()操作和本节前面部分已经描述的双向链表的相应操作原理一样。push_front()操作实际上是使用 insert()和 begin()来在列表的头部插入值：

```
insert(begin(), newValue);
```

而 push_back()操作使用 insert()和 end()来在列表尾部插入值：

```
insert(end(), newValue);
```

类似地，pop_front()和 pop_back()操作使用 erase()函数来实现：pop_front()删除位置 begin()中的节点：

```
erase(begin());
```

而 pop_back()删除位置--end()中的节点：

```
erase(--end());
```

从列表中删除值的 remove(value)操作使用 erase()和一个简单的 while 循环来实现：

```
iterator first = begin(),        // 从第一个节点开始
         last = end(),           // 结束于头节点
         next = first;           // 保存当前节点的地址
while (first != last)
{
    ++next;                      // 保存下一节点的地址
    if (*first == value)         // 如果值在当前节点中
        erase(first);            // 删除它
    first = next;                // 把frist设为指向下一个节点
}
```

以上说明了某些标准 list 操作的实现。大部分其他操作都基于本章前面部分和第 6 章中描述的链表的相应操作。

练习 11.3

练习 1～8 采用图 11.29 所示的双向链表以及两个指针 p1 和 p2。

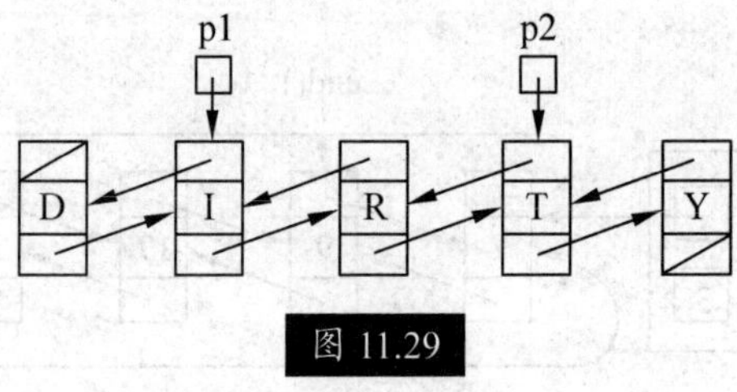

图 11.29

给出每个表达式的值

1．p1->data
2．p1->next->data
3．p1->prev->prev
4．p1->next->next
5．p1->prev->next
6．p2->prev->prev->data
7．p2->prev->prev->prev->prev
8．p2->prev->prev->next->data

在练习 9～11 中，只能使用指针 p1 来访问练习 1 之前的双向链表。编写所需的语句。

9．按字母顺序显示节点的内容。
10．把‘D’和‘R’分别替代为‘M’和‘S’。
11．删除包含‘T’和节点

12～14．重做练习 9～11，但只能使用指针 p2 来访问列表。
15～22．对于图 11.30 所示的循环双向列表，重做练习 1～8。

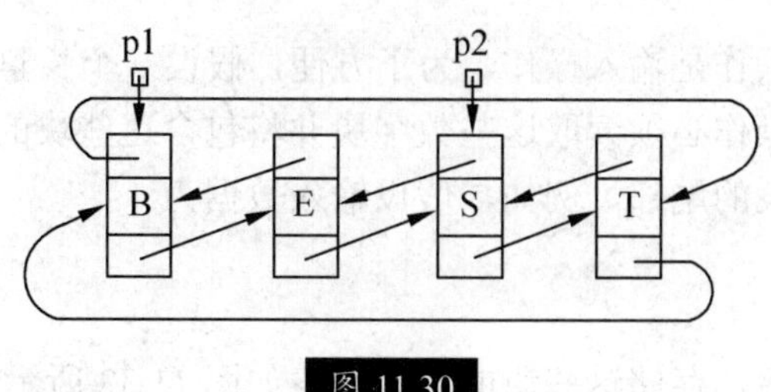

图 11.30

23. 按字母顺序显示节点的内容。

24. 在包含'B'的节点之后插入包含'L'的节点，并把'A'替换为'E'。

25. 删除包含'T'的节点。

26～28. 重做练习 23～25，但只能使用指针 p2 来访问列表。

11.4 案例学习：长整数运算

11.4.1 问题

作为双向链表的一个应用，我们考虑长整数算术运算。计算机内存中存储的数字的大小受限于分配给该数字所属类型的位数。例如，采用 2.2 节中介绍的 32 位补码表示，最大的带符号整数为 $2^{31}-1$=2 147 483 647。在某些应用（例如对美国国家债务的跟踪）中，显然需要处理比这个值更大的整数。在本节中考虑创建一个类似于 Java 中 BigInteger 类的 C++ BigInt 类，从而可以处理任意大小的整数。为了简单起见，仅仅考虑非负整数，而把处理负整数的问题留作练习。

11.4.2 设计

设计一个处理长整数的类的第一步是选择一种存储结构来表示这些整数。由于整数中数字个数可能变化会比较大，故链表看起来比较适用。所要处理的每个整数都存在独立的列表中，其中每个节点保存着整数中的一个连续数字块。

现在考虑需要实现的一些基本算术操作。要比较两个长整数以决定哪个大一点，我们将从左到右的比较列表中的数字块。但是如果需要将两个长整数相加，又需要从右向左的将数字块加起来。这样，因为需要按两个方向来遍历链表，所以选用双向链表。例如，如果块的长度为 3，使用双向循环链表，并添加一个头节点，则整数 9 145 632 884 能够用如图 11.31 所示的双向链表来存储。

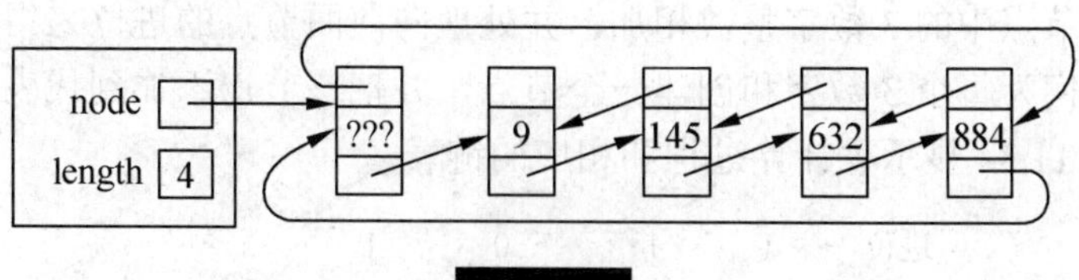

图 11.31

这里，为了和后面使用标准 list<short int>的 BigInt 类的完整实现兼容，采用一个指针 node 来指向头节点以及一个整数 length 来存储长整数所需的数字块的数目。

我们需要的第一个操作是输入操作。为了方便，假设一个长整数将按照空格分隔的 3-数字块方式输入。输入操作必须读取这些数字块并将包含这些块的值的节点添加到存储着已读入数字块的双向链表的尾部。例如，假设输入数据为

```
9 145 632 884
```

在读入前 3 块并存储之后，存储这些块的双向链表如图 11.32 所示。

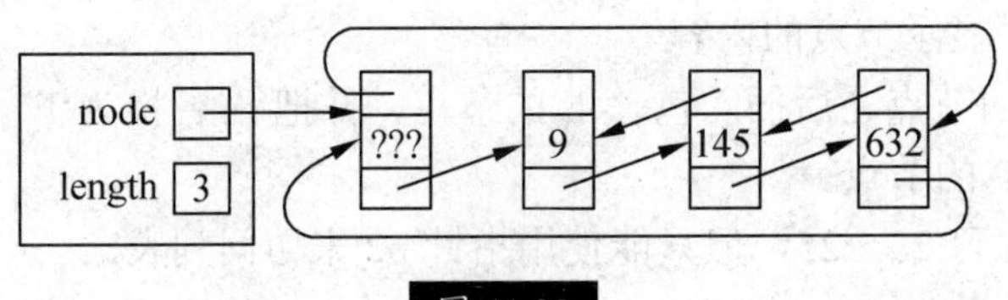

图 11.32

当读入块 884 时，必须建立一个新节点并将其添加到这个列表的末尾，如图 11.33 所示。

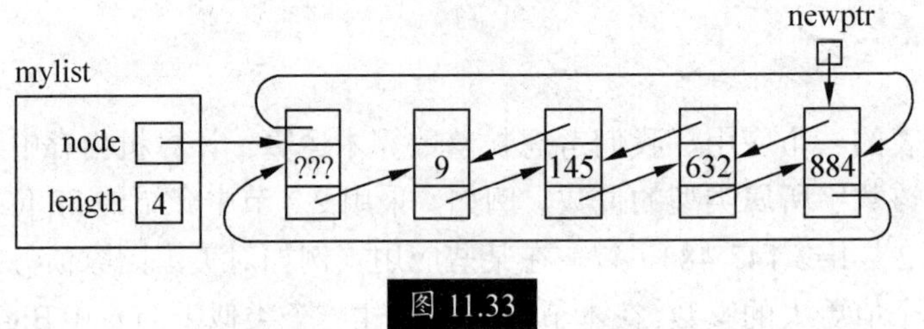

图 11.33

这需要令新节点的前指指针指向列表的最后一个节点，

```
newptr -> prev = node -> prev;
```

并令其后指指针指向头节点，

```
newptr -> next = node;
```

还要令原来最后一个节点的后指指针和头节点的前指指针都指向这个新节点：

```
node-> prev -> next = newptr;
node -> prev = newptr;
```

输出操作则是对列表从左到右进行遍历，显示每个节点中的数字块（注意要显示前导的 0）。

另一个需要的操作是两个长整数相加。这必须从右到左地遍历表示这两个整数的列表，每次把相应节点中的 3 数字整数相加，并处理向前面节点的进位来得到 3 数字和以及相应的进位。我们为每个 3 数字和创建一个节点，并把该节点添加到代表两个整数之和的列表的头部。图 11.34 显示了计算过程和相应的链表。

进位 →	1	1	0	1	
			65	313	750
	+	999	981	404	873
	1	000	046	718	623

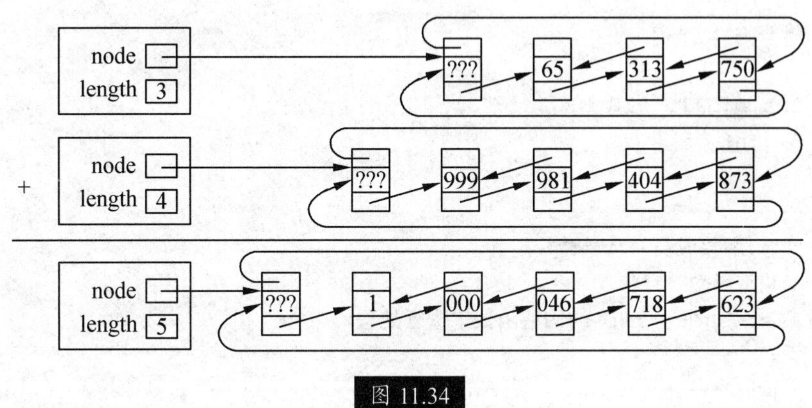

图 11.34

11.4.3 实现

我们可以凑合着用这个链接存储结构来创建一个 BigInt 类，但是标准的 list 类型已经使用这种结构，此外，还提供迭代器和比原始指针操作更简单的列表操作。所以在 BigInt 中选用一个 list<short int>类型的数据成员 myList 来存储数字块。

如所看到的，对于输入操作符，正在读取的 BigInt 对象中包含新数字块的节点必须被添加到已读入块链表的末尾。而这正是 list 的 push_back()操作所做的事情。因此 operator>>()只需要重复地读取块并使用 push_back()将它们添加到 myList 的尾部。输出操作符则可以很简单地通过使用一个迭代器遍历列表并显示其中的数字块来实现。

程序 11.3 中对 operator+()的定义中完成这些工作，即使用逆迭代器从右到左的遍历两个 BigInt 操作数中的列表，而在列表中同步移动逆迭代器又是通过递增操作符来实现的。迭代器指向的块中的整数相加，再加上进位，得到和块和新的进位，然后使用 list 的 push_front()操作来把和块插入到 sum 中列表的头部。

程序 11.3　BigInt 类

```
/*BigInt.h ------------------------------------------------------------------

 这个头文件定义了处理任意大小整数的BigInt数据类型
 基本操作是:
     构造函数
     +:          加法运算符
     read():     读取一个BigInt对象
     display():  显示一个BigInt对象
     <<, >> :    输入和输出操作符
---------------------------------------------------------------------------*/

#include <iostream>
#include <iomanip>      // setfill(), setw()
#include <list>

#ifndef BIGINT
```

```
#define BIGINT

const int DIGITS_PER_BLOCK = 3;
class BigInt
{
 public:
  /******** 函数成员 ********/
  /***** 构造函数 *****/
  // 让list<short int>的构造函数来进行处理

  /***** 读取 *****/
  void read(istream & in);

/*-------------------------------------------------------------------
  读取一个BigInt

  前置条件： istream in被打开，并且包含大小至多为
  DIGITS_PER_BLOCK的非负整数数字块
  后置条件：数字块被从in中移除并添加到myList中

-------------------------------------------------------------------*/
  /***** 显示 *****/
  void display(ostream & out) const;

/*-------------------------------------------------------------------
    显示一个BigInt

  前置条件：ostream out已经被打开
  后置条件：这个BigInt对象表示的长整数被格式化为
            通常的逗号分隔形式并插入到ostream out中

-------------------------------------------------------------------*/

  /***** 加法运算符 *****/
  BigInt operator+(BigInt addend2);

/*-------------------------------------------------------------------
    将两个BigInts相加

  前置条件：addend2是第二个加数
  后置条件：表示这个BigInt对象以及addend2对象所代表
            的长整数的和的BigInt对象被返回

-------------------------------------------------------------------*/
```

```
 private:
  /*** 数据成员 ***/
  list<short int> myList;
}; // BigInt类声明结束

//------ 输入和输出操作符
inline istream & operator>>(istream & in, BigInt & number)
{
  number.read(in);
  return in;
}

inline ostream & operator<<(ostream & out, const BigInt & number)
{
  number.display(out);
  return out;
}

#endif
/*BigInt.cpp------------------------------------------------------------
                这个文件实现BigInt的成员函数
-------------------------------------------------------------------------*/

#include <iostream>
using namespace std;

#include "BigInt.h"

//--- read()的定义
void BigInt::read(istream & in)
{
  static bool instruct = true;
  if (instruct)
  {
     cout << "Enter " << DIGITS_PER_BLOCK << "-digit blocks, separated by "
             "spaces.\nEnter a negative integer in last block to signal "
             "the end of input.\n\n";
    instruct = false;
  }
  short int block;
  const short int MAX_BLOCK = (short) pow(10.0, DIGITS_PER_BLOCK) - 1;
  for (;;)
```

```
    {
      in >> block;
      if (block < 0) return;

      if (block > MAX_BLOCK)
        cerr << "Illegal block -- " << block << " -- ignoring\n";
      else
        myList.push_back(block);
    }
}

//--- Display()的定义
void BigInt::display(ostream & out) const
{
   int blockCount = 0;
   const int BLOCKS_PER_LINE = 20;   // 每行显示的数字块的数目
   for (list<short int>::const_iterator it = myList.begin(); ; )
   {
      out << setfill('0');
      if (blockCount == 0)
         out << setfill(' ');

      if (it == myList.end())
         return;

      out << setw(3) << *it;
      blockCount++ ;

      it++;
      if (it != myList.end())
      {
         out << ',';
         if (blockCount > 0 && blockCount % BLOCKS_PER_LINE == 0)
            out << endl;
      }
   }
}

//--- operator+()的定义
BigInt BigInt::operator+(BigInt addend2)
{
   BigInt sum;
```

```
   short int first,                           // 第一个加数中的一块 (这个对象)
             second,                          // 第二个加数中的一块(addend2)
             result,                          // 它们的和中的一块
             carry = 0;                       // 两块相加的进位

   list<short int>::reverse_iterator          // 从右到左迭代
     it1 = myList.rbegin(),                   // 对于第一个list
     it2 = addend2.myList.rbegin();           // 对第二个list

   while (it1 != myList.rend() || it2 != addend2.myList.rend())
   {
     if (it1 != myList.rend())
     {
       first = *it1;
       it1++ ;
     }
     else
       first = 0;
     if (it2 != addend2.myList.rend())
     {
       second = *it2;
       it2++ ;
     }
     else
       second = 0;

     short int temp = first + second + carry;
     result = temp % 1000;
     carry = temp / 1000;
     sum.myList.push_front(result);
   }

   if (carry > 0)
     sum.myList.push_front(carry);

   return sum;
 }
```

程序 11.4 给出了测试 BigInt 类的一个驱动程序以及对不同大小整数进行几次相加后的结果。

程序 11.4　测试 BigInt 类的驱动程序

```
//--- 测试BigInt类的程序

#include <iostream>
```

```
using namespace std;

#include "BigInt.h"

int main()
{
   char response;
   do
   {
      BigInt number1, number2;
      cout <<"Enter a big integer:\n";
      cin >> number1;
      cout <<"Enter another big integer:\n";
      cin >> number2;
      cout << "The sum of\n\t"
           << number1 << "\nand\n\t" << number2
           << "\nis\n\t" << number1 + number2 << endl;

      cout << "\nAdd more integers (Y or N)? ";
      cin >> response;
   }
   while (response == 'y' || response == 'Y');
}
```

运行跟踪：

```
Enter a big integer:
Enter 3-digit blocks, separated by spaces
Enter a negative integer in last block to signal the end of input

999 888 777 666 555
-1
Enter another big integer:
111 222 333 444
-1
The sum of
    999,888,777,666,555
and
    111,222,333,444
is
    999,999,999,999,999

Add more integers (Y or N)? Y
Enter a big integer:
1
```

```
-1
Enter another big integer:
999 999 999 999 999 999 999 999 999 999
-1
The sum of
    1
and
    999,999,999,999,999,999,999,999,999,999
is
    1,000,000,000,000,000,000,000,000,000,000

Add more integers (Y or N)? Y
Enter a big integer:
1
-1
Enter another big integer:
2
-2
The sum of
    1
and
    2
is
    3

Add more integers (Y or N)? N
```

这个例子示范了 list 这样的标准 C++容器的功能。要得到一个能工作并利用 list 容器特性的 BigInt 版本是相当容易的。任何提供迭代器和基本插入操作的容器都可以用作存储结构。使用 list 或者其他 STL 容器的主要缺点在于所有未能使用的特性所带来的额外开销。不过，通过仅仅使用指针和节点构成的链表作为存储结构，修改这个新类的最初实现为一个"节俭但平庸"的版本也不是特别困难的事情。创建 BigInt 类这样的一个版本留作练习。

练习 11.4

练习 1～5 要求以不同的方式修改 BigInt 类。对于每个修改，应该参考本章末尾的编程问题 13～18 中的教导，测试新得到的类。

1. 在类 BigInt 中加入<操作，用于决定一个 BigInt 对象是否小于另一个 BigInt 对象 。
2. 在类 BigInt 中加入==操作，用于决定一个 BigInt 对象是否等于另一个 BigInt 对象。
3. 在类 BigInt 中加入减法操作 –，当 int1 小于 int2 时，int1 – int2 应该返回 0。
4. 在类 BigInt 中增加乘法操作*。
5. 修改类 BigInt，使之能够同时处理正长整数和负长整数。
6. 创建自己的双向链表容器类来替换标准 list 类，仅仅包括那些实现 BigInt 类所需要的特性。使用程序 11.4 来测试修改后的 BigInt 类。

11.5 其他链列表

我们已经看到，对于需要在列表中进行双向移动的应用程序，双向链表是有用的数据结构。在本节中考虑其他型的列表，其中链表节点包含多于一条链。这种结构通常属于高级数据结构课程的内容，在这里只是进行预览。

11.5.1 多序列表

创建并维护一个有序列表，使得其中节点按所存储的数据项（或者数据项中关键域的值）升序（或降序）地排列，是比较简单直接的。不过，在某些应用中，可能需要以两种或者多种不同的排序方式维护数据集合。例如，可以根据学生的名字和学号来对学生记录进行排序。

一种实现方法是维持多个有序链表，即为每种次序维持一个链表。显然，这种方法的效率不高，特别是当记录比较大时，因为需要保存每个记录的多个副本。一种更好的方法是只使用单个列表但根据不同的次序使用多条链来链接节点。例如，为了保存包含名字和学号的学生记录，其中名字按照字母顺序，学号按照从小到大的顺序，可以使用如图 11.35 所示的多重链表，其中每个节点都有两条链。

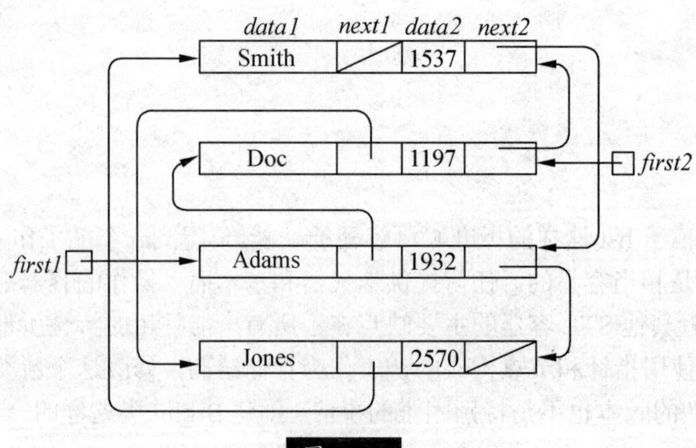

图 11.35

如果在遍历这个列表并显示数据域时，first1 开始时指向第一个节点，然后沿着域 next1 中的指针来访问节点，名字将按照字母顺序来显示：

Adams 1932
Doe 1197
Jones 2570
Smith 1537

在遍历列表时， first2 开始时指向第一个节点，然后沿着域 next2 中的指针来访问节点，这就按照从小到大的顺序来显示学号：

Doe 1197

Smith 1537

Adams 1932

Jones 2570

所以，该列表遵循两种不同逻辑次序。

11.5.2 稀疏矩阵

***m*×*n* 矩阵**是包含 *m* 行和 *n* 列的数组。矩阵的通常存储结构是 3.3 节中描述的二维数组（或者 9.6 节中描述的二维向量），而几乎所有的编程语言都提供数组。

然而，在某些应用中（如差分表达式求解），需要处理其中只有少数非 0 项的巨大矩阵。使用二维数组来存放这些**稀疏矩阵**的所有项（包括 0）效率较低。而使用和 11.2 节中描述的稀疏多项式的链式结构类似的结构进行存储将更为有效。

一种常见的链式实现是把矩阵的每一行表示成为一个链表，链表中只存放每行的非 0 项。此时，矩阵用一个指针数组来表示，其中指针 *A*[1], *A*[2], …, *A*[m]对应于第 1, 2, …, *m* 行。每个数组元素 *A*[*i*]指向一个节点链表，其中每个节点保存相应行中的一个非 0 项以及该项的列数，节点中还保存着指向该行中下一非 0 项的节点的指针：

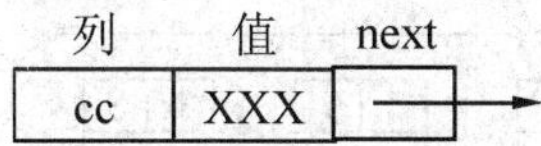

例如，以下 4 × 5 矩阵

$$\boldsymbol{A}=\begin{bmatrix}9 & 0 & 0 & 8 & 0\\ 7 & 0 & 0 & 0 & 0\\ 0 & 0 & 0 & 0 & 0\\ -1 & 6 & 0 & -8 & 0\end{bmatrix}$$

可以表示为如图 11.36 所示的循环链表数组。

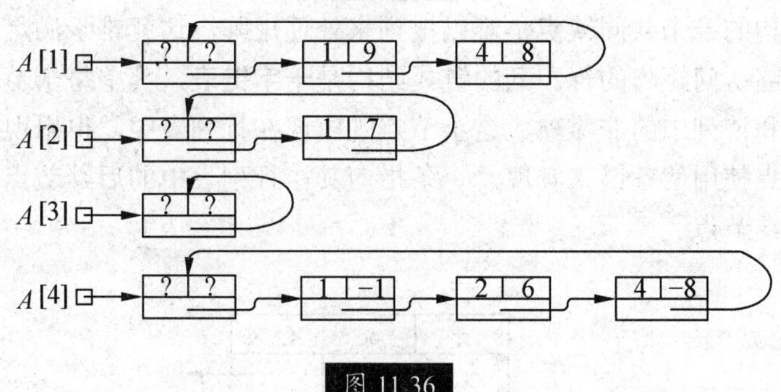

图 11.36

尽管对矩阵来说这是一种有用的链式存储结构，但数组的大小限制了矩阵的行数。另外，对于小一些的矩阵或者具有大量全零行的矩阵，这种结构浪费了许多空间。

另一种实现方法则构建单个链表，其中每个节点包含行号、列号、该行和该列中的非零项、以及指向下一节点的链：

行	列	值	next
rr	cc	XXX	→

列表中的节点的顺序如下：当对链表进行遍历时，矩阵的元素按行优先的顺序进行访问。例如，前面的 4×5 矩阵可以用图 11.37 所示的循环链表来表示，其中使用头节点存放矩阵的维数。

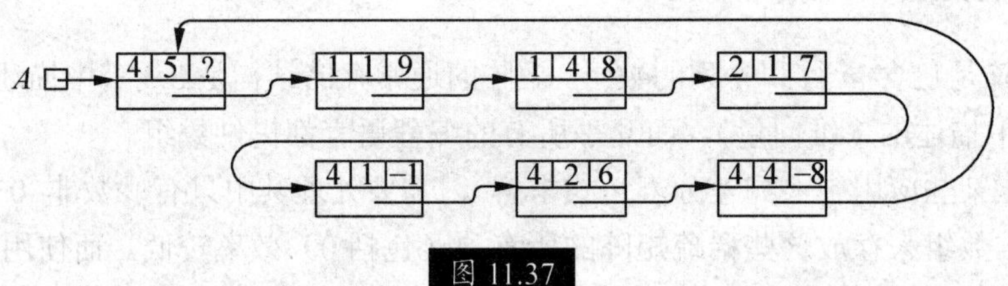

图 11.37

然而，在这种实现中，不能直接访问矩阵中每一行。如果矩阵求和等特定应用注重按行处理，则更好的做法是把这里的指针数组替换成为一个行头节点链表，其中每个行头节点包含一个指向一个非空行列表的指针。每个行头节点还包括该行的行号和指向下一行头节点的指针，且行头节点按行号排序。采用这种实现方式时，图 11.38 所示的链式结构表示了前面的 4 × 5 矩阵。

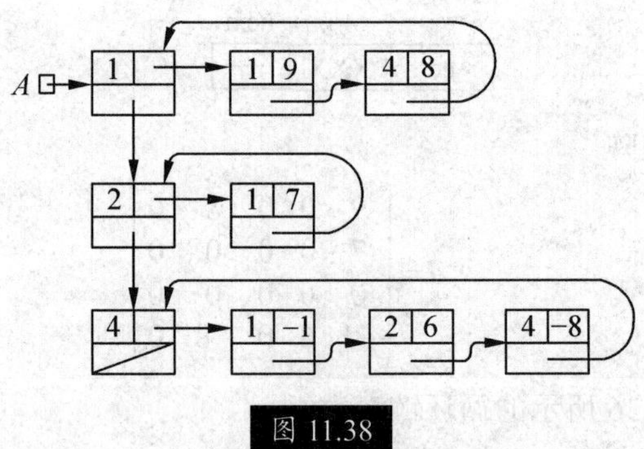

图 11.38

这些链式结构的一个共同缺点是难以按列来处理矩阵，这就难于满足矩阵相乘等应用的需要。一种能够访问矩阵的行和列的链式结构是**十字链表**，其中每个节点保存行号、列号以及处于该行和该列中的非零项，这个节点既出现在行列表中，也出现在列列表中。这可以通过每个节点使用两条链来实现，一条指向其在行列表中的后继节点，另一条指向其在列列表中的后继节点。

行	列	值
rr	cc	XXX
下 ↓		→ 右

通常行列表和列列表都是带头节点的循环列表，而这些头节点则链接成为一个带总头节点的循环列表。例如，图 11.39 中显示了前面的 4 × 5 矩阵的十字链表表示。这里的∞是一个比任意行号或列号都要大的值（例如 C++中的 INT_MAX）。

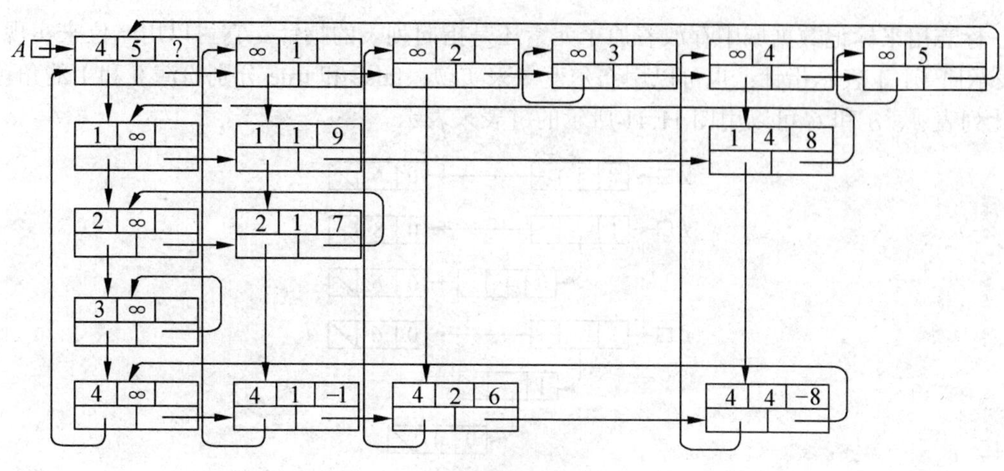

图 11.39

11.5.3 广义表

在至今提到的例子中，几乎所有列表元素都是原子性的，即元素本身并不是列表。我们考虑过的例子包括整数列表和学生记录列表。然而，刚刚描述了一种稀疏矩阵表示方法，它采用了行列表的列表来表示矩阵。有时，还会考虑字符串列表，而字符串本身就是一个列表。事实上，字符串可以存放在字符链表中，这样字符串链表就成为链表的链表。例如，包含名字 AL，FRED，JOE 的列表 S 可以表示为如图 11.40 所示。

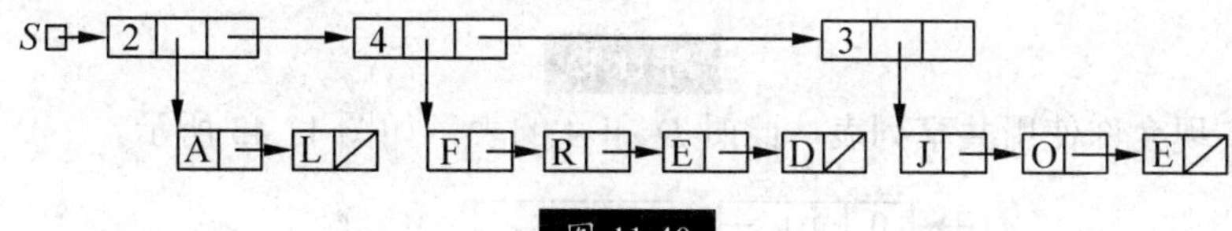

图 11.40

其中元素本身也允许是列表的列表被称为**广义表**。例如，考虑以下列表例子：

$$A = (4, 6)$$
$$B = ((4, 6), 8)$$
$$C = (((4)), 6)$$
$$D = (2, A, A)$$

A 是一个包含两个元素（整数 4 和 6）的普通列表。*B* 也是一个包含两个元素的列表，但第一个元素(4, 6)本身又是一个包含两个元素的列表。*C* 也是一个包含两个元素的列表，其中第一个元素是((4))，这是一个包含单个元素(4)的列表，而元素(4)也是一个包含单个元素（整数 4）的列表。*D* 是一个包含三个元素的列表，其中第二个元素和第三个元素也是列表。

广义表通常用链表来表示，其中每个节点除了一个数据域和一个链域外，还有一个标志域：

标志	数据	next
b	XXX	→

标志用来标记数据域中存放着原子元素还是指向列表的指针。它可以用一位来实现：0 表示原子，1 表示指针；也可以用布尔变量来实现：false 和 true 分别扮演 0 和 1 的角色。因此列表 *A*、*B* 和 *C* 可以用图 11.41 所示的链表来表示。

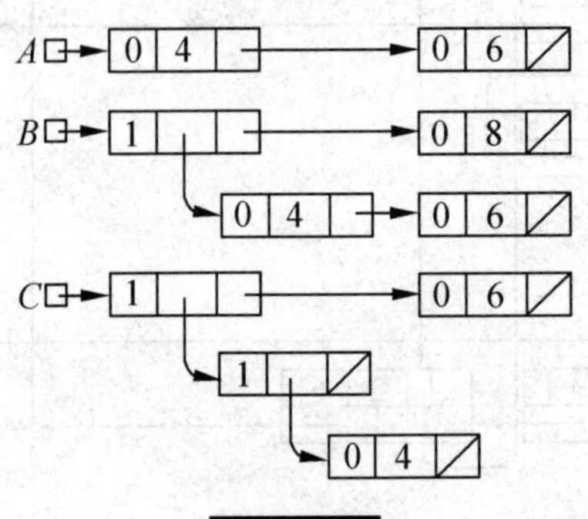

图 11.41

当然，也可以使用带头节点的链表、循环列表和其他变种来实现广义表。

D 可以有两种实现。因为 *A* 是列表(4, 6)，故可以把 *D* 看作以下列表

(2, (4, 6), (4, 6))

并把 *D* 表示成如图 11.42 所示。

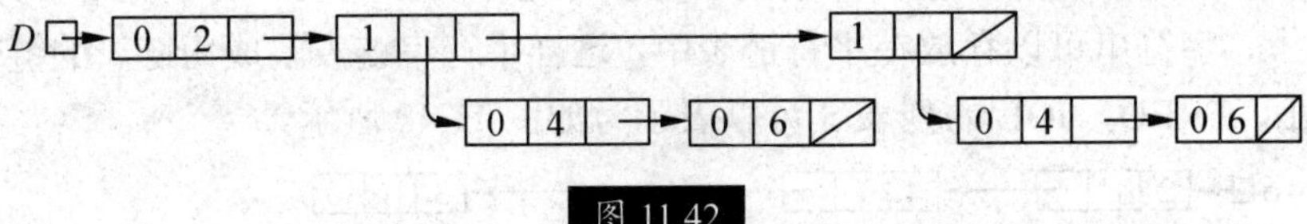

图 11.42

第二种实现允许使用**共享列表**，此时 *D* 和 *A* 的表示如图 11.43 所示。

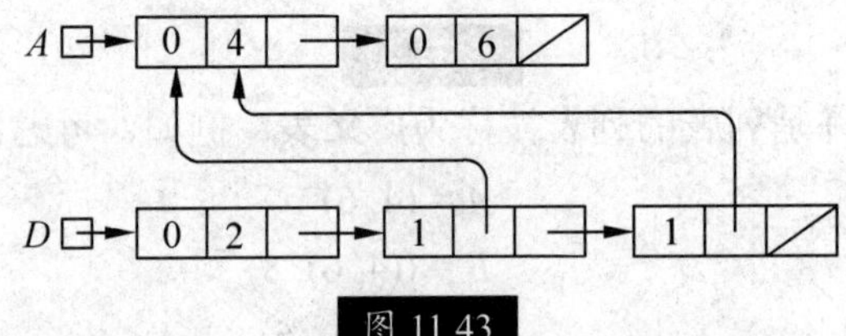

图 11.43

注意：在这种情况中，对 *A* 的修改将导致对 *D* 的修改。

在 11.2 节中描述了一元多项式的链式实现。多元多项式可以表示成为广义表并使用与此类似的链式结构来实现。例如，考虑以下二元多项式 $P(x, y)$

$$P(x, y) = 3 + 7x + 14y^2 + 25y^7 - 9x^2y^7 + 18x^6y^7$$

把它写成 y 的多项式，使得它的系数本身是 x 的多项式

$$P(x, y) = (3 + 7x) + 14y^2 + (25 - 9x^2 + 18x^6)y^7$$

如果使用以下形式的节点

标志	系数	幂	next
b	CCC	EEE	→

其中标志= 0 意味着域系数中存放着一个数字，而标志= 1 意味着域系数中存放着一个指向代表 x 多项式的链表的指针。这样多项式 $P(x, y)$的表示如图 11.44 所示。

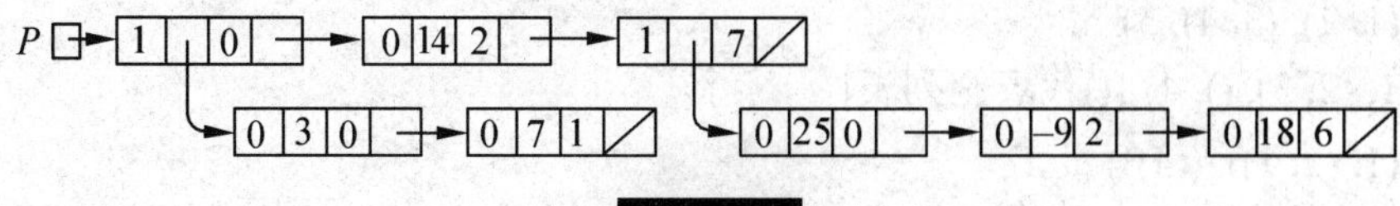

图 11.44

在本节中介绍了几种多链结构及其它们的一些应用。在很多其他问题中，多链结构也是很有效的。这些应用中的几个，例如树和图等，将在以后的章节中详细介绍。

练习 11.5

练习 1～4 采用在课本中描述的名字和学号多重链表，给出在执行每个操作或操作序列后的链表。

1. 插入学号为 2250 的 Brown。
2. 删除学号为 1537 的 Smith。
3. 插入学号为 1025 的 Zzyzk。
4. 插入学号为 1620 的 Evans; 插入学号为 1750 的 Harris; 删除学号为 1932 的 Adams。
5. 编写针对在课本中描述的名字和学号多序链表的相应声明。
6. 采用指向行列表的指针的数组来实现以下稀疏矩阵，给出形如文中所示的链表。

$$A=\begin{bmatrix} 1 & 0 & 0 & 0 & 8 & 0 & 0 \\ -5 & -6 & 0 & 0 & 0 & 0 & 0 \\ 0 & 0 & 0 & 0 & 0 & 0 & 10 \\ 0 & 0 & 0 & 0 & 0 & 0 & 0 \\ 9 & 8 & 7 & 0 & 0 & 0 & 0 \end{bmatrix}$$

7. 重作练习 6，这次采用带头节点的循环链表来实现矩阵，其中头节点存放着维数。
8. 重作练习 6，这次采用头节点链表来实现矩阵，其中头节点中包含指向行列表的指针，如课本中描述的那样。
9. 重作练习 7，这次采用本节中描述的十字链表来实现矩阵。

10～13. 采用练习 6～9 中的实现来存储整数稀疏矩阵，编写相应的声明。

14. 采用本节中描述的链接的行列表数组来实现稀疏矩阵，编写一个矩阵相加函数。
15. 重作练习 14，这次采用带头节点的循环链表来实现矩阵，其中头节点存放着维数。
16. 重作练习 14，这次采用头节点链表来实现矩阵，其中头节点中包含指向行列表的指针，如课本中描述的那样。
17. 重作练习 14，这次采用本节中描述的十字链表来实现矩阵。
18. 采用本节中描述的一种链表实现方法，编写一个稀疏矩阵类。类中必须包括输入操作和按通常表格形式来显示矩阵的输出操作。参照本章末尾编程问题 23 中的指导，编写一个驱动程序来测试你的类。
19. 扩展练习 18 中的类以实现矩阵相加。

在练习 20～23 中，给出广义表的链表实现图。

20. (1, (2, 3))
21. ((1, 2), (3, 4), 5)
22. (1, (2, 3), (), 4) [()代表空列表]
23. ((1, (2, 3)), ((4)))

在练习 24 和 25 中，给出二元多项式的链表实现图。

24. $P(x, y) = 7 + 3xy + 5x^3y - 17y^2$
25. $P(x, y) = 6 - 5x + 4x^2 - 2x^3y^4 + 6x^5y^4 - x^9y^4 + y^8$
26. 描述如何使用链表来实现三元多项式 $P(x, y, z)$，并说明如何实现以下多项式

$$P(x, y, z) = 6 - 5x + 4x^2 - 2x^3y^4 + 6x^5y^4z^3 - x^9y^4z^3 + y^8z^3 + z^7$$

11.6 本章小结

章节注意要点

- 标准链表的一些变种使得实现某些基本列表操作的算法更加简单并且更加有效。这包括：
  - 使用一个头节点
  - 循环链表
  - 双向链表
- 稀疏多项式的链表实现消除了数组实现中零系数造成的空间浪费，但使得操作算法更加复杂。
- STL 的 list 容器使用带头节点的循环双向链表作为基本存储结构。它提供了大量高效的列表处理操作。
- 在某些情况下给链表节点多添加几条链有助于列表处理，例如以不同的方式保持列表有序。

程序设计知识点

1. 在处理循环链表时要小心无限循环的出现。另外，小心看起来正确的算法其实仅仅适用于空列表。
2. 在修改双向链表中的指针时要小心。以错误的顺序来进行修改的话将导致指针被悬空以及部分链表被离弃。

ADT 技巧

1. 第 6 章末尾中关于单向链表的 ADT 技巧也适用于其变种和多链链表。
2. 使用带头节点的链表将简化某些算法（例如插入和删除算法），因为每个节点都有前驱。
3. 在循环链表中每个节点都有一个前驱和一个后继。
4. 从单元素循环链表中删除一个节点时需要特殊处理，因为删除这个节点后链表会变

成空。

5. 带一个指向最后节点的指针的循环链表适用于实现 deque 和队列这样的列表，因为此时需要反复访问列表尾部的元素。
6. 当需要在列表中进行双向移动时双向链表是非常有用的。
7. STL 的 list 类模板使用带头节点的循环双向链表来存储列表元素。
8. 多链链表有助于维护多序列表、稀疏矩阵以及广义表。

编程问题

11.1 节

1. 编写一个驱动程序来测试练习 1 中优先队列类模板。
2. 编写一个驱动程序来测试练习 2 中 deque 类模板的循环链表版本。
3. 编写一个程序来解决练习 9 中描述的 Josephus *问题*。使用输出语句来显示选择过程，要求显示每轮之后的列表内容。

11.2 节

4. 编写一个菜单驱动程序，使用 Polynomial 类模板来处理多项式。菜单选项至少包括：读入多项式、按照练习 2 中描述的通用数学格式来打印多项式、对给定的 x 值进行多项式求值（参见练习 4）、以及多项式相加。
5. 扩展编程问题 4 中的菜单选项，增加多项式减法操作（参见练习 3）。
6. 扩展编程问题 4 中的菜单选项，增加多项式求导操作（参见练习 5）。
7. 扩展编程问题 4 中的菜单选项，增加多项式相乘操作（参见练习 6）。
8. 多项式 $P(x)$的根是满足 $P(c) = 0$ 的数字 c。二分法是一种能够用来求出 $P(x)$在给定区间$[a, b]$中的根的方法，其中 $P(a)$和 $P(b)$的符号相反（使得 $P(x)$在$[a, b]$中有根）。这种方法首先把$[a, b]$分成两半并检查在哪一半 $P(x)$的符号发生改变，P 的根就在这一半内。现在把这一半再分成两半并检查在哪一半 $P(x)$的符号发生改变。重复这个过程，得到范围越来越小的子区间序列，每个子区间都包含 $P(x)$的一个根（参见图 11.45）。当得到一个很小的子区间（如区间长度为 0.0001）或者其中一个端点的 $P(x)$值为 0 时，过程终止。

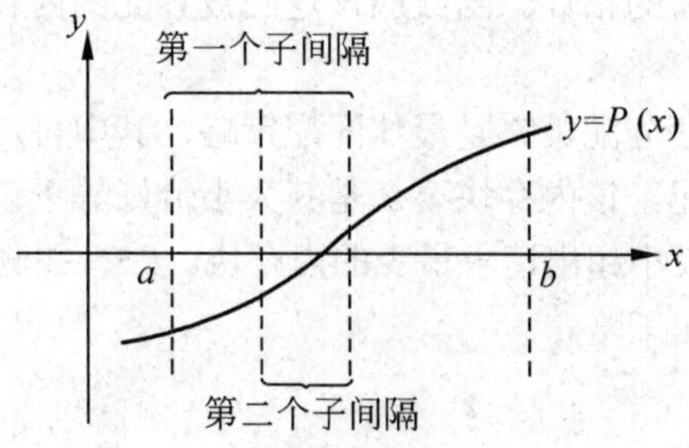

图 11.45

在 Polynomial 类模板中加入并测试函数 root()：对于一个 Polynomial 对象 P，p.root(a,b)

使用二分法来求出区间[a, b]内的 $P(x)$的一个近似根(如果有的话)。

9. 另一种求多项式 $P(x)$的根的方法是牛顿法。这种方法首先取一个近似初值 x_1 并构造过这一点的 $P(x)$的切线。x_2 是该切线与 x 轴相交的点。把它作为根的第二个近似值。然后得出过 x_2 的切线，该切线与 x 轴相交的点 x_3 是下一个近似值。图 11.46 演示了这个过程。

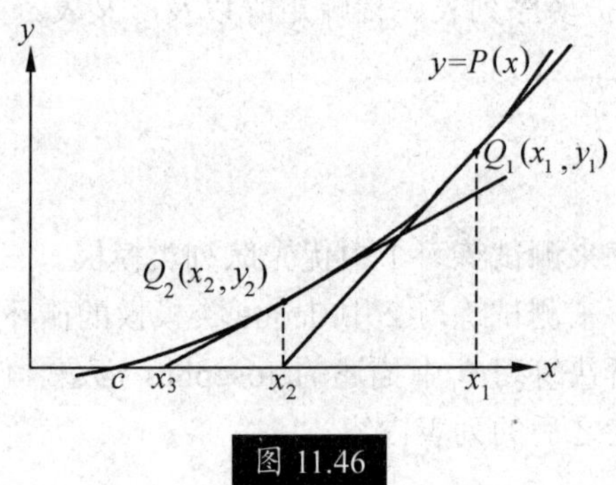

图 11.46

如果 c 是 $P(x)$的根的一个近似值，则用于获取下一近似值的公式为：

$$新近似值 = c - \frac{P(c)}{P'(c)}$$

其中 $P'(x)$是 $P(x)$的导数（参见练习 5）。当 $P(x)$的绝对值足够小或者迭代次数足够多以至于超出某个上限时，这个过程结束。使用牛顿法来重做编程问题 8。

11.3 节

10. 在多用户环境中，内存需求不尽相同的作业被提交到计算机系统中，操作系统使用某种内存管理策略来为每个作业分配内存。一个通用的方法是维持一个可用内存块循环双向链表。当收到一个内存分配请求时，这个列表中能够满足要求的第一个足够大的可用块被找出，从中相应大小的内存被分配给作业，而这个块中余下的部分仍然保留在可用内存块链表中。

    编写并测试一个函数，它实现了上述的最先匹配内存管理策略。假设内存块被表示成包含以下域的类(或结构)：可用内存块的开始地址、可用内存块的大小、维持循环双向链表所需的指针。函数应该返回被分配的内存的地址或者一个请求被拒绝的信号。

11. 另一种通用的内存分配策略是最佳匹配策略，其中可用内存块链表中与请求最匹配的内存块被分配。该内存块要么是其大小恰好等于请求（的内存块大小）的内存块，要么是其大小超出请求最少的内存块。改写并测试编程问题 10 中的函数，这次使用最佳匹配策略。

11.4 节

12. 菲波那奇(Fibonacci)数列以整数

    1,1,2,3,5,8,13,21,34,55,89,⋯

开始，其中除了最开始两个数以外，其余每个数都是它前面两个数的和。编写一个程序，使用类 BigInt 来计算并显示比较大的菲波那奇数字。

13. 对于练习 1 和练习 2 中的 BigInt 类，分别添加<和==操作，并编写驱动程序来测试修改后的 BigInt 类。
14. 对于练习 3 中的 BigInt 类，添加减法操作-，并编写驱动程序来测试修改后的 BigInt 类。
15. 对于练习 4 中的 BigInt 类，添加乘法操作*，并编写驱动程序来测试修改后的 BigInt 类。
16. 在程序中使用问题 15 中修改后的 BigInt 类来计算大阶乘。
17. 编写驱动程序来测试练习 5 中描述的用于同时处理正的和负的大整数的 BigInt 类。
18. 编写驱动程序来测试练习 6 中修改后的 BigInt 类。
19. 编写一个程序，从文件 StudentFile 中读入记录（在第 4 章末尾描述），构建 5 个记录链表，使得每个班都有一个列表。记录中存放着学生的名字、学号、累计 GPA。把这些记录存储在 list 向量中。在构建这些列表之后，对每个列表进行排序，并使用不同的题头打印出来。注意：如果 aList 是 list<T>对象，则 alist.sort();将根据在类型 T 的对象上定义的<来对 aList 排序。在本题中，你必须重载 operator<()来定义一个学生记录比另一个小的意思。
20. 列表中的元素数目太大时，对其中的元素进行查找的效率不高。提高效率的一种办法是维持几个小一点的链表。编写一个程序，读入几行大写文本，并产生文本词语索引，即不同的单词的列表。把以 A 开头的单词存储在一个链表中，把以 B 开头的单词存储在另一个链表中，以此类推。在读完所有的文本行之后，对每个列表进行排序（参见编程问题 19），然后按字母顺序打印这些单词。
21. 修改编程问题 20 的程序，使得词语索引中还包括每个单词在文本中出现的频率。
22. 除了文本中的单词之外，词语索引通常还保存着单词出现的页的页码。修改编程问题 20 的程序，使得出现单词的所有行的行号和单词存储在一起，但是如果单词在某行出现多次，那么只记录此行号一次。程序必须按行号升序显示每个单词以及其相关行号。
23. 编写一个"quiz-tutor"程序，内容选自前面章节或者你熟识的知识。程序从文件中读入问题、可能的答案以及正确的答案，显示问题和可能的答案，并接收用户的回答。如果答案正确，程序进入下一问题。如果不正确，则把问题存在 list 中。当问题文件被读完之后，答错的问题会重新显示（按照原来的顺序）。统计并显示答对问题的数目。在第二轮提问中，在必要时显示问题的正确答案。
24. 假设进入计算机系统的作业被赋予一个作业号和一个从 0～9 之中的优先级。等待被系统执行的作业的作业号被保存在一个优先队列中。进入这个队列的作业放在具有更低优先级的所有作业之前、在具有更高或相同优先级的所有作业之后。编写一个程序，使用 list 来存放作业，并允许用户选择以下菜单操作：R（删除）、A（增加）和 L（列举）。对于 R，读出作业号并把它从优先队列中删除；对于 A，读入作业号和优先级，然后按上述规则把它加入到优先队列中；对于 L，则列出队列中的所有作业号。

11.5 节

25. 编写一个程序从 StudentFile（在第 4 章末尾描述）中读入记录并把记录存放在一个多序列表中。该列表包含两个链域，一个用于令节点按学号升序排列，另一个用于令节点按名字的字典次序排列。注意 StudentFile 中的记录已经按学号升序排列。然后在这个列表中查找给定的学号或学生名字，并显示相应记录中的信息。
26. 扩展编程问题 25 中的程序，使得我们可以插入新记录和删除已有记录。
27. 编写一个驱动程序来测试练习 18 中的稀疏矩阵类。
28. 扩展编程问题 27 中的程序来测试练习 19 中的稀疏矩阵类。

第12章 二叉树和散列表

章节内容

- 线性查找和折半查找的复习
- 二叉树的介绍
- 采用递归数据结构的二叉树
- 二叉查找树
- 案例学习：计算机登录验证
- 线索二叉查找树
- 散列表

章节学习目标

- 从对线性查找和折半查找的复习开始，考察在数据集中进行查找的方法。
- 一般性的介绍树，接着重点学习二叉树以及它的一些应用和实现。
- 看看二叉树是如何被作为递归数据结构的，以及采用这种结构后如何能够简化一些基本操作的算法。
- 使用链式存储结构存储数据，开发一个类来实现二叉查找树。
- （可选）简明地看一下线索二叉树如何有助于遍历。
- 介绍散列表的基本特性，并研究实现散列表的一些方法。

在 11.5 节我们讨论了链表，其中节点由两条或者多条链来链接。例如，双向链表中的节点具有两条链，一条从节点向后指向其后继节点，另一条往回指向其前驱节点。多序链表中的节点相应于逻辑次序的数目，可以具有多条链。在几种重要的多链结构中，本章考虑其中一种，即二叉树。

二叉树的一种重要应用是以链表更为有效的双向链式结构来组织数据。我们先来复习一下一些查找算法，然后引出二叉树，特别是二叉查找树，并学习如何使用它们来组织数据以使得这些数据能够被更高效地进行查找。

本章中要考虑的另一种重要的结构是散列表。用它在数据集中查找一个数据项的方法和使用其他结构都有所不同，并且通常效率很高。

12.1 线性查找和折半查找的复习

在许多应用程序中，将被查找的数据放在以下列表中，

$$x_1, x_2, \cdots, x_n$$

该列表被查找以决定是否有某个 x_i 等于特定值。在本节进行查找问题的复习时，假设针对 x_i 的类型的等于操作符 (==) 和小于操作符 (<)已被定义。这样，当列表元素是包含不同

类型信息的记录时，查找是基于这些记录中某个关键域的，而对于这些记录，相应的关系操作符必须已被定义，以便比较它们的关键域。

12.1.1 线性查找

最简单的查找方法是**线性查找**：从第一个元素开始，依次访问每个元素，直到找到特定值或者到达列表结尾为止。10.4 节给出了一个线性查找算法，其中我们使用基于数组或向量的存储来实现列表。

线性查找算法——数组/向量版本

/* 在列表 $a[0],\cdots, a[n-1]$中查找项，如果查找成功，则 found = true 并且 loc = 项的位置，否则 found = false。 */

（1）令 found = false

（2）令 loc = 0

（3）While (loc < *n* 并且 not found)

If (item == a[loc])　　　　　　　　　　// 查找到项

　　令 found = true

Else　　　　　　　　　　　　　　　　　// 继续查找

Loc 增 1

　　End while

对链表的线性查找函数与之类似。此时，不需要更改数组或者向量的位置下标 loc，而是通过将指针 locptr 首先指向第一个节点，然后沿着 next 域前进，来逐个访问所有节点：

线性查找算法——链表版本

/* 对包含项的链表进行线性查找，其中第一个节点由 firstNode 指向；如果查找成功，则 found 为 true，且 locptr 指向所找的项；否则 found 为 false。* /

（1）令 found = false

（2）令 locptr = firstNode

（3）While (locptr ≠ null 并且 not found)

If (item == locptr->data)　　　　　　// 查找到项

　　令 found = true

Else　　　　　　　　　　　　　　　　　// 继续查找

令 locptr = locptr->next

　　End while

这个链表版本的线性查找实际上就是标准<algorithm>库中在顺序容器上进行查找的 find()算法。这个算法的调用形式为：

```
find(begin, end, item)
```

其中 begin 和 end 分别是指向第一个列表元素的位置和最后一个列表元素之后第一个位置的迭代器。如果查找成功，算法返回 item 的位置，否则返回列表尾部之后的第一个位置。基于迭代器的线性查找版本如下。

线性查找算法——迭代器版本

/* 对包含项的顺序容器中进行线性查找，其中迭代器 begin 和 end 分别指向第一个元素的位置和最后一个元素之后第一个位置；如果查找成功，则 locIter 指向所找的项；否则 locIter == end。* /

（1）令 locIter = begin

（2）While (locIter ≠ end 并且 *locIter ≠ item)

++locIter

End while

当要查找的元素不在列表中时，线性查找的性能最差。此时，列表中的所有 n 个元素都被检查过。因此，线性查找的最坏计算时间是 $O(n)$。如果列表元素是按升序（或降序）排列的，则只要碰到的列表元素大于（或小于）特定项，查找就可以终止。例如，对于查找如下列表

10, 20, 30, 40, 50, 60, 70, 80, 90, 100

当查找 35 时，没有必要查找 40 之后的元素，因为这些元素都必然大于 35。这种方法的最坏计算时间还是 $O(n)$，因为当给定项大于列表中的所有元素时，仍然需要进行 n 次比较。

12.1.2 折半查找

另一种查找有序列表的方法是在 10.4 节中描述过的**折半查找**。

折半查找算法——数组/向量版本

/* 在列表 $a[0]$, …, $a[n-1]$中查找项，列表元素已经按升序排列；如果查找成功，则 found = true 并且 loc = 项的位置，否则 found = false。*/

（1）令 found = false

（2）令 first = 0

（3）令 last = n – 1

（4）While (first ≤ last 并且 not found)

① 计算 loc = (first + last) / 2

② If (item < a[loc])

令 last = loc – 1　　　　　　　// 查找左半部分

Else if (a[loc] < item)

令 first = loc + 1　　　　　　　// 查找右半部分

Else

令 found = true　　　　　　　　// 查找到了项

End while

中间的元素首先被检查，如果它不是所要找的项，则在列表的左半边或右半边继续查找。因此，在每次循环中，子列表的长度减少一半。在 10.4 节中我们证明了这种特性使得折半查找的最坏计算时间为 $O(\log_2 n)$。也就是说，当 n 足够大时（试验显示 $n \geqslant 20$ 时），折半查找比线性查找更为有效。例如，如果 $n = 8\ 000\ 000$（大致是 2000 年人口普查时纽约市的人口总数），则线性查找需要 8 000 000 次比较才能判断一个项不在列表中，而折半查找只需要比较 23 次就可以了。

C++标准的<algorithm>库中的 binary_Search()算法实行的查找方法就是折半查找。这个算法的调用形式为：

```
binary_Search(begin, end, item)
```

其中 begin 和 end 分别是第一个列表元素的位置和最后一个列表元素之后的第一个位置。如果查找成功，算法返回 true，否则返回 false。注意这不同于 find()在查找成功时返回 item 的位置的做法。

尽管前面的折半查找算法是循环式的，正如在第 10 章中所做的一样，从递归的角度来考察折半查找也很自然。在每一步中处于中间的元素首先被检查，如果它不是所要找的项，则以同样的方式在列表的左半边或右半边继续查找。递归折半查找函数的计算时间也是 $O(\log_2 n)$，但是这种方式具有额外的开销，那就是需要在将活动记录压到运行栈中以及从运行栈中将它们弹出（见 10.3 节）。

为了使折半查找更有效，需要一种高效的直接访问存储结构。这不适用于链表，因为在链表中定位中间元素需要遍历该元素之前的所有元素。这表示我们不得不修改前面的算法，添加计算 loc 的循环的指令，以将指针 locPtr 从第一个元素移到子列表的中间元素。

折半查找算法——链表版本

（1）令 found = false

（2）令 first = 0

（3）令 last = n – 1

（4）令 locptr =　firstNode

（5）While (first ≤ last 并且 not found)

① 计算 loc = (first + last) / 2

② for(I 从 first 到 loc–1)

locptr = locptr->next

End for

③ If (item < locptr->data)

令 last = loc – 1　　　　　　　　// 查找左半部分

Else if (locptr->data < item)

```
        令 first = loc + 1                    // 查找右半部分
    Else
        令 found = true                       // 查找到项
        End while
```

在最坏情况下，也就是特定项大于列表中的所有元素，则 for 循环将移动指针 locptr 遍历整个列表，这表示计算时间将是 $O(n)$，而不是 $O(\log_2 n)$。

我们在第 11 章里学习了链表的很多变种，这样就产生了一个问题，即是否可以在 $O(\log_2 n)$时间内对这些结构中的某些进行折半查找。要弄清楚需要些什么，考虑以下有序整数列表：

```
13, 28, 35, 49, 62, 66, 80
```

折半查找的第一步需要检查列表中的中间元素。如果使用一个指针来指向这个元素，则可以直接访问它，如图 12.1 所示。

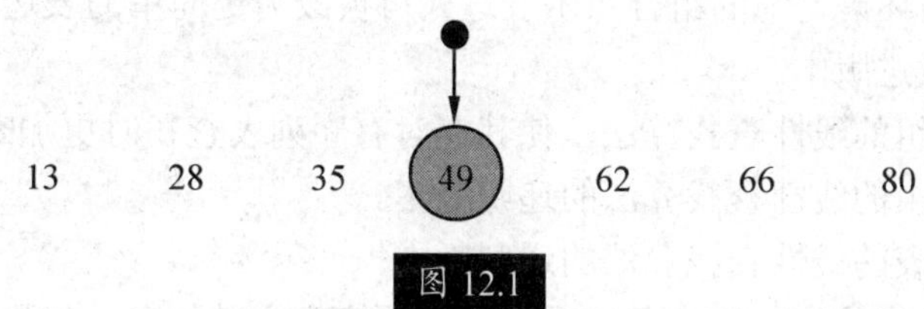

图 12.1

接着，从该元素出发来查找左子列表或右子列表。如果使用两个指针来指向这两个子列表，则可以从该元素出发来直接访问子列表。由于将以同样的方式来查找子列表，故这两个指针应该指向子列表中的中间元素，如图 12.2 所示。

同样地，从这些“第二层”节点出发由指针指向下一层的子列表的中间节点，如图 12.3 所示。

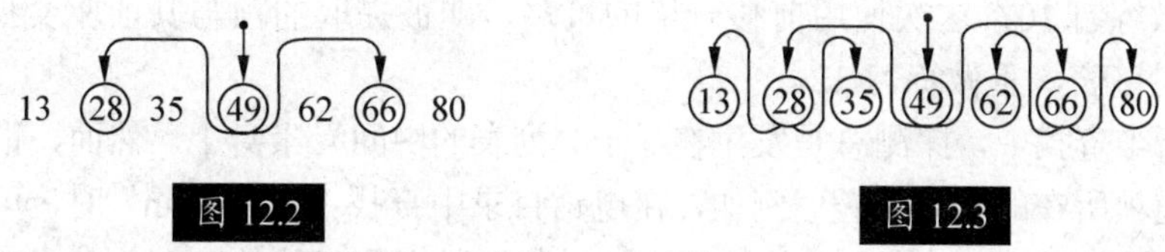

图 12.2　　图 12.3

最终得到的结构通常使用直线箭头画成倒挂的树状，如图 12.4 所示。

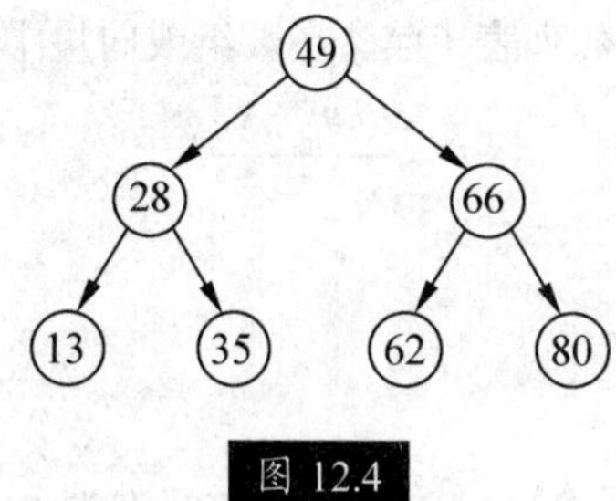

图 12.4

这通常被称为**二叉查找树**，是一种特殊的**二叉树**，也正是本章后面部分将要学习的数据结构。

练习 12.1

练习 1～5 使用以下数组 critter:

i	0	1	2	3	4	5	6	7	8
critter[i]	auk	bat	cow	eel	elk	fox	gnu	pig	rat

分别给出当使用折半查找来查找以下元素时被访问的元素的下标：

1. gnu　　2. eel　　3. fly

4. ant　　5. yak

以下练习大都要求你编写不同的查找算法。参考本章末尾的编程问题 1～9，使用驱动程序来测试你的函数。

6. 如果把被查找的项添加到列表的尾部，则线性查找算法的性能可以略微提高，此时，while 循环语句中的组合布尔表达式可被改为更简单的表达式。据此编写 LinearSearch()改进版本。
7. 修改基于数组的线性查找算法，使其在对有序列表查找时更加有效。
8. 编写基于数组的线性查找算法的递归版本。
9. 编写基于链表的线性查找算法的递归版本。
10. 在对列表的查找中，常有某些项的访问频率高于其他项。如果把这些项放在列表头部，则可以提高线性查找的性能。其中一种实现方法是建立自我组织列表（self-organizing list），其中被频繁访问的节点被移向列表头部。编写一个线性查找函数来实现使用了前移策略的自我组织列表，其中被提取的项被移到列表头部。假设列表存放在数组和向量中。
11. 针对链表，重做练习 10。
12. 重做练习 10，这次使用前移一格的策略，即被提取的项与其前驱交换位置。
13. 针对链表，重做练习 12。
14. 在折半查找中，探测总是发生在（子）列表的中间元素身上。然而，很多时候我们知道项所在的大致位置。例如，在电话目录中查找“Doe, John”时，可以估计出该名字大约处于列表的 1/6 的位置。这种想法是探测查找的基础，其中对长度为 k 的子列表的探测发生在位置 $first + f \times k$ 身上，这里 f 是某个分数（不一定等于 1/2）。编写一个函数在有序整数列表（存储在数组或向量中）上实现探测查找，分数 f 如下

$$f = \frac{item - x_{first}}{x_{last} - x_{first}}$$

12.2 二叉树的介绍

我们已经看到，对于那些最大长度不能预先得知且频繁的插入和删除操作导致其频繁变化的动态列表，链表是一种有用的结构。在 12.1 节中看到，尽管对链表进行二叉查找的

效率并不高，但是二叉查找树支持二叉查找。这是一种特殊的二叉树，而二叉树是被称为树的更通用结构的其中一种特例。

12.2.1 树的定义

树由**节点**（**或顶点**）的有限集和**有向边**的有限集组成，其中每条有向边连接一对节点。[①]如果树是非空的，则其中一个节点称作**根**，没有入向边，但对于树中每一节点，我们都可以从根出发，经过唯一的**路径**而到达此节点，这条路径是一个连续的边序列。

树的名字来自其树状形式，如图 12.5 所示。

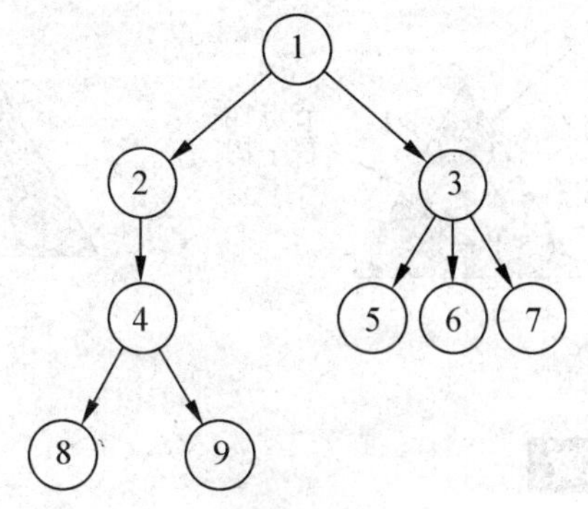

图 12.5

这是一棵根为节点 1 的具有 9 个节点的树。树通常是从上往下的，即根在顶部，而**叶子**（没有出向边的节点）则在底部。从一个给定的节点出发，能够通过一条有向边来直接访问的那些节点被称为给定节点的**子女**，而给定节点则是这些节点的**双亲**。例如，在前面的树中，节点 3 是节点 5、6、7 的双亲，而节点 5、6、7 是节点 3 的子女，这三个节点互为**兄弟**，如图 12.6 所示。

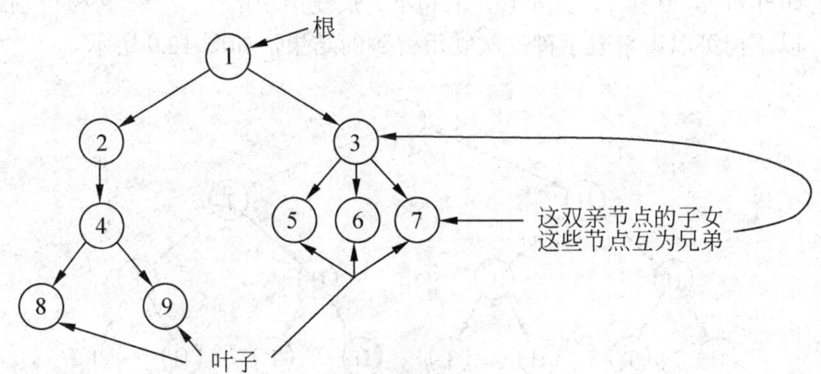

图 12.6

如果从一个节点可以通过一条路径到达某些节点，那么这些节点称为它的**后代**，而它称为这些节点的**祖先**。例如，节点 8 和 9 是节点 2 的后代，同时也是节点 1 的后代。节点

① 如果我们就此停止，则已经给出了有向图（digraph 或 directed graph）的定义。参见第 16 章以获取更多图和有向图的信息。

1 是树中所有其他节点的祖先。对于树中的每个节点，这个节点的一棵**子树**就是它的某个子女以及这个子女的所有后代。例如，对于前述的树，节点 1 具有两棵子树：一棵左子树，一棵右子树，如图 12.7 所示。

节点 2 只有一棵子树，而节点 3 具有三棵子树，其中每棵子树都只有一个节点，如图 12.8 所示。

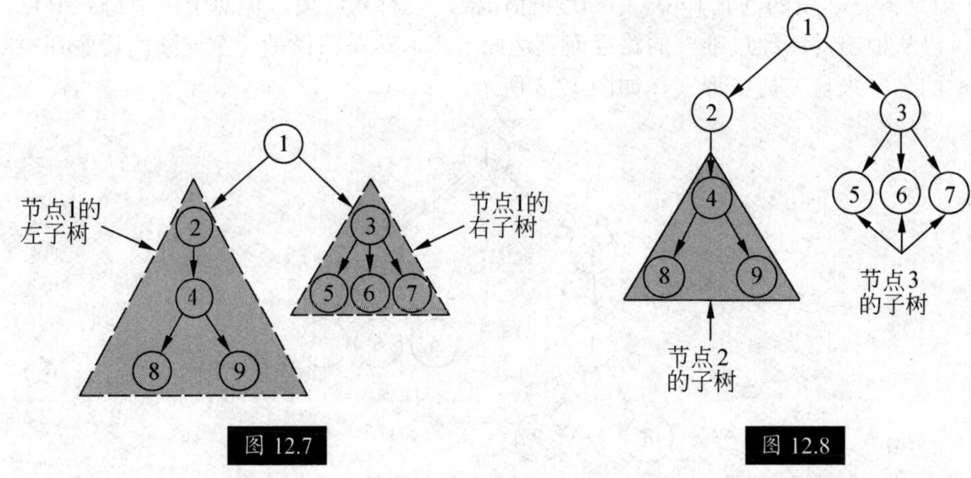

图 12.7　　图 12.8

在本章中，我们将把注意力集中到这样的一些树上面，即树中每个节点至多只有两个子女，这样也就至多只有两棵非空子树。这样的树被称为**二叉树**。在前面的图中那样更通用的树将在第 15 章中考虑。

12.2.2　二叉树的一些例子

正如本章开头中的介绍，二叉树可以用来解决不同的问题。对于某些每个阶段都是两种结果（例如开和关、0 和 1、真和假、上和下）反复出现的试验，二叉树特别适合用来建模。例如，以下树可以用来表示掷三次硬币得到的结果，如图 12.9 所示。

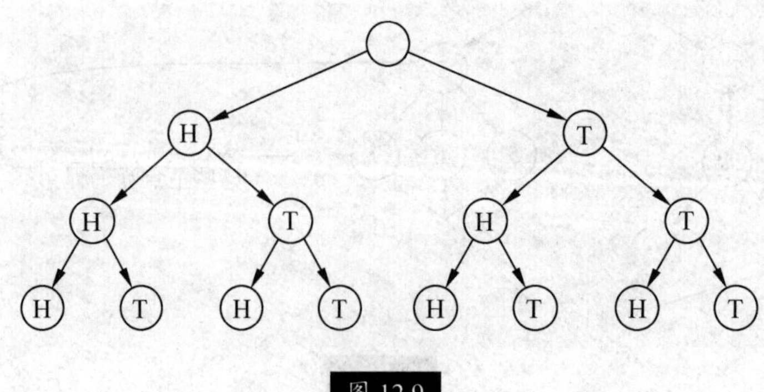

图 12.9

从根到每个叶子节点的路径对应于一个特定结果序列。例如，HTH 代表第一次得到硬币正面，第二次得到反面，第三次得到正面，如图中高亮度显示的。

决策树具有相似的结构，每个节点包含一些信息来在左右子树之间进行 yes-no 决策。例如，图 12.10 是一个动物猜测游戏中决策树的一个部分。

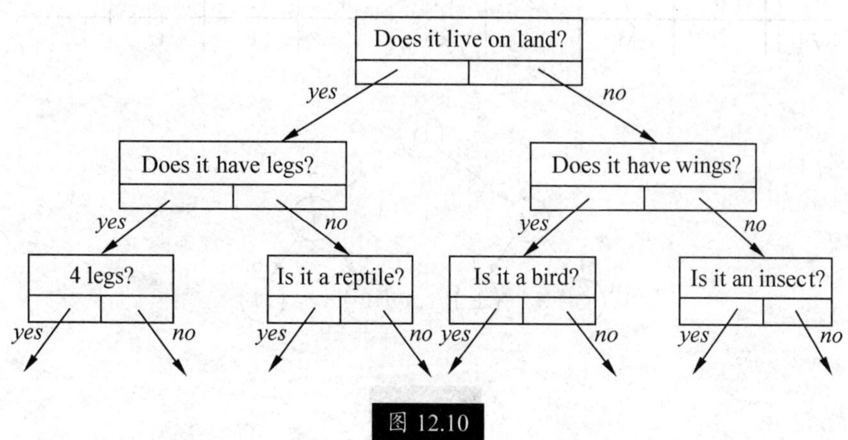

图 12.10

决策树相似于那些被用来开发专家系统的知识库的技术，**专家系统**通过使用知识库来展现其专门知识。这类系统的例子很多，例如控制自动装配线上焊接机器人的专家系统，帮助完成标准法律文件的法律专家系统，以及诊断医疗问题的医学专家系统等。对专家系统的研究是人工智能的一个分支。

二叉树还能够用于编码问题。例如，Morse 码中的字母以点和虚线的序列来表示（参见图 12.11），可以对采用 Morse 码的信息进行编码和解码。

此时，二叉树中的节点用来表示字母，从节点到其子女的每条边都根据子女是左子女还是右子女来分别作上点或虚线的标号。图 12.12 显示了 Morse 码树的一部分（完成这棵树留作一个练习）。

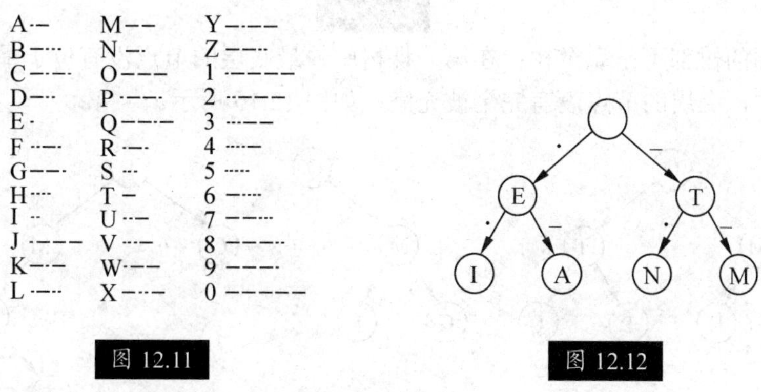

图 12.11

图 12.12

从根节点到特定节点的路径上的点和虚线标号的序列对应着 Morse 码中的字母。例如，.. 是 I 的码，- . 是 N 的码。在 15.1 节中使用类似的树来构造另一种编码——哈夫曼编码。

12.2.3 二叉树的数组表示

数组（或向量）能够用来存储二叉树。我们简单地按上到下、从左到右的顺序来对树中的节点进行编号，如图 12.13 所示。

并把第 i 个节点存放在数组的第 i 个位置：

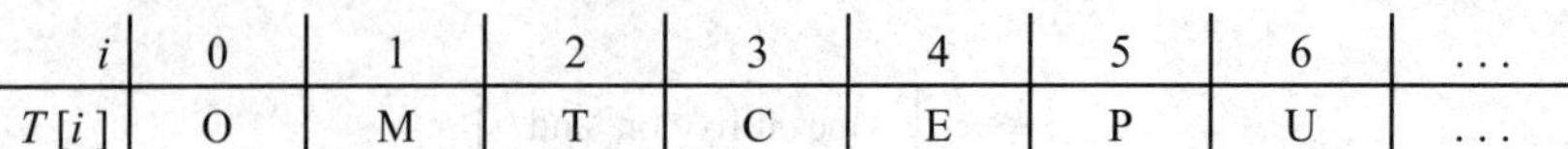

i	0	1	2	3	4	5	6	…
$T[i]$	O	M	T	C	E	P	U	…

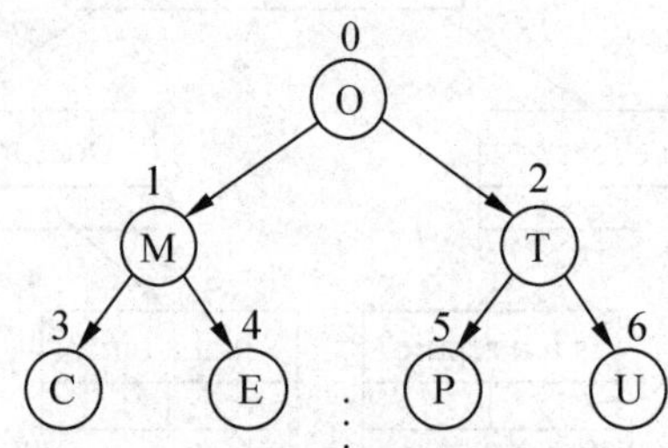

图 12.13

这种实现方法非常适用于**完全**树的存储。在完全树中，除了最底层之外，其他层都被完全充满，而最底层的节点都处于最左边位置。例如，图 12.14 中的树都是完全树。

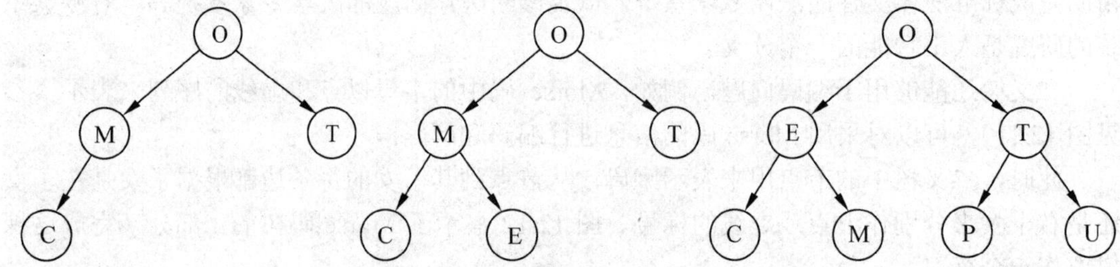

图 12.14

但是下面的树都不是完全树；在第一棵树中，最底层的节点没有位于最左的位置，在其他两棵树中，上层的节点没有完全被充满，如图 12.15 所示。

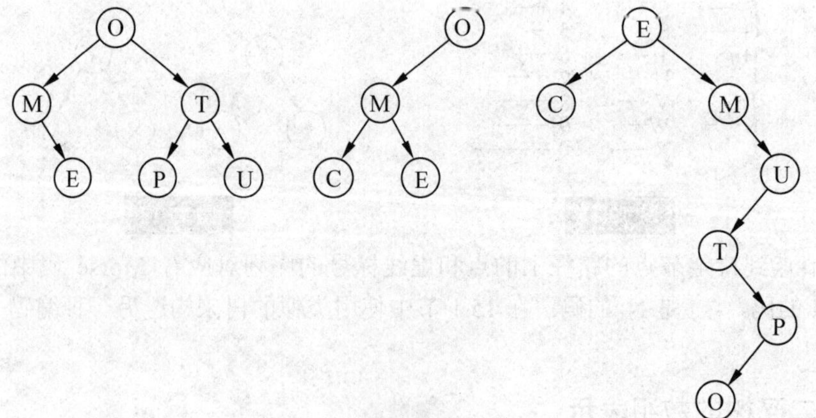

图 12.15

这种性质保证数据项被从头开始顺序存放在数组中。然而，对于其他类型的二叉树，这种实现的存储效率显然并不高。例如，考虑图 12.15 中的最后一棵树。它包含与前面数组表示的完全树相同的字母，但需要 58 个存储位置，如图 12.16 所示。

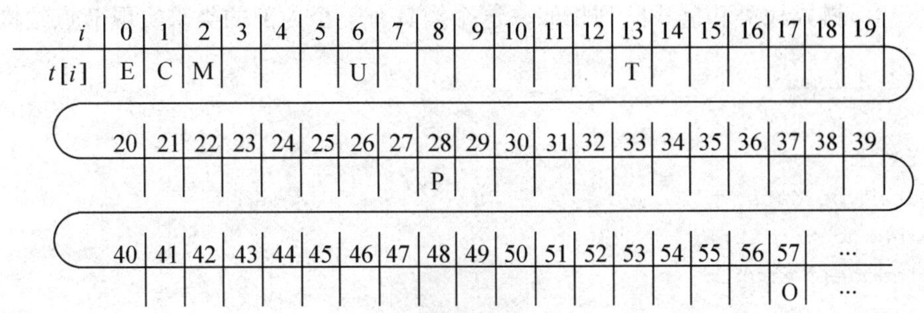

图 12.16

这棵树不仅不完全，而且不平衡。**平衡树**是具有这样属性的二叉树，即对于每个节点，其左子树和右子树的高度差至多为 1，而所谓树的**高度**就是树中节点的层数。前面的树多处违反了这种平衡要求。例如，根的左子树高度为 1 而右子树高度为 5；包含 U 的节点的左子树高度为 3 而其右子树高度为 0（因为这是空树）。如我们后面将看到的，不平衡的树除了在数组中效率很低外，在进行查找时效率也不高。

12.2.4　二叉树的链表表示

为了更有效地使用空间并提供额外的灵活性，通常使用链表来实现二叉树，其中每个节点有两条链，一条指向该节点的左子女（如果左子女存在的话），另一条指向该节点的右子女（如果右子女存在的话），如图 12.17 所示。

节点中的两个链接域 left 和 right 分别指向左子女节点和右子女节点；如果左子女或右子女不存在的话，则指针为空。叶子节点的 left 和 right 都是空指针，如图 12.18 所示。

图 12.17　　图 12.18

使用这种实现，下面左边的二叉树（如图 12.19）可以由右边的链接树（如图 12.20）表示。

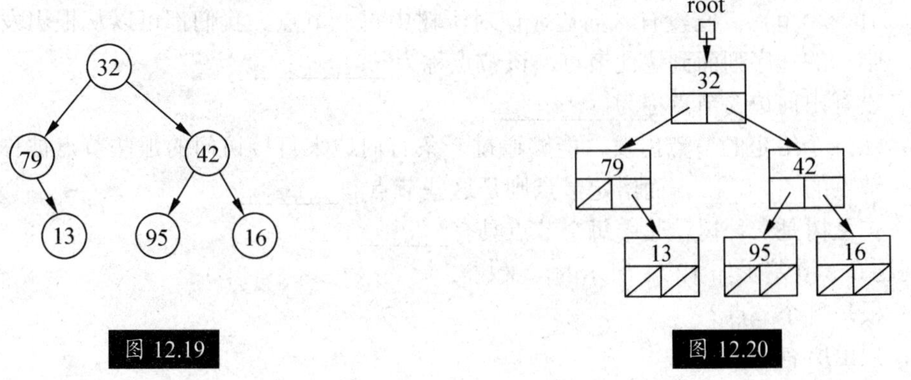

图 12.19　　图 12.20

我们将在本章稍后部分中创建的二叉树类模板中使用这样的链接树表示。和前面章节中的链表类、链式栈类和链式队列相似，这个类具有一个内部的类来实现节点结构：

```
class BinNode
{
 public:
  DataType data;
  BinNode * left;
  BinNode * right;

  // BinNode构造函数
  // 默认 - data部分为默认的DataType类型值；两条链都为空
  BinNode()
  :left(0),right(0)
  { }

  // 显式值 - data部分等于item；两条链都为空
  BinNode(DataType item):
  Data(item),left(0),right(0)
  { }
}; // 类BinNode声明结束
```

这个类具有 3 个公有数据成员（它们可以被二叉树操作访问）：

- data 是 DataType 类型的，这是一个传递给外层的 binary-search-tree 类的类型参数。
- 指针 left 和 right 分别指向根的左子树和右子树，如果某棵树为空，则相应的指针为 null。

这里提供了两个 BinNode 构造函数：一个默认的构造函数，设置 left 和 right 链为空指针；一个显式值构造函数，接受一个数据值，将其存储到 data 部分，并设置 left 和 right 链为空指针。

✔ 小测验 12.2

1. ________由节点和连接节点的边组成。
2. 有一个节点，它没有入向边，但对于树中每一节点，我们都可以从根出发、经过唯一的边序列而到达此节点，该节点称为__________。
3. 没有出向边的节点称为________。
4. 从一个给定的节点出发，能够通过一条有向边来直接访问的那些节点被称为给定节点的________，而给定节点则是这些节点的________。
5. 二叉树是一种树，其中每个节点具有_______。

问题 6～10 基于如 12.21 所示的二叉树。

6. 根是哪个节点？
7. 列出所有叶子。

8．该二叉树是完全二叉树吗？如果不是，给出理由。

9．给出这棵树的高度。

10．该二叉树是平衡的吗？如果不是，给出理由。

11．给出用于存放该二叉树的数组。

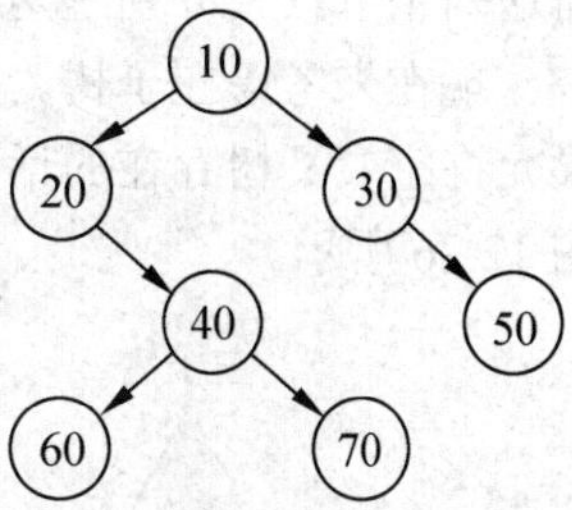

图 12.21

练习 12.2

1．对于本节开头中的 Morse 码，画出完整的二叉树。问题 2～7 基于如图 12.22 所示的二叉树。

2．列出所有叶子。

3．该二叉树是完全二叉树吗？如果不是，给出理由。

4．给出这棵树的高度。

5．对于每个节点，给出其左子树和右子树的高度。

6．该二叉树是平衡的吗？如果不是，给出理由。

7．给出用于存放该二叉树的数组。问题 8～12 基于如图 12.23 所示的二叉树。

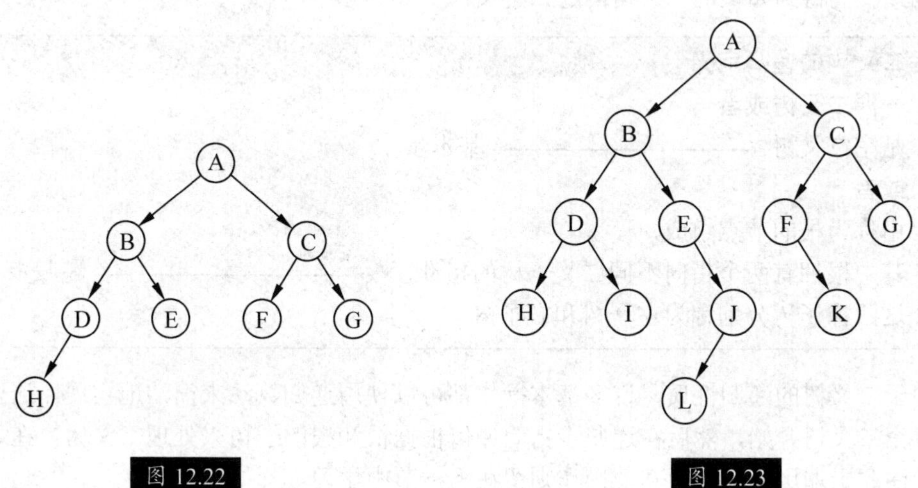

图 12.22

图 12.23

8．列出所有叶子。

9．该二叉树是完全二叉树吗？如果不是，给出理由。

10．给出这棵树的高度。

11．该二叉树是平衡的吗？如果不是，给出理由。

12．给出用于存放该二叉树的数组。

12.3 作为递归数据结构的二叉树

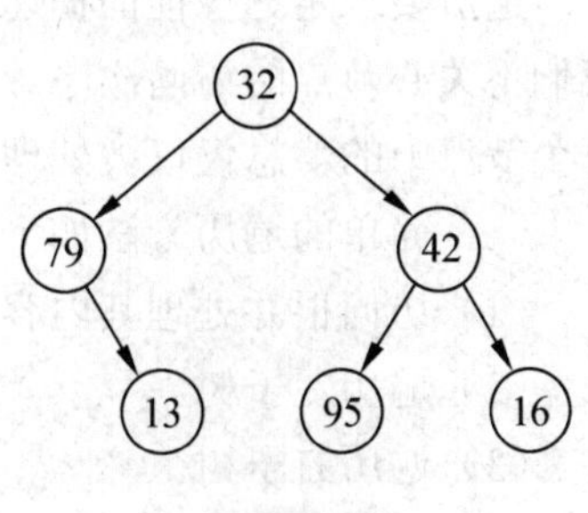

图 12.24

二叉树可以很自然地定义成为**递归数据结构**。例如，考虑 12.2 节中的二叉树，如图 12.24 所示。

根包含整数 32 和指向包含 79 和 42 的节点的指针，

而这两个节点又分别是两棵子树的根，如图 12.25 所示。

现在来考虑左子树。其根节点包含整数 79，有一个右子女，但没有左子女。然而，如果允许空二叉树存在的话，还是可以认为这个节点拥有两个分别指向二叉子树的指针，如图 12.26 所示。

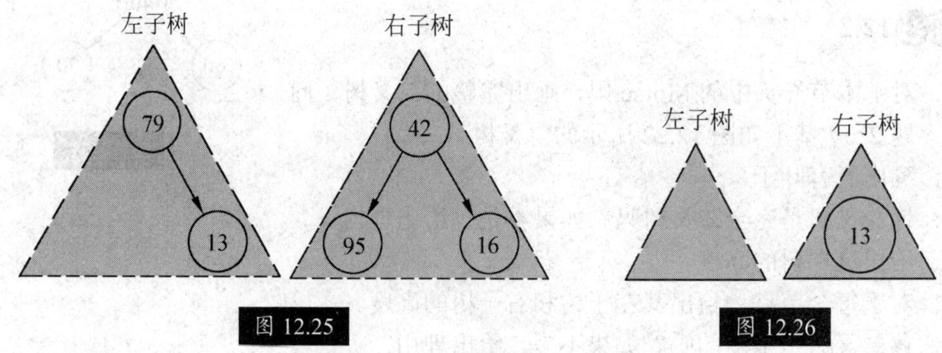

图 12.25　　图 12.26

包含 13 的单节点子树的左子树和右子树都是空二叉树。

因此我们得到如下的二叉树的递归定义：

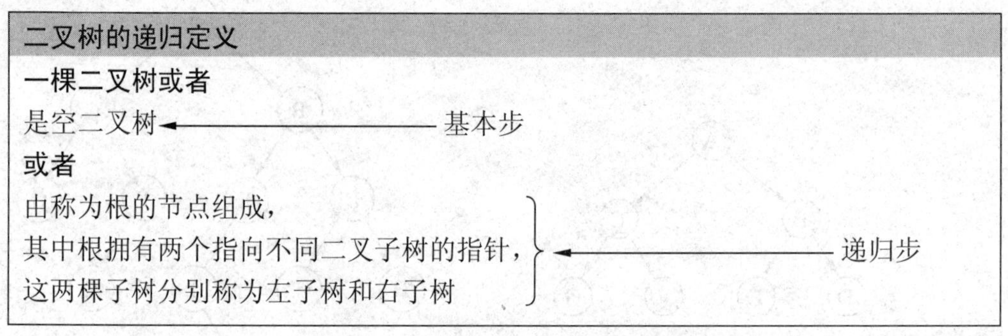

鉴于二叉树的递归性质，许多基本操作都可以使用递归算法来简洁地实现。这些算法通常以空二叉树开始，然后在递归步指明如何根据根和根的子树来处理二叉树。在本节中将集中注意于遍历操作，而其他操作则留在下一节中学习。

遍历

遍历要求走遍像前面描述的这样一棵树，其中每个节点仅被访问一次。从现在开始，我们不关心节点的访问次序。重要的是每个节点被访问一次而不错过任何一个节点，并且每个节点中的信息仅仅被处理一次。

一种简单的遍历方法如下：

（1）访问根并处理其内容。

（2）遍历左子树。

（3）遍历右子树。

因此，在例子中，如果只是显示被访问的节点的内容，则开始时显示出二叉树的根的值 32。然后遍历左子树；在对左子树的遍历完成之后，遍历右子树；当右子树被遍历之后，整棵树就被遍历了，如图 12.27 所示。

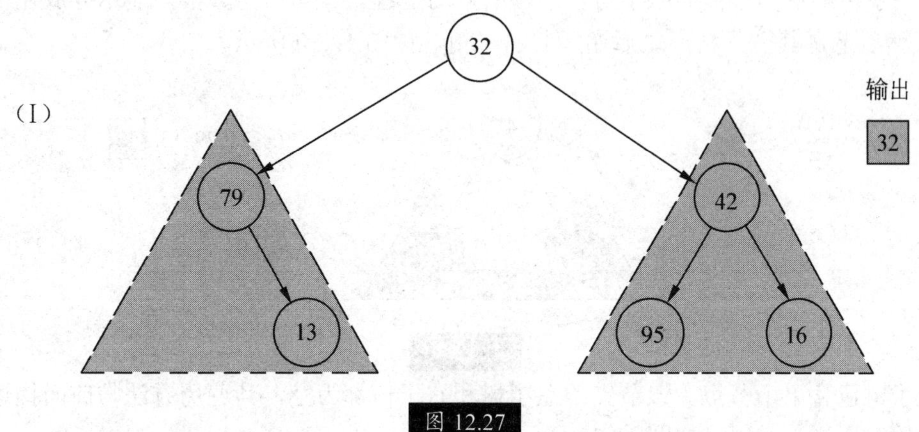

图 12.27

现在问题被归为对两棵更小的二叉树的遍历。对于左子树，其根先被访问。然后我们先遍历这个根的左子树，再遍历其右子树，如图 12.28 所示。

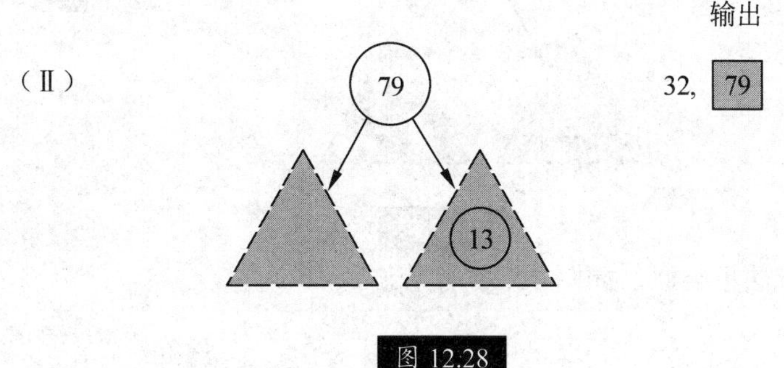

图 12.28

左子树是空的，故我们到达二叉树递归定义的基本步。为了完成遍历算法，必须指明如果遍历空二叉树。这很容易，我们什么都不用做。

因为对空左子树的遍历不需要任何动作，去遍历右子树。我们先访问其根，然后访问这个根的左子树和右子树，如图 12.29 所示。

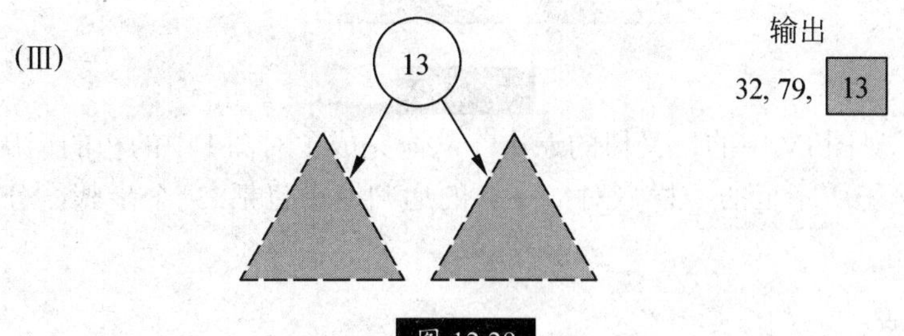

图 12.29

因为两棵子树都是空的，不需要采取任何动作来遍历它们。这样，对图 III 的二叉树的遍历就完成了；由于这棵二叉树是图 II 中的树的右子树，故对图 II 中的二叉树的遍历也完成了。

这意味着我们已经完成对图 I 中的二叉树的根的左子树的遍历，下一步是去遍历右子树。对右子树的遍历过程类似于对左子树的遍历过程。首先访问其根，显示存放在根中的值 42，然后遍历其左子树，之后遍历其右子树，如图 12.30 所示。

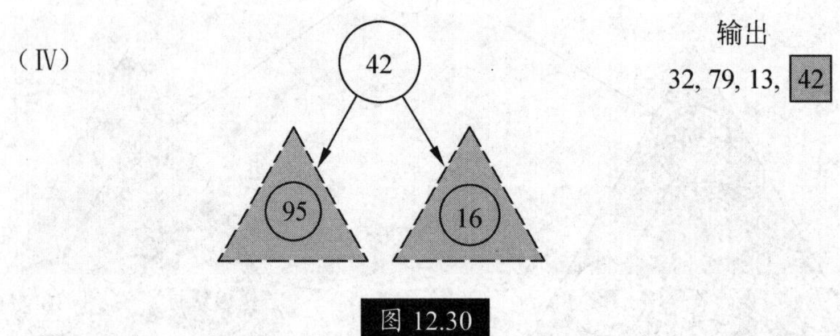

图 12.30

左子树包含单个节点，该节点的左子树和右子树都为空，其遍历方法与前面描述的对单节点的遍历方法类似，如图 12.31 所示。

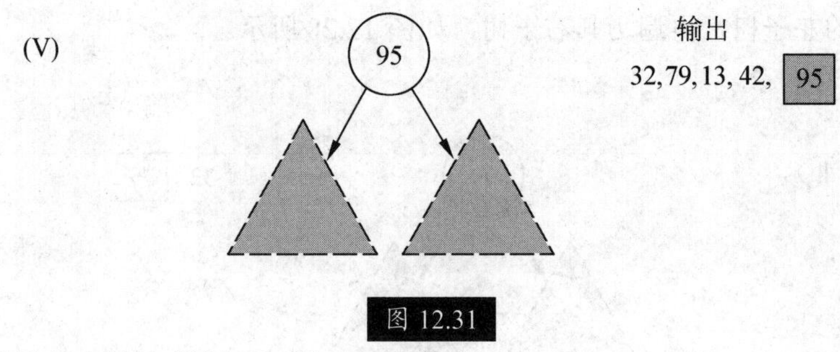

图 12.31

右子树的遍历方法也类似，如图 12.32 所示。

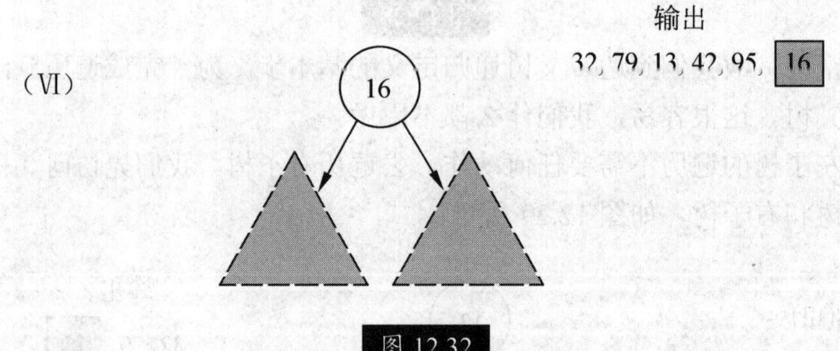

图 12.32

这就完成了对图 IV 中的二叉树的遍历，从而完成了对图 I 中的树的遍历。

如同这个例子所示范的一样，对二叉树的递归遍历包括 3 个步骤，分别记为 V、L 和 R：

V　访问节点。
L　遍历节点的左子树。
R　遍历节点的右子树。

之前根据这个顺序来执行这些步骤。事实上，共有 6 种不同的执行顺序：

```
LVR
VLR
LRV
VRL
RVL
RLV
```

例如，LVR 顺序对应以下递归遍历算法：

```
如果二叉树为空，则                //基本步
    不做任何事情
否则执行以下步骤                  //递归步
    L    遍历左子树
    V    访问根
    R    遍历右子树
```

只需要合适地重新排列标志为 L、V 和 R 的指令的顺序，就可以得到其他顺序下遍历的算法。

在前 3 种顺序中，左子树先于右子树被遍历。这 3 种顺序尤为重要，并通常被赋予其他名字：

LVR <-> **中序**
VLR <-> **前序**
LRV <-> **后序**

对于前面的二叉树，这 3 种遍历按如下顺序依次访问节点：

中序：79、13、32、95、42、16
前序：32、79、13、42、95、16
后序：13、79、95、16、42、32

为了明白这些名字的意思，考虑以下的**表达式树**，即一棵用来表示算术运算的二叉树：

$$A - B * C + D$$

令操作数作为相应操作符的子女（另参见 7.5 节），我们得到图 12.33。

对这棵表达式树的中序遍历得到中缀表达式：

$$A - B * C + D$$

对这棵表达式树的前序遍历得到前缀表达式（参见 7.5 节中的练习 53）：

$$+ - A * B\ C\ D$$

对这棵表达式树的后序遍历得到后缀表达式（RPN）（参见 7.5 节）：

$$A\ B\ C * - D +$$

小测验 12.3

问题 1～3 使用下面的二叉树，如图 12.34 所示。

1．对这棵二叉树执行一个中序遍历。

2．对这棵二叉树执行一个前序遍历。

3．对这棵二叉树执行一个后序遍历。

问题 4～6 使用下面的二叉树，如图 12.35 所示。

4．对这棵二叉树执行一个中序遍历。

5．对这棵二叉树执行一个前序遍历。

6．对这棵二叉树执行一个后序遍历。

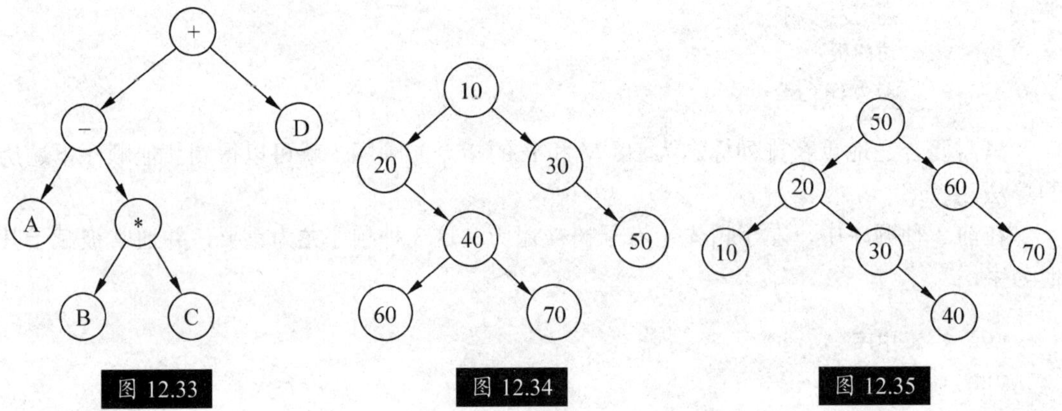

图 12.33　　图 12.34　　图 12.35

练习 12.3

问题 1～3 使用下面的二叉树，如图 12.36 所示。

1．对这棵二叉树执行一个中序遍历。

2．对这棵二叉树执行一个前序遍历。

3．对这棵二叉树执行一个后序遍历。

4～6．使用下面的二叉树（见图 12.37）重复练习 1～3。

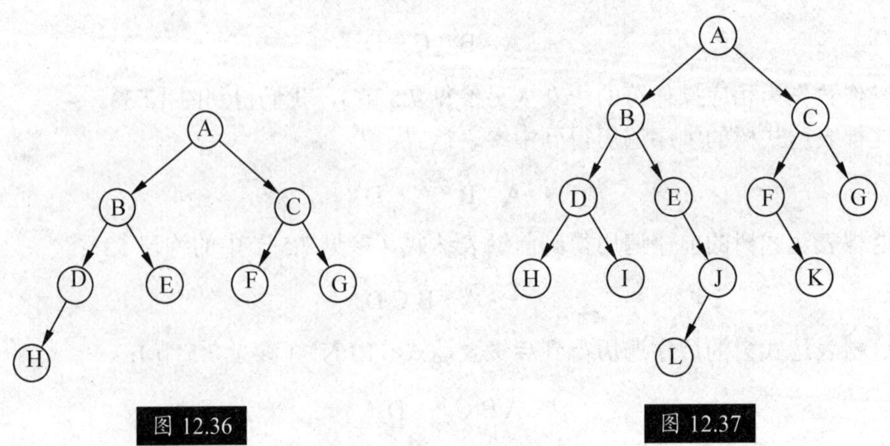

图 12.36　　图 12.37

7～9. 使用下面的二叉树（见图 12.38）重复练习 1～3。

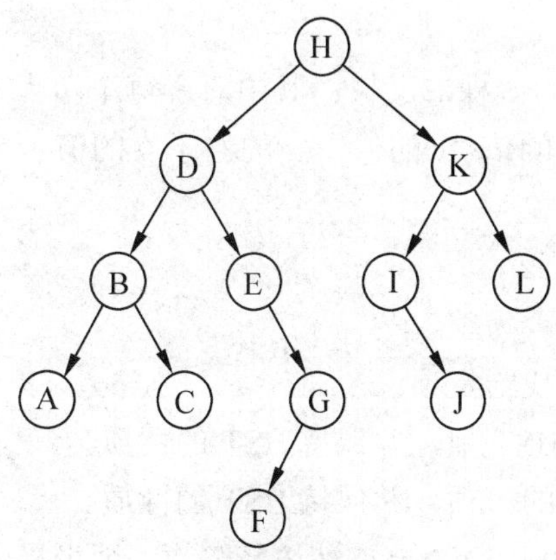

图 12.38

对于练习 10～14 中的算术表达式，画出相应的二叉树，并使用树遍历得到等价的前缀和后缀表达式。

10. (A – B) – C
11. A – (B – C)
12. A / (B – (C – (D – (E – F))))
13. ((((A – B) – C) – D) – E) / F
14. ((A * (B + C)) / (D – (E + F))) * (G / (H / (I * J)))
15. 对一棵二叉树的前序遍历产生 A D F G H K L P Q R W Z，中序遍历产生 G F H K D L A W R Q P Z。画出这棵二叉树。
16. 对一棵二叉树的前序遍历产生 F G H D A L P Q R Z W K，且中序遍历结果如练习 15 中的相同。画出这棵二叉树。
17. 给出一个例子，说明给定对一棵二叉树的前序遍历和后序遍历结果的前提下，符合要求的二叉树不是唯一的。也就是说，给出两棵不同的二叉树，对它们的前序遍历和后序遍历结果相同。

12.4 二叉查找树

简单的看，下面的二叉树和 12.3 节中所考虑的那些二叉树并没有太大区别，如图 12.39 所示。

但是，它具有一种使它与众不同的性质：每个节点的值比其左子女（如果存在的话）的值大，同时比右子女（如果存在的话）的值小。具有这种性质的二叉树被称为**二叉查找树**（binary search tree，**简称** BST），原因在于我们可以使用一种类似于对列表的折半查找的算法来对这棵树进行查找（参见 12.1 节的末尾）。这是作为一种抽象数据类型的 BST 的一种核心操作。

抽象数据类型：二叉查找树（BST）

数据元素集合：

满足 BST 性质的一棵二叉树：其中对于每个节点 *x*：

x 的左子女的值< *x* 的值 < *x* 的右子女的值

基本操作：

- 构造空的 BST。
- 判断 BST 是否为空。
- 在 BST 中查找给定项。
- 插入一项到 BST 中，并保持 BST 的性质。
- 删除 BST 中的一项，并保持 BST 的性质。
- 遍历 BST，其中每个节点被访问一次。至少提供一种遍历（中序遍历）来从小到大地访问节点的值。

12.4.1 BST 的实现

本节中将创建一个类模板来实现二叉查找树（完成的版本见程序 12.7）。如同我们看到的，如果维持一个指向树根的指针，则可以访问树中的任何一个节点，所以我们的类模板只需要一个数据成员，一个指向二叉树树根的 myRoot 指针。BST 的构造函数将简单地把 myRoot 初始化为空指针，而判空操作也只需要检查一下这个根指针是否为空。还需要为树中的节点设计一个结构，为此使用 12.2 节中描述的双链节点，如图 12.40 所示。

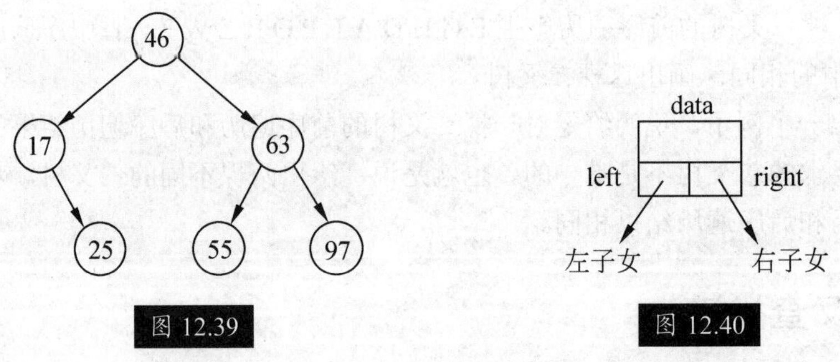

图 12.39　　图 12.40

我们还给出了一个 BinNode 类来表示这样的节点，所以可以如程序 12.1 所示的那样开始创建类模板。

程序 12.1　二叉查找树（BST）类模板

```
/* BST.h包含类模板BST的声明
   基本操作:
   构造函数: 创建一棵空BST
   empty:    检查一棵BST是否为空
```

```
…其他将要添加的操作
-----------------------------------------------------------------------*/
#include <iostream>

#ifndef BINARY_SEARCH_TREE
#define BINARY_SEARCH_TREE

template <typename DataType>
class BST
{
 public:
  /***** 函数成员 *****/
  BST();
  /*-------------------------------------------------------------------
    创建一个BST对象

    前置条件： 无
    后置条件：创建了一棵空BST
  -------------------------------------------------------------------*/

  bool empty() const;
  /*-------------------------------------------------------------------
    检查BST是否为空

    前置条件： 无
    后置条件：如果BST为空，返回true，否则返回false
  -------------------------------------------------------------------*/

private:
  /***** 节点类 *****/
  class BinNode
  {
   public:
    DataType data;
    BinNode * left;
    BinNode * right;

    // BinNode构造函数
    // 默认构造函数 - data部分初始化为默认的DataType类型值；两条链都为空
    BinNode()
```

```
    : left(0), right(0)
    {}
    // 显式值构造函数 - data部分初始化为item; 两条链都为空
    BinNode(DataType item)
    : data(item), left(0), right(0)
    {}
  };// 类BinNode声明结束
  typedef BinNode * BinNodePointer;

/***** 数据成员 *****/
  BinNodePointer myRoot;

}; // 类模板声明结束

//--- 构造函数的定义
template <typename DataType>
inline BST<DataType>::BST()
: myRoot(0)
{}

//--- empty()的定义
template <typename DataType>
inline bool BST<DataType>::empty() const
{ return myRoot == 0; }

#endif
```

12.4.2 遍历 BST

在 12.3 节中描述了遍历二叉树的不同方法并挑选出其中的三种：中序、前序和后序遍历。实现这些遍历（或其他考虑过的）算法的递归函数是非常简单的。如果要完成一个非递归的遍历版本作为比较，就可以感受到程序 12.2 和程序 12.7 中函数的简单和优雅。

不过，仍然存在一个问题。要解释清楚，假设要对某些二叉树作一个中序遍历。对于一棵非空的树，这需要以下步骤：

L：递归的访问根的左子树。
V：访问根节点。
R：递归的访问根的右子树。

L 操作需要如下形式的递归调用：

```
traverse(subtreeRoot->left);
```

而 R 操作需要递归调用：

```
traverse(subtreeRoot->right);
```

但是这样的函数调用是不合适的，因为 BST 类的用户对指向节点的指针或者->操作一无所知，这些都是隐藏起来的实现细节。

解决方法是使用两个函数。第一个是一个公有的方法，它通过发送一个消息给 BST 对象使这个对象自动执行一个中序遍历：

```
binTreeObj.inorder(argument_list);
```

接着 inorder()方法将这个请求传递给一个私有的辅助方法 inorderAux()，而 inorderAux()可以访问 BinNode 以及这些节点中的指针：

```
void inorder(parameter_list) const
{ inorderAux(parameter_list, myRoot); }

void inorderAux(parameter_list,
        BST<DataType>::BinNodePointer subtreeRoot) const
{
    if(subtreeRoot != 0 )
    {
        inorderAux(param_list, subtreeRoot->left);      // L
        // 访问subtreeRoot指向的节点                      // V
        inorderAux(param_list, subtreeRoot->right);     // R
    }
}
```

改变表示 L、V 和 R 操作的语句的顺序，就可以很简单的获得实现其他遍历的函数。程序 12.2 给出了前面中序遍历函数的原型和定义，其中形参列表是一个 ostream 引用，遍历时的输出被定向到这里。

注意中序遍历以升序次序来访问 BST。原因在于在二叉查找树中，每个节点的左子女的值比该节点的值小，而该节点的值也比其右子女的值小。因为中序遍历是一种 LVR 遍历，故它将以升序次序来访问节点。

程序 12.2 中序遍历 BST

将下面的函数原型添加到 BST 类模板的公有函数原型部分：

```
void inorder(ostream & out) const;
/*----------------------------------------------------------------------
  中序遍历BST
```

```
  前置条件:  ostream out已经被打开
  后置条件: 对BST进行了中序遍历，节点中的值被输出到out
  注意: inorder使用私有的辅助函数inorderAux()
 ------------------------------------------------------------------------*/
```

将下面的函数原型添加到BST类模板的私有函数原型部分：

```
private:
/***** 私有函数成员 *****/
void inorderAux(ostream & out,
               BST<DataType>::BinNodePointer subtreePtr) const;
 /*-----------------------------------------------------------------------
  中序遍历辅助函数

  前置条件:  ostream out已经打开; subtreePtr指向这棵BST的一个子树
  后置条件: 由subtreePtr指向的子树被输出到out
 ------------------------------------------------------------------------*/
```

将下面的函数定义添加到BST类模板声明后面的函数定义部分中：

```
//--- inorder()的定义
template <typename DataType>
inline void BST<DataType>::inorder(ostream & out) const
{
  inorderAux(out, myRoot);
}

//--- inorderAux()的定义
template <typename DataType>
void BST<DataType>::inorderAux(ostream & out,
                    BST<DataType>::BinNodePointer subtreeRoot) const
{
  if (subtreeRoot != 0)
  {
    inorderAux(out, subtreeRoot->left);       // L操作
    out << subtreeRoot->data << "  ";         // V操作
    inorderAux(out, subtreeRoot->right);      // R操作
  }
}
```

当param_list所包含的输出的目的地ostream和一个在每次递归调用时产生缩进的整数

时，一个中序遍历将产生一些有趣并且很有用的输出。这可以由程序 12.3 中 BST 类模板的函数成员来示范。发送一个消息

```
aBST.graph(cout);
```

将产生一棵二叉树对应的有些原始的图形表示，这在图形化演示不同 BST 操作的结果时是很有用的。例如，如果 aBST 是前面描述过的二叉树或者程序 12.3 程序得出的二叉树，那么产生的输出将是：

```
                97
        63
                55
46
                25
        17
```

根位于左边，每个节点的子女都距离它向右 8 个位置，并且它的右子女位于它上一行而左子女位于下一行。如果将每个节点和它们的子女使用方向箭头连线联接起来（也许只是想像中的），将得到图 12.41。

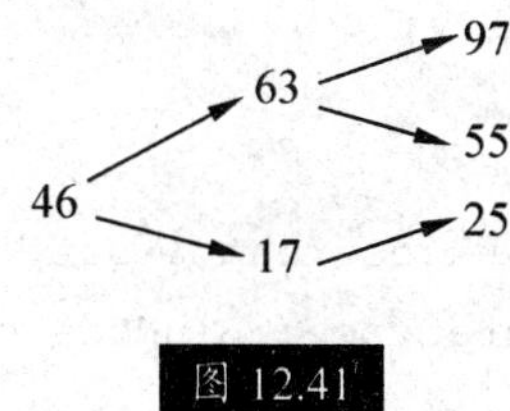

图 12.41

程序 12.3 BST 图形输出

将下面的函数原型添加到 BST 类模板的公有函数原型部分：

```
  void graph(ostream & out) const;
  /*----------------------------------------------------------------------
   BST的图形输出

    前置条件： ostream out已经打开；
    后置条件：BST的图形表示被输出到out
    注意： graph() 使用一个私有辅助函数graphAux()
 ---------------------------------------------------------------------*/
```

将下面的函数原型添加到BST类模板的私有函数原型部分：

```
private:
/***** 私有函数成员 *****/
  void graphAux(ostream & out, int indent,
                    BST<DataType>::BinNodePointer subtreeRoot) const;
```

```
/*------------------------------------------------------------------------------
  图形辅助函数

  前置条件： ostream out已经打开; subtreePtr指向这棵BST的一个子树
  后置条件：由subtreePtr指向的子树的图形表示被输出到out，缩进indent规定的位置
 ------------------------------------------------------------------------------*/
```

将下面的函数定义添加到BST类模板声明后面的函数定义部分中：

```
//--- graph()的定义
template <typename DataType>
inline void BST<DataType>::graph(ostream & out) const
{ graphAux(out, 0, myRoot); }

//--- graphAux()的定义
#include <iomanip>

template <typename DataType>
void BST<DataType>::graphAux(ostream & out, int indent,
                     BST<DataType>::BinNodePointer subtreeRoot) const
{
  if (subtreeRoot != 0)
   {
     graphAux(out, indent + 8, subtreeRoot->right);
     out << setw(indent) << " " << subtreeRoot->data << endl;
     graphAux(out, indent + 8, subtreeRoot->left);
   }
}
```

12.4.3 BST 的查找

递归查找我们已经学习了作为递归数据结构的二叉树，特别是 BST，并且理解了使用递归函数来实现遍历是多么的容易。因此，很自然的想知道其他操作的类似的递归实现是否也是这么容易。我们从对如图 12.42 所示的 BST 的查找开始。

查找从根开始。如果根就是所要查找的项，则查找结束；如果希望查找的项小于根的值，那么移到左子树并对其进行查找；如果希望查找的项大于根的值，则下移到右子树并对其进行查找。如果查找的是一棵空树，则可以得出要查找的项不在这棵树中；否则，按对原来的树一样的方式对这棵子树进行查找。

例如，假设要在这棵 BST 中查找 55。因为 55 > 46（根中的值），查找根的右子树，如图 12.43 所示。

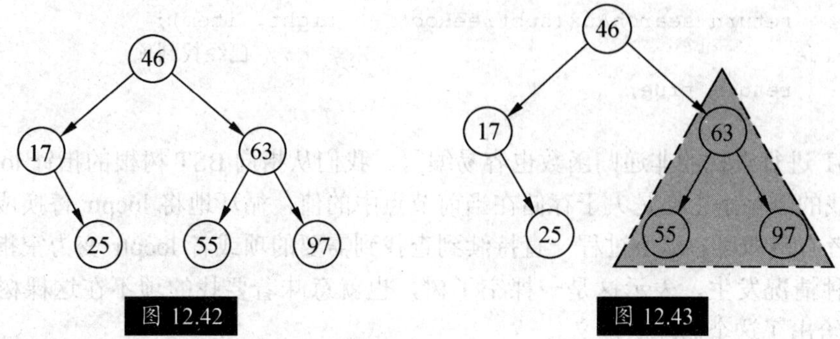

图 12.42 图 12.43

我们将要查找的值与这棵较小的子树的根 63 比较，因为 55 < 63，所以查找包含 63 的节点的左子树，如图 12.44 所示。

因为这个单节点子树包含的值正是要查找的 55，所以可以结束这次查找。

如果要查找的值是 56，而不是 55，那么查找不会就此结束。因为 56 大于这棵子树的根中的值 55，将对其右子树进行查找，如图 12.45 所示。

图 12.44 图 12.45

但是因为这个右子树是空的，可以得出值 56 不在这棵树中，并结束查找。

要将这个查找操作作为 BST 类模板的一个函数成员实现，根据在实现遍历时的理由，需要两个函数：一个 search()函数，还有一个受其调用的递归辅助函数 searchAux()。函数 searchAux()假设已经为类型 DataType 定义了关系运算符<和>：

```
//--- search()的定义
template <typename DataType>
inline bool BST<DataType>::search(const DataType & item) const
{ return searchAux(myRoot, item); }

//--- searchAux()的定义
template <typename DataType>
bool BST<DataType>::searchAux(
        BST<DataType>::BinNodePointer subtreeRoot,
        const DataType & item) const
{
    if(subtreeRoot == 0)                        // 空树
        return false;
    // 否则这是一棵非空子树
    if(item < subtreeRoot -> data)              //  查找左子树
        return searchAux(subtreeRoot -> left, item);
    else if (subtreeRoot -> data < item)        // 查找右子树
```

```
        return searchAux(subtreeRoot -> right, item);
    else                                        // 已经找到项
        return true;
}
```

对 BST 进行查找的非递归函数也容易编写。我们从指向 BST 树根的指针 locptr 开始，根据待查找的项是小于还是大于存储在当前节点中的值，循环地将 locptr 替换成这个节点的左链或者右链即可。这个过程一直持续到查找到需要的项或者 locptr 变为空指针为止，如果后一种情况发生，表示这是一棵空子树，也就意味着要找的项不在这棵树中。在程序 12.4 中给出了这个循环的定义。

查找可以通过循环也可以通过递归方式实现，两种所花代价差别不大。不会说其中一个比另一个更简单或者更容易理解。如在 10.4 节中提到的，通常会选择循环的版本，因为递归版本在进行各种各样的函数调用时会引入压入和弹出运行时栈的开销。程序 12.4 中这个 BST 查找的完整版本使用的就是循环方式。

程序 12.4　BST 查找

将下面的函数原型添加到 BST 类模板的公有函数原型部分：

```
  bool search(const DataType & item) const;
  /*-----------------------------------------------------------------------
    在BST中查找item

    前置条件： 无
    后置条件：如果找到item ，返回true，否则返回false
  -----------------------------------------------------------------------*/
```

将下面的函数定义添加到BST类模板声明后面的函数定义部分中：

```
//---  search()的定义
template <typename DataType>
bool BST<DataType>::search(const DataType & item) const
{
   BST<DataType>::BinNodePointer locptr = myRoot;
   bool found = false;
   while (!found && locptr != 0)
   {
      if (item < locptr->data)              // 下降到左子树
        locptr = locptr->left;
else if (locptr->data < item)               //下降到右子树
        locptr = locptr->right;
      else                                  // 找到item
        found = true;
   }
   return found;
}
```

12.4.4 BST 中的插入操作

从一棵空的树（myRoot 是空指针）开始，可以通过不断的调用一个函数在 BST 中执行插入操作来创建一棵二叉查找树。如我们将看到的，决定一个元素在 BST 中插入位置的方法和对 BST 进行查找的方法是非常类似的。

插入查找可以使用递归的方式也可以使用循环的方式来实现。这里先介绍循环的版本，因为绝大多数初学编程的人都觉着这种方式比递归更容易理解，而且这也只是对查找操作的简单修改而已。实际上，只需要修改 search()，使其维护一个指向当前被访问节点的双亲节点的指针，以便于我们在树中下降寻找合适的位置来插入元素。

要进行示范，假设已经创建了如下的 BST，并且我们希望插入字母‘R’。我们从根开始查找‘R’，如图 12.46 所示。

因为‘R’>‘O’，我们令 parent = locptr，接着下降到右子树，如图 12.47 所示。

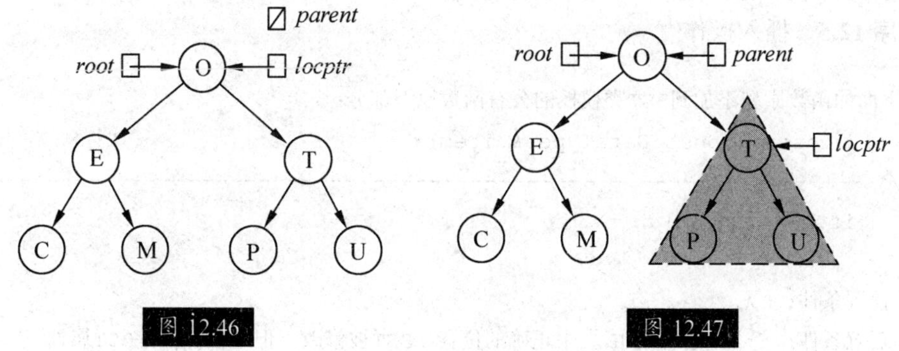

图 12.46　图 12.47

在比较了‘R’和存储在这棵右子树根节点（由 locptr 指向）中的‘T’之后，由于‘R’<‘T’，我们又下降到左子树，但在这之前先令 parent = locptr，如图 12.48 所示。

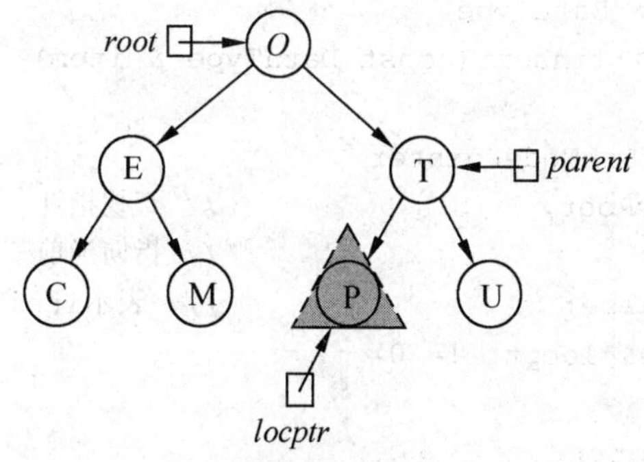

图 12.48

因为‘R’>‘P’，令 parent = locptr 并接着下降到这个包含‘P’的单节点子树的右子树，如图 12.49 所示。

由于这棵右子树是空的（locptr 是空指针），表示‘R’并不在这棵 BST 中，根据前面的比较，‘R’应该被作为当前节点的右子女插入，如图 12.50 所示。

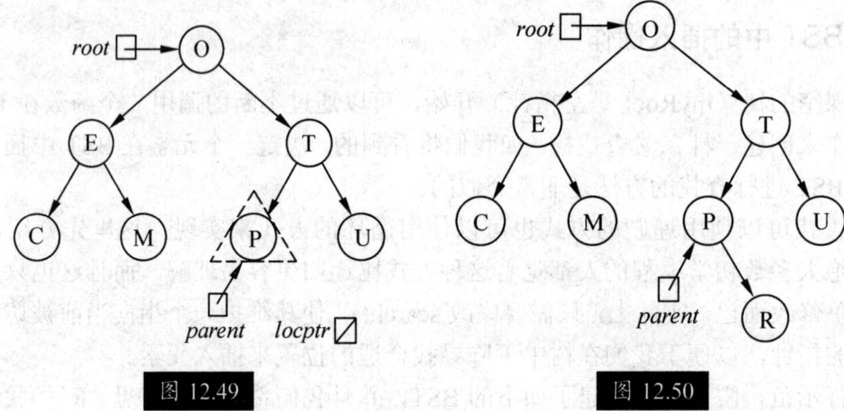

图 12.49　　图 12.50

在程序 12.5 中的 insert()函数成员使用这个修改后的 search()版本来定位给定项的插入位置（或查找到这个项）。指针 parent 尾随查找指针 locptr 在树中下降，以跟踪相应的双亲节点，使得新节点能够添加到 BST 中正确的位置。

程序 12.5　插入操作

```
将下面的函数原型添加到BST类模板的公有函数原型部分：
  void insert(const DataType & item);
  /*----------------------------------------------------------------------
    将item插入到BST中

    前置条件： 无
    后置条件：item被插入到BST中正确的位置，BST被修改，但是仍然保持BST属性
  ------------------------------------------------------------------------*/
将下面的函数定义添加到BST类模板声明后面的函数定义部分中：
//--- insert()的定义
template <typename DataType>
void BST<DataType>::insert(const DataType & item)
{
   BST<DataType>::BinNodePointer
      locptr = myRoot,                      // 查找指针
      parent = 0;                           // 指向当前节点双亲节点的指针
   bool found = false;                      //  表示item已经在BST中
   while (!found && locptr != 0)
   {
     parent = locptr;
     if (item < locptr->data)               // 下降到左子树
        locptr = locptr->left;
     else if (locptr->data < item)          // 下降到右子树
        locptr = locptr->right;
     else                                   // 找到item
        found = true;
```

```
    }
    if (!found)
    {                                          // 创建包含item的节点
      locptr = new BST<DataType>::BinNode(item);
      if (parent == 0)                         // 空树
        myRoot = locptr;
      else if (item < parent->data )           // 作为双亲节点的左子女插入
        parent->left = locptr;
      else                                     //作为双亲节点的右子女插入
        parent->right = locptr;
    }
    else
      cout << "Item already in the tree\n";
}
```

插入操作的递归版本比循环版本要简单一些。初始步是一棵空 BST，必须指明如何把项插入到这个树中。如果要在非空 BST 中插入，则根据需要插入的项是大于还是小于当前节点的值，而递归地把该项插入到当前节点的左子树或右子树中。

同样的，我们需要两个函数。注意，在 insertAux()中，形参 subtreeRoot 是一个引用形参，所以当 item 被插入它的某个子树时，实际上 item 是被插入到相应实参的某个子树。对 insertAux()的初始调用是从 myRoot 开始的，这表示每个 subtreeRoot 指针实际上都是由 myRoot 指向的树中的一条链。

```
//--- insert ()的定义
template <typename DataType>
void BST<DataType>::insert (const DataType & item)
{ insertAux(myRoot, item); }
// --- insertAux()的定义
template <typename DataType>
void BST<DataType>::insertAux(
BST<DataType>::BinNodePointer & subtreeRoot,
   const DataType & item)
{
else if (subtreeRoot == 0)                     //空树
   subtreeRoot = new BST<DataType>::BinNode(item);

//否则为非空树。此时应该插入到
else if (item < subtreeRoot ->data)            //左子树
   insertAux(subtreeRoot ->left, item);
else if (subtreeRoot ->data < item )           //右子树
   insertAux(subtreeRoot ->right, item);
else
   cerr << "Item already in the tree\n";
}
```

12.4.5 从 BST 中删除一个节点

在从一棵 BST 中删除节点 *x* 时，需要考虑 3 种情况：

（1）*x* 是一个叶子节点。

（2）*x* 有一个子女。

（3）*x* 有两个子女。

第一种情况很简单。只需把 *x* 的双亲节点中的相应指针置空就行了。根据 *x* 是其双亲节点的左子女还是右子女，该指针是左指针或右指针。例如，当删除以下 BST 中包含 D 的叶子节点时，只需把其双亲节点 C 的右指针置空，并将 *x* 释放给自由存储空间，如图 12.51 所示。

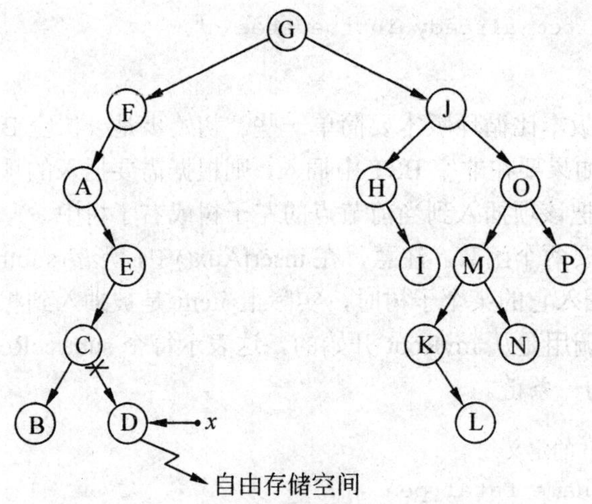

图 12.51

在第二种情况中，节点 *x* 有且只有一个子女，这种情况也不复杂。只需把 *x* 的双亲节点中的相应指针设为指向 *x* 的子女就行了。例如，当删除包含 E 的节点时，只需令其双亲节点 A 的右指针指向包含 C 的节点，然后释放 *x*，如图 12.52 所示。

这两种情况可以合并为其中 *x* 最多只有一个非空子树的情况。如果 *x* 的左指针为空，则把 *x* 的双亲节点的相应指针设为指向 *x* 的右子树（该右子树可能为空，此时属于情况 1）；否则令该指针指向 *x* 的左子树。以下语句处理了这两种情况：

```
subtree = x->left;              //指向x子树的指针
if (subtree == 0)
   subtree = x->right;
if (parent == 0)                //根被删除
   root = subtree;
else if (parent->left == x)
   parent->left = subtree;
else
   parent->right = subtree;
```

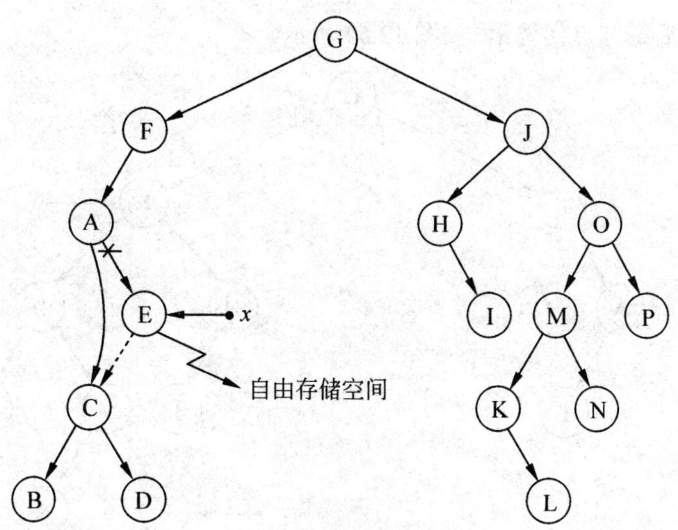

图 12.52

在第三种情况中，x 拥有两个子女。如果把节点 x 中存放的值替换成为其中序后继（或前驱）节点的值，并删除该后继（前驱）节点，则可以把这种情况归到第一种或第二种情况中去。给定节点的中序后继（前驱）节点是其在对 BST 的中序遍历中的后继（前驱）节点。

例如，考虑以下的二叉查找树，假设要删除包含 J 的节点。如刚提到的，可以用其中序后继或中序前驱来代替这个节点，这里使用后继节点。从 x 的右子女开始，一直靠左往下走，最后到达的节点就是所需的后继节点。在这个例子中，后继节点为包含 K 的节点，如图 12.53 所示。

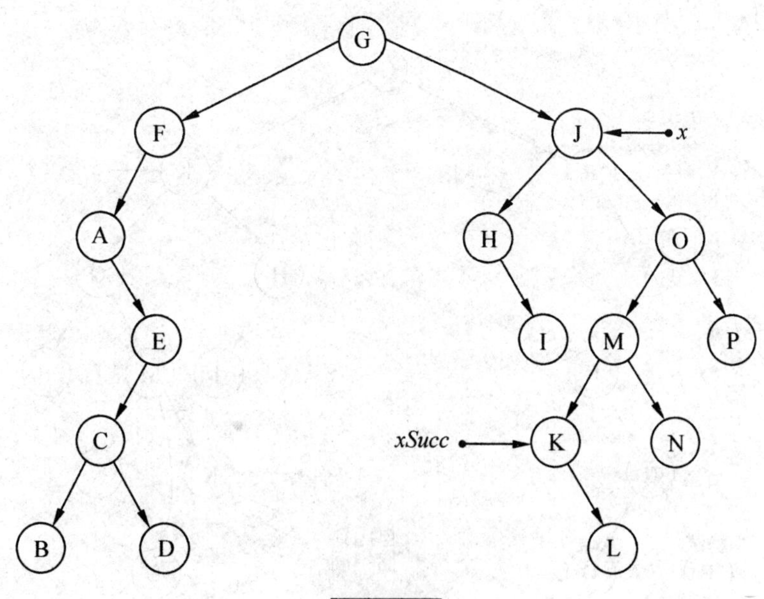

图 12.53

用这个中序后继节点代替 *x*，如图 12.54 所示。

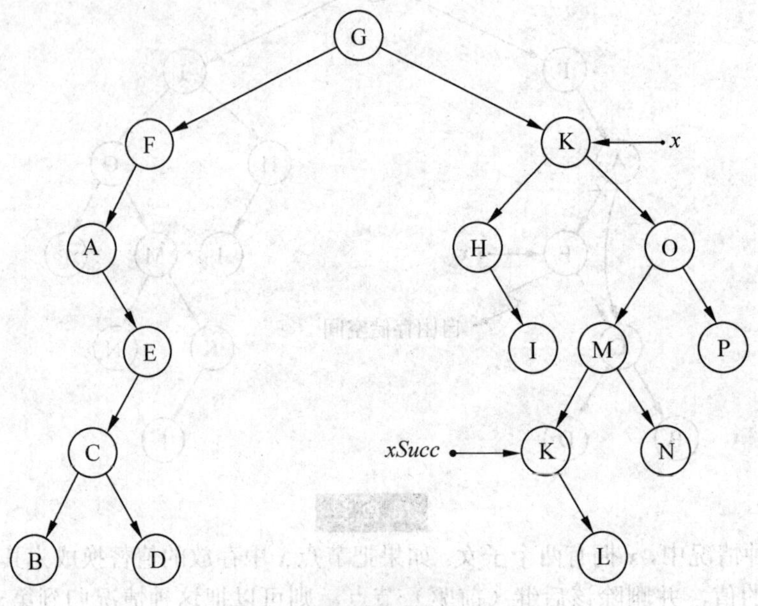

图 12.54

现在只需删除 xSucc 指向的节点。由于这个节点的左子树为空（右子树也可能为空），我们可以根据情况 1 和情况 2 中的方法来删除它，如图 12.55 所示。

程序 12.6 中的函数 remove()实现了 3 种情况的删除操作，它在需要时按照刚刚描述过的方式将情况 3 归为情况 1 或情况 2 来处理。也可以设计一个递归函数来实现二叉查找树中的删除操作。这时，所需的查找可以被集成到删除函数中。将编写一个递归的删除函数留作一个练习。

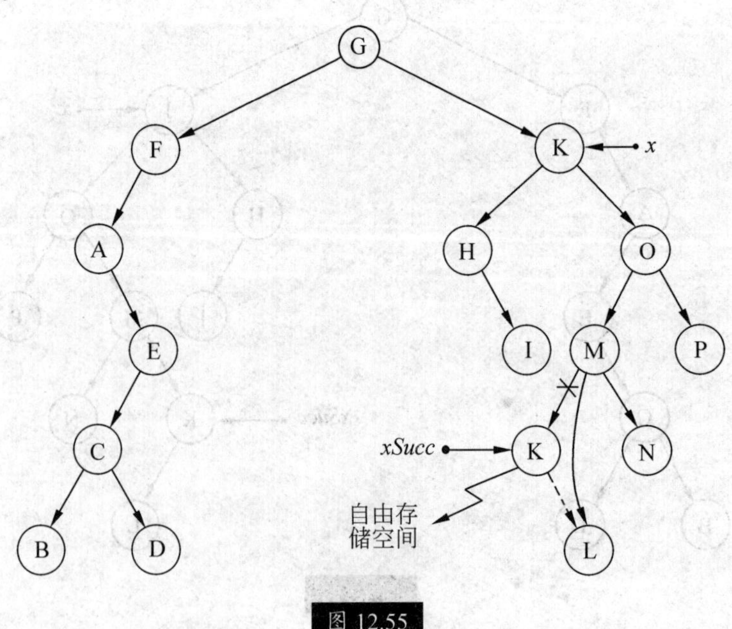

图 12.55

程序 12.6　删除操作

将下面的函数原型添加到 BST 类模板的公有函数原型部分：

```
void remove(const DataType & item);
  /*------------------------------------------------------------------------
    从BST中删除item

    前置条件： 无
    后置条件： item被从BST中删除（如果存在的话），BST属性仍然保持，返回修改后的BST。；
    注意：remove使用辅助函数search2()来定位包含item的节点以及其双亲节点
  ------------------------------------------------------------------------*/
```

将下面的函数原型添加到 BST 类模板的私有函数原型部分：

```
void search2(const DataType & item, bool & found,
             BinNodePointer & locptr, BinNodePointer & parent) const;
 /*------------------------------------------------------------------------
    定位包含item的节点以及其双亲节点

   前置条件： 无
   后置条件：locptr指向包含item的节点（找不到时为null），parent指向其双亲节点
 ------------------------------------------------------------------------*/
```

将下面的函数定义添加到 BST 类模板声明后面的函数定义部分中：

```
//--- remove()的定义
template <typename DataType>
void BST<DataType>::remove(const DataType & item)
{
  bool found;                        //标记着item是否被找到
  BST<DataType>::BinNodePointer
    x,                               // 指向将被删除的节点
    parent;                          // 指向x和xSucc的双亲节点
  search2(item, found, x, parent);

  if (!found)
  {
    cout << "Item not in the BST\n";
    return;
  }
  //else
  if (x->left != 0 && x->right != 0)
  {                                  // 节点有2个子女
    // 查找x的中序后继以及其双亲节点
    BST<DataType>::BinNodePointer xSucc = x->right;
    parent = x;
```

```
      while (xSucc->left != 0)          // 下降到左子树
      {
        parent = xSucc;
        xSucc = xSucc->left;
      }

    // 将xSucc的内容移到x中，修改x为指向将被删除的后继
    x->data = xSucc->data;
    x = xSucc;
  } //节点有2个子女情况处理结束

  // 现在处理节点没有子女或只有1个子女的情况
  BST<DataType>::BinNodePointer
    subtree = x->left;                  // 指向x的子树的指针
  if (subtree == 0)
    subtree = x->right;
  if (parent == 0)                      // 将被删除的根节点
    myRoot = subtree;
  else if (parent->left == x)           // 双亲节点的左子女
    parent->left = subtree;
  else                                  // 双亲节点的右子女
    parent->right = subtree;
  delete x;
}

//--- search2()的定义
template <class DataType>
void BST<DataType>::search2(const DataType & item, bool & found,
                    BST<DataType>::BinNodePointer & locptr,
                    BST<DataType>::BinNodePointer & parent) const
{
  locptr = myRoot;
  parent = 0;
  found = false;
  while (!found && locptr != 0)
  {
    if (item < locptr->data)            // 下降到左子树
    {
      parent = locptr;
      locptr = locptr->left;
    }
    else if (locptr->data < item)       // 下降到右子树
    {
      parent = locptr;
```

```
            locptr = locptr->right;
        }
        else                                    // 找到item
            found = true;
    }
}
```

程序 12.7 给出了 BST 类模板的全部内容；完整版本，包括注释文档，可以在本书的 Web 站点上第 12 章的源代码部分的程序 12.1～程序 12.8 文件夹中找到。其他应该被添加的操作将在练习中描述：析构函数、复制构造函数以及赋值运算符。还有一些可以添加的操作是前序遍历、后序遍历、层查找以及按层遍历。这些也都将在练习中描述。

程序 12.7　完整的二叉查找树（BST）类模板

```
/* BST.h包含类模板BST的声明
基本操作：
    构造函数：创建一棵空BST
    empty：检查一棵BST是否为空
    search：在BST中查找某个项
    insert：在BST中插入一个值
    remove：在BST中删除一个值
    inorder：中序遍历一棵BST——输出节点中的数据值
    graph：输出一棵BST的图形表示
私有工具操作：
    search2：被delete使用
    inorderAux：被inorder使用
    graphAux：被graph使用
其他在练习中描述的操作：
析构函数
复制构造函数
赋值运算符
前序遍历，后序遍历，按层遍历
层查找
注意：如果不能为一个新的BST节点申请内存空间，则执行结束
-----------------------------------------------------------------------*/

#include <iostream>
#include <new>

#ifndef BINARY_SEARCH_TREE
#define BINARY_SEARCH_TREE

template <typename DataType>
class BST
```

```
{
public:
 /***** 函数成员*****/
// -- 注释请参见程序12.1～12.6
 BST();
 bool empty() const;
 bool search(const DataType & item) const;
 void insert(const DataType & item);
 void remove(const DataType & item);
 void inorder(ostream & out) const;
 void graph(ostream & out) const;

private:
 /***** 节点类 *****/
 class BinNode
 {
  public:
   DataType data;
   BinNode * left;
   BinNode * right;

   // BinNode的构造函数 constructors
   // 默认构造函数 - data部分被初始化为默认的DataType类型值；两条链都被初始化为空
   BinNode()
   : left(0), right(0)
   {}
   // 显式值构造函数 - data部分被初始化为包含item；两条链都被初始化为空
   BinNode(DataType item)
   : data(item), left(0), right(0)
   {}

 };// 类BinNode声明结束

 typedef BinNode * BinNodePointer;

 /***** 私有函数成员*****/
 void search2(const DataType & item, bool & found,
           BinNodePointer & locptr, BinNodePointer & parent) const;
 void inorderAux(ostream & out,
              BinNodePointer subtreePtr) const;
 void graphAux(ostream & out, int indent,
                BinNodePointer subtreeRoot) const;

 /***** 数据成员 *****/
```

```
  BinNodePointer myRoot;

}; // 类模板声明结束

//--- 构造函数的定义 ---  见程序12.1

//---  empty()的定义 ---  见程序12.1

//--- search()的定义 ---  见程序12.4

//---  insert()的定义 ---  见程序12.5

//---  remove()的定义 ---  见程序12.6

//--- inorder()的定义 ---  见程序12.2

//--- graph()的定义 ---  见程序12.3

//--- search2()的定义 ---  见程序12.5

//--- inorderAux()的定义 ---  见程序12.2

//--- graphAux()的定义 ---  见程序12.3

#endif
```

程序 12.8 给出测试 BST 的一个驱动程序和一次示例运行。记住函数成员 graph()可以显示一棵二叉树，树根在左边，而子树在右边。在本书 Web 站点上第 12 章的源代码文件夹程序 12.1～12.8 中提供了这个驱动程序的一个版本 treetester.cpp，该版本包含额外的被注释掉的一些程序段，在取消注释后可以用来测试其他将被添加的 BST 操作。

```
/*----- treetester.cpp -----------------------------------------------
                  测试类模板BST的程序
 ------------------------------------------------------------------*/

#include <iostream>
using namespace std;

#include "BST.h"

int main()
{
   // 测试构造函数和empty()
```

```
    BST<int> intBST;            // 测试类构造函数
    cout << "Constructing empty BST\n";
    cout << "BST " << (intBST.empty() ? "is" : "is not") << " empty\n";

    // 测试中序遍历
    cout << "Inorder Traversal of BST: \n";
    intBST.inorder(cout);

    // 测试插入操作
    cout << "\nNow insert a bunch of integers into the BST."
            "\nTry items not in the BST and some that are in it:\n";
    int number;
    for (;;)
    {
      cout << "Item to insert (-999 to stop): ";
      cin >> number;
      if (number == -999) break;
      intBST.insert(number);
    }
    intBST.graph(cout);

    cout << "BST " << (intBST.empty() ? "is" : "is not") << " empty\n";
    cout << "Inorder Traversal of BST: \n";
    intBST.inorder(cout);
    cout << endl;

    // 测试search()
    cout << "\n\nNow testing the search() operation."
            "\nTry both items in the BST and some not in it:\n";
    for (;;)
    {
      cout << "Item to find (-999 to stop): ";
      cin >> number;
      if (number == -999) break;
      cout << (intBST.search(number) ? "Found" : "Not found") << endl;
    }

    // 测试remove()
    cout << "\nNow testing the remove() operation."
            "\nTry both items in the BST and some not in it:\n";
    for (;;)
    {
      cout << "Item to remove (-999 to stop): ";
      cin >> number;
```

```
        if (number == -999) break;
        intBST.remove(number);
        intBST.graph(cout);
    }
    cout << "\nInorder Traversal of BST: \n";
    intBST.inorder(cout);
    cout << endl;
}
```

运行跟踪：

```
Constructing empty BST
BST is empty
Inorder Traversal of BST:

Now insert a bunch of integers into the BST
Try items not in the BST and some that are in it:
Item to insert(-999 to stop): 55
Item to insert(-999 to stop): 66
Item to insert(-999 to stop): 88
Item to insert(-999 to stop): 77
Item to insert(-999 to stop): 20
Item to insert(-999 to stop): 10
Item to insert(-999 to stop): 30
Item to insert(-999 to stop): -999
                    88
                         77
          66
55
                    30
          20
                    10
BST is not empty
Inorder Traversal of BST:
10 20 30 55 66 77 88

Now testing the search() operation
Try both items in the BST and some not in it:
Item to find(-999 to stop): 66
Found
Item to find(-999 to stop): 44
Not found
Item to find(-999 to stop): 10
Found
Item to find(-999 to stop): 11
Not found
```

```
Item to find(-999 to stop): -999

Now testing the remove() operation
Try both items in the BST and some not in it:
Item to remove(-999 to stop): 10
                88
                    77
        66
55
                    30
        20
                10
Item to remove(-999 to stop): 66
        88
                    77
        66
55
                    30
        20
                10
Item to remove(-999 to stop): 55
    88
77
        30
    20
Item to remove(-999 to stop): -999

Inorder Traversal of BST:
20 30 77 88
```

12.4.6 不平衡（Lopsidedness）问题

项被插入到BST中的顺序决定了树的形状。例如，先后插入字母O、E、T、C、U、M、P到一棵BST中，将得到一棵相当平衡的树，如图12.56所示。

但是，如果先后插入字母C、O、M、P、U、T、E的话，将得到一棵不平衡的树，如图12.57所示。

如果按字母顺序插入C、E、M、O、P、T、U的话，将导致树退化为链表，如图12.58所示。

执行大多数BST基本操作的时间显然依赖于树的“形状”。如果树是平衡的，即每个节点的左子树和右子树包含的节点数目大致相等，则当查找指针移下一层时，需被检查的子树的大小将减少一半。应用10.4节中对折半查找的分析，容易看出这种情况下search()、search2()、insert()和delete()的计算时间都是$O(\log_2 n)$。当BST变得越来越不平衡时，这些函数的性能会降低。在上一树退化成为链表的例子中，查找操作退化为线性查找，使得计算时间为$O(n)$。

通常我们不可能预先得知把项插入BST的最优次序。也就是说，不能预先安排数据项的次序，使得得到的BST是一棵平衡树。最常见的解决方法是在插入一个新项之后，使用重新平衡算法来调整树以使它变得平衡。第 15 章中描述了一个通用的重新平衡算法。

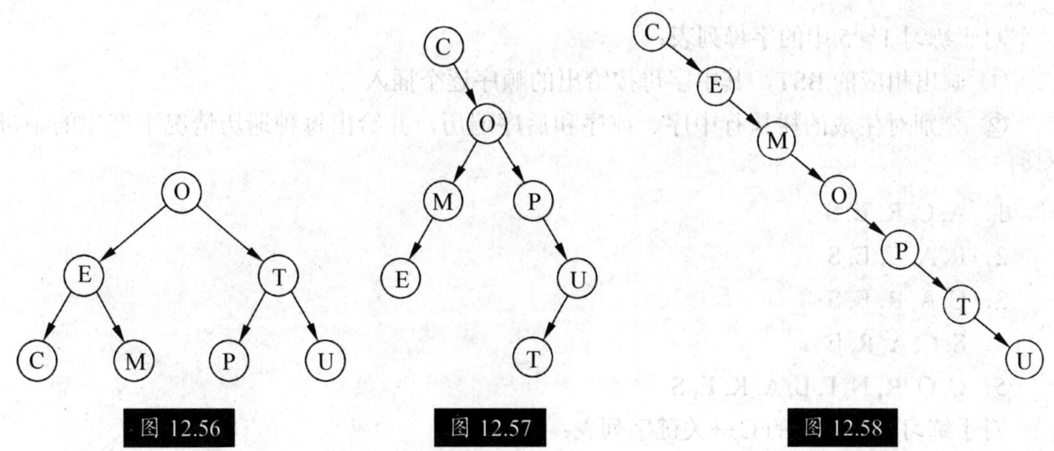

图 12.56　图 12.57　图 12.58

小测验 12.4

对于练习 1～3，画出把 C++关键字按给定顺序插入后的 BST。

1．if, do, goto, case, switch, while, for

2．do, case, for, if, switch, while, goto

3．while, switch, goto, for, if, do, case

练习 4～9 基于以下二叉查找树，如图 12.59 所示。

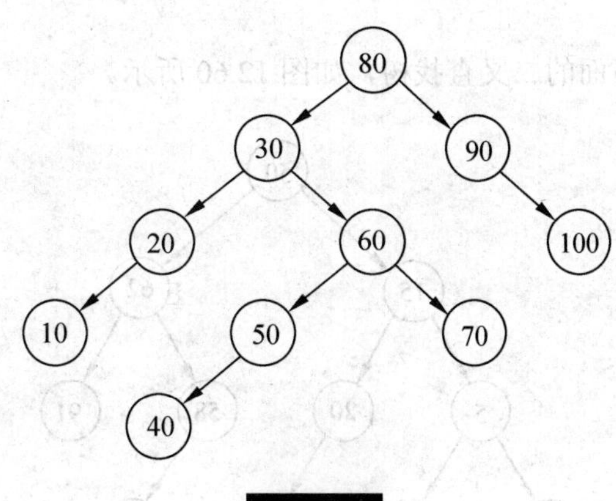

图 12.59

4．对该 BST 进行中序遍历。

5．对该 BST 进行前序遍历。

6．对该 BST 进行后序遍历。

7．给出当包含 20 的节点被删除后的 BST。

8．给出当包含 30 的节点被删除后的 BST。

9．给出当根被删除后的 BST。

练习 12.4

对于练习 1～5 中的字母列表：

① 画出相应的 BST，其中字母按给出的顺序逐个插入。

② 分别对生成的树执行中序、前序和后序遍历，并给出每种遍历情况下产生的字母序列。

1．A, C, R, E, S

2．R, A, C, E, S

3．C, A, R, E, S

4．S, C, A, R, E

5．C, O, R, N, F, L, A, K, E, S

对于练习 6～11 中的 C++关键字列表：

① 画出相应的 BST，其中关键字按给出的顺序逐个插入。

② 分别对生成的树执行中序、前序和后序遍历，并给出每种遍历情况下产生的关键字序列。

6．new, const, typedef, if , main, bool, float

7．break, operator, return, char, else, switch, friend

8．double, long, namespace, class, public, int, new

9．while, using, static, private, enum, case

10．break, operator, if, typedef, else, case, while, do, return, unsigned, for, true, double, void

11．struct, class

练习 12～21 使用下面的二叉查找树，如图 12.60 所示。

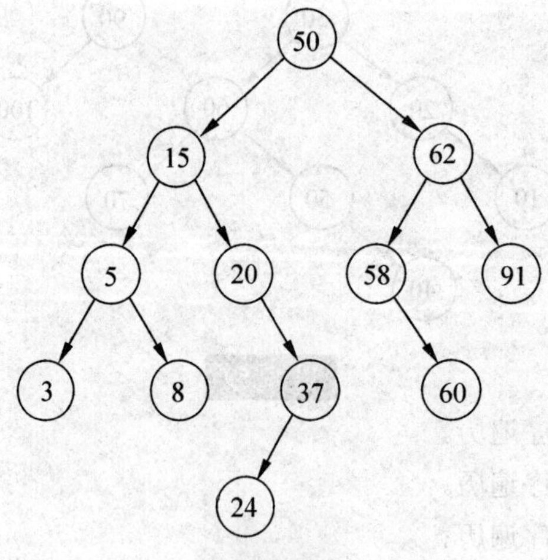

图 12.60

在练习 12～16 中，从这棵树开始，给出在执行给定的操作或者操作序列之后得到的 BST。

12．插入 7。

13．插入 7、1、55、29 和 19。

14．删除 8。

15．删除 8、37 和 62。

16．插入 7、删除 8、插入 59、删除 60、插入 92、删除 50。

17．给出中序遍历的结果。

18．给出前序遍历的结果。

19．给出后序遍历的结果。

20．给出执行以下函数后的结果，其中 root 指向给出的二叉树的根。

```
void traceInOrder (BST<DataType>::BinNodePointer root)
{
if (myRoot != 0)
{
    cout << 'L';              //左
    traceInOrder(toor->left);
    cout << '/' << root->data << endl;
    cout << 'R';              //右
    traceInOrder(root->right);
}
cout << 'U';                  //上
}
```

21．BST 类模板中的函数成员 graph()以图形方式来显示二叉树，另一种方式是产生一张表来显示关于 BST 的足够信息以重构这棵树。编写一个函数 displayPreOrder()来按前序次序显示节点的数据部分、左子女和右子女。例如，对给定树的 displayPreOrder()的输出为：

```
Node.Data     LChild.Data     RChild.Data
========    ==========    ==========
50            15            62
15            5             20
5             3             8
3             -             -
.             .             .
.             .             .
.             .             .
58            -             60
60            -             -
91            -             -
```

应该根据本章末尾的编程问题13中的指导，编写驱动程序来测试这个函数。

下面的练习要求编写实现BST操作的函数。应该根据本章末尾的编程问题15～20中的指导，编写驱动程序来测试这个函数。

22. 为BST类模板编写一个递归的函数成员level()，它的作用是判断给定项在BST中所处的层。BST的根位于第0层，根的左子女位于第1层，以此类推。
23. 和练习22一样，但是要求编写一个非递归的函数。
24. 在查找一棵BST时最坏情况下的比较次数等于树的高度，也就是树的层数。为BST类模板编写一个递归的函数成员height()来判断这棵BST的高度。
25. 为类模板BST编写一个递归函数成员LeafCount()来统计二叉树中叶子的数目（提示：整棵树中的叶子数目与根的左子树中和右子树中的叶子数目之间的关系如何？）。
26. 编写inorder()的一个非递归版本，实现中序遍历（使用指针栈来消除递归）。
27. 编写一个函数levelByLevel()来按层遍历二叉树；也就是说，首先访问根，然后访问第1层上的节点（即根的子女），然后访问第2层上的节点，以此类推。同一层上的节点按从左到右的顺序访问（提示：编写一个非递归函数，使用指针队列）。
28. 为BST类模板编写一个递归版本的remove()操作。

12.5 案例学习：计算机登录验证

12.5.1 问题

考虑对计算机用户标识和密码的管理问题。每次用户使用其标识和密码来登录计算机时，系统必须检查该标识和密码以确定用户是否合法。由于每天需要进行多次用户验证，系统有必要把这些信息有效地组织起来，从而允许快速查找信息。另外，由于经常有新用户加入系统，系统必须采用动态结构。

12.5.2 设计

这个问题的对象是用户信息——标识和密码，皆为字符串。为此我们需要创建一个类UserInfo，并且需要一个UserInfo对象的集合。为此，使用BST来组织UserInfo集合，原因在于其上的查找操作迅速，且它是一种动态结构。这样需要的主要操作已经由BST类提供了：

- 构建由UserInfo对象组成的一个BST。
- 在BST中查找给定的UserInfo对象，该对象由键盘输入。
- 显示一条关于用户是否合法的信息。

类UserInfo应该包含用户标识和密码（皆为字符串）作为数据成员。由于对BST的查找和插入操作需要对存储值进行< 和==比较，必须在UserInfo中重载这些操作符。还需要一个输入操作，故我们还将重载>>。

使用这些对象和操作的算法是很简单的：

计算机登录验证算法

/* 算法读入用户标识和密码并决定其是否合法。*/
// 首先构建由合法 UserInfo 对象组成的初始 BST
（1）为包含有效用户信息的文件建立流。
（2）构建节点类型为 UserInfo 的空 BST。
（3）从文件中读取 UserInfo 对象并将其插入到 BST 中。
//现在处理登录
（4）反复执行以下步骤，直至关机为止。
  ① 读入一个 UserInfo 对象。
  ② 在 BST 中查找这个对象。
  ③ 如果找到，则显示“合法”消息；
否则显示“非法”消息。

12.5.3 编码

程序 12.8 实现了前面的算法。里面还包括了类 UserInfo 的定义。

程序 12.8 计算机登录验证

```
#include <iostream>
#include <fstream>
#include <string>
using namespace std;

/* 程序对计算机用户标识和密码进行验证。合法的标识和密码从 UsersFile 中读入并存放在一
   棵BST中。在执行过程中，当用户标识和密码被输入时，程序查找这棵BST来确定该用户是否合法。

   输入（文件）：合法用户的UserInfo记录
   输入（键盘）：用户登录时的标识和密码
   输出（屏幕）：用户标识和密码是否合法的信息
-----------------------------------------------------------------------*/

//----- 包含用户信息的类 -----//
//     含有运算符>>, ==, 和<
class UserInfo
{
 public:
  // ***** 函数成员和友元*****//
  //--- 用户标识访问函数
```

```
  string id() const { return myId; }

  //--- 输入函数
  void read(istream & in)
  {
    in >> myId >> myPassword;
  }

  //--- 等于运算符
  bool operator==(const UserInfo & user) const
  { return myId == user.myId &&
           myPassword == user.myPassword; }

  //--- 小于运算符
  bool operator<(const UserInfo & user) const
  { return myId < user.myId ||
             myId == user.myId && myPassword < user.myPassword; }
  private:
  // ***** 数据成员 ***** //
  string myId,
         myPassword;
};

//--- 输入运算符的定义
istream & operator>>(istream & in, UserInfo & user)
{
  user.read(in);
}


#include "BST.h"

int main()
{
  // 打开连接到包含合法用户标识和口令的文件的流
  string userFile;
  cout << "Enter name of user-info file: ";
  getline(cin, userFile);
  ifstream inStream(userFile.data());
  if (!inStream.is_open())
  {
```

```
      cerr << "Cannot open " << userFile << "\n";
      exit(1);
   }

   // 创建用户记录BST
   BST<UserInfo> userTree;   // 用户记录BST
   UserInfo user;            // 一个用户记录
   for(;;)
   {
      inStream >> user;
      if (inStream.eof()) break;

      userTree.insert(user);
   }

   // 登录验证
   cout << "Enter Q Q to stop processing.\n";
   for (;;)
   {
      cout << "\nUser id & password: ";
      cin >> user;
      if (user.id() == "Q") break;
      if (userTree.search(user))
         cout << "Valid user\n";
      else
         cout << "Not a valid user\n";
   }
}
```

在示例运行中使用的 File12-9.dat 的内容列表

```
GEORGEWASH CHERRY31416
BINARYBABE 11011100101
NATURALLOG E271828
PALINDROME ABC3CBA
EINSTEIN EISMC**2
LUMBERMAN 2X4X8FT
WATERBOY H2O4U
```

示例运行

```
Enter name of user-info file: File12-9.dat
Enter Q Q to stop processing.

User id & password: NATURALLOG E271828
Valid user
```

```
User id & password: GEORGEWASH CHERRY31416
Valid user

User id & password: EINSTEIN E=MCSQUARED
Not a valid user

User id & password: WATERBOY H2O4U
Valid user

User id & password: Q Q
```

12.6 线索化二叉查找树（可选）

对于前面几节考虑的树操作，我们基本上都给出了递归和非递归两种实现版本。只有遍历操作例外，只给出了递归版本。在本节中将讨论如何使用一种称为线索的特殊链来令非递归遍历算法更为简单和有效，这其实是将处理递归调用的运行时栈集成到了树中。

如果一棵二叉树含有 n 个节点，则其总链数为 $2n$。由于除了根之外的所有节点都只有一条入边，故共有 $n-1$ 条链指向节点；剩下的 $n+1$ 条链是空链。因此在树的所有链中，超过一半并不用来指向节点。在**线索化二叉查找树**中，这些空链用来指向树中的特定节点，使得遍历操作或其他操作的执行效率更高。

例如，假设我们要对以下的 BST 进行线索化，从而方便中序遍历的进行，如图 12.61 所示。

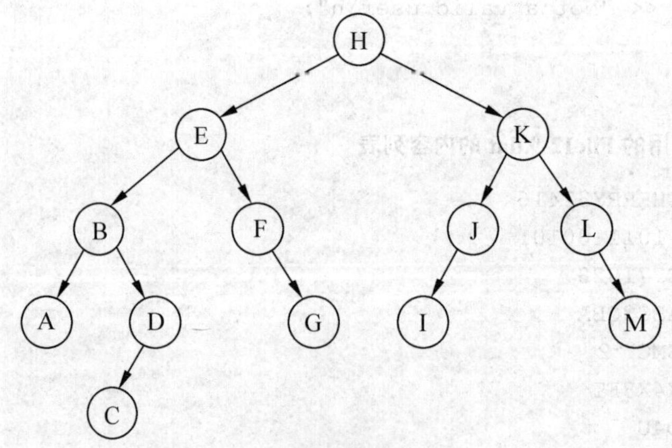

图 12.61

在中序遍历中，第一个被访问的节点是最左边的叶子，亦即包含 A 的节点（简称节点 A）。由于 A 没有右子女，下一个被访问的节点是节点 A 的双亲节点 B。可以把节点 A 的右指针用作指向其双亲节点的线索，从而方便回溯的进行。图 12.62 中从 A 到 B 的虚线就代表这条线索。

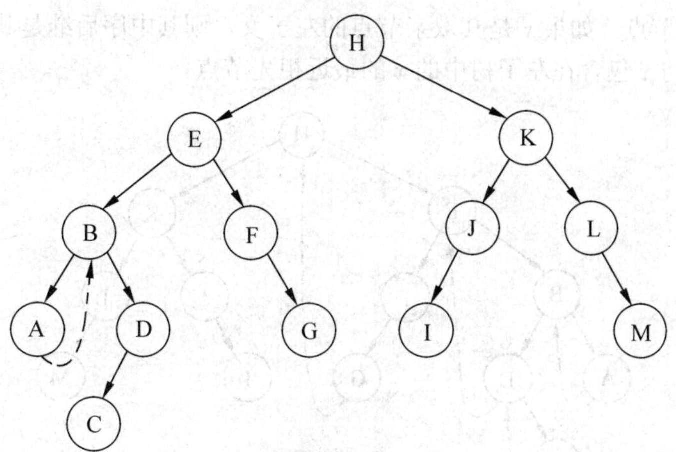

图 12.62

下一个被访问的节点是 C，由于其右指针也为空，故这个指针也用作指向其双亲节点 D 的线索。然后节点 D 的右指针也为空，故被用作指向其后继节点 E 的线索，如图 12.63 所示。

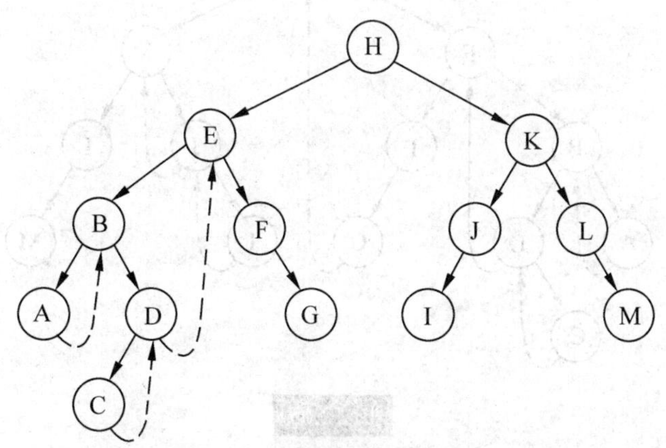

图 12.63

随后被访问的节点是 E、F 和 G，由于 G 的右指针为空，故被用作指向其后继节点 H 的线索，如图 12.64 所示。

然后节点 H 和节点 I 被访问。由于节点 I 的右指针为空，故被替换成为指向其双亲节点 J 的线索，而节点 J 的右指针也为空，所以也被替换成指向它的双亲节点 K 的线索。现在，除了最后被访问的节点 M 之外，没有其他其右指针为空的节点，这样我们就得到最终的**右线索化** BST，如图 12.65 所示。

以下算法总结了这个右线索化过程：

BST 的右线索化算法

/* 对一棵查找树进行右线索化。每条线索指向当前节点的中序后继节点。*/

对给定的 BST 进行中序遍历。当碰到右指针为空的节点 *x* 时，把该右指针替换成为指

向 x 的中序后继节点。如果 x 是其双亲节点的左子女，则其中序后继是其双亲节点；否则 x 的中序后继是将 x 包含在左子树中的 x 的最近祖先节点。

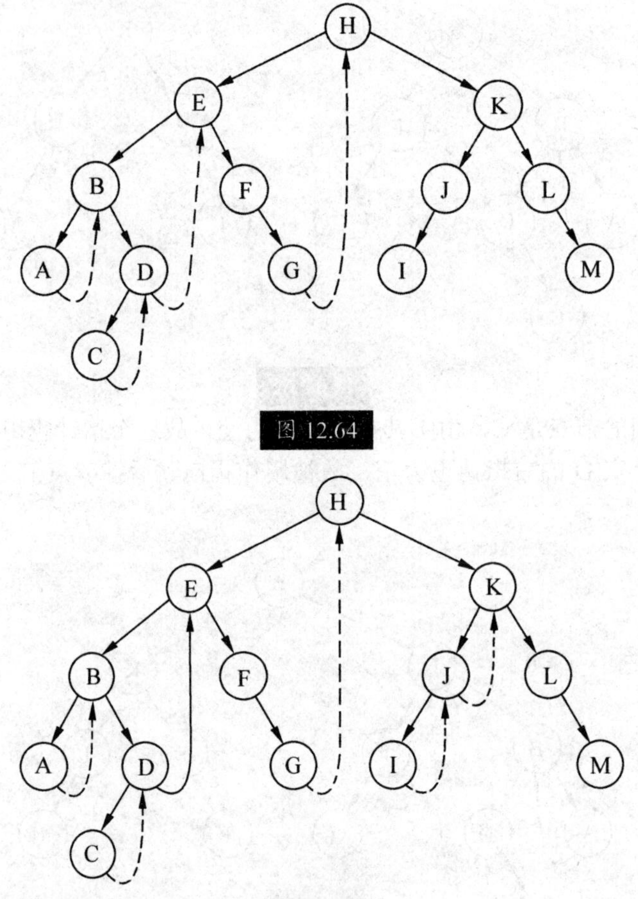

图 12.64

图 12.65

对线索化二叉查找树的循环遍历算法很简单：

中序遍历右线索化 BST 算法

/* 中序遍历右线索化的 BST，其中每条线索把节点与其中序后继连接起来。*/

（1）令指针 ptr 指向树的根。

（2）while（ptr 不为空）：

① 当 ptr->left 不为空时，
把 ptr 替换为 ptr->left。

② 访问 ptr 指向的节点。

③ 当 ptr->right 是一条线索时：

- 把 ptr 替代为 ptr->right。
- 访问 ptr 指向的节点。

④ 把 ptr 替换为 ptr->right。

End while

注意：这个算法要求我们能够区别开节点的右链到底是线索还是指向右子女的真实指针。故在 12.2 节的节点声明中加入一个布尔域 rightThread:

```
/*** 节点类 ***/
class BinNode
{
public:
  DataType data;
  bool rightThread;
  BinNode * left;
BinNode * right;

 //BinNode的构造函数
//默认构造函数 ---data部分初始化为DataType类型的默认值;
//              ---rightThread初始化为false; 两条链都为空
BinNode()
: rightThreaded(false), left(0), right(0)
{  }

// 显式值构造函数 --- data部分初始化为包含item;
//    --- rightThread初始化为false; 两条链都为空
BinNode(DataType item)
: data(item), rightThreaded(false), left(0), right(0)
{  }
}; // 类BinNode声明结束
```

在线索化过程中，如果节点的右链是线索，则 rightThread 为真；否则为假。使用函数来实现本节中对 BST 进行线索化和遍历的算法都是很简单的，故留作练习。

✔ 小测验 12.6

1. 右线索化 BST 中的线索指的是什么？
2. 对 BST 进行线索化的目的是什么？

在问题 3～6 中，给出依次插入 5 个字母之后的右线索化 BST。

3. A, C, R, E, S
4. R, A, C, E, S
5. C, A, R, E, S
6. S, C, A, R, E

练习 12.6

在练习 1～5 中，给出对题目中的二叉查找树进行右线索化之后得到的线索化 BST。

1. 12.4 节的练习 12 前面的 BST。

2．依次插入以下 C++关键字之后得到的 BST：int, short, char, bool, void, unsigned, long, double。

3．依次插入以下 C++关键字之后得到的 BST：bool, char, double, int, long, short, unsigned, void。

4．依次插入以下 C++关键字之后得到的 BST：void, unsigned, short, long, int, double, char, bool。

5．依次插入以下 C++关键字之后得到的 BST：enum, bool, if, typename, case, else, while, do, return, unsigned, void, for, double, throw。

练习 6 和 7 要求编写与右线索化 BST 相关的函数。参考本章尾部编程问题 28 和 29 中的指导，编写驱动程序来测试你的函数。

6．编写一个函数来实现本书中给出的对右线索化 BST 二叉树进行中序遍历的算法。

7．编写一个函数来实现本书中给出的对二叉树进行右线索化 BST 的算法。

8．给出一个与本书中的右线索化 BST 算法相似的算法，目的在于方便前序遍历的进行。

9～13．把练习 8 中的算法分别应用到练习 1～5 中的二叉树，给出线索化之后的二叉树。

14．对于在练习 8 中构建好的二叉树，给出一个前序遍历算法。

15．假设一棵二叉树已经被线索化以方便中序遍历的进行，给出一个在这棵树中寻找给定节点的前序遍历中后继的算法。要求不能像练习 8 那样对树进行重新线索化。

16．如同练习 15 中的做法，给出一个对中序线索化二叉树进行前序遍历的算法。

17．本书中给出的右线索化算法对给定的 BST 进行右线索化，但还可以通过在右线索化 BST（初始为空树）插入项来构建一棵右线索化 BST。给出这样的一个插入算法。

18．对于练习 2 中给出的 C++关键字，跟踪练习 17 中的算法的执行，给出每个关键字被插入后的右线索化 BST。

19．对于练习 4 中的关键字，重做练习 18。

20．给出一个从右线索化 BST 删除节点的算法，要求删除之后的 BST 也是右线索化的。

练习 21～28 涉及全线索化 BST，即不但所有空的右链都指向中序后继节点（如正文所示），而且所有左链也指向中序前驱节点（即左链也是线索）。

21～25．对于练习 1～5 中的 BST，给出相应的全线索化 BST。

26．给出一个对 BST 进行全线索化的算法。

27．编写一个算法把一个节点插入到一棵全线索化 BST 中，要求插入后的 BST 也是全线索化的。

28．编写一个算法来寻找全线索化 BST 中某个给定节点的双亲。

12.7 散列表

本章中考虑的在列表或二叉查找树上进行的查找算法，都是根据一些系统化的策略，

通过将待查找元素反复地与这些数据结构中的元素进行比较，来定位待查找元素的。对于有 n 个元素的列表，线性查找需要 $O(n)$次比较，而折半查找需要 $O(\log_2 n)$次比较。另外如我们所知的，对于一棵平衡的二叉查找树，查找操作需要 $O(\log_2 n)$次比较，而对于一棵不平衡的树，则需要 $O(n)$次比较。

在某些情况下，需要更快地进行查找。例如，对应急反应系统的调用需要快速从数据库中提取信息，而这个数据库可能非常大。编译器构造的符号表保存着标识符及有关信息，构造和查找这个符号表的速度对编译速度来说是非常关键。在本节中，将考察一种称为散列的查找方法，这是专门为那些快速数据存储和提取至关重要的系统而设计的。

目前我们所考虑的查找方法的问题在于，在查找一个元素时，会花费时间在一系列不重要并且错误的比较上。散列查找采用不同的方法。一个函数，称为**散列函数**，被应用到一个元素（更通用地说，应用到元素中某个关键域）并计算元素在一张表中的位置，这张表称为**散列表**，如图 12.66 所示。

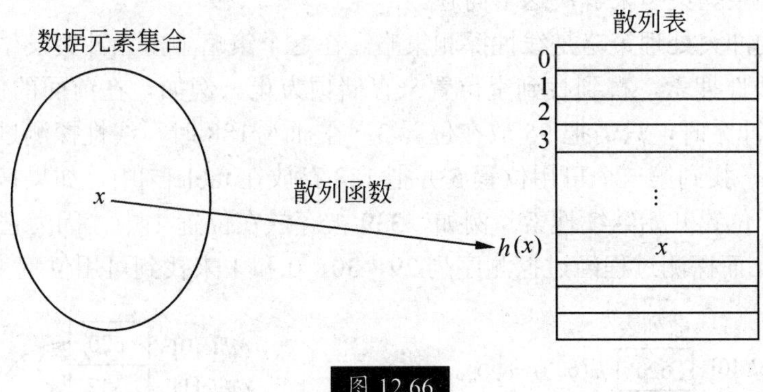

图 12.66

在最佳情况下，在散列表中定位一个元素所需的时间为 $O(1)$。也就是说，这个时间是恒定的，与元素的个数无关。

12.7.1 散列函数

例如，假设有最多 31 个在 0～999 之间的整数（每个对应一个月中的一天）将被存放到一张散列表中。这张散列表可以用整数数组 table 来实现，其中每个数组元素的初值为某个无用值，如–1。如果把这个集合中的每个整数 i 作为索引，亦即把 i 存放在 table[i]中，则在决定一个特定的整数 number 是否存放在散列表中时，只需检查 table[number]是否等于 number。决定项 i 在散列表中的位置的函数 h 被称为**散列函数**，这里 $h(i) = i$。

这个例子中的散列函数令人满意，因为在表中查找某一给定值所需的时间为常数；我们只需检查一个位置。这种方案的时间性能很好，但空间性能不佳。只利用了 3%的可用空间，而 97%的空间都被浪费了。

把 31 个值存放在 31 个位置中是可以做到的，故我们可以尝试使用大小为 31 的数组 table 以提高空间利用率。显然，不能继续使用原来的散列函数 $h(i) = i$。可以使用以下散列函数：

$$h(i) = i \bmod 31$$

在 C++中，则为

```
int h(int i)
{ return i % 31;}
```

这个函数产生的整数总是处于 0～30 的范围之内。整数 64 存放在 table[2]中，因为 $h(64) = 64\%31=2$。类似地，128、620、277 和 61 分别存放在位置 4、0、29 和 30 中。如图 12.67 所示。

12.7.2 冲突处理策略

前面的散列表有一个明显的问题，即**冲突**可能会发生。例如，如果要存放 95，则其位置为 $h(95) = 95 \% 31 = 2$，但这个位置已经被 64 占据。同样地，多个值会在某个给定位置发生冲突，例如 2、33 和 188 的情况。实际上，所有形如 $31k + 2$ 的整数都被散列到位置 2 中。显然，需要某些策略来解决这个问题。

一个简单的冲突处理策略是**线性探测**策略。在这个策略中，当冲突发生时，则从当前位置出发进行线性搜索，直到找到空位置来存储项为止。例如，在前面的例子中，当 95 与 64 在位置 2 冲突时，只需把 95 放在位置 3；在插入 188 时，线性探测过程经过**探测序列** 2、3、4 和 5，找到第一个可用位置 5 并把 188 存放在 table[5]中。如果搜索到达表的底部，则从第一个位置开始继续搜索。例如，339 被存放在位置 1 中，因为它与 277 在位置 29 上发生冲突，而探测过程经过探测序列 29、30、0 和 1 来找到可用位置 1，如图 12.68。

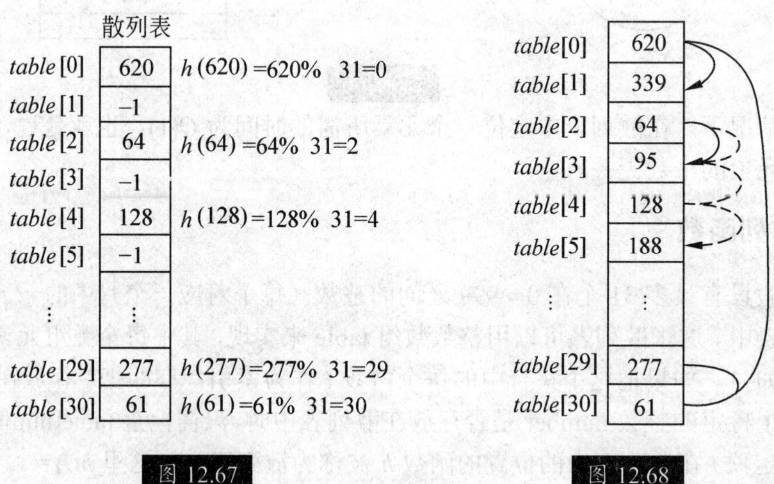

图 12.67　　图 12.68

如果不会从散列表中删除任何项，那么在这张散列表中查找某个给定值是很直接的。我们应用散列函数来计算该值的位置。有三种情况需要进行考虑。在第一种情况中这个位置为空，可以立刻得出该项不在表中。在第二种情况中，如果这个位置中包含给定值，则搜索成功。在第三种情况中，这个位置中包含的值不等于给定值，这是在创建这张表的过程进行冲突处理造成的。此时，从这个位置开始进行“环形”线性搜索，直到找到给定值或找到空位置或回到这个位置为止，而后面两种情况意味着项不在表中。因此，第一种和第二种情况的搜索时间是恒定的，而第三种的搜索时间不是恒定的。如果表几乎是满的，则我们有可能需要检查大部分位置以找到项或者判断项不在表中。

如果允许对项的删除，那么还需要对第三种情况进行修改，因为有可能在线性查找过程中碰到一个曾经在占用，但是现在因为那里的项被删除而变空的位置，这会使得查找过早的结束。一种解决方法是当项被删除后，标志这个位置与其他位置不同；例如，使用–1表示从没被占用过的位置，而–2 表示曾经被占用，但现在是空着的位置。这时，线性查找可以跨过这些正被占用或曾经被占用过的位置继续进行，直到找到项或者碰到一个空位置（从未被占用过）为止。

12.7.3 改进

有 3 种方法来改进散列表的性能：

（1）增加表的大小。

（2）使用不同的策略来解决冲突。

（3）使用不同的散列函数。

1．散列表容量

正如第一个例子中所示的那样，令表的大小等于所要存储的项的数目通常是不现实的，但是小一点的表会导致冲突概率增加。实际上，即使表的大小远远大于项的数目，冲突也可能发生。例如，对于包含 365 个位置的散列表，当要保存 23 个随机选择的项时，发生冲突的概率大于 0.5!（这类似于生日问题，即在一个包含 23 个人的房间中，两个或者多个人的生日相同的概率大于 0.5）因此，期望一种散列方案完全避免冲突是不可能的。应该追求比较少的冲突次数。经验研究结果提示表的大小应该为需存储项的数目的 1.5～2 倍。另外，对于使用取模运算的散列函数，类似于前面使用过的那个函数，表的容量应该是一个能够产生最大数量“散列”的素数，以降低冲突的次数。

2．冲突处理策略

第二种提高性能的方法是设计更好的冲突处理策略。在线性探测策略中，冲突在同一个散列表位置的元素会产生入口堆积，渐渐地这些簇会融合成更大的堆积。这会导致更多的冲突和更长的查找时间。这种现象被称为**首次堆积问题**。

线性探测是用来解决冲突问题的开放定址策略的一个例子。另外一些开放定址模式试图使用另一种探测序列来打破因线性探测而产生的堆积。例如，二次探测使用的探测序列为 $i+1^2, i-1^2, i+2^2, i-2^2, i+3^2, i-3^2$, …所有的操作都对表的大小取模；也就是，向前跳 1 个位置，向后跳 1 个位置，向前跳 4 个位置，向后跳 4 个位置，如此类推，和前面一样，这些位置的跳过也是循环进行的。下面演示了如何使用一个容量为 31 的散列表和前面的散列函数来处理不同的冲突的：

h(620) = 620 % 31 = 0

h(64) = 64 % 31 = 2

h(128) = 128 % 31 = 4

h(467) = 467 % 31 = 2 → 2 + 1 = 3
h(777) = 777 % 31 = 2 → 2 + 1 = 3 → 2 – 1 = 1
h(35) = 35 % 31 = 4 → 4 + 1 = 5
h(127) = 127 % 31 = 3 → 3 + 1 = 4 → 3 – 1 = 2 → 3 + 4 = 7
h(282) = 282 % 31 = 3 → 3 + 1 = 4 → 3 – 1 = 2 → 3 + 4 = 7 → 3 – 4 = 30

（注意最后一个值，3–4 产生了 30，这是因为所有的计算都要再对 31 取模）这产生了图 12.69。

table[0]	620
table[1]	777
table[2]	64
table[3]	467
table[4]	128
table[5]	35
table[6]	−1
table[7]	127
⋮	⋮
table[30]	282

图 12.69

如这个例子演示的，首次堆积是可以避免的，但是随着项的插入，仍然会产生堆积。这被称为**二次堆积问题**。

解决堆积问题的一种方法是对于不同的项使用不同的探测序列，而不是像线性探测和二次探测那样，对所有的项使用同一个探测序列。这被称为**双散列策略**，因为这种策略使用第二个探测函数来决定探测序列。要将项 x 插入表中，使用第一个散列函数来计算 x 在表中的索引：$h_1(x) = i$。如果在这个位置上产生了一个冲突，应用第二个散列函数来为探测序列获得一个增量：$h_2(x) = k$。这为项 x 产生了探测序列 $i, i+k, i+2k,\cdots$。

作为示范，对于使用的散列函数，

$$h_1(x) = x \% 31$$

我们可以使用第二个散列函数①

$$h_2(x) = 17 - (x \% 17)$$

如我们所知，64、467 和 777 都散列到位置 2。但是，它们具有不同的探测序列。因为 $h_2(64) = 4$, 此时得到的探测序列是：

2, 6, 10, 14, 18, 22, 26, 30, 3, 7, 11, 15, 19, 23, 27,
0, 4, 8, 12, 16, 20, 24, 28, 1, 5, 9, 13, 17, 21, 25, 29

但是 $h_2(467) = 9$, 所以它的探测序列是：

2, 11, 20, 29, 7, 16, 25, 3, 12, 21, 30, 8, 17, 26, 4,
13, 22, 0, 9, 18, 27, 5, 14, 23, 1, 10, 19, 28, 6, 15, 24

而 $h_2(777) = 5$, 它的探测序列是：

2, 7, 12, 17, 22, 27, 1, 6, 11, 16, 21, 26, 0, 5, 10, 15,
20, 25, 30, 4, 9, 14, 19, 24, 29, 3, 8, 13, 18, 23, 28

在开放定址策略中，当冲突发生时，冲突值会放在一个位置中，而这个位置能够被某

① 为了保证探测序列能够包括所有的表位置，那么选择第二个模数时必须使它与表的大小是互素的；也就是，它们之间没有公因子。

个值直接散列到。这种“抢劫 Peter 来满足 Paul”的策略会导致之后更多的冲突，因而令问题变得复杂化。一种被称为**建链**的更好方法使用链表数组或向量来存放项。例如，假设要存放人的名字。使用包含 26 个链表的数组 table，所有链表的初值都为空，简单散列函数为 *h*(name) = name[0]–‘A’，亦即当 name[0]是‘A’时，*h*(name) = 0，当 name[0]是‘B’时，h(name) = 1，…，当 name[0]是‘Z’时，*h*(name) = 25。[①]这样，“Adams, John”和“Doe, Mary”分别存放在 table[0]和 table[3]指向的节点中，如图 12.70 所示。

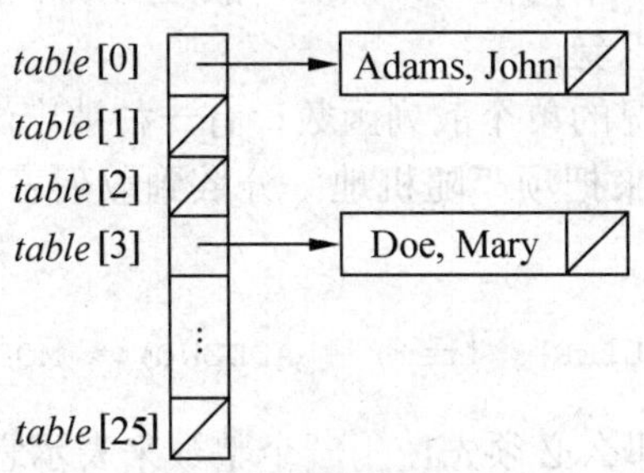

图 12.70

当冲突发生时，我们把新项插入到相应的链表中。例如，由于 *h*(“Davis, Joe”) = *h*(“Doe, Mary”) = ‘D’ – ‘A’ =3，在存放“Davis, Joe”时会发生冲突，因此把包含这个名字的新节点增加到 table[3]所指的链表中，如图 12.71 所示。

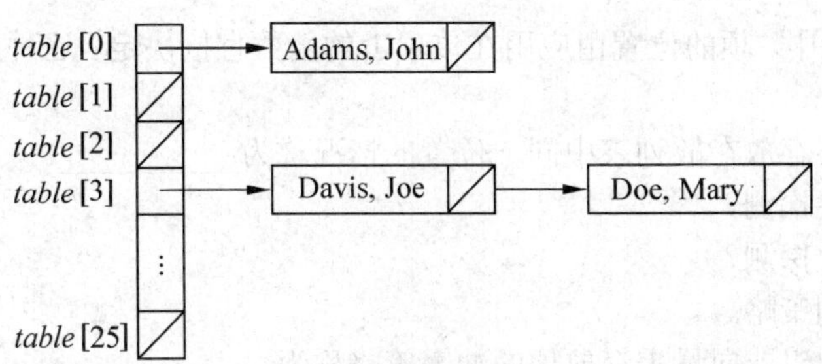

图 12.71

对这个散列表的查找是很简单的。我们只需要把散列函数应用到所要找的项上，然后使用某种对链表进行查找的算法。删除一个项也是很容易的。查找这个项所在的链表，接着如第 6 章所描述的那样从链表中删除这个项。注意和开放定址策略不同，删除并不要求对表的查找方式作出任何改变。

3．散列函数

影响散列表设计中的第三个因素是散列函数的选择。一个理想的散列函数是这样的，它很容易计算，并且可以将散列表中的项分散，从而最小化冲突的可能性。这也是我们在前面例子中通常使用取模运算的一个原因。这个函数很容易计算，并且使得表的容量为有

① 在 C 和 C++中，char 等同于其数值编码（例如 ASCII 编码），因此可以对 char 类型的变量进行算术运算。在 ASCII 中，如果 char 变量的值为‘D’，则 ch – ‘A’ = 68 – 65 = 3。

助于在表中分散数据值的一个素数。

在前面例子中，用来散列名字的函数并不好，因为对于名字的第一个字母来说，某些字母相比其他字母，出现得更为频繁。这样，以‘S’开始的名字链表比以‘Z’开始的名字链表长得多。这种堆积效果使得对 S 名字的查找时间比对 Z 名字的查找时间长。一种更好的散列函数则取第一个字母和最后一个字母的“平均值”，使得名字的分布更为均匀，

$$h(\text{name}) = (firstLetter + lastLetter) / 2$$

我们也可以使用所有字母的“平均值”。然而，散列函数不能太复杂，否则太长的函数计算时间将导致查找时间无法忍受。

尽管不存在满足所有情况的单个散列函数，有一种被广泛使用的称为**随机散列**的方法使用简单的随机数产生技术来把项“随机地”分散到散列表中。[①]项首先被使用如下的语句转换成为一个大随机数：

```
randomInt = ((MULTIPLIER * item) + ADDEND) % MODULUS
```

如果这个项不是一个整数，那么必须先使用一个整数来表示它，才能使用这个公式；例如，人的名字可以被编码为名字中所有字母的 ASCII 码的和。然后这个值对表的大小进行取模以决定项的位置：

```
location = randomInt % CAPACITY;
```

✔ 小测验 12.7

1. 在________中，项的位置由应用在该项上的函数直接决定。这种函数称为________函数。
2. 两个项需要存放在散列表中同一位置的情况称为__________。
3. 什么是线性探测？
4. 什么是二次探测？
5. 描述双散列策略。
6. 使用链表数组或向量来存放项的冲突策略称为__________。

问题 7～9 基于一个包含 7 个位置的散列表，且散列函数为 $h(i) = i \% 7$。给出在按给定顺序插入整数后得到的散列表。

7. 插入 5、11、18、23、28、13、25，使用线性探测策略来处理冲突。
8. 插入 5、11、18、23、28、13、25，使用二次探测策略来处理冲突。
9. 插入 5、11、18、23、28、13、25，使用建链策略来处理冲突。

练习 12.7

1. 一个散列表中包含 11 个位置，散列函数为 $h(i) = i \% 11$。给出在按给定顺序插入整数 26、42、5、44、92、59、40、36、12、60、80 后得到的散列表。使用线性探测

① 这里用于产生随机数的技术和其他技术的具体细节可以在 Donald Knuth 的书《*The Art of Computer Programming: Seminumerical Algorithms*, vol.2》（由 Addison-Wesley 于 1981 年出版）中找到。我们要小心地选择 MULTIPLIER、ADDEND 和 MODULUS。对于 32 位算术运算，可以令 MULTIPLIER = 25173、ADDEND = 13849 和 MODULUS = 65536。

策略来处理冲突。

2. 重做练习 1，这次使用二次探测策略来处理冲突。
3. 重做练习 1，这次使用双散列策略来处理冲突，第二散列函数如下：

$$h_2(x)=\begin{cases}2x \% 11 & \text{如果结果非 0}\\ 1 & \text{如果结果为 0}\end{cases}$$

4. 重做练习 1，这次使用建链策略来处理冲突。
5. 使用以下字符编码：‘A’ = 1，‘B’ = 2，…，‘Y’ = 25，‘Z’ = 26。散列表中包含 11 个位置，散列函数为 h(identifier) = average % 11，其中 average 是 identifier 中第一个和最后一个字母的编码的平均值。给出在按给定顺序插入标识符（identifier）BETA、RATE、FREQ、ALPHA、MEAN、SUM、NUM、BAR、WAGE、PAY、KAPPA 后得到的散列表。使用线性探测策略来处理冲突。
6. 重做练习 5，这次使用二次探测策略来处理冲突。
7. 重做练习 5，这次使用双散列策略来处理冲突，第二散列函数如下：

$$h_2(x) = 7 - (x \% 7)$$

8. 重做练习 5，这次使用建链策略来处理冲突。
9. 使用本节中的实现方法来设计一个 ADT HashTable 类模板。基本操作至少包括构造函数、析构函数、复制构造函数、插入项到散列表中、在散列表中查找项以及从散列表中删除一个项。使用随机散列函数和建链策略来处理冲突。参照本章末尾的编程问题 32 中的指导，编写一个驱动程序来测试你的类模板。

12.8 本章小结

章节注意要点

- 线性查找用在基于数组和基于链表的列表上，但是折半查找只适合于基于数组的列表，因为这需要高效的对列表元素进行直接访问。
- 在大多数情况下，二叉树应该使用双向链接结构来实现；基于数组的实现适合于完全树——除了最底层外，树的每一层都是被充满的，并且最底层的节点都位于最靠左的位置上。
- 对于某些二叉树操作，递归算法比非递归算法更简单，因为二叉树可以被看作一个递归的数据结构。
- 线索化一棵二叉查找树使得容易进行非递归遍历。
- 影响散列表性能的 3 个主要因素是表的容量、散列函数和冲突处理策略。散列函数应该容易计算并且能将项分散到散列表中。开放定址策略和建链策略是最常用的冲突处理策略。

程序设计知识点

适用于第 6 章及其后几章中的链表的大部分编程指导也适用于树，原因在于树也是链结构。

1. 在使用类来实现对象时，把实现细节藏在类的私有（或保护）部分以隐藏这些细节。在类 BST 中，用来代表树节点的 BinNode 类就属于这种细节。
2. 在实现二叉树时要加倍小心，因为其节点包含两个指针成员。和一个指针相比，当维持两个指针时，犯逻辑错误的概率就增加一倍。你编写的树操作可能通过编译，但往往会产生运行错误。
3. 在处理树之前要确保树是非空的。这对子树也适用。在大多数递归的树处理算法中，空树是递归的初始步情况。因此，检查树是否为空可以避免下面的错误：
   - 去引用空指针
   - 产生无限递归

ADT 技巧

1. 线性查找的最坏和平均计算时间都是 $O(n)$。<algorithm>中的 find()就使用了线性查找。
2. 折半查找的最坏和平均计算时间都是 $O(\log_2 n)$。<algorithm>中的 binary_search ()就使用了折半查找。
3. 基于向量的实现方法适用于完全二叉树，但当树变得更加不平衡时，其空间效率会降低。
4. 二叉树可以很自然地以递归数据结构来定义，使用递归函数可以更容易地实现其上的几种操作。
5. 对二叉查找树的中序遍历从小到大地访问节点中的值。
6. 对平衡二叉查找树的查找和插入操作的计算时间都是 $O(\log_2 n)$。当树变得不平衡时，这些操作的性能将下降。在最坏情况下，BST 退化成为链表，此时这些操作的计算时间为 $O(n)$。需要采用第 15 章中描述的重新平衡方法来防止这种情况发生。
7. 二叉查找树的删除操作也会导致它变得不平衡。
8. 散列表是为快速（常数级时间）查找、插入和删除而设计的。

编程问题

12.1 节

1. 编写一个驱动程序来测试练习 6 中的改进 linearSearch()函数。
2. 编写一个驱动程序来测试练习 7 中的针对有序列表的 linearSearch ()函数。
3. 编写一个驱动程序来测试练习 8 中的递归 linearSearch()函数。
4. 编写一个驱动程序来测试练习 9 中的递归 linearLinearSearch()函数。
5. 编写一个驱动程序来测试练习 10 中的线性查找函数，其中的列表实现是采用前移自组织策略的数组。
6. 编写一个驱动程序来测试练习 11 中的线性查找函数，其中的列表实现是采用前移自组织策略的链表。

7. 编写一个驱动程序来测试练习 12 中的线性查找函数，其中的列表实现是采用前移一位自组织策略的数组。
8. 编写一个驱动程序来测试练习 13 中的线性查找函数，其中的列表实现是采用前移一位自组织策略的链表。
9. 编写一个驱动程序来测试练习 14 中的插值查找函数。
10. 线性查找不适用于长列表，因为此时查找时间变得不可忍受。在字典中，通过允许直接访问子列表的开头，然后在子列表中查找，这个问题得到缓解。我们可以模拟这种方法，把长列表分成多个子列表，并构造这些子列表的索引矩阵。编写一个程序，从 StudentFile(在第 4 章末尾描述)中读入记录并把记录存放在名字以'A'、'B'、'C'… 开头的子列表数组中。然后程序根据接收的学生名字，提取相应的学生记录。
11. 对于短列表，线性查找的性能比折半查找的性能好。编写一个程序来比较线性查找和折半查找的计算时间。
12. 重做练习 11，这次包括插值查找（参见练习 14)。

12.4 节

13. 编写一个驱动程序来测试练习 21 中的函数 displayPreOrder()。
14. 编写以下函数 generateBST 的定义，这个函数用于以随机顺序插入方式产生的包含大写字母的二叉查找树。

```
BST<char> generateBST();
/* --------------------------------------------------------------------
按照随机次序插入大写字母'A'-'Z'来产生一棵BST

前置条件： 无
后置条件： 一棵包含按随机次序插入的大写字母的BST被创建并被返回
--------------------------------------------------------------------*/
```

15. 使用编程问题 14 中的 generateBST()来产生多棵 BST，然后测试练习 22 中的函数 level()，之后决定每棵 BST 中字母'A'、'B'、…、'Z'所在的层。
16. 使用练习 23 中的非递归函数 level()来重做编程问题 15。
17. 使用编程问题 14 中的 generateBST()来产生多棵 BST，然后测试练习 24 中的函数 height ()，之后决定每棵树的高度。
18. 测试练习 25 中的函数 leafCount()。使用编程问题 14 中的 generateBST()来产生多棵二叉树，并使用 displayPreOrder()来显示这些树(参见练习 21)，并使用 leafCount()来统计叶子数目。
19. 测试练习 26 中的函数 inorder ()。使用编程问题 14 中的 generateBST()来产生多棵二叉树，并使用 inorder()来遍历它们。
20. 测试练习 27 中的函数 levelByLevel()。使用编程问题 14 中的 generateBST()来产生多棵二叉树，并使用 levelByLevel()来遍历它们。

21. 在本节中，二叉查找树使用指针来实现。与6.6节中描述的使用数组来实现链表的方法类似，我们也可以使用数组来实现二叉查找树。在这种实现中，每个节点以一个类BinNode来表示，BST是一个BinNode类型的数组。每个BinNode对象包含三个数据成员：一个存储数据的成员和分别指向左子女和右子女的链成员（通过保存数组下标来实现链）。模拟6.6节中基于数组来实现链表的方法：
（1）为这个基于数组实现的二叉查找树编写合适的声明。
（2）设计并测试一个可用节点存储池类，并实现初始化操作、获取节点操作和归还节点操作。
22. 采用编程问题21中的基于数组来实现BST的方法，编写并测试对BST进行查找的函数search()。
23. 采用编程问题21中的基于数组来实现BST的方法，编写并测试在BST中插入项的函数Insert ()。
24. 编写一个程序来处理其中节点只包含字符的BST。用户能够选择以下菜单选项：
I跟着一个字符：插入该字符
S跟着一个字符：查找该字符
TI: 中序遍历
TP: 前序遍历
TR: 后序遍历
QU: 退出
25. 编写一个拼写检查器，即读入文本中的单词并在字典中查找这个单词以进行拼写检查的程序。使用BST来存放字典，从文件中读入单词列表。当在文本中检查单词拼写时，程序应该打印出不在字典中的单词的列表。
26. 第11章末尾的编程问题20～22要求建立文本词语索引，即文本中所有不同单词的列表。其基本存储结构是由有序链表组成的数组，其中以A开头的单词构成一个链表，以B开头的单词构成一个链表等。编写一个程序来读入文本、构造在文本中出现的不同单词的语词索引、以及每个单词第一次出现时所在的行数（或页数），然后允许用户查找这个词语索引。使用一个BST数组来存放这个词语索引。
27. 扩展编程问题26，使得每个单词的所有出现都被存放在一个有序链表中。在词语索引中查找特定的单词时，程序必须显示包含这个单词的所有行数（或页数）。用于词语索引的数据结构来自我们已经学习过的结构：二叉查找树数组，其中每个节点存储都是一个类，该类包含一个字符串成员和一个有序链表成员。

12.6节

28. 编写一个驱动程序来测试练习6中的右线索化BST遍历算法。
29. 编写一个驱动程序来测试练习7中的右线索化BST算法。
30. 编写一个程序，使用本节中描述的技术来构建BST，然后使用练习7中的函数来对这棵BST进行线索化，之后使用练习6中的函数来遍历它。

31．重做编程问题 30，这次实现练习 17 中的插入函数，并使用这个函数来构建线索化 BST。

12.7 节

32．编写一个驱动程序来测试练习 9 中的散列表类模板。

33．编写一个程序，它读入一组计算机用户标识和密码并把它们存放在一个散列表中。然后程序读入两个分别代表用户标识和密码的字符串，通过在散列表中的查找来检查输入用户是否为合法用户。

34．使用散列函数 $h(i) = i \% n$ 来把范围从 1～100 的整数存放在一个散列表中，其中 n 是表的容量。编写一个程序，它生成处于该范围之内的随机整数，并把这些整数插入到散列表中，直到冲突发生为止。执行程序 100 次，统计直到冲突发生为止被插入散列表的整数的平均数目。针对不同的表容量来运行这个程序。

第13章 排序

章节内容

- 某些计算时间为 $O(n^2)$ 的排序方法
- 堆、堆排序和优先队列
- 快速排序
- 归并排序
- 基数排序

章节学习目标

- 描述 3 种类型的排序方法：选择、交换和插入
- 查看一些计算时间为 $O(n^2)$ 的排序方法：简单选择排序、冒泡排序和插入排序
- 学习堆，说明如何使用堆来开发一种称为堆排序的高效选择排序，并考察使用堆的优先队列的一种实现。
- 仔细学习快速排序，这是使用分治策略开发的一种高效的交换排序。
- 学习归并排序，这是一种可以被用来对顺序文件进行排序的方法。
- 考察基数排序，这是一种并非基于比较的排序。

在本章中考虑对列表进行排序的问题：

$$x_1, x_2, \cdots, x_n$$

即根据元素的值（或元素中的某个关键域）从小到大地（即升序）排列列表元素：

$$x_1 \leqslant x_2 \leqslant \cdots \leqslant x_n$$

或者从大到小地（即降序）进行排列：

$$x_1 \geqslant x_2 \geqslant \cdots \geqslant x_n$$

像对一系列数据进行查找这样的操作是处理数据时的一个基本问题。我们可能需要将一个邮件标签列表按照邮政编码升序进行排列；或者根据字母序将一些学生记录列表按照名字进行输出；或者将不同类型的理财方式的利率列表按照降序进行输出；还有很多这样的例子。另外，如已经看到的，一些通用的列表处理算法（例如，折半查找）需要列表是已经排好序的。

存在着很多种不同的的排序方法，并且按照不同的方式，可以对它们进行分类。一种分类方法是基于待排序的数据存放在哪里：

- 内部排序被设计来对主存中的数据进行排序。
- 外部排序被设计来对辅存中的数据进行排序（例如，磁盘上的）。

绝大多数考虑的排序方法是内部排序，但是在本章最后一节将描述一种流行的外部排序。

另一种分类方法基于进行排序的通用方式。我们将考虑的 3 种分别是选择、交换和插

入。在 13.1 节中将对它们进行描述和演示。总的来说，尽管这些排序非常容易理解和实现，但是它们的效率并不高，这在数据集比较大时尤其明显。因此，在后面的几节和练习中，将描述一些更高效的排序模式，例如，堆排序和快速排序。

13.1 某些计算时间为 $O(n^2)$的排序方法

我们从考虑一种简单的排序模式开始对排序算法进行讨论，在前面的引文中有这种模式对应的 3 种排序方法：选择排序、交换排序和插入排序。这是在程序设计入门课程中通常会学习的排序方法，当然这是因为它们非常容易理解，而不是因为它们是最好的。

此外，还应该提到，为了简单起见，假设对于将被排序的那些列表，已经为其元素定义了关系运算符（<和==，特别的），并且要将它们按照升序或者降序进行排列。实际上，排序处理的是对象列表，这些对象表示包含着多个不同类型的信息项的记录。这时，排序是基于这些记录中的某个关键域进行的。我们给出的排序算法可以很容易地被修改来比较列表元素中的关键词，而不是比较整个元素。

13.1.1 选择排序

选择排序的基本思想是对列表或者列表的一部分进行多次扫描，每次选出一个元素将被放到正确位置。例如，在对一个子列表的扫描中，子列表中的最小元素被找到并移动到合适的位置。

例如，假设要对以下列表进行升序排列：

67, 33, 21, 84, 49, 50, 75

扫描这个列表，在位置 3 上找到最小元素：

67, 33, 21, 84, 49, 50, 75

交换这个元素和第一个元素的位置，使得最小元素处于列表头部：

67, 33, 21, 84, 49, 50, 75

现在扫描从位置 2 开始的子列表，从中找出最小元素：

21, 33, 67, 84, 49, 50, 75

并交互这个元素和第二个元素（其实是其本身）的位置，这样就把第二小的元素放在位置 2：

21, 33, 67, 84, 49, 50, 75

按这种方式继续，找出从位置 3 开始的子列表中的最小元素，并将它与列表的第三个元素进行交换；之后找出从位置 4 开始的子列表中的最小元素，并将它与列表的第四个元素进行交换；以此类推，直到子列表包含最后两个元素为止：

21, 33, 49, 84, 67, 50, 75

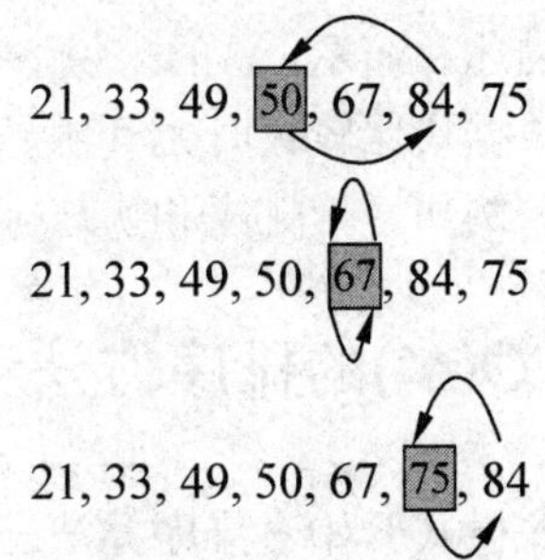

找出这个最后子列表中的最小元素并把它放到适当的位置，这样就完成了排序过程。10.4 节中给出了这个简单的选择排序算法，其中列表存放在数组或向量中。

简单选择排序算法——基于数组

/* 是用选择排序将 $x[1],\cdots,x[n]$进行升序排序。
　注意：为了与其他排序方法一致，$x[0]$保留作其他用途。*/
　for i = 1 to n do
　　//* 找出子列表 $x[i]$ ⋯ $x[n]$中的最小元素 */
　　① 令 smallPos = i，并且 smallest = x[smallPos]。
　　② for $j = i + 1$ to $n - 1$ do
　　　　如果 $x[j]$ < smallest　　　// 找到最小元素
　　　　　　令 smallPos = j 并且 smallest = x[smallPos]
　　　　Endfor
　　//* 现在交换这个最小元素和子列表的第一个元素 $x[i]$ */
　　③ 令 x[smallPos] = $x[i]$并且 $x[i]$ = smallest。
Endfor

针对链表的算法也容易实现。只需把下标 i 和 j 替换成为在列表和子列表中移动的指针。使用 6.4 节中介绍抽象列表时所用的记号，可以把算法写成如下。

基于链表的简单选择排序算法

/* 使用选择排序来对链表中的元素进行升序排序。
注意：$p \rightarrow$data 和 $p \rightarrow$next 分别指向 p 所指节点的数据部分和 next 部分。*/
（1）令指针 p 指向第一个节点。
（2）当 p 非空时：
// 首先找出 p 指向的子列表中的最小元素
　① 令指针 smallPtr = p 并且 smallest = $p \rightarrow$data。
　② 令指针 $q = p \rightarrow$next。
　③ 当 q 非空时：
　　• 如果 $q \rightarrow$data < smallest　　　//找到最小元素
　　　　令 smallPtr = q 且 smallest = $q \rightarrow$data。
　　• 令 $q = q \rightarrow$ next。

// 现在交换这个最小元素和子列表的第一个元素的位置

④ 令 smallPtr →data = p →data 且 p →data = smallest

⑤ 令 $p = p$ →next

注意：我们给出的简单选择排序算法是基于循环的算法，其基本方法却是递归的：

如果列表只有一个元素　　　　　　　　　// 基本步

　　停止——列表被排好了

否则：　　　　　　　　　　　　　　　　// 递归步

　　（1）找到最小元素并把它放在列表头部。

　　（2）对剩下的列表进行排序。

在 10.4 节中推出这种排序算法的最坏计算时间是 $O(n^2)$。实际上所有情况的计算时间都是 $O(n^2)$。在第一次扫描中，第一个项与其后的 $n-1$ 个项进行比较；在第二次扫描中，第二个项与其后的 $n-2$ 个项进行比较；以此类推。总共的比较次数为：

$$(n-1)+(n-2)+\cdots+2+1=\frac{n(n-1)}{2}$$

所以所有情况的计算时间都是 $O(n^2)$。

13.1.2 交换排序

选择排序选出某个元素并把它放到列表中的正确位置，**交换排序**与之不同，它系统化地交换那些不符合次序的元素对，直到列表中不存在这种元素对为止，此时列表就排好了。交换排序的一个例子是**冒泡排序**。尽管这种排序方法的效率很低，不值得推荐，它却非常容易理解，因此出现在许多编程入门课程中。

例如，考虑以下列表：

67, 33, 21, 84, 49, 50, 75

在第一次扫描中，比较最先的两个元素 67 和 33，因为它们不符合次序，故将它们进行交换：

67, 33, 21, 84, 49, 50, 75

33, 67, 21, 84, 49, 50, 75

现在比较第二个元素和第三个元素 67 和 21 并交换它们：

33, 67, 21, 84, 49, 50, 75

33, 21, 67, 84, 49, 50, 75

然后比较 67 和 84，这次不需要交换这两个元素，因为它们符合次序：

33, 21, 67, 84, 49, 50, 75

33, 21, 67, 84, 49, 50, 75

之后比较并交换 84 和 49：

33, 21, 67, 84, 49, 50, 75

33, 21, 67, 49, 84, 50, 75

之后比较并交换 84 和 50：

33, 21, 67, 49, 84, 50, 75

33, 21, 67, 49, 50, 84, 75

最后比较并交换 84 和 75：

33, 21, 67, 49, 50, 84, 75

33, 21, 67, 49, 50, 75, 84

这样第一次扫描就完成了。

我们可以保证，在这次扫描中，列表中的最大元素将“沉降”到列表的末尾，因为很明显它移过所有比它小的元素：

33, 21, 67, 49, 50, 75, 84

注意，某些更小的元素“冒泡”到列表的更前部分，使之更加接近其应在的位置。[①]现在再次扫描列表，这次排除最后一项，因为它已经处于应在位置。在这次扫描中发生的比较和交换如下：

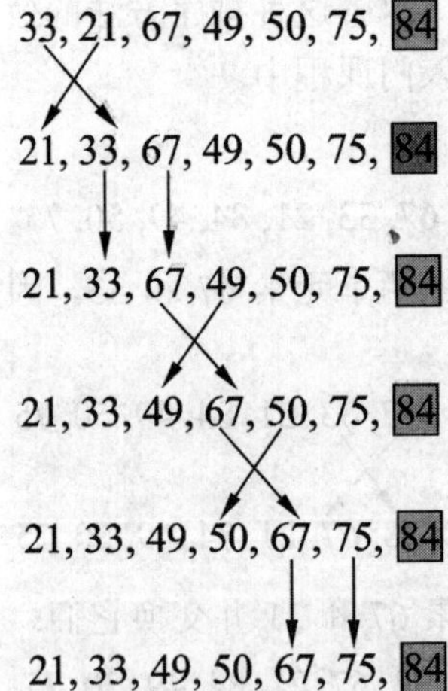

在这次扫描中，最后一个涉及交换的元素原来处于位置 5，这意味着这个元素和之后的所有元素已经处于应在位置，因而可在下次扫描中忽略。

因此，在下一次扫描中，只考虑位置 1～4 中的元素：

21, 33, 49, 50, 67, 75, 84

在扫描这个子列表时，不需要进行任何交换，这意味着排序完成了。

① 对于某些算法，较大的元素向列表的尾部“冒泡”，而较小的元素向列表的首部“沉降”。你自己决定选择哪一种！

以下算法给出了具体的排序方法：

冒泡排序算法

/* 使用冒泡排序对 $x[1], \cdots, x[n]$进行升序排序。

注意：为了与其他排序方法一致，$x[0]$保留作其他用途。*/

（1）令 numCompares 为 n–1。// numPairs 是在下轮扫描中需要比较的对的数目

（2）当 numCompares $\neq 0$ 时执行以下步骤：

① 令 last = 1 // last 标记着经交换的最后元素的位置

② for j = 1 to numCompares do

如果 $x_i > x_{i+1}$

交换 x_i 和 x_{i+1} 且令 last =i

③ 令 numCompares = last – 1

冒泡排序的最坏情况是当列表元素按相反方向排列时，此时在每次扫描中只有一项（最大项）处于正确位置。第一次扫描进行 n–1 次比较和交换，只有最大元素的位置正确；例如，在 8 次比较和交换后，列表

90,80,70,60,50,40,30,20,10

变成

80,70,60,50,40,30,20,10, 90

在第二次扫描中，所要扫描的子列表包含 n–1 个元素，因此需要 n –2 次比较和交换，且第二大的元素被移到位置 n–1。例如，在 7 次交换和比较之后，前面的列表变为

70,60,50,40,30,20,10,80, 90

这种扫描继续到子列表包含两个元素为止：

20,10,30,40,50,60,70,80,90

在这次扫描中，只有一次比较和交换：10,20,30,40,50,60,70,80,90。

因此，共需要$(n-1)+(n-2)+\cdots+1=n(n-1)/2$ 次比较和交换；在例子中 8+7+6+5+4+3+2+1= (8×7)/2=28。算法中执行得最多的就是这些比较和交换操作。因此冒泡排序的最坏计算时间是 $O(n^2)$，其平均计算时间也是 $O(n^2)$，但证明过程要困难得多。

13.1.3 插入排序

插入排序的基本思想是：反复地插入新元素到已经排好序的列表之中，且令插入后的列表也是有序的。这种方法类似于扑克玩家的持牌方法。例如，假设玩家得到的第一张牌为 7（忽略花色等其他属性）。显然，这张牌已经处于正确位置：

在得到第二张牌时，它应该插入到正确的位置，即在第一张牌之前或之后。例如，如果第二张牌是 2，则它应该放在 7 的左边：

在得到第三张牌时，它应该插入到相对于前面两张牌的正确位置，使得三张牌按次序排列。例如，如果第三张牌是 4，则牌 7 必须为牌 4 腾出位置，即牌 4 应该放插在 2 和 7 之间：

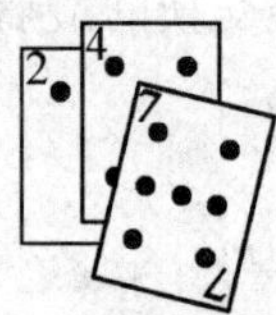

继续这个过程。反复地插入新牌到已经排好序的众牌之中，使得插入后的众牌也是有序的：

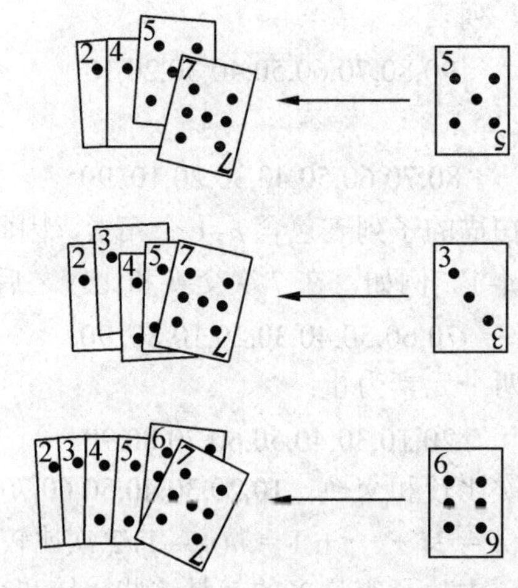

针对存放在数组中的列表，以下算法描述了这个插入过程。在第 i 阶段，x_i 插入到已经符合次序的 $x_1, x_2, \cdots, x_{i-1}$ 之中。我们从右边开始，将 x_i 和这些元素进行逐个比较，在必要时将元素移动一格。位置 0 中存放着 x_i 的副本，从而防止在进行从右到左扫描时“脱出左边界”。

线性插入排序

/* 使用线性插入排序对 $x[1], \cdots, x[n]$进行升序排序。
注意：x 的位置 0 存放着所要插入的元素的副本 */
for i = 2 to n do
/* 把 $x[i]$插入到 $x[1], \cdots, x[i-1]$中的正确位置 */
（1）令 nextElement = $x[i]$且 $x[0]$ = nextElement。
（2）令 j 等于 i。

（3）当 nextElement < $x[j-1]$时：

// 把当前元素移后一格以腾出一个位置

令 $x[j]$等于 $x[j-1]$且令 j 减 1。

End while

//现在把 nextElement 放在腾出的位置中

令 $x[j]$等于 nextElement。

End for

下面示范了算法运行在列表 67, 33, 21, 84, 49, 50, 75 上的情况。每个阶段中产生的符合次序的子列表被做上标记，而箭头演示了元素被移到右边以给要插入的元素腾出位置。

[67],	33,	21,	84,	49,	50,	75	初始时的单元素有序子列表
[33],	[67],	21,	84,	49,	50,	75	插入 33 得到 2 元素有序子列表
[21],	[33],	[67],	84,	49,	50,	75	插入 21 得到 3 元素有序子列表
[21],	[33],	[67],	[84],	49,	50,	75	插入 84 得到 4 元素有序子列表
[21],	[33],	[49],	[67],	[84],	50,	75	插入 49 得到 5 元素有序子列表
[21],	[33],	[49],	[50],	[67],	[84],	75	插入 50 得到 6 元素有序子列表
[21],	[33],	[49],	[50],	[67],	[75],	[84]	插入 75 得到 7 元素有序子列表

线性插入算法的最坏情况也出现在当列表元素按相反方向排列的时候。此时，插入 $x[2]$需要进行两次比较（先和 $x[1]$比较，再和 $x[0]$比较），插入 $x[3]$需要进行三次比较，以此类推。因此总的比较次数为：

$$2+3+\cdots+n=\frac{n(n+1)}{2}-1$$

所以计算时间也是 $O(n^2)$。这个时间也是算法的平均情况的计算时间，因为被插入的项平均需要与已经排好序的子列表中的一半项进行比较。

线性插入排序也可以用于链表。对于单向链表，算法将显然不同，因为此时只能直接访问链表的第一个元素。然而，算法并不复杂，故我们把它留作练习。

13.1.4 排序算法的性能比较

我们目前提到的所有排序算法在最坏情况和平均情况下的计算时间都是 $O(n^2)$，因此无法根据这个时间来选择算法。然而，更仔细的分析和实验结果揭示它们的性能并不是在所有情况下都是一样的。

简单选择排序的主要优点是简单。显然它不适合作为通用的排序算法，尤其是当列表比较大的时候。其低效性来自于它需要 O(n)时间来找出下一个项。一种称为**堆排序**的更好的选择排序算法则使用更有效的查找算法，使得排序时间降为 $O(n\log_2 n)$。堆排序将在下一节中描述。这两种选择排序算法的弱点在于：对于基本有序（即大部分元素已经符合次序）的列表和完全随机的列表，它们的性能并无不同。许多应用涉及已经部分有序的列表。对于这些应用，其他排序方法可能更加适用。

对于已经部分有序的列表，（这里描述的）冒泡排序的性能更佳，因为当列表有序时它能够检测到并不再进行多余的扫描。然而，它也不适合作为通用的排序算法，因为它需要大量的交换操作，这在列表比较大时尤其明显。事实上，在我们提到的排序算法中，它的效率最低，因此不推荐使用。练习中描述的双向版本的性能稍微提高一点。在 13.3 节中描述的名为快速排序的交换算法的平均计算时间是 $O(n\log_2 n)$，它是最有效的通用排序算法中的一种。

线性插入排序的效率也很低，因而不适合作为通用排序算法。然而，它的花销比较低，因此比简单选择排序和冒泡排序好。事实上，对于短列表（包含 20 个左右的元素）和部分有序列表，在我们讨论的所有排序算法中，实验结果表明线性插入排序的性能最佳。练习 11 和练习 12 分别描述了另外两种更加有效的插入算法：**折半插入排序和希尔排序**。

总之，不存在最佳的通用排序算法。对于短列表，线性插入排序的性能比较好。对于一般的列表，快速排序、希尔排序和堆排序是较好的选择。对于随机产生的大小为 500 的列表，表 13.1 给出了排序性能。该表格中的结果选自 1970 年代的录像 Sorting Out Sorting[①]，通常被作为算法模拟的开始。和现在的计算机运行的结果比较，这里的时间是非常慢的，当然，通过相互之间的比较，这些时间清楚地说明了这些排序中哪一个更有效。

表 13.1

排序算法	算法类型	排序时间（秒）
简单选择排序	选择	69
堆排序	选择	18
冒泡排序	交换	165
双向冒泡排序	交换	141
快速排序	交换	6
线性插入排序	插入	66
折半插入排序	插入	37
希尔排序	插入	11

13.1.5 间接排序

本节中描述的排序算法都需要把列表元素从一个位置移动到另一个位置。如果列表元

① 这个 30 分钟的经典录像由多伦多大学的 Ronald Baecker 和 Dave Sherman 创建，它以迷人的图形方式来比较 9 种排序算法的性能：3 种选择排序、3 种交换排序和 3 种插入排序。这个影片的一个概述版本可以在 http://www.dgp.toronto.edu/people/RMB/video/sos_recap.mov 找到，而这 9 种算法针对同样的一个大随机数数组的排序竞赛可以在 http://www.dgp.toronto.edu/people/RMB/video/sos_dotclouds.mov 找到，影片也是以这个竞赛作为结束的。对于更新一点的排序算法的图形化比较，可以在 Internet 上为数众多的算法动画网站中的一些站点上找到；例如 http://www.cs.ubc.ca/spider/harrison/Java/sorting-demo.html，以及 http://www.cs.hope.edu/~alganim/ccaa/sorts.html 上的“The Complete Collection of Algorithms”。

素是包含许多信息的雇员记录这样的对象，则这种数据移动所需的时间将长得令人无法忍受。对于这些由大记录或对象组成的列表，另一种方法是使用间接排序，即使用索引表来存放对象的位置，并移动对象的索引（即下标或位置）而非对象本身。例如，对于雇员记录数组 $x[1], \cdots, x[5]$，数组 index 的初值为 index[1] = 1, index[2] = 2, …, index[5] = 5。如果在对记录进行排序时，需要交换第一个和第三个记录，同时需要交换第二个和第五个记录，则我们把索引表中的第一个和第三个索引、第二个和第五个索引进行交换，使得 index[1] = 3, index[2] = 5, index[3] = 1, index[4] = 4, index[5] = 2。此时，记录的逻辑次序是 x[index[1]], x[index[2]],…, x[index[3]]，即 $x[3], x[5], x[1], x[4], x[2]$。至于如何把排序算法改成间接排序算法，则留作练习（参见本章结尾中的编程问题 8）。

小测验 13.1

1．描述选择排序的工作原理。
2．对于部分有序列表，简单选择排序算法的性能比对于随机列表的性能高。（判断题）
3．描述交换排序的工作原理。
4．对于部分有序列表，冒泡排序算法的性能比对于随机列表的性能高。（判断题）
5．描述插入排序的工作原理。
6．对于部分有序列表，线性插入算法的性能比对于随机列表的性能高。（判断题）
7．线性插入算法比较适用于短列表（15～20 个元素）。（判断题）
8．________使用索引表来存放记录的位置，并移动记录的索引而非记录本身。

练习 13.1

1．采用简单排序算法对以下数组 x 进行升序排序，分别给出在第一次和第二次之后的 x。

i	1	2	3	4	5	6
$x[i]$	30	50	70	10	40	60

2．（1）采用冒泡排序算法来对以下数组 x 进行降序排序，分别给出在第一次和第二次之后的 x。

i	1	2	3	4	5	6
$x[i]$	60	50	70	10	40	20

（2）共要进行多少次冒泡？

（3）在什么情况下冒泡排序的交换次数最多？

3．（1）在以下 x 中，线性插入排序已经排好 $x[3]$的位置：

i	1	2	3	4	5	6
$x[i]$	20	40	60	30	10	50

给出分别安放好 $x[4]$和 $x[5]$之后的 x。

（2）在什么情况下线性插入排序的交换次数最少？

以下几题要求你编写函数来实现某些排序算法。参照本章结尾中的编程问题，编写驱动程序来测试这些函数。

4. 简单选择排序算法的基本操作是扫描列表 $x_1, \cdots, x_n$ 来找出最小元素的位置并把它放在列表的开头。一种改进方法是在扫描列表的时候同时找出最小值和最大值，并把它们分别放在列表的开头和结尾。在下一次扫描中，对子列表 $x_2, \cdots, x_{n-1}$ 继续这种操作，以此类推。

（1）对练习 1 中的 x 进行这种双端简单选择排序，分别给出在第一次和第二次之后的 x。

（2）编写一个函数来实现这个双端简单选择排序。

（3）决定计算时间。

5. 练习 4 中描述的双端选择排序算法可以通过使用一种更有效的选出（子）列表中最大值和最小值的方法来作进一步改进。这种算法称为最小-最大排序（Min-Max Sort）[①]。

对于列表 $x_1, \cdots, x_n$，其中 n 是偶数。

（1）比较 x_i 和 x_{n+1-i} 的大小，如果 $x_i > x_{n+1-i}$ 则作交换，其中 i 的范围从 1～$n/2$。这就构建了一个“彩虹模式”，其中 $x_1 \leqslant x_n$, $x_2 \leqslant x_{n-1}$, $x_3 \leqslant x_{n-2}$ 等，使得列表中较小的元素处于左半部，而较大的元素处于右半部。

（2）对以下列表 $x_1, \cdots, x_n$ 执行以下步骤，再对 $x_2, \cdots, x_{n-1}$ 执行以下步骤，以此类推：

① 找出前半部分中的最小元素 x_S 和后半部分的最大元素 X_L，把它们分别与（子）列表中的第一个元素和最后一个元素作交换。

② 比较 x_s 和 x_{n+1-S}，比较 x_L 和 x_{n+1-L}，在需要时作交换，从而构建另一个“彩虹模式”。

a. 对于以下数组 x，给出执行第 1 步之后的 x，然后给出在第 2 步中每次之后的 x：

i	1	2	3	4	5	6	7	8	9	10
$x[i]$	30	80	90	20	60	70	10	100	50	40

b. 编写一个函数来实现这个排序算法。

6. 编写一个递归算法来实现简单选择排序。

7. 编写一个递归算法来实现冒泡排序。

8. 编写一个适用于链表的冒泡排序算法。

9. 双向冒泡排序是冒泡排序的一个变种，它交替地从左到右和从右到左扫描未排好序的子列表。在从左到右扫描的时候，如果 $x_i > x_{i+1}$，则交换 x_i 和 x_{i+1}，使得较大的元素移向子列表的右端。在从右到左地扫描的时候，如果 $x_{i+1} < x_i$，则交换 x_{i+1} 和 x_i，使得较小的元素移向子列表的左端。扫描进行到没有元素被交换为止。

① Narayan Murthy, “Min-Max Sort: A Simple Method,” CSC‘87 Proceedings (Association of Computing Machinery, 1987)。

（1）对于练习 5 中的数组 x，给出在每次从左到右和从右到左扫描之后的 x。

（2）编写一个算法来实现双向冒泡排序，并决定其计算时间。

10．编写针对链表的插入排序算法。

11．在**折半插入排序**中，我们使用折半查找而不是线性查找来在排好序的子列表 $x[1], x[2], \cdots, x[i-1]$ 中找出下一项 $x[i]$ 应该插入的位置。

（1）编写折半插入排序算法。

（2）对于以下数组 x 应用折半插入排序，给出把元素 $x[i], i = 2, 3, \cdots, 10$ 插入到有序子列表 $x[1], \cdots, x[i-1]$ 之后的 x。统计数组元素的比较次数。

i	1	2	3	4	5	6	7	8	9	10
$x[i]$	100	90	60	70	40	20	50	30	80	10

（3）使用线性插入排序来重做（2）。

12．对于短列表和部分有序列表，线性插入排序的性能较好。**希尔排序**（取名于 Donald Shell）是一种插入排序，它使用线性插入排序来对短列表排序，并产生更长的部分有序列表。具体地，它使用线性插入排序来对相互之间“间隔”为 g 的元素进行排序，首先处理 $x[1], x[1+g], x[1+2g], \cdots$，然后处理 $x[2], x[2+g], x[2+2g], \cdots$，之后处理 $x[3], x[3+g], x[3+2g], \cdots$，以此类推。然后减少间隔 g 的值并重复以上处理过程，直到间隔 g 变成 1 为止，此时执行线性插入排序之后列表就被排好了。

（1）对于练习 11 中的数组 x，给出每个子列表都被处理后的 x。g 的初值为 4，最终 g 变为 1。

（2）编写一个函数来实现希尔排序算法，其中 g 的初值为 $\frac{3^k-1}{2}$，且每回 g 的值减 3，这里 k 是某个整数。

13．二叉查找树能用于排序。只需把列表元素插入到初始为空的 BST 中，然后使用中序遍历来把元素复制到列表中。针对以下的列表实现，编写一个算法来实现这种**树排序**方法：

（1）数组

（2）链表

14．编写一个函数来实现练习 13 中的树排序方法。

13.2 堆、堆排序和优先队列

在 13.1 节中讨论了 3 种排序算法：简单选择排序、冒泡排序和线性插入排序。它们的最坏情况和平均情况计算时间都是 $O(n^2)$，其中 n 是列表的长度。我们已经注意到，有几种方法的计算时间是 $O(n \log_2 n)$，因此在大部分情况下比前面 3 种算法更为高效。事实上，可以证明任何基于比较和交换的算法的最坏计算时间最少为 $O(n \log_2 n)$。在本节中描述其中一种这样的算法——堆排序。它是一种选择排序，并使用一种称为堆的新数据结构来管理列表元素，使得选择操作更为有效。它由 John Williams 在 1964 年提出[①]。

13.2.1 堆

作为 ADT 的堆定义如下：

堆 ADT

数据元素集合：

一棵符合以下性质的二叉树：

- 是一棵完全树。也就是说，除了最低层之外，树的每一层都是满的，且最低层中的节点处于左边。
- 它满足堆次序属性：每个节点中的数据项都大于或者等于其子女的数据项。（如果数据项是记录，则这些记录中的某个关键域必须满足这一属性）

注意：这通常也称为一个最大堆；如果把堆次序属性的“大于”改为“小于”并且将基本操作中的“最大”改为“最小”，则这就构成一个最小堆。

基本操作：

- 创建一个空堆。
- 检查堆是否为空。
- 插入一个项。
- 提取一个最大元素。
- 删除一个最大元素。

例如，再继续往下读之前，判断在以下的二叉树中哪一棵是堆，如图 13.1 所示。

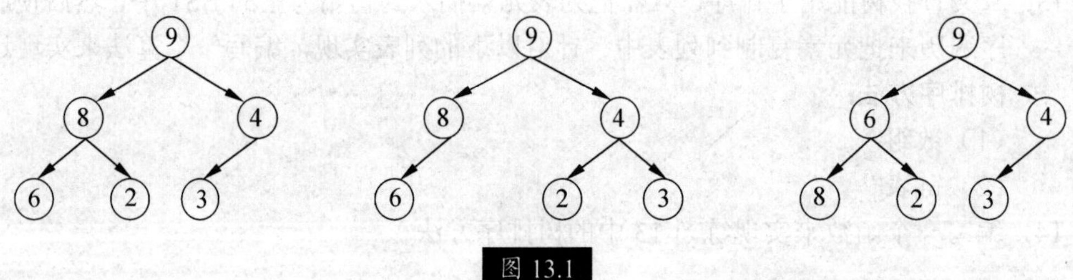

图 13.1

第一棵二叉树是堆；第二棵不是，因为它不是完全树；第三棵二叉树是完全树，但不是堆，因为它不满足堆次序属性。

与二叉查找树利用链式结构存储元素类似，也可以使用链式结构来将堆实现为一个类。然而使用数组或向量效率更高。我们只需从上到下、从左到右地对节点编号，如图 13.2 所示。

并把第 i 个节点中的数据存放在数组的第 i 个位置中。（因为堆将被作为排序方法的基

① J. W. J. Williams, “Algorithm 232: Heapsort,”, Communication of the Association of Computing Machinery 7 (1964): 347-348。

础，为了和其他排序算法保持一致，我们把数组或向量的第一个位置留空）堆的完全树属性保证这些数据项按顺序存放在数组中。如果使用的数组或向量数据成员的名字为 myArray，则堆中的项的存放情况为：myArray [1] = 9, myArray [2] = 8, myArray [3] = 4, myArray [4] = 6, myArray [5] = 2, myArray [6] = 3，如图 13.3 所示。如果使用的是一个数组而不是一个向量，那么还应添加一个 mySize 数据成员来存储堆中元素的数目。

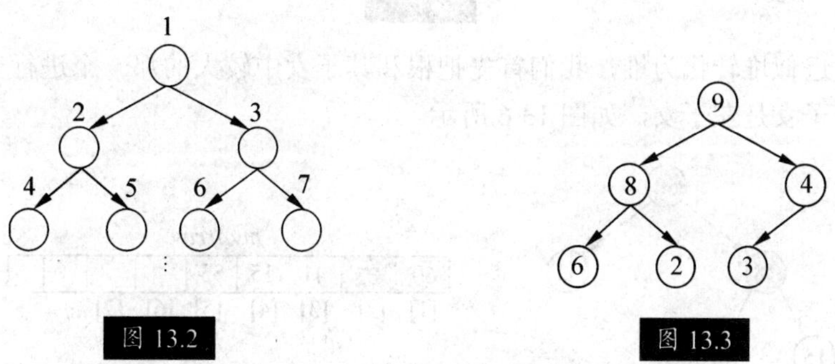

图 13.2　　图 13.3

注意，在这种数组实现中，寻找一个给定节点的子女是很容易的：第 *i* 个节点的子女处于位置 2**i* 和 2**i*+1 中。类似地，第 *i* 个节点的双亲节点处于位置 *i*/2 中。

13.2.2　堆的基本操作

构造函数和判空操作：构造函数的实现就是简单地将 mySize 设为 0（如果使用动态数组，还需要分配数组空间）。判空操作也很简单，只需要检查 mySize 是否为 0。

提取最大元素：提取堆中的最大元素也是很直接的。我们只需要返回二叉树的树根，这被存储在 myArray[1]中。

删除最大元素：删除最大元素需要费点事。要演示这个过程，考虑下面的堆，如图 13.4 所示。

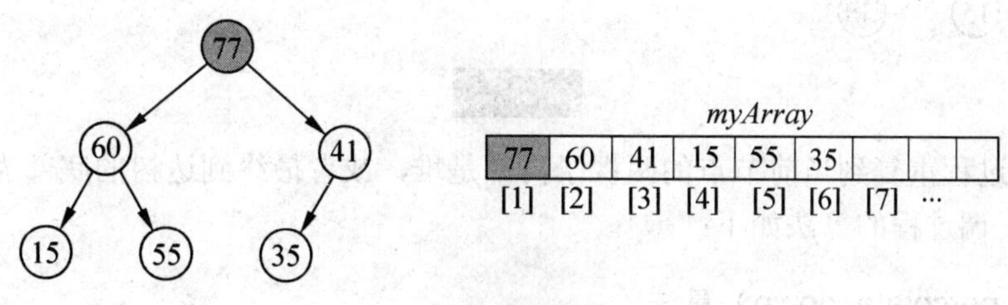

图 13.4

最大元素位于树根，通过将其替换为树中的最后一个节点来删除它，并将 my Size 减 1，如图 13.5 所示。

```
myArray[1] = myArray[mySize];
mySize--;
```

产生的树被称为**近似堆**，因为它是完全树，并且两个子树都是堆，它不是堆的唯一原因是树根元素并不大于或等于它的子女们。

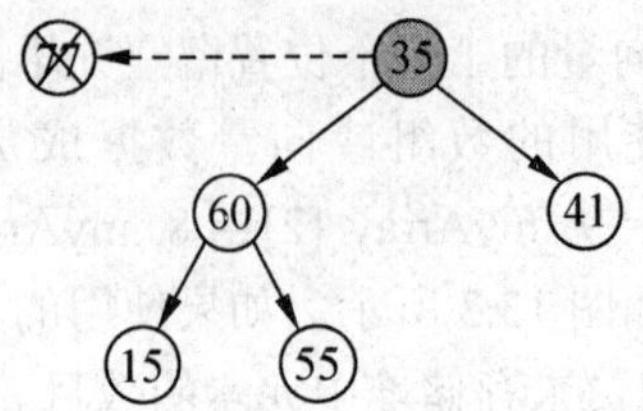

图 13.5

要将这个近似堆转化为堆，我们首先把根和其子女中较大的那一个进行交换。在这个例子中，这个子女是左子女，如图 13.6 所示。

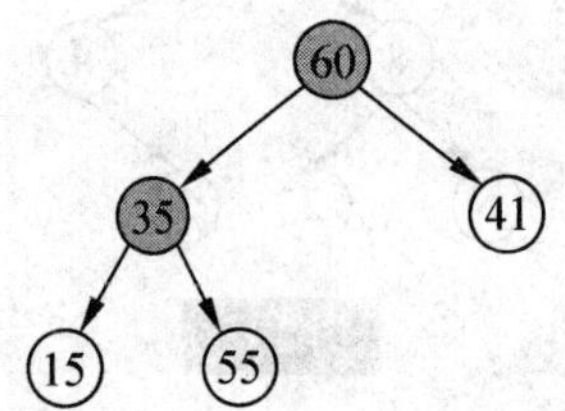

图 13.6

这保证了新的根肯定比其子女大，且其中一棵子树（例如，这个例子中的右子树）仍然是堆。另一棵子树可能是堆，也可能不是堆。如果它是堆，则整棵树都是堆，我们可以到此结束。否则，在这个例子中，只需在这棵子树上重复上述的“下调”（“percolate-down”）过程，如图 13.7 所示。

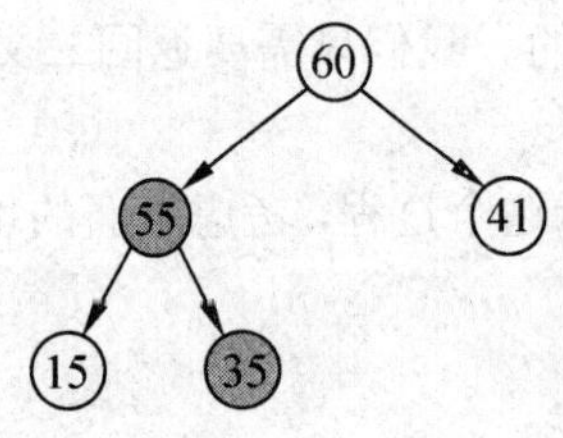

图 13.7

“下调”过程重复到当前节点的两棵子树都是堆，或者最终到达树的底部为止。

实现下调过程的算法如下：

下调（percolate_down）算法

/*　myArray[r], …, myArray[n]存储一个近似堆、只有 heap[r]中的值不满足堆次序条件。把这个近似堆调整为堆。*/

（1）令 $c = 2 * r$　　　　//c 是左子女的位置

（2）当 $c \leqslant n$ 做以下工作：

　① 如果 $c < n$ 且 myArray[c] < myArray[$c + 1$]:　　　　//如果 r 有两个子女并且右子女比较大

　　c 加 1　　　　// 令 c 为右子女

// 在需要时交换当前节点和较大子女的位置，并移到下一棵子树
② 如果 myArray[r] < myArray[c]: // 双亲节点不满足堆次序条件
- 交换 myArray[r]和 myArray[c] // 纠正这个问题
- 令 $r = c$ // 但是弄乱了以 c 为根的二叉树
- 令 $c = 2 * c$ // 所以检查一下

否则:
过程终止 // 堆次序条件满足，所以终止
End while

因为这个循环的每一轮都将 c 在树中下移一层，所以循环的最大次数就是树的高度。由于一棵高度为 k 的树具有至多 $1+2+4+ \cdots +2^{k-1}=2^k-1$ 个节点，和第 12 章以及 10.4 节中的分析类似，我们可以得到这种算法的最坏计算时间是 $O(\log_2 n)$。

插入一个元素

在堆中插入一个新元素其实就是前面下调算法的逆过程。为了演示，假设希望在前面的堆中插入 50。我们将其添加到树的最后一个节点，如图 13.8 所示。

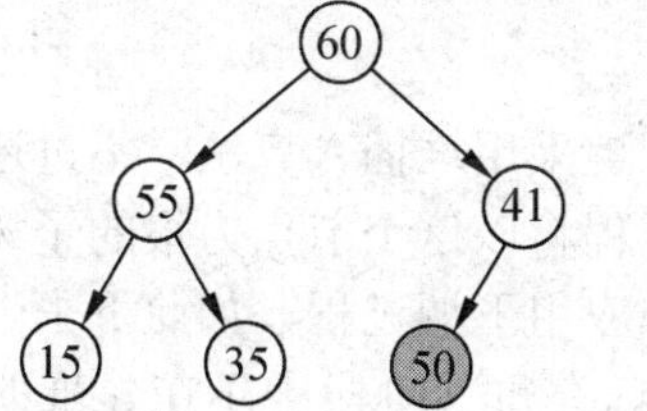

myArray

60	55	41	15	35	50			
[1]	[2]	[3]	[4]	[5]	[6]	[7]	…	

图 13.8

接着，如果它大于它的双亲节点，则将它们交换，这样就可以将其上调(percolate up)到合适的位置，结果得到堆，如图 13.9 所示。

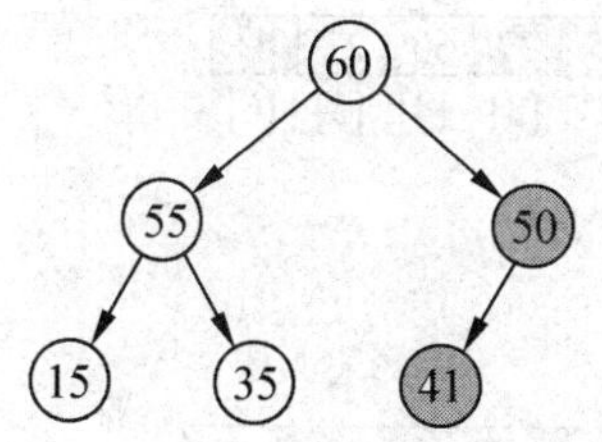

myArray

60	55	50	15	35	41			
[1]	[2]	[3]	[4]	[5]	[6]	[7]	…	

图 13.9

实现这个上调过程的算法如下：

上调（percolate_up）算法

/* myArray[1],…, myArray[mysize]存储一个堆，在其中添加一个元素并使得结果仍然是一个堆。*/

（1）mySize 增 1。 // 将元素添加到树的末尾
（2）令 myArray[mySize] = item。
（3）令 loc = mySize 且 parent = loc/2。
（4）当 parent≥1 且 myArray[loc] > myArray[parent]时，做以下工作：

① 交换 *myArray*[*loc*]和 *myArray*[*parent*]。

② 令 loc = parent 且 parent = loc/2。

使用对下调算法一样的分析，上调算法的最坏计算时间是 $O(\log_2 n)$。

这样就完成了堆 ADT 基本操作的实现。将 Heap 类的实际编码留作练习。

13.2.3 堆排序

现在我们知道堆的一些知识，从而可以说明如何使用堆来实现一个高效的选择排序算法。作为示范，假设要对下面的列表进行排序：

35, 15, 77, 60, 22, 41

把该数组看作一棵完全二叉树，如图 13.10 所法。

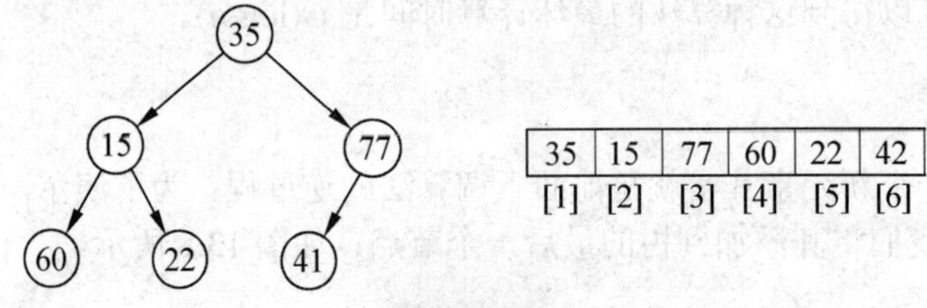

图 13.10

首先，必须把它转换成为堆。一种方法是循环地采用堆插入算法，不过还有一种更有效的方法。从最后一个非叶节点开始，应用下调过程将以这个节点为根的子树转换为一个堆，接着移到前一个节点，再在以它为根的子树中应用下调过程，如此下去，直到到达给定树的根。图 13.11 演示了这个“建堆”的过程，在每一阶段中正在建堆的子树被高亮显示。

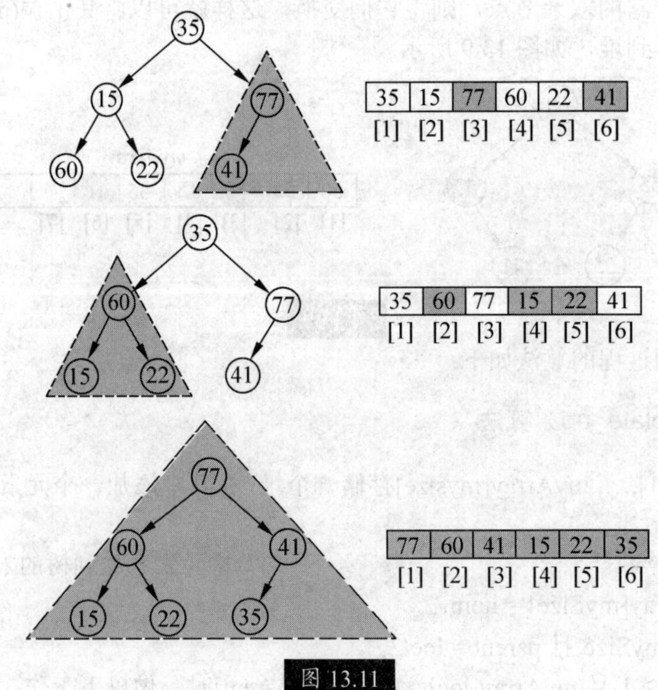

图 13.11

将任意完全二叉树转换成为堆的算法如下：

将任意完全二叉树转换成为堆的建堆（heapify）算法

```
/* myArray[r],…,myArray[n]存储一棵完全二叉树。将其转换为一个堆。*/
  for r = n/2 down to 1 do          //从最后一个非叶节点开始
     对以 myArray[r],…, myArray[n]为根的子树应用下调 Percolate_down 过程。
  End for
```

这样，列表中的最大元素处于树的根中，即处于数组的位置 1 中。现在采用选择排序的策略，通过把这个最大元素和列表末尾的元素交换来将其放到正确的位置，然后对由前五个元素组成的列表进行排序。在实际操作中，我们交换根元素和最右边的叶子元素，然后“删除”该叶子，参照图 13.12 中的虚线。

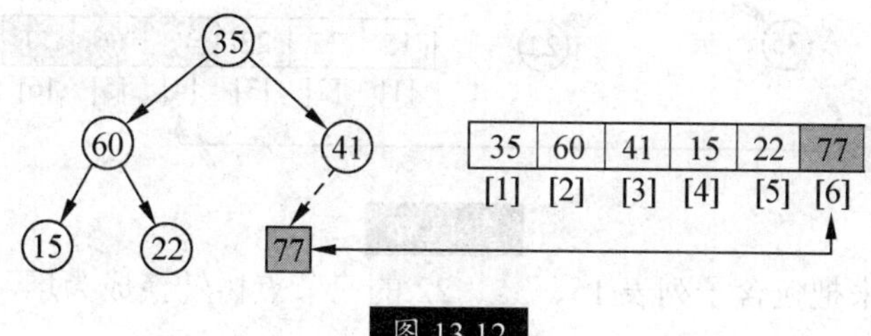

图 13.12

显然，在交换根和叶子以及删除叶子之后，得到的树通常不是堆。在例子中，前 5 个元素组成的子列表 35、60、41、15、22 不是堆。然而，由于只对根作了改动，这棵树是一个近似堆。因此，可以使用下调算法（而不是更耗时的建堆算法）来把这棵树转换成为堆，如图 13.13 所示。

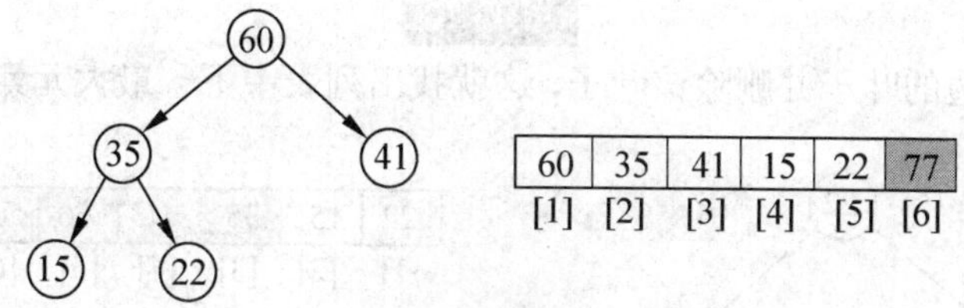

图 13.13

我们再次交换根和最右边的叶子，从而找出列表中第二大的元素，并删除该叶子，为下一阶段做好准备，如图 13.14 所示。

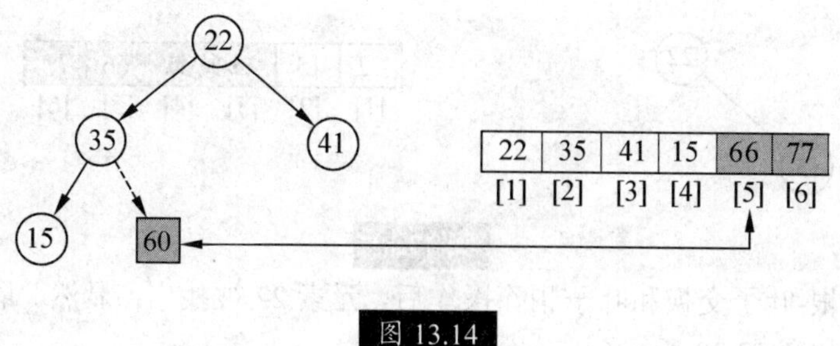

图 13.14

现在使用下调算法来把和前4个元素组成子列表对应的树转换成为堆，如图13.15所示。

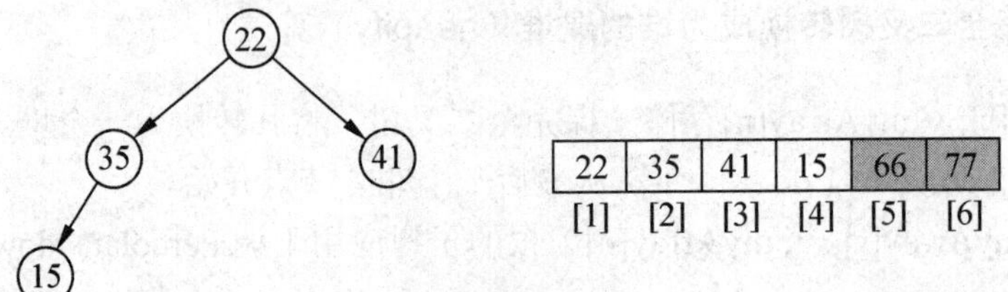

图 13.15

交换根和最右边的叶子并删除该叶子，这就找出列表中第三大的元素，如图13.16所示。

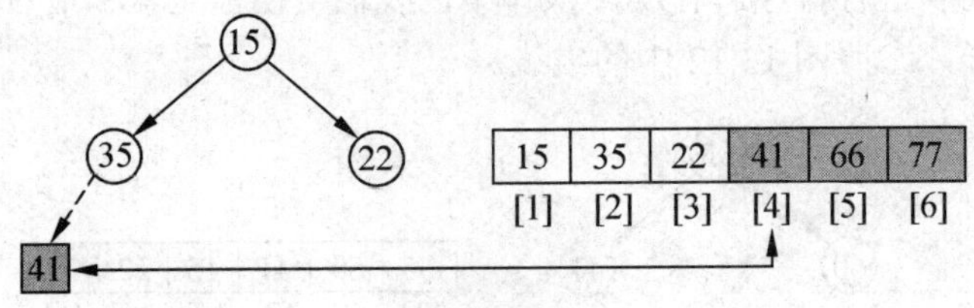

图 13.16

然后使用下调来把包含子列表15、35、22的三节点树转换成为堆，如图13.17所示。

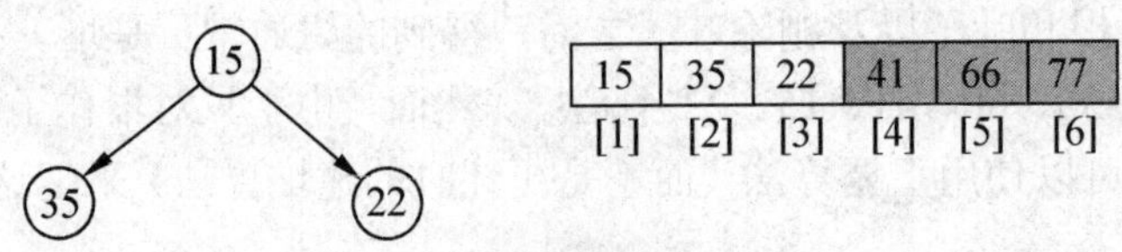

图 13.17

交换根和最右边的叶子并删除该叶子，这就找出列表中下一最大元素，如图13.18所示。

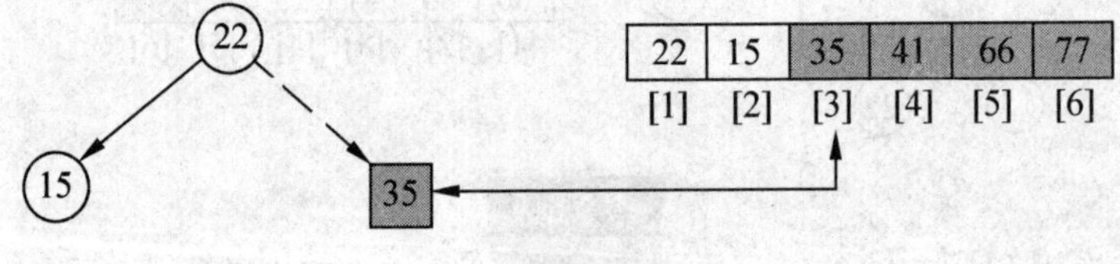

图 13.18

最后，与子列表22、15对应的双节点树被转换成为堆，如图13.19所示。

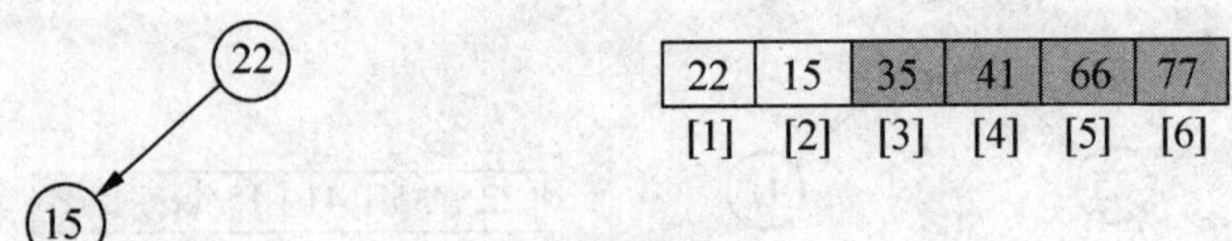

图 13.19

进行最后的根-叶子交换和叶子删除操作后，元素22被找出；显然，最小元素15就处于列表的头部，如图13.20所示。

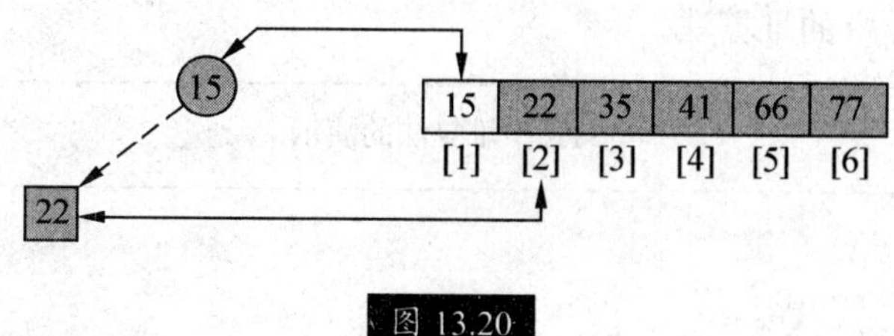

图 13.20

以下的堆排序（heapsort）算法总结了上述简单有效的排序方法：

堆排序(Heapsort)算法

/* 使用堆排序来对 $x[1],\cdots,x[n]$进行升序排序。

注意：为了与其他排序算法一致，x 的位置 0 保留做其他用途。 */

（1）把 x 视为一棵完全二叉树，使用建堆算法来把它转换成为堆。

（2）for $i = n$ down to 2:

// 进行一个根-叶交换

① 交换 $x[1]$和 $x[i]$，使得子列表 $x[1],\cdots,x[i]$中的最大元素被放在该子列表的末尾。

// 删除叶子并下调

② 使用下调算法来调整存放在位置 1 到 i–1 中的二叉树。

End for

在本节的介绍部分宣称堆排序的计算时间是 $O(n\log_2 n)$。为了得出这个时间，首先分析步骤 1 中的建堆算法。因为下调算法的计算时间是 $O(\log_2 n)$，而建堆算法执行了 $n/2$ 次下调操作，其最坏计算时间是 $O(n\log_2 n)$。在步骤 2 的循环中，堆排序算法执行一次建堆和 $n-1$ 次下调，因此其最坏计算时间是 $O(n \log_2 n)$。

13.2.4 STL 中的堆算法

在第 10 章中，描述了标准 C++库<algorithm>，这是一个算法（函数模板）集合，并且考察了这些算法中的几个。这个库还包括表 13.2 中列出的堆操作算法的 4 种算法，分别执行建堆、插入、删除和堆排序操作。其中 begin 和 end 都是迭代器（或指针）。

表 13.2

算法	描述
make_heap(begin, end)	把位置 begin 到 end–1 中的序列转换成为堆（即建堆）
push_heap(begin, end)	堆的插入操作：如果位置 begin 到 end–1（但不包括 end–1）的序列是堆，则在位置 end–1 中插入元素后序列也是堆
pop_heap(begin, end)	堆的删除操作：删除位置 begin 中的元素，并保持堆的性质
sort_heap(begin, end)	使用堆排序来对堆进行排序

程序 13.1 示范了这些操作。该程序使用函数模板 displayTree()和 displayOneRow()来按树格式显示堆。

程序 13.1　STL 中的堆算法

```
/*-----------------------------------------------------------------------
                        STL 中堆算法的演示
------------------------------------------------------------------------*/

#include <iostream>
#include <cmath>
#include <iomanip>
#include <algorithm>
using namespace std;


template <typename DataType>
void displayTree(DataType x[], int n);

template <typename DataType>
void displayOneLevel(DataType x[], int numRows,
                     int row, int row_begin, int row_end);

int main()
{
   int x[11] = {87, 35, 74, 67, 79, 84, 76, 73, 81, 32};
   make_heap(x, x + 10);
   displayTree(x, 10);

   x[10] = 83;
   push_heap(x, x + 11);
   cout << "\nAfter push_heap(83):\n\n";
   displayTree(x, 11);

   pop_heap(x, x+11);
   cout << "\nAfter pop_heap( ):\n\n";
   displayTree(x, 10);

   sort_heap(x, x+10);
   cout << "\nAfter sort_heap( ), array contains:\n\n";
   for (int i = 0; i < 10; i++)
     cout << x[i] << "  ";
   cout << endl;
}

template <typename DataType>
void displayTree(DataType x[], int n)
/*-----------------------------------------------------------------------
```

```
   以树形格式显示存储在数组中的一棵二叉树

   前置条件： 二叉树存储在数组x中，n是此树中节点的数目
   后置条件： 显示这棵二叉树
---------------------------------------------------------------------*/
{
   int beginIndex = 0,  // 某层第一个节点的下标
       endIndex = 0,    //    某层最后一个节点的下标
       rowLength,       // 当前行的长度
       numLevels = int(ceil(log(double(n)) / log(2.0)));  // 层数

   for (int level = 0; level < numLevels; level++)
   {
      displayOneLevel(x, numLevels, level, beginIndex, endIndex);
      rowLength = endIndex - beginIndex + 1;
      beginIndex = endIndex + 1;
      endIndex = min(endIndex + 2*rowLength, n - 1);
   }
}

template <typename DataType>
void displayOneLevel(DataType x[], int numRows,
                int level, int beginIndex, int endIndex)
/*---------------------------------------------------------------------
   显示存储在数组中的二叉树的一层节点

   前置条件： 二叉树存储在数组x中， numRows是整棵树要显示的层的数目，
              level是当前正被显示的层，beginIndex和endIndex是这一层开始
              节点和结束节点的下标
   后置条件：二叉树这一层的节点被显示
---------------------------------------------------------------------*/
{
   int skip = int(pow(2.0, numRows - level) - 1);
                                         // 行中元素之间的空间
   for (int i = beginIndex; i <= endIndex; i++)
   {
      cout << setw(skip) << " ";
      cout << setw(2) << x[i];
      cout << setw(skip) << " ";
   }
   cout << "\n\n";
}
```

运行跟踪：

```
                    87

        81                        84

  73          79          74          76

35  67  32

After push_heap(83):

                    87

        83                        84

  73          81          74          76

35   67   32   79

After pop_heap():

                      84

        83                        79

  73          81          74          76
35  67  32

After sort_heap(), array contains:

32   35   67   73   74   76   79   81   83   84
```

13.2.5 堆和优先队列

本节强调堆在排序中扮演的角色，但是作为一种数据结构，堆还有另外一个重要的作用。在管理某些数据集合时，堆是二叉查找树的一个有力挑战者，而且与 BST 不同，当插入项和删除项时，堆不会变得不平衡。堆可以用来实现节 8.4 中讨论 CPU 调度时介绍的优先队列。而这正是我们在这里要讨论的堆的作用。

优先队列 ADT

数据元素集合：

一个由相同类型的数据元素组成的集合，其中每个数据项都带有一个特定的优先级。具有更高优先级的项在更低优先级的项之前删除。

基本操作：

- 构造空的优先队列。
- 插入一项。
- 查找、返回以及删除优先级最高（最低）的元素。

> 在某些应用中其他操作是很重要的；这些操作中的大部分都可以使用前面的基本操作来实现：
>
> - 根据 n 个给定的项来构造优先队列。
> - 把优先级最高（最低）的项替换成为一个新项（除非新项的优先级更高）。
> - 修改某项的优先级。
> - 删除某一特定项。
> - 合并两个优先队列为一个更大的优先队列。

有两种很自然的方法来实现优先队列。一种是使用列表（存放在数组、向量或链表中）。此时，两个基本操作的实现方法以及计算时间如下：

插入：把项插入到队尾（或队头）—— $O(1)$。

删除优先级最高的项：遍历队列来找出优先级最高的项，把它与队头（或队尾）的项进行交换，然后删除队头（或队尾）的项 —— $O(n)$，如图 13.21 所示。

3	4	9	1	6	7				
3	4	9	1	6	7	5			插入优先级为 5 的项
3	4	9	1	6	7	5	8		插入优先级为 8 的项
3	4	9	1	6	7	5	8	2	插入优先级为 2 的项
3	4	9	1	6	7	5	8	2	删除优先级最高（9）的项
9	4	3	1	6	7	5	8	2	
4	3	1	6	7	5	8	2		

图 13.21

另种实现方法是使用按优先级排好序的有序列表（存放在数组、向量或链表中）。此时，两个基本操作的实现方法以及计算时间如下：

插入：和线性插入排序一样 —— $O(n)$。

删除优先级最高的项：只需删除队头的项 —— $O(1)$，如图 13.22 所示。

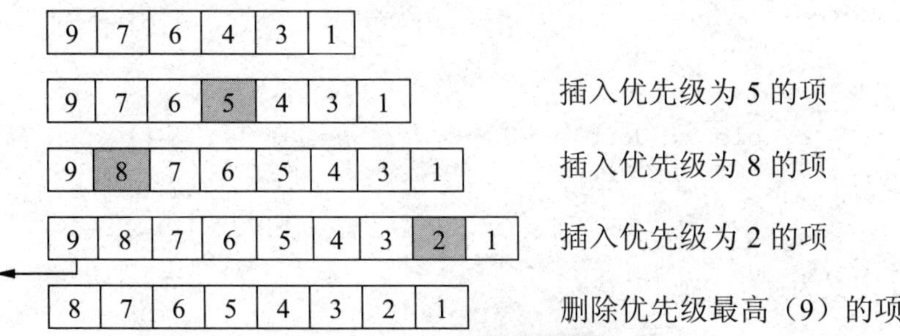

图 13.22

最好的实现方法是使用堆，这里根据优先级来判断元素之间的大小。优先队列的插入和删除最大元素的操作可以简单地采用堆的相应操作。我们已经看到，堆的插入和删除操

作都可以在 $O(\log_2 n)$时间内完成。

标准模板类的 priority_queue 适配器就使用这种实现方法。在声明 priority_queue < T,C<T> >中，C 可以是 vector、deque 或者 list。如果不加指定的话，则默认的容器为 vector；也就是说，形式如下的声明：

```
priority_queue<T> pq;
```

等价于

```
priority_queue<T, vector<T> > pq;
```

表 13.3 中给出 priority_queue 容器的基本操作。

表 13.3

操作	描述
构造函数	
priority_queue<T, C<T> > pq; priority_queue<T, C<T>, compare > pq;	构造空优先队列，使用容器 C（默认为 vector）来保存元素；在第一种形式里使用操作符<比较类型为 T 的值，而在第二种形式里使用函数对象 compare 进行比较
priority_queue<T, C<T> > pq(first, last); priority_queue<T, C<T>, compare > pq(first, last);	构造如上的空优先队列，但这次使用内存位置[first, last]中的元素来初始化这个队列；在第一种形式里使用操作符<比较类型为 T 的值，而在第二种形式里使用函数对象 compare 进行比较
pq.empty()	当且仅当 pq 不包含值的时候返回 true
pq.size()	返回 pq 包含的值的个数
pq.push(item)	在 pq 中加入 item
pq.top()	返回 pq 中优先级最高的项
pq.pop()	删除 pq 中优先级最高的项

用作比较 Priority_queue 元素的默认操作符是<，但可以加入第二个模板参数，从而提供另一种比较操作。这个参数必须是一个**函数对象**，其类定义中必须包含一个名为 operator()的函数；例如，

```
//函数对象
class lesstIsMore
{
public:
bool operator() (double x, double y)
{return x > y; }
}
```

如果我们把 pq 定义为：

```
priority_queue<int, lesstIsMore> pq;
```

则 pq 的元素使用 lesstIsMore()来进行排序；也就是说，较小整数的优先级比较大整数更高。

✔ 小测验 13.2

1. 堆次序属性指的是什么？
2. 数组或向量能够用来有效地存放堆，因为堆是一种________二叉树。
3. 堆的插入和删除最大元素操作的时间复杂度是 O(________)。
4. 堆排序的时间复杂度是 O(________)。
5. 描述项应该如何被存放在优先队列中。
6. 堆可以用来高效地实现优先队列。(判断题)

练习 13.2

在练习 1～3 中（图 13.23～图 13.25），使用 Heapify 算法来把二叉树转换成为堆，或者解释为什么无法转换。

1.

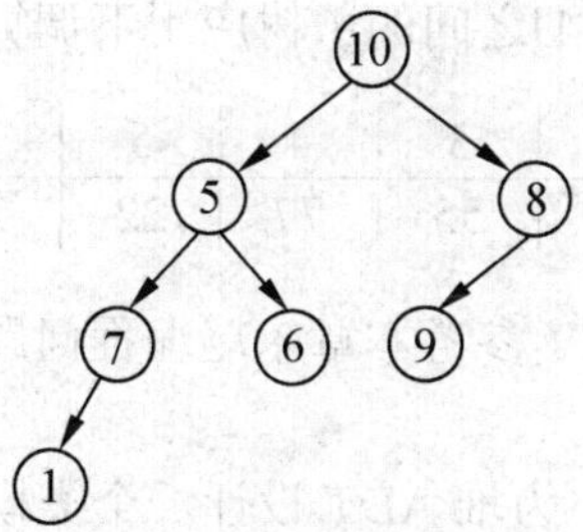

图 13.23

2.

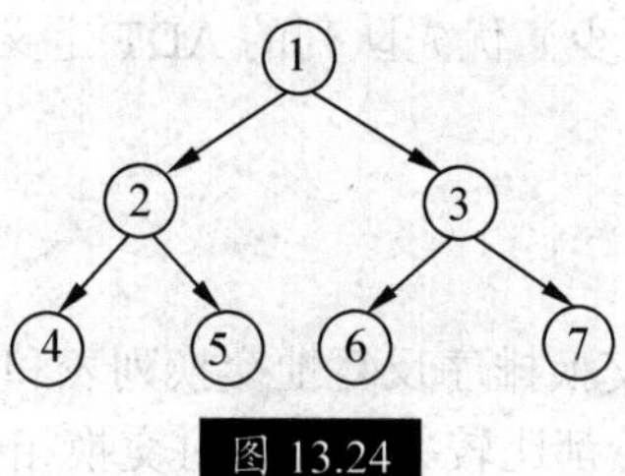

图 13.24

3.

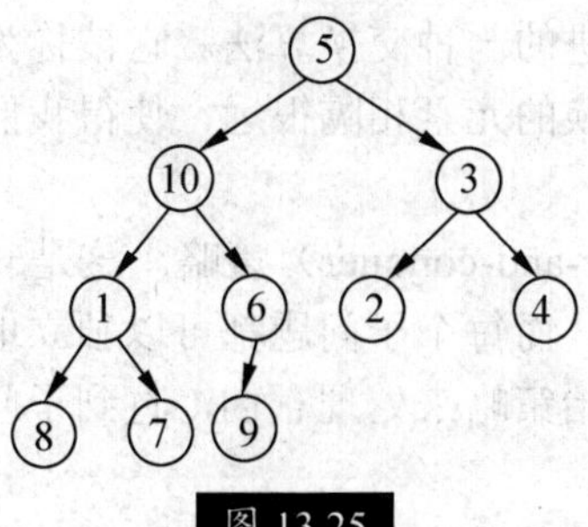

图 13.25

练习 4～7 中，从空堆开始，演示当元素被插入堆后逐渐产生的堆过程。

4. 7, 1, 6, 5, 4, 2, 3

5．1, 7, 2, 6, 3, 5, 4

6．7, 6, 5, 4, 3, 2, 1

7．1, 2, 3, 4, 5, 6, 7

8～11．使用本节中的图表来描述对练习4～7中的列表进行堆排序时的过程。

12．对以下数组 x 进行建堆时需要调用下调算法4次。

i	1	2	3	4	5	6	7	8	9
$x[i]$	20	15	31	10	67	50	3	49	26

分别给出第一次和第二次调用之后的 x。

13．对以下数组 x，分别给出第一次循环和第二次循环之后 x 的内容：

For i = 8 down to 2:

（1）交换 $x[1]$和 $x[i]$。

（2）对在 $x[1], \cdots, x[i-1]$之间的子树应用下调算法。

i	1	2	3	4	5	6	7	8
$x[i]$	99	88	55	77	22	33	44	66

练习14～16要求创建类模板。参考本章末尾编程问题10、11和13中的指导，编写驱动程序来测试类模板。

14．使用本节中描述的实现，为堆ADT设计一个类模板。应该包括的基本操作为（至少）堆的ADT定义中给出的那些。

15．为堆ADT添加一个删除操作，可以用来删除堆中任意位置的元素。

16．使用本节中描述的基于堆的实现，为ADT Priority_Queue设计一个类模板。应该包括的基本操作为（至少）优先队列的ADT定义中给出的那些。

13.3 快速排序

在13.1节中我们注意到，交换排序反复地交换列表和子列表中的元素，直到不能再作交换为止。在冒泡排序中，每轮都比较并在需要时交换相邻的元素，这意味着有可能需要很多的交换才能把一个元素移到其正确位置。在本节中考虑由C.A.R. Hoare提出并由Robert Sedgewick作了明显改进的一种交换算法。它被称为快速排序算法，比冒泡排序的效率高得多，原因在于进行交换的元素相隔很远，使得我们需要较少的交换次数来把一个元素移到其正确位置。

快速排序采用分治（divide-and-conquer）策略。这是一种问题求解方法，其中原问题可以拆分成为更简单的子问题，而每个子问题都可以独立地考虑。这些子问题可能仍然比较复杂，此时我们再次使用分治策略来处理它们，直到子问题变得足够简单能够解决为止（即被征服了）。

在快速排序中，分治策略选取某个称为基准（pivot）的元素，然后进行一系列交换，使得小于或等于这个基准的所有元素都放在基准的前面，而所有大于基准的元素都放在其后边。这就正确地定好了基准的位置，且把（子）列表分成两个更小的子列表，每个子列表都可以使用同样的方法来进行排序。反复运用这个方法，最终得到易于排序的短列表。由此，我们很自然地得到以下的递归算法：

快速排序（Quicksort）算法

/* 使用快速排序对 $x[1],\cdots,x[n]$进行升序排序。
注意：为了与其他排序方法一致，位置 0 保留作其他用途。*/
如果列表包含 0 个或 1 个元素，不做任何工作返回　　　　　//列表已经排好序
否则执行以下操作：
（1）选取列表中的一个元素来作为基准 pivot。
（2）把剩下的元素分成两个互不相交的组：
　　SmallerThanPivot = {所有≤pivot 的元素}
　　LargerThanPivot = {所有>pivot 的元素}
（3）返回以下重排后的列表：
　　quicksort(SmallerThanPivot), pivot, quicksort(LargerThanPivot)

例如，考虑以下的考试分数列表：

75, 70, 65, 84, 98, 78, 100, 93, 55, 61, 81, 68

为了简单起见，选取数字 75 来作为基准。SmallerThanPivot 由 70, 65, 55, 61 和 68 组成，而 LargerThanPivot 由 84, 98, 78, 100, 93 和 81 组成。我们必须重排列表，使得 SmallerThanPivot 中的元素在 75 之前（但不必要按照原来的次序）出现且 LargerThanPivot 中的元素在 75 之后出现：

SmallThanPivot 75 LargerThanPivot

我们只需令在 75 左边的子列表中所有数字都小于或等于 75，且在 75 右边子列表中的所有数字都大于 75。我们并不关心子列表中的元素如何排列，正是这种灵活性使得重排操作非常高效。

13.3.1　拆分操作

我们执行两个查找操作，一个从列表右端出发来寻找小于或者等于基准 75 的元素，另一个从列表左端出发来寻找大于基准 75 的元素。从右端出发的查找找出的第一个元素是 68，而从左端出发的查找找出的第一个元素是 84：

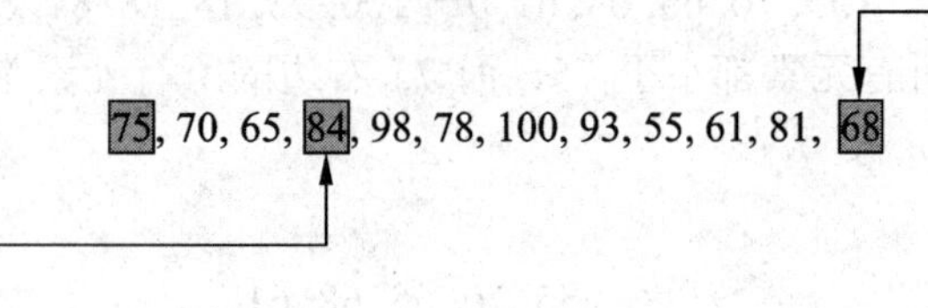

交换这两个元素：

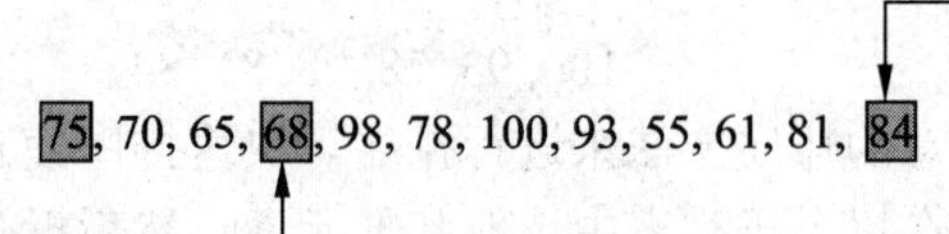

继续查找，从右端找出下一个小于或者等于 75 的元素和从左端找出下一个大于 75 的元素：

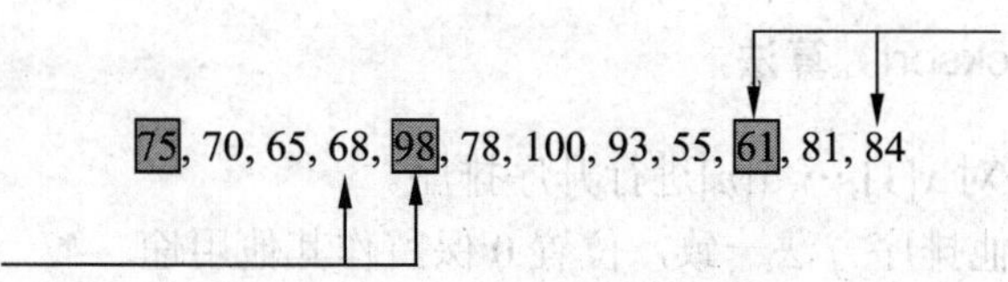

交换这两个元素，即交换 61 和 98：

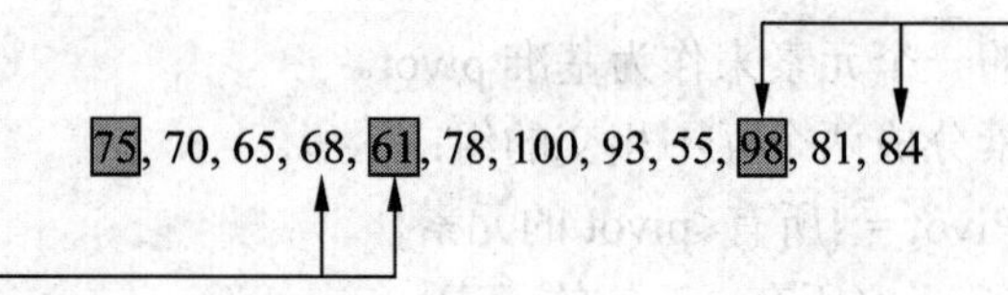

继续查找，找出 78 和 55：

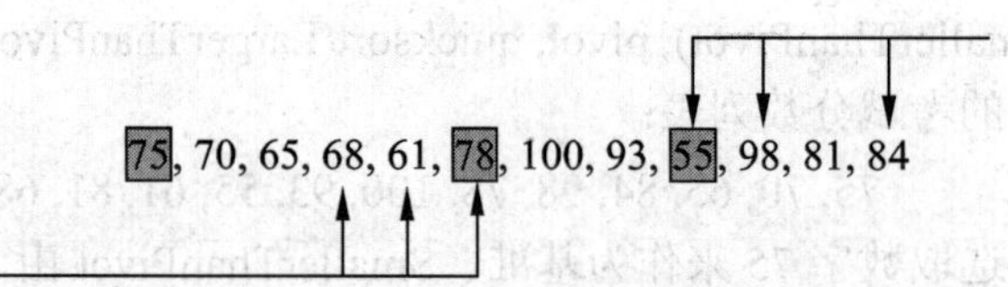

交换它们之后：

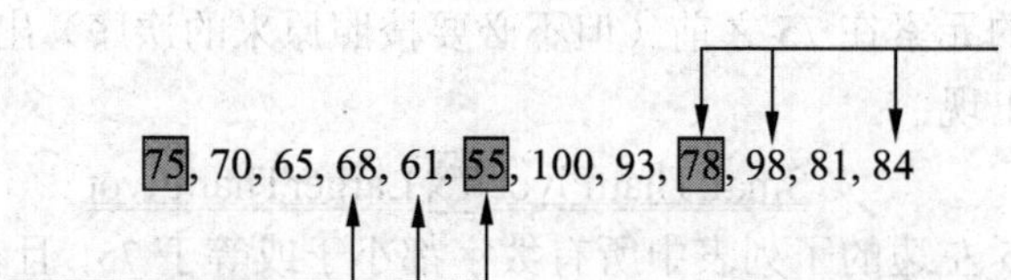

现在，在右端查找时找出元素 55，该元素已经被左端的查找访问过：

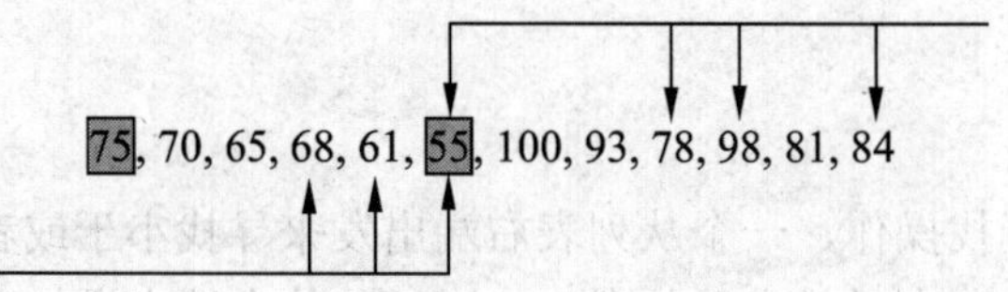

因此左端和右端的“指针”碰头，这意味着查找结束。现在交换 55 和基准 75：

55, 70, 65, 68, 61, 75, 100, 93, 78, 98, 81, 84

注意，75 左边的所有元素都小于 75，而 75 右边的所有元素都大于 75，这样基准 75 的位置就确定好了。

左子列表

55, 70, 65, 68, 61

和右子列表

100, 93, 78, 98, 81, 84

可以独立地使用任意的排序方法来进行排序。快速排序使它的模式和我们刚刚在整个列表上演示的一样；即在每个子列表中选取基准元素，然后拆分子列表并正确地找出基准所应处的位置。我们可以使用以下的函数模板 split() 来完成这个工作。它假设列表存放在数组中，并使用 swap()函数模板（参见 9.2 节）来交换两个列表元素。

```
template <typename ElementType>
void split (ElementType x[], int first, int last)
/*-----------------------------------------------------------------------
重排x[first],…, x[last]，定好基准的位置

前置条件：已经为ElementType定义了<和==运算符first<=last，注意这个版本的split()选择
        基准 = x[first]；  更好的基准选择请参见本节的后面部分
后置条件：子列表中的元素被重排并且返回了pos，从而使得x[first],…x[pos-1]
         <= 基准而基准 < x[pos+1],…,x[last]
-----------------------------------------------------------------------*/
{
ElementType pivot = x[first];      //基准元素
int left = first;                  //左边下标
    Right = last;                  //右边下标
while (left < right)
{
   while (pivot < x[right] )       //在右边查找<=基准的元素
      right--;
while(left < right &&              //在左边查找>基准的元素
       (x[left] < pivot || x[left] == pivot)
      left++;
   if (left < right)               //如果尚未碰头，则交换元素
      Swap(x[left], x[right]);
   }
   //查找结束；定好基准的位置
   int pos = right;
   x[first] = x[pos];
   x[pos] = pivot;
   return Pos;
   }
```

13.3.2 快速排序

容易写出快速排序的递归版本

```
template <typename ElementType>
void quicksort (ElementType x[], int first, int last)
/*-----------------------------------------------------------------------
 对数组x[first], …, x[last]进行快速排序，使之升序排列

前置条件：已经为ElementType定义了<和==运算符。注意：客户程序以
                   first=1和last=n调用quicksort，这里n是列表的大小
```

```
后置条件：  x[first],…x[last]已经排好序
-----------------------------------------------------------------------*/
{
int pos;                                        //基准的最终位置
if (first < last)                               //列表包含一个以上的元素
{
   Pos=split(x, first, last, pos); //拆分成为两个子列表
   quicksort(x, first, pos - 1);    //对左子列表进行排序
   quicksort(x, pos + 1, last);     //对右子列表进行排序
  }
  //否则列表包含0个或1个元素，不需要排序
}
```

如注释中提到的，这个函数的调用语句形式为：

```
quicksort(x, 1, n);
```

其中 $x[1], x[2], \cdots, x[n]$是需要被排序的列表元素。

图 13.26 树状图序列描述了 quicksort()在对以下整数列表进行排序时的动作：

8, 2, 13, 5, 14, 3, 7

在每棵树中，圆圈意味着元素的位置已经在前面某一步正确找出，阴影圆圈则标记着当前的基准。长方形代表将被排序的子列表，阴影长方形则标记着下一个被排序的子列表。

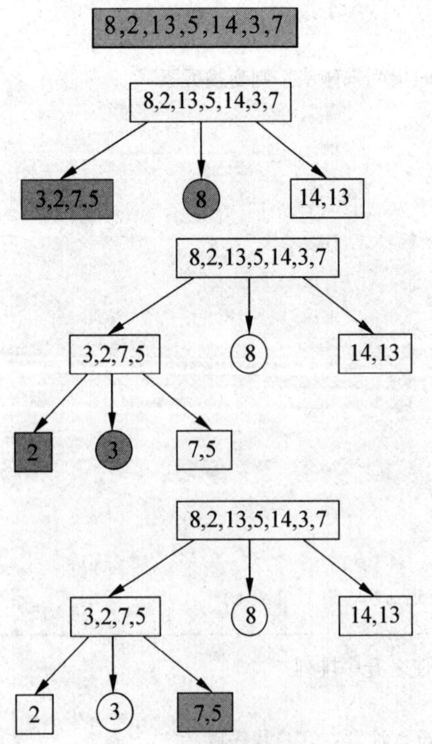

首先调用 quicksort() (first = 1, last = 7)

1 < 7，所以 split()调用后基准 8 的位置被定好，现在在左子列表 3, 2, 7, 5 上调用 quicksort() (first = 1, last = 4)

1 < 4，所以 split()调用后基准 3 的位置被定好，现在在包含单个元素 2 的左子列表上调用 quicksort() (first = 1, last = 1)

1 ≮ 1（单元素子列表），在这次 quicksort()调用中不执行任何操作，返回上一层，在右子列表 7, 5 上调用 quicksort() (first = 3, last = 4)

图 13.26

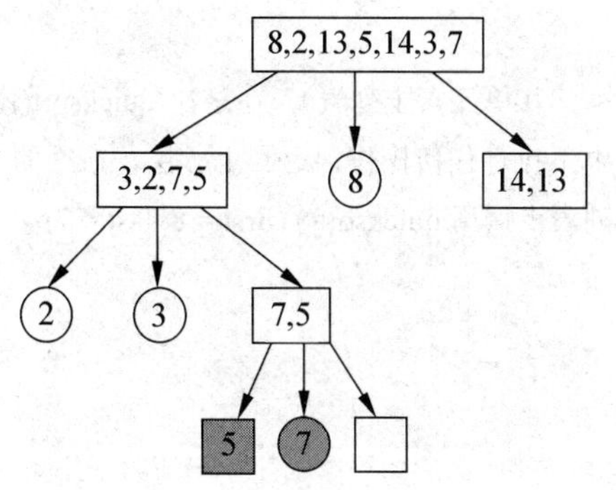

$3 < 4$，故 split()调用后基准 7 的位置被定好，现在在包含单个元素 5 的左子列表上调用 quicksort() (first = 3, last = 3)

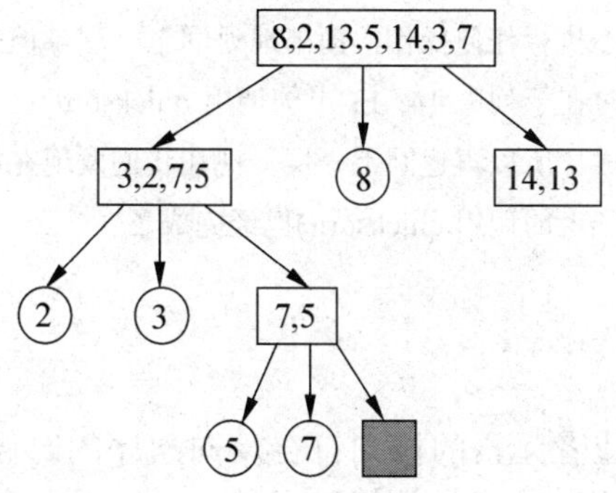

$3 \nless 3$（单元素子列表），在这次 quicksort()调用中不执行任何操作，返回上一层，在空的右子列表上调用 quicksort() (first = 5, last = 4)

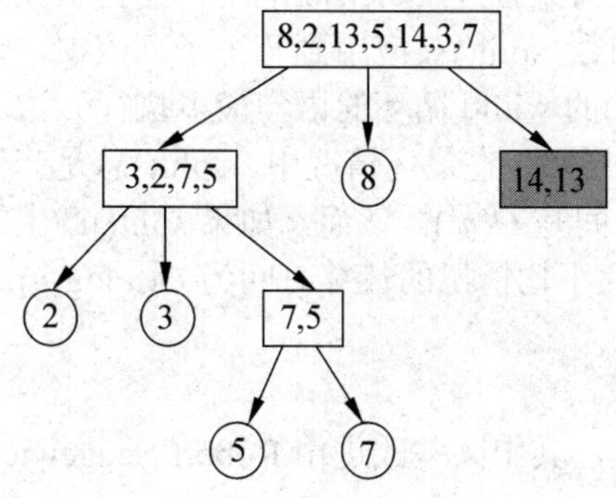

$5 \nless 4$（空子列表），在这次 quicksort()调用中也不执行任何操作，返回上一层，在子列表 7, 5 上的调用 quicksort()已经完成。所以再返回上一层，在右子列表 14, 13 上调用 quicksort() (first = 6, last = 7)

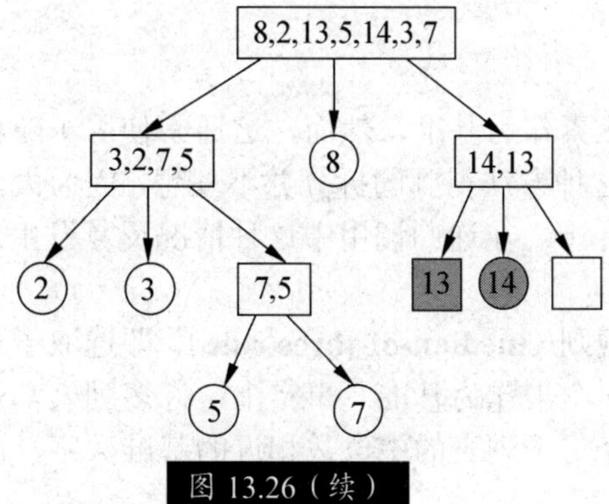

$6 < 7$，故 split()调用后基准 14 的位置被定好，现在在包含单个元素 13 的左子列表上调用 quicksort() (first = 6, last = 6)

图 13.26（续）

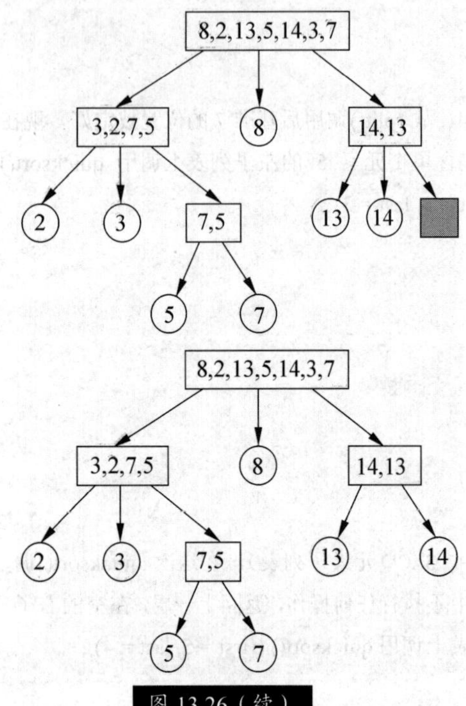

$6 \nless 6$（单元素子列表），在这次 quicksort()调用中不执行任何操作，返回上一层，在空的右子列表上调用 quicksort() (first = 8, last = 7)

$8 \nless 7$（空子列表），在这次 quicksort()调用中也不执行任何操作，简单地返回上一层，但是这时在子列表 14, 13 上的调用 quicksort()已经完成。所以再返回上一层，现在我们发现在原列表上的调用 quicksort()已经完成了

图 13.26（续）

快速排序的最坏情况发生在列表已经排好序或者元素的排列符合反向次序的时候(见练习 4 和 5)，快速排序的最坏计算时间是 $O(n^2)$。而其的平均计算时间是 $O(n \log_2 n)$。尽管严格地证明这些时间相当困难，但是我们可以通过考察描述 quicksort()动作的树状图来直观地推出这些结论是正确的。在树的每一层中，函数 split()被应用到几个子列表中，这些子列表的总长度最多为 n；因此在每一层中，split()的 while 循环的语句最多执行 n 次。这样，快速排序的计算时间是 $O(n \cdot L)$，这里 L 是树的层数。在最坏情况中，split()总是产生一个空的子列表，使得树有 n 层。此时的最坏计算时间是 $O(n^2)$。然而，如果 split()产生的两个子列表的长度大致相同，则层数约为 $\log_2 n$，因此平均情况的计算时间为 $O(n \log_2 n)$。

13.3.3 改进

我们可以采用许多改进来提高快速排序的性能，其中某些改进由 Robert Sedgewick 提出。在这里看看两种改进方法。

1．基准的选择

到目前为止我们总是选择列表中的第一个元素作为基准。然而，这通常使用于随机列表。如果列表部分有序（或者部分反向有序），这种方法得到的拆分并不理想，因为大部分元素会归到 SmallerThanPivot 或 LargerThanPivot 中。在递归调用中这种情况反复发生。此时快速排序浪费大量时间。

一种选择基准的通用方法是采用**三数取中规则**（**median-of-three rule**），即选取子列表的第一个、中间一个和最后一个元素中的中间一个来作为基准。事实上，许多列表都是部分有序的，此时三数取中规则很有可能选出一个与子列表的中位数相近的基准数字，而不再是“首元素”规则。

2．短子列表

对于短列表（$n \leqslant 20$），快速排序的性能低于插入排序的性能；而递归过程中许多短列表会出现。因此一种通用的方法是对短列表使用高效的排序算法（例如，插入排序）。一种更好的思想是忽略所有的短子列表，当快速排序算法结束时，列表还没有排好序。然而，它只包含很小的无序元素组，且这种组里面的所有元素都比其他组的元素小。我们可以使用插入排序来对该列表进行排序，因为插入排序对近乎有序的列表尤为有效。

STL 中的 sort()。C++标准库<algorithm>中的 sort()函数模板使用了快速排序。大部分实现都使用了我们提到的改进方法来提高快速排序算法的性能。

✔ 小测验 13.3

1．描述分治策略。
2．描述快速排序如何使用分治策略。
3．在快速排序的每次调用中位置被正确地确定的项称为________。
4．快速排序的最坏情况的时间复杂度是 $O($________$)$，平均情况的时间复杂度是 $O($________$)$。
5．把第一个列表元素作为基准的方法适用于部分有序列表。（判断题）
6．________规则选取子列表的第一个、中间一个和最后一个元素中的中间一个来作为基准。
7．C++标准 sort()算法使用了快速排序。（判断题）

练习 13.3

1．对于以下的数组 x，显示在执行函数调用 splitPos = split(x, 1, 10)之后 x 的内容，并给出数组位置 splitPos 中的值：

i	1	2	3	4	5	6	7	8	9	10
$x[i]$	45	20	50	30	80	10	60	70	40	90

练习 2～5 对给定列表进行排序，画出如同文中所示的树状图来阐明 split()和 quicksort()的操作。

2．E, A, F, D, C, B
3．A, B, C, F, E, D
4．F, E, D, C, B, A
5．A, B, C, D, E, F
6．在练习 2～5 的列表中，其中一个显示了为何我们需要使用复合布尔条件来控制函数 split()中从左端开始的查找。这个列表是哪一个？如果忽略了布尔表达式 left < right，会发生什么？

对于以下练习，参考本章末尾编程问题 14～19 中的指导，编写函数并使用驱动程序来测试这些函数。

7．修改 quicksort()，当子列表的元素个数小于某个常数 LOWER_BOUND 时，采用插入排序来对子列表进行排序，否则继续使用快速排序。

8．修改练习 7 中的方法，这次忽略所有其中元素个数少于 LOWER_BOUND 的子列表，不对它们作进一步地拆分。当快速排序算法终止的时候才使用插入排序。给出修改后的 quicksort()。

9．修改函数 Split()，使用三者取中规则来选取基准（对于数字 a、b 和 c，当 $a \leqslant b \leqslant c$ 时，中位数为 b）。

10．在 10.3 节中看到，递归通常使用栈来实现。在调用递归子程序的时候，参数、局部变量和返回地址被压入栈中；而从子程序中返回的时候，这些值被弹出。一般地，可以通过令子程序本身维持一个栈来把递归程序转换成为非递归程序。使用这种方法来设计一个非递归函数 quicksort()；使用栈来存放快速排序中子列表的第一个和最后一个位置。

11．对于由奇数个元素组成的集合，其中位数是这些元素排好序时处于中间的那个元素。一个不需要事先对整个集合进行排序的寻找中位数的算法可以通过修改快速排序而得。使用函数 split()来找出基准元素。如果这个基准处于位置$(n+1)/2$，则它就是所需的中位数；否则，中位数必然在 split()产生的两个子列表的其中一个之内，而这个子列表可以递归地处理。编写一个采用这种方法来寻找中位数的算法。

12．练习 11 中描述的寻找中位数的技术能够改作对集合中第 k 小的元素的寻找。编写一个函数来实现这种功能。

13.4　归并排序

根据数据项存放在内存还是外存，排序算法能够分为内部排序算法和外部排序算法两种。前面几节中描述的排序方案都基本上只用作内部排序。它们不适用于对顺序文件的处理，因为它们需要对列表元素进行直接存取，而这在顺序文件中是不可能的。另外，它们中的几个还对列表进行多遍扫描。这也不适用于顺序文件，因为这要求在每次扫描之前都必须跳回文件开头，且大量来自磁盘的数据传输耗费大量时间，这在处理大记录时尤为明显。在本节中，描述一种被广泛使用的排序方案的两个版本，这种方案被称为归并排序，它既可以用作内部排序，也可以用作外部排序。我们把它作外部排序来描述，因为它通常用作外部排序。你应该特别留意它是否要求直接访问数据和它扫描列表的次数。

13.4.1　归并列表

正如其名字所示的那样，归并排序的基本操作是归并，即把两个已经有序的列表合并成为一个新的有序列表。举一个简单的例子，假设 File1 包含 8 个按升序排序的整数：

File1：15　20　25　35　45　60　65　70

File2 包含 5 个按升序排序的整数：

File2：10　30　40　50　55

当然，实际的文件会包含更多的元素，且每个元素通常是包含几个不同类型的信息的记录，然而正如前面提到的，我们可以基于这些记录中的某个关键字来进行排序。

为了合并文件 File1 和 File2 来产生有序的 File3，从每个文件中选出一个元素，即从

File1 中选出 *x*，从 File2 中选出 *y*：

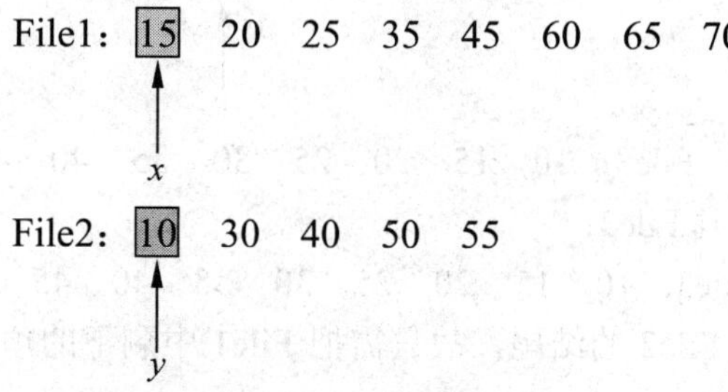

比较这两项，把较小的那个写到 File3 中：

File3：10

然后从 File2 中读入另一个 *y* 值

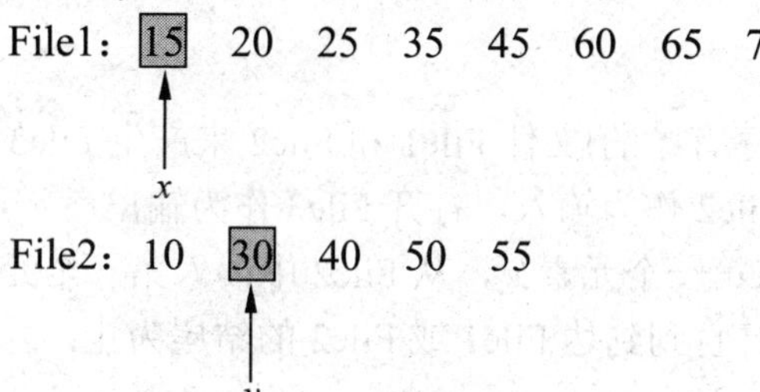

现在 *x* 比 *y* 小，故它被写到 File3 中，然后从 File1 中读入一个新 *x* 值

File1：15 20 25 35 45 60 65 70

x

File2：10 30 40 50 55

y

File3：10 15

此时 *x* 又比 *y*，故 *x* 写到 File3 中，然后从 *File1* 中读入一个新 *x* 值：

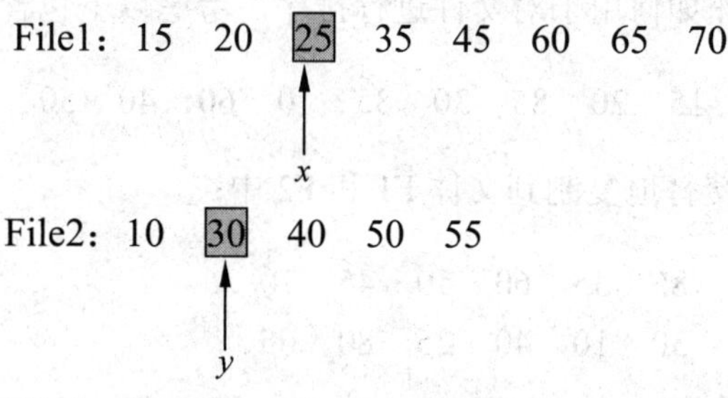

File3：10 15 20

继续这个过程，最终为 *x* 读入值 60，为 *y* 读入 File2 的最后一个值 55：

File1：15 20 25 35 45 60 65 70

x

File2：10　30　40　50　[55]

↑ y

File3：10　15　20　25　30　35　40　45　50

由于 $y<x$，把 y 写到 File3：

File3：10　15　20　25　30　35　40　45　50　55

由于我们已经到达 File2 的结尾，故只需把 File1 中剩下的项复制到 File3 中，这样就完成了归并过程：

File3：15　20　25　30　35　40　45　50　55　60　65　70

归并两个有序文件的通用算法如下：

归并算法

/*　归并排序(按升序有序的)文件 File1 和 File2 来产生 File3 。*/

（1）打开 File1 和 File2 作为输入，打开 File3 作为输出。

（2）从 File1 中读入第一个元素 x，从 File2 中读入第一个元素 y。

（3）重复以下过程，直到到达 File1 或 File2 的结尾为止：

如果 $x<y$，则

① 把 x 写到 File3。

② 从 File1 中读入新的 x 值。

否则：

① 把 y 写到 File3。

② 从 File2 中读入新的 y 值。

（4）如果到达 File1 的结尾，则把 File2 中剩下的项复制到 File3 中；如果到达 File2 的结尾，则把 File1 中剩下的项复制到 File3 中。

13.4.2　折半归并排序

为了观察归并操作如何用于对文件进行排序，考虑以下包含 16 个整数的文件 F：

F:　75　55　15　20　85　30　35　10　60　40　50　25　45　80　70　65

我们把 F 的元素交替地复制到文件 F1 和 F2 中：

F1:　75　15　85　35　60　50　45　70

F2:　55　20　30　10　40　25　80　65

现在把 F1 的单元素子文件和 F2 的单元素子文件合并，从而产生 F 的有序双元素子文件：

F1:　[75]　15　85　35　60　50　45　70

F2:　[55]　20　30　10　40　25　80　65

F: 55 75

然后把 F1 的第二个单元素子文件和 F2 的第二个单元素子文件合并且写到 F 中：

F1: 75 15 85 35 60 50 45 70
F2: 55 20 30 10 40 25 80 65
F: 55 75 15 20

这种单元素合并过程继续到我们到达文件 F1 或 F2 的结尾为止。如果有文件仍然包含子文件，则把这些子文件复制到 F 中：

F: 55 75 15 20 30 85 10 35 40 60 25 50 45 80 65 70

如同阴影块所示，文件 F 由一系列双元素有序子文件组成。我们再次把它分为文件 F1 和 F2，即把这些双元素列表交替地复制到 F1 和 F2 中：

F1: 55 75 30 85 40 60 45 80
F2: 15 20 10 35 25 50 65 70

现在把 F1 和 F2 中的双元素子文件合并，从而产生 F 的有序四元素子文件：

F: 15 20 55 75 10 30 35 85 25 40 50 60 45 65 70 80

然后把 F 的四元素子文件交替地分到文件 F1 和 F2 中：

F1: 15 20 55 75 25 40 50 60
F2: 10 30 35 85 45 65 70 80

把相应的四元素子文件合并来产生 F 的八元素子文件：

F: 10 15 20 30 35 55 75 85 25 40 45 50 60 65 70 80

下一个拆分操作产生：

F1: 10 15 20 30 35 55 75 85
F2: 25 40 45 50 60 65 70 80

相应的八元素子文件合并后产生 F 的 16 元素子文件，现在 F 被排好序了：

F: 10 15 20 25 30 35 40 45 50 55 60 65 70 75 80 85

在这个例子中，F 的长度是 2 的次方，拆分和归并操作得到的子文件的长度相同，其长度也是 2 的次方。通常，除了最后一个（其元素个数较少）之外，所有子文件的长度都是相同的。尽管这意味着在这个归并排序版本（称为折半归并）中，我们必须检查文件和子文件的结尾，然而，在设计所需的拆分和归并算法时并没有任何特别的困难存在。

13.4.3 自然归并排序

另一个更严重的问题是折半归并要求子文件的长度为 1, 2, 4, 8,…, 2^k，其中 $2^k \geqslant$ F 的长度，因此总是经历 k 个拆分-归并阶段。如果允许使用其他长度的子文件，则阶段数有可能减少。利用了这些“自然的”有序子文件（对比于折半归并排序创建的“人工”长度和子文件）的归并排序版本被称为**自然归并**。

作为自然归并排序的例子，再次考虑前面的折半归并排序使用的文件 F:

F: 75 55 15 20 85 30 35 10 60 40 50 25 45 80 70 65

注意 F 的多个部分由已经有序的元素组成：

F: [75] [55] [15 20 85] [30 35] [10 60] [40 50] [25 45 80] [70] [65]

这些有序子文件以一种自然的方法来拆分 F。

与以前一样，我们从把 F 的子文件交替地复制到其他两个文件（F1 和 F2）开始，但这次使用上述的自然子文件而不要求子文件的长度为 2 的次方：

F1: [75] [15 20 85] [10 60] [25 45 80] [65]
F2: [55] [30 35] [40 50] [70]

现在标出 F1 和 F2 中的自然有序子文件：

F1: [75] [15 20 85] [10 60] [25 45 80] [65]
F2: [55] [30 35 40 50 70]

注意，尽管 F1 的子文件不变，但 F2 的最后三个子文件已经合并为一个更大的子文件。

现在，按照折半归并排序的方法来进行处理。把 F1 的第一个子文件和 F2 的第一个子文件归并为 F 的一个有序子文件：

F: [55 75]

然后归并第二个子文件：

F: [55 75] [15 20 30 35 40 50 70 85]

由于我们已经到达 F2 的末尾，只需把 F1 中剩下的子文件复制到 F 中：

F: [55 75] [15 20 30 35 40 50 70 85] [10 60] [25 45 80] [65]

现在我们再次拆分 F，交替地把子文件复制到 F1 和 F2 中：

F1: [55 75] [10 60] [65]
F2: [15 20 30 35 40 50 70 85] [25 45 80]

这次看到 F1 的两个子文件合并成为一个更长的子文件：

F1: 55 75 | 10 60 65

F2: 15 20 30 35 40 50 70 85 | 25 45 80

与前面一样，我们把 F1 和 F2 中的相应子文件归并到 F 中：

F: 15 20 30 35 40 50 55 70 75 85 | 10 25 45 60 65 80

在下一阶段，拆分 F 来产生文件 F1 和 F2。F1 和 F2 都只包含一个有序子文件，因此它们本身已经有序：

F1: 15 20 30 35 40 50 55 70 75 85

F2: 10 25 45 60 65 80

结果，在执行归并操作之后，F 成为有序文件：

F: 10 15 20 25 30 35 40 45 50 55 60 65 70 75 80 85

注意，这里的拆分-归并阶段数比折半归并排序的阶段数少。

自然归并排序的拆分操作算法如下：

自然归并排序的拆分算法

/* 把 F 的自然有序子文件交替地复制到 F1 和 F2 中。*/

（1）打开文件 F 作为输入，打开 F1 和 F2 作为输出。

（2）重复以下过程，直到到达 File1 或 File2 的结尾为止：

① 按照以下方法来把 F 的一个有序子文件复制到 F1 中：反复读入 F 的一个元素并把该元素写入 F1，直到 F 的下一个元素比当前元素小或者到达文件 F 的末尾为止。

② 如果还没有到达 F 的末尾，则以类似的方式把 F 的下一个子文件复制到 F2 中。

以下算法实现了例子中描述的归并操作：

自然归并排序的归并算法

/* 把 F1 和 F2 中的相应子文件归并回文件 F 中 */

（1）打开 File1 和 File2 作为输入，打开 File3 作为输出。

（2）把 numSubFiles 初始化为 0。

（3）重复以下过程，直到到达 File1 或 File2 的结尾为止：

① 如果还没有到达 File1 或 File2 的结尾：

如果 F1 的下一个元素比 F2 的下一个元素小，则把 F1 的下一个元素复制到 F 中。

否则

把 F2 的下一个元素复制到 F 中。

② 如果到达 F1 的结尾，把 F2 中剩下的项复制到 F 中。

否则

把 F1 中剩下的项复制到 F。

③ numSubFiles 加 1。

（4）把 F1 或 F2 中剩下的所有子文件复制到 F 中，并且每复制一个子文件，numSubfiles 的值都要增 1。

自然归并排序算法只需反复调用上面两个算法，直到文件变成有序为止。

自然归并排序

/* 使用自然归并排序来对文件 F 排序 */

反复执行以下步骤，直到 numSubfiles 等于 1 为止：

（1）调用 Split 算法来把 F 拆分成为文件 F1 和 F2。

（2）调用 Merge 算法来把 F1 和 F2 中的相应子文件归并回文件 F 中。

归并排序也可以用作内部排序。修改拆分和归并算法，使得它们使用数组、向量或者链表而不是文件 F、F1 和 F2 是很容易的。

自然归并排序的最坏情况发生在项反向有序的时候。此时，自然归并排序函数的工作方式与折半归并排序一样，其子文件的长度为 1、2、4、8 等。这样在对包含 n 项的文件或列表进行排序时，需要 $\log_2 n$ 次拆分和归并操作，且在每次操作中所有 n 项都被检查。因此，在最坏情况下（平均情况也一样），自然归并排序的计算时间是 $O(n \log_2 n)$。

小测验 13.4

1．根据数据项存放在内存还是外存，排序算法能够分为_______和_______两种

2．为什么某些排序方法不适用于文件？

3．归并排序的名字从何而来？

4．归并排序的最坏和平均时间复杂度是 O(_________)。

练习 13.4

练习 1～5 对以下的数字列表应用折半归并排序，使用课本所示的图来显示拆分-归并阶段：

1．13, 57, 39, 85, 70, 22, 64, 48

2．13, 57, 39, 85, 99, 70, 22, 48, 64

3．13, 22, 57, 99, 39, 64, 57, 48, 70

4．13, 22, 39, 48, 57, 64, 70, 85

5．85, 70, 65, 57, 48, 39, 22, 13

6～10．运用自然归并排序重做练习 1～5。

以下练习要求编写函数。参考本章末尾编程问题 20～25 中的指导，使用驱动函数来测试这些函数。

11．编写实现 Split、Merge 和 Mergesort 算法的函数。

12．针对存放在数组或向量中的列表，重做练习 11。

13．针对链表，重做练习 11。

14．在归并排序的一个变种中，拆分操作被改成：把固定数量的元素复制到内存中，使用如快速排序等内部排序方法来对这些元素进行排序，并把排好序的列表写到 F1 中；然后把相同数量的元素复制到内存中，使用内部排序方法来对这些元素进行排序，并把排好序的列表写到 F2 中；如此对 F1 和 F2 交替进行。为这种归并排序方法编写一个函数，使用快速排序来对包含 size 个元素的子列表进行内部排序，这里 size 是某个常数。

15．编写一个函数来执行三路归并，即把三个有序文件归并成为另一个有序文件。

13.5 基数排序（Radix Sort）

到目前为止我们考虑的排序都具有同一个模式：来回查找列表，比较元素，根据某种规则将元素移动到某个位置。以一种非常不同的排序方法来结束我们对排序的学习：基数排序。有几种类型的基数排序，但是它们的共同之处在于都是基于检查元素（或记录的数字关键字）的某种进制表示下的各位上的数字来进行排序的。①

其中一种比较简单的版本有时被称为最低位优先基数排序（least-significant-digit radix sort），因为这种方法从右向左处理数字。同时因为这种方法在早期的计算中被用来对旧式的打孔卡片进行排序，所以也被称为卡片排序。早期的程序设计语言中，例如 Fortran 和 COBOL，程序指令是穿孔在 80 列的卡片上的，其中程序代码位于 1～72 列；而 73～80 列被用于对卡片编号。因为每条程序语句都使用一张单独的卡片，所以一个大型的程序需要厚厚一叠上百张的卡片。对每个初级程序员来说，不小心把一叠卡片掉到地上将是非常可怕的事情，因为这需要花费大量的时间和努力来将这些卡片重新排列成正确的次序，特别是在卡片还没有编号的情况下。

如果卡片已经编好号，同时还能有一台称为卡片排序机的机器，则程序员可以将卡片放置在这台机器的卡片箱中，让机器按第 80 列对卡片进行排序（编号的最低位），这样卡片将被分成 10 个仓。将这些卡片按照从仓 0 到仓 9 的顺序收集起来，将它们再次放到卡片箱中，然后让机器按第 79 列再次排序，从而这些卡片又被分成 10 个仓。下面对这些卡片的第 78～73 列重复这个过程，就可以将卡片恢复成原始的顺序了。

这就是基数排序的基本思想。为了说明，假设我们要排序的数是十进制的并且最多只有 3 位，例如，

64,8,216,512,27,729,199,550,343,125,93,666,11

为了有助于对基数排序的理解，将这些数写成完全的 3 位形式，即在需要时在数的左边补 0：

064,008,216,512,027,729,199,550,343,125,093,666,011

首先，我们根据它们最右边的数将它们分布到编号为 0，1，…，9 的 10 个仓中：

① 术语基数（radix）在数学中表示一个数制系统的基。

			093			666			199
550	011	512	343	064	125	216	027	008	729
0	1	2	3	4	5	6	7	8	9

现在按照从左到右从下往上的顺序将这些数收集起来：

550,011,512,343,093,064,125,216,666,027,008,729,199

接着再次将它们分布到各仓，不过这次是根据第 2 个数字：

	216	729							
	512	027				666			199
008	011	125		343	550	064			093
0	1	2	3	4	5	6	7	8	9

将它们收集起来得到了

008,011,512,216,125,027,729,343,550,064,666,093,199

现在最后一次分布这些数，按照最左边的数字：

093									
064									
027									
011	199				550				
008	125	216	343		512	666	729		
0	1	2	3	4	5	6	7	8	9

这次，将它们收集起来就得到了排好序的列表：

008,011,027,064,093,125,199,216,343,512,550,666,729

下面将前面的过程总结成算法：

基数排序

/* 使用基数排序对一列数字 $x[1], \cdots, x[n]$ 按照升序进行排序，其中每个数都有 NUM_DIGITS 个数字。注意：为了和其他的排序方法保持一致，x 的第 0 个位置保留作为特殊用途。（另外，这个算法可以很容易地修改为链表版本。） */

（1）为列表元素创建 10 个容器 $c[0], \cdots, c[9]$（例如，具有 10 个整数链表的数组）。

（2）For d = NUM_DIGITS 到 1 做以下工作：

① 将每个容器 $c[0], \cdots, c[9]$ 都清空。

// 将这些值分布到容器中

② For $i = 1$ 到 n 做以下工作：

- 令 nextDigit = $x[i]$的第 d 个数字。
- 将 $x[i]$添加到 c[nextDigit]的末尾。

// 现在将容器中值复制回 x 中

③ 令 nextPos = 1。

④ For dig = 0 到 9 做以下工作：

- 将 c[dig]的元素复制到 x 中从 nextPos 开始的 c[dig].size()位置中。
- 将 nextPos 的值增加 c[dig].size()。

End for

如算法的第一步提到的，每个容器都可以是一个链表。由于事先并无法知道每个容器中会有多少个元素，所以这是一种有效的数据结构。另外，如注释中所提到的，元素不一定要存放在数组或向量中；这个算法的链表版本是很容易的，将被留作练习。

基数排序可以用于任何 b 进制的数。我们只需要将前面算法中的 10 换成 b，9 换成 b–1。如果为每个可能的字符使用一个容器，那么这种方法还可以用于对字符串进行排序。例如，只包含小写字母的字符串将需要 27 个容器，一个容器用于填充字符串右边的空格，然后从字母'a'～'z'每个字母使用一个容器。

基数排序的计算时间可以很容易的得到。算法中里层用于将值分布到容器中的循环是执行最多的，而每次碰到这个循环，都将执行 n 次。而外层的循环执行 NUM_DIGITS 次，所以可以得到里面的这些指令将执行 NUM_DIGITS *n 次。从而这是一个 $O(n)$的算法。

练习 13.5

在练习 1～5 中，对下面的整数列表，使用课本中所示的图表来跟踪基数排序的执行。

1．29,778,11,352,233,710,783,812,165,106

2．38,399,892,389,683,400,937,406,316,5

3．353,6,295,44,989,442,11,544,209,46

4．8745,7438,15,12,8501,3642,8219,6152,369,6166,8583,7508,8717,8114,630

5．9001,78,8639,252,9685,3754,4971,888,6225,9686,6967,6884,2,4370,131

对于下面由小写字母组成的字符串，使用针对字符串的基数排序方法进行排序，使用课本中那样的图表来跟踪排序的执行。只需要给出在这些单词中出现的字母（和空格）所对应的容器。

6．for,if,do,else,case,int,main

7．while,if,for,break,float,bool

假设我们要对一个记录列表进行排序，其中一些记录的关键域中的值可能是相同的。如果一种排序模式不会改变这些记录的顺序，那么称它为稳定的。例如，考虑包含人名和年龄的记录列表，要按照年龄升序排序。假设在原始的列表中

Doe	39

位于

Smith	39

之前（可能在它们之间还有好几个记录）。对于一种稳定的排序模式，在排序之后，Doe 的记录仍然在 Smith 的记录之前。在练习 8～15 中，判断哪种排序模式是稳定的。

8．简单选择排序。

9．冒泡排序。

10．线性插入排序。

11．堆排序。

12．快速排序。

13．折半归并排序。

14．自然归并排序。

15．基数排序。

练习16～18要求编写函数。应该按照本章结尾的编程问题30-32的指导编写驱动程序来测试这些函数。

16．对课本中给出的整数列表进行排序的基数查找算法。使用list<int>作为容器。

17．重做练习16，但是针对b进制整数进行排序，这里基数b是由用户输入的。

18．重做练习16，但是针对课本中描述的小写（和空格）字母字符串列表进行排序。

13.6 本章小结

章节注意要点

- 排序方法分成3类：选择排序、交换排序和插入排序。选择排序扫描列表或部分列表多次，每次正确地确定一个元素的位置。交换排序系统地交换那些不符合次序的元素对，直到这种对不存在为止，这样列表就变成有序了。插入排序反复地在已经有序的列表中插入一个新元素，且插入后的新列表也保持有序。
- 简单选择排序，冒泡排序和插入排序都是$O(n^2)$排序，并且不适合于处理大列表。对于小型列表，线性插入排序工作得很好。冒泡排序几乎在任何情况下都很低效，应该避免被选为通用排序模式。
- 许多应用中的列表都是部分有序的，好的排序方法应该利用这一点。
- 没有总是最好的排序方法。对于一般的列表，快速排序、希尔排序和堆排序的性能较好。
- 间接排序使用索引表来存放列表元素的位置，且只移动索引中的元素起始位置而不是元素本身，这比移动大对象要有效得多。
- 堆排序是一种$O(n \log_2 n)$的选择排序，基于将元素存储于堆中。
- 快速排序是一个平均时间复杂度为$O(n \log_2 n)$的分治排序方法。诸如STL中的sort()算法等强力的快速排序版本通常使用以下技术：使用复杂的基准选择策略（如三数取中规则）、使用如插入排序等其他排序方法来对短列表进行排序。
- 归并排序是一个时间复杂度为$O(n \log_2 n)$、既能用作内部排序又能用作外部排序的排序方法。自然归并排序利用了部分有序列表的特性，因此比折半归并排序更受青睐。
- 基数排序和前面的排序方法都不同，它不是基于对元素的比较的。这种方法根据元素（或元素的关键字）数字表示形式中的每个数字将元素分组，因此只能用于具有这样表示的列表。

程序设计知识点

1. 标准类模板提供了以下的堆算法：make_heap(), push_heap(), pop_heap()和 sort_heap()。
2. C++提供了函数对象，它通过在类定义中定义名为 operator()的函数来定义。函数对象通常作为函数来传给类模板。
3. 分治策略是一种问题求解方法，其中原问题可以拆分成为更简单的子问题，并可以作进一步的拆分，直到子问题变得足够简单地被解决（即被征服）为止。

ADT 技巧

1. 堆（或最大堆）将元素以这样一种方式组织，即最大（对于最小堆来说是最小元素）元素的插入和删除可以在 $O(\log_2 n)$时间内完成。这是一种满足堆次序属性的完全二叉树：每个节点中存储的值都大于（小于）或等于其子女中存储的值。
2. 由于堆是一棵完全二叉树，所以可以有效地存储在一个数组中。
3. 和二叉查找树不同，当插入或删除元素时堆不会变得不平衡。
4. 优先队列中的每个数据项都有一个优先级，这些数据项以高优先级的项比低优先级的项先被删除的方式存储。
5. 优先队列的最有效的一种实现是使用堆。

编程问题

13.1 节

对于编程问题 1～6，编写驱动程序来测试给出的函数。

1. 练习 4 中的双端选择排序函数。
2. 练习 5 中的最小-最大-排序函数。
3. 练习 6 中的递归简单选择排序函数。
4. 练习 7 中的递归冒泡排序函数。
5. 练习 12 中的希尔排序函数。
6. 练习 14 中的树排序函数。
7. 编写一个程序来读入学生们的学号和名字，然后使用练习 14 中的树排序函数对他们进行排序，使得他们按照学号升序排列。
8. 编写一个程序读入 UserIdFile（在第 4 章末尾描述）中的记录并把记录存放到一个数组或向量中。然后选用本节中的一个排序方法，对记录进行间接排序，使得记录根据其资源使用时间降序排序。
9. 编写一个程序，针对随机产生的整数列表，比较本节中描述的 $O(n^2)$排序算法的运行时间。

13.2 节

10．编写一个驱动程序测试练习 14 中的 Heap 类模板。
11．编写一个驱动程序测试练习 15 中改进后的 Heap 类模板。
12．编写一个程序来读入包含雇员编号和时薪的记录并把这些记录存放在一个堆中，其中雇员编号作为关键字。程序允许用户插入或删除记录，以及使用堆排序来对修改后的列表进行排序，使得记录按照雇员编号升序排序。显示排序后的列表。
13．编写一个驱动程序测试练习 16 中的 Priority_Queue 类模板。

13.3 节

对于编程问题 14～19，编写驱动程序来测试给出的函数。
14．练习 7 中的改进 quicksort()函数。
15．练习 8 中的改进 quicksort()函数。
16．练习 9 中的改进 split()函数。
17．练习 10 中的非递归 quicksort()函数。
18．练习 11 中寻找列表的中位数的函数。
19．练习 12 中寻找列表中第 k 小的元素的函数。

13.4 节

对于编程问题 20～22，编写驱动程序来测试给出的函数。
20．练习 11 中的 split、merge 和 mergesort 函数。
21．练习 12 中针对存放在数组或向量中的列表的 split、merge 和 mergesort 函数。
22．练习 13 中针对链表的 split、merge 和 mergesort 函数。
23．给出一个雇员的记录文件，其中的记录包含以下信息：
ID 号
姓、名
街道地址
城市、省和邮政编码
电话号码
性别
年龄
家属的数目
部门类别（工厂、办公室、销售点）
是否为工会成员的标志
时薪
编写一个程序来读入这些雇员记录，使用归并排序来令这些记录按照 ID 号升序排序。
24．编写一个驱动程序来测试练习 14 中的改进归并排序函数。

25. 编写一个驱动程序来测试练习 15 中的三路归并函数。
26. 使用练习 15 中的函数来归并三个记录文件，其中每个记录包含名字和电话号码，使得记录按照名字的字母顺序排序。对于文件中重复出现的记录，只保留一个到最终的文件中。
27. 编写一个程序，它使用练习 15 中的函数来实施三路归并排序（ternary mergesort），即同时有三个而不是两个文件参与归并。
28. 编写一个程序，对于由随机生成的整数组成的文件，比较折半归并排序算法和自然归并排序算法的计算时间。
29. 多阶段排序（Polyphase Sort）是另一种外部排序方法。一种简单的版本开始时归并 F1 和 F2 中的单元素子文件来生成 F3 中的有序双元素子文件。然而，在 F1 或 F2 到达结尾时，例如，假设 F1 到达结尾，则 F2 中剩下的单元素子文件与 F3 中的双元素子文件进行归并，从而产生长度为 3 的子文件。把这些子文件写到 F1 中。这个过程进行到 F2 变成空为止。然后，F3 中剩下的双元素子文件与 F1 中的 3 元素子文件进行归并并产生长度为 5 的子文件，这些子文件被写到 F2 中，直到 F3 变成空为止。继续这个过程，直到排序完成为止。

    注意子文件的长度形成一个数列：1, 1, 2, 3, 5, 8, 13, 21, 34, …，即 Fibonacci 数字（参见 10.1 节）。最终的子文件长度（亦是文件 F3 的长度）必然等于某个 Fibonacci 数 f_n，而之前的 F1 和 F2 的长度也是 Fibonacci 数 f_{n-1} 和 f_{n-2}。重写编程问题 28 中的程序，采用多阶段排序来对雇员记录进行排序，在需要时补充空子文件到 F1 或 F2 中以使它们的长度恰好等于两个连续的 Fibonacci 数，在排序完成后删除这些空子文件。

13.5 节

对于编程问题 30～32，编写驱动程序来测试给出的函数。

30. 练习 16 中对整数列表进行基数排序的函数。
31. 练习 17 中对 *b* 进制整数列表进行基数排序的函数。
32. 练习 18 中对字符串列表进行基数排序的函数。

第14章 OOP 和 ADT

本章内容

- OOP 和 ADT 的简要历史和概览
- 继承和面向对象设计
- 创建派生类
- 案例学习：工资
- 多态性、虚函数和 ADT
- 异构数据结构

章节学习目标

- 学习面向对象编程的基本性质：封装、继承和多态性。
- 讨论面向对象设计以及继承在其中所起的作用。
- 描述在 C++中如何实现继承。
- 查看一些继承和类层次图的例子。
- 描述多态性的必要性以及在 C++中如何通过虚函数和推迟联编来实现多态性。

面向对象编程的一个主要目的是复用，在 C++中实现复用的一些方法如下所述：

- 使用函数封装代码。
- 创建类来表示问题中重要的对象。
- 将类和函数定义存储在分开编译的库中。
- 将函数转变为类型参数化的函数模板。
- 将类转变为类型参数化的类模板。

到目前为止，就我们开发出来的类和类模板而言，基本上每个都是独立开发的。在本章中我们介绍一个重要的 OOP 概念——继承，它使得另一种层次的复用成为可能。

- 可以通过创建一个类（或类模板）来创建另一个类（或类模板）实现复用。

如果我们花费时间和努力来创建一个类，接着需要创建另一个类，而第二个类是第一个类的变形，那么应该能够最大限度地利用我们的投资。

本章的焦点在于继承如何能帮助抽象数据类型的设计和开发。我们将仔细学习如何从一个类派生出另一个类。将看到继承的一种新的重要特性（多态性）以及 C++中的虚函数如何对 ADT 中的“A”作进一步扩展，使得某些抽象数据类型变得更为抽象（即与任意实现方式无关）。采取同样的方法，类模板和函数模板可以“抽象掉”ADT 中元素的类型（即对元素类型作进一步的抽象，使之消失），而虚拟函数可以“抽象掉”ADT 中的操作。

14.1 OOP 和 ADT 的简要历史和概览

诸如 Pascal 和 C 等命令式编程语言的某些特性促进了结构化程序的发展。在第 1 章中已经注意到，与非结构化程序相比，结构化程序更容易开发和维护，因此在好几年的时间内，结构化编程技术在程序开发中得到广泛应用。随着软件系统的复杂度越来越高，有必要把系统划分为更简单的模块，它们能够独立地开发、编译和测试，然后合成为一个更大的系统。这导致一些新结构被引入到编程语言中，例如 Modula-2 中的模块、Pascal 中的单元、Fortran 和 C 中的库、以及 Ada 中的包。随着软件系统的复杂度和数量继续增长，在开发新的系统时，如果我们可以扩展并复用某些已经存在的软件，则显然可以减少开发费用。软件可扩展性和可复用性的概念、以及结构化和模块化编程技术是面向对象编程的基本概念。其目的在于通过使得易于复用和扩展软件以及易于管理软件的复杂度，进而减少软件开发和维护的费用，从而提高程序员的效率。

面向对象编程这一术语最早用来描述 Smalltalk 的编程环境。Smalltalk 是最早的面向对象编程语言之一。随着 C++和 Java 等语言的发展，面向对象编程方法变得更为普遍，而面向对象方法的流行和普及已经使得其成为编程和系统开发中的通用技术。

在第 1 章对 OOP 的介绍中，我们列出了刻画面向对象程序设计的 3 个重要性质：

- 封装性；
- 继承性；
- 多态性，与之相关的一个概念是动态联编或推迟联编。

在本节中，将再次考察并解释这三个根本性质。

14.1.1　封装性

本书的一个中心主题在于对抽象数据类型的学习，但我们也对编程语言提供的用来实现抽象数据类型的数据结构感兴趣；即系统提供来把抽象数据类型转换成为具体数据类型的结构。ADT 的其中一个标志是把数据以及相关操作封装在一个单独的实体中。编程语言提供的结构应该能够对数据和操作进行封装。早期的强制式语言并没有这种本领，但在单元、模块、库和包被引入后，这种封装便变得可行了。

抽象数据类型的另一个关键性质在于其定义与实现是相互独立的，且 ADT 的某些具体实现反映了这种定义—实现相互独立的关系。例如，Pascal 中的单元包括一个界面部分和一个实现部分，前者包含 ADT 的定义，后者包括与基本操作相关的函数和过程。类似地，Modula-2 中的模板也包括界面部分和实现部分；Ada 的包中包括声明部分和主体（实现部分）。在这些例子中，界面或声明部分包含外界用户能够访问的公有信息，而实现部分则包含只能在结构内部访问的私有信息。数据类型声明与其实现的隔离能够把私有实现细节隐藏起来，使得使用该数据类型的用户只能使用类型中定义的基本操作来处理数据项。这种隔离的另一个优点是对实现的修改并不影响使用该数据类型的程序、子程序、模块和单元。

在面向对象编程语言中，ADT 可以使用类来实现。类提供了封装性和公共—私有相互独立性。一个 ADT 的数据元素被存储在类的数据成员中，而其操作由类的函数成员或方法实现。调用函数成员来修改对象中的数据的过程被称为向对象发送消息。例如，倘若 Stack 是一个栈类（或模板），而 s 是 Stack 的一个对象，为了删除栈顶元素 s，发送一个消息给 s，通知 s 把栈顶元素弹出。类似地，为了在栈中添加一个元素，发送一个消息给 s，通知 s

压入这个元素。在非 OOP 语言中，需要将栈 s 发送给某个对 s 进行操作的过程或者函数。而在 OOP 方法中，发送一个消息给对象（数据）s，要求 s 自己去执行某个操作。因此，面向对象编程聚焦于被处理的数据而不是负责处理的子程序。

14.1.2 继承性

类还提供了面向对象编程的第二个重要性质——继承。一个类可以从另一个类派生而来，这个新类继承了源类的数据成员和函数成员，这样就有可能在另一个类中复用它们。

为了示范，假设解决一个问题不但需要常规的栈操作，还需要其他一些在 Stack 类中没有提供的操作；例如，假设需要随时能够得到栈中的最小值和最大值。我们可以采取多种方法来创建一个新类来提供这额外的 min()和 max()操作。

第一种是简单地在 Stack 类中添加函数成员 min()和 max()，如图 14.1 所示。

然而，这不是一个好方法，因为在添加新操作后，会削弱一个经过测试和正常运转的类，从而有可能使采用这个类的客户程序不能再正确工作。实际上，这种方法有可能根本行不通，因为程序员无法获得这个类的源代码。

第二种称为适配器方法，在这种方法里创建一个新的 RevStack 类，将一个 Stack 对象作为数据成员，如图 14.2 所示。

Stack 类
max()、min()以及
其他新操作
push(),pop(),…
myTop,…
新数据成员

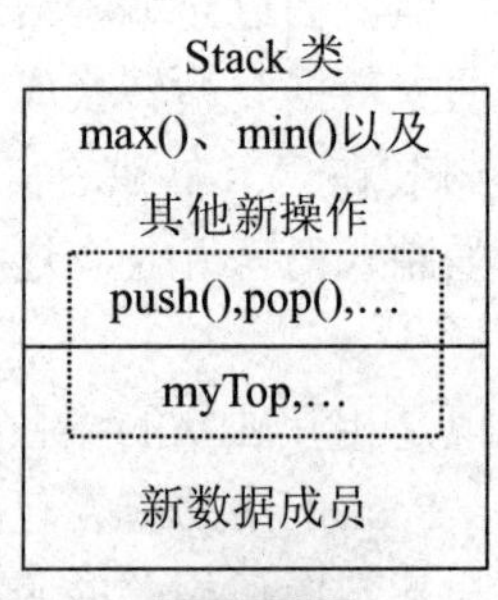

图 14.1

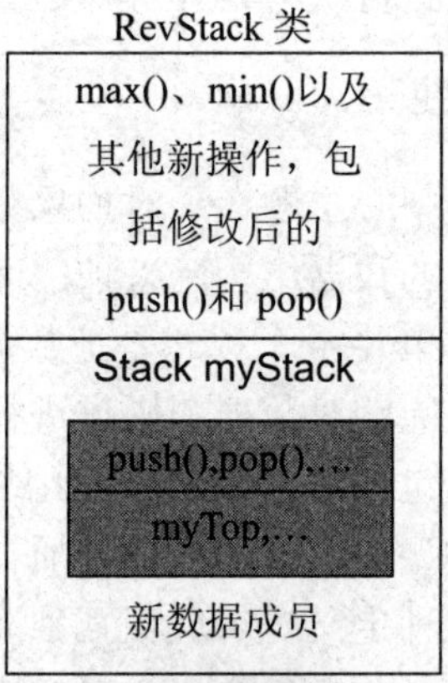

RevStack 类
max()、min()以及
其他新操作，包
括修改后的
push()和 pop()
Stack myStack
push(),pop(),…
myTop,…
新数据成员

图 14.2

设计应该反应现实而不是实现。

第三种被称为复制—粘贴方法；我们创建一个新的 RevStack 类，将 Stack 的数据成员和函数成员复制粘贴到 RevStack 中，如图 14.3 所示。

这总是对的，但它们是分离的互补依赖的类。对 Stack 的修改（例如，将栈元素的存放从数组改为链表）并不会导致对 RevStack 的自动修改。

面向对象的方法采用的是从 Stack 类派生一个新的 RevStack 类，这里 Stack 被称为父类、基类或超类。RevStack 被称为子类、派生类或亚类。下面给出了为什么这种方法是最佳方法的几个理由：

■ 派生类继承了其父类的所有成员（包括操作）；它可以复用从父类继承来的成员。一个 RevStack 就是一个 Stack。

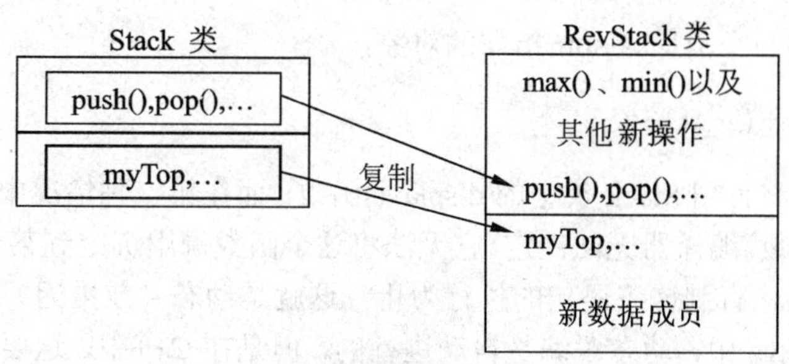

图 14.3

- 对 Stack 类的修改会导致对 RevStack 类的自动更新。
- 在创建 RevStack 类时引入的错误将局限于 RevStack 类自身；原始的 Stack 类不会受到破坏，这样使用 Stack 类的客户成员也不会受到影响。

14.1.3 多态性和动态联编

多态性（**Polymorphism**，该词来自希腊语，意思为“多种形态”）和相关概念动态（或推迟）联编是面向对象编程的第三个重要性质。我们已经看到过函数的某些多态行为：

- 同一函数能够被重载为不同函数。
- 同一函数模板能够用于不同函数。

我们还看到过与类有关的相似的多态行为：

- 同一类模板能够用于不同类。

在以上的情况中，真正被使用的函数或类实例由编译器决定。

然而，在面向对象编程中，多态性有另外一种含义。我们以后将更为仔细地加以讨论，现在只是使用一个例子来简单地作一下示范。类 Stack 和 RevStack 都可以拥有一个只输出函数 display()，但这两个函数的行为并不一定相同。例如，对于一个 Stack 对象，这个函数显示栈里的元素，但是对于一个 RevStack 对象，它不但显示栈里的元素，而且同时还标志最大和最小的元素。我们当然可以给这两个输出函数起不同的名字，但更愿意使用相同的名字，如 display()。该函数就是多态函数的一个例子；在两个类的定义中其原型都是一样的，但动作并不相同。它在 RevStack 对象和 Stack 对象中的功能是各不相同的。

在以前给出的函数例子中，当函数被调用时，编译器能够选出正确的函数版本来执行。这称为函数代码与函数调用的**静态**（或**提早**）**联编**。然而，有时函数的版本只能在运行阶段才能够决定，函数 display()就是这样一个例子。如我们前面所见，一个如下声明的指针：

```
Stack * sptr;
```

可以指向一个 Stack 对象，

```
sptr = new Stack;
```

也可以指向一个 RevStack 对象，

```
sptr = new RevStack;
```

现在，如果希望发一个消息给 sptr 指向的对象，

```
sptr->display(cout);
```

在第一种情况中，将使用 Stack 类中的 display()函数，而在第二种情况中，将使用 RevStack 类中的 display()函数。编译器无法决定，它无法将这个函数调用绑定到某个具体的 display()。这个决定必须推迟，直到这条语句的执行为止，这就是**动态（或推迟）联编**。尽管在某些 OOP 语言，例如 java 中，动态联编是自动进行的，但是在 C++中，这要求使用虚函数来实现，将在 14.5 节中学习相应内容。

✔ **小测验** 14.1

1．给出面向对象编程的 3 个基本概念并给出其定义。
2．ADT 的一个关键性质是把数据和基本操作________在单个实体中。
3．对对象中的成员函数进行调用的方法是发送一个________给对象。
4．派生类________了父类的成员。
5．词语________的意思是“多种形态”。
6．________联编在编译阶段进行；________联编在运行阶段进行。

14.2 继承和面向对象设计

在使用 C++或者 Java 这样的程序设计语言的第一堂编程课上，初学的学生可以使用如下所示的这种简化的以对象为中心的问题解决方法来设计它们的第一个程序：

（1）标识出问题声明中的对象及其类型。

（2）标识出解题所需的操作。

（3）把操作按照步骤安排成一个序列，称为算法，以解决问题。

这个解决方案接着就被使用程序设计语言编码、测试、调试和执行。

随着课程的进行，这种方法的多个不足之处被发现。第一个不足出现在第（2）步中：所需的操作可能并不存在。一旦函数被引入之后，第（2）步被改为：

（2）标识出解题所需的操作。

如果操作不存在，则定义一个函数来执行这个操作。

另一个缺点与第（1）步有关：所需的数据类型可能不存在。类的引入使得第（1）步修改为：

（1）标识出问题的声明中的对象及其类型。

如果类型不存在，则使用类来设计一个新类型。

继承引出了这种设计方法的最终增强，从而产生真正的**面向对象设计**（**Object-Oriented Design**，简称 **OOD**），这是本章的重点。在 14.1 节中已经简要地描述了继承机制并示范了如何从一个已经存在的类派生出一个新类，从而让派生类继承基类的函数成员和数据成员。面向对象设计利用这种能力来创建对象，并使得共享的属性被存储在基类中，

而对一个给定对象来说特有的属性被存储在派生类中。

面向对象设计（OOD）就是如下设计软件：

（1）标识出问题中的对象。

（2）仔细分析对象，确定对象之间是否存在共同属性。

（3）当共同属性存在时，将这些共同属性组织到一起，如图 14.4 所示。

然后适当地重复向上使用这种方法：

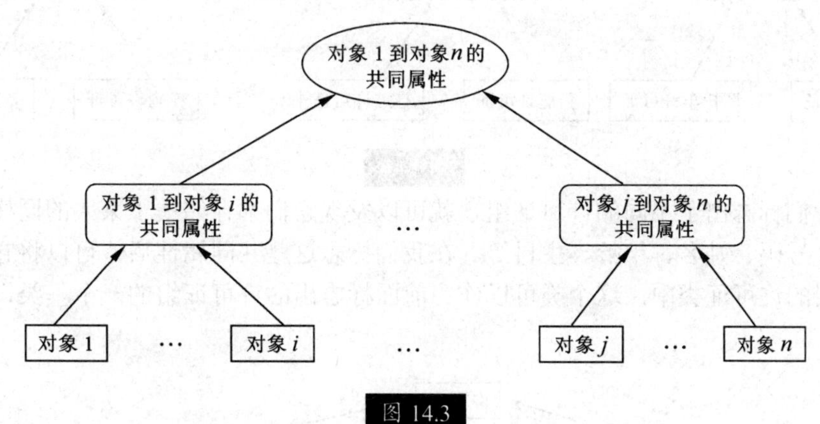

图 14.3

（4）不再发现有共同属性时，做以下工作：

从上到下处理，创建总的基类，并从它们派生下一层的类，直到产生适合系统中真正对象的类。

我们看到这引入了**类的层次图**，这通常使用一棵树来刻画，但是箭头是从派生类指向其基类的。每个非根类都继承了它的祖先类的成员。这表示一个属性只需要在某个合适的层次定义一次即可，并使得程序员可以复用这(一)个定义多次。

14.2.1 第 1 个例子：许可证

假设我们在州许可证管理局中工作并准备使用软件来建模不同的许可证：猎鹿许可证、猎熊许可证、猎雉许可证、钓鱼许可证、捕鲑（鱼）许可证、飞机驾驶许可证、机动车驾驶许可证、摩托车驾驶许可证、结婚许可证、养狗许可证、养猫许可证等。可以为每种许可证设计一个独立的类，但这样会导致大量的重复代码，因为不同的许可证之间有很多相同的属性。所以先考虑 OOD 中的重要问题：

这些对象（许可证）之间有哪些相同属性呢？

在分析了必须考虑的不同种类的许可证之后，发现可以将这些许可证分成几个具有共同特性的组。例如，可以标志出一组许可证：驾驶机动车的、驾驶摩托车的、驾驶出租车的等，这些都是允许一个人驾驶某种交通工具的许可证。接着可以将这些共同属性封装在一个驾驶员类中，将其作为基类，由我们可以派生驾驶汽车、摩托车等交通工具的特定的许可证，如图 14.5 所示。

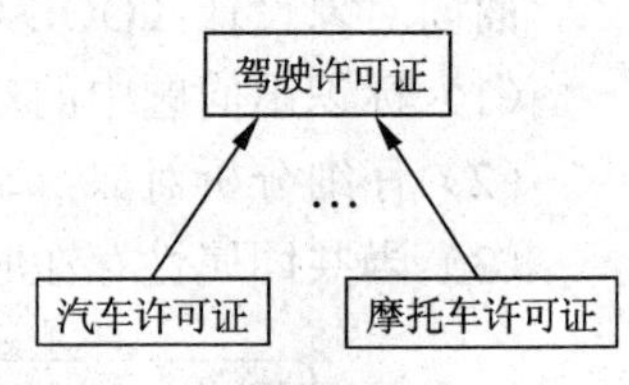

图 14.5

以相似的方式，猎鹿许可证、猎熊许可证、猎雉许可证、钓鱼许可证、捕鲑（鱼）许可证等都是捕猎许可证、它们都具有某种共同的属性；例如，这里的每种许可证都包含某种可以捕猎的对象，允许捕猎季节的起止时间以及允许使用的武器类型。另一组许可证应该是那些允许某人拥有宠物的许可证。此外还可以标志出其他几组许可证，如图 14.6 所示。

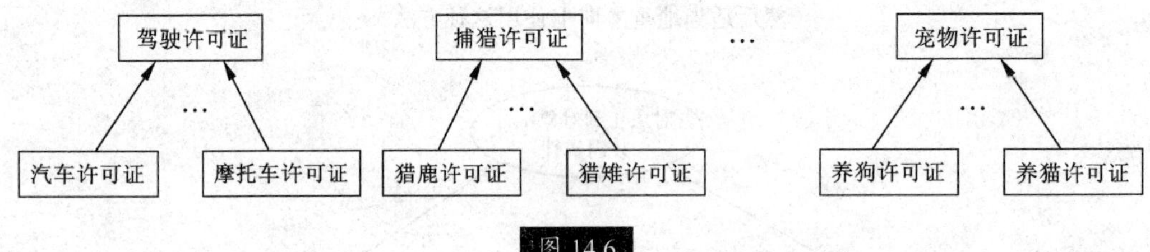

图 14.6

一旦我们标志出了不同的许可证组，就可以发现它们都存储关于某人的同样的一些信息：身份证号码、姓名、年龄、生日等。在我们标志这些共同属性后，可以将它们封装到一个高一层的许可证类中，这个类可以作为前面标志出的许可证组的一个基类，如图 14.7 所示。

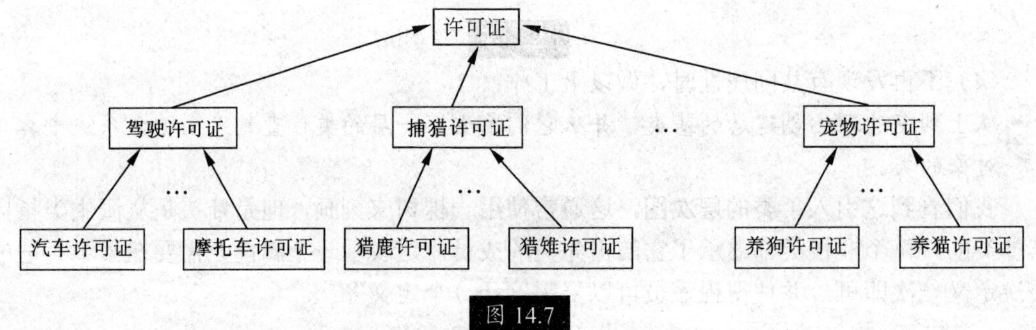

图 14.7

最终，当发现不能再发现任何共同性的时候，可以结束这个自底向上设计类的层次图的过程。现在开始从上往下创建层次图中真正的类的过程。

从树的根开始，设计一个通用 License 类来存放许可证之间的共通属性：

```
class License          //基类
{
public:
/ ***** 函数成员 *****/
  void display(ostream & out) const;
```

```
  void read(istream & in);
 // … 其他操作 …

private:
/***** 数据成员 *****/
  long myIdNumber;
  string mylastName,
         myFirstName;
  char myMiddleInitial;
  int myAge;
  Date myBirthDay;      //Date是一个用户定义的类
  // ... 其他可能的属性…
};
```

现在，如我们在 14.1 节中所述，对于不同类型的许可证，有很多不同的方法来设计它们的类。对于一些使用非 OOP 语言工作的程序员，他们不熟悉继承，会令每个类包含一个类型为 License 的数据成员，并针对每一种特定许可证来增加新的成员：

```
class DriversLicense
{
public:
/***** 函数成员 *****/

private:
/***** 数据成员 *****/
  License common;
  int myVehicleType;
  char myRestrictionsCode;
  //... 其他相关属性 …
};
```

如我们前面提到的，这种方法是可行的，但很不理想！这些类的结构表明，DriversLicense 对象拥有一个 License 成员，但该对象本身不是一个 License 对象。需要一种使 HuntingLicense、DriversLicense 和 PetLicense 自动成为 License 对象的机制。

这种机制就是继承。我们从基类 License 上派生出更具体的许可证类，并加入新成员来存放和处理各自的新属性：

```
class DriversLicense : public License
{
public:
/***** 新的函数成员 *****/

protected:
/***** 新的数据成员 *****/
```

```
  int myVehicleType;
  char myRestrictionsCode;
  //... 其他相关属性…
};

class HuntingLicense : public License
{
private:
/***** 新的函数成员 *****/

private:
/***** 新的数据成员 *****/
  string thePrey;
  Date seasonBegin,
     season End;
  string myWeapon;
  //... 其他相关属性…
};

class PetLicense : public License
{
public:
/***** 新的函数成员 *****/

private:
/***** 新的数据成员 *****/
  string myAnimalType;
  //... 其他相关属性…
};
```

HuntingLicense、DriversLicense 和 PetLicense 等类被称为**子类**、**派生类**或**亚类**，而派生出它们的类 License 被称为**父类**、**基类**或**超类**。

当然，类 HuntingLicense、DriversLicense 和 PetLicense 也可以作为其他类的父类。例如，猎鹿许可证类可以从 HuntingLicense 类派生得到：

```
class cDeerLicense: public HuntingLicense
{
 public:
  /***** 新的函数成员 *****/

 private:
 /***** 新的数据成员 *****/
```

```
    int deerLimit:
    string myRegion;
    //…其他相关属性…
};
```

类 DeerLicense 被称为类 License 的**后代**，而类 License 则被称为类 DeerLicense 的**祖先**。

14.2.2 公有、私有和保护域

到目前为止，仅考虑了类中的两个域：公有和私有。但是 C++还提供了一个**保护域**。域的类型是由在其前面使用下述的三个修饰符之一来规定的：

public： 公有域的成员可以被任何函数访问。

private： 私有域的成员仅能被类的函数成员和友元访问。

protected： 保护域的成员仅能被类的函数成员和友元以及类的后代访问。

规定了一个域为保护域也就提供了对成员在私有和公有之间的中间访问层次。

14.2.3 派生类的形式

派生类的通用定义方法如下：

派生类的声明

形式：

```
派生类的名字：类型 基类的名字
{
public:
/*  派生类的新函数成员 */
private:            //或 protected:
/*  派生类的新数据成员 */
};
```

其中类型是以下的关键字中的一个：

用于**公共继承**的 public

用于**私有继承**的 private

用于**保护继承**的 protected

派生类的基本性质：

派生类继承了基类的成员（因此也继承了所有祖先类的成员）。它不能访问基类的私有函数，对基类的公共和保护成员的访问权限取决于继承的类型：

继承类型	在派生类中对基类的公共和保护成员的访问类型
public	分别为 *public* 和 *protected*
private	*private*
protected	*protected*

公共继承是最重要和最常用的继承方式，我们将在所有例子中都用到公共继承。采用

这种方式的时候，派生类可以使用基类的公有和保护成员，就好象这些成员是在派生类中被定义了一样；且派生类对象也是父类的对象。

14.2.4 类之间的 Is-a、Has-a 和 Uses-a 关系

决定是否使用公共继承的主要思想是 **is-a 关系**：如果一个类继承了一个基类

```
class DerivedClass : public BaseClass
{
    //…派生类的成员
};
```

则 DerivedClass 对象将继承了 BaseClass 中的所有成员。在概念上（且考虑 C++编译器的情况），一个派生类对象也是一个（is a）基类对象。

例如：

一个 HuntingLicense 也是一个（is a）License

一个 DeerLicense 也是一个（is a）HuntingLicense

一个 DeerLicense 也是一个（is a）License

当对问题的分析表明对象之间存在且只存在 is-a 关系，即一个对象是另一个对象的特例的时候，我们应该使用公共继承；其他情况则不要使用公共继承。例如，尽管 PedigreeCertificate 的成员与 PetLicense 的成员很相似，从基类 License 继承出类 PedigreeCertificate 是不恰当的，因为家谱证书并不是一种许可证。只是为了节约代码而使用公共继承是极不可取的。

除了 is-a 关系之外，对象之间还存在其他关系。例如，类 License 的一个数据成员是类型为 Date 的 myBirthdate，而 Date 是一个用户定义的类；也就是说，License 对象包含一个(has a)Date 对象。这个例子示范了类之间的 **has-a 关系**（也可称为**包含关系或类组合**）。在类层次图中，可以使用另一种箭头来表示这种关系，如图 14.8 所示。

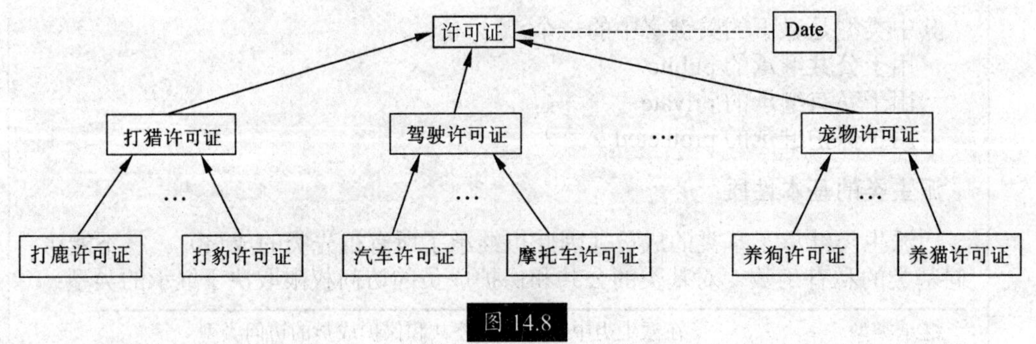

图 14.8

派生类继承祖先类的成员这个属性很容易被误用。例如，为了将一个类的成员应用到另一个类中而从 License 类派生出一个 AirlinePilot 类就是一个糟糕的设计。

以下做法是不可接受的：

```
class AirlinePilot : public License     //不可行！
```

```
{ … }
```

事实上，飞机驾驶员拥有一个证书，所以让类 AirlinePilot 包含一个类型为 License 的数据成员来实现这种 has-a 关系是比较合适的。

以下做法是可以接受的:

```
class AirlinePilot
{
…
private:
/***** 数据成员 *****/
    License myPilotsLicense;
    …
}
```

公有继承不应该用于类之间的 has-a 关系。

类之间的第三种关系是 **uses-a** 关系。一个类可能需要简单地使用到其他类。例如，类 AutoInsurance 中的某个操作可能需要个人的驾驶证信息。为此，类型为 DriverLicense 的对象将被传给这个操作。因此，类 AutoInsurance 使用了（uses）DriversLicense 类，但它不是一个 DriversLicense，也不包含一个 DriversLicense 数据成员。

然而，有时我们很难确定对象之间的关系。另两个测试在这方面是有帮助的[①]。假设我们尝试确定是否应该从类 A 派生出类 B。第一个测试是观察类中的操作。

（1）从给出的基类 A 中得到的操作能够在给出的派生类 B 中正常工作吗？

如果答案是肯定的，则从 A 派生出 B 可能是恰当的。例如，在决定许可证类层次图的时候，会发现 License 的所有操作都能够用于打猎许可证，尽管我们可能需要作某些修改以处理新的数据成员。例如，License 的输出函数能够正确地输出 HuntingLicense 对象的信息，尽管还需要作一定的扩展以输出猎物类型和打猎季节等。

如果某些操作不能正常工作，则我们就要怀疑从 A 派生出 B 是否恰当。在某些情况中，这种继承显然是不恰当的。例如，大多数宠物许可证操作都不适用于家谱证书，因此从 PetLicense 继承出 PedigreeCertificate 是不恰当的。然而，我们总是会碰到难于下结论的情况。

确定是否应该从类 A 派生出类 B 的第二个测试是进行 need-a...use-a 测试。

（2）如果你需要使用的只是一个 A 对象，能够使用 B 对象来代替吗？

例如，如果你需要的仅仅是能够购买认证酒类的许可证，或登上飞机的许可证等，你可以使用驾驶许可证吗？当然可以，所以可以从 License 类派生出类 DriversLicense。如果需要的仅仅是宠物许可证，你可以使用养狗许可证吗？当然可以，所以可以从 PetLicense 类派生出 DogLicense 类。如果需要的仅仅是许可证，你可以使用家谱证书吗？当然不可以，故从类 License 派生出类 PedigreeCertificate 是不恰当的。如果需要的仅仅是许可证，你可

① 来源于 Ralph Ewton。

以使用飞机驾驶员吗？当然不可以，所以不应该从类 License 派生出 AirlinePilot 类。

✔ 小测验 14.2

1．最能够把 OOP 和其他方法区别开来、用来获取复用性的方法是基于____________的。
2．列出 OOD 的主要步骤。
3．被定义成____________的基类成员不能在派生类中访问。
4．被定义成____________的基类成员可以在派生类中访问，但不能在其他类和程序中访问。
5．保护继承是最常见的继承类型。（判断题）
6．公共继承最适用于____________关系（填写对象之间的关系中的一种）。

练习 14.2

1．对公共继承、私有继承和保护继承进行比较。
2．对类之间的 is-a、has-a 和 uses-a 关系进行比较。

假设对象之间的关系分为 is-a、has-a、uses-a 和其他 4 种关系，对于练习 3～18，每题中的对象之间最符合哪种关系？

3．线条和长方形。
4．正方形和长方形。
5．三角形和长方形。
6．Universal University 的学生和其 GPA（即学积分）。
7．Universal University 的学生和图书馆。
8．Universal University 的教授和雇员。
9．Universal University 的雇员和人员。
10．栈和队列。
11．栈和 ADT。
12．二叉树和树。
13．二叉树和折半查找树（二叉查找树）。
14．向量和容器。
15．计算机和电子设备。
16．计算机和操作系统。
17．计算机和高速公路系统。
18．计算机和 CPU。

14.3 创建派生类

在涉及到一个类层次的面向对象设计的编码实现中，会碰到一些问题。在本节和 14.5 节中我们将解决这些问题。前两个问题起源于派生类的基本属性，即尽管派生类继承了其父类的所有成员，但是派生类的函数成员无法访问其继承的父类的私有成员。

14.3.1 派生类构造函数

第一个问题和派生类的构造函数相关。派生类的构造函数可以初始化新添加到派生类中的数据成员，但是它们如何初始化从父类那里继承来的私有数据成员呢？要知道它们无法访问这些父类的私有成员。解决方法是通过由父类提供的公有构造函数来访问这些数据成员。

特别地，我们使用父类的构造函数来初始化基类成员，而使用派生类的构造函数来初始化派生类中的新数据成员。派生类的构造函数可以在其成员初始化列表中调用其父类的构造函数。例如，可以如下定义 DriversLicense 类的构造函数：

```
DriversLicense::DriversLicense
        ( unsigned idNumber, string lastName, string firstName,
          char midInitial, int age, Date birth,
          int vehiclecode, char restriction )
:License( idNumber, lasatName, firstName, midInitial, age, birth),
 myVehicleCode(vehicleCode),
 myRestrictionsCode(restriction)
 { }
```

在形参列表中的前 6 个初始化值被作为实参传递给 License 的构造函数，并被用来初始化其数据成员；接着 DriversLicense 的构造函数使用剩下的初始化值来初始化新的数据成员 myVehicleCode 和 myRestrictionsCode。

14.3.2 访问继承的数据成员

第二个问题产生于当一个类需要访问并修改继承自某个祖先类的数据成员时。如果祖先类将这个数据成员声明为公有的，那么其后代可以修改它，这个类的其他用户也可以。如果祖先类将这个数据成员声明为私有的，那么这个类的用户和后代类都将无法访问这些数据成员。

一些程序员使用的一个简单的解决方法是在作为基类的类中将包含这些数据成员的域从私有域改为保护域。这使得派生类的函数成员和友元以及它们的后代可以访问并修改这些数据成员，但是所有的其他函数仍然不能顺利地进行访问。同时这还意味着某些后代类可以未经验证就将某个祖先类中的数据成员更新为一个新值，而这会违反这个祖先类的类不变式。例如，一个 DeerLicense 对象可以将一个非法的身份证号码存放到它继承来的 myIdNumber 数据成员中。

一个推荐的解决方法，同时也是我们将采用的，总是将数据成员放在私有域中，当允许派生类和它们的后代修改某些数据成员时，为其提供一个保护更动函数(*mutator*)。

例如，如果希望允许 DriversLicense、HuntingLicense、DeerLicense 以及 License 类的其他后代能够修改某个许可证中的身份证号码，可以在 License 类中添加一个保护域，在其中声明一个更动函数 setIdNumber()：

```
class License              // 基类
{
  public:
   /***** 函数成员 *****/
   void display(ostream & out) const;
   void read(istream & in);
  //…其他操作…

  protected:
   void setIdNumber(long newNumber);
  /* 这个函数将检查newNumber是否是一个合法的身份证号码 */

 private:
  /***** 数据成员 *****/
  long myIdNumber;
  string myLastName;
           myFirstName;
  char myMiddleInitial;
   int myAge;
   Date myBirthDay;  // 这里Date是一个用户定义的类
  //…其他可能的属性…
};
```

通过限定一个后代类使用更动函数来访问私有数据，并由更动函数来进行相应的检查，我们可以保证赋给数据成员的任何新值都是合法的。

14.3.3 复用操作

一个派生类继承其祖先类的成员，并根据建模的对象的特定属性添加新成员。尽管通常在派生类中不应该对继承的数据成员进行修改，但是根据需要可以重新定义继承的成员函数。派生类中的成员可以扩展祖先类的成员函数以执行额外的任务或者替代祖先类的成员来执行不同的任务[①]。

在扩展祖先类的成员函数 f()的时候，后代类可以通过使用 Ancestor::f()来合法地调用这个函数，从而复用这个函数的功能。例如，假设类 License 拥有一个名为 display()的输出成员函数：

```
void License::Display(ostream & out) const
{
out << myIdNum << " "
     << myFirstName << " " << myMiddleInitial << "."
     << myLastName
```

① 某些编程语言不允许我们替代成员函数。某些程序员不赞成对继承而来的函数成员作任何改动，因为这会改变派生类与基类之间的 is-a 关系；他们认为虚函数（在 14.5 节中描述）是为实现上述目的而发明的。

```
      << "\nAge: " << myAge << " Birthdate: "
      << myBirthDate;     // 假设已经为Date定义了<<运算符
}
```

例如，如果 aLicense 是某种类型的 License，则消息 aLicense.display(cout)可能产生如下输出：

```
101011 Betty B. Binary
Age: 36   Birthdate: 6/6/1968
```

接着，在派生类中，可以扩展 display()，在复用类 License 的 display()函数的同时还增加新的定义：

```
void HuntingLicense::display(ostream & out) const
{
  License::display(out);                        //继承来的成员
  out << ""\nPrey" << thePrey                   //本地成员
    << "\nSeason: "
    << seasonBegin << " - " << seasonEnd
    << "\nWeapon: " << myWeapon;
}

void DeerLicense::display(ostream & out) const
{
  HuntingLicense::display(out);                 //继承来的成员
out << "\nLimit" << deerLimit                   //本地成员
    << "Region: " << myRegion;
}
```

消息

```
aHuntingLicense.display(cout);
cout << endl;
aDeerLicense.display(cout);
cout << endl;
```

将产生如下的输出：

```
392766 David W. Goliath
Age: 11   Birthdate: 8/18/1994
Prey: Giants
Season: 1/1 - 12/31
Weapon: Sling

1781 Buck C. Doe
Age:20    Birthdate: 9/9/1984
Prey: Deer
```

```
Season: 2/16 - 2/22
Weapon: Bow and Arrow
Limit: 2
Region: Northwest
```

剩下还有个问题是，如果有一个 License *类型的指针变量 LicPtr，它可以指向这三种类型中任一种类型的对象，那么使用的应该是哪一个版本的 display()呢？我们将在 14.5 节中解决这个问题。

14.3.4 例子：栈和有限栈

在分析某些问题时，我们可能会碰到难于确定一些对象之间的关系——*is-a*、*has-a*、*uses-a* 还是都不是的情况。例如，假设某些应用需要使用容量有限的栈，为此设计一个类模板 BoundedStack。我们已经拥有一个 STL stack 容器，且在前面的章节中开发了几个栈类。那么栈和有限栈之间有什么关系呢？

有限栈是不是栈呢？如果是，我们就可以从这些栈类中的某个派生出 BoundedStack。显然有限栈需要栈的所有数据成员，且还需要一个新的数据成员来指明栈的容量。另外，有限栈的判空、取顶和弹出操作也与栈相同，但压入操作是不同的。当有限栈是满的时候，它无法容纳一个新项，因此压入操作需作改动。有人可能因此认为有限栈不是栈，而继承是不恰当的。

另一方面，有限栈和栈的唯一不同的操作就是压入操作，有限栈所需的改动可以认为是对栈的压入操作的扩展而不是完全替换：

如果有限栈还没有满，

    使用栈的压入操作来把项加入到有限栈中。

否则

    给出一个溢出信息。

因此，有人认为有限栈是具有特殊性质的栈，因此继承是恰当的。

采用第二种方案，从 7.3 节中链接栈版本中的类模板（在本书的 Web 站点第 14 章的源代码中提供了这个版本——见 Chap14/程序 14.1）派生出类模板 BoundedStack，BoundedStack 继承了 stack 的数据成员（包括底层的默认 deque 容器）和函数成员。我们增加一个新的数据成员 myLimit 来存放有限栈的最大容量。当然 BoundedStack 的构造函数必须对这个成员进行初始化，还需要修改 push()操作。程序 14.1 给出了这个 BoundedStack 类模板。

程序 14.1 Bounded stack_接口

```
#include <iostream>
#include "LstackT.h"          // 7.3节中我们的链接栈版本中的类模板


#ifndef BOUNDED_STACK
#define BOUNDED_STACK
template <class ElementType>
```

```
class BoundedStack : public Stack<ElementType>
{
public:
/***** 函数成员*****/
 BoundedStack(int limit = 0);
/* --- 构造函数
--------------------------------------------------------------------------
前置条件：limit(默认为0)是有限栈的容量值的上界
后置条件：一个BoundedStack被创建为空栈，其数据成员mySize被初始化为0，myLimit被初始
        化为limit（默认为0)。
-----------------------------------------------------------------------*/
void push(const ElementType & value);
/* --- 如果空间尚有余，添加一个值到栈中--------------------------------------
前置条件：无
后置条件：如果空间允许的话，值被添加在这个BoundedStack的顶部，
        并且mySize增1；否则，输出一个溢出信息
-----------------------------------------------------------------------*/
private:
/***** 数据成员 *****/
  int mySize,
      myLimit;
};  // 类模板声明结束

//--- 构造函数的定义 ---
template <typename ElementType>
inline BoundedStack<ElementType>::BoundedStack(int limit)
: Stack<ElementType>(),mySize(0),myLimit(limit)
{  }

//--- push()的定义 ---
template <typename ElementType>
inline void BoundedStack<ElementType>::push(const ElementType & value)
{
if (mySize < myLimit)
{
Stack<ElementType>::push(value);
mySize++;
}
else
cerr << "*** Bounded stack overflow ***\n";
}

#endif
```

为了示范如何使用这个派生类 BoundedStack，我们重新考虑 7.1 节中的进制转换问题，即把十进制的正整数转换成为二进制数。转换算法反复地执行除 2 操作，把每次得到的余数从右到左地排放后，就得到所需的二进制数。栈被用来存放这些余数，在转换完成后，就以正确的次序来显示余数。

现在来重新考虑这个转换问题，假设这次得到的二进制数的位数是有限的。例如，我们只对能够存放在 2 个字节中的二进制数感兴趣，即二进制数最多为 16 位。这意味着如果栈的大小超出这个限制，则溢出便发生了。因为这次应该使用的合适容器是 BoundedStack 类。程序 14.2 中显示了用 BoundedStack 替代程序 7.2 中的 Stack 之后得到的程序。

程序 14.2　使用有限栈把十进制数转换成为二进制数

```
/*-----------------------------------------------------------------------
程序把正十进制数转换成为二进制数。它使用一个有限栈来存放辗转相除法产生的余数
-----------------------------------------------------------------------*/

#include <iostream>
using namespace std;
#include "BoundedStack"

int main()
{
const int STACK_LIMIT = 16;          // 栈的最大容量
unsigned number,                     // 将被转换的数
       remainder;                    // 除2后得到的余数
char response;                       // 用户的回应
do
{
BoundedStack<short int>
     stackOfRemainders(STACK_LIMIT);  // 存放余数的有限栈
 cout << "Enter positive integer to convert: ";
 cin >> number;
 while (number != 0)
 {
   remainder = number % 2;
   stackOfRemainders.push(remainder);
   number /= 2;
 }
 cout << "Base-two representation: ";
 while (!stackOfRemainders.empty())
 {
   remainder = stackOfRemainders.top();
   stackOfRemainders.pop();
   cout << remainder;
 }
```

```
  cout << endl;
  cout << "WARNING:  If a bounded stack overflow occurred,\n"
       "          some bits are missing in the representation.\n";
 cout << "\nMore (Y or N)? ";
 cin >> response;
}
   while (response == 'Y' || response == 'y');
}
```

运行跟踪：

```
Enter positive integer to convert: 999
Base-two representation:  1111100111
WARNING:   If a bounded stack overflow occurred,
            some bits are missing in the representation

More (Y or N)? Y
Enter positive integer to convert: 9999
Base-two representation:  10011100001111
WARNING:   If a bounded stack overflow occurred,
            some bits are missing in the representation
More (Y or N)? Y
Enter positive integer to convert: 99999
*** Bounded stack overflow ***
Base-two representation:  1000011010011111
WARNING:   If a bounded stack overflow occurred,
            some bits are missing in the representation

More (Y or N)? N
```

14.4 案例学习：工资

用来演示类层次图和面向对象编程基本思想的一个标准例子是模拟具有不同类型雇员的公司的工资支付。

14.4.1 问题

Dooflingy 公司具有几种不同类型的雇员（临时雇员、正式雇员、领佣金的销售员、合同工等）每两周发一次薪水，对于不同的雇员，其薪水计算方法是不同的。我们被要求为这个公司开发一个工资系统。

14.4.2 设计

采用面向对象设计的步骤，可以如下进行：

（1）标识出问题中的对象。我们从只有两种类型雇员开始：

■ 正式雇员

■ 临时雇员

（2）寻找这些对象的共性。这些对象有什么共同属性？

最初，只用到如下三个属性：

■ 编号

■ 姓名

■ 部门

（3）定义一个基类，它包含公共的数据成员（函数的定义见程序14.3）：

```
class Employee
{
public:
// --- 构造函数
Employee(long id = 0, string last = "",
        string first = "", char initial = ' ',
        int dept = 0);
// --- 输出
void display(ostream & out ) const;

//…其他雇员操作…

private:
long myIdNum;             //雇员的编号
string myLastName,        //雇员的姓
    myFirstName;          //雇员的名
char myMiddleInitial;     //雇员中间名字的首字母
int myDeptCode;           //雇员的部门号
//…其他所有雇员的公共属性
};
```

（4）从基类派生出包含特殊属性的类。在这里继承是合适的，因为显然正式雇员和临时雇员都是雇员（函数的定义见程序14.3）。

■ 正式雇员类

```
class SalariedEmployee : public Employee
{
public:
// --- 构造函数
SalariedEmployee(long id = 0, string last = "",
                 string first = "", char initial = ' ',
                 int dept = 0,double salary = 0);
// --- 输出
void display(ostream & out ) const;
```

```
//…其他正式雇员操作…

private:
double mySalary;
};
```

■ 临时雇员类

```
class HourlyEmployee : public Employee
{
public:
// --- 构造函数
HourlyEmployee (long id = 0, string last = "",
                string first = "", char initial = ' ',
                int dept = 0,double weeklyWage = 0,
                double hoursWorked = 0,
                double overTimeFactor = 1.5 );
// --- 输出
void display(ostream & out ) const;

//…其他临时雇员操作…

private:
double myWeeklyWage,
       myHoursWorked,
       myOverTimeFactor;
};
```

最终，我们为其他的雇员类型添加派生类，而所使用的雇员类型有可能引入其他的类型，从而生成如图 14.9 所示的一个类层次图。

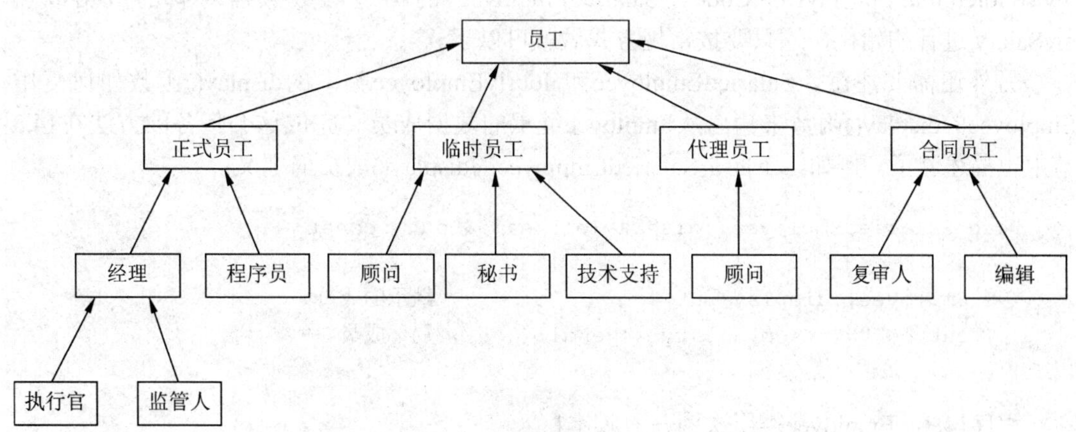

图 14.9

这里的每个类都将 Employee 作为祖先并从它那里继承了所有的数据成员和函数成员。例如，每个 HourlyEmployee 和 Manager 对象都是一个 Employee 对象，都包含了成员 myIdNum、myLastName、myFirstName 等。所以，如果 Employee 具有一个公有操作能提取 myIdNum，

```
long Employee::getIdNumber() const { return myIdNum; }
```

那么这个操作也可以被临时雇员和经理使用：

```
HourlyEmployee hourlyEmp;
Manager managerEmp;
cout << hourlyEmp.getIdNumber() << endl
     << managerEmp.getIdNumer() << endl;
```

程序 14.3 给出了 3 个类 Employee、SalariedEmployee 以及 HourlyEmployee，包括它们的构造函数和输出函数的定义。此外还给出了一个小的驱动程序来测试这些类以及产生的输出。注意，SalariedEmployee 和 HourlyEmployee 的构造函数如何以 14.3 节描述过的方式使用 Employee 的构造函数来初始化它们从父类那里继承来的数据成员：myIdNum、myLastName、myFirstName、myMiddleInitial 和 myDeptCode。例如，这里 SalariedEmployee 的构造函数定义为：

```
inline SalariedEmployee::SalariedEmployee  (
                    long id, string last, string first,
                    char initial, int dept, double sal)
: Employee(id, last, first, initial, dept),
mySalary(sal)
{ }
```

参数 id、last、first、initial 和 dept 的值被传给初始化列表中 Employee 的构造函数，然后该函数使用这些值来分别初始化数据成员 myIdNum、myLastName、myFirstName、myMiddleInitial 和 myDeptCode。SalariedEmployee 的构造函数只需对新的数据成员 mySalary 进行初始化，这只要按常规方式做就可以了。

另外还需要注意，SalariedEmployee和HourlyEmployee类中的display()函数如何复用Employee的display()函数来输出从Employee继承的数据成员。完成这个任务的方法在14.3节中也描述过了。例如，下面是SalariedEmployee的display()成员的定义：

```
void SalariedEmployee::display(ostream & out) const
{
   Employee::display(out)                // 继承的成员
   out << "$" << mySalary << endl;      // 局部成员
}
```

程序14.3　Employee类层次图——版本1

```
/* Employee.h------------------------------------------------------------
```

```
  封装所有雇员共同属性的Employee类的头文件
  操作：一个构造函数和一个输出操作
-----------------------------------------------------------------------*/
#include <iostream>
#ifndef EMPLOYEE
#define EMPLOYEE

class Employee
{
 public:
   Employee(long id = 0, string last = "", string first = "",
            char initial = ' ', int dept = 0);

/*-----------------------------------------------------------------------
  Employee的构造函数
  前置条件： 无
  后置条件： myIdNum被初始化为id( 默认为0), myLastName
            被初始化为 last (默认为空字符串), myFirstName 被初始化为first (默认
            为空字符串),myMiddleInitial被初始化为initial (默认为空格),myDeptCode
            被初始化为dept (默认为0)
-----------------------------------------------------------------------*/
void display(ostream & out) const;

/*-----------------------------------------------------------------------
  输出函数成员
  前置条件： ostream out已经打开
  后置条件： 这个Employee对象的一个文本表示被输出到out

-----------------------------------------------------------------------*/

// … 其他的雇员操作 …

private:
long myIdNum;                //雇员的编号
string myLastName,           //雇员的姓
       myFirstName;          //雇员的名
char myMiddleInitial;        //雇员中间名字的首字母
int myDeptCode;              //雇员的部门号
// …其他所有雇员的公共属性
};
//--- Employee构造函数的定义
inline Employee::Employee(long id, string last, string first,
                          char initial, int dept)
: myIdNum(id), myLastName(last), myFirstName(first),
  myMiddleInitial(initial), myDeptCode(dept)
```

```
{ }

//--- Employee的display()的定义
inline void Employee::display(ostream & out) const
{
  out << myIdNum << ' ' << myLastName << ", "
      << myFirstName << ' ' << myMiddleInitial << "  "
      << myDeptCode << endl;
}

//--- 输出运算符<<的定义
inline ostream & operator<<(ostream & out, const Employee & emp)
{
  emp.display(out);
  return out;
};

#endif

/* SalariedEmployee.h ---------------------------------------------------
从Employee派生的具有正式雇员特定属性的SalariedEmployee类的头文件
操作：一个构造函数和一个输出操作
-------------------------------------------------------------------------*/
#include "Employee.h"

#ifndef SALARIED_EMPLOYEE
#define SALARIED_EMPLOYEE

class SalariedEmployee : public Employee
{
 public:
   SalariedEmployee(long id = 0, string last = "",
                    string first = "", char initial = ' ',
                    int dept = 0, double salary = 0);
/*------------------------------------------------------------------------
  SalariedEmployee的构造函数
  前置条件：无
  后置条件：数据成员myIdNum, myLastName, myFirstName,myMiddleInitial
          和myDeptCode由Employee的构造函数初始化，而mySalary被初始化为
          salary (默认为0)
-------------------------------------------------------------------------*/
  void display(ostream & out) const;
/*------------------------------------------------------------------------
  输出函数成员
```

```
  前置条件: ostream out已经打开
  后置条件: 这个SalariedEmployee对象的一个文本表示被输出到out
-----------------------------------------------------------------------*/

// … 其他正式雇员的操作 ...

 private:
  double mySalary;
};

//--- SalariedEmployee构造函数的定义
inline SalariedEmployee::SalariedEmployee
              (long id, string last, string first, char initial,
                int dept, double sal)
: Employee(id, last, first, initial, dept),
 mySalary(sal)
{ }

//--- SalariedEmployee的display()函数的定义
inline void SalariedEmployee::display(ostream & out) const
{
  Employee::display(out);              // 继承的成员
  out << "$" << mySalary << endl;      // 局部成员
}
#endif


/* HourlyEmployee.h -------------------------------------------------------
  从Employee派生的具有临时雇员特定属性的HourlyEmployee类的头文件
  操作: 一个构造函数和一个输出操作
-----------------------------------------------------------------------*/
#include "Employee.h"

#ifndef HOURLY_EMPLOYEE
#define HOURLY_EMPLOYEE

class HourlyEmployee : public Employee
{
 public:
   HourlyEmployee (long id = 0, string last = "", string first = "",
                 char initial = ' ', int dept = 0, double weeklyWage = 0,
                 double hoursWorked = 0, double overTimeFactor = 1.5);
```

```
/*-------------------------------------------------------------------------
 HourlyEmployee构造函数
前置条件： 无
后置条件： 数据成员myIdNum, myLastName, myFirstName,myMiddleInitial和
myDeptCode由Employee的构造函数初始化；myWeeklyWage被初始化为weeklyWage (默认为
0), myHoursWorked 被初始化为hoursWorked (默认为0), myOverTimeFactor被初始化为
overTimeFactor (默认为1.5)
-------------------------------------------------------------------------*/

  void display(ostream & out) const;

/*-------------------------------------------------------------------------
  输出函数成员
  前置条件： ostream out已经打开
  后置条件： 这个HourlyEmployee对象的一个文本表示被输出到out

-------------------------------------------------------------------------*/

// … 其他临时雇员的操作 …

 private:
  double myWeeklyWage,
         myHoursWorked,
         myOverTimeFactor;
};

//--- HourlyEmployee构造函数的定义
inline HourlyEmployee::HourlyEmployee
          (long id, string last, string first, char initial,
          int dept, double weeklyWage, double hoursWorked,
          double overTimeFactor)
: Employee(id, last, first, initial, dept),
 myWeeklyWage(weeklyWage), myHoursWorked(hoursWorked),
 myOverTimeFactor(overTimeFactor)
{ }

//--- HourlyEmployee的display()函数的定义
inline void HourlyEmployee::display(ostream & out) const
{
  Employee::display(out);                    // 继承的成员
  out << "$" << myWeeklyWage << endl         // 局部成员
     << myHoursWorked << endl
     << myOverTimeFactor << endl;
}
```

```
#endif
/*----------------------------------------------------------------------
  测试Employee类以及派生类SalariedEmployee和HourlyEmployee的驱动程序
----------------------------------------------------------------------*/
#include <iostream>
using namespace std;
#include "Employee.h"
#include "SalariedEmployee.h"
#include "HourlyEmployee.h"

int main()
{
  Employee emp(11111, "Doe", "John", 'J', 11);
  SalariedEmployee empSal(22222, "Smith", "Mary", 'M', 22, 59900);
  HourlyEmployee empHr(33333, "Jones", "Jay", 'J', 33, 15.25, 40);

  emp.display(cout); cout << endl;
  empSal.display(cout); cout << endl;
  empHr.display(cout); cout << endl;
}
```

运行跟踪：

```
11111 Doe,  John J 11

22222 Smith,  Mary M  22
$59900

33333 Jones,  Jay J  33
$15.25
40
1.5
```

14.5 多态性、虚函数和 ADT

面向对象编程的第三个性质是多态性。由于我们还没有描述 C++的继承机制，所以在 14.1 节中给出了一个很不精确的描述。但是现在，可以解释什么是多态性，为什么需要多态性，以及如何实现多态性了。

14.5.1 为什么需要多态性：联编问题

14.4 节的 Employee 类具有两个函数成员：一个构造函数和一个 display()函数。不过，如果你更仔细地审查程序 14.3 中的代码，还会注意到我们重载了这个类的输出运算符。

```
//--- 输出运算符<<的定义
```

```
inline ostream & operator<<(ostream & out,
const Employee & emp)
{
  emp.display(out);
  return out;
};
```

可能会奇怪我们为什么不在驱动程序中使用这个输出运算符；也就是，为什么使用

```
emp.display(cout); cout << endl;
empSal.display(cout); cout << endl;
empHr.display(cout); cout << endl;
```

来显示 Employee 对象 emp，SalariedEmployee 对象 empSal 和 HourlyEmployee 对象 empHr 的值，而不是采用更方便的

```
cout << emp << endl << empSal << endl << empHr << endl;
```

有些人可能认为因为我们没有为派生类 SalariedEmployee 和 HourlyEmployee 重载输出运算符，所以会产生一个编译错误。但不存在这个问题，因为这是一个 is-a 关系。每个 SalariedEmployee 对象都是一个 Employee 对象，这意味着如果<<可以输出 Employee 对象，那么它也可以输出 SalariedEmployee 对象，例如 empSal。类似地，每个 HourlyEmployee 对象也是一个 Employee 对象，所以<<也可以输出 HourlyEmployee 对象，例如 empHr。但是这里有一个问题。如果在程序 14.3 中作了这样的替换，则输出是：

```
11111 Doe, John J 11

22222 Smith, Mary M 22

33333 Jones, Jay J 33
```

而不是正确的输出

```
11111 Doe,  John J 11

22222 Smith,  Mary M  22
$59900

33333 Jones,  Jay J  33
$15.25
40
1.5
```

empSal 和 empHr 中的新数据成员都没有被显示，而仅仅显示了从 Employee 中继承来的数据成员的值。

这是因为程序 14.3 中的 Employee 类的 operator<<()定义向一个 Employee 对象发送 display()消息：

```
inline ostream & operator<<(ostream & out, const Employee & emp)
{
 emp.display(out);
 return out;
};
```

结果是，编译器将函数调用 emp.display(out); 绑定到 Employee 类中的 display()定义。对一个 SalariedEmployee 对象、HourlyEmployee 对象、Manager 对象或其他 Employee 后代类型对象的任何 operator<<()调用都必须使用同样的代码，这表示使用了错误的 display()版本。

根据从 C++中所学到的，看来我们将不得不重起炉灶来为层次图中的每个类都重载<<很多次。每种情况下代码几乎都差不多，唯一的区别是形参 emp 的类型。幸运的是，还有一种方法：使输出运算符<<在不同的对象中以不同的方式工作——也就是，使其具有多态性。做到这一点需要 C++中的一个新特性。

14.5.2　虚函数和动态联编

我们需要的机制是在调用 operator<<()时，正确的 display()版本被使用。对于 Employee 对象，希望 Employee::display()被使用；对于 SalariedEmployee 对象，希望 SalariedEmployee::display()被使用；对于 HourlyEmployee 对象，希望 HourlyEmployee::display()被使用，对于 Manager 对象，希望 Manager::display()被使用，如此等等。这意味着我们不能在编译的时候将一个特定的 display()定义绑定到 operator<<()中的 display()调用。实际上，这被推迟到运行的时候；即只有在运行中根据对象的类型才能决定选择使用哪个版本的 display()。

在 C++中使用虚函数来实现这种动态（或推迟）联编。一种通用的方法是编译器为每个包含虚函数的类建立一个**虚函数表**（**virtual function table**，简称 **vtbl**），表中的指针指向真正的函数代码。当运行到调用某个虚拟函数的时候，可以通过对象的 vtbl 中这个函数的索引来找出和这种类型对象对应的正确函数代码的指针。

为了使得函数 operator<<()正确地工作，需要在基类 Employee 中把 display()定义成虚函数。在 C++中，在需要定义虚成员函数的时候，只需在类定义前加上关键字 **virtual**。程序 14.4 给出修改后的类 Employee 和驱动程序：

程序 14.4　Employee 类层次图——版本 2

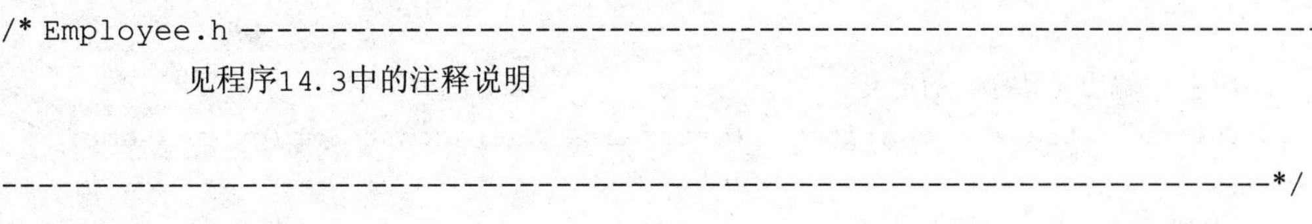

```
/* Employee.h ------------------------------------------------------------
            见程序14.3中的注释说明

-------------------------------------------------------------------------*/
#include <iostream>
```

```
#ifndef EMPLOYEE
#define EMPLOYEE

class Employee
{
 public:
   Employee(long id = 0, string last = "", string first = "",
         char initial = ' ', int dept = 0);
// ---见程序14.3中的注释说明

virtual void display(ostream & out) const;
// ---见程序14.3中的注释说明

// ... 其他的雇员操作 ...

private:
long myIdNum;              //雇员的编号
string myLastName,         //雇员的姓
     myFirstName;          //雇员的名
char myMiddleInitial;      //雇员中间名字的首字母
int myDeptCode;            //雇员的部门号
// … 其他所有雇员的公共属性
};

//--- Employee构造函数的定义
inline Employee::Employee(long id, string last, string first,
                          char initial, int dept)
 : myIdNum(id), myLastName(last), myFirstName(first),
   myMiddleInitial(initial), myDeptCode(dept)
{ }

//--- Employee的display()函数的定义
inline void Employee::display(ostream & out) const
{
  out << myIdNum << ' ' << myLastName << ", "
      << myFirstName << ' ' << myMiddleInitial << " "
      << myDeptCode << endl;
}

//--- 输出运算符<<的定义
inline ostream & operator<<(ostream & out, const Employee & emp)
{
  emp.display(out);
  return out;
```

```
};

#endif
```

/* 在这个例子中，SalariedEmployee.h和HourlyEmployee可以和程序14.3中一样。不过实际上，它们的display()函数成员通常也被声明为虚函数，这样从它们派生的类也可以正确地工作。 */

```
/*-------------------------------------------------------------------
  测试Employee类以及它的派生类SalariedEmployee和HourlyEmployee的驱动程序
-------------------------------------------------------------------*/
#include <iostream>
using namespace std;
#include "Employee.h"
#include "SalariedEmployee.h"
#include "HourlyEmployee.h"

int main()
{
  Employee emp(11111, "Doe", "John", 'J', 11);
  SalariedEmployee empSal(22222, "Smith", "Mary", 'M', 22, 59900);
  HourlyEmployee empHr(33333, "Jones", "Jay", 'J', 33, 15.25, 40);

  cout << emp << endl << empSal << endl << empHr << endl;
}
```

运行跟踪：

```
11111 Doe,  John J 11

22222 Smith,  Mary M  22
$59900

33333 Jones,  Jay J  33
$15.25
40
1.5
```

从对这个驱动程序执行的跟踪，可以看到输出语句

cout << emp << endl << empSal << endl << empHr << endl;

产生了正确的输出。它对于 Employee 对象使用 Employee::display()

对于 SalariedEmployee 对象使用 SalariedEmployee::display()

对于 HourlyEmployee 对象使用 HourlyEmployee::display()

这里我们清楚地看到了多态性（“多种形态”）的行为：根据函数调用绑定到的函数定义，在不同的时刻同样的函数调用可以产生不同的效果。

得益于公共继承、虚函数和动态联编的帮助，我们可以在派生类对象中使用<<而无需明确地为每个这些类重载它！在派生类中的display()定义重载了基类Employee中的虚函数，而派生类对象中的<<调用将选出正确的display()版本来执行。我们还应该注意到定义operator<<()的一个优点，即它调用某个类的输出函数成员而不是将其定义为一个友元函数。

如果派生类没有重新定义display()，则基类Employee中的定义将被使用。一般来说，虚函数具有如下属性：

基类中的虚函数定义被用作默认的定义。如果派生类没有重载这个定义，则它将在派生类中使用。

14.5.3 例1：使用句柄

一个对象的**句柄**是一个变量，其值为这个对象的地址；即它是一个指针变量。句柄间接地引用一个对象，而不是将对象作为它的值。例如，如下声明的变量emp

```
Employee emp;
```

的值是一个Employee对象，而语句

```
Employee * eptr;
```

定义eptr为一个Employee对象的句柄；使用*eptr去引用这个句柄将得到实际的对象本身。

在类层次图中句柄的重要属性如下：

一个类对象的句柄可以引用任何派生类对象；即声明为*ClassName* * ptr的一个指针可向*ClassName*类型或任何*ClassName*后代类型的对象。

这表示eptr可以指向任何Employee对象，

```
eptr = new Employee(11111, "John", "Doe", 'j',11);
```

也可以指向任何SalariedEmployee对象，

```
eptr = new SalariedEmplyee(22222, "Smith","Mary",'M',22, 59900);
```

以及指向任何Hourly对象，

```
eptr = new HourlyEmployee(33333, "Jones", "Jay", 'J',33, 15.25, 40);
```

和指向任何Manager对象等，

```
eptr = new Manager(44444, "Brown", "Betty", 'B', 25,60000, 13)
```

对于函数调用

```
eptr -> display(cout);
```

如果要正确地工作，那么当 eptr 指向一个 Employee 对象时，必须使用 Employee::display(cout)；当 eptr 指向一个 SalariedEmployee 对象时，必须使用 SalariedEmployee::display(cout)；当 eptr 指向一个 HourlyEmployee 对象时，必须使用 HourlyEmployee::display(cout)；当 eptr 指向一个 Manager 对象时，必须使用 Manager::display(cout)如此等等。因此，这时另外一个 display()必须是虚函数的例子，这样，这个函数调用才可以在不同时刻和不同的函数定义绑定。我们将在下一节的链接栈中使用这个特性。

14.5.4 例 2：栈和有限栈

作为需要虚函数的另一个演示，假设希望在 14.3 节的类模板 Stack 和 BoundedStack 中加入一个新操作 repeatedPush()，该操作用于在这些类型的对象中压入一个元素的多个副本。这个函数模板代码在每个类中都是相同的：

```
template <typename TypeParam>
inline void ClassName::repeatedPush(
const TypeParam & value, int number)
{
for (int i = 1; i <= number; i++ )
   push(value);
}
```

因此我们可以把这个函数模板加入到基类 Stack 中，并让派生类 BoundedStack 继承它。

```
//  添加到LStackT.h中类Stack的公有函数成员

void repeatedPush(const StackElement & value, int number)

// 添加到LStackT.h中的函数定义
template <typename StackElement>
inline void Stack<StackElement>::repeatedPush(
const StackElement & value, int number)
{
for (int i = 1; i <= number; i++ )
   push(value);
}
```

正如雇员的例子，这种做法是行不通的。例如，考虑前面的进制转换问题的一个变种，其中所有的二进制数的位数都是相同的；譬如短整数通常是 16 位，而长整数是 32 位。修改程序 14.2 以实现这种表示是很容易的，我们只需记下已经产生的位数，然后使用 repeatedPush()把前导零压到余数栈中，通过发送消息：

```
stackOfRemainders.repeatedPush(0, numBits-count)
```

其中 count 是已经产生且被存放在有限栈中的位数，而 numBits 是二进制表示要求的总位数。程序 14.5 使用了这种方法来实现这种表示：

程序 14.5 使用有限栈把十进制数转换成为二进制数——版本 3

```
/* ---------------------------------------------------------------------
程序把正十进制数转换成为二进制数。它使用一个有限栈来存放辗转相除法产生的余数
---------------------------------------------------------------------*/

#include <iostream>
using namespace std;
#include "BoundedStack"
int main()
{
  const int STACK_BOUND = 16;         // 栈的最大容量
  int numBits;                        // 二进制表示中的位数
  cout << "How many bits do you want in the binary representations? ";
  cin >> numBits;
  unsigned number,                    // 将被转换的数
           remainder;                 // 除2后得到的余数
  char response;                      //用户的回应

  do
  { BoundedStack<unsigned>           //存放余数的有限栈
       stackOfRemainders(STACK_BOUND);
    cout << "Enter positive integer to convert: ";
    cin >> number;
    int count = 0;                    // 用来记录二进制表示的位数
    while (number != 0)
    {
      remainder = number % 2;
      stackOfRemainders.push(remainder);
      count++;
      number /= 2;
    }
    stackOfRemainders.repeatedPush (0, numBits - count);
    cout << "Base-two representation: ";
    while (!stackOfRemainders.empty() )
    {
      remainder = stackOfRemainders.top();
      stackOfRemainders.pop();
      cout << remainder;
    }
    cout << endl;
```

```
      cout << "WARNING:  If a bounded stack overflow occurred,\n"
                    "   some bits are missing in the representation.\n";
      cout << "\nMore (Y or N)? ";
      cin >> response;
    }
   while (response == 'Y' || response == 'y');
  }
```

运行跟踪：

```
How many bits do you want in the binary representation? 16
Enter positive integer to convert: 63
Base-two representation:  0000000000111111
WARNING:   If a bounded stack overflow occurred,
            some bits are missing in the representation.

More (Y or N)? N
```

根据对程序 14.5 的运行跟踪，我们试图总结出上述程序、以及类模板 Stack 和 BoundedStack 是正确的。然而，以下运行显示这些代码并不正确：

```
How many bits do you want in the binary representation? 24
Enter positive integer to convert: 63
Base-two representation:  000000000000000000111111
WARNING:   If a bounded stack overflow occurred,
            some bits are missing in the representation

More (Y or N)? N
```

上述程序中的栈最大容量是 16，即最多 16 个元素可以被压入到 BoundedStack 对象 stackOfRemainders 中。输出结果却清楚地显示尽管栈的容量已经溢出了，却有 24 位被压入了栈中。这是由于 Stack 中的 repeatedPush()的定义使用了 Stack 的 push()函数，故在编译器产生的代码中，repeatedPush()包含了 Stack 的函数 push()的代码。对派生类 BoundedStack 中 repeatedPush()的任何引用都必须使用这些相同的代码，即错误的 push()版本被使用，导致压栈的时候栈的容量被忽略。

为了令函数 repeatedPush()正常工作，必须在基类模板 Stack 中把 push()定义成为虚拟函数：

```
virtual void push(const ElementType & value);
```

如果我们做出如上改变，那么程序 14.5 产生的输出如下：

运行跟踪：

```
How many bits do you want in the binary representation? 24
Enter positive integer to convert: 63
```

```
*** Bounded stack overflow ***
*** Bounded stack overflow ***
*** Bounded stack overflow ***
*** Bounded stack overflow ***
*** Bounded stack overflow ***
*** Bounded stack overflow ***
*** Bounded stack overflow ***
*** Bounded stack overflow ***
Base-two representation:  0000000000111111
WARNING:   If a bounded stack overflow occurred,
            some bits are missing in the representation

More (Y or N)? N
```

上面的输出显示类型为BoundedStack的对象的repeatedPush()确实使用了该派生类的push()定义。当repeatedPush()试图把18个前导零压入有限栈stackOfRemainders的时候，有限栈的函数push()将被调用18次，其中最后的8次将产生一个栈溢出信息。最终的二进制数是16位而不是24位的事实也证明了正确的push()被使用。

14.5.5 纯虚函数和抽象类

大部分我们已经看到过的类（License、Employee和Stack）都具有这样的属性，即它们能够建模现实世界中的事物，而它们的对象能够用来处理这类实体。这些类还可以用作基类以派生出其他有用的类。有时我们需要一种类，其对象不可能存在。这些类*只是*用来表示抽象概念，因此被称为抽象类，它们只能用作其他类的基类。例如，在几何图形类层次图中，基类Figure包含某些通用操作，如描绘、旋转、移动等。然而，并不希望Figure对象存在，而是根据特定的图形（如圆、正方形和三角形等）从Figure中派生出具体的类。抽象基类Figure用作所有这些派生类的公共界面。

抽象类是其中没有函数成员被定义的类，这些函数称为**纯虚函数**。在C++中，在虚函数的原型中加上初始化 =0 的话，该虚函数就成为纯虚函数。抽象类的派生类必须提供对这些纯虚函数的定义，否则这个派生类也是一个抽象类。

举一个简单的例子，假设创建一个抽象类Document，它包含某些通用的文档操作，如输入操作或输出操作等：

```
class Document
{
 public:
/***** 函数成员 *****/
virtual void display(ostream & out) const = 0;
virtual void read(istream & in) = 0;
// --- 对文档的其他操作 ---
```

```
private:
/***** 数据成员 *****/
}; //抽象类声明结束
// 输出运算符
inline ostream & operator<<(ostream & out, const Document & doc)
{ doc.display(out); return out; }
// 输入运算符
inline istream & operator<<(istream & in, const Document & doc)
{ doc.read(in); return in; }
```

我们可以如下派生出类License:

```
class License : public Document
{
public:
/***** 函数成员 *****/
virtual void display(ostream & out) const ;
// --- 对许可证的其他操作 ---
private:
/***** 数据成员 *****/
}; //类声明结束

//display的定义
void License::display(ostream & out) const
{
out << myIdNum << " " << myFirstName << " "
     << myMiddleInitial << ". " << myLastName
     << "\nAge: " << myAge << " Birthdate: "
     << myBirthDate;           // 假设已经为Date定义了<<
 }
void License::read(istream & in)
{
in >> myIdNum >> myFirstName >> myMiddleInitial
   >> myLastName >> myAge >> myBirthDate;
                                  //  假设已经为Date定义了>>
}
```

从 Document 还可以派生出其他类层次图的基类，如图 14.10 所示。

抽象类 Document 因而作为这个类层次图的公共接口。为类 Document 定义输入和输出运算符，则可以使用它来输入和输出该类层次图内的任意派生类的对象（假设使用公共继承）。

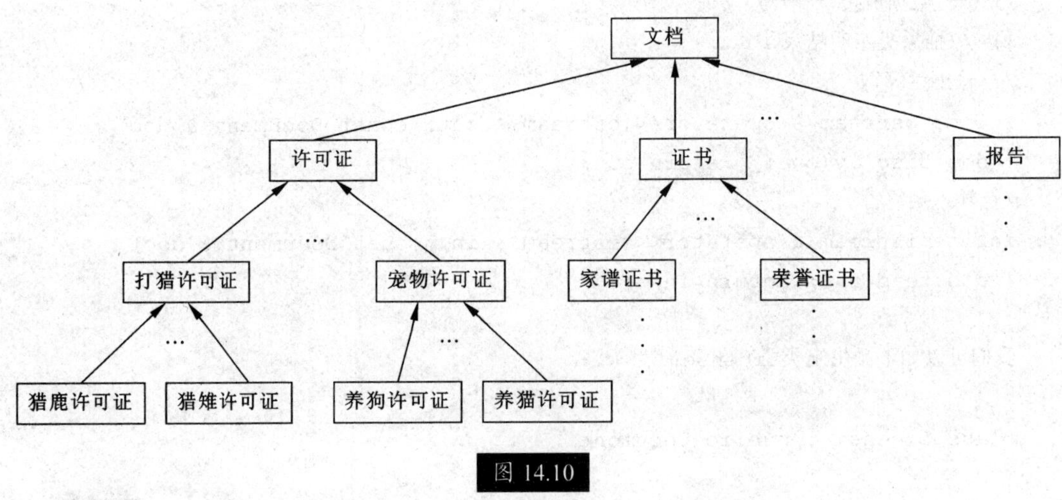

图 14.10

小测验 14.5

1．什么是多态性？

2．在编译时确定执行哪个函数的代码的方法称为_______联编。

3．_______函数用来实现_______联编，其中代码的选择推迟到运行时才作决定。

4．Vtbl 是指_______。

5．_______类是不存在相应对象的类。它必须包含至少一个_______函数。

练习 14.5

以下练习要求开发类或类模板。应该参考本章末尾编程问题中的指导，编写驱动程序来测试它们。

1．管理层的雇员既有固定的工资，也有定期的分红。在课文中的 Employee 类层次图中加入类 Administrator（即管理层雇员类）。

2．工厂工人的工资是按件计算的，其总工资等于件数乘以每件工资。在课文中的 Employee 类层次图中加入类 FactoryEmployee。

3．销售员既有固定的工资，还包含销售提成；因此其总工资除了固定工资之外，还要加上销售额乘以提成率。在课文中的 Employee 类层次图中加入类 SalesPerson。

4．将抽象类 Document 添加到本书中描述的 Employee 类层次图中。

5．设计并从 Stack 类模板派生出类模板 LookAheadStack。前看栈与标准栈的唯一不同在于压栈操作的不同：只有当项与栈顶项不同时，该项才能被压入。

14.6 案例学习：异构数据结构

在14.4 节中描述了在设计一个公司的工资系统时一个相当大的雇员层次图是如何演进的。我们设计了一个包含雇员共同信息的 Employee 类，并将其作为整个层次图的基类。我们还派生出两个类（针对正式雇员的 SalariedEmployee 和针对临时雇员的 HourlyEmployee）并且还提到如何从 SalariedEmployee 派生出一个 Manager 类。

现在假设我们要处理一个雇员链表 empList：

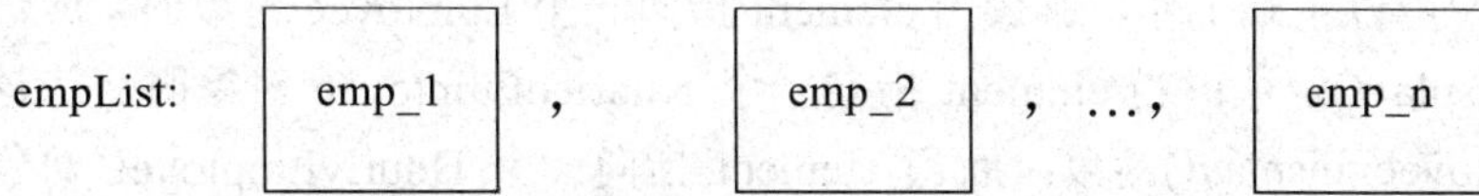

由于链表中的所有值的类型都相同（都是 Employee），故这种链表是一种**同构**结构。到目前为止，我们学习到的所有数据结构都是同构的。

如果声明 empList 为

```
List<Employee> empList;
```

这里 List 是在前几章中学到过的实现列表的一个类模板，也可以使用程序 14.6 中的标准 List 类模板。这样 empList 中的每个元素都必须是 Employee 对象，而不能是 SalariedEmployee 对象或者 HourlyEmployee 对象。因此，我们需要一个**异构**的结构来存放不同类型的对象。

而使得创建这种结构成为可能的正是14.5 节中我们描述过的类层次图中对象的句柄的属性。一个对象的句柄也可以引用任意派生类对象。

特别地，一个指向类层次图中基类的指针也可以指向类型为该层次图中其他任何类的对象。

由此得出，我们应该声明 empList 为一个 Employee 指针的列表，而不是一个 Employee 对象的列表，

```
List<Employee *> L;
```

EmpList 的每个节点可以引用任何 Employee 对象以及任何从 Employee 派生的类的对象。这样，在同一个列表中可以混合使用正式雇员和临时雇员，如图 14.11 所示。

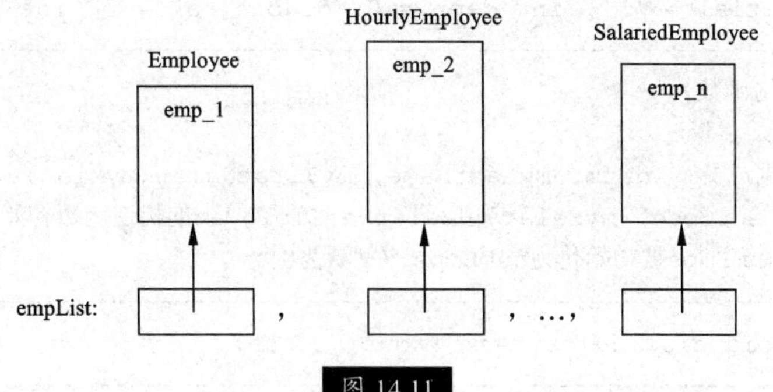

图 14.11

能够创建这样一种异构的存储结构正是 OOP 语言的继承机制的一个重要的优点。

14.6.1 虚函数的必要性

假设如 14.4 节中，Employee 基类有一个输出成员函数 display()，而每个后代类都具有一个扩展它们父类的 display()的新的 display()定义来输出新的数据成员（见程序 14.6）。现

在考虑如下的遍历 empList 并输出每个雇员信息的语句

```
element->display(cout);
```

要使这条语句可以正确工作，那么当 element 指向一个 Employee 对象时，应该调用对象的 Employee::display()函数；当 element 指向一个 SalariedEmployee 对象时，应该调用对象的 SalariedEmployee::display()函数；而当 element 指向一个 HourlyEmployee 对象时，应该调用对象的 HourlyEmployee::display()函数。再次，我们需要多态行为：同一个函数在不同的环境下调用产生了不同结果。

如在 14.5 节中所见，如果将每个作为基类的类中的 display()都声明为一个虚函数（见程序 14.4），那这是可以做到的。程序 14.6 还给出了一个从 SalariedEmployee 派生的 Manager 类和一个驱动程序，这个程序创建一个 Employee 句柄的列表，并输出这个列表中对象里的雇员信息。在本书的 Web 站点中第 14 章部分里可以找到雇员层次图中所有类和这个驱动程序的源代码——见 Chap14/程序 14.6。

程序 14.6　异构数据结构

```
// Employee.h，SalariedEmployee.h和hourlyEmployee.h见程序14.4
/* Manager.h--------------------------------------------------------------
从SalariedEmployee派生的具有经理特有属性的Manager类
操作： 一个构造函数和一个虚输出函数
-----------------------------------------------------------------------*/
#include "SalariedEmployee.h"
#ifndef MANAGER
#define MANAGER
class Manager : public SalariedEmployee
{
public:
  Manager(long id = 0, string last = "", string first = "",
    char initial = ' ', int dept = 0, double sal = 0, int numEmps = 0);
/*-----------------------------------------------------------------------
Manager的构造函数
前置条件： 无
后置条件：数据成员myIdNum, myLastName, myFirstName, myMiddleInitial,
        myDeptCode, mySalary由SalariedEmployee的构造函数初始化；
        myNumEmps被初始化为numEmps （默认为0）
-----------------------------------------------------------------------*/
  virtual void display(ostream & out) const;
/*-----------------------------------------------------------------------
输出函数成员
前置条件： ostream out已经被打开
后置条件： 这个Manager 对象的一个文本表示被输出到out
-----------------------------------------------------------------------*/
 // ... 其他经理操作 ...
```

```
private:
  int myNumEmps;
};
//--- Manager构造函数的定义
inline Manager::Manager(long id, string last, string first, char initial,
                        int dept, double sal, int numEmps)
: SalariedEmployee(id, last, first, initial, dept, sal),
 myNumEmps(numEmps)
{}
//--- Manager的display()函数的定义
inline void Manager::display(ostream & out) const
{
  SalariedEmployee::display(out);
  out << myNumEmps << endl;
}
#endif
/*-------------------------------------------------------------------------
     处理指向Employee对象的指针列表的驱动程序
-------------------------------------------------------------------------*/
#include <iostream>
#include <list>
using namespace std;
#include "Employee.h"
#include "SalariedEmployee.h"
#include "HourlyEmployee.h"
#include "Manager.h"
int main()
{
  Employee * ptr;
  list<Employee*> empList;
  ptr = new Employee(11111, "Doe", "John", 'J', 11);
  empList.push_back(ptr);
  ptr = new SalariedEmployee(22222, "Smith", "Mary", 'M', 22, 59900);
  empList.push_back(ptr);
  ptr = new HourlyEmployee(33333, "Jones", "Jay", 'J', 33, 15.25, 40);
  empList.push_back(ptr);
  ptr = new Manager(22222, "Brown", "Betty", 'B', 25, 60000, 13);
  empList.push_back(ptr);
  for (list<Employee*>::iterator it = empList.begin();
                                 it!= empList.end(); it++)
  {
    ptr = *it;
    cout << *ptr << endl;
  }
```

```
}
```

运行跟踪：

```
11111 Doe, John  J  11
22222 Smith,  Mary  M  22
$59900
33333 Jones,  Jay J   33
$15.25
40
1. 5
22222 Brown, Betty  B 25
$60000
13
```

14.7　本章小结

章节注意要点

- 面向对象设计（OOD）的基本方法如下：
- 标识出问题中的对象。
- 分析对象，确定对象之间是否存在共同性。
- 当共同性存在时，定义包含这种共同性的基类。
- 继承基类的共同性，得到派生类。
- 形如 class Derived:public Base{…};的类声明表示类 Derived 是从类 Base 派生而来并继承了它的所有成员。除了公有继承外，还可以私有继承和保护继承。
- 在 C++中，多态性是通过虚函数来实现的。

程序设计知识点

1. 派生类只能访问基类的公共成员和保护成员；不能访问私有成员。
2. 在派生类中，继承而来的公共成员和保护成员的访问权限取决于继承的类型——公共、私有或保护。
3. 为了确定是否应该从对象 A 公有派生出对象 B，可以进行以下两项测试：
    - 操作测试：A 的公共成员函数能否用于 B？
    - Need-a…Use-a 测试：当你需要对象 A 的时候，能否使用 B 对象来代替？
4. 在函数原型之前加入关键字 virtual 的话，函数就被定义成为虚拟函数：
5. 为了把它定义成为纯虚函数，加入初始化 =0：

    virtual function-heading = 0;
6. 基类指针可以指向任意派生类对象。

7. 类的非虚函数成员和非纯虚成员函数都必须被具体定义。
8. 在基类中的虚函数定义是默认的函数定义。在没有重载该定义的派生类中，该定义被使用。
9. 具有至少一个纯虚函数的类是抽象类。这些类没有相应的对象。它们只是用来作为其他类的基类。
10. 抽象基类的纯虚函数成员可能在该类中未被定义。派生类中必须给出这些函数的定义（否则这些类也是抽象类）。

ADT 技巧

1. 对面向对象设计来说比较独特的复用是复用一个类（通过继承）来创建另一个类。
2. 刻画面向对象程序设计的 3 个属性是：
   - 封装数据和基本操作。
   - 继承：从另一个类派生一个类使得新类可以继承源类的所有成员。
   - 多态性：对于不同的对象，一个函数调用可以被绑定到不同的函数。
3. 公共继承是最重要和最常见的继承类型。
4. 只有问题中对象之间存在 is-a 关系时才能使用公共继承。
5. 类之间的其他关系包括 has-a 和 uses-a。公共继承不适用于这两种关系。
6. 存放着不同类型的对象的数据结构被称为异构数据结构。继承和多态协助了对这种结构的设计。

编程问题

14.5 节

1. 编写一个驱动程序来测试练习 1 中的 Administrator 类。
2. 编写一个驱动程序来测试练习 2 中的 FactoryEmployee 类。
3. 编写一个驱动程序来测试练习 3 中的 SalesPerson 类。
4. 编写一个完整的工资程序，其中雇员类型分为课文和练习 1～3 中提到的 5 类：正式、临时、管理、工厂和销售。每个雇员都属于这 5 类中的一类。
5. 编写一个驱动程序来测试练习 4 中的 Document 类。
6. 编写一个驱动程序来测试练习 5 中的 LookAheadStack 类。
7. 在有序列表中，修改列表的所有操作都不能改变列表的升序性质。从类 list 派生出一个 OrderedList 类模板，要求该类始终保证升序性质。测试这个类。

14.6 节

8. 编写一个程序来处理问题 4 中的具有 5 种雇员的异构列表。不要简单地在程序 14.6 的驱动程序中创建一个元素列表，而是要使用其他的列表操作来输入列表、输出列表、添加元素到列表、从列表中删除元素、对列表进行查找以及对列表进行排序使得元素按 id 标号升序排列。

9．如问题 8，但是处理的是一个雇员的异构栈。允许执行的栈操作是 push、top、pop 和 output。

10．如问题 9，但是处理的是一个雇员的异构队列。允许的操作是 enqueue、front、dequeue 和 output。

11．如问题 8，但是处理的是一个雇员的 BST，这里 employee1 < employe2 表示 employee1 的 id 号码小于 employee2 的 id 号码。允许多种 BST 操作，例如中序遍历、查找、插入和删除。

第15章 树

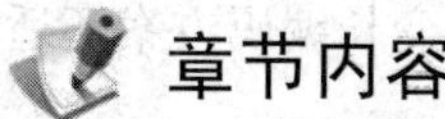

章节内容

- 实例学习：哈夫曼树
- 平衡树：AVL 树
- 2-3-4 树、红-黑树、B-树和其他树
- STL 中的关联容器——map（可选内容）

章节学习目标

- 说明二叉树如何能被用来开发高效的代码。
- 研究二叉查找树变得不平衡的问题，并看看一种经典的方法(AVL)如何能够解决这个问题。
- 考察其他种类的树，包括 2-3-4 树、红-黑树和 B-树。
- 介绍 STL 中的关联容器，并看看在它们的实现中是如何使用红-黑树的。

在第 12 章中我们详细学习了二叉查找树，也提到了二叉树的其他几个应用。这里将以二叉树在编码和解码问题中的应用开始本章。更精确地说，将描述哈夫曼编码，这可以用来进行数据压缩，并说明如何使用二叉树来构造这种编码。二叉树的其他应用以及其他类型的树将在稍后的几节中描述。

在第 12 章中还遗留有一个未解决的二叉查找树问题，即当树倾斜时查找效率的退化问题。在本章中将考察一种重要的使用 AVL 树来防止 BST 不平衡的方法，并且还将考察二叉树以外的其他一些能够产生有效的查找树的手段：2-3-4 树、红-黑树以及 B-树。最后一节将快速的看一下 STL 中的关联容器，这些容器使用树作为存储结构。我们对这些话题的描述将是非常简洁的，因为这些结构通常都是在更高级的数据结构课程中才详细讲解的。

15.1 案例学习：哈夫曼编码

在 12.2 节中介绍了针对 Morse 编码的二叉树的一部分，其中每个字母用点和虚线串来表示，如图 15.1 所示。

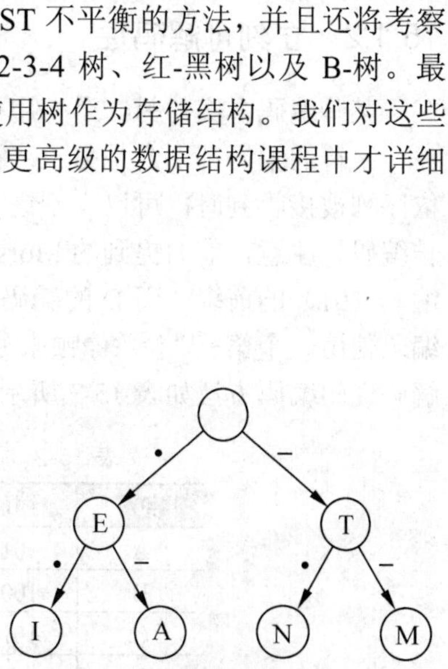

不同于 ASCII、EBCDIC 和 Unicode 这些其中所有字符的码长都相同的编码方案，Morse 编码使用变长序列。例如，• 是 E 的编码，- • 是 N 的编码，而-- • 是 Z 的编码。在本节中考虑另一种编码方案——哈夫曼编码。它也使用变长编码。

图 15.1

15.1.1 变长码

变长编码的基本思想是为频繁出现的字符分配更短的码，而为不频繁出现的字符分配更长的码。例如，Morse 编码中的‘E’是单个点，而‘Z’用– – . . 来表示。编码的目的在于减少字符的码的期望长度，从而减少需要传递的信息的位数。这些变长编码方案还适用于对数据进行压缩，因为这将减少需要存储的位数。

为了更为精确地描述问题，假设给出某个字符集$\{C_1, C_2, \cdots, C_n\}$以及与字符相关的权值$w_1, w_2 \cdots, w_n$；其中$w_i$是字符$C_i$的权值，代表了这个字符在需要被编码的信息中出现的次数（或概率）。如果$l_1, l_2, \cdots, l_n$分别是字符$C_1, C_2, \cdots, C_n$编码后的长度，则任一字符的编码的**期望长度**为：

$$\text{期望长度}= w_1l_1 + w_2l_2 + \cdots + w_nl_n = \sum_{i=1}^{n} w_il_i$$

作为一个简单的例子，考虑 5 个字符 A、B、C、D 和 E，假设它们的权值（出现概率）如表 15-1 所示。

表 15-1

字符	A	B	C	D	E
权值	0.2	0.1	0.1	0.15	0.45

在 Morse 编码中，点以 0 来表示，而虚线以 1 来表示，则这些的编码如表 15-2 所示。

这样这 5 个字符的编码的期望长度为：

$$0.2 \times 2 + 0.1 \times 4 + 0.1 \times 4 + 0.15 \times 3 + 0.45 \times 1 = 2.1$$

15.1.2 立刻可解码性

某些编码方案的另一个有用属性是**立刻可解码性**（**immediately decodable**）。这意味着任一字符的编码都不会是另一字符的（更长）编码的前缀。这样，当一个字符的编码中的位序列被接收到时，可以立刻进行解码而无须等待之后的位来决定是否存在另一合法的更长编码。注意，前面提到的 Morse 编码方案不满足这个属性，例如 E 的编码（0）是 A 的编码（01）的前缀，而 D 的编码（100）是 B 的编码（1000）的前缀。（在解码时，Morse 编码使用一个第三“位”停顿来分隔字符。）一种编码长度与前面的方案相同且满足立刻可解码性的编码方法如表 15-3 所示。

表 15-2

字符	编码
A	01
B	1000
C	1010
D	100
E	0

表 15-3

字符	编码
A	01
B	1000
C	0001
D	001
E	1

15.1.3 哈夫曼编码

以下算法由 D.A.Huffman 在 1952 年提出，能够用来构建满足立刻可解码性，且每个字符的期望编码长度最短的编码方案。

哈夫曼算法

/*为给定的字符集合构建二进制编码，使得编码的期望长度达到最短。
收到具有 n 个字符的字符集$\{C_1, C_2, \cdots, C_n\}$以及权值集$\{w_1, w_2, \cdots, w_n\}$，
其中 w_i 是字符 C_i 的权值。返回具有 n 个表示字符的二进制编码的位串。*/

（1）初始化 n 棵分别对应于字符 $C_1, C_2, \cdots, C_n$ 的单节点树，其权值分别为 $w_1, w_2, \cdots, w_n$。

（2）执行以下步骤 $n-1$ 次：

① 找出根的权值最小的两棵树 T' 和 T''，假设其权值分别为 w' 和 w''。

② 将这两棵树替代成为一棵根的权值为 $w'+w''$、子树为 T' 和 T″ 的二叉树，并将指向这两棵子树的指针分别标上 0 和 1，如图 15.2 所示。

（3）字符 C_i 的编码是从根到叶子 C_i 的路径上的标号序列。

例如，考虑前面给出的包含字符 A、B、C、D 和 E 的例子。开始时我们为每个字符构造一棵单节点二叉树，如图 15.3 所示。

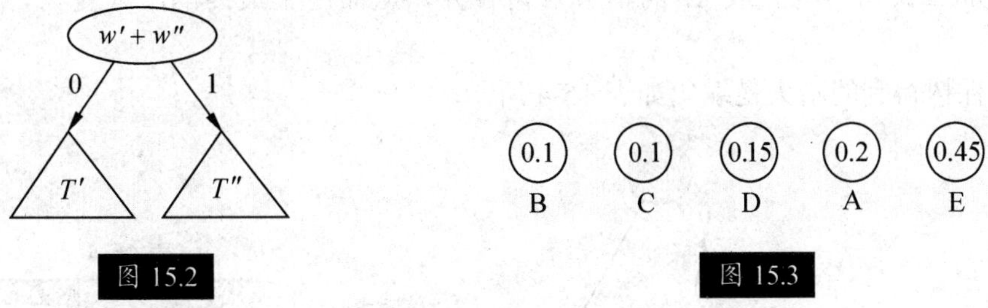

图 15.2　　图 15.3

首先被选出的两棵树是对应于字母 B 和 C 的树，因为它们的权值最小。把它们合并为一棵权值为 0.1 + 0.1 = 0.2 的树，原来的两棵树分别作为左子树和右子树，如图 15.4 所示。

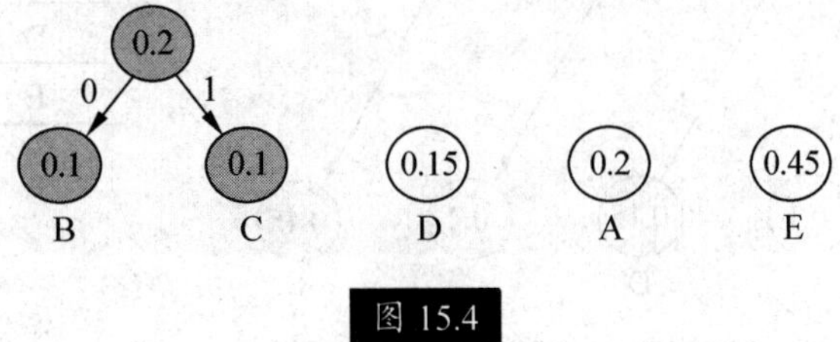

图 15.4

在剩下的二叉树中，选出两棵权值最小的树，例如，第一棵和第二棵（或者第二棵和第三棵），将它们替代为一棵权值为 0.2 + 0.15 = 0.35 的树，原来的两棵树分别作为左子树和右子树，如图 15.5 所示。

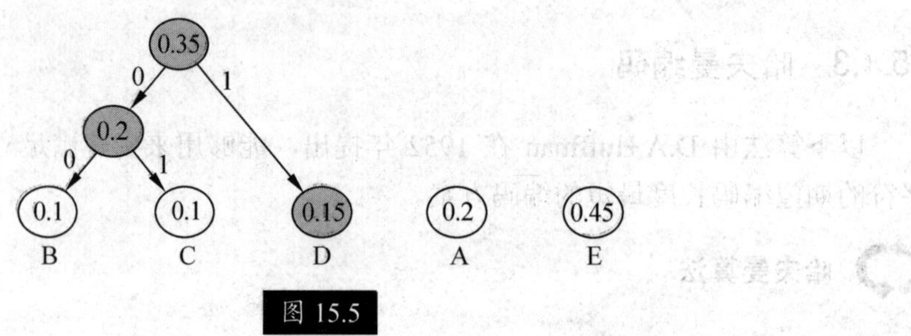

图 15.5

在剩下的三棵二叉树中，选出两棵权值最小的树，将它们替代为一棵权值为 0.35 + 0.2 = 0.55 的树，原来的两棵树分别作为左子树和右子树，如图 15.6 所示。

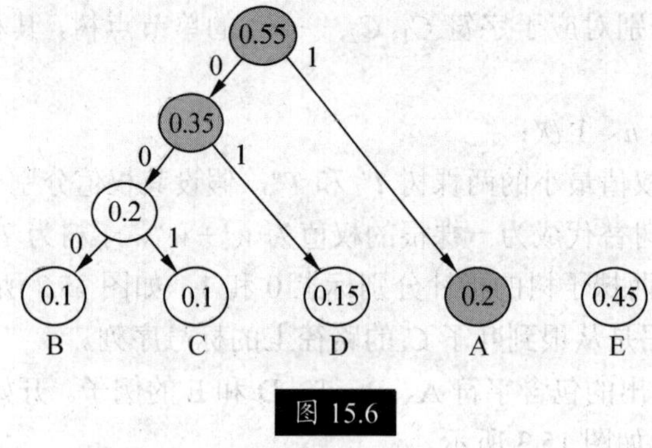

图 15.6

得到的二叉树再与代表 E 的单节点树合并，从而产生最终的哈夫曼树，如图 15.7 所示

从这棵树得到的哈夫曼编码如表 15-4 所示。

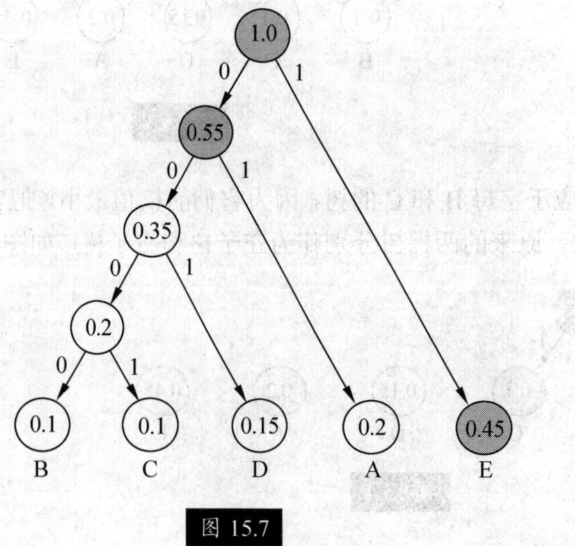

图 15.7

表 15-4

字符	编码
A	01
B	0000
C	0001
D	001
E	1

正如我们之前计算过的，这些字符的编码的期望长度为 2.1。

存在另一种期望长度为 2.1 的编码方案，因为在第二步有两种选择来选取最小权值的树，如图 15.8 所示。

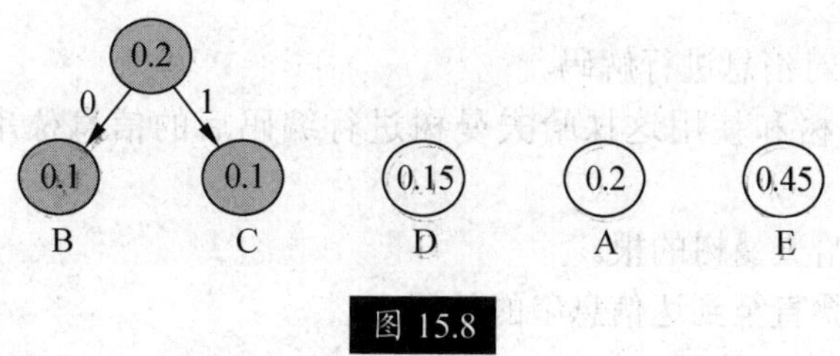

图 15.8

我们在前面选择了第一棵和第二棵树，然而也可以选择第二棵和第三棵树，如图 15.9 所示

在下一步，得到的二叉树集合如图 15.10 所示。

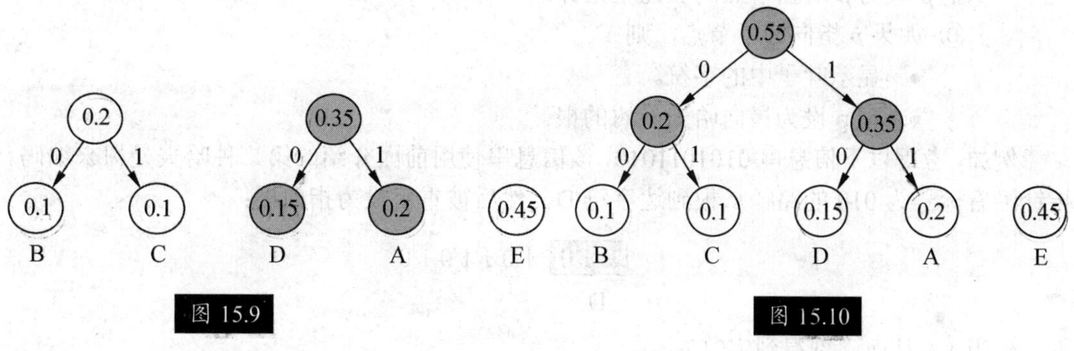

图 15.9

图 15.10

最终的哈夫曼树如图 15.11 所示。

对应于此树的编码方法如表 15-5 所示。

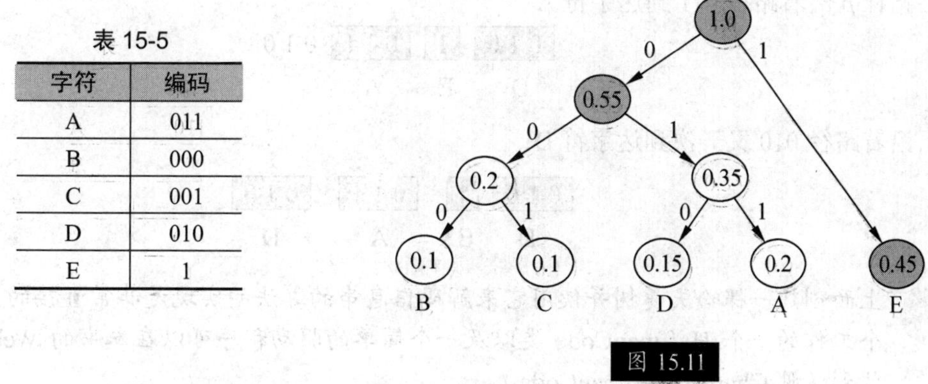

表 15-5

字符	编码
A	011
B	000
C	001
D	010
E	1

图 15.11

哈夫曼编码的立刻可解码性是显然的。每个字符与哈夫曼树中的一个叶子相联，而从根到每个叶子的路径是唯一的。因此，不存在某个字符的编码是另一字符的编码的前缀的情况。

鉴于这种立刻可解码属性，解码算法很简单：

 哈夫曼解码算法

/* 用哈夫曼树来对消息进行解码。

输入一棵哈夫曼树和使用这棵哈夫曼树进行编码后的信息位串。输出解码以后的信息。*/

（1）令指针指向哈夫曼树的根。

（2）重复以下步骤直至到达信息串的结尾：

① 令 x 为位串中的下一位。

② 如果 $x = 0$ 则

把 p 设为 p 所指节点的左儿子指针；

否则

把 p 设为 p 所指节点的右儿子指针。

③ 如果 p 指向叶子节点，则

- 显示叶子中的字符。
- 把 p 设为指向哈夫曼树的根。

例如，考虑以下信息串 0101011010，该信息串使用前面介绍的第二种哈夫曼树来编码。指针沿着标号为 010 的路径从根到达字符 D，然后被重新设为指向根：

[010] 1011010
D

下一位为 1，从而立刻得到字符 E：

[010] [1] 011010
D E

然后指针 p 沿着路径 011 到达字符 A

[010] [1] [011] 010
D E A

最后沿着路径 010 又一次到达字符 D：

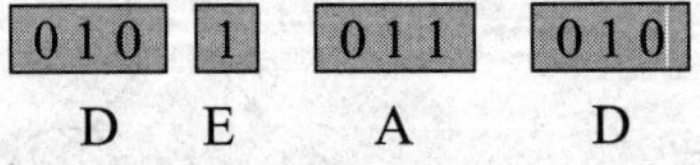

上面创建一棵哈夫曼树并使用它来解码信息串的算法的实现是非常直接的。实现这个工作的一个 HuffmanCode 类以及一个简单的驱动程序可以在本书的 Web 站点上找到（见 Chap15/HuffmanCode）。

练习 15.1

1. 通过指出位串 100001100 能够以多于一种形式来解码，证明 Morse 编码不是立刻可解码的。

使用本节中的哈夫曼编码（A = 01, B = 0000, C = 0001, D = 001, E = 1）来对练习

2～5 中的位串进行解码。

2．000001001

3．001101001

4．000101001

5．00001010011001

6．根据表 15-6 中的 C++关键字及其权值，构造哈夫曼编码。

7．根据表 15-7 中的字母及其权值，重做练习 6。

8．使用练习 7 中的哈夫曼编码来对以下信息进行编码："feed a deaf aged hag"。

9．根据表 15-8 中的 C++关键字及其权值（频率）重做练习 3。

表 15-6

关键字	权值
Int	.30
main	.30
while	.05
If	.20
For	.15

表 15-7

字符	权值
a	.20
b	.10
c	.08
d	.08
e	.40
f	.05
g	.05
h	.04

表 15-8

关键字	权值
case	2
class	20
do	5
else	10
false	4
for	20
goto	1
if	20
int	22
main	22
static	2
struct	3
switch	2
true	4
while	15

15.2 平衡树：AVL 树

二叉查找树用来协助在树中查找给定项。在第 12.4 节中看到，项被插入二叉查找树的次序决定了树的形状以及查找操作的效率。与偏向一侧的不平衡树相比，每层基本上都是满的树之上进行的查找操作远为有效。

15.2.1 例子：州简称的 BST

作为示例，考虑一棵初始为空，然后依次插入以下州简称的 BST：NY、IL、GA、RI、MA、PA、DE、IN、VT、TX、OH 和 WY，如图 15.12 所示。

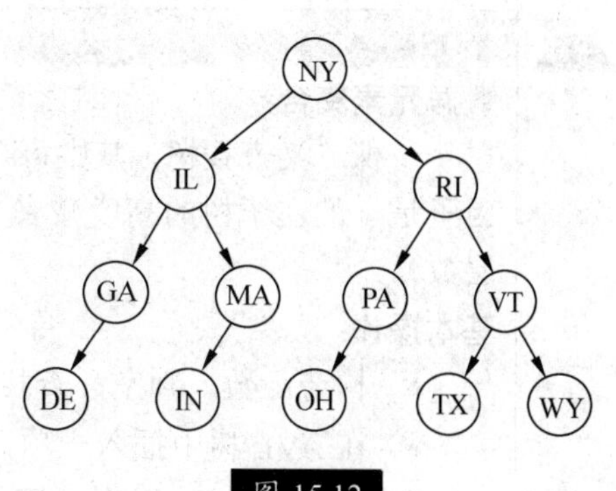

图 15.12

这棵相当平衡的树的查找时间为 $O(\log_2 n)$，这里 n 是树的节点数。然而，如果被依次插入的简称是 DE、GA、IL、IN、MA、MI、NY、OH、

PA、RI、TX、VT 和 WY，则这棵 BST 退化成为一个链表，其查找时间是 $O(n)$，如图 15.13 所示。

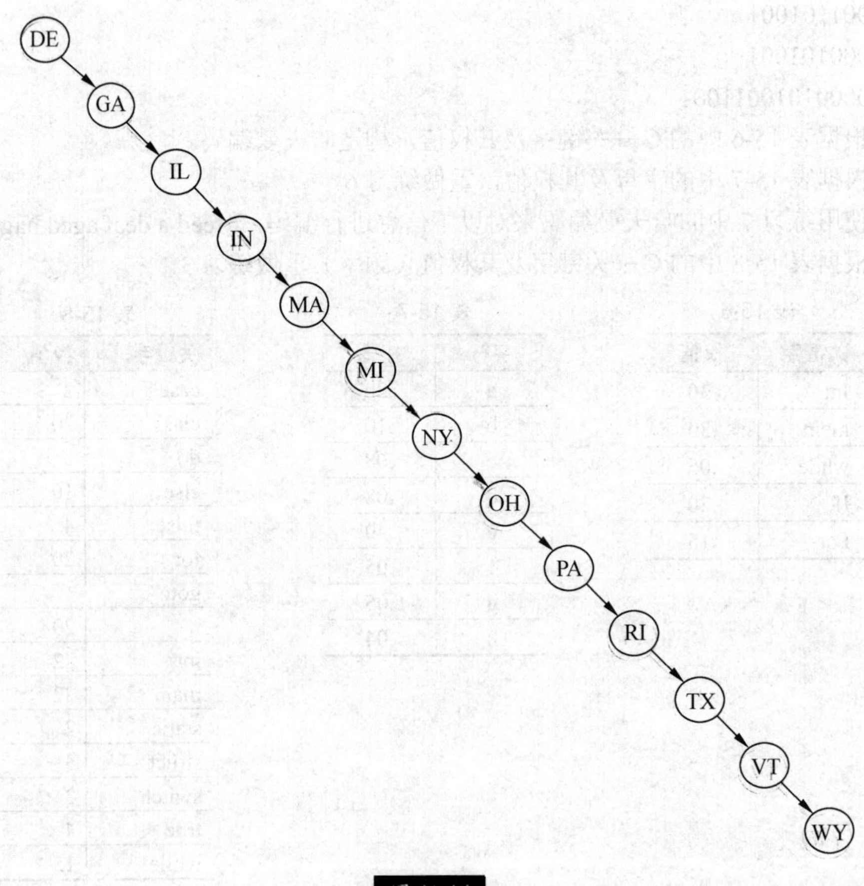

图 15.13

本节描述一种由两个俄罗斯数学家：Georgii Maksimovich Adel'son-Vel'skii 和 Evgenii Mikhailovich Landis 提出的令二叉查找树在插入项时保持平衡的技术。根据他们的名字，这种树被称为 AVL 树。

作为一种数据结构，**AVL**（或高度平衡）树是一种特殊的 BST：

AVL 树 ADT

数据元素集合：

一棵二叉查找树，其中每个节点的平衡因子是 0，1 或–1。这里节点 x 的平衡因子是 x 的左子树的高度减去 x 的右子树的高度（回忆一下，树的高度就是树的层数）。

基本操作：

- 构造函数、判空、查找和遍历（与 BST 中的类似）。
- 在 AVL 树中插入一项，并保持高度平衡性质。
- 在 AVL 树中删除一项，并保持高度平衡性质。

例如，在如下的 AVL 树中每个节点的平衡因子都被给出，如图 15.14 所示。

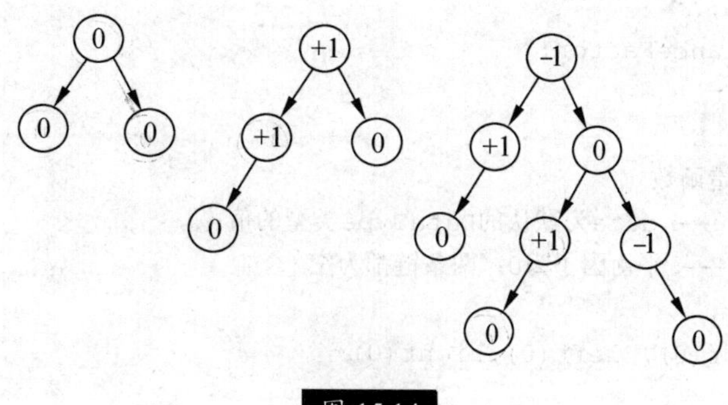

图 15.14

以下的树不是 AVL 树，其中平衡因子不是 0、1 或–1 的节点被标出，如图 15.15 所示。

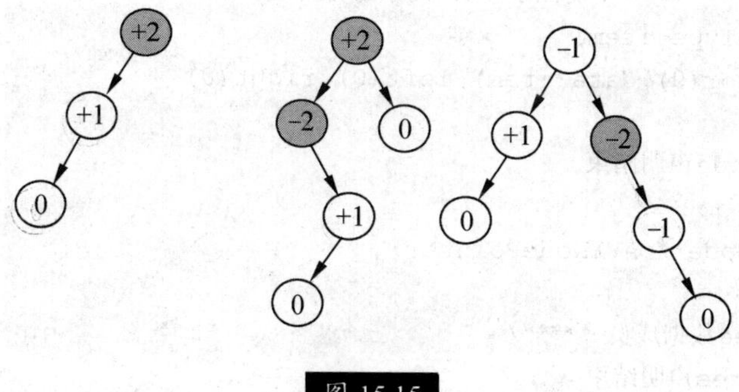

图 15.15

与在第 12.2 节中对二叉树的做法一样，也可以使用链式结构来实现 AVL 树。只需在节点中加入一个数据成员来存放平衡因子，如图 15.16 所示。

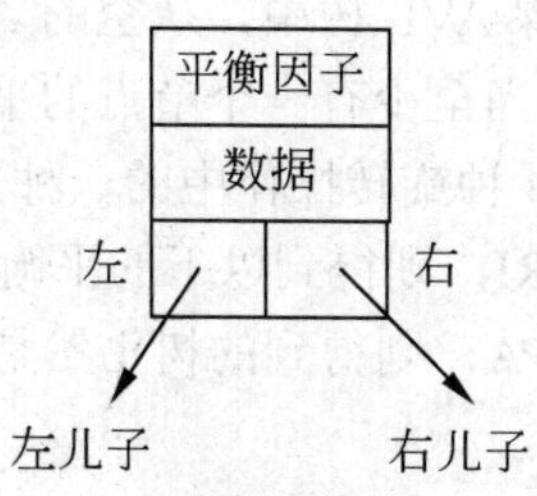

图 15.16

```
template <typename DataType>
class AVLTree
{
public:
  /***** AVLTree函数成员 *****/
private:
  /***** 节点类 *****/
  class AVLNode
  {
```

```
  public:
 DataType data;
 Short int balanceFactor;
 AVLNode * left
 AVLNode * right;
 //AVLNode的构造函数
 //默认构造函数 --- data为默认的DataType类型的值；
 //             --- 平衡因子为0；两条链都为空
 AVLNode()
 :balanceFactor(0), left(0),right(0)
 {   }

 // 显式值构造函数 --- data部分包含item
 //               --- 平衡因子为0；两条链都为空
 AVLNode(DataType item)
 :balanceFactor(0),data(item),left(0),right(0)
 {   }
 }; // 类AVLNode声明结束

 typedef AVLNode * AVLNodePointer;

 /***** AVLTree数据成员 *****/
 }; // 类AVLTree声明结束
```

然后，AVL 树的构造函数、判空操作、查找操作和遍历操作的实现方法与 BST 中的类似。在这里我们主要考虑插入操作。

为了示范如何把项插入到一棵 AVL 树中，从空的 AVL 树开始，重新考虑那个州简称的 BST 的例子。如将看到的，每当至少有一个节点的平衡因子为±1，从而标志着这棵树变得不平衡时，都可以通过应用 4 种旋转操作中的一种来恢复这棵树的 AVL 条件。

假设第一个被插入的简称是 RI，则得到以下的平衡树，如图 15.17 所示。

如果下一个被插入的简称是 PA，则得到的树仍然是平衡的，如图 15.18 所示。

图 15.17　　图 15.18

如果下一个被插入的简称是 DE，将得到一棵不平衡的树。要修补这棵树的左偏，可以对以 RI 为根的树进行一个**右旋**（顺时针）操作，如图 15.19 所示。

这产生了下面的平衡树，如图 15.20 所示。

GA 的插入不会导致树变得不平衡，如图 15.21 所示。

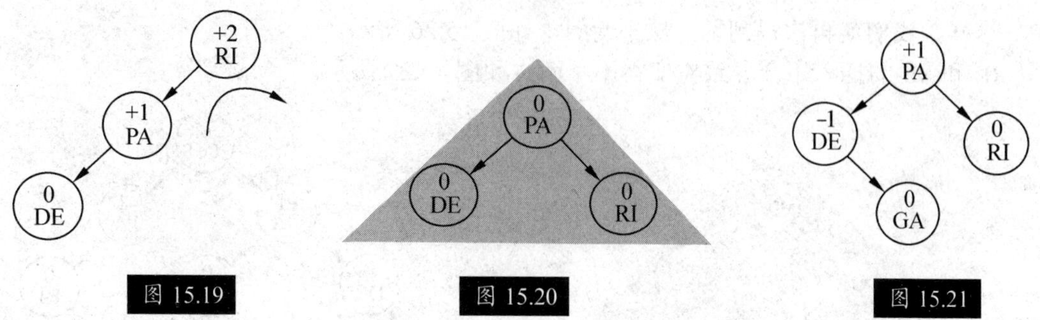

图 15.19　　图 15.20　　图 15.21

但是再插入 OH 之后，树又变得不平衡了。因为以 DE 为根的子树偏向右侧，我们对这棵子树的节点进行**左旋**（逆时针方向）操作，如图 15.22 所示。

这使得整棵树重新变得平衡，如图 15.23 所示。

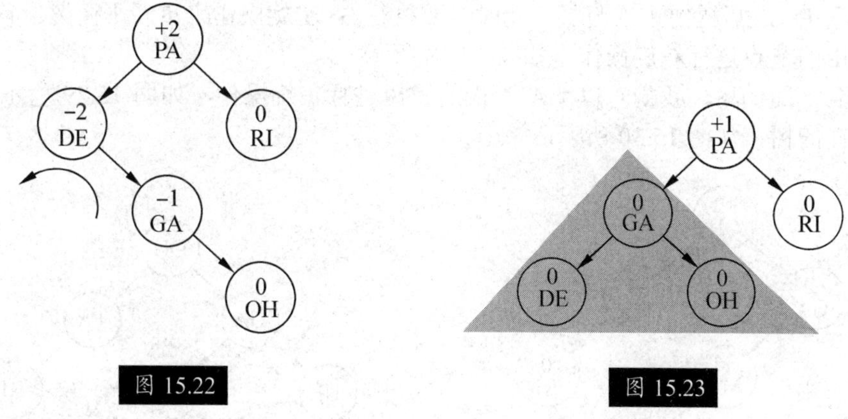

图 15.22　　图 15.23

随后 MA 的插入产生另一棵不平衡树。但是要消除这棵树的不平衡却是比较复杂的，因为这里的不平衡是由包含 PA 的节点（其平衡因子为 2）的左子树以及包含 GA 的节点的右子树所导致的。要消除这种情况，需要使用一个**左-右旋**操作。我们首先对 PA 的左子树中的节点进行左旋操作。如图 15.24 所示。

这得到了下面的树，然后再对以 PA 为根的树进行右旋操作，如图 15.25 所示。

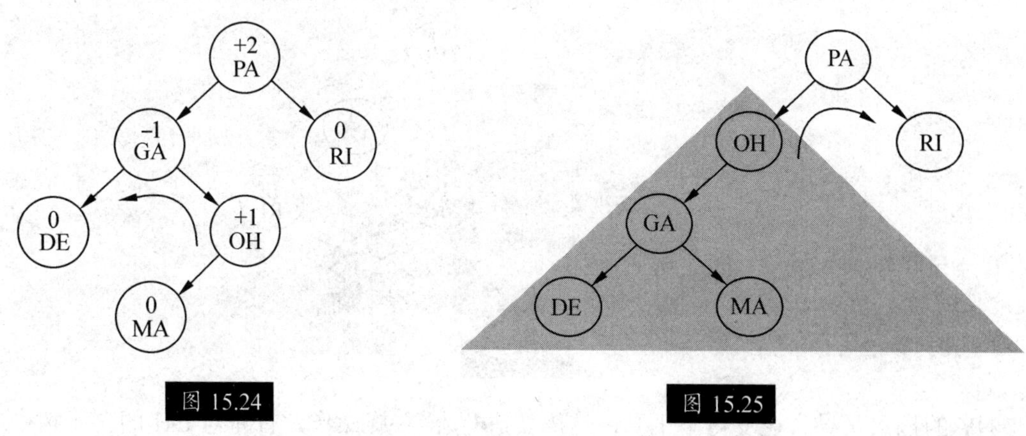

图 15.24　　图 15.25

这样，我们就再次得到了一棵平衡树，如图 15.26 所示。

IL 和 MI 的插入不会导致树变得不平衡，如图 15.27 所示。

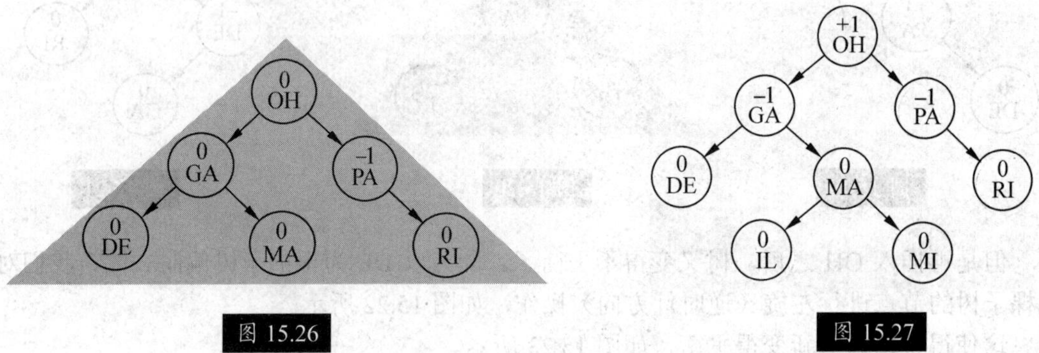

图 15.26

图 15.27

但插入 IN 之后树便不平衡了。此时需要执行**右-左旋**操作来重新平衡树。首先对 GA 的右子树中的节点进行右旋操作，如图 15.28 所示。

这得到下面的树，我们对以 GA 为根的子树进行左旋操作，如图 15.29 所示。就又得到一棵平衡的树，如图 15.30 所示。

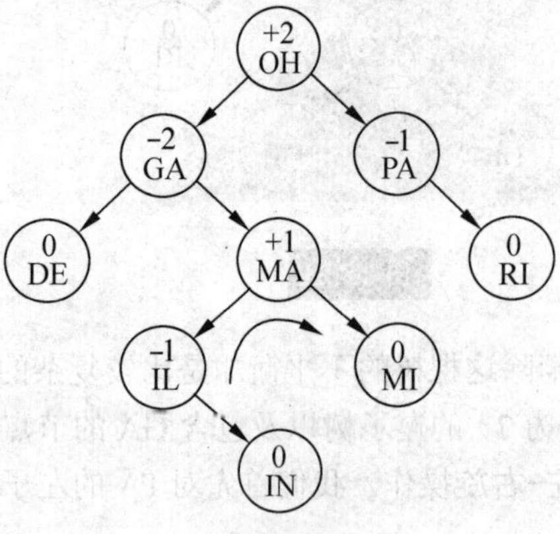

图 15.28

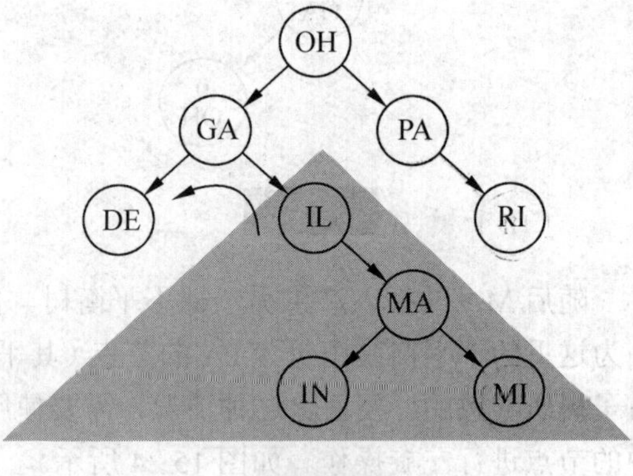

图 15.29

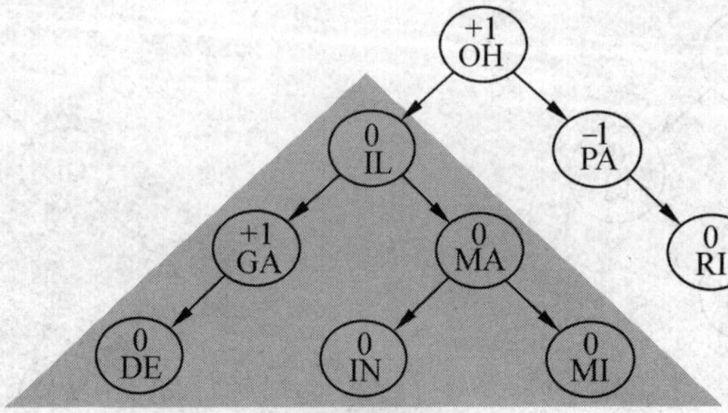

图 15.30

NY 的插入又导致树变得不平衡，这需要进行左-右旋操作。首先对 OH 的左子树中的节点进行左旋操作，如图 15.31 所示。

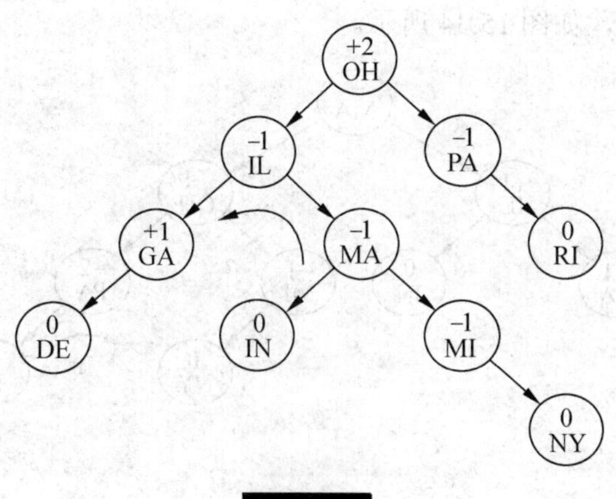

图 15.31

这产生下面的树，我们再对以 OH 为根的树进行右旋操作，如图 15.32 所示。

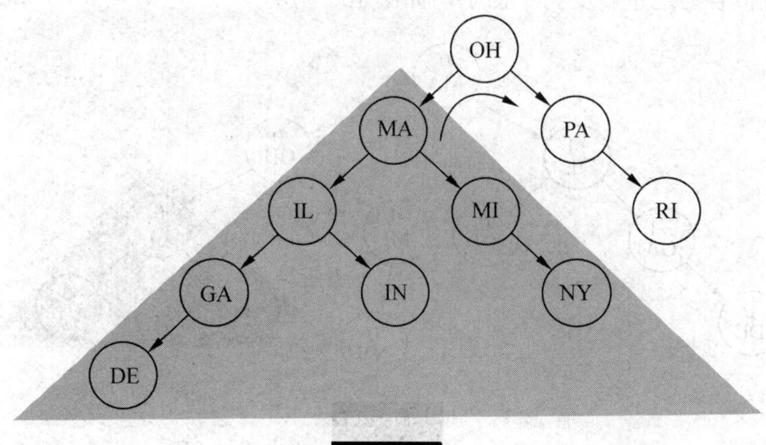

图 15.32

从而得到下面的平衡树，如图 15.33 所示。

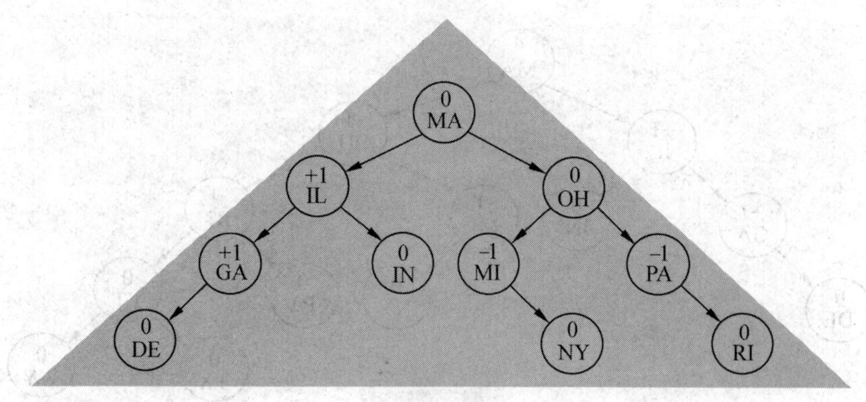

图 15.33

VT 的插入也导致不平衡的出现，不过这种不平衡很容易消除。对以 PA 为根的子树执行一个简单的左旋操作，如图 15.34 所示。

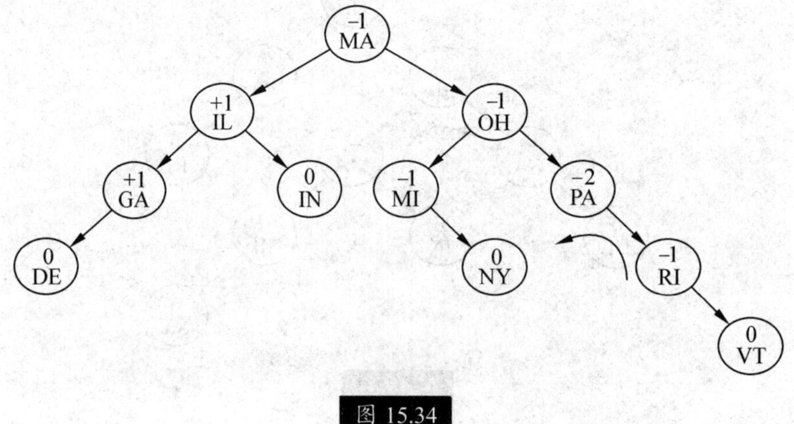

图 15.34

这棵树就很容易地重新变为平衡了，如图 15.35 所示。

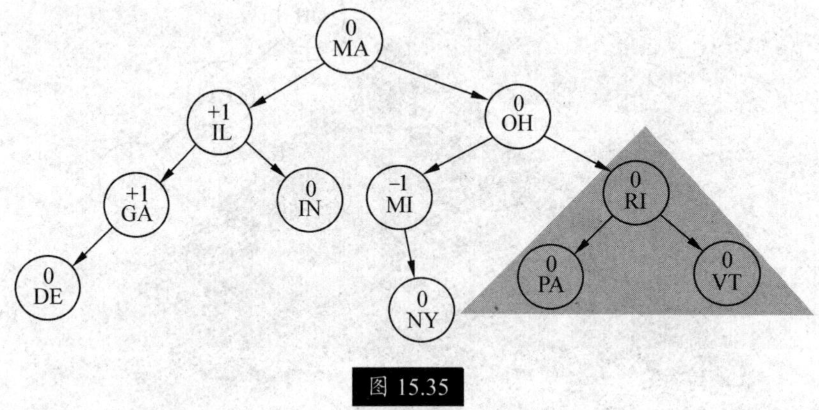

图 15.35

最后两个简称 TX 和 WY 的插入不会导致树变得不平衡，这样最终的 AVL 树如图 15.36 所示。

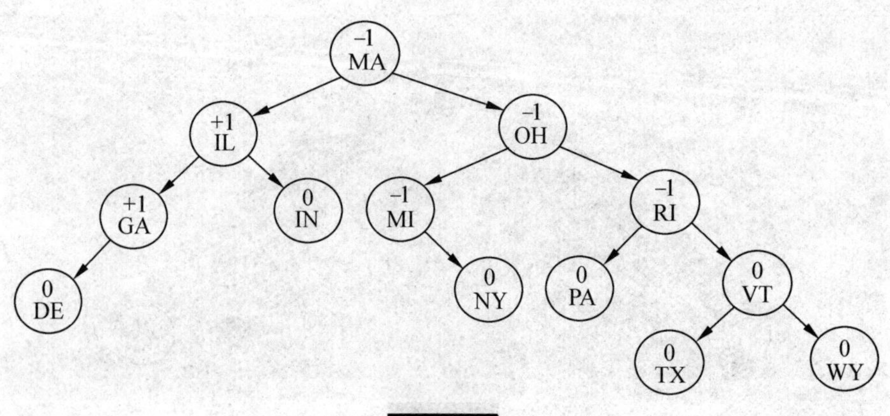

图 15.36

15.2.2 基本的重新平衡旋转操作

正如例子示范的那样，当因为新项的插入而导致一棵二叉树的不平衡时，如果我们找出平衡因子为±2 的离新插入节点最近的祖先，然后对以这个祖先为根的子树应用一个旋转操作，就可以使得这棵树重新变得平衡。4 种旋转类型是：

1．简单右旋：当插入项位于最近的平衡因子为+2 的祖先节点的左孩子的左子树中时使用。

2．简单左旋：当插入项位于最近的平衡因子为–2 的祖先节点的右孩子的右子树中时使用。

3．左-右旋：当插入项位于最近的平衡因子为+2 的祖先节点的左孩子的右子树中时使用。

4．右-左旋：当插入项位于最近的平衡因子为–2 的祖先节点的右孩子的左子树中时使用。

这些旋转都是通过设置指针来实现的。例如，对于一个简单右旋操作，假设 A 表示离插入项最近的具有平衡因子+2 的祖先节点，B 表示 A 的左孩子，那么只需重新设置 3 条链就可以实现这个简单右旋操作：

（1）令 A 的父亲指向 B。

（2）令 A 的左链等于 B 的右链。

（3）令 B 的右链指向 A。

图 15.37 演示了这些链的改变。

相应的简单左旋操作的实现与之类似，也只需重新设置 3 条链，我们把细节留在练习。

左-右旋和右-左旋操作则最多需要改变 5 条链。例如，对于左-右旋操作，即新项处于 A 的左儿子 B 的右子树中时，其中的左旋操作的实现需要重新设置 3 条链：

（1）令 A 的左链指向 B 的右子树的根 C。

（2）令 B 的右链等于 C 的左链。

（3）令 C 的左链指向 B。

而右旋操作的实现也需要重新设置 3 条链：

（4）令 A 的父亲指向 C。

（5）令 A 的左链等于 C 的右链。

（6）令 C 的右链指向 A。

主要是第 5 步中的操作抵消了第 1 步中的操作，故事实上只修改了 5 条链。

这种左-右旋转操作可以分为 3 种情况：① 在新节点插入之前 B 没有右儿子，这样新节点成为 B 的右儿子 C；② B 有右儿子 C，新节点被插入到 C 的左子树中；③ B 有右儿子 C，新节点被插入到 C 的右子树中。图 15.38 和图 15.39 显示了其中两种，第 3 种情况的图与第 2 种的类似，故留作练习。

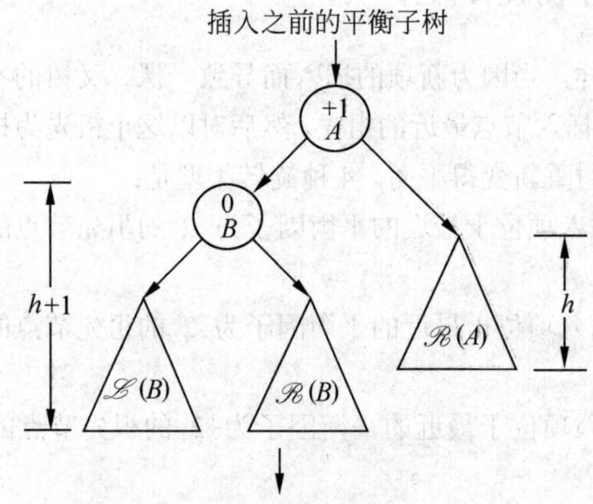

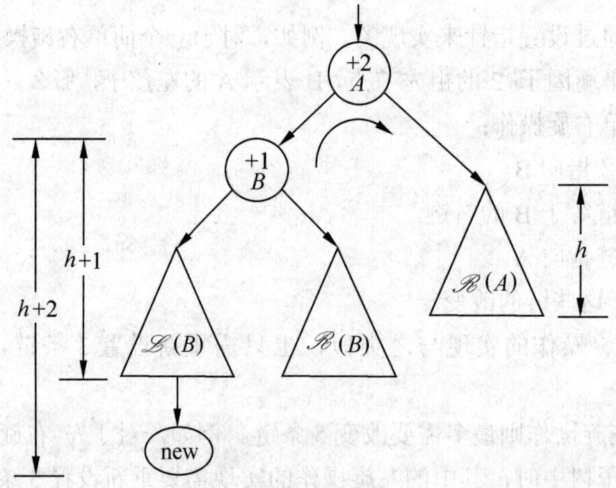

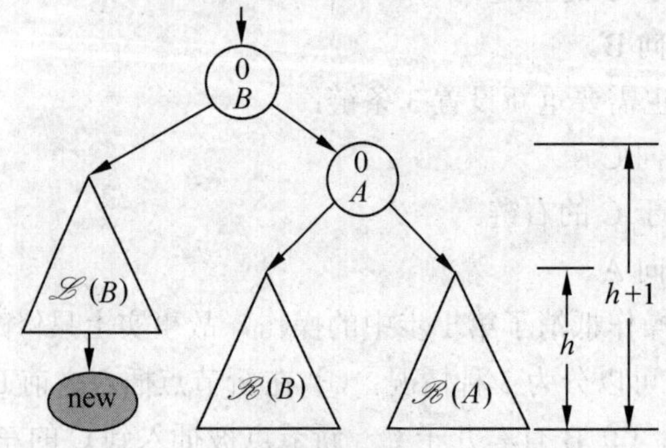

图 15.37

情况 1：

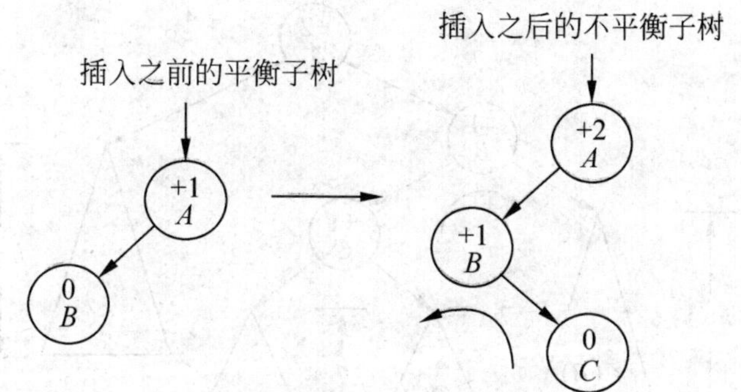

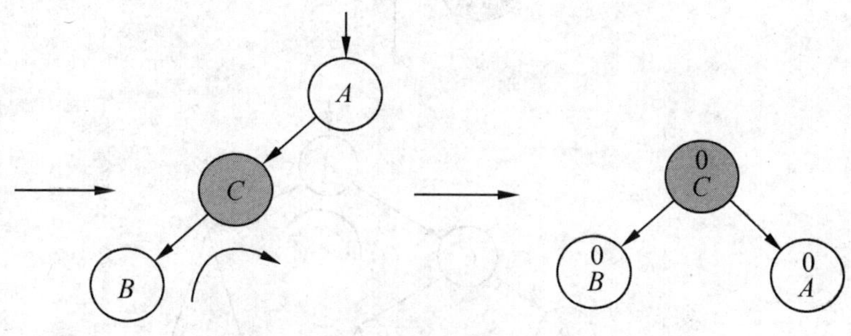

图 15.38

情况 2：

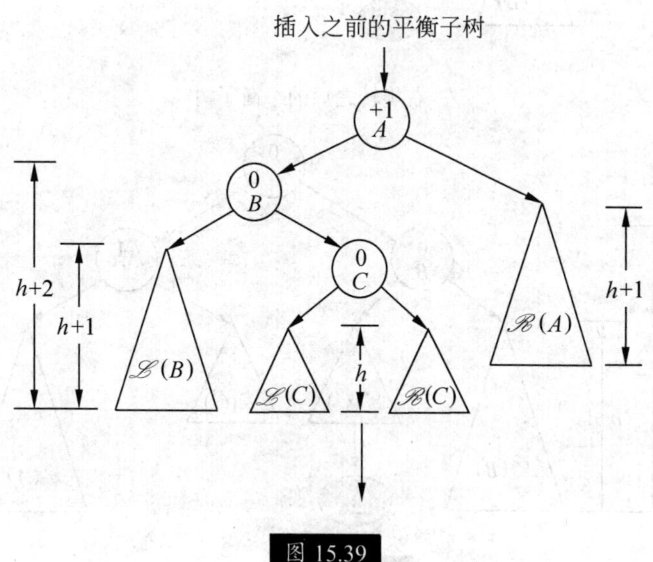

图 15.39

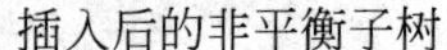

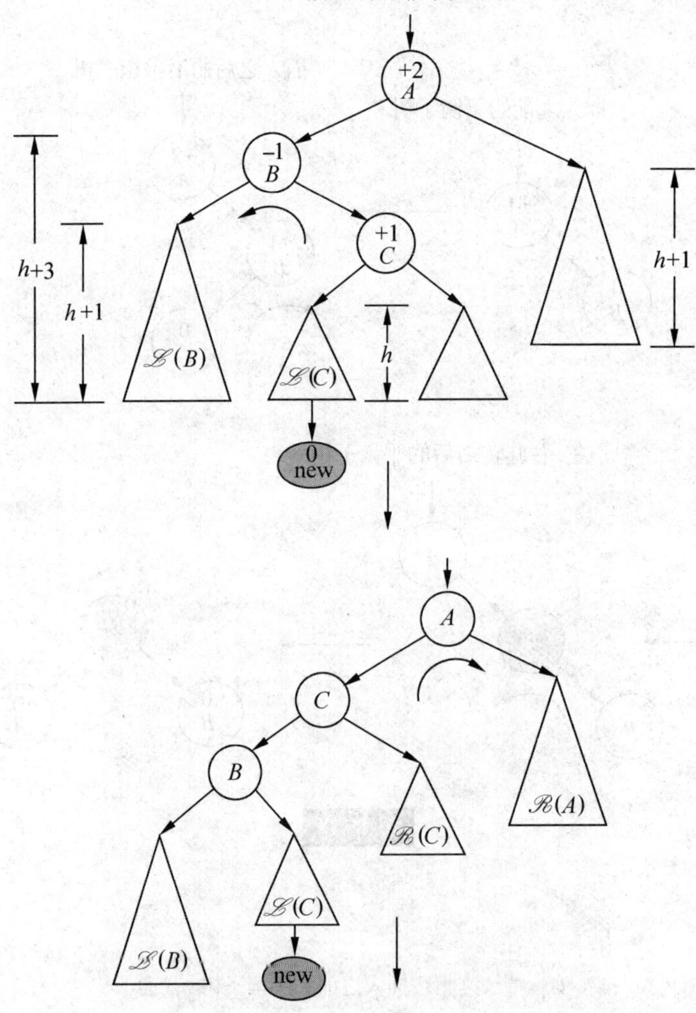

左-右旋转之后的平衡子树

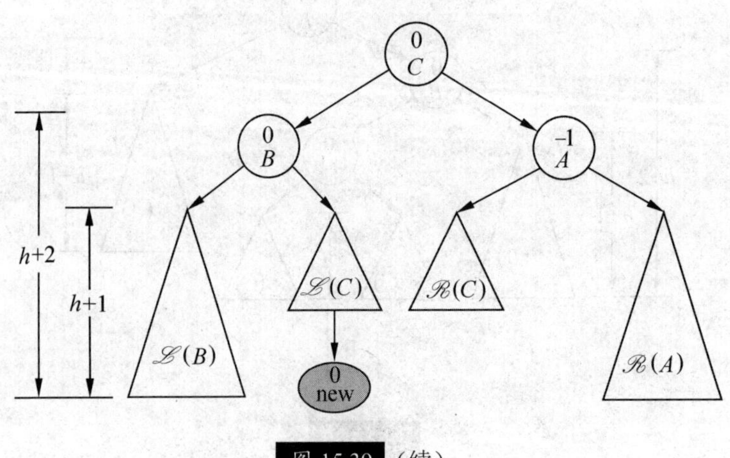

图 15.39（续）

相应的右-左旋转操作也最多需要改变 5 条链，详情留在练习。

显然，从 AVL 树中删除一个项也会造成不平衡。例如，考虑前面描述过的州简称树中的一棵，如图 15.40 所示。

删除 RI 产生了一棵不平衡树，如图 15.41 所示。

一个左-右旋操作将再次产生一棵平衡树，如图 15.42 所示。

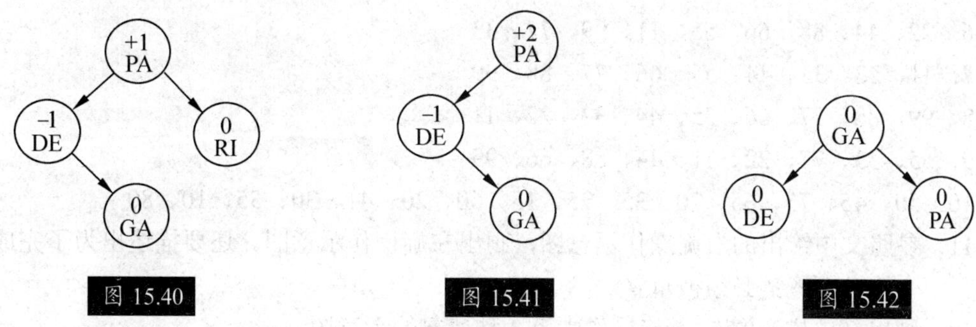

图 15.40　图 15.41　图 15.42

通常，因为对 AVL 树的删除造成的不平衡可以通过旋转操作消除，但是和插入相比，其算法要困难得多，这是因为删除可以发生在树的任何位置。我们将对这些算法的学习留在更高级的数据结构课程中。

使用 AVL 树而不是二叉树来存放数据项（从而避免新项被插入时树会变得不规则）时查找时间肯定是 $O(\log_2 n)$。当然重新平衡操作也需要一定的时间。但是，如果查找操作远比插入操作频繁的话，查找操作节约下来的时间将能够补偿插入操作所需的额外时间。实验结果表明，在平均情况下，大约 45%的插入操作会引起重新平衡操作的发生，而这些重新平衡操作中的大约一半是左-右旋操作或右-左旋操作。

✔ 小测验 15.2

1. 给出平衡因子的定义。
2. 给出 AVL 树的 ADT 定义。
3. AVL 树的另一个名字是________平衡树。
4. 给出依次插入字母 S、P、E、C、I、A、L、T、Y 后得到的 AVL 树。
5. 执行左旋或右旋操作需要修改多少条链？
6. 执行左-右旋或右-左旋操作需要修改多少条链？
7. AVL 树的查找操作的时间为 O（________）。

练习 15.2

在练习 1～5 中，给出依次插入 C++关键字之后得到的 AVL 树并跟踪其创建过程。给出在每次重新平衡之前和之后的树以及每个节点的平衡因子。

1. Long、const、typedef、bool、public、break、else

2．bool、new、return、struct、while、case、enum

3．do、long、new、auto、operator、int、namespace

4．unsigned、short、long、int、double、char

5．bool、enum、if、this、else、case、void、do、return、unsigned、false、true、double、while

对于如下数字集，重做练习 1～5：

6．22、44、88、66、55、11、99、77、33

7．11、22、33、44、55、66、77、88、99

8．99、88、77、66、55、44、33、22、11

9．55、33、77、22、11、44、88、66、99

10．50、45、75、65、70、35、25、15、60、20、41、30、55、10、80

11．参照文中给出的右旋操作示意图，画出左旋操作示意图。还要描述出为了完成这个旋转哪些链必须被重置。

12．画出文中描述的左-右旋操作中第 3 种情况的示意图。

13．参考文中给出的左-右旋操作示意图，画出右-左旋操作示意图，并描述如何修改链来实现这些旋转。

14．设计并测试 AVLTree 类模板。

15.3　2-3-4 树、红-黑树、B-树和其他树

到目前为止我们把注意力限定在二叉树上，即其中每个节点最多有两个儿子。然而，许多应用需要或者希望每个节点能够拥有多于两个儿子。例如，在如图 15.43 所示的**家谱树**中，某些节点的儿子数大于二。

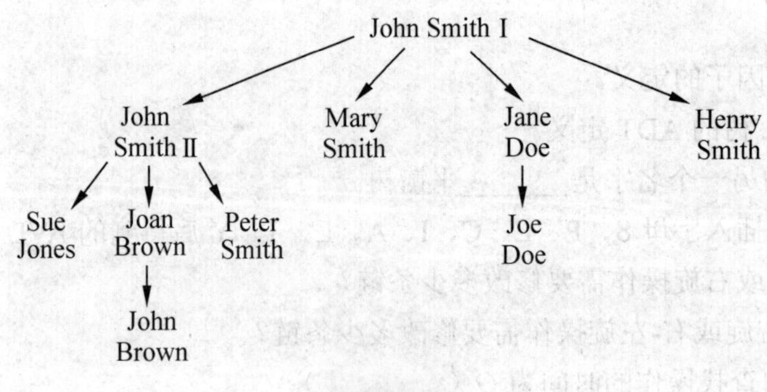

图 15.43

用来分析游戏的**游戏树**也不满足二叉树的所有属性。图 15.44 显示双碟子汉诺塔问题（参见 10.2 节）的格局树就是一棵游戏树。

程序编译过程中产生的**语法树**用来检查程序的语法。大多数语法树都不是二叉树。例如，在 10.2 中给出了表达式 2 * (*a* + *b*)的语法树，如图 15.45 所示。

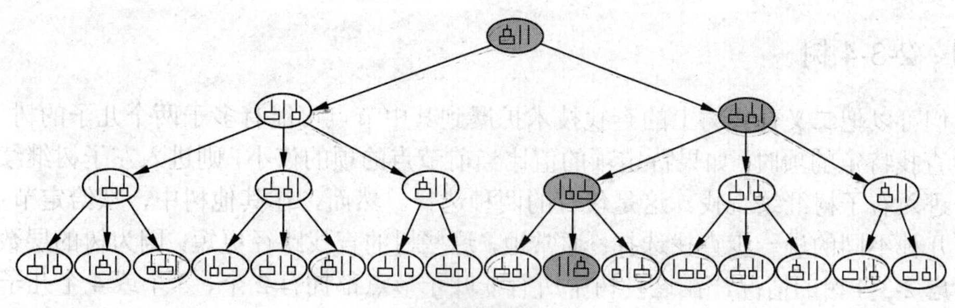

图 15.44

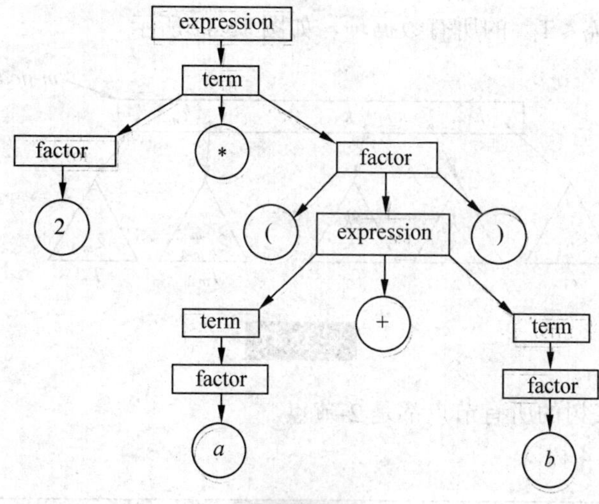

图 15.45

对于语句

```
if (x < 0)
   flag = 1;
```

C++编译器构造出来的语法树如图 15.46 所示。

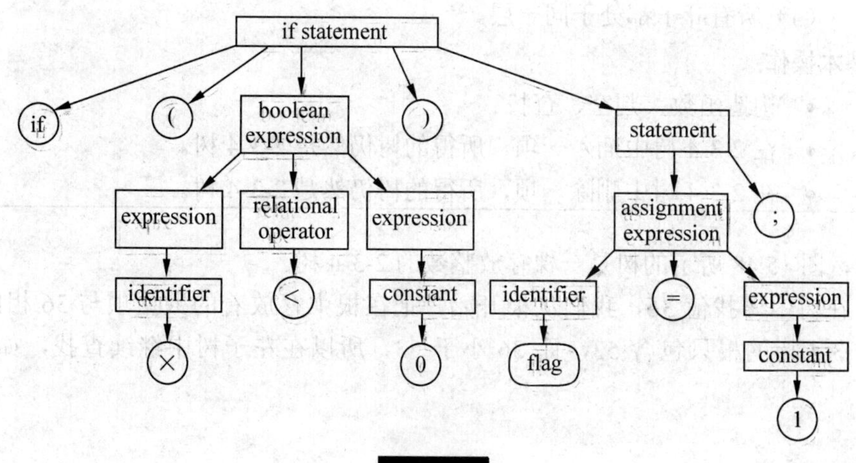

图 15.46

15.3.1 2-3-4 树

我们可以把二叉查找树上的查找技术扩展到其中节点可能有多于两个儿子的树上。在BST中查找特定的项时，如果特定项的值比当前节点的项的值小，则进入左子树继续查找；否则，进入右子树继续查找。这是仅有的两种选择。然而，在其他树中，从给定节点出发可能有几种不同的进一步查找选择；通常地，这些树的查找路径更短，因为树的层数更少。首先考虑2-3-4树的情况，在这种树中所有非叶子节点都拥有2个、3个或4个儿子。

借助以下定义，可以精确地定义2-3-4树：查找树中的**m-节点**存放着m-1个数据项，这些项的值满足 $k_1 < k_2 < \cdots < k_{m-1}$，且节点拥有指向子树 $T_1, \cdots, T_m$ 的链，其中对于每个 i[1]，T_i 中的所有数据项 $< k_i \leqslant T_{i+1}$ 的所有数据项，如图15.47所示。

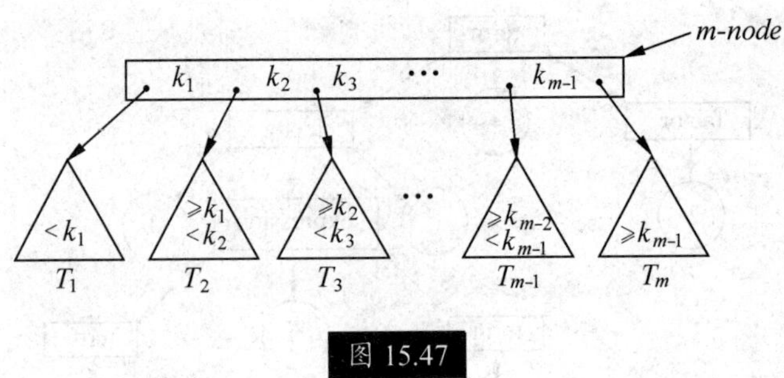

图 15.47

这样，二叉查找树的所有节点都是2-节点。

现在来定义2-3-4树。

2-3-4 树 ADT

数据元素集合：

满足以下性质的树：

（1）每个节点最多存放3个数据值。

（2）每个非叶节点要么是2-节点，要么是3-节点，要么是4-节点。

（3）所有叶子都处于同一层。

基本操作：

- 构造函数、判空、查找。
- 在2-3-4树中插入一项，所得的树仍然是2-3-4树。
- 在2-3-4树中删除一项，所得的树仍然是2-3-4树。

例如，图15.48所示的树是一棵存放整数的2-3-4树。

为了在树中寻找值36，我们从根开始，把在根中存放着的数据项与36相比较。由于这棵2-3-4树的根只包含53，而36小于53，所以在左子树中继续查找，如图15.49所示。

---

① 我们使用 k 来表示数据值，因为数据值通常都是记录，且数据值之间的比较是基于记录中的关键字（即key）的。

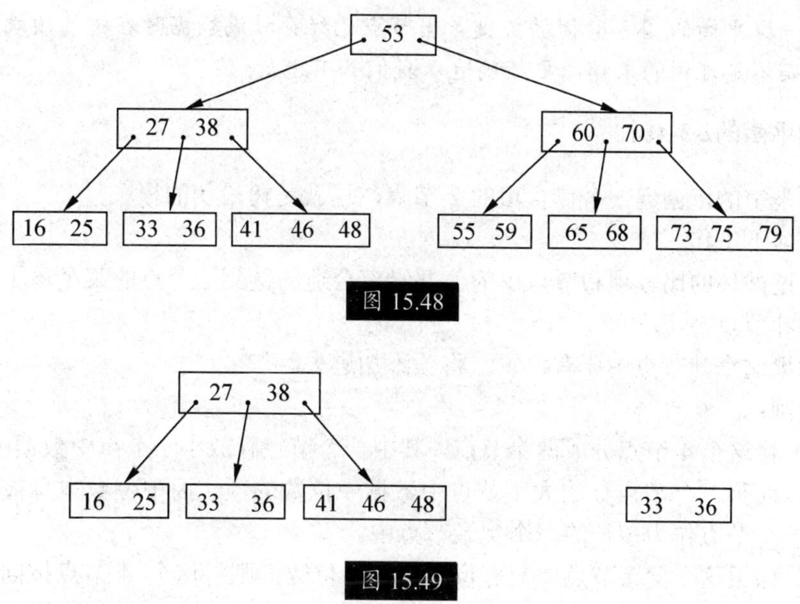

图 15.48

图 15.49

把 36 与该子树的根中存放着的数据项 27 和 38 做比较之后，发现 36 处于这两项之间，故 36 必然在中间的那棵子树中：

检查这棵单节点子树中的数据项之后，我们就找到了值 36。

注意前面的 2-3-4 树是很完美的平衡的。这是根据其创建的方法而得到的自然结果，但是如果模仿 12.4 节中创建二叉查找树所用的方法来创建 2-3-4 树，那结果多半就不一样了。也就是，如果从根节点开始查找这棵树，将要插入的项与每个节点中的数据进行比较以决定沿着哪根链下去，最终将或者找到一个存放待插入项的节点，或者在树的末梢为待插入项创建一个新的节点。这将导致生成一棵严重倾斜的树。例如，按这种方式插入 10、20、30、40、50、60、70、80、90、100，如图 15.50 所示。

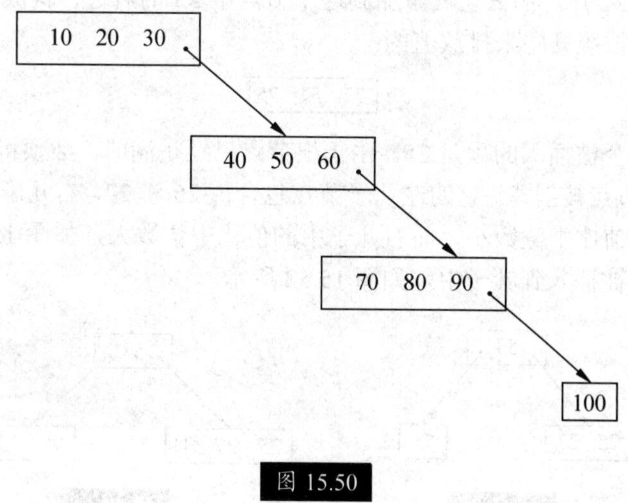

图 15.50

创建一棵平衡的 2-3-4 树的关键是当节点已经存放满数据时在树的顶端添加新的节点，而不是在树的末梢。更精确地，我们如下进行：

创建平衡的2-3-4树

如果树是空的，创建一个包含项的2-节点，这就是树最初的根。

否则做如下工作：

（1）通过循环的比较项和节点中的值并沿着合适的链到达节点的某个孩子来查找应该将项插入的叶节点。

（2）如果这个叶节点中还有位置，将项添加进去。

否则：

① 将这个4-节点分成两个节点，其中一个节点存放小于节点中数据中位数的项，而另一个节点存放大于节点中数据中位数的项。而中位数本身被移到将这两个节点作为孩子的一个父亲节点中。

② 如果这个父亲节点中没有位置容纳中位数，则将这个 4-节点按同样的方式进行拆分，直到找到一个尚由空位置的父节点，或者已经到达树的根节点，此时这棵树已经满了。

③ 如果根节点也是一个 4-节点，则将其拆分成两个节点，并创建一个新的 2-节点作为父亲节点，这个2-节点作为新的根。

作为示范，我们描述前面的2-3-4树是如何被创建的。如果第一个被插入的整数是53，为其创建一个2-节点，这是当前我们这棵单节点2-3-4树的根：

53

如果下一个插入的是27，它被添加到这个节点中53的左边，构成了一个3-节点：

27 53

如果下面该插入75，那么它被添加到这个节点中53的右边，构成了一个4-节点。注意在每个节点中是按照升序来排放值的：

27 53 75

现在假设下一个被插入的项是25。由于根节点已经是满的，必须将其拆分，一个包含中位数53的父亲节点被创建，它的左儿子节点包含值25和27，右儿子节点包含值75，其中左儿子节点中的值比中位数小，而右儿子中的值比中位数大，如图15.51所示。

接着70和41被插入到叶子中，如图15.52所示。

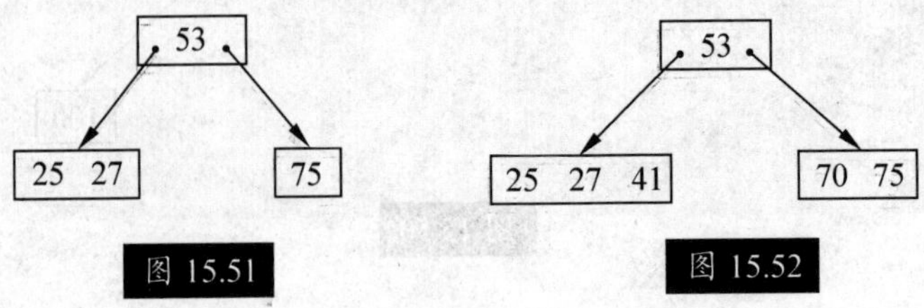

图 15.51

图 15.52

在插入 38 时，最左边的叶子必须分裂，把中位数 27 移到父亲节点中，这时它的左儿子包含比 27 小的值（25），而右儿子存放大于 27 的值（38 和 41），如图 15.53 所示。

接着 16、59 和 36 被插入到叶子中，此时没有分裂发生，如图 15.54 所示。

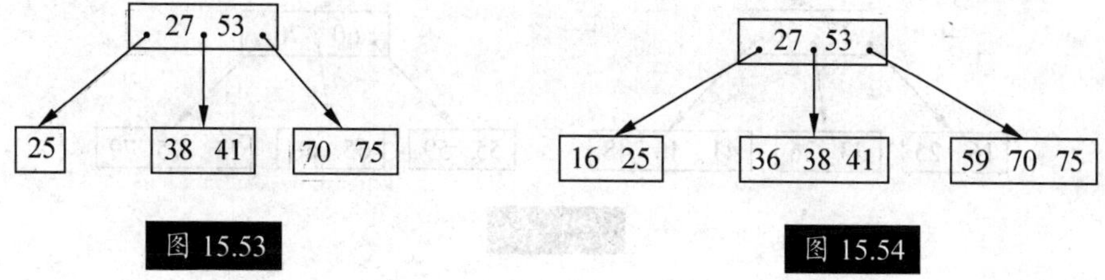

图 15.53

图 15.54

73 的插入迫使最右叶子进行分裂，中位数 70 被移到根节点中，如图 15.55 所示。

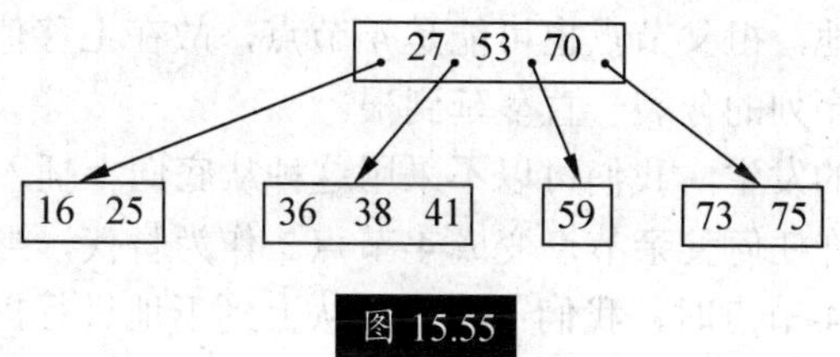

图 15.55

接着 65 和 60 被插入到右边第二个叶子中，且没有分裂发生，但 46 的插入将导致左边第二个叶子分裂。当中位数 38 被插入到父亲节点（这里是树的根）时，根也必须分裂，中位数 53 被移到新的根节点中；这样得到的 2-3-4 树如图 15.56 所示。

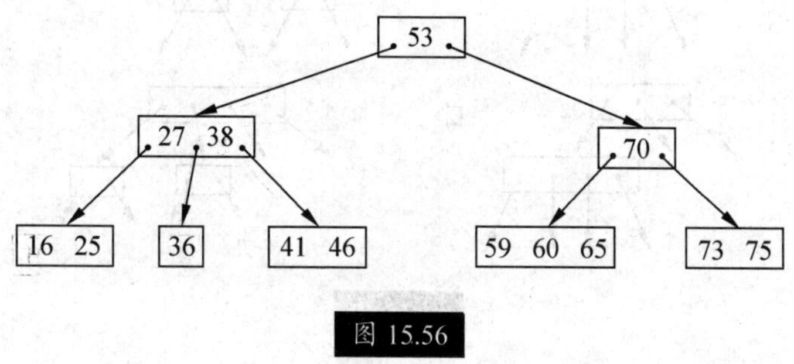

图 15.56

55 的插入导致右边第二个叶子分裂，中位数 60 被移到父亲节点中，如图 15.57 所示。

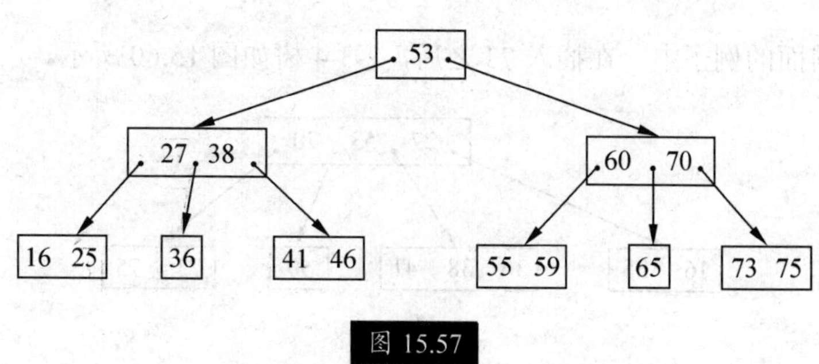

图 15.57

最后，33、68、79 和 48 被插入到叶子中，且没有分裂发生，如图 15.58 所示。

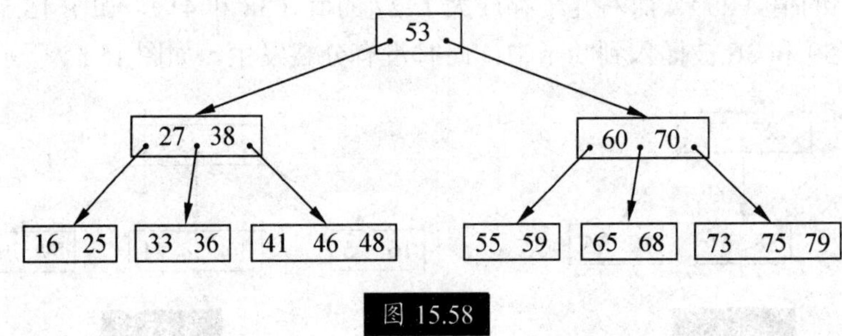

图 15.58

在这个例子中，在插入 46 时，其目标叶子节点已经是一个 4-节点，故我们不得不拆分这个节点；但其父亲节点也是一个 4-节点，所以在把 38 上移一层之前，这个父亲节点必须先进行分裂。通常地，祖父节点也可能是 4-节点，故在上移值之前它也必须分裂等。这样可能会有很长一个序列的分裂一直蔓延到根。

为了避免这种情况的发生，我们可以不采用这种从底向上插入的方法，而是采用从顶向下的方法，其中不允许任何父亲节点变成 4-节点。作为替代，当沿着查找路径定位可以插入新项的节点并碰到 4-节点时，我们一律对它从上到下地进行拆分。此时，根据将被分裂的节点的父亲到底是 2-节点还是 3-节点，需要分两种情况进行考虑：不需要担心父亲会变成 4-节点，因为在沿着树往下走时已经自动地拆分了 4-节点，如图 15.59 所示。

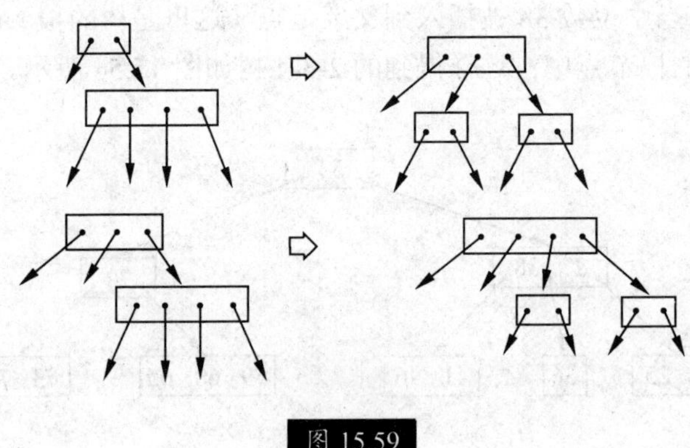

图 15.59

另外，由于根节点没有父亲，故只要它变成 4-节点，就可以马上拆分它而无须等到下次插入操作。

例如，在前面的例子中，在插入 73 之后，2-3-4 树如图 15.60 所示。

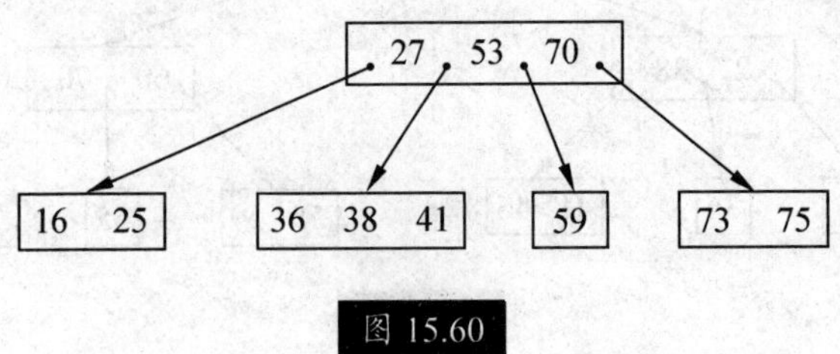

图 15.60

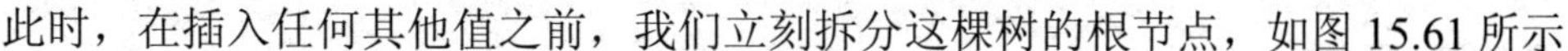

此时，在插入任何其他值之前，我们立刻拆分这棵树的根节点，如图 15.61 所示

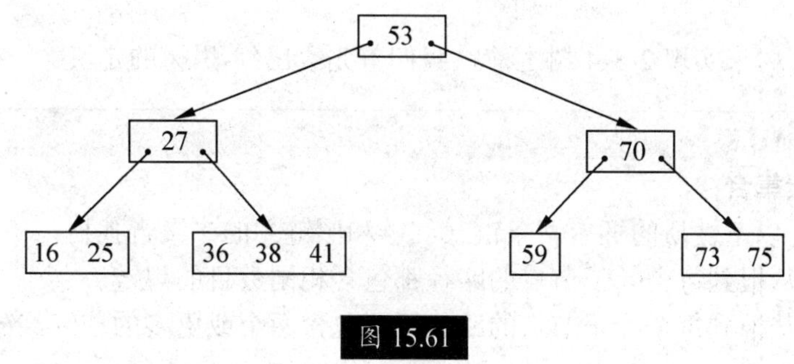

图 15.61

然后 46 的插入导致叶子节点分裂一次；在它之上的所有节点都不需要分裂。

如这个例子所演示的，2-3-4 在插入的过程中保持平衡。在进行删除时也是如此，这将留作练习。

现在来考虑 2-3-4 树的实现。我们使用包含 3 个数据域和 4 条链的节点，如图 15.62 所示。

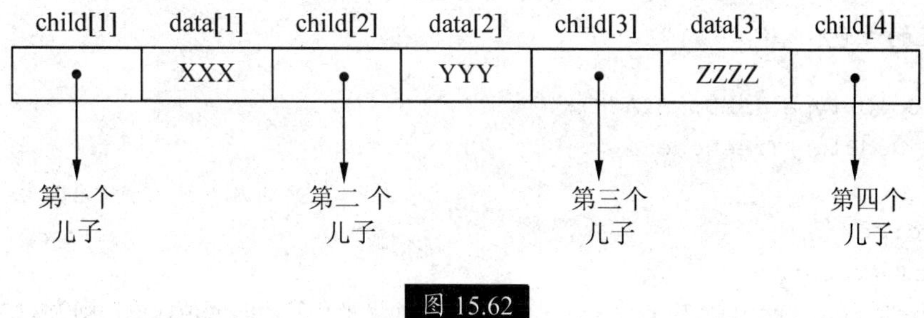

图 15.62

```
class Node234
{
public:
  DataType data[3];       //节点中数据项的类型
  Node234 * child[4];
  // Node234的操作
};
typedef Node234 * Pointer234;
```

这种表示方法的难处在于每个节点都为每个潜在儿子保留一条链，即使大多数节点都不使用这些链的话也是如此。事实上，“浪费掉”的空间可以相当多。例如，假设一棵 2-3-4 树有 n 个节点，链式表示方法就需要 n 个节点，每个节点都有 4 条链，故共有 $4n$ 条链。然而，这棵树中只有 $n–1$ 条有向边，故只有 $n–1$ 条链被用来连接节点。这意味着 $4n – (n – 1) = 3n + 1$ 条链是空的；因此未被使用的链的数目占所有链数的$(3n + 1) / 4n$，这约等于 3/4；也就是说，大约 75%的链都是空链。

我们将会看到，有一种通用的方法来把任意树表示成为二叉树，但这样树通常不会保持平衡。对于 2-3-4 树，可以使用一种称为红-黑树的特殊二叉树来表示它，这将在稍后介绍。

15.3.2 红-黑树

在使用红-黑树来实现 2-3-4 树之前，我们首先给出红-黑树的定义。

红-黑树 ADT

数据元素集合：

满足以下性质的拥有两条链（红链和黑链）的二叉查找树：

1. 从根到每个叶子节点的路径都包含相同数目的黑链。
2. 从根到每个叶子节点的路径不能包含两个或更多的连续红链。

基本操作：

- 构造函数、判空、查找、遍历（与 BST 中的类似）。
- 在红-黑树中插入一项，所得的树仍然是红-黑树。
- 在红-黑树中删除一项，所得的树仍然是红-黑树。

有两种方法来实现红-黑树中的节点。一种方法是增加两个数据成员来分别存放指向两个儿子的链的颜色；另一种更通用的方法是只增加一个数据成员来存放来自父亲的链的颜色：

```
enum ColorType {RED, BLACK};
class RedBlackTreeNode
{
public:
  DataType data;
  ColorType parentColor;              //如果来自父亲的链是红色，则为RED；
                                      //否则为BLACK

RedBlackTreeNode * parent;
RedBlackTreeNode  * left;
RedBlackTreeNode * right;
};
```

这是标准 C++库中类 rb_tree 采用的方法。

红-黑树的判空、查找和遍历操作与相应的 BST 操作类似，只需忽略链的颜色就行了。这里，我们重点考虑插入操作，特别是如何构建一棵红-黑树来表示一棵 2-3-4 树。删除操作留在练习。

2-3-4 树可以使用以下的红-黑树来表示：

2-3-4 树中的链被涂成黑色。

如果一条链连接的节点包含的值属于 2-3-4 树中的同一个节点，则将其涂成红色。

这意味着我们使用以下转换来把 2-3-4 树中的 2-、3-和 4-节点和链转换成为红-黑树中的节点和链（注意，因为本书的打印设定中没有采用红色，所以黑链将使用黑色箭头表示而红链使用虚线箭头表示），如图 15.63 所示。

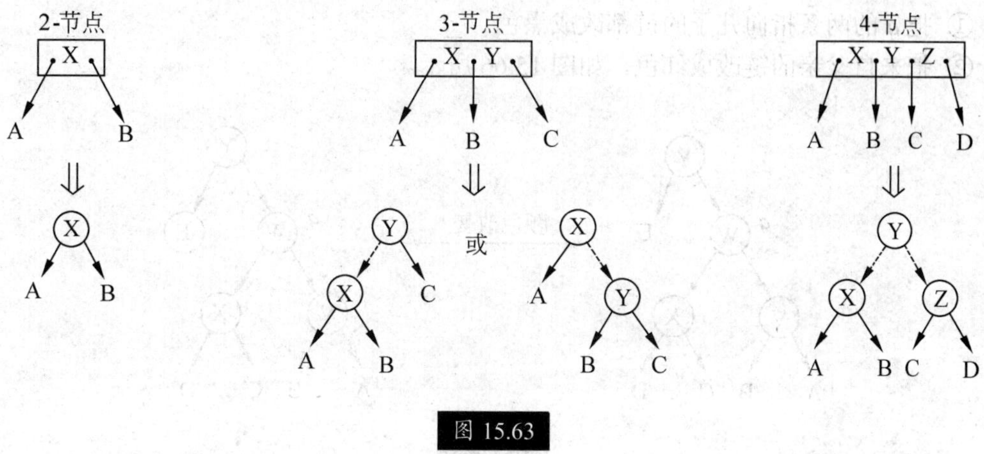

图 15.63

例如，图 15.64 所示的 2-3-4 树。能够使用图 15.65 所示的红-黑树来表示。

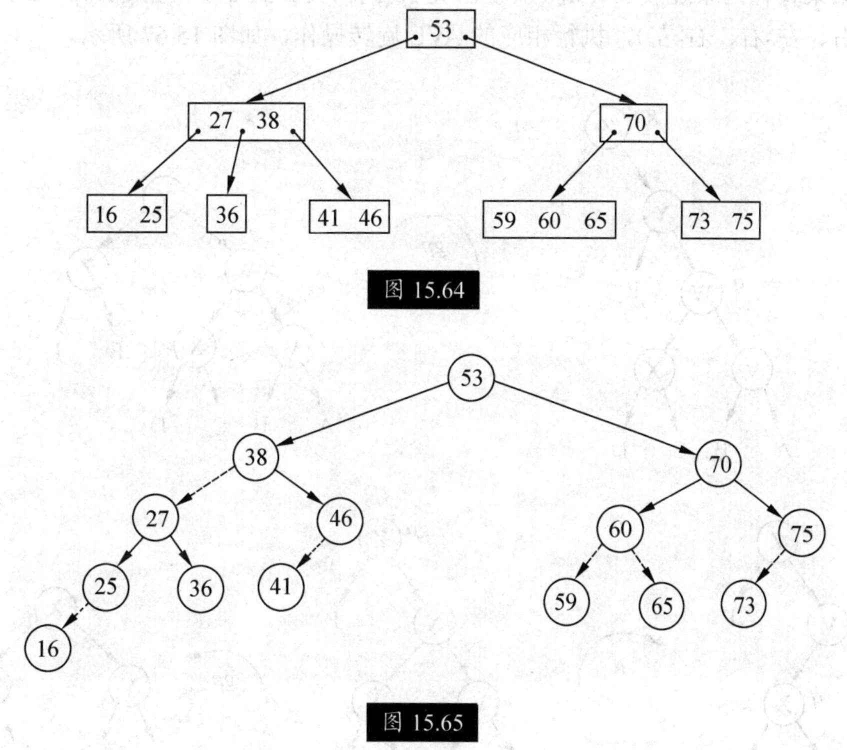

图 15.64

图 15.65

注意定义中的性质仍然被保持，而且树依然是平衡的。

尽管在许多应用中 AVL 树被 2-3-4 树和红-黑树等更加高级的数据结构代替，然而基本的 AVL 旋转操作仍然可以用来令树保持平衡。为了构建一棵红-黑树，我们可以使用从顶向下的、拆分 4-节点的 2-3-4 树插入操作：

（1）寻找一个位置来插入新节点（记录其父亲、祖父和曾祖父）。

（2）只要在查找路径上碰到任一 4-节点 q，按照以下方法来拆分它：

① 把 q 的两条指向儿子的链都改成黑色。

② 把来自父亲的链改成红色，如图 15.66 所示。

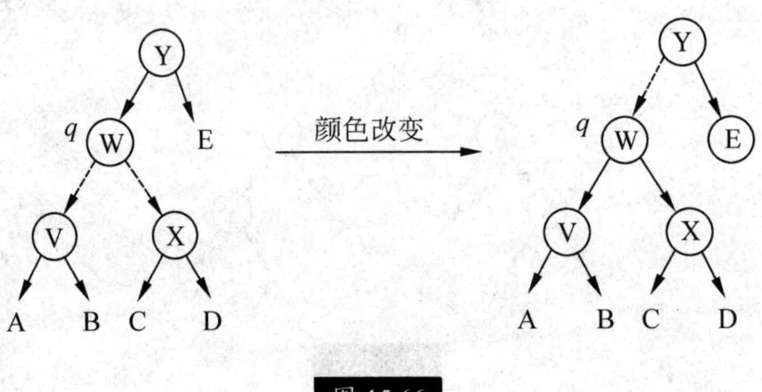

图 15.66

(3) 如果存在两条连续的红链（从曾祖父 gp 到祖父 p 到 q)，根据 $gp \rightarrow p \rightarrow q$ 的方向（左-左、右-右、左-右、右-左)，执行相应的 AVL 旋转操作，如图 15.67 所示。

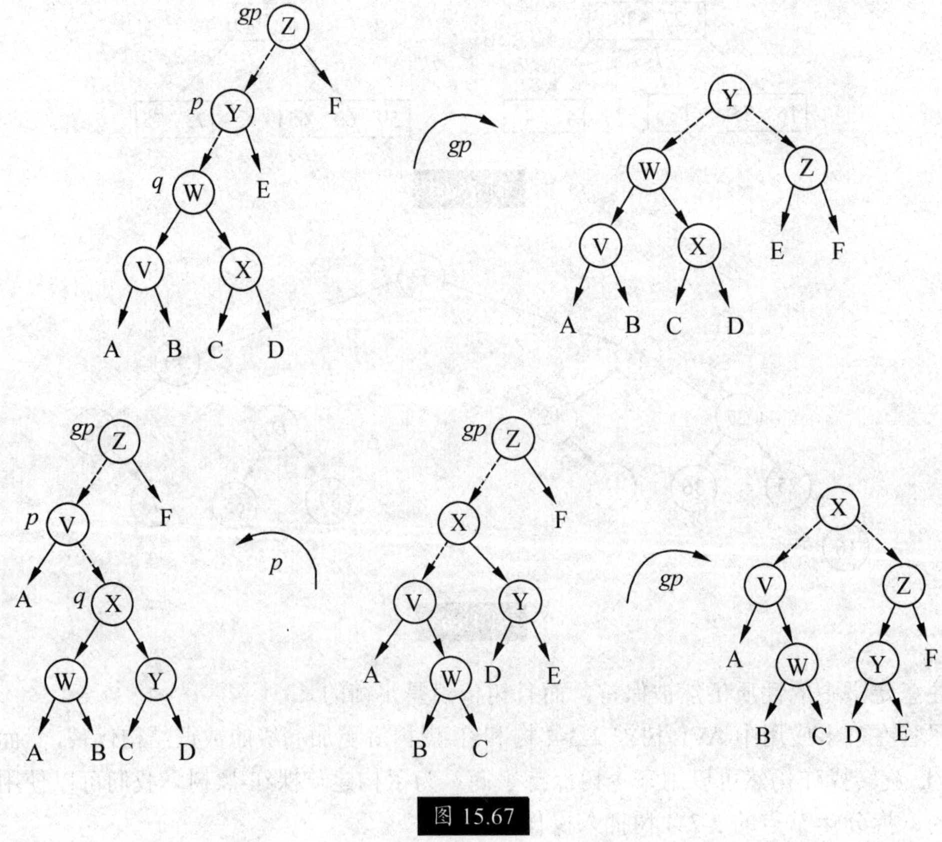

图 15.67

图 15.68 示范了在前面给出的 2-3-4 树插入前 12 项的过程。

插入 53：

插入 27：

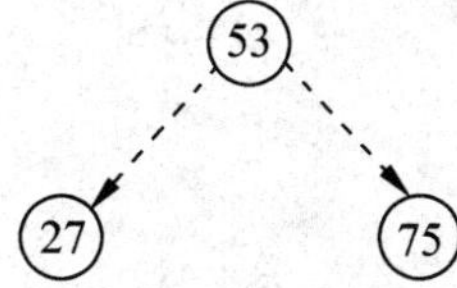

插入 75：

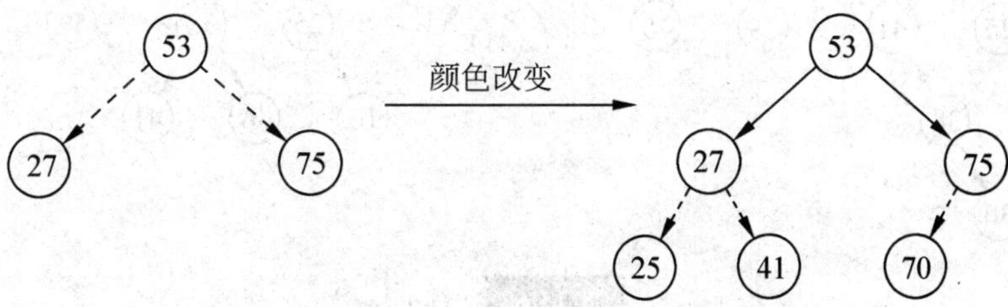

插入 25、70、41：

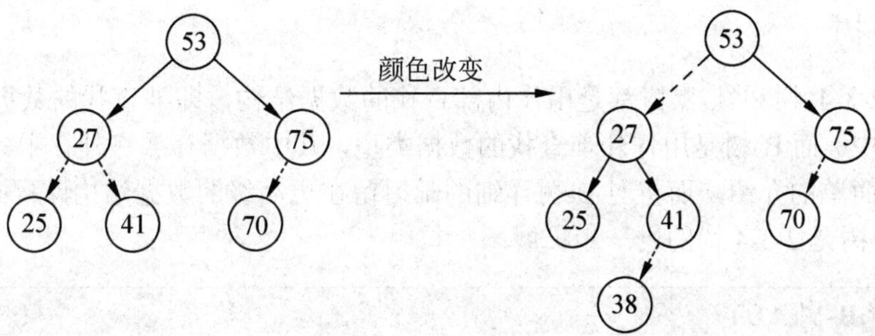

插入 38：

插入 16：

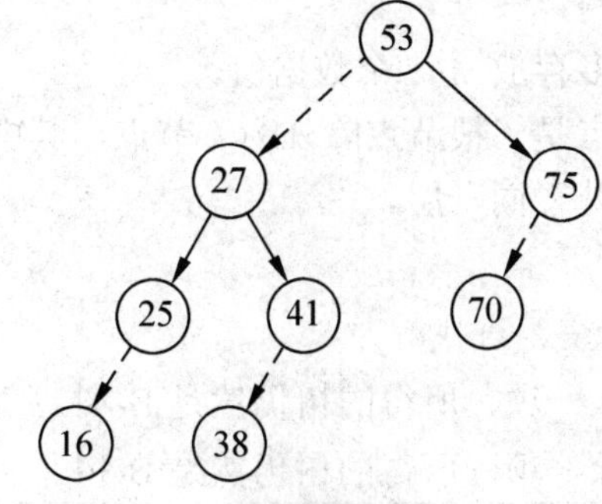

图 15.68

插入 59：

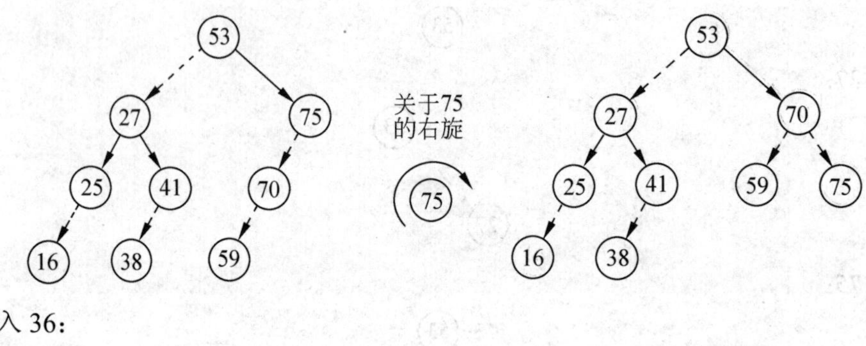

插入 36：

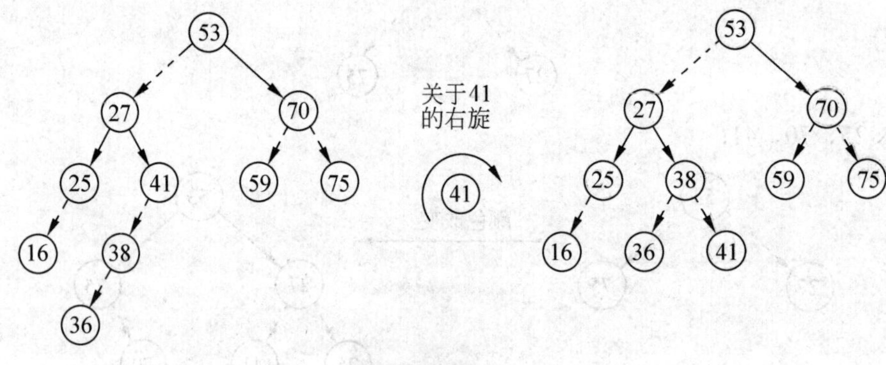

图 15.68（续）

15.3.3 B-树

BST、2-3-4 树和红-黑树都是用作内部查找的数据结构，即被查找的数据集不大，可以放在内存中。而 B-树是用作外部查找的数据类型，其中数据存放在外存中。在此将只对 B-树作一个简单的介绍，而将对 B-树详细的学习留在更高级的数据结构课程中。

m 阶 B-树是 2-3-4 树的进一步扩展：

m 阶 B-树 ADT

数据元素集合：

满足以下性质的树：

（1）每个节点最多存放 $m-1$ 个数据值。

（2）每个非叶节点是（根节点除外为 k 节点，其中$(m+1)/2 \leqslant k \leqslant m$）。

（3）所有叶子都处于同一层。

基本操作：

- 构造函数、判空、查找。
- 在 B-树中插入一项，所得的树仍然是 B-树。
- 在 B-树中删除一项，所得的树仍然是 B-树。

因此，2-3-4 树是 4 阶 B-树，图 15.69 所示的树是 5 阶 B-树。

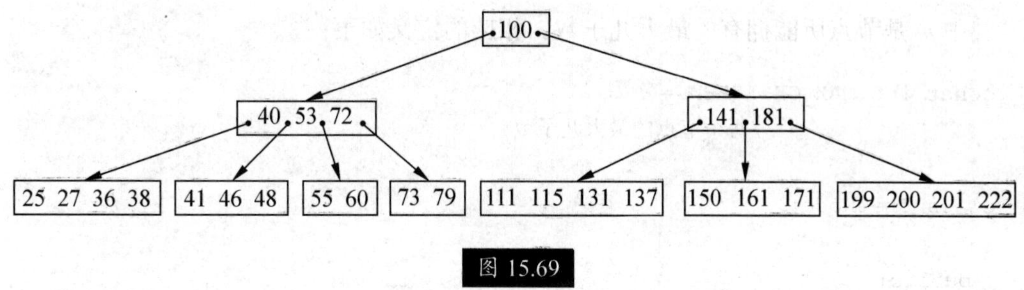

图 15.69

对 2-3-4 树的基本操作算法进行修改就可以得到 *m* 阶 B-树的基本操作算法。

我们已经注意到，B-树用来管理存放在外存中的数据集，如存放在磁盘中的文件和数据库。在这些应用中，B-树的节点通常存储着一个文件块，这是每次存取能够获取的最大信息量。这最大化了存放在每个节点中的数据项的数目以及儿子的数目，从而最小化了 B-的高度和查找路径的长度。因为查找路径上的每层都需要进行一次磁盘存取，故磁盘的数据传输量也被最小化。

一个很自然的问题是阶值 *m* 应该等于多少。显然，*m* 的值越大，固定高度的 B-树中存放的值就越多。表 15-9 给出了一些统计信息。

表 15-9

高度	$m = 2$	$m = 4$	$m = 10$	$m = 100$
0	1	3	9	99
1	3	15	99	9999
2	7	63	999	999999
3	15	255	9999	99999999

实验数据表明当 *m* 处于 50～400 之间时，性能最好。

在实践中，如果数据项是很大的记录，可以使用其中只有叶子存放着完整记录的改进 B-树；此时其他节点存放着记录中的特定关键值，因为查找操作只用到这些值。另外，叶子可以连在一起以进一步减少磁盘存取的数目。

15.3.4 用二叉树来表示树和森林

由于通用树在各种各样的应用中出现，必须考虑对树进行实现的结构。已经使用带 4 条链的节点来表示 2-3-4 树，而我们可以使用图 15.70 所示的结构来表示通用树。

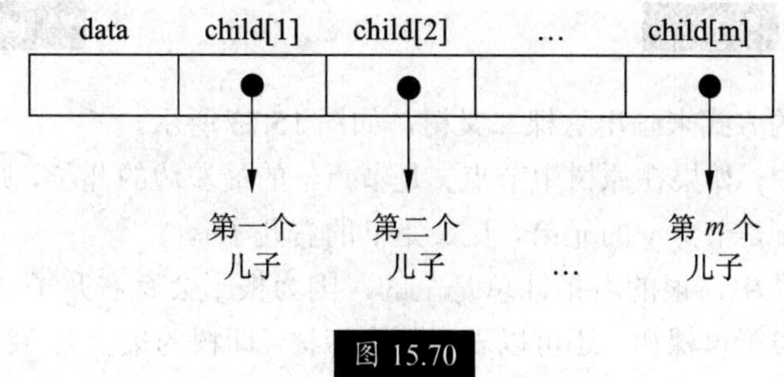

图 15.70

其中 m 是节点所能拥有的最大儿子数。相应的定义如下：

```
const int MAX_CHILDREN = … ;
                   //每个节点的最大儿子数
…
class TreeNode
{
  public:
DataType data;        //节点中的数据项的类型
TreeNode * child[MAX_CHILDREN];
   // -- TreeNode的操作
};

typedef TreeNode * TreePointer;
```

我们已经看到，这种链式表示方法的问题在于每个节点都为每个潜在儿子保留一条链，即使大多数节点都不使用这些链的话也是如此。这样会浪费很多空间。例如，类似于对 2-3-4 树的分析将表明，如果一棵树中的每个节点可能有 100 条链，则未被使用的链的数目占所有链数的$(99n + 1) / 100n$，这约等于 99%！

然而，有可能使用其中每个节点最多包含两条链的树来表示任意树——这就是二叉树。在这种表示方法中，一条链用来把从左到右的兄弟（即同一个节点的儿子）连接在一起；另一条链指向当前节点的第一个儿子节点，如图 15.71 所示的树。

可以用图 15.72 所示的二叉树来表示。

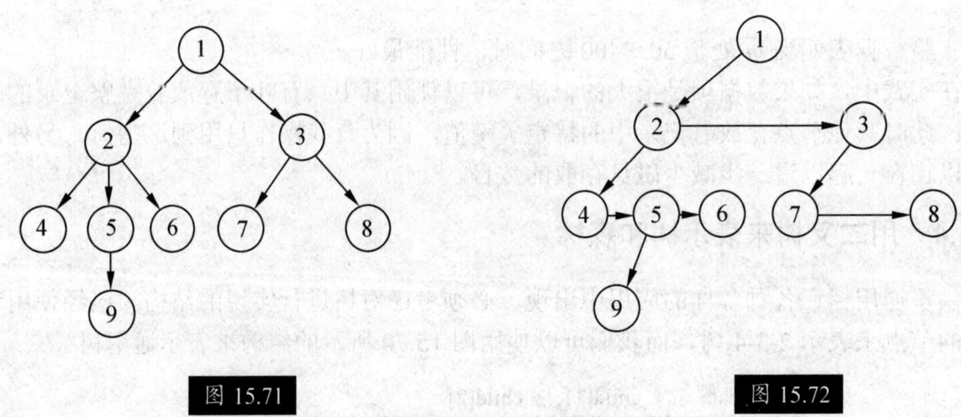

图 15.71　　图 15.72

可以按照通常的方式来画出这棵二叉树，如图 15.73 所示。

在这棵二叉树中，如果在原树中节点 x 是节点 y 的最左边的儿子，则 x 是 y 的左儿子；如果在原树中节点 x 是节点 y 的兄弟，则 x 是 y 的右儿子。

在这种表示方法中，根的右指针总是空的，因为根不会有右儿子（为什么？）。这使得二叉树不但可以表示单棵树，还可以表示整个**森林**（即树的集合）。我们只需把根的右指针设为指向与森林中下一棵树对应的二叉树的根。如图 15.74 所示的森林。

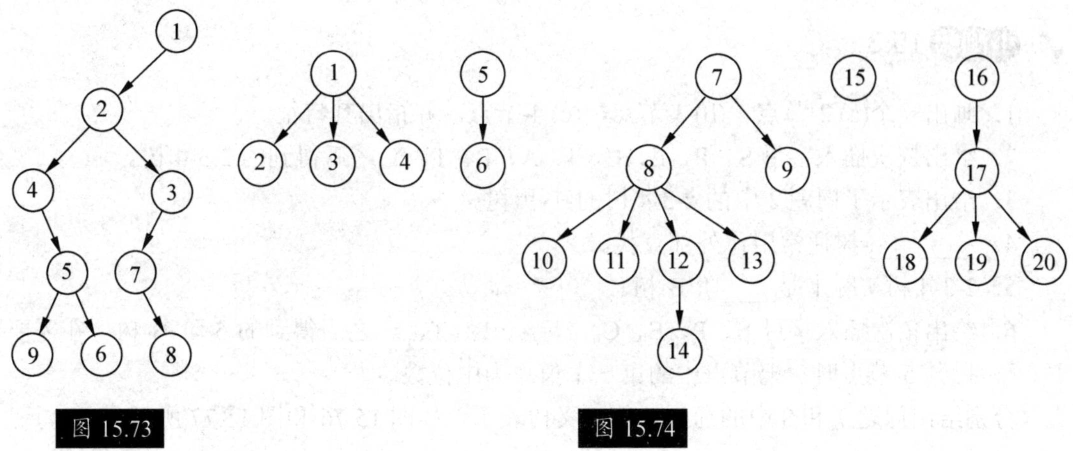

图 15.73　　图 15.74

可以表示成为图 15.75 所示的二叉树。

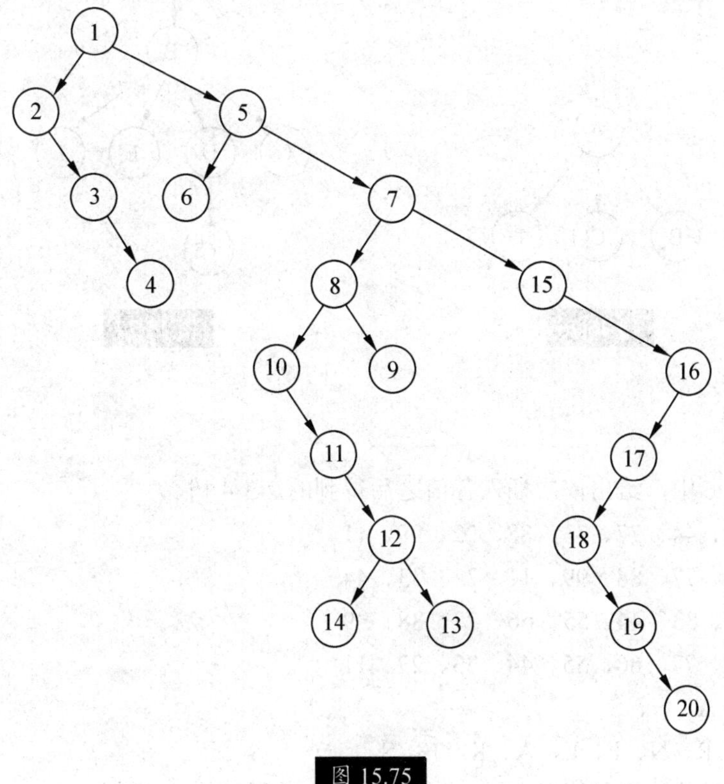

图 15.75

这种表示方法的一个优点在于我们已经开发出很多针对二叉树的处理算法。正如练习中描述的那些，这些算法也能用于通用树；特别地，二叉树的遍历算法可以用来对通用树和森林进行遍历。

第三种表示方法是把树看作为一种被称为有向图的更通用数据结构的一个特例。有向图在第 16 章中考虑，其任一实现方法都可以用来实现树。

✔ 小测验 15.3

1．画出一个(a) 2-节点，(b) 3-节点，(c) 4-节点，并指出其特征。

2．给出依次插入字母 S、P、E、C、I、A、L、T、Y 之后得到的 2-3-4 树。

3．给出表示了问题 2 中的 2-3-4 树的红-黑树。

4．________-树通常用作外部查找。

5．2-3-4 树实际上是____阶 B-树。

6．给出依次插入字母 S、P、E、C、I、A、L、T、Y 之后得到的 5 阶 B-树。在需要拆分 5-节点时，把节点中的第二个值作为中位数。

分别给出问题 7 和 8 中的通用树的二叉树表示，如图 15.76 和图 15.77 所示。

7.

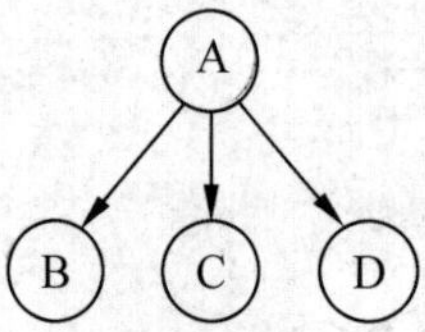

图 15.76

8.

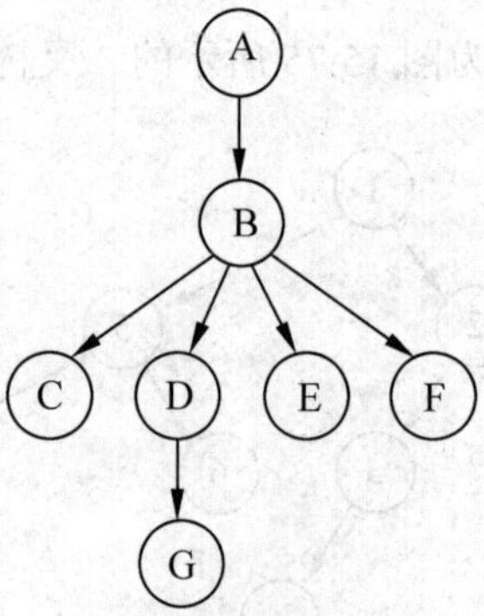

图 15.77

练习 15.3

在练习 1～6 中，给出依次插入各值之后得到的 2-3-4 树。

1．55、66、44、77、33、88、22、99、11

2．55、66、77、88、99、11、22、33、44

3．11、22、33、44、55、66、77、88、99

4．99、88、77、66、55、44、33、22、11

5．B、E、A、N、S

6．C、O、R、N、F、L、A、K、E、S

7～12．给出依次插入练习 1～6 中的值序列之后得到的红-黑树。

13～18．给出依次插入练习 1～6 中的值序列之后得到的 5 阶 B-树。

19．给出依次插入以下整数之后得到的 5 阶 B-树：261、381、385、295、134、400、95、150、477、291、414、240、456、80、25、474、493、467、349、180、370、257。

20．给出图 15.78 所示树的二叉树表示。

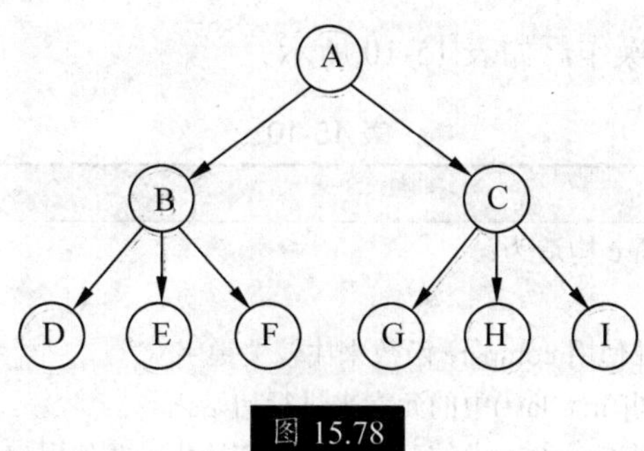

图 15.78

21．给出图 15.79 所示的森林的二叉树表示。

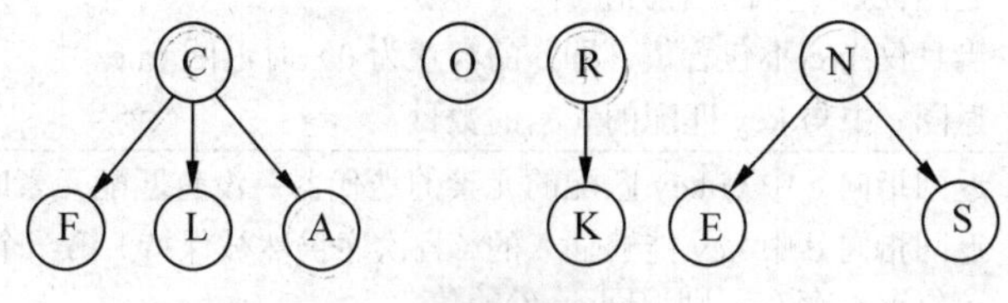

图 15.79

22．给出从 2-3-4 树中删除一个元素的算法。

23．给出从红-黑树中删除一个元素的算法。

练习 24～26 要求你为不同的树开发类模板。应该参考本章尾部编程问题 4～6 之中的指导，编写驱动程序来测试你的答案。

24．为红-黑树开发一个类模板。

25．采用文中描述的 B-树节点存储方法，为其中节点拥有多于两条链的 B-树开发一个类模板。

26．采用文中 B-树的二叉树表示方法，为通用树开发一个类模板。

15.4　STL 中的关联容器——map（可选）

在第 9 章中我们描述了 C++标准类模板（即 STL）中的**顺序容器**：

```
vector
deque
list
stack
queue
priority_queue
```

STL 提供的**关联容器**包括：

```
set
multiset
map
multimap
```

这些容器包含类似的操作，如表 15-10 所示。

表 15-10

函数成员	描述
构造函数	把容器 c 构造为:
c()	空
c(compare)	空，并使用 compare 函数来比较关键字
c(first, last)	用区间[first, last)中的元素来进行初始化
c(first, last, compare)	用区间[first, last)中的元素来进行初始化，并使用 compare 函数来比较关键字
c.max_size()	返回位置 c 曾经拥有的最大值
c.size()	返回位置 c 中的当前值
c.empty()	当且仅当 c 不包含值（即 c 的容量为 0）时返回 true
c.count(key)	返回 c 中与 key 匹配的元素的数目
c.find(key)	返回指向 c 中与 key 匹配的元素的迭代器；没有匹配元素时返回 end()的值
c.lower_bound(key)	返回指向 c 中 key 能够插入的（且次序仍然被保持）第一个位置的迭代器；如果该位置不存在，则返回 end()的值
c.upper_bound(key)	与上面类似，但返回指向最后位置的迭代器
c.begin()	返回指向 c 的第一个元素的迭代器
c.end()	返回指向 c 的最后一个元素的迭代器
c.rbegin()	返回指向 c 的第一个元素的逆迭代器
c.rend()	返回指向 c 的最后一个元素的逆迭代器
c.insert(first, last);	插入处于区间[first, last]中的元素
c.insert(it, key);	如果 key 的副本不存在，则插入它，it 指示着应该从何处开始查找
c.insert(key);	如果 key 的副本不存在，则插入它并返回 pair<it, boolean> 其中 it 指向新元素的位置，且 boolean 为真；或者 it 指向已经存在的元素的位置，且 boolean 为假 注意：pair<T1, T2>是包含两个对象的类模板，第一个对象的类型是 T1，第二个对象的类型为 T2。它在<utility>中定义，其构造函数的形式为 pair<a, b>（不存在默认的构造函数）。操作包括：== 和<；public 的数据成员有：first 和 second
c.erase(it);	删除 c 中的迭代器位置 it 中的值
c.erase(it1, it2);	删除 c 中的迭代器位置 it1 到 it2 之间的值
c.erase(key);	删除与 key 匹配的值
c[key]	访问 c 中下标为 key 的元素
c1 = c2	把 c2 的副本赋给 c1
c1.swap(c2)	互换 c1 和 c2 的内容
c1 == c2	当且仅当 c1 的值与 c2 的值相等时返回 true
c1 < c2	当且仅当 c1 的值小于 c2 的值时返回 true

诸关联容器在实现上也是类似的，它们都使用红-黑树来存放元素。它们的区别在于：map 和 multimap 把关键字和相联的数据都存放起来，而 set 和 multiset 只存放关键字；multi-容器允许存在同一关键字的多个副本，而其他容器则不允许。

对这些容器的详细介绍已经超出这本入门书的范围，故留作在更高级的数据结构课程中讨论。然而，我们给出一个 map 例子，因为 map 的下标操作符[]特别有用：

m[key]：返回与 key 关联的 T 值（即类型为 T 的值）的引用；如果值不存在，则返回一个默认的 T 值，其中 T 是 *m* 中元素的类型。

（其他容器没有提供这个操作符[]）。map 允许使用关联数组，如同程序 15.1 所示的那样，关联数组的下标可以是任意类型。

map 的通用定义形式为：

```
map<KeyType, DataType, less<KeyType>> obj;
```

（与其他关联容器的定义类似）。对于 KeyType 类型的元素，小于运算符<必须被定义。map 对象 obj 的操作方法与下标类型为 KeyType、元素类型为 DataType 的数组相同。例如，程序中的 map 对象 a1 的定义等价于：

```
map<string, Student, less<string>> a1;
```

对于任意的 string 对象 name，

```
a1[name]
```

是一个 Student 对象，其中 Student 是程序中定义的类。map 对象 a2 的定义等价于：

```
map<Student, string, less<Student>> a2;
```

对于任意的 Student 对象 aStudent，

```
a2[aStudent]
```

是一个 string。注意类型 Student 上的<已经被定义。

程序 15.1　map 的例子

```
#include <iostream>
#include <string>
#include <map>
using namespace std;

class Student
{
 public:
  // --- 构造函数
  Student (int id = 0, double gpa = 0);
  // --- 输出运算符
  friend ostream & operator<<(ostream & out, const Student & s);
  // --- 输入运算符
```

```
  friend istream & operator>>(istream & in, Student & s);
 // --- 小于运算符
  friend bool operator<(const Student & a, const Student & b);
 private:
 // --- 数据成员
int myId;
double myGPA;
}; // 类Student结束

// --- 构造函数的定义
inline Student::Student(int id, double gpa):myId(id), myGPA(gpa)
{  }

// --- 输入运算符的定义
inline istream & operator>>(istream & in, Student & s)
{
   in >> s.myId >> s.myGPA;
}

// --- 输出运算符的定义
inline ostream & operator<<(ostream & out, const Student & s)
{   out << "id = " << s.myId << "  GPA= " << s.myGPA;
    return out;
}

// --- 小于运算符的定义
inline bool operator<(const Student & a, const Student & b)
return a.myId < b.myId; }

//==================================================================

int main()
{
  typedef map<string, Student, less<string> > map1;
  typedef map<Student, string, less<Student> > map2;

  map1 a1;  // Student关联数组，下标类型为string
 map2 a2;   // string关联数组，下标类型为Student

  Student s;
  s = Student(12345, 3.3);  a1["Fred"] = s;   a2[s] = "Fred";
  s = Student(32322, 3.9);  a1["Al"] = s;      a2[s] = "Al";
  s = Student(13131, 2.5);  a1["Joan"] = s;   a2[s] = "Joan";
```

```
  s = Student(22121, 4.0);  a1["Barb"] = s;   a2[s] = "Barb";
  s = Student(28888, 2.9);  a1["George"] = s; a2[s] = "George";
  s = Student(19981, 3.0);  a1["Dot"] = s;    a2[s] = "Dot";
  s = Student(20012, 2.9) ; a1["Sue"] = s;    a2[s] = "Sue";

  string name;
  cout << "Enter a name: ";
  cin >> name;
  map1::iterator it1 = a1.find(name);
  cout << name << " has ";
  if (it1== a1.end())
    cout << "no info";
  else
    cout << a1[name];
  cout << endl;

  Student aStudent;
  cout << "Enter a Student's id and GPA: ";
  cin >> aStudent;
  map2::iterator it2 = a2.find(aStudent);
  cout << "Student " << aStudent << " is ";

  if (it2 == a2.end())
    cout << "no info";
  else
    cout << a2[aStudent];
  cout << endl;
}
```

运行跟踪：

```
Enter a name: Fred
Fred has id = 12345   GPA = 3.3
Enter a Student's id and GPA:   12345  3.3
Student id = 12345   GPA = 3.3 is Fred

Enter a name: Hank
Hank has no info
Enter a Student's id and GPA:   22121  4.0
Student id = 22121   GPA = 4 is Barb
```

我们前面已经注意到，关联容器使用红-黑树来存放元素。例如，存放 map a1 的红-黑树如图 15.80 所示。

存放 a2 的红-黑树如图 15.81 所示。

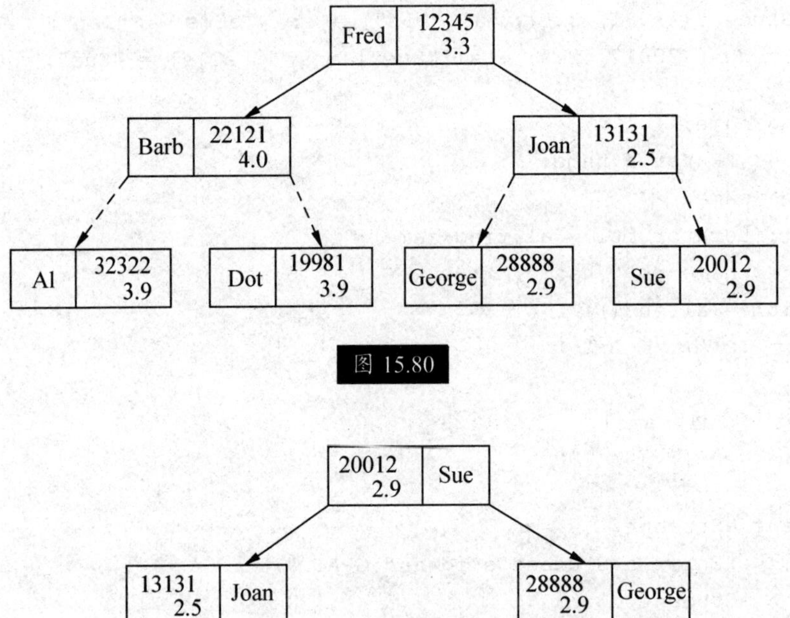

图 15.80

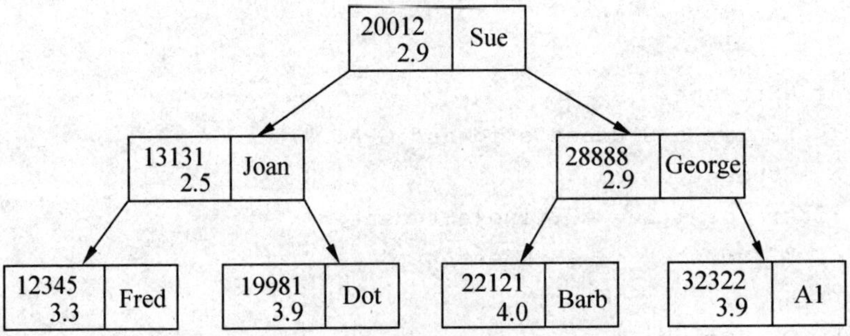

图 15.81

类 rb_tree 中定义了这些红-黑树节点，形式如下：

```
enum color_type {red, black};
struct rb_tree_node
{
color_type color_field;
void_pointer parent_link, left_link, right_link;
Value value_field;
};
```

✔ 小测验 1.5

1. 列出 STL 中的顺序容器的名字。
2. 列出 STL 中的关联容器的名字。
3. 哪种关联容器中的[]被定义了？
4. 关联数组与通用的数组有何不同？
5. 关联容器中的元素被存放在一棵________树中。

15.5 本章小结

章节注意要点

- 哈夫曼编码是可以用来进行数据压缩的编码例子。它们对字符使用变长码来减少对字符的预期编码长度。它们也是可以即时解码的。创建哈夫曼编码的一种方法是使用二叉树。
- AVL 树是最早出现的几种在插入和删除时能保持高度平衡的二叉树中的一种，每个节点的左子树和右子树的高度差至多为 1。
- 2-3-4 树最多在每个节点中存储 3 个数据项并且最多具有 4 个孩子。在插入和删除时它们能保持平衡。
- 红-黑树是设计成一根链为红色另一根链为黑色的二叉树。它们和 STL 中的关联容器一样，通常用来实现 2-3-4 树。
- B-树是 2-3-4 树的扩展，通常用来对磁盘中的数据进行查找。阶处于 50～400 之间的 B-树的性能最好。

程序设计知识点

1. AVL 旋转操作可以通过重新设置最多 5 条链来实现：左旋和右旋各需 3 条，而左-右旋和右-左旋各需 5 条。
2. 在 AVL 旋转操作中，总是对插入点所在的路径上平衡因子为+2 或–2 的最后祖先进行操作。
3. 从顶向下插入和 4-节点分裂操作最适用于 2-3-4 树，因为这避免了节点分裂操作逐层向上扩散。
4. 如果节点拥有多条链，如 *m* 条链，且每个节点都为每个潜在儿子保留一条链，则叶子中未用链浪费掉的空间相当多。
5. 除了 map 拥有一个能够用来构造关联数组（其中下标可以是任意类型）的下标操作符之外，所有关联容器的操作都是相同的。

ADT 技巧

1. AVL 树是一种高度平衡树，其中每个节点的左子树的高度与右子树的高度之差（称为平衡因子）总是 0、+1 或–1。
2. 2-3-4 树和 B-树是经过扩展的查找树，其中对于每个节点中每个值（关键字），其左子树中的所有项都小于该值，而其右子树的所有项都大于该值。
3. 2-3-4 树通常使用红-黑树来实现。
4. 树和森林都可以使用左（最左）儿子右-兄弟的原则来表示成二叉树；也就是说，对于每个节点，在原树或原森林中其最左边的儿子在二叉树中变成该节点的左儿子；而在原树或原森林中其下一个兄弟都变成该节点的右儿子。

5．STL 中的关联容器使用红-黑树来存放元素。

编程问题

15.1 节

1．编写一个函数来读取字母表及字母权值并构造相应的哈夫曼树。对用户输入的信息进行编码。

2．（项目）编写一个程序，使用哈夫曼编码来压缩并解压缩文件。程序首先读入文件，决定每个字符在文件中的出现次数以及文件中字符的总数目。每个字符的权值是该字符的出现次数。然后程序使用这些权值来构建哈夫曼树。之后，程序再一次读入文件，使用哈夫曼编码来对文件进行编码，产生编码后的数据文件。计算压缩率，即压缩后文件的位数除以压缩前文件的位数（八倍于文件中字符的个数）。程序还必须提供使用哈夫曼编码来解压缩文件的选项。

15.2 节

3．写一个驱动程序来测试练习 14 中 AVLTree。

15.3 节

4．编写一个驱动程序来测试练习 24 中红-黑树类模板。

5．编写一个驱动程序来测试练习 25 中 B-树类模板。

6．编写一个驱动程序来测试练习 26 中通用树类模板。

7．编写一个程序，使用练习 26 中 B-树类模板来读取单词并构建一棵 B-树来存放这些单词。程序还允许用户输入一个单词，然后在构建好的 B-树中查找这个单词。

第16章 图和有向图

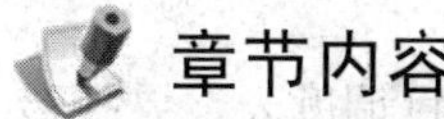

章节内容

- 有向图
- 搜索和遍历有向图
- 图

章节学习目标

- 介绍有向图（digraphs）并考察有向图的一些常规实现。
- 学习搜索和遍历有向图的一些算法。
- 阐明为什么搜索是遍历的基础，并研究有向图中的最短路径问题。
- 介绍无向图以及它们的一些实现。

我们在第12章以及前面的章节中提到，树是一种更通用的称为有向图（directed graph）的结构的特例，有向图又可以简写为 digraph。有向图和树的区别在于，有向图不需要有一个根节点，并且一个节点到另一个节点之间可能有几条（或没有）路径。在建模通信网络或者其他一些有信号、电子脉冲等从一个节点通过不同的路径流向另一个节点的网络时，有向图是非常有用的。在另一些网络中，节点之间的连接是没有方向的，可以使用图（graphs）来进行建模，图有时候也称为无向图 （undirected graphs）。在本章中，将探讨如何来表示有向图和无向图，并探讨实现一些基本操作的算法，例如搜索和遍历等。

16.1 有向图

作为一种数学结构，一个**有向图**，或 **digraph** 和树类似，由一个有限的称为**顶点**（**vertices**）或**节点**（**nodes**）的元素集合以及一个有限的连接每对顶点的**有向弧**或**有向边**的集合构成。

例如，一个有6个顶点，分别编号为1、2、3、4、5、6，以及10条连接顶点1到2、1到4、1到5、2到3、2到4、3到自己，4到2、4到3、6到2和6到3的有向弧组成的有向图，可以如图16.1所示。

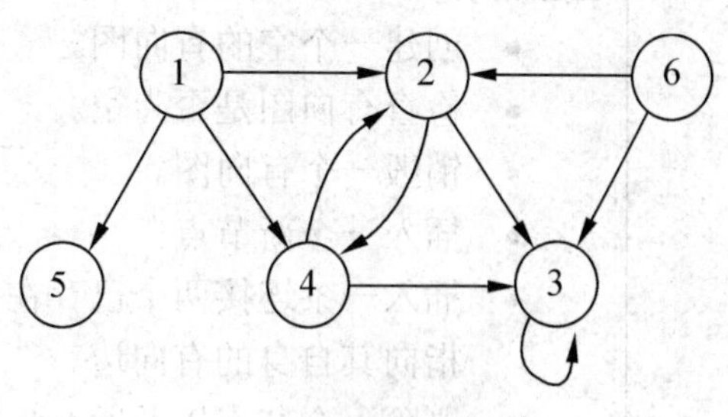

图 16.1

树是一种特殊的有向图，其特性是，其中的一个节点——根，没有指向它的弧，而从根可以通过一条唯一的路径到达任何其他节点，也就是沿着一个也是唯一一个连续的弧的序列。在前面的有向图中，顶点1是一个“类根”节点，没有指向它的弧，但是从顶点1有很多不同的路径可以到达其他不同的节点，例如，到顶点3：

1 → 2 → 3
1 → 4 → 3
1 → 4 → 2 → 3
1 → 4 → 2 → 4 → 3 → 3 → 3

还有，从顶点 1 没有路径能够到达顶点 6。

有向图的应用是非常广泛的。可以使用有向图来分析电路、开发项目调度表、寻找最短路经、分析社会关系以及创建用于分析和解决很多其他问题的模型。例如，图 16.2 所示的有向图演示了如何使用有向图来为一个（简化的）建设项目安排项目活动的完成计划以及这些活动的完成顺序。

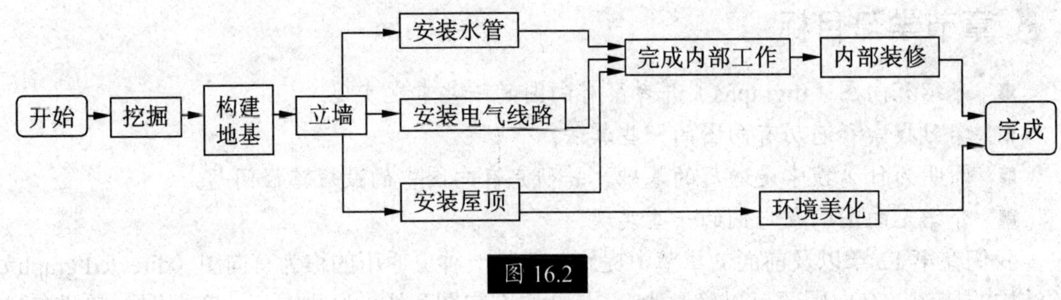

图 16.2

作为抽象数据结构，有向图和树也是有区别的。例如，树的插入操作向树中添加一个节点，并且添加一条连接这个节点和其双亲的边也是这个操作的一部分。但是对于有向图，可以插入一个节点，但是保持没有任何边指向它，或从它发出任何边；或者也可以在两个已经存在的节点之间添加一条边。相似地，可以对节点或者边应用删除操作。下面的有向图的 ADT 描述包括了在有向图之上的一些最常用的操作。

有向图 ADT

数据元素集合：

一个有限的称为顶点（vertices）或节点（nodes）的元素集合以及一个有限的连接每对顶点的有向弧或有向边的集合。

基本操作：

- 创建一个空的有向图。
- 检查有向图是否为空。
- 销毁一个有向图。
- 插入一个新节点。
- 插入一条连接两个已存在节点的有向边，或者插入一条从一个已存在节点指向其自身的有向边。
- 删除一个节点以及所有指向它或从它发出的有向边。
- 输出一条在两个已存在节点之间的有向边。
- 从一个给定的节点开始在节点中搜索某个值。

其他一些操作在某些应用中是很重要的，例如。遍历，判断从一个节点是否能够到达

另一个节点，判断从一个节点到另一个节点的路径数，以及寻找两个节点之间的最短路经。

16.1.1 邻接矩阵表示（Adjacency-Matrix Representation）

有几种通常的方法可以使用已知的数据结构来实现有向图。其中一种就是有向图的**邻接矩阵**。要创建有向图的邻接矩阵，首先要将有向图的顶点编号为 1，2，…，n；邻接矩阵是一个 $n \times n$ 的矩阵 *adj*，如果节点 j **邻接于**节点 i（也就是有一条有向边从节点 i 指向节点 j），则矩阵中第 i 行第 j 列的元素为 1（或 true），否则，这个元素的值为 0（或 false）。（注意：在数学中，行和列通常从 1 开始。）例如，图 16.3 所示的带有节点编号的有向图。

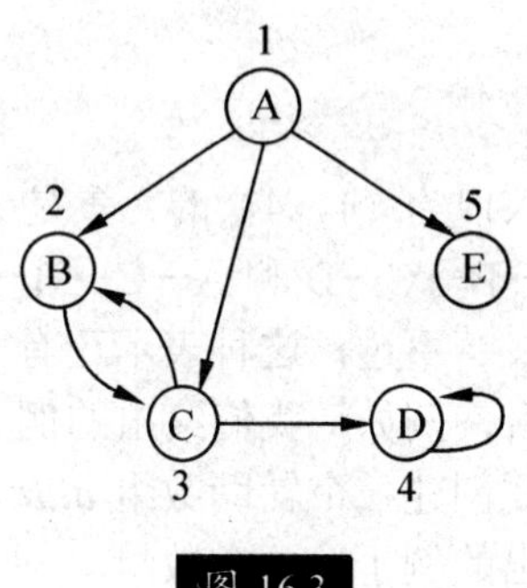

图 16.3

邻接矩阵为：

$$\boldsymbol{adj} = \begin{bmatrix} 0 & 1 & 1 & 0 & 1 \\ 0 & 0 & 1 & 0 & 0 \\ 0 & 1 & 0 & 1 & 0 \\ 0 & 0 & 0 & 1 & 0 \\ 0 & 0 & 0 & 0 & 0 \end{bmatrix}$$

对于一个**带权有向图**（weighted digraph），有一些“代价”或“权”和每个弧相关联（例如，在一个建模通信网络的有向图中），则邻接矩阵中的 1 被从顶点 i 到顶点 j 的代价所代替。

有向图的这个矩阵表示是非常直观的，在图的众多问题中非常有用。例如，使用这种表示，可以很容易的得到一个顶点的**入度**（in-degree）和**出度**（out-degree），这里入度指的是指向这个顶点的边数，而出度指的是从这个顶点发出的边数。邻接矩阵中第 i 行元素的和显然就是第 i 号顶点的出度，而第 i 列元素的和显然就是其入度。

有向图的矩阵表示在路径计数问题中也是很有用的。例如，假设希望统计有向图 G 中从顶点 i 到顶点 j 的长度为 2 的路径数目。如果有这样的路径存在，则必然只能是存在某个顶点 k，使得有一条边从顶点 i 指向顶点 k，而还有一条边从顶点 k 指向顶点 j。

这表示如果 ***adj*** 是 G 的邻接矩阵，那么 $\boldsymbol{adj}_{i,k}$，即第 i 行第 k 列的元素，以及 $adj_{k,j}$，即第 k 行第 j 列的元素，都必须为 1。$\boldsymbol{adj}^2$ 的 i，j 元素就是对于所有可能的 k 值，所有 $\boldsymbol{adj}_{i,k} \cdot \boldsymbol{adj}_{k,j}$ 的乘积之和（见第 3 章后面的程序设计问题 8）。当每两个元素都为 1 时，每个这样的乘积都对这个和贡献 1。即，当且仅当从顶点 i 到顶点 j 存在一条经过顶点 k 的长度为 2 的路径时。因此可以得出，$\boldsymbol{adj}^2$ 的 i，j 元素就是从顶点 i 到顶点 j 的长度为 2 的路径数，如图 16.4 所示。

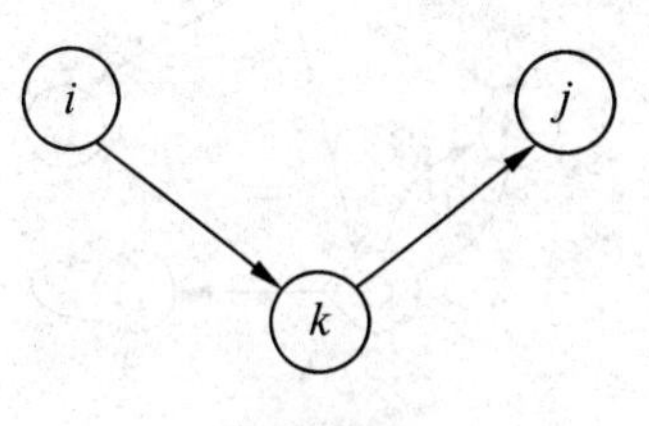

图 16.4

总的来说，***adj*** 的 m 次幂即 $\boldsymbol{adj}^m$，它的 i，j 元素就表示从顶点 i 到顶点 j 的长度为 m 的路径数。例如，对于前面的有向图，

$$adj^3 = \begin{bmatrix} 0 & 1 & 1 & 2 & 0 \\ 0 & 0 & 1 & 1 & 0 \\ 0 & 1 & 0 & 2 & 0 \\ 0 & 0 & 0 & 1 & 0 \\ 0 & 0 & 0 & 0 & 0 \end{bmatrix}$$

入口为（1，4）的元素是 2，表示有两条长度为 2 的从顶点 1（A）到顶点 4（D）的边：A→B→C→D 和 A→C→B→D。

不过，这种表示还有一些缺点。其中一个缺点是它没有存储有向图的顶点中的数据条目，例如，我们给出的例子中的 A，B，C，D 和 E。不过这个缺点是很容易补救的；只需要创建一个辅助数组 ***data***，将第 *i* 个节点的数据条目存储到 ***data***[i]中即可。因此，对于给出的例子，两个数组

$$adj = \begin{bmatrix} 0 & 1 & 1 & 0 & 1 \\ 0 & 0 & 1 & 0 & 0 \\ 0 & 1 & 0 & 1 & 0 \\ 0 & 0 & 0 & 1 & 0 \\ 0 & 0 & 0 & 0 & 0 \end{bmatrix} \qquad data = \begin{bmatrix} A \\ B \\ C \\ D \\ E \end{bmatrix}$$

完整的刻画了这个有向图。

16.1.2　邻接表表示（Adjacency-List Representation）

邻接矩阵表示的另一个缺点是这个矩阵常常是**稀疏的**，也就是，有很多的零元素，这样将来“浪费”大量的存储空间来存储这些零元素。可以通过修改 11.5 节中描述的稀疏矩阵表示中的一种来减轻这个问题。例如，修改稀疏矩阵的表示为一个指向相邻边的列表的指针数组，这就得到了有向图的**邻接表表示**。有向图被表示为一个数组或向量 $\boldsymbol{v}[1], \boldsymbol{v}[2], \cdots, \boldsymbol{v}[n]$，每个元素对应有向图中的一个节点。每个 $\boldsymbol{v}[i]$存储顶点 *i* 中的数据，以及一个包含所有邻接于顶点 *i* 的顶点编号的链表。例如，图 16.5 的邻接表表示可以如图 16.6 所示的刻画：

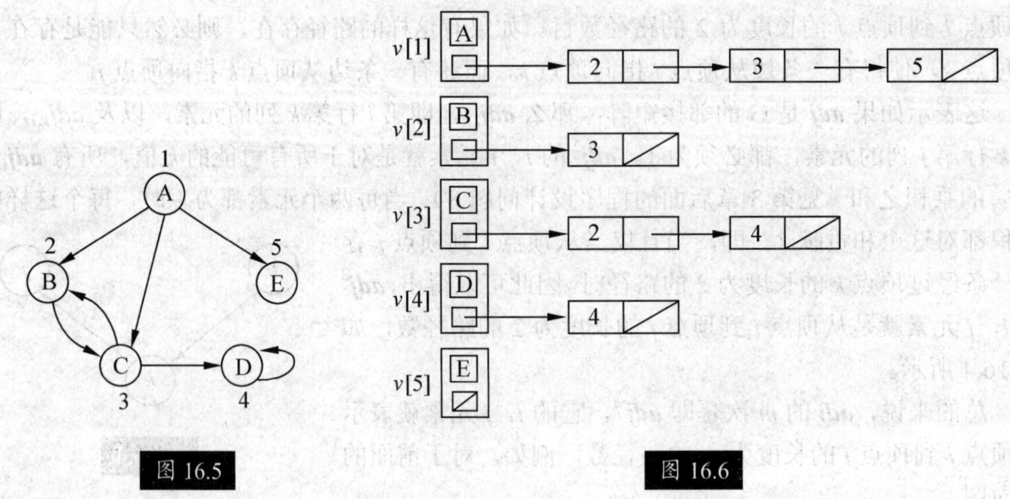

图 16.5　　　　图 16.6

注意：在列表节点中的编号就是邻接矩阵中出现 1 的列的编号。这样，这些节点就起着和第 11.5 节中稀疏矩阵表示的行列表中节点一样的作用。

有向图的邻接表表示可以被实现为一个 C++的类模板，其声明如下：

```
#include<list>
#include<vector>

template <typename DataType>
class Digraph
{
public:
    /***** 实现有向图操作的函数 *****/

private:
    /***** 描述数据和邻接表的类 *****/
    class VertexInfo
    {
        public:
        DataType data;
        list<int>   adjacencyList;
};

/***** 数据成员 *****/
vector<VertexInfo> v;
};
```

在 16.2 节中，我们将在一个程序中使用这个邻接表表示来寻找一个有向图中两个给定节点之间的最短路经。

✔ 小测验 16.1

1. 有向图和树的区别有哪些？
2. 在一个有向图中，有可能从一个顶点无法到达另一个顶点。（True 或 false）
3. 在一个有向图中，如果有一条有向弧从顶点 v 指向顶点 w，则称顶点 w 顶点 v。
4. 在一个有向图中，指向一个顶点的边数称为这个顶点的_____，而从这个顶点发出的边数称为这个顶点的_______。

对于问题 5～8，使用图 16.7 所示的有向图。

5. 给出有向图 A 的邻接矩阵 ***adj*** 和数据矩阵 ***data***。
6. 给出有向图 B 的邻接矩阵 ***adj*** 和数据矩阵 ***data***。
7. 给出有向图 A 的邻接表表示。
8. 给出有向图 B 的邻接表表示。

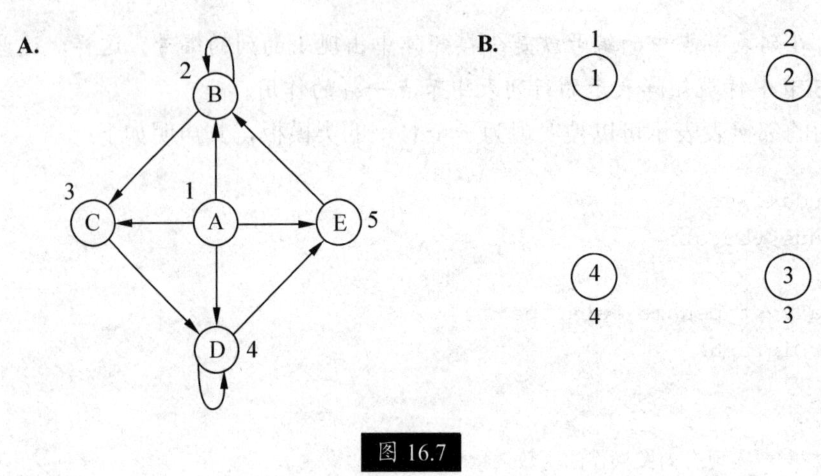

图 16.7

练习 16.1

对于练习 1～4，对于给定的有向图如图 16.8～图 16.11 所示，求出相应的邻接矩阵 ***adj*** 和数据矩阵 ***data***。

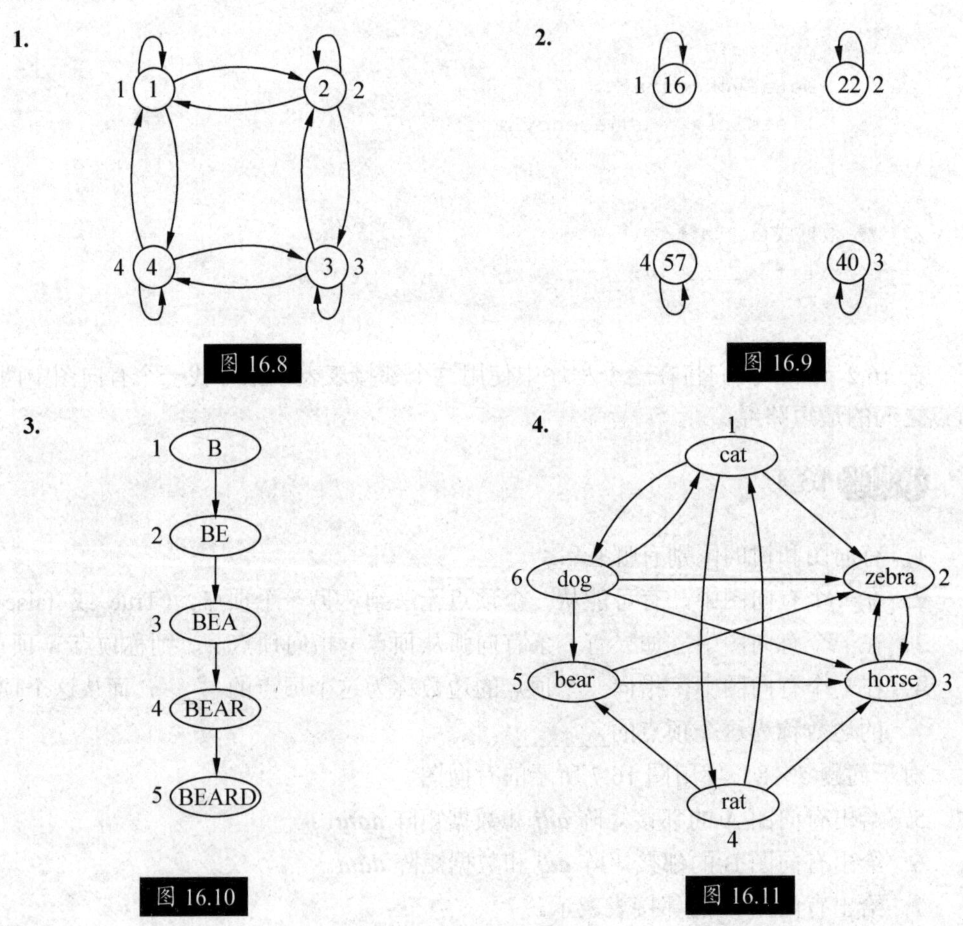

对于练习 5～8，根据给定的邻接矩阵 ***adj*** 和数据矩阵 ***data***，画出相应的有向图。

5. $\boldsymbol{adj} = \begin{bmatrix} 0 & 1 & 0 & 1 & 0 \\ 1 & 1 & 1 & 0 & 0 \\ 0 & 0 & 0 & 0 & 1 \\ 0 & 1 & 0 & 0 & 1 \\ 0 & 0 & 0 & 0 & 0 \end{bmatrix}$　　$\boldsymbol{data} = \begin{bmatrix} \text{A} \\ \text{B} \\ \text{C} \\ \text{D} \\ \text{E} \end{bmatrix}$

6. $\boldsymbol{adj} = \begin{bmatrix} 0 & 1 & 1 & 1 \\ 0 & 0 & 1 & 1 \\ 0 & 0 & 0 & 1 \\ 0 & 0 & 0 & 0 \end{bmatrix}$　　$\boldsymbol{data} = \begin{bmatrix} \text{CAT} \\ \text{RAT} \\ \text{BAT} \\ \text{DOG} \end{bmatrix}$

7. $adj = \begin{bmatrix} 1 & 1 & 1 \\ 1 & 1 & 1 \\ 1 & 1 & 1 \end{bmatrix}$　　$data = \begin{bmatrix} 111 \\ 222 \\ 333 \end{bmatrix}$

8. $\boldsymbol{adj} = \begin{bmatrix} 1 & 0 & 0 & 1 & 0 & 0 & 1 \\ 0 & 0 & 1 & 1 & 1 & 0 & 0 \\ 0 & 0 & 1 & 1 & 0 & 0 & 1 \\ 1 & 1 & 1 & 1 & 1 & 1 & 1 \\ 0 & 0 & 0 & 0 & 0 & 0 & 0 \\ 0 & 0 & 0 & 1 & 0 & 0 & 1 \\ 1 & 0 & 0 & 0 & 0 & 1 & 0 \end{bmatrix}$　　$\boldsymbol{data} = \begin{bmatrix} \text{Alpha} \\ \text{Beta} \\ \text{Gamma} \\ \text{Delta} \\ \text{Mu} \\ \text{Pi} \\ \text{Rho} \end{bmatrix}$

9～12．给出练习 1～4 中有向图的邻接表表示。

13～16．给出练习 5～8 中有向图的邻接表表示。

有向图的邻接表表示的一种替代方法是链接邻接表表示，使用一个链表来代替邻接表中的数组或向量，链表中的每个节点对应有向图中的一个节点。一个列表节点存储顶点中的数据，以及一个包含所有邻接于这个顶点的所有顶点的编号的链表。

17～20．给出练习 1～4 中有向图的链接邻接表表示。

21～24．给出练习 5～8 中有向图的链接邻接表表示。

在练习 25～30 中，如图 16.12～图 16.17 所示，画出由邻接表表示的有向图。

25．

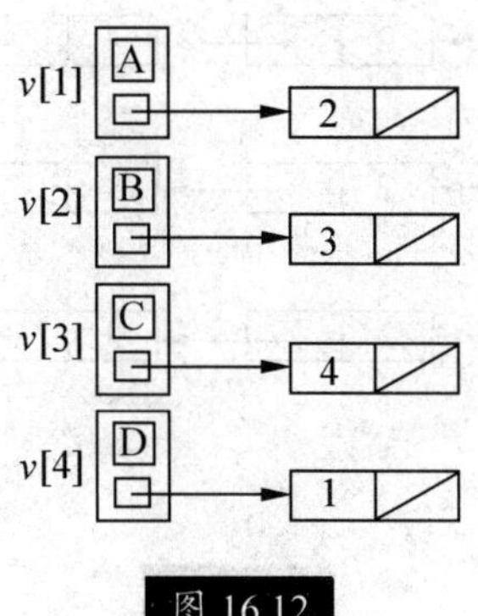

图 16.12

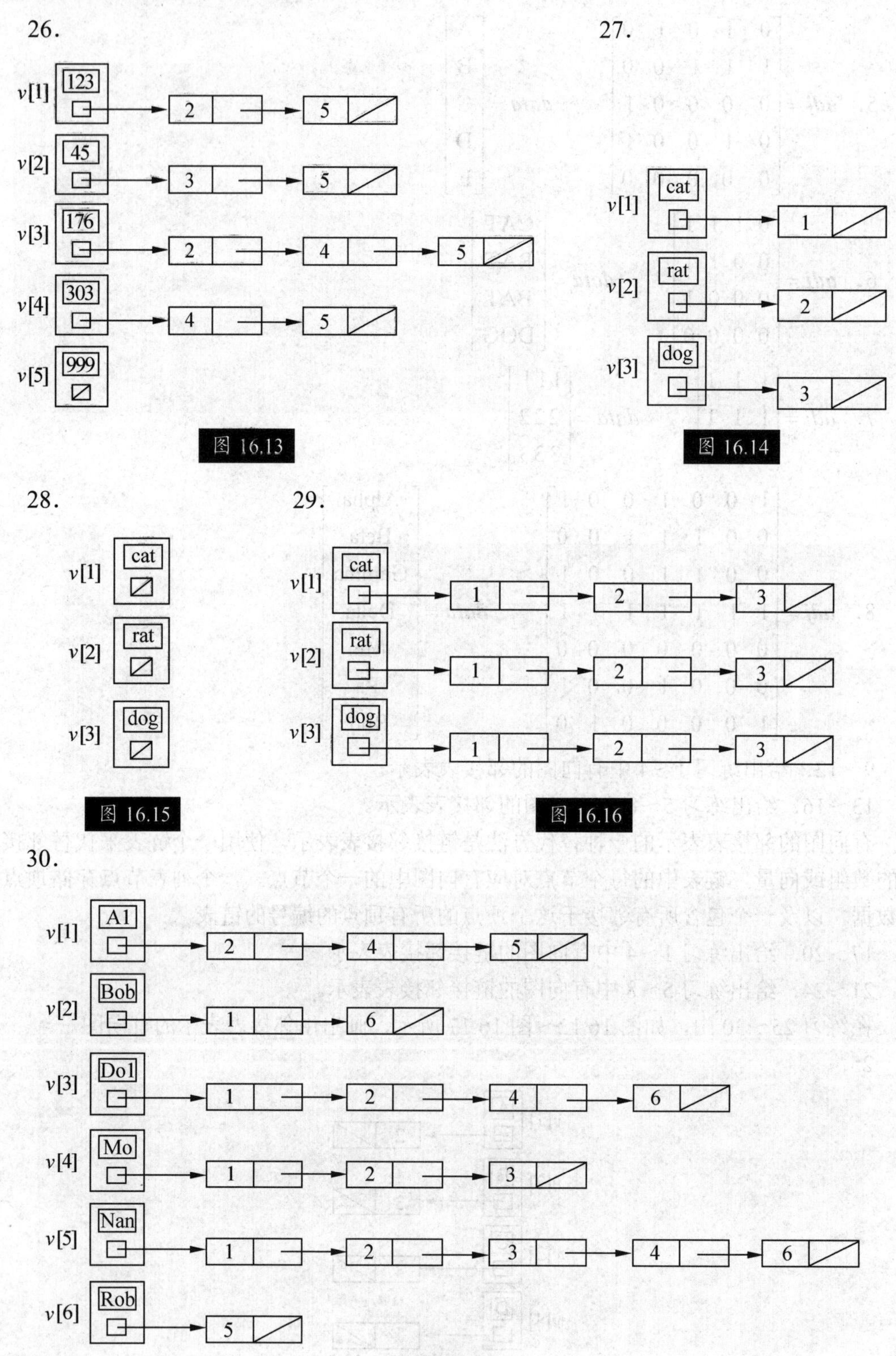

图 16.13

图 16.14

图 16.15

图 16.16

图 16.17

16.2　搜索和遍历有向图

我们所考虑的树的基本操作之一是遍历，即访问并仅仅访问每个节点一次，对于二叉树，描述了 3 种标准的遍历次序：中序、前序和后序。如果从根节点开始，遍历一棵树总是可能的，因为从这个根节点开始，通过一系列连续的弧，总是可以达到其他任何一个节点的。但是，在一个通用的有向图中，有可能并不存在一个从它开始可以到达其他任何顶点的顶点，这样，不考虑开始顶点，有可能不能够遍历整个图。因此，必须首先探讨一下这样一个问题，即在一个有向图中，判断从一个给定的节点开始，哪些节点是可达的。搜索这些顶点的两种标准的方法是**深度优先搜索**和**广度优先搜索**。首先描述这两种方法在树上的应用。

要描述深度优先搜索，考虑如图 16.18 所示的树。

如果从根开始，首先访问它，然后选择它的一个子女，例如 B，接着就访问 B。不过，再接下来，在访问根 A 的其他子女之前，要先按照深度优先的方式访问 B 的后代。这样，选择 B 的一个子女，例如 E，访问它：

A，B，E

再一次，在访问 B 的其他子女之前，必须首先访问 E 的后代。因为 E 没有子女，回溯到 B 并访问 B 的另一个子女 F，然后访问 F 的后代：

A，B，E，F，H

因为已经访问完 B 的所有后代，现在可以回溯到这个搜索路径中先前最近一个访问过的节点，即 A，并开始访问它的其他后代。可以选择 C 以及 C 的后代（这里 C 没有后代）：

A，B，E，F，H，C

最后，访问 D 以及它的后代：

A，B，E，F，H，C，D，G

图 16.19 总结了不同的探测和回溯的过程。

一个必须解决的问题是如何进行所需的**回溯（backtracking）**。在很多问题中，回溯都是很重要的，需要通过回溯在处理完某些值后返回到先前经过的某个已经被处理过或被略过的位置。例如，在 12.6 节中，在执行一个二叉搜索树的中序遍历时如何使用线索来使得回溯成为可能。这些问题的通常解决方法是当碰到数据元素时将它们存储到一个栈中。当需要返回到前面的一个元素时，只需简单地将其从栈中弹出。大家可能会猜测，这使得递归成为解决这类问题的一个自然的技术，因为有一个栈被自动地维护来实现回溯。

和深度优先搜索相比，对于一个给定的树，广度优先搜索从根节点开始，首先访问根节点，

A

然后按照从左到右的顺序访问根的每一个子女：

A，B，C，D

接着，这些第一层节点的子女被依次访问：

A，B，C，D，E，F，G

最后，第二层节点 E、F 和 G 的子女被访问：

A，B，C，D，E，F，G，H

图 16.20 总结了这次搜索过程。

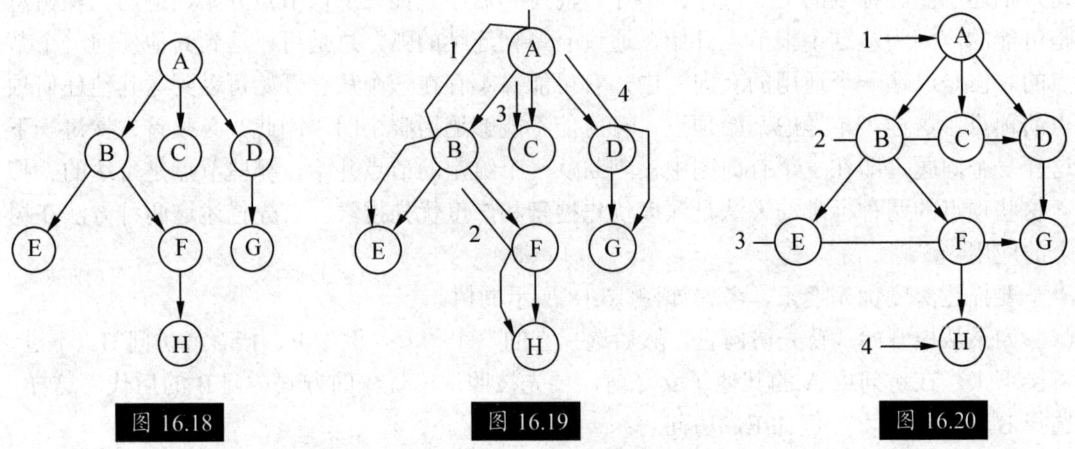

图 16.18　图 16.19　图 16.20

这里是一层一层地访问每个节点，并且当访问某层的每个节点时，必须将其存储起来，以便完成这一层的访问后返回到这个节点，从而可以访问邻接于它的节点。因为在这一层第一个被访问的节点应该是第一个返回到的节点，因此队列是存储这些节点的一个合适的数据结构。

16.2.1　深度优先搜索

对一个通用有向图，从一个给定起始顶点开始的一个深度优先搜索和对于树的深度优先搜索是相似的。我们访问起始顶点，接着顺着有向弧尽可能“深”的访问从起始顶点可以到达并且没有被访问过的顶点，在需要时进行回溯。例如，对于有向图的一个深度优先搜索如图 16.21 所示。

从顶点 A 开始，有可能首选访问顶点：

A，B，F，I，H

接着回溯到 I，这条搜索路径上最后访问的一个节点，但是从它已经无法到达任何一个未被访问过的节点。所以回溯到 F，并从 F 访问 G，而从 G 又可以到达顶点 C 和 D（也可以到达 B，F，I 和 H，但是它们已经被访问过了）：

A，B，F，I，H，G，C，D

我们回溯到 C，但是从它也无法到达没有被访问过的节点，所以回溯到 G。发现从 G 也无法到达未访问过的节点，回溯到 F，再回溯到 B；从这些顶点都无法到达未被访问过的节点。最终，回溯到 A，从 A 可以到达最后一个未被访问过的顶点 E。这样，按照如下的顺序

A，B，F，I，H，G，C，D，E

访问了所有的顶点。

图 16.22 总结了这次探测和回溯的过程。

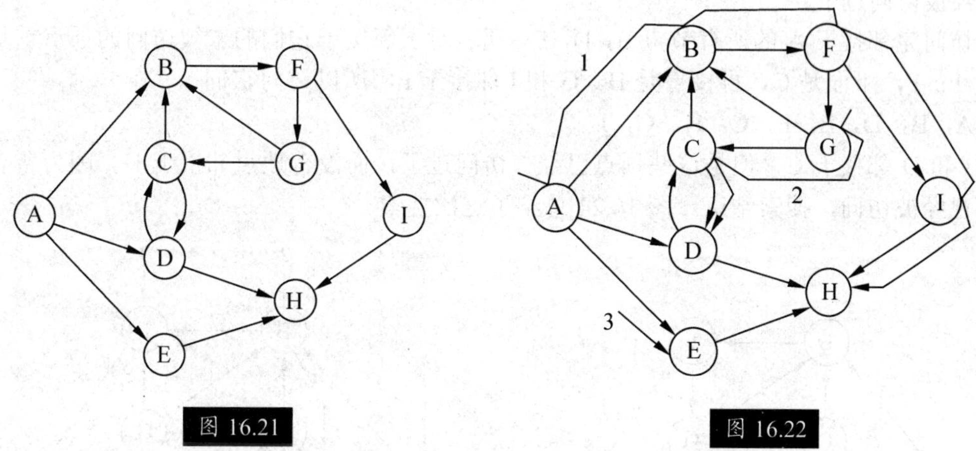

图 16.21

图 16.22

如果从某些顶点开始一个深度优先搜索，有可能不能到达所有其他的顶点。例如，从 B 开始的一个深度优先搜索将访问顶点

B，F，I，H，G，C，D

但是无法到达顶点 A 和 E。

下面是一个深度优先搜索的递归算法。在每一个阶段，当访问一个节点后，我们选择邻接于它的某个未被访问过的顶点（如果有的话），并将其作为起始顶点开始一个深度优先搜索。

深度优先搜索算法

/*对一个有向图进行深度优先搜索，找出从一个给定的起始顶点开始，
能够到达的所有顶点。*/

（1）访问起始顶点 *v*。

（2）对于每个邻接于 *v* 的顶点 *w* 做以下工作：

如果 w 未被访问，将 *w* 作为起始顶点，应用深度优先搜索算法。

End For

这个算法在 Digraph 类模板中的一个实现将在本节的稍后部分给出（见图 16.1）。

16.2.2 广度优先搜索

在对前面的有向图的一个广度优先搜索（图 16.23）中从 A 开始，我们访问 A，接着访问所有邻接于 A 的顶点：

<u>A，B，D，E</u>

然后选择 B，第一个邻接于 A 的顶点，并访问所有邻接于 B 且未被访问的顶点：

A，B，D，E，<u>F</u>

对于下一个邻接于 A 的顶点 D，重复这个过程，访问所有邻接于它且未被访问的顶点：

A，B，D，E，F，C，H

再接着，对最后一个邻接于A的顶点E做同样的工作，和它邻接的唯一一个顶点是H，而H已经被访问过了。

访问完邻接于A的所有节点B，D，E，现在对于邻接于它们的未被访问的顶点重复这个方法：F，下面是C，再接着是H。G和I邻接于F，所以访问它们：

A，B，D，E，F，C，H，G，I

A，B和D邻接于C，但是这些顶点已经被访问过了，而没有顶点邻接于H。因为所有顶点都已经被访问，搜索结束。图16.24总结了这次搜索。

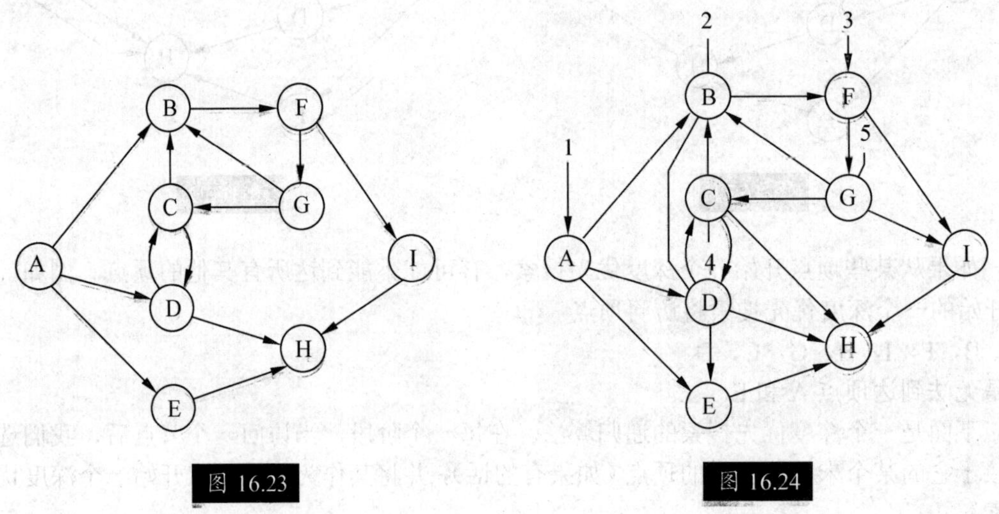

图 16.23　　图 16.24

和深度优先搜索一样，从某些顶点开始的一个广度优先搜索有可能不能访问所有顶点。例如，从B开始的一个广度优先搜索可以首先访问B和F，接着访问G和I，下面访问H和C，最后访问D：

B，F，G，I，H，C，D

因为A和E无法从B到达，搜索结束。

如在树的广度优先搜索中提到的，队列是存储被访问顶点的一个合适的数据结构。下面的算法以这种方式使用了一个队列：

广度优先搜索算法

/*对一个有向图进行广度优先搜索，找出从一个给定的起始顶点开始，
能够到达的所有顶点。*/

（1）访问起始顶点。

（2）初始化一个队列为仅包含起始顶点。

（3）当这个队列非空时，做以下工作：

① 从队列中删除一个顶点 v。

② 对于所有邻接于 v 的顶点 w，做以下工作：

如果 w 未被访问，则：

- 访问 *w*。
- 将 *w* 添加到队列中。

16.2.3 遍历和最短路经问题

像深度优先和广度优先搜索这样的算法是很多其他处理有向图的算法的基础。例如，要遍历一个有向图，可以不断重复的应用这些搜索中的一个，在需要时选择一个新的起始顶点，直到所有顶点都被访问过。这样，一个可能的遍历算法如下：

有向图遍历算法

/*遍历一个有向图，只访问每个顶点一次。
深度优先搜索是遍历的基础。 */

（1）初始化一个数组或 vector unvisited，使对于每个顶点 *i*，有 unvisited[i]为 true。

（2）当 unvisited 仍然有元素为 true 时，做以下工作：

① 选择一个未被访问的顶点 *v*。

② 使用深度优先搜索算法来访问所有从 *v* 可以到达的顶点。

另一类在解决方案中需要搜索算法的问题是**路由问题**，在这类问题中，必须在一个网络中找到一条优化的路径——一个图或有向图中的最短路经，一个带权图或带权有向图中的代价最小的路径等。荷兰计算机科学家 Edsger Dijkstra 因为他的算法在很多这类问题中被使用而闻名。

作为路由问题的一个简单例子，考虑一个模拟空中航线网络的有向图，其中每个顶点代表一个城市，而有向弧代表连接这些城市的航班。我们可能对判断两个城市之间最直接的路线很感兴趣，也就是，两个城市之间具有最少中间点的路线。如果使用一个有向图来模拟这样一个网络，必须求取一条最短路径的长度，这条最短路径是由从起始顶点到目的顶点之间最小数目的弧所组成。求取这样一条最短路径的算法是对广度优先搜索算法的一个容易的修改：

最短路径算法

/* 寻找一个有向图中从一个起始顶点 start 到一个目的顶点 destination 之间一条最短路径。显示从 start 到 destination 的一条最短路径上的所有顶点，如果从 start 无法到达 destination，则给出一条提示消息。*/

（1）访问 start，并将其标签置为 0。

（2）初始化 distance 为 0。

（3）初始化一个队列为仅包含 start。

（4）当 destination 还未被访问并且队列非空时，做以下工作：

① 从队列中删除一个顶点 *v*。

② 如果 *v* 的标签大于 distance，将 distance 增 1。

③ 对于邻接于 *v* 的每一个顶点 *w*：

如果 *w* 还未被访问，则

- 访问 w，并将其标签置为 distance + 1。
- 将 *w* 添加到队列中。

（5）如果 destination 还未被访问，则

显示“从起始顶点无法到达目的顶点”。

否则，如下查找最短路径中的顶点 *p*[0]，…，*p*[distance]：

① 初始化 *p*[distance]为 destination。

② 对于从 distance – 1～0 的每一个值 *k*：

找到邻接于 *p*[*k*+1]并且标签为 *k* 的一个顶点 *p*[*k*]。

表 16-1 跟踪了这个算法在前面给出的有向图中查找从顶点 A 到顶点 H 的最短路径时算法第一部分的执行，如图 16.25 所示。

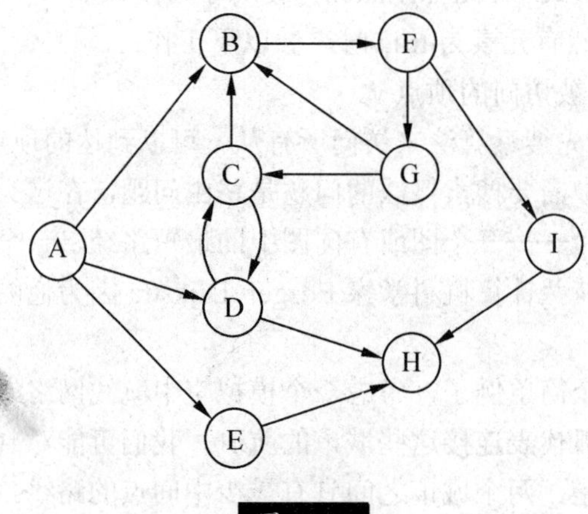

图 16.25

表 16-1

步骤（s）	v	distance	队列	标签:	A	B	C	D	E	F	G	H	I
1,2,3		0	A		0								
4	A	0	B D E		0	1		1	1				
4	B	1	D E F		0	1		1	1	2			
4	D	1	E F C H		0	1	2	1	1	2		2	
4	E	1	F C H		0	1	2	1	1	2		2	
4	F	2	C H G I		0	1	2	1	1	2	3	2	3
4	C	2	H G I		0	1	2	1	2	2	3	2	3
4	H	2	G I		0	1	2	1	2	2	3	2	3

接着，步骤 5 决定了从 A 到 H 的一条路经上的一系列顶点，例如，*p*[2] = 'H', *p*[1] = 'D', p[0] = 'A'。

程序 16.1 中 Digraph 类模板的 shortestPath()方法实现了这个算法。

程序 16.1 Digraph 类模板

```
/*--- Digraph.h-----------------------------------------------------------
Digraph类模板的头文件
----------------------------------------------------------------------*/

#include <list>
#include <vector>
#include <queue>
#include <iostream>
#include <fstream>

template <typename DataType>
class Digraph
{
public:
/***** 函数成员 *****/
DataType Data(int k) const;
/*----------------------------------------------------------------------
    提取一个给定顶点中的数据值

    前置条件:      k是顶点的编号
    后置条件:      存储在顶点k中的数据值被返回
----------------------------------------------------------------------*/

void Read(ifstream & inStream);
/*----------------------------------------------------------------------
输入操作
前置条件:     ifstream对象inStream被打开。和inStream关联的文件是结构化的，组织成一
              个顶点的数据元素在一行上，而下一行是邻接于这个顶点的所有顶点的数量以及这
              些顶点
后置条件:     这个有向图的邻接表表示被存储在myAdjacencyLists中
----------------------------------------------------------------------*/

void display(ostream & out);
/*----------------------------------------------------------------------
    输出操作

    前置条件:      ostream out已经打开
    后置条件:      每个顶点以及它的邻接表被输出到out
----------------------------------------------------------------------*/

void DepthFirstSearch(int start);
/*----------------------------------------------------------------------
    从顶点start开始，通过depthFirstSearchAux()对有向图进行深度优先搜索
```

```
    前置条件:      start是一个顶点
    后置条件:      从start出发对有向图进行了深度优先搜索
-----------------------------------------------------------------------*/

vector<int> shortestPath(int start, int destination);
/*-----------------------------------------------------------------------
    寻找有向图中开始顶点start和目的顶点destination之间的一条最短路径

    前置条件:      start和destination都是顶点
    后置条件:      返回一个包含从start到destination的最短路径上所有顶点的向量
-----------------------------------------------------------------------*/

private:
/***** 邻接表的“头节点” *****/
    class VertexInfo
    {
    public:
    DataType data;
    list<int> adjacencyList;
}; // 类VertexInfo结束

/***** 数据成员 *****/
vector<VertexInfo>  myAdjacencyLists;
/***** 私有函数成员 *****/
void depthFirstSearchAux(int start, vector<boo> & unvisited);
/*-----------------------------------------------------------------------
    从顶点start开始对有向图进行深度优先搜索

    前置条件:      start是一个顶点；如果顶点i还未被访问，则
                   unvisited[i] = true，否则，unvisited[i] = false
    后置条件:      向量unvisited被更新了
-----------------------------------------------------------------------*/

};  // Digraph类模板声明结束

// --- data()的定义
template <typename DataType>
inline DataType Digraph<DataType>::data(int k) const
{   return myAdjacencyLists[k].data;    }

// --- read()的定义
template <typename DataType>
void Digraph<DataType>::read(ifstream & inStream)
```

```
{
    Digraph<DataType>::VertexInfo vi;
    int n,              //  邻接于某个顶点的顶点数目
        vertex;         //  一个顶点的编号

// 使第0个值无效，这样和惯例一样下标从1开始
myAdjacencyLists.push_back(vi);

// 创建邻接表表示
    for( ; ; )
    {
        inStream >> vi.data;
        if (inStream.eof()) break;

        inStream >> n;
        list<int> adjList;        // 创建一个空列表
        for ( int i = 1; i <= n; i++ )
        {
            inStream >> vertex;
            adjList.push_back(vertex);
}
vi.adjacencyList = adjList;
myAdjacencyLists.push_back(vi);
}
}

//--- display()的定义
template <typename DataType>
void Digraph<DataType>::display(ostream & out)
{
    out << "Adjacency-List Representation: \n";
    for ( int i = 1; i < myAdjacencyLists.size(); i++)
    {
        out << i << ": " << myAdjacencyLists[i].data << "—";
        for (list<int>::iterator
            it = myAdjacencyLists [i].adjacencyList.begin();
            it != myAdjacencyLists[i].adjacencyList.end(); it ++ )
            out << *it << "      ";
        out << endl;
}
}

// -- depthFirstSearch()和depthFirstSearchAux()的定义
```

```
template <typename, DataType>
inline void Digraph<DataType>::depthFirstSearch(int start)
{
    vector<bool> unvisited(myAdjacencyLists.size(), true);
    depthFirstSearchAux(start, unvisited);
}

template <typename DataType>
void Digraph<DataType>::depthFirstSearchAux(int start,vector<bool> & unvisited)
{
    // 在这里添加处理myAdjacencyLists[start].data的语句
    cout << myAdjacencyLists[start].data << endl;

    unvisited[start] = false;
    // 遍历它的邻接表，对其中每一个未被访问的节点执行深度优先搜索
    for (list<int>::iterator
            it = myAdjacencyLists[start].adjacencyList.begin();
            it != myAdjacencyLists [start].adjacencyList.end(); it++ )
    // 检查当前节点是否已经被访问过
        if (unvisited[*it] )
            // 从新节点开始DFS
            depthFirstSearchAux(*it, unvisited);
}

// -- shortestPath()的定义
template<typename, DataType>
vector<int> Digraph<DataType>::shortestPath(int start, int destination)
{
    int n = myAdjacencyLists.size();    // 顶点个数(从1到最后一个)
    vector<int> distLabel(n, -1),       // 顶点的距离标签，所有顶点都标志成
                                           unvisited (-1)
             predLabel(n);              // 顶点的前驱标签
    // 从start开始执行广度优先搜索来寻找destination,
    // 对从start到目前所经过的顶点都给出距离标签
    distLabel[start] = 0;
    int distance = 0,                  // 距start顶点的距离
        vertex;                        // 一个顶点
    queue<int> vertexQueue;            // 顶点队列
    vertexQueue.push(start);
    while (distLabel[destination] < 0 && !vertexQueue.empty())
    {
        vertex = vertexQueue.front();
        vertexQueue.pop();
        if (distLabel[vertex] > distance )
```

```
            distance++;
        for (list<int>::iterator
                it = myAdjacencyLists[vertex].adjacencyList.begin();
                it != myAdjacencyLists[vertex].adjacencyList.end(); it++ )
            if (distLabel[*it] < 0 )
            {
                distLabel[*it] = distance + 1;
                predLabel[*it] = vertex;
                vertexQueue.push(*it);
        }
    }
    distance++;

    // 如果存在最短路径，则现在开始重构这条最短路径
    vector<int> path(distance+1);
    if (distLabel[destination] < 0 )
        cout << "Destination not reachable from start vertex\n";
    else
    {
        path[distance] = destination;
        for ( int k = distance - 1; k >= 0; k-- )
            path[k] = predLabel[path[k+1]];
    }

    return path;
    }
```

在程序 16.2 中使用 Digraph 来解决前面讲过的空中航线网络问题。这个网络的邻接表表示从文件 networkFile 中输入。每个城市由编号和名字共同标识，文件中第 i 行包含第 i 个城市的名字，在城市名字的后面接着和第 i 个顶点邻接的所有顶点的编号。用户输入开始城市的名字和目的城市的名字，类模板 Digraph 的函数成员 shortestPath()被用来寻找从开始节点到目的节点之间的最短路径，如果这条路径存在的话。

程序 16.2　某网络中的最短路径

```
/*-------------------------------------------------------------------------
    寻找一个空中航线网络中从一个给定的起始城市到一个给定的目的城市之间的最
    直接路径的程序。一个由其邻接表实现表示的有向图被用来表示这个航线网络，而
    创建这个有向图所需的信息读取自文件networkFile
-------------------------------------------------------------------------*/
#include <iostream>
#include <fstream>
#include <iomanip>
#include <string>
#include <vector>
using namespace std;
```

```
#include "Digraph"

int main()
{
    cout << "Enter name of network file: ";
    string networkFile;
    cin >> networkFile;
    ifstream inFile(networkFile.data());
    if ( !inFile.is_open())
    {
        cerr << "*** Cannot open " << networkFile << "  ***\n";
        exit(-1);
}
Digraph<string> d;
d.Read(inFile);
cout << "The Digraph's ";
d.display(cout);
cout << endl;

int start, destination;
char response;
do
{
    cout << "Number of start city? ";
    cin >> start;
    cout << "Number of destination? ";
    cin >> destination;

    vector<int> path = d.shortestPath(start, destination);
    cout << "Shortest path is:\n";
    for (int k = 0; k < path.size()-1; k++)
    {
        cout << setw(3) << path[k] << ' ' << d.data(path[k]) << endl;
        cout << "       |\n"
            << "       v\n";
}
cout << setw(3) << destination << ' '<< d.data(destination) << endl;
cout << "\nMore (Y or N)?";
cin >> response;
}
while (response == 'y' || response == 'Y' );
}
```

文件 NetworkFile 的内容列表：

```
Los_Angeles
3 3 4 6
San_Francisco
3 1 3 4
Denver
3 1 2 3
Chicago
2 3 8
Boston
2 4 6
New_York
3 4 7 8
Miami
3 8 3 5
New_Orleans
2 1 7
```

运行跟踪：

```
Enter name of network file: NetworkFile
The Digraph's Adjacency-List Representation:
1: Los_Angeles—3    4   6
2: San_Francisco—1 3    4
3: Denver—1     2    3
4: Chicago—3    8
5: Boston—4    6
6: New_York—4   7   8
7: Miami—8   3   5
8: New_Orleans—1  7
Number of start city? 5
Number of destination? 1
Shortest path is:
5   Boston
     |
     v
4   Chicago
     |
     v
3   Denver
     |
     v
1   Los_Angeles

More (Y or N) ?N
```

16.2.4 NP 完全性问题

一个同时具有实践与理论意义的经典路由问题是**销售员旅游问题**。在这个问题中，使用一个加权有向图，图中的顶点代表城市，而一条弧上的权值代表这条弧所连接的城市之间的距离，要求必须以最小的总代价来遍历整个图。这个问题在实践中的重要性是显然的。

销售员旅游问题属于称为 NP 的一大类问题，术语 NP 即非确定型多项式时间（nondeterministic polynomial）。对这些问题来说，可以通过猜测的方法得到解决方案，然后使用一个计算时间为$O(P(n))$的算法来检查这个结果，$P(n)$是某个多项式。对于猜测来说，并不需要（或已知有）特别的策略——这就是非确定性的。这是和 P 类问题相对而言的，P 表示（确定型 deterministic）多项式时间（polynomial time）。P 类问题可以被多项式时间的算法解决。

计算机科学理论中的最重要的问题之一是：

存不存在非 **P** 问题的 **NP** 问题？

到目前为止还没有人能找到一个这样的问题，但是也没有人能够证明并不存在这样的问题。

销售员旅游问题实际上是一种特殊的 NP 问题，称为 **NP 完全性**。这类问题具有一个属性，即如果可以找到一个多项式时间的算法能解决这些问题中的任何一个例如，解决销售员旅游问题，那么就能保证解决所有 NP 问题的多项式时间算法存在；也就是 NP = P。

✔ 小测验 16.2

1. 什么是回溯？
2. 对于小测验 16.1 中标签为 A 的有向图，如果从顶点 1 开始使用一个深度优先搜索，能够到达哪些节点？如果从顶点 2 开始呢？
3. 对于小测验 16.1 中标签为 B 的有向图，如果从顶点 1 开始使用一个深度优先搜索，能够到达哪些节点？
4. 对于小测验 16.1 中标签为 A 的有向图，如果从顶点 1 开始一个广度优先搜索，那么下一个将访问哪个节点？
5. 什么是 NP 问题、P 问题和 NP 完全性问题？

练习 16.2

对于练习 1～5，使用 16.1 节练习 1 中的有向图，构造算法的跟踪表。当需要选择一个新顶点访问而存在多种可能性时，选择标签是最小数的那个顶点。

1. 从顶点 1 开始的深度优先搜索。
2. 从顶点 2 开始的深度优先搜索。
3. 从顶点 1 开始的广度优先搜索。

4．从顶点 2 开始的广度优先搜索。

5．求从顶点 2 到顶点 4 的最短路经。

对于练习 6～10，按练习 1～5 那样处理，但是使用 16.1 节练习 4 中的有向图。

6．从顶点 1 开始的深度优先搜索。

7．从顶点 2 开始的深度优先搜索。

8．从顶点 1 开始的广度优先搜索。

9．从顶点 2 开始的广度优先搜索。

10．求从顶点 4 到顶点 6 的最短路经。

对于练习 11～19，按练习 1～5 那样处理，但是使用图 16.26 所示的有向图。当需要选择一个新顶点访问而存在多种可能性时，选择包含按照字母顺序来说最小字母的那个顶点。

11．从顶点 A 开始的深度优先搜索。

12．从顶点 F 开始的深度优先搜索。

13．从顶点 A 开始的广度优先搜索。

14．从顶点 F 开始的广度优先搜索。

15．从顶点 A 到顶点 E 的最短路径。

16．从顶点 A 到顶点 H 的最短路经。

17．从顶点 G 到顶点 C 的最短路经。

18．从顶点 J 到顶点 I 的最短路经。

19．从顶点 J 到顶点 A 的最短路经。

下面的练习要求编写函数。应该如本章结尾的程序设计问题 1～4 中指示的那样编写驱动程序来测试这些函数。

20．为 Digraph 类模板添加一个函数成员，完成从某个起始顶点开始的一个广度优先搜索。

21．如果 A 是一个有向图的 $n \times n$ 的邻接矩阵，那么 $\boldsymbol{A}^k$ 的第 i 行第 j 列的元素就等于这个有向图中从顶点 i 到顶点 j 的长度为 k 的路径数。一个有向图的可达性矩阵 $\boldsymbol{R}$ 是如下定义的 $n \times n$ 矩阵：

$$\boldsymbol{R} = \boldsymbol{I} + \boldsymbol{A} + \boldsymbol{A}^2 + \cdots + \boldsymbol{A}^{n-1}$$

这里 $\boldsymbol{I}$ 是 $n \times n$ 的单位矩阵，对角线（从左上角到右下角）上的元素都为 1，而其他元素都为 0。在有向图中，仅当 $\boldsymbol{R}$ 的第 i 行第 j 列的元素不为零，从顶点 i 到顶点 j 之间才有一条路径。编写一个函数求取一个有向图的可达性矩阵。

22．判断练习 21 中的可达性的另一种方法是在进行矩阵计算时（0 = false, 1 = true）使用“布尔乘和加，”即按位与（&）和按位或（|）运算。重新编写练习 21 中的函数来求取这种形式的可达性矩阵。

23．Warshall 算法是计算练习 21 中描述的可达性矩阵的布尔形式的更有效的方法：

（1）初始化 $\boldsymbol{R}$ 为 $\boldsymbol{A}$，k 为 1。

（2）当 $k \leqslant n$ 且 $\boldsymbol{R}$ 不是全 1 时做以下工作：

- 对于 i 从 $1 \sim n$ 且 $i \neq k$。

  如果 R 的第 i 行第 k 列的元素为 1，那么将第 i 行替换为（行 i）|（行 k）。

- k 增 1。

End while

使用 Warshall 算法求取如图 16.27 所示的有向图的可达性矩阵。

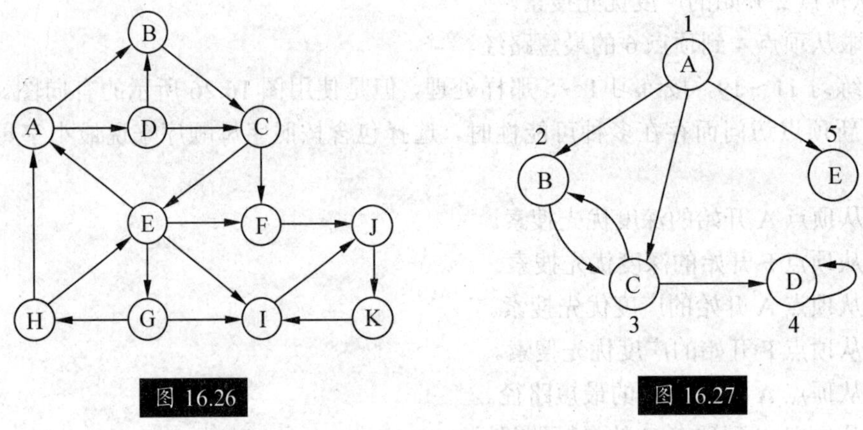

图 16.26　　图 16.27

24．编写一个函数，使用 Warshall 算法求取一个有向图的可达性矩阵。

16.3　图

一个图，有时也称作一个无向图（**undirected graph**），除了图中的边没有方向以外，和有向图是一样的。另外，不允许有连接一个顶点到其自身的边。例如，图 16.28 所示的图表给出了具有 5 个顶点，以及连接顶点 1 和 2、1 和 4、1 和 5、2 和 4、3 和 4 还有 4 和 5 的边的一个图。

这样的图在建模电子线路、化学中化合物的结构、通信系统以及其他很多边没有方向的网络时是非常有用的。

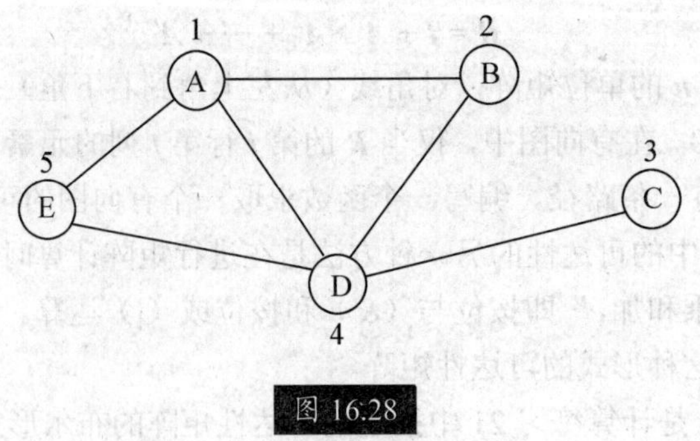

图 16.28

作为 ADT，图和有向图具有基本上相同的操作：

图 ADT

数据元素集合：

一个有限的称为顶点（vertices）或节点（nodes）的元素集合以及一个有限的连接每对不同节点的边的集合。

基本操作：

- 创建一个空的图。
- 检查图是否为空。
- 销毁一个图。
- 插入一个新节点。
- 插入一条连接两个已存在节点的边。
- 删除一个节点以及所有以它为一个端点的边。
- 输出一条在两个已存在节点之间的边。
- 从一个给定的节点开始在节点中搜索某个值。

绝大多数为有向图描述过的其他操作（遍历、寻找最短路经等）在图的应用中也是非常重要的。

16.3.1　邻接矩阵和邻接表表示

和有向图相似，图可以使用邻接矩阵或者邻接表来表示。例如，对于前面的图，其邻接矩阵为：

$$\boldsymbol{adj} = \begin{bmatrix} 0 & 1 & 0 & 1 & 1 \\ 1 & 0 & 0 & 1 & 0 \\ 0 & 0 & 0 & 1 & 0 \\ 1 & 1 & 1 & 0 & 1 \\ 1 & 0 & 0 & 1 & 0 \end{bmatrix}$$

这里第 i 行第 j 列（从 1 开始编号）的 1 表示存在一条连接顶点 i 和顶点 j 的边。因为这些边是没有方向的，所以第 j 行第 i 列必然也是 1；这样，一个无向图的邻接矩阵总是**对称的**。这意味着在对角线某一边的元素（从左上角到右下角）是冗余的。另外，因为无向图没有连接一个顶点和其自身的边，所以邻接矩阵中对角线上的元素都是 0。因此，邻接矩阵并不是无向图的一个非常有效的表示（除非使用 9.6 节中描述过的锯齿状的二维表）。

前面的图的邻接表表示，如图 16.29 所示。

和邻接矩阵一样，因为存储了冗余的信息，这种表示也不是非常有效的。如果有一条边连接顶点 i 和 j，那么对于顶点 j，在邻接表中有一个包含顶点 i 的顶点节点，而对于顶点 i，在邻接表中还有一个包含顶点 j 的顶点节点。

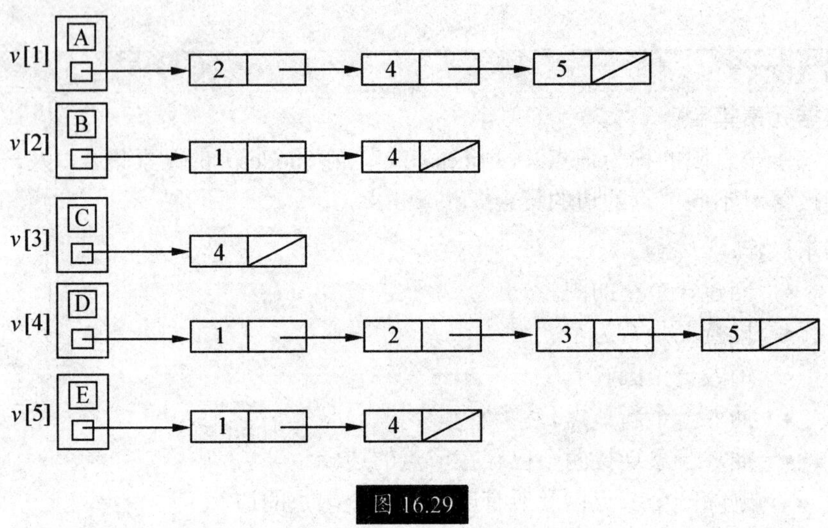

图 16.29

16.3.2 边列表表示

图的一个更有效的表示是使用**边列表**。在这些列表中的一个列表中的每一个**边节点**表示图中的一条边，如图 16.30 所示。

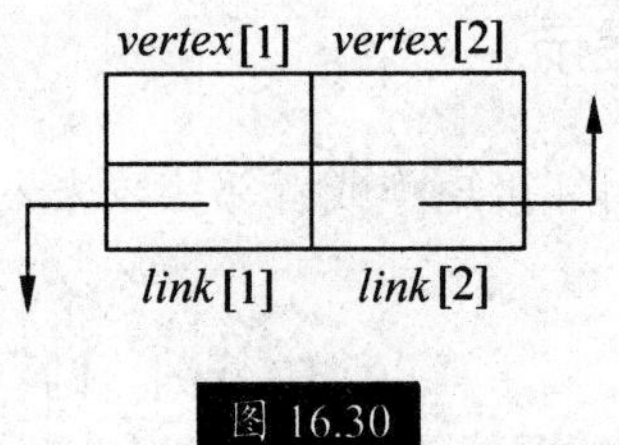

图 16.30

这里 *vertex*[1]和 *vertex*[2]是一条边所连接的两个顶点，*link*[1]指向以 *vertex*[1]为一个端点的另一个边节点，而 *link*[2]指向以 *vertex*[2]为一个端点的另一个边节点。这样，边列表表示由一个类（或结构）数组或者类（或结构）*vector v* 组成，每个顶点对应一个类，每个类包含一个数据成员以及一个指向以这个顶点作为一个端点的边节点的指针。例如，图 16.31 所示的边列表表示可以如图 16.32 来刻画，这里将边标志为 $e_1, e_2, \cdots, e_6$。

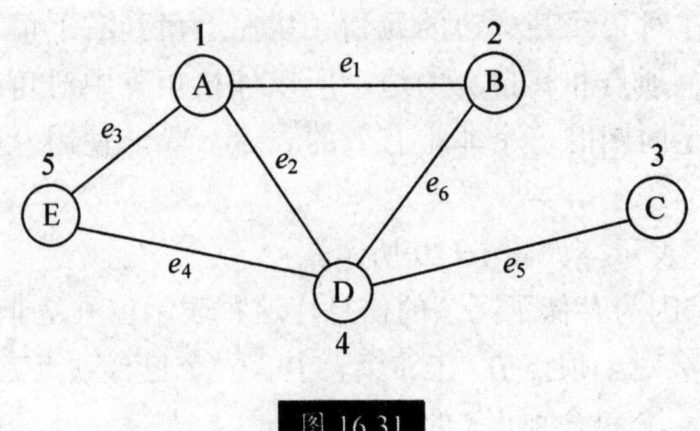

图 16.31

深度优先搜索、广度优先搜索、遍历以及处理图的其他算法和有向图的相应处理算法是很相似的。程序 16.4 给出一个类模板 Graph，其函数成员实现了这些算法以及其他一些操作。Graph 的其他函数成员将在练习中描述。这个版本的 Graph 使用刚讲述过的图的边列表表示。

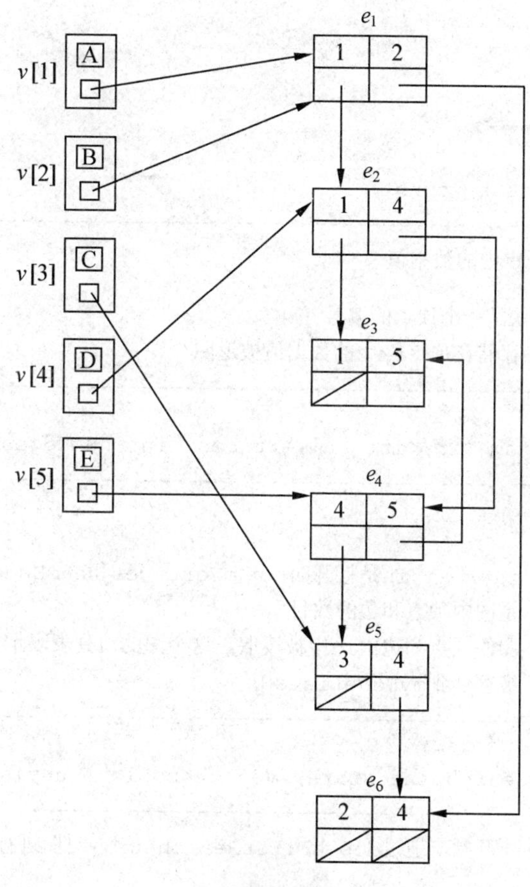

图 16.32

16.3.3 连通性

图的一个重要属性就是这个图是否是连通的，即在每一个顶点和其他任何一个顶点之间是否都有一条路径连接。程序 16.3 中 Graph 类模板的一个函数成员是 isConnect()，这个函数确定一个图的连通性。其工作原理是通过一个深度优先搜索，标识从顶点 1 能够到达的所有顶点。程序 16.4 中使用 Graph 的这个函数成员来判断用户输入的图是否是连通的。如果用户输入的图是非连通的，则程序给出从用户给定的开始顶点出发所能到达的所有顶点的列表。

程序 16.3 图的连通性

```
/*------Graph.h -------------------------------------------------------
```

```
Graph类模板的头文件
----------------------------------------------------------------------*/

#include <vector>
#include <iostream>
template <typename DataType>
class Graph
{
public:
 /***** 函数成员 *****/

DataType data(int k) const;
/*---------------------------------------------------------------------
    提取一个给定顶点中的数据值

    前置条件:      k是一个顶点的编号
    后置条件:      存储在顶点#k中的数据值被返回
----------------------------------------------------------------------*/

void read(instream &in, int numVertices, int numEdges);
/*---------------------------------------------------------------------
    输入操作

    前置条件:      istream in是打开的; numVertices和numEdges分别
                   是图中顶点和边的数目
    后置条件:      图的顶点和边由in中被读取，这个图的边列表表示
                   被存储到myEdgeLists中
----------------------------------------------------------------------*/

void depthFirstSearch(int start, vector<bool> & unvisited);
/*---------------------------------------------------------------------
    从起始顶点start开始，通过depthFirstSearchAux()对图进行深度优先搜索

    前置条件:      start是一个顶点
    后置条件:      从start开始对图进行了深度优先搜索
----------------------------------------------------------------------*/

bool isConnected();
/*---------------------------------------------------------------------
    检查图是否是连通的

    前置条件:      无
    后置条件:      如果图是连通的，返回true，否则返回false
----------------------------------------------------------------------*/
private:
/***** 边节点 *****/
class EdgeNode
{
```

```
public:
    int vertex[3];          // 为了符合习惯，使用1和2作为下标
    EdgeNode * link[3];
}; // 类EdgeNode结束

typedef EdgeNode *EdgePointer;

/***** 边列表的"头节点" *****/
class VertexInfo
{
public:
DataType data;       // 顶点中的数据值
EdgePointer first;  // 指向第一个边节点的指针
}; // 类VertexInfo结束

/***** 数据成员 *****/
vector<VertexInfo>  myEdgeLists;

/***** 私有函数成员 *****/
void depthFirstSearchAux(int start, vector<bool> & unvisited);
/*--------------------------------------------------------------------------------
    从顶点start开始，对图进行递归的深度优先搜索

    前置条件:     start是一个顶点；如果顶点i还没有被访问过，
                  则unvisited[i]为true，否则，unvisited[i]为false
    后置条件:     向量unvisited被更新
--------------------------------------------------------------------------------*/

};  // 类模板Graph声明结束

// --- data()的定义
template <typename DataType>
inline DataType Graph<DataType>::data(int k) const
{
return myEdgeListgs[k].data;
}

// --- read()的定义
template <typename DataType>
void Graph<DataType>::read(istream & in, int numVertices, int numEdges)
{
    Graph<DataType>::VertexInfo vi;

    // 使第0个为无用值，则下标从1开始，以符合习惯
    myEdgeListgs.push_back(vi);

    // 创建"头节点"
    cout << "Enter label of vertex:\n";
```

```
    for (int i = 1; i <= numVertices; i++)
    {
        cout << "        " << i << ":    ";
        in >> vi.data;
        vi.first = 0;
        myEdgeListgs.push_back(vi);
}

int endpoint;           // 一条边的端点
// 创建边列表
cout << "Enter endpoints of edge\n";
for(int i = 1; i <= numEdges; i++)
{
    cout << "        " << i << ":    ";
    EdgePointer newPtr = new EdgeNode;
    for (int j = 1; j <= 2; j++)
    {
        in >> endpoint;
        // 在边列表的开始处为endpoint插入一个新的边节点
        newPtr->vertex[j] = endpoint;
        newPtr->link[j] = myEdgeListgs[endpoint].first;
        myEdgeListgs[endpoint].first = newPtr;
        }
    }
}

/* --- 检查是否所有节点都被访问过的工具函数
    前置条件:     由unvisited可以得出哪些节点还没有被访问过
    后置条件:     如果还有顶点未被访问，返回true，否则返回false
- -------------------------------------------------------------------*/
bool anyLeft(const vector<bool> & unvisited)
{
    for (int i =1; i < unvisited.size(); i++)
        if (unvisited[i])
            return true;
    return false;
}

// --- depthFirstSearch()的定义
template <typename DataType>
void Graph<DataType>::depthFirstSearch(int start, vector<bool> & unvisited)
{
    // --- 在这里插入处理被访问过节点的语句
    // 将start标志为已访问过，并初始化指针为指向其第一个边节点来开始DFS
    unvisited[start] = false;
```

```
    Graph<DataType>::EdgePointer ptr = myEdgeListgs[start].first;
    while (anyLeft(unvisited) && ptr != 0)
    {
        // 判断边的哪个端点是start
        int startEnd = 1;
            otherEnd = 2;
        if (ptr->vertex[1] != start)
        {   startEnd = 2; otherEnd = 1; }

// 如果这个顶点已经被访问过了,
// 则从另一个端的顶点开始新(递归)的DFS
int newStart = ptr->vertex[otherEnd];
if (unvisited[newStart])
    depthFirstSearch(newStart, unvisited);
// 移到下一个边节点
ptr = ptr->link[startEnd];
}
}

// --- isConnected()的定义
template <typename DataType>
inline bool Graph<DataType>::isConnected()
{
    vector<bool> unvisited(myEdgeListgs.size(), true);
    depthFirstSearch(1, unvisited);
    return !anyLeft(unvisited);
}
```

程序 16.4 图的连通性

```
/*-----------------------------------------------------------------------
    判断一个图是否连通的程序。如果图是非连通的,则向用户给出从
开始顶点出发不能到达的顶点列表
-----------------------------------------------------------------------*/

#include <iostream>
using namespace std;

#include "Graph"

int main()
{
    int numVertices,          // 图中顶点的数目
        numEdges;             // 图中边的数目
```

```
    cout << "Enter number of vertices and number of edges in graph: ";
    cin >> numVertices >> numEdges;
    Graph<char> g;
    g.read(cin, numVertices, numEdges);

    cout >> "Graph is ";
    if (g.isConnected())
        cout << "connected.\n";
    else
    {
        cout << "not connected.\n"
                "Would you like to see which vertices are not\n"
                "reachable from vertex 1 ("
            << g.data(1) << ") - (Y or N ) ? ";
        char response;
        cin >> response;
        if ( response == 'y' || response == 'Y' )
        {
            cout << "They are the following: \n";
            vector<bool> unreachable(numVertices+1, true);
            g.depthFirstSearch(1, unreachable);
            for (int i = 1; i < unreachable.size(); i++)
                if (unreachable[i])
                    cout << "Vertex " << i << "  (" << g.data(i) << ")\n";
            }
cout << endl;
    }
}
```

运行跟踪 1:

```
Enter number of vertices and number of edges in graph: 5  6
Enter label of vertex:
1:  A
2:  B
3:  C
4:  D
5:  E
Enter endpoints of edge
1:  1 2
2:  1 4
3:  1 5
4:  2 4
5:  3 4
6:  4 5
Graph is connected.
```

运行跟踪 2:

```
Enter number of vertices and number of edges in graph: 5   2
Enter label of vertex:
1:  A
2:  B
3:  C
4:  D
5:  E
Enter endpoints of edge:
1:  1 4
2:  5 4
Graph is not connected
Would you like to see which vertices are not
reachable from vertex 1 (A) - (Y or N)?  Y
They are the following:
Vertex 2 (B)
Vertex 3 (C)
```

✔ 小测验 16.3

1．给出图和有向图的两个不同之处？

对于问题 2～7，使用图 16.33。

2．给出图 16.33(a)的邻接矩阵 ***adj*** 和数据矩阵 ***data***。

3．给出图 16.33(b)的邻接矩阵 ***adj*** 和数据矩阵 ***data***。

4．给出图 16.33(a)的邻接表表示。

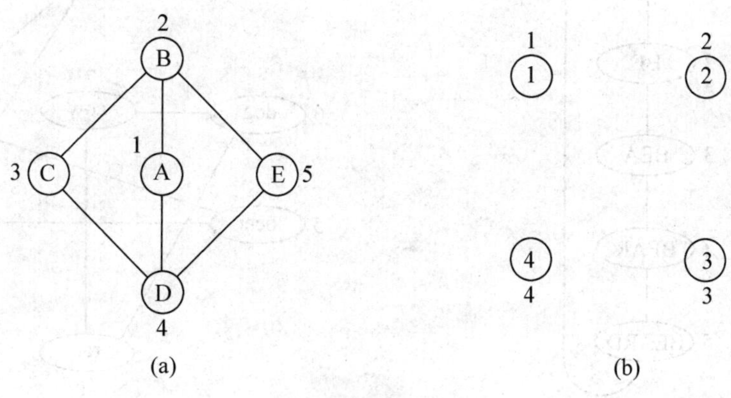

图 16.33

5．给出图 16.33(b)的邻接表表示。

6．给出图 16.33(a)的边列表表示。

7．给出图 16.33(b)的边列表表示。

8．对于图 16.33(a)，从顶点 1 开始使用一个深度优先搜索，哪些节点是可达的？如果从顶点 2 开始呢？

9．对于图 16.33(b)，从顶点 1 开始深度优先搜索，哪些节点是可达的？

10．对于图 16.33(a)，从顶点 1 开始广度优先搜索，则下面将依次访问哪些节点？

11．图 16.33(a)和 16.33(b)中哪一个是连通的？

练习 16.3

对于练习 1～4，给出图 16.34～图 16.37 的邻接矩阵表示。

1.

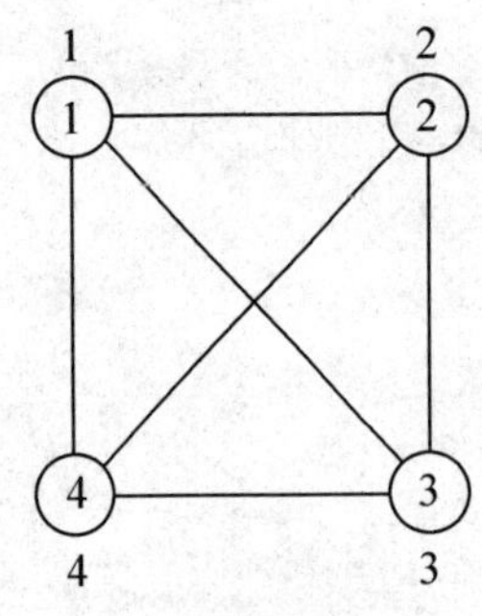

图 16.34

2.

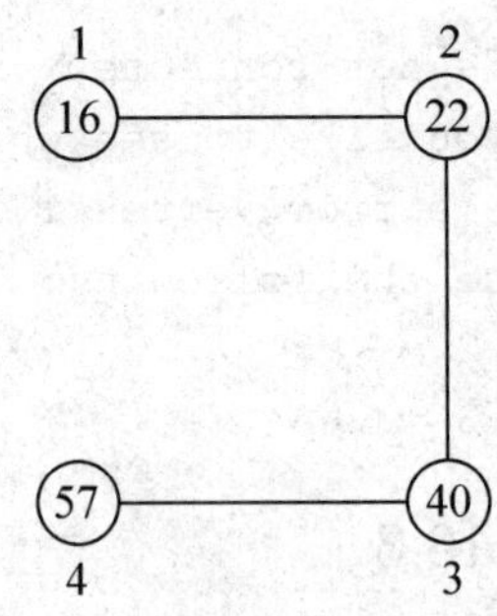

图 16.35

3.

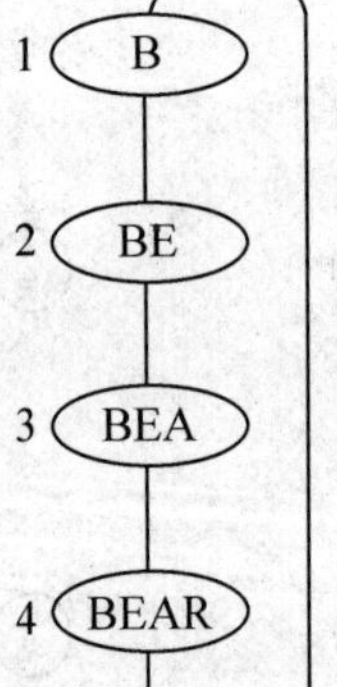

图 16.36

4.

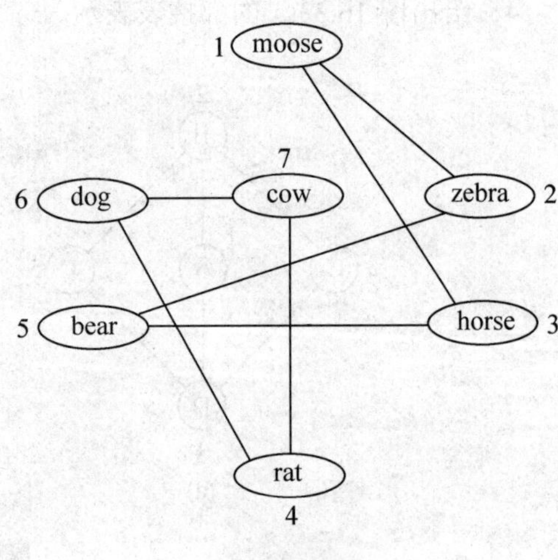

图 16.37

5～8．如练习 1～4 一样，但是给出图的邻接表表示。

9～12．如练习 1～4 一样，但是给出图的边列表表示。

13～16. 在 16.1 节的练习 17 中描述的有向图的链接邻接表表示也可以用于无向图。给出练习 1～4 中图 16.34～图 16.37 的链接邻接表表示。

在练习 17～20 中，画出由邻接矩阵表示的图；假设存储在顶点 i 中的数据值就是 i。

17. $\boldsymbol{adj} = \begin{bmatrix} 0 & 1 & 0 & 1 & 0 \\ 1 & 0 & 1 & 0 & 0 \\ 0 & 1 & 0 & 0 & 1 \\ 1 & 0 & 0 & 0 & 1 \\ 0 & 0 & 1 & 1 & 0 \end{bmatrix}$

18. $\boldsymbol{adj} = \begin{bmatrix} 0 & 1 & 1 & 1 \\ 1 & 0 & 1 & 1 \\ 1 & 1 & 0 & 1 \\ 1 & 1 & 1 & 0 \end{bmatrix}$

19. $\boldsymbol{adj} = \begin{bmatrix} 0 & 0 & 0 \\ 0 & 0 & 0 \\ 0 & 0 & 0 \end{bmatrix}$

20. $\boldsymbol{adj} = \begin{bmatrix} 0 & 0 & 1 & 0 & 0 & 0 & 1 \\ 0 & 0 & 1 & 1 & 1 & 0 & 0 \\ 1 & 1 & 0 & 1 & 0 & 0 & 1 \\ 0 & 1 & 1 & 0 & 1 & 1 & 1 \\ 0 & 1 & 0 & 1 & 0 & 0 & 0 \\ 0 & 0 & 0 & 1 & 0 & 0 & 1 \\ 1 & 0 & 1 & 1 & 0 & 1 & 0 \end{bmatrix}$

对于练习 21～26（图 16.38～图 16.43），画出由邻接表所表示的图。

21.

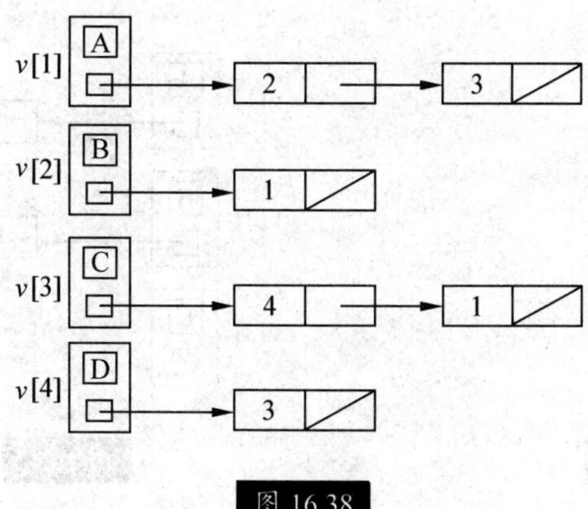

图 16.38

22.

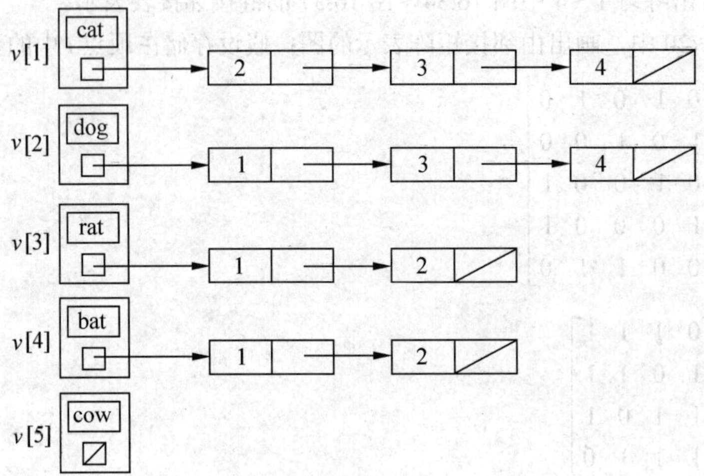

图 16.39

23.

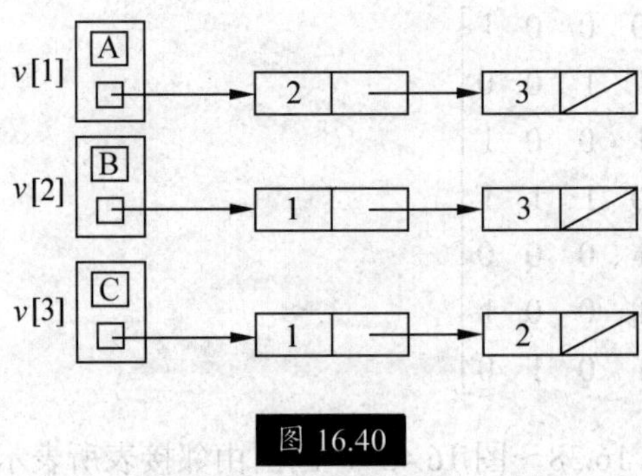

图 16.40

24.

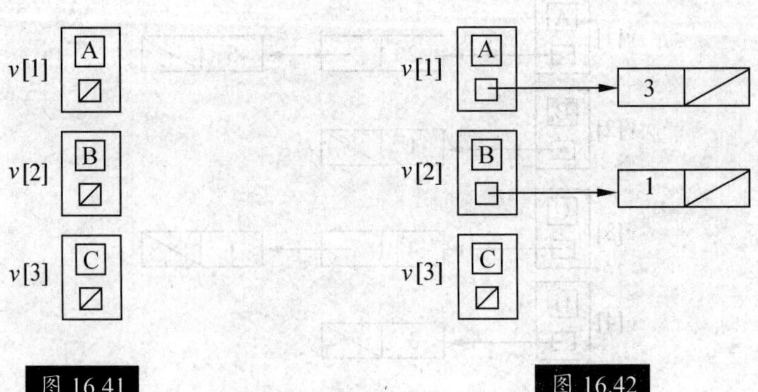

25.

图 16.41

图 16.42

26.

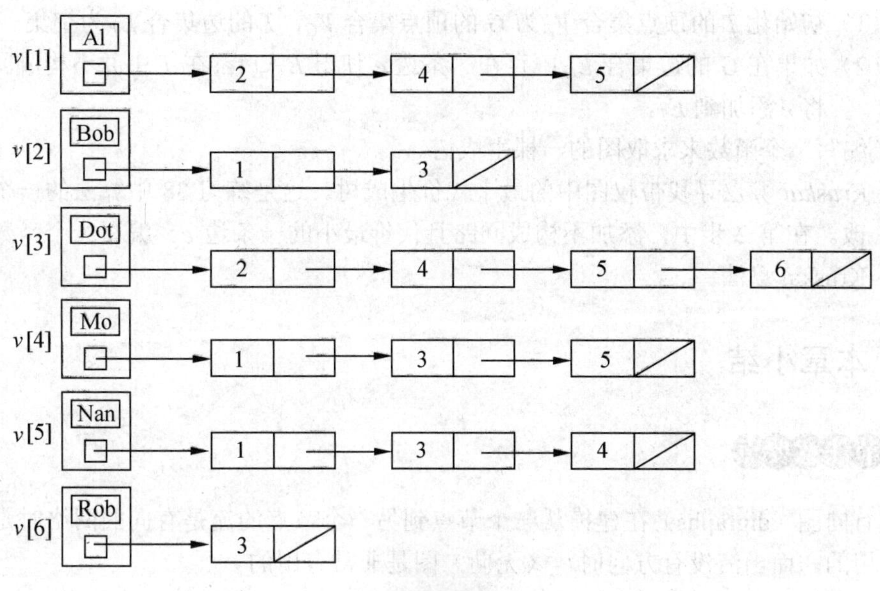

图 16.43

27～32．给出练习 21～26 中邻接表所表示的（图 16.38～图 16.43）边列表表示。

对于练习 33～39，使用本节中所描述的图的某种表示，包含练习 13～16 中的那些，或者你自己设计一种新的图的表示，给出实现练习中操作的一个算法或者函数。本章结尾的程序设计问题 7～14 要求你为这些算法编写并测试函数。

33．给出所有邻接于一个新顶点的所有顶点，插入这个新顶点。

34．在一个图中搜索存储着某个给定数据元素的顶点，提取关于这个元素的信息或更新这些信息。

35．删除包含给定数据元素的一个顶点以及所有依附于它的边。

36．查找邻接于一个给定顶点的所有顶点。

37．判断一个图是否包含一个回路，即一条连接某个顶点和其自身的路径。

38．图 *G* 的一个生成树是 *G* 的一个子图，包含 *G* 的所有顶点，但是不包含回路（见练习 37）（图 *G* 的一个子图包含一个顶点集合和一个边的集合，它们分别是 *G* 的顶点集合和边集合的子集）。例如，图 16.44 是练习 1 中图的一些可能的生成树。

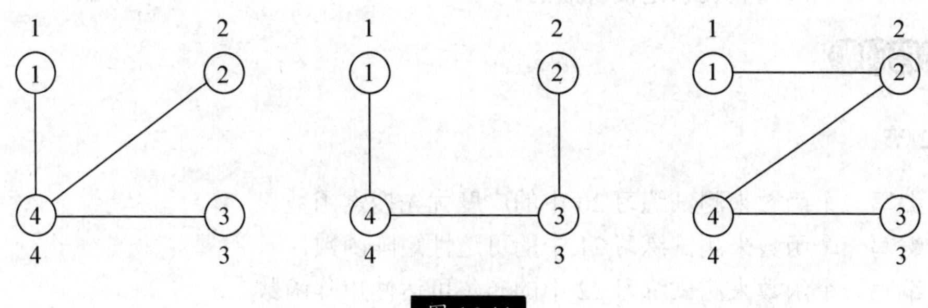

图 16.44

下面的算法可以被用来求取一个图 G 的一棵生成树 T：

（1）初始化 T 的顶点集合 V_T 为 G 的顶点集合 V_G，T 的边集合 E_T 为空集。

（2）如果在 G 的边集合 E_G 中存在一条边 e 使得 $E_T \cup \{e\}$ 在 T 中并不构成回路，则将 e 添加到 E_T。

编写一个函数来求取图的一棵生成树。

39. *Kruskal 算法*寻找带权图中的最小代价生成树。这是练习 38 中算法的一个简单修改。在第 2 步中，添加不构成回路且代价最小的一条边 e。编写一个函数来实现 Kruskal 算法。

16.4 本章小结

章节注意要点

- 有向图（digraphs）在建模从一个节点到另一个节点的流是有向的网络时是非常有用的。而当流没有方向时，（无向）图是非常有用的。
- 路由问题牵涉到在一个图或者有向图中寻找一条最短路径。

程序设计知识点

1. 有向图和图的搜索及遍历算法必须考虑到从某些节点出发有可能无法到达另外一些节点。
2. 深度优先搜索是很容易递归完成的。
3. 广度优先搜索可以使用一个队列存储访问过的节点来实现（而不是使用运行时的递归栈）。
4. 对于连通的图，从一个节点到达另一个节点总是可能的。

ADT 技巧

1. 邻接矩阵和邻接表是有向图的通常的表示方法。
2. 图的邻接矩阵和邻接表在空间上并不高效。关于一条边的每一个信息（边存在/不存在或者边上的权）都被存储了两次。
3. 对于图，边列表表示是很有效的。

编程问题

16.2 节

1. 编写一个函数来测试练习 20 中的广度优先搜索函数。
2. 编写一个函数来测试练习 21 中的可达性矩阵函数。
3. 编写一个函数来测试练习 22 中的布尔可达性矩阵函数。
4. 编写一个函数来测试练习 24 中实现了 Warshall 算法的可达性矩阵函数。

5．使用有向图的邻接矩阵表示，修改程序 16.1 中的类模板 Digraph。

6．使用 16.1 节练习 17 中描述的链接邻接表表示，修改程序 16.1 中的类模板 Digraph。

16.3 节

7．为练习 33 中的顶点插入算法编写一个函数并对其进行测试。

8．为练习 34 中的搜索-提取算法编写一个函数并对其进行测试。

9．为练习 35 中的顶点删除算法编写一个函数并对其进行测试。

10．为练习 36 中的邻接顶点算法编写一个函数并对其进行测试。

11．为练习 37 中的回路删除算法编写一个函数并对其进行测试。

12．为练习 38 中的生成树算法编写一个函数并对其进行测试。

13．为练习 39 中的 Kruskal 生成树算法编写一个函数并对其进行测试。

14．修改程序 16.4 中的 Graph 类模板，使其使用图的邻接矩阵表示。

15．如问题 14，但是使用图的邻接表表示。

16．如问题 14，但是使用练习 13～16 中描述的链接邻接表表示。

17．编写一个程序，读取人的名字以及工作职位，并将这些信息存储到一个图的顶点中。如果两个顶点被连接起来，则其中一个顶点表示一个人，而另一个顶点表示这个人胜任的工作职位。这个程序应该允许用户执行下面的选项：

（1）在图中插入一个新的申请人或一个新的工作职位。

（2）从图中删除一个申请人或一个工作职位。

（3）列出胜任某个给定工作职位的所有人员。

（4）列出某个给定人员胜任的所有工作位置。

使用问题 7～10 中开发的函数来实现这些操作。

附录A ASCII字符集

字符的 ASCII 代码如表 A.1 所示。

表 A.1

十进制	八进制	字符	十进制	八进制	字符
0	000	NUL(Null)	33	041	!
1	001	SOH(Start of heading)	34	042	"
2	002	STX(Start of text)	35	043	#
3	003	ETX(End of text)	36	044	$
4	004	EOT(End of transmission)	37	045	%
5	005	ENQ(Enquiry)	38	046	&
6	006	ACK(Acknowledge)	39	047	' (单引号)
7	007	BEL(Ring bell)	40	050	(
8	010	BS(Backspace)	41	051	)
9	011	HT(Horizontal tab)	42	052	*
10	012	LF(Line feed)	43	053	+
11	013	VT(Vertical tab)	44	054	, (逗号)
12	014	FF(Form feed)	45	055	- (连字号)
13	015	CR(Carriage return)	46	056	. (句号)
14	016	SO(Shift out)	47	057	/
15	017	SI(Shift in)	48	060	0
16	020	DLE(Data link escape)	49	061	1
17	021	DC1(Device control 1)	50	062	2
18	022	DC2(Device control 2)	51	063	3
19	023	DC3(Device control 3)	52	064	4
20	024	DC4(Device control 4)	53	065	5
21	025	NAK(Negative ACK)	54	066	6
22	026	SYN(Synchronous)	55	067	7
23	027	ETB(EOT block)	56	070	8
24	030	CAN(Cancel)	57	071	9
25	031	EM(End of medium)	58	072	:
26	032	SUB(Substitue)	59	073	;
27	033	ESC(Escape)	60	074	<
28	034	FS(File separator)	61	075	=
29	035	GS(Group separator)	62	076	>
30	036	RS(Record separator)	63	077	?
31	037	US(Unit separator)	64	100	@
32	040	SP(space)	65	101	A

续表

十进制	八进制	字符	十进制	八进制	字符
66	102	B	97	141	a
67	103	C	98	142	b
68	104	D	99	143	c
69	105	E	100	144	d
70	106	F	101	145	e
71	107	G	102	146	f
72	110	H	103	147	g
73	111	I	104	150	h
74	112	J	105	151	i
75	113	K	106	152	j
76	114	L	107	153	k
77	115	M	108	154	l
78	116	N	109	155	m
79	117	O	110	156	n
80	120	P	111	157	o
81	121	Q	112	160	p
82	122	R	113	161	q
83	123	S	114	162	r
84	124	T	115	163	s
85	125	U	116	164	t
86	126	V	117	165	u
87	127	W	118	166	v
88	130	X	119	167	w
89	131	Y	120	170	x
90	132	Z	121	171	y
91	133	[	122	172	z
92	134	\	123	173	{
93	135	]	124	174	|
94	136	^	125	175	}
95	137	_(下划线)	126	176	~
96	140	`	127	177	DEL

附录B 小测验答案

✔ 小测验 1.5

1. 软件工程
2. 问题分析和需求规格说明
   设计
   编码
   测试、运行和调试
   维护
3. 瀑布
4. 需求规格说明
5. false
6. 前置条件，后置条件
7. 自顶向下
8. OOD
9. UML（统一建模语言）
10. 数据，函数
11. 伪代码
12. 顺序、选择和重复
13. 编码
14. false
15. 验证指的是检查程序文档，模块以及可能的产品是正确和完备的，并且它们互相之间以及与前一阶段中的相应部分都是一致的。确认则是检查这些产品是否符合问题的需求规格说明。
16. 语法错误是由于没有遵守编程语言的语法规则而引起的，例如错误的标点符号。运行时错误是由于在程序运行期间发生了一些预期之外的事件（比如被0除）而引起的。逻辑错误是为解决问题而设计的算法中的错误，或没有将算法正确编码引起的错误。
17. 在黑盒测试中，将检查对于不同输入所产生的输出是否正确，而不去考虑程序单元本身的结构。在白盒测试中，将通过检查程序单元的内部结构来测试程序单元的执行。
18. true

✔ 小测验 2.2

1. 一个数据元素集合以及在这些数据上的基本操作和关系。
2. 数据元素的存储结构以及实现基本操作和关系的算法。
3. 数据抽象
4. 位，字节
5. 溢出
6. 23
7. 5.75
8. 尾数或小数部分
9. 下溢
10. true
11. false

小测验 2.3

1．typedef bool logical;
2．English
3．枚举常量
4．3
5．3
6．6
7．0
8．8
9．4
10．true
11．false
12．falseenum WeekDays {SUNDAY = 1, MONDAY, TUESDAY, WEDNESDAY, THURSDAY, FRIDAY, SATURDAY};

小测验 2.4

1．地址
2．&
3．*
4．*
5．地址
6．double 型值
7．地址
8．地址
9．double 型值
10．double 型值
11．空(null)
12．1.1
13．3.3
14．new，地址
15．匿名

小测验 3.2

1．具有固定大小的元素序列，所有元素都是同一类型的，其基本操作是能够直接访问每个元素，从而可以从这些元素中提取值，以及将值存储到这些元素中。
2．直接
3．True
4．1，0，0，0，0
5．空(null)
6．下标
7．基地址，指针
8．true
9．False
10．（1）在程序执行期间不能改变它们的容量。
（2）它们不是自我包含的对象。

小测验 3.3

1．false
2．False
3．true
4．$\begin{bmatrix} 1 & 2 & 3 & 4 \\ 5 & 6 & 7 & 8 \end{bmatrix}$
5．$\begin{bmatrix} 1 & 2 \\ 3 & 4 \\ 5 & 6 \\ 7 & 8 \end{bmatrix}$

6．一个 3×2×2 的数组 array，其中 $array[0]=\begin{bmatrix}1 & 2\\3 & 4\end{bmatrix}$，$array[1]=\begin{bmatrix}5 & 7\\6 & 8\end{bmatrix}$，$array[2]=\begin{bmatrix}9 & 10\\11 & 12\end{bmatrix}$。

小测验 3.4

1．new，地址
2．匿名
3．抛出一个 bad_alloc 异常
4．返回空地址（0）
5．Delete
6．66
7．false
8．delete [] dubarray;
9．argc, argv
10．true

小测验 3.5

1．false
2．点
3．x.m = 100;
4．cin >> x.m >> x.n;
5．cout << x.m << " " << x.n;
6．(*p).m 和 p->m
7．cin >> p->m >> p->n;
8．cout << p->m << " " << p->n;

小测验 4.1

1．过程式编程
2．面向对象编程
3．过程式编程，面向对象编程
4．过程式编程
5．面向对象编程

小测验 4.2

1．类的成员默认是私有的，而结构的成员默认是公有的。
2．数据，函数
3．一个带有操作的对象
4．头
5．实现
6．编译和链接
7．对象，对象
8．链接
9．对象

小测验 4.5

1．声明类的数据成员为私有的。
2．这样客户程序就不能直接访问数据成员，而必须通过公有函数成员和对象交互。

3．域(::)
4．内联
5．类不变式
6．（1）为它分配内存
（2）将它初始化
7．默认，显式值
8．特性
9．初始化，赋值
10．operatorΔ
11．true
12．友元
13．条件

小测验 5.1

1．istream 和 ostream
2．Istream
3．Ostream
4．istream, cin
5．ostream, cout(或 cerr 或 clog)
6．Good、bad 和 fail
7．good()
8．clear()
9．ignore()
10．true
11．false
12．endl
13．false
14．ifstream
15．ofstream
16．false
17．ifstream inputStream;
inputStream.open(empFileName.data());
18．ifstream inputStream(empFileName.data());
19．ofstream outputStream;
outputStream.open(reportFileName.data());
20．ofstream outputStream(reportFileName.data());
21．false
22．true
23．assert(inputStream.is_open());
24．inputStream.close();

小测验 5.2

1．char，空字符
2．空
3．stringstream
4．0,3,13
5．The
6．The cat in the hat
7．neuroses are red
8．e
9．neutron
10．roses are colored
11．rose
12．noses are red
13．7
14．3
15．true
16．某个正值

小测验 6.3

1．一个有限的数据元素序列，具有的操作包括：创建一个空列表，检查列表是否为空，遍历整个列表或部分列表，在列表中任意位置的插入和删除。
2．i．设计类
 ii．实现类
3．i．定义存储数据值的数据成员
 ii．在设计阶段定义函数成员
4．n
5．n
6．false
7．C(const C & original);
8．~C();
9．false
10．true
11．默认
12．当一个类包含一个指向动态分配的内存的指针作为数据成员时，因为默认的拷贝构造函数不会构造这块内存的一个独立的副本。
13．内存泄漏
14．析构函数
15．当一个类包含一个指向动态分配的内存的指针作为数据成员时，因为默认的析构函数不会回收这块内存，造成这块内存的离弃。
16．当一个类包含一个指向动态分配的内存的指针作为数据成员时，因为默认的赋值运算符只是简单地进行一个指针赋值，造成两个指针指向同一个内存位置，而不是不同的内存位置。从而造成了内存泄漏。

小测验 6.4

1．节点
2．data，next
3．空(null)
4．1
5．1
6．false

小测验 7.2

1．第一个，LIFO(后进先出)
2．一个数据元素序列，只能在一端进行访问，这一端被称为栈顶。基本操作包括：构造一个空栈，检查栈是否为空，将一个值压入栈顶，提取栈顶的值，删除栈顶的值。
3．myTop = 0; myArray[0] = 123, myArray[1] = 789; 其他元素都是未定义的。

4. myTop = 1; myArray[0] = 111, myArray[1] = 111; 其他元素都是未定义的。
5. myTop = 2; myArray[0] = 0, myArray[1] = 2, myArray[2] = 4, myArray[3] = 6, myArray[4] = 8

小测验 7.4

1. 活动记录
2. 运行时
3. 压入
4. 弹出
5. 活动记录

小测验 7.5

1. 后缀
2. 中缀
3. 前缀
4. 后缀
5. 5
6. $a\ b\ c - - d\ *$
7. $(a - b - c) * d$

小测验 8.2

1. 最后，FIFO（先进先出）
2. 一个数据元素序列，只能在一端进行删除，这被称为前端，以及只能在另一端进行添加，这被称为后端。基本操作包括：构造一个空队列，检查队列是否为空，在后端添加一个值，提取前端的值，删除前端的值。
3. myFront = 2, myBack = 3; myArray[0] = 123, myArray[1] = 456, myArray[2] = 789; 其他元素都是未定义的。
4. myFront = 1, myBack = 3; myArray[0] = 111, myArray[1] = 222, myArray[2] = 111; 其他元素都是未定义的。
5. myFront = 2, myBack = 4; myArray[0] = 0, myArray[1] = 2, myArray[2] = 4, myArray[3] = 6, myArray[4]是未定义的。当 i 为 3 时队列变满，所以不能将 8 添加到队列中。

小测验 8.3

1. 最后一个节点中的链指向第一个节点。
2. 因为这样一个链表能够直接访问最后一个节点，也几乎可以直接访问第一个节点（通过沿着最后一个节点中的链）。
3. 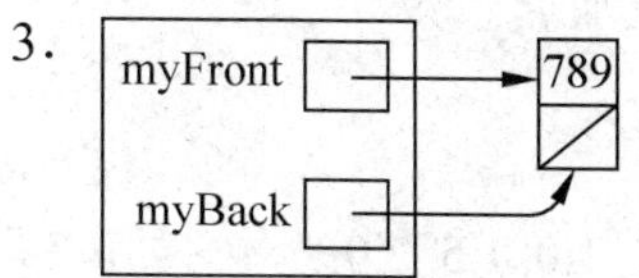

4. 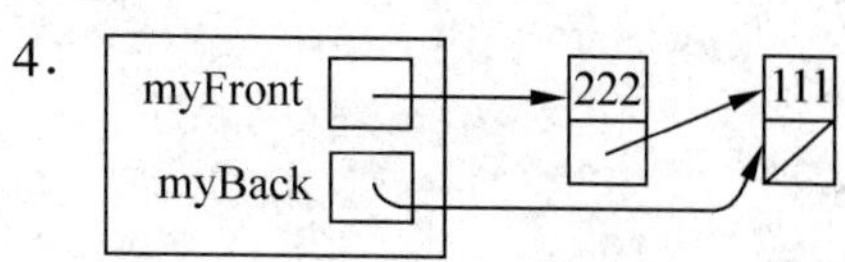

5.

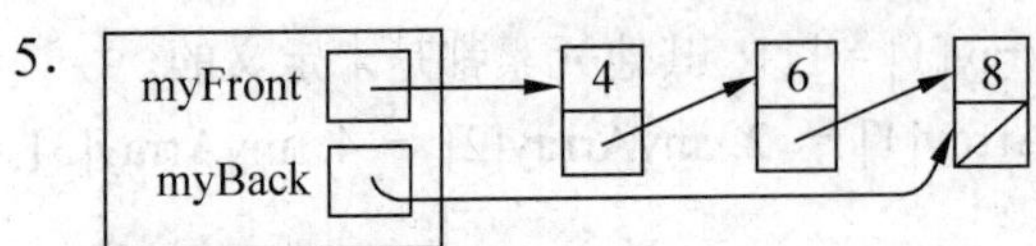

✔ 小测验 8.4

1．斯普林
2．缓冲区
3．deque
4．scroll
5．优先队列
6．就绪
7．驻留
8．挂起

✔ 小测验 9.3

1．重载
2．true
3．false
4．模板
5．typename 或 class
6．实例化
7．（1）修改 typedef 也就是修改了头文件，这意味着任何使用这个类的程序或库都必须被重新编译。
（2）一个使用 typedef 声明的名字在同一时间只能有一个意思。
8．（1）所有在类声明外部定义的操作都必须是模板函数。
（2）所有将一个类模板的名字作为一个类型的使用都必须被参数化。
（3）当使用一个类模板时，编译器必须能够找到这个类模板操作的定义。一种通常的方法是将它们都放到类模板声明所在的文件中，紧接在类声明之后。
9．标准模板库
10．true
11．容器、算法和迭代器
12．迭代器

✔ 小测验 9.4

1．int
2．0,0
3．5,5
4．5,5
5．10,7
6．1 1
7．0 88
8．true
9．false
10．True
11．1 1 1 1 1
12．0 0 0 0 0 77
13．0
14．在 88 后面
15．20
16．true
17．0, 0.5, 1.0, 1.5, 2.0
18．1,1,1,1,1,0,3,4,7,8

19．1,1,1,1,1,2,2,2,2,?

20．1,1,2,2,2

小测验 9.7

1．双端队列
2．一个数据元素序列，其属性是只能在两端添加和删除元素。基本操作包括：构造一个空 deque，检查 deque 是否为空，在 deque 的前端或后端进行添加，提取 deque 前端或后端的值，在 deque 的前端或后端进行删除。
3．false
4．true
5．false
6．适配器
7．接口
8．在两个>之间需要一个空格： stack< vector<double> > st;
9．stack 和 queue

小测验 10.1

1．递归
2．（1）一个锚例或基例，规定了对于一个或多个形参值时函数的值。
（2）一个归纳或递归步骤，定义了根据前面定义的函数值和/或形参值，如何得到对于当前形参值的函数值。
3．true
4．15
5．0
6．0
7．无限递归

小测验 10.4

1．时间和空间
2．空间
3．时间
4．存在一个常量 C，使得对于所有足够大的 n 值，有 $T(n) \leqslant C \cdot f(n)$。
5．true
6．true
7．false
8．n
9．$\log_2 n$
10．false
11．递归

小测验 10.5

1．算法
2．<algorithm>
3．false
4．第一个元素，最后一个元素之后

5．<numeric>

小测验 11.1

1．头节点
2．前驱
3．环形
4．true
5．true

小测验 12.2

1．树（或有向图）
2．根
3．叶
4．子女，双亲
5．至多两个子女
6．10
7．50，60，70
8．否，第三层未满
9．3
10．否。对于节点 20，它的左子树的高度为 0，但是右子树的高度为 2。
11．

i	0	1	2	3	4	5	6	7	8	9	10	…
$t[i]$	10	20	30	?	40	?	50	?	?	60	70	…

小测验 12.3

1．20,60,40,70,10,30,50
2．10,20,40,60,70,30,50
3．60,70,40,20,50,30,10
4．10,20,30,40,50,60,70
5．50,20,10,30,40,60,70
6．10,40,30,20,70,60,50

小测验 12.4

1．

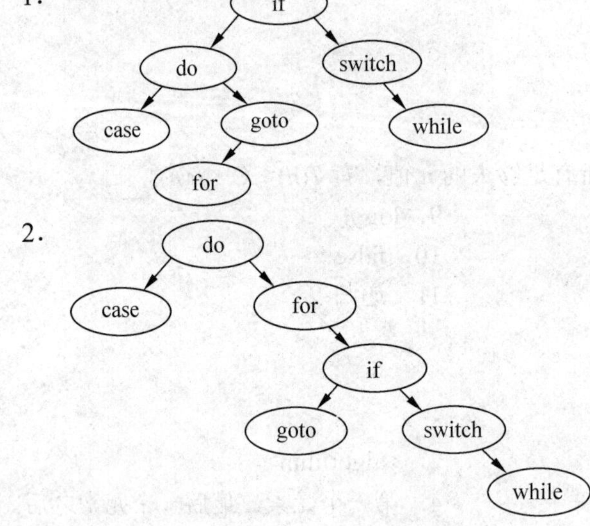

2．

3. 

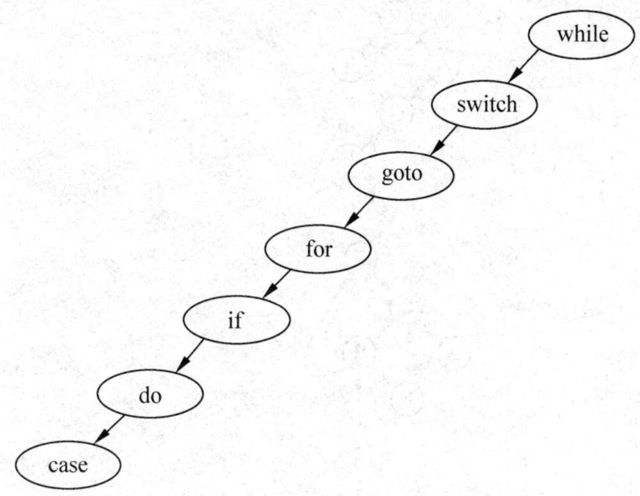

4. 10,20,30,40,50,60,70,80,90,100

5. 80,30,20,10,60,50,40,70,90,100

6. 10,20,40,50,70,60,30,100,90,80

7.

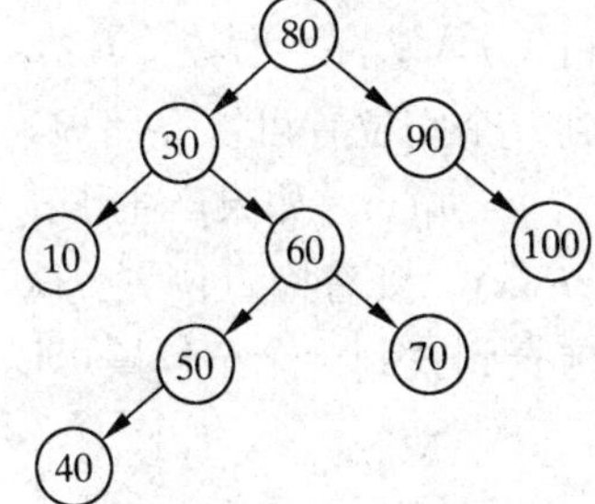

8.

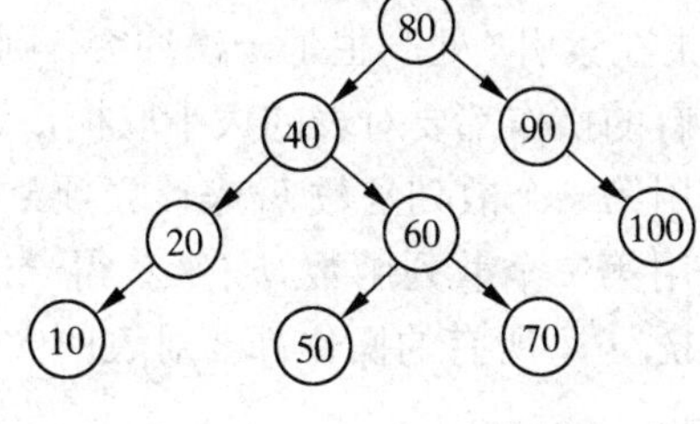

9.

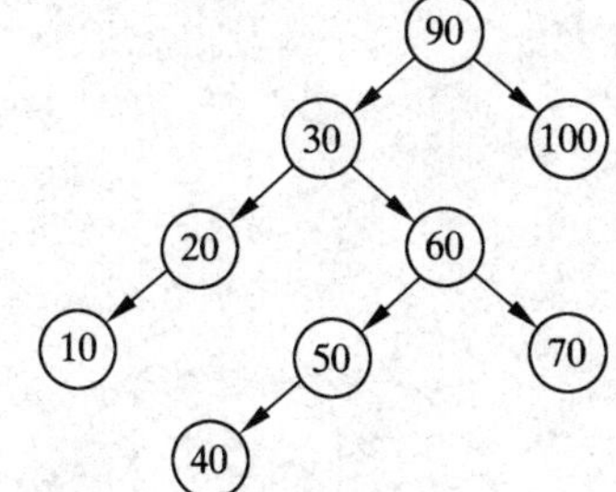

小测验 12.6

1. 从一个节点指向它的中序后继的链。
2. 这样可以更有效地执行遍历或其它的树操作。

3.

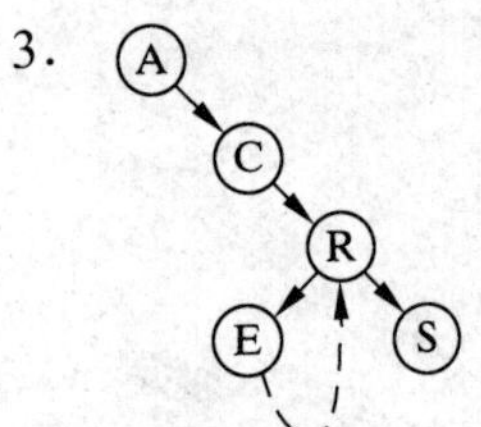

4.

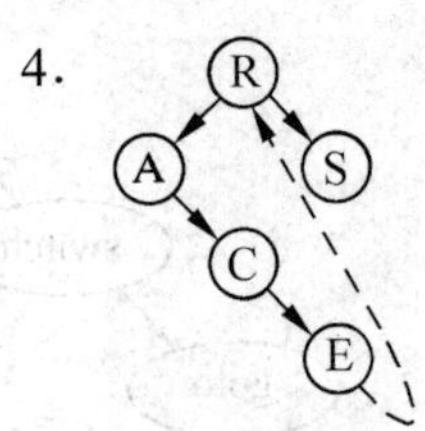

5.

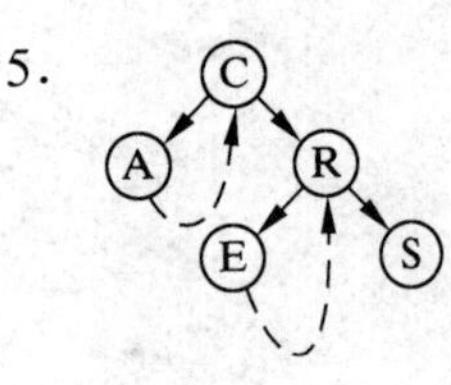

6.

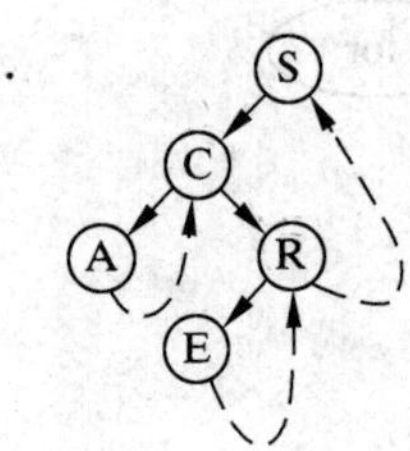

小测验 12.7

1．散列表，散列

2．冲突

3．如果在索引 i 处发生了一次冲突，则检查位置 i+1，i+2，i+3，…所有的操作都要对表的大小取模，这样直到找到一个空位置可以存储项。

4．如果在索引 i 处产生了一次冲突，则检查位置 $i+1^2$，$i-1^2$，$i+2^2$，$i-2^2$，$i+3^2$，$i-3^2$，…所有的操作都要对表的大小取模，这样直到找到一个空位置可以存储项。

5．使用第一个散列函数 h_1 来计算项 x 在表中的位置 $i = h_1(x)$。如果产生了一个冲突，使用第二个散列函数 h_2 来获得一个增量 $k = h_2(x)$，接着检查位置 i+k，i+2k，i+3k，…，所有的操作都要对表的大小取模，这样直到找到一个空位置可以存储项。

6．建链

7．

	Table
0	28
1	13
2	23
3	25
4	11
5	5
6	18

8．

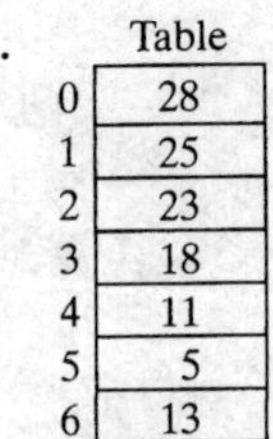

	Table
0	28
1	25
2	23
3	18
4	11
5	5
6	13

9．

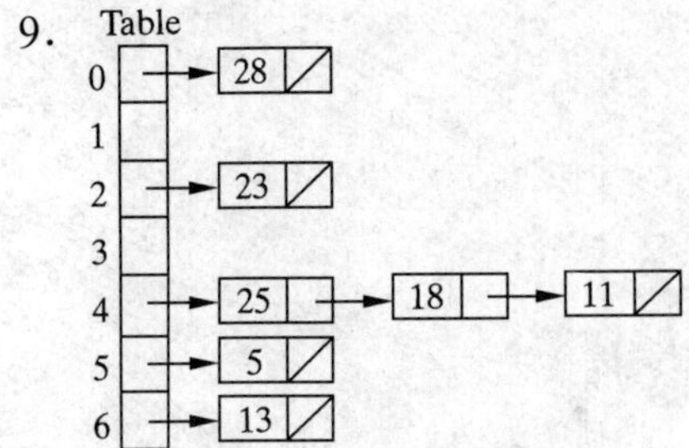

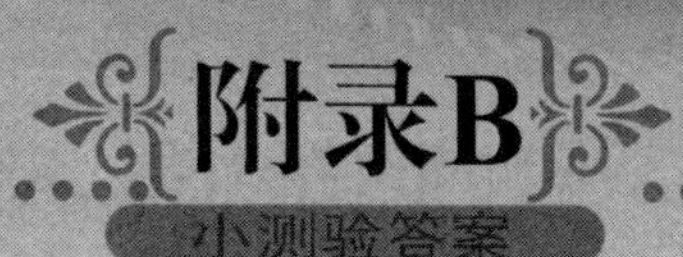

附录B 小测验答案

小测验 13.1

1．对列表或者列表的一部分进行多次扫描，在每次扫描中，选出一个将被放到正确位置的元素。

2．false

3．系统化地交换那些不符合次序的元素对，直到列表中不存在这种元素对为止，此时列表就排好序了。

4．true

5．反复地插入新元素到已经排好序的列表之中，且令插入后的列表也是有序的。

6．true

7．true

8．间接

小测验 13.2

1．每个节点中存储的数据项都大于或者等于其子女中存储的数据项。

2．完全

3．$\log_2 n$

4．$n \log_2 n$

5．具有更高优先级的项在更低优先级的项之前被删除。

6．true

小测验 13.3

1．一个问题可以被拆分成为更简单的子问题，而每个子问题都可以独立地考虑，这样直到子问题变得足够简单能够被解决为止（即被征服了）。

2．选取某个称为基准（pivot）的元素，然后进行一系列交换，使得小于或等于这个基准的所有元素都放在基准的左边，而所有大于基准的元素都放在其右边。这就正确地定好了基准的位置，且把（子）列表分成两个更小的子列表，每个子列表都可以使用同样的方法独立地进行排序。

3．基准

4．n^2，$n\log_2 n$

5．false

6．三数取中

7．true

小测验 13.4

1．内部，外部

2．这些排序方法需要直接访问列表元素。它还可能需要对列表进行多遍扫描。

3．归并中涉及的基本操作包括：将两个前面已经排好序的列表合并为一个列表，并且得到的列表仍然是有序的。

4. $n\log_2 n$

小测验 14.1

1. 封装性：将数据和用于处理数据的操作封装在单独一个实体中。

继承性：一个类可以从另一个类派生得到，并且这个派生类可以继承其父类的成员。

多态性：是指这样一种属性，即一个派生类 D 和一个祖先类 A 同时具有一个原型相同的函数成员，但是对于 A 对象和 D 对象，这个函数表现不同。

2. 封装性
3. 消息
4. 继承
5. 多态性
6. 静态（或提早），动态（或推迟）

小测验 14.2

1. 继承
2. （1）确认问题中的对象。

   （2）分析这些对象以判断它们之间是否有共性。

   （3）如果它们之间有共性：

   - 定义一个基类来包含这些共性
   - 从基类派生类来继承这些共性。
3. 私有的
4. 保护的
5. false
6. is-a

小测验 14.5

1. 是指这样一种属性，即一个派生类 D 和一个祖先类 A 同时具有一个原型相同的函数成员，但是对于 A 对象和 D 对象，这个函数表现不同。
2. 静态（或提早）
3. 虚，动态（或推迟）
4. 虚函数表
5. 抽象，纯虚

小测验 15.2

1. 一个节点左子树的高度减去其右子树的高度。
2. 一棵二叉树，其中每个节点的平衡因子都是 0、1 或−1。基本操作包括：构造函数，判空，查找以及遍历 BST；以一种保持高度平衡属性的方式进行元素的插入和删除。

3. 高度

4.

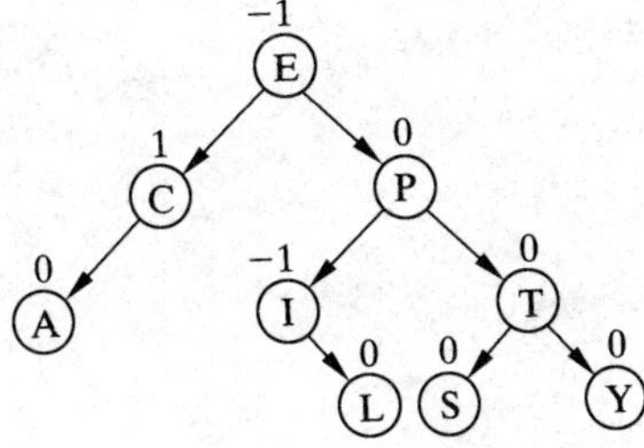

5. 3

6. 5

7. $\log_2 n$

小测验 15.3

1. (a)

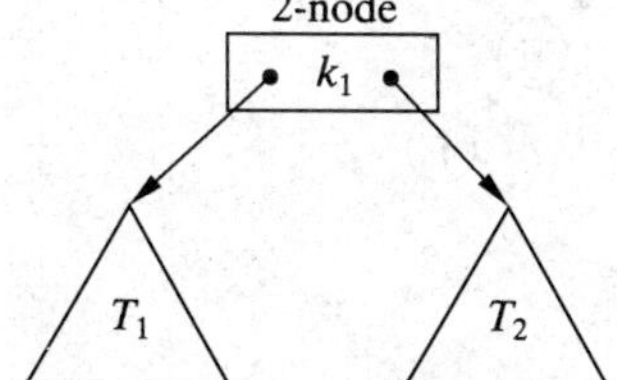

(b)

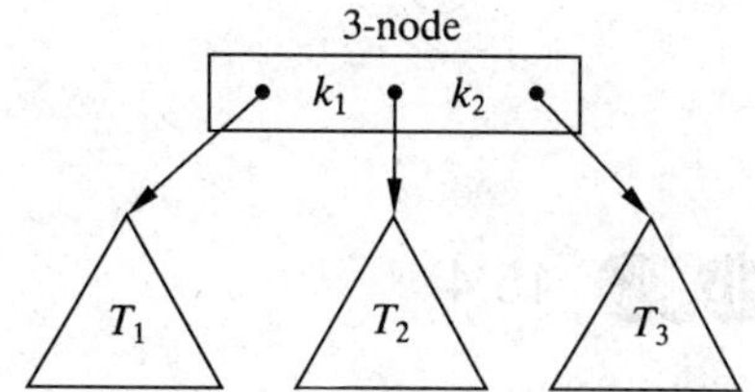

(c)

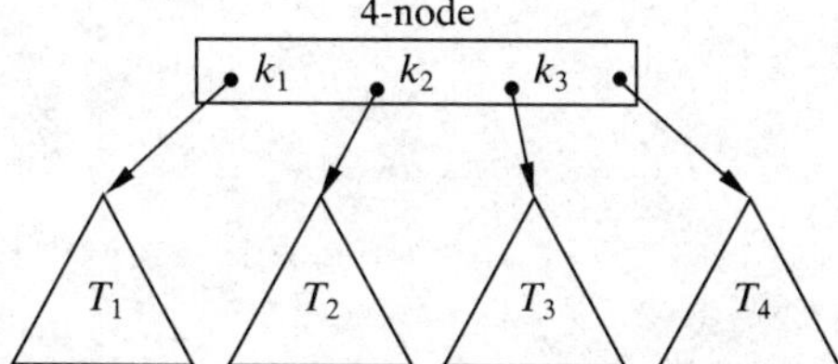

(a) 2－节点：T_1 中的所有值$< k_1 \leqslant T_2$ 中的所有值。

(b) 3－节点：T_1 中的所有值$< k_1 \leqslant T_2$ 中的所有值 $< k_2 \leqslant T_3$ 中的所有值。

(c) 4－节点：T_1 中的所有值$< k_1 \leqslant T_2$ 中的所有值$< k_2 \leqslant T_3$ 中的所有值$< k_3 \leqslant T_4$ 中的所有值。

2.

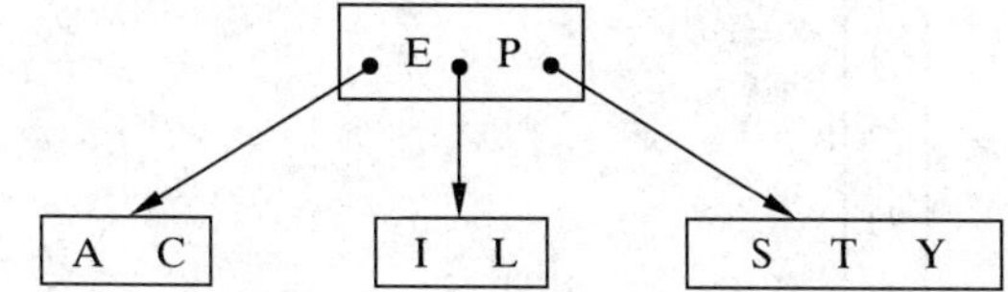

3．

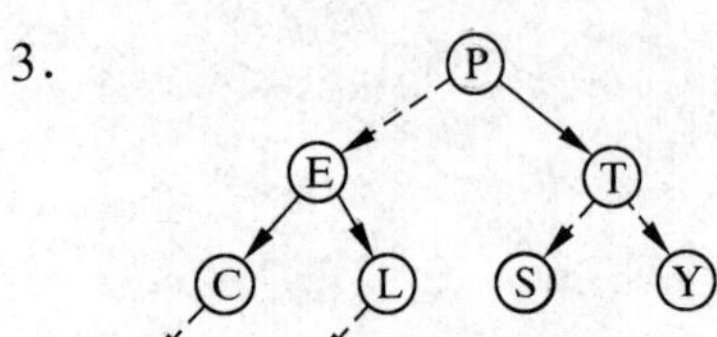

4．B

5．4

6．

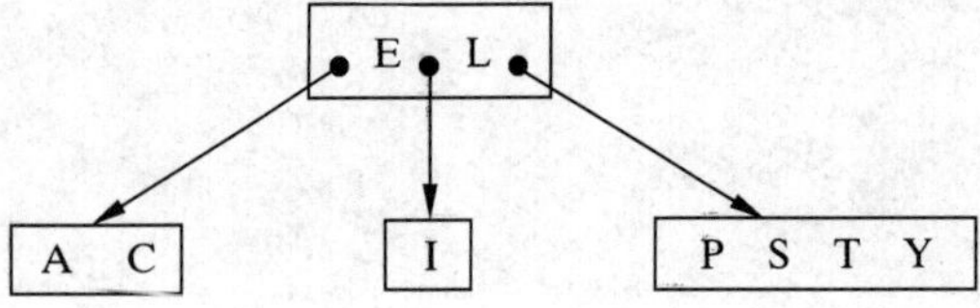

7．

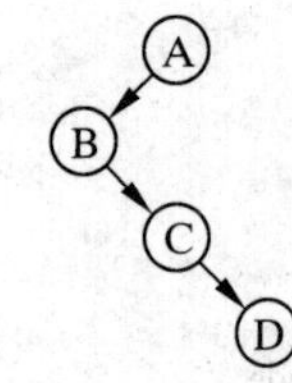

8．

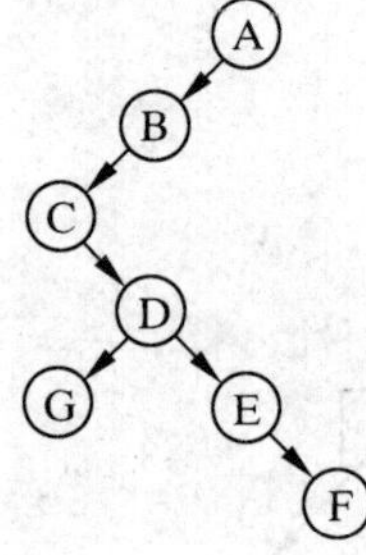

小测验 15.4

1．vector，deque，list，stack，queue，priority_queue
2．set，multiset，map，multimap
3．map
4．索引可以是任意类型的
5．红一黑

小测验 16.1

1．有向图不需要有一个根节点，并且一个节点到另一个节点之间可能有几条（或没有）路径。
2．true

3．邻接

4．入度，出度

5．$\boldsymbol{adj} = \begin{bmatrix} 0 & 1 & 1 & 1 & 1 \\ 0 & 1 & 1 & 0 & 0 \\ 0 & 0 & 0 & 1 & 0 \\ 0 & 0 & 0 & 1 & 1 \\ 0 & 1 & 0 & 0 & 0 \end{bmatrix} \quad \boldsymbol{data} = \begin{bmatrix} A \\ B \\ C \\ D \\ E \end{bmatrix}$

6. $\boldsymbol{adj}=\begin{bmatrix}0&0&0&0\\0&0&0&0\\0&0&0&0\\0&0&0&0\end{bmatrix}$ $\boldsymbol{data}=\begin{bmatrix}1\\2\\3\\4\end{bmatrix}$

7. v[1] → A → 2 → 3 → 4 → 5 /

v[2] → B → 2 → 3

v[3] → C → 4 /

v[4] → D → 4 → 5 /

v[5] → E → 2 /

8. v[1] → 1 /

v[2] → 2 /

v[3] → 3 /

v[4] → 4 /

✔ 小测验 16.2

1．在处理某些值时，需要返回在前期扫描时已经处理过或被略过的值。
2．从顶点 1：所有顶点；　从顶点 2：2，3，4，5
3．只有顶点 1 自身
4．2，3，4，5
5．NP：对这些问题来说，可以通过猜测的方法得到解决方案，然后使用一个计算时间为 $O(P(n))$的算法来检查这个结果，$P(n)$是某个多项式。

P：这类问题可以被多项式时间的算法解决。

NP 完全性：这类问题具有一个属性，即如果可以找到一个多项式时间的算法能解决这些问题中的任何一个，那么就能保证解决所有 NP 问题的多项式时间算法存在。

✔ 小测验 16.3

1．没有方向和边关联。没有连接一个顶点和其自身的边。

2. $\boldsymbol{adj}=\begin{bmatrix}0&1&1&1&1\\1&0&1&0&1\\1&1&0&1&0\\1&0&1&0&1\\1&1&0&1&0\end{bmatrix}$ $\boldsymbol{data}=\begin{bmatrix}A\\B\\C\\D\\E\end{bmatrix}$

3．$adj = \begin{bmatrix} 0 & 0 & 0 & 0 \\ 0 & 0 & 0 & 0 \\ 0 & 0 & 0 & 0 \\ 0 & 0 & 0 & 0 \end{bmatrix}$ $data = \begin{bmatrix} 1 \\ 2 \\ 3 \\ 4 \end{bmatrix}$

4．
v[1] → A → 2 → 3 → 4 → 5 ∧
v[2] → B → 1 → 3 → 5 ∧
v[3] → C → 1 → 2 → 4 ∧
v[4] → D → 1 → 3 → 5 ∧
v[5] → E → 1 → 2 → 4 ∧

5．
v[1] → 1 ∧
v[2] → 2 ∧
v[3] → 3 ∧
v[4] → 4 ∧

6．

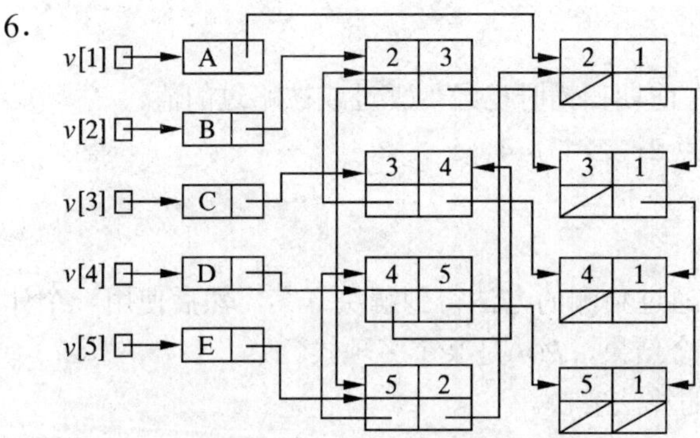

7．和问题 5 答案一样

8．对于每种情况，所有顶点都是可达的

9．只有节点 1 自身

10．2，3，4，5

11．只有 A